高等工科院校机械设计机械基础课程设计配套用书

简明机械零件设计实用手册

第2版

主　编　胡家秀
副主编　谈向群　戴晓厚　王　旭
主　审　张久成

机械工业出版社

本手册共分五篇。第一篇为机械设计常用标准和规范，内容包括常用资料和一般标准，常用工程材料，公差配合、表面粗糙度及齿轮精度，电动机；第二篇为联接，内容包括螺纹与螺纹联接，键、销联接和联轴器；第三篇为轴承、润滑与密封；第四篇为机械传动，内容包括齿轮传动，V带传动，链传动；第五篇为机械零件课程设计指导。

本手册主要供高等工科学校，特别是工科类高职高专学校的机械设计与机械基础课程进行课程设计和毕业设计时使用，也可供机械设计、制造和维修人员作为工具书使用。

图书在版编目（CIP）数据

简明机械零件设计实用手册/胡家秀主编．—2版．—北京：机械工业出版社，2012.5（2019.1重印）

高等工科院校机械设计机械基础课程设计配套用书

ISBN 978-7-111-38140-2

Ⅰ.①简…　Ⅱ.①胡…　Ⅲ.①机械元件-机械设计-高等学校-教材　Ⅳ.①TH13

中国版本图书馆CIP数据核字（2012）第077723号

机械工业出版社（北京市百万庄大街22号　邮政编码100037）

策划编辑：王海峰　责任编辑：王海峰　杨　茜

版式设计：霍永明　责任校对：刘秀丽　吴美英

责任印制：孙　炜

保定市中画美凯印刷有限公司印刷

2019年1月第2版·第4次印刷

184mm×260mm·36印张·917千字

7 001—8 500册

标准书号：ISBN 978-7-111-38140-2

定价：78.00元

凡购本书，如有缺页、倒页、脱页，由本社发行部调换

电话服务

社服务中心：（010）88361066

销售一部：（010）68326294

销售二部：（010）88379649

读者购书热线：（010）88379203

网络服务

门户网：http://www.cmpbook.com

教材网：http://www.cmpedu.com

封面无防伪标均为盗版

第 2 版前言

自 1999 年《简明机械零件设计实用手册》第 1 版问世至今，恰逢中国高等职业教育高速发展，手册的热销深蒙其泽。如今看来，编者为适应工科学校学生课程设计和毕业设计的迫切需要，编写一本“资料新颖、简明实用、价位适中的机械零件设计手册”的目标定位，很好地适应了用户的需求，是以学生为本的明智选择。由于手册的编者们在教学管理一线上事务繁忙，手册一再错失修订良机。为了亡羊补牢，编者于 2009 年勉力开始了手册的修订，并于 2011 年岁末得以顺利完成。

《简明机械零件设计实用手册》第 2 版维持第 1 版的框架，即手册仍分五篇：第一篇为机械设计常用标准和规范，第二篇为联接，第三篇为轴承、润滑与密封，第四篇为机械传动，第五篇为机械零件课程设计指导。但手册中资料的国家标准已全部更新，并对第五篇机械零件课程设计中的减速器资料进行了调整与充实，增加了硬齿面齿轮减速器常用的焊接箱体的案例。

本手册除可用于工科学校学生的机械设计课程设计和机械类专业学生的毕业设计外，也适合工程技术人员进行通常机械零部件设计时使用。本手册可作为高职、高专学校机电类教材《机械设计》、《机械设计基础》或《机械零件》的配套教材，也可作为中等职业学校同类课程的课程设计参考书。

参加本书编写的有丁亚军、王旭、皮志谋、冷真龙、周嘉麟、柳欣、胡家秀、谈向群、黄乾平、徐晓风、何克祥、胡建辉、覃群、戴晓厚、陈峰、叶红朝等；由胡家秀任主编，谈向群、戴晓厚、王旭任副主编；张久成为本书主审。本次修订工作主要由胡家秀负责完成。

限于编者水平，错误与不当之处敬请广大读者批评指正。

编　者

第1版前言

随着科学技术现代化的发展，工程的技术标准大量更新，原来有影响的《机械零件设计手册》纷纷推出新版。但由于价格昂贵，学校藏书的复本数大大减少，给学生设计时查阅资料带来了很大的不便，妨碍了教学质量的提高。备有一本资料新颖、简明实用、价位适中的机械零件设计手册，是工科学校学生课程设计和毕业设计的迫切需要。《简明机械零件设计实用手册》就是在这样的背景下诞生的。

本手册主要用于工科学校学生的机械设计课程设计和机械类专业学生的毕业设计，也可供工程技术人员进行机械设计时使用。本手册为高等职业技术学校机电类规划教材《机械设计》、《机械设计基础》或《机械零件》的配套教材，也可作为中等职业学校同类课程的课程设计参考书。

本手册共分五篇。第一篇为机械设计常用标准和规范，第二篇为联接，第三篇为轴承与润滑、密封，第四篇为机械传动，第五篇为机械零件课程设计指导。

参加本书编写的有丁亚军、王旭、皮志谋、孙云、祁培汉、李培根、李敏、李乃根、刘秦、冷桢龙、钟丽萍、周嘉麟、柳欣、胡家秀、谈向群、黄乾平、徐晓风、康映琪、何克祥、胡建辉、覃群、龚瑛、颜斌、戴晓厚等；由胡家秀主编，谈向群、戴晓厚、王旭任副主编；张久成任主审。

限于编者水平，错误与不正之处在所难免，欢迎广大读者给予指正。

编　者

1999年6月

目　录

第二篇　联　　接

第三篇　轴承、润滑与密封

第四篇　机 械 传 动

第五篇 机械零件课程设计指导

第一篇　机械设计常用标准和规范

第一章　常用资料和一般标准

一、标准代号（见表1-1，表1-2）

表1-1　国内部分标准代号

名　　称	代　　号	名　　称	代　　号	名　　称	代　　号
国家标准	GB	机械工业部标准：	JB	煤炭工业部标准	MT
国家内部标准	GB_n	重型机械局企业标准	JB/ZQ	化学工业部标准	HG
国家工程建设标准	GBJ	金属切削机床	GC	地质矿产部标准	DZ
国家军用标准	GJB	仪器、仪表	Y、ZBY	水力部标准	SD
国家专业标准	ZB	农业机械	NJ	原石油工业部标准	SY
中国科学院标准	KY	工程机械	GJ	原纺织工业部标准	FJ
国家计量局标准	JJC	电子工业部标准	SJ	原轻工业部标准	QB、SG
国家建材局标准	JC	冶金工业部标准	YB		

注：在代号后加"/Z"为指导性技术文件，如"YB/Z"为冶金部指导性技术文件；加"/T"为推荐性技术文件。

表1-2　国外部分标准代号

名　　称	代　　号	名　　称	代　　号
国际标准化组织标准	ISO①	美国国家标准	ANSI
国际标准化协会标准	ISA	美国汽车协会标准	SAE
国际电工委员会标准	IEC	美国国家标准局标准	NBS
联合国工业发展组织标准	IDO	美国标准协会标准	ASA
法国标准协会标准	AENOR	美国钢钛学会标准	AISI
法国国家标准	NF	美国齿轮制造者协会标准	AGMA
日本工业标准	JIS	美国机械工程师学会标准	ASME
日本工业产品标准统一调查会标准	JES	美国材料试验标准	ASTM
日本机械学会标准	JSME	航空材料的技术规格	AMS
日本齿轮工业协会标准	JGMA	俄罗斯国家标准	POCT
英国标准	BS	原捷克斯洛伐克国家标准	CSN
德国工业标准	DIN	意大利标准	UNI
德国工程师协会标准	VDI	瑞典标准	SIS
加拿大标准协会标准	CSA		

①　ISO的前身为ISA。

二、常用资料

1. 图纸幅面及图框格式（见表1-3）

表 1-3　图纸幅面及图框格式（摘自 GB/T 14689—2008）　　（单位：mm）

图纸幅面

基本幅面（第一选择）		A0	A1	A2	A3	A4
幅面代号		A0	A1	A2	A3	A4
宽度×长度（$B \times L$）		841×1189	594×841	420×594	297×420	210×297
留装订边	装订边宽 a	25				
留装订边	其他周边宽 c	10			5	
不留装订边	周边宽 e	20		10		

加长幅面 第二选择 幅面代号	$B \times L$	第三选择 幅面代号	$B \times L$	第三选择 幅面代号	$B \times L$
A3×3	420×891	A0×2	1189×1682	A3×5	420×1486
A3×4	420×1189	A0×3	1189×2523	A3×6	420×1783
A4×3	297×630	A1×3	841×1783	A3×7	420×2080
A4×4	297×841	A1×4	841×2378	A4×6	297×1261
A4×5	297×1051	A2×3	594×1261	A4×7	297×1471
		A2×4	594×1682	A4×8	297×1682
		A2×5	594×2102	A4×9	297×1892

图框格式和标题栏方位

需要装订的图样	不需要装订的图样

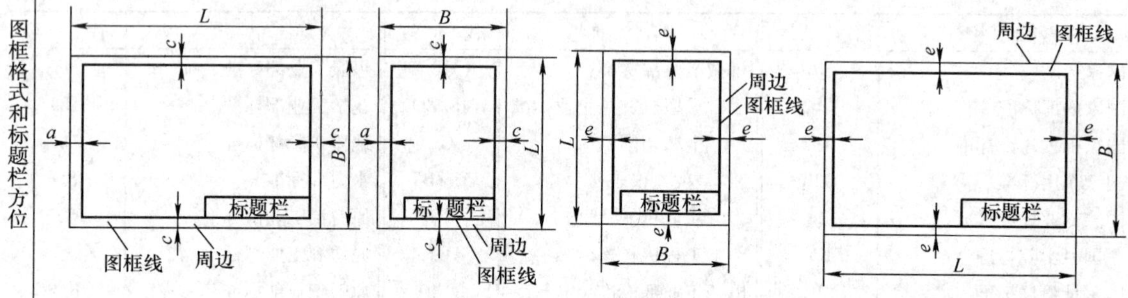

图幅分区与对中符号

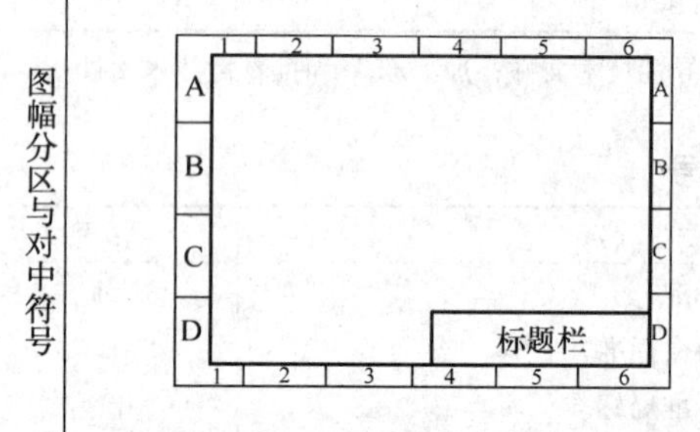

1. 图幅分区数目应是偶数，分区线为细实线，每一分区的长度应在 25～75mm 之间选择
2. 分区的编号，沿图的上下方向用大写拉丁字母从上到下顺序编写，沿图的水平方向用阿拉伯数字从左到右顺序编写
3. 分区代号由拉丁字母和阿拉伯数字组合而成，字母在前、数字在后并排地书写，如 B3、C5，当区分代号与图形名称同时标注时，则分区代号写在图形名称后边，中间空一个字母的宽度，如 A 向　B3
4. 对中符号是从纸边界画入图框内约 5mm 的一段粗实线

注：1. 加长幅面是由基本幅面的短边成整数倍增加后得出。
2. 加长幅面的图框尺寸，按所选用的幅面大一号的图框尺寸确定。例如 A2×3 的图框尺寸，按 A1 的图框尺寸确定，即 e 为 20mm（或 e 为 10mm）。

2. 图样比例（见表 1-4）

表 1-4　比例（摘自 GB/T 14690—1993）

原值比例	1:1
放大的比例	2:1　(2.5:1)　(4:1)　(5:1) 1×10^n:1　2×10^n:1　(2.5×10^n:1)　(4×10^n:1)　5×10^n:1
缩小的比例	1:2　(1:1.5)　(1:2.5)　(1:3)　(1:4)　1:5　(1:6)　(1:1×10^n)　(1:1.5×10^n) (1:2×10^n)　(1:2.5×10^n)　(1:3×10^n)　(1:4×10^n)　(1:5×10^n)　(1:6×10^n)

注：1. 表中 n 为正整数。
2. 括弧内为必要时也允许选用的比例。
3. 绘制同一机件的各个视图应采用相同的比例，当某个视图需要采用不同的比例时，必须另行标注。
4. 当图形中孔的直径或薄片的厚度等于或小于 2mm 以及斜度或锥度较小时，可不按比例而夸大画出。

3. 装配图明细栏（参照 GB/T 10609.2—2009，简明格式，见图 1-1）

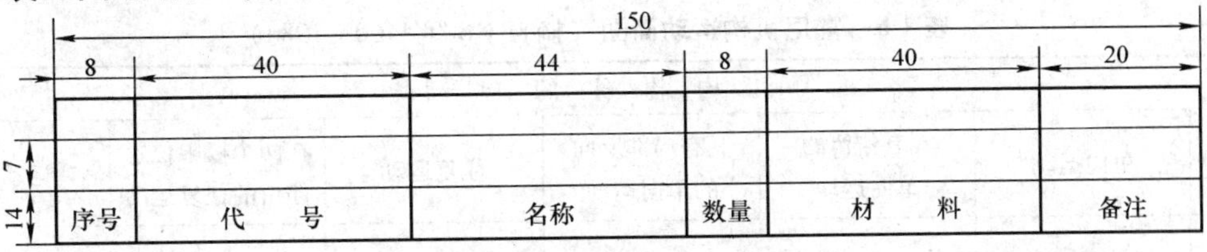

序号	代　　号	名称	数量	材　　料	备注
8	40	44	8	40	20

（总宽 150；行高 7，表头行高 14）

图 1-1　装配图明细栏

4. 装配图或零件图标题栏（参照 GB/T 10609.1—2008，简明格式，见图 1-2）

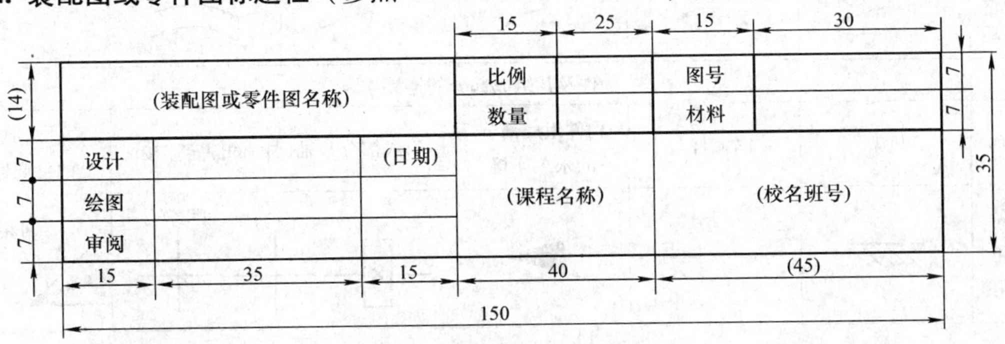

图 1-2　装配图或零件图标题栏

注：主框线型为粗实线（b），分格线为细实线（$b/4$）。

5. 剖面符号（见表 1-5）

表 1-5　剖面符号（参照 GB/T 17453—2005 和 GB/T 4457.5—1984）

材料名称		剖面符号	材料名称	剖面符号
金属材料（已有规定剖面符号者除外）			玻璃及供观察用的其他透明材料	
线圈绕组元件			基础周围的泥土	
转子、电枢、变压器和电抗器等的叠钢片			混凝土	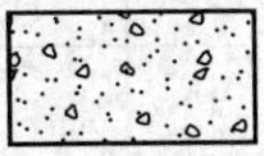
非金属材料（已有规定剖面符号者除外）			钢筋混凝土	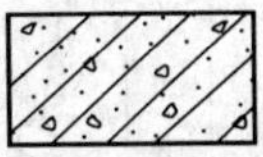
型砂、填砂、粉末冶金、砂轮、陶瓷刀片、硬质合金刀片等			砖	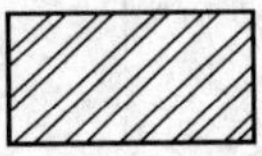
木质胶合板（不分层数）			格网（筛网、过滤网等）	
木材	纵剖面		液体	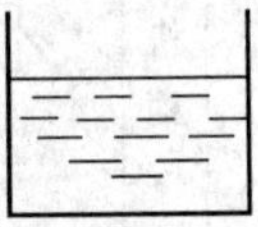
木材	横剖面			

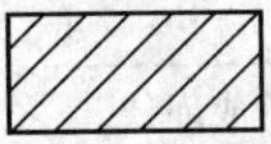

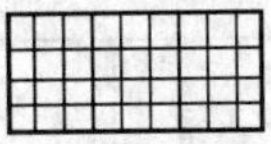

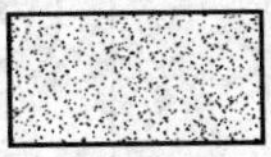

6. 机械运动简图（见表 1-6 ~ 表 1-8）

表 1-6　常用机构运动简图（摘自 GB/T 4460—1984）

机构构件的运动						
名称	单向运动	具有停留的单向运动	具有局部反向的单向运动	往复运动	在两个极限位置停留的往复运动	运动终止
基本符号 直线运动						
基本符号 回转运动						

构件及其组成部分的连接					
名称	机架	轴、杆	构件组成部分的永久连接	组成部分与轴（杆）的固定连接	构件组成部分的可调连接
基本符号及可用符号				可用符号	可用符号

运动副						
名称	回转副	棱柱副（移动副）	螺旋副	圆柱副	球销副	球面副
基本符号	平面机构　空间机构					

多杆构件及其组成部分							
名称	单副元素构件		双副元素构件				
	构件是回转副的一部分	机架是回转副的一部分	连杆	曲柄（或摇杆）	偏心轮	导杆	滑块
基本符号及可用符号 平面机构		可用符号				可用符号	
基本符号及可用符号 空间机构							

（续）

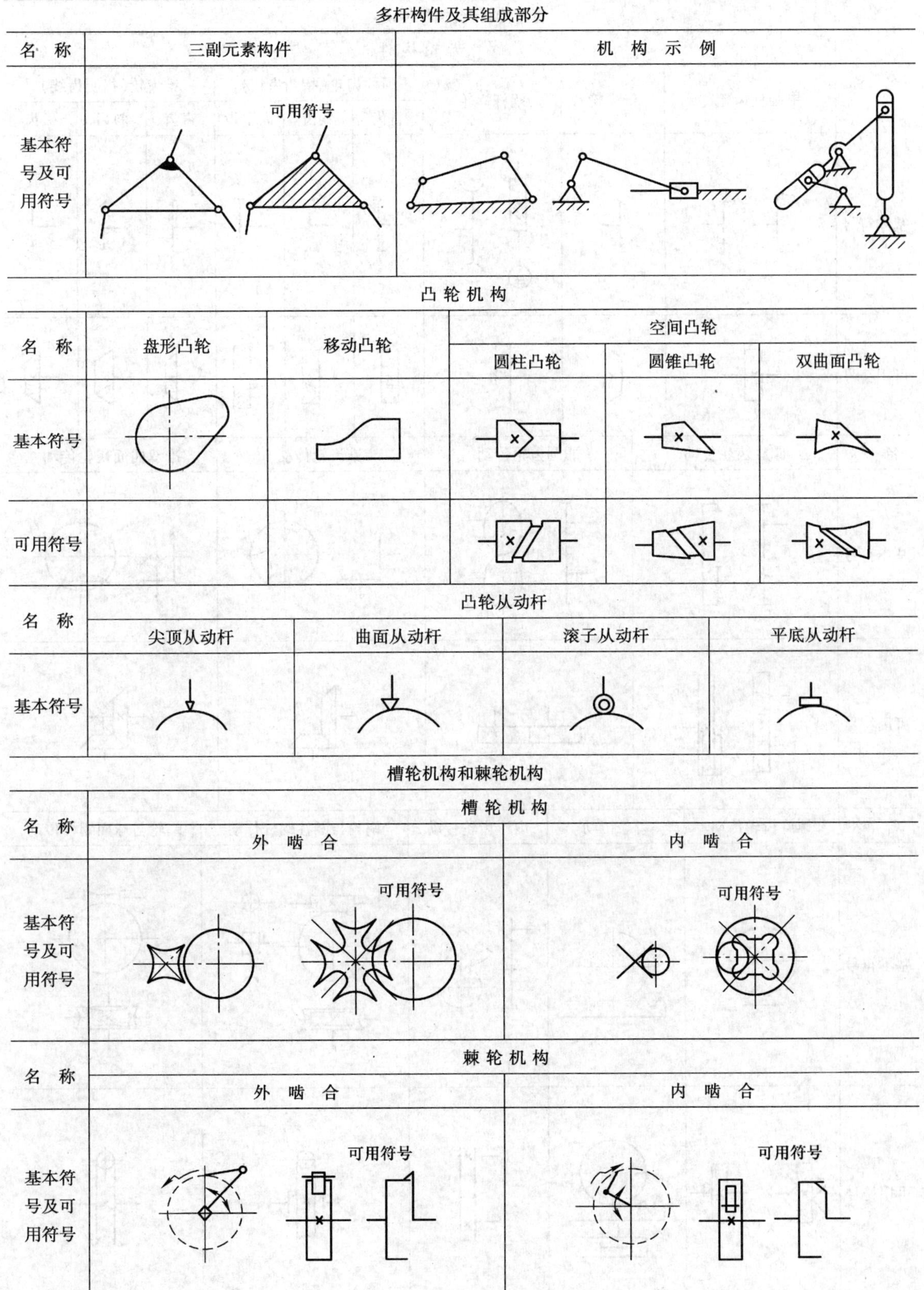

多杆构件及其组成部分		
名　称	三副元素构件	机　构　示　例
基本符号及可用符号	可用符号	

凸 轮 机 构					
名　称	盘形凸轮	移动凸轮	空间凸轮		
			圆柱凸轮	圆锥凸轮	双曲面凸轮
基本符号					
可用符号					

名　称	凸轮从动杆			
	尖顶从动杆	曲面从动杆	滚子从动杆	平底从动杆
基本符号				

槽轮机构和棘轮机构		
名　称	槽　轮　机　构	
	外　啮　合	内　啮　合
基本符号及可用符号	可用符号	可用符号
名　称	棘　轮　机　构	
	外　啮　合	内　啮　合
基本符号及可用符号	可用符号	可用符号

表 1-7　常用机械传动运动简图（摘自 GB/T 4460—1984）

齿轮传动（含蜗杆传动）

名　称	齿轮构件								
	圆柱齿轮	锥齿轮	蜗杆蜗轮	圆柱齿轮（指明齿线）			锥齿轮（指明齿线）		
				直齿	斜齿	人字齿	直齿	斜齿	弧齿
基本符号	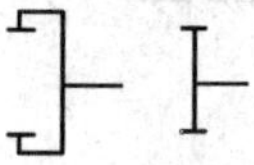		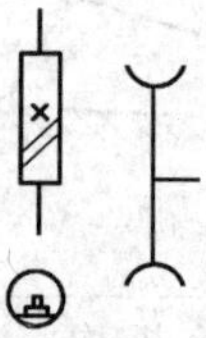				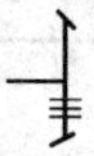		
可用符号	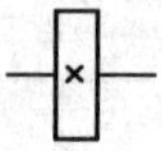	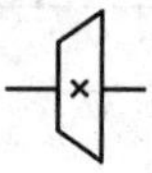	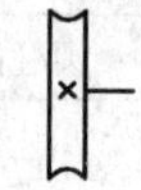		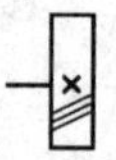	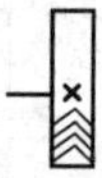			

名　称	圆柱齿轮传动	非圆齿轮传动	锥齿轮传动	准双曲面齿轮传动
基本符号	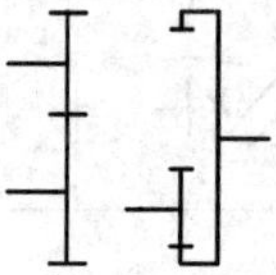	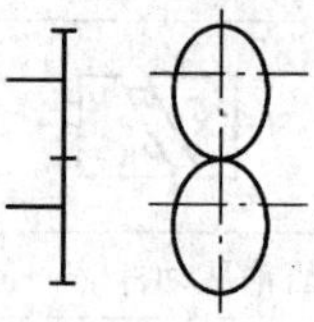	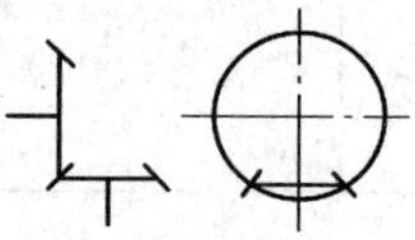	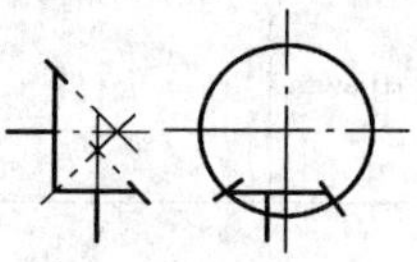
可用符号	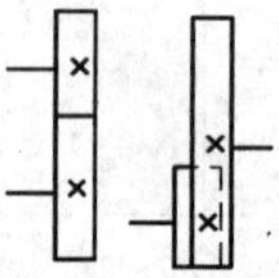	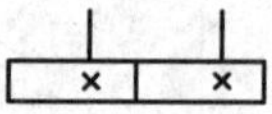	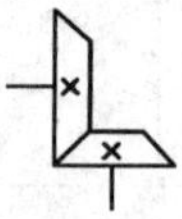	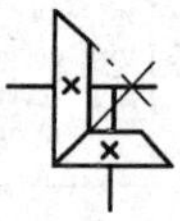

名　称	螺旋齿轮传动	齿条传动	扇形齿轮传动	蜗轮与圆柱蜗杆传动	蜗轮与球面蜗杆传动
基本符号	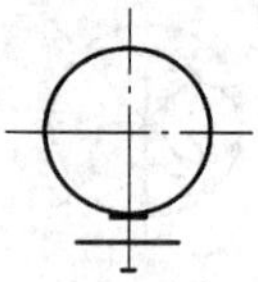		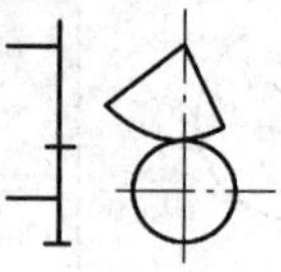	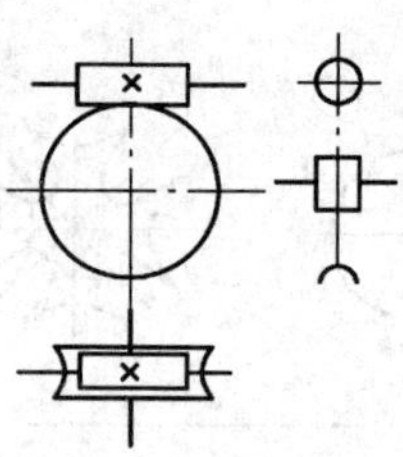	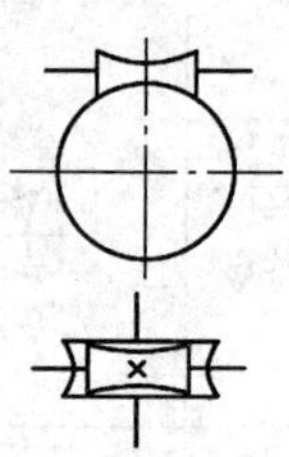
可用符号	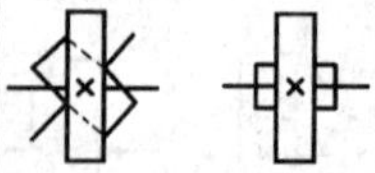	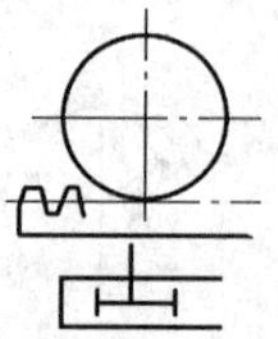	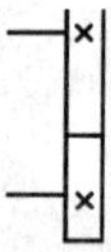	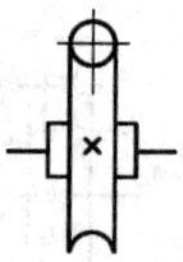	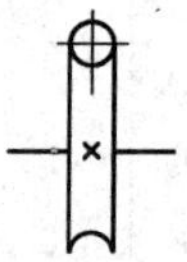

（续）

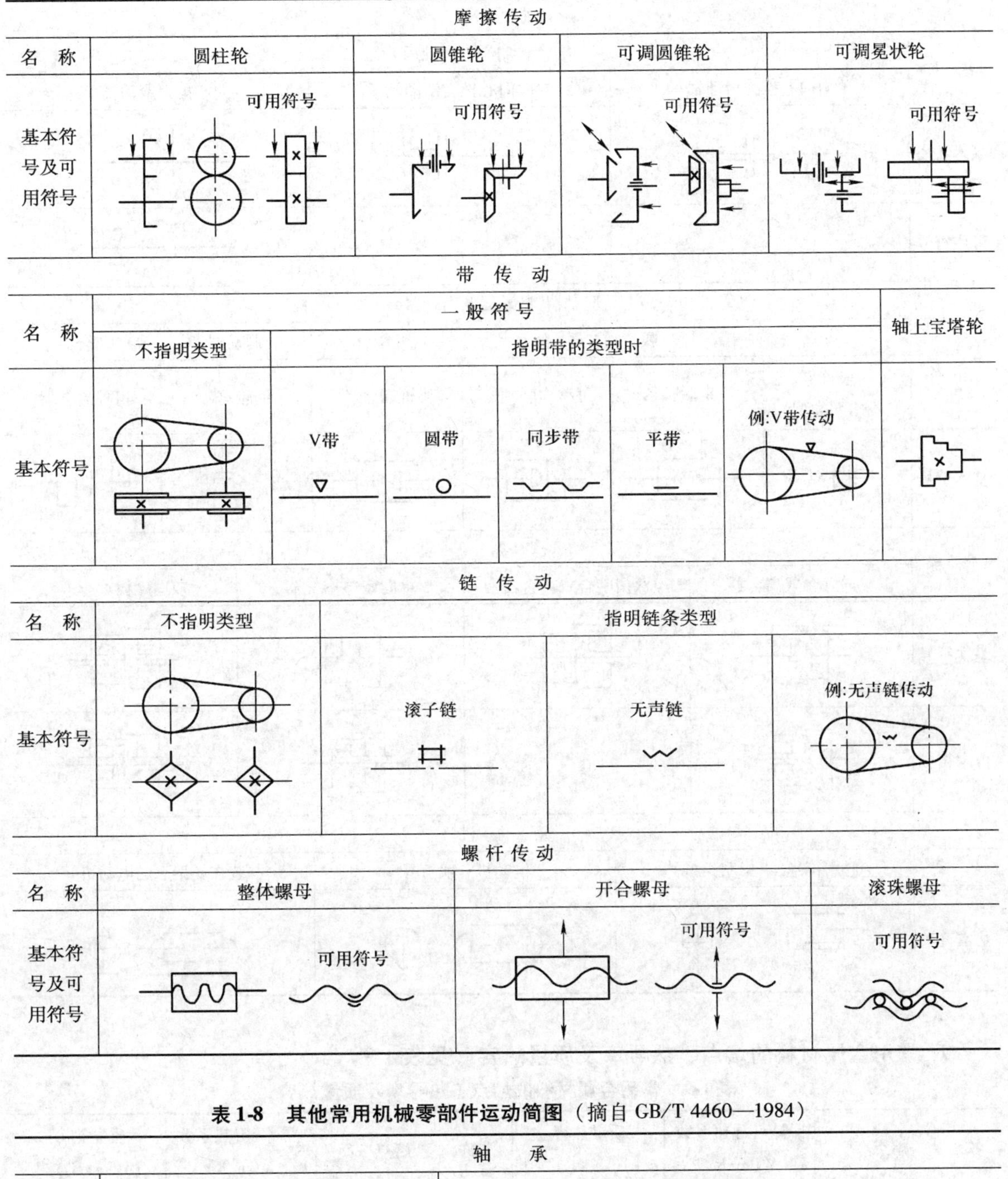

摩擦传动				
名　称	圆柱轮	圆锥轮	可调圆锥轮	可调冕状轮
基本符号及可用符号	可用符号	可用符号	可用符号	可用符号

带　传　动							
名　称	一般符号						轴上宝塔轮
	不指明类型	指明带的类型时					
基本符号		V带	圆带	同步带	平带	例:V带传动	

链　传　动				
名　称	不指明类型	指明链条类型		
基本符号		滚子链	无声链	例:无声链传动

螺杆传动			
名　称	整体螺母	开合螺母	滚珠螺母
基本符号及可用符号	可用符号	可用符号	可用符号

表 1-8　其他常用机械零部件运动简图（摘自 GB/T 4460—1984）

轴　承					
名　称	向心轴承		推力轴承		
	滑动轴承	滚动轴承	单向推力滑动轴承	双向推力滑动轴承	推力滚动轴承
基本符号					
可用符号					

（续）

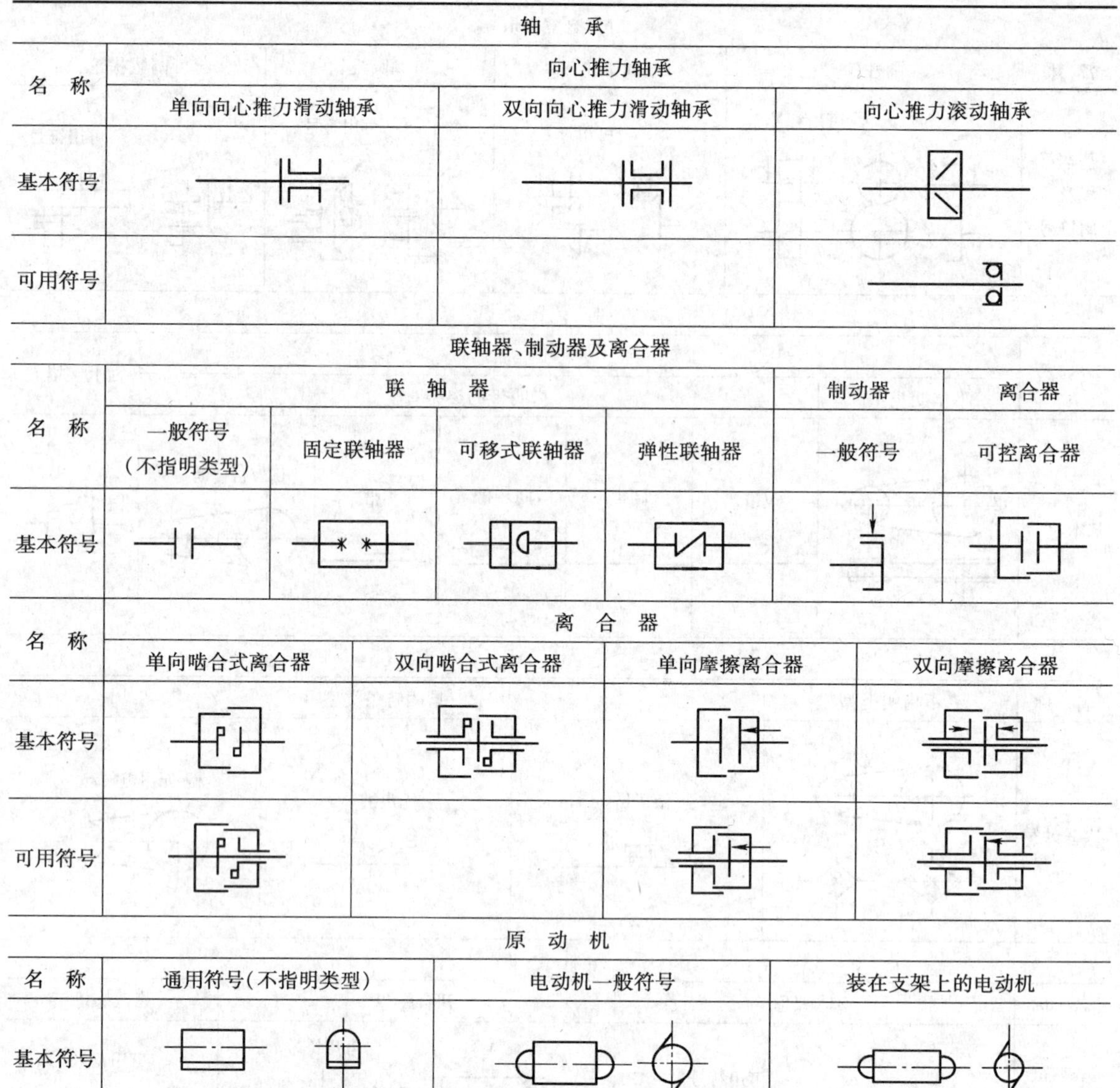

轴承			
名称	向心推力轴承		
	单向向心推力滑动轴承	双向向心推力滑动轴承	向心推力滚动轴承
基本符号			
可用符号			

联轴器、制动器及离合器						
名称	联轴器				制动器	离合器
	一般符号（不指明类型）	固定联轴器	可移式联轴器	弹性联轴器	一般符号	可控离合器
基本符号						

名称	离合器			
	单向啮合式离合器	双向啮合式离合器	单向摩擦离合器	双向摩擦离合器
基本符号				
可用符号				

原动机			
名称	通用符号（不指明类型）	电动机一般符号	装在支架上的电动机
基本符号			

7. 常用金属材料的熔点、热导率及质量热容（见表1-9）

表1-9 常用金属材料的熔点、热导率及质量热容

名称	熔点/°C	热导率(导热系数) λ/[W(m·K)$^{-1}$]	质量热容 c/[J(kg·°C)$^{-1}$]	名称	熔点/°C	热导率(导热系数) λ/[W(m·K)$^{-1}$]	质量热容 c/[J(kg·°C)$^{-1}$]
灰铸铁	1200	46.4～92.3	544.3	铝	658	203	904.3
铸钢	1425		489.9	铅	327	34.8	129.8
软钢	1400～1500	46.4	502.4	锡	232	62.6	234.5
黄铜	950	92.8	393.6	锌	419	110	393.6
青铜	995	63.8	385.2	镍	1452	59.2	452.2
纯铜	1083	392	376.9				

注：表中的热导率数值指0～100°C范围内。

8. 常用材料的体积质量（见表1-10）

表1-10　常用材料的体积质量　　（单位：g/cm^3）

材料名称	体积质量	材料名称	体积质量	材料名称	体积质量
碳钢	7.3～7.85	赛璐珞	1.4	轧锌	7.1
铸钢	7.8	黄铜	8.4～8.85	铅	11.37
高速钢（钨的质量分数为9%）	8.3	铸造黄铜	8.62	锡	7.29
		锡青铜	8.7～8.9	金	19.32
高速钢（钨的质量分数为18%）	8.7	无锡青铜	7.5～8.2	银	10.5
		轧制磷青铜	8.8	汞	13.55
合金钢	7.9	冷拉青铜	8.8	镁合金	1.74
镍铬钢	7.9	工业用铝	2.7	硅钢片	7.55～7.8
灰铸铁	7.0	可铸铝合金	2.7	锡基轴承合金	7.34～7.75
白口铸铁	7.55	铝镍合金	2.7	铅基轴承合金	9.33～10.67
可锻铸铁	7.3	镍	8.9	生石灰	1.1
纯铜	8.9	酚醛层压板	1.3～1.45	熟石灰	1.2
硬质合金（钨钴）	14.4～14.9	尼龙6	1.13～1.14	水泥	1.2
硬质合金（钨钴钛）	9.5～12.4	尼龙66	1.14～1.15	粘土耐火砖	2.10
胶木板、纤维板	1.3～1.4	尼龙1010	1.04～1.06	硅质耐火砖	1.8～1.9
纯橡胶	0.93	橡胶夹布传动带	0.3～1.2	镁质耐火砖	2.6
皮革	0.4～1.2	木材	0.4～0.75	镁铬质耐火砖	2.8
聚氯乙烯	1.35～1.40	石灰石	2.4～2.6	高铬质耐火砖	2.2～2.5
聚苯乙烯	0.91	花岗石	2.6～3.0	碳化硅	3.10
有机玻璃	1.18～1.19	砌砖	1.9～2.3		
无填料的电木	1.2	混凝土	1.8～2.45		

9. 常用材料的弹性模量及泊松比（见表1-11）

表1-11　常用材料的弹性模量及泊松比

名　称	弹性模量 E/GPa	切变模量 G/GPa	泊松比 μ	名　称	弹性模量 E/GPa	切变模量 G/GPa	泊松比 μ
灰铸铁	118～126	44.3	0.3	轧制锌	82	31.4	0.27
球墨铸铁	173		0.3	铅	16	6.8	0.42
碳钢、镍铬钢	206	79.4	0.3	玻璃	55	1.96	0.25
合金钢				有机玻璃	2.35～29.42		
铸钢	202		0.3	橡胶	0.0078		0.47
轧制纯铜	108	39.2	0.31～0.34	电木	1.96～2.94	0.69～2.06	0.35～0.38
冷拔纯铜	127	48.0		夹布酚醛塑料	3.92～8.83		
轧制磷锡青铜	113	41.2	0.32～0.35	赛璐珞	1.71～1.89	0.69～0.98	0.4
冷拔黄铜	89～97	34.3～36.3	0.32～0.42	尼龙1010	1.07		
轧制锰青铜	108	39.2	0.35	硬聚氯乙烯	3.14～3.92		0.34～0.35
轧制铝	68	25.5～26.5	0.32～0.36	聚四氯乙烯	1.14～1.42		
拔制铝线	69			低压聚乙烯	0.54～0.78		
铸铝青铜	103	41.1	0.3	高压聚乙烯	0.147～0.245		
铸锡青铜	103		0.3	混凝土	13.73～39.2	4.9～15.69	0.1～0.18
硬铝合金	70	26.5	0.3				

10. 黑色金属硬度值对照表（见表 1-12）

表 1-12　黑色金属硬度值对照表（参考 GB/T 1172—1999）

洛氏 HRC	维氏 HV	布氏($300D^2$)		洛氏 HRC	维氏 HV	布氏($300D^2$)		洛氏 HRC	维氏 HV	布氏($300D^2$)		洛氏 HRC	维氏 HV	布氏($300D^2$)	
		HBW	d_{10}、d_5、$4d_{2.5}$			HBW	d_{10}、d_5、$4d_{2.5}$			HBW	d_{10}、d_5、$4d_{2.5}$			HBW	d_{10}、d_5、$4d_{2.5}$
68	909	—	—	56	615	—	—	44	428	415	3.006	32	304		
67	879	—	—	55	596	—	—	43	416	403	3.049	31	296		
66	850	—	—	54	578	—	—	42	404	392	3.087	30	288		
65	822	—	—	53	561	—	—	41	393	381	3.130	29	280		
64	795	—	—	52	544	—	—	40	381	370	3.171	28	273	269	3.701
63	770	—	—	51	527	—	—	39	371	360	3.214	27	266	263	3.741
62	745	—	—	50	512	—	—	38	360	350	3.258	26	259	257	3.783
61	721	—	—	49	497	—	—	37	350	341	3.299	25	253	251	3.826
60	698	—	—	48	482	—	—	36	340	332	3.343	24	247	245	3.871
59	676	—	—	47	468	455	2.886	35	331	323	3.388	23	241	240	3.909
58	655	—	—	46	454	441	2.927	34	321	314	3.434	22	235	234	3.957
57	635	—	—	45	441	428	2.967	33	313			21	231	229	3.998
												20	226	225	4.032

注：1. $300D^2$—试验负荷（N）；D—钢球直径，$D=10$，5 和 2.5mm。

2. d_{10}—钢球直径为 10mm 时的压痕直径（mm）；

$2d_5$—2×钢球直径为 5mm 时的压痕直径（mm）；

$4d_{2.5}$—4×钢球直径为 2.5mm 时的压痕直径（mm）。

11. 常用材料的摩擦因数（见表 1-13，表 1-14）

表 1-13　常用材料的滑动摩擦因数

材料名称	摩擦因数 f			
	静摩擦		滑动摩擦	
	无润滑剂	有润滑剂	无润滑剂	有润滑剂
钢—钢	0.15	0.1~0.12	0.15	0.05~0.1
钢—低碳钢			0.2	0.1~0.2
钢—铸铁	0.3		0.18	0.05~0.15
钢—青铜	0.15	0.1~0.15	0.15	0.1~0.15
低碳钢—铸铁	0.2		0.18	0.05~0.15
低碳钢—青铜	0.2		0.18	0.07~0.15
铸铁—铸铁		0.18	0.15	0.07~0.12
铸铁—青铜			0.15~0.2	0.07~0.15
皮革—铸铁	0.3~0.5	0.15	0.6	0.15
橡胶—铸铁			0.8	0.5
钢—夹布胶木			0.22	
青铜—夹布胶木			0.23	
纯铝—钢			0.17	0.02
青铜—酚醛塑料			0.24	
淬火钢—尼龙 9			0.43	0.023
淬火钢—尼龙 1010				0.0395
淬火钢—聚碳酸酯			0.30	0.031
淬火钢—聚甲醛			0.46	0.016
粉末冶金—钢			0.4	0.1
粉末冶金—铸铁			0.4	0.1

表 1-14　常用材料的滚动摩擦因数（估计值）

摩擦材料	滚动摩擦因数 /$k\cdot cm^{-1}$	摩擦材料	滚动摩擦因数 /$k\cdot cm^{-1}$
低碳钢与低碳钢	0.005	木材与木材	0.05～0.08
淬火钢与淬火钢	0.001	表面淬火的车轮与钢轨：	
铸铁与铸铁	0.005	圆锥形车轮	0.08～0.1
木材与钢	0.03～0.04	圆柱形车轮	0.05～0.07

12. 机械传动和摩擦副的效率概略值（见表 1-15）

表 1-15　机械传动和摩擦副的效率概略值

种类		效率η	种类		效率η
圆柱齿轮传动	很好跑合的 6 级精度和 7 级精度齿轮传动（油润滑）	0.98～0.99	摩擦传动	平摩擦传动	0.85～0.92
				槽摩擦传动	0.88～0.90
	8 级精度的一般齿轮传动（油润滑）	0.97		卷绳轮	0.95
	9 级精度的齿轮传动（油润滑）	0.96	联轴器	浮动联轴器（十字沟槽联轴器等）	0.97～0.99
	加工齿的开式齿轮传动（脂润滑）	0.94～0.96		齿式联轴器	0.99
	铸造齿的开式齿轮传动	0.90～0.93		弹性联轴器	0.99～0.995
锥齿轮传动	很好跑合的 6 级和 7 级精度的齿轮传动（油润滑）	0.97～0.98		万向联轴器（$\alpha \leqslant 3°$）	0.97～0.98
				万向联轴器（$\alpha > 3°$）	0.95～0.97
	8 级精度的一般齿轮传动（油润滑）	0.94～0.97	滑动轴承	润滑不良	0.94（一对）
	加工齿的开式齿轮传动（脂润滑）	0.92～0.95		润滑正常	0.97（一对）
	铸造齿的开式齿轮传动	0.88～0.92		润滑特好（压力润滑）	0.98（一对）
蜗杆传动	自锁蜗杆（油润滑）	0.40～0.45		液体摩擦	0.99（一对）
	单头蜗杆（油润滑）	0.70～0.75	滚动轴承	球轴承（稀油润滑）	0.99（一对）
	双头蜗杆（油润滑）	0.75～0.82			
	三头和四头蜗杆（油润滑）	0.80～0.92		滚子轴承（稀油润滑）	0.98（一对）
	圆弧面蜗杆传动（油润滑）	0.85～0.95			
带传动	平带无压紧轮的开式传动	0.98	油池内油的飞溅和密封摩擦		0.95～0.99
	平带有压紧轮的开式传动	0.97	减（变）速器	单级圆柱齿轮减速器	0.97～0.98
	平带交叉传动	0.90		双级圆柱齿轮减速器	0.95～0.96
	V 带传动	0.96		行星圆柱齿轮减速器	0.95～0.98
链传动	焊接链	0.93		单级锥齿轮减速器	0.95～0.96
	片式关节链	0.95		双级锥—圆柱齿轮减速器	0.94～0.95
	滚子链	0.96		无级变速器	0.92～0.95
	齿形链	0.97		摆线—针轮减速器	0.90～0.97
复滑轮组	滑动轴承（$i=2\sim6$）	0.90～0.98	丝杠传动	滑动丝杠	0.30～0.60
	滚动轴承（$i=2\sim6$）	0.95～0.99		滚动丝杠	0.85～0.95

13. 各种传动的传动比推荐范围（见表1-16）

表1-16　各种传动的传动比推荐范围（参考值）

传动类型	传动比	传动类型	传动比
平带传动	≤5	1）开式	≤5
V带传动	≤7	2）单级减速机	≤3
圆柱齿轮传动：		蜗杆传动：	
1）开式	≤8	1）开式	15～60
2）单级减速机	≤4～6	2）单级减速机	10～40
3）单级外啮合和内啮合行星减速器	3～9	链传动	≤6
锥齿轮传动：		摩擦轮传动	≤5

14. 常用法定计量单位及换算关系（见表1-17）

表1-17　常用法定计量单位及换算关系

量的名称	法定计量单位		非法定计量单位		换算关系
	名称	符号	名称	符号	
旋转速度	转每分	r/min			1r/min = (1/60)r/s
长度	米	m	埃	Å	1Å = 0.1nm = 10^{-10}m
			英寸	in	1in = 0.0254m = 25.4mm
面积	平方米	m^2	公亩	a	1a = 10^2m^2
			公顷	ha	1ha = 10^4m^2
体积、容积	立方米	m^3	立方英尺	ft^3	1ft^3 = 0.0283168m^3 = 28.3168dm^3
	升	L(l)	英加仑	UKgal	1UKgal = 4.54609dm^3
		(1L = $10^{-3}m^3$)	美加仑	USgal	1USgal = 3.78541dm^3
质量	千克(公斤)	kg	磅	lb	1lb = 0.45359237kg
	吨	t	长吨(英吨)	ton	1ton = 1016.05kg
力、重力	牛[顿]	N	达因	dyn	1dyn = 10^{-5}N
			千克力,(公斤力)	kgf	1kgf = 9.80665N
			吨力	tf	1tf = 9.80665 × 10^3N
力矩	牛[顿]米	N·m	千克力米	kgf·m	1kgf·m = 9.80665N·m
压力、压强	帕[斯卡]	Pa	巴	bar	1bar = 0.1MPa = 10^5Pa(1Pa = 1N/m^2)
			标准大气压	atm	1atm = 101325Pa
			毫米汞柱	mmHg	1mmHg = 133.3224Pa
			千克力每平方厘米（工程大气压）	kgf/cm^2(at)	1kgf/cm^2 = 9.80665 × 10^4Pa
应力			千克力每平方毫米	kgf/mm^2	1kgf/mm^2 = 9.80665 × 10^6Pa
动力粘度	帕[斯卡]秒	Pa·s	泊	P	1P = 0.1Pa·s
运动粘度	二次方米每秒	m^2/s	斯[托克斯]	St	1St = 1cm^2/s = $10^{-4}m^2$/s
能、功	焦[耳]	J	千克力米	kgf·m	1kgf·m = 9.80665J
			尔格	erg	1erg = 10^{-7}J
热量			卡	cal	1cal = 4.1868J
			热化学卡	calth	1calth = 4.1840J
功率	瓦[特]	W	[米制]马力		1[米制]马力 = 735.499W

（续）

量的名称	法定计量单位		非法定计量单位		换算关系
	名　称	符　号	名　称	符　号	
比热容	焦[耳]每千克开[尔文]	J/(kg·K)	千卡每千克开[尔文]	kcal/(kg·K)	1kcal/(kg·K) = 4.1868 × 10^3J/(kg·K)
传热系数	瓦[特]每平方米开[尔文]	W/(m^2·K)	卡每平方厘米秒开[尔文]	cal/(cm^2·s·K)	1cal/(cm^2·s·K) = 4.1868 × 10^4W/(m^2·K)
热导率（导热系数）	瓦[特]每米开[尔文]	W/(m·K)	卡每厘米秒开[尔文]	cal/(cm·s·K)	1cal/(cm·s·K) = 4.1868 × 10^2W/(m·K)

三、一般标准

1. 标准尺寸（见表 1-18）

表 1-18　标准尺寸（摘自 GB/T 2822—2005）　　（单位：mm）

R10	R′10	R20	R′20	R40	R′40	R10	R′10	R20	R′20	R40	R′40	R10	R′10	R20	R′20	R40	R′40
		9.0	9.0							67	67					375	(380)
10.0	10	10.0	10.0					71	71	71	71	400	400	400	400	400	400
		11.2	(11)							75	75					425	(420)
12.5	(12)	12.5	(12)	12.5	(12)	80	80	80	80	80	80			450	450	450	450
				13.2	13					85	85					475	(480)
		14.0	14	14.0	14			90	90	90	90	500	500	500	500	500	500
				15.0	15					95	95					530	530
16.0	16	16.0	16	16.0	16	100	100	100	100	100	100			560	560	560	560
				17.0	17					106	(105)					600	600
		18.0	18	18.0	18			112	(110)	112	(110)	630	630	630	630	630	630
				19.0	19					118	(120)					670	670
20.0	20	20.0	20	20.0	20	125	125	125	125	125	125			710	710	710	710
				21.2	(21)					132	(130)					750	750
		22.4	(22)	22.4	(22)			140	140	140	140	800	800	800	800	800	800
				23.6	(24)					150	150					850	850
25.0	25	25.0	25	25.0	25	160	160	160	160	160	160			900	900	900	900
				26.5	(26)					170	170					950	950
		28.0	28	28.0	28			180	180	180	180	1000	1000	1000	1000	1000	1000
				30.0	30					190	190					1000	
31.5	(32)	31.5	(32)	31.5	(32)	200	200	200	200	200	200			1120		1120	
				33.5	(34)					212	(210)					1180	
		35.5	(36)	35.5	(36)			224	(220)	224	(220)	1250		1250		1250	
				37.5	(38)					236	(240)					1320	
40.0	40	40.0	40	40.0	40	250	250	250	250	250	250			1400		1400	
				42.5	(42)					265	(260)					1500	
		45.0	45	45.0	45			280	280	280	280	1600		1600		1600	
				47.5	(48)					300	300					1700	
50.0	50	50.0	50	50.0	50	315	(320)	315	(320)	315	(320)			1800		1800	
				53.0	53					335	(340)					1900	
		56.0	56	56.5	56			355	(360)	355	(360)	2000		2000		2000	
				60.0	60												
63	63	63	63	63	63												

注：1. R′系列（　）中的数字为 R 系列相应各项优先数的化整值。
2. “标准尺寸”为直径、长度、高度等系列尺寸。
3. 标准中 0.01 ~ 10mm 的尺寸，此表中未列出。
4. 选择尺寸时，按 R10、R20、R40 的顺序优先选用 R 系列。如必须将数值圆整，可选择相应的 R′系列，应按照 R′10、R′20、R′40 的顺序选择。

2. 锥度与锥角系列（见表1-19）

表 1-19 锥度与锥角系列（摘自 GB/T 157—2001）

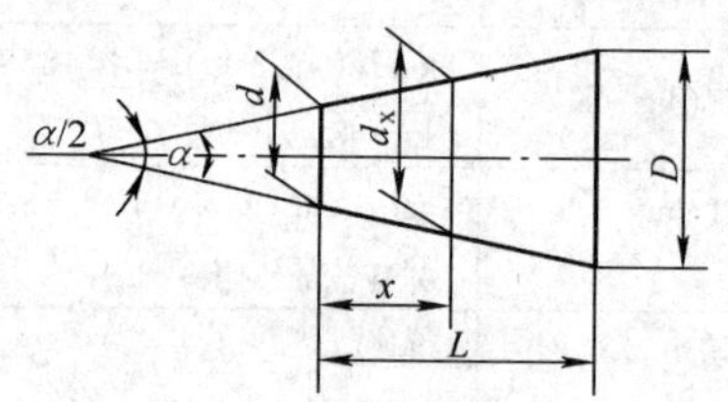

锥度 $C=\frac{D-d}{L}=2\tan\frac{\alpha}{2}$

一般用途圆锥的锥度与锥角

基本值		推算值			应用举例
系列1	系列2	圆锥角α		锥度C	
120°		—	—	1:0.288675	螺纹孔的内倒角，填料盒内填料的锥度
90°		—	—	1:0.500000	沉头螺钉头，螺纹倒角，轴的倒角
	75°	—	—	1:0.651613	车床顶尖，中心孔
60°		—	—	1:0.866025	车床顶尖，中心孔
45°		—	—	1:1.207107	轻型螺旋管接口的锥形密合
30°		—	—	1:1.866025	摩擦离合器
1:3		18°55′28.7″	18.924644°	—	有极限转矩的摩擦圆锥离合器
1:5		11°25′16.3″	11.421186°	—	易拆机件的锥形联接，锥形摩擦离合器
	1:6	9°31′38.2″	9.522783°	—	
	1:7	8°10′16.4″	8.171234°	—	重型机床顶尖，旋塞
	1:8	7°9′9.6″	7.152669°	—	联轴器和轴的圆锥面联接
1:10		5°43′29.3″	5.724810°	—	受轴向力有横向力的锥形零件的接合面，电动机及其他机械的锥形轴端
	1:12	4°46′18.8″	4.771888°	—	固定球及滚子轴承的衬套
	1:15	3°49′5.9″	3.818305°	—	受轴向力的锥形零件的接合面，活塞与活塞杆的连接
1:20		2°51′51.1″	2.864192°	—	机床主轴锥度，刀具尾柄，公制锥度铰刀，圆锥螺栓
1:30		1°54′34.9″	1.909683°	—	装柄的铰刀及扩孔钻
1:50		1°8′45.2″	1.145877°	—	圆锥销，定位销，圆锥销孔的铰刀
1:100		0°34′22.6″	0.572953°	—	承受陡振及静变载荷的不需拆开的联接机件
1:200		0°17′11.3″	0.286478°	—	承受陡振及冲击变载荷的需拆开的零件，圆锥螺栓
1:500		0°6′52.5″	0.114592°	—	

特殊用途圆锥的锥度与锥角

基本值	圆锥角α		锥度C	应用举例
7:24	16°35′39.4″	16.594290°	1:3.428571	机床主轴，工具配合
1:9	6°21′34.8″	6.359660°	—	电池接头
1:16.666	3°26′12.7″	3.436853°	—	医疗设备
1:19.002	3°0′52.4″	3.014554°	—	莫氏锥：No.5
1:19.180	2°59′11.7″	2.986590°	—	No.6
1:19.212	2°58′53.8″	2.981618°	—	No.0
1:19.254	2°58′30.4″	2.975117°	—	No.4
1:19.992	2°52′31.4″	2.875402°	—	No.3
1:20.020	2°51′40.8″	2.861332°	—	No.2
1:20.047	2°51′26.9″	2.857480°	—	No.1

3. 棱体的角度与斜度（见表 1-20）

表 1-20　棱体的角度与斜度（摘自 GB/T 4096—2001）

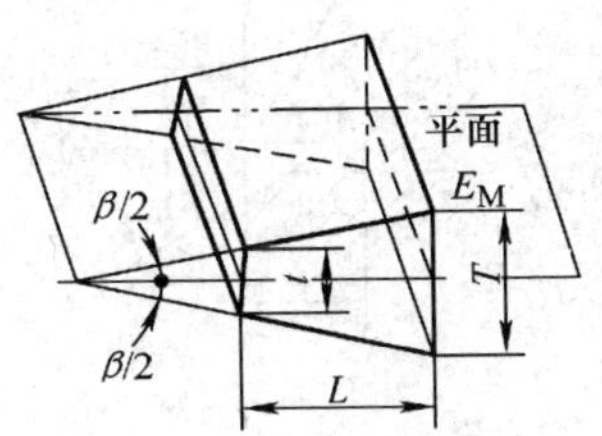

对称型的棱：

比率 $C_p=\dfrac{T-t}{L}$

$C_p=2\tan\dfrac{\beta}{2}=1:\dfrac{1}{2}\cot\dfrac{\beta}{2}$

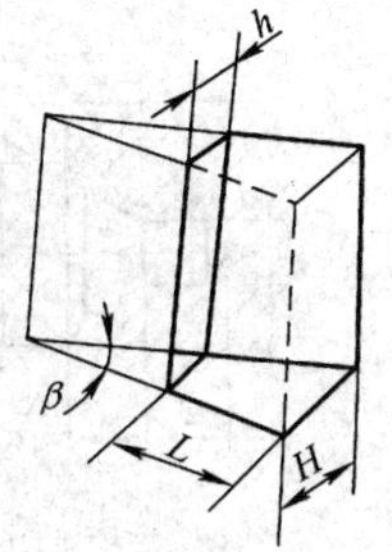

非对称型的棱：

斜度 $S=\dfrac{H-h}{L}$

$S=\tan\beta=1:\cot\beta$

一般用途棱体的角度与斜度

基本值			推算值		
系列 1	系列 2	S	C_p	S	β
120°	—	—	1:0.288675	—	—
90°	—	—	1:0.50000	—	—
—	75°	—	1:0.651613	1:0.267949	—
60°	—	—	1:0.866025	1:0.577350	—
45°	—	—	1:1.207107	1:1.000000	—
—	40°	—	1:1.373739	1:1.191754	—
30°	—	—	1:1.866025	1:1.732051	—
20°	—	—	1:2.835641	1:2.747477	—
15°	—	—	1:3.797877	1:3.732051	—
—	10°	—	1:5.715026	1:5.671282	—
—	8°	—	1:7.150333	1:7.115370	—
—	7°	—	1:8.174928	1:8.144346	—
—	6°	—	1:9.540568	1:9.514364	—
—	—	1:10	—	—	5°42′38″
5°	—	—	1:11.451883	1:11.430052	—
—	4°	—	1:14.318127	1:14.300666	—
—	3°	—	1:19.094230	1:19.081137	—
—	—	1:20	—	—	2°51′44.7″
—	2°	—	1:28.644982	1:28.636253	—
—	—	1:50	—	—	1°8′44.7″
—	1°	—	1:57.294327	1:57.289962	—
—	—	1:100	—	—	0°34′25.5″
—	0°30′	—	1:114.590832	1:114.588650	—
—	—	1:200	—	—	0°17′11.3″
—	—	1:500	—	—	0°6′52.5″

特殊用途棱体的角度与斜度

基本值 角度 β	推算值 比率 C_p	
108°	1:0.3632713	V 形体
75°	1:0.6881910	V 形体
55°	1:0.9604911	导轨
50°	1:1.0722535	榫

注：优先选用系列 1。当不能满足需要时，选用系列 2。

4. 中心孔（见表 1-21）

表 1-21 60°中心孔（摘自 GB/T 145—2001） （单位：mm）

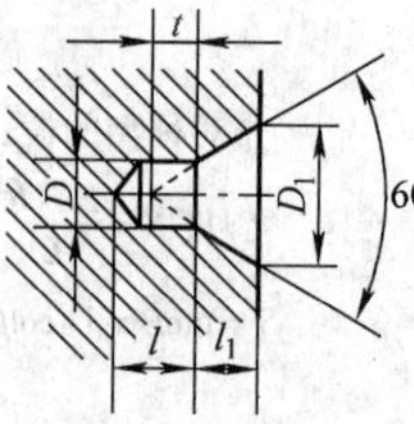

A型 不带护锥中心孔

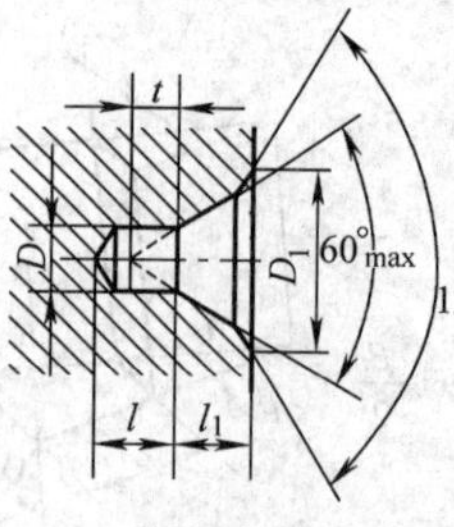

B型 带护锥中心型

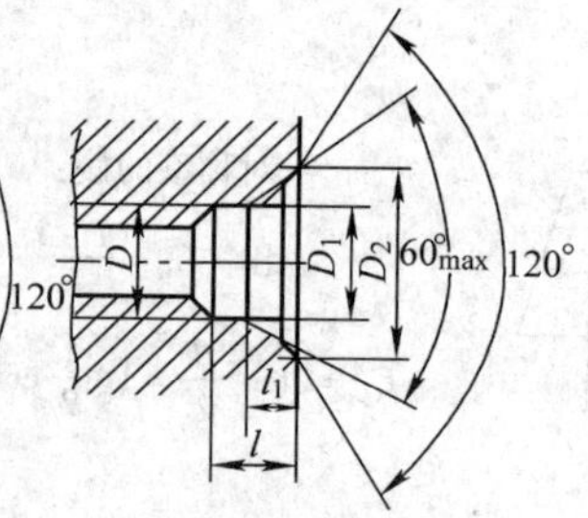

C型 带螺纹中心孔

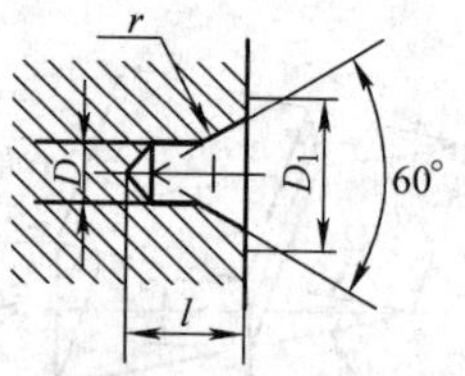

R型 弧形中心孔

D			D_1			l_1（参考）		t（参考）		l_{min}	r max	r min	D	D_1	D_2	l	l_1	l_2
A 型	B 型	R 型	A 型	B 型	R 型	A 型	B 型	A 型	B 型	R 型			C 型					
(0.50)	—	—	1.06	—	—	0.48	—	0.5	—	—	—	—						
(0.63)	—	—	1.32	—	—	0.60	—	0.6	—	—	—	—						
(0.80)	—	—	1.70	—	—	0.78	—	0.7	—	—	—	—						
1.00			2.12	3.15	2.12	0.97	1.27	0.9		2.3	3.15	2.50						
(1.25)			2.65	4.00	2.65	1.21	1.60	1.1		2.8	4.00	3.15						
1.60			3.35	5.00	3.35	1.52	1.99	1.4		3.5	5.00	4.00						
2.00			4.25	6.30	4.25	1.95	2.54	1.8		4.4	6.30	5.00						
2.50			5.30	8.00	5.30	2.42	3.20	2.2		5.5	8.00	6.30						
3.15			6.70	10.00	6.70	3.07	4.03	2.8		7.0	10.00	8.00	M3	3.2	5.8	2.6	1.8	9.0
4.00			8.50	12.50	8.50	3.90	5.05	3.5		8.9	12.50	10.00	M4	4.3	7.4	3.2	2.1	10.0
(5.00)			10.60	16.00	10.60	4.85	6.41	4.4		11.2	16.00	12.50	M5	5.3	8.8	4.0	2.4	13.0
6.30			13.20	18.00	13.20	5.98	7.36	5.5		14.0	20.00	16.00	M6	6.4	10.5	5.0	2.8	16.0
(8.00)			17.00	22.40	17.00	7.70	9.36	7.0		17.9	25.00	20.00	M8	8.4	13.2	6.0	3.3	20.0
10.00			21.20	28.00	21.20	9.70	11.66	8.7		22.5	31.5	25.00	M10	10.5	16.3	7.5	3.8	24.0
													M12	13.0	19.8	9.5	4.4	28.0
													M16	17.0	25.3	12.0	5.2	36.0
													M20	21.0	31.3	15.0	6.4	42.0
													M24	25.0	33.0	18.0	8.0	50.0

注：1. 括号内尺寸尽量不用。

2. A、B 型中尺寸 l 取决于中心钻的长度，此值不应小于 t 值。

3. C 型 l_1 值可根据需要进行调整。

4. C 型内螺纹 D 的螺纹公差带代号取 7H。

5. 零件的倒圆与倒角（摘自 GB/T 6403.4—2008）（见表 1-22 ~ 表 1-25）

表 1-22　倒圆、倒角形式及尺寸　（单位：mm）

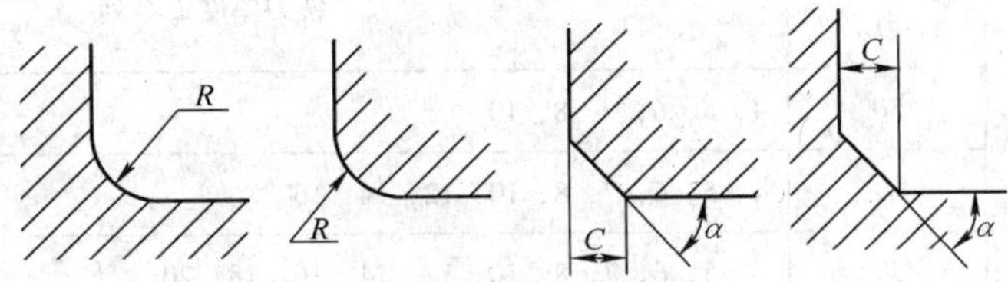

R	0.1	0.2	0.3	0.4	0.5	0.6	0.8	1.0	1.2	1.6	2.0	2.5	3.0
C	4.0	5.0	6.0	8.0	10	12	16	20	25	32	40	50	—

注：α 一般采用 45°，也可采用 30°或 60°。

表 1-23　内角和外角分别为倒圆、倒角（45°）的四种装配形式

内角倒圆、外角倒角时	内角倒圆、外角倒圆时	内角倒角、外角倒圆时	内角倒角、外角倒角时
$C_1>R$	$R_1>R$	$C<0.58R_1$	$C_1>C$

注：1. 内角倒角、外角倒圆时，C_{max} 与 R_1 的关系见表 1-24。

2. 按图的形式装配时，内角与外角取值要适当，外角的倒圆或倒角过大会影响零件工作面；内角的倒圆或倒角过小会产生应力集中。

表 1-24　内角倒角、外角倒圆时 C_{max} 与 R_1 的关系　（单位：mm）

R_1	0.1	0.2	0.3	0.4	0.5	0.6	0.8	1.0	1.2	1.6	2.0
C_{max}	—	0.1		0.2		0.3	0.4	0.5	0.6	0.8	1.0
R_1	2.5	3.0	4.0	5.0	6.0	8.0	10	12	16	20	25
C_{max}	1.2	1.6	2.0	2.5	3.0	4.0	5.0	6.0	8.0	10	12

表 1-25　与直径 D 相应的倒角 C、倒圆 R 的推荐值　（单位：mm）

D	~3	>3 ~ 6	>6 ~ 10	>10 ~ 18	>18 ~ 30	>30 ~ 50	>50 ~ 80	>80 ~ 120	>120 ~ 180	>180 ~ 250
C 或 R	0.2	0.4	0.6	0.8	1.0	1.6	2.0	2.5	3.0	4.0

D	>250 ~ 320	>320 ~ 400	>400 ~ 500	>500 ~ 630	>630 ~ 800	>800 ~ 1000	>1000 ~ 1250	>1250 ~ 1600
C 或 R	5.0	6.0	8.0	10	12	16	20	25

注：符号 C 和 R 参见表 1-22 ~ 表 1-24。

6. 直齿三面刃铣刀尺寸（见表1-26）

表1-26　直齿三面刃铣刀尺寸（摘自 GB/T 1117—1985）　　（单位：mm）

铣刀直径 D	铣刀厚度 L 系列
50	4，5，6，7，8，10
63	4，5，6，7，8，10，12，14，16
80	5，6，7，8，10，12，14，16，18，20
100	6，7，8，10，12，14，16，18，20，22，25
125	8，10，12，14，16，18，20，22，25，28
160	10，12，14，16，18，20，22，25，28，32
200	12，14，16，18，20，22，25，28，32，36，40

7. 齿轮滚刀外径尺寸（见表1-27）

表1-27　齿轮滚刀外径尺寸（摘自 GB/T 6083—2001）　　（单位：mm）

模数系列		1	1.25	1.5	1.75	2	2.25	2.5	2.75	3	3.25	3.5	3.75	4	4.5	5	5.5	6	6.5	7	8	9	10
滚刀外径 D	Ⅰ型	63		71		80		90		100				112		125		140			160	180	200
	Ⅱ型	50		63			71			80			90			100	112		118		125	140	150

注：Ⅰ型适用于 JB/T 3227—1999 所规定的 AAA 级滚刀及 GB/T 6084—2001 所规定的 AA 级滚刀。Ⅱ型适用于 GB/T 6084—2001 所规定的 AA、A、B、C 四种精度的滚刀。

8. 燕尾槽（见表1-28）

表1-28　燕尾槽（摘自 JB/ZQ 4241—2006）　　（单位：mm）

A	40 ~65	50 ~70	60 ~90	80 ~125	100 ~160	125 ~200	160 ~250	200 ~320	250 ~400	320 ~500
B	12	16	20	25	32	40	50	65	80	100
c	1.5 ~5									
e	1.5		2.0				2.5			
f	2		3				4			
H	8	10	12	16	20	25	32	40	50	65

注：1. 尺寸 A（mm）的系列为：40，45，50，55，60，65，70，80，90，100，110，125，140，160，180，200，225，250，280，320，360，400，450，500。

2. 尺寸 c 为推荐值。

9. T 形槽（见表 1-29）

表 1-29　T 形槽（GB/T 158—1996）　　（单位：mm）

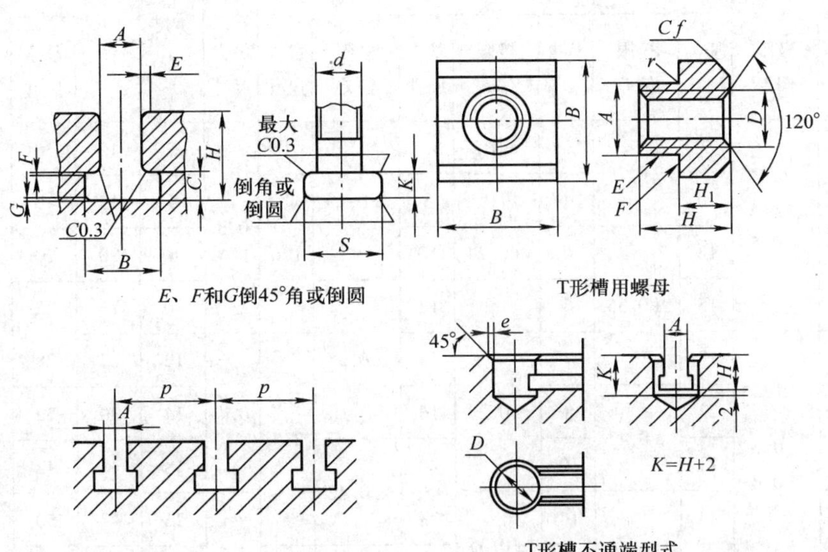

E、F和G倒45°角或倒圆

T形槽用螺母

T形槽不通端型式

T 形槽										螺栓头部			T 形槽间距 p				T 形槽间距偏差	
A	B		C		H		E	F	G	d	S	K					间距 p	极限偏差
基本尺寸	最小尺寸	最大尺寸	最小尺寸	最大尺寸	最小尺寸	最大尺寸	最大尺寸	最大尺寸	最大尺寸	公称尺寸	最大尺寸	最大尺寸						
5	10	11	3.5	4.5	8	10	1	0.6	1	M4	9	3		20	25	32	20	±0.2
6	11	12.5	5	6	11	13				M5	10	4		25	32	40	25	
8	14.5	16	7	8	15	18				M6	13	6		32	40	50	32 ~ 100	±0.3
10	16	18	7	8	17	21				M8	15	6		40	50	63		
12	19	21	8	9	20	25				M10	18	7	(40)	50	63	80		
14	23	25	9	11	23	28	1.6		1.6	M12	22	8	(50)	63	80	100	125 ~ 250	±0.5
18	30	32	12	14	30	36		1		M16	28	10	(63)	80	100	125		
22	37	40	16	18	38	45			2.5	M20	34	14	(80)	100	125	160		
28	46	50	20	22	48	56				M24	43	18	100	125	160	200		
36	56	60	25	28	61	71	2.5			M30	53	23	125	160	200	250	320 ~ 500	±0.8
42	68	72	32	35	74	85		1.6	4	M36	64	28	160	200	250	320		
48	80	85	36	40	84	95		2	6	M42	75	32	200	250	320	400		
54	90	95	40	44	94	106				M48	85	36	250	320	40	500		

（续）

T形槽宽度A	T形槽用螺母尺寸 D		A		B		H_1		H		f	r	T形槽不通端尺寸 宽度A	K	D		e
	公称尺寸	基本尺寸	极限偏差	基本尺寸	极限偏差	基本尺寸	极限偏差	基本尺寸	极限偏差	最大尺寸	最大尺寸			基本尺寸	极限偏差	
5	M4	5	-0.3 -0.5	9	±0.29	3	±0.2	6.5	±0.29	1	0.3	5	12	15	+1 0	0.5
6	M5	6		10		4	±0.24	8		1.6		6	15	16		
8	M6	8		13	±0.35	6		10				8	20	20	+1.5 0	1
10	M8	10		15		6		12	±0.35			10	23	22		
12	M10	12	-0.3 -0.6	18		7	±0.29	14		2.5	0.4	12	27	28		
14	M12	14		22	±0.42	8		16				14	30	32		
18	M16	18		23		10		20	±0.42			18	38	42		1.5
22	M20	22		34	±0.5	14	±0.35	28			0.5	22	47	50	+2 0	
28	M24	28		43		18		36	±0.5	4		28	58	62		2
36	M30	36	-0.4 -0.7	53	±0.6	23	±0.42	44		6		36	73	76		
42	M36	42		64		28		52	±0.6		0.8	42	87	92		
48	M42	48		75		32	±0.5	60				48	97	108		
54	M48	54		85	±0.7	36		70				54	108	122		

注：螺母材料为45钢。螺母表面粗糙度（按GB/T 1031—1995）最大允许值，基准槽用螺母的E面和F面为3.2μm；其余为6.3μm。螺母进行热处理，硬度为35HRC，并发蓝。

10. 插齿空刀槽（见表1-30）

表1-30　插齿空刀槽（摘自JB/ZQ 4239—1986）　　（单位：mm）

模数	2	2.5	3	4	5	6	7	8	9	10	12	14	16	18	20	22	25
h_{min}	5	6	6	6	7	7	7	8	8	8	9	9	9	10	10	10	12
b_{min}	5	6	7.5	10.5	13	15	16	19	22	24	28	33	38	42	46	51	58
r	0.5			1.0													

11. 滚人字齿轮退刀槽（见表 1-31）

表 1-31　滚人字齿轮退刀槽（摘自 JB/ZQ 4230—1986）　　（单位：mm）

法向模数 m_n	螺旋角 25°	30°	35°	40°	法向模数 m_n	螺旋角 25°	30°	35°	40°
	b_{min}					b_{min}			
4	46	50	52	54	16	148	158	165	174
5	58	58	62	64	18	164	175	184	192
6	64	66	72	74	20	185	198	208	218
7	70	74	78	82	22	200	212	224	234
8	78	82	86	90	25	215	230	240	250
9	84	90	94	98	28	238	252	266	278
10	94	100	104	108	30	246	260	276	290
12	118	124	130	136	32	264	270	300	312
14	130	138	146	152	36	284	304	322	335

b_{mim}

退刀槽深度 h 由设计者决定，一般可取 $0.3m_n$

12. 滑移齿轮的齿端圆角和倒角尺寸（见表 1-32）

表 1-32　滑移齿轮的齿端圆角和倒角尺寸　　（单位：mm）

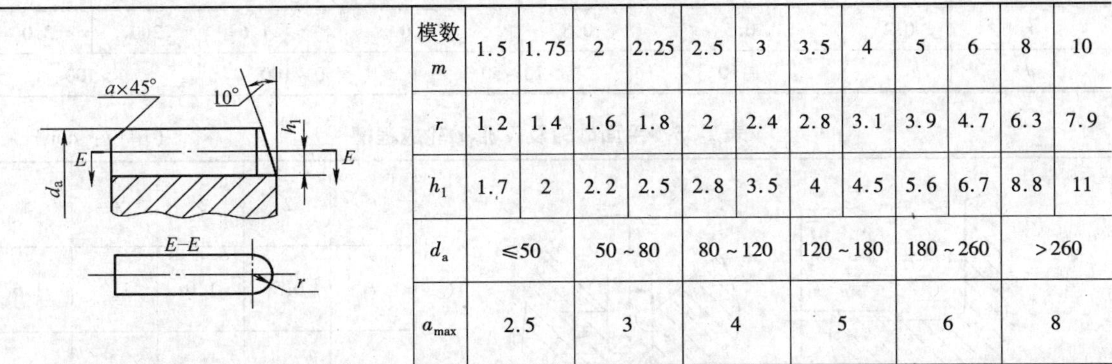

模数 m	1.5	1.75	2	2.25	2.5	3	3.5	4	5	6	8	10
r	1.2	1.4	1.6	1.8	2	2.4	2.8	3.1	3.9	4.7	6.3	7.9
h_1	1.7	2	2.2	2.5	2.8	3.5	4	4.5	5.6	6.7	8.8	11
d_a	≤50		50~80		80~120		120~180		180~260		>260	
a_{max}	2.5		3		4		5		6		8	

13. 刨切、插、珩磨越程槽（见表 1-33）

表 1-33　刨切、插、珩磨越程槽　　（单位：mm）

名　称	刨切越程
龙门刨	$a+b=100\sim200$
牛头刨床 立刨床	$a+b=50\sim75$
大插床如 STSR1400 小插床如 B516	50~100 10~12
珩磨内圆 外　圆	$b>30$ $b=6\sim8$

a　切削长度　b

b

14. 砂轮越程槽（摘自 GB/T 6403.5—2008）（见表 1-34～表 1-37）

表 1-34 回转面及端面砂轮越程槽的形式及尺寸 （单位：mm）

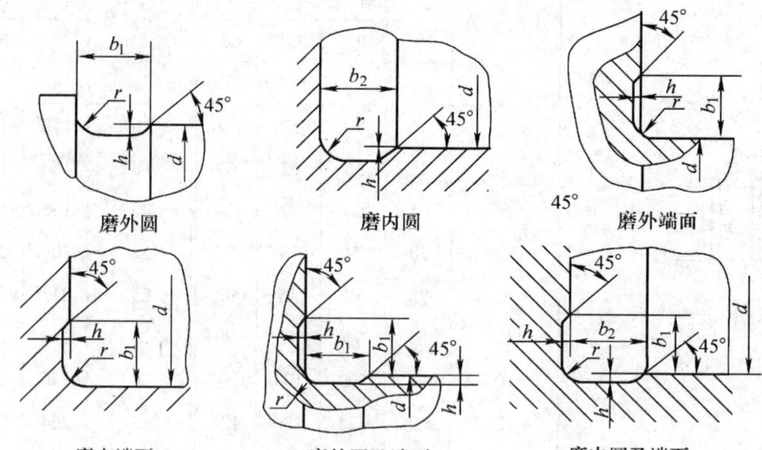

b_1	0.6	1.0	1.6	2.0	3.0	4.0	5.0	8.0	10
b_2	2.0	3.0		4.0		5.0		8.0	10
h	0.1	0.2		0.3	0.4		0.6	0.8	1.2
r	0.2	0.5		0.8	1.0		1.6	2.0	3.0
d		~10		>10～50		>50～100		>100	

表 1-35 平面砂轮及 V 形砂轮越程槽 （单位：mm）

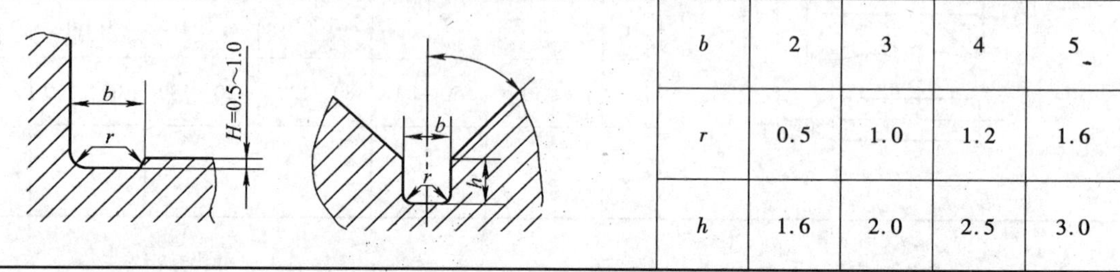

b	2	3	4	5
r	0.5	1.0	1.2	1.6
h	1.6	2.0	2.5	3.0

表 1-36 燕尾导轨砂轮越程槽

（单位：mm）

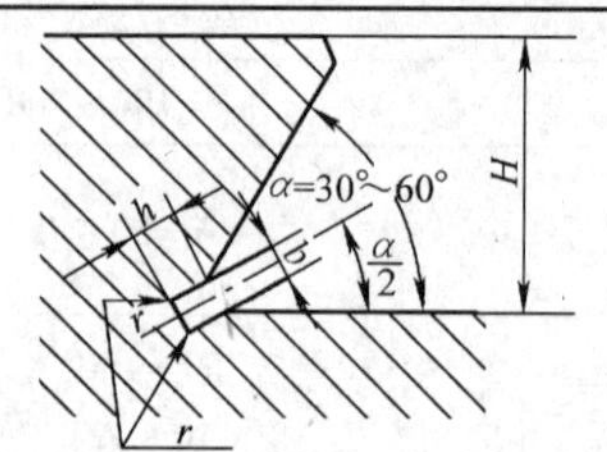

H	≤5	6	8	10	12	16	20	25	32	40	50	63	80
b / h	1	2		3			4			5			6
r	0.5			1.0			1.6						2.0

表 1-37 矩形导轨砂轮越程槽

（单位：mm）

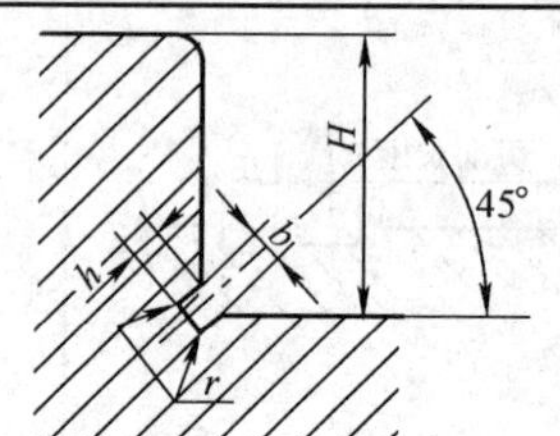

H	8	10	12	16	20	25	32	40	50	63	80	100
b	2				3				5		8	
h	1.6				2.0				3.0		5.0	
r	0.5				1.0				1.6		2.0	

15. 圆柱形轴伸及机器轴高（见表1-38，表1-39）

表1-38 圆柱形轴伸（摘自GB/T 1569—2005） （单位：mm）

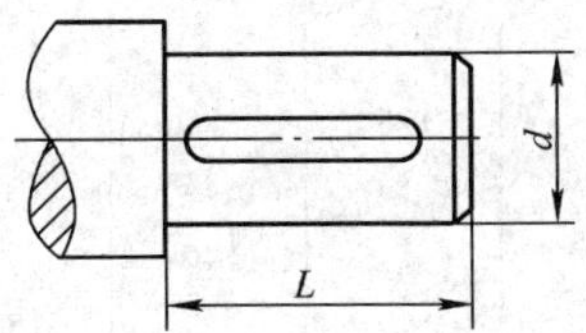

d 基本尺寸	d 极限偏差		L 长系列	L 短系列
6	+0.006 -0.002	j6	16	—
7	+0.007 -0.002			
8			20	
9				
10			23	20
11	+0.008 -0.003			
12			30	25
14				
16			40	28
18				
19	+0.009 -0.004			
20			56	36
22				
24				
25			60	42
28				
30			80	56
32	+0.018 +0.002	k6		
35				
38				
40			110	82
42				
45				

d 基本尺寸	d 极限偏差		L 长系列	L 短系列
48	+0.018 +0.002	m6	110	82
50				
55	+0.030 +0.011			
56				
60			140	105
63				
66				
70				
71				
75				
80			170	130
85	+0.035 +0.013			
90				
95				
100			210	165
110				
120				
125				
130	+0.040 +0.015		250	200
140				
150				
160			300	240
170				
180				

d 基本尺寸	d 极限偏差		L 长系列	L 短系列
190	+0.046 +0.017	m6	350	280
200				
220				
240			410	330
250				
260	+0.052 +0.020			
280			470	380
300				
320	+0.057 +0.021			
340			550	450
360				
380				
400			650	540
420	+0.063 +0.023			
440				
450				
460				
480				
500				
530	+0.070 +0.026		800	680
560				
600				
630				

注：630～1250mm的轴伸直径和长度系列可参见GB/T 1569—2005

表 1-39　机械轴高（摘自 GB/T 12217—2005）　（单位：mm）

轴高的基本尺寸 h											
Ⅰ	Ⅱ	Ⅲ	Ⅳ	Ⅰ	Ⅱ	Ⅲ	Ⅳ	Ⅰ	Ⅱ	Ⅲ	Ⅳ
25	25						105			450	
			26			112					475
		28					118		500		
			30		125						530
	32						132			560	
			34			140					600
		36					150	630			
			38	160							670
40							170			710	
			42			180					750
		45					190		800		
			48		200						850
	50						212			900	
			53			225					950
		56					236	1000			
			60	250							1060
63							265			1120	
			67			280					1180
		71					300		1250		
			75		315						1320
	80						335			1400	
			85			355					1500
		90					375	1600			
			95	400							
100							425				

轴高的极限偏差			平行度公差			
轴高 h	极限偏差		轴高 h	平行度公差		
	电动机、从动机器、减速器等	除电动机以外的主动机器		$L<2.5h$	$2.5h \leqslant L \leqslant 4h$	$L>4h$
25～50	0 -0.4	+0.4 0	25～50	0.2	0.3	0.4
>50～250	0 -0.5	+0.5 0	>50～250	0.25	0.4	0.5
>250～630	0 -1.0	+1.0 0	>250～630	0.5	0.75	1.0
>630～1000	0 -1.5	+1.5 0	>650～1000	0.75	1.0	1.5
>1000	0 -2.0	+2.0 0	>1000	1.0	1.5	2.0

注：1. 轴高应优先选用第Ⅰ系列的数值。如不能满足需要时，可选用第Ⅱ系列的数值，其次选用第Ⅲ系列的数值，第Ⅳ系列的数值尽量不采用。

2. 当轴高大于1600mm时，推荐选用160～1000mm范围内的数值再乘以10。

3. 对于支承平面不在底部的机器，选用极限偏差及平行度公差时，应按轴伸轴线到机器底部的距离选取，即假设支承面是在机器底部的最低点。

4. L为轴的全长（一般应在轴的两端测量。若不能在两端点测量时，可取轴上任意两点，其测量结果应按轴的全长和该两点间的距离之比相应地增大）。

16. 滚花（见表1-40）

表1-40　滚花（摘自 GB/T 6403.3—2008）　　（单位：mm）

直纹滚花　网纹滚花

30°　30°　p　r　h　2h　90°

标记

模数 $m=0.3$ 直纹滚花

直纹 m0.3（GB/T 6403.3—2008）

模数 $m=0.4$ 网纹滚花

网纹 m0.4（GB/T 6403.3—2008）

模数 m	h	r	节距 p
0.2	0.132	0.06	0.628
0.3	0.198	0.09	0.942
0.4	0.264	0.12	1.257
0.5	0.326	0.16	1.571

注：1. 表中 $h=0.785m-0.414r$。

2. 滚花前工件表面粗糙度的轮廓算术平均偏差 Ra 的最大允许值为 12.5μm。

3. 滚花后工件直径大于滚花前直径，其值 $\Delta\approx(0.8\sim1.6)m$，$m$ 为模数。

四、铸件设计的一般规范（见表1-41～表1-46）

表1-41　最小壁厚 δ　　（单位：mm）

铸造方法	铸件尺寸	铸钢	灰铸铁	球墨铸铁	可锻铸铁	铝合金	镁合金	铜合金
砂型	～200×200	8	～6	6	5	3		3～5
	>200×200～500×500	10～12	>16～10	12	8	4	3	6～8
	>500×500	15～20	15～20			6		
金属型	～70×70	5	4		2.5～3.5	2～3		3
	>70×70～150×150		5			4	2.5	4～5
	>150×150	10	6			5		6～8

注：1. 一般铸造条件下，各种灰铸铁的最小允许壁厚：

HT100、HT150，$\delta=4\sim6$mm

HT200，$\delta=6\sim8$mm

HT250，$\delta=8\sim15$mm

HT300、HT350，$\delta=15$mm

HT400，$\delta\geqslant20$mm

2. 如有特殊需要，在改善铸造条件的情况下，灰铸铁最小壁厚可达3mm，可锻铸铁可小于3mm。

表1-42　外壁、内壁与加强肋的厚度　　（单位：mm）

零件质量/kg	零件最大外形尺寸	外壁厚度	内壁厚度	加强肋的厚度	零件举例
～5	300	7	6	5	盖、拨叉、杠杆、端盖、轴套
6～10	500	8	7	5	盖、门、轴套、挡板、支架、箱体
11～60	750	10	8	6	盖、箱体、罩、电动机支架、溜板箱体、支架、托架、门
61～100	1250	12	10	8	盖、箱体、镗模架、液压缸体、支架、溜板箱体
101～500	1700	14	12	8	油盘、盖、壁、床鞍箱体、带轮、镗模架
501～800	2500	16	14	10	镗模架、箱体、床身、轮缘、盖、滑座
801～1200	3000	18	16	12	小立柱、箱体、滑座、床身、床鞍、油盘

表 1-43 铸造斜度

斜度 $a:h$	角度 β	使用范围
1:5	11°30′	$h<25$mm 的铸钢和铸铁件
1:10 1:20	5°30′ 3°	h 在 25～500mm 时的铸钢和铸铁件
1:50	1°	$h>50$mm 时的铸钢和铸铁件
1:100	30′	有色金属铸件

注：当设计不同壁厚的铸件时（参见表中下图），在转折点处的斜角最大，还可增大到 30°～45°。

表 1-44 铸造过渡斜度

（单位：mm）

适用于减速器的机体、机盖、联接管、汽缸及其他各种联接法兰的过渡处

铸铁和铸钢件的壁厚 δ	K	h	R	铸铁和铸钢件的壁厚 δ	K	h	R
10～15	3	15	5	>45～50	10	50	10
>15～20	4	20	5	>50～55	11	55	10
>20～25	5	25	5	>55～60	12	60	15
>25～30	6	30	8	>60～65	13	65	15
>30～35	7	35	8	>65～70	14	70	15
>35～40	8	40	10	>70～75	15	75	15
>40～45	9	45	10				

表 1-45 铸造外圆角

（单位：mm）

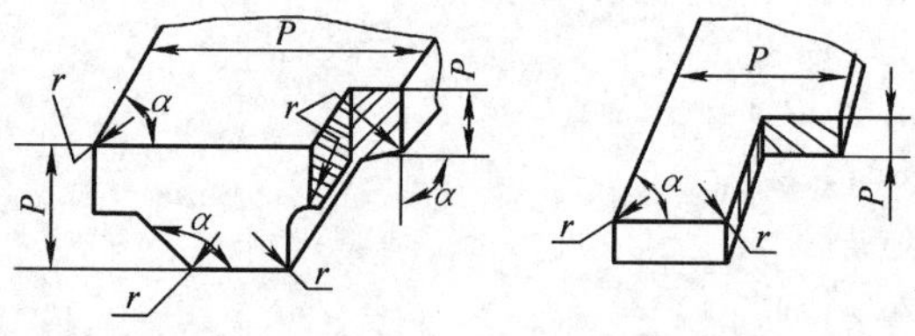

表面的最小边尺寸 P	r 外圆角 α					
	<50°	51°～75°	76°～105°	106°～135°	136°～165°	>165°
≤25	2	2	2	4	6	8
>25～60	2	4	4	6	10	16
>60～160	4	4	6	8	16	25
>160～250	4	6	8	12	20	30
>250～400	6	8	10	16	25	40
>400～600	6	8	12	20	30	50

注：如果铸件按上表选出许多不同的圆角 r 时，应尽量减少或只取一适当的 r 值以求统一。

表 1-46 铸造内圆角 （单位：mm）

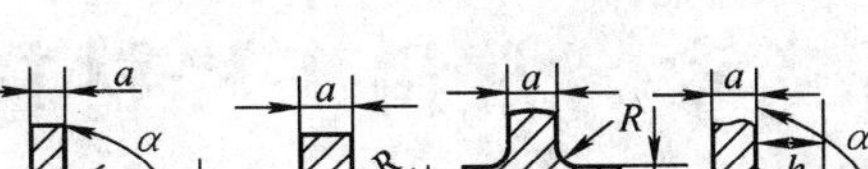

$a \approx b$ $b < 0.8a$ 时

$R_1 = R + a$ $R_1 = R + b + c$

$\left(\frac{a+b}{2}\right)$	R											
	内圆角 α											
	<50°		51° ~75°		76° ~105°		106° ~135°		136° ~165°		>165°	
	钢	铸铁	钢	铸铁	钢	铸铁	钢	铸铁	钢	铸铁	钢	铸铁
≤8	4	4	4	4	6	4	8	6	16	10	20	16
>8 ~12	4	4	4	4	6	6	10	8	16	12	25	20
>12 ~16	4	4	6	4	8	6	12	10	20	16	30	25
>16 ~20	6	4	8	6	10	8	16	12	25	20	40	30
>20 ~27	6	6	10	8	12	10	20	16	30	25	50	40

c 和 h

b/a		<0.4	0.5 ~0.65	0.66 ~0.8	>0.8
≈c		0.7(a−b)	0.8(a−b)	a−b	—
≈h	钢	8c			
	铁	9c			

第二章　常用工程材料

一、黑色金属

1. 钢的常用热处理方法及应用（见表2-1）

表2-1　钢的常用热处理方法及应用

名　称	工　艺	应用举例
退火	将钢加热到适当的温度，保持一定时间，然后缓慢冷却的热处理工艺。常用的退火方法有完全退火、球化退火、去应力退火等	用来细化晶粒，改善组织，提高韧性；还可降低中、高碳钢的硬度，改善可加工性；也可消除铸、锻、焊件的内应力，防止变形、开裂
正火	将钢加热到临界点（Ac_1 或 Ac_{cm}）以上30～50℃，保温适当时间后，在空气中冷却的热处理工艺	用来细化晶粒，改善组织，可提高低碳钢的硬度，改善可加工性；还可提高中、低碳钢的强度和韧性
淬火	将钢加热到临界点（Ac_1 或 Ac_3）以上30～50℃，保温一定时间并以适当速度冷却后，获得马氏体或下贝氏体组织的热处理工艺。常用的淬火方法有单介质淬火、双介质淬火、马氏体分级淬火、下贝氏体等温淬火等	可提高钢的强度和硬度，钢中碳的质量分数越高，淬火后硬度越高，但淬火后塑性、韧性下降，易出现淬火内应力，导致变形和开裂。一般淬火钢经回火后才能使用
回火	将淬火钢加热到 Ac_1 以下某一温度，保温一定时间，然后冷却到室温的热处理工艺。常用的回火方法有高温回火、中温回火以及低温回火	用于消除淬火内应力，降低马氏体的脆性，改善塑性和韧性
调质	钢淬火后高温回火的复合热处理工艺	可使中碳钢或合金调质钢获得良好的综合力学性能，即具有一定的强度、硬度、塑性和韧性。一般机器中受力的重要零件都应采用调质处理
表面淬火	利用快速加热的方法对工件表层进行淬火的工艺，常用的表面淬火方法有感应加热表面淬火、火焰加热表面淬火以及电接触加热表面淬火等	常用于动载荷及摩擦条件下工作的齿轮、轴等调质零件，要求表面具有高硬度和耐磨性，而心部具有良好的综合力学性能

2. 钢的化学热处理方法及应用（见表2-2）

表2-2　钢的常用化学热处理方法及应用

名称	工　艺	方法	技术条件及特性	应用举例
渗碳	为了增加钢件表面的碳含量，将钢件在渗碳介质中加热并保温（一般在900～950℃），使碳原子渗入表层	固体渗碳 气体渗碳 离子渗碳	表面碳质量分数：0.85%～1.05% 渗碳层深度：0.5～2.0mm 表面硬度：58～62HRC 特性：表面硬度高、耐磨，心部韧性好，零件能承受冲击	适用于低碳钢或合金渗碳钢件，在重负荷、受冲击及表面在较强烈的摩擦条件下工作的零件，如汽车、拖拉机的齿轮、凸轮、活塞销等
渗氮（氮化）	为增加钢件表面的氮含量，在一定温度下（一般在 Ac_1 以下）使活性氮原子渗入工件表面	气体渗氮 离子渗氮 液体渗氮	渗氮层深度：0.3～0.6mm 表面硬度：950～1200HV（相当于68～72HRC） 特性：表面硬度高，耐磨性好，疲劳强度高，有一定的耐腐蚀性，工件变形小，但渗层薄、脆，成本高	适用于要求表面耐磨、耐腐蚀的精密零件，如精密齿轮、精密机床主轴、气缸套、丝杠等，也可用于在热蒸汽、弱碱溶液和燃烧气体的环境中工作的零件，如水泵轴、排气门等零件

（续）

名称	工　艺	方法	技术条件及特性	应用举例
多元共渗	将工件表层渗入多于一种元素的化学热处理工艺	碳氮共渗	将碳、氮同时渗入工件表层，并以渗碳为主 渗层深度：0.3～2.0mm 特性：表面硬度、耐磨性、疲劳强度比渗碳件高	适用于低、中碳钢，低合金钢件，可提高表面硬度、耐磨性和疲劳强度。可用于汽车、拖拉机调质齿轮，亦可用于低碳钢件，代替渗碳
		氮碳共渗（软氮化）	将氮和碳同时渗入工件表面，并以渗氮为主 渗层深度：0.02～0.06mm 特性：表面耐磨、耐疲劳、抗胶合性好，硬度比渗氮件稍低，但周期比渗氮工艺短，成本低，变形比渗碳小	适用于各种碳钢、低合金钢、高合金钢、铸铁和粉末冶金零件以及刃具、模具等，能通过氮碳共渗提高使用寿命

3. 碳素结构钢（见表2-3）

表2-3　碳素结构钢（摘自GB/T 700—2006）

牌号	等级	拉伸强度													冲击试验（V型缺口）	应　用
		屈服强度①R_{eH}（N/mm²），不小于						抗拉强度② R_m/（N/mm²）	断后伸长率A（%），不小于						吸收冲击功（纵向）/J不小于	
		厚度③（或直径）/mm							厚度（或直径）/mm							
		≤16	>16～40	>40～60	>60～100	>100～150	>150～200		≤40	>40～60	>60～100	>100～150	>150～200			
Q195	—	195	185	—	—	—	—	315～430	33	—	—	—	—		—	金属结构件，载荷小的零件、垫铁、铆钉、垫圈、地脚螺、开口销、拉杆、冲压零件及焊接件
Q215	A	215	205	195	185	175	165	335～450	31	30	29	27	26		—	金属结构件，拉杆、套圈、铆钉、螺栓、短轴、心轴、凸轮（载荷不大的）吊钩、垫圈、渗碳零件及焊接件
	B														+20	
Q235	A	235	225	215	215	195	185	370～500	26	25	24	22	21		—	金属结构件，心部强度要求不高的渗碳或氰化零件、吊钩、拉杆、车钩、套筒、气缸、齿轮、螺栓、螺母、连杆轮轴、楔、盖、焊接件
	B														+20	
	C														0	
	D														−20	
Q275	A	275	265	255	245	225	215	410～540	22	21	20	18	17		—	转轴、心轴、销轴、链轮、制动杆、螺栓、螺母、垫圈、连杆、吊钩、楔、齿轮以及其他强度较高的零件。焊接性尚可
	B														+20	
	C														0	
	D														−20	

① 屈服强度R_{eH}相当于旧标准的屈服点σ_s。Q195的屈服强度值仅供参考，不作交货条件。

② 抗拉强度R_m即旧标准的σ_b。厚度大于100mm的钢材，抗拉强度下限允许降低20N/mm²。宽带钢（包括剪切钢板）抗拉强度上限不作交货条件。

③ 厚度小于25mm的Q235B级钢材，如供方能保证冲击吸收功值合格，经需方同意，可不作检验。

标记示例：Q235—B，F，Q——钢材屈服强度“屈”字汉语拼音首位字母；B——质量等级，有A、B、C、D四级；F——代表沸腾钢，另外还有Z、TZ分别代表镇静钢和特殊镇静钢，其中Z、TZ符号可以省略；数值代表屈服强度值。

4. 优质碳素结构钢（见表2-4）

表2-4 优质碳素结构钢（摘自GB/T 699—1999）

<table>
<tr><th rowspan="4">牌号</th><th colspan="3" rowspan="2">推荐热处理/℃</th><th rowspan="4">试样毛坯尺寸/mm</th><th colspan="5">力学性能</th><th colspan="2">交货状态硬度HBW(10/3000)</th><th rowspan="4">特性和用途</th></tr>
<tr><th>R_m</th><th>R_{eH}($\sigma_{0.2}$)</th><th>A</th><th>Ψ</th><th>A_{KU}</th><th rowspan="2">未热处理</th><th rowspan="2">退火钢</th></tr>
<tr><th rowspan="2">正火</th><th rowspan="2">淬火</th><th rowspan="2">回火</th><th colspan="2">/MPa</th><th colspan="2">(%)</th><th>/J</th></tr>
<tr><th colspan="5">≥</th><th colspan="2">≤</th></tr>
<tr><td>08F</td><td>930</td><td></td><td></td><td rowspan="7">25</td><td>295</td><td>175</td><td>35</td><td>60</td><td>—</td><td>131</td><td></td><td rowspan="3">强度不大、而塑性和韧性甚高，有良好的冲压、拉延和弯曲性能，焊接性好。可做塑性要求高的零件，如管子、垫片；心部强度要求不高的渗碳和碳氮共渗零件，如套筒、短轴、离合器盘</td></tr>
<tr><td>08</td><td>930</td><td></td><td></td><td>325</td><td>195</td><td>33</td><td>60</td><td>—</td><td>131</td><td></td></tr>
<tr><td>10F</td><td>930</td><td></td><td></td><td>315</td><td>185</td><td>33</td><td>55</td><td>—</td><td>137</td><td></td></tr>
<tr><td>10</td><td>930</td><td></td><td></td><td>335</td><td>205</td><td>31</td><td>55</td><td>—</td><td>137</td><td></td><td>屈服强度和抗拉强度比值较低，塑性和韧性均高，在冷状态下容易模压成形。一般用作拉杆、卡头、垫片、铆钉。无回火脆性倾向，焊接性甚好，冷拉或正火状态的切削加工性能比退火状态好</td></tr>
<tr><td>15F</td><td>920</td><td></td><td></td><td>355</td><td>205</td><td>29</td><td>55</td><td>—</td><td>143</td><td></td><td>作塑性要求高的零件；如管子、垫片。心部强度要求不高的渗碳和碳氮共渗零件；套筒、短轴、靠模、离合器盘，还可做摇杆、吊钩、螺栓等。焊接性好</td></tr>
<tr><td>15</td><td>920</td><td></td><td></td><td>375</td><td>225</td><td>27</td><td>55</td><td>—</td><td>143</td><td></td><td>塑性、韧性、焊接性能和冷冲性能均极好，但强度较低。用于受力不大，韧性要求较高的零件、渗碳零件、紧固件、冲模锻件及不要热处理的低负荷零件，如螺栓、螺钉、拉杆、法兰盘及化工容器、蒸汽锅炉。冷拉或正火状态的切削性能比退火状态好</td></tr>
<tr><td rowspan="4">20</td><td>910</td><td></td><td></td><td>410</td><td>245</td><td>25</td><td>55</td><td>—</td><td>156</td><td></td><td rowspan="4">冷变形塑性高，一般供弯曲、压延用，为了获得好的深冲压延性能，板材应正火或高温回火
用于不经受很大应力而要求很大韧性的机械零件，如杠杆、轴套、螺钉、起重钩等。还可用于表面硬度高而心部强度要求不大的渗碳与碳氮共渗零件。冷拉或正火状态的切削加工性较退火状态好</td></tr>
<tr><td colspan="3" rowspan="3">正火或正火+回火</td><td>≤100</td><td>340~470</td><td>215</td><td>24</td><td>53</td><td>54</td><td colspan="2" rowspan="3">105~156</td></tr>
<tr><td>>100~250</td><td>320~470</td><td>205</td><td>23</td><td>50</td><td>49</td></tr>
<tr><td>>250~500</td><td>320~470</td><td>195</td><td>22</td><td>45</td><td>49</td></tr>
</table>

（续）

牌号	推荐热处理/℃ 正火	淬火	回火	试样毛坯尺寸/mm	力学性能 R_m /MPa ≥	R_{eH} ($\sigma_{0.2}$) /MPa ≥	A (%) ≥	Ψ (%) ≥	A_{KU} /J ≥	交货状态硬度 HBW(10/3000) 未热处理 ≤	退火钢 ≤	特性和用途
25	900	870	600	25	450	275	23	50	71	170		性能与20钢相似，焊接性及冷应变塑性均高，无回火脆性倾向，用于制造焊接设备，以及经锻造、热冲压和机械加工的不承受高应力的零件，如轴、辊子、连接器、垫圈、螺栓、螺钉、螺母
	正火或正火+回火			≤100	410～540	235	20	50	49	120～155		
				>100～250	390～520	225	19	48	39			
				>250～500	390～520	215	18	40	39			
30	880	860	600	25	490	295	21	50	63	179		截面尺寸不大时，淬火并回火后呈索氏体组织，从而获得良好的强度和韧性的综合性能。用于制造螺钉、拉杆、轴、套筒、机座
	正火或正火+回火			与25钢相同								
35	870	850	600	25	530	315	20	45	55	197		有好的塑性和适当的强度，多在正火和调质状态下使用。焊接性能尚可，但焊前要预热，焊后回火处理，一般不作焊接。用于制造曲轴、转轴、杠杆、连杆、圆盘、套筒、钩环、飞轮、机身、法兰、螺栓、螺母
	正火或正火+回火			≤100	490～630	255	18	43	34	140～172		
				>100～250	450～590	240	17	40	29			
				>250～520	450～590	220	16	27	29			
	调质			≤16	630～780	430	17	35	40	—		
				>16～40	600～750	370	19	40	40	—		
				>40～100	550～700	320	20	45	40	196～241		
				>100～250	490～640	295	22	40	40	189～229		
				>250～500	490～640	275	21	—	38	163～219		
40	860	840	600	25	570	335	19	45	47	217	187	有较高的强度，加工性良好，冷变形时塑性中等，焊接性差，焊前须预热，焊后应热处理，多在正火和调质状态下使用，用于制造辊子、轴、曲柄销、活塞杆等
	正火或正火+回火 调质			与35钢相同								
45	850	840	600	25	630	355	16	40	39	229	197	强度较高，塑性和韧性尚好，用于制作承受载荷较大的小截面调质件和应力较小的大型正火零件，以及对心部强度要求不高的表面淬火件，如曲轴、传动轴、齿轮、蜗杆、键、销等。水淬时有形成裂纹的倾向，形状复杂的零件应在热水或油中淬火。焊接性差
	正火或正火+回火			≤100	570～710	295	14	38	29	170～207		
				>100～250	550～690	280	13	35	24			
				>250～500	550～690	260	12	32	24			
	调质			≤16	700～850	500	14	30	31	—		
				>16～40	650～800	430	16	35	31	—		
				>40～100	630～780	370	17	40	31	207～302		
				>100～250	590～740	345	18	35	31	197～286		
				>250～500	590～740	345	17	—	—	187～255		

（续）

牌号	推荐热处理/℃			试样毛坯尺寸/mm	力学性能					交货状态硬度HBW(10/3000)		特性和用途
	正火	淬火	回火		R_m /MPa	R_{eH} ($\sigma_{0.2}$) /MPa	A (%)	Ψ (%)	A_{KU} /J	未热处理	退火钢	
					≥					≤		
50	830	830	600	25	630	375	14	40	31	241	207	强度高，塑性、韧性较差、切削性中等，焊接性差，水淬有形成裂纹倾向。一般正火、调质状态下使用，用作要求较高强度、耐磨性或弹性、动载荷及冲击载荷不大的零件，如齿轮、轧辊、机床主轴、连杆、次要弹簧等
50	正火或正火+回火 调质			与45钢相同								
55	820	820	600	25	645	380	13	35	—	255	217	
55	正火或正火+回火			≤100	670~830	325	9	—	—	200~241		
55	调质			≤16	800~950	550	12	25	—			
55	调质			>16~40	750~900	500	14	30	—			
55	调质			>40~100	700~850	430	15	35		217~321		
55	调质			>100~250	630~780	365	17	—		207~302		
55	调质			>250~500	630~780	335	16	—		197~269		
60	810			25	675	400	12	35	—	255	229	强度、硬度和弹性均相当高，切削性、焊接性差，水淬有裂纹倾向，小件才能进行淬火，大件多采用正火。用作轧辊、轴、轮箍、弹簧、离合器、钢丝绳等受力较大，要求耐磨性和一定弹性的零件
60	正火或正火+回火 调质			与55钢相同								
65	810			25	695	410	10	30	—	255	229	经适当热处理后，可得到较高的强度与弹性，在淬火、中温回火状态下，用作截面较小，形状简单的弹簧及弹簧式零件，如气门弹簧，弹簧垫圈等。在正火状态下，制造耐磨性高的零件，如轧辊、轴、凸轮、钢丝绳等。淬透性差，水淬有裂纹倾向，截面小于15mm时一般油淬，截面较大时水淬
70	790			25	715	420	9	30	—	269	229	
75		820	480	试样	1080	880	7	30	—	285	241	强度较70钢稍高，而弹性略低，其他性能相近，淬透性仍较差。用作制造截面不大（一般≤20mm）承受载荷不太高的板弹簧、螺旋弹簧以及要求耐磨的零件
80		820	480	试样	1080	930	6	30	—	285	241	
85		820	480	试样	1130	980	6	30	—	302	255	

（续）

牌号	推荐热处理/℃			试样毛坯尺寸/mm	力学性能					交货状态硬度HBW(10/3000)		特性和用途
	正火	淬火	回火		R_m/MPa	R_{eH} ($\sigma_{0.2}$)/MPa	A (%)	Ψ (%)	A_{KU}/J	未热处理	退火钢	
					≥					≤		
15Mn	920			25	410	245	26	55	—	163		是高锰低碳渗碳钢,性能与15钢相似,但淬透性、强度和塑性比15钢高。用以制造心部力学性能要求高的渗碳零件,如凸轮轴、齿轮、联轴器等,焊接性尚可
20Mn	910				450	275	24	50	—	197		
25Mn	900	870	600		490	295	22	50	71	207		
30Mn	880	860	600		540	315	20	45	63	217	187	强度与淬透性比相应的碳钢高,冷变形时塑性尚好,切削加工性良好,有回火脆性倾向,锻后要立即回火,一般在正火状态下使用。用以制造螺栓、螺母、杠杆、转轴、心轴等
35Mn	870	850	600		560	335	18	45	55	229	197	
40Mn	860	840	600	25	590	355	17	45	47	229	207	可在正火状态下应用,也可在淬火与回火状态下应用。切削加工性好。冷变形时的塑性中等。焊接性不良。用以制造承受疲劳负荷的零件,如轴辊子及高应力下工作的螺钉、螺母等
	正火或正火+回火			<250	590	350	17	45	47	207		
45Mn	850	840	600	25	620	375	15	40	39	241	217	用作受磨损的零件,转轴、心轴、齿轮、啮合杆、螺栓、螺母,还可做离合器盘、花键轴、万向联轴器、凸轮轴、曲轴、汽车后轴、地脚螺栓等。焊接性较差
50Mn	830	830	600		645	390	13	40	31	255	27	弹性、强度、硬度均高,多在淬火与回火后应用;在某些情况下也可在正火后应用。焊接性差。用于制造耐磨性要求很高、在高负荷作用下的热处理零件,如齿轮、齿轮轴、摩擦盘和截面在80mm以下的心轴等
	正火或正火+回火			<250	645	390	13	40	31	217		
60Mn	810			25	695	410	11	35	—	269	229	强度较高,淬透性较碳素弹簧钢好,脱碳倾向小;但有过热敏感性,易产生淬火裂纹,并有回火脆性。适于制造螺旋弹簧、板簧,各种扁、圆弹簧,弹簧环、片,以及冷拔钢丝(≤7mm)和发条

（续）

牌号	推荐热处理/℃			试样毛坯尺寸/mm	力学性能					交货状态硬度HBW(10/3000)		特性和用途
	正火	淬火	回火		R_m /MPa	R_{eH} ($\sigma_{0.2}$) /MPa	A (%)	Ψ (%)	A_{KU} /J	未热处理	退火钢	
					≥					≤		
65Mn	830			25	735	430	9	30	—	285	229	强度高，淬透性较大，脱碳倾向小，但有过热敏感性，易产生淬火裂纹，并有回火脆性。适宜制较大尺寸的各种扁、圆弹簧、发条、以及其他经受摩擦的农机零件，如犁、切刀等，也可制作轻载汽车离合器弹簧
70Mn	790			25	785	450	8	30	—	285	229	弹簧圈、盘簧、止推环、离合器盘、锁紧圈

注：1. GB/T 699—1999 一般适用于直径或厚度不大于250mm的优质碳素结构钢棒材，尺寸超出250mm者需供需协商。其化学成分也适用于锭、坯及其制品。

2. 表中所列力学性能为试样毛坯经正火后制成试样测定的钢材的纵向力学性能（不包括冲击吸收功）。表中所列冲击吸收功 A_{KU} 为试样毛坯经淬火+回火后制成试样测定而得。钢号75、80及85的力学性能系用留有加工余量的试样进行热处理（淬火+回火）而得。交货状态硬度栏的未热处理表示轧制状态。

5. 合金结构钢（见表2-5～2-7）

表2-5 低合金结构钢（摘自 GB/T 1591—2008）

牌号	质量等级	屈服点 R_{eH}/MPa 厚度(直径,边长)/mm				抗拉强度、R_m /MPa	伸长率 A(%)	冲击吸收功 KV_2(纵向)/J				180°弯曲试验 d=弯心直径 a=试样厚度(直径) 钢材厚度(直径)/mm	
		≤16	>16～35	>35～50	>50～100			+20℃	0℃	-20℃	-40℃	≤16	>16～100
		≥					≥						
Q295	A	295	275	255	235	390～570	23					$d=2a$	$d=3a$
	B	295	275	255	235	390～570	23	34				$d=2a$	$d=3a$
Q345	A	345	325	295	275	470～630	21					$d=2a$	$d=3a$
	B	345	325	295	275	470～630	21	34				$d=2a$	$d=3a$
	C	345	325	295	275	470～630	22		34			$d=2a$	$d=3a$
	D	345	325	295	275	470～630	22			34		$d=2a$	$d=3a$
	E	345	325	295	275	470～630	22				27	$d=2a$	$d=3a$
Q390	A	390	370	350	330	490～650	19					$d=2a$	$d=3a$
	B	390	370	350	330	490～650	19	34				$d=2a$	$d=3a$
	C	390	370	350	330	490～650	20		34			$d=2a$	$d=3a$
	D	390	370	350	330	490～650	20			34		$d=2a$	$d=3a$
	E	390	370	350	330	490～650	20				27	$d=2a$	$d=3a$
Q420	A	420	400	380	360	520～680	18					$d=2a$	$d=3a$
	B	420	400	380	360	520～680	18	34				$d=2a$	$d=3a$
	C	420	400	380	360	520～680	19		34			$d=2a$	$d=3a$
	D	420	400	380	360	520～680	19			34		$d=2a$	$d=3a$
	E	420	400	380	360	520～680	19				27	$d=2a$	$d=3a$
Q460	C	460	440	420	400	550～720	17		34			$d=2a$	$d=3a$
	D	460	440	420	400	550～720	17			34		$d=2a$	$d=3a$
	E	460	440	420	400	550～720	17				27	$d=2a$	$d=3a$

表 2-6　低合金高强度结构钢牌号对照

标准	新标准（GB/T 1591—2008）	旧标准（GB/T 1591—1994）	旧标准（GB/T 1591—1988）
牌号	Q345（A、B、C、D、E）	Q345（A～E）	18Nb、09MnCuPTi、10MnSiCu 12MnV、14MnNb 16Mn、16MnRE
	Q390（A、B、C、D、E）	Q390（A～E）	10MnPNbRE、15MnV 15MnTi、16MnNb
	Q420（A、B、C、D、E）	Q420（A～E）	15MnVN、14MnVTiRE
	Q460（C、D、E）	Q460（C、D、E）	—
	Q500（C、D、E）	—	—
	Q550（C、D、E）	—	—
	Q620（C、D、E）	—	—
	Q690（C、D、E）	—	—
	—	Q295（A、B）	09MnV、09MnNb 09Mn2、12Mn

表 2-7　合金结构钢（摘自 GB/T 3077—1999）

牌号	热处理					试样毛坯尺寸/mm	力学性能					供应状态硬度 HBW（100/3000）	特性和用途
	淬火			回火			R_m	R_{eH}	A	Ψ	A_{KU}		
	温度/℃		冷却剂	温度/℃	冷却剂		/MPa		（%）		/J		
	第一次淬火	第二次淬火					≥						
20Mn2	850 880		水、油 水、油	200 440	水、空 水、空	15	785 785	590 590	10	40	47	≤187	截面较小时，相当于 20Cr 钢，可做渗碳小齿轮、小轴、活塞销、气门推杆、缸套等。渗碳后硬度 56～62HRC
30Mn2	840		水	500	水	25	785	635	12	45	63	≤207	用作冷墩的螺栓及截面较大的调质零件
35Mn2	840		水	500	水	25	835	685	12	45	55	≤207	截面小时（≤15mm）与 40Cr 相当，做载重汽车冷墩的各种重要螺栓及小轴等，表淬硬度 40～50HRC
40Mn2	840		水、油	540	水	25	885	735	12	45	55	≤217	截面较小时，与 40Cr 相当，直径在 50mm 以下时可代 40Cr 作为重要螺栓及零件，一般在调质状态下使用

（续）

牌号	热处理					试样毛坯尺寸/mm	力学性能					供应状态硬度 HBW（100/3000）	特性和用途
	淬火			回火			R_m	R_{eH}	A	Ψ	A_{KU}		
	温度/℃		冷却剂	温度/℃	冷却剂		/MPa		（%）		/J		
	第一次淬火	第二次淬火					≥						
45Mn2	840		油	550	水、油	25	885	735	10	45	47	≤217	强度、耐磨性和淬透性均较高，调质后有良好的综合力学性能，也可正火后使用。截面在50mm以下可代替40Cr，表淬硬度45～55HRC
50Mn2	820		油	550	水、油	25	930	785	9	40	39	≤229	用于汽车花键轴，重型机械的内齿轮、齿轮轴等高应力与磨损条件的零件，直径小于80mm的零件可代替45Cr
20MnV	880		水、油	200	水、空	13	785	590	10	40	55	≤187	相当于20CrNi的渗碳钢，用于制造高压容器、冷冲压件、矿用链环等
20MnMo	调质					100～300 301～500	500 470	305 275	14 14	40 40	39 39		焊接性良好，用于中温高压容器，如封头、底盖、筒体等
18MnMoNb	调质					100～300 301～500 501～800	635 590 490	490 440 345	15 15 15	45 45 45	47 47 39	187～229	耐高温500～530℃以下，焊接性和加工性良好，做化工高压容器、水压机工作缸、水轮机大轴等
	正火＋回火					≥500	510	315	14	40	39	187～229	
42MnMoV	调质					100～300 301～500 501～800	760 705 635	590 540 490	12 12 12	40 35 35	31 23 23	241～286 229～269 217～241	做轴和齿轮，表淬硬度45～55HRC
20SiMn	正火＋回火					≤600 601～900 901～1200	470 450 440	265 265 245	15 14 14	30 30 30	39 39 39		具有一定的强度和韧性，焊接性能良好。适用于电渣焊和大截面厚壁零件

（续）

牌号	热处理					试样毛坯尺寸/mm	力学性能					供应状态硬度HBW（100/3000）	特性和用途
	淬火			回火			R_m	R_{eH}	A	Ψ	A_{KU}		
	温度/℃		冷却剂	温度/℃	冷却剂		/MPa		（%）		/J		
	第一次淬火	第二次淬火					≥						
27SiMn	920		水	450	水、油	25	980	835	12	40	39	≤217	是低淬透性的调质钢。调质状态下用于要求高韧性和耐磨性的热冲压件，也可正火或热轧状态下使用，如拖拉机履带销等
35SiMn	900		水	570	水、油	25	885	735	15	45	47	≤229	如要求低温冲击值不高时可代替40Cr作为调质件，耐磨及耐疲劳性较好，适宜制作轴、齿轮及430℃以下的重要紧固件
	调质					≤100 101～300 301～400 401～500	785 735 685 635	510 440 390 375	15 14 13 11	45 35 30 28	47 39 35 31	229～286 217～265 215～255 196～255	
42SiMn	880		水	590	水	25	885	735	15	40	47	≤229	与35SiMn同，但主要用来制造截面较大需表面淬火的零件，如齿轮、轴等，韧性较差，表淬易裂
	调质					≤100 101～200 201～300 301～500	784 735 686 637	509 461 441 372	15 14 13 10	45 42 40 40	39 29 29 25	229～286 217～269 215～255 196～255	
50SiMn	调质					≤100 101～200 201～300	835 735 685	540 490 440	15 15 14	40 40 40	39 39 31	229～286 217～269 207～255	有高的强度和良好的韧性，不宜焊接，可代40Cr制作大型齿圈及中小截面轴类零件
20SiMn2MoV	900		油	200	水、空	试样	1380		10	45	55	≤269	淬火并低温回火后，强度高、韧性好，可代替调质状态下使用的35CrMo、35CrNi3MoA等钢，用来制造石油机械中的吊环、吊卡等
25SiMn2MoV	900		油	200	水、空	试样	1470		10	40	47	≤269	

（续）

牌号	热处理					试样毛坯尺寸/mm	力学性能					供应状态硬度HBW（100/3000）	特性和用途
	淬火			回火			R_m	R_{eH}	A	Ψ	A_{KU}		
	温度/℃		冷却剂	温度/℃	冷却剂		/MPa		（%）		/J		
	第一次淬火	第二次淬火					≥						
37SiMn2MoV	870		水、油	650	水、空	25	980	835	12	50	63	≤269	有较高的淬透性，860~900℃淬火、650~680℃回火后的综合力学性能最好，低温韧性良好，有较高的高温强度，用来制造大截面承受重载的轴、转子、齿轮和高压容器，表淬硬度50~55HRC
40B	840		水	550	水	25	785	635	12	45	55	≤207	淬透性及强度稍高于40钢。可作稍大截面的调质零件，可代40Cr制作要求不高的小尺寸零件
45B	840		水	550	水	25	835	685	12	45	47	≤217	淬透性、强度、耐磨性稍高于45钢，用作截面较45钢稍大、要求较高的调质件，可代40Cr制作小尺寸零件
50B	840		油	600	空	20	785	540	10	45	39	≤207	调质后综合力学性能优于50钢，主要用于代替50、50Mn及50Mn2制作要求强度高、截面不大的调质零件
40MnB	850		油	500	水、油	25	980	785	10	45	47	≤207	性能接近40Cr，常用来制造汽车、拖拉机等中小截面的重要调质件，还可代替40Cr制作较大截面零件，如制作ϕ250~ϕ320mm的卷扬机中间轴

（续）

牌号	热处理					试样毛坯尺寸/mm	力学性能					供应状态硬度 HBW（100/3000）	特性和用途
	淬火			回火			R_m	R_{eH}	A	Ψ	A_{KU}		
	温度/℃		冷却剂	温度/℃	冷却剂		/MPa		(%)		/J		
	第一次淬火	第二次淬火					≥						
45MnB	840		油	500	水、油	25	1030	835	9	40	39	≤217	常用来代替40Cr、45Cr、45Mn2制造较耐磨的中、小截面的调质件和高频淬火件，如机床上的齿轮、钻床主轴、花键轴等
20MnMoB	880		油	200	油、空	15	1080	885	10	50	55	≤207	常用来代替20CrMnTi和12CrNi3A制造心部强度要求高的中等负荷的汽车、拖拉机使用的齿轮及负荷大的机床齿轮等
15MnVB	860		油	200	水、空	15	885	635	10	45	55	≤207	用于淬火和低温回火后制造重要的螺栓，如汽车上的连杆螺栓、半轴螺栓、气缸盖螺栓等，代替40Cr钢调质件，也可制作中等负荷小尺寸的渗碳件，如小轴、小齿轮等
20MnVB	860		油	200	水、空	15	1080	885	10	45	55	≤207	用来代替20CrMnTi、20Cr、20CrNi制造模数较大、负荷较重的中小尺寸渗碳件，如重型机床上的齿轮与轴、汽车后桥齿轮等

（续）

牌号	热处理					试样毛坯尺寸/mm	力学性能					供应状态硬度 HBW（100/3000）	特性和用途
	淬火			回火			R_m	R_{eH}	A	Ψ	A_{KU}		
	温度/℃		冷却剂	温度/℃	冷却剂		/MPa		（%）		/J		
	第一次淬火	第二次淬火					≥						
40MnVB	850		油	520	水、油	25	980	785	10	45	47	≤207	调质后有良好的综合力学性能，优于 40Cr，用来代替 40Cr、42CrMo、40CrNi 制造汽车、拖拉机和机床上的重要调质件，如轴齿轮等
20MnTiB	860		油	200	水、空	15	1130	930	10	45	55	≤187	用于代替 20CrMnTi 制造较高级的渗碳件，如汽车、拖拉机上截面较小、中等负荷的齿轮
25MnTiBRE	860		油	200	水、空	试样	1380		10	40	47	≤229	有较高的弯曲强度、接触疲劳强度，可代替 20CrMnTi、20CrMnMo、20CrMo，广泛用于中等负荷的拖拉机渗碳件，如齿轮，使用性能优于 20CrMnTi
15Cr	880	780～820	水、油	200	水、空	15	735	490	11	45	55	≤179	用来制造截面小于 30mm、形状简单、心部强度和韧性要求较高表面受磨损的渗碳或碳氮共渗件，如齿轮、凸轮、活塞销等。渗碳表面硬度 56～62HRC
15CrA	880	770～820	水、油	180	油、空	15	685	490	12	45	55	≤179	
20Cr	880	780～820	水、油	200	水、空	15	835	540	10	40	47	≤179	
	一淬＋回火					15（心部）	835	540	10	40	47	退火硬度 HBS≤197	
	二淬＋回火					30（心部）	635	390	12	40	47		
	渗碳＋淬火＋回火					≤60	635	390	13	40	39		
30Cr	860		油	500	水、油	25	885	685	11	45	47	≤187	用在磨损及很大冲击负荷下工作的重要零件，如轴、滚子、齿轮及重要螺栓等
35Cr	860		油	500	水、油	25	930	735	11	45	47	≤207	

（续）

牌 号	热处理 淬火 温度/℃ 第一次淬火	第二次淬火	冷却剂	回火 温度/℃	冷却剂	试样毛坯尺寸/mm	力学性能 R_m/MPa ≥	R_{eH}/MPa ≥	A(%) ≥	Ψ(%) ≥	A_{KU}/J ≥	供应状态硬度 HBW（100/3000）	特性和用途
40Cr	850		油	520	水、油	25	980	785	9	45	47	≤207	调质后有良好的综合力学性能，是应用广泛的调质钢，用于轴类零件及曲轴、曲柄、汽车转向节、连杆、螺栓、齿轮等。表淬硬度 48～55HRC。截面直径在 50mm 以下时，油淬后有较高的疲劳强度，一定条件下可用 40MnB、45MnB、35SiMn、42SiMn 等代用
	调质					≤100	735	540	15	45	39	241～286	
						101～300	685	490	14	45	31	241～286	
						301～500	635	440	10	35	23	229～269	
						501～800	590	345	8	30	16	217～255	
45Cr	840		油	520	水、油	25	1030	835	9	40	39	≤217	拖拉机离合器、齿轮、柴油机连杆、螺栓、挺杆等
50Cr	830		油	520	水、油	25	1080	930	9	40	39	≤229	支承辊心轴、强度和耐磨性要求高的轴，齿轮、油膜轴承的轴套等。在油中淬火与回火后能获得很高的强度
	调质					≤100	835	540	10	40		255～286	
						>101～300	785	490	10	40		241～286	
38CrSi	900		油	600	水、油	25	980	835	12	50	55	≤255	比 40Cr 的淬透性好、低温冲击韧度较高，一般用于制造直径为 30～40mm，强度和耐磨性要求较高的零件，如汽车、拖拉机上的轴、齿轮、气阀等
12CrMo	900		空	650	空	30	410	265	24	60	110	≤179	蒸汽温度达 510℃的主汽管，管壁温度≤540℃的蛇形管、导管

（续）

牌号	热处理					试样毛坯尺寸/mm	力学性能					供应状态硬度 HBW（100/3000）	特性和用途
	淬火			回火			R_m	R_{eH}	A	Ψ	A_{KU}		
	温度/℃		冷却剂	温度/℃	冷却剂		/MPa		（%）		/J		
	第一次淬火	第二次淬火					≥						
15CrMo	900		空	650	空	30	440	295	22	60	94	≤179	蒸汽温度达510℃的主汽管，管壁温度≤540℃的蛇形管、导管
20CrMo	880		水、油	500	水、油	15	885	685	12	50	78	≤197	强度和韧性较好，在500℃以下有足够的高温强度，焊接性能良好（当Mn、Cr、Mo含量在下限时），用于轴、活塞连杆等
25CrMo	调质					17～40	780～930	（590）	14	55	D 55	软化退火≤212	
						41～100	690～830	（460）	15	60	V 55		
						101～160	640～780	（410）	16	60	M 48		
30CrMo	880		水、油	540	水、油	25	930	785	12	50	63	≤229	调质后有很好的综合力学性能，高温（低于550℃）下亦有较高强度，用于制造截面较大的零件，如主轴、高负荷螺栓等，500℃以下受高压的法兰和螺栓，尤适于29000kPa、400℃条件下工作的管道与紧固件
30CrMoA	880		油	540	水、油	15	930	735	12	50	71	≤229	
35CrMo	850		油	550	水、油	25	980	835	12	45	63	≤229	强度、韧性、淬透性均高、淬火时变形极小，用作大截面齿轮和重型传动轴，如轧钢机人字齿轮、大电动机轴、汽轮发电机主轴、锅炉上400℃以下的螺栓、500℃以下的螺母，可代替40CrNi使用，表淬硬度≥40～45HRC
	调质					≤100	735	540	15	45	47	207～269	
						101～300	685	490	15	45	39	207～269	
						301～500	635	440	15	35	31	207～269	
						501～800	590	390	12	30	23	207～269	

（续）

牌号	热处理					试样毛坯尺寸/mm	力学性能					供应状态硬度HBW(100/3000)	特性和用途
	淬火			回火			R_m	R_{eH}	A	Ψ	A_{KU}		
	温度/°C		冷却剂	温度/°C	冷却剂		/MPa		(%)		/J		
	第一次淬火	第二次淬火					≥						
42CrMo	850		油	560	水、油	25	1080	930	12	45	63	≤217	强度和淬透性比35CrMo有所增高，调质后有较高的疲劳极限和抗多次冲击能力，低温冲击韧性良好。用来制造调质和断面更大的锻件，如机车牵引用的大齿轮，后轴，连杆、减速器、万向联轴器，表淬硬度≥54～60HRC
12CrMoV	970		空	750	空	30	440	225	22	50	78	≤241	用作蒸汽温度达540°C的主导管、转向导叶环、汽轮机隔板、隔板外环以及管壁温度小于570°C的各种过热器管、导管和相应的锻件
35CrMoV	900		油	630	水、油	25	1080	930	10	50	71	≤241	用作承受高应力的零件，如500°C以下长期工作的汽轮机转子的叶轮，涡轮鼓风机及压缩机转子，联轴器及动力零件等
12Cr1MoV	970		空	750	空	30	490	245	22	50	71	≤179	同12CrMoV，但抗氧化性与热强性比12CrMoV好
25Cr2MoVA	900		油	640	空	25	930	785	14	55	63	≤241	汽轮机整体转子套筒、阀、主汽阀、调节阀、蒸汽温度在535～550°C的螺母及530°C以下的螺栓、氮化零件如阀杆、齿轮等

（续）

牌　号	热　处　理					试样毛坯尺寸/mm	力学性能					供应状态硬度 HBW（100/3000）	特性和用途
	淬　火			回　火			R_m	R_{eH}	A	Ψ	A_{KU}		
	温度/°C		冷却剂	温度/°C	冷却剂		/MPa		（%）		/J		
	第一次淬火	第二次淬火					≥						
25Cr2Mo1VA	1040		空	700	空	25	735	590	16	50	47	≤241	蒸汽温度在565°C的汽轮机前气缸、螺栓、阀杆等
38CrMoAl	940		水、油	640	水、油	30	980	835	14	50	71	≤229	高级氮化钢，用于高耐磨性，高疲劳强度和较高强度、热处理后尺寸精度高的氮化零件，如阀杆、阀门、气缸套、橡胶塑料挤压机等，渗氮后，表面硬度达1000～1200HV
	调质					试样毛坯30	980	835	14	50	70	退火≥229	
40CrV	880		油	650	水、油	25	885	735	10	50	71	≤241	用作重要零件，如曲轴、齿轮、受负荷大的双头螺栓、机车连杆、高压锅炉给水泵轴等
50CrVA	860		油	500	水、油	25	1280	1130	10	40		≤255	用作蒸汽温度小于400°C的重要零件，及负荷大、疲劳强度高的大型弹簧
15CrMn	880		油	200	水、空	15	785	590	12	50	47	≤179	用作齿轮、蜗轮、塑料模子，汽轮机密封轴套等
20CrMn	850		油	200	水、空	15	930	735	10	45	47	≤187	无级变速器、摩擦轮、齿轮与轴，性能相当于20CrNi钢，热处理后性能比20Cr好

（续）

牌号	热处理					试样毛坯尺寸/mm	力学性能					供应状态硬度HBW（100/3000）	特性和用途
	淬火			回火			R_m	R_{eH}	A	Ψ	A_{KU}		
	温度/°C		冷却剂	温度/°C	冷却剂		/MPa		（%）		/J		
	第一次淬火	第二次淬火					≥						
20CrMn	渗碳+淬火+回火					≤30	980～1270	（680）	8	35	D 34	软化	是一种性能良好的渗碳钢，可做调质钢用，焊接性能差，可制作断面不大，承受中等又无冲击的零件，如齿轮、主轴、联轴器、万向联轴器等，表淬硬度57～62HRC
											V	退火	
						31～63	790～1080	（540）	10	35	M 34	≤217	
40CrMn	840		油	550	水、油	25	980	835	9	45	47	≤229	对于截面不太大或温度不太高的零件，可代替42CrMo和40CrNi，用作在高速与高弯曲负荷下工作的齿轮轴、齿轮、水泵转子、离合器，在化工容器上可做高压容器盖板螺栓等
20CrMnSi	880		油	480	水、油	25	785	635	12	45	55	≤207	是强度和韧性较高的低碳合金钢，用于制造要求强度较高的焊接件和要求韧性较高的拉力件，矿山用的较大截面的链条、螺栓等，适合冷冲压、冷拉
25CrMnSi	880		油	480	水、油	25	1080	885	10	40	39	≤217	用来制造重要的焊接件和冲压件

（续）

牌号	热处理					试样毛坯尺寸/mm	力学性能					供应状态硬度 HBW (100/3000)	特性和用途
	淬火			回火			R_m	R_{eH}	A	Ψ	A_{KU}		
	温度/°C		冷却剂	温度/°C	冷却剂		/MPa		(%)		/J		
	第一次淬火	第二次淬火					≥						
30CrMnSi	880		油	520	水、油	25	1080	885	10	45	39	≤229	淬火、回火后具有很高的强度和足够的韧性，淬透性也好，用作在振动负荷下工作的焊接结构和铆接结构，如高压鼓风机叶片，高速高负荷的砂轮轴、齿轮、链轮、离合器等，以及温度不高而要求耐磨的零件
30CrMnSiA	880		油	540	水、油	25	1080	835	10	45	39	≤229	
35CrMnSiA	加热到880，于280~310等温淬火					试样	1620	1280	9	40	31	≤241	强度比30CrMnSiA提高许多，而韧性下降不明显，其他特性和30CrMnSiA相同，用于制造重负荷、中等转速的高强度零件，如高压鼓风机叶轮、飞机上高强度零件
	950	890	油	230	空、油	试样	1620	1275	9	40	31	≤241	
20CrMnMo	850		油	200	水、空	15	1180	885	10	45	55	≤217	高级渗碳钢，渗碳淬火后具有较高的抗弯强度和耐磨性，有良好的低温冲击韧度，用于制造要求表面硬度高、耐磨性能好的渗碳件，如齿轮、凸轮轴、连杆、活塞销等，渗碳表淬硬度≥56~62HRC
	渗碳+淬火+回火					≤30	1080	785	7	40			
	两次淬火+回火					≤100	835	490	15	40	31		

（续）

牌号	热处理					试样毛坯尺寸/mm	力学性能					供应状态硬度HBW（100/3000）	特性和用途
	淬火			回火			R_m	R_{eH}	A	Ψ	A_{KU}		
	温度/°C		冷却剂	温度/°C	冷却剂		/MPa		（%）		/J		
	第一次淬火	第二次淬火					≥						
40CrMnMo	850		油	600	水、油	25	980	785	10	45	63	≤217	高级调质钢，调质后具有较高综合力学性能，淬透性好，有较高的回火稳定性，适宜制造截面较大的重负荷齿轮、齿轮轴、轴类零件，螺栓、螺母、销子等，可代替40CrNiMo
	调质					≤100 101～300 301～500 501～800	885 835 785 735	735 640 570 490	12 12 12 12	45 42 40 35	39 39 31 23	—	
20CrMnTi	880	870	油	200	水、空	15	1080	835	10	45	55	≤217	用作渗碳零件，渗碳淬火后有良好的耐磨性和抗弯强度，有较高的低温冲击韧度，切削加工性能良好，广泛用于汽车、拖拉机工业。截面尺寸在30mm以下，承受高速、中载或重载以及冲击和摩擦的主要零件，如齿轮、齿轮轴、十字轴
	渗碳＋淬火＋回火					试样毛坯15	1080	835	10	45	55		
30CrMnTi	880	850	油	200	水、空	试样	1470		9	40	47	≤229	主要用作渗碳钢，强度和淬透性高，冲击韧度略低，用作截面尺寸在60mm以下，心部强度要求特别高的高速、高负荷工作的重要渗碳零件，如汽车、拖拉机上的主动锥齿轮、后桥齿轮、齿轮轴、蜗杆等

（续）

牌号	热处理 淬火 温度/°C 第一次淬火	热处理 淬火 温度/°C 第二次淬火	热处理 淬火 冷却剂	热处理 回火 温度/°C	热处理 回火 冷却剂	试样毛坯尺寸/mm	力学性能 R_m/MPa ≥	力学性能 R_{eH}/MPa ≥	力学性能 A(%) ≥	力学性能 Ψ(%) ≥	力学性能 A_{KU}/J ≥	供应状态硬度HBW（100/3000）	特性和用途
20CrNi	850		水、油	460	水、油	25	785	590	10	50	63	≤197	用来制造高负荷下工作的重要渗碳件，如齿轮、轴、键、活塞销、花键轴等，也可用作具有高冲击韧度的调质小轴零件
40CrNi	820		油	500	水、油	25	980	785	10	45	55	≤241	调质后有良好的综合力学性能，低温冲击韧度良好，用于制造要求强度高、韧性高的零件，如轴、齿轮、链条等
45CrNi	820		油	530	水、油	25	980	785	10	45	55	≤255	性能基本与40CrNi相同，但具有更高的强度和淬透性，可用来制造截面尺寸较大的齿轮和轴类零件
50CrNi	820		油	500	水、油	25	1080	835	8	40	39	≤255	
12CrNi2	860	780	水、油	200	水、空	15	785	590	12	50	63	≤207	淬火低温回火后有良好的塑性和韧性，适用要求心部韧性高、强度不太高、受力较复杂的中、小型渗碳件，如齿轮、花键轴、活塞销等
12CrNi3	860	780	油	200	水、空	15	930	685	11	50	71	≤217	淬火低温回火或高温回火后都有良好的综合力学性能，有较高的淬透性，可用于截面稍大的零件，用于要求强度高、表面硬度高、韧性好的渗碳件，如齿轮、凸轮轴、万向联轴器十字头、液压泵转子等

（续）

牌 号	热处理					试样毛坯尺寸/mm	力学性能					供应状态硬度HBW(100/3000)	特性和用途
	淬火			回火			R_m	R_{eH}	A	Ψ	A_{KU}		
	温度/°C		冷却剂	温度/°C	冷却剂		/MPa		(%)		/J		
	第一次淬火	第二次淬火					≥						
20CrNi3	830		水、油	480	水、油	25	930	735	11	55	78	≤241	调质后有良好的综合力学性能，低温冲击韧度也较好，多用于制造高负荷条件下工作的零件，如齿轮、轴、蜗杆等
30CrNi3	820		油	500	水、油	25	980	785	9	45	63	≤241	性能基本同上，淬透性较好，用于重要的较大截面的零件，如曲轴、连杆、齿轮、轴等
37CrNi3	820		油	500	水、油	25	1130	980	10	50	47	≤269	用作大截面、高负荷、受冲击的重要调质零件，如汽轮机叶轮、转子轴等
12Cr2Ni4	860	780	油	200	水、空	15	1080	835	10	50	71	≤269	用作截面较大、负荷较高，受交变应力下工作的重要渗碳件，如齿轮、蜗轮、蜗杆、万向接头叉等
20Cr2Ni4	调质					15	1175	1080	10	45	62	≤269	是优良的铬镍不锈钢，由于含镍较高，而且有很高的强度和韧性，渗碳后硬度及耐磨性很高，淬透性也高，用来制造承受高负荷的渗碳件，如传动齿轮、蜗杆、轴、万向叉等
	880	780	油	200	水、空	15	1180	1080	10	45	63	≤269	

（续）

牌 号	热处理					试样毛坯尺寸/mm	力学性能					供应状态硬度HBW（100/3000）	特性和用途
	淬火			回火			R_m/MPa	R_{eH}/MPa	A(%)	Ψ(%)	A_{KU}/J		
	温度/°C 第一次淬火	温度/°C 第二次淬火	冷却剂	温度/°C	冷却剂		≥						
20CrNiMo	850		油	200	空	15	980	785	9	40	47	≤197	淬透性与20CrNi相近，强度比20CrNi钢高，此钢常用来制造中小型汽车、拖拉机发动机与传动系统的齿轮，可代12CrNi3制造心部要求较高的渗碳件，如矿山牙轮钻头的牙爪与牙轮体
40CrNiMoA	850		油	600	水、油	25	980	835	12	55	78	≤269	优质调质钢，调质后有良好的综合力学性能，低温冲击韧性很高，淬火低温回火或高温回火后都有较高的疲劳强度和低的缺口敏感度，中等淬透性，用于截面较大的、受冲击载荷的高强度零件，如锻造机的传动偏心轴、锻压机的曲轴等
18CrNiMnMoA	830	—	油	200	空	15	1180	885	10	45	71	≤269	强度高，淬透性亦较好，主要用来制造振动载荷条件下工作的减振器、重型汽车等承受高负荷的零件，飞机发动机曲轴、起落架，中小型火箭壳体等高强度结构零件、扭力轴、离合器轴等，淬火低温（或中温）回火后使用，也可制作调质件
45CrNiMoVA	860		油	460	油	试样	1470	1330	7	35	31	≤269	

（续）

牌号	热处理					试样毛坯尺寸/mm	力学性能					供应状态硬度 HBW（100/3000）	特性和用途
	淬火			回火			R_m	R_{eH}	A	Ψ	A_{KU}		
	温度/°C		冷却剂	温度/°C	冷却剂		/MPa		（%）		/J		
	第一次淬火	第二次淬火					≥						
18Cr2Ni4WA	950	850	空	200	水、空	15	1180	835	10	45	78	≤269	渗碳钢，用作大截面、高强度而又需要良好韧性和缺口敏感性低的重要渗碳件，如大齿轮、传动轴、花键轴、曲轴，也可作调质钢
18Cr2Ni4W	淬火＋回火					≤80 81～100 101～150 151～250	1180 1180 1180 1180	835 835 835 835	10 9 8 7	45 40 35 30	78 74 70 66	退火≥229	用于承受动载荷，要求高强度的零件，与18Cr-2Ni4WA基本相同
25Cr2Ni4WA	850		油	550	水、油	25	1080	930	11	45	71	≤269	调质钢，有优良的低温冲击韧度及淬透性，用于制作大截面、高负荷的调质件，如汽轮机主轴、叶轮等

注：1. GB/T 3077—1999 标准适用于直径或厚度不大于250mm 的合金结构钢棒材，尺寸大于250mm 的棒材应经供需双方协商。

2. GB/T 3077—1999 标准中的力学性能系试样毛坯（其截面尺寸为试样尺寸留有一定加工余量）经热处理后，制成试样测出钢材的纵向力学性能，该性能适用于截面尺寸小于或等于80mm 的钢材。尺寸81～100mm 的钢材，允许其伸长率、断面收缩率及冲击功较表中规定分别降低1%（绝对值）、5%（绝对值）及5%；尺寸101～150mm 的钢材允许三者分别降低2%（绝对值）、10%（绝对值）及10%；尺寸151～250mm 的钢材允许三者分别降低3%（绝对值）、15%（绝对值）及15%。尺寸大于80mm 的钢材允许将取样用坯改锻（轧）或70～80mm 后取样检验时，其结果应符合表中规定。

3. 对于 GB/T 3077—1999 标准中的钢材通常以热轧或热锻状态交货，如需方要求也可以热处理（正火、退火或高温回火）状态交货。表中供应状态硬度为退火或高温回火供应状态的硬度。

4. GB/T 3077—1999 标准按质量分为优质钢、高级优质钢（牌号后加“A”）和特级优质钢（牌号后加“E”），按使用加工用途分为压力加工用钢（热压力加工或顶锻、冷拔）和切削加工用钢。

6. 弹簧钢（见表 2-8）

表 2-8 弹簧钢（摘自 GB/T 1222—2007）

牌号	热处理制度[①] 淬火 温度/°C	淬火冷却介质	回火温度/°C	力学性能，不小于 抗拉强度 R_m/(N/mm²)	屈服强度 R_{eL}/(N/mm²)	断后伸长率 A(%)	断后伸长率 $A_{11.3}$(%)	断面收缩率 Z(%)	交货状态	硬度 HBW ≤	特性及应用举例
65	840	油	500	980	785	—	9	35	热轧	285	热处理后强度高，具有适宜的塑性和韧性，但淬透性低，只能淬透 12～15mm 的直径。用于制造汽车、拖拉机、机车车辆及一般机械用的钢板弹簧及螺旋弹簧等
70	830	油	480	1030	835	—	8	30			
85	820	油	480	1130	980	—	6	30		302	
65Mn	830	油	540	980	785	—	8	30		302	强度高，淬透性好，可淬透 20mm 直径，脱碳倾向小，但有热过敏性，易产生淬火裂纹，并有回火脆性。用于较大尺寸的扁圆弹簧、座垫弹簧、弹簧发条、弹簧环、气门弹簧、冷卷弹簧等
55SiMnVB	860	油	460	1375	1225	—	5	30		321	淬火、回火后有良好的综合力学性能。主要用于铁路机车车辆、汽车、拖拉机上的钢板弹簧、螺旋弹簧（弹簧截面积可达 20mm）、安全阀和止回阀弹簧以及其他高应力下工作的重要弹簧，还可作耐热（<250°C）弹簧
60Si2Mn	870	油	480	1275	1180	—	5	25			
60Si2MnA	870	油	440	1570	1375	—	5	20			
60Si2CrA	870	油	420	1765	1570	6	—	20		供需双方协商	综合力学性能很好，强度高、冲击韧度好、过热敏感性低、高温性能稳定。用于高应力的弹簧，制造重要的受大载荷、耐冲击或耐热（≤250°C）的弹簧
60Si2CrVA	850	油	410	1860	1665	6	—	20			
55SiCrA	860	油	450	1450～1750	1300 ($R_{p0.2}$)	6	—	25	热轧+热处理		
55CrMnA	830～860	油	460～510	1225	1080 ($R_{p0.2}$)	9[②]	—	20	热轧	321	淬透性，综合性能好制作大尺寸端面较重要的板弹簧、螺旋弹簧
60CrMnA	830～860	油	460～520	1225	1080 ($R_{p0.2}$)	9[②]	—	20			
50CrVA	850	油	500	1275	1130	10	—	40			具有较高的综合力学性能，冲击韧度好，回火后强度高，高温性能稳定，淬透性很高，直径达 50mm 的弹簧也能淬透。用于制造大截面的高应力或耐热（<250°C）的弹簧

（续）

牌号	热处理制度[①]			力学性能,不小于					交货状态	硬度HBW	特性及应用举例
	淬火		回火	抗拉强度	屈服强度	断后伸长率		断面			
	温度/°C	淬火冷却介质	温度/°C	R_m/(N/mm²)	R_{eL}/(N/mm²)	A(%)	$A_{11.3}$(%)	收缩率Z(%)		≤	
60CrMnBA	830～860	油	460～520	1225	1080（$R_{p0.2}$）	9	—	20	热轧	供需双方协商	与60CrMnA性能相近,制作大型弹簧、扭簧、推土机板簧
30W4Cr2VA[③]	1050～1100	油	600	1470	1325	7	—	40	热轧+热处理	321	高强度耐热弹簧钢,淬透性特别高。用于高温（≤500°C）条件下使用的弹簧。540°C蒸汽电站用弹簧,锅炉安全阀用弹簧

注：1. 各牌号的化学成分应符合 GB/T 1222—2007 的规定。

2. 弹簧钢材可以热处理或非热处理状态交货，要求热处理交货时，应在合同上注明。

3. 按供需双方协议，并在合同中注明，弹簧钢材可以剥皮、磨光或其他表面状态交货。

4. 力学性能测试采用直径 10mm 的比例试样。留有一定加工余量的试样毛坯（尺寸一般为 11～12mm），经热处理并去除加工余量后，测定钢材纵向力学性能，应符合本表规定。本表适用于直径或边长不大于 80mm 的棒材，厚度不大于 40mm 的扁钢。直径或边长大于 80mm 的棒材，厚度大于 40mm 的扁钢，允许其断后伸长率、断面收缩率较本表规定分别降低 1% 及 5%（绝对值）。

5. 弹簧钢热轧、冷拉和锻制棒材应符合 GB/T 702、GB/T 905、GB/T 908 的规定。热轧扁钢尺寸规格参见 GB/T 1222 规定。

① 除规定热处理温度上下限外，表中热处理温度允许偏差为：淬火，±20°C；回火，±50°C。根据需方特殊要求，回火可按 ±30°C 进行。

② 其试样可采用下列试样中的一种。若按 GB/T 228 规定作拉伸试验时，所测断后伸长率供参考。

试样一：标距为 50mm，平行长度 60mm，直径 14mm，肩部半径大于 15mm。

试样二：标距为 $4\sqrt{S_0}$（S_0 表示平行长度的原始横截面积 mm²），平行长度 1.2 倍标距，肩部半径大于是 15mm。直径 14mm，肩部半径大于 15mm。

③ 30W4Cr2VA 除抗拉强度外，其他力学性能检验结果华侨参考，不作为交货依据。

7. 不锈钢（见表 2-9）

表 2-9　不锈钢（摘自 GB/T 1220—2007）

类别	牌号	热处理温度/°C	力学性能								特性及应用举例
			规定非比例延伸强度$R_{p0.2}$[①]/MPa	抗拉强度R_m/MPa	断后伸长率A(%)	断面收缩率Z[②](%)	冲击吸收功KU_8[③]/J	硬度[①]			
								HBW	HRB	HV	
			≥					≤			
马氏体型	12Cr12	钢棒退火:800～900缓冷或约750快冷	390	590	25	55	118	≥170	—	—	用于汽轮机叶片及高应力部件,是良好的不锈耐热钢
	12Cr13	试样淬火回火:950～1000油冷,700～750快冷	345	540	22	55	78	≥159	—		具有良好的耐蚀性,可加工性。可用于一般用途的刃具、喷嘴、阀座、阀门等

（续）

类别	牌　号	热处理温度/°C	力学性能								特性及应用举例
			规定非比例延伸强度 $R_{p0.2}$[1] /MPa	抗拉强度 R_m /MPa	断后伸长率 A (%)	断面收缩率 Z[2] (%)	冲击吸收功 KU_8[3] /J	硬度[1]			
								HBW	HRB	HV	
			≥					≤			
马氏体型	30Cr13	钢棒退火:800~900缓冷或约750快冷 试样淬火回火:950~1000油冷,600~750快冷	540	735	12	40	24	≥217	—	—	硬度较高。用于刃具、喷嘴、阀座、阀门等
	Y30Cr13		540	735	12	40	24	≥217	—		不锈钢中可加工性能最好的一种钢材。主要用于自动车床加工
	Y108Cr17	钢棒退火:800~920缓冷 试样淬火回火:1010~1070油淬,100~180快冷	—	—	—	—	—	—	≥58		在所有不锈钢、耐热钢中硬度最高。用于喷嘴、轴承等
	68Cr17		—	—	—	—	—	—	≥54		淬火回火后硬度高,又有一定的韧性。用于刃具、量具、轴承等
	13Cr13Mo	钢棒退火 试样淬火回火	490	690	20	60	78	≥192	—		比12Cr13钢耐蚀性高的高强度钢。用于制作汽轮机叶片、高温部件等
	32Cr13Mo		—	—	—	—	—	—	≥50		用途与30Cr13相同,但耐热性优于30Cr13
奥氏体型	12Cr18Mn9Ni5N	1010~1120,快冷	275	520	40	45	—	207	95	218	节镍钢种,用于代替代12Cr18Ni9
	12Cr18Ni9	1010~1150,快冷	205	520	40	60	—	187	90	200	经冷加工有高的强度。用于建筑用装饰材料
	Y12Cr18Ni9	1010~1150,快冷	205	520	40	50	—	187	90	200	可加工性和耐腐蚀性好。用于自动车床加工的螺栓、螺母等

（续）

类别	牌号	热处理温度 /°C	力学性能								特性及应用举例
			规定非比例延伸强度 $R_{p0.2}$① /MPa	抗拉强度 R_m /MPa	断后伸长率 A (%)	断面收缩率 Z② (%)	冲击吸收功 $KU_8$③ /J	硬度① HBW	HRB	HV	
			≥					≤			
奥氏体型	06Cr19Ni10	1010 ~ 1150，快冷	205	520	40	60	—	187	90	200	食品设备、一般化工设备，原子工业用
奥氏体型	10Cr18Ni12	1010 ~ 1150，快冷	175	480	40	60	—	187	90	200	加工硬化性低。用于旋压加工、特殊拉拔、冷镦
奥氏体型	06Cr17Ni12Mo2	1010 ~ 1150，快冷	205	520	40	60	—	187	90	200	在海水和各种介质中的耐蚀性比06Cr19Ni10好，主要用作耐点蚀材料
奥氏体-铁素体型	022Cr19Ni5Mo3Si2N	920 ~ 1150，快冷	390	590	20	40	—	290	30	300	耐应力腐蚀破裂性好，较高的强度，适于含氯离子的环境，用于炼油、化肥、造纸、石油、化工等工业热交换器和冷凝器等
奥氏体-铁素体型	14Cr18Ni11Si4AlTi	930 ~ 1050，快冷	440	715	25	40	63	—	—	—	制作抗高温浓硝酸介质的零件和设备
铁素体型	10Cr17	780 ~ 850，空冷或缓冷	205	450	22	50	—	183	—	—	耐蚀性良好的通用钢种，用于建筑内装饰、重油燃烧器部件、家庭用具、家用电器部件等
铁素体型	06Cr13Al	780 ~ 830，空冷或缓冷	175	410	20	60	78	183	—	—	从高温下冷却不显著硬化。用作汽轮机材料、淬火用、复合钢材
铁素体型	022Cr12	700 ~ 820，空冷或缓冷	195	360	22	60	—	183	—	—	碳的质量分数，焊接部位弯曲性能、可加工性能、耐高温氧化性能好。用于汽车排气处理系统装置，锅炉燃烧室、喷嘴等

（续）

类别	牌　号	热处理温度/°C	力学性能								特性及应用举例
			规定非比例延伸强度 $R_{p0.2}$① /MPa	抗拉强度 R_m /MPa	断后伸长率 A (%)	断面收缩率 Z② (%)	冲击吸收功 $KU_8$③ /J	硬度①			
								HBW	HRB	HV	
			≥					≤			
铁素体型	10Cr17Mo	780～850，空冷或缓冷	205	450	22	60	—	183	—	—	为10Cr17的改良钢种，抗盐溶液腐蚀性强，用作汽车外装饰材料
	Y10Cr17	680～820，空冷或缓冷	205	450	22	50	—	183	—	—	具有良好的可加工性能，自动车床用。用于螺栓、螺母等
	008Cr30Mo2	900～1050，快冷	295	450	20	45	—	228	—	—	用作乙酸、乳酸等有机酸有关的设备、苛性碱设备，可耐用离子应力腐蚀，耐点腐蚀

注：1. 各牌号的化学成分应符合 GB/T 1222—2007 的规定。

2. 本表为热处理钢棒或热处理试样的力学性能。

3. 表中奥氏体型钢仅适用于直径、边长、厚度或对边距离小于或等于 180mm 的钢棒。大于 180mm 的钢棒可改锻成 180mm 的样坯检验，或由供需双方协商，规定允许降低其力学性能的数值。

4. 奥氏体-铁素体型，铁素体型钢适用于直径、边长、厚度或对边距离小于或等于 75mm 的钢棒。大于 75mm 的钢棒可改锻成 75mm 的样坯检验，或由供需双方协商，规定允许降低其力学性能的数值。

① 规定非比例延伸强度 $R_{p0.2}$ 和硬度，仅当需方要求时（合同注明）才进行测定（奥氏体型、铁素体型和奥氏体-铁素体型钢牌号），马氏体型牌号钢 $R_{p0.2}$ 和硬度按本表规定。

② 扁钢不适用，但需方要求时，由供需双方协定。

③ 直径或对边距离小于等于 16mm 的圆钢、六角钢、八角钢和边长或厚度小于等于 12mm 的方钢、扁钢不做冲击试验。

8. 一般工程用铸造碳钢（见表 2-10）

表 2-10　一般工程用铸造碳钢（摘自 GB/T 11352—2009）

牌　号	相当于旧牌号	室温力学性能 ≥						特性及应用举例
		$R_{eH}(R_{p0.2})$ /MPa	R_m /MPa	A_5	Z	KV /J	KU /J	
				(%)				
		≥						
ZG200-400	ZG15	200	400	25	40	30	47	塑性、韧性和焊接性良好，用于受力不大的机件，如机座、变速箱壳等

（续）

牌号	相当于旧牌号	室温力学性能 ≥						特性及应用举例
		R_{eH}（$R_{p0.2}$）/MPa	R_m /MPa	A_5	Z	KV /J	KU /J	
				（%）				
		≥						
ZG230-450	ZG25	230	450	22	32	25	35	有较好的塑性和韧性，焊接性能良好，可加工性能尚好。用于受力不大、要求韧性良好的零件，如砧座、外壳、机座、箱体、锤轮、阀体、轴承盖、犁柱等
ZG270-500	ZG35	270	500	18	25	22	27	有较高的强度和塑性，铸造性能良好，焊接性能尚可，可加工性能佳，用途广泛。用于各种形状的机件，如飞轮、机架、蒸汽锤、联轴器、水压机工作缸、横梁等
ZG310-570	ZG45	310	570	15	21	15	24	有较高的强度、硬度和耐磨性，可加工性中等，焊接性能较差。用于载荷较大的零件，如联轴器、棘轮、气缸、齿轮、齿轮圈及高负荷机架等
ZG340-640	ZG55	340	640	10	18	10	16	有高的强度、硬度和耐磨性，可加工性能一般，焊接性能差，流动性好，裂纹敏感性较大。用于起重运输机中齿轮、联轴器及重要的机件等

注：1. 表中所列性能适用于厚度小于100mm的铸件。KV表示采用V形缺口试样测得的冲击吸收功，KU表示采用U形缺口试样测得的冲击韧度。表中规定的R_{eH}（$R_{p0.2}$）屈服强度仅设计使用。

2. 表中冲击吸收功KU的试样缺口为2mm。

3. 牌号意义：“ZG”是铸钢两字汉语拼音的首位字母，后面的数字中，第一组表示屈服强度，第二组表示抗拉强度。

9. 灰铸铁件（见表2-11）

表2-11 灰铸铁件（摘自GB/T 9439—2010）

牌号	主要基体组织	铸件壁厚/mm		最小抗拉强度 R_m（强制性值）(min)/MPa		铸件本体预期抗拉强度 R_m (min)/MPa	布氏硬度 HBW	特性及应用举例
		>	≤	单铸试棒	附铸试棒或试块			
HT100	铁素体	5	40	100	—	—	≤170	铸造性能好，工艺简便，铸造应力小，不用进行人工时效处理，减振性优良。适用于载荷小，对摩擦、磨损无特殊要求的零件，如盖、外罩、油盘、手轮、支架、底板、重锤等

（续）

牌　号	主要基体组织	铸件壁厚/mm		最小抗拉强度 R_m（强制性值）(min)/MPa		铸件本体预期抗拉强度 R_m (min)/MPa	布氏硬度 HBW	特性及应用举例
		>	≤	单铸试棒	附铸试棒或试块			
HT150	铁素体+珠光体	5	10	150	—	155	125 ~ 205	性能特点和 HT100 基本相同，但有一定的机械强度。适用于承受中等应力（小于 980kPa）、摩擦面间单位压力小于 460kPa 下易受磨损的零件以及在弱腐蚀介质中工作的零件。例如：卧式机床上的支柱、底座、齿轮箱、刀架、床身、轴承座、工作台，圆周速度 6 ~ 12m/s 的带轮，工作压力不大的管件和管壁小于 30mm 耐磨轴套，以及在纯碱或染料介质中工作的化工容器、泵壳、塔器等
		10	20		—	130		
		20	40		120	110		
		40	80		100	80		
HT200	珠光体	5	10	200	—	205	150 ~ 230	强度较高，耐磨、耐热性较好，减振性也良好；铸造性能较好，但需进行人工时效处理。适用于承受较大应力和一定气密性或耐蚀性零件，如一般机械中较为重要的零件（如气缸盖、活塞、制动轮、联轴器盘等；具有测量平面的检验工件（如划线平板、V 形铁、平尺、水平仪框架等）；承受压力小于 7850kPa 的液压缸、泵体、阀体；圆周速度 12 ~ 20m/s 的带轮；要求有一定的耐蚀能力和较高强度的化工容器、砂壳、塔器等
		10	20		—	180		
		20	40		170	155		
		40	80		150	130		
HT250	珠光体	5	10	250	—	250	180 ~ 250	
		10	20		—	225		
		20	40		210	195		
		40	80		190	170		
HT300	珠光体	10	20	300	—	270	200 ~ 275	这是属于高强度、高耐磨性的一级铸铁，需进行人工时效和变质处理。用于要求高强度、高耐磨性的重要铸件，如剪床、压力机、自动车床和其他重型机床的床身、机座、机架及受力较大的齿轮、凸轮、衬套、大型发动机曲轴、气缸体、缸套、气缸盖等；高压液压缸、气缸、泵体、阀体、带轮等
		20	40		250	240		
		40	80		220	210		
		80	150		210	195		
HT350	珠光体	10	20	350	—	315	220 ~ 290	
		20	40		290	280		
		40	80		260	250		
		80	150		230	225		

注：1. 牌号中“HT”表示灰铸铁，其后数值为单铸试棒最小抗拉强度。

2. 灰铸铁的强度值随铸件的壁厚而变化，壁厚越大，强度越低，当铸件壁厚不均匀或有型芯时，铸件设计应根据关键部位实测值进行。

3. 表中布氏硬度值为单铸试棒的硬度值。在供需双方商定的铸件某位置，铸件硬度差可以控制在 40HBW 硬度值范围内。

10. 球墨铸铁件（见表2-12）

表2-12　球墨铸铁件（摘自GB/T 1348—2009）

牌　　号	主要 基体组织	抗拉强度 R_m/MPa （min）	屈服强度 $R_{p0.2}$/MPa （min）	伸长率 A(%) （min）	布氏硬度 HBW	特性及应用举例
QT400—18	铁素体	400	250	18	120～175	有较好的塑性、韧性、焊接性和可加工性。用于农机具、犁铧、收割机、割草机等，汽车和拖拉机轮毂、驱动桥壳体、离合器壳、差速器壳等；也可用于1.6～6.5MPa阀门的阀体、阀盖、压缩机气缸，铁路钢轨垫板、电动机壳体、齿轮箱等
QT400—15	铁素体	400	250	15	120～180	
QT450—10	铁素体	450	310	10	160～210	
QT500—7	铁素体+ 珠光体	500	320	7	170～230	强度与塑性中等。用于内燃机油泵齿轮，汽轮机的中温气缸隔板、机车车辆轴瓦、飞轮等
QT600—3	铁素体+ 珠光体	600	370	3	190～270	强度和耐磨性较好，塑性、韧性较低。用于内燃机曲轴、凸轮轴、连杆；农机具小载荷齿轮、部分磨床、铣床、车床主轴；空压机、冷冻机、制氧机、泵的曲轴、缸体、缸套等；球磨机齿轮、各种轴轮、滚轮，小型水轮机的主轴等
QT700—2	珠光体	700	420	2	225～305	
QT800—2	珠光体或 回火组织	800	480	2	245～335	
QT900—2	贝氏体或 回火马氏体	900	600	2	280～360	有高的强度和耐磨性。用于内燃机曲轴、凸轮轴；汽车上的锥齿轮、转向节、传动轴；拖拉机上的传动齿轮等

注：1. 牌号中"QT"表示球铁，第一组数据表示抗拉强度数值，第二组数值表示伸长率。

2. 未摘录的牌号如QT400—18L、QT400—18R等中："L"表示该牌号有低温（-20°C或-40°C）下的冲击性能要求；"R"表示该牌号有室温（23°C）下的冲击性能要求。

3. 伸长率是从原始标距$L_0=5d$上测得的，d是试样上原始标距处的直径。其他规格的标距见标准资料。

二、型钢及型材

1. 冷轧钢板和钢带（见表2-13、表2-14）

表2-13　冷轧钢板和钢带尺寸规格（摘自GB/T 708—2006）

尺寸规格的规定	1. 钢板和钢带(包括纵切钢带)的公称厚度范围为0.30～4.00mm，公称厚度小于1mm者，按0.05mm倍数的任何尺寸；公称厚度不小于1mm者，按0.1mm倍数的任何尺寸 2. 钢板和钢带公称宽度范围为600～2050mm，按10mm倍数的任何尺寸 3. 钢板公称长度范围为1000～6000mm，按50mm倍数的任何尺寸 4. 按需方要求可供应其他尺寸规格的产品

（续）

	公称厚度	厚度允许偏差					
		普通精度 PT. A			较高精度 PT. B		
		公称宽度			公称宽度		
		≤1200	>1200~1500	>1500	≤1200	>1200~1500	>1500
厚度允许偏差/mm	≤0.40	±0.04	±0.05	±0.06	±0.025	±0.035	±0.045
	>0.40~0.60	±0.05	±0.06	±0.07	±0.035	±0.045	±0.050
	>0.60~0.80	±0.06	±0.07	±0.08	±0.040	±0.050	±0.050
	>0.80~1.00	±0.07	±0.08	±0.09	±0.045	±0.060	±0.060
	>1.00~1.20	±0.08	±0.09	±0.10	±0.055	±0.070	±0.070
	>1.20~1.60	±0.10	±0.11	±0.11	±0.070	±0.080	±0.080
	>1.60~2.00	±0.12	±0.13	±0.13	±0.080	±0.090	±0.090
	>2.00~2.50	±0.14	±0.15	±0.15	±0.100	±0.110	±0.110
	>2.50~3.00	±0.16	±0.17	±0.17	±0.110	±0.120	±0.120
	>3.00~4.00	±0.17	±0.19	±0.19	±0.140	±0.150	±0.150

注：1. GB/T 708—2006 适用于轧制宽度不小于 600mm 的冷轧宽钢带及其剪切钢板、纵切钢带。

2. 规定的最小屈服强度小于 280MPa 的钢板和钢带的厚度，允许偏差符合本表规定。

3. 规定的最小屈服强度为 280~360MPa 的钢板和钢带的厚度允许偏差比本表规定值增加 20%；规定的最小屈服强度为不小于 360MPa 的钢板和钢带的厚度允许偏差比本表规定值增加 40%。

4. 冷轧钢板钢带的宽度允许偏差，长度允许偏差平面度等其他技术要求，应符合 GB/T 708—2006 的规定。

表 2-14　钢板理论质量

厚度 /mm	理论重量 /kg · m^{-2}	厚度 /mm	理论重量 /kg · m^{-2}	厚度 /mm	理论重量 /kg · m^{-2}	厚度 /mm	理论重量 /kg · m^{-2}
0.2	1.570	1.50	11.78	10.0	78.50	29	227.70
0.25	1.963	1.6	12.56	11	86.35	30	235.50
0.27	2.120	1.8	14.13	12	94.20	32	251.20
0.30	2.355	2.0	15.70	13	102.10	34	266.90
0.35	2.748	2.2	17.27	14	109.20	36	282.60
0.40	3.140	2.5	19.63	15	117.80	38	298.30
0.45	3.533	2.8	21.98	16	125.60	40	314.00
0.50	3.925	3.0	23.55	17	133.50	42	329.70
0.55	4.318	3.2	25.12	18	141.30	44	345.40
0.60	4.710	3.5	27.48	19	149.20	46	361.10
0.70	5.495	3.8	29.83	20	157.00	48	376.80
0.75	5.888	4.0	31.40	21	164.90	50	392.50
0.80	6.280	4.5	35.33	22	172.70	52	408.20
0.90	7.065	5.0	39.25	23	180.60	54	423.90
1.00	7.850	5.5	43.18	24	188.40	56	439.60
1.10	8.635	6.0	47.10	25	196.30	58	455.30
1.20	9.420	7.0	54.95	26	204.10	60	471.00
1.25	9.813	8.0	62.80	27	212.00		
1.40	10.990	9.0	70.65	28	219.80		

注：密度为 7.85g/cm^3。

2. 热轧钢板和钢带（见表2-15）

表2-15 热轧钢板和钢带尺寸规格（摘自GB/T 709—2006）

项目	尺寸范围/mm	推荐的公称尺寸
单轧钢板尺寸规格		
公称厚度	3～400	厚度小于30mm的钢板按0.5mm倍数的任何尺寸;厚度大于或等于30mm的钢板按1mm倍数的任何尺寸
公称宽度	600～4800	宽度按10mm或50mm倍数的任何尺寸
公称长度	2000～20000	长度按50mm或100mm倍数的任何尺寸
钢带和连轧钢板尺寸规格		
公称厚度	0.8～25.4	厚度0.1mm倍数的任何尺寸
公称宽度	600～2200 纵切钢带为120～900	宽度按10mm倍数的任何尺寸
公称长度	2000～20000	长度按50mm或100mm倍数的任何尺寸

钢板和钢带厚度允许偏差的规定
单张轧制钢板(单轧板)厚度允许偏差分为N、A、B、C 4类,单轧板厚度允许偏差按N类规定。A、B、C类公差值和N类公差值相等,但正负偏差分布不同,参见原标准,采用A、B、C类应在合同中注明 钢带和连轧钢板的厚度偏差分为普通级精度(PT、A)和较高级精度(PT、B),其偏差值见原标准,需方要求较高厚度精度供货时应在合同中注明,未注明者按普通级精度供货
单轧钢板厚度N类允许偏差(A类:按公称厚度规定负偏差;B类:固定负偏差为0.3mm;C类:固定负偏差为零;公差值与N类相等)

公称厚度/mm	下列公称宽度的厚度允许偏差/mm			
	≤1500	>1500～2500	>2500～4000	>4000～4800
3.00～5.00	±0.45	±0.55	±0.65	—
>5.00～8.00	±0.50	±0.60	±0.75	—
>8.00～15.0	±0.55	±0.65	±0.80	±0.90
>15.0～25.0	±0.65	±0.75	±0.90	±1.10
>25.0～40.0	±0.70	±0.80	±1.00	±1.20
>40.0～60.0	±0.80	±0.90	±1.10	±1.30
>60.0～100	±0.90	±1.10	±1.30	±1.50
>100～150	±1.20	±1.40	±1.60	±1.80
>150～200	±1.40	±1.60	±1.80	±1.90
>200～250	±1.60	±1.80	±2.00	±2.20
>250～300	±1.80	±2.00	±2.20	±2.40
>300～400	±2.00	±2.20	±2.40	±2.60

3. 热轧圆钢和方钢（见表2-16）

表2-16 热轧圆钢和方钢的尺寸及理论重量（摘自GB/T 702—2008）

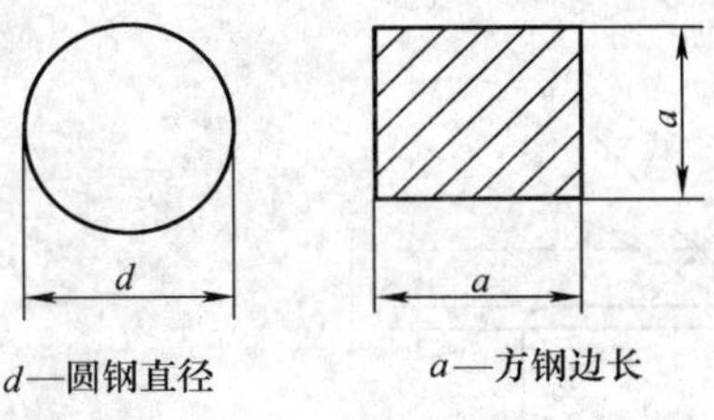

d—圆钢直径　　a—方钢边长

（续）

圆钢公称直径 d/mm 方钢公称边长 a/mm	理论重量 /kg · m^{-1}		圆钢公称直径 d/mm 方钢公称边长 a/mm	理论重量 /kg · m^{-1}		圆钢公称直径 d/mm 方钢公称边长 a/mm	理论重量 /kg · m^{-1}	
	圆钢	方钢		圆钢	方钢		圆钢	方钢
5.5	0.186	0.237	27	4.49	5.72	68	28.5	36.3
6	0.222	0.283	28	4.83	6.15	70	30.2	38.5
6.5	0.260	0.332	29	5.18	6.60	75	34.7	44.2
7	0.302	0.385	30	5.55	7.06	80	39.5	50.2
8	0.395	0.502	31	5.92	7.54	85	44.5	56.7
9	0.499	0.636	32	6.31	8.04	90	49.9	63.6
10	0.617	0.785	33	6.71	8.55	95	55.6	70.8
11	0.746	0.950	34	7.13	9.07	100	61.7	78.5
12	0.888	1.13	35	7.55	9.62	105	68.0	86.5
13	1.04	1.33	36	7.99	10.2	110	74.6	95.0
14	1.21	1.54	38	8.90	11.3	115	81.5	104
15	1.39	1.77	40	9.86	12.6	120	88.8	113
16	1.58	2.01	42	10.9	13.8	125	96.3	123
17	1.78	2.27	45	12.5	15.9	130	104	133
18	2.00	2.54	48	14.2	18.1	140	121	154
19	2.23	2.83	50	15.4	19.6	150	139	177
20	2.47	3.14	53	17.3	22.0	160	158	201
21	2.72	3.46	55	18.6	23.7	170	178	227
22	2.98	3.80	56	19.3	24.6	180	200	254
23	3.26	4.15	58	20.7	26.4	190	223	283
24	3.55	4.52	60	22.2	28.3	200	247	314
25	3.85	4.91	63	24.5	31.2	220	298	—
26	4.17	5.31	65	26.0	33.2	250	385	—

注：1. GB/T 702—2008《热轧钢棒尺寸、外形、重量及允许偏差》代替 GB/T 702—2004、GB/T 704—1988、GB/T 705—1989 和 GB/T 911—2004。

2. 热轧圆钢和方钢尺寸允许偏差分为 1、2、3 组，并应在合同中注明，未注明者按第 3 组允许偏差执行。

3. 圆钢和方钢通常长度：普通质量钢 3 ~ 12mm；优质及特殊质量钢 2 ~ 12mm；碳素和合金工具钢棒截面公称尺寸≤75mm，长度为 2 ~ 12mm；截面公称尺寸 >75mm，为 1 ~ 8mm。

4. 理论重量按密度 7.85g/cm^3 计算所得，钢棒一般按实际重交货。按习惯将“重量”用于表示“质量”。

5. 标记：用 40Cr 钢轧制成直径或边长或对边距离为 40mm 允许偏差组别为 2 组的圆钢、方钢、六角钢或八角钢，标记为：$\times\times\frac{\text{40-2-GB/T 702—2008}}{\text{40Cr-GB/T 3077—1999}}$（××表示圆钢、方钢、六角钢或八角钢）

4. 热轧等边角钢（见表 2-17）

表 2-17 热轧等边角钢截面尺寸、截面面积、理论重量及截面特性（摘自 GB/T 706—2008）

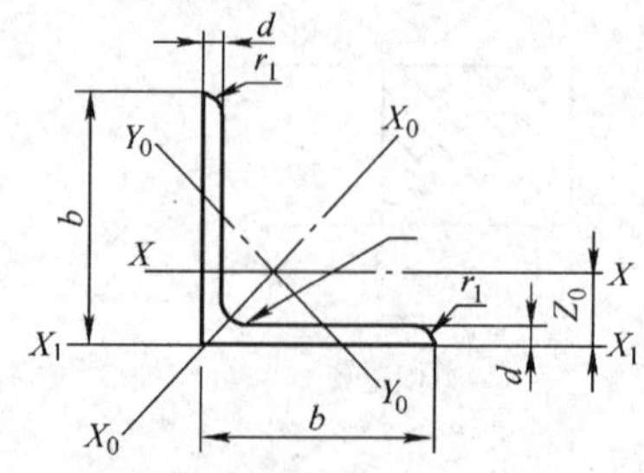

b——边宽度；

d——边厚度；

r——内圆弧半径；

r_1——边端圆弧半径；

Z_0——重心距离。

（续）

型号	截面尺寸/mm			截面面积/cm^2	理论重量/kg·m^{-1}	外形面积/m^2·m^{-1}	惯性矩/cm^4				惯性半径/cm			截面模数/cm^3			重心距离/cm
	b	d	r				I_x	I_{x1}	I_{x0}	I_{y0}	i_x	i_{x0}	i_{y0}	W_x	W_{x0}	W_{y0}	Z_0
2	20	3	3.5	1.132	0.889	0.078	0.40	0.81	0.63	0.17	0.59	0.75	0.39	0.29	0.45	0.20	0.60
		4		1.459	1.145	0.077	0.50	1.09	0.78	0.22	0.58	0.73	0.38	0.36	0.55	0.24	0.64
2.5	25	3		1.432	1.124	0.098	0.82	1.57	1.29	0.34	0.76	0.95	0.49	0.46	0.73	0.33	0.73
		4		1.859	1.459	0.097	1.03	2.11	1.62	0.43	0.74	0.93	0.48	0.59	0.92	0.40	0.76
3.0	30	3	4.5	1.749	1.373	0.117	1.46	2.71	2.31	0.61	0.91	1.15	0.59	0.68	1.09	0.51	0.85
		4		2.276	1.786	0.117	1.84	3.63	2.92	0.77	0.90	1.13	0.58	0.87	1.37	0.62	0.89
3.6	36	3		2.109	1.656	0.141	2.58	4.68	4.09	1.07	1.11	1.39	0.71	0.99	1.61	0.76	1.00
		4		2.756	2.163	0.141	3.29	6.25	5.22	1.37	1.09	1.38	0.70	1.28	2.05	0.93	1.04
		5		3.382	2.654	0.141	3.95	7.84	6.24	1.65	1.08	1.36	0.70	1.56	2.45	1.00	1.07
4	40	3		2.359	1.852	0.157	3.59	6.41	5.69	1.49	1.23	1.55	0.79	1.23	2.01	0.96	1.09
		4		3.086	2.422	0.157	4.60	8.56	7.29	1.91	1.22	1.54	0.79	1.60	2.58	1.19	1.13
		5		3.791	2.976	0.156	5.53	10.74	8.76	2.30	1.21	1.52	0.78	1.96	3.10	1.39	1.17
4.5	45	3	5	2.659	2.088	0.177	5.17	9.12	8.20	2.14	1.40	1.76	0.89	1.58	2.58	1.24	1.22
		4		3.486	2.736	0.177	6.65	12.18	10.56	2.75	1.38	1.74	0.89	2.05	3.32	1.54	1.26
		5		4.292	3.369	0.176	8.04	15.2	12.74	3.33	1.37	1.72	0.88	2.51	4.00	1.81	1.30
		6		5.076	3.985	0.176	9.33	18.36	14.76	3.89	1.36	1.70	0.8	2.95	4.64	2.06	1.33
5	50	3	5.5	2.971	2.332	0.197	7.18	12.5	11.37	2.98	1.55	1.96	1.00	1.96	3.22	1.57	1.34
		4		3.897	3.059	0.197	9.26	16.69	14.70	3.82	1.54	1.94	0.99	2.56	4.16	1.96	1.38
		5		4.803	3.770	0.196	11.21	20.90	17.79	4.64	1.53	1.92	0.98	3.13	5.03	2.31	1.42
		6		5.688	4.465	0.196	13.05	25.14	20.68	5.42	1.52	1.91	0.98	3.68	5.85	2.63	1.46
5.6	56	3	6	3.343	2.624	0.221	10.19	17.56	16.14	4.24	1.75	2.20	1.13	2.48	4.08	2.02	1.48
		4		4.390	3.446	0.220	13.18	23.43	20.92	5.46	1.73	2.18	1.11	3.24	5.28	2.52	1.53
		5		5.415	4.251	0.220	16.02	29.33	25.42	6.61	1.72	2.17	1.10	3.97	6.42	2.98	1.57
		6		6.420	5.040	0.220	18.69	35.26	29.66	7.73	1.71	2.15	1.10	4.68	7.49	3.40	1.61
		7		7.404	5.812	0.219	21.23	41.23	33.63	8.82	1.69	2.13	1.09	5.36	8.49	3.80	1.64
		8		8.367	6.568	0.219	23.63	47.24	37.37	9.89	1.68	2.11	1.09	6.03	9.44	4.16	1.68
6	60	5	6.5	5.829	4.576	0.236	19.89	36.05	31.57	8.21	1.85	2.33	1.19	4.59	7.44	3.48	1.67
		6		6.914	5.427	0.235	23.25	43.33	36.89	9.60	1.83	2.31	1.18	5.41	8.70	3.98	1.70
		7		7.977	6.262	0.235	26.44	50.65	41.92	10.96	1.82	2.29	1.17	6.21	9.88	4.45	1.74
		8		9.020	7.081	0.235	29.47	58.02	46.66	12.28	1.81	2.27	1.17	6.98	11.00	4.88	1.78
6.3	63	4	7	4.978	3.907	0.248	19.03	33.35	30.17	7.89	1.96	2.46	1.26	4.13	6.78	3.29	1.70
		5		6.143	4.822	0.248	23.17	41.73	36.77	9.57	1.94	2.45	1.25	5.08	8.25	3.90	1.74
		6		7.288	5.721	0.247	27.12	50.14	43.03	11.20	1.93	2.43	1.24	6.00	9.66	4.46	1.78
		7		8.412	6.603	0.247	30.87	58.60	48.96	12.79	1.92	2.41	1.23	6.88	10.99	4.98	1.82

（续）

型号	截面尺寸/mm			截面面积/cm^2	理论重量/$kg \cdot m^{-1}$	外形面积/$m^2 \cdot m^{-1}$	惯性矩/cm^4				惯性半径/cm			截面模数/cm^3			重心距离/cm
	b	d	r				I_x	I_{x1}	I_{x0}	I_{y0}	i_x	i_{x0}	i_{y0}	W_x	W_{x0}	W_{y0}	Z_0
6.3	63	8	7	9.515	7.469	0.247	34.46	67.11	54.56	14.33	1.90	2.40	1.23	7.75	12.25	5.47	1.85
		10		11.657	9.151	0.246	41.09	84.31	64.85	17.33	1.88	2.36	1.22	9.39	14.56	6.36	1.93
7	70	4	8	5.570	4.372	0.275	26.39	45.74	41.80	10.99	2.18	2.74	1.40	5.14	8.44	4.17	1.86
		5		6.875	5.397	0.275	32.21	57.21	51.08	13.31	2.16	2.73	1.39	6.32	10.32	4.95	1.91
		6		8.160	6.406	0.275	37.77	68.73	59.93	15.61	2.15	2.71	1.38	7.48	12.11	5.67	1.95
		7		9.424	7.398	0.275	43.09	80.29	68.35	17.82	2.14	2.69	1.38	8.59	13.81	6.34	1.99
		8		10.667	8.373	0.274	48.17	91.92	76.37	19.98	2.12	2.68	1.37	9.68	15.43	6.98	2.03
7.5	75	5	9	7.412	5.818	0.295	39.97	70.56	63.30	16.63	2.33	2.92	1.50	7.32	11.94	5.77	2.04
		6		8.797	6.905	0.294	46.95	84.55	74.38	19.51	2.31	2.90	1.49	8.64	14.02	6.67	2.07
		7		10.160	7.976	0.294	53.57	98.71	84.96	22.18	2.30	2.89	1.48	9.93	16.02	7.44	2.11
		8		11.503	9.030	0.294	59.96	112.97	95.07	24.86	2.28	2.88	1.47	11.20	17.93	8.19	2.15
		9		12.825	10.068	0.294	66.10	127.30	104.71	27.48	2.27	2.86	1.46	12.43	19.75	8.89	2.18
		10		14.126	11.089	0.293	71.98	141.71	113.92	30.05	2.26	2.84	1.46	13.64	21.48	9.56	2.22
8	80	5		7.912	6.211	0.315	48.79	85.36	77.33	20.25	2.48	3.13	1.60	8.34	13.67	6.66	2.15
		6		9.397	7.376	0.314	57.35	102.50	90.98	23.72	2.47	3.11	1.59	9.87	16.08	7.65	2.19
		7		10.860	8.525	0.314	65.58	119.70	104.07	27.09	2.46	3.10	1.58	11.37	18.40	8.58	2.23
		8		12.303	9.658	0.314	73.49	136.97	116.60	30.39	2.44	3.08	1.57	12.83	20.61	9.46	2.27
		9		13.725	10.774	0.314	81.11	154.31	128.60	33.61	2.43	3.06	1.56	14.25	22.73	10.29	2.31
		10		15.126	11.874	0.313	88.43	171.74	140.09	36.77	2.42	3.04	1.56	15.64	24.76	11.08	2.35
9	90	6	10	10.637	8.350	0.354	82.77	145.87	131.26	34.28	2.79	3.51	1.80	12.61	20.63	9.95	2.44
		7		12.301	9.656	0.354	94.83	170.30	150.47	39.18	2.78	3.50	1.78	14.54	23.64	11.19	2.48
		8		13.944	10.946	0.353	106.47	194.80	168.97	43.97	2.76	3.48	1.78	16.42	26.55	12.35	2.52
		9		15.566	12.219	0.353	117.72	219.39	186.77	48.66	2.75	3.46	1.77	18.27	29.35	13.46	2.56
		10		17.167	13.476	0.353	128.58	244.07	203.90	53.26	2.74	3.45	1.76	20.07	32.04	14.52	2.59
		12		20.306	15.940	0.352	149.22	293.76	236.21	62.22	2.71	3.41	1.75	23.57	37.12	16.49	2.67
10	100	6	12	11.932	9.366	0.393	114.95	200.07	181.98	47.92	3.10	3.90	2.00	15.68	25.74	12.69	2.67
		7		13.796	10.830	0.393	131.86	233.54	208.97	54.74	3.09	3.89	1.99	18.10	29.55	14.26	2.71
		8		15.638	12.276	0.393	148.24	267.09	235.07	61.41	3.08	3.88	1.98	20.47	33.24	15.75	2.76
		9		17.462	13.708	0.392	164.12	300.73	260.30	67.95	3.07	3.86	1.97	22.79	36.81	17.18	2.80
		10		19.261	15.120	0.392	179.51	334.48	284.68	74.35	3.05	3.84	1.96	25.06	40.26	18.54	2.84
		12		22.800	17.898	0.391	208.90	402.34	330.95	86.84	3.03	3.81	1.95	29.48	46.80	21.08	2.91
		14		26.256	20.611	0.391	236.53	470.75	374.06	99.00	3.00	3.77	1.94	33.73	52.90	23.44	2.99
		16		29.627	23.257	0.390	262.53	539.80	414.16	110.89	2.98	3.74	1.94	37.82	58.57	25.63	3.06

（续）

型号	截面尺寸/mm			截面面积/cm²	理论重量/kg·m⁻¹	外形面积/m²·m⁻¹	惯性矩/cm⁴				惯性半径/cm			截面模数/cm³			重心距离/cm
	b	d	r				I_x	I_{x1}	I_{x0}	I_{y0}	i_x	i_{x0}	i_{y0}	W_x	W_{x0}	W_{y0}	Z_0
11	110	7		15.196	11.928	0.433	177.16	310.64	280.94	73.38	3.41	4.30	2.20	22.05	36.12	17.51	2.96
		8		17.238	13.535	0.433	199.46	355.20	316.49	82.42	3.40	4.28	2.19	24.95	40.69	19.39	3.01
		10	12	21.261	16.690	0.432	242.19	444.65	384.39	99.98	3.38	4.25	2.17	30.60	49.42	22.91	3.09
		12		25.200	19.782	0.431	282.55	534.60	448.17	116.93	3.35	4.22	2.15	36.05	57.62	26.15	3.16
		14		29.056	22.809	0.431	320.71	625.16	508.01	133.40	3.32	4.18	2.14	41.31	65.31	29.14	3.24
12.5	125	8		19.750	15.504	0.492	297.03	521.01	470.89	123.16	3.88	4.88	2.50	32.52	53.28	25.86	3.37
		10		24.373	19.133	0.491	361.67	651.93	573.89	149.46	3.85	4.85	2.48	39.97	64.93	30.62	3.45
		12		28.912	22.696	0.491	423.16	783.42	671.44	174.88	3.83	4.82	2.46	41.17	75.96	35.03	3.53
		14		33.367	26.193	0.490	481.65	915.61	763.73	199.57	3.80	4.78	2.45	54.16	86.41	39.13	3.61
		16		37.739	29.625	0.489	537.31	1048.62	850.98	223.65	3.77	4.75	2.43	60.93	96.28	42.96	3.68
14	140	10		27.373	21.488	0.551	514.65	915.11	817.27	212.04	4.34	5.46	2.78	50.58	82.56	39.20	3.82
		12		32.512	25.522	0.551	603.68	1099.28	958.79	248.57	4.31	5.43	2.76	59.80	96.85	45.02	3.90
		14	14	37.567	29.490	0.550	688.81	1284.22	1093.56	284.06	4.28	5.40	2.75	68.75	110.47	50.45	3.98
		16		42.539	33.393	0.549	770.24	1470.07	1221.81	318.67	4.26	5.36	2.74	77.46	123.42	55.55	4.06
15	150	8		23.750	18.644	0.592	521.37	899.55	827.49	215.25	4.69	5.90	3.01	47.36	78.02	38.14	3.99
		10		29.373	23.058	0.591	637.50	1125.09	1012.79	262.21	4.66	5.87	2.99	58.35	95.49	45.51	4.08
		12		34.912	27.406	0.591	748.85	1351.26	1189.97	307.73	4.63	5.84	2.97	69.04	112.19	52.38	4.15
		14		40.367	31.688	0.590	855.64	1578.25	1359.30	351.98	4.60	5.80	2.95	79.45	128.16	58.83	4.23
		15		43.063	33.804	0.590	907.39	1692.10	1441.09	373.69	4.59	5.78	2.95	84.56	135.87	61.90	4.27
		16		45.739	35.905	0.589	958.08	1806.21	1521.02	395.14	4.58	5.77	2.94	89.59	143.40	64.89	4.31
16	160	10		31.502	24.729	0.630	779.53	1365.33	1237.30	321.76	4.98	6.27	3.20	66.70	109.36	52.76	4.31
		12		37.441	29.391	0.630	916.58	1639.57	1455.68	377.49	4.95	6.24	3.18	78.98	128.67	60.74	4.39
		14		43.296	33.987	0.629	1048.36	1914.68	1665.02	431.70	4.92	6.20	3.16	90.95	147.17	68.24	4.47
		16	16	49.067	38.518	0.629	1175.08	2190.82	1865.57	484.59	4.89	6.17	3.14	102.63	164.89	75.31	4.55
18	180	12		42.241	33.159	0.710	1321.35	2332.80	2100.10	542.61	5.59	7.05	3.58	100.82	165.00	78.41	4.89
		14		48.896	38.383	0.709	1514.48	2723.48	2407.42	621.53	5.56	7.02	3.56	116.25	189.14	88.38	4.97
		16		55.467	43.542	0.709	1700.99	3115.29	2703.37	698.60	5.54	6.98	3.55	131.13	212.40	97.83	5.05
		18		61.055	48.634	0.708	1875.12	3502.43	2988.24	762.01	5.50	6.94	3.51	145.64	234.78	105.14	5.13
20	200	14		54.642	42.894	0.788	2103.55	3734.10	3343.26	863.83	6.20	7.82	3.98	144.70	236.40	111.82	5.46
		16		62.013	48.680	0.788	2366.15	4270.39	3760.89	971.41	6.18	7.79	3.96	163.65	265.93	123.96	5.54
		18	18	69.301	54.401	0.787	2620.64	4808.13	4164.54	1076.74	6.15	7.75	3.94	182.22	294.48	135.52	5.62
		20		76.505	60.056	0.787	2867.30	5347.51	4554.55	1180.04	6.12	7.72	3.93	200.42	322.06	146.55	5.69
		24		90.661	71.168	0.785	3338.25	6457.16	5294.97	1381.53	6.07	7.64	3.90	236.17	374.41	166.65	5.87

（续）

型号	截面尺寸/mm			截面面积/cm^2	理论重量/kg·m^{-1}	外形面积/m^2·m^{-1}	惯性矩/cm^4				惯性半径/cm			截面模数/cm^3			重心距离/cm
	b	d	r				I_x	I_{x1}	I_{x0}	I_{y0}	i_x	i_{x0}	i_{y0}	W_x	W_{x0}	W_{y0}	Z_0
22	220	16	21	68.664	53.901	0.866	3187.36	5681.62	5063.73	1310.99	6.81	8.59	4.37	199.55	325.51	153.81	6.03
		18		76.752	60.250	0.866	3534.40	6395.93	5615.32	1453.27	6.79	8.55	4.35	222.37	360.97	168.29	6.11
		20		84.756	66.533	0.865	3871.49	7112.04	6150.08	1592.90	6.76	8.52	4.34	244.77	395.34	182.16	6.18
		22		92.676	72.751	0.865	4199.23	7830.19	6668.37	1730.10	6.73	8.48	4.32	266.78	428.66	195.45	6.26
		24		100.512	78.902	0.864	4517.83	8550.57	7170.55	1865.11	6.70	8.45	4.31	288.39	460.94	208.21	6.33
		26		108.264	84.987	0.864	4827.58	9273.39	7656.98	1998.17	6.68	8.41	4.30	309.62	492.21	220.49	6.41
25	250	18	24	87.842	68.956	0.985	5268.22	9379.11	8369.04	2167.41	7.74	9.76	4.97	290.12	473.42	224.03	6.84
		20		97.045	76.180	0.984	5779.34	10426.97	9181.94	2376.74	7.72	9.73	4.95	319.66	519.41	424.85	6.92
		24		115.201	90.433	0.983	6763.93	12529.74	10742.67	2785.19	7.66	9.66	4.92	377.34	607.70	278.38	7.07
		26		124.154	97.461	0.982	7238.08	13585.18	11491.33	2984.84	7.63	9.62	4.90	405.50	650.05	295.19	7.15
		28		133.022	104.422	0.982	7700.60	14643.62	12219.39	3181.81	7.61	9.58	4.89	433.22	691.23	311.42	7.22
		30		141.807	111.318	0.981	8151.80	15705.30	12927.26	3376.34	7.58	9.55	4.88	460.51	731.28	327.12	7.30
		32		150.508	118.149	0.981	8592.01	16770.41	13615.32	3568.71	7.56	9.51	4.87	487.39	770.20	342.33	7.37
		35		163.402	128.271	0.980	9232.44	18374.95	14611.16	3853.72	7.52	9.46	4.86	526.97	826.53	364.30	7.48

注：截面图中的 $r_1=1/3d$ 及表中 r 的数据用于孔型设计，不做交货条件。

5. 热轧槽钢（见表 2-18）

表 2-18　热轧槽钢截面尺寸、截面面积、理论重量及截面特性（摘自 GB/T 706—2008）

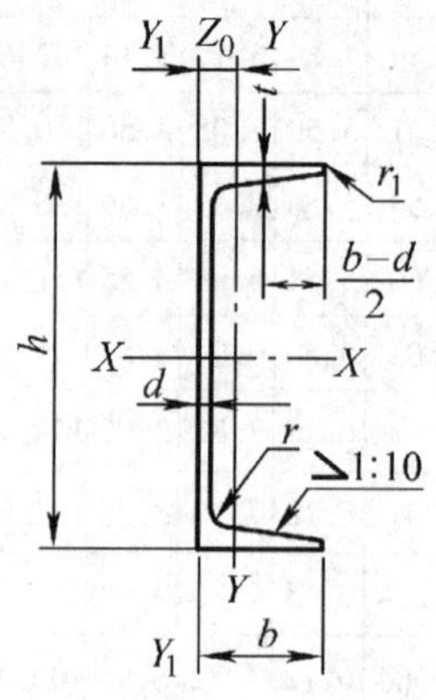

h——高度；

b——腿宽度；

d——腰厚度；

t——平均腿厚度；

r——内圆弧半径；

r_1——腿端圆弧半径；

Z_0——YY 轴与 Y_1Y_1 轴间距。

（续）

型号	截面尺寸/mm						截面面积/cm^2	理论重量/$kg \cdot m^{-1}$	惯性矩/cm^4			惯性半径/cm		截面模数/cm^3		重心距离/cm
	h	b	d	t	r	r_1			I_x	I_y	I_{y1}	i_x	i_y	W_x	W_y	Z_0
5	50	37	4.5	7.0	7.0	3.5	6.928	5.438	26.0	8.30	20.9	1.94	1.10	10.4	3.55	1.35
6.3	63	40	4.8	7.5	7.5	3.8	8.451	6.634	50.8	11.9	28.4	2.45	1.19	16.1	4.50	1.36
6.5	65	40	4.3	7.5	7.5	3.8	8.547	6.709	55.2	12.0	28.3	2.54	1.19	17.0	4.59	1.38
8	80	43	5.0	8.0	8.0	4.0	10.248	8.045	101	16.6	37.4	3.15	1.27	25.3	5.79	1.43
10	100	48	5.3	8.5	8.5	4.2	12.748	10.007	198	25.6	54.9	3.95	1.41	39.7	7.80	1.52
12	120	53	5.5	9.0	9.0	4.5	15.362	12.059	346	37.4	77.7	4.75	1.56	57.7	10.2	1.62
12.6	126	53	5.5	9.0	9.0	4.5	15.692	12.318	391	38.0	77.1	4.95	1.57	62.1	10.2	1.59
14a	140	58	6.0	9.5	9.5	4.8	18.516	14.535	564	53.2	107	5.52	1.70	80.5	13.0	1.71
14b		60	8.0				21.316	16.733	609	61.1	121	5.35	1.69	87.1	14.1	1.67
16a	160	63	6.5	10.0	10.0	5.0	21.962	17.24	866	73.3	144	6.28	1.83	108	16.3	1.80
16b		65	8.5				25.162	19.752	935	83.4	161	6.10	1.82	117	17.6	1.75
18a	180	68	7.0	10.5	10.5	5.2	25.699	20.174	1270	98.6	190	7.04	1.96	141	20.0	1.88
18b		70	9.0				29.299	23.000	1370	111	210	6.84	1.95	152	21.5	1.84
20a	200	73	7.0	11.0	11.0	5.5	28.837	22.637	1780	128	244	7.86	2.11	178	24.2	2.01
20b		75	9.0				32.837	25.777	1910	144	268	7.64	2.09	191	25.9	1.95
22a	220	77	7.0	11.5	11.5	5.8	31.846	24.999	2390	158	298	8.67	2.23	218	28.2	2.10
22b		79	9.0				36.246	28.453	2570	176	326	8.42	2.21	234	30.1	2.03
24a	240	78	7.0	12.0	12.0	6.0	34.217	26.860	3050	174	325	9.45	2.25	254	30.5	2.10
24b		80	9.0				39.017	30.628	3280	194	355	9.17	2.23	274	32.5	2.03
24c		82	11.0				43.817	34.396	3510	213	388	8.96	2.21	293	34.4	2.00
25a	250	78	7.0				34.917	27.410	3370	176	322	9.82	2.24	270	30.6	2.07
25b		80	9.0				39.917	31.335	3530	196	353	9.41	2.22	282	32.7	1.98
25c		82	11.0				44.917	35.260	3690	218	384	9.07	2.21	295	35.9	1.92
27a	270	82	7.5	12.5	12.5	6.2	39.284	30.838	4360	216	393	10.5	2.34	323	35.5	2.13
27b		84	9.5				44.684	35.077	4690	239	428	10.3	2.31	347	37.7	2.06
27c		86	11.5				50.084	39.316	5020	261	467	10.1	2.28	372	39.8	2.03
28a	280	82	7.5				40.034	31.427	4760	218	388	10.9	2.33	340	35.7	2.10
28b		84	9.5				45.634	35.823	5130	242	428	10.6	2.30	366	37.9	2.02
28c		86	11.5				51.234	40.219	5500	268	463	10.4	2.29	393	40.3	1.95
30a	300	85	7.5	13.5	13.5	6.8	43.902	34.463	6050	260	467	11.7	2.43	403	41.1	2.17
30b		87	9.5				49.902	39.173	6500	289	515	11.4	2.41	433	44.0	2.13
30c		89	11.5				55.902	43.883	6950	316	560	11.2	2.38	463	46.4	2.09
32a	320	88	8.0	14.0	14.0	7.0	48.513	38.083	7600	305	552	12.5	2.50	475	46.5	2.24
32b		90	10.0				54.913	43.107	8140	336	593	12.2	2.47	509	49.2	2.16
32c		92	12.0				61.313	48.131	8690	374	643	11.9	2.47	543	52.6	2.09

（续）

型号	截面尺寸/mm						截面面积/cm²	理论重量/kg·m⁻¹	惯性矩/cm⁴			惯性半径/cm		截面模数/cm³		重心距离/cm
	h	b	d	t	r	r_1			I_x	I_y	I_{y1}	i_x	i_y	W_x	W_y	Z_0
36a		96	9.0				60.910	47.814	11900	455	818	14.0	2.73	660	63.5	2.44
36b	360	98	11.0	16.0	16.0	8.0	68.110	53.466	12700	497	880	13.6	2.70	703	66.9	2.37
36c		100	13.0				75.310	59.118	13400	536	948	13.4	2.67	746	70.0	2.34
40a		100	10.5				75.068	58.928	17600	592	1070	15.3	2.81	879	78.8	2.49
40b	400	102	12.5	18.0	18.0	9.0	83.068	65.208	18600	640	114	15.0	2.78	932	82.5	2.44
40c		104	14.5				91.068	71.488	19700	688	1220	14.7	2.75	986	86.2	2.42

注：参见表 2-19 的注。

6. 热轧工字钢（见表 2-19）

表 2-19　热轧工字钢截面尺寸、截面面积、理论重量及截面特性（摘自 GB/T 706—2008）

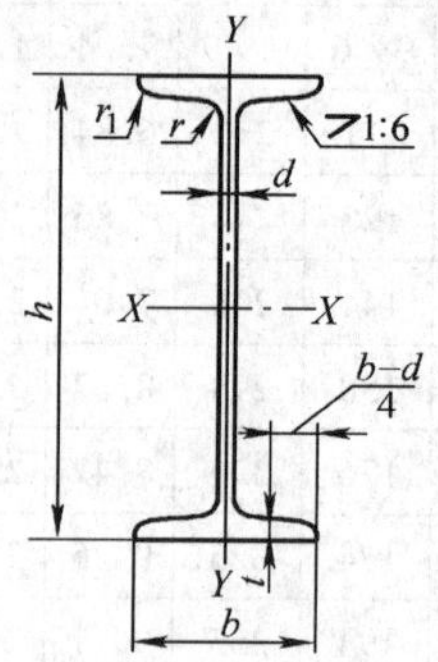

h——高度；
b——腿宽度；
d——腰厚度；
t——平均腿厚度；
r——内圆弧半径；
r_1——腿端圆弧半径。

型号	截面尺寸/mm						截面面积/cm²	理论重量/kg·m⁻¹	惯性矩/cm⁴		惯性半径/cm		截面模数/cm³	
	h	b	d	t	r	r_1			I_x	I_y	i_x	i_y	W_x	W_y
10	100	68	4.5	7.6	6.5	3.3	14.345	11.261	245	33.0	4.14	1.52	49.0	9.72
12	120	74	5.0	8.4	7.0	3.5	17.818	13.987	436	46.9	4.95	1.62	72.7	12.7
12.6	126	74	5.0	8.4	7.0	3.5	18.118	14.223	488	46.9	5.20	1.61	77.5	12.7
14	140	80	5.5	9.1	7.5	3.8	21.516	16.890	712	64.4	5.76	1.73	102	16.1
16	160	88	6.0	9.9	8.0	4.0	26.131	20.513	1130	93.1	6.58	1.89	141	21.2
18	180	94	6.5	10.7	8.5	4.3	30.756	24.143	1660	122	7.36	2.00	185	26.0
20a	200	100	7.0	11.4	9.0	4.5	35.578	27.929	2370	158	8.15	2.12	237	31.5
20b		102	9.0				39.578	31.069	2500	169	7.96	2.06	250	33.1
22a	220	110	7.5	12.3	9.5	4.8	42.128	33.070	3400	225	8.99	2.31	309	40.9
22b		112	9.5				46.528	36.524	3570	239	8.78	2.27	325	42.7
24a	240	116	8.0				47.741	37.477	4570	280	9.77	2.42	381	48.4
24b		118	10.0	13.0	10.0	5.0	52.541	41.245	4800	297	9.57	2.38	400	50.4
25a	250	116	8.0				48.541	38.105	5020	280	10.2	2.40	402	48.3
25b		118	10.0				53.541	42.030	5280	309	9.94	2.40	423	52.4

（续）

型号	截面尺寸/mm						截面面积/cm^2	理论重量/$kg \cdot m^{-1}$	惯性矩/cm^4		惯性半径/cm		截面模数/cm^3	
	h	b	d	t	r	r_1			I_x	I_y	i_x	i_y	W_x	W_y
27a	270	122	8.5	13.7	10.5	5.3	54.554	42.825	6550	345	10.9	2.51	485	56.6
27b		124	10.5				59.954	47.064	6870	366	10.7	2.47	509	58.9
28a	280	122	8.5				55.404	43.492	7110	345	11.3	2.50	508	56.6
28b		124	10.5				61.004	47.888	7480	379	11.1	2.49	534	61.2
30a	300	126	9.0	14.4	11.0	5.5	61.254	48.084	8950	400	12.1	2.55	597	63.5
30b		128	11.0				67.254	52.794	9400	422	11.8	2.50	627	65.9
30c		130	13.0				73.254	57.504	9850	445	11.6	2.46	657	68.5
32a	320	130	9.5	15.0	11.5	5.8	67.156	52.717	11100	460	12.8	2.62	692	70.8
32b		132	11.5				73.556	57.741	11600	502	12.6	2.61	726	76.0
32c		134	13.5				79.956	62.765	12200	544	12.3	2.61	760	81.2
36a	360	136	10.0	15.8	12.0	6.0	76.480	60.037	15800	552	14.4	2.69	875	81.2
36b		138	12.0				83.680	65.689	16500	582	14.1	2.64	919	84.3
36c		140	14.0				90.880	71.341	17300	612	13.8	2.60	962	87.4
40a	400	142	10.5	16.5	12.5	6.3	86.112	67.598	21700	660	15.9	2.77	1090	93.2
40b		144	12.5				94.112	73.878	22800	692	15.6	2.71	1140	96.2
40c		146	14.5				102.112	80.158	23900	727	15.2	2.65	1190	99.6
45a	450	150	11.5	18.0	13.5	6.8	102.446	80.420	32200	855	17.7	2.89	1430	114
45b		152	13.5				111.446	87.485	33800	894	17.4	2.84	1500	118
45c		154	15.5				120.446	94.550	35300	938	17.1	2.79	1570	122
50a	500	158	12.0	20.0	14.0	7.0	119.304	93.654	46500	1120	19.7	3.07	1860	142
50b		160	14.0				129.304	101.504	48600	1170	19.4	3.01	1940	146
50c		162	16.0				139.304	109.354	50600	1220	19.0	2.96	2080	151
55a	550	166	12.5	21.0	14.5	7.3	134.185	105.335	62900	1370	21.6	3.19	2290	164
55b		168	14.5				145.185	113.970	65600	1420	21.2	3.14	2390	170
55c		170	16.5				156.185	122.605	68400	1480	20.9	3.08	2490	175
56a	560	166	12.5				135.435	106.316	65600	1370	22.0	3.18	2340	165
56b		168	14.5				146.635	115.108	68500	1490	21.6	3.16	2450	174
56c		170	16.5				157.835	123.900	71400	1560	21.3	3.16	2550	183
63a	630	176	13.0	22.0	15.0	7.5	154.658	121.407	93900	1700	24.5	3.31	2980	193
63b		178	15.0				167.258	131.298	98100	1810	24.2	3.29	3160	204
63c		180	17.0				179.858	141.189	102000	1920	23.8	3.27	3300	214

注：1. GB/T 706—2008《热轧型钢》代替 GB/T 706—1988、GB/T 707—1988、GB/T 9787—1988、GB/T 9788—1988、GB/T 9946—1988。

2. 角钢的通常长度为4000～19000mm 其他型钢通常长度为5000～19000mm，按用户要求可供应其他长度的产品。

3. 型钢应按理论重量交货，GB/T 706—2008 提供的理论重量是按密度为 7.85g/cm^3 计算所得。

4. 型钢牌号化学成分及其力学性能应符合 GB/T 700 或 GB/T 1591 的有关规定。

5. 型钢以热轧状态交货。

6. 本表中的 r、r_1 的数据仅用于孔型设计，不做为交货条件。

7. 焊接钢管（见表2-20～表2-22）

（1）直缝电焊钢（见表2-20）

表2-20　直缝电焊钢管尺寸规格、牌号及力学性能（摘自GB/T 13793—2008）

<table>
<tr><td rowspan="2">尺寸规格</td><td colspan="4" rowspan="2">1. 钢管外径D和壁厚t应符合GB/T 21835—2008《焊接钢管尺寸及单位长度重量》的规定(外径D不大于630mm)
2. 外径和壁厚允许偏差分为A、B、C 3级,其偏差数值见GB/T 13793—2008《直缝电焊钢管》的规定。合同未注明级别时,按A3级(普通精度)交货,但用于带式输送机托辊用钢管应按B级(较高精度)交货
3. 通常长度L：外径≤30mm,L为4000～6000mm;
外径>30～70mm,L为4000～8000mm;
外径>70mm,L为4000～12000mm
在合同中注明,在通常长度范围内,可按定尺或倍尺交货</td><td>用　途</td></tr>
<tr><td>适于制作各种结构件、零件、带式输送机托辊及输送一般流体用管道</td></tr>
<tr><td rowspan="10">牌号及力学性能</td><td rowspan="2">牌　号</td><td>下屈服强度R_{eL}/MPa</td><td>抗拉强度R_m/MPa</td><td>断后伸长率A(%)</td><td>焊缝抗拉强度R_m/MPa</td></tr>
<tr><td colspan="4">不小于</td></tr>
<tr><td>08、10</td><td>195(205)</td><td>315(375)</td><td>22(13)</td><td>315</td></tr>
<tr><td>15</td><td>215(225)</td><td>355(400)</td><td>20(11)</td><td>355</td></tr>
<tr><td>20</td><td>235(245)</td><td>390(440)</td><td>19(9)</td><td>390</td></tr>
<tr><td>Q195</td><td>195(205)</td><td>315(335)</td><td>22(14)</td><td>315</td></tr>
<tr><td>Q215A、Q215B</td><td>215(225)</td><td>335(355)</td><td>22(13)</td><td>335</td></tr>
<tr><td>Q235A、Q235B、Q235C</td><td>235(245)</td><td>375(390)</td><td>20(9)</td><td>375</td></tr>
<tr><td>Q295A、Q295B</td><td>295</td><td>390</td><td>18</td><td>390</td></tr>
<tr><td>Q345A、Q345B、Q345C</td><td>345</td><td>470</td><td>18</td><td>470</td></tr>
</table>

注：1. GB/T 13793—2008《直缝电焊钢管》代替GB/T 13792—1992《带式输送机托辊用电焊钢管》和GB/T 13793—1992《直缝电焊钢管》。

2. 钢管牌号的化学成分应符合GB/T 699、GB/T 700和GB/T 1591相应牌号的规定。

3. 力学性能中带括号的数值为有特殊要求钢管的力学性能数值，按需方要求，且在合同中注明方可按此指标交货。

4. 按需方要求，并在合同中注明，钢管外径不小于219.1mm者，可进行焊缝横向拉伸试验，取样部位应垂直焊缝，焊缝位于试样的中心，焊缝抗拉强度值按本表规定。

5. 按需方要求，并在合同中注明，钢管可在内、外表面进行镀锌后交货。

6. 带式输送机托辊用钢管应逐根进行液压试验，外径不大于108mm管，试验压力为7MPa，外径大于108mm管，试验压力5MPa，稳压时间不少于5s，钢管不允许出现渗漏现象。

（2）流体输送用不锈钢焊接钢管（见表2-21）

表2-21　流体输送用不锈钢焊接钢管规格、牌号、性能及应用（摘自GB/T 12771—2008）

<table>
<tr><td rowspan="2">尺寸规格</td><td rowspan="2">钢管外径D和壁厚S应符合GB/T 21835焊接钢管尺寸的规定、D和S的允许偏差按GB/T 12771—2008的规定
钢管通常长度为3000～9000mm,定尺长度或倍尺长度应在通常长度范围内</td><td>用　途</td></tr>
<tr><td>适于腐蚀性流体的输送及在腐蚀条件下工作的中、低压流体管道</td></tr>
</table>

（续）

	新 牌 号	旧 牌 号	规定非比例延伸强度 $R_{p0.2}$/MPa	抗拉强度 R_m/MPa	断后伸长率 A(%) 热处理状态	备 注
			不小于			
牌号及力学性能	12Cr18Ni9	1Cr18Ni9	210	520	35（非热处理状态为25）	钢管在交货前，应采用连续式或周期式炉全长热处理，推荐的热处理制度参见原标准
	06Cr19Ni10	0Cr18Ni9	210	520		
	022Cr19Ni10	00Cr19Ni10	180	480		
	06Cr25Ni20	0Cr25Ni20	210	520		
	06Cr17Ni12Mo2	0Cr17Ni12Mo2	210	520		
	022Cr17Ni12Mo2	00Cr17Ni14Mo2	180	480		
	06Cr18Ni11Ti	0Cr18Ni10Ti	210	520		
	06Cr18Ni11Nb	0Cr18Ni11Nb	210	520		
	022Cr18Ti	00Cr17	180	360	20	钢管在交货前，应采用连续式或周期式炉全长热处理，推荐的热处理制度参见原标准
	019Cr19Mo2NbTi	00Cr18Mo2	240	410		
	06Cr13Al	0Cr13Al	177	410		
	022Cr11Ti	—	275	400	18	
	022Cr12Ni	—	275	400	18	
	06Cr13	0Cr13	210	410	20	
交货状态	钢管采用单面或双面自动焊接方法制造，以热处理并酸洗状态交货					
液压试验	钢管应逐根进行液压试验，最大试验压力不大于10MPa，试验压力 $P=2SR/D$，式中 R 为允许应力，取 R_{eL} 的50%（MPa）；S 和 D 为公称壁厚和外径（mm）；P 单位为MPa，P 的稳压时间不少于5s，不出现渗漏现象					

注：1. 钢管牌号的化学成分符合GB/T 12771—2008的相关规定。

2. $R_{p0.2}$ 仅在需方要求，并在合同注明时才给予保证。

（3）低压流体输送用焊接钢管（见表2-22）

表2-22 低压流体输送用焊接钢管尺寸规格、牌号、力学性能及应用（摘自GB/T 3091—2008）

尺寸规格	钢管外径 D 和壁厚 t 应符合GB/T 21835《焊接钢管尺寸及单位长度重量》的规定；D 和 t 的允许偏差按GB/T 3091—2008的规定 钢管通常长度为3000～12000mm，定尺长度和倍尺长度应在通常长度范围内					用 途：适用水、空气、采暖蒸气、燃气等低压流体输送管道
	牌 号	下屈服强度 R_{eL}/MPa 不小于		抗拉强度 R_m/MPa 不小于	断后伸长率 A(%) 不小于	
		$t \leqslant 16$mm	$t>16$mm		$D \leqslant 168.3$mm	$D>168.3$mm
钢材牌号及力学性能	Q195	195	185	315	15	20
	Q215A、Q215B	215	205	335		
	Q235A、Q235B	235	225	370		
	Q295A、Q295B	295	275	390	13	18
	Q345A、Q345B	345	325	470		

（续）

交货状态	钢管采用直缝高频电阻焊（ERW）、直缝埋弧焊（SAWL）和螺旋缝埋弧焊（SAWH）的任一种工艺制造均可；钢管采用焊接状态交货，ERW 钢管可按焊缝热处理状态交货；需方要求，合同注明，钢管可按整体热处理状态交货。需方要求，在合同中注明，D 不大于 508mm 的钢管可镀锌交货，也可按其他保护涂层交货
液压试验	钢管逐根进行液压试验，最大试验压力 P_{max} 为 5MPa，最小试验压力 $P_{min}=2St/D$，其中 S 为钢管下屈服强度 R_{eL} 数值的 60%（MPa）；D 为钢管外径（mm）；t 为钢管壁厚（mm）。试验压力保持时间不小于 5s，不出现渗漏现象

注：钢管牌号的化学成分应符合 GB/T 700 和 GB/T 1591 的相关规定。

三、有色金属

1. 有色合金铸造方法和热处理状态名称及其代号（见表 2-23）

表 2-23　有色合金铸造方法和热处理状态名称及其代号

名　称	代　号	名　称	代　号
砂型铸造	S	离心铸造	Li
金属型铸造	J	人工时效	T1
熔模铸造	R	退火	T2
壳型铸造	K	固溶处理加自然时效	T4
压铸	Y	固溶处理加不完全人工时效	T5
变质处理	B	固溶处理加完全人工时效	T6
铸态	F	固溶处理加稳定化处理	T7
连续铸造	La	固溶处理加软化处理	T8

2. 铸造铜合金（见表 2-24）

表 2-24　铸造铜合金（摘自 GB/T 1176—1987）

合金牌号	铸造方法	力学性能 ≥				应用举例
		抗拉强度 R_m/MPa	屈服强度 R_{eH}/MPa	伸长率 A(%)	硬度 HBW	
ZCuSn3Zn8Pb6Ni1	S	175		8	590	在各种液体燃料以及海水、淡水和蒸汽（225°C）中工作的零件，压力不大于 2.5MPa 的阀门和管配件
	J	215		10	685	
ZCuSn5Pb5Zn5	S,J	200	90	13	590*	在较高载荷、中等滑动速度下工作的耐磨、耐腐蚀零件，如轴瓦、衬套、缸套、活塞、离合器、泵件压盖以及蜗轮等
	Li,La	250	100*	13	635*	
ZCuSn10Pb1	S	220	130	3	785*	可用于高载荷（接触压力 20MPa 以下）和高滑动速度（8m/s）下工作的耐磨零件，如连杆、衬套、轴瓦、齿轮、蜗轮等
	J	310	170*	2	885*	
	Li	330	170*	4	885*	
	La	360	170*	6	885*	
ZCuSn10Zn2	S	240	120	12	685*	在中等及较高载荷和小滑动速度下工作的重要管配件，以及阀、旋塞、泵体、齿轮、叶轮和蜗轮等
	J	245	140*	6	785*	
	Li,La	270	140*	7	785*	

（续）

合金牌号	铸造方法	力学性能 ≥				应用举例
		抗拉强度 R_m/MPa	屈服强度 R_{eH}/MPa	伸长率 A(%)	硬度 HBW	
ZCuPb10Sn10	S	180	80	7	635*	表面压力高又存在侧压力的滑动轴承，如轧辊、车辆用轴承、负荷峰值60MPa的受冲击的零件，以及最高峰值达100MPa的内燃机双金属轴瓦，以及活塞销套、摩擦片等
	J	220	140	5	685*	
	Li,La	220	110*	6	685*	
ZCuPb15Sn8	S	170	80	5	590*	表面压力高，又有侧压力的轴承，可用来制造冷轧机的铜冷却管，耐冲击载荷达50MPa的零件，内燃机的双金属轴瓦，主要用于最大载荷达70MPa的活塞销套，耐酸配件
	J	200	100	6	635*	
	Li,La	220	100*	8	635*	
ZCuPb17Sn4Zn4	S	150		5	540	一般耐磨件，高滑动速度的轴承等
	J	175		7	590	
ZCuPb20Sn5	S	150	60	5	440*	高滑动速度的轴承，及破碎机、水泵、冷轧机轴承，载荷达40MPa的零件，抗腐蚀零件，双金属轴承，负荷达70MPa的活塞销套
	J	150	70*	6*	540*	
	La	180	80*	7	540*	
ZCuAl10Fe3Mn2	S	490		15	1080	要求强度高、耐磨、耐蚀的零件，如齿轮、轴承、衬套、管嘴，以及耐热管配件等
	J	540		20	1175	
ZCuZn38	S	295		30	590	一般结构件和耐蚀零件，如法兰、阀座、支架、手柄和螺母等
	J	295		30	685	
ZCuZn25Al6Fe3Mn3	S	725	380	10	1570*	适用高强度、耐磨零件，如桥梁支承板、螺母、螺杆、耐磨板、滑块和蜗轮等
	J	740	400*	7	1665*	
	Li,La	740	400	7	1665*	
ZCuAl8Mn13Fe3Ni2	S	645	280	20	1570	要求强度高耐腐蚀的重要铸件，如船舶螺旋桨、高压阀体、泵体，以及耐压、耐磨零件，如蜗轮、齿轮、法兰、衬套等
	J	670	310*	18	1665	
ZCuAl9Mn2	S	390		20	835	耐蚀、耐磨零件、形状简单的大型铸件，如衬套、齿轮、蜗轮，以及在250°C以下工作的管配件和要求气密性高的铸件，如增压器内气封
	J	440		20	930	
ZCuAl9Fe4Ni4Mn2	S	630	250	16	1570	要求强度高、耐蚀性好的重要铸件，是制造船舶螺旋桨的主要材料之一，也可用作耐磨和400°C以下工作的零件，如轴承、齿轮、蜗轮、螺母、法兰、阀体、导向套管
ZCuAl10Fe3	S	490	180	13	980*	要求强度高、耐磨、耐蚀的重型铸件，如轴套、螺母、蜗轮以及250°C以下工作的管配件
	J	540	200	15	1080*	
	Li,La	540	200	15	1080*	
ZCuZn38Mn2Pb2	S	245		10	685	一般用途的结构件，船舶、仪表等使用的外型简单的铸件，如套筒、衬套、轴瓦、滑块等
	J	345		18	785	

（续）

合金牌号	铸造方法	力学性能 ≥				应用举例
		抗拉强度 R_m/MPa	屈服强度 R_{eH}/MPa	伸长率 A(%)	硬度 HBW	
ZCuZn40Mn2	S	345		20	785	在空气、淡水、海水、蒸汽(低于300°C)和各种液体燃料中工作的零件和阀体、阀杆、泵、管接头，以及需要浇注巴氏合金和镀锡零件等
	J	390		25	885	
ZCuZn33Pb2	S	180	70*	12	490*	煤气和给水设备的壳体，机器制造业，电子技术，精密仪器和光学仪器的部分构件和配件
ZCuZn40Pb2	S	220		15	785*	一般用途的耐磨、耐蚀零件，如轴套、齿轮等
	J	280	120*	20	885*	
ZCuZn16Si4	S	345		15	885	接触海水工作的管配件以及水泵、叶轮、旋塞和在空气、淡水、油、燃料，以及工作压力在4.5MPa和250°C以下蒸汽中工作的铸件
	J	390		20	980	

注：砂型铸件本体试样的抗拉强度不得低于表中规定值的80%，断后伸长率不得低于表中规定值的50%。

3. 铸造铝合金（见表2-25）

表2-25 铸造铝合金（摘自GB/T 1173—1995）

组别	合金牌号	合金代号	铸造方法	合金状态	力学性能≥			应用举例
					R_m/MPa	A(%)	布氏硬度 HBW	
铝硅合金	ZAlSi7Mg	ZL101	S、R、J、K	F	155	2	50	耐蚀性、力学性能和铸造工艺性能良好，易气焊，用于制作形状复杂的零件，如飞机零件、仪器零件，抽水机壳体，工作温度不超过185°C的气化器 在海水环境中使用时，铜含量不大于0.1%
			S、R、J、K	T2	135	2	45	
			JB	T4	185	4	50	
			S、R、K	T4	175	4	50	
			J、JB	T5	205	2	60	
			S、R、K	T5	195	2	60	
			SB、RB、KB	T5	195	2	60	
			SB、RB、KB	T6	225	1	70	
			SB、RB、KB	T7	195	2	60	
			SB、RB、KB	T8	155	3	55	
	ZAlSi12	ZL102	SB、JB、RB、KB	F	145	4	50	形状复杂、载荷不大而耐蚀的薄壁零件或用作压铸零件，以及工作温度小于200°C的高气密性零件
			J	F	155	2	50	
			SB、JB、RB、KB	T2	135	4	50	
			J	T2	145	3	50	
	ZAlSi9Mg	ZL104	S、J、R、K	F	145	2	50	形状复杂的高温静载荷或受冲击作用的大型零件，如扇风机叶片、水冷气缸头
			J	T1	195	1.5	70	
			SB、RB、KB	T6	225	2	70	
			J、JB	T6	235	2	70	

（续）

<table>
<tr><th rowspan="2">组别</th><th rowspan="2">合金牌号</th><th rowspan="2">合金代号</th><th rowspan="2">铸造方法</th><th rowspan="2">合金状态</th><th colspan="3">力学性能≥</th><th rowspan="2">应用举例</th></tr>
<tr><th>R_m /MPa</th><th>A (%)</th><th>布氏硬度 HBW</th></tr>
<tr><td rowspan="3">铝硅合金</td><td>ZAlSi5Cu1Mg</td><td>ZL105</td><td>S、J、R、K
S、R、K
J
S、R、K
S、J、R、K</td><td>T1
T5
T5
T6
T7</td><td>155
215
235
225
175</td><td>0.5
1
0.5
0.5
1</td><td>65
70
70
70
65</td><td>强度高、切削性好，用于制作形状复杂、225°C 以下工作的零件，如发动机的气缸头、油泵壳体</td></tr>
<tr><td>ZAlSi12Cu2Mg1</td><td>ZL108</td><td>J
J</td><td>T1
T6</td><td>195
255</td><td>—
—</td><td>85
90</td><td>重载、高温下的零件，如大功率柴油机活塞</td></tr>
<tr><td>ZAlSi12Cu1Mg1Ni1</td><td>ZL109</td><td>J
J</td><td>T1
T6</td><td>195
245</td><td>0.5
—</td><td>90
100</td><td>高温、高速下大功率柴油机活塞</td></tr>
<tr><td rowspan="3">铝铜合金</td><td>ZAlCu5Mn</td><td>ZL201</td><td>S、J、R、K
S、J、R、K
S</td><td>T4
T5
T7</td><td>295
335
315</td><td>3
4
2</td><td>70
90
80</td><td>焊接性能好，但铸造性差。用于制作 175 ~ 300°C 下工作的零件，如支臂、挂梁</td></tr>
<tr><td>ZAlCu10</td><td>ZL202</td><td>S、J
S、J</td><td>F
T6</td><td>105
165</td><td>—
—</td><td>50
100</td><td>切削性好，耐磨性差，用于制造常温下负荷不大的普通零件</td></tr>
<tr><td>ZAlCu4</td><td>ZL203</td><td>S、R、K
J
S、R、K
J</td><td>T4
T4
T5
T5</td><td>195
205
215
225</td><td>6
6
3
3</td><td>60
60
70
70</td><td>受重载荷、表面粗糙度较小和形状不复杂的厚壁件</td></tr>
<tr><td>铝镁合金</td><td>ZAlMg10</td><td>ZL301</td><td>S、J、R</td><td>T4</td><td>285</td><td>9</td><td>60</td><td>受冲击载荷、重复载荷及海水腐蚀，工作温度不超过 150°C 的零件</td></tr>
<tr><td rowspan="2">铝锌合金</td><td>ZAlZn11Si7</td><td>ZL401</td><td>S、R、K
J</td><td>T1
T1</td><td>195
245</td><td>2
1.5</td><td>80
90</td><td>铸造性能好，耐蚀性能低，用于制造工作温度低于 200°C，形状复杂的大型薄壁零件</td></tr>
<tr><td>ZAlZn6Mg</td><td>ZL402</td><td>J
S</td><td>T1
T1</td><td>235
225</td><td>4
4</td><td>70
65</td><td>制造高强度的零件</td></tr>
</table>

注：1. 合金中杂质允许含量见 GB/T 1173—1995。

2. 表中力学性能系在试样直径为 12mm ±0.25mm，标距为五倍直径经热处理的条件下测出。材料截面大于试样尺寸时，其力学性能一般比表中低，设计时根据具体情况考虑。

3. 与食物接触的铝制品不允许含有铍（Be），砷的质量分数不大于 0.015%，锌的质量分数不大于 0.3%，铅的质量分数不大于 0.15%。

4. 铸造方法和合金状态代号的意义见表 2-23。

4. 铸造轴承合金（见表2-26）

表2-26 铸造轴承合金（摘自GB/T 1174—1992）

种类	合金牌号	铸造方法	力学性能≥		
			抗拉强度 R_m /MPa	断后伸长率 A（%）	布氏硬度 HBW
锡基	ZSnSb12Pb10Cu4	J	—	—	29
	ZSnSb12Cu6Cd1	J	—	—	34
	ZSnSb11Cu6	J	—	—	27
	ZSnSb8Cu4	J	—	—	24
	ZSnSb4Cu4	J	—	—	20
铅基	ZPbSb16Sn16Cu2	J	—	—	30
	ZPbSb15Sn5Cu3Cd2	J	—	—	32
	ZPbSb15Sn10	J	—	—	24
	ZPbSb15Sn5	J	—	—	20
	ZPbSb10Sn6	J	—	—	18
铜基	ZCuSn5Pb5Zn5	S、J	200	13	60*
		Li	250	13	65*
	ZCuSn10P1	S	200	3	80*
		J	310	2	90*
		Li	330	4	90*
	ZCuPb10Sn10	S	180	7	65
		J	220	5	70
		Li	220	6	70
	ZCuPb15Sn8	S	170	5	60*
		J	200	6	65*
		Li	220	8	65*
	ZCuPb20Sn5	S	150	5	45*
		J	150	6	55*
	ZCuPb30	J	—	—	25*
	ZCuAl10Fe3	S	490	13	100*
		J、Li	540	15	110*
铝基	ZAlSn6Cu1Ni1	S	110	10	35*
		J	130	15	40*

注：硬度值中有＊为参考数值。

四、非金属材料

1. 常用工程塑料的品种、性能及应用（见表2-27）

表2-27 常用塑料品种、特性及应用

名称	特性	应用举例
硬质聚氯乙烯（PVC）	机械强度较高，化学稳定性及介电性能优良，耐油性和抗老化性也较好，易熔接及黏合，价格较低。缺点是使用温度低（在60°C以下），线膨胀系数大，成型加工性不良	制品有管、棒、板、焊条及管件，除作日常生活用品外，主要用作耐磨蚀的结构材料或设备衬里材料（代有色合金、不锈钢和橡胶）及电气绝缘材料

（续）

名　称		特　　性	应用举例
软质聚氯乙烯（PVC）		抗拉强度、抗弯强度及冲击韧度均较硬质聚氯乙烯低，但破裂延伸率较高。质柔软、耐摩擦、挠曲、弹性良好，像橡胶，吸水性低，易加工成型，有良好的耐寒性和电气性能，化学稳定性强，能制各种鲜艳而透明的制品，缺点是使用温度低，在 -15～55°C	通常制成管、棒、薄板、薄膜、耐寒管、耐酸碱软管等半成品，供作绝缘包皮、套管、耐腐蚀材料、包装材料和日常生活用品
聚乙烯（PE）		具有优良的介电性能、耐冲击、耐水性好，化学稳定性高，使用温度可达 80～100°C，摩擦性能和耐寒性好。缺点是机械强度不高，质较软，成型收缩率大	用作一般电缆的包皮，耐腐蚀的管道、阀、泵的结构零件，亦可喷涂于金属表面，作为耐磨、减磨及防腐蚀涂层
有机玻璃（聚甲基丙烯酸甲酯）（PMMA）		具有极好的透光性，可透过 92% 以上的太阳光，紫外线光达 73.5%；机械强度较高，有一定耐热耐寒性，耐腐蚀、绝缘性能良好，尺寸稳定，易于成型，质较脆，易溶于有机溶剂中，表面硬度不够，易擦毛	可作要求有一定强度的透明结构零件，如油杯、车灯、仪表零件，光学镜片、装饰件、光学纤维等
聚丙烯（PP）		是最轻的塑料之一，其屈服、抗拉和抗压强度和硬度均优于低压聚乙烯，有很突出的刚性，高温（90°C）抗应力松弛性能良好，耐热性能较好，可在 100°C 以上使用，如无外力温度达 150°C 也不变形；除浓硫酸、浓硝酸外，在许多介质中很稳定，低分子量的脂肪烃、芳香烃、氯化烃，对它有软化和溶胀作用，几乎不吸水，高频电性能不好，成型容易，但收缩率大，低温呈脆性，耐磨性不高	作一般结构零件，作耐腐蚀化工设备和受热的电气绝缘零件，如泵叶轮、汽车零件、化工容器、管道、涂层、蓄电池匣
聚苯乙烯（PS）		有较高的韧性和抗冲击强度，耐酸、耐碱性能好，不耐有机溶剂，电气性能优良，透光性好，着色性佳，并易成型	作一般结构零件和透明结构零件以及仪表零件、油浸式多点切换开关、电池外壳、透明零件
丙烯腈-丁二烯-苯乙烯（ABS）		具有良好的综合性能，即高的冲击韧度和良好的力学性能，优良的耐热、耐油性能和化学稳定性，尺寸稳定，易机械加工，表面还可镀金属，电性能良好	作一般结构或耐磨受力传动零件和耐腐蚀设备，用 ABS 制成泡沫夹层板可做小轿车车身
聚砜（PSU）		有很高的力学性能、绝缘性能及化学稳定性，并且在 -100～150°C 以下能长期使用，在高温下能保持常温下所具有的各种力学性能和硬度，蠕变值很小，用 F-4 填充后，可作摩擦零件	适于高温下工作的耐磨受力传动零件，如汽车分速器盖、齿轮以及电绝缘零件等
聚酰胺（尼龙）（PA）	尼龙 66	疲劳强度和刚性较高，耐热性较好，摩擦因数低，耐磨性好，但吸湿性大，尺寸稳定性不够	适用于中等载荷、使用温度≤100～120°、无润滑或少润滑条件下工作的耐磨受力传动零件
	尼龙 6	疲劳强度、刚性、耐热性稍不及尼龙 66，但弹性好，有较好的消振、降低噪声能力。其余同尼龙 66	在轻负荷、中等温度（最高 80～100°C）、无润滑或少润滑、要求噪声低的条件下工作的耐磨受力传动零件
	尼龙 610	强度、刚性、耐热性略低于尼龙 66，但吸湿性较小，耐磨性好	同尼龙 6，宜作要求比较精密的齿轮，用于湿度波动较大的条件下工作的零件

(续)

名称		特性	应用举例
聚酰胺（尼龙）（PA）	尼龙1010	强度、刚性、耐热性均与尼龙6和610相似，吸湿性低于尼龙610，成型工艺性较好，耐磨性亦好	轻载荷、温度不高、湿度变化较大的条件下无润滑或少润滑的情况下工作的零件
	单体浇铸尼龙（MC尼龙）	强度、耐疲劳性、耐热性、刚性均优于尼龙6及尼龙66，吸湿性低于尼龙6及尼龙66，耐磨性好，能直接在模型中聚合成型，宜浇铸大型零件	在较高载荷、较高的使用温度（最高使用温度小于120°C）无润滑或少润滑的条件下工作的零件
聚甲醛（POM）		抗拉强度、冲击韧度、刚性、疲劳强度、抗蠕变性能都很高，尺寸稳定性好，吸水性小，摩擦因数小，有很好的耐化学药品能力，性能不亚于尼龙，但价格较低，缺点是加热易分解，成型比尼龙困难	可用作轴承、齿轮、凸轮、阀门、管道螺母、泵叶轮、车身底盘的小部件、汽车仪表板、汽化器、箱体、容器、杆件以及喷雾器的各种代铜零件
聚碳酸脂（PC）		具有突出的冲击韧度和抗蠕变性能，有很高的耐热性，耐寒性也很好，脆化温度达-100°C，抗弯抗拉强度与尼龙等相当，并有较高的伸长率和弹性模量，但疲劳强度小于尼龙66，吸水性较低，收缩率小，尺寸稳定性好，耐磨性与尼龙相当，并有一定的抗腐蚀能力。缺点是成型条件要求较高	可用作各种齿轮、蜗轮、齿条、凸轮、轴承、心轴、滑轮、传送链、螺母、垫圈、泵叶轮、灯罩、容器、外壳、盖板等
氯化聚醚（聚氯醚）（CPE）		具有独特的耐腐蚀性能，仅次于聚四氟乙烯，可与聚三氟乙烯相比，能耐各种酸碱和有机溶剂，在高温下不耐浓硝酸、浓双氧水和湿氯气等，可在120°C下长期使用，强度、刚性比尼龙、聚甲醛等低，耐磨性略优于尼龙，吸水性小，成品收缩率小，尺寸稳定，成品精度高，可用火焰喷镀法涂于金属表面	作耐腐蚀设备与零件，作为在腐蚀介质中使用的低速或高速、低速、低负荷的精密耐磨受力传动零件，如泵、阀、轴承、密封圈、化工管道涂层、窥镜等
聚酚氧（苯氧树脂）		具有良好的力学性能，高的刚性、硬度和韧性。冲击强度可与聚碳酸酯相比，抗蠕变性能与大多数热塑性塑料相比属于优等，吸水性小，尺寸稳定，成型精度高，一般推荐的最高使用温度为77°C	适用于精密的、形状复杂的耐磨受力传动零件，仪表、计算机等零件，涂料及胶黏剂
线型聚酯（聚对苯二甲酸乙二醇酯）（PETP）		具有很高的力学性能，抗拉强度超过聚甲醛，抗蠕变性能、刚性和硬度都胜过多种工程塑料，吸水性小，线胀系数小，尺寸稳定性高，热力学性能和冲击性能很差，耐磨性同于聚甲醛和尼龙，增强的线型聚酯其性能相当于热固性塑料	作耐磨受力传动零件，特别是与有机溶剂接触的传动零件，增强的聚酯可以代替玻纤填充的酚醛、环氧等热固性塑料
聚苯醚（PPO），改性聚苯醚（MPPO）		在高温下有良好的力学性能，特别是抗拉强度和蠕变性极好，有较高的耐热性（长期使用温度为-127～120°C），成型收缩率低，尺寸稳定，耐高浓度的无机酸、有机酸、盐的水溶液、碱及水蒸气，但溶于氯化烃和芳香烃中，在丙酮、苯甲醇、石油中龟裂和膨胀	适于作在高温工作下的耐磨受力传动零件，和耐腐蚀的化工设备与零件，如泵叶轮、阀门、管道等，还可以代替不锈钢作外科医疗器械

（续）

名　　称	特　　性	应用举例
聚四氟乙烯（PTFE、F-4）	具有优异的化学稳定性，与强酸、强碱或强氧化剂均不起作用，有很高的耐热性和耐寒性，使用温度 -180～250°C，摩擦因数很低，是极好的自润滑材料。缺点是力学性能较低，刚性差，有冷流动性，热导率低，热膨胀大，耐磨性不高（可加入填充剂适当改善），需采用预压烧结的方法，成型加工费用较高	主要用作耐化学腐蚀、耐高温的密封元件，如填料、衬垫、涨圈、阀座、阀片，也用作输送腐蚀介质的高温管道，耐腐蚀衬里，容器以及轴承、导轨、无油润滑活塞环、密封圈等。其分散液可以作涂层及浸渍多孔制品
填充聚四氟乙烯（PTFE）	用玻璃纤维粉末、二硫化钼、石墨、氧化镉、硫化钨、青铜粉、铅粉等填充的聚四氟乙烯，在承载能力、刚性、PV 极限值等方面都有不同的提高	用于高温或腐蚀性介质中工作的摩擦零件，如活塞环等
聚三氟氯乙烯（PCTFE、F-3）	耐热性、电性能和化学稳定性仅次于 F-4，在 180°C 的酸、碱和盐的溶液中亦不溶胀或侵蚀，机械强度、抗蠕变性能、硬度都比 F-4 好些，长期使用温度为 -195～190°C 之间，但要求长期保持弹性时，则最高使用温度为 120°C，涂层与金属有一定的附着力，其表面坚韧、耐磨、有较高的强度	作耐腐蚀的设备与零件，悬浮液涂于金属表面可作防腐、电绝缘、防潮等涂层
聚全氟乙烯丙烯（FEP、F-46）	力学、电性能和化学稳定性基本与 F-4 相同，但突出的优点是冲击韧度高，即使带缺口的试样也冲不断，能在 -85～205°C 温度范围内长期使用	同 F-4，用于制作要求大批量生产或外形复杂的零件，并用注射成型代替 F-4 的冷压烧结成型
酚醛树脂（PF）	力学性能很高，刚性大，冷流性小，耐热性很高（100°C 以上），在水润滑下摩擦因数极低（0.01～0.03），PV 值很高，有良好的电性能和抵抗酸碱侵蚀的能力，不易因温度和湿度的变化而变形，成型简便，价格低廉。缺点是性质较脆，色调有限，耐光性差，耐电弧性较小，不耐强氧化性酸的腐蚀	常用的为层压酚醛塑料和粉末状压塑料，有板材、管材及棒材等。可用作农用潜水电泵的密封件和轴承、轴瓦、带轮、齿轮、制动装置和离合装置的零件、摩擦轮及电器绝缘零件等
聚酰亚胺（PI）	能耐高温，强度高，可在 260°C 温度下长期使用，耐磨性能好，且在高温和真空下性能稳定，挥发物少，电性能、耐辐射性能好，不溶于有机溶剂和不受酸的侵蚀，但在强碱、沸水、蒸汽持续作用下会被破坏，主要缺点是质脆，对缺口敏感，不宜在室外长期使用	适用于高温、高真空条件下作减磨、自润滑条件和高温电动机、电器零件
环氧树脂（EP）	具有较高的强度，良好的化学稳定性和电绝缘性能，成型收缩率小，成型简便	制造金属拉延模、压形模、铸造模，各种结构零件以及用来修补金属零件及铸件

2. 其他非金属材料（见表2-28）

表2-28　常用工程塑料的物理、力学性能

塑料名称	代　号	密度 /g·cm^{-3}	吸水率（%）	抗拉强度 /MPa	拉伸模量 /GPa	断后伸长率（%）	抗压强度 /MPa	抗弯强度 /MPa	悬臂梁，缺口冲击强度 /J·m^{-2}	硬度洛氏/邵氏/布氏 HR/HS/HB	成型收缩率（%）	无负荷最高使用温度/°C	连续耐热温度 /°C
聚氯乙烯，硬质	PVC	1.30～1.58	0.07～0.4	45～50	3.3	20～40	—	80～30	简支梁，无缺口 30～40kJ/m^2	14～17HBW	0.1～0.5	66～79	—
聚氯乙烯，软质	PVC	1.16～1.35	0.5～1.0	10～25	—	100～450	—	—	—	50～75HSA	1～5	60～79	—
聚乙烯（高密度）	HDPE	0.941～0.965	<0.01	21～38	0.4～1.03	20～100（断裂）	18.6～24.5	—	80～1067	60～70HSD	1.5～4.0	79～121	85
聚乙烯（低密度）	LDPE	0.91～0.925	<0.01	3.9～15.7	0.12～0.24	90～800	—	—	853.4	41～50HSD 10HRR	1.2～4.0	82～100	—
聚乙烯，超高分子量	UNMWPE	0.94	<0.01	30～34	0.68～0.95	400～480	—	35～37	简支梁，无缺口 190～200kJ/m^2 未断	50HRR	4.0	—	—
聚甲基丙烯酸甲酯（有机玻璃）	PMMA	1.17～1.20	0.20～0.40	50～77	2.4～3.5	2～7	—	84～120	14.7	10～18HBW	0.2～0.6	65～95	—
聚丙烯	PP	0.90～0.91	0.03～0.04	35～40	1.1～1.6	200	—	42～56	10～100	50～102HRR	1.0～2.5	88～116	—
聚苯乙烯	PS	1.04～1.10	0.03～0.30	50～60	2.8～4.2	1.0～3.7	—	69～80	10～80	65～80HRM	0.2～0.7	60～79	—
甲基丙烯酸甲酯-丁二烯-苯乙烯	MBS	1.09～1.10	—	42～55（屈服）	2.2～2.7	12～18（断裂）	—	—	50～150	100～120HRR	—	—	—
丙烯腈-丁二烯-苯乙烯	ABS	1.03～1.06	0.20～0.25	21～63	1.8～2.9	23～60	18～70	62～97	123～454	62～121HRR	0.3～0.6	66～99	130～190
聚砜	PSU	1.24～1.61	0.3	66～68	2.5～4.5	2～5 50～100	276	99～106	34.7～64.1	69～74HRM	0.4～0.7	149	—

（续）

塑料名称	代　号	密度 /g·cm^{-3}	吸水率 (%)	抗拉强度 /MPa	拉伸模量 /GPa	断后伸长率 (%)	抗压强度 /MPa	抗弯强度 /MPa	悬臂梁,缺口冲击强度 /J·m^{-2}	硬度洛氏/邵氏/布氏 HR/HS/HB	成型收缩率 (%)	无负荷最高使用温度/°C	连续耐热温度 /°C
聚酰胺(尼龙)-6	PA-6	1.13~1.15	1.9~2.0	54~78	—	150~250	60~90	70~100	53.3~64	85~114HRR	—	82~121	—
聚酰胺(尼龙)-66	PA-66	1.14~1.15	1.5	57~83	—	40~270	90~120	60~110	43~64	100~118HRR	1.5~2.2	82~149	—
聚酰胺(尼龙)-610	PA-610	1.07~1.09	0.5	47~60	—	100~240	70~90	70~100	简支梁,有缺口 3.5~5.5kJ/m^2	90~130HRR	1.5~2.0	—	—
聚酰胺(尼龙)-1010	PA-1010	1.40~1.07	0.39	52~55	1.6	100~250	65	82~89	简支梁,有缺口 4~5kJ/m^2	71HBS	1~2.5	—	—
聚酰胺(尼龙)-铸型	PA-MSC	1.10	0.6~1.2	77~92	2.4~3.6	20~30	—	120~150	简支梁,无缺口,500~600kJ/m^2	14~21HBS	径向 3~4 纵向 7~12	—	—
聚甲醛(均聚)	POM	1.42~1.43	0.20~0.27	58~70	2.9~3.1	15~75	122	98	64~123	118~120HRR 80~94HRM	2.0~2.5	91	121
聚甲醛(共聚)	POM	1.41~1.43	0.22~0.29	62~68	2.8	40~75	113	91~92	53~85	120HRR 78~84HRM	2.0~3.0	100	80
聚碳酸酯	PC	1.18~1.20	0.2~0.3	60~88	2.5~3.0	80~95	—	94~130	640~830	68~86HRM	0.5~0.8	121	120
聚氯醚		1.40	0.01	42~56	1.1	60~130	66~76	54~78	简支梁,无缺口>40kJ/m^2	100HRM	0.4~0.6	—	—
聚酚氧		1.17~1.18	0.13	55~70	2.4~2.7	50~100	—	83~110	80~127	118~123HRR	0.3~0.4	—	65~80
聚对苯二甲酸乙二醇酯	PETP	1.37~1.38	0.08~0.09	57	2.8~2.9	50~300	—	84~117	0.4	68~98HRM	—	79	—

（续）

塑料名称	代　号	密度 /g·cm^{-3}	吸水率（%）	抗拉强度 /MPa	拉伸模量 /GPa	断后伸长率（%）	抗压强度 /MPa	抗弯强度 /MPa	悬臂梁，缺口冲击强度 /J·m^{-2}	硬度洛氏/邵氏/布氏 HR/HS/HB	成型收缩率（%）	无负荷最高使用温度/°C	连续耐热温度 /°C
聚对苯二甲酸丁二（醇）酯	PBTP	1.30～1.55	0.03～0.09	52.5～65	2.6	—	—	83～103	35.4	118HRR	1.5～2.5	138	—
聚四氟乙烯	PTFE	2.1～2.2	0.01～0.02	14～25	0.4	250～500	—	18～20	107～160	50～65HSD	1～5（模压）	288	—
聚三氟氯乙烯	PCTFE	2.1～2.2	0.02	31～42	1.1～2.1	50～190	—	52～65	192	74HSD	1～2.5	177～199	—
聚全氟乙烯丙烯	FEP	2.1～2.2	0.01	19～22	0.35	250～330	—	—	—	60～65HSD	2～5	204	—
聚苯醚	PPO	1.06～1.36	0.06～0.12	48～66	2.3～2.6	35～60	69～113	57～97	214～374	115～120HRR 93HRM	0.5～0.8	79～104	60～121
聚酰亚胺（均苯型）	PI	1.42～1.43	0.2～0.3	94.5	—	6～8	>276	117	—	92～102HRM	—	260	60～88
聚酰亚胺（醚酐型）		1.36～1.38	0.3	120	—	6～10	>230	200～210	—	—	0.5～1.0	—	—
聚酰亚胺（聚醚型）		1.27	0.25	105～140	3.0	60	140	152	53.4～64.1	109～110HRM	0.5～0.7	170	—
聚酰亚胺（聚酰胺型）		1.42	0.33（饱和）	152	4.5	7.6	221	189～241	144	86HRE	0.6～1.0	—	—
酚醛（木粉）	PF	1.37～1.46	0.3～1.2	35～62	5.5～11.7	0.4～0.8	172～214	48～97	10.7～32.0	100～115HRM	0.4～0.9	149～177	—
环氧树脂（玻纤）	EP	1.6～2.0	0.04～0.20	35～137	20.7	4	124～276	55～207	16.0～53.4	100～112HRM	0.1～0.8	149～260	—

注：本表数值供参考用。

第三章 极限与配合、表面粗糙度及齿轮精度

一、极限与配合

1. 标准公差（见表3-1）

表3-1 公称尺寸至3150mm的标准公差数值（摘自GB/T 1800.2—2009）

公称尺寸/mm		标准公差等级																	
		IT1	IT2	IT3	IT4	IT5	IT6	IT7	IT8	IT9	IT10	IT11	IT12	IT13	IT14	IT15	IT16	IT17	IT18
大于	至	/μm											/mm						
—	3	0.8	1.2	2	3	4	6	10	14	25	40	60	0.1	0.14	0.25	0.4	0.6	1	1.4
3	6	1	1.5	2.5	4	5	8	12	18	30	48	75	0.12	0.18	0.3	0.48	0.75	1.2	1.8
6	10	1	1.5	2.5	4	6	9	15	22	36	58	90	0.15	0.22	0.36	0.58	0.9	1.5	2.2
10	18	1.2	2	3	5	8	11	18	27	43	70	110	0.18	0.27	0.43	0.7	1.1	1.8	2.7
18	30	1.5	2.5	4	6	9	13	21	33	52	84	130	0.21	0.33	0.52	0.84	1.3	2.1	3.3
30	50	1.5	2.5	4	7	11	16	25	39	62	100	160	0.25	0.39	0.62	1	1.6	2.5	3.9
50	80	2	3	5	8	13	19	30	46	74	120	190	0.3	0.46	0.74	1.2	1.9	3	4.6
80	120	2.5	4	6	10	15	22	35	54	87	140	220	0.35	0.54	0.87	1.4	2.2	3.5	5.4
120	180	3.5	5	8	12	18	25	40	63	100	160	250	0.4	0.63	1	1.6	2.5	4	6.3
180	250	4.5	7	10	14	20	29	46	72	115	185	290	0.46	0.72	1.15	1.85	2.9	4.6	7.2
250	315	6	8	12	16	23	32	52	81	130	210	320	0.52	0.81	1.3	2.1	3.2	5.2	8.1
315	400	7	9	13	18	25	36	57	89	140	230	360	0.57	0.89	1.4	2.3	3.6	5.7	8.9
400	500	8	10	15	20	27	40	63	97	155	250	400	0.63	0.97	1.55	2.5	4	6.3	9.7
500	630	9	11	16	22	32	44	70	110	175	280	440	0.7	1.1	1.75	2.8	4.4	7	11
630	800	10	13	18	25	36	50	80	125	200	320	500	0.8	1.25	2	3.2	5	8	12.5
800	1000	11	15	21	28	40	56	90	140	230	360	560	0.9	1.4	2.3	3.6	5.6	9	14
1000	1250	13	18	24	33	47	66	105	165	260	420	660	1.05	1.65	2.6	4.2	6.6	10.5	16.5
1250	1600	15	21	29	39	55	78	125	195	310	500	780	1.25	1.95	3.1	5	7.8	12.5	19.5
1600	2000	18	25	35	46	65	92	150	230	370	600	920	1.5	2.3	3.7	6	9.2	15	23
2000	2500	22	30	41	55	78	110	175	280	440	700	1100	1.75	2.8	4.4	7	11	17.5	28
2500	3150	26	36	50	68	96	135	210	330	540	860	1350	2.1	3.3	5.4	8.6	13.5	21	33

注：1. 公称尺寸大于500mm的IT1至IT5的标准公差数值为试行的。

2. 公称尺寸小于或等于1mm时，无IT14至IT18。

2. 轴与孔的基本偏差数值（见表 3-2，表 3-3）

表 3-2　轴的基本偏差数值

公称尺寸/mm		基本偏差数值（上极限偏差 es）													
大于	至	所有标准公差等级												IT5 和 IT6	IT7
		a	b	c	cd	d	e	ef	f	fg	g	h	js	j	
—	3	−270	−140	−60	−34	−20	−14	−10	−6	−4	−2	0	偏差 = $\pm\frac{IT_n}{2}$，式中 IT_n 是 IT 值数	−2	−4
3	6	−270	−140	−70	−46	−30	−20	−14	−10	−6	−4	0		−2	−4
6	10	−280	−150	−80	−56	−40	−25	−18	−13	−8	−5	0		−2	−5
10	14	−290	−150	−95		−50	−32		−16		−6	0		−3	−6
14	18														
18	24	−300	−160	−110		−65	−40		−20		−7	0		−4	−8
24	30														
30	40	−310	−170	−120		−80	−50		−25		−9	0		−5	−10
40	50	−320	−180	−130											
50	65	−340	−190	−140		−100	−60		−30		−10	0		−7	−12
65	80	−360	−200	−150											
80	100	−380	−220	−170		−120	−72		−36		−12	0		−9	−15
100	120	−410	−240	−180											
120	140	−460	−260	−200		−145	−85		−43		−14	0		−11	−18
140	160	−520	−280	−210											
160	180	−580	−310	−230											
180	200	−660	−340	−240		−170	−100		−50		−15	0		−13	−21
200	225	−740	−380	−260											
225	250	−820	−420	−280											
250	280	−920	−480	−300		−190	−110		−56		−17	0		−16	−26
280	315	−1050	−540	−330											
315	355	−1200	−600	−360		−210	−125		−62		−18	0		−18	−28
355	400	−1350	−680	−400											
400	450	−1500	−760	−440		−230	−135		−68		−20	0		−20	−32
450	500	−1650	−840	−480											
500	560					−260	−145		−76		−22	0			
560	630														
630	710					−290	−160		−80		−24	0			
710	800														
800	900					−320	−170		−86		−26	0			
900	1000														
1000	1120					−350	−195		−98		−28	0			
1120	1250														
1250	1400					−390	−220		−110		−30	0			
1400	1600														
1600	1800					−430	−240		−120		−32	0			
1800	2000														
2000	2240					−480	−260		−130		−34	0			
2240	2500														
2500	2800					−520	−290		−145		−38	0			
2800	3150														

注：1. 公称尺寸小于或等于 1mm 时，基本偏差 a 和 b 均不采用。

2. 公差带 js7 至 js11，若 IT_n 值数是奇数，则取偏差 = $\pm\frac{IT_n-1}{2}$。

（摘自 GB/T 1800.1—2009）　　（单位：μm）

基本偏差数值（下极限偏差 ei）

IT8	IT4 至 IT7	≤IT3 >IT7	所有标准公差等级													
	k		m	n	p	r	s	t	u	v	x	y	z	za	zb	zc
-6	0	0	+2	+4	+6	+10	+14		+18		+20		+26	+32	+40	+60
	+1	0	+4	+8	+12	+15	+19		+23		+28		+35	+42	+50	+80
	+1	0	+6	+10	+15	+19	+23		+28		+34		+42	+52	+67	+97
	+1	0	+7	+12	+18	+23	+28		+33		+40		+50	+64	+90	+130
										+39	+45		+60	+77	+108	+150
	+2	0	+8	+15	+22	+28	+35		+41	+47	+54	+63	+73	+98	+136	+188
								+41	+48	+55	+64	+75	+88	+118	+160	+218
	+2	0	+9	+17	+26	+34	+43	+48	+60	+68	+80	+94	+112	+148	+200	+274
								+54	+70	+81	+97	+114	+136	+180	+242	+325
	+2	0	+11	+20	+32	+41	+53	+66	+87	+102	+122	+144	+172	+226	+300	+405
						+43	+59	+75	+102	+120	+146	+174	+210	+274	+360	+480
	+3	0	+13	+23	+37	+51	+71	+91	+124	+146	+178	+214	+258	+335	+445	+585
						+54	+79	+104	+144	+172	+210	+254	+310	+400	+525	+690
	+3	0	+15	+27	+43	+63	+92	+122	+170	+202	+248	+300	+365	+470	+620	+800
						+65	+100	+134	+190	+228	+280	+340	+415	+535	+700	+900
						+68	+108	+146	+210	+252	+310	+380	+465	+600	+780	+1000
	+4	0	+17	+31	+50	+77	+122	+166	+236	+284	+350	+425	+520	+670	+880	+1150
						+80	+130	+180	+258	+310	+385	+470	+575	+740	+960	+1250
						+84	+140	+196	+284	+340	+425	+520	+640	+820	+1050	+1350
	+4	0	+20	+34	+56	+94	+158	+218	+315	+385	+475	+580	+710	+920	+1200	+1550
						+98	+170	+240	+350	+425	+525	+650	+790	+1000	+1300	+1700
	+4	0	+21	+37	+62	+108	+190	+268	+390	+475	+590	+730	+900	+1150	+1500	+1900
						+114	+208	+294	+435	+530	+660	+820	+1000	+1300	+1650	+2100
	+5	0	+23	+40	+68	+126	+232	+330	+490	+595	+740	+920	+1100	+1450	+1850	+2400
						+132	+252	+360	+540	+660	+820	+1000	+1250	+1600	+2100	+2600
	0	0	+26	+44	+78	+150	+280	+400	+600							
						+155	+310	+450	+660							
	0	0	+30	+50	+88	+175	+340	+500	+740							
						+185	+380	+560	+840							
	0	0	+34	+56	+100	+210	+430	+620	+940							
						+220	+470	+680	+1050							
	0	0	+40	+66	+120	+250	+520	+780	+1150							
						+260	+580	+840	+1300							
	0	0	+48	+78	+140	+300	+640	+960	+1450							
						+330	+720	+1050	+1600							
	0	0	+58	+92	+170	+370	+820	+1200	+1850							
						+400	+920	+1350	+2000							
	0	0	+68	+110	+195	+440	+1000	+1500	+2300							
						+460	+1100	+1650	+2500							
	0	0	+76	+135	+240	+550	+1250	+1900	+2900							
						+580	+1400	+2100	+3200							

表 3-3 孔的基本偏差值

公称尺寸/mm		基本偏差数值(下极限偏差 EI)																			
		所有标准公差等级												IT6	IT7	IT8	≤IT8	>IT8	≤IT8	>IT8
大于	至	A	B	C	CD	D	E	EF	F	FG	G	H	JS	J			K		M	
—	3	+270	+140	+60	+34	+20	+14	+10	+6	+4	+2	0	偏差 = $\pm\frac{IT_n}{2}$，式中 IT_n 是 IT 值数	+2	+4	+6	0	0	−2	−2
3	6	+270	+140	+70	+46	+30	+20	+14	+10	+6	+4	0		+5	+6	+10	−1 +Δ		−4 +Δ	−4
6	10	+280	+150	+80	+56	+40	+25	+18	+13	+8	+5	0		+5	+8	+12	−1 +Δ		−6 +Δ	−6
10	14	+290	+150	+95		+50	+32		+16		+6	0		+6	+10	+15	−1 +Δ		−7 +Δ	−7
14	18																			
18	24	+300	+160	+110		+65	+40		+20		+7	0		+8	+12	+20	−2 +Δ		−8 +Δ	−8
24	30																			
30	40	+310	+170	+120		+80	+50		+25		+9	0		+10	+14	+24	−2 +Δ		−9 +Δ	−9
40	50	+320	+180	+130																
50	65	+340	+190	+140		+100	+60		+30		+10	0		+13	+18	+28	−2 +Δ		−11 +Δ	−11
65	80	+360	+200	+150																
80	100	+380	+220	+170		+120	+72		+36		+12	0		+16	+22	+34	−3 +Δ		−13 +Δ	−13
100	120	+410	+240	+180																
120	140	+460	+260	+200		+145	+85		+43		+14	0		+18	+26	+41	−3 +Δ		−15 +Δ	−15
140	160	+520	+280	+210																
160	180	+580	+310	+230																
180	200	+660	+340	+240		+170	+100		+50		+50	0		+22	+30	+47	−4 +Δ		−17 +Δ	−17
200	225	+740	+380	+260																
225	250	+820	+420	+280																
250	280	+920	+480	+300		+190	+110		+56		+17	0		+25	+36	+55	−4 +Δ		−20 +Δ	−20
280	315	+1050	+540	+330																
315	355	+1200	+600	+360		+210	+125		+62		+18	0		+29	+39	+60	−4 +Δ		−21 +Δ	−21
355	400	+1350	+680	+400																
400	450	+1500	+760	+440		+230	+135		+68		+20	0		+33	+43	+66	−5 +Δ		−23 +Δ	−23
450	500	+1650	+840	+480																
500	560					+260	+145		+76		+22	0					0		−26	
560	630																			
630	710					+290	+160		+80		+24	0					0		−30	
710	800																			
800	900					+320	+170		+86		+26	0					0		−34	
900	1000																			
1000	1120					+350	+195		+98		+28	0					0		−40	
1120	1250																			
1250	1400					+390	+220		+110		+30	0					0		−48	
1400	1600																			
1600	1800					+430	+240		+120		+32	0					0		−58	
1800	2000																			
2000	2240					+480	+260		+130		+34	0					0		−68	
2240	2500																			
2500	2800					+520	+290		+145		+38	0					0		−76	
2800	3150																			

注：1. 公称尺寸小于或等于 1mm 时，基本偏差 A 和 B 及大于 IT8 的 N 均不采用。

2. 公差带 JS7 至 JS11，若 IT_n 值数是奇数，则取偏差 = $\pm\frac{IT_n-1}{2}$。

3. 对小于或等于 IT8 的 K、M、N 和小于或等于 IT7 的 P 至 ZC，所需 Δ 值从表内右侧选取。例如：

18 至 30mm 段的 K7: Δ = 8μm，所以 ES = (−2 + 8) μm = +6μm

18 至 30mm 段的 S6: Δ = 4μm，所以 ES = (−35 + 4) μm = −31μm

4. 特殊情况：250 至 315mm 段的 M6，ES = −9μm（代替 −11μm）。

（摘自 GB/T 1800.1—2009） （单位：μm）

基本偏差数值(上极限偏差 ES)															Δ值					
≤IT8	>IT8	≤IT7	标准公差等级大于 IT7												标准公差等级					
N		P 至 ZC	P	R	S	T	U	V	X	Y	Z	ZA	ZB	ZC	IT3	IT4	IT5	IT6	IT7	IT8
-4	-4	在大于 IT7 的相应数值上增加一个Δ值	-6	-10	-14		-18		-20		-26	-32	-40	-60	0	0	0	0	0	
-8+Δ	0		-12	-15	-19		-23		-28		-35	-42	-50	-80	1	1.5	1	3	4	6
-10+Δ	0		-15	-19	-23		-28		-34		-42	-52	-67	-97	1	1.5	2	3	6	7
-12+Δ	0		-18	-23	-28		-33		-40		-50	-64	-90	-130	1	2	3	3	7	9
								-39	-45		-60	-77	-108	-150						
-15+Δ	0		-22	-28	-35		-41	-47	-54	-63	-73	-98	-136	-188	1.5	2	3	4	8	12
						-41	-48	-55	-64	-75	-88	-118	-160	-218						
-17+Δ	0		-26	-34	-43	-48	-60	-68	-80	-94	-112	-148	-200	-274	1.5	3	4	5	9	14
						-54	-70	-81	-97	-114	-136	-180	-242	-325						
-20+Δ	0		-32	-41	-53	-66	-87	-102	-122	-144	-172	-226	-300	-405	2	3	5	6	11	16
				-43	-59	-75	-102	-120	-146	-174	-210	-274	-360	-480						
-23+Δ	0		-37	-51	-71	-91	-124	-146	-178	-214	-258	-335	-445	-585	2	4	5	7	13	19
				-54	-79	-104	-144	-172	-210	-254	-310	-400	-525	-690						
-27+Δ	0		-43	-63	-92	-122	-170	-202	-248	-300	-365	-470	-620	-800	3	4	6	7	15	23
				-65	-100	-134	-190	-228	-280	-340	-415	-535	-700	-900						
				-68	-108	-146	-210	-252	-310	-380	-465	-600	-780	-1000						
-31+Δ	0		-50	-77	-122	-166	-236	-284	-350	-425	-520	-670	-880	-1150	3	4	6	9	17	26
				-80	-130	-180	-258	-310	-385	-470	-575	-740	-960	-1250						
				-84	-140	-196	-284	-340	-425	-520	-640	-820	-1050	-1350						
-34+Δ	0		-56	-94	-158	-218	-315	-385	-475	-580	-710	-920	-1200	-1550	4	4	7	9	20	29
				-98	-170	-240	-350	-425	-525	-650	-790	-1000	-1300	-1700						
-37+Δ	0		-62	-108	-190	-268	-390	-475	-590	-730	-900	-1150	-1500	-1900	4	5	7	11	21	32
				-114	-208	-294	-435	-530	-660	-820	-1000	-1300	-1650	-2100						
-40+Δ	0		-68	-126	-232	-330	-490	-595	-740	-920	-1100	-1450	-1850	-2400	5	5	7	13	23	34
				-132	-252	-360	-540	-660	-820	-1000	-1250	-1600	-2100	-2600						
-44			-78	-150	-280	-400	-600													
				-155	-310	-450	-660													
-50			-88	-175	-340	-500	-740													
				-185	-380	-560	-840													
-56			-100	-210	-430	-620	-940													
				-220	-470	-680	-1050													
-66			-120	-250	-520	-780	-1150													
				-260	-580	-840	-1300													
-78			-140	-300	-640	-960	-1450													
				-330	-720	-1050	-1600													
-92			-170	-370	-820	-1200	-1850													
				-400	-920	-1350	-2000													
-110			-195	-440	-1000	-1500	-2300													
				-460	-1100	-1650	-2500													
-135			-240	-550	-1250	-1900	-2900													
				-580	-1400	-2100	-3200													

3. 公称尺寸至 500mm 轴和孔的极限偏差（见表 3-4，表 3-5）

表 3-4　公称尺寸至 500mm 轴的极限偏差（摘自 GB/T 1800.1—2009）　（单位：μm）

公称尺寸/mm		a					b						c				
大于	至	9	10	11	12	13	8	9	10	11	12	13	8	9	10	11	12
—	3	-270 -295	-270 -310	-270 -330	-270 -370	-270 -410	-140 -154	-140 -165	-140 -180	-140 -200	-140 -240	-140 -280	-60 -74	-60 -85	-60 -100	-60 -120	-60 -160
3	6	-270 -300	-270 -318	-270 -345	-270 -390	-270 -450	-140 -158	-140 -170	-140 -188	-140 -215	-140 -260	-140 -320	-70 -88	-70 -100	-70 -118	-70 -145	-70 -190
6	10	-280 -316	-280 -338	-280 -370	-280 -430	-280 -500	-150 -172	-150 -186	-150 -208	-150 -240	-150 -300	-150 -370	-80 -102	-80 -116	-80 -138	-80 -170	-80 -230
10	18	-290 -333	-290 -360	-290 -400	-290 -470	-290 -560	-150 -177	-150 -193	-150 -220	-150 -260	-150 -330	-150 -420	-95 -122	-95 -138	-95 -165	-95 -205	-95 -275
18	30	-300 -352	-300 -384	-300 -430	-300 -510	-300 -630	-160 -193	-160 -212	-160 -244	-160 -290	-160 -370	-160 -490	-110 -143	-110 -162	-110 -194	-110 -240	-110 -320
30	40	-310 -372	-310 -410	-310 -470	-310 -560	-310 -700	-170 -209	-170 -232	-170 -270	-170 -330	-170 -420	-170 -560	-120 -159	-120 -182	-120 -220	-120 -280	-120 -370
40	50	-320 -382	-320 -420	-320 -480	-320 -570	-320 -710	-180 -219	-180 -242	-180 -280	-180 -340	-180 -430	-180 -570	-130 -169	-130 -192	-130 -230	-130 -290	-130 -380
50	65	-340 -414	-340 -460	-340 -530	-340 -640	-340 -800	-190 -236	-190 -264	-190 -310	-190 -380	-190 -490	-190 -650	-140 -186	-140 -214	-140 -260	-140 -330	-140 -440
65	80	-360 -434	-360 -480	-360 -550	-360 -660	-360 -820	-200 -246	-200 -274	-200 -320	-200 -390	-200 -500	-200 -600	-150 -196	-150 -224	-150 -270	-150 -340	-150 -450
80	100	-380 -467	-380 -520	-380 -600	-380 -730	-380 -920	-220 -274	-220 -307	-220 -360	-220 -440	-220 -570	-220 -760	-170 -224	-170 -257	-170 -310	-170 -390	-170 -520
100	120	-410 -497	-410 -550	-410 -630	-410 -760	-410 -950	-240 -294	-240 -327	-240 -380	-240 -460	-240 -590	-240 -780	-180 -234	-180 -267	-180 -320	-180 -400	-180 -530
120	140	-460 -560	-460 -620	-460 -710	-460 -860	-460 -1090	-260 -323	-260 -360	-260 -420	-260 -510	-260 -660	-260 -890	-200 -263	-200 -300	-200 -360	-200 -450	-200 -600

（续）

公称尺寸/mm		a					b						c					
大于	至	9	10	11	12	13	8	9	10	11	12	13	8	9	10	11	12
140	160	-520 -620	-520 -680	-520 -770	-520 -920	-520 -1150	-280 -343	-280 -380	-280 -440	-280 -530	-280 -680	-280 -910	-210 -273	-210 -310	-210 -370	-210 -460	-210 -610
160	180	-580 -680	-580 -740	-580 -830	-580 -980	-580 -1210	-310 -373	-310 -410	-310 -470	-310 -560	-310 -710	-310 -940	-230 -293	-230 -330	-230 -390	-230 -480	-230 -630
180	200	-660 -775	-660 -845	-660 -950	-660 -1120	-660 -1380	-340 -412	-340 -455	-340 -525	-340 -630	-340 -800	-340 -1060	-240 -312	-240 -355	-240 -425	-240 -530	-240 -700
200	225	-740 -855	-740 -925	-740 -1030	-740 -1200	-740 -1460	-380 -452	-380 -495	-380 -565	-380 -670	-380 -840	-380 -1100	-260 -332	-260 -375	-260 -445	-260 -550	-260 -720
225	250	-820 -935	-820 -1005	-820 -1110	-820 -1280	-820 -1540	-420 -492	-420 -535	-420 -605	-420 -710	-420 -880	-420 -1140	-280 -352	-280 -395	-280 -465	-280 -570	-280 -740
250	280	-920 -1050	-920 -1130	-920 -1240	-920 -1440	-920 -1730	-480 -561	-480 -610	-480 -690	-480 -800	-480 -1000	-480 -1290	-300 -381	-300 -430	-300 -510	-300 -620	-300 -820
280	315	-1050 -1180	-1050 -1260	-1050 -1370	-1050 -1570	-1050 -1860	-540 -621	-540 -670	-540 -750	-540 -860	-540 -1060	-540 -1350	-330 -411	-330 -460	-330 -540	-330 -650	-330 -850
315	355	-1200 -1340	-1200 -1430	-1200 -1560	-1200 -1770	-1200 -2090	-600 -689	-600 -740	-600 -830	-600 -960	-600 -1170	-600 -1490	-360 -449	-360 -500	-360 -590	-360 -720	-360 -930
355	400	-1350 -1490	-1350 -1580	-1350 -1710	-1350 -1920	-1350 -2240	-680 -769	-680 -820	-680 -910	-680 -1040	-680 -1250	-680 -1570	-400 -489	-400 -540	-400 -630	-400 -760	-400 -970
400	450	-1500 -1655	-1500 -1750	-1500 -1900	-1500 -2130	-1500 -2470	-760 -857	-760 -915	-760 -1010	-760 -1160	-760 -1390	-760 -1730	-440 -537	-440 -595	-440 -690	-440 -840	-440 -1070
450	500	-1650 -1805	-1650 -1900	-1650 -2050	-1650 -2280	-1650 -2620	-840 -937	-840 -995	-840 -1090	-840 -1240	-840 -1470	-840 -1810	-480 -577	-480 -635	-480 -730	-480 -880	-480 -1110

注：公称尺寸小于1mm时，各级的a和b均不采用。

（续）

公称尺寸/mm		cd						d									e		
大于	至	5	6	7	8	9	10	5	6	7	8	9	10	11	12	13	5	6	7
—	3	-34 -38	-34 -40	-34 -44	-34 -48	-34 -59	-34 -74	-20 -24	-20 -26	-20 -30	-20 -34	-20 -45	-20 -60	-20 -80	-20 -120	-20 -160	-14 -18	-14 -20	-14 -24
3	6	-46 -51	-46 -54	-46 -58	-46 -64	-46 -76	-46 -94	-30 -35	-30 -38	-30 -42	-30 -48	-30 -60	-30 -78	-30 -105	-30 -150	-30 -210	-20 -25	-20 -28	-20 -32
6	10	-56 -62	-56 -65	-56 -71	-56 -78	-56 -92	-56 -114	-40 -46	-40 -49	-40 -55	-40 -62	-40 -76	-40 -98	-40 -130	-40 -190	-40 -260	-25 -31	-25 -34	-25 -40
10	18							-50 -58	-50 -61	-50 -68	-50 -77	-50 -93	-50 -120	-50 -160	-50 -230	-50 -320	-32 -40	-32 -43	-32 -50
18	30							-65 -74	-65 -78	-65 -86	-65 -98	-65 -117	-65 -149	-65 -195	-65 -275	-65 -395	-40 -49	-40 -53	-40 -61
30	50							-80 -91	-80 -96	-80 -105	-80 -119	-80 -142	-80 -180	-80 -240	-80 -330	-80 -470	-50 -61	-50 -66	-50 -75
50	80							-100 -113	-100 -119	-100 -130	-100 -146	-100 -174	-100 -220	-100 -290	-100 -400	-100 -560	-60 -73	-60 -79	-60 -90
80	120							-120 -135	-120 -142	-120 -155	-120 -174	-120 -207	-150 -260	-120 -340	-120 -470	-120 -660	-72 -87	-72 -94	-72 -107
120	180							-145 -163	-145 -170	-145 -185	-145 -208	-145 -245	-145 -305	-145 -395	-145 -545	-145 -775	-85 -103	-85 -110	-85 -125
180	250							-170 -190	-170 -199	-170 -216	-170 -242	-170 -285	-170 -355	-170 -460	-170 -630	-170 -890	-100 -120	-100 -129	-100 -146
250	315							-190 -213	-190 -222	-190 -242	-190 -271	-190 -320	-190 -400	-190 -510	-190 -710	-190 -1000	-110 -133	-110 -142	-110 -162
315	400							-210 -235	-210 -246	-210 -267	-210 -299	-210 -350	-210 -440	-210 -570	-210 -780	-210 -1100	-125 -150	-125 -161	-125 -182
400	500							-230 -257	-230 -270	-230 -293	-230 -327	-230 -385	-230 -480	-230 -630	-230 -860	-230 -1200	-135 -162	-135 -175	-135 -198

（续）

公称尺寸/mm		e			ef								f							
大于	至	8	9	10	3	4	5	6	7	8	9	10	3	4	5	6	7	8	9	10
—	3	-14 -28	-14 -39	-14 -54	-10 -12	-10 -13	-10 -14	-10 -16	-10 -20	-10 -24	-10 -35	-10 -50	-6 -8	-6 -9	-6 -10	-6 -12	-6 -16	-6 -20	-6 -31	-6 -46
3	6	-20 -38	-20 -50	-20 -68	-14 -16.5	-14 -18	-14 -19	-14 -22	-14 -26	-14 -32	-14 -44	-14 -62	-10 -12.5	-10 -14	-10 -15	-10 -18	-10 -22	-10 -28	-10 -40	-10 -58
6	10	-25 -47	-25 -61	-25 -83	-18 -20.5	-18 -22	-18 -24	-18 -27	-18 -33	-18 -40	-18 -54	-18 -76	-13 -15.5	-13 -17	-13 -19	-13 -22	-13 -28	-13 -35	-13 -49	-13 -71
10	18	-32 -59	-32 -75	-32 -102									-16 -19	-16 -21	-16 -24	-16 -27	-16 -34	-16 -43	-16 -59	-16 -86
18	30	-40 -73	-40 -92	-40 -124									-20 -24	-20 -26	-20 -29	-20 -33	-20 -41	-20 -53	-20 -72	-20 -104
30	50	-50 -89	-50 -112	-50 -150									-25 -29	-25 -32	-25 -36	-25 -41	-25 -50	-25 -64	-25 -87	-25 -125
50	80	-60 -106	-60 -134	-60 -180										-30 -38	-30 -43	-30 -49	-30 -60	-30 -76	-30 -104	
80	120	-72 -126	-72 -212	-72 -159										-36 -46	-36 -51	-36 -58	-36 -71	-36 -90	-36 -123	
120	180	-85 -148	-85 -185	-85 -245										-43 -55	-43 -61	-43 -68	-43 -83	-43 -106	-43 -143	
180	250	-100 -172	-100 -215	-100 -285										-50 -64	-50 -70	-50 -79	-50 -96	-50 -122	-50 -165	
250	315	-110 -191	-110 -240	-110 -320										-56 -72	-56 -79	-56 -88	-56 -108	-56 -137	-56 -185	
315	400	-125 -214	-125 -265	-125 -355										-62 -80	-62 -87	-62 -98	-62 -119	-62 -151	-62 -202	
400	500	-135 -232	-135 -290	-135 -385										-68 -88	-68 -95	-68 -108	-68 -131	-68 -165	-68 -223	

（续）

公称尺寸/mm		fg								g							
大于	至	3	4	5	6	7	8	9	10	3	4	5	6	7	8	9	10
—	3	-4 -6	-4 -7	-4 -8	-4 -10	-4 -14	-4 -18	-4 -29	-4 -44	-2 -4	-2 -5	-2 -6	-2 -8	-2 -12	-2 -16	-2 -27	-2 -42
3	6	-6 -8.5	-6 -10	-6 -11	-6 -14	-6 -18	-6 -24	-6 -36	-6 -54	-4 -6.5	-4 -8	-4 -9	-4 -12	-4 -16	-4 -22	-4 -34	-4 -52
6	10	-8 -10.5	-8 -12	-8 -14	-8 -17	-8 -23	-8 -30	-8 -44	-8 -66	-5 -7.5	-5 -9	-5 -11	-5 -14	-5 -20	-5 -27	-5 -41	-5 -63
10	18									-6 -9	-6 -11	-6 -14	-6 -17	-6 -24	-6 -33	-6 -49	-6 -76
18	30									-7 -11	-7 -13	-7 -16	-7 -20	-7 -28	-7 -40	-7 -59	-7 -91
30	50									-9 -13	-9 -16	-9 -20	-9 -25	-9 -34	-9 -48	-9 -71	-9 -109
50	80										-10 -18	-10 -23	-10 -29	-10 -40	-10 -56		
80	120										-12 -22	-12 -27	-12 -34	-12 -47	-12 -66		
120	180										-14 -26	-14 -32	-14 -39	-14 -54	-14 -77		
180	250										-15 -29	-15 -35	-15 -44	-15 -61	-15 -87		
250	315										-17 -33	-17 -40	-17 -49	-17 -69	-17 -98		
315	400										-18 -36	-18 -43	-18 -54	-18 -75	-18 -107		
400	500										-20 -40	-20 -47	-20 -60	-20 -83	-20 -117		

（续）

公称尺寸/mm		h																	
		1	2	3	4	5	6	7	8	9	10	11	12	13	14	15	16	17	18
大于	至	偏差																	
		μm											mm						
—	3	0 -0.8	0 -1.2	0 -2	0 -3	0 -4	0 -6	0 -10	0 -14	0 -25	0 -40	0 -60	0 -0.1	0 -0.14	0 -0.25	0 -0.4	0 -0.6		
3	6	0 -1	0 -1.5	0 -2.5	0 -4	0 -5	0 -8	0 -12	0 -18	0 -30	0 -48	0 -75	0 -0.12	0 -0.18	0 -0.3	0 -0.48	0 -0.75	0 -1.2	0 -1.8
6	10	0 -1	0 -1.5	0 -2.5	0 -4	0 -6	0 -9	0 -15	0 -22	0 -36	0 -58	0 -90	0 -0.15	0 -0.22	0 -0.36	0 -0.58	0 -0.9	0 -1.5	0 -2.2
10	18	0 -1.2	0 -2	0 -3	0 -5	0 -8	0 -11	0 -18	0 -27	0 -43	0 -70	0 -110	0 -0.18	0 -0.27	0 -0.43	0 -0.7	0 -1.1	0 -1.8	0 -2.7
18	30	0 -1.5	0 -2.5	0 -4	0 -6	0 -9	0 -13	0 -21	0 -33	0 -52	0 -84	0 -130	0 -0.21	0 -0.33	0 -0.52	0 -0.84	0 -1.3	0 -2.1	0 -3.3
30	50	0 -1.5	0 -2.5	0 -4	0 -7	0 -11	0 -16	0 -25	0 -39	0 -62	0 -100	0 -160	0 -0.25	0 -0.39	0 -0.62	0 -1	0 -1.6	0 -2.5	0 -3.9
50	80	0 -2	0 -3	0 -5	0 -8	0 -13	0 -19	0 -30	0 -46	0 -74	0 -120	0 -190	0 -0.3	0 -0.46	0 -0.74	0 -1.2	0 -1.9	0 -3	0 -4.6
80	120	0 -2.5	0 -4	0 -6	0 -10	0 -15	0 -22	0 -35	0 -54	0 -87	0 -140	0 -220	0 -0.35	0 -0.54	0 -0.87	0 -1.4	0 -2.2	0 -3.5	0 -5.4
120	180	0 -3.5	0 -5	0 -8	0 -12	0 -18	0 -25	0 -40	0 -63	0 -100	0 -160	0 -250	0 -0.4	0 -0.63	0 -1	0 -1.6	0 -2.5	0 -4	0 -6.3
180	250	0 -4.5	0 -7	0 -10	0 -14	0 -20	0 -29	0 -46	0 -72	0 -115	0 -185	0 -290	0 -0.46	0 -0.72	0 -1.15	0 -1.85	0 -2.9	0 -4.6	0 -7.2
250	315	0 -6	0 -8	0 -12	0 -16	0 -23	0 -32	0 -52	0 -81	0 -130	0 -210	0 -320	0 -0.52	0 -0.81	0 -1.3	0 -2.1	0 -3.2	0 -5.2	0 -8.1
315	400	0 -7	0 -9	0 -13	0 -18	0 -25	0 -36	0 -57	0 -89	0 -140	0 -230	0 -360	0 -0.57	0 -0.89	0 -1.4	0 -2.3	0 -3.6	0 -5.7	0 -8.9
400	500	0 -8	0 -10	0 -15	0 -20	0 -27	0 -40	0 -63	0 -97	0 -155	0 -250	0 -400	0 -0.63	0 -0.97	0 -1.55	0 -2.5	0 -4	0 -6.3	0 -9.7

（续）

公称尺寸/mm		js																	
		1	2	3	4	5	6	7	8	9	10	11	12	13	14	15	16	17	18
大于	至	偏差																	
		μm											mm						
—	3	+0.4 −0.4	+0.6 −0.6	+1 −1	+1.5 −1.5	+2 −2	+3 −3	+5 −5	+7 −7	+12 −12	+20 −20	+30 −30	+0.05 −0.05	+0.07 −0.07	+0.125 −0.125	+0.2 −0.2	+0.3 −0.3		
3	6	+0.5 −0.5	+0.75 −0.75	+1.25 −1.25	+2 −2	+2.5 −2.5	+4 −4	+6 −6	+9 −9	+15 −15	+24 −24	+37 −37	+0.06 −0.06	+0.09 −0.09	+0.15 −0.15	+0.24 −0.24	+0.375 −0.375	+0.6 −0.6	+0.9 −0.9
6	10	+0.5 −0.5	+0.75 −0.75	+1.25 −1.25	+2 −2	+3 −3	+4.5 −4.5	+7 −7	+11 −11	+18 −148	+29 −29	+45 −45	+0.075 −0.075	+0.11 −0.11	+0.18 −0.18	+0.29 −0.29	+0.45 −0.45	+0.75 −0.75	+1.1 −1.1
10	18	+0.6 −0.6	+1 −1	+1.5 −1.5	+2.5 −2.5	+4 −4	+5.5 −5.5	+9 −9	+13 −13	+21 −21	+35 −35	+55 −55	+0.09 −0.09	+0.135 −0.135	+0.215 −0.215	+0.35 −0.35	+0.55 −0.55	+0.9 −0.9	+1.35 −1.35
18	30	+0.75 −0.75	+1.25 −1.25	+2 −2	+3 −3	+4.5 −4.5	+6.5 −6.5	+10 −10	+16 −16	+26 −26	+42 −42	+65 −65	+0.105 −0.105	+0.165 −0.165	+0.26 −0.26	+0.42 −0.42	+0.65 −0.65	+1.05 −1.05	+1.65 −1.65
30	50	+0.75 −0.75	+1.25 −1.25	+2 −2	+3.5 −3.5	+5.5 −5.5	+8 −8	+12 −12	+19 −19	+31 −31	+50 −50	+80 −80	+0.125 −0.125	+0.195 −0.195	+0.31 −0.31	+0.5 −0.5	+0.8 −0.8	+1.25 −1.25	+1.95 −1.95
50	80	+1 −1	+1.5 −1.5	+2.5 −2.5	+4 −4	+6.5 −6.5	+9.5 −9.5	+15 −15	+23 −23	+37 −37	+60 −60	+95 −95	+0.15 −0.15	+0.23 −0.23	+0.37 −0.37	+0.6 −0.6	+0.95 −0.95	+1.5 −1.5	+2.3 −2.3
80	120	+1.25 −1.25	+2 −2	+3 −3	+5 −5	+7.5 −7.5	+11 −11	+17 −17	+27 −27	+43 −43	+70 −70	+110 −110	+0.175 −0.175	+0.27 −0.27	+0.435 −0.435	+0.7 −0.7	+1.1 −1.1	+1.75 −1.75	+2.7 −2.7
120	180	+1.75 −1.75	+2.5 −2.5	+4 −4	+6 −6	+9 −9	+12.5 −12.5	+20 −20	+31 −31	+50 −50	+80 −80	+125 −125	+0.2 −0.2	+0.315 −0.135	+0.5 −0.5	+0.8 −0.8	+1.25 −1.25	+2 −2	+3.15 −3.15
180	250	+2.25 −2.25	+3.5 −3.5	+5 −5	+7 −7	+10 −10	+14.5 −14.5	+23 −23	+36 −36	+57 −57	+92 −92	+145 −145	+0.23 −0.23	+0.36 −0.36	+0.576 −0.575	+0.925 −0.925	+1.45 −1.45	+2.3 −2.3	+3.6 −3.6
250	315	+3 −3	+4 −4	+6 −6	+8 −8	+11.5 −11.5	+16 −16	+26 −26	+40 −40	+65 −65	+105 −105	+160 −160	+0.26 −0.26	+0.405 −0.405	+0.65 −0.65	+1.05 −1.05	+1.6 −1.6	+2.6 −2.6	+4.05 −4.05
315	400	+3.5 −3.5	+4.5 −4.5	+6.5 −6.5	+9 −9	+12.5 −12.5	+18 −18	+28 −28	+44 −44	+70 −70	+115 −115	+180 −180	+0.285 −0.285	+0.445 −0.445	+0.7 −0.7	+1.15 −1.15	+1.8 −1.8	+2.85 −2.85	+4.45 −4.45
400	500	+4 −4	+5 −5	+7.5 −7.5	+10 −10	+13.5 −13.5	+20 −20	+31 −31	+48 −48	+77 −77	+125 −125	+200 −200	+0.315 −0.315	+0.485 −0.485	+0.775 −0.775	+1.25 −1.25	+2 −2	+3.15 −3.15	+4.85 −4.85

（续）

公称尺寸/mm		j				k											m			
大于	至	5	6	7	8	3	4	5	6	7	8	9	10	11	12	13	3	4	5	6
—	3	+2 −2	+4 −2	+6 −4	+8 −6	+2 0	+3 0	+4 0	+6 0	+10 0	+14 0	+25 0	+40 0	+60 0	+100 0	140 0	+4 +2	+5 +2	+6 +2	+8 +2
3	6	−3 −2	+6 −2	+8 −4		+2.5 0	+5 +1	+6 +1	+9 +1	+13 +1	+18 0	+30 0	+48 0	+75 0	+120 0	+180 0	+6.5 +4	+8 +4	+9 +4	+12 +4
6	10	+4 −2	+7 −2	+10 −5		+2.5 0	+5 +1	+7 +1	+10 +1	+16 +1	+22 0	+36 0	+58 0	+90 0	+150 0	+220 0	+8.5 +6	+10 +6	+12 +6	+15 +6
10	18	+5 −3	+8 −3	+12 −6		+3 0	+6 +1	+9 +1	+12 +1	+19 +1	+27 0	+43 0	+70 0	+110 0	+180 0	+270 0	+10 +7	+12 +7	+15 +7	+18 +7
18	30	+5 −4	+9 −4	+13 −8		+4 0	+8 +2	+11 +2	+15 +2	+23 +2	+33 0	+52 0	+84 0	+130 0	+210 0	+330 0	+12 +8	+14 +8	+17 +8	+21 +8
30	50	+6 −5	+11 −5	+15 −10		+4 0	+9 +2	+13 +2	+18 +2	+27 +2	+39 0	+62 0	+100 0	+160 0	+250 0	+390 0	+13 +9	+16 +9	+20 +9	+25 +9
50	80	+6 −7	+12 −7	+18 −12			+10 +2	+15 +2	+21 +2	+32 +2	+46 0	+74 0	+120 0	+190 0	+300 0	+460 0		+19 +11	+24 +11	+30 +11
80	120	+6 −9	+13 −9	+20 −15			+13 +3	+18 +3	+25 +3	+38 +3	+54 0	+87 0	+140 0	+220 0	+350 0	+540 0		+23 −13	+28 +13	+35 +13
120	180	+7 −11	+14 −11	+22 −18			+15 +3	+21 +3	+28 +3	+43 +3	+63 0	+100 0	+160 0	+250 0	+400 0	+630 0		+27 +15	+33 +15	+40 +15
180	250	+7 −13	+16 −13	+25 −21			+18 +4	+24 +4	+33 +4	+50 +4	+72 0	+115 0	+185 0	+290 0	+460 0	+720 0		+31 +17	+37 +17	+46 +17
250	315	+7 −16	+16 −16	+16 −16			+20 +4	+27 +4	+36 +4	+56 +4	+81 0	+130 0	+210 0	+320 0	+520 0	+810 0		+36 +20	+43 +20	+52 +20
315	400	+7 −18	+18 −18	+29 −28			+22 +4	+29 +4	+40 +4	+61 +4	+89 0	+140 0	+230 0	+360 0	+570 0	+890 0		+39 +21	+46 +21	+57 +21
400	500	+7 −20	+20 −20	+31 −32			+25 +5	+32 +5	+45 +5	+68 +5	+97 0	+155 0	+250 0	+400 0	+630 0	+970 0		+43 +23	+50 +23	+63 +23

（续）

公称尺寸/mm		m			n						p							
大于	至	7	8	9	3	4	5	6	7	8	9	3	4	5	6	7	8	9	10
—	3	+12 +2	+16 +2	+27 +2	+6 +4	+7 +4	+8 +4	+10 +4	+14 +4	+18 +4	+29 +4	+8 +6	+9 +6	+10 +6	+12 +6	+16 +6	+20 +6	+31 +6	+46 +6
3	6	+16 +4	+22 +4	+34 +4	+10.5 +8	+12 +8	+13 +8	+16 +8	+20 +8	+26 +8	+38 8	+14.5 +12	+16 +12	+17 +12	+20 +12	+24 +12	+30 +12	+42 +12	+60 +12
6	10	+21 +6	+28 +6	+42 +6	+12.5 +10	+14 +10	+16 +10	+19 +10	+25 +10	+32 +10	+46 +10	+17.5 +15	+19 +15	+21 +15	+24 +15	+30 +15	+37 +15	+51 +15	+73 +15
10	18	+25 +7	+34 +7	+50 +7	+15 +12	+17 +12	+20 +12	+23 +12	+30 +12	+39 +12	+55 +12	+21 +18	+23 +18	+26 +18	+29 +18	+36 +18	+45 +18	+61 +18	+88 +18
18	30	+29 +8	+41 +8	+60 +8	+19 +15	+21 +15	+24 +15	+28 +15	+36 +15	+48 +15	+67 +15	+26 +22	+28 +22	+31 +22	+35 +22	+43 +22	+55 +22	+74 +22	+106 +22
30	50	+34 +9	+48 +9	+71 +9	+21 +17	+24 +17	+28 +17	+33 +17	+42 +17	+56 +17	+79 +17	+30 +26	+33 +26	+37 +26	+42 +26	+51 +26	+65 +26	+88 +26	+126 +26
50	80	+41 +11				+28 +20	+33 +20	+39 +20	+50 +20				+40 +32	+45 +32	+51 +32	+62 +32	+78 +32		
80	120	+48 +13				+33 +23	+38 +23	+45 +23	+58 +23				+47 +37	+52 +37	+59 +37	+72 +37	+91 +37		
120	180	+55 +15				+39 +27	+45 +27	+52 +27	+67 +27				+55 +43	+61 +43	+68 +43	+83 +43	+106 +43		
180	250	+63 +17				+45 +31	+51 +31	+60 +31	+77 +31				+64 +50	+70 +50	+79 +50	+96 +50	+122 +50		
250	315	+72 +20				+50 +34	+57 +34	+66 +34	+86 +34				+72 +56	+79 +56	+88 +56	+108 +56	+137 +56		
315	400	+78 +21				+55 +37	+62 +37	+73 +37	+94 +37				+80 +62	+87 +62	+98 +62	+119 +62	+151 +62		
400	500	+86 +23				+60 +40	+67 +40	+80 +40	+103 +40				+88 +68	+95 +68	+108 +68	+131 +68	+165 +68		

（续）

公称尺寸/mm		r								s								t				u				
大于	至	3	4	5	6	7	8	9	10	3	4	5	6	7	8	9	10	5	6	7	8	5	6	7	8	9
—	3	+12 +10	+13 +10	+14 +10	+16 +10	+20 +10	+24 +10	+35 +10	+50 +10	+16 +14	+17 +14	+18 +14	+20 +14	+24 +14	+28 +24	+39 +14	+54 +14					+22 +18	+24 +18	+28 +18	+32 +18	+43 +18
3	6	+17.5 +15	+19 +15	+20 +15	+23 +15	+27 +15	+33 +15	+45 +15	+63 +15	+21.5 +19	+23 +19	+24 +19	+27 +19	+31 +19	+37 +19	+49 +19	+67 +19					+28 +23	+31 +23	+35 +23	+41 +23	+53 +23
6	10	+21.5 +19	+23 +19	+25 +19	+28 +19	+34 +19	+41 +19	+55 +19	+77 +19	+25.5 +23	+27 +23	+29 +23	+32 +23	+38 +23	+45 +23	+59 +23	+81 +23					+34 +28	+37 +28	+43 +28	+50 +28	+64 +28
10	18	+26 +23	+28 +23	+31 +23	+34 +23	+41 +23	+50 +23	+66 +23	+93 +23	+31 +28	+33 +28	+36 +28	+39 +28	+46 +28	+55 +28	+71 +28	+98 +28					+41 +33	+44 +33	+51 +33	+60 +33	+76 +33
18	24	+32 +28	+34 +28	+37 +28	+41 +28	+49 +28	+61 +28	+80 +28	+112 +28	+39 +25	+41 +35	+44 +35	+48 +35	+56 +35	+68 +35	+87 +35	+119 +35					+50 +41	+54 +41	+62 +41	+74 +41	+93 +41
24	30																	+50 +41	+54 +41	+62 +41	+74 +41	+57 +48	+61 +48	+69 +48	+81 +48	+100 +48
30	40	+38 +34	+41 +34	+45 +34	+50 +34	+59 +34	+73 +34	+96 +34	+134 +34	+47 +43	+50 +43	+54 +43	+59 +43	+68 +43	+82 +43	+105 +43	+143 +43	+59 +48	+64 +48	+73 +48	+87 +48	+71 +60	+76 +60	+85 +60	+99 +60	+122 +60
40	50																	+65 +54	+70 +54	+79 +54	+93 +54	+81 +70	+86 +70	+95 +70	+109 +70	+132 +70
50	65		+49 +41	+54 +41	+60 +41	+71 +41	+87 +41				+61 +53	+66 +53	+72 +53	+83 +53	+99 +53	+127 +53		+79 +66	+85 +66	+96 +66	+112 +66	+100 +87	+106 +87	+117 +87	+183 +87	+161 +87
65	80		+51 +43	+56 +43	+62 +43	+72 +43	+89 +43				+67 +59	+72 +59	+78 +59	+89 +59	+105 +59	+133 +59		+88 +75	+94 +75	+105 +75	+121 +75	+115 +102	+121 +102	+132 +102	+148 +102	+176 +102
80	100		+61 +51	+66 +51	+73 +51	+86 +51	+105 +51				+81 +71	+86 +71	+93 +71	+106 +71	+125 +71	+158 +71		+106 +91	+113 +91	+126 +91	+145 +91	+139 +124	+146 +124	+159 +124	+178 +124	+211 +124
100	120		+64 +54	+69 +54	+76 +54	+89 +54	+108 +54				+89 +79	+94 +79	+101 +79	+114 +79	+133 +79	+166 +79		+119 +104	+126 +104	+139 +104	+158 +104	+159 +144	+166 +144	+179 +144	+198 +144	+231 +144

（续）

公称尺寸/mm		r								s								t				u				
大于	至	3	4	5	6	7	8	9	10	3	4	5	6	7	8	9	10	5	6	7	8	5	6	7	8	9
120	140		+75 +63	+81 +63	+88 +63	+103 +63	+126 +63				+104 +92	+110 +92	+117 +92	+132 +92	+155 +92	+192 +92		+140 +122	+147 +122	+162 +122	+185 +122	+188 +170	+195 +170	+210 +170	+233 +170	+270 +170
140	160		+77 +65	+83 +65	+90 +65	+105 +65	+128 +65				+112 +100	+118 +100	+125 +100	+140 +100	+163 +100	+200 +100		+152 +134	+159 +134	+174 +134	+197 +134	+208 +190	+215 +190	+230 +190	+253 +190	+290 +190
160	180		+80 +68	+86 +68	+93 +68	+108 +68	+131 +68				+120 +108	+126 +108	+133 +108	+148 +108	+171 +108	+208 +108		+164 +146	+171 +146	+186 +146	+209 +146	+228 +210	+235 +210	+250 +210	+273 +210	+310 +210
180	200		+91 +77	+97 +77	+106 +77	+123 +77	+149 +77				+136 +122	+142 +122	+151 +122	+168 +122	+194 +122	+237 +122		+186 +166	+195 +166	+212 +166	+238 +166	+256 +236	+265 +234	+282 +236	+308 +236	+351 +236
200	225		+94 +80	+100 +80	+109 +80	+126 +80	+152 +80				+144 +130	+150 +130	+159 +130	+176 +130	+202 +130	+245 +130		+200 +180	+209 +180	+226 +180	+252 +180	+278 +258	+287 +258	+304 +258	+330 +258	+373 +258
225	250		+98 +84	+104 +84	+113 +84	+130 +84	+156 +84				+154 +140	+160 +140	+169 +140	+186 +140	+212 +140	+255 +140		+216 +196	+225 +196	+242 +196	+268 +196	+304 +284	+313 +284	+330 +284	+356 +284	+399 +284
250	280		+110 +94	+117 +94	+126 +94	+146 +94	+175 +94				+174 +158	+181 +158	+190 +158	+210 +158	+239 +158	+288 +158		+241 +218	+250 +218	+270 +218	+299 +218	+338 +315	+347 +315	+367 +315	+396 +315	+445 +315
280	315		+114 +98	+121 +98	+130 +98	+150 +98	+179 +98				+186 +170	+193 +170	+202 +170	+222 −170	+251 +170	+300 +170		+263 +240	+272 +240	+292 +240	+321 +240	+373 +350	+382 +350	+402 +350	+431 +350	+480 +350
315	355		+126 +108	+133 +108	+144 +108	+165 +108	+197 +108				+208 +190	+215 +190	+226 +190	+247 +190	+279 +190	+330 +190		+293 +268	+304 +268	+325 +268	+357 +268	+415 +390	+426 +390	+447 +390	+479 +390	+530 +390
355	400		+132 +114	+139 +114	+150 +114	+171 +114	+203 +114				+226 +208	+233 +208	+244 +208	+265 +208	+297 +208	+348 +208		+319 +294	+330 +294	+351 +294	+383 +294	+460 +435	+471 +435	+492 +435	+524 +435	+575 +435
400	450		+146 +126	+153 +126	+166 +126	+189 +126	+223 +126				+252 +232	+259 +232	+272 +232	+295 +232	+329 +232	+387 +232		+357 +330	+370 +330	+393 +330	+427 +330	+517 +490	+530 +490	+553 +490	+587 +490	+645 +490
450	500		+152 +132	+159 +132	+172 +132	+195 +132	+229 +132				+272 +252	+279 +252	+292 +252	+315 +252	+349 +252	+407 +252		+387 +360	+400 +360	+423 +360	+457 +360	+567 +540	+580 +540	+603 +540	+637 +540	+695 +540

（续）

公称尺寸/mm		v				x						y				
大于	至	5	6	7	8	5	6	7	8	9	10	6	7	8	9	10
—	3					+24 +20	+26 +20	+30 +20	+34 +20	+45 +20	+60 +20					
3	6					+33 +28	+36 +28	+40 +28	+46 +28	+58 +28	+76 +28					
6	10					+40 +34	+43 +34	+49 +34	+56 +34	+70 +34	+92 +34					
10	14					+48 +40	+51 +40	+58 +40	+67 +40	+83 +40	+110 +40					
14	18	+47 +39	+50 +39	+57 +39	+66 +39	+53 +45	+56 +45	+63 +45	+72 +45	+88 +45	+115 +45					
18	24	+56 +47	+60 +47	+68 +47	+80 +47	+63 +54	+67 +54	+75 +54	+87 +54	+106 +54	+138 +54	+76 +63	+84 +63	+96 +63	+115 +63	+147 +63
24	30	+64 +55	+68 +55	+76 +55	+88 +55	+73 +64	+77 +64	+85 +64	+97 +64	+116 +64	+148 +64	+88 +75	+96 +75	+108 +75	+127 +75	+159 +75
30	40	+79 +68	+84 +68	+93 +68	+107 +68	+91 +80	+96 +80	+105 +80	+119 +80	+142 +80	+180 +80	+110 +94	+119 +94	+133 +94	+156 +94	+194 +94
40	50	+92 +81	+97 +81	+106 +81	+120 +81	+108 +97	+113 +97	+122 +97	+136 +97	+159 +97	+197 +97	+130 +114	+139 +114	+153 +114	+176 +114	+214 +114
50	65	+115 +102	+121 +102	+132 +102	+148 +102	+135 +122	+141 +122	+152 +122	+168 +122	+196 +122	+242 +122	+163 +144	+174 +144	+190 +144		
65	80	+133 +120	+139 +120	+150 +120	+166 +120	+159 +146	+165 +146	+176 +146	+192 +146	+220 +146	+266 +146	+193 +174	+204 +174	+220 +174		
80	100	+161 +146	+168 +146	+181 +146	+200 +146	+193 +178	+200 +178	+213 +178	+232 +178	+265 +178	+318 +178	+236 +214	+249 +214	+268 +214		
100	120	+187 +172	+194 +172	+207 +172	+226 +172	+225 +210	+232 +210	+245 +210	+264 +210	+297 +210	+350 +210	+276 +254	+289 +254	+308 +254		

（续）

公称尺寸/mm		v				x						y				
大于	至	5	6	7	8	5	6	7	8	9	10	6	7	8	9	10
120	140	+220 +202	+227 +202	+242 +202	+265 +202	+266 +248	+273 +248	+288 +248	+311 +248	+348 +248	+408 +248	+325 +300	+340 +300	+363 +300		
140	160	+246 +228	+253 +228	+268 +228	+291 +228	+298 +280	+305 +280	+320 +280	+343 +280	+380 +280	+440 +280	+365 +340	+380 +340	+403 +340		
160	180	+270 +252	+277 +252	+292 +252	+315 +252	+328 +310	+335 +310	+350 +310	+373 +310	+410 +310	+470 +310	+405 +380	+420 +380	+443 +380		
180	200	+304 +284	+313 +284	+330 +284	+356 +284	+370 +350	+379 +350	+396 +350	+422 +350	+465 +350	+535 +350	+454 +425	+471 +425	+497 +425		
200	225	+330 +310	+339 +310	+356 +310	+382 +310	+405 +385	+414 +385	+431 +385	+457 +385	+500 +385	+570 +385	+499 +470	+516 +470	+542 +470		
225	250	+360 +340	+369 +340	+386 +340	+412 +340	+445 +425	+454 +425	+471 +425	+497 +425	+540 +425	+610 +425	+549 +520	+566 +520	+592 +520		
250	280	+408 +385	+417 +385	+437 +385	+466 +385	+498 +475	+507 +475	+527 +475	+556 +475	+605 +475	+685 +475	+612 +580	+632 +580	+661 +580		
280	315	+448 +425	+457 +425	+477 +425	+506 +425	+548 +525	+557 +525	+577 525	+606 +525	+655 +525	+735 +525	+682 +650	+702 +650	+731 +650		
315	355	+500 +475	+511 +475	+532 +475	+564 +475	+615 +590	+626 +590	+647 +590	+679 +590	+730 +590	+820 +590	+766 +730	+787 +730	+819 +730		
355	400	+555 +530	+566 +530	+587 +530	+619 +530	+685 +660	+696 +660	+717 +660	+749 +660	+800 +660	+890 +660	+856 +820	+877 +820	+909 +820		
400	450	+622 +595	+635 +595	+658 +595	+692 +595	+767 +740	+780 +740	+803 +740	+837 +740	+895 +740	+990 +740	+960 +920	+983 +920	+1017 +920		
450	500	+687 +660	+700 +660	+723 +660	+757 +660	+847 +820	+860 +820	+883 +820	+917 +820	+975 +820	+1070 +820	+1040 +1000	+1063 +1000	+1097 +1000		

(续)

公称尺寸/mm		z						za					
大于	至	6	7	8	9	10	11	6	7	8	9	10	11
—	3	+32 +26	+36 +26	+40 +26	+51 +26	+66 +26	+86 +26	+38 +32	+42 +32	+46 +32	+57 +32	+72 +32	+92 +32
3	6	+43 +35	+47 +35	+53 +35	+65 +35	+83 +35	+110 +35	+50 +42	+54 +42	+60 +42	+72 +42	+90 +42	+117 +42
6	10	+51 +42	+57 +42	+64 +42	+78 +42	+100 +42	+132 +42	+61 +52	+67 +52	+74 +52	+88 +52	+110 +52	+142 +52
10	14	+61 +50	+68 +50	+77 +50	+93 +50	+120 +50	+160 +50	+75 +64	+82 +64	+91 +64	+107 +64	+134 +64	+174 +64
14	18	+71 +60	+78 +60	+87 +60	+103 +60	+130 +60	+170 +60	+88 +77	+95 +77	+104 +77	+120 +77	+147 +77	+187 +77
18	24	+86 +73	+94 +73	+106 +73	+125 +73	+157 +73	+203 +73	+111 +98	+119 +98	+131 +98	+150 +98	+182 +98	+228 +98
24	30	+101 +88	+109 +88	+121 +88	+140 +88	+172 +88	+218 +88	+131 +118	+139 +118	+151 +118	+170 +118	+202 +118	+248 +118
30	40	+128 +112	+137 +112	+151 +112	+174 +112	+212 +112	+272 +112	+164 +148	+173 +148	+187 +148	+210 +148	+248 +148	+308 +148
40	50	+152 +136	+161 +136	+175 +136	+198 +136	+236 +136	+296 +136	+196 +180	+205 +180	+219 +180	+242 +180	+280 +180	+340 +180
50	65	+191 +172	+202 +172	+218 +172	+246 +172	+292 +172	+362 +172	+245 +226	+256 +226	+272 +226	+300 +226	+346 +226	+416 +226
65	80	+229 +210	+240 +210	+256 +210	+284 +210	+330 +210	+400 +210	+293 +274	+304 +274	+320 +274	+348 +274	+394 +274	+464 +274
80	100	+280 +258	+293 +258	+312 +258	+345 +258	+398 +258	+478 +258	+357 +335	+370 +335	+389 +335	+422 +335	+475 +335	+555 +335

（续）

公称尺寸/mm		z						za					
大于	至	6	7	8	9	10	11	6	7	8	9	10	11
100	120	+332 +310	+345 +310	+364 +310	+397 +310	+450 +310	+530 +310	+422 +400	+435 +400	+454 +400	+487 +400	+540 +400	+620 +400
120	140	+390 +365	+405 +365	+428 +365	+465 +365	+525 +365	+615 +365	+495 +470	+510 +470	+533 +470	+570 +470	+630 +470	+720 +470
140	160	+440 +415	+455 +415	+478 +415	+515 +415	+575 +415	+665 +415	+560 +535	+575 +535	+598 +535	+635 +535	+695 +535	+785 +535
160	180	+490 +465	+505 +465	+528 +465	+565 +465	+625 +465	+715 +465	+625 +600	+640 +600	+663 +600	+700 +600	+760 +600	+850 +600
180	200	+549 +520	+566 +520	+595 +520	+635 +520	+705 +520	+810 +520	+699 +670	+716 +670	+742 +670	+785 +670	+855 +670	+960 +670
200	225	+604 +575	+621 +575	+647 +575	+690 +575	+760 +575	+865 +575	+769 +740	+786 +740	+812 +740	+855 +740	+925 +740	+1030 +740
225	250	+669 +640	+686 +640	+712 +640	+755 +640	+825 +640	+930 +640	+849 +820	+866 +820	+892 +820	+935 +820	+1005 +820	+1110 +820
250	280	+742 +710	+762 +710	+791 +710	+840 +710	+920 +710	+1030 +710	+952 +920	+972 +920	+1001 +920	+1050 +920	+1130 +920	+1240 +920
280	135	+822 +790	+842 +790	+871 +790	+920 +790	+1000 +790	+1110 +790	+1032 +1000	+1052 +1000	+1081 +1000	+1130 +1000	+1210 +1000	+1320 +1000
315	355	+936 +900	+957 +900	+989 +900	+1040 +900	+1130 +900	+1260 +900	+1186 +1150	+1207 +1150	+1239 +1150	+1290 +1150	+1380 +1150	+1510 +1150
355	400	+1036 +1000	+1057 +1000	+1089 +1000	+1140 +1000	+1230 +1000	+1360 +1000	+1336 +1300	+1357 +1300	+1389 +1300	+1440 +1300	+1530 +1300	+1660 +1300
400	450	+1140 +1100	+1163 +1100	+1197 +1100	+1255 +1100	+1350 +1100	+1500 +1100	+1490 +1450	+1513 +1450	+1547 +1450	+1605 +1450	+1700 +1450	+1850 +1450
450	500	+1290 +1250	+1313 +1250	+1347 +1250	+1405 +1250	+1500 +1250	+1650 +1250	+1640 +1600	+1663 +1600	+1697 +1600	+1755 +1600	+1850 +1600	+2000 +1600

（续）

公称尺寸/mm		zb					zc				
大于	至	7	8	9	10	11	7	8	9	10	11
—	3	+50 +40	+54 +40	+65 +40	+80 +40	+100 +40	+70 +60	+74 +60	+85 +60	+100 +60	+120 +60
3	6	+62 +50	+68 +50	+80 +50	+98 +50	+125 +50	+92 +80	+98 +80	+110 +80	+128 +80	+155 +80
6	10	+82 +67	+89 +67	+103 +67	+125 +67	+157 +67	+112 +97	+119 +97	+133 +97	+155 +97	+187 +97
10	14	+108 +90	+117 +90	+133 +90	+160 +90	+200 +90	+148 +130	+157 +130	+173 +130	+200 +130	+240 +130
14	18	+126 +108	+135 +108	+151 +108	+178 +108	+218 +108	+168 +150	+177 +150	+193 +150	+220 +150	+260 +150
18	24	+157 +136	+169 +136	+188 +136	+220 +136	+266 +136	+209 +188	+221 +188	+240 +188	+272 +188	+318 +188
24	30	+181 +160	+193 +160	+212 +160	+244 +160	+290 +160	+239 +218	+251 +218	+270 +218	+302 +218	+348 +218
30	40	+225 +200	+239 +200	+262 +200	+300 +200	+360 +200	+299 +274	+313 +274	+336 +274	+374 +274	+434 +274
40	50	+267 +242	+281 +242	+304 +242	+342 +242	+402 +242	+350 +325	+364 +325	+387 +325	+425 +325	+485 +325
50	65	+330 +300	+346 +300	+374 +300	+420 +300	+490 +300	+435 +405	+451 +405	+479 +405	+525 +405	+595 +405
65	80	+390 +360	+406 +360	+434 +360	+480 +360	+550 +360	+510 +480	+526 +480	+554 +480	+600 +480	+670 +480
80	100	+480 +445	+499 +445	+532 +445	+585 +445	+665 +445	+620 +585	+639 +585	+672 +585	+725 +585	+805 +585
100	120	+560 +525	+579 +525	+612 +525	+665 +525	+745 +525	+725 +690	+744 +690	+777 +690	+830 +690	+910 +690
120	140	+660 +620	+683 +620	+720 +620	+780 +620	+870 +620	+840 +800	+863 +800	+900 +800	+960 +800	+1050 +800

（续）

公称尺寸/mm		zb					zc				
大于	至	7	8	9	10	11	7	8	9	10	11
140	160	+740 +700	+763 +700	+800 +700	+860 +700	+950 +700	+940 +900	+963 +900	+1000 +900	+1060 +900	+1150 +900
160	180	+820 +780	+843 +780	+880 +780	+940 +780	+1030 +780	+1040 +1000	+1063 +1000	+1100 +1000	+1160 +1000	+1250 +1000
180	200	+926 +880	+952 +880	+995 +880	+1065 +880	+1170 +880	+1196 +1150	+1222 +1150	+1265 +1150	+1335 +1150	+1440 +1150
200	225	+1160 +960	+1032 +960	+1075 +960	+1450 +960	+1250 +960	+1296 +1250	+1322 +1250	+1365 +1250	+1435 +1250	+1540 +1250
225	250	+1096 +1050	+1122 +1050	+1165 +1050	+1235 +1050	+1340 +1050	+1396 +1350	+1422 +1350	+1465 +1350	+1535 +1350	+1640 +1350
250	280	+1252 +1200	+1281 +1200	+1380 +1200	+1410 +1200	+1520 +1200	+1602 +1550	+1631 +1550	+1680 +1550	+1760 +1550	+1870 +1550
280	315	+1352 +1300	+1381 +1300	+1430 +1300	+1510 +1300	+1620 +1300	+1752 +1700	+1781 +1700	+1830 +1700	+1910 +1700	+2020 +1700
315	355	+1557 +1500	+1589 +1500	+1640 +1500	+1730 +1500	+1860 +1500	+1957 +1900	+1989 +1900	+2040 +1900	+2130 +1900	+2260 +1900
355	400	+1707 +1650	+1739 +1650	+1790 +1650	+1880 +1650	+2010 +1650	+2157 +2100	+2189 +2100	+2240 +2100	+2330 +2100	+2460 +2100
400	450	+1913 +1850	+1947 +1850	+2005 +1850	+2100 +1850	+2250 +1850	+2463 +2400	+2497 +2400	+2555 +2400	+2650 +2400	+2800 +2400
450	500	+2163 +2100	+2197 +2100	+2255 +2100	+2350 +2100	+2500 +2100	+2663 +2600	+2697 +2600	+2755 +2600	+2850 +2600	+3000 +2600

注：1. 各级的 cd、ef、fg 主要用于精密机械和钟表制造业。

2. IT14 至 IT18 只用于大于 1mm 的公称尺寸。

3. 公称尺寸至 24mm 的 t5 至 t8 的偏差值未列入表内，建议以 u5 至 u8 代替。如非要 t5 至 t8，则可按 GB/T 1800.3 计算。

4. 公称尺寸至 14mm 的 v5 至 v8 的偏差值未列入表内。建议以 x5 至 x8 代替。如非要 v5 至 v8，则可按 GB/T 1800.3 计算。

5. 公称尺寸至 18mm 的 y6 至 y10 的偏差值未列入表内。建议以 z6 至 z10 代替。如非要 y6 至 y10，则可按 GB/T 1800.3 计算。

表 3-5　公称尺寸至 500mm 孔的极限偏差（摘自 GB/T 1800. 1—2009）　　（单位：μm）

公称尺寸/mm		A					B						C					
大于	至	9	10	11	12	13	8	9	10	11	12	13	8	9	10	11	12	13
—	3	+295 +270	+310 +270	+330 +270	+370 +270	+410 +270	+154 +140	+165 +140	+180 +140	+200 +140	+240 +140	+280 +140	+74 +60	+85 +60	+100 +60	+120 +60	+160 +60	+200 +60
3	6	+300 +270	+318 +270	+345 +270	+390 +270	+450 +270	+158 +140	+170 +140	+188 +140	+215 +140	+260 +140	+320 +140	+88 +70	+100 +70	+118 +70	+145 +70	+190 +70	+250 +70
6	10	+316 +280	+338 +280	+370 +280	+430 +280	+500 +280	+172 +150	+186 +150	+208 +150	+240 +150	+300 +150	+370 +150	+102 +80	+116 +80	+138 +80	+170 +80	+230 +80	+300 +80
10	18	+333 +290	+360 +290	+400 +290	+470 +290	+560 +290	+177 +150	+193 +150	+220 +150	+260 +150	+330 +150	+420 +150	+122 +95	+138 +95	+165 +95	+205 +95	+275 +95	+365 +95
18	30	+352 +300	+384 +300	+430 +300	+510 +300	+630 +300	+193 +160	+212 +160	+244 +160	+290 +160	+370 +160	+490 +160	+143 +110	+162 +110	+194 +110	+240 +110	+320 +110	+440 +110
30	40	+372 +310	+410 +310	470 +310	+560 +310	+700 +310	+209 +170	+232 +170	+270 +170	+330 +170	+420 +170	+560 +170	+159 +120	+182 +120	+220 +120	+280 +120	+370 +120	+510 +120
40	50	+382 +320	+420 +320	+480 +320	+570 +320	+710 +320	+219 +180	+242 +180	+280 +180	+340 +180	+430 +180	+570 +180	+169 +130	+192 +130	+230 +130	+290 +130	+380 +130	+520 +130
50	65	+414 +340	+460 +340	+530 +340	+640 +340	+800 +340	+236 +190	+264 +190	+310 +190	+380 +190	+490 +190	+650 +190	+186 +140	+214 +140	+260 +140	+330 +140	+440 +140	+600 +140
65	80	+434 +360	+480 +360	+550 +360	+660 +360	+820 +360	+246 +200	+274 +200	+320 +200	+390 +200	+500 +200	+660 +200	+196 +150	+224 +150	+270 +150	+340 +150	+450 +150	+610 +150
80	100	+467 +380	+520 +380	+600 +380	+730 +380	+920 +380	+274 +220	+307 +220	+360 +220	+440 +220	+570 +220	+760 +220	+224 +170	+257 +170	+310 +170	+390 +170	+520 +170	+710 +170
100	120	+497 +410	+550 +410	+630 +410	+760 +410	+950 +410	+294 +240	+327 +240	+380 +240	+460 +240	+590 +240	+780 +240	+234 +180	+267 +180	+320 +180	+400 +180	+530 +180	+720 +180
120	140	+560 +460	+620 +460	+710 +460	+860 +460	+1090 +460	+323 +260	+360 +260	+420 +260	+510 +260	+660 +260	+890 +260	+263 +200	+300 +200	+360 +200	+450 +200	+600 +200	+830 +200

（续）

公称尺寸/mm		A					B						C					
大于	至	9	10	11	12	13	8	9	10	11	12	13	8	9	10	11	12	13
140	160	+620 +520	+680 +520	+770 +520	+920 +520	+1150 +520	+343 +280	+380 +280	+440 +280	+530 +280	+680 +280	+910 +280	+273 +210	+310 +210	+370 +210	+460 +210	+610 +210	+840 +210
160	180	+680 +580	+740 +580	+830 +580	+980 +580	+1210 +580	+373 +310	+410 +310	+470 +310	+560 +310	+710 +310	+940 +310	+293 +230	+330 +230	+390 +230	+480 +230	+630 +230	+860 +230
180	200	+775 +660	+845 +660	+950 +660	+1120 +660	+1380 +660	+412 +340	+455 +340	+525 +340	+630 +340	+800 +340	+1060 +340	+312 +240	+355 +240	+425 +240	+530 +240	+700 +240	+960 +240
200	225	+855 +740	+925 +740	+1030 +740	+1200 +740	+1460 +740	+452 +380	+495 +380	+565 +380	+670 +380	+840 +380	+1100 +380	+332 +260	+375 +260	+445 +260	+550 +260	+720 +260	+980 +260
225	250	+935 +820	+1005 +820	+1110 +820	+1280 +820	+1540 +820	+492 +420	+535 +420	+605 +420	+710 +420	+880 +420	+1140 +420	+352 +280	+395 +280	+465 +280	+570 +280	+740 +280	+1100 +280
250	280	+1050 +920	+1130 +920	+1240 +920	+1440 +920	+1730 +920	+561 +480	+610 +480	+690 +480	+800 +480	+1000 +480	+1290 +480	+381 +300	+430 +300	+510 +300	+620 +300	+820 +300	+1110 +300
280	315	+1180 +1050	+1260 +1050	+1370 +1050	+1570 +1050	+1860 +1050	+621 +540	+670 +540	+750 +540	+860 +540	+1060 +540	+1350 +540	+411 +330	+460 +330	+540 +330	+650 +330	+850 +330	+1140 +330
315	355	+1340 +1200	+1430 +1200	+1560 +1200	+1700 +1200	+2000 +1200	+689 +600	+740 +600	+830 +600	+960 +600	+1170 +600	+1490 +600	+449 +360	+500 +360	+590 +360	+720 +360	+930 +360	+1250 +360
355	400	+1490 +1350	+1580 +1350	+1710 +1350	+1920 +1350	+2240 +1350	+769 +680	+820 +680	+910 +680	+1040 +680	+1250 +680	+1570 +680	+489 +400	+540 +400	+630 +400	+760 +400	+970 +400	+1290 +400
400	450	+1655 +1500	+1750 +1500	+1900 +1500	+2130 +1500	+2470 +1500	+857 +760	+915 +760	+1010 +760	+1160 +760	+1390 +760	+1730 +760	+537 +440	+595 +440	+690 +440	+840 +440	+1070 +440	+1410 +440
450	500	+1805 +1650	+1900 +1650	+2050 +1650	+2280 +1650	+2620 +1650	+937 +840	+995 +840	+1090 +840	+1240 +840	+1470 +840	+1810 +840	+577 +480	+635 +480	+730 +480	+880 +480	+1110 +480	+1450 +480

注：公称尺寸小于1mm时，各级的A和B均不采用。

（续）

公称尺寸/mm		CD					D								E					
大于	至	6	7	8	9	10	6	7	8	9	10	11	12	13	5	6	7	8	9	10
—	3	+40 +34	+44 +34	+48 +34	+59 +34	+74 +34	+26 +20	+30 +20	+34 +20	+45 +20	+60 +20	+80 +20	+120 +20	+160 +20	+18 +14	+20 +14	+24 +14	+28 +14	+39 +14	+54 +14
3	6	+54 +46	+58 +46	+64 +46	+76 +46	+94 +46	+38 +30	+42 +30	+48 +30	+60 +30	+78 +30	+105 +30	+150 +30	+210 +30	+25 +20	+28 +20	+32 +20	+38 +20	+50 +20	+68 +20
6	10	+65 +56	+71 +56	+78 +56	+92 +56	+114 +56	+49 +40	+55 +40	+62 +40	+76 +40	+98 +40	+130 +40	+190 +40	+260 +40	+31 +25	+34 +25	+40 +25	+47 +25	+61 +25	+83 +25
10	18						+61 +50	+68 +50	+77 +50	+93 +50	+120 +50	+160 +50	+230 +50	+320 +50	+40 +32	+43 +32	+50 +32	+59 +32	+75 +32	+102 +32
18	30						+78 +65	+86 +65	+98 +65	+117 +65	+149 +65	+195 +65	+275 +65	+395 +65	+49 +40	+53 +40	+61 +40	+73 +40	+92 +40	+124 +40
30	50						+96 +80	+105 +80	+119 +80	+142 +80	+180 +80	+240 +80	+330 +80	+470 +80	+61 +50	+66 +50	+75 +50	+89 +50	+112 +50	+150 +50
50	80						+119 +100	+130 +100	+146 +100	+174 +100	+220 +100	+290 +100	+400 +100	+560 +100	+73 +60	+79 +60	+90 +60	+106 +60	+134 +60	+180 +60
80	120						+142 +120	+155 +120	+174 +120	+207 +120	+260 +120	+340 +120	+470 +120	+660 +120	+87 +72	+94 +72	+107 +72	+125 +72	+159 +72	+212 +72
120	180						+170 +145	+185 +145	+208 +145	+245 +145	+305 +145	+395 +145	+545 +145	+775 +145	+103 +85	+110 +85	+125 +85	+148 +85	+185 +85	+245 +85
180	250						+199 +170	+216 +170	+242 +170	+285 +170	+355 +170	+460 +170	+630 +170	+890 +170	+120 +100	+129 +100	+146 +100	+172 +100	+215 +100	+285 +100
250	315						+222 +190	+242 +190	+271 +190	+320 +190	+400 +190	+510 +190	+710 +190	+1000 +190	+133 +110	+142 +110	+162 +110	+191 +110	+240 +110	+320 +110
315	400						+246 +210	+267 +210	+299 +210	+350 +210	+440 +210	+570 +210	+780 +210	+1100 +210	+150 +125	+161 +125	+182 +125	+214 +125	+265 +125	+355 +125
400	500						+270 +230	+293 +230	+327 +230	+385 +230	+480 +230	+630 +230	+860 +230	+1200 +230	+162 +135	+175 +135	+198 +135	+232 +135	+290 +135	+385 +135

（续）

公称尺寸/mm		EF								F								FG								G							
大于	至	3	4	5	6	7	8	9	10	3	4	5	6	7	8	9	10	3	4	5	6	7	8	9	10	3	4	5	6	7	8	9	10
—	3	+12 +10	+13 +10	+14 +10	+16 +10	+20 +10	+24 +10	+35 +10	+50 +10	+8 +6	+9 +6	+10 +6	+12 +6	+16 +6	+20 +6	+31 +6	+46 +6	+6 +4	+7 +4	+8 +4	+10 +4	+14 +4	+18 +4	+29 +4	+44 +4	+4 +2	+5 +2	+6 +2	+8 +2	+12 +2	+16 +2	+27 +2	+42 +2
3	6	+16.5 +14	+18 +14	+19 +14	+22 +14	+26 +14	+32 +14	+44 +14	+62 +14	+12.5 +10	+14 +10	+15 +10	+18 +10	+22 +10	+28 +10	+40 +10	+58 +10	+8.5 +6	+10 +6	+11 +6	+14 +6	+18 +6	+24 +6	+36 +6	+54 +6	+6.5 +4	+8 +4	+9 +4	+12 +4	+16 +4	+22 +4	+34 +4	+52 +4
6	10	+20.5 +18	+22 +18	+24 +18	+27 +18	+33 +18	+40 +18	+54 +18	+76 +18	+15.5 +13	+17 +13	+19 +13	+22 +13	+28 +13	+35 +13	+49 +13	+71 +13	+10.5 +8	+12 +8	+14 +8	+17 +8	+23 +8	+30 +8	+44 +8	+66 +8	+7.5 +5	+9 +5	+11 +5	+14 +5	+20 +5	+27 +5	+41 +5	+63 +5
10	18									+19 +16	+21 +16	+24 +16	+27 +16	+34 +16	+43 +16	+59 +16	+86 +16									+9 +6	+11 +6	+14 +6	+17 +6	+24 +6	+33 +6	+49 +6	+76 +6
18	30									+24 +20	+26 +20	+29 +20	+33 +20	+41 +20	+53 +20	+72 +20	+104 +20									+11 +7	+13 +7	+16 +7	+20 +7	+28 +7	+40 +7	+59 +7	+91 +7
30	50									+29 +25	+32 +25	+36 +25	+41 +25	+50 +25	+64 +25	+87 +25	+125 +25									+13 +9	+16 +9	+20 +9	+25 +9	+34 +9	+48 +9	+71 +9	+109 +9
50	80											+43 +30	+49 +30	+60 +30	+76 +30	+104 +30												+23 +10	+29 +10	+40 +10	+56 +10		
80	120											+51 +36	+58 +36	+71 +36	+90 +36	+123 +36												+27 +12	+34 +12	+47 +12	+66 +12		
120	180											+61 +43	+68 +43	+83 +43	+106 +43	+143 +43												+32 +14	+39 +14	+54 +14	+77 +14		
180	250											+70 +50	+79 +50	+96 +50	+122 +50	+165 +50												+35 +15	+44 +15	+61 +15	+87 +15		
250	315											+79 +56	+88 +56	+108 +56	+137 +56	+186 +56												+40 +17	+49 +17	+69 +17	+98 +17		
315	400											+87 +62	+98 +62	+119 +62	+151 +62	+202 +62												+43 +18	+54 +18	+75 +18	+107 +18		
400	500											+95 +68	+108 +68	+131 +68	+165 +68	+223 +68												+47 +20	+60 +20	+83 +20	+117 +20		

（续）

公称尺寸/mm		H																	
		1	2	3	4	5	6	7	8	9	10	11	12	13	14	15	16	17	18
大于	至	偏　差																	
		μm											mm						
—	3	+0.8 0	+1.2 0	+2 0	+3 0	+4 0	+6 0	+10 0	+14 0	+25 0	+40 0	+60 0	+0.1 0	+0.14 0	+0.25 0	+0.4 0	+0.6 0		
3	6	+0.1 0	+1.5 0	+2.5 0	+4 0	+5 0	+8 0	+12 0	+18 0	+30 0	+48 0	+75 0	+0.12 0	+0.18 0	+0.3 0	+0.48 0	+0.75 0	+1.2 0	+1.8 0
6	10	+1 0	+1.5 0	+2.5 0	+4 0	+6 0	+9 0	+15 0	+22 0	+36 0	+58 0	+90 0	+0.15 0	+0.22 0	+0.36 0	+0.58 0	+0.9 0	+1.5 0	+2.2 0
10	18	+1.2 0	+2 0	+3 0	+5 0	+8 0	+11 0	+18 0	+27 0	+43 0	+70 0	+110 0	+0.18 0	+0.27 0	+0.43 0	+0.7 0	+1.1 0	+1.8 0	+2.7 0
18	30	+1.5 0	+2.5 0	+4 0	+6 0	+9 0	+13 0	+21 0	+33 0	+52 0	+84 0	+130 0	+0.21 0	+0.33 0	+0.52 0	+0.84 0	+1.3 0	+2.1 0	+3.3 0
30	50	+1.5 0	+2.5 0	+4 0	+7 0	+11 0	+16 0	+25 0	+39 0	+62 0	+100 0	+160 0	+0.25 0	+0.39 0	+0.62 0	+1 0	+1.6 0	+2.5 0	+3.9 0
50	80	+2 0	+3 0	+5 0	+8 0	+13 0	+19 0	+30 0	+46 0	+74 0	+120 0	+190 0	+0.3 0	+0.46 0	+0.74 0	+1.2 0	+1.9 0	+3 0	+4.6 0
80	120	+2.5 0	+4 0	+6 0	+10 0	+15 0	+22 0	+35 0	+54 0	+87 0	+140 0	+220 0	+0.35 0	+0.54 0	+0.87 0	+1.4 0	+2.2 0	+3.5 0	+5.4 0
120	180	+3.5 0	+5 0	+8 0	+12 0	+18 0	+25 0	+40 0	+63 0	+100 0	+160 0	+250 0	+0.4 0	+0.63 0	+1 0	+1.6 0	+2.5 0	+4 0	+6.3 0
180	250	+4.5 0	+7 0	+10 0	+14 0	+20 0	+29 0	+46 0	+72 0	+115 0	+185 0	+290 0	+0.46 0	+0.72 0	+1.15 0	+1.85 0	+2.9 0	+4.6 0	+7.2 0
250	315	+6 0	+8 0	+12 0	+16 0	+23 0	+32 0	+52 0	+81 0	+130 0	+210 0	+320 0	+0.52 0	+0.81 0	+1.3 0	+2.1 0	+3.2 0	+5.2 0	+8.1 0
315	400	+7 0	+9 0	+13 0	+18 0	+25 0	+36 0	+57 0	+89 0	+140 0	+230 0	+360 0	+0.57 0	+0.89 0	+1.4 0	+2.3 0	+3.6 0	+5.7 0	+8.9 0
400	500	+8 0	+10 0	+15 0	+20 0	+27 0	+40 0	+63 0	+97 0	+155 0	+250 0	+400 0	+0.63 0	+0.97 0	+1.55 0	+2.5 0	+4 0	+6.3 0	+9.7 0

（续）

公称尺寸/mm		JS																	
		1	2	3	4	5	6	7	8	9	10	11	12	13	14	15	16	17	18
大于	至	偏差																	
		μm											mm						
—	3	+0.4 -0.4	+0.6 -0.6	+1 -1	+1.5 -1.5	+2 -2	+3 -3	+5 -5	+7 -7	+12 -12	+20 -20	+30 -30	+0.05 -0.05	+0.07 -0.07	+0.125 +0.125	+0.2 -0.2	+0.3 -0.3		
3	6	+0.5 -0.5	+0.75 -0.75	+1.25 -1.25	+2 -2	+2.5 -2.5	+4 -4	+6 -6	+9 -9	+15 -15	+24 -24	+37 -37	+0.06 -0.06	+0.09 -0.09	+0.15 -0.15	+0.24 -0.24	+0.375 -0.375	+0.6 -0.6	+0.9 -0.9
6	10	+0.5 -0.5	+0.75 -0.75	+1.25 -1.25	+2 -2	+3 -3	+4.5 -4.5	+7 -7	+11 -11	+18 -18	+29 -29	+46 -46	+0.075 -0.075	+0.11 -0.11	+0.18 -0.18	+0.29 -0.29	+0.45 -0.45	+0.75 -0.75	+1.1 -1.1
10	18	+0.6 -0.6	+1 -1	+1.5 -1.5	+2.5 -2.5	+4 -4	+5.5 -5.5	+9 -9	+13 -13	+21 -21	+36 -36	+55 -55	+0.09 -0.09	+0.135 -0.135	+0.215 -0.215	+0.35 -0.35	+0.55 -0.55	+0.9 -0.9	+1.35 -1.35
18	30	+0.75 -0.75	+1.25 -1.25	+2 -2	+3 -3	+4.5 -4.5	+6.5 -6.5	+10 -10	+16 -16	+26 -26	+42 -42	+65 -65	+0.105 -0.105	+0.165 -0.165	+0.26 -0.26	+0.42 -0.42	+0.65 -0.65	+1.05 -1.05	+1.65 -1.65
30	50	+0.75 -0.75	+1.25 -1.25	+2 -2	+3.5 -3.5	+5.5 -5.5	+8 -8	+12 -12	+19 -19	+31 -31	+50 -50	+80 -80	+0.125 -0.125	+0.195 -0.195	+0.31 -0.31	+0.5 -0.5	+0.8 -0.8	+1.25 -1.25	+1.95 -1.95
50	80	+1 -1	+1.5 -1.5	+2.5 -2.5	+4 -4	+6.5 -6.5	+9.5 -9.5	+15 -15	+23 -23	+37 -37	+60 -60	+95 -95	+0.15 -0.15	+0.23 -0.23	+0.37 -0.37	+0.6 -0.6	+0.95 -0.95	+1.5 -1.5	+2.3 -2.3
80	120	+1.25 -1.25	+2 -2	+3 -3	+5 -5	+7.5 -7.5	+11 -11	+17 -17	+27 -27	+43 -43	+70 -70	+110 -110	+0.175 -0.175	+0.27 -0.27	+0.435 -0.435	+0.7 -0.7	+1.1 -1.1	+1.75 -1.75	+2.7 -2.7
120	180	+1.75 -1.75	+2.5 -2.5	+4 +4	+6 -6	+9 -9	+12.5 -12.5	+20 -20	+31 -31	+50 -50	+80 -80	+125 -125	+0.2 -0.2	+0.315 -0.315	+0.5 -0.5	+0.8 -0.8	+1.25 -1.25	+2 -2	+3.15 -3.15
180	250	+2.25 -2.25	+3.5 -3.5	+5 -5	+7 -7	+10 -10	+14.5 -14.5	+23 -23	+36 -36	+57 -57	+92 -92	+145 -145	+0.23 -0.23	+0.36 -0.36	+0.575 -0.575	+0.925 -0.925	+1.45 -1.45	+2.3 -2.3	+3.6 -3.6
250	315	+3 -3	+4 -4	+6 -6	+8 -8	+11.5 -11.5	+16 -16	+26 -26	+40 -40	+65 -65	+105 -105	+160 -160	+0.28 -0.28	+0.405 -0.405	+0.65 -0.65	+1.05 -1.05	+1.6 -1.6	+2.6 -2.6	+4.05 -4.05
315	400	+3.5 -3.5	+4.5 -4.5	+6.5 -6.5	+9 -9	+12.5 -12.5	+18 -18	+28 -28	+44 -44	+70 -70	+115 -115	+180 -180	+0.285 -0.285	+0.445 -0.445	+0.7 -0.7	+1.15 -1.15	+1.8 -1.8	+2.85 -2.85	+4.45 -4.45
400	500	+4 -4	+5 -5	+7.5 -7.5	+10 -10	+13.5 -13.5	+20 -20	+31 -31	+48 -48	+77 -77	+125 -125	+200 -200	+0.315 -0.315	+0.485 -0.485	+0.775 -0.775	+1.25 -1.25	+2 -2	+3.15 -3.15	+4.85 -4.85

（续）

公称尺寸/mm		J			K								M							
大于	至	6	7	8	3	4	5	6	7	8	9	10	3	4	5	6	7	8	9	10
—	3	+2 -4	+4 -6	+6 +8	0 -2	0 -3	0 -4	0 -6	0 -10	0 -14	0 -25	0 -40	-2 -4	-2 -5	-2 -6	-2 -8	-2 -12	-2 -16	-2 -27	-2 -42
3	6	+5 -3	+6 -6	+10 -8	0 -2.5	+0.5 -3.5	0 -5	+2 -6	+3 -9	+5 -13			-3 -5.5	-2.5 -6.5	-3 -8	-1 -9	0 -12	+2 -16	-4 -34	-4 -52
6	10	+5 -4	+8 -7	+12 -10	0 -2.5	0.5 -3.5	+1 -5	+2 -7	+5 -10	+6 -26			-5 -7.5	-4.5 -8.5	-4 -10	-3 -12	0 -15	+1 -21	-6 -42	-6 -64
10	18	+6 -5	+10 -8	+15 -12	0 -3	+1 -4	+2 -6	+2 -9	+6 -12	+8 -19			-6 -9	-5 -10	-4 -12	-4 -15	0 -18	+2 -25	-7 -50	-7 -77
18	30	+8 -5	+12 -9	+20 -13	-0.5 -4.5	0 -6	+1 -8	+2 -11	+6 -15	+10 -23			-6.5 -10.5	-6 -12	-5 -14	-4 -17	0 -21	+4 -29	-8 -60	-8 -92
30	50	+10 -6	+14 -11	+24 -15	-0.5 -4.5	+1 -6	+2 -9	+3 -13	+7 -18	+12 -27			-7.5 11.5	-6 -13	-5 -16	-4 -20	0 -25	+5 -34	-9 -71	-9 -109
50	80	+13 -6	+18 -12	+28 -18			+3 -10	+4 -15	+9 -21	+14 -32					-6 -19	-5 -24	0 -30	+5 -41		
80	120	+16 -6	+22 -13	+34 -20			+2 -13	+4 -18	+10 -25	+16 -38					-8 -23	-6 -28	0 -35	+6 -48		
120	180	+18 -7	+26 -14	+41 -22			+3 -15	+4 -21	+12 -28	+20 -43					-9 -27	-8 -33	0 -40	+8 -55		
180	250	+22 -7	+30 -16	+47 -25			+2 -18	+5 -24	+13 -33	+22 -50					-11 -31	-8 -37	0 -46	+9 -63		
250	315	+25 -7	+36 -16	+55 -26			+3 -20	+5 -27	+16 -36	+25 -56					-13 -36	-9 -41	0 -52	+9 -72		
315	400	+29 -7	+39 -18	+60 -9			+3 -22	+7 -29	+17 -40	+28 -61					-14 -39	-10 -46	0 -57	+11 -78		
400	500	+33 -7	+43 -20	+66 -31			+2 -25	+8 -32	+18 -45	+29 -68					-46 -43	-10 -50	0 -63	+11 86		

（续）

公称尺寸/mm		N									P							
大于	至	3	4	5	6	7	8	9	10	11	3	4	5	6	7	8	9	10
—	3	-4 -6	-4 -7	-4 -8	-4 -10	-4 -14	-4 -18	-4 -29	-4 -44	-4 -64	-6 -8	-6 -9	-6 -10	-6 -12	-6 -16	-6 -20	-6 -31	-6 -46
3	6	-7 -9.5	-6.5 -10.5	-7 -12	-5 -13	-4 -16	-2 -20	0 -30	0 -48	0 -75	-11 -13.5	-10.5 -14.5	-11 -16	-9 -17	-8 -20	-12 -30	-12 -42	-12 -60
6	10	-6 -11.5	-8.5 -12.5	-8 -14	-7 -16	-4 -19	-3 -25	0 -36	0 -58	0 -90	-14 -16.5	-13.5 -17.5	-13 -19	-12 -21	-9 -24	-15 -37	-15 51	-15 73
10	18	-11 -14	-10 -15	-9 -17	-9 -20	-5 -23	-3 -30	0 -43	0 -70	0 -110	-17 -20	-16 -21	-15 -23	-15 -26	-11 -29	-18 -45	-18 -61	-18 -88
18	30	-13.5 -17.5	-13 -19	-12 -21	-11 -24	-7 -28	-3 -36	0 -52	0 -84	0 -130	-20.5 -24.5	-20 -26	-19 -28	-18 -31	-14 -35	-22 -55	-22 -74	-22 -106
30	50	-15.5 -19.5	-14 -21	-13 -24	-12 -28	-8 -33	-3 -42	0 -62	0 -100	0 -160	-24.5 -28.5	-23 -30	-22 -33	-21 -37	-17 -42	-26 -65	-26 -88	-26 -126
50	80			-15 -28	-14 -33	-9 -39	-4 -50	0 -74	0 -120	0 -190			-27 -40	-26 -45	-21 -51	-32 -78	-32 -106	
80	120			-18 -33	-16 -38	-10 -45	-4 -58	0 -87	0 -140	0 -220			-32 -47	-30 -52	-24 -59	-37 -91	-37 -124	
120	180			-21 -39	-20 -45	-12 -52	-4 -67	0 -100	0 -160	0 -250			-37 -55	-36 -61	-28 -68	-43 -106	-43 -143	
180	250			-25 -45	-22 -51	-14 -60	-5 -77	0 -115	0 -185	0 -290			-44 -64	-41 -70	-33 -79	-50 -122	-50 -165	
250	315			-27 -50	-25 -57	-14 -66	-5 -86	0 -130	0 -210	0 -320			-49 -72	-47 -79	-36 -88	-56 -137	-56 -186	
315	400			-30 -55	-26 -62	-16 -73	-5 -94	0 -140	0 -230	0 -360			-55 -80	-51 -87	-41 -98	-62 -151	-62 -202	
400	500			-33 -60	-27 -67	-17 -80	-6 -103	0 -155	0 -250	0 -400			-61 -88	-55 -95	-45 -108	-68 -165	-68 -223	

（续）

公称尺寸/mm		R								S							
大于	至	3	4	5	6	7	8	9	10	3	4	5	6	7	8	9	10
—	3	-10 -12	-10 -13	-10 -14	-10 -16	-10 -20	-10 -24	-10 -35	-10 -50	-14 -16	-14 -17	-14 -18	-14 -20	-14 -24	-14 -28	-14 -39	-14 -54
3	6	-14 -16.5	-13.5 -17.5	-14 -19	-12 -20	-11 -23	-15 -33	-15 -45	-15 -63	-18 -20.5	-17.5 -21.5	-18 -23	-16 -24	-15 -27	-19 -37	-19 -49	-19 -67
6	10	-18 -20.5	-17.5 -21.5	-17 -23	-16 -25	-13 -28	-19 -41	-19 -55	-19 -77	-22 -24.5	-21.5 -25.5	-21 -27	-20 -29	-17 -32	-23 -45	-23 -59	-23 -81
10	18	-22 -25	-21 -26	-20 -28	-20 -31	-16 -34	-23 -50	-23 -66	-23 -93	-27 -30	-26 -31	-25 -33	-25 -36	-21 -39	-28 -55	-28 -71	-28 -98
18	30	-26.5 -30.5	-26 -32	-25 -34	-24 -37	-20 -41	-28 -61	-28 -80	-10 -112	-33.5 -37.5	-33 -39	-32 -41	-31 -44	-27 -48	-35 -68	-35 -87	-35 -119
30	50	-32.5 -36.5	-31 -38	-30 -41	-29 -45	-25 -50	-34 -73	-34 -96	-34 -134	-41.5 -45.5	-40 -47	-39 -50	-38 -54	-34 -59	-43 -82	-43 -105	-43 -143
50	65			-36 -49	-35 -54	-30 -60	-41 -87					-48 -61	-47 -66	-42 -72	-53 -99	-53 -127	
65	80			-38 -51	-37 -56	-32 -62	-43 -89					-54 -67	-53 -72	-48 -78	-59 -105	-59 -133	
80	100			-46 -61	-44 -66	-38 -73	-51 -105					-66 -81	-64 -86	-58 -93	-71 -125	-71 -158	
100	120			-49 -64	-47 -69	-41 -76	-54 -108					-74 -89	-72 -94	-66 -101	-79 -133	-79 -166	
120	140			-57 -75	-56 -81	-48 -88	-63 -126					-86 -104	-85 -110	-77 -117	-92 -155	-92 -192	

（续）

公称尺寸/mm		R								S							
大于	至	3	4	5	6	7	8	9	10	3	4	5	6	7	8	9	10
140	160			-59 -77	-58 -83	-50 -90	-65 -128					-94 -112	-93 -118	-85 -125	-100 -163	-100 -200	
160	180			-62 -80	-61 -86	-53 93	-68 -131					-102 -120	-101 -126	-93 -133	-108 -171	-108 -208	
180	200			-71 -91	-68 -97	-60 -106	-77 -149					-116 -136	-113 -142	-105 -151	-122 -194	-122 -237	
200	225			-74 -94	-71 -100	-63 -109	-80 -152					-124 -144	-121 -150	-113 -159	-130 -202	-130 -245	
225	250			-78 -98	-75 -104	-67 -113	-84 -156					-134 -154	-131 -160	-123 -169	-140 -212	-140 -255	
250	280			-87 -110	-85 -117	-74 -126	-94 -175					-151 -174	-149 -181	-138 -190	-158 -239	-158 -288	
280	315			-91 -114	-89 -121	-78 -130	-98 -179					-163 -186	-161 -193	-150 -202	-170 -251	-170 -300	
315	355			-101 -126	-97 -133	-87 -144	-108 -197					-183 -208	-179 -215	-169 -226	-190 -279	-190 -330	
355	400			-107 -132	-103 -139	-93 -150	-114 -203					-201 -226	-197 -233	-187 -244	-208 -297	-208 -348	
400	450			-119 -146	-113 -153	-103 -166	-126 -223					-225 -252	-219 -259	-209 -272	-232 -329	-232 -387	
450	500			-125 -152	-119 -159	-109 -172	-132 -229					-245 -272	-239 -279	-229 -292	-252 -349	-252 -407	

（续）

公称尺寸/mm		T				U						V				X						Y				
大于	至	5	6	7	8	5	6	7	8	9	10	5	6	7	8	5	6	7	8	9	10	6	7	8	9	10
—	3					-18 -22	-18 -24	-18 -28	-18 -32	-18 -43	-18 -58					-20 -24	-20 -26	-20 -30	-20 -34	-20 -45	-20 -60					
3	6					-22 -27	-20 -28	-19 -31	-23 -41	-23 -53	-23 -71					-27 -32	-25 -33	-24 -36	-28 -46	-28 -58	-28 -76					
6	10					-26 -32	-25 -34	-22 -37	-28 -50	-28 -64	-28 -86					-32 -38	-31 -40	-28 -43	-34 -56	-34 -70	-34 -92					
10	14					-30 -38	-30 -41	-26 -44	-33 -60	-33 -76	-33 -103					-37 -45	-37 -48	-33 -51	-40 -67	-40 -83	-40 -110					
14	18											-36 -44	-36 -47	-32 -50	-39 -66	-42 -50	-42 -53	-38 -56	-45 -72	-45 -88	-45 -115					
18	24					-38 -47	-37 -50	-33 -54	-41 -74	-41 -93	-41 -125	-44 -53	-43 -56	-39 -60	-47 -80	-51 -60	-50 -63	-46 -67	-54 -87	-54 -106	-54 -138	-59 -72	-55 -76	-63 -96	-63 -115	-63 -147
24	30	-38 -47	-37 -50	-33 -54	-41 -74	-45 -54	-44 -57	-40 -61	-48 -81	-48 -100	-48 -132	-52 -61	-51 -64	-47 -68	-55 -88	-61 -70	-60 -73	-56 -77	-64 -97	-64 -116	-64 -148	-71 -84	-67 -88	-75 -108	-75 -127	-75 -159
30	40	-44 -55	-43 -59	-39 -64	-48 -87	-56 -67	-55 -71	-51 -76	-60 -99	-60 -122	-60 -160	-64 -75	-63 -79	-59 -84	-68 -107	-76 -87	-75 -91	-71 -96	-80 -119	-80 -142	-80 -180	-89 -105	-85 -110	-94 -133	-94 -156	-94 -194
40	50	-50 -61	-49 -63	-45 -70	-54 -93	-66 -77	-65 -81	-61 -86	-70 -109	-70 -132	-70 -170	-77 -88	-76 -92	-72 -97	-81 -120	-93 -104	-92 -108	-88 -113	-97 -136	-97 -159	-97 -197	-109 -125	-105 -130	-114 -153	-114 -176	-114 -214
50	65		-60 -79	-55 -85	-66 -112		-81 -100	-76 -106	-87 -133	-87 -161	-87 -207		-96 -115	-91 -121	-102 -148		-116 -135	-111 -141	-122 -168	-122 -196		-138 -157	-133 -163	-144 -190		
65	80		-69 -88	-64 -94	-75 -121		-96 -115	-91 -121	-102 -148	-102 -176	-102 -222		-114 -133	-109 -139	-120 -166		-140 -159	-136 -165	-146 -192	-146 -220		-168 -187	-163 -193	-174 -220		
80	100		-84 -106	-78 -113	-91 -145		-117 -139	-111 -146	-124 -178	-124 -211	-124 -264		-139 -161	-133 -168	-146 -200		-171 -193	-165 -200	-178 -232	-178 -265		-207 -229	-201 -236	-214 -268		
100	120		-97 -119	-91 -126	-104 -158		-137 -159	-131 -166	-144 -198	-144 -231	-144 -584		-165 -187	-159 -194	-172 -226		-203 -225	-197 -232	-210 -264	-210 -297		-247 -269	-241 -276	-254 -308		
120	140		-115 -140	-107 -147	-122 -185		-163 -188	-155 -195	-170 -233	-170 -270	-170 -330		-195 -220	-187 -227	-202 -265		-241 -266	-233 -273	-248 -311	-248 -348		-293 -318	-585 -325	-300 -363		

（续）

公称尺寸/mm		T				U						V				X						Y				
大于	至	5	6	7	8	5	6	7	8	9	10	5	6	7	8	5	6	7	8	9	10	6	7	8	9	10
140	160		-127 -152	-119 -159	-134 -197		-183 -208	-175 -215	-190 -253	-190 -290	-190 -350		-221 -246	-213 -253	-228 -291		-273 -298	-265 -305	-280 -343	-280 -380		-333 -358	-325 -365	-340 -403		
160	180		-139 -164	-131 -171	-146 -209		-203 -228	-195 -235	-210 -273	-210 -310	-210 -370		-245 -270	-237 -277	-252 -315		-303 -328	-295 -335	-310 -373	-310 -410		-373 -398	-365 -405	-380 -443		
180	200		-157 -186	-149 -195	-166 -238		-227 -256	-219 -265	-236 -308	-236 -351	-236 -421		-275 -304	-267 -313	-284 -356		-341 -370	-333 -379	-350 -422	-350 -465		-416 -445	-408 -454	-425 -497		
200	225		-171 -200	-163 -209	-180 -252		-249 -278	-241 -287	-258 -330	-258 -373	-258 -443		-301 -330	-293 -339	-310 -382		-376 -405	-368 -414	-385 -457	-385 -500		-461 -490	-453 -499	-470 -542		
225	250		-187 -216	-179 -225	-196 268		-275 -304	-267 -313	-284 -356	-284 -399	-284 -469		-331 -360	-323 -369	-340 -412		-416 -445	-408 -454	-425 -497	-425 -540		-511 -540	-503 -549	-520 -592		
250	280		-209 -241	-198 -250	-218 -299		-306 -338	-295 -347	-315 -396	-315 -445	-315 -525		-376 -408	-365 -417	-385 -466		-466 -498	-455 -507	-475 -556	-475 -605		-571 -603	-560 -612	-580 -661		
280	315		-231 -263	-220 -272	-240 -321		-341 -373	-330 -382	-350 -431	-350 -480	-350 -560		-416 -448	-405 -457	-425 -506		-516 -548	-505 -557	-525 -606	-525 -655		-641 -673	-630 -682	-650 -731		
315	355		-257 -293	-247 -304	-268 -357		-379 -415	-369 -426	-390 -479	-390 -530	-390 -620		-464 -500	-454 -511	-475 -564		-579 -615	-569 -626	-590 -679	-590 -730		-719 -755	-709 -766	-730 -819		
355	400		-283 -319	-273 -330	-294 -383		-424 -460	-414 -471	-435 -524	-435 -575	-435 -665		-519 -555	-509 -566	-530 -619		-649 -685	-639 -696	-660 -749	-660 -800		-809 -845	-799 -856	-820 -909		
400	450		-317 -357	-307 -370	-330 -427		-477 -517	-467 -530	-490 -587	-490 -645	-490 -740		-582 -622	-572 -635	-595 -692		-727 -767	-717 -780	-740 -837	-740 -895		-907 -947	-897 -960	-920 -1017		
450	500		-347 -387	-337 -400	-360 -457		-527 -567	-517 -580	-540 -637	-540 -695	-540 -790		-647 -687	-637 -700	-660 -757		-807 -847	-797 -860	-820 -917	-820 -975		-987 -1027	-977 -1040	-1000 -1097		

（续）

公称尺寸/mm		Z						ZA					
大于	至	6	7	8	9	10	11	6	7	8	9	10	11
—	3	-26 -32	-26 -36	-26 -40	-26 -51	-26 -66	-26 -86	-32 -38	-32 -42	-32 -46	-32 -57	-32 -72	-32 -92
3	6	-31 -40	-31 -43	-35 -53	-35 -65	-35 -83	-35 -110	-39 -47	-38 -50	-42 -60	-42 -72	-42 -90	-42 -117
6	10	-39 -48	-36 -51	-42 -64	-42 -78	-42 -100	-42 -132	-49 -58	-46 -61	-52 -74	-52 -88	-52 -110	-52 -142
10	14	-47 -58	-43 -61	-50 -77	-50 -93	-50 -120	-50 -160	-61 -72	-57 -75	-64 -91	-64 -107	-64 -134	-64 -174
14	18	-57 -68	-53 -71	-60 -87	-60 -103	-60 -130	-60 -170	-74 -85	-70 -88	-77 -104	-77 -120	-77 -147	-77 -187
18	24	-69 -82	-65 -86	-73 -106	-73 -125	-73 -157	-73 -203	-94 -107	-90 -111	-98 -131	-98 -150	-98 -182	-98 -228
24	30	-84 -97	-80 -101	-88 -121	-88 -140	-88 -172	-88 -218	-114 -127	-110 -131	-118 -151	-118 -170	-118 -202	-118 -248
30	40	-107 -123	-103 -128	-112 -151	-112 -174	-112 -212	-112 -272	-143 -159	-139 -164	-148 -187	-148 -210	-148 -248	-148 -308
40	50	-131 -147	-127 -152	-136 -175	-136 -198	-136 -236	-136 -296	-175 -191	-171 -196	-180 -219	-180 -242	-180 -280	-180 -340
50	65		-161 -191	-172 -218	-172 -246	-172 -292	-172 -362		-215 -245	-226 -272	-226 -300	-226 -346	-226 -416
65	80		-199 -229	-210 -256	-210 -284	-210 -330	-210 -400		-263 -293	-274 -320	-274 -348	-274 -394	-274 -464
80	100		-245 -280	-258 -312	-258 -345	-258 -398	-258 -478		-322 -357	-335 -389	-335 -422	-335 -475	-335 -555
100	120		-297 -332	-310 -364	-310 -397	-310 -450	-310 -530		-387 -422	-400 -454	-400 -487	-400 -540	-400 -620
120	140		-350 -390	-365 -428	-365 -465	-365 -525	-365 -615		-455 -495	-470 -533	-470 -570	-470 -630	-470 720

（续）

公称尺寸/mm		Z						ZA					
大于	至	6	7	8	9	10	11	6	7	8	9	10	11
140	160		-400 -440	-415 -478	-415 -515	-415 -575	-415 -665		-520 -560	-535 -598	-535 -635	-535 -695	-535 -785
160	180		-450 -490	-465 -528	-465 -565	-465 -625	-465 -715		-585 -625	-600 -663	-600 -700	-600 -760	-600 -850
180	200		-503 -549	-520 -592	-520 -635	-520 -705	-520 -810		-653 -699	-670 -742	-670 -785	-670 -855	-670 -960
200	225		-558 -604	-575 -647	-575 -690	-575 -760	-575 -865		-723 -769	-740 -812	-740 -855	-740 -925	-740 -1030
225	250		-623 -669	-640 -712	-640 -755	-640 -825	-640 -930		-803 -849	-820 -892	-820 -935	-820 -1005	-820 -1110
250	280		-690 -742	-710 -791	-710 -840	-710 -920	-710 -1030		-900 -952	-920 -1001	-920 -1050	-920 -1130	-920 -1240
280	315		-770 -822	-790 -871	-790 -920	-790 -1000	-790 -1110		-980 -1032	-1000 -1081	-1000 -1130	-1000 -1210	-1000 -1320
315	355		-879 -936	-900 -989	-900 -1040	-900 -1130	-900 -1260		-1129 -1186	-1150 -1239	-1150 -1290	-1150 -1380	-1150 -1510
355	400		-979 -1036	-1000 -1089	-1000 -1140	-1000 -1230	-1000 -1360		-1279 -1336	-1300 -1389	-1300 -1440	-1300 -1530	-1300 -1660
400	450		-1077 -1140	-1100 -1197	-1100 -1255	-1100 -1350	-1100 -1500		-1427 -1490	-1450 -1547	-1450 -1605	-1450 -1700	-1450 -1850
450	500		-1227 -1290	-1250 -1347	-1250 -1405	-1250 -1500	-1250 -1650		-1577 -1640	-1600 -1697	-1600 -1755	-1600 -1850	-1600 -2000

（续）

公称尺寸/mm		ZB					ZC				
大于	至	7	8	9	10	11	7	8	9	10	11
—	3	-40 -50	-50 -54	-40 -65	-40 -80	-40 -100	-60 -70	-60 -74	-60 -85	-60 -100	-60 -120
3	6	-46 -58	-50 -68	-50 -80	-50 -98	-50 -125	-76 -88	-80 -98	-80 -110	-80 -128	-80 -155
6	10	-61 -76	-67 -89	-67 -103	-67 -125	-67 -157	-91 -106	-97 -119	-97 -133	-97 -155	-97 -187
10	14	-83 -101	-90 -117	-90 -133	-90 -160	-90 -200	-123 -141	-130 -157	-130 -173	-130 -200	-130 -240
14	18	-101 -119	-108 135	-108 -151	-108 -178	-108 -218	-143 -161	-150 -177	-150 -193	-150 -220	-150 -260
18	24	-128 -149	-136 -169	-136 -188	-136 -220	-136 -266	-180 -201	-188 -221	-188 -240	-188 -272	-188 -318
24	30	-152 -173	-160 -193	-160 -212	-160 -244	-160 -290	-210 -231	-218 -251	-218 -270	-218 -302	-218 -348
30	40	-191 -216	-200 -239	-200 -262	-200 -300	-200 -360	-265 -290	-274 -313	-274 -336	-274 -374	-274 -434
40	50	-233 -258	-242 -281	-242 -304	-242 -342	-242 -402	-316 -341	-325 -364	-325 -387	-325 -425	-325 -485
50	65	-289 -319	-300 -346	-300 -374	-300 -420	-300 -490	-394 -424	-405 -451	-405 -479	-405 -525	-405 -595
65	80	-349 -379	-360 -406	-360 -434	-360 -480	-360 -550	-469 -499	-480 -526	-480 -554	-480 -600	-480 -670
80	100	-432 -467	-445 -499	-445 -532	-445 -585	-445 -665	-572 -607	-585 -639	-585 -672	-585 -725	-585 -805
100	120	-612 -547	-525 -579	-525 -612	-525 -665	-525 -745	-677 -712	-690 -744	-690 -777	-690 -830	-690 -910
120	140	-605 -645	-620 -683	-620 -720	-620 -780	-620 -870	-785 -825	-800 -863	-800 -900	-800 -960	-800 -1050
140	160	-685 -725	-700 -763	-700 -800	-700 -860	-700 -950	-885 -925	-900 -963	-900 -1000	-900 -1060	-900 -1150

（续）

公称尺寸/mm		ZB					ZC				
大于	至	7	8	9	10	11	7	8	9	10	11
160	180	-765 -805	-780 -843	-780 -880	-780 -940	-780 -1030	-985 -1025	-1000 -1063	-1000 -1100	-1000 -1160	-1000 -1250
180	200	-863 -909	-880 -952	-880 -995	-880 -1065	-880 -1170	-1133 -1179	-1150 -1222	-1150 -1265	-1150 -1335	-1150 -1440
200	225	-943 -989	-960 -1032	-960 -1075	-960 -1145	-960 -1250	-1233 -1279	-1250 -1322	-1250 -1365	-1250 -1435	-1250 -1540
225	250	-1033 -1079	-1050 -1122	-1050 -1165	-1050 -1235	-1050 -1340	-1333 -1379	-1350 -1422	-1350 -1465	-1350 -1535	-1350 -1640
250	280	-1180 -1232	-1200 -1281	-1200 -1330	-1200 -1410	-1200 -1520	-1530 -1582	-1550 -1631	-1550 -1680	-1550 -1760	-1550 -1870
280	315	-1280 -1332	-1300 -1381	-1300 -1430	-1300 -1510	-1300 -1620	-1680 -1732	-1700 -1781	-1700 -1830	-1700 -1910	-1700 -2020
315	355	-1479 -1536	-1500 -1589	-1500 -1640	-1500 -1730	-1500 -1860	-1879 -1936	-1900 -1989	-1900 -2040	-1900 -2130	-1900 -2260
355	400	-1629 -1686	-1650 -1739	-1650 -1790	-1650 -1880	-1650 -2010	-2079 -2136	-2100 -2189	-2100 -2240	-2100 -2330	-2100 -2460
400	450	-1827 -1890	-1850 -1947	-1850 -2005	-1850 -2100	-1850 -2250	-2377 -2440	-2400 -2497	-2400 -2555	-2400 -2650	-2400 -2800
450	500	-2077 -2140	-2100 -2197	-2100 -2255	-2100 -2350	-2100 -2500	-2577 -2640	-2600 -2697	-2600 -2755	-2600 -2850	-2600 -3000

注：1. 各级的 CD、EF、FG 主要用于精密机械和钟表制造业。

2. IT14 至 IT18 只用于大于 1mm 的公称尺寸。

3. J8、J10 等公差带对称于零线，其偏差值可见 JS9、JS10 等。

4. 公称尺寸大于 3mm 时，大于 IT8 的 K 的偏差值不作规定。

5. 公称尺寸大于 3～6mm 的 J7 的偏差值与对应尺寸段的 JS7 等值。

6. 公差带 N9、N10 和 N11 只用于大于 1mm 的公称尺寸。

7. 公称尺寸至 24mm 的 T5 至 T8 的偏差值未列入表内，建议以 U5 至 U8 代替。如非要 T5 至 T8，则可按 GB/T 1800.3 计算。

8. 公称尺寸至 14mm 的 V5 至 V8 的偏差值未列入表内，建议以 X5 至 X8 代替。如非要 V5 至 V8，则可按 GB/T 1800.3 计算。

9. 公称尺寸至 18mm 的 Y6 至 Y10 的偏差值未列入表内，建议以 Z6 至 Z10 代替。如非要 Y6 至 Y10，则可按 GB/T 1800.3 计算。

4. 常用与优先配合（见表3-6～表3-8）

表3-6 基孔制优先、常用配合

基准孔	轴																				
	a	b	c	d	e	f	g	h	js	k	m	n	p	r	s	t	u	v	x	y	z
	间隙配合								过渡配合			过盈配合									
H6						H6/f5	H6/g5	H6/h5	H6/js5	H6/k5	H6/m5	H6/n5	H6/p5	H6/r5	H6/s5	H6/t5					
H7						H7/f6	◤H7/g6	◤H7/h6	H7/js6	◤H7/k6	H7/m6	◤H7/n6	◤H7/p6	H7/r6	◤H7/s6	H7/t6	◤H7/u6	H7/v6	H7/x6	H7/y6	H7/z6
H8					H8/e7	◤H8/f7	H8/g7	◤H8/h7	H8/js7	H8/k7	H8/m7	H8/n7	H8/p7	H8/r7	H8/s7	H8/t7	H8/u7				
				H8/d8	H8/e8	H8/f8		H8/h8													
H9			H9/c9	◤H9/d9	H9/e9	H9/f9		◤H9/h9													
H10			H10/c10	H10/d10				H10/h10													
H11	H11/a11	H11/b11	◤H11/c11	H11/d11				◤H11/h11													
H12		H12/b12						H12/h12													

注：1. $\frac{H6}{n5}$、$\frac{H7}{p6}$在公称尺寸小于或等于3mm和$\frac{H8}{r7}$在小于或等于100mm时，为过渡配合。

2. 标注◤的配合为优先配合。

表3-7 基轴制优先、常用配合

基准轴	孔																				
	A	B	C	D	E	F	G	H	Js	K	M	N	P	R	S	T	U	V	X	Y	Z
	间隙配合								过渡配合			过盈配合									
h5						F6/h5	G6/h5	H6/h5	Js6/h5	K6/h5	M6/h5	N6/h5	P6/h5	R6/h5	S6/h5	T6/h5					
h6						F7/h6	◤G7/h6	◤H7/h6	Js7/h6	◤K7/h6	M7/h6	◤N7/h6	◤P7/h6	R7/h6	◤S7/h6	T7/h6	◤U7/h6				
h7					E8/h7	◤F8/h7		◤H8/h7	Js8/h7	K8/h7	M8/h7	N8/h7									
h8				D8/h8	E8/h8	F8/h8		H8/h8													
h9				◤D9/h9	E9/h9	F9/h9		◤H9/h9													
h10				D10/h10				H10/h10													
h11	A11/h11	B11/h11	◤C11/h11	D11/h11				◤H11/h11													
h12		B12/h12						H12/h12													

注：标注◤的配合为优先配合。

表 3-8　基孔制与基轴制优先、常用配合极限间隙或极限过盈　（单位：μm）

基孔制		H6/f5	H6/g5	H6/h5	H7/f6	H7/g6	H7/h6	H8/e7	H8/f7	H8/g7	H8/h7	H8/d8	H8/c8	H8/f8	H8/h8	H9/c9	H9/d9
基轴制		F6/h5	G6/h5	H6/h5	F7/h6	G7/h6	H7/h6	E8/h7	F8/h7		H8/h7	D8/h8	E8/h8	F8/h8	H8/h8		D9/h9
公称尺寸/mm		间隙配合															
大于	至																
—	3	+16 +6	+12 +2	+10 0	+22 +6	+18 +2	+16 0	+38 +14	+30 +6	+26 +2	+24 0	+48 +20	+42 +14	+34 +6	+28 0	+110 +60	+70 +20
3	6	+23 +10	+17 +4	+13 0	+30 +10	+24 +4	+20 0	+50 +20	+40 +10	+34 +4	+30 0	+66 +30	+56 +20	+46 +10	+36 0	+130 +70	+90 +30
6	10	+28 +13	+20 +5	+15 0	+37 +13	+29 +5	+24 0	+62 +25	+50 +13	+42 +5	+37 0	+84 +40	+69 +25	+57 +13	+44 0	+152 +80	+112 +40
10 14	14 18	+35 +16	+25 +6	+19 0	+45 +16	+35 +6	+29 0	+77 +32	+61 +16	+51 +6	+45 0	+104 +50	+86 +32	+70 +16	+54 0	+181 +95	+136 +50
18 24	24 30	+42 +20	+29 +7	+22 0	+54 +20	+41 +7	+34 0	+94 +40	+74 +20	+61 +7	+54 0	+131 +65	+106 +40	+86 +20	+66 0	+214 +110	+169 +65
30	40	+52 +25	+36 +9	+27 0	+66 +25	+50 +9	+41 0	+114 +50	+89 +25	+73 +9	+64 0	+158 +80	+128 +50	+103 +25	+78 0	+244 +120	+204 +80
40	50															+254 +130	
50	65	+62 +30	+42 +10	+32 0	+79 +30	+59 +10	+49 0	+136 +60	+106 +30	+86 +10	+76 0	+192 +100	+152 +60	+122 +30	+92 0	+288 +140	+248 +100
65	80															+298 +150	
80	100	+73 +36	+49 +12	+37 0	+93 +36	+69 +12	+57 0	+161 +72	+125 +36	+101 +12	+89 0	+228 +120	+180 +72	+144 +36	+108 0	+344 +170	+294 +120
100	120															+354 +180	
120	140	+86 +43	+57 +14	+43 0	+108 +43	+79 +14	+65 0	+188 +85	+146 +43	+117 +14	+103 0	+271 +145	+211 +85	+169 +43	+126 0	+400 +200	+345 +145
140	160															+410 +210	
160	180															+430 +230	
180	200	+99 +50	+64 +15	+49 0	+125 +50	+90 +15	+75 0	+218 +100	+168 +50	+133 +15	+118 0	+314 +170	+244 +100	+194 +50	+144 0	+470 +240	+400 +170
200	225															+490 +260	
225	250															+510 +280	
250	280	+111 +56	+72 +17	+55 0	+140 +56	+101 +17	+84 0	+243 +110	+189 +56	+150 +17	+133 0	+352 +190	+272 +110	+218 +56	+162 0	+560 +300	+450 +190
280	315															+590 +330	
315	355	+123 +62	+79 +18	+61 0	+155 +62	+111 +18	+93 0	+271 +125	+208 +62	+164 +18	+146 0	+388 +210	+303 +125	+240 +62	+178 0	+640 +360	+490 +210
355	400															+680 +400	
400	450	+135 +68	+87 +20	+67 0	+171 +68	+123 +20	+103 0	+295 +135	+228 +68	+180 +20	+160 0	+424 +230	+329 +135	+262 +68	+194 0	+750 +440	+540 +230
450	500															+790 +480	

（续）

基孔制		$\frac{H9}{e9}$	$\frac{H9}{f9}$	$\frac{H9}{h9}$	$\frac{H10}{c10}$	$\frac{H10}{d10}$	$\frac{H10}{h10}$	$\frac{H11}{a11}$	$\frac{H11}{b11}$	$\frac{H11}{c11}$	$\frac{H11}{d11}$	$\frac{H11}{h11}$	$\frac{H12}{b12}$	$\frac{H12}{h12}$	$\frac{H6}{js5}$	
基轴制		$\frac{E9}{h9}$	$\frac{F9}{h9}$	$\frac{H9}{h9}$		$\frac{D10}{h10}$	$\frac{H10}{h10}$	$\frac{A11}{h11}$	$\frac{B11}{h11}$	$\frac{C11}{h11}$	$\frac{D11}{h11}$	$\frac{H11}{h11}$	$\frac{B12}{h12}$	$\frac{H12}{h12}$		$\frac{Js6}{h5}$
公称尺寸/mm		间隙配合													过渡配合	
大于	至															
—	3	+64 +14	+56 +6	+50 0	+140 +60	+100 +20	+80 0	+390 +270	+260 +140	+180 +60	+140 +20	+120 0	+340 +140	+200 0	+8 −2	+7 −3
3	6	+80 +20	+70 +10	+60 0	+166 +70	+126 +30	+96 0	+420 +270	+290 +140	+220 +70	+180 +30	+150 0	+380 +140	+240 0	+10.5 −2.5	+9 −4
6	10	+97 +25	+85 +13	+72 0	+196 +80	+156 +40	+116 0	+460 +280	+330 +150	+260 +80	+220 +40	+180 0	+450 +150	+300 0	+12 −3	+10.5 −4.5
10	14	+118 +32	+102 +16	+86 0	+235 +95	+190 +50	+140 0	+510 +290	+370 +150	+315 +95	+270 +50	+220 0	+510 +150	+360 0	+15 −4	+13.5 −5.5
14	18															
18	24	+144 +40	+124 +20	+104 0	+278 +110	+233 +65	+168 0	+560 +300	+420 +160	+370 +110	+325 +65	+260 0	+580 +160	+420 0	+17.5 −4.5	+15.5 −6.5
24	30															
30	40	+174 +50	+149 +25	+124 0	+320 +120	+280 +80	+200 0	+630 +310	+490 +170	+440 +120	+400 +80	+320 0	+670 +170	+500 0	+21.5 −5.5	+19 −8
40	50				+330 +130			+640 +320	+500 +180	+450 +130			+680 +180			
50	65	+208 +60	+178 +30	+148 0	+380 +140	+340 +100	+240 0	+720 +340	+570 +190	+520 +140	+480 +100	+380 0	+790 +190	+600 0	+25.5 −6.5	+22.5 −9.5
65	80				+390 +150			+740 +360	+580 +200	+530 +150			+800 +200			
80	100	+246 +72	+210 +36	+174 0	+450 +170	+400 +120	+280 0	+820 +380	+660 +220	+610 +170	+560 +120	+440 0	+920 +220	+700 0	+29.5 −7.5	+26 −11
100	120				+460 +180			+850 +410	+680 +240	+620 +180			+940 +240			
120	140				+520 +200			+960 +460	+760 +260	+700 +200			+1060 +260			
140	160	+285 +85	+243 +43	+200 0	+530 +210	+465 +145	+320 0	+1020 +520	+780 +280	+710 +210	+645 +145	+500 0	+1080 +280	+800 0	+34 −9	+30.5 −12.5
160	180				+550 +230			+1080 +580	+810 +310	+730 +230			+1110 +310			
180	200				+610 +240			+1240 +660	+920 +340	+820 +240			+1260 +340			
200	225	+330 +100	+280 +50	+230 0	+630 +260	+540 +170	+370 0	+1320 +740	+960 +380	+840 +260	+750 +170	+580 0	+1300 +380	+920 0	+39 −10	+34.5 −14.5
225	250				+650 +280			+1400 +820	+1000 +420	+860 +280			+1340 +420			
250	280	+370 +110	+316 +56	+260 0	+720 +300	+610 +190	+420 0	+1560 +920	+1120 +480	+940 +300	+830 +190	+640 0	+1520 +480	+1040 0	+43.5 −11.5	+39 −16
280	315				+750 +330			+1690 +1050	+1180 +540	+970 +330			+1580 +540			
315	355	+405 +125	+342 +62	+280 0	+820 +360	+670 +210	+460 0	+1920 +1200	+1320 +600	+1080 +360	+930 +210	+720 0	+1740 +600	+1140 0	+48.5 −12.5	+43 −18
355	400				+860 +400			+2070 +1350	+1400 +680	+1120 +400			+1820 +680			
400	450	+445 +135	+378 +68	+310 0	+940 +440	+730 +230	+500 0	+2300 +1500	+1560 +760	+1240 +440	+1030 +230	+800 0	+2020 +760	+1260 0	+53.5 −13.5	+47 −20
450	500				+980 +480			+2450 +1650	+1640 +840	+1280 +480			+2100 +840			

（续）

基孔制		H6/k5		H6/m5		H7/js6		H7/k6		H7/m6		H7/n6		H8/js7		H8/k7	
基轴制			K6/h5		M6/h5		Js7/h6		K7/h6		M7/h6		N7/h6		Js8/h7		K8/h7
公称尺寸/mm		过渡配合															
大于	至																
—	3	+6 -4	+4 -6	+4 -6	+2 -8	+13 -3	+11 -5	+10 -6	+6 -10	±8	+4 -12	+6 -10	+2 -14	+19 -5	+17 -7	+14 -10	+10 -14
3	6	+7 -6		+4 -9		+16 -4	+14 -6	+11 -9		+8 -12		+4 -16		+24 -6	+21 -9	+17 -13	
6	10	+8 -7		+3 -12		+19.5 -4.5	+16 -7	+14 -10		+9 -15		+5 -19		+29 -7	+26 -11	+21 -16	
10 14	14 18	+10 -9		+4 -15		+23.5 -5.5	+20 -9	+17 -12		+11 -18		+6 -23		+36 -9	+31 -13	+26 -19	
18 24	24 30	±11		+5 -17		+27.5 -6.5	+23 -10	+19 -15		+13 -21		+6 -28		+43 -10	+37 -16	+31 -23	
30 40	40 50	+14 -13		+7 -20		+33 -8	+28 -12	+23 -18		+16 -25		+8 -33		+51 -12	+44 -19	+37 -27	
50 65	65 80	+17 -15		+8 -24		+39.5 -9.5	+34 -15	+28 -21		+19 -30		+10 -39		+61 -15	+53 -23	+44 -32	
80 100	100 120	+19 -18		+9 -28		+46 -11	+39 -17	+32 -25		+22 -35		+12 -45		+71 -17	+62 -27	+51 -38	
120 140 160	140 160 180	+22 -21		+10 -33		+52.5 +12.5	+45 -20	+37 -28		+25 -40		+13 -52		+83 -20	+71 -31	+60 -43	
180 200 225	200 225 250	+25 -24		+12 -37		+60.5 -14.5	+52 -23	+42 -33		+29 -46		+15 -60		+95 -23	+82 -36	+68 -50	
250 280	280 315	+28 -27		+12 -43	+14 -41	+68 -16	+58 -26	+48 -36		+32 -52		+18 -66		+107 -26	+92 -40	+77 -56	
315 355	355 400	+32 -29		+15 -46		+75 -18	+64 -28	+53 -40		+36 -57		+20 -73		+117 -28	+101 -44	+85 -61	
400 450	450 500	+35 -32		+17 -50		+83 -20	+71 -31	+58 -45		+40 -63		+23 -80		+128 -31	+111 -48	+92 -68	

（续）

基孔制		H8/m7		H8/n7		H8/p7	H6/n5		H6/p5		H6/r5		H6/s5		H6/t5	H7/p6	
基轴制			M8/h7		N8/h7			N6/h5		P6/h5		R6/h5		S6/h5	T6/h5		P7/h6
公称尺寸/mm		过渡配合					过盈配合										
大于	至																
—	3	+12 -12	+8 -16	+10 -14	+6 -18	+8 -16	+2 -8	0 -10	0 -10	-2 -12	-4 -14	-6 -16	-8 -18	-10 -20	—	+4 -12	0 -16
3	6	+14 -16		+10 -20		+6 -21	0 -13		-4 -17		-7 -20		-11 -24		—	0 -20	
6	10	+16 -21		+12 -25		+7 -30	-1 -16		-6 -21		-10 -25		-14 -29		—	0 -24	
10	14	+20 -25		+15 -30		+9 -36	-1 -20		-7 -26		-12 -31		-17 -36		—	0 -29	
14	18																
18	24	+25 -29		+18 -36		+11 -43	-2 -24		-9 -31		-15 -37		-22 -44		—	-1 -35	
24	30														-28 -50		
30	40	+30 -34		+22 -42		+13 -51	-1 -28		-10 -37		-18 -45		-27 -54		-32 -59	-1 -42	
40	50														-38 -65		
50	65	+35 -41		+26 -50		+14 -62	-1 -33		-13 -45		-22 -54		-34 -66		-47 -79	-2 -51	
65	80										-24 -56		-40 -72		-56 -88		
80	100	+41 -48		+31 -58		+17 -72	-1 -38		-15 -52		-29 -66		-49 -86		-69 -106	-2 -59	
100	120										-32 -69		-57 -94		-82 -119		
120	140	+48 -55		+36 -67		+20 -83	-2 -45		-18 -61		-38 -81		-67 -110		-97 -140	-3 -68	
140	160										-40 -83		-75 -118		-109 -152		
160	180										-43 -86		-83 -126		-121 -164		
180	200	+55 -63		+41 -77		+22 -96	-2 -51		-21 -70		-48 -97		-93 -142		-137 -186	-4 -79	
200	225										-51 -100		-101 -150		-151 -200		
225	250										-55 -104		-111 -160		-167 -216		
250	280	+61 -72		+47 -86		+25 -108	-2 -57		-24 -79		-62 -117		-126 -181		-186 -241	-4 -88	
280	315										-66 -121		-138 -193		-208 -263		
315	355	+68 -78		+52 -91		+27 -119	-1 -62		-26 -87		-72 -133		-154 -215		-232 -293	-5 -98	
355	400										-78 -139		-172 -233		-258 -319		
400	450	+74 -86		+57 -103		-29 -131	0 -67		-28 -95		-86 -153		-192 -259		-290 -357	-5 -108	
450	500										-92 -159		-212 -279		-320 -387		

（续）

基孔制		$\frac{H7}{r6}$		◤$\frac{H7}{s6}$		$\frac{H7}{t6}$	◤$\frac{H7}{u6}$		$\frac{H7}{v6}$	$\frac{H7}{x6}$	$\frac{H7}{y6}$	$\frac{H7}{z6}$	$\frac{H8}{r7}$	$\frac{H8}{s7}$	$\frac{H8}{t7}$	$\frac{H8}{u7}$
基轴制			$\frac{R7}{h6}$		◤$\frac{S7}{h6}$	$\frac{T7}{h6}$		◤$\frac{U7}{h6}$								
公称尺寸/mm		过盈配合														
大于	至															
—	3	0 -16	-4 -20	-4 -20	-8 -24	—	-8 -24	-12 -28	—	-10 -26	—	-16 -32	+4 -20	0 -24	—	-4 -28
3	6	-3 -23		-7 -27		—	-11 -31		—	-16 -36	—	-23 -43	+3 -27	-1 -31	—	-5 -35
6	10	-4 -28		-8 -32		—	-13 -37		—	-19 -43	—	-27 -51	+3 -34	-1 -38	—	-6 -43
10	14	-5 -34		-10 -39		—	-15 -44		—	-22 -51	—	-32 -61	+4 -41	-1 -46	—	-6 -51
14	18								-21 -50	-27 -56	—	-42 -71				
18	24	-7 -41		-14 -48		—	-20 -54		-26 -60	-33 -67	-42 -76	-52 -86	+5 -49	-2 -56	—	-8 -62
24	30					-20 -54	-27 -61		-34 -68	-43 -77	-54 -88	-67 -101			-8 -62	-15 -69
30	40	-9 -50		-18 -59		-23 -64	-35 -76		-43 -84	-55 -96	-69 -110	-87 -128	+5 -59	-4 -68	-9 -73	-21 -85
40	50					-29 -70	-45 -86		-56 -97	-72 -113	-89 -130	-111 -152			-15 -79	-31 -95
50	65	-11 -60		-23 -72		-36 -85	-57 -106		-72 -121	-92 -141	-114 -163	-142 -191	+5 -71	-7 -83	-20 -96	-41 -117
65	80	-13 -62		-29 -78		-45 -94	-72 -121		-90 -139	-116 -165	-144 -193	-180 -229	+3 -73	-13 -89	-29 -105	-56 -132
80	100	-16 -73		-36 -93		-56 -113	-89 -146		-111 -168	-143 -200	-179 -236	-223 -280	+3 -86	-17 -106	-37 -126	-70 -159
100	120	-19 -76		-44 -101		-69 -126	-109 -166		-137 -194	-175 -232	-219 -276	-275 -332	0 -89	-25 -114	-50 -139	-90 -179
120	140	-23 -88		-52 -117		-82 -147	-130 -195		-162 -227	-208 -273	-260 -325	-325 -390	0 -103	-29 -132	-59 -162	-107 -210
140	160	-25 -90		-60 -125		-94 -159	-150 -215		-188 -253	-240 -305	-300 -365	-375 -440	-2 -105	-37 -140	-71 -174	-127 -230
160	180	-28 -93		-68 -133		-106 -171	-170 -235		-212 -277	-270 -335	-340 -405	-425 -490	-5 -108	-45 -148	-83 -186	-147 -250
180	200	-31 -106		-76 -151		-120 -195	-190 -265		-238 -313	-304 -379	-379 -454	-474 -549	-5 -123	-50 -168	-94 -212	-164 -282
200	225	-34 -109		-84 -159		-134 -209	-212 -287		-264 -339	-339 -414	-424 -499	-529 -604	-8 -126	-58 -176	-108 -226	-186 -304
225	250	-38 -113		-94 -169		-150 -225	-238 -313		-294 -369	-379 -454	-474 -549	-594 -669	-12 -130	-68 -186	-124 -242	-212 -330
250	280	-42 -126		-106 -190		-166 -250	-263 -347		-333 -417	-423 -507	-528 -612	-658 -742	-13 -146	-77 -210	-137 -270	-234 -367
280	315	-46 -130		-118 -202		-188 -272	-298 -382		-373 -457	-473 -557	-598 -682	-738 -822	-17 -150	-89 -222	-159 -292	-269 -402
315	355	-51 -144		-133 -226		-211 -304	-333 -426		-418 -511	-533 -626	-673 -766	-843 -936	-19 -165	-101 -247	-179 -325	-301 -447
355	400	-57 -150		-151 -244		-237 -330	-378 -471		-473 -566	-603 -696	-763 -856	-943 -1036	-25 -171	-119 -265	-205 -351	-346 -492
400	450	-63 -166		-169 -272		-267 -370	-427 -530		-532 -635	-677 -780	-857 -960	-1037 -1140	-29 -189	-135 -295	-233 -393	-393 -553
450	500	-69 -172		-189 -292		-297 -400	-477 -580		-597 -700	-757 -860	-937 -1040	-1187 -1290	-35 -195	-155 -315	-263 -423	-443 -603

注：1. 表中“+”值为间隙量，“-”值为过盈量。

2. 标注◤的配合为优先配合。

3. $\frac{H6}{n5}$、$\frac{H7}{p6}$在公称尺寸小于或等于3mm时，为过渡配合。

4. $\frac{H8}{r7}$在小于或等于100mm时，为过渡配合。

5. 公差等级的选用（见表 3-9 ~ 表 3-11）

表 3-9　标准公差等级的应用

应　用	IT 等级																			
	01	0	1	2	3	4	5	6	7	8	9	10	11	12	13	14	15	16	17	18
量块	—	—	—																	
量规			—	—	—	—	—	—	—											
配合尺寸							—	—	—	—	—	—	—	—	—					
特别精密零件的配合				—	—	—	—													
非配合尺寸(大制造公差)														—	—	—	—	—	—	—
原材料公差										—	—	—	—	—	—	—				

表 3-10　各种加工方法能达到的标准公差等级

加 工 方 法	IT 等级																	
	01	0	1	2	3	4	5	6	7	8	9	10	11	12	13	14	15	16
研磨	—	—	—	—	—	—	—											
珩						—	—	—	—									
内、外圆磨							—	—	—	—								
平面磨							—	—	—	—								
金刚石车							—	—	—									
金刚石镗							—	—	—									
拉削							—	—	—	—								
铰孔								—	—	—	—	—						
车									—	—	—	—	—					
镗									—	—	—	—	—					
铣										—	—	—	—					
刨插												—	—					
钻孔												—	—	—	—			
滚压、挤压												—	—					
冲压												—	—	—	—	—		
压铸													—	—	—	—		
粉末冶金成型								—	—	—								
粉末冶金烧结									—	—	—	—						
砂型铸造、气割																		—
锻造																	—	

表 3-11　常用加工方法能达到的标准公差等级和加工成本的关系[①]

—·—·—5 ———2.5 - - - - - - -1

尺寸	加工方法	IT 等级															
		1	2	3	4	5	6	7	8	9	10	11	12	13	14	15	16
外径	普通车削						—·—	—·—	—·—	——	——	——	- - -	- - -	- - -		
	转塔车床车削							—·—	—·—	——	——	——	- - -	- - -	- - -		
	自动车削							—·—	—·—	——	——	——	- - -	- - -			
	外圆磨			—·—	—·—	——	——	- - -	- - -								
	无心磨					—·—	—·—	——	——	- - -	- - -						
内径	普通车削						—·—	—·—	—·—	——	——	——	- - -	- - -	- - -		
	转塔车床车削								—·—	—·—	——	——	- - -	- - -	- - -		
	自动车削								—·—	—·—	——	——	- - -	- - -			
	钻										—·—	—·—	——	——	- - -		
	铰							—·—	—·—	——	——	- - -	- - -				
	镗							—·—	—·—	——	——	- - -	- - -				
	精镗				—·—	—·—	——	——	- - -	- - -							
	内圆磨				—·—	—·—	——	——	- - -	- - -							
	研磨		—·—	—·—	——	——	- - -	- - -									
长度	普通车削							—·—	—·—	——	——	——	——	- - -	- - -	- - -	
	转塔车床车削								—·—	—·—	——	——	——	- - -	- - -		
	自动车削								—·—	—·—	——	——	——	- - -	- - -		
	铣							—·—	—·—	——	——	——	——	- - -	- - -		

① 虚线、实线、点画线表示成本比例为 1∶2.5∶5。

6. 配合的应用说明（见表 3-12 ~ 表 3-14）

表 3-12　配合代号选用示例

参数和要求 ＼ 例序		例 1	例 2	例 3
已知条件	公称尺寸/mm	$\phi30$	$\phi30$	$\phi30$
	配合类别	间隙配合	过渡配合	过盈配合
	允许间隙或过盈/mm	+0.02 ~ +0.06	−0.030 ~ +0.025	−0.007 ~ −0.041
	配合公差 T_f/mm	$X_{max}-X_{min}=T_H+T_s$ $=+0.06-(+0.02)$ $=0.04$	$X_{max}-Y_{max}=T_H+T_s$ $=+0.025-(-0.03)$ $=0.055$	$X_{min}-X_{max}=T_H+T_s$ $=-0.007-(-0.041)$ $=0.034$
待定参数和要求	基准制	选用基孔制	选用基孔制	选用基孔制
	孔用公差等级	由于 $T_H+T_s=0.04<$ 该尺寸段 2 倍 IT8 标准公差 $2\times33\mu m=0.066mm$，所以孔用 IT7	由于 $T_H+T_s=0.055<$ 该尺寸段 2 倍 IT8 标准公差 $2\times33\mu m=0.066mm$，所以孔用 IT7	由于 $T_H+T_s=0.034<$ 该尺寸段 2 倍 IT8 标准公差 $2\times33\mu m=0.066mm$，所以孔用 IT7

（续）

参数和要求＼例序		例1	例2	例3
待定参数和要求	轴用公差等级	由于 $T_H+T_s=0.04<$ 该尺寸段2倍IT8标准公差，轴宜比孔高一级，故选用IT6	由于 $T_H+T_s=0.055<$ 该尺寸段2倍IT8标准公差，轴宜比孔高一级，故选用IT6	由于 $T_H+T_s=0.034<$ 该尺寸段2倍IT8标准公差，轴宜比孔高一级，故用IT6
	非基准件(轴)的基本偏差值/μm	es = +20	ei = 30 − 25 = +5(取 +8)	ei = 21 − (−7) = +28
	非基准件(轴)的基本偏差代号	f	m	r
	配合代号	ϕ30H7/f6	ϕ30H8/m7	ϕ30H7/r6

表3-13　轴的各种基本偏差的应用

配合	基本偏差	配合特性及应用
间隙配合	a、b	可得到特别大的间隙，应用很少
	c	可得到很大间隙，一般适用于缓慢、松弛的动配合，用于工作条件较差（如农业机械），受力变形，或为了便于装配，而必须有较大间隙时。推荐配合为H11/c11。其较高等级的配合，如H8/c7适用于轴在高温工作的紧密动配合，例如内燃机排气阀和导管
	d	一般用于IT7～IT11级，适用于松的转动配合，如密封盖、滑轮、空转带轮等与轴的配合。也适用于大直径滑动轴承配合，如透平机、球磨机、轧滚成型和重型弯曲机及其他重型机械中的一些滑动支承
	e	多用于IT7～IT9级，通常适用于要求有明显间隙，易于转动的支承配合，如大跨距支承，多支点支等等配合，高等级的e轴适应于大的、高速重载支承，如涡轮发电机，大的电动机支承等，也适用于内燃机主要轴承，凸轮轴支承、摇臂支承等配合
	f	多用于IT6～IT8级的一般转动配合。当温度差别不大，对配合基本上没影响时，被广泛用于普通润滑油（或润滑脂）润滑的支承，如齿轮箱、小电动机、泵等的转轴与滑动支承的配合
	g	多用于IT5～IT7级，配合间隙很小，制造成本高，除很轻载荷的精密装置外，不推荐用于转动配合，最适合不回转的精密滑动配合，也用于插销等定位配合，如精密连杆轴承、活塞及滑阀、连杆销等
	h	多用于IT4～IT11级，广泛应用于无相对转动的零件，作为一般的定位配合。若没有温度、变形的影响，也用于精密滑动配合
过渡配合	js	为完全对称偏差（±IT/2），平均起来为稍有间隙的配合，多用于IT4～IT7级，要求间隙比h轴配合时小，并允许略有过盈的定位配合，如联轴器、齿圈与钢制轮毂，一般可用手或木锤装配
	k	平均起来没有间隙的配合，适用于IT4～IT7级，推荐用于要求稍有过盈的定位配合，例如为了消除振动用的定位配合。一般用木锤装配
	m	平均起来具有不大过盈的过渡配合，适用于IT4～IT7级。一般可用木锤装配，但在最大过盈时，要求相当的压入力
	n	平均过盈比用m轴时稍大，很少得到间隙，适用于IT4～IT7级。用锤或压力机装配。通常推荐用于紧密的组件配合。H6/n5为过盈配合

（续）

配合	基本偏差	配合特性及应用
过盈配合	p	与H6或H7孔配合时是过盈配合，而与H8孔配合时为过渡配合。对非铁类零件，为较轻的压入配合，当需要时易于拆卸。对钢、铸铁或铜—钢组件装配是标准压入配合。对弹性材料，如轻合金等，往往要求很小的过盈，可采用p轴配合
	r	对铁类零件，为中等打入配合，对非铁类零件，为轻的打入配合，当需要时可以拆卸。与H8孔配合，直径在ϕ100mm以上时为过盈配合，直径小时为过渡配合
	s	用于钢和铁制零件的永久性和半永久性装配，过盈量充分，可产生相当大的结合力。当用弹性材料，如轻合金时，配合性质与铁类零件的p轴相当。例如套环压在轴上、阀座等配合。尺寸较大时，为了避免损伤配合表面，需用热胀或冷缩法装配
	t、u、v x、y、z	过盈量依次增大，除u外，一般不推荐

表3-14 优先配合、常用配合的特征及应用

基本偏差		轴或孔 a A	b B	c C	d D	e E	f F	g G
配合种类		间隙配合						
配合特征 / 基准孔或基准轴		可得到特别大的间隙，用于高温工作。很少用	可得到特大的间隙，用于高温工作。一般少用	可得到很大的间隙，高温工作时用	具有显著的间隙，适用于松动的配合	有相当的间隙，适用于高速运动，大跨距、多支承配合	配合间隙适中，用于一般转速的动配合	配合间隙很小，用于不回转的精密滑动配合
H6	h5						H6/f5 F6/h5	H6/g5 G6/h5
H7	h6						H7/f6 F7/h6	H7/g6 G7/h6
H8	h7					H8/e7 E8/h7	H8/f7 F8/h7	H8/g7
	h8				H8/d8 D8/h8	H8/e8 E8/h8	H8/f8 F8/h8	
H9	h9			H9/c9	H9/d9 D9/h9	H9/e9 E9/h9	H9/f9 F9/h9	
H10	h10			H10/c10	H10/d10 D10/h10			
H11	h11	H11/a11 A11/h11	H11/b11 B11/h11	H11/c11 C11/h11	H11/d11 D11/h11			
H12	h12		H12/b12 B12/h12					
按配合特征、装配方法及其应用分类		液体摩擦情况较差，有湍流。间隙非常大，用于高温工作和很松的转动配合；要求大公差、大间隙的外露组件、要求装配很松的配合			液体摩擦情况尚好、用于精度非主要要求有大的温度变动，高转速或大的轴径压力时的自由转动配合		带层流、流体摩擦情况良好，配合间隙适中，能保证轴与孔相对旋转时最好的润滑条件	

（续）

基本偏差		轴或孔						
		h H	js Js	k K	m M	n N	p P	f R
配合种类		间隙配合	过渡配合			过盈配合		
配合特征 基准孔或基准轴		装配后多少有点间隙，但在最大实体状态下间隙为零，一般用于间隙定位配合	为完全对称偏差，平均起来稍有间隙的过渡配合（约有2%的过盈）	平均起来没有间隙的过渡配合（约有30%的过盈）	平均起来具有不大过盈的过渡配合（约有40%至60%的过盈）	平均过盈稍大，很少得到间隙（约有60%至84%的过盈）	与H6、H7配合时是真正的过盈配合，但与H8配合时是过渡配合	与H6、H7配合是过盈配合，但当基本尺寸至100mm时与H8配合为过渡配合（约80%的过盈）
H6	h5	H6/h5 H6/h5	H6/js5 Js6/h5	H6/k5 K6/h5	H6/m5 M6/h5	H6/n5 N6/h5	H6/p5 P6/h5	H6/r5 R6/h5
H7	h6	H7/h6 H7/h6	H7/js6 Js7/h6	H7/k6 K7/h6	H7/m6 M7/h6	H7/n6 N7/h6	H7/p6 P7/h6	H7/r6 R7/h6
H8	h7	H8/h7 H8/h7	H8/js7 Js8/h7	H8/k7 K8/h7	H8/m7 M8/h7	H8/n7 N8/h7	H8/p7	H8/r7
	h8	H8/h8 H8/h8						
H9	h9	H9/h9 H9/h9						
H10	h10				H10/h10 H10/h10			
H11	h11	H11/h11 H11/h11						
H12	h12	H12/h12 H12/h12						
按配合特征、装配方法及其应用分类		有较好的保持孔、轴的同轴度，但无法容纳足够的润滑油，不适于自由转动的配合	用手或木锤装配是略有过盈的定位配合	用木锤装配，是稍有过盈的定位配合，消除振动时用	用铜锤装配、在最大实体状态时要有相当的压入力	用铜锤或压力机装配，用于紧密的组合件配合	约有67%~94%的过盈，用压力机装配	属于轻型压入配合，用在传递较小转矩或轴向力时（较中型压入配合小一半左右）若承受冲击载荷，则应加辅助紧固件

（续）

基本偏差		轴或孔						
		s S	t T	u U	v V	x X	y Y	z Z
配合种类		过盈配合						
配合特征 / 基准孔或基准轴		相对平均过盈为大于0.0005至0.0018	相对平均过盈大于0.00072至0.0018；相对最小过盈大于0.00026至0.00105	相对平均过盈为大于0.00095至0.0022；相对最小过盈大于0.00038至0.00112	相对平均过盈为大于0.00117至0.00125；相对最小过盈为大于0.00125至0.00132	相对平均过盈为大于0.0017至0.0031；相对最小过盈为大于0.0016至0.0019	相对平均过盈为大于0.0021至0.0029；相对最小过盈为0.002左右	相对平均过盈为大于0.0026至0.004；相对最小过盈为大于0.00244至0.0027
H6	h5	$\frac{H6}{s5}$ $\frac{S6}{h5}$	$\frac{H6}{t5}$ $\frac{T6}{h5}$					
H7	h6	**$\frac{H7}{s6}$** **$\frac{S7}{h6}$**	$\frac{H7}{u6}$ $\frac{U7}{h6}$	**$\frac{H7}{u6}$** **$\frac{U7}{h6}$**	$\frac{H7}{v6}$	$\frac{H7}{x6}$	$\frac{H7}{y6}$	$\frac{H7}{z6}$
H8	h7	$\frac{H8}{s7}$	$\frac{H8}{t7}$	$\frac{H8}{u7}$				
	h8							
H9	h9							
H10	h10							
H11	h11							
H12	h12							
按配合特征、装配方法及其应用分类		属于中型压入配合，用在传递较小转矩或轴向力时不需加辅助件（较重型压入配合小三分之一至二分之一），若承受变动载荷，振动冲击时需加辅助件	属于重型压入配合，用压力机或热胀（孔套）冷缩（轴）的方法装配，能传递大转矩，变动载荷。材料许用应力要大		属于重型压入配合，用热胀（孔套）或冷缩（轴）的方法装配，能传递很大转矩，承受变动载荷，振动和冲击（较重型压力配合大一倍），材料许用应力要相当大			

二、几何公差——形状、方向、位置和跳动公差

1. 几何公差的符号和标注（见表3-15～表3-20）

根据GB/T 1182的规定，图样中几何公差的各项要求应采用标准中所规定的与国际标准完全一致的符号及框格表示法，并应遵守标准中所提及的基本原则。GB/T 1182—2008《产品几何技术规范（GPS）几何公差 形状、方向、位置和跳动公差标注》与旧标准GB/T 1182—1996的主要区别参见表3-15。

表 3-15　新旧标准的主要区别点

	GB/T 1182—2008	GB/T 1182—1996
几何公差分类	标准与 ISO1101 一致，将形位公差分为四大类，即形状、方向、位置和跳动公差	依据零件被测要素与基准要素的关系，将十四项形位公差分成形状和位置两大类。对轮廓度则视其与基准的关系，确定其属性
术语	为与 GB/T 18780.1 ~ 18780.2 规定一致，标准将中心要素改为导出要素，轮廓要素改为组成要素，测得要素改为提取要素等	原标准规定的术语和定义是由形位公差自身体系提出的如理想要素，被测要素，实际要素等
基准符号	与 ISO 一致，仅采用三角形与方框组合的方式	采用我国自行规定的圆形与横线组合的表示方法，同时允许采用国际规定的三角形与方框组合的方式
最小条件原则	将几何误差的评定（最小条件原则）列入标准附录 B 中	列入标准正文第 3.7 条
不允许采用的标注方法	在标准附录 A 中，列出被取消的一些标注方法，同时提出替代的标注方法示例	取消这些含义不清的标注方法。没有将其列入附录

表 3-16　几何公差分类与基本符号

公差类型	几何特征	符　号	有无基准	公差类型	几何特征	符　号	有无基准
形状公差	直线度	—	无	位置公差	位置度	⌖	有或无
	平面度	⏥	无		同心度（用于中心点）	◎	有
	圆度	○	无		同轴度（用于轴线）	◎	有
	圆柱度	⌭	无		对称度	⌯	有
	线轮廓度	⌒	无		线轮廓度	⌒	有
	面轮廓度	⌓	无		面轮廓度	⌓	有
方向公差	平行度	//	有	跳动公差	圆跳动	↗	有
	垂直度	⊥	有		全跳动	⌰	有
	倾斜度	∠	有				
	线轮廓度	⌒	有				
	面轮廓度	⌓	有				

几何公差的分类与基本符号参见表 3-16，几何公差的附加符号与几何误差值的限定符号参见表 3-17、表 3-18，几何公差的框格标注基本符号参见表 3-19。被测要素见表 3-20。基准要素采用与国际标准一致的四方形基准方格与涂黑的三角形（或空三角形）相连，并用大写字母表示的符号。当基准要素是轮廓线或轮廓面时，基准三角形底面必须置于基准要素上

或其延长线上。中心点、轴线及中心平面作为基准要素时，三角形底面应放置于尺寸线的延长线上。基准要素的标注示例参见表 3-21。

表 3-17　几何公差的附加符号

符　号	意　义	符　号	意　义
Ⓔ	包容要求	($\phi5$ / $A2$) (2×2 / $B1$) ($C1$)	基准目标符号
Ⓜ	最大实体要求	[100]	理论正确尺寸
		(全周符号)	全周（轮廓）
Ⓛ	最小实体要求	CZ	公共公差带
		LD	小径
Ⓡ	可逆要求	MD	大径
		PD	中径、节径
Ⓟ	延伸公差带	LE	线素
		NC	不凸起
Ⓕ	非刚性零件处于自由状态	ACS	任意横截面

表 3-18　几何误差值的限定符号

对误差限定	符号	标注示例
只许中间向材料内凹下	(−)	[— | t(−)] 或 [⏥ | 0.1] NC
只许中间向材料外凸起	(+)	[⏥ | t(+)]
只许从左至右逐渐减小	(▷)	[⌭ | t(▷)]
只许从右至左逐渐减小	(◁)	[⌭ | t(◁)]

注：本表系摘自 GB/T 1182—1996。GB/T 1182—2008 中无该表，仅规定了不凸起符号“NC”的符号。

表 3-19　框格标注基本符号

符　号	意　义	用　途
[|]	[| t] 公差值（t 或 Φt 或 $S\Phi t$）几何公差项目特征符号	用于几何公差或无基准要求的线、面轮廓度公差和位置公差
[| | A] [| | A–B] [| | A | B] [| | A | B | C]	[| t | A | B | C] 三基面体系字母基准字母（X 或 X_1-X_2）公差值（t 或 Φt 或 $S\Phi t$）几何公差项目特征符号	用于有基准要求的线、面轮廓度公差和位置公差

（续）

符　　号	意　　义	用　　途
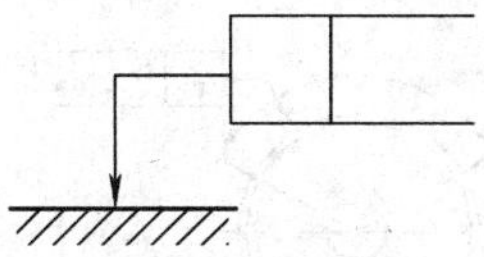	与框格相连的被测要素指引线及箭头	所有被测要素
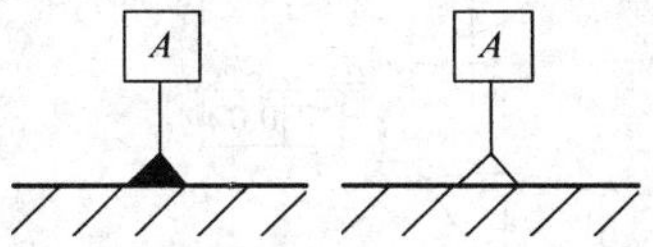 A　A	基准符号（E、M、L、P、F、O、I、R 等字母尽量不采用）	所有基准要素

表 3-20　被测要素的标注示例

序号	解　　释	图　　例
1	当被测要素是轮廓要素时，箭头应指向轮廓线，也可指向轮廓线的延长线，但必须与尺寸线明显地分开	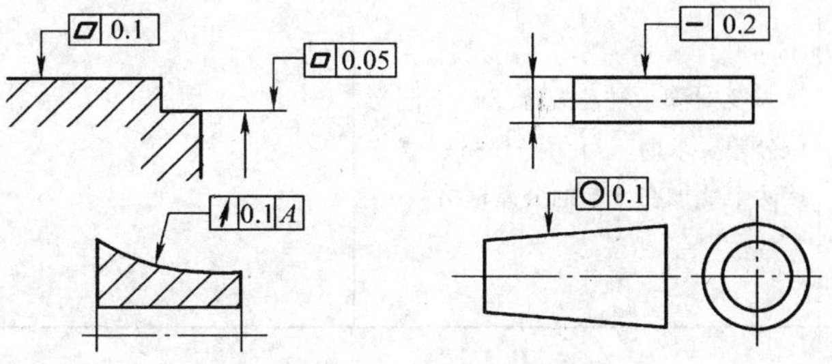 ▱ 0.1　▱ 0.05　— 0.2　↗ 0.1 A　○ 0.1
2	当被测要素是中心要素时，箭头应对准尺寸线，即与尺寸线的延长线重合 被测要素指引线的箭头可代替一个尺寸箭头	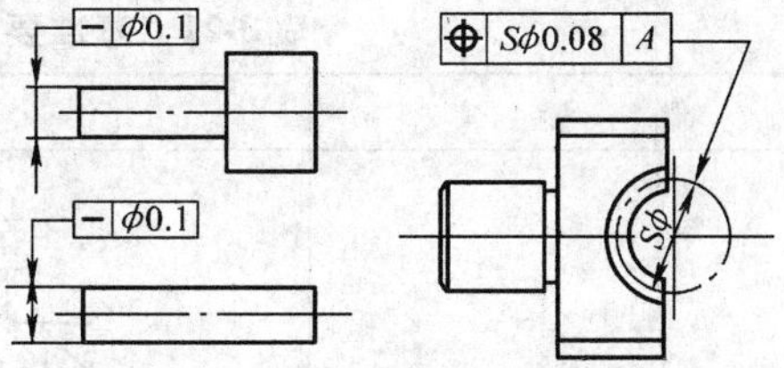 — ϕ0.1　— ϕ0.1　⌖ $S\phi$0.08 A　$S\phi$
3	受图形限制，需表示图样中某要素的形位公差要求时，可在该要素的投影面上画一小黑点，由黑点处引出参考线。箭头指向参考线	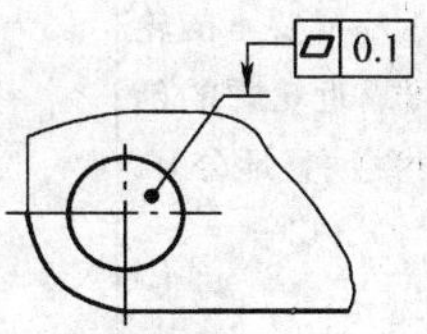 ▱ 0.1
4	当被测要素是圆锥体的轴线时，指引线应对准圆锥体的大端或小端的尺寸线	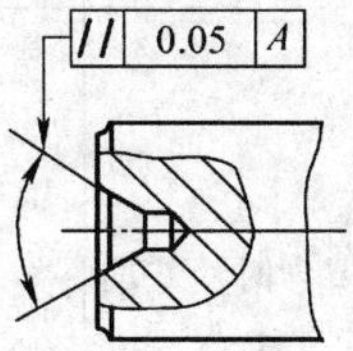 // 0.05 A
	如图样中仅有任意处的空白尺寸线，则可与该尺寸线相连	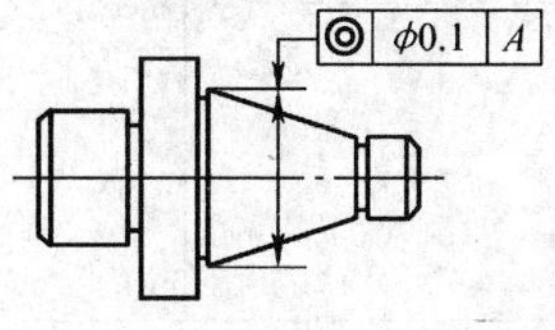 ◎ ϕ0.1 A

（续）

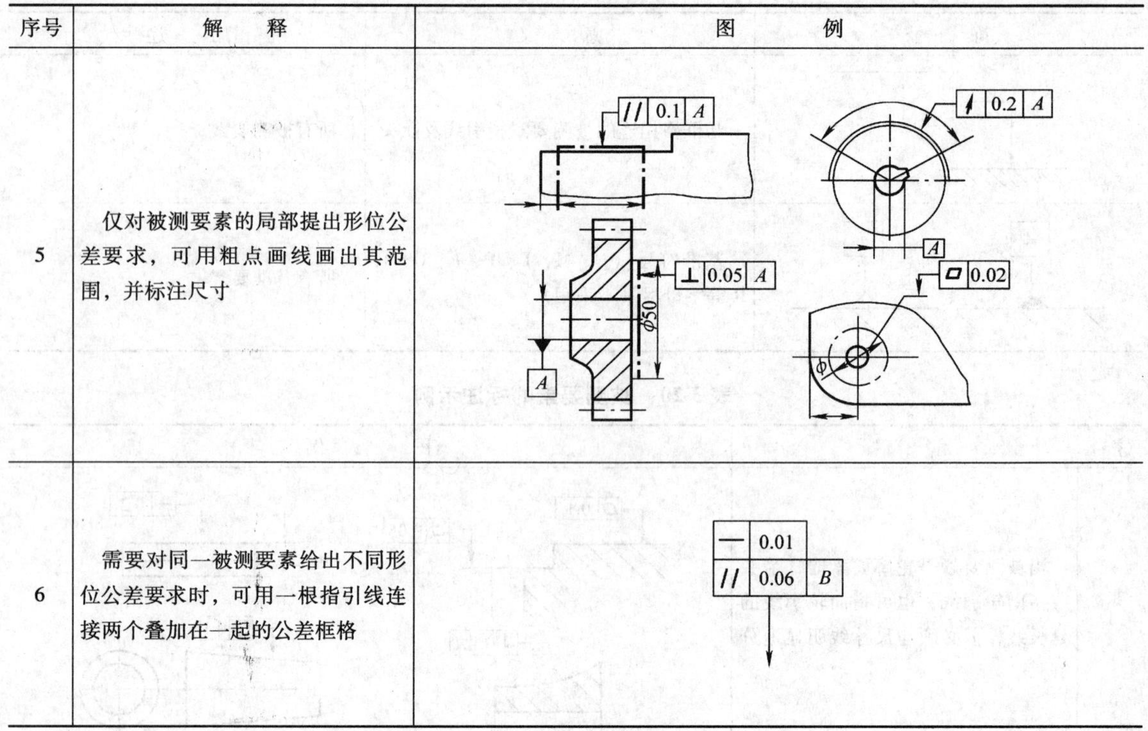

序号	解　　释	图　　例
5	仅对被测要素的局部提出形位公差要求，可用粗点画线画出其范围，并标注尺寸	
6	需要对同一被测要素给出不同形位公差要求时，可用一根指引线连接两个叠加在一起的公差框格	

表 3-21　基准要素的标注示例

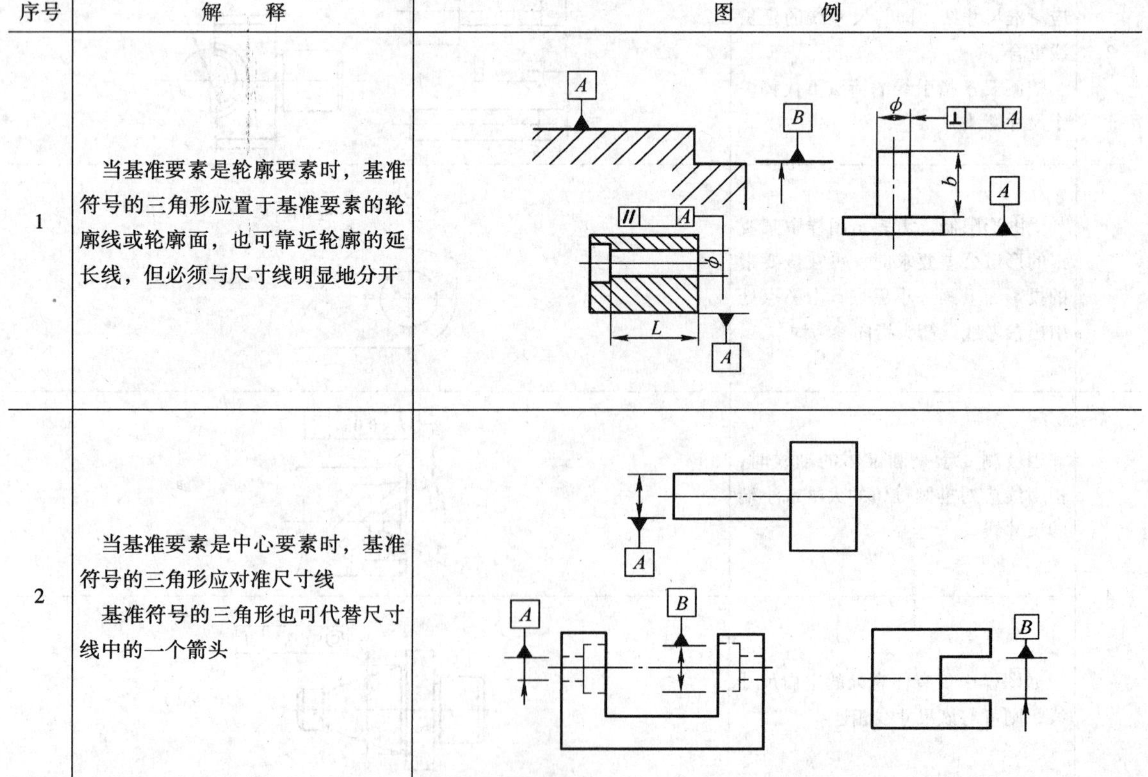

序号	解　　释	图　　例
1	当基准要素是轮廓要素时，基准符号的三角形应置于基准要素的轮廓线或轮廓面，也可靠近轮廓的延长线，但必须与尺寸线明显地分开	
2	当基准要素是中心要素时，基准符号的三角形应对准尺寸线 基准符号的三角形也可代替尺寸线中的一个箭头	

（续）

序号	解　　释	图　　例
3	受图形限制，需表示某要素为基准要素时，可在该要素的投影面上画一小黑点，由黑点处引出参考线，基准符号置于参考线上	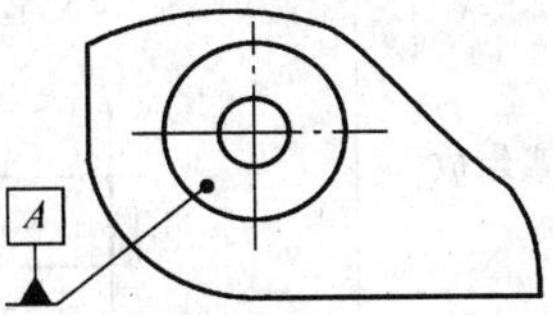
4	仅用要素的局部而不是整体作为基准要素时，可用粗点画线画出其范围，并标注尺寸 基准符号置于粗点画线上	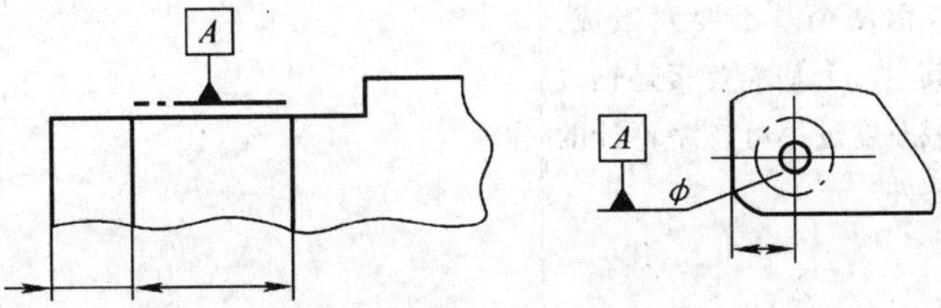

机械零部件是三维的立体，基准要素的标注需要在三基面体系中进行。三基面体系的组成参见图 3-1，其标注见表 3-22。基准目标的标注方法见表 3-23，基准目标的标注示例参见图 3-2 ~ 图 3-4。

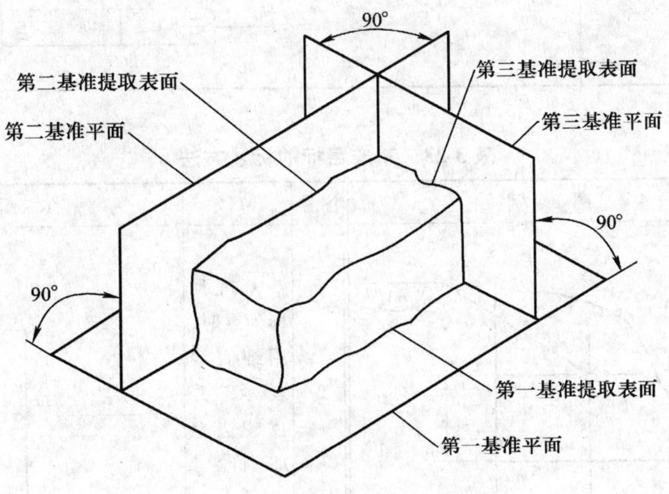

图 3-1　三基面体系的组成

表 3-22 三基面体系的标注方法

序号	解释	图例
1	由三个基准要素组成	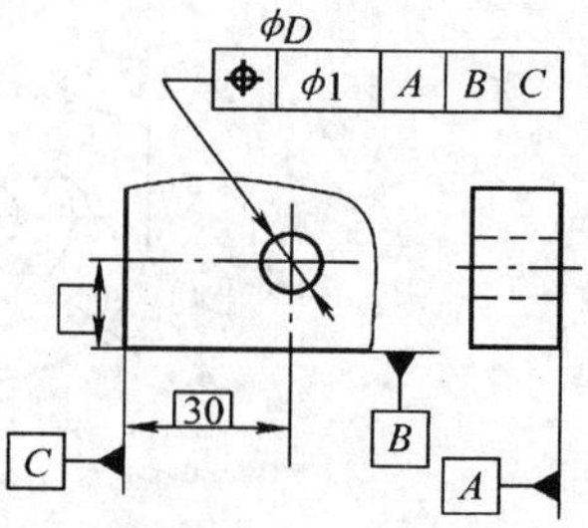 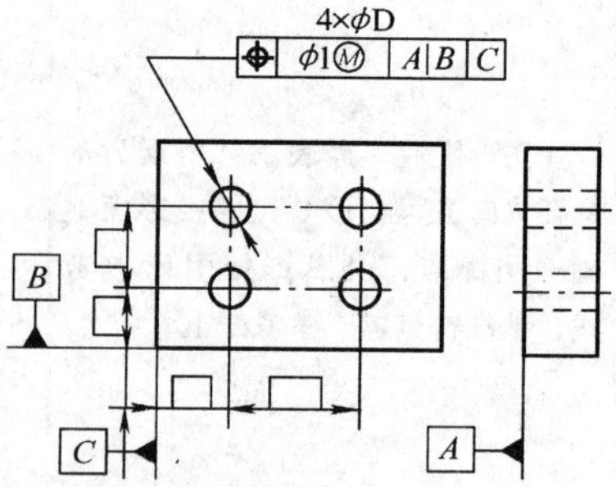
2	由两个基准要素组成，其中一个基准要素是轴线或厚度过小可忽略不计的零件	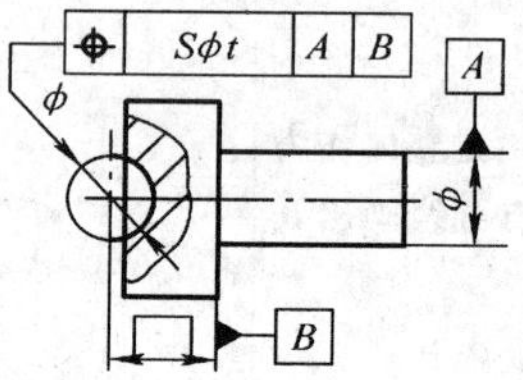
3	由组合基准组成	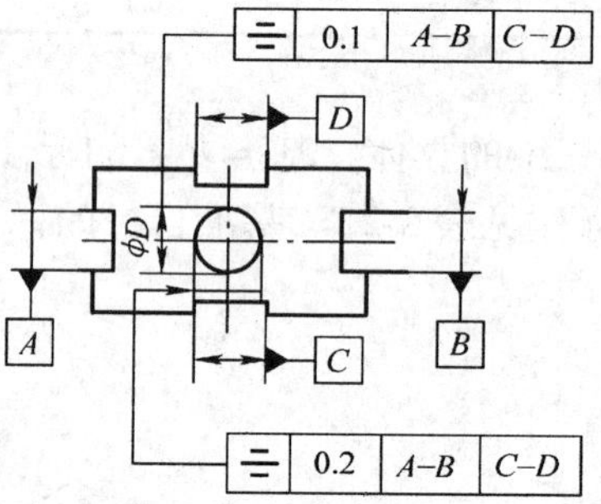

表 3-23 基准目标的标注方法

序号	解释	图例	序号	解释	图例
1	基准目标为点时，用符号“×”表示	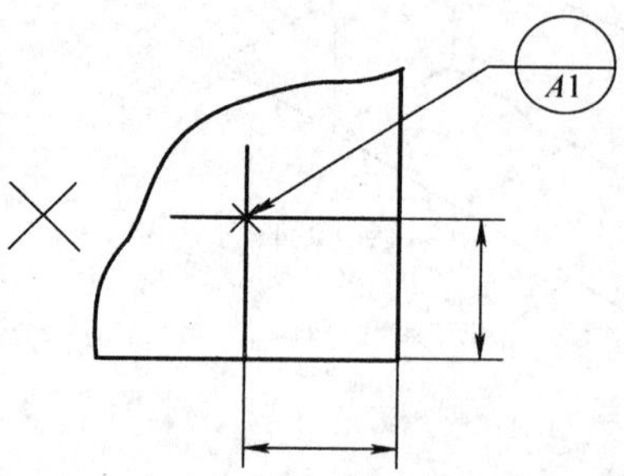	2	基准目标为线时，用细实线表示，并在棱边上加符号“×”	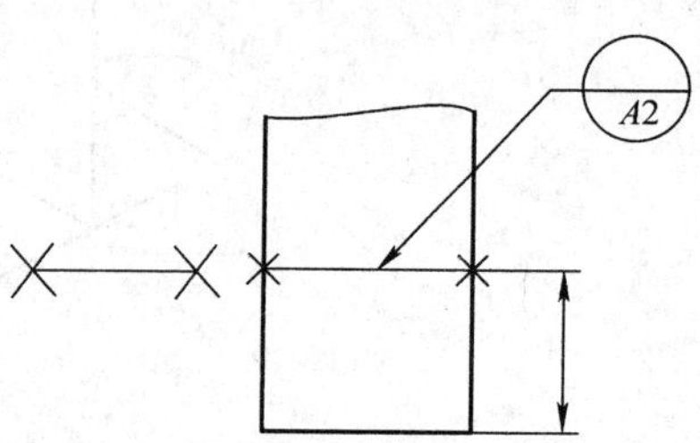

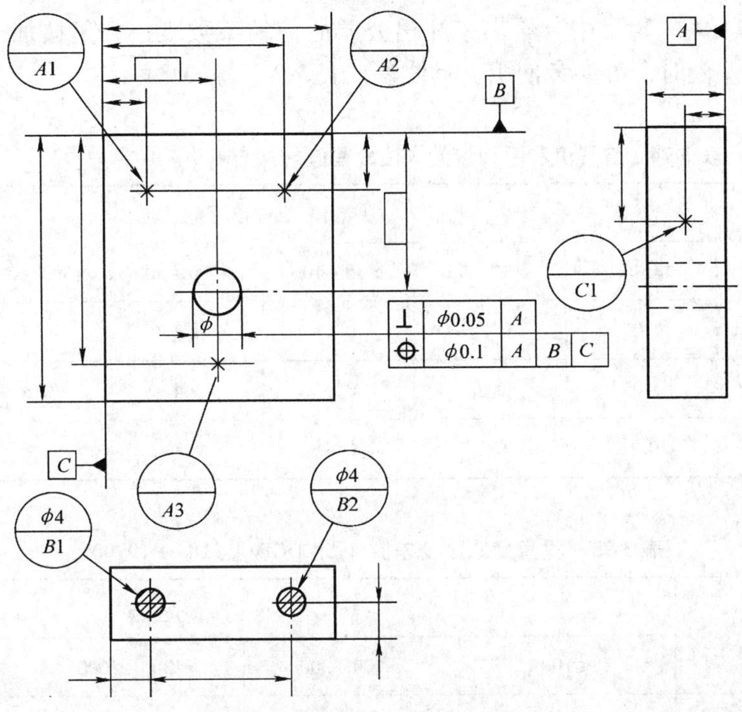

图 3-2　基准目标标注示例（一）

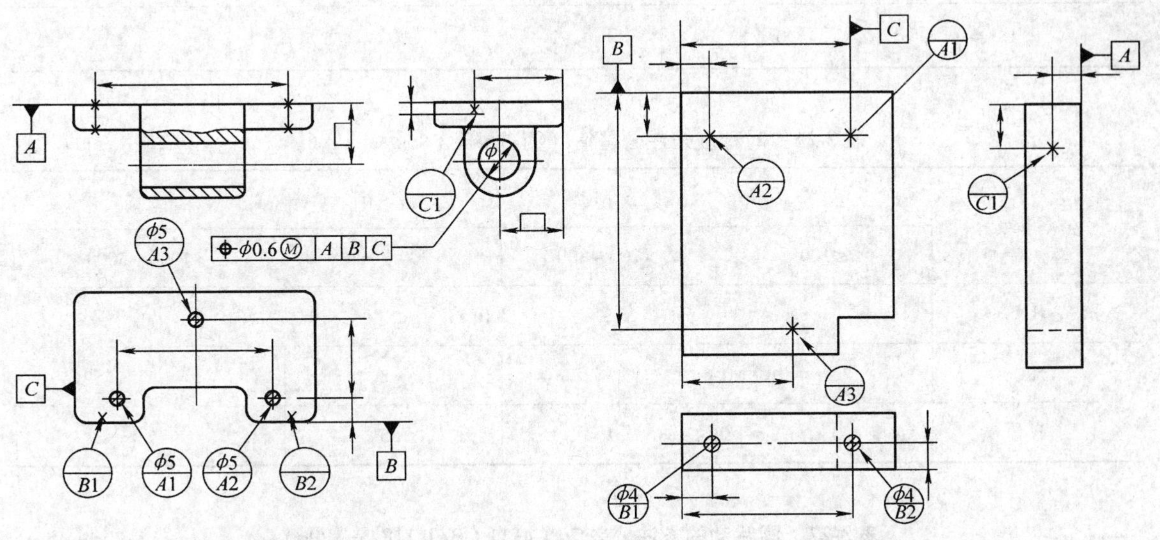

图 3-3　基准目标标注示例（二）

图 3-4　基准目标标注示例（三）

2. 几何公差的公差值

零件要素的几何公差值决定公差带的宽度或直径，是控制零件制造精度的重要指标。表示图样中的几何公差有两种情况，一种是在图样中标出公差值，一种是不在图样中注出，采用 GB/T 1184 中规定的未注公差值，并在图样中的技术要求中说明。

国家标准 GB/T 1184—1996 规定了未注公差值。它与国际标准 ISO2768—2：1989 是一致的。在 GB/T 1184 的附录中，给出了注出公差的值的系数表，它是按加工精度的规律给出的。在给出公差值时，可参考使用。具体参见表 3-24 ~ 表 3-31。

表 3-24　直线度和平面度的未注公差值（摘自 GB/T 1184—1996）　（单位：mm）

公差等级	基本长度范围					
	≤10	>10 ~ 30	>30 ~ 100	>100 ~ 300	>300 ~ 1000	>1000 ~ 3000
H	0.02	0.05	0.1	0.2	0.3	0.4
K	0.05	0.1	0.2	0.4	0.6	0.8
L	0.1	0.2	0.4	0.8	1.2	1.6

表 3-25　垂直度未注公差值（摘自 GB/T 1184—1996）　（单位：mm）

公差等级	基本长度范围			
	≤100	>100 ~ 300	>300 ~ 1000	>1000 ~ 3000
H	0.2	0.3	0.4	0.5
K	0.4	0.6	0.8	1
L	0.6	1	1.5	2

表 3-26　对称度未注公差值（摘自 GB/T 1184—1996）　（单位：mm）

公差等级	基本长度范围			
	≤100	>100 ~ 300	>300 ~ 1000	>1000 ~ 3000
H	0.5			
K	0.6		0.8	1
L	0.6	1	1.5	2

表 3-27　圆跳动的未注公差值（摘自 GB/T 1184—1996）　（单位：mm）

公差等级	圆跳动公差值
H	0.1
K	0.2
L	0.5

表 3-28　直线度、平面度（摘自 GB/T 1184—1996）

公差等级	主　参　数　L/mm															
	≤10	>10~16	>16~25	>25~40	>40~63	>63~100	>100~160	>160~250	>250~400	>400~630	>630~1000	>1000~1600	>1600~2500	>2500~4000	>4000~6300	>6300~10000
	公　差　值/μm															
4	1.2	1.5	2	2.5	3	4	5	6	8	10	12	15	20	25	30	40
5	2	2.5	3	4	5	6	8	10	12	15	20	25	30	40	50	60
6	3	4	5	6	8	10	12	15	20	25	30	40	50	60	80	100
7	5	6	8	10	12	15	20	25	30	40	50	60	80	100	120	150
8	8	10	12	15	20	25	30	40	50	60	80	100	120	150	200	250
9	12	15	20	25	30	40	50	60	80	100	120	150	200	250	300	400
10	20	25	30	40	50	60	80	100	120	150	200	250	300	400	500	600

公差等级	应　用　举　例
4	用于量具、测量仪器和高精度机床的导轨，如 0 级平板、测量仪器的 V 形导轨、高精度平面磨床的 V 形滚动导轨、轴承磨床床身导轨、液压阀芯等
5	用于 1 级平板，2 级宽平尺，平面磨床的纵导轨、垂直导轨、立柱导轨及工作台，液压龙门刨床和转塔车床床身的导轨，柴油机进、排气门导杆
6	用于普通机床导轨面，如卧式车床、龙门刨床、滚齿机、自动车床等的床身导轨、立柱导轨、滚齿机、卧式铣镗床、铣床的工作台及机床主轴箱导轨、柴油机体结合面等
7	用于 2 级平板，0.02 游标卡尺尺身，机床床头箱体，摇臂钻床底座工作台，镗床工作台，液压泵盖等
8	用于机床传动箱体，交换齿轮箱体，车床溜板箱体，主轴箱体，柴油机气缸体，连杆分离面，缸盖结合面，汽车发动机缸盖，曲轴箱体等及减速器壳体的结合面
9	用于 3 级平板、机床溜板箱、立钻工作台、螺纹磨床的交换齿轮架，金相显微镜的载物台，柴油机气缸体，连杆的分离面，缸盖的结合面，阀片，空气压缩机的气缸体，液压管件和法兰的联接面等
10	用于 3 级平板，自动车床床身底面，车床交换齿轮架，柴油机气缸体，摩托车的曲轴箱体、汽车变速箱的壳体，汽车发动机缸盖结合面、阀片以及辅助机构及手动机械的支承面

主参数 L 图例

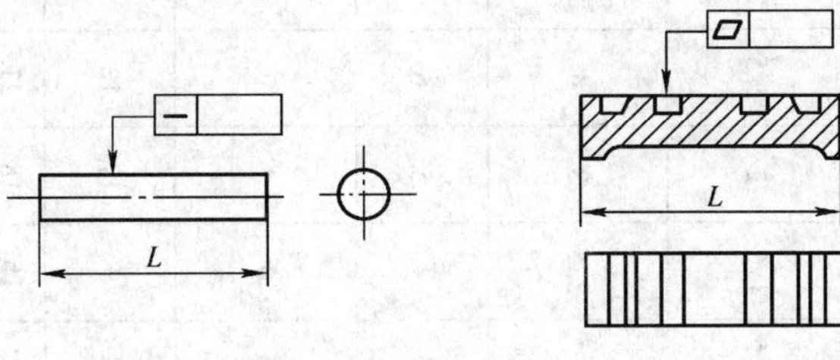

注：应用举例栏为非标准中内容，仅供参考。

表 3-29 圆度、圆柱度（摘自 GB/T 1184—1996）

公差等级	主参数 d（D）/mm ≤3	>3 ~6	>6 ~10	>10 ~18	>18 ~30	>30 ~50	>50 ~80	>80 ~120	>120 ~180	>180 ~250	>250 ~315	>315 ~400	>400 ~500	应用举例
	公差值/μm													
4	0.8	1	1	1.2	1.5	1.5	2	2.5	3.5	4.5	6	7	8	较精密机床主轴、精密机床主轴箱孔，高压阀活塞、活塞销、阀体孔，小工具显微镜顶针，高压油泵柱塞，较高精度滚动轴承配合的轴、铣床动力头箱体孔等
5	1.2	1.5	1.5	2	2.5	2.5	3	4	5	7	8	9	10	一般量仪主轴，测杆外圆，陀螺仪轴颈，一般机床主轴，较精密机床主轴箱孔，柴油机、汽油机活塞、活塞销孔，铣床动力头、轴承箱座孔，高压空气压缩机十字头销、活塞，较低精度滚动轴承配合的轴
6	2	2.5	2.5	3	4	4	5	6	8	10	12	13	15	仪表端盖外圆，一般机床主轴及箱孔，中等压力液压装置工作面（包括泵、压缩机的活塞和气缸），汽车发动机凸轮轴，纺机锭子，通用减速器轴颈，高速船用发动机曲轴，拖拉机曲轴主轴颈
7	3	4	4	5	6	7	8	10	12	14	16	18	20	大功率低速柴油机曲轴、活塞、活塞销、连杆、气缸，高速柴油机箱体孔，千斤顶或液压缸活塞，液压传动系统的分配机构，机车传动轴，水泵及一般减速器轴颈
8	4	5	6	8	9	11	13	15	18	20	23	25	27	低速发动机、减速器、大功率曲柄轴轴颈，压气机连杆盖、体，拖拉机气缸体、活塞，炼胶机冷铸轴辊，印刷机传墨辊，内燃机曲轴，柴油机机体孔，凸轮轴，拖拉机、小型船用柴油机气缸套
9	6	8	9	11	13	16	19	22	25	29	32	36	40	空压机缸体，液压传动筒，通用机械杠杆与拉杆同套筒销子，拖拉机活塞环、套筒孔
10	10	12	15	18	21	25	30	35	40	46	52	57	63	印染机导布辊、铰车、吊车、起重机滑动轴承轴颈等

主参数 d（D）图例

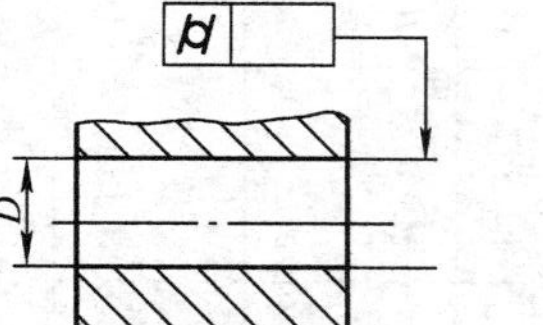

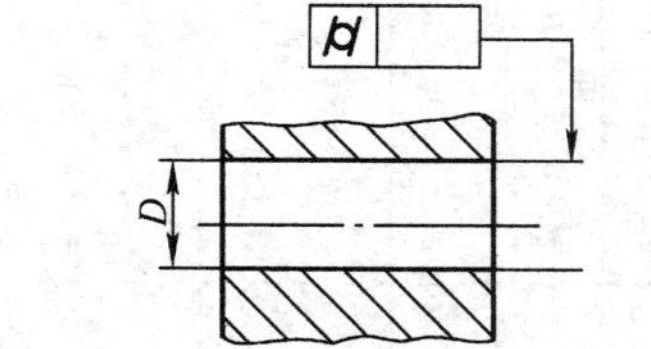

注：应用举例栏为非标准中的内容，仅供参考。

表 3-30 平行度、垂直度、倾斜度（摘自 GB/T 1184—1996）

公差等级	主参数 L、d（D）/mm																应用举例	
	≤10	>10~16	>16~25	>25~40	>40~63	>63~100	>100~160	>160~250	>250~400	>400~630	>630~1000	>1000~1600	>1600~2500	>2500~4000	>4000~6300	>6300~10000	平行度	垂直度和倾斜度
	公差值 /μm																	
4	3	4	5	6	8	10	12	15	20	25	30	40	50	60	80	100	普通机床、测量仪器、量具及模具的基准面和工作面，高精度轴承座圈、端盖、挡圈的端面	普通机床导轨、精密机床的重要零件，机床的重要支承面，普通机床主轴偏摆，发动机轴和离合器的凸缘，气缸的支承端面，装 C、D 级轴承的箱体的凸肩，液压传动轴瓦端面，量具、量仪的重要端面
5	5	6	8	10	12	15	20	25	30	40	50	60	80	100	120	150	机床主轴孔对基准面的要求，重要轴承孔对基准面的要求，主轴箱体重要孔间的要求，一般减速器壳体孔、齿轮泵的轴孔端面等	
6	8	10	12	15	20	25	30	40	50	60	80	100	120	150	200	250	一般机床零件的工作面或基准，压力机和锻锤的工作面，中等精度钻模的工作面，一般刀、量、模具，机床一般轴承孔对基准面的要求，主轴箱一般孔间的要求，变速器箱孔，主轴花键对定心直径，重型机械轴承盖的端面，卷扬机、手动传动装置中的传动轴、气缸轴线	低精度机床主要基准面和工作面，回转工作台端面，一般导轨，主轴箱体孔，刀架、砂轮架及工作台回转中心，机床轴肩、气缸配合面对其轴线，活塞销孔对活塞中心线以及装 F、G 级轴承壳体孔的轴线等
7	12	15	20	25	30	40	50	60	80	100	120	150	200	250	300	400		
8	20	25	30	40	50	60	80	100	120	150	200	250	300	400	500	600		
9	30	40	50	60	80	100	120	150	200	250	300	400	500	600	800	1000	低精度零件、重型机械滚动轴承端盖	花键轴轴肩端面，传动带运输机法兰盘等端面对轴心线，手动卷扬机及传动装置中的轴承端面，减速器壳体平面等
10	50	60	80	100	120	150	200	250	300	400	500	600	800	1000	1200	1500	柴油机和煤气发动机的曲轴孔、轴颈等	

主参数 L，d（D）图例

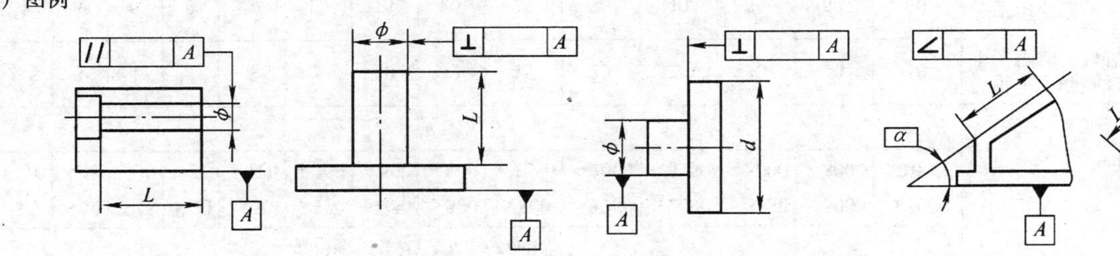

注：应用举例栏为非标准中内容，仅供参考。

表 3-31 同轴度、对称度、圆跳动和全跳动（摘自 GB/T 1184—1996）

公差等级	主参数 d（D），B，L/mm																	应用举例
	≤1	>1 ~3	>3 ~6	>6 ~10	>10 ~18	>18 ~30	>30 ~50	>50 ~120	>120 ~250	>250 ~500	>500 ~800	>800 ~1250	>1250 ~2000	>2000 ~3150	>3150 ~5000	>5000 ~8000	>8000 ~10000	
	公差值 /μm																	
4	1.5	1.5	2	2.5	3	4	5	6	8	10	12	15	20	25	30	40	50	机床主轴轴颈，砂轮轴轴颈，汽轮机主轴，测量仪器的小齿轮轴，高精度滚动轴承内、外圈等
5	2.5	2.5	3	4	5	6	8	10	12	15	20	25	30	40	50	60	80	应用范围较广的精度等级，用于精度要求比较高一般按尺寸公差 IT6 或 IT7 级制造的零件，如 5 级精度常用于机床轴颈、测量仪器的测量杆、汽轮机主轴、柱塞油泵转子、高精度滚动轴承外圈、一般精度轴承内圈，7 级精度用于内燃机曲轴、凸轮轴轴颈、水泵轴、齿轮轴、汽车后桥输出轴、电动机转子、G 级精度滚动轴承内圈、印刷机传墨辊等
6	4	4	5	6	8	10	12	15	20	25	30	40	50	60	80	100	120	
7	6	6	8	10	12	15	20	25	30	40	50	60	80	100	120	150	200	
8	10	10	12	15	20	25	30	40	50	60	80	100	120	150	200	250	300	用于一般精度要求，通常按尺寸公差 IT9 ~ IT10 级制造的零件，如 8 级精度用于拖拉机发动机分配轴轴颈、9 级精度以下齿轮轴的配合面、水泵叶轮、离心泵泵体、棉花精梳机前后滚子，9 级精度用于内燃机气缸套配合面、自行车中轴，10 级精度用于摩托车活塞、印染机导布辊、内燃机活塞环槽底径对活塞中心，气缸套外圈对内孔等
9	15	20	25	30	40	50	60	80	100	120	150	200	250	300	400	500	600	
10	25	40	50	60	80	100	120	150	200	250	300	400	500	600	800	1000	1200	

主参数 d（D）、B、L 图例

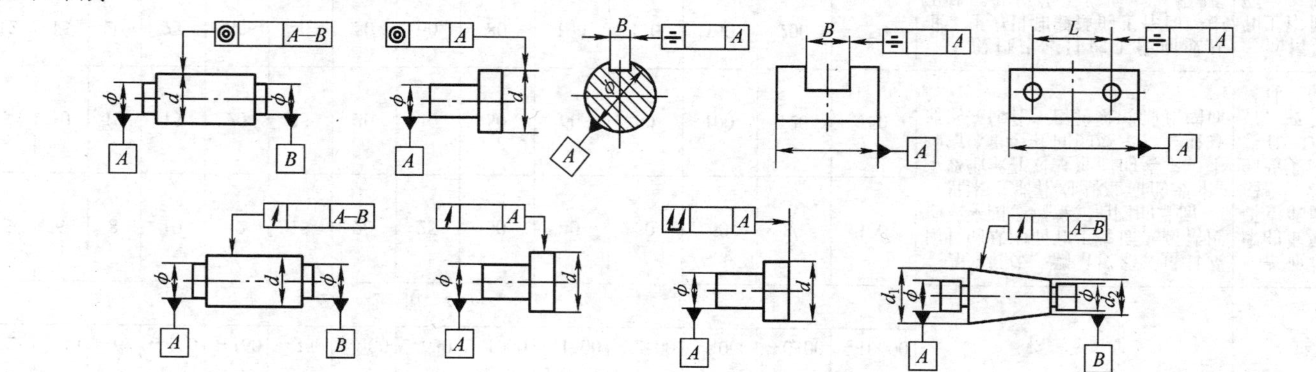

注：应用举例栏为非标准中内容，仅供参考。

三、表面结构概念与表面粗糙度

1. 表面结构的概念与代号

通过去除材料或成形加工制造的零件表面，具有各种不同类型的不规则状态，叠加在一起形成一个实际存在的复杂的表面轮廓。它主要由尺寸的偏离、实际形状相对于理想（几何）形状的偏离以及表面的微观值和中间值的几何形状误差等综合形成。零件实际表面轮廓具有的特定表面特征称之为零件的表面结构。对于零件的表面轮廓，应给出有关表面特征的要求。除了应控制其实际尺寸、形状、方向和位置外，还应控制其表面粗糙度、表面波纹度和表面缺陷。

表面粗糙度主要由加工过程中，刀具和零件表面之间的摩擦、切屑分离时的塑性变形以及工艺系统存在的高频振动等原因造成的，属于微观几何误差。它影响工件的摩擦因数、密封性、耐腐蚀性、疲劳强度、接触刚度及导电、导热性能等。

表面波纹度主要是由于加工过程中，机床—刀具—工件这一加工系统的振动、发热，以及在回转过程中的质量不均衡等原因形成的，具有较强的周期性。改善和提高机床的安装、调整精度及其工艺性，可降低表面波纹度的参数值。

表面缺陷是从零件加工一直到使用过程中都可能形成的一种表面状况。它不存在周期性与规律性，但发生缺陷也有其内在规律。因此，控制缺陷以及接受零件表面所产生的不影响零件功能的缺陷也是控制产品质量的一个生产环节。

区分形状误差、表面粗糙度与表面波纹度常见的方法有在表面轮廓截面上采用三种不同的频率范围的定义来划分。也有以波形峰与峰之间的间距作区分界限：对于间距小于 1mm 的，称表面粗糙度；1～10mm 范围内的称表面波纹度；大于 10mm 的则视作形状误差。但这不够严密，因为零件大小不一及工艺条件变化均会影响这种区分原则。还有一种是用波形起伏的间距和幅度比来划分：比值小于 50 的为表面粗糙度；在 50～1000 范围内为表面波纹度；大于 1000 的视作形状误差。这种比值的划分是在生产实际中综合统计得出的，目前也没有严格的理论支持。

图 3-5a 表示零件在加工后表面粗糙度和波纹度的复合轮廓，图 3-5b 表示排除波纹度后的粗糙度轮廓，图 3-5c 表示排除粗糙度后的波纹度轮廓。图 3-6a 表示铰孔后的表面粗糙度和表面波纹度的复合轮廓，图 3-6b 表示排除波纹度后的粗糙度轮廓，图 3-6c 表示排除粗糙度后的波纹度轮廓。

GB/T 131—2006《产品几何技术规范（GPS）技术产品文件中表面结构的表示法》中规定了表面结构在图样和技术文件中的符号、代号和表示方法，它适用于粗糙度参数（R）、波纹度参数（W）和原始轮廓参数（P）。表面结构的符号及其含义见表 3-32。

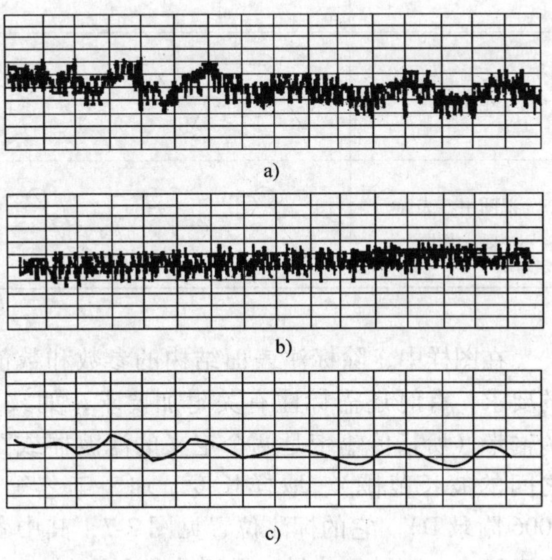

图 3-5　加工后表面轮廓分析

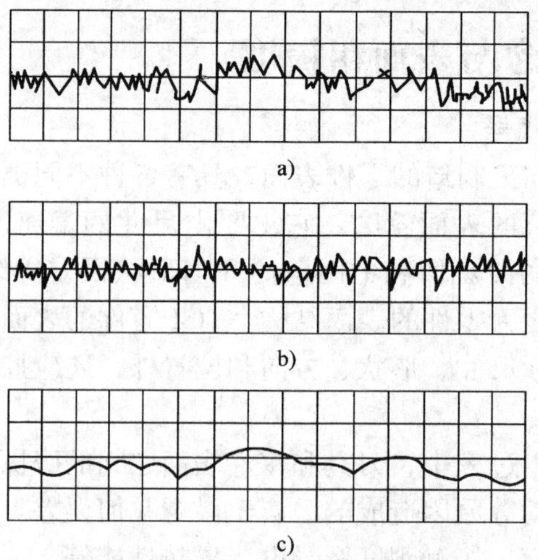

a)

b)

c)

图 3-6　铰孔后表面轮廓分析

表 3-32　表面结构的符号及其含义

名称	符　　号	意　义　及　说　明
基本符号		基本符号，表示加工表面可用任何方法获得。当不加注粗糙度参数值或有关说明（例如：表面处理、局部热处理状况等）时，仅用于简化代号标注
扩展符号		基本符号加一短划，表示表面是用去除材料的方法获得。例如：车、铣、钻、磨、剪切、抛光、腐蚀、电火花加工、气割等。如不加注数值，则仅要求去除材料
		基本符号加一小圆，表示表面是用不去除材料的方法获得。例如：铸、锻、冲压变形、热轧、冷轧、粉末冶金等。如不注数值，则表示该表面为保持原供应状态或保持上道工序状况的表面
完整符号		在上述三个符号的长边上均可加一横线，用于标注有关参数和说明
视图中各表面要求相同		在上述三个符号上均可加一小圆，表示视图中的所有表面都具有相同的表面结构要求

在图样中，除标注表面结构的参数和数值外，根据零件表面的要求，有时还需标注有关附加要求，如纹理方向、加上余量、传输带（所指传输带是两个定义的滤波器或图形法的两个极限值之间的波长范围）、取样长度、加工工艺等（详见 GB/T 131—2006 附录 D）。它的标注位置见图 3-7，其中各字母代号的含义见表 3-33。表面结构代号的示例及含义见表 3-34。

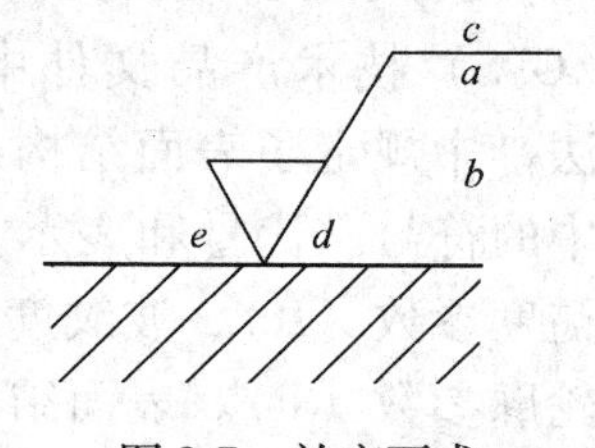

图 3-7　补充要求的注写位置

表 3-33　字母代号的含义

字母代号	含　义	示　例
a	表面结构的参数代号和极限值，必要时标注传输带或取样长度	1）0.0025 -0.8/*Rz*6.3（传输带标注） 2）-0.8/*Rz*6.3（取样长度标注）
b	两个或多个表面结构参数要求，在 a 位置的垂直延长部位	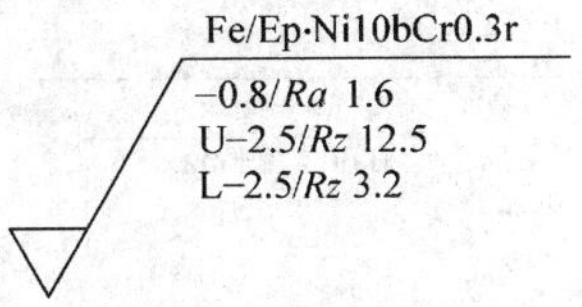 Fe/Ep·Ni10bCr0.3r -0.8/*Ra* 1.6 U-2.5/*Rz* 12.5 L-2.5/*Rz* 3.2
c	表面的加工方法，如表面处理，涂镀层、车、磨、铣等加工方法，右图为车削加工，粗糙度 *Rz*3.2	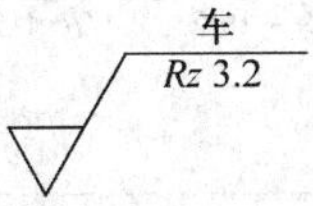 车 *Rz* 3.2
d	表面纹理和纹理方向	详见 GB/T 131—2006
e	加工余量。在必要时，可提出加工余量的要求，以 mm 为单位，右图表示在视图上所有表面的加工余量为 3mm	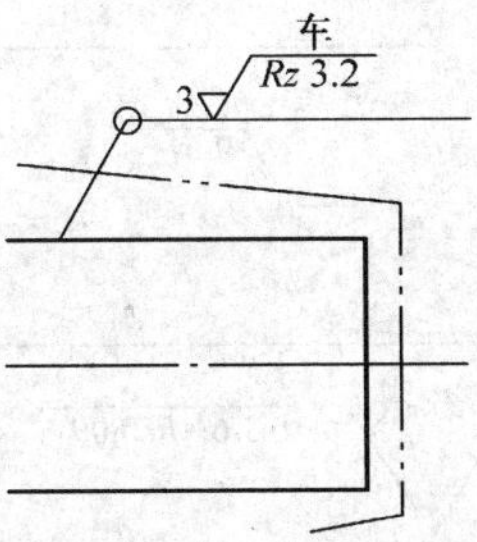 车 *Rz* 3.2 3

表 3-34　表面结构代号示例及含义

序号	符　号	含义或解释
1	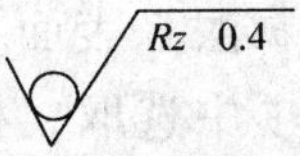 *Rz* 0.4	表示不允许去除材料，单向上限值，默认传输带，*R* 轮廓，粗糙度的最大高度 0.4μm，评定长度为 5 个取样长度（默认），“16% 规则”（默认）
2	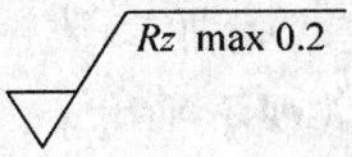 *Rz* max 0.2	表示去除材料，单向上限值，默认传输带，*R* 轮廓，粗糙度最大高度的最大值 0.2μm，评定长度为 5 个取样长度（默认），“最大规则”
3	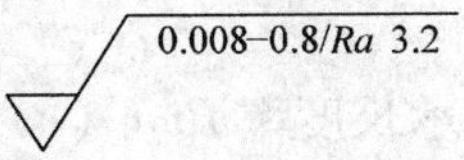 0.008-0.8/*Ra* 3.2	表示去除材料，单向上限值，传输带 0.008 ~0.8mm，*R* 轮廓，算术平均偏差 3.2μm，评定长度为 5 个取样长度（默认），“16% 规则”（默认）
4	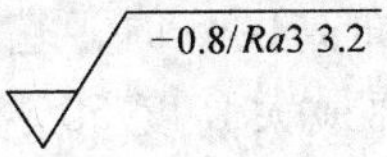 -0.8/*Ra*3 3.2	表示去除材料，单向上限值，传输带：根据 GB/T 6062，取样长度 0.8μm（λ_s 默认 0.0025mm），*R* 轮廓，算术平均偏差 3.2μm，评定长度包含 3 个取样长度，“16% 规则”（默认）
5	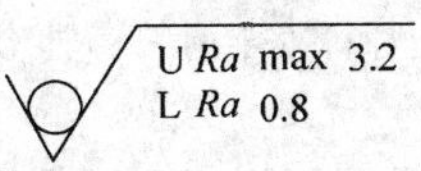 U *Ra* max 3.2 L *Ra* 0.8	表示不允许去除材料，双向极限值，两极限值均使用默认传输带，*R* 轮廓，上限值：算术平均偏差 3.2μm，评定长度为 5 个取样长度（默认），“最大规则”，下限值：算术平均偏差 0.8μm，评定长度为 5 个取样长度（默认），“16% 规则”（默认）

（续）

序号	符　号	含 义 或 解 释
6	0.8–25/Wz3　10	表示去除材料，单向上限值，传输带 0.8～25mm，W 轮廓，波纹度最大高度 10μm，评定长度包含 3 个取样长度，“16% 规则”（默认）
7	0.008–/Ptmax 25	表示去除材料，单向上限值，传输带 λ_s = 0.008mm，无长波滤波器，P 轮廓，轮廓总高 25μm，评定长度等于工件长度（默认），“最大规则”
8	0.0025–0.1/Rx 0.2	表示任意加工方法，单向上限值，传输带 λ_s = 0.0025mm，A = 0.1mm，评定长度 3.2mm（默认），粗糙度图形参数，粗糙度图形最大深度 0.2μm，“16% 规则”（默认）
9	/10/R 10	表示不允许去除材料，单向上限值，传输带 λ_s = 0.008mm（默认），A = 0.5mm（默认），评定长度 10mm，粗糙度图形参数，粗糙度图形平均深度 10μm，“16% 规则”（默认）
10	W 1	表示去除材料，单向上限值，传输带 λ = 0.5mm（默认），B = 2.5mm（默认），评定长度 16mm（默认），波纹度图形参数，波纹度图形平均深度 1mm，“16% 规则”（默认） W—图形参数
11	–0.3/6/AR 0.09	表示任意加工方法，单向上限值，传输带 λ_s = 0.008mm（默认），A = 0.3mm（默认），评定长度 6mm，粗糙度图形参数，粗糙度图形平均间距 0.09mm，“16% 规则”（默认）

注：表中给出的表面结构参数、传输带/取样长度和参数值以及所选择的符号仅作为示例。

2. 表面粗糙度数值及其选用

GB/T 1031—2009《产品几何技术规范（GPS）表面结构　轮廓法　表面粗糙度参数及其数值》中规定了表面粗糙度的参数首先从高度参数 *Ra*、*Rz*㊀两项中选取，根据产品表面功能的要求，在高度参数不能满足的前提下，可用附加参数 *Rsm*㊁或 *Rmr*（*c*）。对于有表面粗糙度要求的表面，应同时给出两项要求——参数值和取样长度。附加参数一般不单独使用，常作为补充参数使用，与高度参数一起共同控制零件表面的微观不平度。

（1）高度参数值　高度参数值包括轮廓的算术平均偏差 *Ra* 和轮廓的最大高度 *Rz* 的数值，分别见表 3-35、表 3-36。

（2）附加参数值包括轮廓单元的平均宽度 *Rsm* 和轮廓的支承长度率 *Rmr*（*c*）的数值分别见表 3-37，表 3-38。*Rmr*（*c*）是衡量零件表面耐磨性的参数，是控制表面微观不平度的高度和间距的综合参数，选用此参数时必须同时给出轮廓截面高度 *c* 值，它可用（μm）或 *Rz* 的百分数表示，如 *Rmr*（*c*）为 70，*c* 为 50，则表示在轮廓最大高度 50% 的截面位置

㊀ 旧标准 GB/T 1031—1995 中高度参数为 *Ra*、*Rz*、*Ry* 三项，新标准中为了与 GB/T 3505—2009 标准取得一致，将三项高度参数改为 *Ra*、*Rz* 两项。要注意新标准中的 *Rz* 为旧标准中的 *Ry*。原标准中的 *Rz*，其术语及定义已取消，即取消“微观不平度十点高度”这一参数定义。

㊁ 旧标准 GB/T 1031—1995 中间距参数为 *S*，*Sm* 两项。新标准中仅采用了轮廓单元宽度 *Xs* 的平均值（原 *Sm*），取名为 *Rsm*，取消了原单峰平均间距 *S*。

上，其轮廓的支承长度率的最小允许值为70%。*Rz* 的百分数系列见表3-39。

（3）取样长度及评定长度　取样长度系列见表3-40。一般情况下，在测量 *Ra*、*Rz* 时推荐按表3-41、表3-42选用对应的取样长度 *lr*，此时取样长度的标注在图样上或技术文件中省略。当有特殊要求时应给出相应的取样长度，并在图样上或技术文件中注出。

表3-35　轮廓的算术平均偏差 *Ra* 的数值

（单位：μm）

Ra	0.012	0.2	3.2	50
	0.025	0.4	6.3	100
	0.05	0.8	12.5	
	0.1	1.6	25	

表3-36　轮廓的最大高度 *Rz* 的数值

（单位：μm）

Rz	0.025	0.4	6.3	100	1600
	0.05	0.8	12.5	200	
	0.1	1.6	25	400	
	0.2	3.2	50	800	

表3-37　轮廓单元的平均宽度 *Rsm* 的数值

（单位：mm）

Rsm	0.006	0.1	1.6
	0.0125	0.2	3.2
	0.025	0.4	6.3
	0.05	0.8	12.5

表3-38　轮廓的支承长度率 *Rmr*（*c*）的数值

Rmr（*c*）（%）	10	15	20	25	30	40	50	60	70	80	90

表3-39　*Rz* 的百分数系列

c	*Rz* 的百分数系列											
	5	10	15	20	25	30	40	50	60	70	80	90

表3-40　取样长度系列　（单位：mm）

lr	0.08	0.25	0.8	2.5	8	25

表3-41　*Ra* 与取样长度的对应关系

Ra/μm	*lr*/mm	*ln*(*ln*=5*l*)/mm
≥0.008～0.02	0.08	0.4
>0.02～0.1	0.25	1.25
>0.1～2.0	0.8	4.0
>2.0～10.0	2.5	12.5
>10.0～80.0	8.0	40.0

表3-42　*Rz* 与取样长度的对应关系

Rz/μm	*lr*/mm	*ln*(*ln*=5*lr*)/mm
≥0.025～0.10	0.08	0.4
>0.10～0.50	0.25	1.25
>0.50～10.0	0.8	4.0
>10.0～50.0	2.5	12.5
>50～320	8.0	40.0

（4）表面粗糙度参数选用举例　表面粗糙度参数值 *Ra* 的应用范围见表3-43；典型零件表面的 *Ra* 和 *Rmr*（*c*）值见表3-44；常用零件表面的表面粗糙度参数值见表3-45；各种加工方法所能达到的 *Ra* 值见表3-46。

表3-43　*Ra* 的应用范围

Ra/μm	适　应　的　零　件　表　面
12.5	粗加工非配合表面，包括轴端面、倒角、钻孔、链槽非工作表面、垫圈接触面、不重要的安装支承面、螺钉、铆钉孔表面等

（续）

Ra/μm	适应的零件表面
6.3	半精加工表面，用于不重要的零件的非配合表面，包括支柱、轴、支架、外壳、衬套、盖等的端面：螺钉、螺栓和螺母的自由表面：不要求定心和配合特性的表面，如螺栓孔、螺钉通孔、铆钉孔等；飞轮、带轮、离合器、联轴器、凸轮、偏心轮的侧面；平键及键槽上、下面，花键非定心表面，齿顶圆表面；所有轴和孔的退刀槽；不重要的连接配合表面；犁铧、犁侧板、深耕铲等零件的摩擦工作面；插秧爪面等
3.2	半精加工表面包括，外壳、箱体、盖、套筒、支架等和其他零件连接而不形成配合的表面；不重要的紧固螺纹表面；非传动用梯形螺纹、锯齿形螺纹表面；燕尾槽表面；键和键槽的工作面；需要发蓝的表面；需滚花的预加工表面；低速滑动轴承和轴的摩擦面；张紧链轮、导向滚轮与轴的配合表面；滑块及导向面（速度20～50m/min）；收割机械切割器的摩擦器动刀片、压力片的摩擦面；脱粒机格板工作表面等
1.6	要求有定心及配合特性的固定支承、衬套、轴承和定位销的压入孔表面；不要求定心及配合特性的活动支承面，活动关节及花键结合面；8级齿轮的齿面，齿条齿面；传动螺纹工作面；低速传动的轴颈；楔形键及键槽上、下面；轴承盖凸肩（对中心用），V带轮槽表面，电镀前金属表面等
0.8	要求保证定心及配合特性的表面，锥销和圆柱销表面；与P0和P6级滚动轴承相配合的孔和轴颈表面；中速转动的轴颈，过盈配合的孔（IT7），间隙配合的孔（IT8），花键轴定心表面，滑动导轨面 不要求保证定心及配合特性的活动支承面；高精度的活动球状接头表面、支承垫圈、榨油机螺旋榨辊表面等
0.2	要求能长期保持配合特性的孔（IT6、IT5），6级精度齿轮齿面，蜗杆齿面（6～7级），与P5级滚动轴承配合的孔和轴颈表面；要求保证定心及配合特性的表面；滑动轴承轴瓦工作表面；分度盘表面；工作时受交变应力的重要零件表面；受力螺栓的圆柱表面，曲轴和凸轮轴工作表面、发动机气门圆锥面，与橡胶油封相配合的轴表面等
0.1	工作时受较大交变应力的重要零件表面，保证疲劳强度、耐腐蚀性及在活动接头工作中要求耐久性的一些表面；精密机床主轴箱与套筒配合的孔；活塞销的表面；液压传动用孔的表面，阀的工作表面，气缸内表面，保证精确定心的锥体表面；仪器中承受摩擦的表面，如导轨、槽面等
0.05	滚动轴承套圈滚道、滚动体表面，摩擦离合器的摩擦表面，工作量规的测量表面，精密刻度盘表面，精密机床主轴套筒外圆面等
0.025	特别精密的滚动轴承套圈滚道、滚动体表面；量仪中较高精度间隙配合零件的工作表面；柴油机高压泵中柱塞副的配合表面；保证高度气密的接合表面等
0.012	仪器的测量面；量仪中高精度间隙配合零件的工作表面；尺寸超过100mm量块的工作表面等

注：1. 上表中只列举了 Ra 参数值所适应的零件表面的示例，如由于客观条件的限制或某些特殊的要求，只能测出 Rz 参数值时，可根据 Ra 和 Rz 之间的大致对应比值关系，换算出 Rz 的参数值。

2. 对应关系比值为 $Rz=(4\sim15)Ra$（由于较大轮廓出现的随机性较大，因此其发散范围也较大，一般处于中间部位）。

表3-44 典型零件表面的 Ra 和 Rmr（c）值

要求的表面	Ra/μm	Rmr（c）（%）（$c=20\%$）	lr/mm
和滑动轴承配合的支承轴颈[①]	0.32	30	0.8
和青制轴瓦配合的支承轴颈	0.40	15	0.8
和巴比特合金轴瓦配合的支承轴颈	0.25	20	0.25
和铸铁轴瓦配合的支承轴颈	0.32	40	0.8

（续）

要求的表面		$Ra/\mu m$	Rmr（c）（%）（$c=20\%$）	lr/mm
和石墨片轴瓦 АИС-1 配合的支承轴颈		0.32	40	0.8
和滚动轴承配合的支承轴颈		0.80	—	0.8
钢球和滚柱轴承的工作面		0.80	15	0.25
保证选择器或排挡转移情况的表面		0.25	15	0.25
和齿轮孔配合的轴颈		1.6	—	0.8
按疲劳强度工作的轴		—	60	0.8
喷镀过的滑动摩擦面		0.08	10	0.25
准备喷镀的表面		—	—	0.8
电化学镀层前的表面		0.2～0.8	—	—
齿轮配合孔		0.5～2.0	—	0.8
齿轮齿面		0.63～1.25	—	0.8
蜗杆齿侧面		0.32	—	0.25
铸铁箱体上主要孔		1.0～2.0	—	0.8
钢箱体上主要孔		0.63～1.6	—	0.8
箱体和盖的结合面		—	—	2.5
机床滑动导轨	普通	0.63	—	0.8
	高精度	0.10	15	0.25
	重型	1.6	—	0.25
滚动导轨		0.16	—	0.25
缸体工作面		0.40	40	0.8
活塞环工作面		0.25	—	0.25
曲轴轴颈		0.32	30	0.8
曲轴连杆轴颈		0.25	20	0.25
活塞侧缘		0.80	—	0.8
活塞上活塞销孔		0.50	—	0.8
活塞销		0.25	15	0.25
分配轴轴颈和凸轮部分		0.32	30	0.8
油针偶件		0.08	15	0.25
摇杆小轴孔和轴颈		0.63	—	0.8
腐蚀性的表面②		0.063	10	0.25

① $Rz=1\mu m$。

② $Rmr(c)=0.032mm$。

表 3-45　常用零件表面的表面粗糙度参数值

	公差等级	表面	基本尺寸/mm	
			≤50	50～500
配合表面	IT5	轴	0.2	0.4
		孔	0.4	0.8
	IT6	轴	0.4	0.8
		孔	0.4～0.8	0.8～1.6
	IT7	轴	0.4～0.8	0.8～1.6
		孔	0.8	
	IT8	轴	0.8	
		孔	0.8～1.6	

		公差等级	表面	基本尺寸/mm		
				≤50	50～120	120～500
过盈配合	压入装配	IT5	轴	0.1～0.2	0.4	0.4
			孔	0.2～0.4	0.8	0.8
		IT6～IT7	轴	0.4	0.8	1.6
			孔	0.8	1.6	1.6
		IT8	轴	0.8	0.8～1.6	1.6～3.2
			孔			
	热装	—	轴	1.6		
			孔	1.6～3.2		

	表面	分组公差/μm				
		<2.5	2.5	5	10	20
分组装配的零件表面	轴	0.05	0.1	0.2	0.4	0.8
	孔	0.1	0.2	0.4	0.8	1.6

	表面	径向圆跳动公差/μm					
		2.5	4	6	10	16	20
定心精度高的配合表面	轴	0.05	0.1	0.1	0.2	0.4	0.8
	孔	0.1	0.2	0.2	0.4	0.8	1.6

	表面	公差等级		流体润滑
		IT6～IT9	IT10～IT12	
滑动轴承表面	轴	0.4～0.8	0.8～3.2	0.1～0.4
	孔	0.8～1.6	1.6～3.2	0.2～0.8

	性质	速度 /m·s^{-1}	平面度公差/(μm/100mm 范围内)				
			≤6	10	20	60	>60
导轨面	滑动	≤0.5	0.2	0.4	0.8	1.6	3.2
		>0.5	0.1	0.2	0.4	0.8	1.6
	滚动	≤0.5	0.1	0.2	0.4	0.8	1.6
		>0.5	0.05	0.1	0.2	0.4	0.8

（续）

圆锥结合工作表面	密封结合	对中结合	其他
	0.1～0.4	0.4～1.6	1.6～6.3

键结合	结构名称		键	轴上键槽	毂上键槽
	不动结合	工作面	3.2	1.6～3.2	1.6～3.2
		非工作面	6.3～12.5	6.3～12.5	6.3～12.5
	用导向键	工作面	1.6～3.2	1.6～3.2	1.6～3.2
		非工作面	6.3～12.5	6.3～12.5	6.3～12.5

渐开线花键结合	结构名称	孔槽	轴齿	定心面		非定心面	
				孔	轴	孔	轴
	不动结合	1.6～3.2	1.6～3.2	0.8～1.6	0.4～0.8	3.2～6.3	1.6～6.3
	动结合	0.8～1.6	0.4～0.8	0.8～1.6	0.4～0.8	3.2	1.6～6.3

螺纹结合	精度等级	IT4、IT5	IT6、IT7	IT8、IT9
	紧固螺纹	1.6	3.2	3.2～6.3
	在轴上、杆上和套上螺纹	0.8～1.6	1.6	3.2
	丝杠和起重螺纹	—	0.4	0.8
	丝杠螺母和起重螺母	—	0.8	1.6

齿轮传动	精度等级	IT3	IT4	IT5	IT6	IT7	IT8	IT9	IT10	IT11
	直齿、斜齿、人字齿轮、蜗轮（圆柱）	0.1～0.2	0.2～0.4	0.2～0.4	0.4～0.8	0.4～0.8	1.6	3.2	6.3	6.3
	圆锥齿轮	—	—	0.2～0.4	0.4～0.8	0.4～0.8	0.8～1.6	1.6～3.2	3.2～6.3	6.3
	蜗杆牙型面	0.1	0.2	0.2	0.4	0.4～0.8	0.8～1.6	1.6～3.2		
	根圆	和工作面同或接近的更粗的优先数								
	顶圆	3.2～12.5								

链轮	应用精度	普通	提高
	工作表面	3.2～6.3	1.6～3.2
	根圆	6.3	3.2
	顶圆	3.2～12.5	3.2～12.5

分度机构表面（如分度板、插销）	定位精度/μm					
	≤4	6	10	25	63	>63
	0.1	0.2	0.4	0.8	1.6	3

齿轮、链轮和蜗轮的非工作端面	3.2～12.5
孔和轴的非工作表面	6.3～12.5
倒角、倒圆、退刀槽等	3.2～12.5
螺栓、螺钉等用的通孔	25
精制螺栓和螺母	3.2～12.5
半精制螺栓和螺母	25

（续）

螺钉头表面			3.2～12.5
压簧支承表面			12.5～25
准备焊接的倒棱			50～100
床身、箱体上的槽和凸起			12.5～25
在水泥、砖或木质基础上的表面			100 或更大
对疲劳强度有影响的非结合表面			0.2～0.4 抛光
影响蒸汽和气流的表面	特别精密		0.2 抛光
	一般		0.8～1.6
影响零件平衡的表面	直径	≤180mm	1.6～3.2
		180～500mm	6.3
		>500mm	15.2～52

表 3-46　各种加工方法能达到的 *Ra* 值

加工方法		表面粗糙度 *Ra*/μm													
		0.012	0.025	0.05	0.100	0.20	0.40	0.80	1.60	3.20	6.30	12.5	25	50	100
砂模铸造											——	——	——	——	——
壳型铸造											——	——	——	——	——
金属模铸造									——	——	——	——	——	——	
离心铸造									——	——	——	——	——		
精密铸造								——	——	——	——	——			
蜡模铸造							——	——	——	——	——	——			
压力铸造							——	——	——	——	——				
热轧											——	——	——	——	——
模锻									——	——	——	——	——	——	——
冷轧						——	——	——	——	——	——	——			
挤压							——	——	——	——	——	——			
冷拉						——	——	——	——	——	——				
锉							——	——	——	——	——	——	——		
铲刮							——	——	——	——	——	——			
刨削	粗										——	——	——		
	半精								——	——	——				
	精						——	——	——						
插削									——	——	——	——	——		
钻孔								——	——	——	——	——	——		
扩孔	粗										——	——	——		
	精								——	——	——				
金刚镗孔				——	——	——	——								

（续）

加工方法		表面粗糙度 $Ra/\mu m$													
		0.012	0.025	0.05	0.100	0.20	0.40	0.80	1.60	3.20	6.30	12.5	25	50	100
镗孔	粗										—	—	—	—	
	半精							—	—	—	—				
	精						—	—	—						
铰孔	粗								—	—	—	—			
	半精						—	—	—	—					
	精				—	—	—	—	—						
端面铣	粗									—	—	—			
	半精						—	—	—	—	—				
	精					—	—	—	—						
车外圆	粗										—	—	—		
	半精								—	—	—	—			
	精					—	—	—	—						
金刚车			—	—	—	—									
车端面	粗										—	—	—		
	半精								—	—	—	—			
	精						—	—	—						
磨外圆	粗							—	—	—	—				
	半精					—	—	—	—						
	精		—	—	—	—	—								
磨平面	粗								—	—					
	半精						—	—	—						
	精		—	—	—	—	—								
珩磨	平面		—	—	—	—	—	—	—						
	圆柱	—	—	—	—	—	—								
研磨	粗					—	—	—	—						
	半精			—	—	—	—								
	精	—	—	—	—										
抛光	一般				—	—	—	—	—						
	精	—	—	—	—										
滚压抛光				—	—	—	—	—	—	—					
超精加工	平面	—	—	—	—	—	—								
	柱面	—	—	—	—	—	—								
化学蚀割								—	—	—	—	—	—		
电火花加工								—	—	—	—	—	—		
切割	气割										—	—	—	—	—
	锯								—	—	—	—	—	—	—

（续）

加工方法		表面粗糙度 Ra/μm													
		0.012	0.025	0.05	0.100	0.20	0.40	0.80	1.60	3.20	6.30	12.5	25	50	100
切割	车									—	—	—	—		
	铣											—	—	—	
	磨								—	—	—				
锯加工								—	—	—	—	—	—	—	
成形加工							—	—	—	—	—	—	—		
拉削	半精						—	—	—	—					
	精				—	—	—								
滚铣	粗									—	—	—	—		
	半精							—	—	—	—				
	精						—	—	—						
螺纹加工	丝锥板牙							—	—	—	—				
	梳洗							—	—	—	—				
	滚					—	—	—							
	车							—	—	—	—	—			
	搓螺纹							—	—	—	—				
	滚压						—	—	—	—					
	磨					—	—	—	—						
	研磨			—	—	—	—	—	—						
齿轮及花键加工	刨							—	—	—	—				
	滚							—	—	—	—				
	插							—	—	—	—				
	磨				—	—	—	—							
	剃					—	—	—	—						
电光束加工						—	—	—	—	—	—				
激光加工						—	—	—	—	—	—				
电化学加工				—	—	—	—	—	—	—	—	—			

四、渐开线圆柱齿轮精度

圆柱齿轮精度的标准体系由两个标准和四个指导性文件组成。

GB/T 10095《圆柱齿轮 精度制》由两个标准组成：

GB/T 10095.1—2008《圆柱齿轮 精度制 第1部分：轮齿同侧齿面偏差的定义和允许值》规定了单个渐开线圆柱齿轮轮齿同侧齿面的精度制、轮齿各项精度术语的定义、齿轮精度制的结构以及齿距偏差、齿廓偏差、螺旋线偏差和切向综合偏差的允许值。此标准只适用于单个齿轮的每个要素，不包括齿轮副。

GB/T 10095.2—2008《圆柱齿轮 精度制 第2部分：径向综合偏差与径向跳动的定义和允许值》规定了单个渐开线圆柱齿轮径向综合偏差与径向跳动的精度制，齿轮精度术语的定义、齿轮精度制的结构和所述偏差的允许值。径向综合偏差的公差仅适用于产品齿轮与测量齿轮的啮合检验，而不适用于两个产品齿轮的啮合检验。

GB/Z 18620《圆柱齿轮 检验实施规范》是关于齿轮检验方法的描述和意见，形成四个指导性文件：GB/Z 18620.1—2008《圆柱齿轮 检验实施规范 第1部分：轮齿同侧齿面的检验》；GB/Z 18620.2—2008《圆柱齿轮 检验实施规范 第2部分：径向综合偏差、径向跳动、齿厚和侧隙的检验》；GB/Z 18620.3—2008《圆柱齿轮 检验实施规范 第3部分：齿轮坯轴中心距和轴线平行度的检验》；GB/Z 18620.4—2008《圆柱齿轮 检验实施规范 第4部分：表面结构和轮齿接触斑点的检验的推荐文件》。指导性文件所提供的数值不作为严格的标准判据，而作为共同协议的关于钢或铁制齿轮的指南来使用。

1. 齿轮同侧齿面偏差（见表3-47）

表3-47 齿轮偏差的定义和代号

名称		定义	备注
齿距偏差	单个齿距偏差 f_{pt}	在端平面上，在接近齿高中部的一个与齿轮轴线同心的圆上，实际齿距与理论齿距的代数差（见图3-8）	1）属于GB/T 10095.1—2008 2）在接近齿高和齿宽中部测量。如果齿宽大于250mm，应在距齿宽每侧约15%的齿宽处增加两个测量部位 3）f_{pt}需对每个轮齿的两侧都进行测量 4）除非另有规定，F_{pk}值被限定在不大于1/8的圆周上评定。因此，F_{pk}的允许值适用于齿距数k为2到小于$z/8$的弧段内。通常，F_{pk}取$k=z/8$就足够了，但对于特殊的应用（如高速齿轮），还需要检验较小弧段，并规定相应的k值
	齿距累积偏差 F_{pk}	任意k个齿距的实际弧长与理论弧长的代数差，理论上它等于这k个齿距的各单个齿距偏差的代数和（见图3-8）	
	齿距累积总偏差 F_p	齿轮同侧齿面任意弧段（$k=1$至$k=z$）内的最大齿距累积偏差。它表现为齿距累积偏差曲线的总幅值（见图3-8）	
齿廓偏差	齿廓总偏差 F_α	在计值范围L_α内，包容实际齿廓迹线的两条设计齿廓迹线间的距离（见图3-9a）	1）属于GB/T 10095.1—2008 2）内廓偏差是实际齿廓偏离设计齿廓的量，该量在端面内且垂直于渐开线齿廓的方向计算 3）设计齿廓指符合设计规定的齿廓，无其他限定时，指端面齿廓 4）平均齿廓是指设计齿廓迹线的纵坐标减去一条斜直线的相应纵坐标后得到的一条迹线。使得在计值范围内，实际齿廓迹线与平均齿廓迹线偏差的平方和最小 5）在齿宽中部测量。如果齿宽大于250mm，应在距齿宽每侧约15%的齿宽处增加两个测量部位。应至少测量沿齿轮圆周均布的三个齿的两侧齿面 6）齿廓形状偏差和齿廓倾斜偏差不是强制性的单项检验项目
	齿廓形状偏差 $f_{f\alpha}$	在计值范围L_α内，包容实际齿廓迹线的与平均齿廓迹线完全相同的两条迹线间的距离，且两条曲线与平均齿廓的距离为常数（见图3-9b）	
	齿廓倾斜偏差 $f_{H\alpha}$	在计值范围L_α内，两端与平均齿廓迹线相交的两条设计齿廓迹线间的距离（见图3-9c）	

（续）

名称		定义	备注
螺旋线偏差	螺旋线总偏差 F_β	在计值范围 L_β 内，包容实际螺旋线迹线的两条设计螺旋线迹线间的距离（见图 3-10a）	1）属于 GB/T 10095.1—2008 2）螺旋线偏差是在齿轮端面基圆切线方向测得的实际螺旋线偏离设计螺旋线的量，且应在沿齿轮圆周均布的至少三个齿的两侧齿面的齿高中部测量 3）设计螺旋线是指符合设计规定的螺旋线 4）平均螺旋线是指从设计螺旋线迹线的纵坐标减去一条斜直线的相应纵坐标后得到的一条迹线。使得在计值范围内，实际螺旋线迹线与平均螺旋线迹线偏差的平方和最小 5）螺旋线形状偏差和螺旋线倾斜偏差不是强制性的单项检验项目
	螺旋线形状偏差 $f_{f\beta}$	在计值范围 L_β 内，包容实际螺旋线迹线的与平均螺旋线迹线完全相同的、两条曲线间的距离，且两条曲线与平均螺旋线的距离为常数（见图 3-10b）	
	螺旋线倾斜偏差 $f_{H\beta}$	在计值范围 L_β 的两端与平均螺旋线迹线相交的、两条设计螺旋线迹线间的距离（见图 3-10c）	
切向综合偏差	切向综合总偏差 F_i'	被测齿轮与测量齿轮单面啮合检验时，被测齿轮一转内，齿轮分度圆上实际圆周位移与理论圆周位移的最大差值（见图 3-11）	1）属于 GB/T 10095.1—2008 2）在检测过程，齿轮的同侧齿面处于单面啮合状态 3）切向综合误差不是强制性检验项目。经供需双方同意时，这种方法最好与轮齿接触的检验同时进行，有时可以用来替代其他检测方法
	一齿切向综合偏差 f_i'	在一个齿距内的切向综合偏差值（见图 3-11）	
径向综合偏差	径向综合总偏差 F_i''	在径向（双面）综合检验时，产品齿轮的左右齿面同时与测量齿轮接触，并转过一整圈时出现的中心距最大值和最小值之差（见图 3-12）	1）属于 GB/T 10095.2—2008 2）产品齿轮是指正在被测量或被评定的齿轮 3）产品齿轮所有轮齿的 f_i'' 的最大值不应超过规定的允许值
	一齿径向综合偏差 f_i''	当产品齿轮啮合一整圈时，对应一个齿距（360°/z）的径向综合偏差（见图 3-12）	
径向圆跳动 F_r		适当的测头（球、砧、圆柱或棱柱体）在齿轮旋转时逐齿地置于每个齿槽内中，相对于齿轮基准轴线的最大和最小径向位置之差（见图 3-13）	1）属于 GB/T 10095.2—2008 2）检测中，测头在近似齿高中部与左右齿面接触。图 3-14 中偏心量是径向圆跳动的一部分 3）当齿轮径向综合偏差被测量时，就不必再测量径向圆跳动

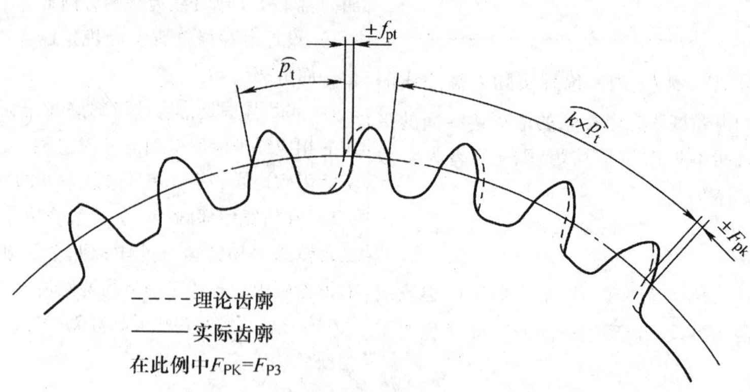

图 3-8　齿距偏差与齿距累积偏差

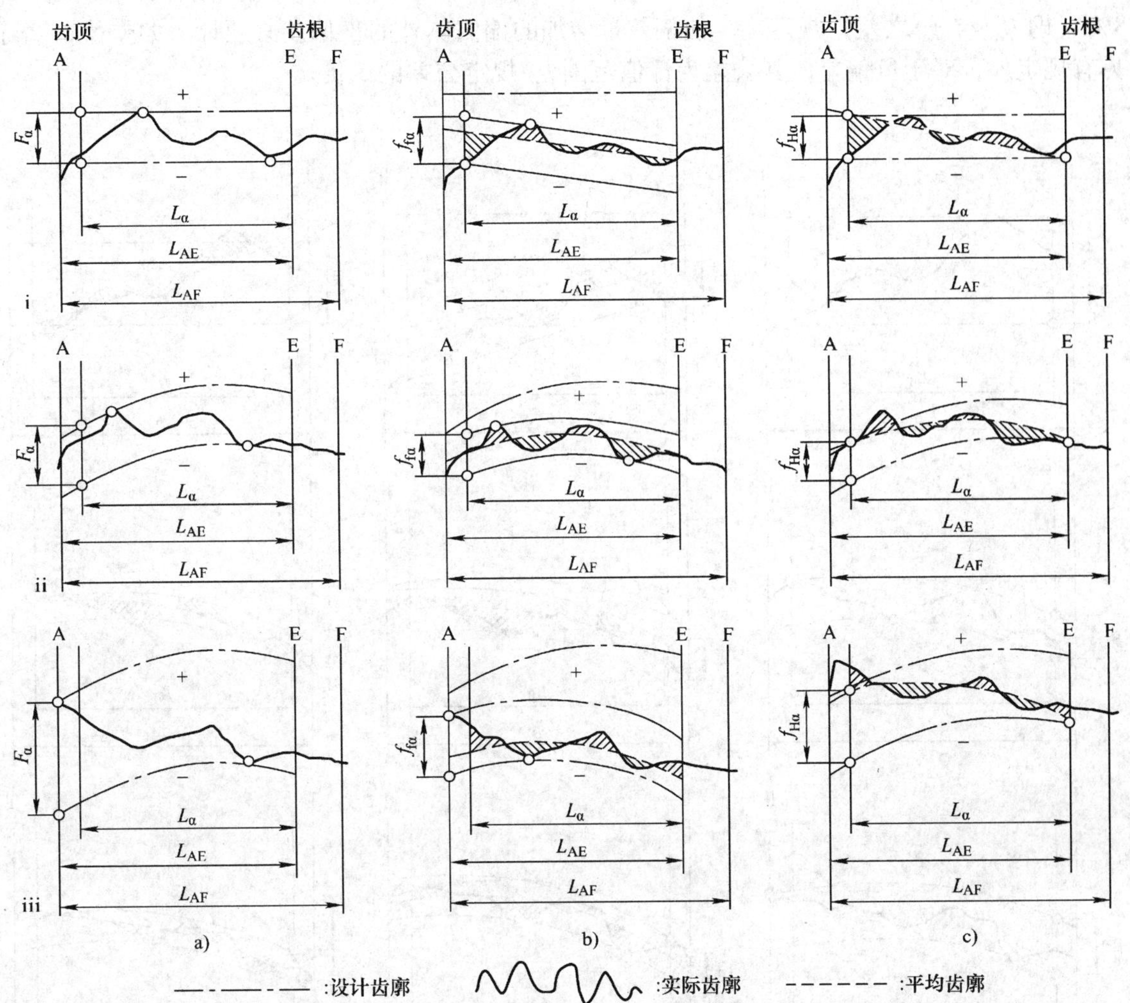

图 3-9 齿廓偏差

a）齿廓总偏差 b）齿廓形状偏差 c）齿廓倾斜率偏差

ⅰ设计齿廓为未修形的渐开线，实际齿廓在减薄区偏向体内

ⅱ设计齿廓为修形的渐开线，实际齿廓在减薄区内偏向体内

ⅲ设计齿廓为修形的渐开线，实际齿廓右减薄区内偏向体外

图 3-9 中：

L_{AF}——可用长度，等于两条端面基圆切线长度之差。其中一条是从基圆到可用齿廓的外界限点，另一条是从基圆到可用齿廓的内界限点。可用长度的外界限点 A 可以是齿顶、齿顶倒棱或齿顶圆倒圆的起始点，内界限点 F 可以是齿根圆角或挖根的起始点。

L_{AE}——有效长度，为可用长度的有效齿廓部分。对于齿顶，其界限点和可用长度的界限点（A 点）相同。对于齿根，有效长度延伸到与之配对齿轮有效啮合的终点 E（即有效齿廓的起始点）。如不知道配对齿轮，则 E 点为与基本齿条啮合的有效齿廓的起始点。

L_α——齿廓计值范围，可用长度中的一部分，在该部分应满足所规定精度等级的公差。

除另有规定外，其长度等于从 E 点开始的有效长度 L_{AE} 的 92%。对靠近齿顶处，L_{AE} 剩下的 8%（即 L_{AE} 与 L_{α} 之差）规定：①使偏差量增加的偏向体外的正偏差必须计入偏差值；②除另有规定外，对于负偏差，其公差为计值范围 L_{α} 规定公差的 3 倍。

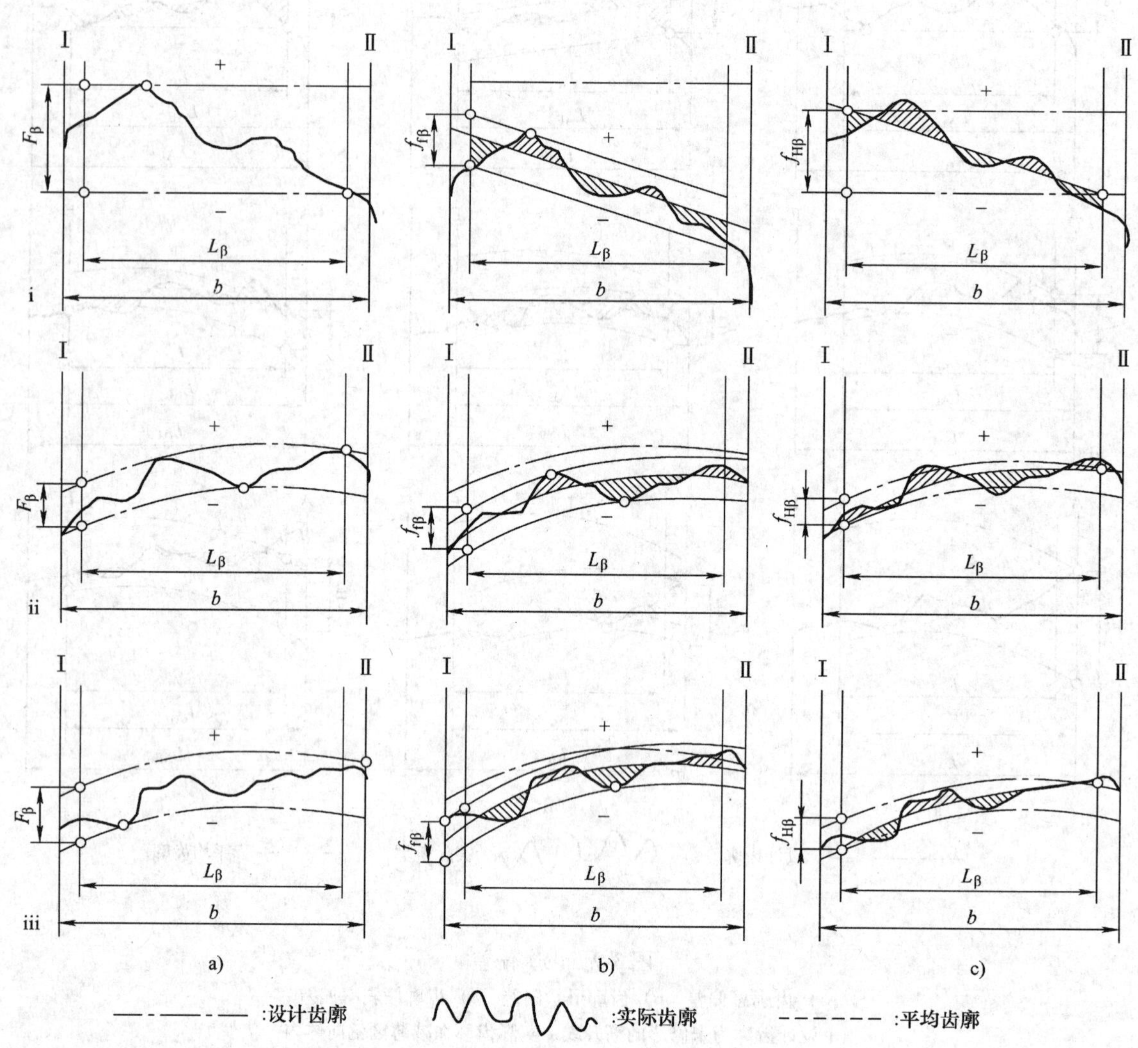

图 3-10　螺旋线偏差

a）螺旋线总偏差　b）螺旋线形状偏差　c）螺旋线倾斜率偏差

ⅰ设计螺旋线为未修形的螺旋线，实际螺旋线在减薄区内偏向体内

ⅱ设计螺旋线为修形的螺旋线，实际螺旋线在减薄区内偏向体内

ⅲ设计螺旋线为修形的螺旋线，实际螺旋线在减薄区内偏向体外

图 3-10 中：

b——齿宽。

L_{β}——螺旋线计值范围。除另有规定外，L_{β} 等于在轮齿两端各减去 5% 的齿宽或一个模数的长度后的数值较大者。

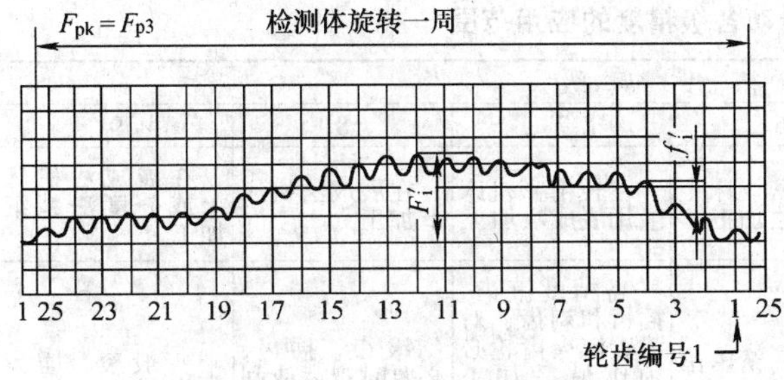

图 3-11　切向综合偏差

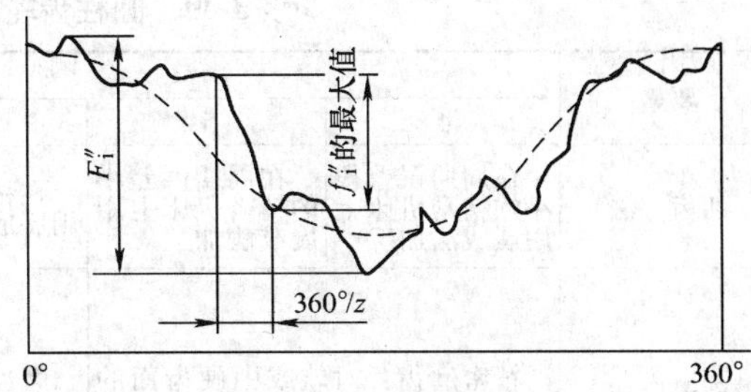

图 3-12　径向综合偏差

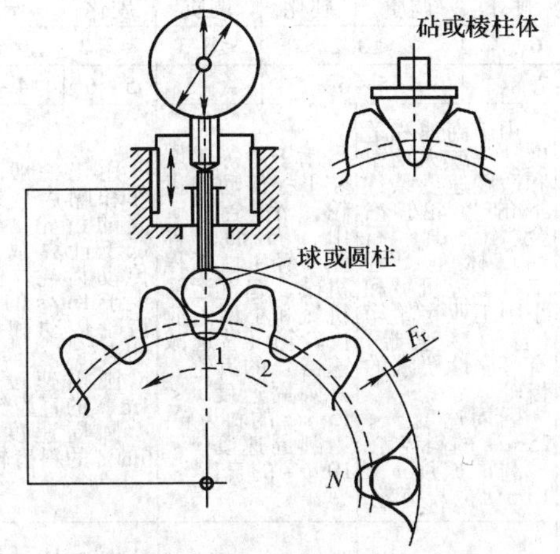

图 3-13　测量径向圆跳动的原理

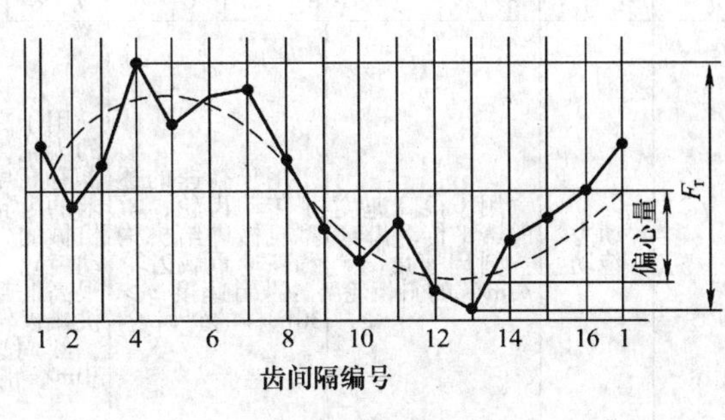

图 3-14　16 个齿的齿轮径向圆跳动示图

2. 精度等级及其选择

国家标准 GB/T 10095. 1—2008 对轮齿同侧齿面公差规定了 13 个精度等级，0 级为最高，12 级为最低。齿轮的精度等级应根据传动的用途、使用条件、传递功率和圆周速度及其他经济、技术条件来确定。表 3-48 给出了各类机械传动中所应用的齿轮精度等级，表 3-49 给出了圆柱齿轮传动各级精度的应用范围。

表 3-48　各类机械传动中所应用的齿轮精度等级

产品类型	精度等级	产品类型	精度等级
测量齿轮	2 ~ 5	航空发动机	4 ~ 8
透平齿轮	3 ~ 6	拖拉机	6 ~ 9
金属切削机床	3 ~ 8	通用减速器	6 ~ 9
内燃机车	6 ~ 7	轧钢机	6 ~ 10
汽车底盘	5 ~ 8	矿用绞车	8 ~ 10
轻型汽车	5 ~ 8	起重机械	7 ~ 10
载重汽车	6 ~ 9	农业机械	8 ~ 11

注：本表不属于国家标准内容，仅供参考。

表 3-49　圆柱齿轮传动各级精度的应用范围

<table>
<tr><td colspan="2" rowspan="2">要素</td><td colspan="12">精 度 等 级</td></tr>
<tr><td colspan="2">4</td><td colspan="2">5</td><td colspan="2">6</td><td colspan="2">7</td><td colspan="2">8</td><td colspan="2">9</td></tr>
<tr><td colspan="2">切齿方法</td><td colspan="2">在周期误差很小的精密机床上用展成法加工</td><td colspan="2">在周期误差小的精密机床上用展成法加工</td><td colspan="2">在精密机床上用展成法加工</td><td colspan="2">在较精密机床上用展成法加工</td><td colspan="2">在展成法机床上加工</td><td colspan="2">在展成法机床上或分度法精细加工</td></tr>
<tr><td colspan="2">齿面最后加工</td><td colspan="4">精密磨齿：对软或中硬齿面的大齿轮，精密滚齿后研齿或剃齿</td><td colspan="2">磨齿、精密滚齿或剃齿</td><td colspan="2">高精度滚齿、插齿和剃齿、对渗碳淬火齿轮必须作最后加工（磨齿、精刮齿、有修正能力的珩齿等）</td><td colspan="2">滚齿、插齿，必要时剃齿或刮齿或珩齿</td><td colspan="2">一般滚、插齿工艺</td></tr>
<tr><td rowspan="3">齿面粗糙度</td><td>齿面</td><td>硬化</td><td>调质</td><td>硬化</td><td>调质</td><td>硬化</td><td>调质</td><td>硬化</td><td>调质</td><td>硬化</td><td>调质</td><td>硬化</td><td>调质</td></tr>
<tr><td>$Ra/\mu m$</td><td>≤0.4</td><td colspan="2">≤0.8</td><td>≤1.6</td><td>≤0.8</td><td colspan="2">≤1.6</td><td colspan="2">≤3.2</td><td>≤6.3</td><td>≤3.2</td><td>≤6.3</td></tr>
<tr><td>相当∇</td><td>8~9</td><td colspan="2">7~8</td><td>6~7</td><td>7~8</td><td colspan="2">6~7</td><td colspan="2">5~6</td><td>4~5</td><td>5~6</td><td>4~5</td></tr>
<tr><td rowspan="4">工作条件及应用范围</td><td>动力传动</td><td colspan="2">用于很高速度的透平传动齿轮
圆周速度 $v>70m/s$ 的斜齿轮</td><td colspan="2">用于高速的透平传动齿轮，重型机械进给机构和高速重载齿轮
圆周速度 $v>30m/s$ 的斜齿轮</td><td colspan="2">用于高速传动的齿轮，工业机器有高可靠性要求的齿轮，重型机械的大功率传动齿轮，作业率很高的起重运输机械齿轮
圆周速度 $v<30m/s$ 的斜齿轮</td><td colspan="2">用于高速和适度功率或大功率和适度速度条件下的齿轮、冶金、矿山、石油、林业、轻工、工程机械和小型工业齿轮箱（普通减速器）有可靠性要求的齿轮
圆周速度 $v<25m/s$ 的斜齿轮
圆周速度 $v<15m/s$ 的直齿轮</td><td colspan="2">用于中等速度较平稳传动的齿轮，冶金、矿山、石油、林业、轻工、工程机械、起重运输机械和小型工业齿轮箱（普通减速器）的齿轮
圆周速度 $v<15m/s$ 的斜齿轮
圆周速度 $v<10m/s$ 的直齿轮</td><td colspan="2">用于一般性工作和噪声要求不高的齿轮，受载低于计算载荷的传动齿轮，速度大于 1m/s 的开式齿轮传动和转盘的齿轮
圆周速度 $v\leqslant4m/s$ 的直齿轮
圆周速度 $v\leqslant6m/s$ 的斜齿轮</td></tr>
<tr><td>航空、船舶和车辆</td><td colspan="2">需要很高的平稳性、低噪声的船用和航空齿轮
圆周速度 $v>35m/s$ 的直齿轮
圆周速度 $v>70m/s$ 的斜齿轮</td><td colspan="2">需要高的平稳性、低噪声的船用和航空齿轮
圆周速度 $v>20m/s$ 的直齿轮
圆周速度 $v>35m/s$ 的斜齿轮</td><td colspan="2">用于高速传动有平稳性低噪声要求的机车、航空、船舶和轿车的齿轮
圆周速度 $v\leqslant20m/s$ 的直齿轮
圆周速度 $v\leqslant35m/s$ 的斜齿轮</td><td colspan="2">用于有平稳性和噪声要求的航空、船舶和轿车的齿轮
圆周速度 $v\leqslant15m/s$ 的直齿轮
圆周速度 $v\leqslant25m/s$ 的斜齿轮</td><td colspan="2">用于中等速度较平稳传动的载货汽车和拖拉机的齿轮
圆周速度 $v\leqslant10m/s$ 的直齿轮
圆周速度 $v\leqslant15m/s$ 的斜齿轮</td><td colspan="2">用于较低速和噪声要求不高的载货汽车第一档与倒档，拖拉机和联合收割机齿轮
圆周速度 $v\leqslant4m/s$ 的直齿轮
圆周速度 $v\leqslant6m/s$ 的斜齿轮</td></tr>
<tr><td>机床</td><td colspan="2">高精度和精密的分度链末端齿轮
圆周速度 $v>30m/s$ 的直齿轮
圆周速度 $v>50m/s$ 的斜齿轮</td><td colspan="2">一般精度的分度链末端齿轮
高精度和精密的分度链的中间齿轮
圆周速度 $v>15\sim30m/s$ 的直齿轮
圆周速度 $v>30\sim50m/s$ 的斜齿轮</td><td colspan="2">Ⅴ级机床主传动的重要齿轮
一般精度的分度链的中间齿轮
Ⅲ级和Ⅲ级以上精度等级机床的进给齿轮
油泵齿轮
圆周速度 $v>10\sim15m/s$ 的直齿轮
圆周速度 $v>15\sim30m/s$ 的斜齿轮</td><td colspan="2">Ⅵ级和Ⅵ级以上精度等级机床的进给齿轮
圆周速度 $v>6\sim10m/s$ 的直齿轮
圆周速度 $v>8\sim15m/s$ 的斜齿轮</td><td colspan="2">一般精度的机床齿轮
圆周速度 $v<6m/s$ 的直齿轮
圆周速度 $v<8m/s$ 的斜齿轮</td><td colspan="2">没有传动精度要求的手动齿轮</td></tr>
<tr><td>其他</td><td colspan="2">检验 7 级精度齿轮的测量齿轮</td><td colspan="2">检验 8~9 级精度齿轮的测量齿轮、印刷机印刷辊子用的齿轮</td><td colspan="2">读数装置中特别精密传动的齿轮</td><td colspan="2">读数装置的传动及具有非直齿的速度传动齿轮，印刷机传动齿轮</td><td colspan="2">普通印刷机传动齿轮</td><td colspan="2"></td></tr>
<tr><td colspan="2">单极传动效率</td><td colspan="6">不低于 0.99（包括轴承不低于 0.985）</td><td colspan="2">不低于 0.98（包括轴承不低于 0.975）</td><td colspan="2">不低于 0.97（包括轴承不低于 0.965）</td><td colspan="2">不低于 0.96（包括轴承不低于 0.95）</td></tr>
</table>

注：本表不属国家标准内容，仅供参考。

3. 齿轮偏差计算和数值表（见表3-50～表3-57）

表3-50列出了5级精度的齿轮偏差的计算公式，按表中使用说明1）可得任意精度等级的待求值。

表3-50　5级精度的齿轮偏差计算公式及使用说明

名称	5级精度的齿轮偏差计算式	使 用 说 明
单个齿距偏差 f_{pt}	$f_{pt}=0.3(m_n+0.4\sqrt{d})+4$	1）5级精度的末圆整的偏差计算值乘以 $2^{0.5(Q-5)}$ 即可得到任意精度等级的待求值，Q 为待求值的精度等级数 2）应用公式编制公差表时，参数 m_n、d 和 b 应取其分段界限值的几何平均值代入。例如：如果实际模数是7mm，分界段界限值为 $m_n=6$mm 和 $m_n=10$mm，计算表值用 $m_n=\sqrt{6\times10}$mm $=7.746$mm。如果计算值大于10μm，圆整到最接近的整数；如果计算值小于10μm，圆整到最接近的尾数为0.5μm的小数或整数；如果计算值小于0.5μm，圆整到最接近的尾数为0.1μm的小数或整数 3）将实测的齿轮偏差值与公差表（见表3-51～表3-61）中的值比较，以评定齿轮的精度等级 4）当齿轮参数不在给定的范围内，或供需双方同意时，可以在公式中代入实际的齿轮参数
齿距累积偏差 F_{pk}	$F_{pk}=f_{pt}+1.6\sqrt{(k-1)m_n}$	
齿距累积总偏差 F_p	$F_p=0.3m_n+1.25\sqrt{d}+7$	
齿廓总偏差 F_α	$F_\alpha=3.2\sqrt{m_n}+0.22\sqrt{d}+0.7$	
螺旋线总偏差 F_β	$F_\beta=0.1\sqrt{d}+0.63\sqrt{b}+4.2$	
一齿切向综合偏差 f_i'	$f_i'=K(4.3+f_{pt}+F_\alpha)=K(9+0.3m_n+3.2\sqrt{m_n}+0.34\sqrt{d})$ 式中：当 $\varepsilon_r<4$ 时，$K=0.2\sqrt{\frac{\varepsilon_r+4}{\varepsilon_r}}$ 当 $\varepsilon_r\geqslant4$ 时，$K=0.4$ 如果被测齿轮与测量齿轮齿宽不同，按较小的齿宽计算 ε_r 如果对齿轮的齿廓和螺旋线进行了较大的修形，检测时 ε_r 和 K 将受到较大影响，因而在评定测量结果时必须考虑这些因数。在这种情况下，对检测条件和记录曲线的评定应另定专门协议	
切向综合总偏差 F_i'	$F_i'=F_p+f_i'$	
齿廓形状偏差 $f_{i\alpha}$	$F_{i\alpha}=2.5\sqrt{m_n}+0.17\sqrt{d}+0.5$	
齿廓倾斜偏差 $f_{H\alpha}$	$f_{H\alpha}=2\sqrt{m_n}+0.14\sqrt{d}+0.5$	
螺旋线形状偏差 $f_{f\beta}$ 螺旋线倾斜偏差 $f_{H\beta}$	$f_{H\beta}=f_{H\beta}=0.07\sqrt{d}+0.45\sqrt{b}+3$	
径向综合总偏差 F_i''	$F_i''=F_r+f_i''=3.2m_n+1.01\sqrt{d}+6.4$	1）5级精度的末圆整的公差计算值乘以 $2^{0.5(Q-5)}$ 即可得到任意精度等级的待求值，Q 为待求值的精度等级数 2）应用中公式编制公差表时，参数 m_n 和 d 应取其分段界限值的几何平均值代入。如果计算值大于10μm，圆整到最接近的整数；如果计算值小于10μm，圆整到最接近的尾数为0.5μm的小数或整数 3）采用公差表评定齿轮精度，仅用于供需双方有协议时。无协议时，用模数 m_n 和直径 d 的实际值代入公式计算公差值，评定齿轮精度 4）当齿轮参数不在给定的范围内时，使用公式须供需双方协商一致
一齿径向综合偏差 f_i''	$f_i''=2.96m_n+0.01\sqrt{d}+0.8$	
径向跳动公差 F_y	$F_y=0.8F_p=0.24m_n+1.0\sqrt{d}+5.6$	

表 3-51 单个齿距偏差 $\pm f_{pt}$、齿距累积总偏差 F_p、齿廓总偏差 F_α （单位：μm）

分度圆直径 d /mm	法向模数 m_n /mm	$\pm f_{pt}$						F_p						F_α					
		精度等级																	
		4	5	6	7	8	9	4	5	6	7	8	9	4	5	6	7	8	9
$20<d\leqslant50$	$0.5\leqslant m_n\leqslant2$	3.5	5.0	7.0	10.0	14.0	20.0	10.0	14.0	20.0	29.0	41.0	57.0	3.6	5.0	7.5	10.0	15.0	21.0
	$2<m_n\leqslant3.5$	3.9	5.5	7.5	11.0	15.0	22.0	10.0	15.0	21.0	30.0	42.0	59.0	5.0	7.0	10.0	14.0	20.0	29.0
	$3.5<m_n\leqslant6$	4.3	6.0	8.5	12.0	17.0	24.0	11.0	15.0	22.0	31.0	44.0	62.0	6.0	9.0	12.0	18.0	25.0	35.0
$50<d\leqslant125$	$0.5\leqslant m_n\leqslant2$	3.8	5.5	7.5	11.0	15.0	21.0	13.0	18.0	26.0	37.0	52.0	74.0	4.1	6.0	8.5	12.0	17.0	23.0
	$2<m_n\leqslant3.5$	4.1	6.0	8.5	12.0	17.0	23.0	13.0	19.0	27.0	38.0	53.0	76.0	5.5	8.0	11.0	16.0	22.0	31.0
	$3.5<m_n\leqslant6$	4.6	6.5	9.0	13.0	18.0	26.0	14.0	19.0	28.0	39.0	55.0	78.0	6.5	9.5	13.0	19.0	27.0	38.0
	$6<m_n\leqslant10$	5.0	7.5	10.0	15.0	21.0	30.0	14.0	20.0	29.0	41.0	58.0	82.0	8.0	12.0	16.0	23.0	33.0	46.0
$125<d\leqslant280$	$2<m_n\leqslant3.5$	4.6	6.5	9.0	13.0	18.0	26.0	18.0	25.0	35.0	50.0	70.0	100.0	6.5	9.0	13.0	18.0	25.0	36.0
	$3.5<m_n\leqslant6$	5.0	7.0	10.0	14.0	20.0	28.0	18.0	25.0	36.0	51.0	72.0	102.0	7.5	11.0	15.0	21.0	30.0	42.0
	$6<m_n\leqslant10$	5.5	8.0	11.0	16.0	23.0	32.0	19.0	26.0	37.0	53.0	75.0	106.0	9.0	13.0	18.0	25.0	36.0	50.0
	$10<m_n\leqslant16$	6.5	9.5	13.0	19.0	27.0	38.0	20.0	28.0	39.0	56.0	79.0	112.0	11.0	15.0	21.0	30.0	43.0	60.0
$280<d\leqslant560$	$2<m_n\leqslant3.5$	5.0	7.0	10.0	14.0	20.0	29.0	23.0	33.0	46.0	65.0	92.0	131.0	7.5	10.0	15.0	21.0	29.0	41.0
	$3.5<m_n\leqslant6$	5.5	8.0	11.0	16.0	22.0	31.0	24.0	33.0	47.0	66.0	94.0	133.0	8.5	12.0	17.0	24.0	34.0	48.0
	$6<m_n\leqslant10$	6.0	8.5	12.0	17.0	25.0	35.0	24.0	34.0	48.0	68.0	97.0	137.0	10.0	14.0	20.0	28.0	40.0	56.0
	$10<m_n\leqslant16$	7.0	10.0	14.0	20.0	29.0	41.0	25.0	36.0	50.0	71.0	101.0	143.0	12.0	16.0	23.0	33.0	47.0	66.0
	$16<m_n\leqslant25$	9.0	12.0	18.0	25.0	35.0	50.0	27.0	38.0	54.0	76.0	107.0	151.0	14.0	19.0	27.0	39.0	55.0	78.0
$560<d\leqslant1000$	$3.5<m_n\leqslant6$	6.0	8.5	12.0	17.0	24.0	35.0	30.0	43.0	60.0	85.0	120.0	170.0	9.5	14.0	19.0	27.0	38.0	54.0
	$6<m_n\leqslant10$	7.0	9.5	14.0	19.0	27.0	38.0	31.0	44.0	62.0	87.0	123.0	174.0	11.0	16.0	22.0	31.0	44.0	62.0
	$10<m_n\leqslant16$	8.0	11.0	16.0	22.0	31.0	44.0	32.0	45.0	64.0	90.0	127.0	180.0	13.0	18.0	26.0	36.0	51.0	72.0
	$16<m_n\leqslant25$	9.5	13.0	19.0	27.0	38.0	53.0	33.0	47.0	67.0	94.0	133.0	189.0	15.0	21.0	30.0	42.0	59.0	84.0
$1000<d\leqslant1600$	$6<m_n\leqslant10$	7.5	11.0	15.0	21.0	30.0	42.0	38.0	54.0	76.0	108.0	152.0	215.0	12.0	17.0	25.0	35.0	49.0	70.0
	$10<m_n\leqslant16$	8.5	12.0	17.0	24.0	34.0	48.0	39.0	55.0	78.0	111.0	156.0	221.0	14.0	20.0	28.0	40.0	56.0	80.0
	$16<m_n\leqslant25$	10.0	14.0	20.0	29.0	40.0	57.0	41.0	57.0	81.0	115.0	163.0	230.0	16.0	23.0	32.0	46.0	65.0	91.0
	$25<m_n\leqslant40$	13.0	18.0	25.0	36.0	50.0	71.0	43.0	61.0	86.0	122.0	172.0	244.0	19.0	27.0	38.0	53.0	75.0	106.0

（续）

分度圆直径 d /mm	法向模数 m_n /mm	$\pm f_{pt}$						F_p						F_α					
		精度等级																	
		4	5	6	7	8	9	4	5	6	7	8	9	4	5	6	7	8	9
1600 < d≤2500	10 < m_n≤16	8.5	12.0	17.0	23.0	33.0	47.0	47.0	67.0	94.0	133.0	189.0	267.0	15.0	22.0	31.0	44.0	62.0	88.0
	16 < m_n≤25	9.5	13.0	19.0	26.0	37.0	53.0	49.0	69.0	97.0	138.0	195.0	276.0	18.0	25.0	35.0	50.0	70.0	99.0
	25 < m_n≤40	11.0	15.0	22.0	31.0	43.0	61.0	51.0	72.0	102.0	145.0	205.0	290.0	20.0	29.0	40.0	57.0	81.0	114.0
	40 < m_n≤70	13.0	19.0	27.0	38.0	53.0	75.0	56.0	79.0	111.0	158.0	223.0	315.0	24.0	34.0	48.0	68.0	96.0	135.0
2500 < d≤4000	10 < m_n≤16	10.0	15.0	21.0	29.0	41.0	58.0	57.0	81.0	115.0	162.0	229.0	324.0	17.0	24.0	35.0	49.0	69.0	98.0
	16 < m_n≤25	12.0	17.0	24.0	33.0	47.0	67.0	59.0	83.0	118.0	167.0	236.0	333.0	19.0	27.0	39.0	55.0	77.0	110.0
	25 < m_n≤40	14.0	20.0	29.0	40.0	57.0	81.0	61.0	87.0	123.0	174.0	245.0	347.0	22.0	31.0	44.0	62.0	88.0	124.0
	40 < m_n≤70	19.0	27.0	38.0	63.0	75.0	106.0	66.0	93.0	132.0	186.0	264.3	373.0	26.0	36.0	51.0	73.0	103.0	145.0

表 3-52　齿廓形状偏差 $f_{f\alpha}$、齿廓斜率偏差 $\pm f_{H\alpha}$

（单位：μm）

分度圆直径 d/mm	模数 m/mm	齿廓形状偏差 $f_{f\alpha}$						齿廓斜率偏差 $\pm f_{H\alpha}$					
		精度等级											
		4	5	6	7	8	9	4	5	6	7	8	9
5≤d≤20	0.5≤m≤2	2.5	3.5	5.0	7.0	10.0	14.0	2.1	2.9	4.2	6.0	8.5	12.0
	2 < m≤3.5	3.6	5.0	7.0	10.0	14.0	20.0	3.0	4.2	6.0	8.5	12.0	17.0
20 < d≤50	0.5≤m≤2	2.8	4.0	5.5	8.0	11.0	16.0	2.3	3.3	4.6	6.5	9.5	13.0
	2 < m≤3.5	3.9	5.5	8.0	11.0	16.0	22.0	3.2	4.5	6.5	9.0	13.0	18.0
	3.5 < m≤6	4.8	7.0	9.5	14.0	19.0	27.0	3.9	5.5	8.0	11.0	16.0	22.0
	6 < m≤10	6.0	8.5	12.0	17.0	24.0	34.0	4.8	7.0	9.5	14.0	19.0	27.0
50 < d≤125	0.5≤m≤2	3.2	4.5	6.5	9.0	13.0	18.0	2.6	3.7	5.5	7.5	11.0	15.0
	2 < m≤3.5	4.3	6.0	8.5	12.0	17.0	24.0	3.5	5.0	7.0	10.0	14.0	20.0
	3.5 < m≤6	5.0	7.5	10.0	15.0	21.0	29.0	4.3	6.0	8.5	12.0	17.0	24.0
	6 < m≤10	6.5	9.0	13.0	18.0	25.0	36.0	5.0	7.5	10.0	15.0	21.0	29.0
	10 < m≤16	7.5	11.0	15.0	22.0	31.0	44.0	6.5	9.0	13.0	18.0	25.0	35.0

（续）

分度圆直径 d/mm	模数 m/mm	齿廓形状偏差 $f_{f\alpha}$						齿廓斜率偏差 $\pm f_{H\alpha}$					
		精度等级											
		4	5	6	7	8	9	4	5	6	7	8	9
125 < d≤280	2 < m≤3.5	4.9	7.0	9.5	14.0	19.0	28.0	4.0	5.5	8.0	11.0	16.0	23.0
	3.5 < m≤6	6.0	8.0	12.0	16.0	23.0	33.0	4.7	6.5	9.5	13.0	19.0	27.0
	6 < m≤10	7.0	10.0	14.0	20.0	28.0	39.0	5.5	8.0	11.0	16.0	23.0	32.0
	10 < m≤16	8.5	12.0	17.0	23.0	33.0	47.0	6.5	9.5	13.0	19.0	27.0	38.0
280 < d≤560	2 < m≤3.5	5.5	8.0	11.0	16.0	22.0	32.0	4.6	6.5	9.0	13.0	18.0	26.0
	3.5 < m≤6	6.5	9.0	13.0	18.0	26.0	37.0	5.5	7.5	11.0	15.0	21.0	30.0
	6 < m≤10	7.5	11.0	15.0	22.0	31.0	43.0	6.5	9.0	13.0	18.0	25.0	35.0
	10 < m≤16	9.0	13.0	18.0	26.0	36.0	51.0	7.5	10.0	15.0	21.0	29.0	42.0
	16 < m≤25	11.0	15.0	21.0	30.0	43.0	60.0	8.5	12.0	17.0	24.0	35.0	49.0
560 < d≤1000	3.5 < m≤6	7.5	11.0	15.0	21.0	30.0	42.0	6.0	8.5	12.0	17.0	24.0	34.0
	6 < m≤10	8.5	12.0	17.0	24.0	34.0	48.0	7.0	10.0	14.0	20.0	28.0	40.0
	10 < m≤16	10.0	14.0	20.0	28.0	46.0	56.0	8.0	11.0	16.0	23.0	32.0	46.0
	16 < m≤25	12.0	16.0	23.0	33.0	46.0	65.0	9.5	13.0	19.0	27.0	38.0	53.0
1000 < d≤1600	6 < m≤10	9.5	14.0	19.0	27.0	38.0	54.0	8.0	11.0	16.0	22.0	31.0	44.0
	10 < m≤16	11.0	15.0	22.0	31.0	44.0	62.0	9.0	13.0	18.0	25.0	36.0	50.0
	16 < m≤25	13.0	18.0	25.0	35.0	50.0	71.0	10.0	14.0	20.0	29.0	41.0	58.0
	25 < m≤40	15.0	21.0	29.0	41.0	58.0	82.0	12.0	17.0	24.0	33.0	47.0	67.0
1600 < d≤2500	10 < m≤16	12.0	17.0	24.0	34.0	48.0	68.0	10.0	14.0	20.0	28.0	39.0	55.0
	16 < m≤25	14.0	19.0	27.0	39.0	55.0	77.0	11.0	16.0	22.0	31.0	44.0	63.0
	25 < m≤40	16.0	22.0	31.0	44.0	63.0	89.0	13.0	18.0	25.0	36.0	51.0	72.0
	40 < m≤70	19.0	26.0	37.0	53.0	74.0	105.0	15.0	21.0	30.0	43.0	60.0	85.0
2500 < d≤4000	10 < m≤16	13.0	19.0	27.0	38.0	54.0	76.0	11.0	15.0	22.0	31.0	44.0	62.0
	16 < m≤25	15.0	21.0	30.0	42.0	60.0	85.0	12.0	17.0	24.0	35.0	49.0	69.0
	25 < m≤40	17.0	24.0	34.0	48.0	68.0	96.0	14.0	20.0	28.0	39.0	55.0	78.0
	40 < m≤70	20.0	28.0	40.0	56.0	80.0	113.0	16.0	23.0	32.0	46.0	65.0	92.0

表 3-53　螺旋线总偏差 F_{β}　　（单位：μm）

分度圆直径 d /mm	齿宽 b /mm	精度等级					
		4	5	6	7	8	9
$20 < d \leqslant 50$	$10 < b \leqslant 20$	5.0	7.0	10.0	14.0	20.0	29.0
	$20 < b \leqslant 40$	5.5	8.0	11.0	16.0	23.0	32.0
	$40 < b \leqslant 80$	6.5	9.5	13.0	19.0	27.0	38.0
	$80 < b \leqslant 160$	8.0	11.0	16.0	23.0	32.0	46.0
$50 < d \leqslant 125$	$20 < b \leqslant 40$	6.0	8.5	12.0	17.0	24.0	34.0
	$40 < b \leqslant 80$	7.0	10.0	14.0	20.0	28.0	39.0
	$80 < b \leqslant 160$	8.5	12.0	17.0	24.0	33.0	47.0
	$160 < b \leqslant 250$	10.0	14.0	20.0	28.0	40.0	56.0
$125 < d \leqslant 280$	$20 < b \leqslant 40$	6.5	9.0	13.0	18.0	25.0	36.0
	$40 < b \leqslant 80$	7.5	10.0	15.0	21.0	29.0	41.0
	$80 < b \leqslant 160$	8.5	12.0	17.0	25.0	35.0	49.0
	$160 < b \leqslant 250$	10.0	14.0	20.0	29.0	41.0	58.0
	$250 < b \leqslant 400$	12.0	17.0	24.0	34.0	47.0	67.0
$280 < d \leqslant 560$	$40 < b \leqslant 80$	7.5	11.0	15.0	22.0	31.0	44.0
	$80 < b \leqslant 160$	9.0	13.0	18.0	26.0	36.0	52.0
	$160 < b \leqslant 250$	11.0	15.0	21.0	30.0	43.0	60.0
	$250 < b \leqslant 400$	12.0	17.0	25.0	35.0	49.0	70.0
	$400 < b \leqslant 650$	14.0	20.0	29.0	41.0	58.0	82.0
$560 < b \leqslant 1000$	$40 < b \leqslant 80$	8.5	12.0	17.0	23.0	33.0	47.0
	$80 < b \leqslant 160$	9.5	14.0	19.0	27.0	30.0	55.0
	$160 < b \leqslant 250$	11.0	16.0	22.0	32.0	45.0	63.0
	$250 < b \leqslant 400$	13.0	18.0	26.0	36.0	51.0	73.0
	$400 < b \leqslant 600$	15.0	21.0	30.0	42.0	60.0	85.0
$1000 < b \leqslant 1600$	$80 < b \leqslant 160$	10.0	14.0	20.0	29.0	41.0	58.0
	$160 < b \leqslant 250$	12.0	17.0	24.0	33.0	47.0	67.0
	$250 < b \leqslant 400$	13.0	19.0	27.0	38.0	54.0	76.0
	$400 < b \leqslant 650$	16.0	22.0	31.0	44.0	62.0	88.0
	$650 < b \leqslant 1000$	18.0	26.0	36.0	51.0	73.0	103.0
$1600 < d \leqslant 2500$	$160 < b \leqslant 250$	12.0	18.0	25.0	35.0	50.0	70.0
	$250 < b \leqslant 400$	14.0	20.0	28.0	40.0	56.0	80.0
	$400 < b \leqslant 650$	16.0	23.0	32.0	46.0	65.0	92.0
	$650 < b \leqslant 1000$	19.0	27.0	38.0	53.0	75.0	106.0
$2500 < d \leqslant 4000$	$160 < b \leqslant 250$	13.0	19.0	26.0	37.0	53.0	75.0
	$250 < b \leqslant 400$	15.0	21.0	30.0	42.0	59.0	84.0
	$400 < b \leqslant 650$	17.0	24.0	34.0	48.0	68.0	96.0
	$650 < b \leqslant 1000$	20.0	28.0	39.0	55.0	78.0	111.0

表 3-54　螺旋线形状偏差 $f_{f\beta}$ 和螺旋线倾斜偏差 $\pm f_{H\beta}$

分度圆直径 d/mm	齿宽 b/mm	精度等级 4	5	6	7	8	9
		$f_{f\beta}$ 和 $\pm f_{H\beta}$/μm					
5≤d≤20	4≤b≤10	3.1	4.4	6.0	8.5	12.0	17.0
	10<b≤20	3.5	4.9	7.0	10.0	14.0	20.0
	20<b≤40	4.0	5.5	8.0	11.0	16.0	22.0
	40<b≤80	4.7	6.5	9.5	13.0	19.0	26.0
20<d≤50	4≤b≤10	3.2	4.5	6.5	9.0	13.0	18.0
	10<b≤20	3.6	5.0	7.0	10.0	14.0	20.0
	20<b≤40	4.1	6.0	8.0	12.0	16.0	23.0
	40<b≤80	4.8	7.0	9.5	14.0	19.0	27.0
	80<b≤160	6.0	8.0	12.0	16.0	23.0	33.0
50<d≤125	4≤b≤10	3.4	4.8	6.5	9.5	13.0	19.0
	10<b≤20	3.8	5.5	7.5	11.0	15.0	21.0
	20<b≤40	4.3	6.0	8.5	12.0	17.0	24.0
	40<b≤80	5.0	7.0	10.0	14.0	20.0	28.0
	80<b≤160	6.0	8.5	12.0	17.0	24.0	34.0
	160<b≤250	7.0	10.0	14.0	20.0	28.0	40.0
	250<b≤400	8.0	12.0	16.0	23.0	33.0	46.0
125<d≤280	4≤b≤10	3.6	5.0	7.0	10.0	14.0	20.0
	10<b≤20	4.0	5.5	8.0	11.0	16.0	23.0
	20<b≤40	4.5	6.5	9.0	13.0	18.0	25.0
	40<b≤80	5.0	7.5	10.0	15.0	21.0	29.0
	80<b≤160	6.0	8.5	12.0	17.0	25.0	35.0
	160<b≤250	7.5	10.0	15.0	21.0	29.0	41.0
	250<b≤400	8.5	12.0	17.0	24.0	34.0	48.0
	400<b≤650	10.0	14.0	20.0	28.0	40.0	56.0
280<d≤560	10≤b≤20	4.3	6.0	8.5	12.0	17.0	24.0
	20<b≤40	4.8	7.0	9.5	14.0	19.0	27.0
	40<b≤80	5.5	8.0	11.0	16.0	22.0	31.0
	80<b≤160	6.5	9.0	13.0	18.0	26.0	37.0
	160<b≤250	7.5	11.0	15.0	22.0	30.0	43.0
	250<b≤400	9.0	12.0	18.0	25.0	35.0	50.0
	400<b≤650	10.0	15.0	21.0	29.0	41.0	58.0
	650<b≤1000	12.0	17.0	24.0	34.0	49.0	69.0
560<d≤1000	10≤b≤20	4.7	6.5	9.5	13.0	19.0	26.0
	20<b≤40	5.0	7.5	10.0	15.0	21.0	29.0
	40<b≤80	6.0	8.5	12.0	17.0	23.0	33.0
	80<b≤160	7.0	9.5	14.0	19.0	27.0	39.0
	160<b≤250	8.0	11.0	16.0	23.0	32.0	45.0
	250<b≤400	9.0	13.0	18.0	26.0	37.0	52.0
	400<b≤650	11.0	15.0	21.0	30.0	43.0	60.0
	650<b≤1000	13.0	18.0	25.0	35.0	50.0	71.0

表 3-55 f_i'/K 的比值

分度圆直径 d/mm	模数 m/mm	精度等级					
		4	5	6	7	8	9
		$(f_i'/K)/\mu m$					
$5 \leqslant d \leqslant 20$	$0.5 \leqslant m \leqslant 2$	9.5	14.0	19.0	27.0	38.0	54.0
	$2 < m \leqslant 3.5$	11.0	16.0	23.0	32.0	45.0	64.0
$20 < d \leqslant 50$	$0.5 \leqslant m \leqslant 2$	10.0	14.0	20.0	29.0	41.0	58.0
	$2 < m \leqslant 3.5$	12.0	17.0	24.0	34.0	48.0	68.0
	$3.5 < m \leqslant 6$	14.0	19.0	27.0	38.0	54.0	77.0
	$6 < m \leqslant 10$	16.0	22.0	31.0	44.0	63.0	89.0
$50 < d \leqslant 125$	$0.5 \leqslant m \leqslant 2$	11.0	16.0	22.0	31.0	44.0	62.0
	$2 < m \leqslant 3.5$	13.0	18.0	25.0	36.0	51.0	72.0
	$3.5 < m \leqslant 6$	14.0	20.0	29.0	40.0	57.0	81.0
	$6 < m \leqslant 10$	16.0	23.0	33.0	47.0	66.0	93.0
	$10 < m \leqslant 16$	19.0	27.0	38.0	54.0	77.0	109.0
	$16 < m \leqslant 25$	23.0	32.0	46.0	65.0	91.0	129.0
$125 < d \leqslant 280$	$0.5 \leqslant m \leqslant 2$	12.0	17.0	24.0	34.0	49.0	69.0
	$2 < m \leqslant 3.5$	14.0	20.0	28.0	39.0	56.0	79.0
	$3.5 < m \leqslant 6$	15.0	22.0	31.0	44.0	62.0	88.0
	$6 < m \leqslant 10$	18.0	25.0	35.0	50.0	70.0	100.0
	$10 < m \leqslant 16$	20.0	29.0	41.0	58.0	82.0	115.0
	$16 < m \leqslant 25$	24.0	34.0	48.0	68.0	96.0	136.0
	$25 < m \leqslant 40$	29.0	41.0	58.0	82.0	116.0	165.0
$280 < d \leqslant 560$	$0.5 \leqslant m \leqslant 2$	14.0	19.0	27.0	39.0	54.0	77.0
	$2 < m \leqslant 3.5$	15.0	22.0	31.0	44.0	62.0	87.0
	$3.5 < m \leqslant 6$	17.0	24.0	34.0	48.0	68.0	96.0
	$6 < m \leqslant 10$	19.0	27.0	38.0	54.0	76.0	108.0
	$10 < m \leqslant 16$	22.0	31.0	44.0	62.0	88.0	124.0
	$16 < m \leqslant 25$	26.0	36.0	51.0	72.0	102.0	144.0
	$25 < m \leqslant 40$	31.0	43.0	61.0	86.0	122.0	173.0
	$40 < m \leqslant 70$	39.0	55.0	78.0	110.0	155.0	220.0
$560 < d \leqslant 1000$	$0.5 \leqslant m \leqslant 2$	15.0	22.0	31.0	44.0	62.0	87.0
	$2 < m \leqslant 3.5$	17.0	24.0	34.0	49.0	69.0	97.0
	$3.5 < m \leqslant 6$	19.0	27.0	38.0	53.0	75.0	106.0
	$6 < m \leqslant 10$	21.0	30.0	42.0	59.0	84.0	118.0

表 3-56　径向综合总偏差 F_i''、一齿径向综合偏差 f_i''

（单位：μm）

分度圆直径 d/mm	法向模数 m_n/mm	径向综合总偏差 F_i''						一齿径向综合偏差 f_i''					
		精度等级											
		4	5	6	7	8	9	4	5	6	7	8	9
$5 \leqslant d \leqslant 20$	$0.8 < m_n \leqslant 1.0$	9.0	12	18	25	35	50	2.5	3.5	5.0	7.0	10	14
	$1.0 < m_n \leqslant 1.5$	10	14	19	27	38	54	3.0	4.5	6.5	9.0	13	18
	$1.5 < m_n \leqslant 2.5$	11	16	22	32	45	63	4.5	6.5	9.5	13	19	26
	$2.5 < m_n \leqslant 4.0$	14	20	28	39	56	79	7.0	10	14	20	29	41
$20 < d \leqslant 50$	$1.0 < m_n \leqslant 1.5$	11	16	23	32	45	64	3.0	4.5	6.5	9.0	13	18
	$1.5 < m_n \leqslant 2.5$	13	18	26	37	52	73	4.5	6.5	9.5	13	19	26
	$2.5 < m_n \leqslant 4.0$	16	22	31	44	63	89	7.0	10	14	20	29	41
	$4.0 < m_n \leqslant 6.0$	20	28	39	56	79	111	11	15	22	31	43	61
	$6.0 < m_n \leqslant 10$	26	37	52	74	104	147	17	24	34	48	67	95
$50 < d \leqslant 125$	$1.0 < m_n \leqslant 1.5$	14	19	27	39	55	77	3.0	4.5	6.5	9.0	13	18
	$1.5 < m_n \leqslant 2.5$	15	22	31	43	61	86	4.5	6.5	9.5	13	19	26
	$2.5 < m_n \leqslant 4.0$	18	25	36	51	72	102	7.0	10	14	20	29	41
	$4.0 < m_n \leqslant 6.0$	22	31	44	62	88	124	11	15	22	31	44	62
	$6.0 < m_n \leqslant 10$	28	40	57	80	114	161	17	24	34	48	67	95
$125 < d \leqslant 280$	$1.0 < m_n \leqslant 1.5$	17	24	34	48	68	97	3.0	4.5	6.5	9.0	13	18
	$1.5 < m_n \leqslant 2.5$	19	26	37	53	75	106	4.5	6.5	9.5	13	19	27
	$2.5 < m_n \leqslant 4.0$	21	30	43	61	86	121	7.5	10	15	21	29	41
	$4.0 < m_n \leqslant 6.0$	25	36	51	72	102	144	11	15	22	31	44	62
	$6.0 < m_n \leqslant 10$	32	45	64	90	127	180	17	24	34	48	67	95
$280 < d \leqslant 560$	$1.0 < m_n \leqslant 1.5$	22	30	43	61	86	122	3.5	4.5	6.5	9.0	13	18
	$1.5 < m_n \leqslant 2.5$	23	33	46	65	92	131	5.0	6.5	9.5	13	19	27
	$2.5 < m_n \leqslant 4.0$	26	37	52	73	104	146	7.5	10	15	21	29	41
	$4.0 < m_n \leqslant 6.0$	30	42	60	84	119	169	11	15	22	31	44	62
	$6.0 < m_n \leqslant 10$	36	51	73	103	145	205	17	24	34	48	68	96
$560 < d \leqslant 1000$	$1.0 < m_n \leqslant 1.5$	27	38	54	76	107	152	3.5	4.5	6.5	9.5	13	19
	$1.5 < m_n \leqslant 2.5$	28	40	57	80	114	161	5.0	7.0	9.5	14	19	27
	$2.5 < m_n \leqslant 4.0$	31	44	62	88	125	177	7.5	10	13	21	30	42
	$4.0 < m_n \leqslant 6.0$	35	50	70	99	141	199	11	16	22	31	44	62
	$6.0 < m_n \leqslant 10$	42	59	83	118	166	235	17	24	34	48	68	96

表 3-57 径向跳动公差 F_r

分度圆直径 d/mm	模数 m_n/mm	精度等级					
		4	5	6	7	8	9
		F_r/μm					
$5 \leqslant d \leqslant 20$	$0.5 \leqslant m_n \leqslant 2.0$	6.5	9.0	13	18	25	36
	$2.0 < m_n \leqslant 3.5$	6.5	9.5	13	19	27	38
$20 < d \leqslant 50$	$0.5 \leqslant m_n \leqslant 2.0$	8.0	11	16	23	32	46
	$2.0 < m_n \leqslant 3.5$	8.5	12	17	24	34	47
	$3.5 < m_n \leqslant 6.0$	8.5	12	17	25	35	49
	$6.0 < m_n \leqslant 10$	9.5	13	19	26	37	52
$50 < d \leqslant 125$	$0.5 \leqslant m_n \leqslant 2.0$	10	15	21	29	42	59
	$2.0 < m_n \leqslant 3.5$	11	15	21	30	43	61
	$3.5 < m_n \leqslant 6.0$	11	16	22	31	44	62
	$6.0 < m_n \leqslant 10$	12	16	23	33	46	65
	$10 < m_n \leqslant 16$	12	18	25	35	50	70
	$16 < m_n \leqslant 25$	14	19	27	39	55	77
$125 < d \leqslant 280$	$0.5 \leqslant m_n \leqslant 2.0$	14	20	28	39	55	78
	$2.0 < m_n \leqslant 3.5$	14	20	28	40	56	80
	$3.5 < m_n \leqslant 6.0$	14	20	29	41	58	82
	$6.0 < m_n \leqslant 10$	15	21	30	42	60	85
	$10 < m_n \leqslant 16$	16	22	32	45	63	89
	$16 < m_n \leqslant 25$	17	24	34	48	68	96
	$25 < m_n \leqslant 40$	19	27	38	54	76	107
$280 < d \leqslant 560$	$0.5 \leqslant m_n \leqslant 2.0$	18	26	36	51	73	103
	$2.0 < m_n \leqslant 3.5$	18	26	37	52	74	105
	$3.5 < m_n \leqslant 6.0$	19	27	38	53	75	106
	$6.0 < m_n \leqslant 10$	19	27	39	55	77	109
	$10 < m_n \leqslant 16$	20	29	40	57	81	114
	$16 < m_n \leqslant 25$	21	30	43	61	86	121
	$25 < m_n \leqslant 40$	23	33	47	66	94	132
	$40 < m_n \leqslant 70$	27	38	54	76	108	153
$560 < d \leqslant 1000$	$0.5 \leqslant m_n \leqslant 2.0$	23	33	47	66	94	133
	$2.0 < m_n \leqslant 3.5$	24	34	48	67	95	134
	$3.5 < m_n \leqslant 6.0$	24	34	48	68	96	136
	$6.0 < m_n \leqslant 10$	25	35	49	70	98	139
	$10 < m_n \leqslant 16$	25	36	51	72	102	144
	$16 < m_n \leqslant 25$	27	38	53	76	107	151
	$25 < m_n \leqslant 40$	29	41	57	81	115	162
	$40 < m_n \leqslant 70$	32	46	65	91	129	183

4. 齿轮坯的精度

齿轮坯的精度涉及对基准轴线与相关安装面的选择及其制造公差。

（1）齿轮坯上影响齿轮加工与传动质量的误差　如图 3-15 所示，影响轮齿加工和齿轮传动质量的有三个表面上的误差：一是带孔齿轮的孔（或轴齿轮的轴颈）的直径偏差的形状误差；二是齿轮轴轴向基准面 S_i 的端面跳动；三是径向基准面 S_r 或齿顶圆柱的直径偏差和径向跳动。

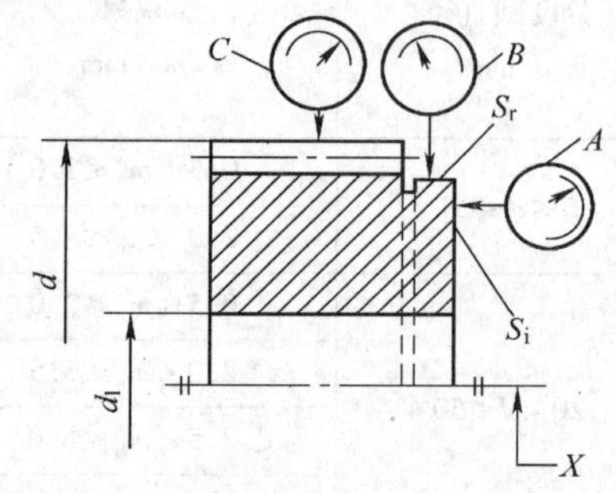

图 3-15　影响齿轮加工和传动的误差
A—齿轮轴轴向基准面 S_i 的端面跳动
B—径向基准面 S_r 的直径偏差与径向跳动
C—齿顶圆柱面的直径偏差与径向跳动

（2）基准轴线及其确定方法　最常用的方法是使基准轴线与工作轴线重合，即将安装面作为基准面。此时一般需先确定基准轴线，然后将其他所有轴线用适当公差与之相联。图 3-16 ~ 图 3-19 所示为确定基准轴线的 4 种方法。

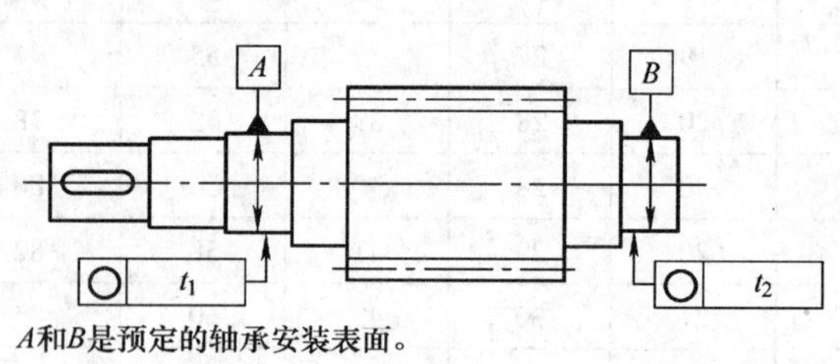

图 3-16　用两个“短的”基准面确定基准轴线

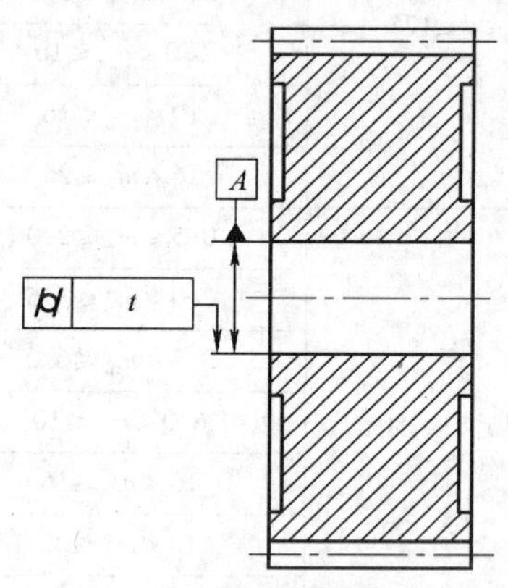

图 3-17　用一个“长的”基准面确定基准轴线

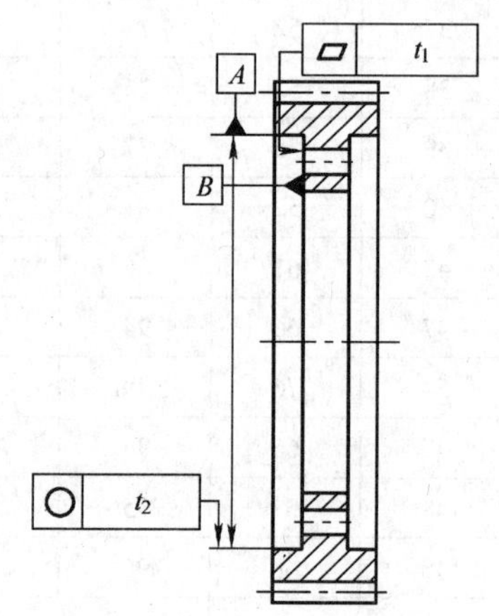

图 3-18　用一个圆柱面和一个端面确定基准轴线

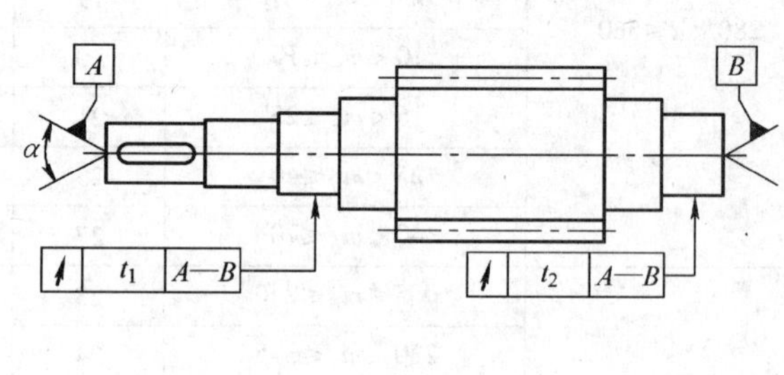

图 3-19　中心孔确定基准轴线

（3）基准面与安装面的公差选择　应尽量选择基准面与安装面的重合，以提高齿轮加工的精度（见图 3-21）。基准面与安装面的形状公差、安装面的圆跳动公差选择见表 3-58、

表3-59，轮坯基准面径向圆跳动公差参见表3-60。对高精度齿轮，必须设置专用的基准面（见图3-20），对更高精度的齿轮，加工前需先装在轴上，此时，轴颈可用作基准面。

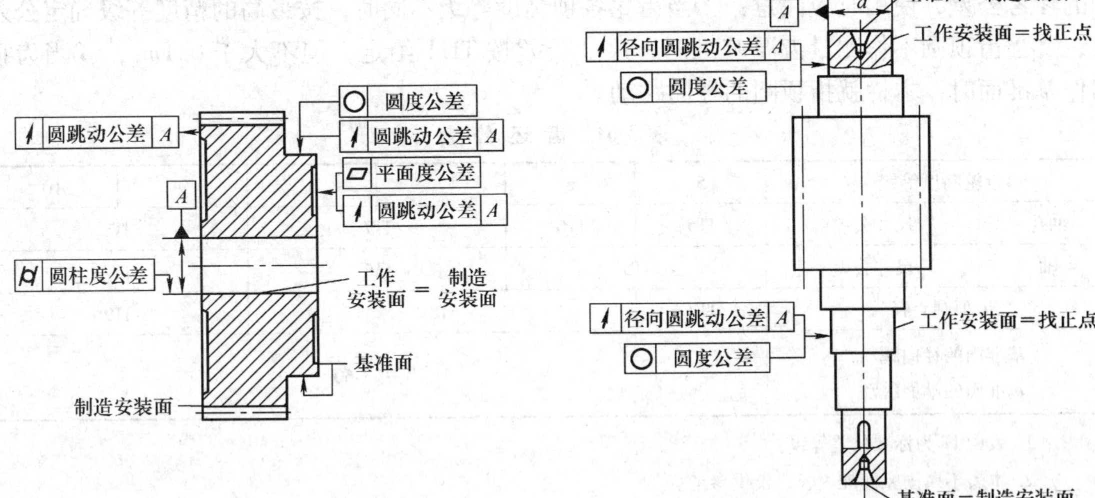

图3-20　高精度齿轮带有基准面　　　　图3-21　切齿时轴齿轮的安装示例

表3-58　基准面与安装面的形状公差

确定轴线的基准面	公差项目		
	圆度	圆柱度	平面度
两个“短的”圆柱或圆锥形基准面	$0.04(L/b)F_\beta$ 或 $0.1F_p$ 取两者中之小值		
一个“长的”圆柱或圆锥形基准面		$0.04(L/b)F_\beta$ 或 $0.1F_p$ 取两者中之小值	
一个短的圆柱面和一个端面	$0.06F_p$		$0.06(D_d/b)F_\beta$

注：1. 齿坯的公差应减至能经济地制造的最小值。

2. 表中：D_d—基准面直径；L—两轴轴承跨距的大值；b—齿宽。

表3-59　安装面的圆跳动公差

确定轴线的基准面	跳动量（总的指示幅度）	
	径　　向	轴　　向
仅指圆柱或圆锥形基准面	$0.15(L/b)F_\beta$ 或 $0.3F_p$ 取两者中之大值	
一个圆柱基准面和一个端面基准面	$0.3F_p$	$0.2(D_d/b)F_\beta$

注：齿坯的公差应减至能经济地制造的最小值。

表3-60　齿坯基准面径向和端面圆跳动公差　　（单位：μm）

分度圆直径/mm		精度等级			分度圆直径/mm		精度等级		
大于	到	5和6	7和8	9和10	大于	到	5和6	7和8	9和10
—	125	11	18	28	800	1600	28	45	71
125	400	14	22	36	1600	2500	40	63	100
400	800	20	32	50	2500	4000	63	100	160

注：本表不属国家标准，仅供参考。

设计时应适当选择齿轮顶圆直径公差以保证最小限度的设计重合度，并保证足够顶隙，如将齿顶圆作为基准面，其形状公差不应大于表3-58的适当数值。表3-61是齿顶圆、轴孔、轴的参考公差，使用时应注意：①当齿轮各项精度等级不同时，按最高的精度等级确定公差值；②当齿顶圆不作测量齿厚基准时，尺寸公差按TI11给定，但不大于0.1m_n；③当齿顶圆作基准面时，本栏就指顶圆的径向跳动。

表3-61 齿坯公差

齿轮精度等级		5	6	7	8	9	10
轴孔	尺寸公差	IT5	IT6	IT7		IT8	
轴	尺寸公差	IT5		IT6		IT7	
齿顶圆直径		IT7	IT8			IT9	
基准面的径向跳动 基准面的端面跳动		见表3-60					

注：1. 表中IT为标准公差等级。

2. 本表不属国家标准内容，仅供参考。

5. 中心距公差与轴线平行度

确定公称中心距时，不仅要考虑最小侧隙，还要考虑两齿轮齿顶和与其相啮合的齿根部分是否干涉。GB/Z 18620.3没有推荐中心距公差，设计者可根据成熟产品的设计经验确定中心距公差，也可参照表3-62中的齿轮副中心距极限偏差数值选取。在单向承载运转而不经常反转的情况下，最大侧隙不是重要考虑因素，因而只需控制下偏差，适当放宽上偏差。下列情况需限制中心距允许偏差；控制运转用的齿轮，负载经常反向的齿轮，一齿轮带动若干齿轮（如行星传动，全桥驱动车的分动器或动力输出齿轮），高速齿轮还要考虑其他因素。

表3-62 中心距偏差 $\pm f_a$ 参考值 （单位：μm）

中心距偏差 / 精度等级 齿轮副的中心距/mm	4	5~6	7~8	9~10
18	6.5	10.5	16.5	26
30	8	12.5	19.5	31
50	9.5	15	23	37
80	11	17.5	27	43.5
120	12.5	20	31.5	50
180	14.5	23	36	57.5
250	16	26	40.5	65
315	18	28.5	44.5	70
400	20	31.5	48.5	77.5
500	22	35	55	87
630	25	40	62	100
800	28	45	70	115
1000	33	52	82	130
1250	39	62	97	155
1600	46	75	115	185
2000	50	87	140	220
2500	67.5	105	165	270

轴线平行度偏差的影响与其向量的方向有关（见图3-22），推荐的最大值见表3-63。

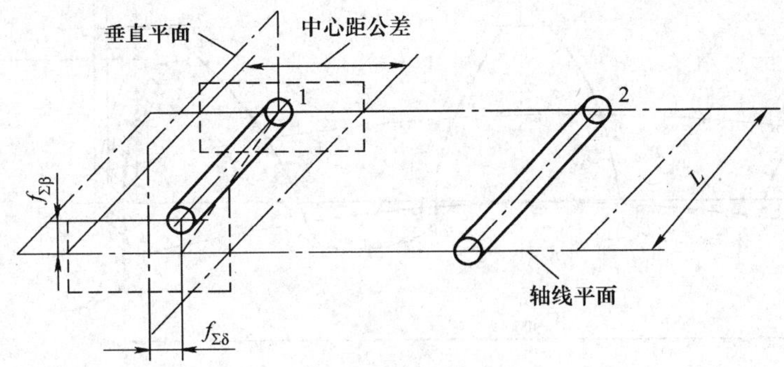

图3-22　轴线平行度偏差

表3-63　轴线平行度偏差的最大值

垂直平面上$f_{\Sigma\beta}$	$f_{\Sigma\beta}=0.5\left(\frac{L}{b}\right)F_\beta$
轴线平面内$f_{\Sigma\delta}$	$f_{\Sigma\delta}=2f_{\Sigma\beta}$

6. 齿厚与侧隙（见表3-64）

表3-64　齿厚和侧隙的定义

项目		定义及说明
齿厚	公称齿厚 s_n	指齿厚的理论值（对于斜齿轮在法平面内测量），$s_n=m_n\left(\frac{\pi}{2}\pm 2\tan\alpha_n x\right)$（“-”号用于内齿轮）
	齿厚的极限偏差、公差	齿厚上偏差 E_{sns}、下偏差 E_{sni}、齿厚公差 $T_{sn}=E_{sns}-E_{sni}$，见图3-23
	实效齿厚	指测量所得的齿厚加上轮齿各要素偏差及安装所产生的综合影响的量。这是最终包容条件，包含了所有的影响因素，见图3-24
侧隙	侧隙	两个相配齿轮的工作面接触时，在两个非工作面之间所形成的间隙，如图3-25所示。它是在节圆上齿槽宽度超过相啮合的轮齿齿厚的量，可在法平面上测量，在端平面上计算
	圆周侧隙 j_{wt}	固定两相啮合齿轮中的一个，另一齿轮所能转过的节圆弧长的最大值（见图3-25）
	法向侧隙 j_{bn}	当两个齿轮的工作齿面互相接触时，其非工作齿面之间的最短距离（见图3-25）$j_{bn}=j_{wt}\cos\alpha_t'\cos\beta_b$
	径向侧隙 j_r	将两个相配齿轮的中心距缩小到左、右两侧齿面都接触时的缩小量（见图3-25）$j_r=\frac{j_{wt}}{2\tan\alpha_t'}$
	最小侧隙 $j_{wt\,min}$	当具有最大允许实效齿厚的轮齿与也具有最大允许实效齿厚的相配轮齿在最紧的允许中心距相啮合时，在静态条件下的圆周侧隙（见图3-24）
	最大侧隙 $j_{wt\,max}$	当具有最小允许实效齿厚的轮齿与也具有最小允许实效齿厚的轮齿在最松的允许中心距相啮合时，在静态条件下的圆周侧隙（见图3-24）

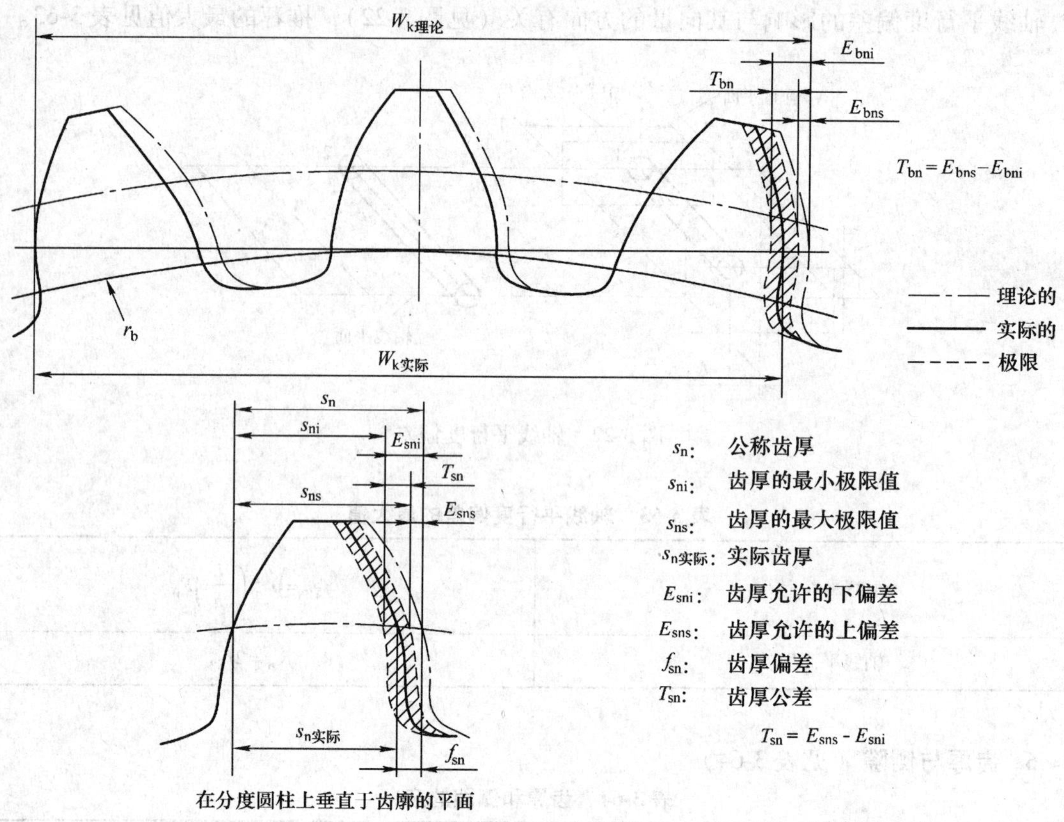

图 3-23　齿厚的允许偏差

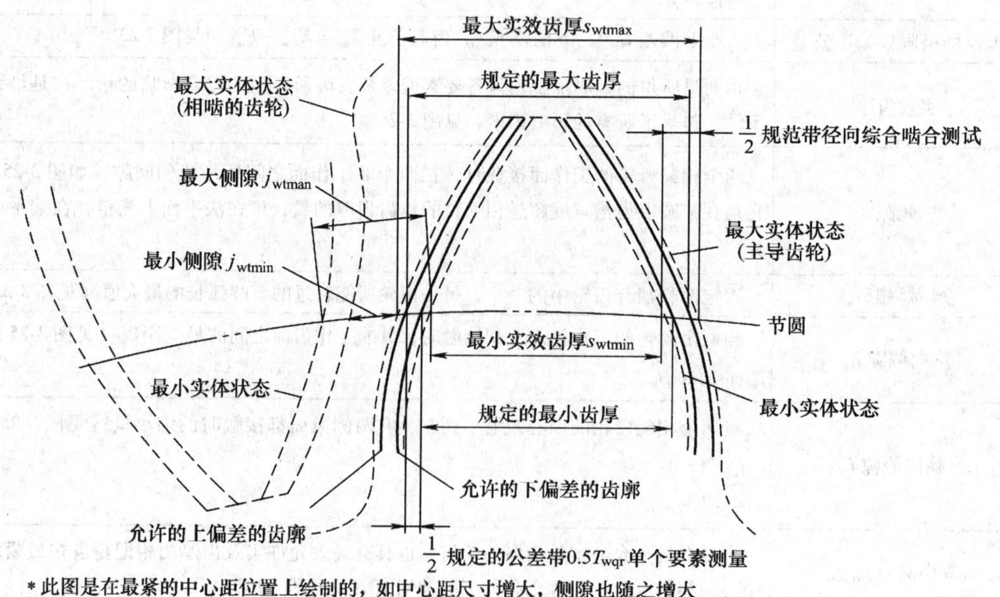

图 3-24　端平面上的齿厚

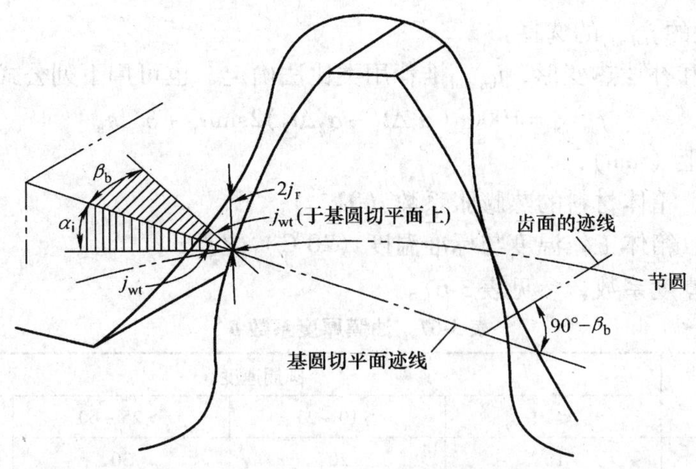

图 3-25　圆周侧隙 j_{wt}、法向侧隙 j_{bt} 与径向侧隙 j_r

齿厚上偏差取决于分度圆直径和允许的最小侧隙，齿厚公差主要由制造设备来控制，基本上都与齿轮精度无关。在很多应用场合，允许用较宽的齿厚公差或工作间隙。这样做不会影响齿轮的性能和承载能力，却可以获得较经济的制造成本。

（1）$j_{bn\ min}$ 和 $j_{bn\ max}$ 的确定　一般工业传动装置推荐的最小侧隙见表 3-65，也可按表 3-66 中提供的公式计算。

表 3-65　一般工业齿轮的最小侧隙 $j_{bn\ min}$ 的推荐值　（单位：mm）

m_n	最小中心距 a_i					
	50	100	200	400	800	1600
1.5	0.09	0.11	—	—	—	
2	0.10	0.12	0.15	—	—	
3	0.12	0.14	0.17	0.24	—	
5	—	0.18	0.21	0.28		
8	—	0.24	0.27	0.34	0.47	
12	—	—	0.35	0.42	0.55	—
18	—	—	—	0.54	0.67	0.94

表 3-66　齿侧间隙相关计算公式

项目名称	计 算 公 式	备　注
最小法向侧隙 $j_{bn\ min}$	$j_{bn\ min}=2(0.06+0.005a_i+0.03m_n)/3$	a_i，最小中心距
最大侧隙 $j_{wt\ min}$	$j_{wt\ min}=p_{wt}-s_{wt\ min1}-s_{wt\ min2}-(a_{max}-a_{min})2\tan\alpha_t'$	s_{wt}，工作直径处理论端面齿厚 p_{wt}，工作节圆齿距 $p_{wt}=2\pi a_{min}/(z_1+z_2)$
最小实效齿厚 $s_{wt\ min}$	$s_{wt\ min}=s_{wt}-E_{sni}\cos\alpha_n/\cos\beta_b\cos\alpha_t'-2F_i''\tan\alpha_t'$	E_{sni}，齿厚允许下偏差；F_i''，径向综合总偏差，见表 3-50
工作直径处侧隙值 j_{wt}、j_{wn} 与法向侧隙 j_{bn} 的转换	$j_{bn}=j_{wt}\cos\beta_b\cos\alpha_t'=j_{wn}\cos\alpha_n$	

几种典型工况的 $j_{bn\ min}$ 的选择：

1）考虑储油和补偿热变形，$j_{bn\ min}$ 推荐用类比法确定，也可用下列公式计算

$$j_{bn\ min}=1000a(\alpha_1\Delta t_1-\alpha_2\Delta t_2)2\sin\alpha_n+\delta^* m_n \tag{3-1}$$

式中　a——中心距（mm）；

α_1、α_2——齿轮、箱体材料的热膨胀系数（℃$^{-1}$）；

Δt_1、Δt_2——齿轮、箱体工作温度与标准温度（20℃）之差；

δ^*——油膜厚度系数，参见表 3-67。

表 3-67　油膜厚度系数 δ^*

润滑方式	圆周速度/m · s^{-1}			
	≤10	>10 ~ 25	>25 ~ 60	>60
喷油	10	20	30	30 ~ 50
油池	5 ~ 10			

2）当齿轮副经常正反转，需缩小齿厚公差时，$j_{bn\ max}$ 可按下式计算

$$j_{bn\ max}=j_{bn\ min}+\sqrt{(T_{sn1}^2+T_{sn2}^2)\cos\alpha_n+(4f_a\sin\alpha_n)^2} \tag{3-2}$$

（2）公法线长度极限偏差与齿厚偏差换算关系

对外齿轮　上偏差　$E_{wms}=E_{sns}\cos\alpha_n-0.72F_r\sin\alpha_n$　（3-3）

下偏差　$E_{wmi}=E_{sni}\cos\alpha_n-0.72F_r\sin\alpha_n$　（3-4）

公差　$T_{ws}=T_{sn}\cos\alpha_n-1.44F_r\sin\alpha_n$　（3-5）

7. 齿面粗糙度

轮齿齿面粗糙度常用算术平均偏差 *Ra* 与微观不平度十点高度 *Rz*，其推荐值参见表 3-68、表 3-69。

表 3-68　齿面粗糙度的算术平均偏差 *Ra* 的推荐极限值　（单位：μm）

齿面粗糙度等级	模数/mm		
	$m_n≤6$	$6<m_n≤25$	$m_n>25$
5	0.5	0.63	0.80
6	0.8	1.00	1.25
7	1.25	1.6	2.0
8	2.0	2.5	3.2
9	3.2	4.0	5.0
10	5.0	6.3	8.0

注：表中的齿面粗糙度等级和齿轮的精度等级之间没有直接的关系，也不与特定的制造工艺相对应。

表 3-69　微观不平度十点高度 *Rz* 的推荐极限值　（单位：μm）

等级	模数 *m*/mm		
	$m<6$	$6≤m≤25$	$m>25$
5	3.2	4.0	5.0
6	5.0	6.3	8.0
7	8.0	10.0	12.5
8	12.5	16	20
9	20	25	32
10	32	40	50

8. 齿轮的接触斑点

图 3-26 和表 3-70、表 3-71 给出了在齿轮装配后（空载）检验时，所预计的齿轮精度等级和接触斑点之间的一般关系（不适用于齿廓和螺旋线修形的齿面）。用接触斑点可以控制齿轮轮齿齿长方向的配合精度，但不能将其理解为证明齿轮精度等级的替代方法。

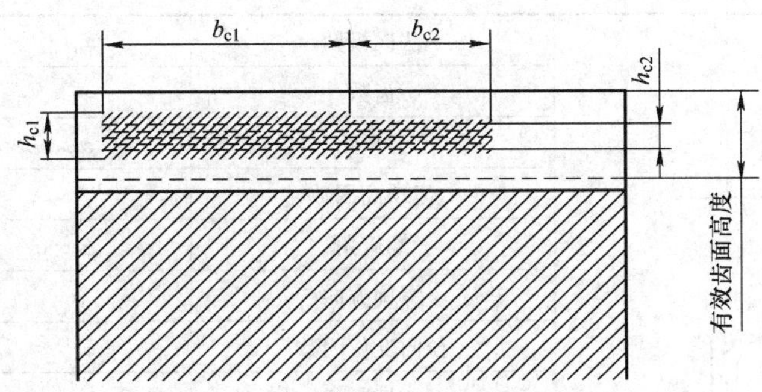

图 3-26　接触斑点分布的示意图

表 3-70　斜齿轮装配后的接触斑点

精度等级	b_{c1} 占齿宽的百分比	h_{c1} 占有效齿高的百分比	b_{c2} 占齿宽的百分比	h_{c2} 占有效齿高的百分比
4 级及更高	50%	50%	40%	30%
5 和 6	45%	40%	35%	20%
7 和 8	35%	40%	35%	20%
9 至 12	25%	40%	25%	20%

表 3-71　直齿轮装配后的接触斑点

精度等级	b_{c1} 占齿宽的百分比	h_{c1} 占有效齿高的百分比	b_{c2} 占齿宽的百分比	h_{c2} 占有效齿高的百分比
4 级及更高	50%	70%	40%	50%
5 和 6	45%	50%	35%	30%
7 和 8	35%	50%	35%	30%
9 至 12	25%	50%	25%	30%

9. 圆柱齿轮尺寸的图样标注

圆柱齿轮在图样上应按 GB/T 6443—1986 的规定注出如下一般尺寸数据：顶圆直径 d_a 及其公差，分度圆直径 d、齿宽 b、轮毂孔（轴）径及其公差，定位基准及其要求，齿轮齿面的表面粗糙度。

圆柱齿轮在图样上应按 GB/T 6443—1986 的规定用表格列出如下数据：法向模数，齿数，齿形角（压力角），齿顶高因数，螺旋角及螺旋方向，径向变位因数，齿厚的公称值及其上、下偏差，或公法线平均长度公称值及其上、下偏差，精度等级，齿轮副中心距及其极限偏差，配对齿轮的图号及其齿数、检验项目代号和公差（或极限偏差）值，其他在齿轮加工和测量时必需的数据和所采用设计齿形、设计齿向时应详述的参数、必要的技术要求等。

图样标注示例如图 3-27a 所示。其中“齿厚”一栏可选图 3-27b 所示的形式填写。

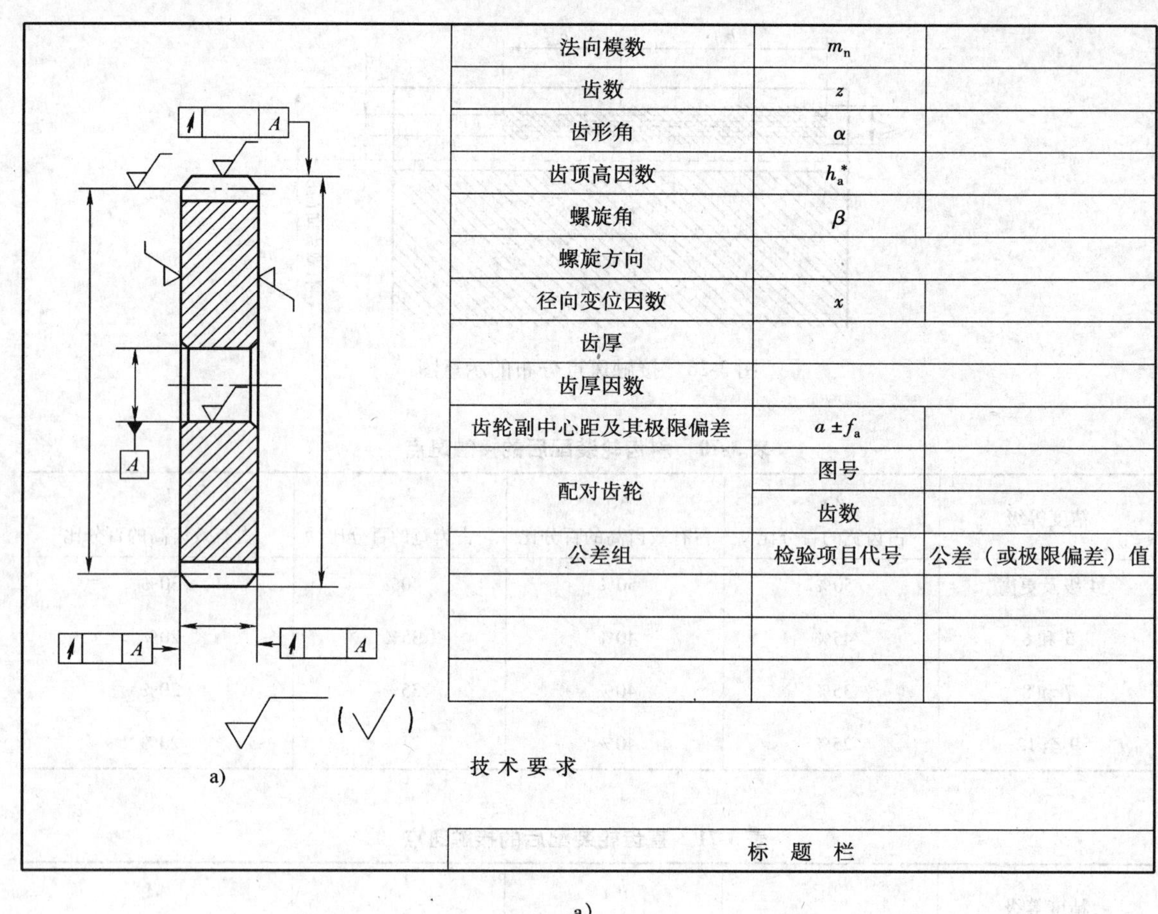

a)

第一种形式：	齿厚	法向齿厚公称值及其上、下偏差	$S_{n}{}^{E_{ss}}_{E_{si}}$	（数值）
第二种形式：	齿厚	公法线平均长度值及其上、下偏差	$W_{h}{}^{E_{Wms}}_{E_{Wmi}}$	（数值）
		跨齿数	k	（数值）

b)

图 3-27　圆柱齿轮图样标注示例（摘自 GB6443—1986）

五、锥齿轮和准双曲面齿轮精度

锥齿轮精度标准 GB/T 11365—1989 规定了锥齿轮和准双曲面齿轮及其齿轮副的误差、定义、代号、精度等级、齿坯要求、检验与公差、侧隙和图样标注。本标准适用于中点法向模数 $m_{mn} \geqslant 1$mm 的直齿、斜齿、曲线齿锥齿轮和准双曲面齿轮（以下简称齿轮）。

1. 锥齿轮、齿轮副误差及侧隙的定义和代号

齿轮副误差及侧隙的定义和代号见表 3-72。

表 3-72　锥齿轮、齿轮副误差及侧隙的定义和代号（摘自 GB/T 11365—1989）

名　　称	代号	定　　义
切向综合误差	$\Delta F_i'$	被测齿轮与理想精确的测量齿轮按规定的安装位置单面啮合时，被测齿轮一转内，实际转角与理论转角之差的总幅度值。以齿宽中点分度圆弧长计
切向综合公差	F_i'	
切向一齿综合误差	$\Delta f_i'$	被测齿轮与理想精确的测量齿轮按规定的安装位置单面啮合时，被测齿轮一齿距角内，实际转角与理论转角之差的最大幅度值。以齿宽中点分度圆弧长计
切向一齿综合公差	f_i'	
交角综合误差	$\Delta F_{i\Sigma}''$	被测齿轮与理想精确的测量齿轮在分锥顶点重合的条件下双面啮合时，被测齿轮一转内，齿轮副轴交角的最大变动量。以齿宽中点处线值计
交角综合公差	$F_{i\Sigma}''$	
一齿轴交角综合误差	$\Delta f_{i\Sigma}''$	被测齿轮与理想精确的测量齿轮在分锥顶点重合的条件下双面啮合时，被测齿轮一齿距角内，齿轮副轴交角的最大变动量。以齿宽中点处线值计
一齿轴交角综合公差	$f_{i\Sigma}''$	
周期误差	$\Delta f_{zK}'$	被测齿轮与理想精确的测量齿轮按规定的安装位置单面啮合时，被测齿轮一转内，二次（包括二次）以上各次谐波的总幅度值
周期误差的公差	f_{zK}'	

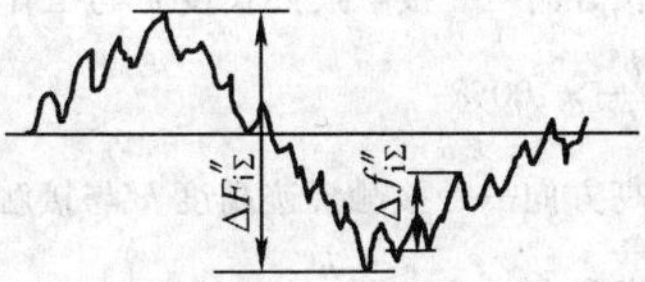

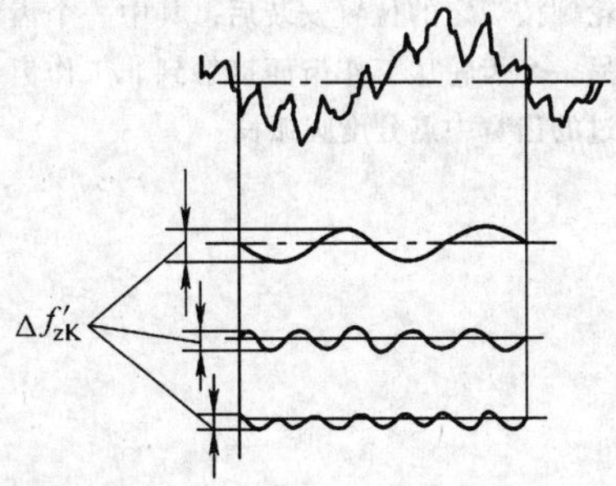

（续）

名　　称	代号	定　　义
齿轮副轴交角综合误差 齿轮副轴交角综合公差	$\Delta F''_{i\Sigma c}$ $F''_{i\Sigma c}$	齿轮副在分锥顶点重合条件下双面啮合时，在转动的整周期内，轴交角的最大变动量。以齿宽中点处线值计
齿轮副一齿轴交角综合误差 齿轮副一齿轴交角综合公差	$\Delta f''_{i\Sigma c}$ $f''_{i\Sigma c}$	齿轮副在分锥顶点重合条件下双面啮合时，在一齿距角内，轴交角的最大变动量，在整周期内取值，以齿宽中点处线值计
齿轮副周期误差 齿轮副周期误差的公差	$\Delta f'_{zKc}$ f'_{zKc}	齿轮副按规定的安装位置单面啮合时，在大轮一转范围内，二次（包括二次）以上各次谐波的总幅度值
齿轮副齿频周期误差 齿轮副齿频周期误差的公差	$\Delta f'_{zzc}$ f'_{zzc}	齿轮副按规定的安装位置单面啮合时，以齿数为频率的谐波的总幅度值
接触斑点 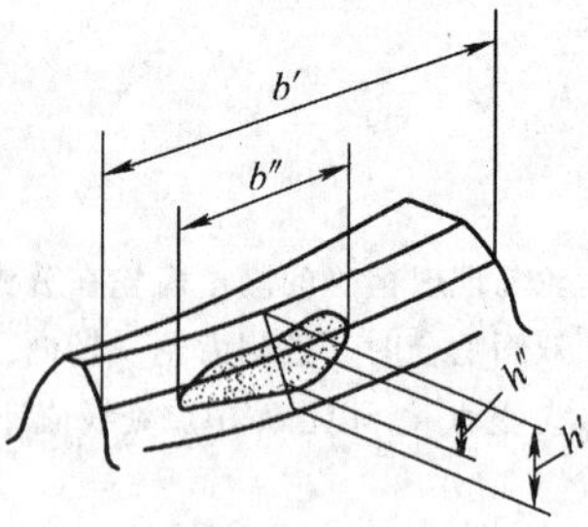		安装好的齿轮副（或被测齿轮与测量齿轮）在轻微力的制动下运转后，齿面上得到的接触痕迹 接触斑点包括形状、位置、大小三方面的要求 接触痕迹的大小按百分比确定： 沿齿长方向——接触痕迹长度 b'' 与工作长度 b' 之比，即 $\frac{b''}{b'}\times100\%$ 沿齿高方向——接触痕迹高度 h'' 与接触痕迹中部的工作齿高 h' 之比，即 $\frac{h''}{h'}\times100\%$
齿轮副侧隙 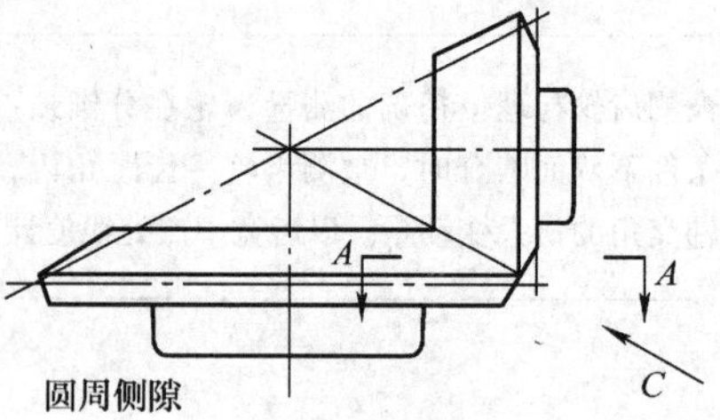 圆周侧隙 A—A旋转放大 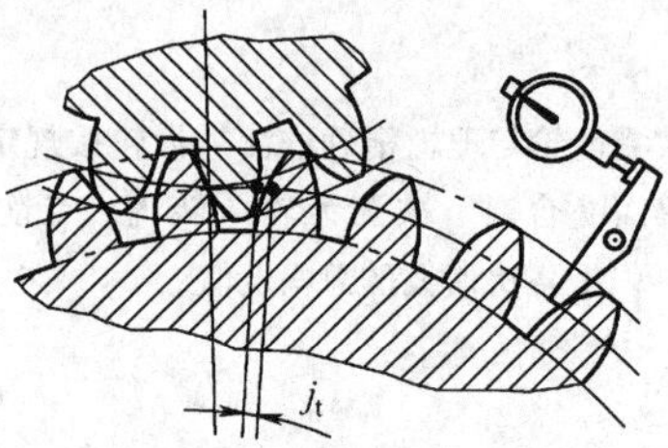	j_t	齿轮副按规定的位置安装后，其中一个齿轮固定时，另一个齿轮从工作齿面接触到非工作齿面接触所转过的齿宽中点分度圆弧长

（续）

名　　称	代号	定　　义
齿距累积误差 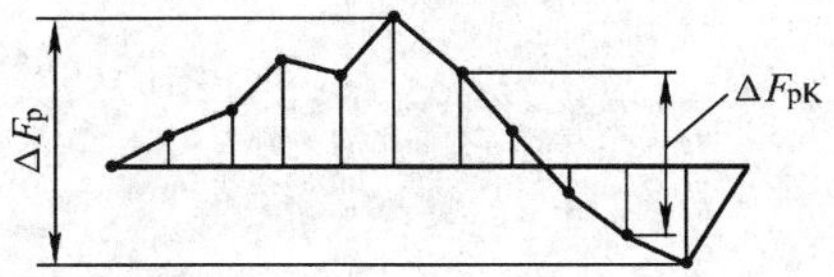 齿距累积公差	ΔF_{p} F_{p}	在中点分度圆①上，任意两个同侧齿面间的实际弧长与公称弧长之差的最大绝对值
K个齿距累积误差 K个齿距累积公差	ΔF_{pK} F_{pK}	在中点分度圆①上，K个齿距的实际弧长与公称弧长之差的最大绝对值。K为2到小于$z/2$的整数
齿圈跳动 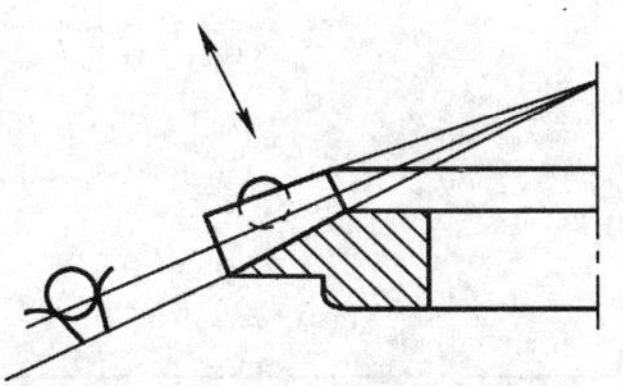 齿圈跳动公差	ΔF_{r} F_{r}	齿轮一转范围内，测头在齿槽内与齿面中部双面接触时，沿分锥法向相对齿轮轴线的最大变动量
齿距偏差 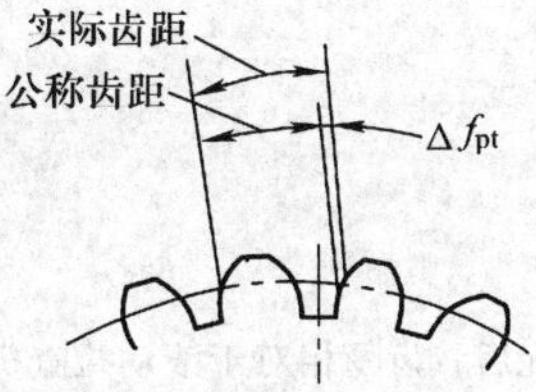 齿距极限偏差	Δf_{pt} $\pm f_{pt}$	在中点分度圆①上，实际齿距与公称齿距之差
齿形相对误差 齿形相对误差的公差	Δf_{c} f_{c}	齿轮绕工艺轴线旋转时，各轮齿实际齿面相对于基准实际齿面传递运动的转角之差。以齿宽中点处线值计
齿厚偏差 齿厚极限偏差 　上偏差 　下偏差 　公　差	ΔE_{s} E_{ss} E_{si} T_{s}	齿宽中点法向弦齿厚的实际值与公称值之差
齿轮副切向综合误差 齿轮副切向综合公差	$\Delta F'_{ic}$ F'_{ic}	齿轮副按规定的安装位置单面啮合时，在转动的整周期②内，一个齿轮相对另一个齿轮的实际转角与理论转角之差的总幅度值。以齿宽中点分度圆弧长计
齿轮副一齿切向综合误差 齿轮副一齿切向综合公差	$\Delta f'_{ic}$ f'_{ic}	齿轮副按规定的安装位置单面啮合时，在一齿距角内，一个齿轮相对另一个齿轮的实际转角与理论转角之差的最大值。在整周期②内取值，以齿宽中点分度圆弧长计

（续）

名　　称	代号	定　　义
法向侧隙 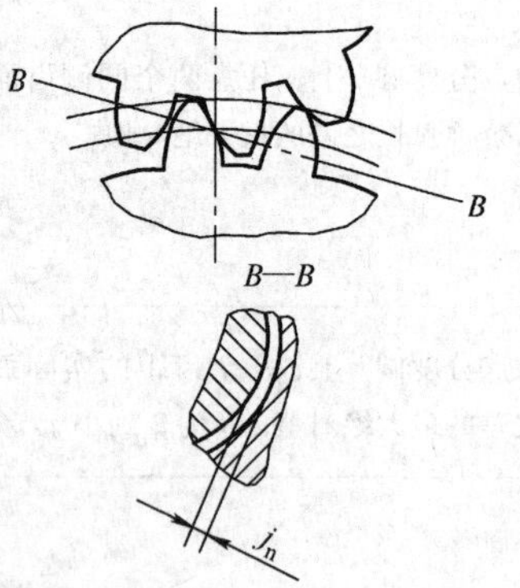 B　B B—B j_n	j_n	齿轮副按规定的位置安装后，工作齿面接触时，非工作齿面间的最短距离。以齿宽中点处计 $j_n = j_t \cos\beta \cos\alpha$
最小圆周侧隙 最大圆周侧隙 最小法向侧隙 最大法向侧隙	j_{tmin} j_{tmax} j_{nmin} j_{nmax}	
齿轮副侧隙变动量 齿轮副侧隙变动公差	ΔF_{vj} F_{vj}	齿轮副按规定的位置安装后，在转动的整周期内，法向侧隙的最大值与最小值之差
齿圈轴向位移 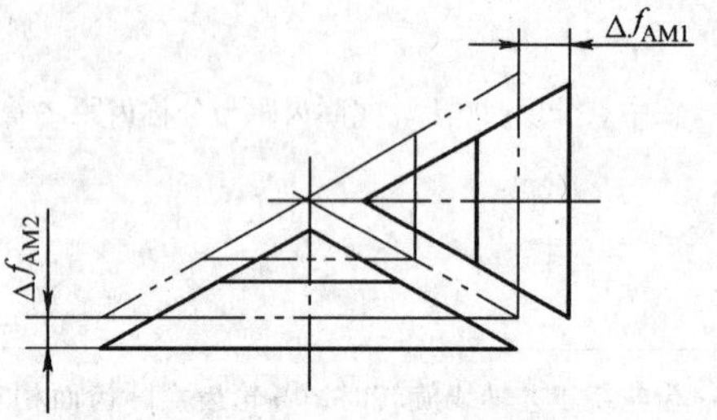 Δf_{AM1} Δf_{AM2}	Δf_{AM}	齿轮装配后，齿圈相对于滚动检查机上确定的最佳啮合位置的轴向位移量
齿圈轴向位移极限偏差（安装距极限偏差） 上偏差 下偏差	 $+f_{AM}$ $-f_{AM}$	
齿轮副轴间距偏差 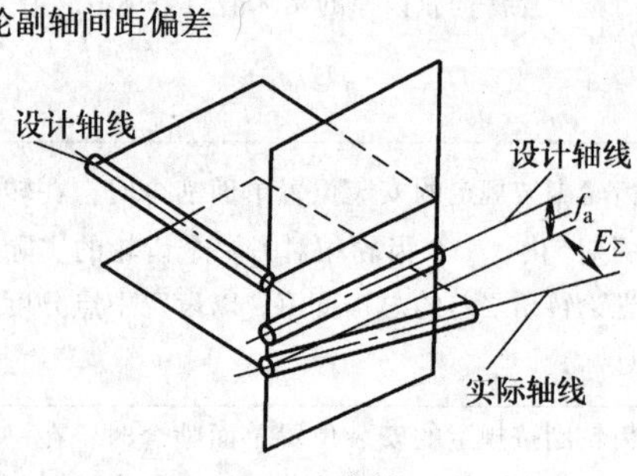 设计轴线 设计轴线 f_a E_Σ 实际轴线	Δf_a	齿轮副实际轴间距与公称轴间距之差
齿轮副轴间距极限偏差{上偏差 下偏差	$+f_a$ $-f_a$	

（续）

名　　称	代号	定　　义
齿轮副轴交角偏差 齿轮副轴交角极限偏差 上偏差 下偏差	ΔE_{Σ} $+E_{\Sigma}$ $-E_{\Sigma}$	齿轮副实际轴交角与公称轴交角之差。以齿宽中点处线值计

① 允许在齿面中部测量。

② 齿轮副转动整周期按下式计算：$n_2=\frac{z_1}{x}$，其中 n_2 为大轮转数，z_1 为小轮齿数，x 为大、小轮齿数的最大公约数。

2. 精度等级

国标对齿轮和齿轮副规定了 12 个精度等级，第 1 级的精度最高，第 12 级的精度最低。

按照误差的特性及它们对齿轮传动性能的主要影响，将公差项目分为三个公差组，见表 3-73。

根据使用要求，允许各公差组选用不同的精度等级组合，但同一公差组内应选用同一精度等级。

表 3-73　锥齿轮各项公差的分组

公差组	公差与极限偏差项目
第Ⅰ公差组	齿轮：F_i'、$F_{i\Sigma}''$、F_p、F_{pK}、F_r 齿轮副：F_{ic}'、$F_{i\Sigma c}''$、F_{vj}
第Ⅱ公差组	齿轮：f_i'、$f_{i\Sigma}''$、f_{zK}'、f_{pt}、f_c 齿轮副：f_{ic}'、$f_{i\Sigma}''$、f_{zKc}'、f_{zzc}'、f_{AM}
第Ⅲ公差组	齿轮：接触斑点 齿轮副：接触斑点、f_a

3. 锥齿轮精度的检验项目及公差（表 3-74～表 3-87）

表 3-74　锥齿轮公差组的检验组

第Ⅰ公差组的检验组		第Ⅱ公差组的检验组		第Ⅲ公差组的检验组	
项目	说明	项目	说明	项目	说明
$\Delta F_i'$	用于 4～8 级精度	$\Delta f_i'$	用于 4～8 级精度	接触斑点	与精度等级的关系见表 3-82（引自标准附录 B）
$\Delta F_{i\Sigma}''$	用于 7～12 级精度直齿，9～12 级精度斜齿、曲线齿	$\Delta f_{i\Sigma}''$	用于 7～12 级精度直齿，9～12 级精度斜齿、曲线齿		
ΔF_p 与 ΔF_{pK}	用于 4～6 级精度	$\Delta f_{zK}'$	用于 4～8 级精度，纵向重合度 ε_β 大于表 3-75 界限值的齿轮		
ΔF_p	用于 7～8 级精度	Δf_{pt} 与 Δf_c	用于 4～6 级精度		
ΔF_r	用于 7～12 级精度，其中 7～8 级用于中点分度圆直径大于 1600mm 的齿轮	Δf_{pt}	用于 7～12 级精度		

表 3-75　纵向重合度 ε_β 界限值

第Ⅱ公差组精度等级	4～5	6～7	8
ε_β 界限值	1.35	1.56	2.0

表 3-76　齿轮副公差组检验组

第Ⅰ公差组的检验组		第Ⅱ公差组的检验组		第Ⅲ公差组的检验组	
项目	说明	项目	说明	项目	说明
$\Delta F'_{ic}$	用于4～8级精度	$\Delta f'_{ic}$	用于4～8级精度	接触斑点	见锥齿轮检验组的规定
$\Delta F''_{i\Sigma c}$	用于7～12级精度直齿，9～12级精度的斜齿、曲线齿锥齿轮副	$\Delta f''_{i\Sigma c}$	用于7～12级精度直齿，9～12级精度的斜齿、曲线齿锥齿轮副		
ΔF_{vj}	用于9～12级精度	$\Delta f'_{zKc}$	用于4～8级精度，ε_β大于或等于表3-75界限值的齿轮副		
		$\Delta f'_{zzc}$	用于4～8级精度，ε_β小于表3-75中界限值的齿轮副		

注：当齿轮副安装在实际装置上时，应检验安装误差：Δf_{AM}、Δf_a、ΔE_Σ。

表 3-77　齿距累积公差 F_p 和 K 个齿距累积公差 F_{pK} 值（摘自 GB/T 11365—1989）

（单位：μm）

L/mm		精度等级								
大于	到	4	5	6	7	8	9	10	11	12
—	11.2	4.5	7	11	16	22	32	45	63	90
11.2	20	6	10	16	22	32	45	63	90	125
20	32	8	12	20	28	40	56	80	112	160
32	50	9	14	22	32	45	63	90	125	180
50	80	10	16	25	36	50	71	100	140	200
80	160	12	20	32	45	63	90	125	180	250
160	315	18	28	45	63	90	125	180	250	355
315	630	25	40	63	90	125	180	250	355	500
630	1000	32	50	80	112	160	224	315	450	630
1000	1600	40	63	100	140	200	280	400	560	800

注：F_p 和 F_{pK} 按中点分度圆弧长 L 查表：

查 F_p 时，取 $L=\frac{1}{2}\pi d_m=\frac{\pi m_{mn}}{2\cos\beta_m}$；

查 F_{pK} 时，取 $L=\frac{K\pi m_{mn}}{\cos\beta_m}$（没有特殊要求时，$K$ 值取 $z/6$ 或最接近的整齿数）。

表 3-78　侧隙变动公差 F_{vj} 值（摘自 GB/T 11365—1989）　　（单位：μm）

中点分度圆直径 d_m/mm		中点法向模数 m_{mn}/mm	精度等级			
大于	到		9	10	11	12
—	125	≥1～3.5	75	90	120	150
		>3.5～6.3	80	100	130	160
		>6.3～10	90	120	150	180
		>10～16	105	130	170	200
125	400	≥1～3.5	110	140	170	200
		>3.5～6.3	120	150	180	220
		>6.3～10	130	160	200	250
		>10～16	140	170	220	280
		>16～25	160	200	250	320
400	800	≥1～3.5	140	180	220	280
		>3.5～6.3	150	190	240	300
		>6.3～10	160	200	260	320
		>10～16	180	220	280	340
		>16～25	200	250	300	380
		>25～40	240	300	380	450

注：1. 取大小轮中点分度圆直径之和的一半作为查表直径。

2. 对于齿数比为整数，且不大于 3（1、2、3）的齿轮副，当采用选配时，可将侧隙变动公差 F_{vj} 值减小 25% 或更多些。

表 3-79　齿轮副齿频周期误差的公差 f'_{zzc} 值（摘自 GB/T 11365—1989）　　（单位：μm）

齿数		中点法向模数 m_{mn}/mm	精度等级				
大于	到		4	5	6	7	8
—	16	≥1～3.5	4.5	6.7	10	15	22
		>3.5～6.3	5.6	8	12	18	28
		>6.3～10	6.7	10	14	22	32
16	32	≥1～3.5	5	7.1	10	16	24
		>3.5～6.3	5.6	8.5	13	19	28
		>6.3～10	7.1	11	16	24	34
		>10～16	—	13	19	28	42
32	63	≥1～3.5	5	7.5	11	17	24
		>3.5～6.3	6	9	14	20	30
		>6.3～10	7.1	11	17	24	36
		>10～16	—	14	20	30	45

（续）

齿数		中点法向模数	精度等级				
大于	到	m_{mn}/mm	4	5	6	7	8
63	125	≥1～3.5	5.3	8	12	18	25
		>3.5～6.3	6.7	10	15	22	32
		>6.3～10	8	12	18	26	38
		>10～16	—	15	22	34	48
125	250	≥1～3.5	5.6	8.5	13	19	28
		>3.5～6.3	7.1	11	16	24	34
		>6.3～10	8.5	13	19	30	42
		>10～16	—	16	24	36	53
250	500	≥1～3.5	6.3	9.5	14	21	30
		>3.5～6.3	8	12	18	28	40
		>6.3～10	9	15	22	34	48
		>10～16	—	18	28	42	60

注：1. 表中齿数为齿轮副中大轮的齿数。

2. 表中数值用于轴向有效重合度 $\varepsilon_{\beta e}$≤0.45 的齿轮副。对 $\varepsilon_{\beta e}$>0.45 的齿轮副，表中的 f'_{zzc} 值按以下规定减小：$\varepsilon_{\beta e}$>0.45～0.58，表中值乘以 0.6；$\varepsilon_{\beta e}$>0.58～0.67，乘以 0.4；$\varepsilon_{\beta e}$>0.67，乘以 0.3。

3. 轴向有效重合度 $\varepsilon_{\beta e}$ 等于名义轴向重合度 ε_{β} 乘以齿长方向接触斑点大小百分比的平均值。

表 3-80　齿距极限偏差 ±f_{pt} 值（摘自 GB/T 11365—1989）　　（单位：μm）

中点分度圆直径 d_m/mm		中点法向模数	精度等级								
大于	到	m_{mn}/mm	4	5	6	7	8	9	10	11	12
—	125	≥1～3.5	4	6	10	14	20	28	40	56	80
		>3.5～6.3	5	8	13	18	25	36	50	71	100
		>6.3～10	5.5	9	14	20	28	40	56	80	112
		>10～16	—	11	17	24	34	48	67	100	130
125	400	≥1～3.5	4.5	7	11	16	22	32	45	63	90
		>3.5～6.3	5.5	9	14	20	28	40	56	80	112
		>6.3～10	6	10	16	22	32	45	63	90	125
		>10～16	—	11	18	25	36	50	71	100	140
		>16～25	—	—	—	32	45	63	90	135	180
400	800	≥1～3.5	5	8	13	18	25	36	50	71	100
		>3.5～6.3	5.5	9	14	20	28	40	56	80	112
		>6.3～10	7	11	18	25	36	50	71	100	140
		>10～16	—	12	20	28	40	56	80	112	160
		>16～25	—	—	—	36	50	71	100	140	200
		>25～40	—	—	—	—	63	90	125	180	250

表 3-81　齿圈跳动公差 F_r、齿形相对误差的公差 f_c、齿轮副轴交角综合公差 $F''_{i\Sigma c}$ 和齿轮副一齿轴交角综合公差 $f''_{i\Sigma c}$ 值（摘自 GB/T 11365—1989）　（单位：μm）

中点分度圆直径 d_m/mm		中点法向模数 m_{mn}/mm	F_r				f_c			$F''_{i\Sigma c}$				$f''_{i\Sigma c}$			
			精度等级														
大于	到		7	8	9	10	6	7	8	7	8	9	10	7	8	9	10
—	125	1～3.5	36	45	56	71	5	8	10	67	85	110	130	28	40	53	67
		>3.5～6.3	40	50	63	80	6	9	13	75	95	120	150	36	50	60	75
		>6.3～10	45	56	71	90	8	11	17	85	105	130	170	40	56	71	90
		>10～16	50	63	80	100	10	15	22	100	120	150	190	48	67	85	105
125	400	1～3.5	50	63	80	100	7	9	13	100	125	160	190	32	45	60	75
		>3.5～6.3	56	71	90	112	8	11	15	105	130	170	200	40	56	67	80
		>6.3～10	63	80	100	125	9	13	19	120	150	180	220	45	63	80	100
		>10～16	71	90	112	140	11	17	25	130	160	200	250	50	71	90	120
400	800	1～3.5	63	80	100	125	9	12	18	130	160	200	260	36	50	67	80
		>3.5～6.3	71	90	112	140	10	14	20	140	170	220	280	40	56	75	90
		>6.3～10	80	100	125	160	11	16	24	150	190	240	300	50	71	85	105
		>10～16	90	112	140	180	13	20	30	160	200	260	320	56	80	100	130

表 3-82　接触斑点大小与精度等级的关系（摘自 GB/T 11365—1989）

精度等级	4～5	6～7	8～9	10～12
沿齿长方向（%）	60～80	50～70	35～65	25～55
沿齿高方向（%）	65～85	55～75	40～70	30～60

注：表中数值范围用于齿面修形的齿轮。对齿面不作修形的齿轮，其接触斑点大小不小于其平均值。

表 3-83　齿圈轴向位移（安装距）极限偏差 ±f_{AM} 值（摘自 GB/T 11365—1989）

（单位：μm）

中点锥距 R_m/mm		分锥角 δ/(°)		精度等级											
				6				7				8			
				中点法向模数 m_{mn}/mm											
大于	到	大于	到	1～3.5	>3.5～6.3	>6.3～10	>10～16	1～3.5	>3.5～6.3	>6.3～10	>10～16	1～3.5	>3.5～6.3	>6.3～10	>10～16
—	50	—	20	14	8			20	11			28	16		
		20	45	12	6.7	—	—	17	9.5	—	—	24	13	—	—
		45	—	5	2.8			71	4			10	5.6		
50	100	—	20	48	26	17	13	67	38	24	18	95	53	34	26
		20	45	40	22	15	11	56	32	21	16	80	45	30	22
		45	—	17	9.5	6	4.5	24	13	8.5	6.7	34	17	12	9
100	200	—	20	105	60	38	28	150	80	53	40	200	120	75	56
		20	45	90	50	32	24	130	71	45	34	180	100	63	48
		45	—	38	21	13	10	53	30	19	14	75	40	26	20
200	400	—	20	240	130	85	60	340	180	120	85	480	250	170	120
		20	45	200	105	71	50	280	150	100	71	400	210	140	100
		45	—	85	45	30	21	120	63	40	30	170	90	60	42
400	800	—	20	530	280	180	130	750	400	250	180	1050	560	360	260
		20	45	450	240	150	110	630	340	210	160	900	480	300	220
		45	—	190	100	63	45	270	140	90	67	380	200	125	90
800	1600	—	20			380	280			560	400			750	560
		20	45	—	—	—	240	—	—	—	340	—	—	—	480
		45	—			—	100			—	140			—	200

（续）

中点锥距 R_m/mm		分锥角 δ/(°)		精度等级							
				9				10			
				中点法向模数 m_{mn}/mm							
大于	到	大于	到	1~3.5	>3.5~6.3	>6.3~10	>10~16	1~3.5	>3.5~6.3	>6.3~10	>10~16
—	50	—	20	40	22			56	32		
		20	45	34	19	—	—	48	26	—	—
		45	—	14	8			20	11		
50	100	—	20	140	75	50	38	190	105	71	50
		20	45	120	63	42	30	160	90	60	45
		45	—	48	26	17	13	67	38	24	18
100	200	—	20	300	160	105	80	420	240	150	110
		20	45	260	140	90	67	360	190	130	95
		45	—	105	60	38	28	150	80	53	40
200	400	—	20	670	360	240	170	950	500	320	240
		20	45	560	300	200	150	800	420	280	200
		45	—	240	130	85	60	340	180	120	85
400	800	—	20	1500	800	500	380	2100	1100	710	500
		20	45	1300	670	440	300	1700	950	600	440
		45	—	530	280	180	130	750	400	250	180
800	1600	—	20			1100	800			1500	1100
		20	45	—	—	—	670	—	—	—	950
		45	—			—	280			—	400

注：1. 表中数值用于非修形齿轮。对修形齿轮，允许采用低一级的 $\pm f_{AM}$ 值。

2. 表中数值用于 $\alpha=20°$ 的齿轮。当 $\alpha \neq 20°$ 时，表中数值乘以 $\sin 20°/\sin\alpha$。

表 3-84 周期误差的公差 f'_{zK} 值（齿轮副周期误差的公差 f'_{zKc} 值）

（摘自 GB/T 11365—1989）（单位：μm）

精度等级	中点分度圆直径 d_m/mm		中点法向模数 m_{mn}/mm	齿轮在一转（齿轮副在大轮一转）内的周期数								
	大于	到		2~4	>4~8	>8~16	>16~32	>32~63	>63~125	>125~250	>250~500	>500
6	—	125	1~6.3	11	8	6	4.8	3.8	3.2	3	2.6	2.5
			>6.3~10	13	9.5	7.1	5.6	4.5	3.8	3.4	3	2.8
	125	400	1~6.3	16	11	8.5	6.7	5.6	4.8	4.2	3.8	3.6
			>6.3~10	18	13	10	7.5	6	5.3	4.5	4.2	4
	400	800	1~6.3	21	15	11	9	7.1	6	5.3	5	4.8
			>6.3~10	22	17	12	9.5	7.5	6.7	6	5.3	5
7	—	125	1~6.3	17	13	10	8	6	5.3	4.5	4.2	4
			>6.3~10	21	15	11	9	7.1	6	5.3	5	4.5
	125	400	1~6.3	25	18	13	10	9	7.5	6.7	6	5.6
			>6.3~10	28	20	16	12	10	8	7.5	6.7	6.3
	400	800	1~6.3	32	24	18	14	11	10	8.5	8	7.5
			>6.3~10	36	26	19	15	12	10	9.5	8.5	8

（续）

精度等级	中点分度圆直径 d_m/mm 大于	中点分度圆直径 d_m/mm 到	中点法向模数 m_{mn}/mm	齿轮在一转（齿轮副在大轮一转）内的周期数 2~4	>4~8	>8~16	>16~32	>32~63	>63~125	>125~250	>250~500	>500
8	—	125	1~6.3	25	18	13	10	8.5	7.5	6.7	6	5.6
			>6.3~10	28	21	16	12	10	8.5	7.5	7	6.7
	125	400	1~6.3	36	26	19	15	12	10	9	8.5	8
			>6.3~10	40	30	22	17	14	12	10.5	10	8.5
	400	800	1~6.3	45	32	25	19	16	13	12	11	10
			>6.3~10	50	36	28	21	17	15	13	12	11

表 3-85 齿厚上偏差 $E_{\bar{s}s}$ 值（摘自 GB/T 11365—1989）（单位：μm）

	中点法向模数 m_{mn}/mm	中点分度圆直径 d_m/mm 125			>125~400			>400~800			>800~1600		
		分锥角 δ/(°) ≤20	>20~45	>45	≤20	>20~45	>45	≤20	>20~45	>45	≤20	>20~45	>45
基本值	≥1~3.5	-20	-20	-22	-28	-32	-30	-36	-50	-45	—	—	—
	>3.5~6.3	-22	-22	-25	-32	-32	-30	-38	-55	-45	-75	-85	-80
	>6.3~10	-25	-25	-28	-36	-36	-34	-40	-55	-50	-80	-90	-85
	>10~16	-28	-28	-30	-36	-38	-36	-48	-60	-55	-80	-100	-85
	>16~25	—	—	—	-40	-40	-40	-50	-65	-60	-80	-100	-90

	最小法向侧隙种类	第Ⅱ公差组精度等级 4~6	7	8	9	10	11	12
系数	h	0.9	1.0	—	—	—	—	—
	e	1.45	1.6	—	—	—	—	—
	d	1.8	2.0	2.2	—	—	—	—
	c	2.4	2.7	3.0	3.2	—	—	—
	b	3.4	3.8	4.2	4.6	4.9	—	—
	a	5.0	5.5	6.0	6.6	7.0	7.8	9.0

注：1. 各最小法向侧隙种类和各精度等级齿轮的 $E_{\bar{s}s}$ 值，由基本值栏查出的数值乘以系数得出。

2. 当轴交角公差带相对零线不对称时，$E_{\bar{s}s}$ 数值修正如下：

增大轴交角上偏差时，$E_{\bar{s}s}$ 加上 $(E_{\Sigma s}-|E_\Sigma|)\tan\alpha$

减小轴交角上偏差时，$E_{\bar{s}s}$ 减去 $(|E_{\Sigma i}|-|E_\Sigma|)\tan\alpha$

式中 $E_{\Sigma s}$—修改后的轴交角上偏差；$E_{\Sigma i}$—修改后的轴交角下偏差；E_Σ—表 3-59 中的数值；α—齿形角。

3. 允许把大、小轮齿厚上偏差（$E_{\bar{s}s1}$，$E_{\bar{s}s2}$）之和，重新分配在两个齿轮上。

表 3-86　齿厚公差 $T_{\bar{s}}$ 值（摘自 GB/T 11365—1989）　　（单位：μm）

齿圈跳动公差		法向侧隙公差种类				
大于	到	H	D	C	B	A
—	8	21	25	30	40	52
8	10	22	28	34	45	55
10	12	24	30	36	48	60
12	16	26	32	40	52	65
16	20	28	36	45	58	75
20	25	32	42	52	65	85
25	32	38	48	60	75	95
32	40	42	55	70	85	110
40	50	50	65	80	100	130
50	60	60	75	95	120	150
60	80	70	90	110	130	180
80	100	90	110	140	170	220
100	125	110	130	170	200	260
125	160	130	160	200	250	320
160	200	160	200	260	320	400
200	250	200	250	320	380	500
250	320	240	300	400	480	630
320	400	300	380	500	600	750
400	500	380	480	600	750	950
500	630	450	500	750	950	1180

表 3-87　最小法向侧隙 j_{nmin} 值（摘自 GB/T 11365—1989）　　（单位：μm）

中点锥距 R_m/mm		小轮分锥角 δ_1/（°）		最小法向侧隙种类					
大于	到	大于	到	h	e	d	c	b	a
—	50	—	15	0	15	22	36	58	90
		15	25	0	21	33	52	84	130
		25	—	0	25	39	62	100	160
50	100	—	15	0	21	33	52	84	130
		15	25	0	25	39	62	100	160
		25	—	0	30	46	74	120	190
100	200	—	15	0	25	39	62	100	160
		15	25	0	35	54	87	140	220
		25	—	0	40	63	100	160	250
200	400	—	15	0	30	46	74	120	190
		15	25	0	46	72	115	185	290
		25	—	0	52	81	130	210	320
400	800	—	15	0	40	63	100	160	250
		15	25	0	57	89	140	230	360
		25	—	0	70	110	175	280	440
800	1600	—	15	0	52	81	130	210	320
		15	25	0	80	125	220	320	500
		25	—	0	105	165	260	420	660

注：1. 正交齿轮副按中点锥距 R_m 查表，非正交齿轮副按下式算出的 R' 查表：$R' = R_m(\sin2\delta_1 + \sin2\delta_2)/2$，式中，$\delta_1$ 和 δ_2 为大、小轮分锥角。

2. 准双曲面齿轮副按大轮中点锥距查表。

4. 齿轮副侧隙

齿轮副的最小侧隙分为6种：a、b、c、d、e和h，其中a的侧隙为最大，依次递减，h的侧隙为零。最小法向侧隙种类与精度等级无关。最小法向侧隙 j_{nmin} 值可查表3-87。有特殊要求时，j_{nmin} 可不按表3-87所列数值确定。

齿轮副的法向侧隙公差分为5种：A、B、C、D和H，其中A的侧隙公差最大，依次递减，H的侧隙公差为最小。

推荐的法向侧隙种类与法向侧隙公差的对应关系如图3-28所示。轴间距极限偏差及齿坯有关公差见表3-88～表3-93。

锥齿轮副侧隙一般通过控制锥齿轮齿宽中点的法向弦齿厚及齿轮副轴交角的极限偏差，从而控制侧隙的大小。

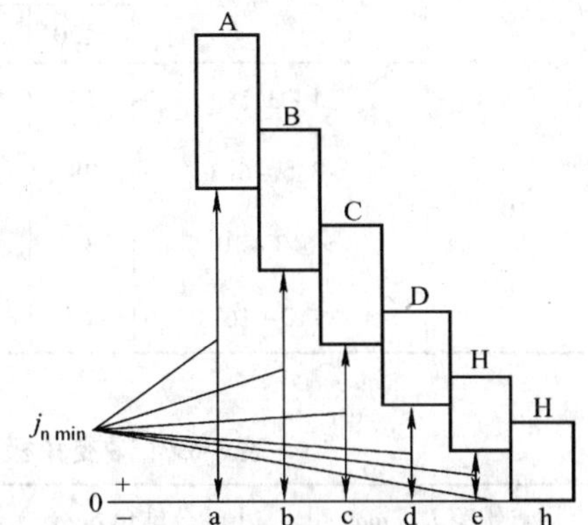

图3-28　侧隙种类与法向侧隙公差的对应关系

一般做法：确定最小法向侧隙种类，按表3-85确定齿厚上偏差 $E_{\bar{s}s}$（查出齿厚上偏差基本值后乘上系数即为齿厚上偏差），再查出齿厚公差（表3-86），从而算出齿厚下偏差；按表3-89查轴交角极限偏差 $\pm E_{\Sigma}$ 值。

最大法向侧隙 j_{nmax} 用下式计算

$$j_{nmax} = (|E_{\bar{s}s1} + E_{\bar{s}s2}| + T_{\bar{s}1} + T_{\bar{s}2} + E_{\bar{s}\Delta1} E_{\bar{s}\Delta2}) \cos\alpha$$

式中　$E_{\bar{s}\Delta}$——制造误差的补偿部分由表3-88查取。

表3-88　最大法向侧隙 j_{nmax} 的制造误差补偿部分 $E_{\bar{s}\Delta}$ 值（摘自GB/T 11365—1989）

（单位：μm）

第Ⅱ公差组精度等级	中点法向模数 m_{mn}/mm	中点分度圆直径 d_m/mm								
		≤125			>125～400			>400～800		
		分锥角 δ/(°)								
		≤20	>20～45	>45	≤20	>20～45	>45	≤20	>20～45	>45
6	1～3.5	18	18	20	25	28	28	32	45	40
	>3.5～6.3	20	20	22	28	28	28	34	50	40
	>6.3～10	22	22	25	32	32	30	36	50	45
	>10～16	25	25	28	32	34	32	45	55	50
7	1～3.5	20	20	22	28	32	30	36	50	45
	>3.5～6.3	22	22	25	32	32	30	38	55	45
	>6.3～10	25	25	28	36	36	34	40	55	50
	>10～16	28	28	30	36	38	36	48	60	55
8	1～3.5	22	22	24	30	36	32	40	55	50
	>3.5～6.3	24	24	28	36	36	32	42	60	50
	>6.3～10	28	28	30	40	40	38	45	60	55
	>10～16	30	30	32	40	42	40	55	65	60
9	1～3.5	24	24	25	32	38	36	45	65	55
	>3.5～6.3	25	25	30	38	38	36	45	65	55
	>6.3～10	30	30	32	45	45	40	48	65	60
	>10～16	32	32	36	45	45	45	48	70	65

（续）

第Ⅱ公差组精度等级	中点法向模数 m_{mn}/mm	中点分度圆直径 d_m/mm								
		≤125			>125～400			>400～800		
		分　锥　角　δ/(°)								
		≤20	>20～45	>45	≤20	>20～45	>45	≤20	>20～45	>45
10	1～3.5	25	25	28	36	42	40	48	65	60
	>3.5～6.3	28	28	32	42	42	40	50	70	60
	>6.3～10	32	32	36	48	48	45	50	70	65
	>10～16	36	36	40	48	50	48	60	80	70

表 3-89　轴交角极限偏差 $\pm E_{\Sigma}$ 值（摘自 GB/T 11365—1989）　（单位：μm）

中点锥距 R_m/mm		小轮分锥角 δ_1/(°)		最小法向侧隙种类				
大于	到	大于	到	h,e	d	c	b	a
—	50	—	15	7.5	11	18	30	45
		15	25	10	16	26	42	63
		25	—	12	19	30	50	80
50	100	—	15	10	16	26	42	63
		15	25	12	19	30	50	80
		25	—	15	22	32	60	95
100	200	—	15	12	19	30	50	80
		15	25	17	26	45	71	110
		25	—	20	32	50	80	125
200	400	—	15	15	22	32	60	95
		12	25	24	36	56	90	140
		25	—	26	40	63	100	160
400	800	—	15	20	32	50	80	125
		15	25	28	45	71	110	180
		25	—	34	56	85	140	220
800	1600	—	15	26	40	63	100	160
		15	25	40	63	100	160	250
		25	—	53	85	130	210	320
1600	—	—	15	34	66	85	140	222
		15	25	63	95	160	250	380
		25	—	85	140	220	340	530

注：1. $\pm E_{\Sigma}$ 的公差带位置相对于零线，可以不对称或取在一侧。

2. 准双曲面齿轮副按大轮中点锥距查表。

3. 表中数值用于正交齿轮副。对非正交齿轮副的 $\pm E_{\Sigma}$ 值为 $\pm j_{nmin}/2$。

4. 表中数值用于 $\alpha=20°$ 的齿轮副。对 $\alpha\neq20°$ 的齿轮副，要将表中数值乘以 $\sin20°/\sin\alpha$。

表 3-90 轴间距极限偏差 $\pm f_a$ 值（摘自 GB/T 11365—1989） （单位：μm）

中点锥距 R_m/mm		精度等级								
大于	到	4	5	6	7	8	9	10	11	12
—	50	10	10	12	18	28	36	57	105	180
50	100	12	12	15	20	30	45	75	120	200
100	200	13	15	18	25	36	55	90	150	240
200	400	15	18	25	30	45	75	120	190	300
400	800	18	25	30	36	60	90	150	250	360
800	1600	25	36	40	50	85	130	200	300	450
1600	—	32	45	56	67	100	160	280	420	630

注：1. 表中数值用于无纵向修形的齿轮副。对纵向修形的齿轮副，允许采用低 1 级的 $\pm f_a$ 值。

2. 对准双曲面齿轮副，按大轮中点锥距查表。

表 3-91 齿坯尺寸公差（摘自 GB/T 11365—1989）

精度等级	4	5	6	7	8	9	10	11	12
轴径尺寸公差	IT4	IT5		IT6		IT7			
孔径尺寸公差	IT5	IT6		IT7		IT8			
外径尺寸极限偏差	0 -IT7	0 -IT8				0 -IT9			

注：1. IT 为标准公差，见表 3-1。

2. 当三个公差精度等级不同时，公差值按最高的精度等级查取。

表 3-92 齿坯轮冠距和顶锥角极限偏差（摘自 GB/T 11365—1989）

中点法向模数 m_{mn}/mm	轮冠距极限偏差/μm	顶锥角极限偏差/（′）
≤1.2	0 -50	+15 0
>1.2～10	0 -75	+8 0
>10	0 -100	+8 0

表 3-93 齿坯顶锥母线跳动和基准端面跳动公差（摘自 GB/T 11365—1989） （单位：μm）

项目		大于	到	精度等级①				项目		大于	到	精度等级①			
				4	5～6	7～8	9～12					4	5～6	7～8	9～12
顶锥母线跳动公差	外径	—	30	10	15	25	50	基准端面跳动公差	基准端面直径	—	30	4	6	10	15
		30	50	12	20	30	60			30	50	5	8	12	20
		50	120	15	25	40	80			50	120	6	10	15	25
		120	250	20	30	50	100			120	250	8	12	20	30
		250	500	25	40	60	120			250	500	10	15	25	40
		500	800	30	50	80	150			500	800	12	20	30	50
		800	1250	40	60	100	200			800	1250	15	25	40	60
		1250	2000	50	80	120	250			1250	2000	20	30	50	80
		2000	3150	60	100	150	300			2000	3150	25	40	60	100
		3150	5000	80	120	200	400			3150	5000	30	50	80	120

① 当三个公差组精度等级不同时，按最高的精度等级确定公差值。

5. 锥齿轮尺寸数据的图样标注

在齿轮工作图上应标注齿轮的精度等级、最小法向侧隙种类、法向侧隙公差种类代号。

标注示例：

1）锥齿轮的三个公差组精度等级均为8级，最小法向侧隙种类为c，法向侧隙公差种类为C。

标注为：

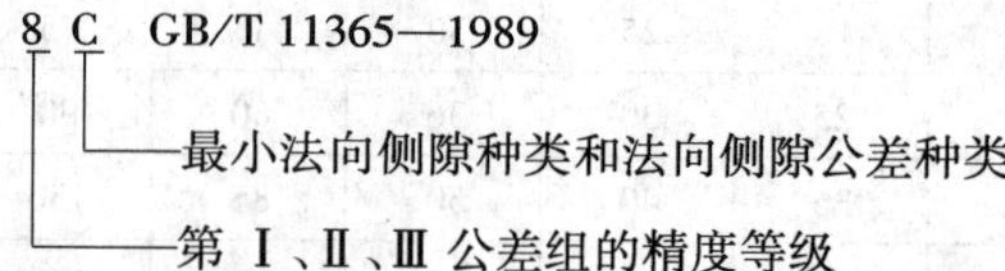

2）锥齿轮的三个公差组精度等级均为7级，最小法向侧隙为300μm，法向侧隙公差种类为B。

标注为：

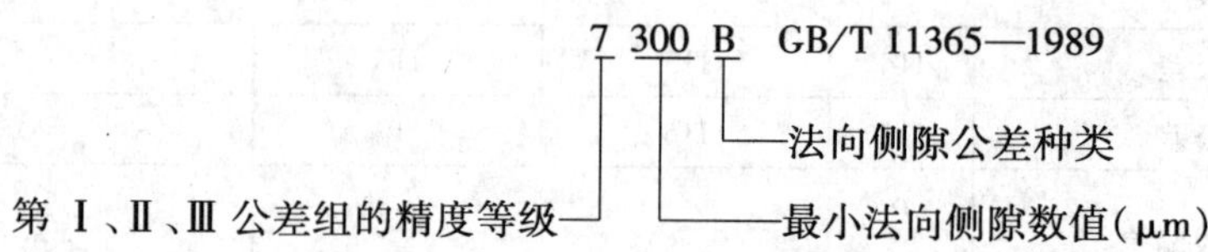

3）锥齿轮的第Ⅰ公差组精度为8级，第Ⅱ、Ⅲ公差组精度为7级，最小法向侧隙种类为c，法向侧隙公差种类为B。标注为：

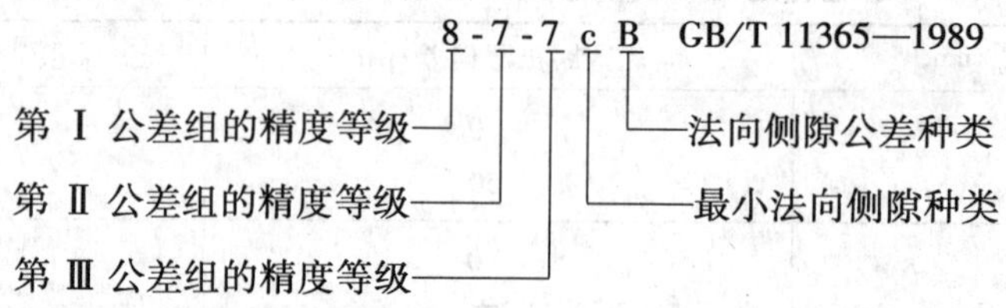

六、圆柱蜗杆、蜗轮精度

圆柱蜗杆、蜗轮精度GB/T 10089—1988规定了蜗杆、蜗轮、蜗杆副的误差、定义、代号、精度等级、齿坯要求、检验与公差等内容。本标准适用于轴交角$\Sigma=90°$，模数$m \geqslant$ 1mm的圆柱蜗杆、蜗轮及其传动副。其蜗杆分度圆直径$d_1 \leqslant 400$mm，蜗轮分度圆直径$d_2 \leqslant$ 4000mm。基本蜗杆可为阿基米德蜗杆（ZA蜗杆）、渐开线蜗杆（ZI蜗杆）、法向直廓蜗杆（ZN蜗杆）、锥面包络圆柱蜗杆（ZK蜗杆）和圆弧圆柱蜗杆（ZC蜗杆）。

1. 蜗杆、蜗轮、蜗杆副误差及侧隙代号（见表3-94）

表3-94 蜗杆、蜗轮、蜗杆副误差及侧隙代号（摘自GB/T 10089—1988）

序号	名　称	代号	序号	名　称	代号
1	蜗杆螺旋线误差 蜗杆螺旋线公差	Δf_{hL} f_{hL}	3	蜗杆轴向齿距偏差 蜗杆轴向齿距极限偏差 上偏差 下偏差	Δf_{px} $+f_{px}$ $-f_{px}$
2	蜗杆一转螺旋线误差 蜗杆一转螺旋线公差	Δf_h f_h			

（续）

序号	名　　称	代号
4	蜗杆轴向齿距累积误差 蜗杆轴向齿距累积公差	Δf_{pxL} f_{pxL}
5	蜗杆齿形误差 蜗杆齿形公差	Δf_{f1} f_{f1}
6	蜗杆齿槽径向跳动 蜗杆齿槽径向跳动公差	Δf_r f_r
7	蜗杆齿厚偏差 蜗杆齿厚极限偏差 上偏差 下偏差 蜗杆齿厚公差	ΔE_{s1} E_{ss1} E_{si1} T_{s1}
8	蜗轮切向综合误差 蜗轮切向综合公差	$\Delta F_i'$ F_i'
9	蜗轮一齿切向综合误差 蜗轮一齿切向综合公差	$\Delta f_i'$ f_i'
10	蜗轮径向综合误差 蜗轮径向综合公差	$\Delta F_i''$ F_i''
11	蜗轮一齿径向综合误差 蜗轮一齿径向综合公差	$\Delta f_i''$ f_i''
12	蜗轮齿距累积误差 蜗轮齿距累积公差	ΔF_p F_p
13	蜗轮 K 个齿距累积误差 蜗轮 K 个齿距累积公差	ΔF_{pK} F_{pK}
14	蜗轮齿圈径向跳动 蜗轮齿圈径向跳动公差	ΔF_r F_r
15	蜗轮齿距偏差 蜗轮齿距极限偏差 上偏差 下偏差	Δf_{pt} $+f_{pt}$ $-f_{pt}$
16	蜗轮齿形误差 蜗轮齿形公差	Δf_{f2} f_{f2}
17	蜗轮齿厚偏差 蜗轮齿厚极限偏差 上偏差 下偏差 蜗轮齿厚公差	ΔE_{s2} E_{ss2} E_{si2} T_{s2}
18	蜗杆副切向综合误差 蜗杆副切向综合公差	$\Delta F_{ic}'$ F_{ic}'
19	蜗杆副的一齿切向综合误差 蜗杆副的一齿切向综合公差	$\Delta f_{ic}'$ f_{ic}'
20	蜗杆副的中心距偏差 蜗杆副的中心距极限偏差 上偏差 下偏差	Δf_a $+f_a$ $-f_a$
21	蜗杆副的中间平面偏差 蜗杆副的中间平面极限偏差 上偏差 下偏差	Δf_x $+f_x$ $-f_x$
22	蜗杆副的轴交角偏差 蜗杆副的轴交角极限偏差 上偏差 下偏差	Δf_Σ $+f_\Sigma$ $-f_\Sigma$
23	蜗杆副的圆周侧隙 蜗杆副的法向侧隙 最小圆周侧隙 最大圆周侧隙 最小法向侧隙 最大法向侧隙	j_t j_n j_{tmin} j_{tmax} j_{nmin} j_{nmax}

2. 精度等级

国家标准对蜗杆、蜗轮和蜗杆传动规定了 12 个精度等级，第 1 级最高，依次递减，第 12 级最低。按照公差的特性对传动性能的主要保证作用，将蜗杆、蜗轮和蜗杆传动的公差（或极限偏差）分为三个公差组（见表 3-95）。

根据使用要求不同，允许各公差组选用不同的精度等级组合，但同一公差组内应选用同一精度等级。蜗杆和配对蜗轮的精度一般为同级，对有特殊要求的蜗杆传动，除 F_r、F_i''、f_i''、f_r 项目外，其蜗杆、蜗轮左右齿面的精度也可取成不同。

表 3-95　蜗杆、蜗轮和蜗杆传动公差的分组

公差组	蜗　杆	蜗　轮	蜗杆传动
Ⅰ	—	F_i'、F_i''、F_p、F_{pK}、F_r	F_{ic}'
Ⅱ	f_h、f_{hL}、f_{px}、f_{pxL}、f_r	f_i'、f_i''、f_{pt}	f_{ic}'
Ⅲ	f_{f1}	f_{f2}	接触斑点 f_a、f_Σ、f_x

3. 蜗杆、蜗轮精度的检验项目及公差

根据蜗杆传动的工作要求和生产规模，在各公差组中，选定一个公差组来评定和验收蜗杆、蜗轮的精度等级（见表 3-96，表 3-97）。当检验组中有两项或两项以上的误差时，应以其中最低的一项精度评定此蜗杆、蜗轮的精度等级。若制造厂与订货者双方有专门协议时，应以协议规定进行蜗杆、蜗轮精度的验收和评定。

本标准规定的公差值是以蜗杆、蜗轮的工作轴线为测量的基准轴线。当实际测量基准不符合本规定时，应从测量结果中消除基准不同带来的影响。

蜗杆传动的精度主要以传动切向综合误差 $\Delta F_{ic}'$、传动一齿切向综合误差 $\Delta f_{ic}'$和传动接触斑点的形状、分布位置与面积来评定。

表 3-96　蜗杆和蜗轮各公差组的检验组及各项误差的公差数值

	蜗杆误差项目	蜗轮误差项目	公差数值
第Ⅰ公差组的检验组		$\Delta F_i'$ ΔF_p、ΔF_{pK} ΔF_p（用于 5～12 级） ΔF_r（用于 9～12 级） $\Delta F_i''$（用于 7～12 级）	$F_i' = F_p + f_{f2}$ F_p、F_{pK} 按表 3-100 规定 F_r 按表 3-102 规定 F_i''按表 3-102 规定
第Ⅱ公差组的检验组	Δf_h，Δf_{hL}（用于单头蜗杆） Δf_{px}，Δf_{hL}（用于多头蜗杆） Δf_{px}，Δf_{pxL}，Δf_r Δf_{px}，Δf_{pxL}（用于 7～9 级） Δf_{px}（用于 10～12 级）	$\Delta f_i'$ $\Delta f_i''$（用于 7～12 级） Δf_{pt}（用于 5～12 级）	f_h、f_{hL}、f_{px}、f_{pxL}、f_r 分别按表 3-98、表 3-99 的规定 f_i''、f_{pt} 分别按表 3-101、表 3-102 的规定 $f_i' = 0.6(f_{pt} + f_{f2})$
第Ⅲ公差组的检验组	Δf_{f1}	Δf_{f2}（当蜗杆副的接触斑点有要求时，本项可不进行检验）	f_{f1} 按表 3-98 规定 f_{f2} 按表 3-103 规定

表 3-97　蜗杆传动的检验组及各项误差的公差数值

公差组	检验误差项目	说　明	公差数值
Ⅰ	$\Delta F_{ic}'$	对 5 级和 5 级精度以下的传动，允许用蜗轮的切向综合误差 $\Delta F_i'$、一齿切向综合误差 $\Delta f_i'$来代替 $\Delta F_{ic}'$、$\Delta f_{ic}'$的检验，或以蜗杆、蜗轮相应公差组的检验组中的最低结果来评定传动的第Ⅰ、Ⅱ公差组的精度等级	$F_{ic}' = F_p + f_{ic}'$
Ⅱ	$\Delta f_{ic}'$		$f_{ic}' = 0.7(f_i + f_h)$
Ⅲ	接触斑点 f_a、f_x、f_Σ	对不可调中心距的蜗杆传动，检验接触斑点的同时还应检验 Δf_a、Δf_x 和 Δf_Σ	接触斑点的要求按表 3-105 的规定 f_a、f_x、f_Σ 分别按表 3-106、表 3-104 的规定

注：进行传动切向综合误差 $\Delta F_{ic}'$、一齿切向综合误差 $\Delta f_{ic}'$和接触斑点检验的蜗杆传动，允许相应的第Ⅰ、Ⅱ、Ⅲ公差组的蜗杆、蜗轮检验组和 Δf_a、Δf_x、Δf_Σ 中任意一项误差超差。

4. 蜗杆传动副侧隙

本标准按蜗杆传动的最小法向侧隙大小，将侧隙种类分为 8 种：a、b、c、d、e、f、g 和 h。最小法向侧隙值以 a 为最大，h 为零，其他依次减小（见图 3-29）。侧隙种类与精度等级无关。

蜗杆传动的侧隙要求，应根据工作条件和使用要求用侧隙种类的代号（字母）表示。各种侧隙的最小法向侧隙 j_{nmin} 值按表 3-107 的规定。

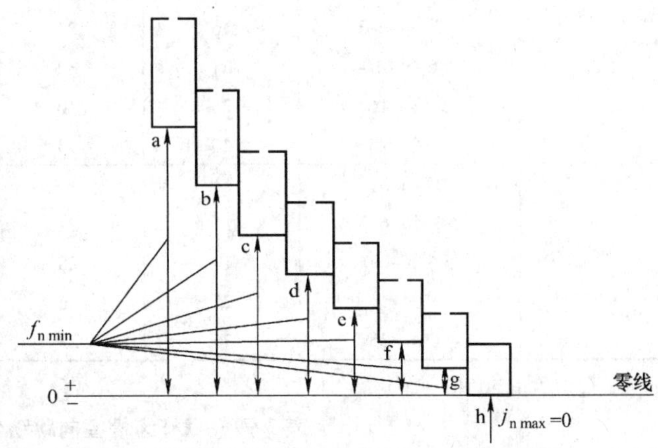

图 3-29　蜗杆传动最小法向侧隙种类

对可调中心距传动或蜗杆、蜗轮不要求互换的传动，允许传动的侧隙规范用最小侧隙 j_{tmin}（或 j_{nmin}）和最大侧隙 j_{tmax}（或 j_{nmax}）来规定，具体由设计确定。

传动的最小法向侧隙由蜗杆齿厚的减薄量来保证，即取蜗杆齿厚上偏差 $E_{ss1}=-(j_{nmin}/\cos\alpha_n+E_{s\Delta})$，齿厚下偏差 $E_{si1}=E_{ss1}-T_{s1}$，$E_{s\Delta}$为制造误差的补偿部分。

最大法向侧隙由蜗杆、蜗轮齿厚公差 T_{s1}、T_{s2} 确定。蜗轮齿厚上偏差 $E_{ss2}=0$，下偏差 $E_{si2}=-T_{s2}$。对各精度等级的 T_{s1}、$E_{s\Delta}$和 T_{s2}值，分别按表 3-108、表 3-109 的规定。

对可调中心距传动或不要求互换的传动，对蜗轮的齿厚公差可不作规定，蜗杆齿厚的上、下偏差由设计确定。

对各种侧隙种类的侧隙规范数值系蜗杆传动在 20℃时的情况，未计入传动发热和传动弹性变形的影响。传动中心距的极限偏差 $\pm f_a$ 按表 3-106 的规定。

表 3-98　蜗杆的公差和极限偏差 f_h、f_{hL}、f_{px}、f_{pxL}、f_{f1} 值　（单位：μm）

代号	模数 m/mm	精度等级				
		6	7	8	9	10
f_h	1～3.5	11	14	—	—	—
	>3.5～6.3	14	20	—		
	>6.3～10	18	25	—	—	—
	>10～16	24	32	—	—	—
	>16～25	32	45	—	—	—
f_{hL}	1～3.5	22	32	—	—	—
	>3.5～6.3	28	40	—	—	—
	>6.3～10	36	50	—	—	—
	>10～16	45	63	—	—	—
	>16～25	63	90	—	—	—
f_{px}	1～3.5	7.5	11	14	20	28
	>3.5～6.3	9	14	20	25	36
	>6.3～10	12	17	25	32	48
	>10～16	16	22	32	46	63
	>16～25	22	32	45	63	85

（续）

代号	模数 m/mm	精度等级 6	7	8	9	10
f_{pxL}	1～3.5	13	18	25	36	—
	>3.5～6.3	16	24	34	48	—
	>6.3～10	21	32	45	63	—
	>10～16	28	40	56	80	—
	>16～25	40	53	75	100	—
f_{f1}	1～3.5	11	16	22	32	45
	>3.5～6.3	14	22	32	45	60
	>6.3～10	19	28	40	53	75
	>10～16	25	36	53	75	100
	>16～25	36	53	75	100	110

注：f_{px}应为正、负值（±）。

表 3-99　蜗杆齿槽径向跳动公差 f_r 值　（单位：μm）

分度圆直径 d_1/mm	模数 m/mm	精度等级 6	7	8	9	10
≤10	1～3.5	11	14	20	28	40
>10～18	1～3.5	12	15	21	29	41
>18～31.5	1～6.3	12	16	22	30	42
>31.5～50	1～10	13	17	23	32	45
>50～80	1～16	14	18	25	36	48
>80～125	1～16	16	20	28	40	56
>125～180	1～25	18	25	32	45	63
>180～250	1～25	22	28	40	53	75
>250～315	1～25	25	32	45	63	90
>315～400	1～25	28	36	53	71	100

注：当基准蜗杆齿形角 α 不等于20°时，本标准规定的公差值乘以一个系数，其系数值为 sin20°/sinα。

表 3-100　蜗轮齿距累积公差 F_p 和 K 个齿距累积公差 F_{pK} 值（摘自 GB/T 10089—1988）

（单位：μm）

分度圆弧长 L/mm	精度等级 6	7	8	9	10
≤11.2	11	16	22	32	45
>11.2～20	16	22	32	45	63
>20～32	20	28	40	56	80
>32～50	22	32	45	63	90
>50～80	25	36	50	71	100
>80～160	32	45	63	90	125
>160～315	45	63	90	125	180
>315～630	63	90	125	180	250
>630～1000	80	112	160	224	315

注：1. F_p 和 F_{pK} 按分度圆弧长 L 查表：

查 F_p 时，取 $L=\frac{1}{2}\pi d_2=\frac{1}{2}\pi m z_2$；

查 F_{pK} 时，取 $L=K\pi m$（K 为 2 到小于 $z_2/2$ 的整数）。

2. 除特殊情况外，对于 F_{pK}，K 值规定取为小于 $z_2/6$ 的最大整数。

表 3-101　蜗轮齿距极限偏差（$\pm f_{pt}$）的 f_{pt} 值（摘自 GB/T 10089—1988）

（单位：μm）

分度圆直径 d_2/mm	模数 m/mm	精度等级				
		6	7	8	9	10
≤125	1 ~ 3.5	10	14	20	28	40
	>3.5 ~ 6.3	13	18	25	36	50
	>6.3 ~ 10	14	20	28	40	56
>125 ~ 400	1 ~ 3.5	11	16	22	32	45
	>3.5 ~ 6.3	14	20	28	40	56
	>6.3 ~ 10	16	22	32	45	63
	>10 ~ 16	18	25	36	50	71
>400 ~ 800	1 ~ 3.5	13	18	25	36	50
	>3.5 ~ 6.3	14	20	28	40	56
	>6.3 ~ 10	18	25	36	50	71
	>10 ~ 16	20	28	40	56	80
	>16 ~ 25	25	36	50	71	100

表 3-102　蜗轮齿圈径向跳动公差 F_r、蜗轮径向综合公差 F_i'' 和蜗轮一齿径向综合公差 f_i'' 值（摘自 GB/T 10089—1988）

（单位：μm）

分度圆直径 d_2/mm	模数 m/mm	F_r					F_i''					f_i''				
		精度等级														
		6	7	8	9	10	6	7	8	9	10	6	7	8	9	10
≤125	1 ~ 3.5	28	40	50	63	80	—	56	71	90	112	—	20	28	36	45
	>3.5 ~ 6.3	36	50	63	80	100		71	90	112	140		25	36	45	56
	>6.3 ~ 10	40	56	71	90	112		80	100	125	160		28	40	50	63
>125 ~ 400	1 ~ 3.5	32	45	56	71	90	—	63	80	100	125	—	22	32	40	50
	>3.5 ~ 6.3	40	56	71	90	112		80	100	125	160		28	40	50	63
	>6.3 ~ 10	45	63	80	100	125		90	112	140	180		32	45	56	71
	>10 ~ 16	50	71	90	112	140		100	125	160	200		36	50	63	80
>400 ~ 800	1 ~ 3.5	45	63	80	100	125	—	90	112	140	180	—	25	36	45	56
	>3.5 ~ 6.3	50	71	90	112	140		100	125	160	200		28	40	50	63
	>6.3 ~ 10	56	80	100	125	160		112	140	180	224		32	45	56	71
	>10 ~ 16	71	100	125	160	200		140	180	224	280		40	56	71	90
	>16 ~ 25	90	125	160	200	250		180	224	280	355		50	71	90	112

注：当基准蜗杆齿形角 α 不等于 20°时，本标准规定的公差值乘以一个系数，其系数值为 sin20°/sinα。

表 3-103　蜗轮齿形公差 f_{f2} 值（摘自 GB/T 10089—1988）

（单位：μm）

分度圆直径 d_2/mm	模数 m/mm	精度等级				
		6	7	8	9	10
≤125	1 ~ 3.5	8	11	14	22	36
	>3.5 ~ 6.3	10	14	20	32	50
	>6.3 ~ 10	12	17	22	36	56

（续）

分度圆直径 d_2/mm	模数 m/mm	精度等级				
		6	7	8	9	10
>125～400	1～3.5	9	13	18	28	45
	>3.5～6.3	11	16	22	36	56
	>6.3～10	13	19	28	45	71
	>10～16	16	22	32	50	80
>400～800	1～3.5	12	17	25	40	63
	>3.5～6.3	14	20	28	45	71
	>6.3～10	16	24	36	56	90
	>10～16	18	26	40	63	100
	>16～25	24	36	56	90	140

表 3-104　传动轴交角极限偏差（$\pm f_{\Sigma}$）的 f_{Σ} 值（摘自 GB/T 10089—1988）　（单位：μm）

蜗轮齿宽 b_2/mm	精度等级				
	6	7	8	9	10
≤30	10	12	17	24	34
>30～50	11	14	19	28	38
>50～80	13	16	22	32	45
>80～120	15	19	24	36	53
>120～180	17	22	28	42	60

表 3-105　传动接触斑点的要求

精度等级	接触面积（%）		接触形状	接触位置
	沿齿高不小于	沿齿长不小于		
5 和 6	65	60	接触斑点在齿高方向无断缺，不允许成带状条纹	接触斑点痕迹的分布位置趋近齿面中部，允许略偏于啮入端。在齿顶和啮入、啮出端的棱边处不允许接触
7 和 8	55	50	不作要求	接触斑点痕迹应偏于啮出端，但不允许在齿顶和啮入、啮出端的棱边接触
9 和 10	45	40		

注：采用修形齿面的蜗杆传动，接触斑点的要求可不受本标准规定的限制。

表 3-106　传动中心距极限偏差（$\pm f_a$）的 f_a 和传动中间平面极限偏移（$\pm f_x$）的 f_x 值（摘自 GB/T 10089—1988）　（单位：μm）

<table>
<tr><th rowspan="3">传动中心距 a/mm</th><th colspan="5">f_a</th><th colspan="5">f_x</th></tr>
<tr><th colspan="10">精度等级</th></tr>
<tr><th>6</th><th>7</th><th>8</th><th>9</th><th>10</th><th>6</th><th>7</th><th>8</th><th>9</th><th>10</th></tr>
<tr><td>≤30</td><td>17</td><td colspan="2">26</td><td colspan="2">42</td><td>14</td><td colspan="2">21</td><td colspan="2">34</td></tr>
<tr><td>30～50</td><td>20</td><td colspan="2">31</td><td colspan="2">50</td><td>16</td><td colspan="2">25</td><td colspan="2">40</td></tr>
<tr><td>50～80</td><td>23</td><td colspan="2">37</td><td colspan="2">60</td><td>18.5</td><td colspan="2">30</td><td colspan="2">48</td></tr>
<tr><td>80～120</td><td>27</td><td colspan="2">44</td><td colspan="2">70</td><td>22</td><td colspan="2">36</td><td colspan="2">56</td></tr>
<tr><td>120～180</td><td>32</td><td colspan="2">50</td><td colspan="2">80</td><td>27</td><td colspan="2">40</td><td colspan="2">64</td></tr>
</table>

（续）

传动中心距 a/mm	f_a					f_x				
	精度等级									
	6	7	8	9	10	6	7	8	9	10
180～250	36	58		92		29	47		74	
250～315	40	65		105		32	52		85	
315～400	45	70		115		36	56		92	
400～500	50	78		125		40	63		100	
500～630	55	87		140		44	70		112	

表 3-107　传动的最小法向侧隙 j_{nmin} 值　　（单位：μm）

传动中心距 a/mm	侧隙种类							
	h	g	f	e	d	c	b	a
≤30	0	9	13	21	33	52	84	130
>30～50	0	11	16	25	39	62	100	160
>50～80	0	13	19	30	46	74	120	190
>80～120	0	15	22	35	54	87	140	220
>120～180	0	18	25	40	63	100	160	250
>180～250	0	20	29	46	72	115	185	290
>250～315	0	23	32	52	81	130	210	320
>315～400	0	25	36	57	89	140	230	360
>400～500	0	27	40	63	97	155	250	400
>500～630	0	30	44	70	110	175	280	440

注：传动的最小圆周侧隙 $j_{tmin} \approx j_{nmin}/\cos\gamma'\cos\alpha_n$。式中，$\gamma'$为蜗杆节圆柱导程角；$\alpha_n$ 为蜗杆法向齿形角。

表 3-108　蜗杆齿厚上偏差（E_{ss1}）中的误差补偿部分 $E_{s\Delta}$ 值　　（单位：μm）

精度等级	模数 m/mm	传动中心距 a/mm									
		≤30	>30～50	>50～80	>80～120	>120～180	>180～250	>250～315	>315～400	>400～500	>500～630
6	1～3.5	30	30	32	36	40	45	48	50	56	60
	>3.5～6.3	32	36	38	40	45	48	50	56	60	63
	>6.3～10	42	45	45	48	50	52	56	60	63	68
	>10～16	—	—	—	58	60	63	65	68	71	75
	>16～25	—	—	—	—	75	78	80	85	85	90
7	1～3.5	45	48	50	56	60	71	75	80	85	95
	>3.5～6.3	50	56	58	63	68	75	80	85	90	100
	>6.3～10	60	63	65	71	75	80	85	90	95	105
	>10～16	—	—	—	80	85	90	95	100	105	110
	>16～25	—	—	—	—	115	120	120	125	130	135

（续）

精度等级	模数 m/mm	传动中心距 a/mm									
		≤30	>30～50	>50～80	>80～120	>120～180	>180～250	>250～315	>315～400	>400～500	>500～630
8	1～3.5	50	56	58	63	68	75	80	85	90	100
	>3.5～6.3	68	71	75	78	80	85	90	95	100	110
	>6.3～10	80	85	90	90	95	100	100	105	110	120
	>10～16	—	—	—	110	115	115	120	125	130	135
	>16～25	—	—	—	—	150	155	155	160	160	170
9	1～3.5	75	80	90	95	100	110	120	130	140	155
	>3.5～6.3	90	95	100	105	110	120	130	140	150	160
	>6.3～10	110	115	120	125	130	140	145	155	160	170
	>10～16	—	—	—	160	165	170	180	185	190	200
	>16～25	—	—	—	—	215	220	225	230	235	245
10	1～3.5	100	105	110	115	120	130	140	145	155	165
	>3.5～6.3	120	125	130	135	140	145	155	160	170	180
	>6.3～10	155	160	165	170	175	180	185	190	200	205
	>10～16	—	—	—	210	215	220	225	230	235	240
	>16～25	—	—	—	—	280	285	290	295	300	305

注：精度等级按蜗杆的第Ⅱ公差组确定。

表 3-109　蜗轮齿厚公差 T_{s2}、蜗杆齿厚公差 T_{s1} 值（摘自 GB/T 10089—1988）

（单位：μm）

T_{s2}							T_{s1}					
分度圆直径 d_2/mm	模数 m/mm	精度等级					模数 m/mm	精度等级				
		6	7	8	9	10		6	7	8	9	10
≤125	1～3.5	71	90	110	130	160	1～3.5	36	45	53	67	95
	>3.5～6.3	85	110	130	160	190	>3.5～6.3	45	56	71	90	130
	>6.3～10	90	120	140	170	210	>6.3～10	60	71	90	110	160
>125～400	1～3.5	80	100	120	140	170	>10～16	80	95	120	150	210
	>3.5～6.3	90	120	140	170	210	>16～25	110	130	160	200	280
	>6.3～10	100	130	160	190	230						
	>10～16	110	140	170	210	260						
	>16～25	130	170	210	260	320						
>400～800	1～3.5	85	110	130	160	190						
	>3.5～6.3	90	120	140	170	210						
	>6.3～10	100	130	160	190	230						
	>10～16	120	160	190	230	290						
	>16～25	140	190	230	290	350						

注：1. 精度等级分别按蜗轮、蜗杆第Ⅱ公差组确定

2. 在最小法向侧隙能保证的条件下，T_{s2} 公差带允许采用对称分布

3. 对传动最大法向侧隙 j_{nmax} 无要求时，允许蜗杆齿厚公差 T_{s1} 增大，最大不超过两倍

5. 蜗杆、蜗轮的齿坯公差及精度的图样标注（见表 3-110～表 3-112）

表 3-110　蜗杆、蜗轮齿坯尺寸公差和形状公差（摘自 GB/T 10089—1988）

精度等级		6	7	8	9	10
孔	尺寸公差	IT6	IT7		IT8	
	形状公差	IT5	IT6		IT7	
轴	尺寸公差					
	形状公差	IT4	IT5		IT6	
齿顶圆直径公差		IT8			IT9	

注：1. 当三个公差组的精度等级不同时，按最高精度等级确定公差。

2. 当齿顶圆不作测量基准时，尺寸公差按 IT11 确定，但不得大于 0.1mm。

3. IT 为标准公差，查表 3-1。

表 3-111　蜗杆、蜗轮齿坯基准面径向和端面跳动公差（摘自 GB/T 10089—1988）

（单位：μm）

基准面直径 d/mm	精度等级		
	6	7～8	9～10
≤31.5	4	7	10
>31.5～63	6	10	16
>63～125	8.5	14	22
>125～400	11	18	28
>400～800	14	22	36

注：1. 当三个公差组的精度等级不同时，按最高精度等级确定公差。

2. 当以齿顶圆作为测量基准时，也即为蜗杆、蜗轮的齿坯基准面。

表 3-112　蜗杆、蜗轮的表面粗糙度 *Ra* 推荐值　（单位：μm）

蜗杆					蜗轮				
精度等级		7	8	9	精度等级		7	8	9
Ra	齿面	0.8	1.6	3.2	*Ra*	齿面	0.8	1.6	3.2
	顶圆	1.6	1.6	3.2		顶圆	3.2	3.2	6.3

注：本表不属 GB/T 10089—1988，仅供参考。

在蜗杆、蜗轮的工作图上应标注出精度等级、法向侧隙种类代号等内容。

标注示例：

1）蜗杆的Ⅱ、Ⅲ公差组精度等级均为 6 级，法向侧隙代号为 e，则标注为：

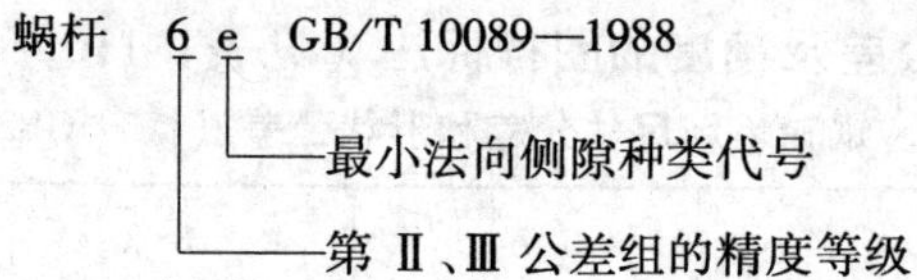

2）蜗轮的三个公差组精度等级分别为7、6、6级，法向侧隙代号为f，则标注为：

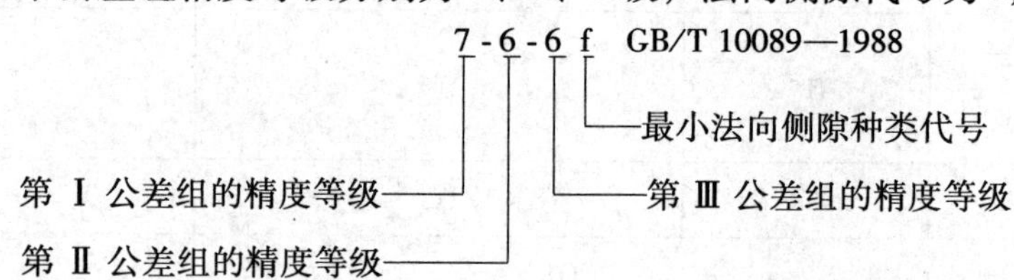

第四章　交流三相异步电动机

一般用途的单速三相异步电动机有 Y 系列、Y2 系列和 Y3 系列等系列。其中：Y 系列是全国统一设计的一般用途交流三相异步电动机，具有高效、节能、起动转矩大、噪声低、振动小、可靠性高、使用维护方便等特点，其功率等级与安装尺寸符合国际电工委员会（IEC）标准；Y2 系列三相异步电动机是在 Y 系列基础上更新设计的一般用途低压三相异步电动机，基本系列产品达到了国际先进水平，是 Y 系列的更新换代产品。

一、常用异步电动机的特性与用途（见表 4-1）

表 4-1　常用异步电动机的特性与用途

<table>
<tr><th>类型</th><th>系列名称</th><th>结构特点</th><th>应用范围</th><th>主要特性</th><th>使用工作条件</th><th>安装型号（IM）及其他</th><th>备注</th></tr>
<tr><td rowspan="5">一般异步电动机</td><td>Y 系列（IP44）封闭式笼型三相异步电动机</td><td>为一般用途封闭自扇冷式。能防止灰尘、铁屑或其他杂物侵入电动机内部</td><td>除同 Y（IP23）用途外，还适用于灰尘多、土扬水溅的场合，如农业机械、矿山机械、搅拌机、碾米机、磨粉机等</td><td rowspan="3">效率高，噪声低，耗电少，振动小，体积小，重量轻，运行可靠，安装维护方便，温升低。Y 系列绝缘为 B 级
同样机座号 IP23 比 IP44 提高一个功率等级
Y2 系列较 Y 系列功率高、起动转矩大，外形美观，冷却方式为 IC411</td><td rowspan="4">1. 海拔不超过 1000m
2. 环境温度不超过 +40℃
3. 额定电压为 380V，额定频率为 50Hz
4. 3kW 及以下为丫联结，4kW 及以上为△联结
5. 工作方式为连续使用（SI）
6. 最低温度为 -15℃</td><td rowspan="4">B3：机座带底脚、端盖上无凸缘
B5：机座不带底脚、端盖上带大于机座的凸缘
B35：机座带底脚，端盖上带大于机座的凸缘</td><td rowspan="5">Y——异步电动机；IP——防护等级表征字母
IP23：
2——防护大于 12mm 的固体
3——防水淋
IP44：
4——防护 > 1mm 的固体
4——防水溅
IP54：
5——防尘电动机
4——防溅
IP55：
5——防尘电动机
5——防喷水
S、M、L——分别为短、中、长机座
工作方式：
S1、S2、S3 分别为连续、短时和断续周期工作制
X——高效率</td></tr>
<tr><td>Y 系列（IP23）防护式笼型三相异步电动机</td><td>可防直径大于 12mm 的固体异物进入机壳内，并防止沿垂直线成 60°或小于 60°的淋水对电动机的影响，为防滴式电动机</td><td rowspan="3">适用于对起动性能、调速性能无特殊要求的各种机械设备，如金属切削机床、鼓风机、水泵、运输机械等</td></tr>
<tr><td>Y2 系列（IP54）三相异步电动机</td><td>为 Y 系列基础上更新设计，并提高了防护等级、绝缘等级、降低噪声</td></tr>
<tr><td>Y3 系列（IP55）三相异步电动机</td><td>采用优质的冷轧硅钢片作为导磁材料，结构紧凑，使用维护方便</td><td>是在 Y、Y2 系列基础上采用新材料、新工艺设计，噪声低，转矩高，起动性能好</td></tr>
<tr><td>YR（IP44）系列绕线转子三相异步电动机</td><td>为 Y（IP44）派生系列，为封闭式，密封性好。B 级绝缘</td><td>可用在尘土飞扬、水飞溅的环境，而在比较潮湿及有轻微腐蚀性气体的环境中也较防护型为佳</td><td>起动转矩大，起动电流小</td><td>定子绕组为△联结（3kW 时为丫联结），转子为丫联结，其余同丫（IP44）</td><td>B3
B35
V1</td></tr>
</table>

（续）

类型	系列名称	结构特点	应用范围	主要特性	使用工作条件	安装型号（IM）及其他	备注
一般异步电动机	YR(IP23)系列绕线转子三相异步电动机	采用绕线转子，可使电机在较小的起动电流下获得较大转矩。B级绝缘	适用于不含易燃、易爆或腐蚀性气体的场所，如压缩机、卷扬机、传输带等	同YR(IP44)系列，并能在一定范围调速	同YR(IP44)系列	B3	同上
	YH系列高转差率三相异步电动机	为Y(IP44)派生系列，转子采用高电阻铝合金制造。B级绝缘	适用于转动惯量大和冲击载荷大以及反转次数较多的金属加工机床，如：锤击机、剪切机、冲压机、锻冶机械等	转差率高、起动转矩较大、起动电流小、机械特性软、能承受冲击载荷	1. 为S3工作方式，负载持续率为15%，25%，40%，60%（每一工作周期为10min） 2. 其余同Y（IP44）	B3 B5 B35	H——高转差率
	YEJ系列电磁铁制动三相异步电动机	为全封闭、自扇冷、笼型转子，具有附加圆盘型直流电磁铁制动，是Y系列电动机加上直流电磁铁制动器组合而成的产品。电动机约加长20%	用于频繁起动和要求快速停止、准确定位的转动机构或装置上，如：橡胶化工、木工、玻璃包装、食品、皮革机械等	制动快、定位准确可靠、工艺简单，并具有较高的起动转矩和最大转矩	同Y系列（IP44）	B3 B5 B6 B7 B8 B35	均借底脚安装在墙上或悬置安装
起重冶金电动机	YZR、YZ系列起重及冶金用三相异步电动机	YZR系列为绕线转子电动机，YZ系列为笼型转子电动机。绝缘为F、H级	适用于室内外（室外需用罩遮盖）及多尘的环境、起动及逆转次数较多的场合，一般场合（起重等）用防护等级IP44，冶金场合用防护等级IP54	具有较高的机械强度及过载能力，能承受显著的机械冲击及振动，转动惯量小，适用于频繁快速起动及反转和频繁制动的场合	基准工作制为S3，负载持续率40%、起重用电动机绝缘为F级、环境温度不超过40℃，冶金用电动机绝缘为H级，环境温度不超过60℃	B3 B35 V1	Z——冶金、起重用 R——绕线转子

（续）

类型	系列名称	结构特点	应用范围	主要特性	使用工作条件	安装型号（IM）及其他	备注
防爆异步电动机	YA 系列防爆安全型异步电动机	采用B级增强绝缘，提高导体连接可靠性，主体外壳防护等级为IP54，提高对异物与水的防护	适用于在不正常情况下才形成爆炸性混合物与具有轻微腐蚀介质的场所	正常运行时不产生火花、电弧或危险温度，具有防爆安全性	同 IP44	B3、B5、B6、B7、B8、B35 V1、V3、V5、V6、V15、V36	A——防爆型
	YB 系列隔爆型异步电动机	为全封闭式自扇冷式防爆笼型，增加外壳的机械强度，是Y系列（IP44）的派生产品。外壳、端盖、接线盒座、接线盒盖等组成防爆外壳	分别适用于煤矿、工厂有1、2、3级和a、b、c、d及七组可燃气体或蒸汽与气体形成爆炸性混合物的场合	具有防爆性能，其他性能同Y（IP44）系列，绝缘等级为F级，温升限度为B级	防护分三类： 一般用同Y（IP44）系列使用条件，湿热带用还适于有凝露霉菌存在的场合 户外用除同一般使用条件外，还适于气温不超过 40℃、有风砂、雨露及阳光照射的场合	B3 V1	B——隔爆型
小功率电动机	YS 系列三相异步电动机	防护等级IP44全封闭型结构，能防止灰砂及其他飞扬杂物侵入电动机内部，电动机冷却方式分夹道通风、带散热肋扇冷及自冷三种。笼型转子	广泛用在机械传动设备上，如小型机床、冶金、纺织、化工、医疗器械及家用电器	体积小，重量轻，材料省，结构简单，运行可靠，维修方便，绝缘为E级	1. 海拔不超过1000m 2. 环境温度不超过+40℃。最低-15℃ 3. 额定电压： YS——220/380V； YU、YC、YY——单相220V 4. 额定频率50Hz 5. 工作方式，连续使用 转向：可逆	B3 B34 B5 B35 B14	
	YU 系列电阻起动异步电动机		适用于不需较高的起动转矩而起动电流允许较大的一般机械传动设备，如小型机床、鼓风机、医疗器械、工业缝纫机、排风扇等	除同YS系列外，起动转矩小，起动电流较大 单相分相起动，绝缘为E级		B3 B14 B5 B34 B35	
	YC 系列电容起动异步电动机		适用于满载起动、起动电流不宜过大的机械传动设备，如空压机、泵、冰箱、医疗器械等	除同YS系列外，起动转矩小，起动电流小，绝缘为E级			
	YY 系列电容运转异步电动机		适用于要求运转平稳及起动转矩小的机械传动设备，如录音机、风扇、记录仪表以及各种空载起动的机械	除同YS系列外，起动转矩小，起动电流小，绝缘为E级			

二、异步电动机的型号表示方法和安装结构

1. 型号表示方法示例（见图 4-1）

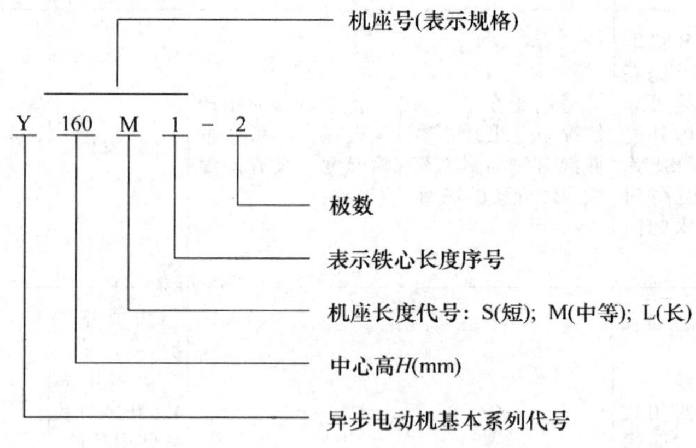

图 4-1　型号表示方法示例

2. 安装结构

表 4-2　常用异步电动机的安装结构型式代号

类别	代号	示意图	轴承	机座	轴伸	结构特点	安装型式
基本安装结构	B3		两个端盖式	有底脚	有轴伸	—	安装在基础构件上
	B35		两个端盖式	有底脚	有轴伸	端盖上带凸缘，凸缘有通孔，凸缘在 D 端	借底脚安装在基础构件上，并附用凸缘安装
	B5		两个端盖式	无底脚	有轴伸	端盖上带凸缘，凸缘有通孔，凸缘在 D 端	借凸缘安装
B5 型派生安装结构	V1		两个端盖式	无底脚	轴伸向下	端盖上带凸缘，凸缘有通孔，凸缘在 D 端	借凸缘在底部安装
	V3		两个端盖式	无底脚	轴伸向上	端盖上带凸缘，凸缘有通孔，凸缘在 D 端	借凸缘在顶部安装

（续）

类别	代号	示意图	轴承	机座	轴伸	结构特点	安装型式
B3型派生安装结构	V5	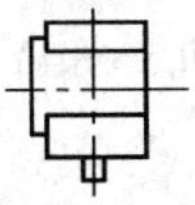	两个端盖式	有底脚	轴伸向下	—	安装在墙上或基础构件上
	V6	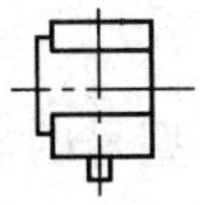	两个端盖式	有底脚	轴伸向上	—	安装在墙上或基础构件上
	B6	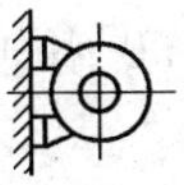	两个端盖式	有底脚	有轴伸	与B3同。但端盖需转90°（如系套筒轴承）	安装在墙上。从D端看底脚在左边
	B7	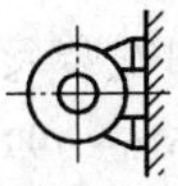	两个端盖式	有底脚	有轴伸	与B3同。但端盖需转180°（如系套筒轴承）	安装在墙上。从传动端看底脚在右边
	B8		两个端盖式	有底脚	有轴伸	与B3同。但端盖需转90°（如系套筒轴承）	安装在天花板上
B35型派生安装结构	V15	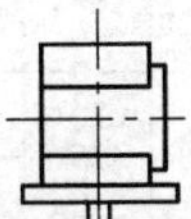	两个端盖式	有底脚	轴伸向下	端盖上带凸缘，凸缘有通孔或螺孔并有或无止口，凸缘在D端	安装在墙上并附用凸缘在底部安装
	V36	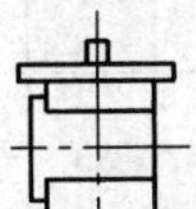	两个端盖式	有底脚	轴伸向上	端盖上带凸缘，凸缘有通孔，凸缘在D端	安装在墙上或基础构件上并附用凸缘在顶部安装

注：D端指电动机的传动端和发电机的从动端。

三、异步电动机类型选择

1）根据机械的载荷性质，对于载荷平稳连续工作的机械，应选用一般笼型异步电动机；如需重载起动，容量小时可采用高起动转矩的笼型异步电动机，容量大时则应采用绕线转子异步电动机。

2）对于有周期性波动载荷且长期工作的机械，一般采用带飞轮的高转差率笼型电动机，当容量较大时则选用绕线转子异步电动机。

3）对不调速的高转速、中转速的工作机械，如风机、水泵、压缩机等，可选用与工作机械相应转速的电动机，而尽量不用减速装置。

4）对低转速的工作机械，如球磨机、某些轧机等，一般选用适当偏低转速的电动机再通过减速器传动。

5）在正常环境下工作的电动机，一般选用防护式和防滴式电动机，如 Y（IP23）、Y（IP44）等型号的电动机。

6）在湿热或湿度较大的地区，应选用湿热带型电动机，如选用一般电动机，则应适当采取防潮措施。

7）在多粉尘或有腐蚀性气体的环境工作时，应采用封闭式电动机。

8）在露天工作时，应采用户外型或防护型电动机，如 IP54 或 IP55 型号的电动机。

9）工作环境温度较高时，应依照环境温度选择相应绝缘等级的电动机，如在高温且多尘的环境中工作，则应采用封闭式或密闭通风型的电动机。

10）在爆炸危险的环境中工作时，应选用防爆型电动机，如 YA 和 YB 型电动机。

四、常用三相异步电动机

1. Y 系列（IP44）封闭式三相异步电动机

Y 系列（IP44）封闭式三相异步电动机技术参数见表 4-3，其外形和安装尺寸见表 4-4。

表 4-3 Y 系列（IP44）封闭式三相异步电动机技术数据（摘自 JB/T 9616—1999）

型号	额定功率 /kW	满载时				堵转电流/额定电流	堵转转矩/额定转矩	最大转矩/额定转矩	噪声 A声级 /dB		转动惯量 /kg·m²	质量 /kg
		额定转速 /r·min⁻¹	额定电流 /A	效率 (%)	功率因数 cosφ				1级	2级		
Y801-2	0.75	2830	1.81	75	0.84	6.5	2.2	2.3	66	71	0.0075	17
Y802-2	1.1		2.52	77	0.86	7.0					0.0090	18
Y90S-2	1.5	2840	3.44	78	0.85				70	75	0.012	22
Y90L2	2.2		4.74	80.5	0.86						0.014	25
Y100L-2	3.0	2870	6.39	82	0.87				74	79	0.029	34
Y112M-2	4.0	2890	8.17	85.5							0.055	45
Y132S1-2	5.5	2900	11.1		0.88		2.0		78	83	0.109	67
Y132S2-2	7.5		15	86.2							0.126	74
Y160M1-2	11	2930	21.8	87.2					82	87	0.377	115
Y160M2-2	15		29.4	88.2							0.449	125
Y160L-2	18.5		35.5	89	0.89			2.2			0.550	147
Y180M-2	22	2940	42.2						87	92	0.75	173
Y200L1-2	30	2950	56.9	90					90	95	1.24	232
Y200L2-2	37		69.8	90.5							1.39	250
Y225M-2	45	2970	83.9	91.5						97	2.33	312
Y250M-2	55		103						92		3.12	387
Y280S-2	75		140	92					94	99	5.97	515
Y280M-2	90		167	92.5							6.75	566

（续）

型号	额定功率/kW	满载时 额定转速/r·min^{-1}	额定电流/A	效率(%)	功率因数 cosφ	堵转电流/额定电流	堵转转矩/额定转矩	最大转矩/额定转矩	噪声 A声级/dB 1级	2级	转动惯量/kg·m^2	质量/kg
Y315S-2	110		203	92.5							11.8	922
Y315M-2	132	2980	242	93	0.89	6.8	1.8		99	104	18.2	1010
Y315L1-2	160		292	93.5							20.8	1085
Y315L2-2	200		265	93.5							—	1220
Y801-4	0.55	1390	1.51	73	0.76	6.0			56		0.018	17
Y802-4	0.75		2.01	74.5	0.76		2.3			67	0.021	
Y90S-4	1.1	1400	2.75	78	0.78	6.5		2.2	61			25
Y90L-4	1.5		3.65	79	0.79				62		0.027	26
Y100L1-4	2.2	1430	5.03	81	0.82				65	70	0.054	34
Y100L2-4	3.0		6.82	82.5	0.81						0.067	35
Y112M-4	4.0		8.77	84.5	0.82				68	74	0.095	47
Y132S-4	5.5	1440	11.6	85.5	0.84		2.2		70	78	0.214	68
Y132M-4	7.5		15.4	87	0.85			2.3	71		0.296	79
Y160M-4	11	1460	12.6	88	0.84				75		0.747	122
Y160L-4	15		30.3	88.5	0.85					82	0.918	142
Y180M-4	18.5		35.9	91	0.86	7.0			77		1.39	174
Y180L-4	22	1470	42.5	91.5	0.86		2.0				1.58	192
Y200L-4	30		56.8	92.2	0.87						2.62	253
Y225S-4	37		70.4	91.8	0.87		1.9	2.2	79	84	4.06	294
Y225M-4	45		84.2	92.3	0.88						4.6	327
Y250M-4	55	1480	103	92.6	0.88		2.0		81	86	6.6	381
Y280S-4	75		140	92.7	0.88		1.9		85	90	11.2	535
Y280M-4	90		164	93.5	0.89						14.6	634
Y315S-4	110		201	93.5	0.89				93	98	31.1	912
Y315M-4	132		240	94	0.89	6.8	1.8				36.2	1048
Y315L1-4	160	1490	289	94.5	0.89				96	101	41.3	1105
Y315L2-4	200		361	94.5	0.89						—	1260
Y90S-6	0.75	910	2.3	72.5	0.70	5.5			56	65	0.029	23
Y90L-6	1.1		3.2	73.5	0.72						0.035	25
Y100L-6	1.5	940	4.0	77.5	0.74	6.0			62	67	0.069	33
Y112M-6	2.2		5.0	80.5	0.74		2.0	2.2			0.138	45
Y132S-6	3.0		7.23	83	0.76						0.286	63
Y132M1-6	4.0	960	9.40	84	0.77	6.5			66	71	0.357	73
Y132M2-6	5.5		12.6	85.3	0.78						0.449	84

（续）

型号	额定功率/kW	满载时 额定转速/r·min^{-1}	满载时 额定电流/A	满载时 效率(%)	满载时 功率因数 cosφ	堵转电流/额定电流	堵转转矩/额定转矩	最大转矩/额定转矩	噪声 A声级/dB 1级	噪声 A声级/dB 2级	转动惯量/kg·m^2	质量/kg
Y160M-6	7.5	970	17	86	0.78	6.5	2.0	2.0	69	75	0.881	119
Y160L-6	11		24.6	87					70		1.16	147
Y180L-6	15		31.4	89.5	0.81		1.8			78	2.07	195
Y200L1-6	18.5		37.7	89.8	0.83				73		3.15	220
Y200L2-6	22		44.6	90.2							3.60	250
Y225M-6	30	980	59.5		0.85				76	81	5.47	292
Y250M-6	37		72	90.8	0.86		1.7				8.34	408
Y280S-6	45		85.4	92	0.87		1.8		79	84	13.9	536
Y280M-6	55		104								16.5	595
Y315S-6	75	990	141	92.8					87	92	41.1	990
Y315M-6	90		169	93.2			1.6				47.8	1080
Y315L1-6	110		206	93.5							54.5	1150
Y315L2-6	132		246	93.8							61.2	1210
Y132S-8	2.2	710	5.81	81	0.71	5.5	2.0		61	66	0.314	63
Y132M-8	3.0		7.72	82	0.72						0.395	79
Y160M1-8	4.0	720	9.91	84	0.73	6.0			64	69	0.753	118
Y160M2-8	5.5		13.3	85	0.74						0.931	119
Y160L-8	7.5		17.7	86	0.75	5.5			67	72	1.26	145
Y180L-8	11	730	24.8	87.5	0.77	6.0	1.7				2.03	184
Y200L-8	15		34.1	88	0.76		1.8		70	75	3.39	250
Y225S-8	18.5		41.3	89.5			1.7				4.91	266
Y225M-8	22		47.6	90	0.78		1.8				5.47	292
Y250M-8	30		63.0	90.5	0.80				73	78	8.34	405
Y280S-8	37	740	78.2	91	0.79						13.9	520
Y280M-8	45		93.2	91.7	0.80						16.5	592
Y315S-8	55		114	92		6.5	1.6		82	87	47.9	1000
Y315M1-8	75		152	92.5	0.81						55.8	1100
Y315M2-8	90		179	93	0.82						63.7	1160
Y315L-8	110		218	93.3		6.3					72.3	1230
Y315S-10	45	590	101	91.5	0.74	6.0	1.4				47.9	990
Y315M-10	55		123	92							63.7	1150
Y315L2-10	75		164	92.5	0.75						71.5	1220

注：1. S、M、L后面的数字1、2分别代表同一机座号和转速下不同的功率。

2. 其他性能、结构特点、工作条件等见表4-1。

3. 安装型式见表4-2。

表 4-4　Y 系列（IP44）封闭式三相异步电动机的安装尺寸和外形尺寸　　（单位：mm）

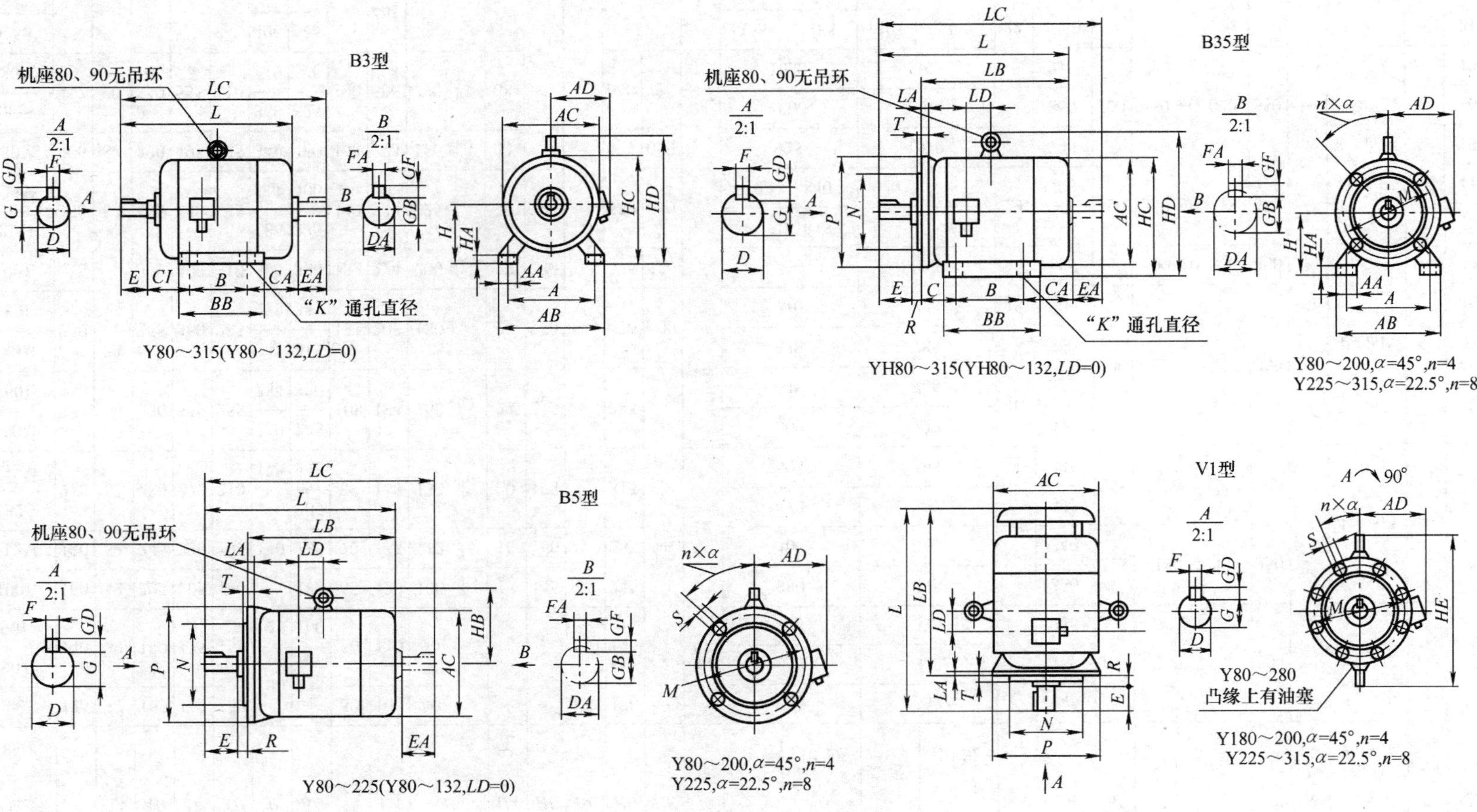

（续）

机座号	A	AA	AB	AC	AD	B	BB	C CI	CA	H	HA	HB	HC	HD	HE	K	L		LC		LA	LB	M	N	P	R	S	T	LD
																	2极	4、6、8、10极	2极	4、6、8、10极									
80	125	37	165	165	150	100	135	50	100	$80^{0}_{-0.5}$	13	—	170	170	—	10	285		332		12	245	165	$130^{+0.014}_{-0.011}$	200	○	4 - φ12	3.5	—
90S	140	39	180	175	155			56	110	$90^{0}_{-0.5}$			190	190			310		368			260							
90L						125	160										335		393			285							
100L	160	42	205	205	180		180	63	120	$100^{0}_{-0.5}$	15	145		245		12	380		445		14	320	215	$180^{+0.014}_{-0.011}$	250		4 - φ15	4	
112M	190	52	245	230	190	140	185	70	133	$112^{0}_{-0.5}$	18	160		265			400		463			340							
132S	216	63	280	270	210		205	89	168	$132^{0}_{-0.5}$	20	178		315			470		557			395	265	$230^{+0.016}_{-0.013}$	300				
132M						178	243										508		595			435							
160M	254	73	330	325	255	210	275	108	184	$160^{0}_{-0.5}$	22	215		385		15	600		722		16	490	300	$250^{+0.016}_{-0.013}$	350		4 - φ19	5	55
160L						254	320										645		766			535							
180M	279		355	360	285	241	315	121	203	$180^{0}_{-0.5}$	24	250		430	500		670		785		18	560							86
180L						279	353										710		823			600							105
200L	318		395	400	310	305	380	133	224	$200^{0}_{-0.5}$	27	280		475	550	19	770		882			665	350	300 ±0.016	400				102
225S	356	83	435	450	345	286	375	149	249	$225^{0}_{-0.5}$	30	298		530	610		—	815	—	964	20	680	400	350 ±0.018	450		8 - φ19		103
225M						311	400										810	840	929	989		705							116
250M	406	88	490	495	385	349	460	168	273	$250^{0}_{-0.5}$	32			575	650	24	925		1070			790	500	450 ±0.020	550				131
280S	457	90	550	555	410	368	525	190	306	$280^{0}_{-1.0}$	38			640	720		1000		1144			860							168
280M						419	576										1050		1195			910							194
315S	508	125	640	645	550	406	615	216	405	$315^{0}_{-1.0}$	48			770	900	28	1155	1185	1307	1367	22	1060	600	550 ±0.022	660		8 - φ24	6	213
315M						457	665										1210	1240	1358	1418		1080							238
315L						508	745		354 443								1295	1325	1445	1505									

（续）

机座号	D		DA		E		EA		F		FA		G		GB		GD		GF	
	2极	4、6、8、10极	2极	4、6、8、10极	2极	4、6、8、10极	2极	4、6、8、10极	2极	4、6、8、10极	2极	4、6、8、10极	2极	4、6、8、10极	2极	4、6、8、10极	2极	4、6、8、10极	2极	4、6、8、10极
80	$19^{+0.009}_{-0.004}$		$19^{+0.009}_{-0.004}$		40		40		6		6		15.5		15.5		6		6	
90S	$24^{+0.009}_{-0.004}$		$24^{+0.009}_{-0.004}$		50		50		8		8		20		20		7		7	
90L																				
100L	$28^{+0.009}_{-0.004}$		$28^{+0.009}_{-0.004}$		60		60						24		24					
112M																				
132S	$38^{+0.018}_{-0.002}$		$38^{+0.018}_{-0.002}$		80		80		10		10		33		33		8		8	
132M																				
160M	$42^{+0.018}_{-0.002}$		$42^{+0.018}_{-0.002}$		110		110		12		12		37		37					
160L																				
180M	$48^{+0.018}_{-0.002}$		$48^{+0.018}_{-0.002}$						14		14		42.5		42.5		9		9	
180L																				
200L	$55^{+0.030}_{+0.011}$		$55^{+0.030}_{+0.011}$						16		14	16	49		42.5	49	10		9	10
225S	—	$60^{+0.030}_{+0.011}$	—	$60^{+0.030}_{+0.011}$	—	140			—	18	—		—	53	—		—	11	—	
225M	$55^{+0.030}_{+0.011}$		$55^{+0.030}_{+0.011}$		110				16		14		49		42.5		10		9	
250M	$60^{+0.030}_{+0.011}$	$65^{+0.030}_{+0.011}$	$60^{+0.030}_{+0.011}$	$65^{+0.030}_{+0.011}$	140				18		16		53	58	49		11		10	
280S	$65^{+0.030}_{+0.011}$	$75^{+0.030}_{+0.011}$	$65^{+0.030}_{+0.011}$	$75^{+0.030}_{+0.011}$			110	140	18	20	16	18	58	67.5	49	53	11	12	10	11
280M																				
315S		$80^{+0.030}_{+0.011}$	$65^{+0.030}_{+0.011}$	$80^{+0.030}_{+0.011}$	140	170	140	170		22	18	22		71	58	71		14	11	14
315M																				
315L																				

注：1. 第二轴伸肩到风罩距离约8mm，表中L、LG等外形尺寸为最大值。

2. B5型机座号由80至225M。

2. Y 系列（IP23）防护式三相异步电动机

Y 系列防护式（IP23）三相异步电动机技术数据见表 4-5，其外形和安装尺寸见表 4-6。

表 4-5　Y 系列（IP23）防护式三相异步电动机技术数据

（摘自 JB/T 5271—1991、JB/T 5272—1991）

型号	额定功率 /kW	满载时				堵转转矩/额定转矩	堵转电流/额定电流	噪声 A 声级 /dB	质量 /kg
		转速 /r·min^{-1}	额定电流（380V）/A	效率（%）	功率因数 cosφ				
Y160M-2	15	2928	29.5	88	0.89	1.7	7.0	85	
Y160L1-2	18.5	2929	35.5	89	0.89	1.8	7.0	85	
Y160L2-2	22	2928	42	89.5	0.89	2.0	7.0	85	160
Y180M-2	30	2938	57.2	89.5	0.89	1.7	7.0	80	
Y180L-2	37	2939	69.8	90.5	0.89	1.9	7.0	80	220
Y200M-2	45	2952	84.5	91	0.89	1.9	7.0	90	
Y200L-2	55	2950	103	91.5	0.89	1.9	7.0	90	310
Y225M-2	75	2955	140	91.5	0.89	1.8	6.8	92	380
Y250S-2	90	2966	167	92	0.89	1.7	6.8	97	
Y250M-2	110	2966	202	92.5	0.90	1.7	6.8	97	465
Y280M-2	132	2967	241	92.5	0.90	1.6	6.8	99	750
Y160M-4	11	1459	22.5	87.5	0.85	1.9	7.0	75	
Y160L1-4	15	1458	30.1	88	0.86	2.0	7.0	80	
Y160L2-4	18.5	1458	36.8	89	0.86	2.0	7.0	80	160
Y180M-4	22	1457	43.5	89.5	0.86	1.9	7.0	80	
Y180L-4	30	1467	58	90.5	0.87	1.9	7.0	87	230
Y200M-4	37	1473	71.4	90.5	0.87	2.0	7.0	87	
Y200L-4	45	1475	85.9	91.5	0.87	2.0	7.0	89	310
Y225M-4	55	1476	104	91.5	0.88	1.8	7.0	89	330
Y250S-4	75	1480	141	92	0.88	2.0	6.8	93	
Y250M-4	90	1480	168	92.5	0.88	2.2	6.8	93	400
Y280S-4	110	1482	209	92.5	0.88	1.7	6.8	93	
Y280M-4	132	1483	245	93	0.88	1.8	6.8	96	820

（续）

型号	额定功率/kW	满载时				堵转转矩/额定转矩	堵转电流/额定电流	噪声A声级/dB	质量/kg
		转速/r·min^{-1}	额定电流(380V)/A	效率(%)	功率因数 $\cos\varphi$				
Y160M-6	7.5	971	16.9	85	0.79	2.0	6.5	78	160
Y160L-6	11	971	24.7	86.5	0.78			78	
Y180M-6	15	974	31.8	88	0.81	1.8		81	215
Y180L-6	18.5	975	38.3	88.5	0.83			81	
Y200M-6	22	978	45.5	89	0.85	1.7		81	295
Y200L-6	30	975	60.3	90.5	0.85			81	
Y225M-6	37	982	78.1	91	0.87	1.8		84	360
Y250S-6	45	983	87.4	91	0.86			87	465
Y250M-6	55	983	106	91.5	0.87			87	
Y280S-6	75	986	143	92	0.87			90	820
Y280M-6	90	986	171	93	0.88			90	
Y160M-8	5.5	723	13.7	83.5	0.73	2.0	6.0	72	150
Y160L-8	7.5	723	18.3	85	0.73			75	
Y180M-8	11	727	26.1	86.5	0.74	1.8		75	215
Y180L-8	15	726	34.3	87.5	0.76			81	
Y200M-8	18.5	728	41.8	88.5	0.78	1.7		81	295
Y200L-8	22	729	46.2	89	0.78	1.8		81	
Y225M-8	30	734	63.2	89.5	0.81	1.7		84	360
Y250S-8	37	735	78	90	0.80	1.6		84	465
Y250M-8	45	736	94.4	90.5	0.80	1.8		87	
Y280S-8	55	740	115	91	0.80			87	820
Y280M-8	75	740	154	91.5	0.81			90	
Y315S-8	90		185	92.2	0.81	1.3	5.5	93	
Y315M1-8	110		226	92.8	0.81			93	
Y315M2-8	132		269	93.3	0.81			97	
Y355M1-6	185		126	93.5	0.81	1.1		97	
Y355M2-6	200		169	93.5	0.81			97	
Y355M3-6	220		199	93.5	0.81			97	
Y355M4-6	250			94	0.81			97	
Y355L1-6	280			94	0.79			99	
Y315S-10	50			91.5	0.74	1.2	6.5	93	
Y315M1-10	75			92	0.75			93	
Y315M2-10	90			92	0.76			93	

表 4-6　Y 系列（IP23）防护式三相异步电动机（B3）安装尺寸和外形尺寸　（单位：mm）

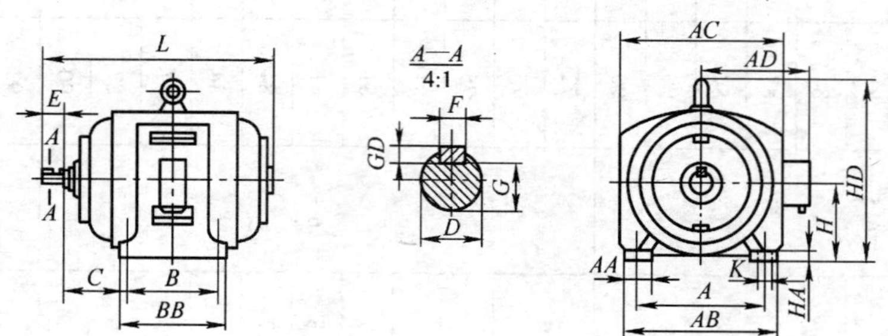

机座号	安装尺寸													外形尺寸								
	A	*B*	*C*	*D*		*E*		*F*×*GD*		*G*		*H*	*K*	*AA*	*AB*	*AC*	*AD*	*BB*	*HA*	*HD*	*L*	
				2 极	4 极及以上	2 极	4 极及以上	2 极	4 极及以上	2 极	4 极及以上										2 极	4 极及以上
160M	254	210	108	$48^{+0.018}_{-0.002}$		110		14×9		42.5		$160^{0}_{-0.5}$	15	70	330	380	290	270	20	405	540	
160L		254																315			585	
180M	279	241	121	$55^{+0.030}_{+0.011}$		110		16×10		49		$180^{0}_{-0.5}$	15	70	350	420	325	315	22	445	595	
180L		279																350			635	
200M	318	267	133	$60^{+0.030}_{+0.011}$		140		18×11		53		$200^{0}_{-0.5}$	19	80	400	465	350	355	25	495	675	
200L		305																395			710	
225M	356	311	149	$60^{+0.030}_{+0.011}$	$65^{+0.030}_{+0.011}$	140		18×11		53	58	$225^{0}_{-0.5}$	19	90	450	520	395	395	28	545	750	
250S	406	311	168	$60^{+0.030}_{+0.011}$	$75^{+0.030}_{+0.011}$	140		18×11	20×12	58	67.5	$250^{0}_{-0.5}$	24	100	510	550	410	420	30	600	785	
250M		349																455			825	
280S	457	368	190	$65^{+0.030}_{+0.011}$	$80^{+0.030}_{+0.011}$		170		22×14	58	71	$280^{0}_{-1.0}$	24	110	570	610	485	530	35	655	—	920
280M		419				140		18×11										585			946	970

注：本安装形式为 IMB3（机座带底脚，端盖无凸缘，卧式）。

第二篇　联　接

第五章　螺纹及螺纹联接

一、螺纹

1. 普通螺纹（见表5-1）

表5-1　普通螺纹基本尺寸（摘自GB/T 196—2003）　（单位：mm）

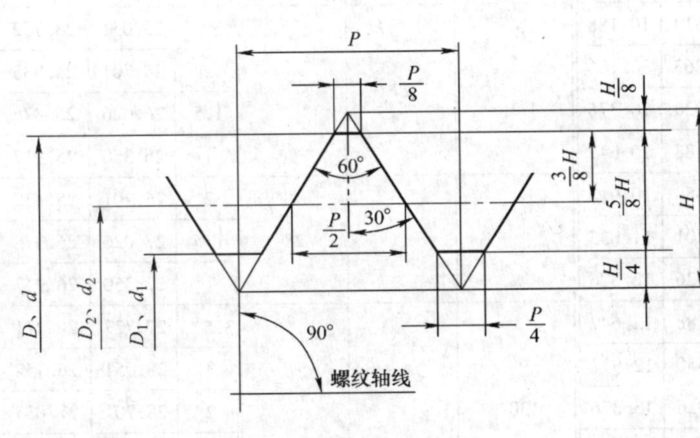

D、d——内、外螺纹的大径；

D_2、d_2——内、外螺纹的中径；

D_1、d_1——内、外螺纹的小径；

P——螺距；

H——原始三角形高度

$$D_1 = D - 2\times\frac{5}{8}H$$

$$D_2 = D - 2\times\frac{3}{8}H$$

$$d_1 = d - 2\times\frac{5}{8}H$$

$$d_2 = d - 2\times\frac{3}{8}H$$

$$H = \frac{\sqrt{3}}{2}P = 0.866\ 025\ 404P$$

标记示例：

M24：公称直径为24mm的粗牙普通螺纹

M24×1.5：公称直径为24mm，螺距为1.5mm的细牙普通螺纹

M36×Ph4P2(two starts)：公称直径为36mm，导程为4mm，螺距为2mm的双线螺纹

公称直径 D、d			螺距	中径	小径	公称直径 D、d			螺距	中径	小径
第一系列	第二系列	第三系列	P	D_2 或 d_2	D_1 或 d_1	第一系列	第二系列	第三系列	P	D_2 或 d_2	D_1 或 d_1
3			0.5*	2.675	2.459	5			0.8*	4.480	4.134
			0.35	2.773	2.621				0.5	4.675	4.459
	3.5		0.6*	3.110	2.850			5.5	0.5	5.175	4.959
			0.35	3.273	3.121	6			1*	5.350	4.917
4			0.7*	3.545	3.242				0.75	5.513	5.188
			0.5	3.675	3.459		7		1*	6.350	5.917
	4.5		0.75*	4.013	3.688				0.75	6.513	6.188
			0.5	4.175	3.959	8			1.25*	7.188	6.647

（续）

公称直径 D、d			螺距	中径	小径
第一系列	第二系列	第三系列	P	D_2 或 d_2	D_1 或 d_1
8			1	7.350	6.917
			0.75	7.513	7.188
		9	1.25*	8.188	7.647
			1	8.350	7.917
			0.75	8.513	8.188
10			1.5*	9.026	8.376
			1.25	9.188	8.647
			1	9.350	8.917
			0.75	9.513	9.188
		11	1.5*	10.026	9.376
			1	10.350	9.917
			0.75	10.513	10.188
12			1.75*	10.863	10.106
			1.5	11.026	10.376
			1.25	11.188	10.647
			1	11.350	10.917
	14		2*	12.701	11.835
			1.5	13.026	12.376
			1.25	13.188	12.647
			1	13.350	12.917
		15	1.5*	14.026	13.376
			1	14.350	13.917
16			2*	14.701	13.835
			1.5	15.026	14.376
			1	15.350	14.917
		17	1.5	16.026	15.376
			1	16.350	15.917
	18		2.5*	16.376	15.294
			2	16.701	15.835
			1.5	17.026	16.376
			1	17.350	16.917
20			2.5*	18.376	17.294
			2	18.701	17.835
			1.5	19.026	18.376
			1	19.350	18.917
	22		2.5*	20.376	19.294
			2	20.701	19.835
			1.5	21.026	20.376
			1	21.350	20.917
24			3*	22.051	20.752
			2	22.701	21.835
			1.5	23.026	22.376
			1	23.350	22.917
		25	2	23.701	22.835
			1.5	24.026	23.376
			1	24.350	23.917
		26	1.5	25.026	24.376
	27		3*	25.051	23.752
			2	25.701	24.835
			1.5	26.026	25.376
			1	26.350	25.917
		28	2	26.701	25.835
			1.5	27.026	26.376
			1	27.350	26.917
30			3.5*	27.727	26.211
			3	28.051	26.752
			2	28.701	27.835
			1.5	29.026	28.376
			1	29.350	28.917
		32	2	30.701	29.835
			1.5	31.026	30.376
	33		3.5*	30.727	29.211
			3	31.051	29.752
			2	31.701	30.835
			1.5	32.026	31.376
		35	1.5	34.026	33.376
36			4*	33.402	31.670
			3	34.051	32.752
			2	34.701	33.835
			1.5	35.026	34.376
		38	1.5	37.026	36.376
	39		4*	36.402	34.670

（续）

公称直径 D、d			螺距	中径	小径	公称直径 D、d			螺距	中径	小径
第一系列	第二系列	第三系列	P	D_2 或 d_2	D_1 或 d_1	第一系列	第二系列	第三系列	P	D_2 或 d_2	D_1 或 d_1
	39		3	37.051	35.752			55	3	53.051	51.752
			2	37.701	36.835				2	53.701	52.835
			1.5	38.026	37.376				1.5	54.026	53.376
		40	3	38.051	36.752	56			5.5*	52.428	50.046
			2	38.701	37.835				4	53.402	51.670
			1.5	39.026	38.376				3	54.051	52.752
42			4.5*	39.077	37.129				2	54.701	53.835
			4	39.402	37.670				1.5	55.026	54.376
			3	40.051	38.752			58	4	55.402	53.670
			2	40.701	39.835				3	56.051	54.752
			1.5	41.026	40.376				2	56.701	55.835
	45		4.5*	42.077	40.129				1.5	57.026	56.376
			4	42.402	40.670		60		5.5*	56.428	54.046
			3	43.051	41.752				4	57.402	55.670
			2	43.701	42.835				3	58.051	56.752
			1.5	44.026	43.376				2	58.701	57.835
48			5*	44.752	42.587				1.5	59.026	58.376
			4	45.402	43.670			62	4	59.402	57.670
			3	46.051	44.752				3	60.051	58.752
			2	46.701	45.835				2	60.701	59.835
			1.5	47.026	46.376				1.5	61.026	60.376
		50	3	48.051	46.752	64			6*	60.103	57.505
			2	48.701	47.835				4	61.402	59.670
			1.5	49.026	48.376				3	62.051	60.752
	52		5*	48.752	46.587				2	62.701	61.835
			4	49.402	47.670				1.5	63.026	62.376
			3	50.051	48.752			65	4	62.402	60.670
			2	50.701	49.835				3	63.051	61.752
			1.5	51.026	50.376				2	63.701	62.835
		55	4	52.402	50.670				1.5	64.026	63.376

注：1. 直径优先选用第一系列，其次第二系列，第三系列尽可能不用。

2. 带“*”的螺距为粗牙。

3. M14×1.25 仅用于发动机的火花塞，M35×1.5 仅用于滚动轴承锁紧螺母。

2. 管螺纹（见表 5-2 ~ 表 5-5）

表 5-2　普通螺纹的管路系列（摘自 GB/T 1414—2003）　　（单位：mm）

公称直径 D、d		螺距 P	公称直径 D、d		螺距 P
第 1 选择	第 2 选择		第 1 选择	第 2 选择	
8		1.25,1		52	1.5
10		1.25,1		60	3,2
12		1	64		1.5
	14	2,1.5	72		3
16		1.5,1		76	3
	18	2,1.5	80		1.5
20		1.5		85	2
	22	1.5	90		4
24		2	100		3
	27	2		115	4
30		2,1.5	125		2
	33	2	140		3
36		1.5		150	2
	39	3	160		2
42		3,2		170	4
48		3,2			

表 5-3　55°非密封管螺纹的基本尺寸和公差（摘自 GB/T 7307—2001）（单位：mm）

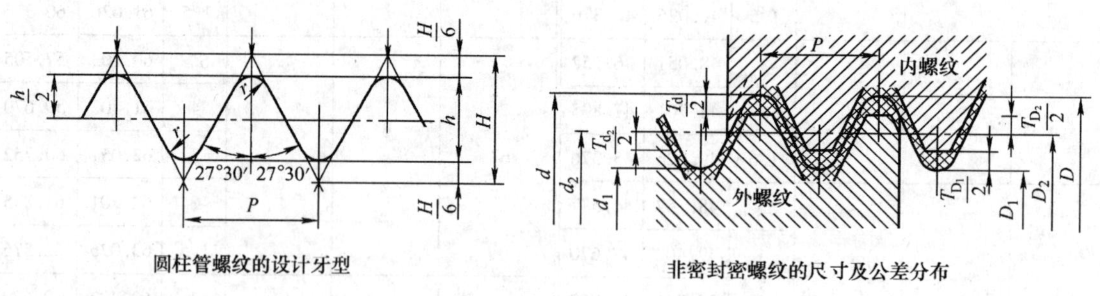

圆柱管螺纹的设计牙型　　非密封密螺纹的尺寸及公差分布

$H = 0.960491P$　　$h = 0.640327P$　　$r = 0.137329P$

标记示例：

G3:尺寸代号为 3 的右旋圆柱内螺纹

G2A:尺寸代号为 2 的 A 级右旋圆柱外螺纹

当螺纹为左旋时应在外螺纹的公差等级代号或内螺纹的尺寸代号之后注左旋代号“ - LH”

（续）

尺寸代号	每25.4mm内所包含的牙数 n	螺距 P	牙高 h	基本直径			中径公差①					小径公差		大径公差	
				大径 $d=D$	中径 $d_2=D_2$	小径 $d_1=D_1$	内螺纹		外螺纹			内螺纹		外螺纹	
							下偏差	上偏差	下偏差		上偏差	下偏差	上偏差	下偏差	上偏差
1/16	28	0.907	0.581	7.723	7.142	6.561	0	+0.107	−0.107	−0.214	0	0	+0.282	−0.214	0
1/8	28	0.907	0.581	9.728	9.147	8.566	0	+0.107	−0.107	−0.214	0	0	+0.282	−0.214	0
1/4	19	1.337	0.856	13.157	12.301	11.445	0	+0.125	−0.125	−0.250	0	0	+0.445	−0.250	0
3/8	19	1.337	0.856	16.662	15.806	14.950	0	+0.125	−0.125	−0.250	0	0	+0.445	−0.250	0
1/2	14	1.814	1.162	20.955	19.793	18.631	0	+0.142	−0.142	−0.284	0	0	+0.541	−0.284	0
5/8	14	1.814	1.162	22.911	21.749	20.587	0	+0.142	−0.142	−0.284	0	0	+0.541	−0.284	0
3/4	14	1.814	1.162	26.441	25.279	24.117	0	+0.142	−0.142	−0.284	0	0	+0.541	−0.284	0
7/8	14	1.814	1.162	30.201	29.039	27.877	0	+0.142	−0.142	−0.284	0	0	+0.541	−0.284	0
1	11	2.309	1.479	33.249	31.770	30.291	0	+0.180	−0.180	−0.360	0	0	+0.640	−0.360	0
1⅛	11	2.309	1.479	37.897	36.418	34.939	0	+0.180	−0.180	−0.360	0	0	+0.640	−0.360	0
1¼	11	2.309	1.479	41.910	40.431	38.952	0	+0.180	−0.180	−0.360	0	0	+0.640	−0.360	0
1½	11	2.309	1.479	47.803	46.324	44.845	0	+0.180	−0.180	−0.360	0	0	+0.640	−0.360	0
1¾	11	2.309	1.479	53.746	52.267	50.788	0	+0.180	−0.180	−0.360	0	0	+0.640	−0.360	0
2	11	2.309	1.479	59.614	58.135	56.656	0	+0.180	−0.180	−0.360	0	0	+0.640	−0.360	0
2¼	11	2.309	1.479	65.710	64.231	62.752	0	+0.217	−0.217	−0.434	0	0	+0.640	−0.434	0
2½	11	2.309	1.479	75.184	73.705	72.226	0	+0.217	−0.217	−0.434	0	0	+0.640	−0.434	0
2¾	11	2.309	1.479	81.534	80.055	78.576	0	+0.217	−0.217	−0.434	0	0	+0.640	−0.434	0
3	11	2.309	1.479	87.884	86.405	84.926	0	+0.217	−0.217	−0.434	0	0	+0.640	−0.434	0
3½	11	2.309	1.479	100.330	98.851	97.372	0	+0.217	−0.217	−0.434	0	0	+0.640	−0.434	0
4	11	2.309	1.479	113.030	111.551	110.072	0	+0.217	−0.217	−0.434	0	0	+0.640	−0.434	0
4½	11	2.309	1.479	125.730	124.251	122.772	0	+0.217	−0.217	−0.434	0	0	+0.640	−0.434	0
5	11	2.309	1.479	138.430	136.951	135.472	0	+0.217	−0.217	−0.434	0	0	+0.640	−0.434	0
5½	11	2.309	1.479	151.130	149.651	148.172	0	+0.217	−0.217	−0.434	0	0	+0.640	−0.434	0
6	11	2.309	1.479	163.830	162.351	160.872	0	+0.217	−0.217	−0.434	0	0	+0.640	−0.434	0

① 对薄壁件，此公差适用于平均中径，该中径是测量两个相互垂直直径的算术平均值。

表 5-4 螺纹密封的 60°密封管螺纹的基本尺寸（摘自 GB/T 12716—2002）

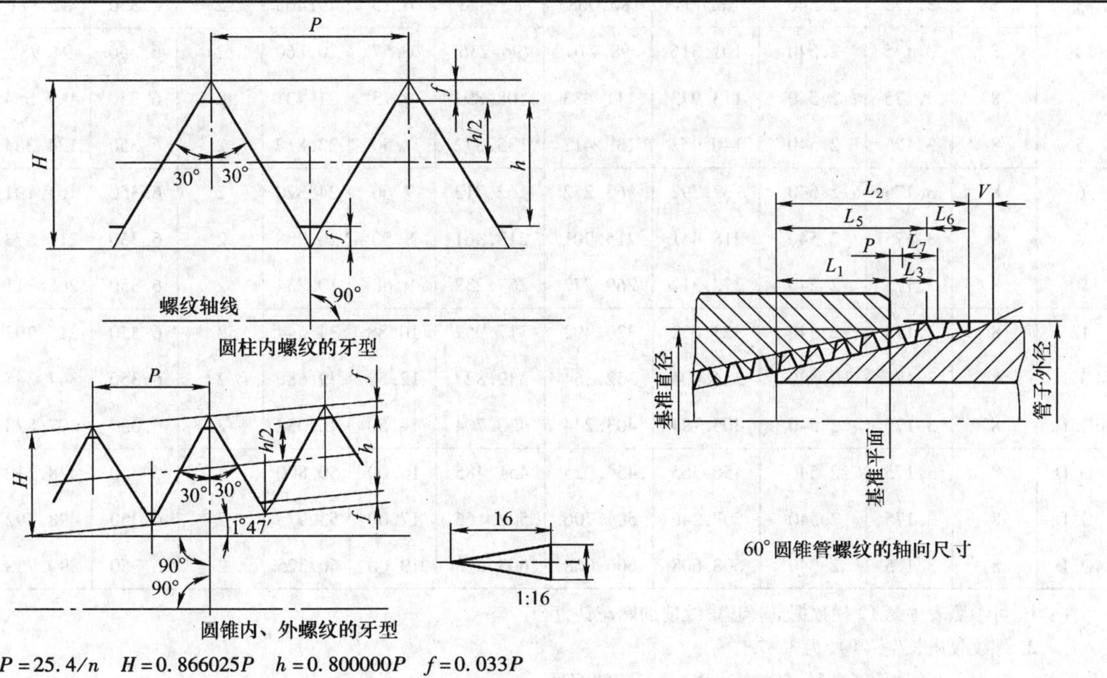

圆柱内螺纹的牙型

圆锥内、外螺纹的牙型

60°圆锥管螺纹的轴向尺寸

$P=25.4/n \quad H=0.866025P \quad h=0.800000P \quad f=0.033P$

（续）

标记示例：

NPT3/4：尺寸代号为3/4的60°一般密封圆锥管螺纹（内、外螺纹一样）

NPSC3/4：尺寸代号为3/4的60°圆柱内螺纹

当螺纹为左旋时，应在尺寸代号后面加注“LH”

1	2	3	4	5	6	7	8	9	10	11	12
螺纹的尺寸代号	25.4mm内包含的牙数 n	螺距 P	牙型高度 h	基准平面内的基本直径			基准距离 L_1		装配余量 L_3		外螺纹小端面内的基本小径
				大径 $d=D$	中径 $d_2=D_2$	小径 $d_1=D_1$					
		mm					圈数	mm	圈数	mm	mm
1/16	27	0.941	0.752	7.894	7.142	6.389	4.32	4.064	3	2.822	6.137
1/8	27	0.941	0.752	10.242	9.489	8.737	4.36	4.102	3	2.822	8.481
1/4	18	1.411	1.129	13.616	12.487	11.358	4.10	5.785	3	4.233	10.996
3/8	18	1.411	1.129	17.055	15.926	14.797	4.32	6.096	3	4.233	14.417
1/2	14	1.814	1.451	21.224	19.772	18.321	4.48	8.128	3	5.443	17.813
3/4	14	1.814	1.451	26.569	25.117	23.666	4.75	8.618	3	5.443	23.127
1	11.5	2.209	1.767	33.228	31.461	29.694	4.60	10.160	3	6.626	29.060
1¼	11.5	2.209	1.767	41.985	40.218	38.451	4.83	10.668	3	6.626	37.785
1½	11.5	2.209	1.767	48.054	46.287	44.520	4.83	10.668	3	6.626	43.853
2	11.5	2.209	1.767	60.092	58.325	56.558	5.01	11.065	3	6.626	55.867
2½	8	3.175	2.540	72.699	70.159	67.619	5.46	17.335	2	6.350	66.535
3	8	3.175	2.540	88.608	86.068	83.528	6.13	19.463	2	6.350	82.311
3½	8	3.175	2.540	101.316	98.776	96.236	6.57	20.860	2	6.350	94.932
4	8	3.175	2.540	113.973	111.433	108.893	6.75	21.431	2	6.350	107.554
5	8	3.175	2.540	140.952	138.412	135.872	7.50	23.812	2	6.350	134.384
6	8	3.175	2.540	167.792	165.252	162.712	7.66	24.320	2	6.350	161.191
8	8	3.175	2.540	218.441	215.901	213.361	8.50	26.988	2	6.350	211.673
10	8	3.175	2.540	272.312	269.772	267.232	9.68	30.734	2	6.350	265.311
12	8	3.175	2.540	323.032	320.492	317.952	10.88	34.544	2	6.350	315.793
14O. D.	8	3.175	2.540	354.904	352.364	349.824	12.50	39.688	2	6.350	347.345
16O. D.	8	3.175	2.540	405.784	403.244	400.704	14.50	46.038	2	6.350	397.828
18O. D.	8	3.175	2.540	456.565	454.025	451.485	16.00	50.800	2	6.350	448.310
20O. D.	8	3.175	2.540	507.246	504.706	502.166	17.00	53.975	2	6.350	498.792
24O. D.	8	3.175	2.540	608.608	606.068	603.528	19.00	60.325	2	6.350	599.758

注：1. 可参照表中第12栏数据选择攻螺纹前的麻花钻直径。

2. 螺纹收尾长度（V）为3.47P。

3. O. D. 是英文管子外径（Outside Diameter）的缩写。

表 5-5　米制密封螺纹基本尺寸（摘自 GB/T 1415—2008）　　（单位：mm）

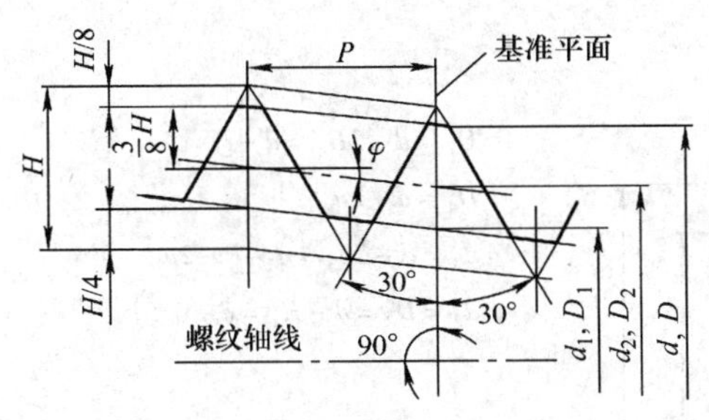

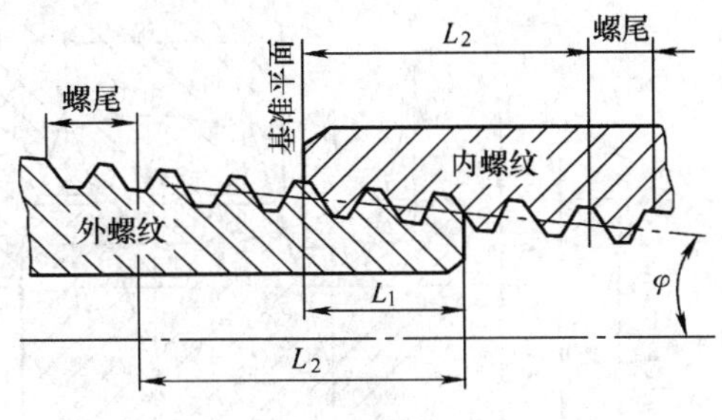

$\varphi = 1°47'24''$　　锥度 $2\tan\varphi = 1:16$

标记示例：

Mc10：米制锥螺纹，公称直径为 10mm，标准基准距离

Mc10-S：米制锥螺纹，公称直径为 10mm，短基准距离

公称直径 D, d	螺距 P	基准平面内的直径			基准距离		最小有效螺纹长度	
		大径 D, d	中径 D_2, d_2	小径 D_1, d_1	标准型 L_1	短型 $L_{1短}$	标准型 L_2	短型 $L_{2短}$
8	1	8.000	7.350	6.917	5.500	2.500	8.000	5.500
10	1	10.000	9.350	8.917	5.500	2.500	8.000	5.500
12	1	12.000	11.350	10.917	5.500	2.500	8.000	5.500
14	1.5	14.000	13.026	12.376	7.500	3.500	11.000	8.500
16	1	16.000	15.350	14.917	5.500	2.500	8.000	5.500
	1.5	16.000	15.026	14.376	7.500	3.500	11.000	8.500
20	1.5	20.000	19.026	18.376	7.500	3.500	11.000	8.500
27	2	27.000	25.701	24.835	11.000	5.000	16.000	12.000
33	2	33.000	31.701	30.835	11.000	5.000	16.000	12.000
42	2	42.000	40.701	39.835	11.000	5.000	16.000	12.000
48	2	48.000	46.701	45.835	11.000	5.000	16.000	12.000
60	2	60.000	58.701	57.835	11.000	5.000	16.000	12.000
72	3	72.000	70.051	68.752	16.500	7.500	24.000	18.000
76	2	76.000	74.701	73.835	11.000	5.000	16.000	12.000
90	2	90.000	88.701	87.835	11.000	5.000	16.000	12.000
	3	90.000	88.051	86.752	16.500	7.500	24.000	18.000
115	2	115.000	113.701	112.835	11.000	5.000	16.000	12.000
	3	115.000	113.051	111.752	16.500	7.500	24.000	18.000
140	2	140.000	138.701	137.835	11.000	5.000	16.000	12.000
	3	140.000	138.051	136.752	16.500	7.500	24.000	18.000
170	3	170.000	168.051	166.752	16.500	7.500	24.000	18.000

3. 梯形螺纹

（1）梯形螺纹的公称尺寸和公差（见表 5-6 ~ 表 5-10）

表 5-6 梯形螺纹设计牙型尺寸（摘自 GB/T 5796.1—2005）（单位：mm）

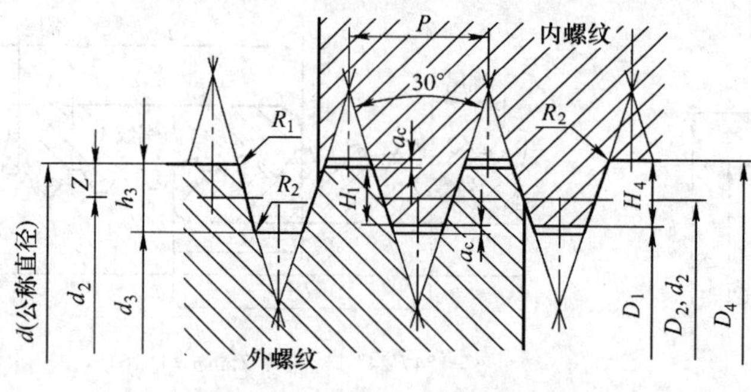

$$D_1 = d - 2H_1 = d - P$$

$$D_4 = d + 2a_c$$

$$d_3 = d - 2h_3 = d - P - 2a_c$$

$$d_2 = D_2 = d - H_1 = d - 0.5P$$

标记示例：

Tr40×7-7H：梯形内螺纹，公称直径 $d=40$mm，螺距 $P=7$mm，中径公差带代号 7H

Tr40×14(P7)-LH-7e：多线左旋梯形外螺纹，公称直径 $d=40$mm，导程 $Ph=14$mm，螺距 $P=7$mm，中径公差带代号 7e

Tr40×7-7H/7e：梯形螺旋副，公称直径 $d=40$mm，螺距 $P=7$mm，内螺纹精度等级 7H，外螺纹精度等级 7e

<table>
<tr><th>螺距 P</th><th>a_c</th><th>$H_4=h_3$</th><th>R_{1max}</th><th>R_{2max}</th><th>螺距 P</th><th>a_c</th><th>$H_4=h_3$</th><th>R_{1max}</th><th>R_{2max}</th></tr>
<tr><td>1.5</td><td>0.15</td><td>0.9</td><td>0.075</td><td>0.15</td><td>8</td><td rowspan="4">0.5</td><td>4.5</td><td rowspan="4">0.25</td><td rowspan="4">0.5</td></tr>
<tr><td>2</td><td rowspan="4">0.25</td><td>1.25</td><td rowspan="4">0.125</td><td rowspan="4">0.25</td><td>9</td><td>5</td></tr>
<tr><td>3</td><td>1.75</td><td>10</td><td>5.5</td></tr>
<tr><td>4</td><td>2.25</td><td>12</td><td>6.5</td></tr>
<tr><td>5</td><td>2.75</td><td>14</td><td rowspan="3">1</td><td>8</td><td rowspan="3">0.5</td><td rowspan="3">1</td></tr>
<tr><td>6</td><td rowspan="2">0.5</td><td>3.5</td><td rowspan="2">0.25</td><td rowspan="2">0.5</td><td>16</td><td>9</td></tr>
<tr><td>7</td><td>4</td><td>18</td><td>10</td></tr>
</table>

表 5-7 梯形螺纹直径与螺距组合系列（摘自 GB/T 5796.2—2005）（单位：mm）

<table>
<tr><th colspan="2">公称直径 d</th><th rowspan="2">螺距 P</th><th colspan="2">公称直径 d</th><th rowspan="2">螺距 P</th><th colspan="2">公称直径 d</th><th rowspan="2">螺距 P</th><th colspan="2">公称直径 d</th><th rowspan="2">螺距 P</th></tr>
<tr><th>第一系列</th><th>第二系列</th><th>第一系列</th><th>第二系列</th><th>第一系列</th><th>第二系列</th><th>第一系列</th><th>第二系列</th></tr>
<tr><td>8
10
12</td><td>
9
</td><td>1.5
2,1.5
3,2</td><td>20
24</td><td>
22</td><td>4,2
8,5,3</td><td>36</td><td>34</td><td>10,6,3</td><td>52</td><td>50
55</td><td>12,8,3
14,9,3</td></tr>
<tr><td rowspan="2">16</td><td rowspan="2">14
18</td><td rowspan="2">3,2
4,2</td><td>28</td><td>26
30</td><td>8,5,3
10,6,3</td><td>40</td><td>38
42</td><td>10,7,3</td><td>60
70</td><td>
65</td><td>14,9,3
16,10,4</td></tr>
<tr><td>32</td><td></td><td>10,6,3</td><td>44
48</td><td>
46</td><td>12,7,3
12,8,3</td><td>80</td><td>75
85</td><td>16,10,4
18,12,4</td></tr>
</table>

表 5-8 梯形螺纹基本尺寸（摘自 GB/T 5796.3—2005）（单位：mm）

公称直径 d		螺距	中径	大径	小径	
第一系列	第二系列	P	$d_2=D_2$	D_4	d_3	D_1
8		1.5	7.250	8.300	6.200	6.500
	9	1.5	8.250	9.300	7.200	7.500
		2	8.000	9.500	6.500	7.000
10		1.5	9.250	10.300	8.200	8.500
		2	9.000	10.500	7.500	8.000
	11	2	10.000	11.500	8.500	9.000
		3	9.500	11.500	7.500	8.000
12		2	11.000	12.500	9.500	10.000
		3	10.500	12.500	8.500	9.000
	14	2	13.000	14.500	11.500	12.000
		3	12.500	14.500	10.500	11.000
16		2	15.000	16.500	13.500	14.000
		4	14.000	16.500	11.500	12.000
	18	2	17.000	18.500	15.500	16.000
		4	16.000	18.500	13.500	14.000
20		2	19.000	20.500	17.500	18.000
		4	18.000	20.500	15.500	16.000
	22	3	20.500	22.500	18.500	19.000
		5	19.500	22.500	16.500	17.000
		8	18.000	23.000	13.000	14.000
24		3	22.500	24.500	20.500	21.000
		5	21.500	24.500	18.500	19.000
		8	20.000	25.000	15.000	16.000
	26	3	24.500	26.500	22.500	23.000
		5	23.500	26.500	20.500	21.000
		8	22.000	27.000	17.000	18.000
28		3	26.500	28.500	24.500	25.000
		5	25.500	28.500	22.500	23.000
		8	24.000	29.000	19.000	20.000
	30	3	28.500	30.500	26.500	27.000
		6	27.000	31.000	23.000	24.000
		10	25.000	31.000	19.000	20.000
32		3	30.500	32.500	28.500	29.000
		6	29.000	33.000	25.000	26.000
		10	27.000	33.000	21.000	22.000
	34	3	32.500	34.500	30.500	31.000
		6	31.000	35.000	27.000	28.000
		10	29.000	35.000	23.000	24.000

（续）

公称直径 d		螺距	中径	大径	小径	
第一系列	第二系列	P	$d_2=D_2$	D_4	d_3	D_1
36		3	34.500	36.500	32.500	33.000
		6	33.000	37.000	29.000	30.000
		10	31.000	37.000	25.000	26.000
	38	3	36.500	38.500	34.500	35.000
		7	34.500	39.000	30.000	31.000
		10	33.000	39.000	27.000	28.000
40		3	38.500	40.500	36.500	37.000
		7	36.500	41.000	32.000	33.000
		10	35.000	41.000	29.000	30.000
	42	3	40.500	42.500	38.500	39.000
		7	38.500	43.000	34.000	35.000
		10	37.000	43.000	31.000	32.000
44		3	42.500	44.500	40.500	41.000
		7	40.500	45.000	36.000	37.000
		12	38.000	45.000	31.000	32.000
	46	3	44.500	46.500	42.500	43.000
		8	42.000	47.000	37.000	38.000
		12	40.000	47.000	33.000	34.000
48		3	46.500	48.500	44.500	45.000
		8	44.000	49.000	39.000	40.000
		12	42.000	49.000	35.000	36.000
	50	3	48.500	50.500	46.500	47.000
		8	46.000	51.000	41.000	42.000
		12	44.000	51.000	37.000	38.000
52		3	50.500	52.500	48.500	49.000
		8	48.000	53.000	43.000	44.000
		12	46.000	53.000	39.000	40.000
	55	3	53.500	55.500	51.500	52.000
		9	50.500	56.000	45.000	46.000
		14	48.000	57.000	39.000	41.000
60		3	58.500	60.500	56.500	57.000
		9	55.500	61.000	50.000	51.000
		14	53.000	62.000	44.000	46.000
	65	4	63.000	65.500	60.500	61.000
		10	60.000	66.000	54.000	55.000
		16	57.000	67.000	47.000	49.000

（续）

公称直径 d		螺距	中径	大径	小　径	
第一系列	第二系列	P	$d_2=D_2$	D_4	d_3	D_1
70		4	68.000	70.500	65.500	66.000
		10	65.000	71.000	59.000	60.000
		16	62.000	72.000	52.000	54.000
	75	4	73.000	75.500	70.500	71.000
		10	70.000	76.000	64.000	65.000
		16	67.000	77.000	57.000	59.000
80		4	78.000	80.500	75.500	76.000
		10	75.000	81.000	69.000	70.000
		16	72.000	82.000	62.000	64.000
	85	4	83.000	85.500	80.500	81.000
		12	79.000	86.000	72.000	73.000
		18	76.000	87.000	65.000	67.000
90		4	88.000	90.500	85.500	86.000
		12	84.000	91.000	77.000	78.000
		18	81.000	92.000	70.000	72.000
	95	4	93.000	95.500	90.500	91.000
		12	89.000	96.000	82.000	83.000
		18	86.000	97.000	75.000	77.000

表 5-9　梯形螺纹旋合长度（摘自 GB/T 5796.4—2005）　　（单位：mm）

公称直径 d		螺距 P	旋合长度组		
			N		L
>	≤		>	≤	>
5.6	11.2	1.5	5	15	15
		2	6	19	19
		3	10	28	28
11.2	22.4	2	8	24	24
		3	11	32	32
		4	15	43	43
		5	18	53	53
		8	30	85	85
22.4	45	3	12	36	36
		5	21	63	63
		6	25	75	75
		7	30	85	85
		8	34	100	100
		10	42	125	125
		12	50	150	150
45	90	3	15	45	45
		4	19	56	56
		8	38	118	118
		9	43	132	132
		10	50	140	140
		12	60	170	170
		14	67	200	200
		16	75	236	236
		18	85	265	265
90	180	4	24	71	71
		6	36	106	106
		8	45	132	132
		12	67	200	200
		14	75	236	236
		16	90	265	265
		18	100	300	300
		20	112	335	335
		22	118	355	355
		24	132	400	400
		28	150	450	450

注：N——中等旋合长度；L——长旋合长度。

表 5-10　梯形螺纹公差（摘自 GB/T 5796.4—2005）　（单位：μm）

公称直径 d/mm	螺距 P /mm	内螺纹中径公差 T_{D2}				外螺纹中径公差 T_{d2}					外螺纹大径公差 T_d		外螺纹小径公差 T_{d3}							内螺纹小径公差 T_{D1}	
		基本偏差	公差等级			基本偏差		公差等级			基本偏差	4级公差	基本偏差	中径公差位置 c 公差等级			中径公差位置 e 公差等级			基本偏差	4级公差
		H EI	7	8	9	c es	e es	7	8	9	h		h	7	8	9	7	8	9	H	
>5.6～11.2	1.5	0	224	280	355	−140	−67	170	212	265	0	150	0	352	405	471	279	332	398	0	190
	2	0	250	315	400	−150	−71	190	236	300	0	180	0	388	445	525	309	366	446	0	236
	3	0	280	355	450	−170	85	212	265	335	0	236	0	435	501	589	350	416	504	0	315
>11.2～22.4	2	0	265	335	425	−150	71	200	250	315	0	180	0	400	462	544	321	283	465	0	236
	3	0	300	375	475	−170	85	224	280	355	0	236	0	450	520	614	365	435	529	0	315
	4	0	355	450	560	−190	−95	265	335	425	0	300	0	521	609	690	426	514	595	0	375
	5	0	375	475	600	−212	−106	280	355	450	0	335	0	562	656	775	456	550	669	0	450
	8	0	475	600	750	−265	−132	355	450	560	0	450	0	709	828	965	576	695	832	0	630
>22.4～45	3	0	335	425	530	170	−85	250	315	400	0	236	0	482	564	670	397	479	585	0	315
	5	0	400	500	630	−212	−106	300	375	475	0	335	0	587	681	806	481	575	700	0	460
	6	0	450	560	710	−236	−118	335	425	530	0	375	0	655	767	899	537	649	781	0	500
	7	0	475	600	750	−250	−125	335	450	560	0	425	0	694	813	950	569	688	825	0	560
	8	0	500	630	800	−265	−132	375	475	600	0	450	0	734	859	1015	601	726	882	0	630
	10	0	530	670	850	−300	−150	400	500	630	0	530	0	800	925	1087	650	775	937	0	710
	12	0	560	710	900	−335	−160	425	530	670	0	600	0	866	998	1223	691	823	1048	0	800
>45～90	3	0	355	450	560	−170	−85	265	335	425	0	236	0	501	589	701	416	504	616	0	315
	4	0	400	500	630	−190	−95	300	375	475	0	300	0	565	659	784	470	564	689	0	375
	8	0	530	670	850	−265	−132	400	500	630	0	450	0	765	890	1052	632	757	919	0	630
	9	0	560	710	900	−280	−140	425	530	670	0	500	0	811	943	1118	671	803	978	0	670
	10	0	560	710	900	−300	−150	425	530	670	0	530	0	831	963	1138	681	813	988	0	710
	12	0	630	800	1000	−335	−160	475	600	750	0	600	0	929	1085	1273	754	910	1098	0	800
	14	0	670	850	1050	−355	−180	500	630	800	0	670	0	970	1142	1355	805	967	1180	0	900
	16	0	710	900	1120	−375	−190	530	670	850	0	710	0	1038	1213	1438	853	1028	1253	0	1000
	18	0	750	950	1180	−400	−200	560	710	900	0	800	0	1100	1288	1525	900	1088	1320	0	1120

（2）梯形螺纹公差带的选择　由于标准对内螺纹小径 D_1 和外螺纹大径 d 只规定了一种公差带（4 级公差带），标准还规定外螺纹小径 d_3 的公差带位置永远为 h，公差等级数与中径公差等级数相同，故梯形螺纹仅选择并标记中径公差带，以代表梯形螺纹公差带。推荐采用表 5-11 所列的相应公差带。

表 5-11　梯形螺纹的选用公差带（摘自 GB/T 5796.4—2005）

公差精度	内螺纹		外螺纹	
	N	L	N	L
中等	7H	8H	7e	8e
粗糙	8H	9H	8c	9c

注：表中 N、L 为旋合长度。

多线螺纹的顶径公差和底径公差与单线相同。其中径公差是在单线螺纹中径公差基础上按线数不同分别乘系数而得，各种不同线数的修正系数参见表 5-12。

表 5-12　多线螺纹中径公差修正系数

线数	2	3	4	≥5
修正系数	1.12	1.25	1.4	1.6

二、螺纹零件的结构要素

见表 5-13 ~ 表 5-18。

表 5-13　普通螺纹的螺纹收尾、肩距、退刀槽（摘自 GB/T 3—1997）（单位：mm）

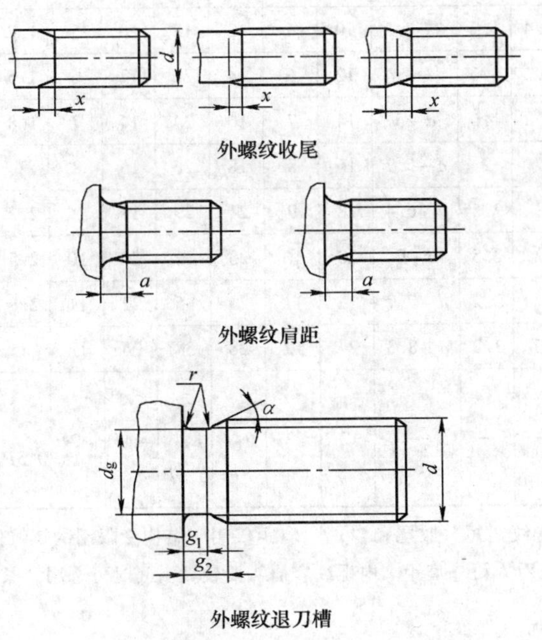

外螺纹收尾

外螺纹肩距

外螺纹退刀槽

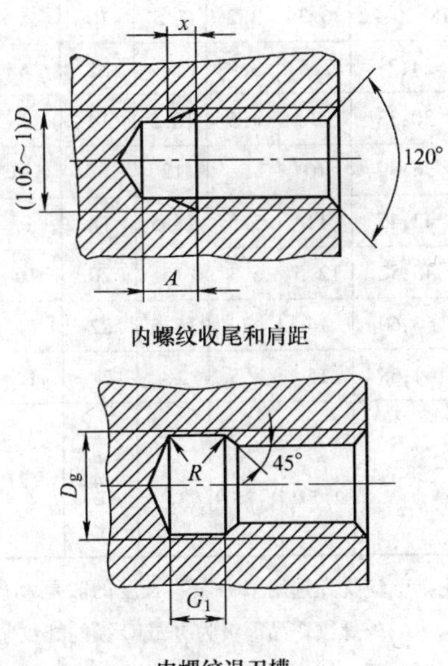

内螺纹收尾和肩距

内螺纹退刀槽

（续）

<table>
<tr><th rowspan="3">螺距
P</th><th rowspan="3">粗牙螺纹
大径 d</th><th colspan="9">外 螺 纹</th><th colspan="8">内 螺 纹</th></tr>
<tr><th colspan="2">收尾 x
max</th><th colspan="3">肩距 a
max</th><th colspan="4">退 刀 槽</th><th colspan="2">收尾 x
max</th><th colspan="2">肩距 A
max</th><th colspan="4">退 刀 槽</th></tr>
<tr><th>一般</th><th>短的</th><th>一般</th><th>长的</th><th>短的</th><th>g_2
max</th><th>g_1
min</th><th>r
≈</th><th>d_g</th><th>一般</th><th>短的</th><th>一般</th><th>长的</th><th>G_1 一般</th><th>G_1 短的</th><th>R
≈</th><th>D_g</th></tr>
<tr><td>0.2</td><td>—</td><td>0.5</td><td>0.25</td><td>0.6</td><td>0.8</td><td>0.4</td><td></td><td></td><td></td><td></td><td>0.8</td><td>0.4</td><td>1.2</td><td>1.6</td><td></td><td></td><td></td><td></td></tr>
<tr><td>0.25</td><td>1;1.2</td><td>0.6</td><td>0.3</td><td>0.75</td><td>1</td><td>0.5</td><td>0.75</td><td>0.4</td><td>0.12</td><td>d−0.4</td><td>1</td><td>0.5</td><td>1.5</td><td>2</td><td></td><td></td><td></td><td></td></tr>
<tr><td>0.3</td><td>1.4</td><td>0.75</td><td>0.4</td><td>0.9</td><td>1.2</td><td>0.6</td><td>0.9</td><td>0.5</td><td>0.16</td><td>d−0.5</td><td>1.2</td><td>0.6</td><td>1.8</td><td>2.4</td><td></td><td></td><td></td><td></td></tr>
<tr><td>0.35</td><td>1.6;1.8</td><td>0.9</td><td>0.45</td><td>1.05</td><td>1.4</td><td>0.7</td><td>1.05</td><td>0.6</td><td>0.16</td><td>d−0.6</td><td>1.4</td><td>0.7</td><td>2.2</td><td>2.8</td><td></td><td></td><td></td><td></td></tr>
<tr><td>0.4</td><td>2</td><td>1</td><td>0.5</td><td>1.2</td><td>1.6</td><td>0.8</td><td>1.2</td><td>0.6</td><td>0.2</td><td>d−0.7</td><td>1.6</td><td>0.8</td><td>2.5</td><td>3.2</td><td></td><td></td><td></td><td></td></tr>
<tr><td>0.45</td><td>2.2;2.5</td><td>1.1</td><td>0.6</td><td>1.35</td><td>1.8</td><td>0.9</td><td>1.35</td><td>0.7</td><td>0.2</td><td>d−0.7</td><td>1.8</td><td>0.9</td><td>2.8</td><td>3.6</td><td></td><td></td><td></td><td></td></tr>
<tr><td>0.5</td><td>3</td><td>1.25</td><td>0.7</td><td>1.5</td><td>2</td><td>1</td><td>1.5</td><td>0.8</td><td>0.2</td><td>d−0.8</td><td>2</td><td>1</td><td>3</td><td>4</td><td>2</td><td>1</td><td>0.2</td><td rowspan="5">D+
0.3</td></tr>
<tr><td>0.6</td><td>3.5</td><td>1.5</td><td>0.75</td><td>1.8</td><td>2.4</td><td>1.2</td><td>1.8</td><td>0.9</td><td>0.4</td><td>d−1</td><td>2.4</td><td>1.2</td><td>3.2</td><td>4.8</td><td>2.4</td><td>1.2</td><td>0.3</td></tr>
<tr><td>0.7</td><td>4</td><td>1.75</td><td>0.9</td><td>2.1</td><td>2.8</td><td>1.4</td><td>2.1</td><td>1.1</td><td>0.4</td><td>d−1.1</td><td>2.8</td><td>1.4</td><td>3.5</td><td>5.6</td><td>2.8</td><td>1.4</td><td>0.4</td></tr>
<tr><td>0.75</td><td>4.5</td><td>1.9</td><td>1</td><td>2.25</td><td>3</td><td>1.5</td><td>2.25</td><td>1.2</td><td>0.4</td><td>d−1.2</td><td>3</td><td>1.5</td><td>3.8</td><td>6</td><td>3</td><td>1.5</td><td>0.4</td></tr>
<tr><td>0.8</td><td>5</td><td>2</td><td>1</td><td>2.4</td><td>3.2</td><td>1.6</td><td>2.4</td><td>1.3</td><td>0.4</td><td>d−1.3</td><td>3.2</td><td>1.6</td><td>4</td><td>6.4</td><td>3.2</td><td>1.6</td><td>0.4</td></tr>
<tr><td>1</td><td>6;7</td><td>2.5</td><td>1.25</td><td>3</td><td>4</td><td>2</td><td>3</td><td>1.6</td><td>0.6</td><td>d−1.6</td><td>4</td><td>2</td><td>5</td><td>8</td><td>4</td><td>2</td><td>0.5</td><td rowspan="13">D+
0.5</td></tr>
<tr><td>1.25</td><td>8</td><td>3.2</td><td>1.6</td><td>4</td><td>5</td><td>2.5</td><td>3.75</td><td>2</td><td>0.6</td><td>d−2</td><td>5</td><td>2.5</td><td>6</td><td>10</td><td>5</td><td>2.5</td><td>0.6</td></tr>
<tr><td>1.5</td><td>10</td><td>3.8</td><td>1.9</td><td>4.5</td><td>6</td><td>3</td><td>4.5</td><td>2.5</td><td>0.8</td><td>d−2.3</td><td>6</td><td>3</td><td>7</td><td>12</td><td>6</td><td>3</td><td>0.8</td></tr>
<tr><td>1.75</td><td>12</td><td>4.3</td><td>2.2</td><td>5.3</td><td>7</td><td>3.5</td><td>5.25</td><td>3</td><td>1</td><td>d−2.6</td><td>7</td><td>3.5</td><td>9</td><td>14</td><td>7</td><td>3.5</td><td>0.9</td></tr>
<tr><td>2</td><td>14;16</td><td>5</td><td>2.5</td><td>6</td><td>8</td><td>4</td><td>6</td><td>3.4</td><td>1</td><td>d−3</td><td>8</td><td>4</td><td>10</td><td>16</td><td>8</td><td>4</td><td>1</td></tr>
<tr><td>2.5</td><td>18;20;22</td><td>6.3</td><td>3.2</td><td>7.5</td><td>10</td><td>5</td><td>7.5</td><td>4.4</td><td>1.2</td><td>d−3.6</td><td>10</td><td>5</td><td>12</td><td>18</td><td>10</td><td>5</td><td>1.2</td></tr>
<tr><td>3</td><td>24;27</td><td>7.5</td><td>3.8</td><td>9</td><td>12</td><td>6</td><td>9</td><td>5.2</td><td>1.6</td><td>d−4.4</td><td>12</td><td>6</td><td>14</td><td>22</td><td>12</td><td>6</td><td>1.5</td></tr>
<tr><td>3.5</td><td>30;33</td><td>9</td><td>4.5</td><td>10.5</td><td>14</td><td>7</td><td>10.5</td><td>6.2</td><td>1.6</td><td>d−5</td><td>14</td><td>7</td><td>16</td><td>24</td><td>14</td><td>7</td><td>1.8</td></tr>
<tr><td>4</td><td>36;39</td><td>10</td><td>5</td><td>12</td><td>16</td><td>8</td><td>12</td><td>7</td><td>2</td><td>d−5.7</td><td>16</td><td>8</td><td>18</td><td>26</td><td>16</td><td>8</td><td>2</td></tr>
<tr><td>4.5</td><td>42;45</td><td>11</td><td>5.5</td><td>13.5</td><td>18</td><td>9</td><td>13.5</td><td>8</td><td>2.5</td><td>d−6.4</td><td>18</td><td>9</td><td>21</td><td>29</td><td>18</td><td>9</td><td>2.2</td></tr>
<tr><td>5</td><td>48;52</td><td>12.5</td><td>6.3</td><td>15</td><td>20</td><td>10</td><td>15</td><td>9</td><td>2.5</td><td>d−7</td><td>20</td><td>10</td><td>23</td><td>32</td><td>20</td><td>10</td><td>2.5</td></tr>
<tr><td>5.5</td><td>56;60</td><td>14</td><td>7</td><td>16.5</td><td>22</td><td>11</td><td>17.5</td><td>11</td><td>3.2</td><td>d−7.7</td><td>22</td><td>11</td><td>25</td><td>35</td><td>22</td><td>11</td><td>2.8</td></tr>
<tr><td>6</td><td>64;68</td><td>15</td><td>7.5</td><td>18</td><td>24</td><td>12</td><td>18</td><td>11</td><td>3.2</td><td>d−8.3</td><td>24</td><td>12</td><td>28</td><td>38</td><td>24</td><td>12</td><td>3</td></tr>
<tr><td>参考值</td><td>—</td><td>≈2.5P</td><td>≈1.25P</td><td>≈3P</td><td>=4P</td><td>=2P</td><td>≈3P</td><td>—</td><td>—</td><td>—</td><td>≈2P</td><td>≈2P</td><td>≈6−5P</td><td>≈8−6.5P</td><td>≈4P</td><td>≈2P</td><td>≈0.5P</td><td>—</td></tr>
</table>

注：1. 应优先选用“一般”长度的收尾和肩距。外螺纹“短”收尾和“短”肩距仅用于结构受限制的螺纹件上。外螺纹产品等级为B或C级的螺纹紧固件可采用“长”肩距。内螺纹容屑需要较大空间时可选用“长”肩距，结构限制时可选用“短”收尾。

2. d_g 公差为：h13（$d>3$mm）；h12（$d\leqslant3$mm）。D_g 公差为 H13。

3. d 为外螺纹公称直径代号；D 为内螺纹公称直径代号。

4. 内螺纹“短”退刀槽仅在结构受限制时采用。

表 5-14　米制锥螺纹的螺纹收尾、肩距、退刀槽、倒角（摘自 GB/T 3—1997）

（单位：mm）

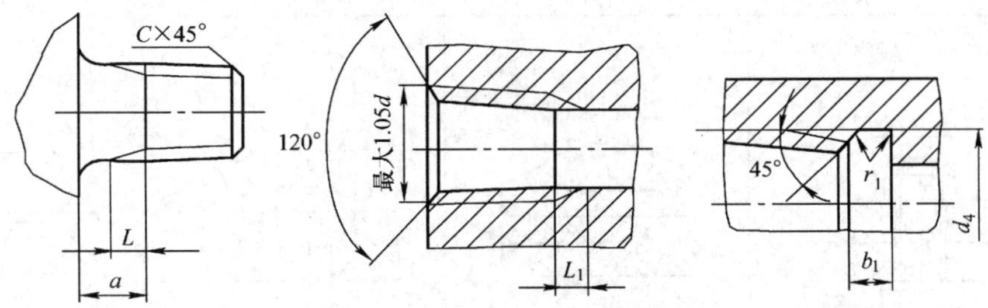

<table>
<tr><th rowspan="3">螺纹代号</th><th rowspan="3">螺距 P</th><th colspan="3">外　螺　纹</th><th colspan="4">内　螺　纹</th></tr>
<tr><th rowspan="2">螺纹收尾 L</th><th rowspan="2">肩距 a</th><th rowspan="2">倒角 C</th><th rowspan="2">螺纹收尾 L_1</th><th colspan="3">退　刀　槽</th></tr>
<tr><th>b_1</th><th>r_1</th><th>d_4</th></tr>
<tr><td>ZM6</td><td rowspan="3">1</td><td rowspan="3">2</td><td rowspan="3">3</td><td rowspan="6">1</td><td rowspan="3">3</td><td rowspan="3">3</td><td rowspan="3">0.5</td><td>6.5</td></tr>
<tr><td>ZM8</td><td>8.5</td></tr>
<tr><td>ZM10</td><td>10.5</td></tr>
<tr><td>ZM14</td><td rowspan="3">1.5</td><td rowspan="3">3</td><td rowspan="3">4.5</td><td rowspan="3">4.5</td><td rowspan="3">4.5</td><td rowspan="9">1</td><td>14.5</td></tr>
<tr><td>ZM18</td><td>18.5</td></tr>
<tr><td>ZM22</td><td>22.5</td></tr>
<tr><td>ZM27</td><td rowspan="6">2</td><td rowspan="6">4</td><td rowspan="6">6</td><td rowspan="7">1.5</td><td rowspan="6">6</td><td rowspan="6">6</td><td>27.5</td></tr>
<tr><td>ZM33</td><td>33.5</td></tr>
<tr><td>ZM42</td><td>42.5</td></tr>
<tr><td>ZM48</td><td>48.5</td></tr>
<tr><td>ZM60</td><td>60.5</td></tr>
<tr><td>ZM76</td><td>77.5</td></tr>
<tr><td>ZM90</td><td>3</td><td>6</td><td>8</td><td>9</td><td>9</td><td>1.5</td><td>91.5</td></tr>
</table>

表 5-15　普通粗牙螺纹的余留长度、钻孔余留深度（摘自 JB/ZQ 424.7—1986）

（单位：mm）

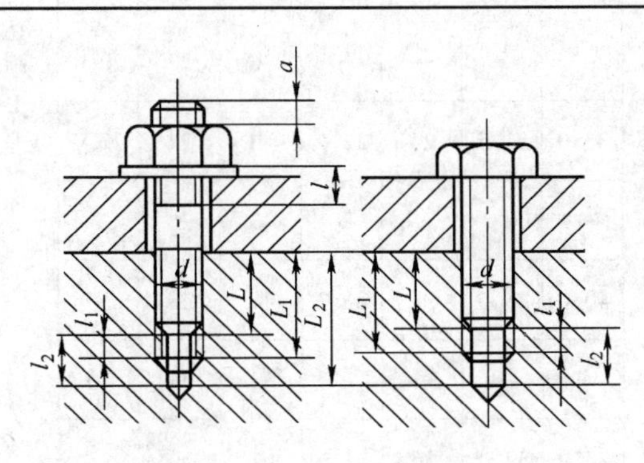

拧入深度 L 由设计者决定，钻孔深度 $L_2 = L + l_2$，螺孔深度 $L_1 = L + l_1$

<table>
<tr><th rowspan="3">螺纹直径
d</th><th colspan="3">余留长度</th><th rowspan="3">末端长度
a</th></tr>
<tr><th>内螺纹</th><th>外螺纹</th><th>钻　孔</th></tr>
<tr><th>l_1</th><th>l</th><th>l_2</th></tr>
<tr><td>5</td><td>1.5</td><td>2.5</td><td>5</td><td>1 ~ 2</td></tr>
<tr><td>6</td><td>2</td><td>3.5</td><td>6</td><td rowspan="2">1.5 ~ 2.5</td></tr>
<tr><td>8</td><td>2.5</td><td>4</td><td>8</td></tr>
<tr><td>10</td><td>3</td><td>4.5</td><td>9</td><td rowspan="2">2 ~ 3</td></tr>
<tr><td>12</td><td>3.5</td><td>5.5</td><td>11</td></tr>
<tr><td>14、16</td><td>4</td><td>6</td><td>12</td><td rowspan="2">2.5 ~ 4</td></tr>
<tr><td>18、20、22</td><td>5</td><td>7</td><td>15</td></tr>
<tr><td>24、27</td><td>6</td><td>8</td><td>18</td><td rowspan="2">3 ~ 5</td></tr>
<tr><td>30</td><td>7</td><td>9</td><td>21</td></tr>
<tr><td>36</td><td>8</td><td>10</td><td>24</td><td rowspan="2">4 ~ 7</td></tr>
<tr><td>42</td><td>9</td><td>11</td><td>27</td></tr>
<tr><td>48</td><td>10</td><td>13</td><td>30</td><td rowspan="2">6 ~ 10</td></tr>
<tr><td>56</td><td>11</td><td>16</td><td>33</td></tr>
</table>

表 5-16　螺栓和螺钉通孔及沉孔尺寸　　（单位：mm）

螺纹规格	螺栓和螺钉通孔直径 d（GB/T 5277—1985）			沉头螺钉及半沉头螺钉的沉孔（GB/T 152.2—1988）				内六角圆柱头螺钉的圆柱头沉孔（GB/T 152.3—1988）				六角头螺栓和六角螺母的沉孔（GB/T 152.4—1988）			
d	精装配	中等装配	粗装配	d_2	$t\approx$	d_1	α	d_2	t	d_3	d_1	d_2	d_3	d_1	t
M3	3.2	3.4	3.6	6.4	1.6	3.4		6.0	3.4		3.4	9		3.4	
M4	4.3	4.5	4.8	9.6	2.7	4.5		8.0	4.6		4.5	10		4.5	
M5	5.3	5.5	5.8	10.6	2.7	5.5		10.0	5.7	—	5.5	11	—	5.5	
M6	6.4	6.6	7	12.8	3.3	6.6		11.0	6.8		6.6	13		6.6	
M8	8.4	9	10	17.6	4.6	9		15.0	9.0		9.0	18		9.0	
M10	10.5	11	12	20.3	5.0	11		18.0	11.0		11.0	22		11.0	
M12	13	13.5	14.5	24.4	6.0	13.5		20.0	13.0	16	13.5	26	16	13.5	
M14	15	15.5	16.5	28.4	7.0	15.5	$90^{\circ}{}^{-2^{\circ}}_{-4^{\circ}}$	24.0	15.0	18	15.5	30	18	13.5	只要能制出与通孔轴线垂直的圆平面即可
M16	17	17.5	18.5	32.4	8.0	17.5		26.0	17.5	20	17.5	33	20	17.5	
M18	19	20	21	—	—	—		—	—	—	—	36	22	20.0	
M20	21	22	24	40.4	10.0	22		33.0	21.5	24	22.0	40	24	22.0	
M22	23	24	26					—	—	—	—	43	26	24	
M24	25	26	28					40.0	25.5	28	26.0	48	28	26	
M27	28	30	32	—	—	—		—	—	—	—	53	33	30	
M30	31	33	35					48.0	32.0	36	33.0	61	36	33	
M36	37	39	42					57.0	38.0	42	39.0	71	42	39	

表 5-17　扳手空间（摘自 JB/ZQ 4005—1997）　（单位：mm）

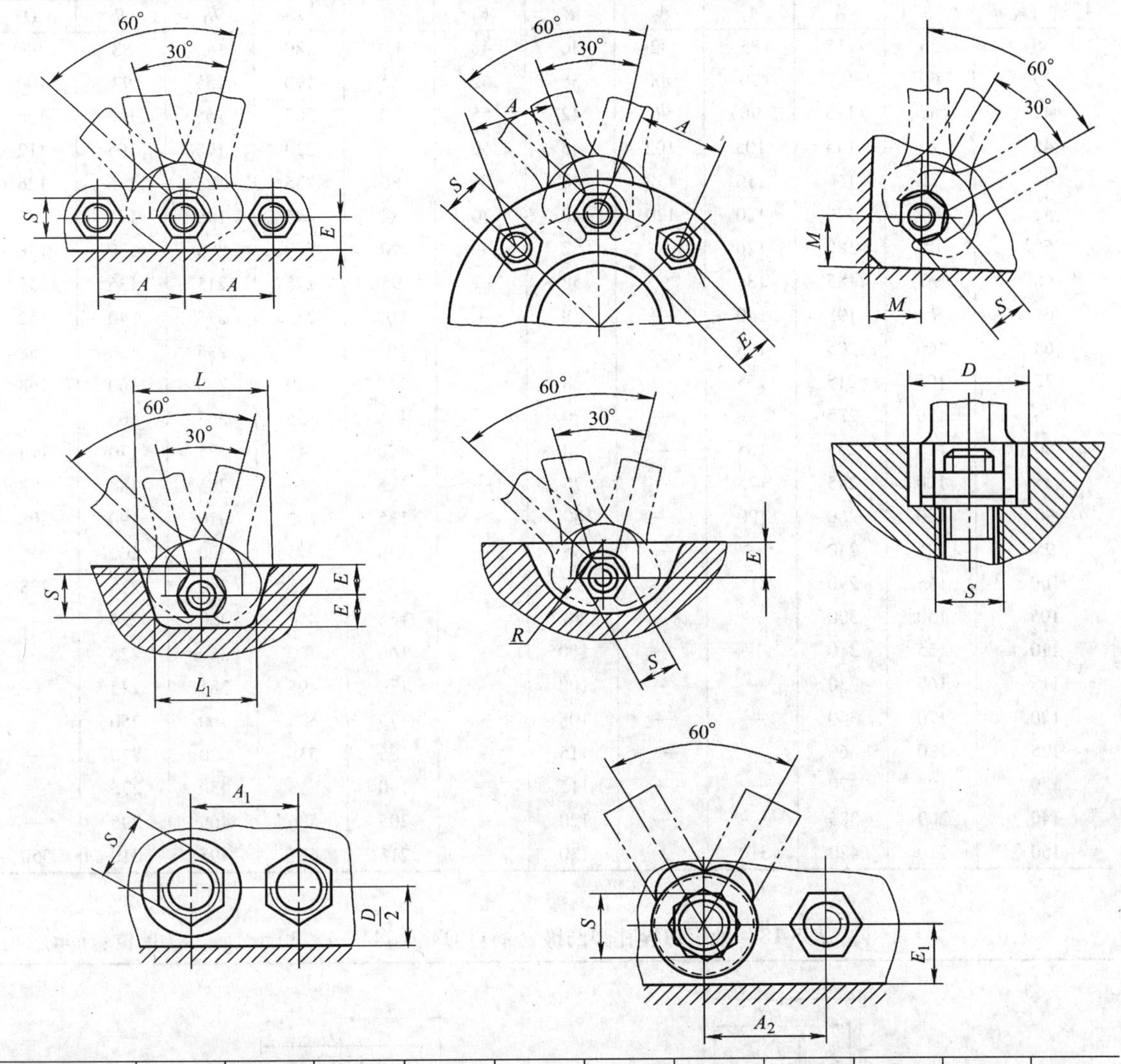

螺纹直径 d	S	A	A_1	A_2	E	E_1	M	L	L_1	R	D
3	5.5	18	12	12	5	7	11	30	24	15	14
4	7	20	16	14	6	7	12	34	28	16	16
5	8	22	16	15	7	10	13	36	30	18	20
6	10	26	18	18	8	12	15	46	38	20	24
8	13	32	24	22	11	14	18	55	44	25	28
10	16	38	28	26	13	16	22	62	50	30	30
12	18	42	—	30	14	18	24	70	55	32	—
14	21	48	36	34	15	20	26	80	65	36	40
16	24	55	38	38	16	24	30	85	70	42	45
18	27	62	45	42	19	25	32	95	75	46	52
20	30	68	48	46	20	28	35	105	85	50	56
22	34	76	55	52	24	32	40	120	95	58	60
24	36	80	58	55	24	34	42	125	100	60	70
27	41	90	65	62	26	36	46	135	110	65	76
30	46	100	72	70	30	40	50	155	125	75	82
33	50	108	76	75	32	44	55	165	130	80	88

（续）

螺纹直径 d	S	A	A_1	A_2	E	E_1	M	L	L_1	R	D
36	55	118	85	82	36	48	60	180	145	88	95
39	60	125	90	88	38	52	65	190	155	92	100
42	65	135	96	96	42	55	70	205	165	100	106
45	70	145	105	102	45	60	75	220	175	105	112
48	75	160	115	112	48	65	80	235	185	115	126
52	80	170	120	120	48	70	84	245	195	125	132
56	85	180	126	—	52	—	90	260	205	130	138
60	90	185	134	—	58	—	95	275	215	135	145
64	95	195	140	—	58	—	100	285	225	140	152
68	100	205	145	—	65	—	105	300	235	150	158
72	105	215	155	—	68	—	110	320	250	160	168
76	110	225	—	—	70	—	115	335	265	165	—
80	115	235	165	—	72	—	120	245	275	170	178
85	120	245	175	—	75	—	125	360	285	180	188
90	130	260	190	—	80	—	135	390	310	190	208
95	135	270	—	—	85	—	140	405	320	200	—
100	145	290	215	—	95	—	150	435	340	215	238
105	150	300	—	—	98	—	155	450	350	220	—
110	155	310	—	—	100	—	160	460	360	225	—
115	165	330	—	—	108	—	170	495	385	245	—
120	170	340	—	—	108	—	175	505	400	250	—
125	180	360	—	—	115	—	185	535	420	270	—
130	185	370	—	—	115	—	190	545	430	275	—
140	200	385	—	—	120	—	205	585	465	295	—
150	210	420	310	—	130	—	215	625	495	310	350

表 5-18　地脚螺栓孔和凸缘（摘自 Q/ZB 144—1973）　　（单位：mm）

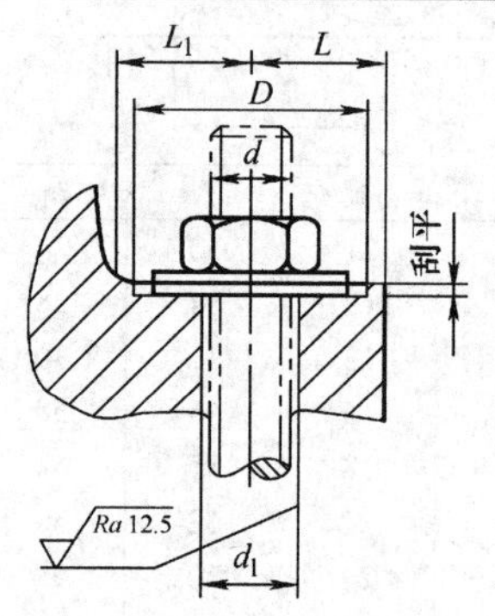

d≤48 采用钻孔

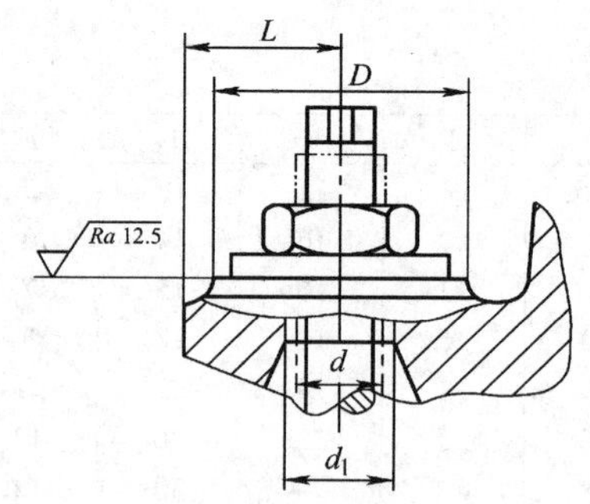

d≥56 采用铸孔

d	16	20	24	30	36	42	48	56	64	76	90	100	115	130
d_1	20	25	30	40	50	55	65	80	95	110	135	145	165	185
D	45	48	60	85	100	110	130	170	200	220	280	280	330	370
L	25	30	35	50	55	60	70	95	110	120	150	150	175	200
L_1	22	25	30	50	55	60	70							

注：根据结构和工艺的要求，必要时尺寸 L、L_1 可以变动。

三、螺纹联接零件

1. 螺栓（见表 5-19 ~ 表 5-22）

表 5-19　六角头螺栓（摘自 GB/T 5782—2000）、**六角头螺栓全螺纹**（摘自 GB/T 5783—2000）

（单位：mm）

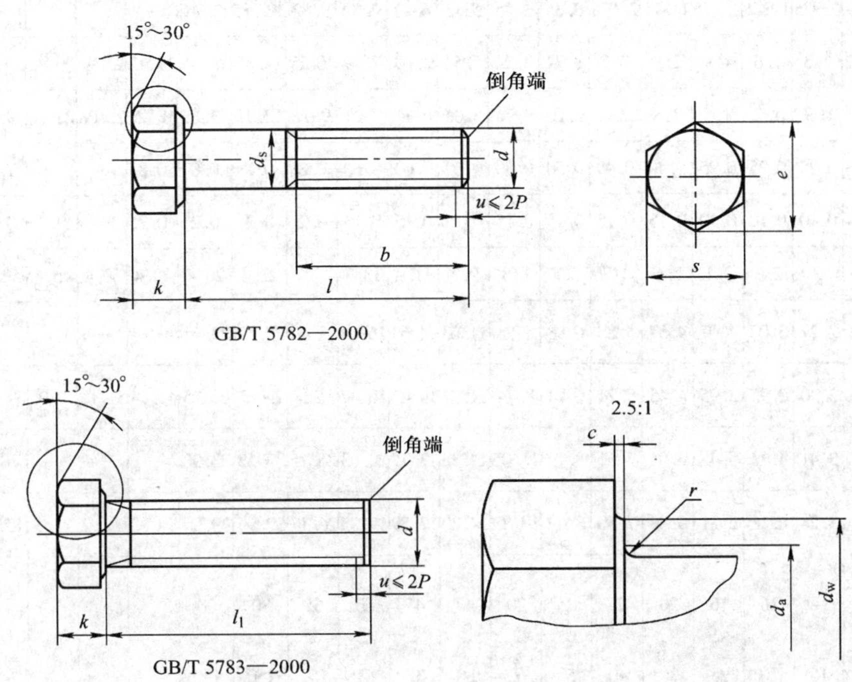

标记示例：

螺栓　GB/T 5782—2000　M12×80：螺纹规格 d = M12，公称长度 l = 80mm，性能等级为 8.8 级，表面氧化，产品等级为 A 级的六角头螺栓

螺栓　GB/T 5783—2000　M12×80：螺纹规格 d = M12，公称长度 l = 80mm，性能等级为 8.8 级，表面氧化，全螺纹，产品等级为 A 级的六角头螺栓

螺纹规格 d			M1.6	M2	M2.5	M3	M4	M5	M6	M8	M10	M12	M16	M20	M24	M30	M36	M42	M48	M56	M64
P（螺距）			0.35	0.4	0.45	0.5	0.7	0.8	1	1.25	1.5	1.75	2	2.5	3	3.5	4	4.5	5	5.6	6
b 参考	$l_{公称} \leqslant 125$		9	10	11	12	14	16	18	22	26	30	38	46	54	66	—	—	—	—	—
	$125 < l_{公称} \leqslant 200$		15	16	17	18	20	22	24	28	32	36	44	52	60	72	84	96	108	—	—
	$l_{公称} > 200$		28	29	30	31	33	35	37	41	45	49	57	65	73	85	97	109	121	137	153
r min			0.1	0.1	0.1	0.1	0.2	0.2	0.25	0.4	0.4	0.6	0.6	0.8	0.8	1	1	1.2	1.6	2	2
s	max		3.20	4.00	5.00	5.50	7.00	8.00	10.00	13.00	16.00	18.00	24.00	30.00	36.00	46	55.0	65.0	75.0	85.0	95.0
	min 产品等级	A	3.02	3.82	4.82	5.32	6.78	7.78	9.78	12.73	15.73	17.73	23.67	29.67	35.38	—	—	—	—	—	—
		B	2.90	3.70	4.70	5.20	6.64	7.64	9.64	12.57	15.57	17.57	23.16	29.16	35.00	45	53.8	63.1	73.1	82.8	92.8

（续）

螺纹规格 *d*			M1.6	M2	M2.5	M3	M4	M5	M6	M8	M10	M12	M16	M20	M24	M30	M36	M42	M48	M56	M64
k	公称		1.1	1.4	1.7	2	2.8	3.5	4	5.3	6.4	7.5	10	12.5	15	18.7	22.5	26	30	35	40
	产品等级 A	max	1.225	1.525	1.825	2.125	2.925	3.66	4.15	5.45	6.58	7.68	10.18	12.715	15.215	—	—	—	—	—	—
		min	0.975	1.275	1.575	1.875	2.675	3.35	3.85	5.15	6.22	7.32	9.82	12.285	14.785	—	—	—	—	—	—
	产品等级 B	max	1.3	1.6	1.9	2.2	3.0	3.74	4.24	5.54	6.69	7.79	10.29	12.85	15.35	19.12	22.92	26.42	30.42	35.5	40.5
		min	0.9	1.2	1.5	1.8	2.6	3.26	3.76	5.06	6.11	7.21	9.71	12.15	14.65	18.28	22.08	25.58	29.58	34.5	39.5
c		max	0.25	0.25	0.25	0.40	0.40	0.50	0.50	0.60	0.60	0.60	0.8	0.8	0.8	0.8	0.8	1.0	1.0	1.0	1.0
		min	0.10	0.10	0.10	0.15	0.15	0.15	0.15	0.15	0.15	0.15	0.2	0.2	0.2	0.2	0.2	0.3	0.3	0.3	0.3
d_a	max		2	2.6	3.1	3.6	4.7	5.7	6.8	9.2	11.2	13.7	17.7	22.4	26.4	33.4	39.4	45.6	52.6	63	71
d_W min	产品等级	A	2.27	3.07	4.07	4.57	5.88	6.88	8.88	11.63	14.63	16.63	22.49	28.19	33.61	—	—	—	—	—	—
		B	2.30	2.95	3.95	4.45	5.74	6.74	8.74	11.74	14.47	16.47	22	27.7	33.25	42.75	51.11	59.95	69.45	78.66	88.16
e min	产品等级	A	3.41	4.32	5.45	6.01	7.66	8.79	11.05	14.38	17.77	20.03	26.75	33.53	33.98	—	—	—	—	—	—
		B	3.28	4.18	5.31	5.88	7.50	8.63	10.89	14.20	17.59	19.85	26.17	32.95	39.55	50.85	60.97	71.3	82.6	93.56	104.86
商品规格 *l*	产品等级	A	12~16	16~20	16~25	20~30	25~40	25~50	30~60	40~80	45~100	50~120	65~150	80~150	90~150						
	产品等级	B											65~160	80~200	90~240	110~300	140~360	160~400	180~480	220~500	260~500
商品规格 l_1	产品等级	A	2~16	4~20	5~25	6~30	8~40	10~50	12~60	16~80	20~100	25~120	30~150	40~150	50~150						
	产品等级	B											30~200	40~200	50~200	60~200	70~200	80~200	100~200	110~200	120~200
l、l_1 系列			2,3,4,5,6,8,10,12,16,20,25,30,35,40,45,50,55,60,65,70,80,90,100,110,120,130,140,150,160,180,200,220,240,260,280,300,320,340,360,380,400,420,440,460,480,500																		

注：表中未列入非优选的螺纹规格：M3.5，M14，M18，M22，M27，M33，M39，M45，M52，M60。

表 5-20　六角头铰制孔用螺栓—A 和 B 级（摘自 GB/T 27—1988）　（单位：mm）

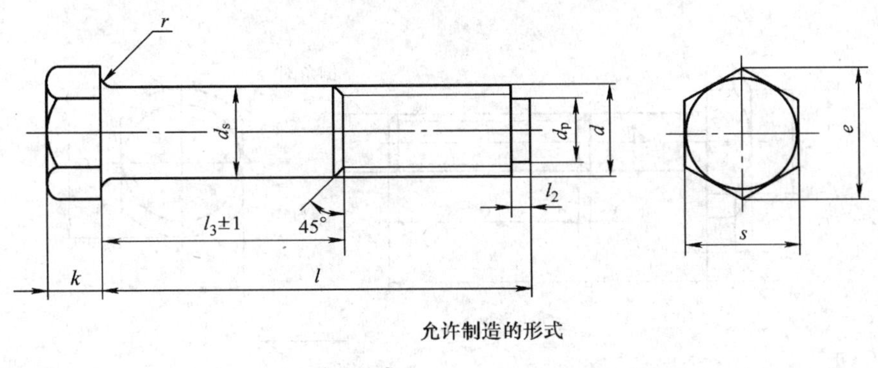

允许制造的形式

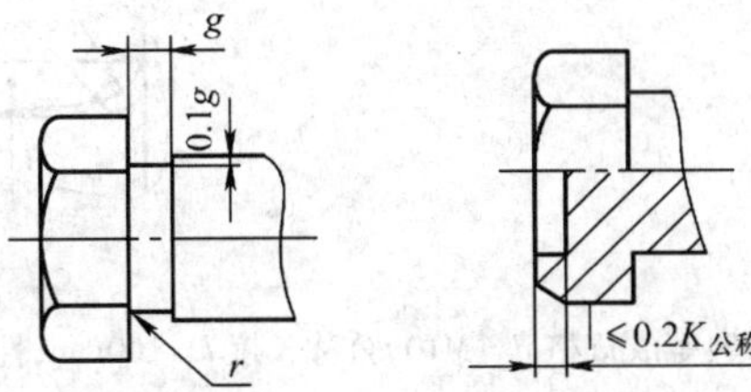

标记示例：

螺栓　GB/T 27—1988　M12×80：螺纹规格 d = M12，无螺纹部分杆径 d_s = 13（h9），公称长度 l = 80mm，性能等级为 8.8 级，表面氧化处理，A 级的六角头铰制孔用螺栓

螺纹规格 d			M6	M8	M10	M12	(M14)	M16	(M18)	M20	(M22)	M24	(M27)	M30	M36
d_s (h9)	max		7	9	11	13	15	17	19	21	23	25	28	32	38
	min		6.964	8.964	10.957	12.957	14.957	16.957	18.948	20.948	22.948	24.948	27.948	31.938	37.938
s	max		10	13	16	18	21	24	27	30	34	36	41	46	55
	min	A	9.78	12.73	15.73	17.73	20.67	23.67	26.67	29.67	33.38	35.38	—	—	—
		B	9.64	12.57	15.57	17.57	20.16	23.16	26.16	29.16	33	35	40	45	53.8
k	公称		4	5	6	7	8	9	10	11	12	13	15	17	20
	A	min	3.85	4.85	5.85	6.82	7.82	8.82	9.82	10.78	11.78	12.78	—	—	—
		max	4.15	5.15	6.15	7.18	8.18	9.18	10.18	11.22	12.22	13.22	—	—	—
	B	min	3.76	4.76	5.76	6.71	7.71	8.71	9.71	10.65	11.65	12.65	14.65	16.65	19.58
		max	4.24	5.24	6.24	7.29	8.29	9.29	10.29	11.35	12.35	13.35	15.35	17.35	20.42
r	min		0.25	0.4	0.4	0.6	0.6	0.6	0.6	0.8	0.8	0.8	1	1	1
d_p			4	5.5	7	8.5	10	12	13	15	17	18	21	23	28
l_2			1.5		2		3			4			5		6
e_{min}	A		11.05	14.38	17.77	20.03	23.35	26.75	30.14	33.53	37.72	39.98	—	—	—
	B		10.89	14.20	17.59	19.85	22.78	26.17	29.56	32.95	37.29	39.55	45.2	50.85	60.79
g			2.5				3.5						5		
l 范围			25～65	25～80	30～120	35～180	40～180	45～200	50～200	55～200	60～200	65～200	75～200	80～230	90～300
l—l_3			12	15	18	22	25	28	30	32	35	38	42	50	55
l 系列			25,(28),30,(32),35,(38),40,45,50,(55),60,(65),70,(75),80,(85),90,(95),100,110,120,130,140,150,160,170,180,190,200,210,220,230,240,250,260,280,300												

注：尽可能不采用括号内的规格。

表 5-21　T 形槽用螺栓（摘自 GB/T 37—1988）　（单位：mm）

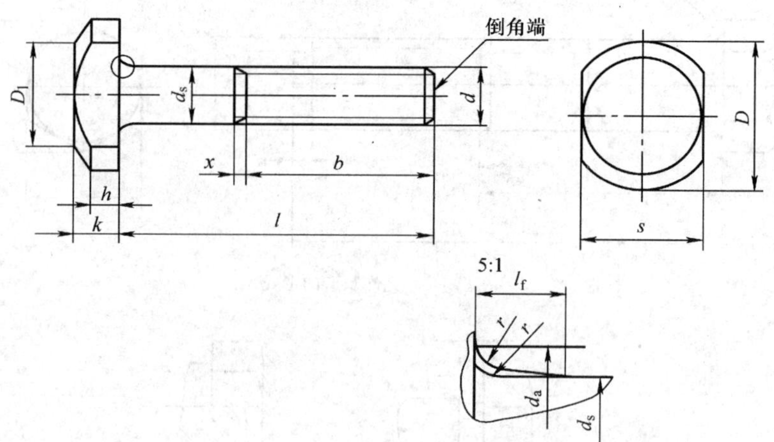

标记示例：

螺栓　GB/T 37—1988　M10×100：螺纹规格 d = M10，公称长度 l = 100mm，性能等级为 8.8 级，表面氧化的 T 形槽用螺栓

螺纹规格 d		M5	M6	M8	M10	M12	M16	M20	M24	M30	M36	M42	M48
b	$l \leqslant 125$	16	18	22	26	30	38	46	54	66	78	—	—
	$125 < l \leqslant 200$	—	—	28	32	36	44	52	60	72	84	96	108
	$l > 200$	—	—	—	—	—	57	65	73	85	97	109	121
d_a	max	5.7	6.8	9.2	11.2	13.7	17.7	22.4	26.4	33.4	39.4	45.6	52.6
d_s	max	5	6	8	10	12	16	20	24	30	36	42	48
	min	4.70	5.70	7.64	9.64	11.57	15.57	19.48	23.48	29.48	35.38	41.38	47.38
D		12	16	20	25	30	38	46	58	75	85	95	105
l_f	max	1.2	1.4	2	2	3	3	4	4	6	6	8	10
k	max	4.24	5.24	6.24	7.29	9.29	12.35	14.35	16.35	20.42	24.42	28.42	32.50
	min	3.76	5.76	5.76	6.71	8.71	11.65	13.65	15.65	19.58	23.58	27.58	31.50
r	min	0.20	0.25	0.40	0.40	0.60	0.60	0.80	0.80	1.00	1.00	1.20	1.60
h		2.8	3.4	4.1	4.8	6.5	9	10.4	11.8	14.5	18.5	22.0	26.0
s	公称	9	12	14	18	22	28	34	44	57	67	76	86
	min	8.64	11.57	13.57	17.57	21.16	27.16	33.00	43.00	55.80	65.10	74.10	83.80
	max	9.00	12.00	14.00	18.00	22.00	28.00	34.00	44.00	57.00	67.00	76.00	86.00
x	max	2.0	2.5	3.2	3.8	4.2	5	6.3	7.5	8.8	10	11.3	12.5
l 范围		25 ~ 50	30 ~ 60	35 ~ 80	40 ~ 100	45 ~ 120	55 ~ 160	65 ~ 200	80 ~ 240	90 ~ 300	110 ~ 300	130 ~ 300	140 ~ 300
l 系列		25，30，35，40，45，50，(55)，60，(65)，70，80，90，100，110，120，130，140，150，160，180，200，220，240，260，280，300											

注：尽可能不采用括号内的规格。

表 5-22　地脚螺栓（摘自 GB/T 799—1988）　　（单位：mm）

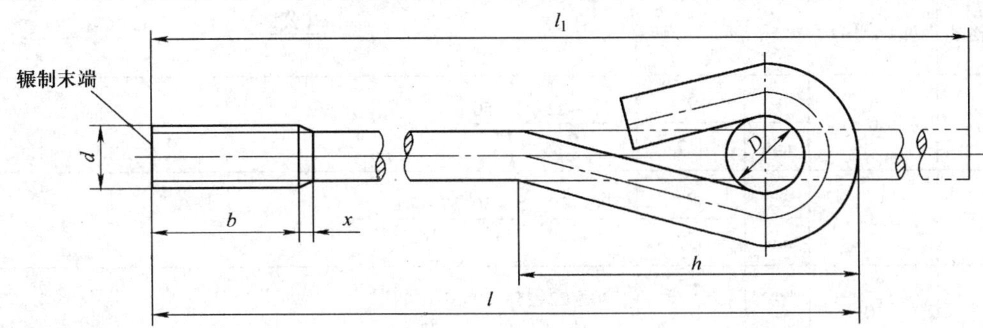

标记示例：

螺栓　GB/T 799—1988　M20×400：螺纹规格 d = M20，公称长度 l = 400mm，性能等级为 3.6 级，不经表面处理的地脚螺栓

螺纹规格 d		M6	M8	M10	M12	M16	M20	M24	M30	M36	M42	M48
b	max	27	31	36	40	50	58	68	80	94	106	118
	min	24	28	32	36	44	52	60	72	84	96	108
D		10	10	15	20	20	30	30	45	60	60	70
h		41	46	65	82	93	127	139	192	244	261	302
l_1		l+37	l+37	l+53	l+72	l+72	l+110	l+110	l+165	l+217	l+217	l+255
x	max	2.5	3.2	3.8	4.2	5.0	6.3	7.5	8.8	10	11.3	12.5
l 范围		80 ~ 160	120 ~ 220	160 ~ 300	160 ~ 400	220 ~ 500	300 ~ 600	300 ~ 800	400 ~ 1000	500 ~ 1000	600 ~ 1250	600 ~ 1500
l 系列		80,120,160,220,300,400,500,600,800,1000,1250,1500										

2. 双头螺柱（见表 5-23）

表 5-23　双头螺柱 b_m = 1.25d（摘自 GB/T 898—1988）　　（单位：mm）

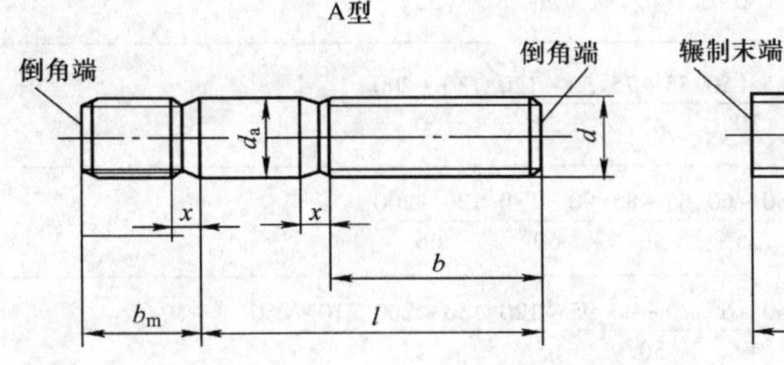

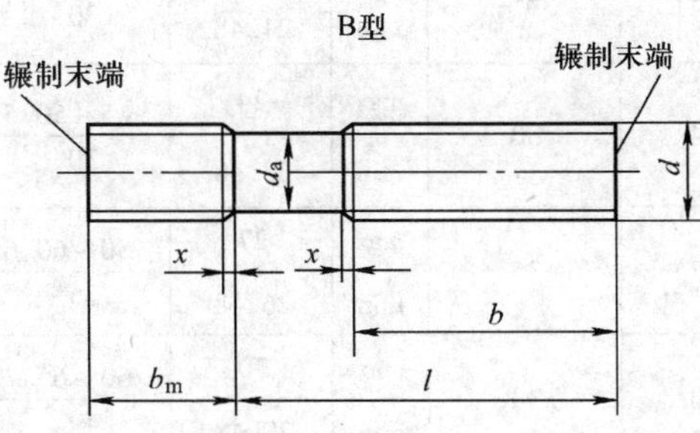

标记示例：

螺柱　GB/T 898—1988　M10×50：两端均为粗牙普通螺纹，d = 10mm，l = 50mm，性能等级为 4.8 级，不经表面处理，B 型，b_m = 1.25d 的双头螺柱

螺柱　GB/T 898—1988　AM10-M10×1×50：旋入机体一端为粗牙普通螺纹，旋螺母一端为螺距 P = 1mm 的细牙普通螺纹，d = 10mm，l = 50mm，性能等级为 4.8 级，不经表面处理，A 型，b_m = 1.25d 的双头螺柱

螺柱　GB/T 898—1988　GM10-M10×50-8.8-Zn · D：旋入机体一端为过渡配合螺纹的第一种配合，旋螺母一端为粗牙普通螺纹，d = 10mm，l = 50mm，性能等级为 8.8 级，镀锌钝化，B 型，b_m = 1.25d 的双头螺柱

（续）

螺纹规格 d	b_m（公称）	d_a		$\frac{l(公称)}{b}$
M5	6	max	5	$\frac{16\sim22}{10}$，$\frac{25\sim50}{16}$
		min	4.7	
M6	8	max	6	$\frac{20\sim22}{10}$，$\frac{25\sim30}{14}$，$\frac{32\sim75}{18}$
		min	5.7	
M8	10	max	8	$\frac{20\sim22}{12}$，$\frac{25\sim30}{16}$，$\frac{32\sim90}{22}$
		min	7.64	
M10	12	max	10	$\frac{25\sim28}{14}$，$\frac{30\sim38}{16}$，$\frac{40\sim120}{26}$，$\frac{130}{32}$
		min	9.64	
M12	15	max	12	$\frac{25\sim30}{16}$，$\frac{32\sim40}{20}$，$\frac{45\sim120}{30}$，$\frac{130\sim180}{36}$
		min	11.57	
（M14）	18	max	14	$\frac{30\sim35}{18}$，$\frac{38\sim45}{25}$，$\frac{50\sim120}{34}$，$\frac{130\sim180}{40}$
		min	13.57	
M16	20	max	16	$\frac{30\sim38}{20}$，$\frac{40\sim55}{30}$，$\frac{60\sim120}{38}$，$\frac{130\sim200}{44}$
		min	15.57	
（M18）	22	max	18	$\frac{35\sim40}{22}$，$\frac{45\sim60}{35}$，$\frac{65\sim120}{42}$，$\frac{130\sim200}{48}$
		min	17.57	
M20	25	max	20	$\frac{35\sim40}{25}$，$\frac{45\sim65}{35}$，$\frac{70\sim120}{46}$，$\frac{130\sim200}{52}$
		min	19.48	
（M22）	28	max	22	$\frac{40\sim45}{30}$，$\frac{50\sim70}{40}$，$\frac{75\sim120}{50}$，$\frac{130\sim200}{55}$
		min	21.48	
M24	30	max	24	$\frac{45\sim50}{30}$，$\frac{55\sim75}{45}$，$\frac{80\sim120}{54}$，$\frac{130\sim200}{60}$
		min	23.48	
（M27）	35	max	27	$\frac{50\sim60}{35}$，$\frac{65\sim85}{50}$，$\frac{90\sim120}{60}$，$\frac{130\sim200}{66}$
		min	26.48	
M30	38	max	30	$\frac{60\sim65}{40}$，$\frac{70\sim90}{50}$，$\frac{95\sim120}{65}$，$\frac{130\sim200}{72}$，$\frac{210\sim250}{85}$
		min	29.48	
（M33）	41	max	33	$\frac{65\sim70}{45}$，$\frac{75\sim95}{60}$，$\frac{100\sim120}{72}$，$\frac{130\sim200}{78}$，$\frac{210\sim300}{91}$
		min	32.38	
M36	45	max	36	$\frac{65\sim75}{45}$，$\frac{80\sim110}{60}$，$\frac{120}{78}$，$\frac{130\sim200}{84}$，$\frac{210\sim300}{97}$
		min	35.38	
公称长度 l 的系列	16，(18)，20，(22)，25，(28)，30，(32)，35，(38)，40～100（5 进位），100～260（10 进位），280，300			

注：1. 尽可能不采用括号内的规格。

2. 当 $b-b_m\leqslant5$mm 时，旋螺母一端应制成倒圆端。

3. 螺钉（见表 5-24～表 5-33）

表 5-24　开槽圆柱头螺钉（摘自 GB/T 65—2000）　　（单位：mm）

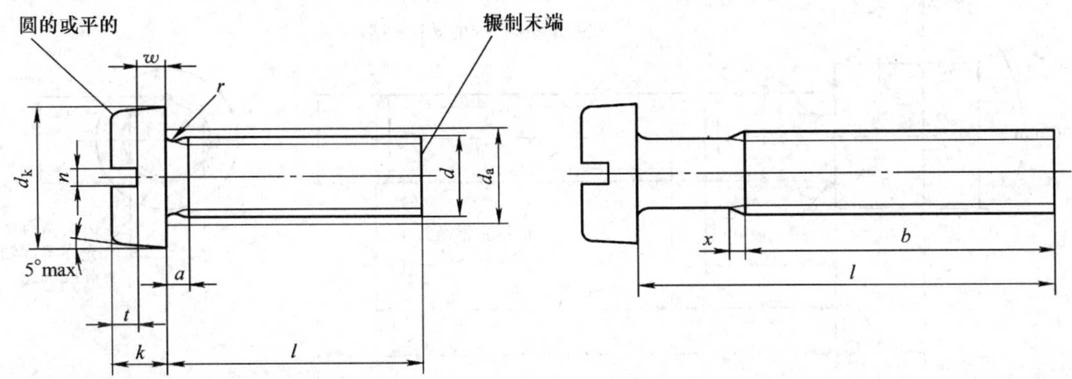

标记示例：

螺钉　GB/T 65—2000　M5×20：螺纹规格 d = M5，公称长度 l = 20mm，性能等级为 4.8 级，不经表面处理的开槽圆柱头螺钉

螺纹规格 d		M1.6	M2	M2.5	M3	（M3.5）	M4	M5	M6	M8	M10
P（螺距）		0.35	0.4	0.45	0.5	0.6	0.7	0.8	1	1.25	1.5
a	max	0.7	0.8	0.9	1	1.2	1.4	1.6	2	2.5	3
b	min	25	25	25	25	38	38	38	38	38	38
d_k	公称　max	3.00	3.80	4.50	5.50	6.00	7.00	8.50	10.00	13.00	16.00
	min	2.86	3.62	4.32	5.32	5.82	6.78	8.28	9.78	12.73	15.73
d_a	max	2	2.6	3.1	3.6	4.1	4.7	5.7	6.8	9.2	11.2
k	公称　max	1.10	1.40	1.80	2.00	2.40	2.60	3.30	3.9	5.0	6.0
	min	0.96	1.26	1.66	1.86	2.26	2.46	3.12	3.6	4.7	5.7
n	公称	0.4	0.5	0.6	0.8	1	1.2	1.2	1.6	2	2.5
	max	0.60	0.70	0.80	1.00	1.20	1.51	1.51	1.91	2.31	2.81
	min	0.46	0.56	0.66	0.86	1.06	1.26	1.26	1.66	2.06	2.56
r	min	0.1	0.1	0.1	0.1	0.1	0.2	0.2	0.25	0.4	0.4
t	min	0.45	0.6	0.7	0.85	1	1.1	1.3	1.6	2	2.4
w	min	0.4	0.5	0.7	0.75	1	1.1	1.3	1.6	2	2.4
x	max	0.9	1	1.1	1.25	1.5	1.75	2	2.5	3.2	3.8
l 范围		2～16	3～20	3～25	4～30	5～35	5～40	6～50	8～60	10～80	12～80
l 系列		2,3,4,5,6,8,10,12,(14),16,20,25,30,35,40,45,50,(55),60,(65),70,(75),80									

注：尽可能不采用括号内的规格。

表 5-25　内六角圆柱头螺钉（摘自 GB/T 70.1—2000）　　（单位：mm）

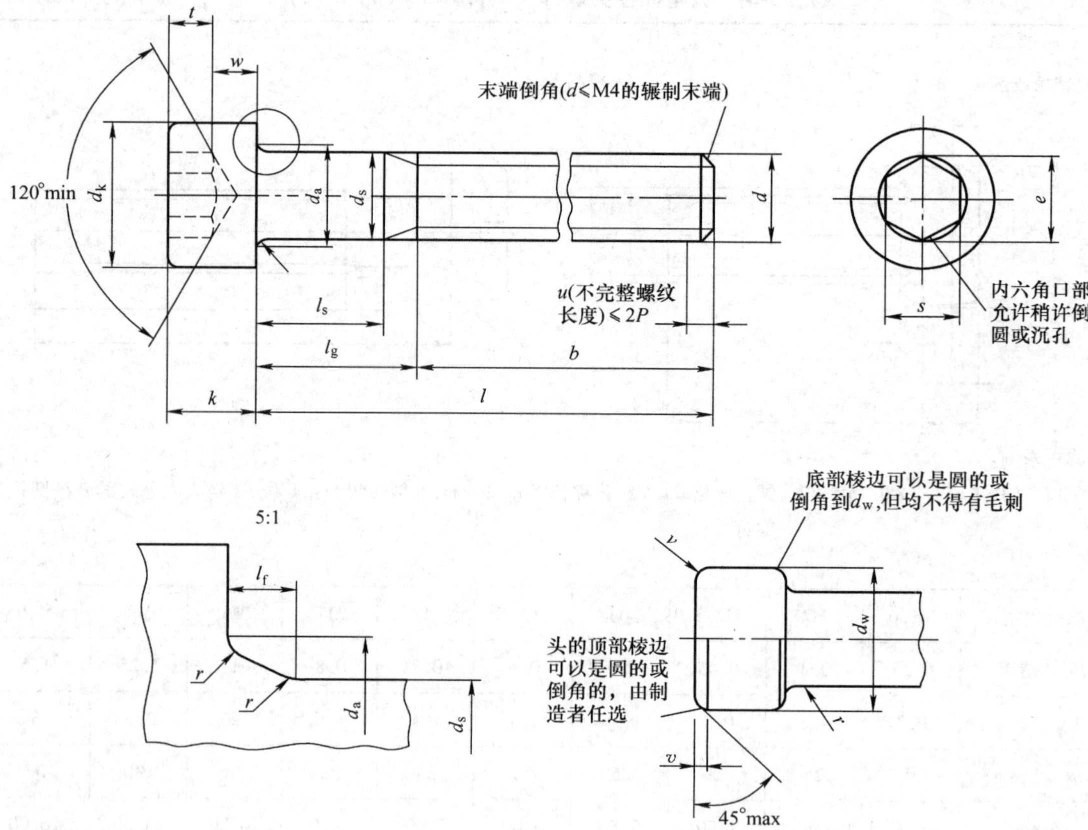

标记示例：

螺钉　GB/T 70.1—2000　M5×20：螺纹规格 d = M5，公称长度 l = 20mm，性能等级为 8.8 级，表面氧化的内六角圆柱头螺钉

螺纹规格 d		M1.6	M2	M2.5	M3	M4	M5	M6	M8	M10	M12	(M14)	M16	M20	M24	M30	M36
P(螺距)		0.35	0.4	0.45	0.5	0.7	0.8	1	1.25	1.5	1.75	2	2	2.5	3	3.5	4
b 参考		15	16	17	18	20	22	24	28	32	36	40	44	52	60	72	84
d_k	max①	3.00	3.80	4.50	5.50	7.00	8.50	10.00	13.00	16.00	18.00	21.00	24.00	30.00	36.00	45.00	54.00
	max②	3.14	3.98	4.68	5.68	7.22	8.72	10.22	13.27	16.27	18.27	21.33	24.33	30.33	36.39	45.39	54.46
	min	2.86	3.62	4.32	5.32	6.78	8.28	9.78	12.73	15.73	17.73	20.67	23.67	29.67	35.61	44.61	53.54
d_a	max	2	2.6	3.1	3.6	4.7	5.7	6.8	9.2	11.2	13.7	15.7	17.7	22.4	26.4	33.4	39.4
d_s	max	1.60	2.00	2.50	3.00	4.00	5.00	6.00	8.00	10.00	12.00	14.00	16.00	20.00	24.00	30.00	36.00
	min	1.46	1.86	2.36	2.86	3.82	4.82	5.82	7.78	9.78	11.73	13.73	15.73	19.67	23.67	29.67	35.61
e	min	1.73	1.73	2.3	2.87	3.44	4.58	5.72	6.86	9.15	11.43	13.72	16	19.44	21.73	25.15	30.85
l_f	max	0.34	0.51	0.51	0.51	0.6	0.6	0.68	1.02	1.02	1.45	1.45	1.45	2.04	2.04	2.89	2.89
k	max	1.60	2.00	2.50	3.00	4.00	5.00	6.0	8.00	10.00	12.00	14.00	16.00	20.00	24.00	30.00	36.00
	min	1.46	1.86	2.36	2.86	3.82	4.82	5.7	7.64	9.64	11.57	13.57	15.57	19.48	23.48	29.48	35.38
r	min	0.1	0.1	0.1	0.1	0.2	0.2	0.25	0.4	0.4	0.6	0.6	0.6	0.8	0.8	1	1

（续）

螺纹规格 d		M1.6	M2	M2.5	M3	M4	M5	M6	M8	M10	M12	(M14)	M16	M20	M24	M30	M36
s	公称	1.5	1.5	2	2.5	3	4	5	6	8	10	12	14	17	19	22	27
	max③	1.545	1.545	2.045	2.56	3.071	4.084	5.084	6.095	8.115	10.115	12.142	14.142	17.23	19.275	22.275	27.275
	max④	1.560	1.560	2.060	2.58	3.080	4.095	5.140	6.140	8.175	10.175	12.212	14.212				
	min	1.520	1.520	2.020	2.52	3.020	4.020	5.020	6.020	8.025	10.025	12.032	14.032	17.05	19.065	22.065	27.065
t	min	0.7	1	1.1	1.3	2	2.5	3	4	5	6	7	8	10	12	15.5	19
u	max	0.16	0.2	0.25	0.3	0.4	0.5	0.6	0.8	1	1.2	1.4	1.6	2	2.4	3	3.6
d_w	min	2.72	3.48	4.18	5.07	6.53	8.03	9.38	12.33	15.33	17.23	20.17	23.17	28.87	34.81	43.61	52.54
w	min	0.55	0.55	0.85	1.15	1.4	1.9	2.3	3.3	4	4.8	5.8	6.8	8.6	10.4	13.1	15.3
l 范围		2.5 ~ 16	3 ~ 20	4 ~ 25	5 ~ 30	6 ~ 40	8 ~ 50	10 ~ 60	12 ~ 80	16 ~ 100	20 ~ 120	25 ~ 140	25 ~ 160	30 ~ 200	40 ~ 200	45 ~ 200	55 ~ 200
l 系列		2.5,3,4,5,6,8,10,12,(14),(16),20,25,30,35,40,45,50,(55),60,(65),70,80,90,100,110,120,130,140,150,160,180,200															

注：尽可能不采用括号内的规格。

① 对光滑螺钉头部。

② 对滚花螺钉头部。

③ 用于12.9级。

④ 用于其他性能等级。

表 5-26 十字槽圆柱头螺钉（摘自 GB/T 822—2000） （单位：mm）

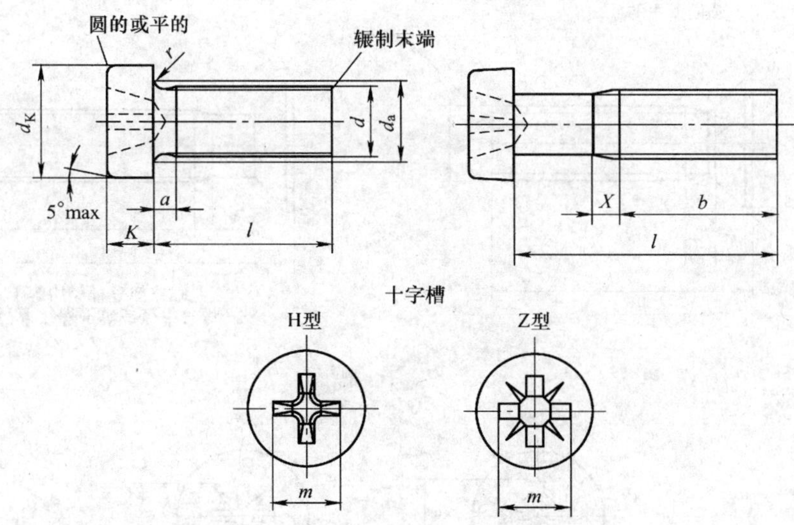

标记示例：

螺钉 GB/T 822—2000 M5×80：螺纹规格 d = M5，公称长度 l = 80mm，性能等级为4.8级，不经表面处理的H型十字槽圆柱头螺钉

（续）

螺纹规格 d			M2.5	M3	（M3.5）	M4	M5	M6	M8
P	（螺距）		0.45	0.5	0.6	0.7	0.8	1	1.25
a	max		0.9	1	1.2	1.4	1.6	2	2.5
b	min		25	25	38	38	38	38	38
d_K	max		4.50	5.50	6.00	7.00	8.50	10.00	13.00
	min		4.32	5.32	5.82	6.78	8.28	9.78	12.73
d_s	max		3.1	3.6	4.1	4.7	5.7	6.8	9.2
K	max		1.80	2.00	2.40	2.60	3.30	3.9	5.0
	min		1.66	1.86	2.26	2.46	3.12	3.6	4.7
r	min		0.1	0.1	0.1	0.2	0.2	0.25	0.4
X	max		1.1	1.25	1.5	1.75	2	2.5	3.2
十字槽	槽号 No.		1	2	2	2	2	3	3
	H 型	m 参考	2.7	3.5	3.8	4.1	4.8	6.2	7.7
		插入深度 min	1.20	0.86	1.15	1.45	2.14	2.25	3.73
		插入深度 max	1.62	1.43	1.73	2.03	2.73	2.86	4.36
	Z 型	m 参考	2.4	3.5	3.7	4.0	4.6	6.1	7.5
		插入深度 min	1.10	1.22	1.34	1.60	2.26	2.46	3.88
		插入深度 max	1.35	1.47	1.80	2.06	2.72	2.92	4.34
l 范围			3~25	4~30	5~35	5~40	6~50	8~60	10~80
l 系列			3,4,5,6,8,10,12,16,20,25,30,35,40,45,50,60,70,80						

注：尽可能不采用括号内的规格。

表 5-27　十字槽沉头螺钉（摘自 GB/T 819.1—2000）　　（单位：mm）

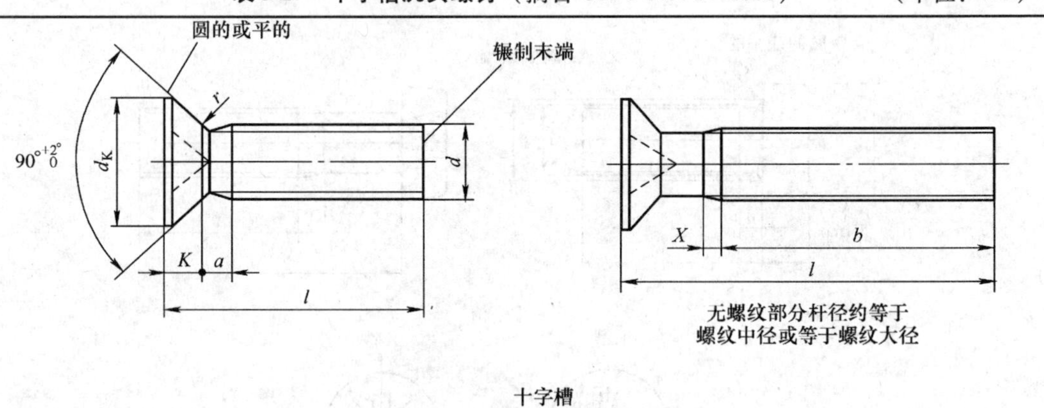

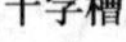

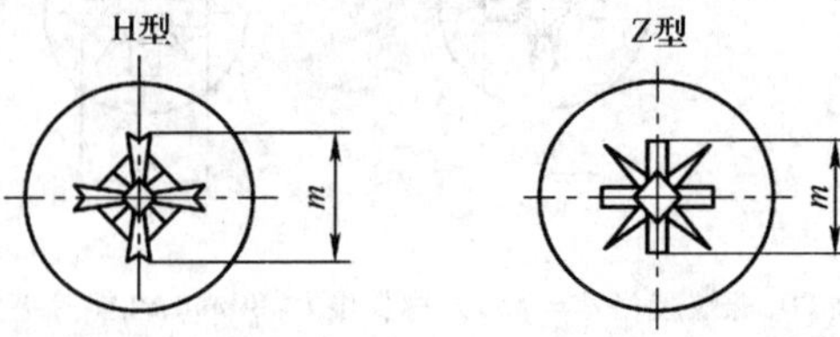

标记示例：

螺钉　GB/T 819.1—2000　M5×20：螺纹规格 d = M5，公称长度 l = 20mm，性能等级为 4.8 级，不经表面处理的 H 型十字槽沉头螺钉

（续）

螺纹规格 d			M1.6	M2	M2.5	M3	M4	M5	M6	M8	M10
P		（螺距）	0.35	0.4	0.45	0.5	0.7	0.8	1	1.25	1.5
a		max	0.7	0.8	0.9	1	1.4	1.6	2	2.5	3
b		min	25	25	25	25	38	38	38	38	38
d_K		max	3	3.8	4.7	5.5	8.4	9.3	11.3	15.8	18.3
K		max	1	1.2	1.5	1.65	2.7	2.7	3.3	4.65	5
r		max	0.4	0.5	0.6	0.8	1	1.3	1.5	2	2.5
X		max	0.9	1	1.1	1.25	1.75	2	2.5	2.2	3.8
十字槽	槽号 No.		0		1		2		3	4	
	H 型插入深度	min	0.6	0.9	1.4	1.7	2.1	2.7	3	4	5.1
		max	0.9	1.2	1.8	2.1	2.6	3.2	3.5	4.6	5.7
	Z 型插入深度	min	0.7	0.95	1.45	1.6	2.05	2.6	3	4.15	5.2
		max	0.95	1.2	1.75	2	2.5	3.05	3.45	4.6	5.65
l 范围			3~16	3~20	3~25	4~30	5~40	6~50	8~60	10~60	12~60
l 系列			3,4,5,6,8,10,12,(14),16,20,25,30,35,40,45,50,(55),60								

注：尽可能不采用括号内的规格。

表 5-28　开槽锥端紧定螺钉（摘自 GB/T 71—1985）　　（单位：mm）

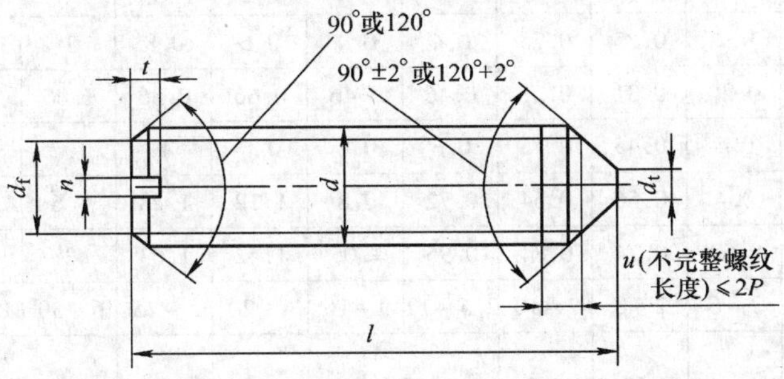

标记示例：

螺钉　GB/T 71—1985　M5×12：螺纹规格 d=M5，公称长度 l=12mm，性能等级为 14H 级，表面氧化的开槽锥端紧定螺钉

螺纹规格 d		M1.2	M1.6	M2	M2.5	M3	M4	M5	M6	M8	M10	M12
P	（螺距）	0.25	0.35	0.4	0.45	0.5	0.7	0.8	1	1.25	1.5	1.75
d_f	≈	螺纹小径										
d_t	min	—	—	—	—	—	—	—	—	—	—	—
	max	0.12	0.16	0.2	0.25	0.3	0.4	0.5	1.5	2	2.5	3
n	公称	0.2	0.25	0.25	0.4	0.4	0.6	0.8	1	1.2	1.6	2
	min	0.26	0.31	0.31	0.46	0.46	0.66	0.86	1.06	1.26	1.66	2.06
	max	0.4	0.45	0.45	0.6	0.6	0.8	1	1.2	1.51	1.91	2.31
t	min	0.4	0.56	0.64	0.72	0.8	1.12	1.28	1.6	2	2.4	2.8
	max	0.52	0.74	0.84	0.95	1.05	1.42	1.63	2	2.5	3	3.6
l 范围		2~6	2~8	3~10	3~12	4~16	6~20	8~25	8~30	10~40	12~50	14~60
l≤表内值时端部制成 120°；l>表内值时端部制成 90°		2	2.5		3		4	5	6	8	10	12
l 系列		2,2.5,3,4,5,6,8,10,12,(14),16,20,25,30,35,40,45,50,(55),60										

注：1. 尽可能不采用括号内的规格。

2. ≤M5 的螺钉不要求锥端有平面部分（d_t），可以倒圆。

表 5-29　开槽平端紧定螺钉（摘自 GB/T 73—1985）　　（单位：mm）

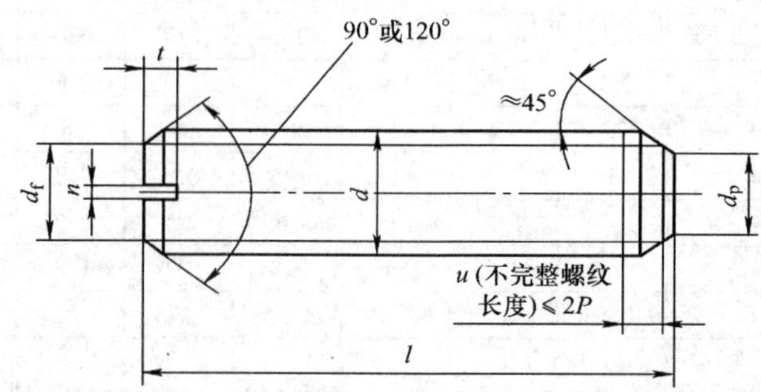

标记示例：

螺钉　GB/T 73—1985　M5×12：螺纹规格 d = M5，公称长度 l = 12mm，性能等级为 14H 级，表面氧化的开槽平端紧定螺钉

螺纹规格 d		M1.2	M1.6	M2	M2.5	M3	M4	M5	M6	M8	M10	M12
P	（螺距）	0.25	0.35	0.4	0.45	0.5	0.7	0.8	1	1.25	1.5	1.75
d_f	max	螺纹小径										
d_p	min	0.35	0.55	0.75	1.25	1.75	2.25	3.2	3.7	5.2	6.64	8.14
	max	0.6	0.8	1	1.5	2	2.5	3.5	4	5.5	7	8.5
n	公称	0.2	0.25	0.25	0.4	0.4	0.6	0.8	1	1.2	1.6	2
	min	0.26	0.31	0.31	0.46	0.46	0.66	0.86	1.06	1.26	1.66	2.06
	max	0.4	0.45	0.45	0.6	0.6	0.8	1	1.2	1.51	1.91	2.8
t	min	0.4	0.56	0.64	0.72	0.8	1.12	1.28	1.6	2	2.4	2.8
	max	0.52	0.74	0.84	0.95	1.05	1.42	1.63	2	2.5	3	3.6
l 范围		2~6	2~8	2~10	2.5~12	3~16	4~20	5~25	6~30	8~40	10~50	12~60
l≤表内值时端部制成 120°；l>表内值时端部制成 90°		—	2	2.5	3		4	5	6		8	10
l 系列		2,2.5,3,4,5,6,8,10,12,(14),16,20,25,30,35,40,45,50,(55),60										

注：尽可能不采用括号内的规格。

表 5-30　开槽凹端紧定螺钉（摘自 GB/T 74—1985）　　（单位：mm）

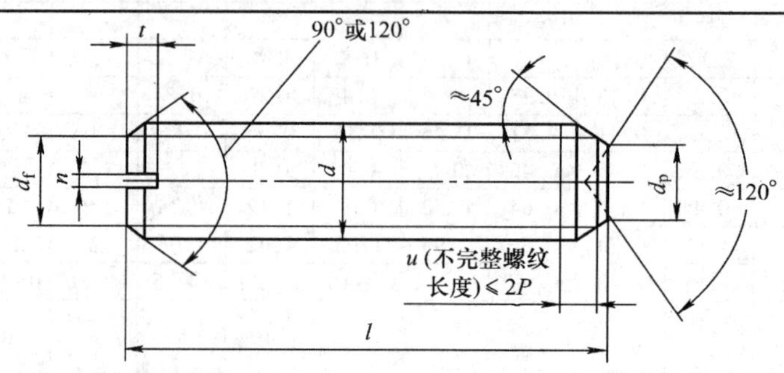

标记示例：

螺钉　GB/T 74—1985　M5×12：螺纹规格 d = M5，公称长度 l = 12mm，性能等级为 14H 级，表面氧化的开槽凹端紧定螺钉

（续）

螺纹规格 d		M1.6	M2	M2.5	M3	M4	M5	M6	M8	M10	M12
P	（螺距）	0.35	0.4	0.45	0.5	0.7	0.8	1	1.25	1.5	1.75
d_f	≈	螺纹小径									
d_z	min	0.55	0.75	0.95	1.15	1.75	2.25	2.75	4.7	5.7	7.7
	max	0.8	1	1.2	1.4	2	2.5	3	5	6	8
n	公称	0.25	0.25	0.4	0.4	0.6	0.8	1	1.2	1.6	2
	min	0.31	0.31	0.46	0.46	0.66	0.86	1.06	1.26	1.66	2.06
	max	0.45	0.45	0.6	0.6	0.8	1	1.2	1.51	1.91	2.31
t	min	0.56	0.64	0.72	0.8	1.12	1.28	1.6	2	2.4	2.8
	max	0.74	0.84	0.95	1.05	1.42	1.63	2	2.5	3	3.6
l范围		2~8	2.5~10	3~12	3~16	4~20	5~25	6~30	8~40	10~50	12~60
l≤表内值时端部制成120°；l>表内值时端部制成90°		2	2.5	3	4	5		6	8	10	12
l系列		2,2.5,3,4,5,6,8,10,12,(14),16,20,25,30,35,40,45,50,(55),60									

注：尽可能不采用括号内的规格。

表5-31　开槽长圆柱端紧定螺钉（摘自GB/T 75—1985）　　（单位：mm）

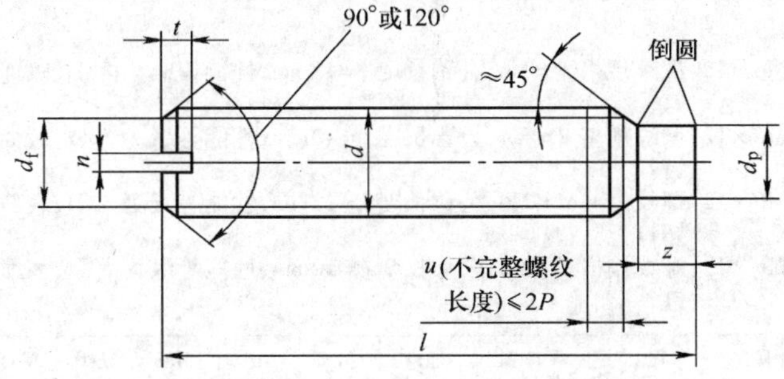

标记示例：

螺钉　GB/T 75—1985　M5×12：螺纹规格 d = M5，公称长度 l = 12mm，性能等级为14H级，表面氧化的开槽长圆柱端紧定螺钉

螺纹规格 d		M1.6	M2	M2.5	M3	M4	M5	M6	M8	M10	M12
P	（螺距）	0.35	0.4	0.45	0.5	0.7	0.8	1	1.25	1.5	1.75
d_f	≈	螺纹小径									
d_p	min	0.55	0.75	1.25	1.75	2.25	3.2	3.7	5.2	6.64	8.14
	max	0.8	1	1.5	2	2.5	3.5	4	5.5	7	8.5
n	公称	0.25	0.25	0.4	0.4	0.6	0.8	1	1.2	1.6	2
	min	0.31	0.31	0.46	0.46	0.66	0.86	1.06	1.26	1.66	2.02
	max	0.45	0.45	0.6	0.6	0.8	1	1.2	1.51	1.91	2.31
t	min	0.56	0.64	0.72	0.8	1.12	1.28	1.6	2	2.4	2.8
	max	0.74	0.84	0.95	1.05	1.42	1.63	2	2.5	3	3.6
z	min	0.8	1	1.25	1.5	2	2.5	3	4	5	6
	max	1.05	1.25	1.5	1.75	2.25	2.75	3.25	4.3	5.3	6.3
l范围		2.5~8	3~10	4~12	5~16	6~20	8~25	8~30	10~40	12~50	14~60
l≤表内值时端部制成120°；l>表内值时端部制成90°		2.5	3	4	5	6	8	10	14	16	20
l系列		2,2.5,3,4,5,6,8,10,12,(14),16,20,25,30,35,40,45,50,(55),60									

注：尽可能不采用括号内的规格。

表 5-32　内六角平端紧定螺钉（摘自 GB/T 77—2000）、内六角锥端紧定螺钉（摘自 GB/T 78—2000）、内六角圆柱端紧定螺钉（摘自 GB/T 79—2000）、内六角凹端紧定螺钉（摘自 GB/T 80—2000）

（单位：mm）

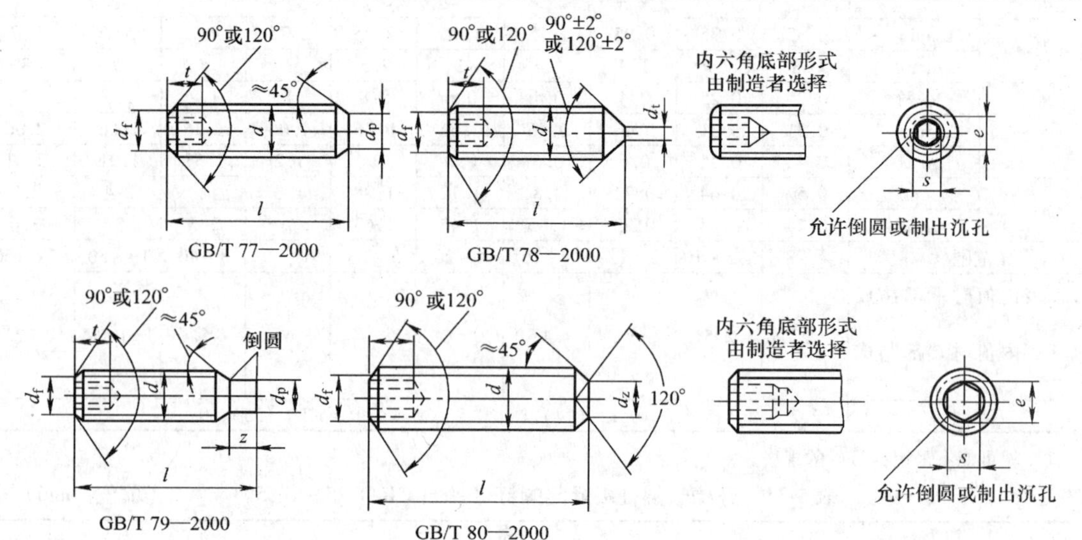

标记示例：

螺钉　GB/T 77—2000　M6×12：螺纹规格 d = M6，公称长度 l = 12mm，性能等级为 33H，表面氧化的内六角平端紧定螺钉

螺钉　GB/T 78—2000　M6×12：螺纹规格 d = M6，公称长度 l = 12mm，性能等级为 33H，表面氧化的内六角锥端紧定螺钉

螺钉　GB/T 79—2000　M6×12：螺纹规格 d = M6，公称长度 l = 12mm，性能等级为 33H，表面氧化的内六角圆柱端紧定螺钉

螺钉　GB/T 80—2000　M6×12：螺纹规格 d = M6，公称长度 l = 12mm，性能等级为 33H，表面氧化的内六角凹端紧定螺钉

螺纹规格 d			M1.6	M2	M2.5	M3	M4	M5	M6	M8	M10	M12	M16	M20	M24
P		（螺距）	0.35	0.4	0.45	0.5	0.7	0.8	1.0	1.25	1.50	1.75	2.0	2.5	3.0
d_p		max	0.8	1.0	1.5	2.0	2.5	3.5	4	5.5	7.0	8.5	12.0	15.0	18.0
d_f		≈	螺纹小径												
e		min	0.803	1.003	1.427	1.73	2.30	2.87	3.44	4.58	5.72	6.86	9.15	11.43	13.72
s		公称	0.7	0.9	1.3	1.5	2.0	2.5	3.0	4.0	5.0	6.0	8.0	10.0	12.0
l		min①	0.7	0.8	1.2	1.2	1.5	2.0	2.0	3.0	4.0	4.8	6.4	8	10.0
		min②	1.5	1.7	2.0	2.0	2.5	3.0	3.5	5.0	6.0	8.0	10.0	12.0	15.0
z	短圆柱端	max	0.65	0.75	0.88	1.0	1.25	1.5	1.75	2.25	2.75	3.25	4.3	5.3	6.3
	长圆柱端	max	1.05	1.25	1.5	1.75	2.25	2.75	3.25	4.3	5.3	6.3	8.36	10.36	12.43
d_z		max	0.8	1.0	1.2	1.4	2.0	2.5	3.0	5.0	6.0	8.0	10.0	14	16
d_t		max	0.4	0.5	0.65	0.75	1	1.25	1.5	2.0	2.5	3.0	4.0	5.0	6.0
l	商品规格范围	GB/T 77	2~8	2~10	2~12	2~16	2.5~20	3~25	4~30	5~40	6~50	8~60	10~60	12~60	16~60
		GB/T 78	2~8	2~10	2.5~12	2.5~16	3~20	4~25	5~30	6~40	8~50	10~60	12~60	14~60	20~60
	通用规格范围	GB/T 79	2~8	2.5~10	3~12	4~16	5~20	6~25	8~30	8~40	10~50	12~60	14~60	20~60	25~60
		GB/T 80	2~8	2~10	2~12	2.5~16	3~20	4~25	5~30	6~40	8~50	10~60	12~60	14~60	20~60

（续）

螺纹规格 d		M1.6	M2	M2.5	M3	M4	M5	M6	M8	M10	M12	M16	M20	M24
l≤表内值时端部制成120°；l>表内值时端部制成90°	GB/T 77	2	2.5	3		4	5	6		8	12	16		20
	GB/T 78	2.5		3		4	5	6	8	10	12	16	20	25
	GB/T 79	2.5	3	4	5	6		8	10	12	16	20	25	30
	GB/T 80	2	2.5	3	4	5		6	8	10	12	16		
l系列		2,2.5,3,4,5,6,8,10,12,(14),16,20,25,30,35,40,45,50,(55),60												

① 短螺钉的最小扳手啮合深度。

② 长螺钉的最小扳手啮合深度。

表 5-33 吊环螺钉（摘自 GB/T 825—1988） （单位：mm）

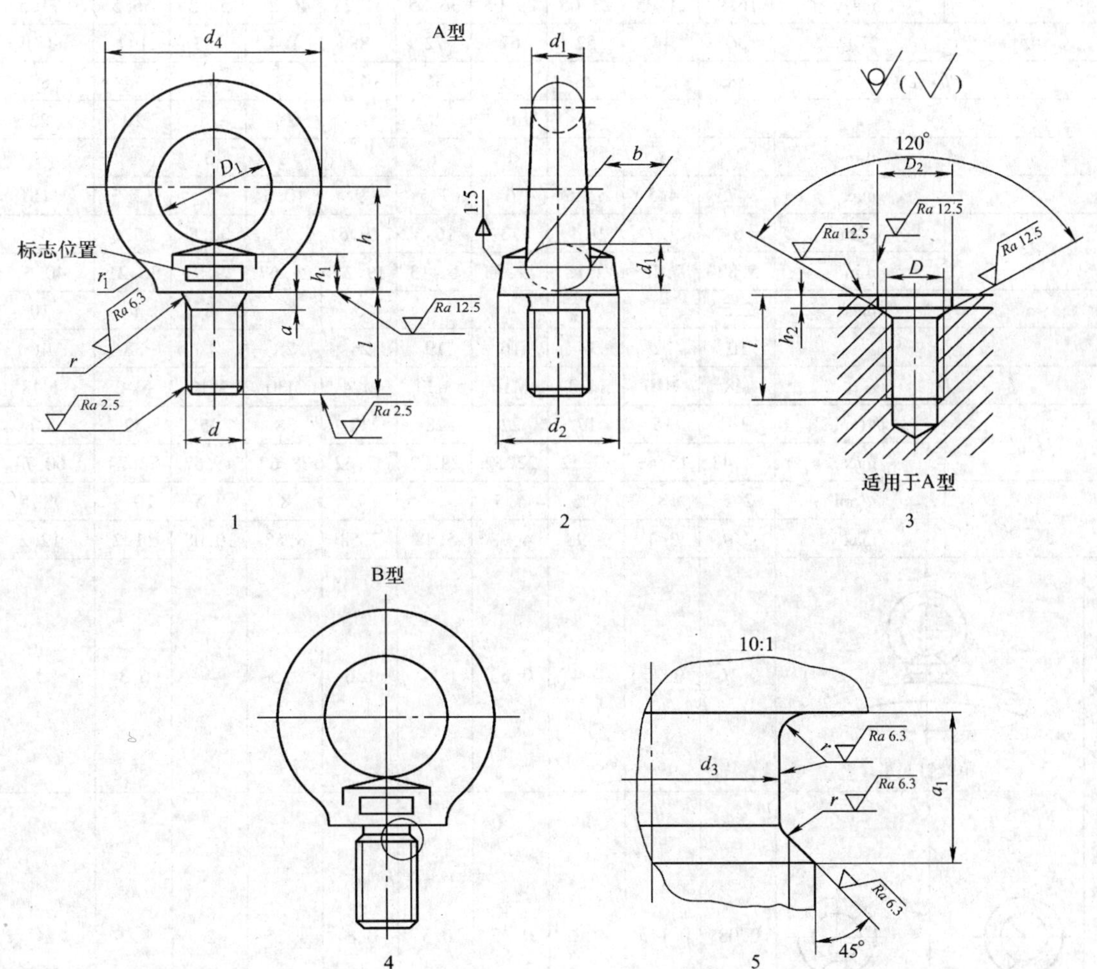

标记示例：

螺钉 GB/T 825—1988 M20：规格为20mm，材料为20钢，经正火处理，不经表面处理的A型吊环螺钉

（续）

规格(d)		M8	M10	M12	M16	M20	M24	M30	M36	M42	M48
d_1	max	9.1	11.1	13.1	15.2	17.4	21.4	25.7	30	34.4	40.7
	min	7.6	9.6	11.6	13.6	15.6	19.6	23.5	27.5	31.2	37.1
D_1	公称	20	24	28	34	40	48	56	67	80	95
	min	19	23	27	32.9	38.8	46.8	54.6	65.5	78.1	92.9
	max	20.4	24.4	28.4	34.5	40.6	48.6	56.6	67.7	80.9	96.1
d_2	max	21.1	25.1	29.1	35.2	41.4	49.4	57.7	69	82.4	97.7
	min	19.6	23.6	27.6	33.6	39.6	47.6	55.5	66.5	79.2	94.1
h_1	max	7	9	11	13	15.1	19.1	23.2	27.4	31.7	36.9
	min	5.6	7.6	9.6	11.6	13.5	17.5	21.4	25.4	29.2	34.1
l	公称	16	20	22	28	35	40	45	55	65	70
	min	15.1	18.95	20.95	26.95	33.75	38.75	43.75	53.5	63.5	68.5
	max	16.9	21.05	23.05	29.05	36.25	41.25	46.25	56.5	66.5	71.5
d_4	参考	36	44	52	62	72	88	104	123	144	171
h		18	22	26	31	36	44	53	63	74	87
r_1		4	4	6	6	8	12	15	18	20	22
r	min	1	1	1	1	1	2	2	3	3	3
a_1	max	3.75	4.5	5.25	6	7.5	9	10.5	12	13.5	15
d_3	公称(max)	6	7.7	9.4	13	16.4	19.6	25	30.8	35.6	41
	min	5.82	7.48	9.18	12.73	16.13	19.27	24.67	29.91	35.21	40.61
a	max	2.5	3	3.5	4	5	6	7	8	9	10
b		10	12	14	16	19	24	28	32	38	46
D		M8	M10	M12	M16	M20	M24	M30	M36	M42	M48
D_2	公称(min)	13	15	17	22	28	32	38	45	52	60
	max	13.43	15.43	17.52	22.52	28.52	32.62	38.62	45.62	52.74	60.74
h_2	公称(min)	2.5	3	3.5	4.5	5	7	8	9.5	10.5	11.5
	max	2.9	3.4	3.98	4.98	5.48	7.58	8.58	10.08	11.2	12.2
最大起吊重量(平稳起吊)(t)	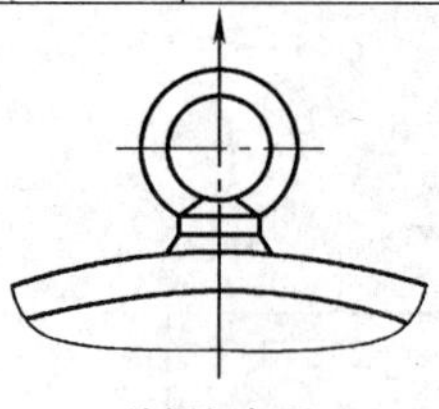 单螺钉起吊	0.16	0.25	0.4	0.63	1	1.6	2.5	4	6.3	3
	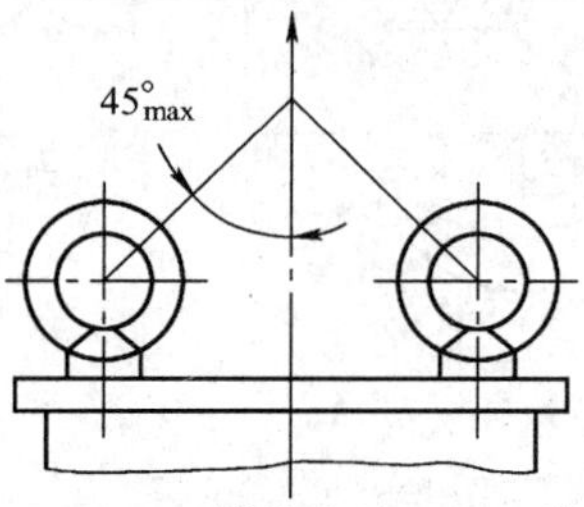 45°_{max} 双螺钉起吊	0.08	0.125	0.2	0.32	0.5	0.8	1.25	2	3.2	4

注：1. 材料为20或25钢。

2. M8～M36为商品规格。

4. 螺母（见表 5-34 ~ 表 5-36）

表 5-34　六角螺母（摘自 GB/T 6170—2000、GB/T 6172.1—2000）　（单位：mm）

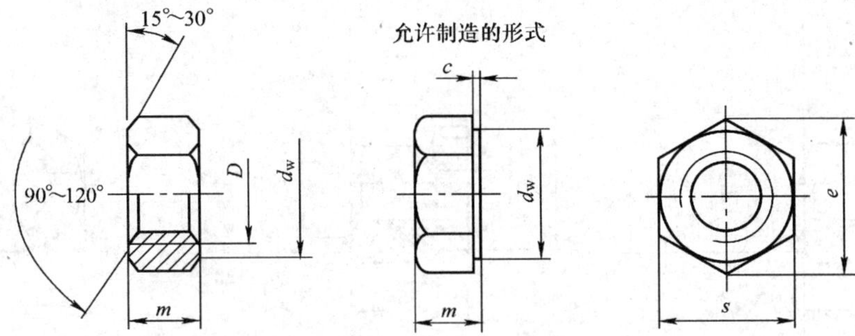

标记示例：

螺母　GB/T 6170—2000　M12：螺纹规格 D = M12，性能等级为 8 级，不经表面处理，产品等级为 A 的Ⅰ型六角螺母

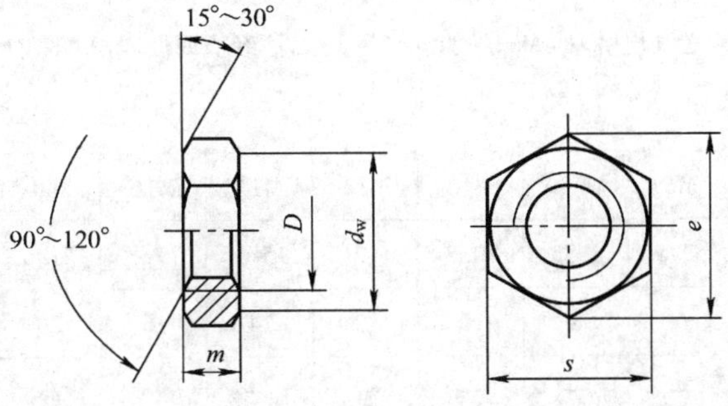

标记示例：

螺母　GB/T 6172.1—2000　M12：螺纹规格 D = M12，性能等级为 04 级，不经表面处理，产品等级为 A 的六角薄螺母

螺纹规格 D	螺距 P	d_w	e	GB/T 6170—2000					GB/T 6172.1—2000			
				c	m		s		m		s	
		min	min	max	max	min	max	min	max	min	max	min
M3	0.5	4.6	6.01	0.4	2.4	2.15	5.5	5.32	1.8	1.55	5.5	5.32
M4	0.7	5.9	7.66	0.4	3.2	2.9	7.0	6.78	2.2	1.95	7	6.78
M5	0.8	6.9	8.79	0.5	4.7	4.4	8.0	7.78	2.7	2.45	8	7.78
M6	1	8.9	11.05	0.5	5.2	4.9	10.0	9.78	3.2	2.9	10	9.78
M8	1.25	11.6	14.28	0.6	6.8	6.44	13.0	12.73	4	3.7	13	12.73
M10	1.5	14.6	17.77	0.6	8.4	8.04	16.0	15.73	5	4.7	16	15.73
M12	1.75	16.6	20.03	0.6	10.8	10.37	18.0	17.73	6	5.7	18	17.73
M16	2	22.5	26.75	0.8	14.8	14.1	24.0	23.67	8	7.42	24	23.67
M20	2.5	27.7	32.95	0.8	18	16.9	30.0	29.16	10	9.10	30	29.16
M24	3	33.2	39.55	0.8	21.5	20.2	36.0	35	12	10.9	36	35
M30	3.5	42.7	50.85	0.8	25.6	24.3	46.0	45	15	13.9	46	45
M36	4	51.1	60.79	0.8	31	29.4	55.0	53.8	18	16.9	55	53.8
M42	4.5	60.0	71.3	1.0	34	32.4	65.0	63.1	21	19.7	65	63.8
M48	5	69.5	82.6	1.0	38	36.4	75.0	73.1	24	22.7	75	73.1
M56	5.5	78.7	93.56	1.0	45	43.4	85.0	82.8	28	26.7	85	82.8
M64	6	88.2	104.86	1.0	51	49.1	95.0	92.8	32	30.4	95	92.8

注：A 级用于 $D \leqslant 16$，B 级用于 $D > 16$。

表 5-35　I 型六角开槽螺母—A 和 B 级（摘自 GB/T 6178—1986）　（单位：mm）

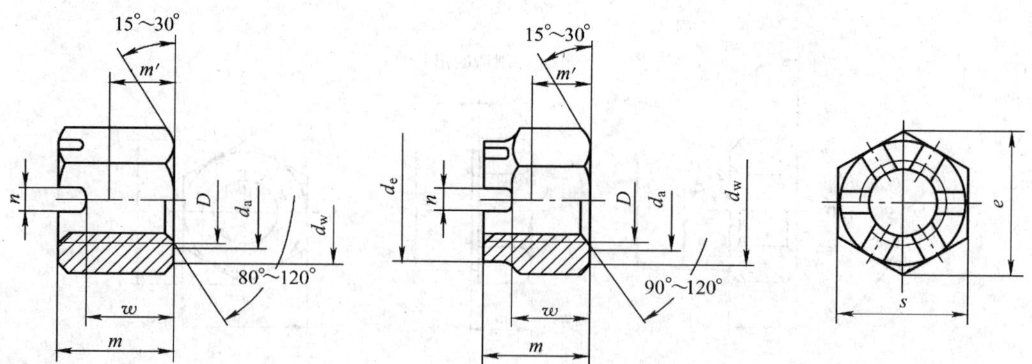

标记示例：

螺母　GB/T 6178—1986　M5：螺纹规格 D = M5，性能等级为 8 级，不经表面处理，A 级的 I 型六角开槽螺母

螺纹规格 D		M4	M5	M6	M8	M10	M12	（M14）	M16	M20	M24	M30	M36
d_a	max	4.6	5.75	6.75	8.75	10.8	12	15.1	17.3	21.6	25.9	32.4	38.9
	min	4	5	6	8	10	12	14	16	20	24	30	36
d_e	max	—	—	—	—	—	—	—	—	28	34	42	50
	min	—	—	—	—	—	—	—	—	27.16	33	41	49
d_w	min	5.9	6.9	8.9	11.6	14.6	16.6	19.4	22.5	27.7	33.2	42.7	51.1
e	min	7.66	8.79	11.05	14.38	17.77	20.03	23.35	26.75	32.95	39.55	50.85	60.79
m	max	5	6.7	7.7	9.8	12.4	15.8	17.8	20.8	24	29.5	34.6	40
	min	4.7	6.4	7.34	9.44	11.97	15.37	17.37	20.28	23.16	28.66	33.6	39
m'	min	2.32	3.52	3.92	5.15	6.43	8.3	9.68	11.28	13.52	16.16	19.44	23.52
n	min	1.2	1.4	2	2.5	2.8	3.5	3.5	4.5	4.5	5.5	7	7
	max	1.8	2	2.6	3.1	3.4	4.25	4.25	5.7	5.7	6.7	8.5	8.5
s	max	7	8	10	13	16	18	21	24	30	36	46	55
	min	6.78	7.78	9.78	12.73	15.73	17.73	20.67	23.67	29.16	35	45	53.8
w	max	3.2	4.7	5.2	6.8	8.4	10.8	12.8	14.8	18	21.5	25.6	31
	min	2.9	4.4	4.9	6.44	8.04	10.37	12.37	14.37	17.37	20.88	24.98	30.38
开口销		1×10	1.2×12	1.6×14	2×16	2.5×20	3.2×22	3.2×26	4×28	4×36	5×40	6.3×50	6.3×65

注：1. 尽可能不采用括号内的规格。

2. A 级用于 D≤16，B 级用于 D>16。

表 5-36　六角开槽薄螺母—A 和 B 级（摘自 GB/T 6181—1986）　（单位：mm）

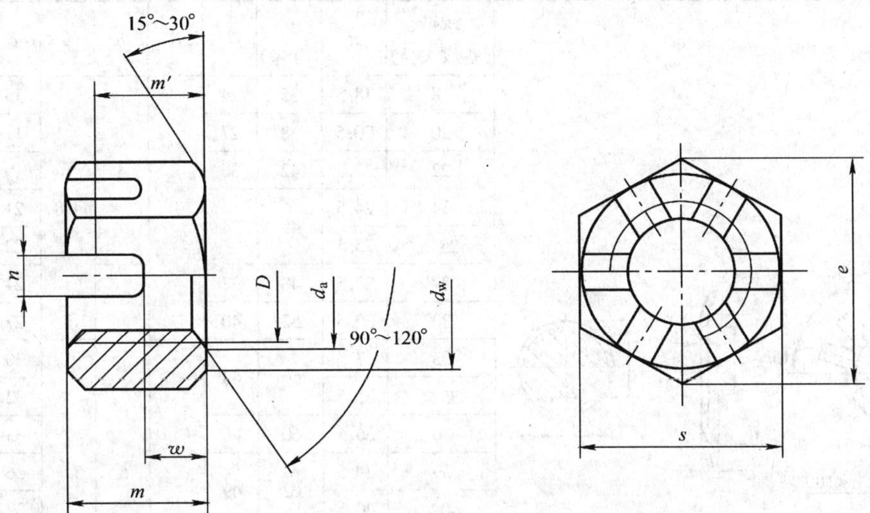

标记示例：

螺母　GB/T 6181—1986　M12：螺纹规格 D = M12，性能等级为 04 级，不经表面处理，A 级的六角形开槽薄螺母

螺纹规格 D		M5	M6	M8	M10	M12	(M14)	M16	M20	M24	M30	M36
d_a	max	5.75	6.75	8.75	10.8	13	15.1	17.3	21.6	25.9	32.4	38.9
	min	5	6	8	10	12	14	16	20	24	30	36
d_w	min	6.9	8.9	11.6	14.6	16.6	19.4	22.5	27.7	33.2	42.7	51.1
e	min	8.79	11.05	14.38	17.77	20.03	23.35	26.75	32.95	39.55	50.85	60.79
m	max	5.1	5.7	7.5	9.3	12	14.1	16.4	20.3	23.9	28.6	34.7
	min	4.8	5.4	7.14	8.94	11.57	13.4	15.7	19	22.6	27.3	33.1
m'	min	3.84	4.32	5.71	7.15	9.26	10.7	12.6	15.2	18.1	21.8	26.5
n	max	2	2.6	3.1	3.4	4.25	4.25	5.7	5.7	6.7	8.5	8.5
	min	1.4	2	2.5	2.8	3.5	3.5	4.5	4.5	5.5	7	7
s	max	8	10	13	16	18	21	24	30	36	46	55
	min	7.78	9.78	12.73	15.73	17.73	20.67	23.67	29.16	35	45	53.8
w	max	3.1	3.5	4.5	5.3	7	9.1	10.4	14.3	15.9	19.6	23.7
	min	2.8	3.2	4.2	5	6.64	8.74	9.97	13.87	15.41	19.08	23.18
开口销		1.2×12	1.6×14	2×16	2.5×20	3.2×22	3.2×26	4×28	4×36	5×40	6.3×50	6.3×65

注：1. 尽可能不采用括号内的规格。

2. A 级用于 $D \leqslant 16$，B 级用于 $D > 16$。

5. 垫圈和挡圈（见表 5-37 ~ 表 5-42）

表 5-37　圆螺母用止动垫圈（摘自 GB/T 858—1988）　　（单位：mm）

规格（螺纹大径）	d	D（参考）	D_1	S	h	b	a	轴端 b_1	轴端 t
18	18.5	35	24				15		14
20	20.5	38	27				17		16
22	22.5	42	30		4		19		18
24	24.5	45	34	1		4.8	21	5	20
25*	25.5						22		—
27	27.5	48	37				24		23
30	30.5	52	40				27		26
33	33.5	56	43				30		29
35*	35.5						32		—
36	36.5	60	46				33		32
39	39.5	62	49		5	5.7	36	6	35
40*	40.5						37		—
42	42.5	66	53				39		38
45	45.5	72	59				42		41
48	48.5	76	61	1.5			45		44
50*	50.5						47		—
52	52.5	82	67				49		48
55*	56					7.7	52	8	—
56	57	90	74		6		53		52
60	61	94	79				57		56
64	65	100	84				61		60
65*	66						62		—

标记示例

规格为 18mm、材料 Q235-A、经退火、表面氧化的圆螺母用止动垫圈的标记：

垫圈　GB/T 858—1988　18

注：1. 表中带“*”者仅用于滚动轴承锁紧装置。

2. 材料：Q215-A，Q235-A，10 钢，15 钢。

表 5-38　弹簧垫圈（摘自 GB/T 93—1987、GB/T 859—1987）　　（单位：mm）

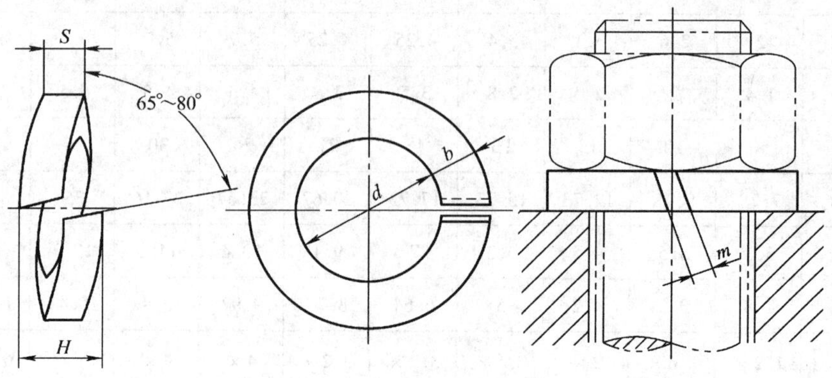

标记示例：

垫圈　GB/T 93—1987　16：规格 16mm，材料为 65Mn，表面氧化的标准型弹簧垫圈

（续）

规格（螺纹大径 d）		3	4	5	6	8	10	12	(14)
标准型 GB/T 93—1987	$S(b)$	0.8	1.1	1.3	1.6	2.1	2.6	3.1	3.6
	H	1.6 ~2	2.2 ~2.75	2.6 ~3.25	3.2 ~4	4.2 ~5.25	5.2 ~6.5	6.2 ~7.75	7.2 ~9
	$m\leqslant$	0.4	0.55	0.65	0.8	1.05	1.3	1.55	1.8
轻型 GB/T 859—1987	S	0.6	0.8	1.1	1.3	1.6	2	2.5	3
	b	1	1.2	1.5	2	2.5	3	3.5	4
	H	1.2 ~1.5	1.6 ~2	2.2 ~2.75	2.6 ~3.25	3.2 ~4	4 ~5	5 ~6.25	6 ~7.5
	$m\leqslant$	0.3	0.4	0.55	0.65	0.8	1.0	1.25	1.5

规格（螺纹大径 d）		16	(18)	20	(22)	24	(27)	30	(33)	36
标准型 GB/T 93—1987	$S(b)$	4.1	4.5	5.0	5.5	6.0	6.8	7.5	8.5	9
	H	8.2 ~10.25	9 ~11.25	10 ~12.5	11 ~13.75	12 ~15	13.6 ~17	15 ~18.75	17 ~21.25	18 ~22.5
	$m\leqslant$	2.05	2.25	2.5	2.75	3	3.4	3.75	4.25	4.5
轻型 GB/T 859—1987	S	3.2	3.6	4	4.5	5	5.5	6	—	—
	b	4.5	5	5.5	6	7	8	9	—	—
	H	6.4 ~8	7.2 ~9	8 ~10	9 ~11.25	10 ~12.5	11 ~13.75	12 ~15	—	—
	$m\leqslant$	1.6	1.8	2.0	2.25	2.5	2.75	3.0	—	—

注：尽可能不采用括号内的规格。

表 5-39 小垫圈 A 级（摘自 GB/T 848—2002）、平垫圈 A 级（摘自 GB/T 97.1—2002、GB/T 97.2—2002）

（单位：mm）

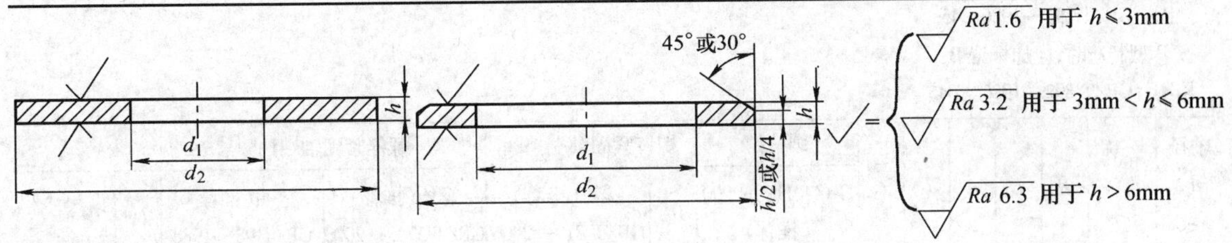

小垫圈 A 级（GB/T 848—2002）　　平垫圈 A 级（GB/T 97.2—2002）

平垫圈 A 级（GB/T 97.1—2002）

标记示例：

垫圈　GB/T 97.1　8：标准系列，公称规格 8mm，由钢制造的硬度等级为 200HV 级，不经表面处理，产品等级为 A 级的平垫圈

垫圈　GB/T 97.1　8　A2：标准系列，公称规格 8mm，由 A2 不锈钢制造的硬度等级为 200HV 级，不经表面处理，产品等级为 A 级的平垫圈

公称尺寸（螺纹大径 d）		3	4	5	6	8	10	12	14	16	20	24	30	36
内径 d_1	GB/T 848—2002 GB/T 97.1—2002 GB/T 97.2—2002	3.2	4.3	5.3	6.4	8.4	10.5	13	15	17	21	25	31	37
外径 d_2	GB/T 848—2002	6	8	9	11	15	18	20	24	28	34	39	50	60
	GB/T97.1—2002 GB/T 97.2—2002	7	9	10	12	16	20	24	28	30	37	44	56	66
厚度 h	GB/T 848—2002	0.5	0.5	1	1.6	1.6	1.6	2	2.5	2.5	3	4	4	5
	GB/T 97.1—2002 GB/T 97.2—2002	0.5	0.8	1	1.6	1.6	2	2.5	2.5	3	3	4	4	5

注：GB/T 97.2—2002 的最小公称尺寸为 $d=5$mm。

表 5-40　轴端挡圈（摘自 GB/T 891—1986、GB/T 892—1986）　　（单位：mm）

螺钉紧固轴端挡圈（GB/T 891—1986）

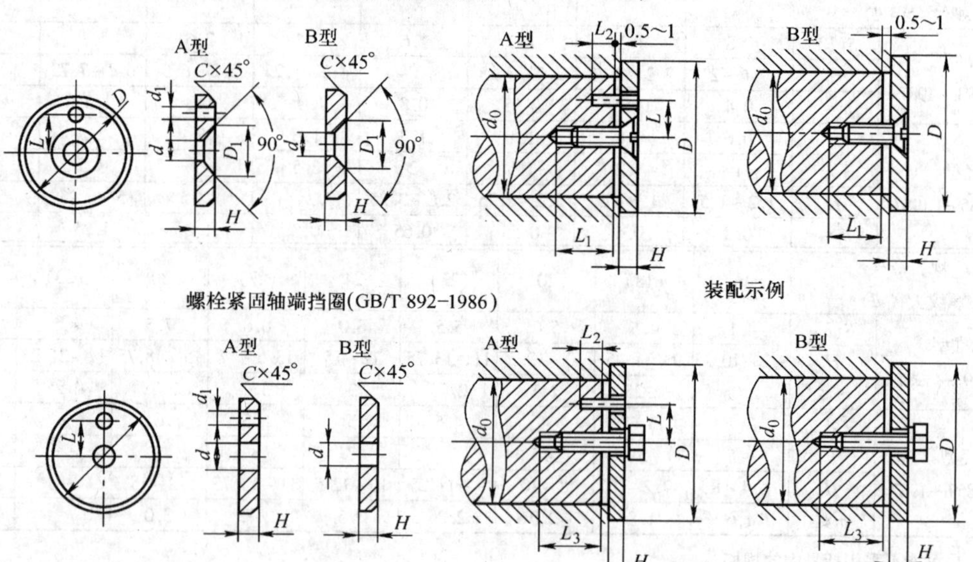

标记示例

公称直径 D =45mm、材料 Q235-A，不经表面处理的 A 型螺栓紧固轴端挡圈：

挡圈　GB/T 892—1986　45

按 B 型制造时，应加标记 B：

挡圈　GB/T 892—1986　B45

轴径 d_0 ≤	公称直径 D	H	L	d	d_1	C	圆柱销 GB/T 119—2000（推荐）	螺钉紧固轴端挡圈 D_1	螺钉紧固轴端挡圈 螺钉（推荐）GB/T 819—2000	螺栓紧固轴端挡圈 螺栓（推荐）GB/T 5783—2000	螺栓紧固轴端挡圈 垫圈（推荐）GB/T 98—1988	安装尺寸 L_1	安装尺寸 L_2	安装尺寸 L_3
14	20	4	—	5.5	2.1	0.5	A2×10	11	M5×12	M5×16	5	14	6	16
16	22													
18	25													
20	28		7.5											
22	30													
25	32	5	10	6.6	3.2	1	A3×12	13	M6×16	M6×20	6	18	7	20
28	35													
30	38													
32	40		12											
35	45													
40	50													
45	55	6	16	9	4.2	1.5	A4×14	17	M8×20	M8×25	8	22	8	24
50	60													
55	65													
60	70		20											
65	75													
70	80													
75	90	8	25	13	5.2	2	A5×16	25	M12×25	M12×30	12	26	10	28

注：1. 当挡圈装在带螺纹孔的轴端时，紧固用螺栓（钉）允许加长。

2. 表中装配示例不属本标准内容，仅供参考。

3. 材料：Q235、35 钢、45 钢等。

表 5-41　孔用弹性挡圈——A 型（摘自 GB/T 893.1—1986）　　（单位：mm）

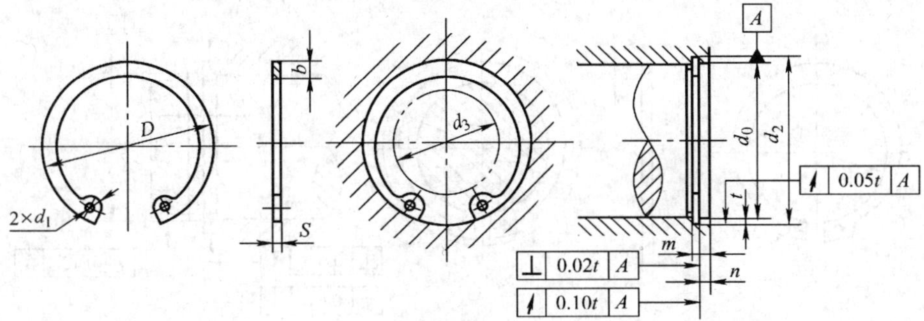

标记示例

孔径 d_0 =50mm、材料 65Mn、热处理硬度 44 ~51HRC、经表面氧化处理的 A 型孔用弹性挡圈的标记：

挡圈　GB/T 893.1—1986　50

孔径 d_0	挡圈 D	挡圈 S	挡圈 b ≈	沟槽(推荐) d_2 基本尺寸	沟槽(推荐) d_2 极限偏差	沟槽(推荐) m 基本尺寸	沟槽(推荐) m 极限偏差	沟槽(推荐) n ≥	允许套入轴径 d_3 ≤
32	34.4	1.2	3.2	33.7		1.3		2.6	20
34	36.5			35.7					22
35	37.8			37					23
36	38.8		3.6	38				3	24
37	39.8			39	+0.25 0				25
38	40.8	1.5		40		1.7			26
40	43.5		4	42.5					27
42	45.5			44.5					29
45	48.5			47.5				3.8	31
47	50.5			49.5					32
48	51.5		4.7	50.5			+0.14 0		33
50	54.2			53					36
52	56.2			55					38
55	59.2			58					40
56	60.2	2		59		2.2			41
58	62.2			61					43
60	64.2			63	+0.30 0				44
62	66.2		5.2	65				4.5	45
63	67.2			66					46
65	69.2			68					48
68	72.5	2.5		71		2.7			50
70	74.5		5.7	73					53
72	76.5			75					55

孔径 d_0	挡圈 D	挡圈 S	挡圈 b ≈	沟槽(推荐) d_2 基本尺寸	沟槽(推荐) d_2 极限偏差	沟槽(推荐) m 基本尺寸	沟槽(推荐) m 极限偏差	沟槽(推荐) n ≥	允许套入轴径 d_3 ≤
75	79.5		6.3	78	+0.30 0			4.5	56
78	82.5			81					60
80	85.5			83.5					63
82	87.5		6.8	85.5					65
85	90.5			88.5			+0.14 0		68
88	93.5	2.5	7.3	91.5	+0.35 0	2.7			70
90	95.5			93.5				5.3	72
92	97.5			95.5					73
95	100.5			98.5					75
98	103.5		7.7	101.5					78
100	105.5			103.5					80
102	108		8.1	106					82
105	112			109					83
108	115		8.8	112	+0.54 0				86
110	117			114					88
112	119			116					89
115	122		9.3	119			+0.18 0		90
120	127	3		124		3.2		6	95
125	132		10	129					100
130	137			134	+0.63 0				105
135	142		10.7	139					110
140	147			144					115
145	152		10.9	149					118

注：1. 挡圈尺寸 d_1：当 32mm≤d_0≤40mm 时，d_1 =2.5mm；当 42mm≤d_0≤100mm 时，d_1 =3mm；当 102mm≤d_0≤145mm 时，d_1 =4mm。

2. 材料：65Mn，60Si2MnA。热处理硬度：d_0≤48mm 时为 47 ~54HRC，当 d_0 >48mm 时为 44 ~51HRC。

表 5-42　轴用弹性挡圈——A 型（摘自 GB/T 894.1—1986）　　　（单位：mm）

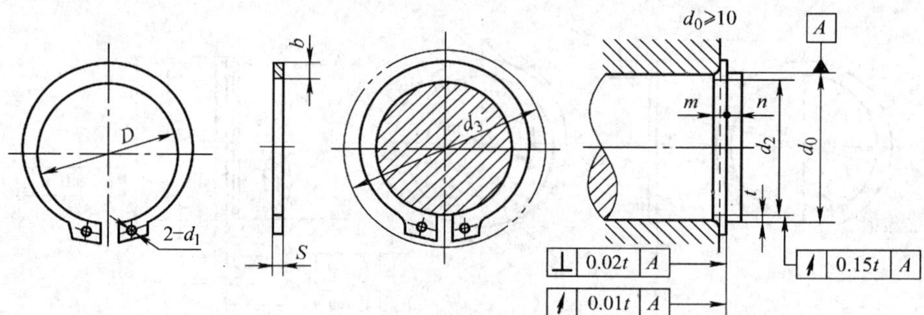

标记示例

轴径 d_0 =50mm、材料 65Mn、热处理硬度 44 ~ 51HRC、经表面氧化处理的 A 型轴用弹性挡圈的标记：

挡圈　GB/T 894.1—1986　50

轴径 d_0	挡圈 D	挡圈 S	挡圈 b ≈	沟槽（推荐）d_2 基本尺寸	沟槽（推荐）d_2 极限偏差	沟槽（推荐）m 基本尺寸	沟槽（推荐）m 极限偏差	沟槽（推荐）n ≥	允许套入孔径 d_3 ≥	轴径 d_0	挡圈 D	挡圈 S	挡圈 b ≈	沟槽（推荐）d_2 基本尺寸	沟槽（推荐）d_2 极限偏差	沟槽（推荐）m 基本尺寸	沟槽（推荐）m 极限偏差	沟槽（推荐）n ≥	允许套入孔径 d_3 ≥
14	12.9		1.88	13.4				0.9	22	45	41.5	1.5	5.0	42.5		1.7		3.8	59.4
15	13.8		2.00	14.3				1.1	23.2	48	44.5			45.5	0 −0.25				62.8
16	14.7		2.32	15.2	0 −0.11			1.2	24.4	50	45.8			47					64.8
17	15.7			16.2					25.6	52	47.8		5.48	49					67
18	16.5	1	2.48	17		1.1			27	55	50.8			52					70.4
19	17.5			18					28	56	51.8	2		53		2.2			71.7
20	18.5			19				1.5	29	58	53.8			55					73.6
21	19.5		2.68	20	0 −0.13				31	60	55.8			57					75.8
22	20.5			21					32	62	57.8		6.12	59				4.5	79
24	22.2			22.9					34	63	58.8			60					79.6
25	23.2		3.32	23.9			+0.14 0	1.7	35	65	60.8			62	0 −0.30		+0.14 0		81.6
26	24.2			24.9	0 −0.21				36	68	63.5			65					85
28	25.9	1.2	3.60	26.6		1.3			38.4	70	65.5			67					87.2
29	26.9		3.72	27.6				2.1	39.8	72	67.5		6.32	69					89.4
30	27.9			28.6					42	75	70.5			72					92.8
32	29.6		3.92	30.3				2.6	44	78	73.5	2.5		75		2.7			96.2
34	31.5		4.32	32.3					46	80	74.5			76.5					98.2
35	32.2			33					48	82	76.5		7.0	78.5					101
36	33.2		4.52	34	0 −0.25			3	49	85	79.5			81.5					104
37	34.2	1.5		35		1.7			50	88	82.5			84.5				5.3	107.3
38	35.2			36					51	90	84.5		7.6	86.5	0 −0.35				110
40	36.5		5.0	37.5				3.8	53	95	89.5		9.2	91.5					115
42	38.5			39.5					56	100	94.5			96.5					121

注：1. 挡圈尺寸 d_1：14mm ≤ d_0 ≤18mm 时，d_1 = 1.7mm；19mm ≤ d_0 ≤30mm 时，d_1 = 2mm；32mm ≤ d_0 ≤40mm 时，d_1 = 2.5mm，42mm≤d_0≤100mm 时，d_1 = 3mm。

2. 材料：65Mn，60Si2MnA。热处理硬度：d_0 ≤48mm 时为 47 ~ 54HRC，当 d_0 > 48mm 时为 44 ~ 51HRC。

6. 螺纹零件的力学性能

螺纹零件的性能由数字表示，小数点前的数字表示公称抗拉强度极限 R_m 的 1/100，即 R_m/100；小数点后的数字表示公称屈服极限 R_{eH} 与公称抗拉强度 R_m 之比（屈服比）的 10 倍。如性能等级为 6.8 级表示其公称抗拉强度极限为 600MPa，公称屈服极限 $R_{eH}=600\times0.8\text{MPa}=480\text{MPa}$。各种性能等级的螺纹零件的力学性能参见表 5-43。常用螺纹零件的疲劳极限见表 5-44。

表 5-43　螺栓、螺钉和螺柱的力学性能（摘自 GB/T 3098.1—2000、GB/T 3098.2—2000）

性能等级		3.6	4.6	4.8	5.6	5.8	6.8	8.8		9.8	10.9	12.9
								≤M16	>M16			
抗拉强度极限 R_m /MPa	公称	300	400		500		600	800	800	900	1000	1200
	min	330	400	420	500	520	600	800	830	900	1040	1220
屈服极限 R_{eH} /MPa	公称	180	240	320	300	400	480	—	—	—	—	—
	min	190	240	340	300	420	480	—	—	—	—	—
材料和热处理		低碳钢	低碳钢或中碳钢，如 Q215A 和 10 钢		低碳钢或中碳钢，如 Q215A、Q235A、10 钢或 15 钢等			低碳合金钢（如硼，或锰或铬），中碳钢，淬火并回火，如 35 钢等			中碳钢，低、中碳合金钢（如硼，或锰或铬），合金钢，淬火并回火，如 40Cr、15MnVB	合金钢，淬火并回火，如 30CrMoSi、15MnVB
相配螺母的性能等级		4(d>M16) 5(d≤M16)			5		6	8 9(M16<d≤M39)		9 (d≤M16)	10	12 (d≤M39)

表 5-44　常用螺纹零件材料的疲劳极限　　（单位：MPa）

钢　号	10	Q235A	35	45	40Cr
弯曲疲劳极限 σ_{-1}	160~220	170~220	220~300	250~340	320~440
拉压疲劳极限 σ_{-1l}	120~150	120~160	170~220	190~250	240~340

第六章　键、花键及销联接

一、键联接

1. 键的类型、特点与应用（见表 6-1）

表 6-1　平键、楔键、切向键的特点和应用

类型		图形	特点		应用
平键	普通型平键 GB/T 1096—2003 薄型平键 GB/T 1566—2003	A型 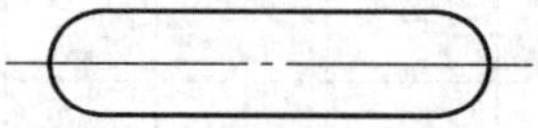 B型 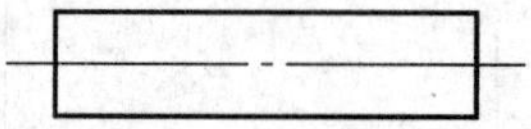 C型 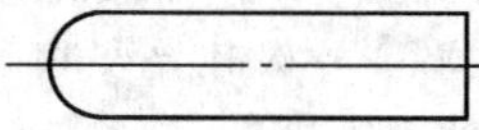	靠侧面传递转矩，定心良好，装拆方便，对轴上零件无轴向固定作用	A 型用于端铣刀加工的轴槽，键在槽中轴向固定良好，但键槽的应力集中较大；B 型用于盘铣刀加工的轴槽，键槽的应力集中较小；C 型用于轴端	应用最广，也适用于高精度、高速或承受变载、冲击的联接 薄型平键适用于薄壁结构和其他特殊场合
	导向型平键 GB/T 1097—2003	A型 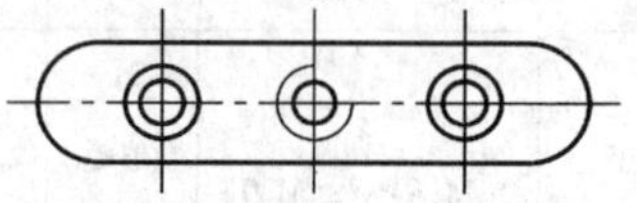 B型 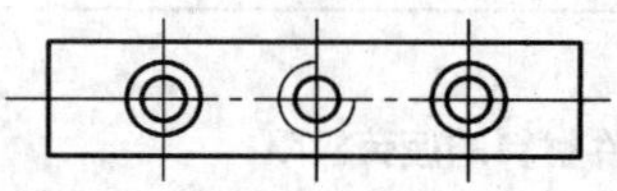		键用螺钉固定在轴上，键与毂槽为动配合，轴上零件能作轴向移动。键上设起键螺孔，以便于拆卸	用于轴上零件轴向移动量不大的联接，如变速箱中滑移齿轮与轴的联接
	滑键	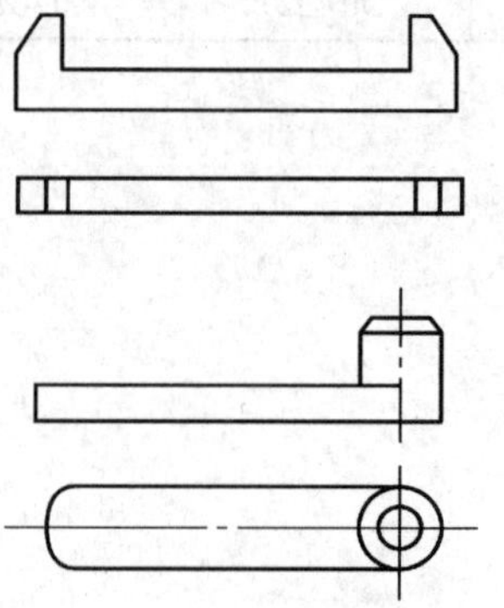		键固定在轴上零件的毂槽内，并可随零件一起作轴向移动	用于轴上零件轴向移动量较大的场合

（续）

类　型	图　形	特　点	应　用
普通型半圆键 GB/T 1099.1—2003	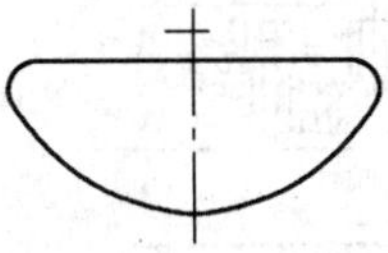	靠侧面传递转矩。键可在轴槽内摆动，以适应毂槽的倾斜。轴上键槽较深，对轴的强度削弱较大	常用于轻载，多用于锥形轴端
楔键 普通型楔键 GB/T 1564—2003	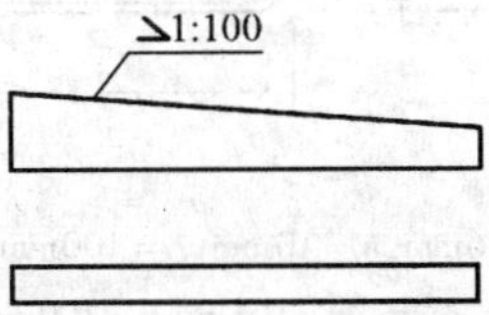 1:100	靠键的上下两工作面传递转矩，毂槽底面及与之相配的键表面均有1:100的斜度。装配时需轴向打紧，使工作面楔紧。有单向轴向固定作用和能传递单向轴向力。轴上零件与轴的配合会产生偏心或偏斜	用于精度要求不高、转速较低、转矩较大、双向传动或有振动时的联接 钩头楔键的钩头供拆卸用，用于需利用钩头拆卸的场合，但只能从一端拆卸，并应注意加装防护罩
楔键 钩头型楔键 GB/T 1565—2003	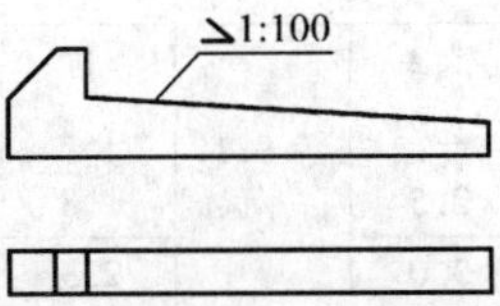 1:100		
切向键 GB/T 1974—2003	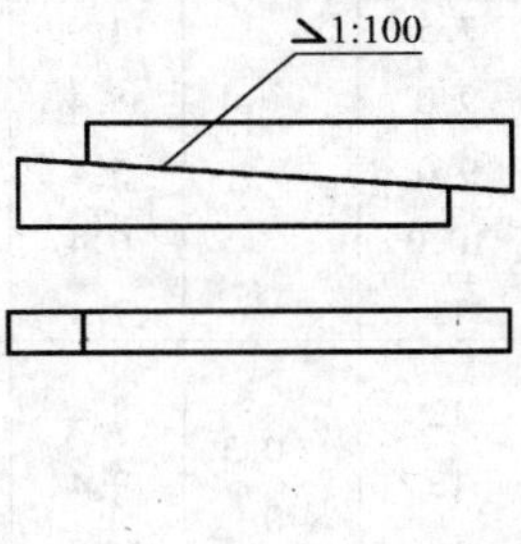 1:100	由两个斜度为1:100的楔键组成。其上、下两面（窄面）为工作面，其中的一面位于通过轴线的平面内。工作面上的压力沿轴圆周的切线方向作用，能传递很大的转矩 传递双向转矩时，需相隔120°～135°设置两对切向键	用于转矩较大、定心要求不高的联接

2. 键联接的标准（见表6-2~表6-7）

表6-2　平键和键槽的剖面尺寸（摘自GB/T 1095—2003）、
普通平键的类型和尺寸（摘自GB/T 1096—2003）　　（单位：mm）

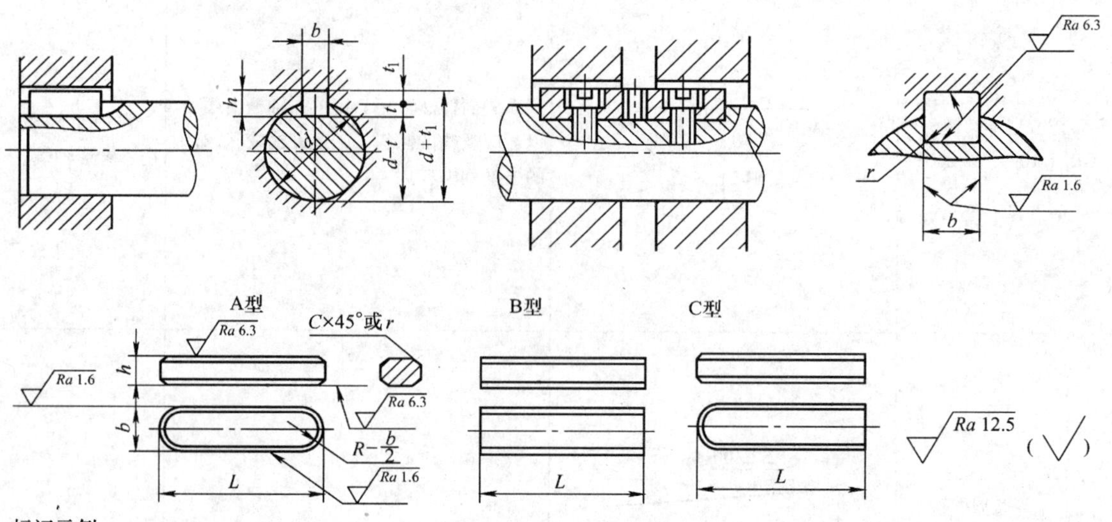

标记示例：

键 16×10×100 GB/T 1096—2003：圆头普通平键（A型），$b=16$mm，$h=10$mm，$L=100$mm；

键 B16×10×100 GB/T 1096—2003：平头普通平键（B型），$b=16$mm，$h=10$mm，$L=100$mm；

键 C16×10×100 GB/T 1096—2003：单圆头普通平键（C型），$b=16$mm，$h=10$mm，$L=100$mm

轴径 d	键的公称尺寸				键槽				
	宽度 b (h8)	高度 h 矩形(h11) 方形(h8)	C 或 r	长度 L (h14)	轴槽深 t 基本尺寸	轴槽深 t 极限偏差	毂槽深 t_1 基本尺寸	毂槽深 t_1 极限偏差	半径 r
≥6~8	2	2		6~20	1.2		1		
>8~10	3	3	0.16~0.25	6~36	1.8	+0.1 0	1.4	+0.1 0	0.08~0.16
>10~12	4	4		8~45	2.5		1.8		
>12~17	5	5		10~56	3.0		2.3		
>17~22	6	6	0.25~0.4	14~70	3.5		2.8		0.16~0.25
>22~30	8	7		18~90	4.0		3.3		
>30~38	10	8		22~110	5.0		3.3		
>38~44	12	8		28~140	5.0		3.3		
>44~50	14	9	0.4~0.6	36~160	5.5		3.8		0.25~0.4
>50~58	16	10		45~180	6.0	+0.2 0	4.3	+0.2 0	
>58~65	18	11		50~200	7.0		4.4		
>65~75	20	12		56~220	7.5		4.9		
>75~85	22	14		63~250	9.0		5.4		
>85~95	25	14	0.6~0.8	70~280	9.0		5.4		0.4~0.6
>95~110	28	16		80~320	10.0		6.4		
>110~130	32	18		90~360	11		7.4		
>130~150	36	20		100~400	12		8.4		
>150~170	40	22	1~1.2	100~400	13	+0.3 0	9.4	+0.3 0	0.7~1.0
>170~200	45	25		110~450	15		10.4		

（续）

轴径 d	键的公称尺寸				键　　槽				
	宽度 b（h8）	高度 h 矩形(h11) 方形(h8)	C 或 r	长度 L（h14）	轴槽深 t		毂槽深 t_1		半径 r
					基本尺寸	极限偏差	基本尺寸	极限偏差	
L 系列	6,8,10,12,14,16,18,20,22,25,28,32,36,40,45,50,56,63,70,80,90,100,110,125,140,160,180,200,220,250,280,320,360,400,450,500								

注：1. 在工作图中，轴槽深用 $d-t$ 或 t 标注，毂槽深用 $d+t_1$ 标注。（$d-t$）和（$d+t_1$）尺寸偏差按相应的 t 和 t_1 的偏差选取，但（$d-t$）偏差取负号（-）。

2. 当键长大于500mm时，其长度应按GB/T 321—2005优先数和优先数系的R20系列选取。

3. 键高偏差对于B型键应为h9。

4. 当需要时，键允许带起键螺孔，起键螺孔的尺寸推荐如下：

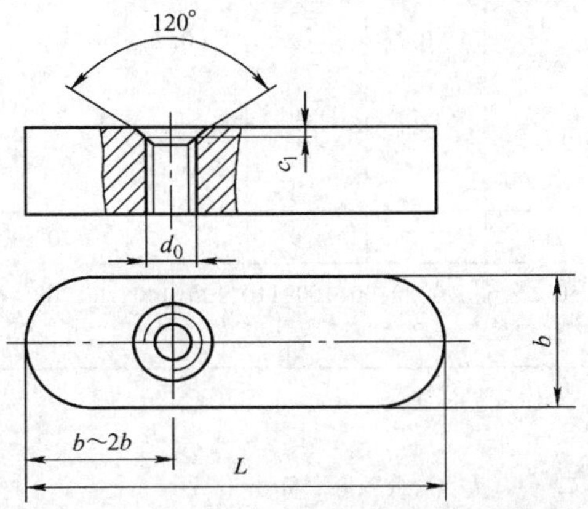

（摘自GB/T 1097—2003）

（单位：mm）

b	8	10	12	14	16	18	20	22
d_0	M3		M4	M5		M6		
c_1	0.3		0.5					

b	25	28	32	36	40	45
d_0	M8		M10	M12		
c_1	0.5			1		

注：较长的键可以采用两个对称的起键螺孔。

表6-3　薄型平键和键槽的剖面尺寸（摘自GB/T 1566—2003）、**薄型平键的类型和尺寸**（摘自GB/T 1567—2003）　　（单位：mm）

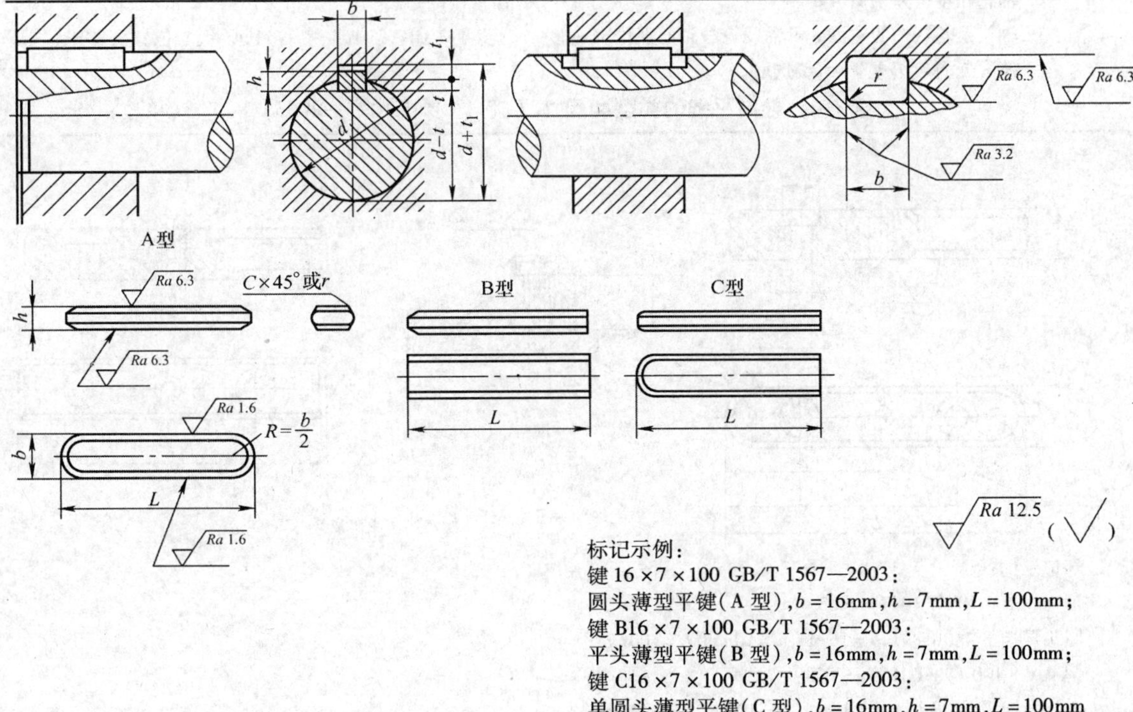

标记示例：

键 16×7×100 GB/T 1567—2003：

圆头薄型平键（A型），$b=16$mm，$h=7$mm，$L=100$mm；

键 B16×7×100 GB/T 1567—2003：

平头薄型平键（B型），$b=16$mm，$h=7$mm，$L=100$mm；

键 C16×7×100 GB/T 1567—2003：

单圆头薄型平键（C型），$b=16$mm，$h=7$mm，$L=100$mm

（续）

轴径 d	键的公称尺寸				键　　槽				
	宽度 b（h8）	高度 h（h11）	C 或 r	长度 L（h14）	轴槽深 t		毂槽深 t_1		半径 r
					基本尺寸	极限偏差	基本尺寸	极限偏差	
自 12 ~ 17	5	3		10 ~ 56	1.8		1.4		
>17 ~ 22	6	4	0.25 ~ 0.4	14 ~ 70	2.5	+0.1 0	1.8	+0.1 0	0.16 ~ 0.25
>22 ~ 30	8	5		18 ~ 90	3		2.3		
>30 ~ 38	10	6		22 ~ 110	3.5		2.8		
>38 ~ 44	12	6		28 ~ 140	3.5		2.8		
>44 ~ 50	14	6	0.4 ~ 0.6	36 ~ 160	3.5		2.8		0.25 ~ 0.4
>50 ~ 58	16	7		45 ~ 180	4		3.3		
>58 ~ 65	18	7		50 ~ 200	4		3.3		
>65 ~ 75	20	8		56 ~ 220	5		3.3		
>75 ~ 85	22	9		63 ~ 250	5.5	+0.2 0	3.8	+0.2 0	
>85 ~ 95	25	9	0.6 ~ 0.8	70 ~ 280	5.5		3.8		0.4 ~ 0.6
>95 ~ 110	28	10		80 ~ 320	6		4.3		
>110 ~ 130	32	11		90 ~ 360	7		4.4		
130 ~ 150	36	12	1.0 ~ 1.2	100 ~ 400	7.5		4.9		0.70 ~ 1.0
L 系列	10,12,14,16,18,20,22,25,28,32,36,40,45,50,56,63,70,80,90,100,110,125,140,160,180,200,220,250,280,320,360,400								

注：1. 在工作图中，轴槽深用 t 或（$d-t$）标注，轮毂槽深用（$d+t_1$）标注。

2. 键侧与轴接触高度为 $h/2$。

3. （$d-t$）和（$d+t_1$）的公差按相应的 t 和 t_1 的公差选取，但（$d-t$）公差应取负号（−）。

4. 当键长与键宽之比大于或等于 8 时，键的不直度应小于或等于键宽公差之半。

5. 键槽宽 b 公差按表 6-6 选取。

6. 轴槽长度公差用 H14。

7. 轴槽及轮毂槽的宽度 b 对轴及轮毂轴心线的对称度，一般可按 GB/T 1184—1996《形状与位置公差未注公差值》对称度公差 7 ~ 9 级选取。

表 6-4　导向平键的类型和尺寸（摘自 GB/T 1097—2003）　　（单位：mm）

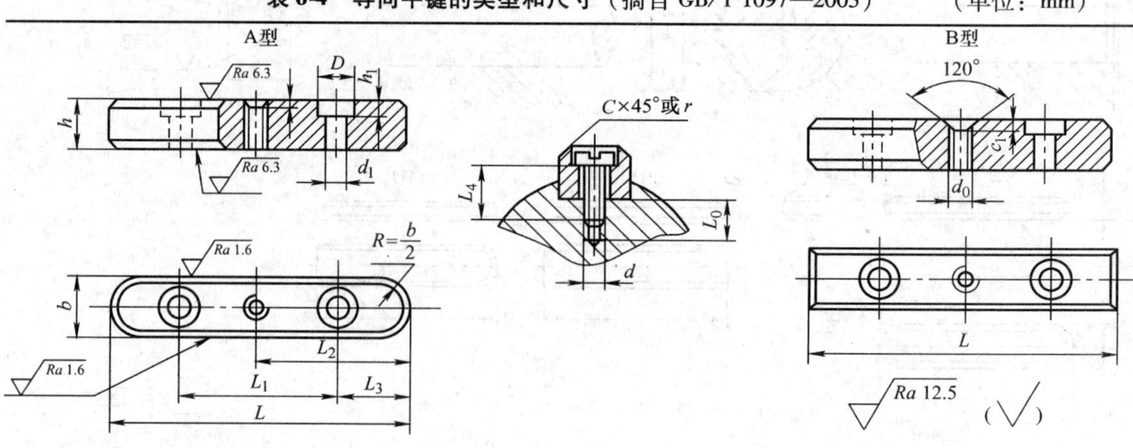

标记示例：

键 16×100 GB/T 1097—2003：

圆头导向平键（A 型），$b=16$mm，$h=10$mm，$L=100$mm；

键 B16×100 GB/T 1097—2003：

方头导向平键（B 型），$b=16$mm，$h=10$mm，$L=100$mm

（续）

b(h8)	8	10	12	14	16	18	20	22	25	28	32	36	40	45
h(h11)	7	8	8	9	10	11	12	14	14	16	18	20	22	25
C 或 r	0.25 ~0.4	0.4 ~0.6					0.6 ~0.8					1.0 ~1.2		
h_1	2.4		3.0	3.5		4.5			6		7	8		
d_0	M3		M4	M5		M6			M8		M10	M12		
d_1	3.4		4.5	5.5		6.6			9		11	14		
D	6		8.5	10		12			15		18	22		
c_1	0.3		0.5								1.0			
L_0	7	8	10			12			15		18	22		
螺钉 ($d_0 \times L_4$)	M3 × 8	M3 × 10	M4 × 10	M5 × 10	M5 × 10	M6 × 12	M6 × 12	M6 × 16	M8 × 16	M8 × 16	M10 × 20	M12 × 25		
L 范围	25 ~ 90	25 ~ 110	28 ~ 140	36 ~ 160	45 ~ 180	50 ~ 200	56 ~ 220	63 ~ 250	70 ~ 280	80 ~ 320	90 ~ 360	100 ~ 400	100 ~ 400	110 ~ 450

L 与 L_1、L_2、L_3 的对应长度系列	
L	25,28,32,36,40,45,50,56,63,70,80,90,100,110,125,140,160,180,200,220,250,280,320,360,400,450
L_1	13,14,16,18,20,23,26,30,35,40,48,54,60,66,75,80,90,100,110,120,140,160,180,200,220,250
L_2	12.5,14,16,18,20,22.5,25,28,31.5,35,40,45,50,55,62,70,80,90,100,110,125,140,160,180,200,225
L_3	6,7,8,9,10,11,12,13,14,15,16,18,20,22,25,30,35,40,45,50,55,60,70,80,90,100

注：1. b 和 h 根据轴径 d 由表 6-2 选取。

2. 固定螺钉按 GB/T 65—2000“开槽圆柱头螺钉”的规定。

3. 键槽的尺寸应符合 GB/T 1095—2003“平键和键槽的剖面尺寸”的规定，见表 6-2。

表 6-5 半圆键和键槽的剖面尺寸（摘自 GB/T 1098—1979）、半圆键的类型和尺寸（摘自 GB/T 1099.1—2003） （单位：mm）

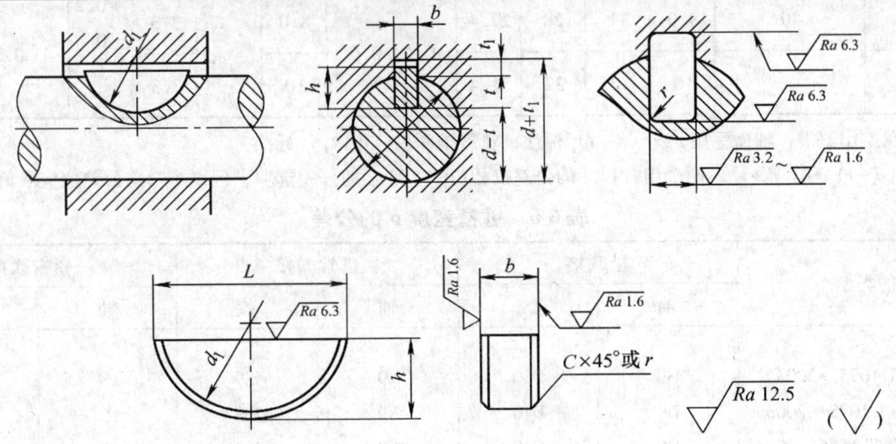

标记示例：

键 6 × 10 × 25 GB/T 1099.1—2003；

半圆键 $b = 6$mm, $h = 10$mm, $d_1 = 25$mm

（续）

轴径 d		键的公称尺寸					键槽				
							轴 t		轮毂 t_1		
传递转矩用	定位用	b (h9)	h (h11)	d_1 (h12)	$L\approx$	C	基本尺寸	公差	基本尺寸	公差	半径 r
自3~4	自3~4	1.0	1.4	4	3.9	0.16~0.25	1.0	+0.1 0	0.6	+0.1 0	0.08~0.16
>4~5	>4~6	1.5	2.6	7	6.8		2.0		0.8		
>5~6	>6~8	2.0	2.6	7	6.8		1.8		1.0		
>6~7	>8~10	2.0	3.7	10	9.7		2.9		1.0		
>7~8	>10~12	2.5	3.7	10	9.7		2.7		1.2		
>8~10	>12~15	3.0	5.0	13	12.7	0.25~0.4	3.8	+0.2 0	1.4		0.16~0.25
>10~12	>15~18	3.0	6.5	16	15.7		5.3		1.4		
>12~14	>18~20	4.0	6.5	16	15.7		5.0		1.8		
>14~16	>20~22	4.0	7.5	19	18.6		6.0		1.8		
>16~18	>22~25	5.0	6.5	16	15.7		4.5		2.3		
>18~20	>25~28	5.0	7.5	19	18.6		5.5		2.3		
>20~22	>28~32	5.0	9.0	22	21.6		7.0	+0.3 0	2.3		
>22~25	>32~36	6.0	9.0	22	21.6		6.5		2.8		
>25~28	>36~40	6.0	10	25	24.5		7.5		2.8	+0.2 0	
>28~32	40	8.0	11	28	27.4	0.4~0.6	8.0		3.3		0.25~0.4
>32~38	—	10	13	32	31.4		10		3.3		

注：1. 在工作图中，轴槽深用 t 或（$d-t$）标注；轮毂槽深用（$d+t_1$）标注。

2. （$d-t$）和（$d+t_1$）两个组合尺寸的公差按相应的 t 和 t_1 的公差选取，但（$d-t$）公差值应取负值（-）。

表 6-6　键槽宽度 *b* 的公差

键的类型	松联接		正常联接		紧密联接	
	轴	毂	轴	毂	轴	毂
平键(GB/T 1095—2003)	H9	D10	N9	JS9	P9	P9
半圆键(GB/T 1098—2003)	H9	D10	N9	JS9	P9	P9
薄型平键(GB/T 1566—2003)	H9	D10	N9	JS9	P9	P9

表 6-7　楔键和键槽的剖面尺寸（摘自 GB/T 1563—2003）、普通楔键的类型和尺寸（摘自 GB/T 1564—2003）、钩头楔键的类型和尺寸（摘自 GB/T 1565—2003）

（单位：mm）

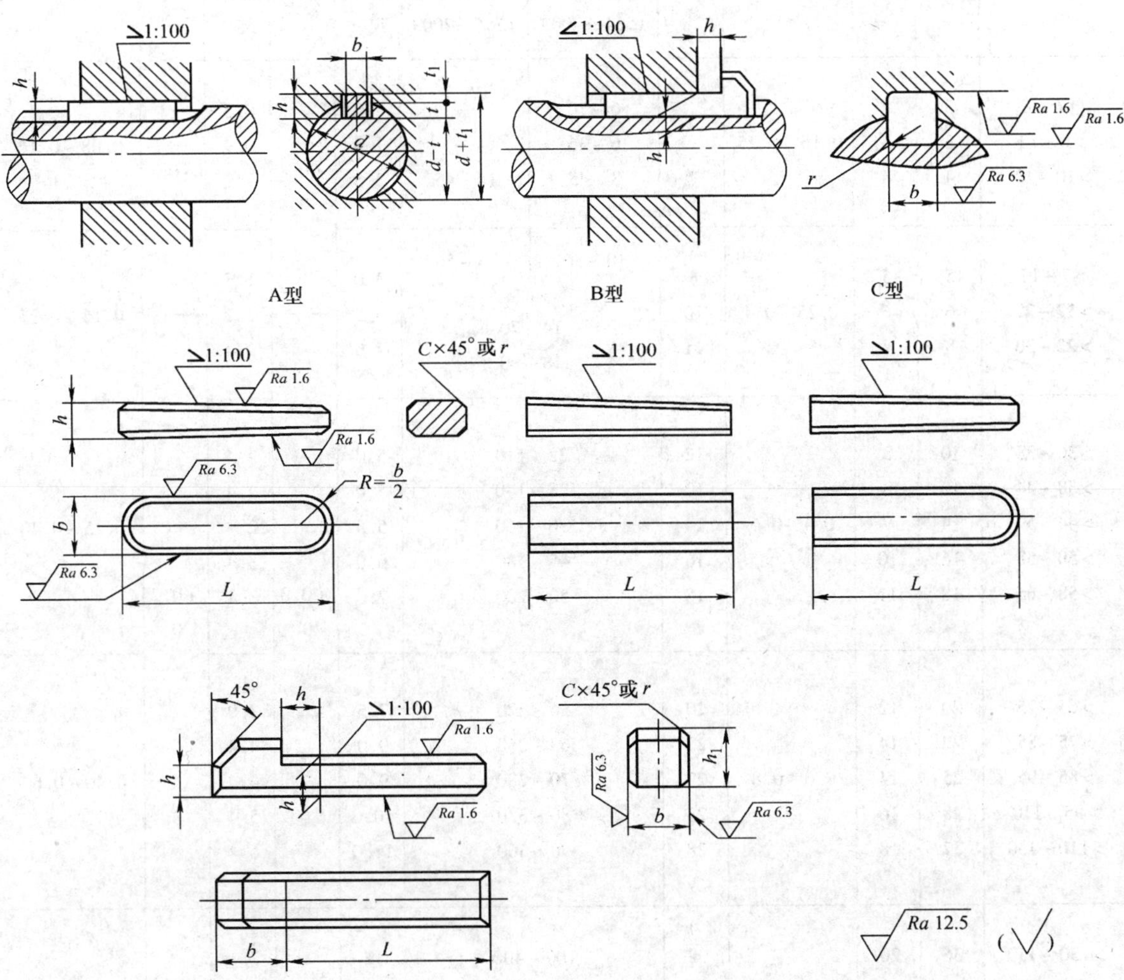

标记示例：

键 16 × 100 GB/T 1564—2003：

圆头普通楔键（A 型），$b=16$mm，$h=10$mm，$L=100$mm；

键 B16 × 100 GB/T 1564—2003：

方头普通楔键（B 型），$b=16$mm，$h=10$mm，$L=100$mm；

键 C16 × 100 GB/T 1564—2003：

单圆头普通楔键（C 型），$b=16$mm，$h=10$mm，$L=100$mm；

键 16 × 100 GB/T 1565—2003：

钩头楔键，$b=16$mm，$h=10$mm，$L=100$mm

（续）

轴径	键的公称尺寸						键槽				
					L(h14)		轴 t		轮毂 t_1		
d	b (h8)	h (h11)	C 或 r	h_1	GB/T 1564—2003	GB/T 1565—2003	基本尺寸	公差	基本尺寸	公差	半径 r
自6~8	2	2			6~20	—	1.2		0.5		
>8~10	3	3	0.16~0.25		6~36	—	1.8		0.9		0.08~0.16
>10~12	4	4		7	8~45	14~45	2.5	+0.1 0	1.2	+0.1 0	
>7~12	5	5		8	10~56	14~56	3.0		1.7		
>17~22	6	6	0.25~0.4	10	14~70		3.5		2.2		0.16~0.25
>22~30	8	7		11	18~90		4.0		2.4		
>30~38	10	8		12	22~110		5.0		2.4		
>38~44	12	8		12	28~140		5.0		2.4		
>44~50	14	9	0.4~0.6	14	36~160		5.5		2.9		0.25~0.40
>50~58	16	10		16	45~180		6.0		3.4		
>58~65	18	11		18	50~200		7.0	+0.2 0	3.4	+0.2 0	
>65~75	20	12		20	56~220		7.5		3.9		
>75~85	22	14		22	63~250		9.0		4.4		
>85~95	25	14	0.6~0.8	22	70~280		9.0		4.4		0.40~0.60
>95~110	28	16		25	80~320		10.0		5.4		
>110~130	32	18		28	90~360		11.0		6.4		
>130~150	36	20		32	100~400		12		7.1		
>150~170	40	22	1.0~1.2	36	100~400		13	+0.3 0	8.1	+0.3 0	0.70~1.00
>170~200	45	25		40	110~450	110~400	15		9.1		
L 系列	6,8,10,12,14,16,18,20,22,25,28,32,36,40,45,50,56,63,70,80,90,100,110,125,140,160,180,200,220,250,280,320,360,400,450,500										

注：1. 在工作图中轴槽深用 t 或（$d-t$）标注，轮毂槽深用（$d+t_1$）标注。

2. （$d+t_1$）及 t_1 表示大端轮毂槽深度。

3. 安装时，键的斜面与轮毂槽的斜面必须紧密贴合。

4. （$d-t$）和（$d+t_1$）的尺寸偏差按相应的 t 和 t_1 的偏差选取，但（$d-t$）公差值应取负号（－）。

5. 键槽宽 b（轴和毂）尺寸公差为 D10。

6. 当键长 L 和键宽 b 之比大于或等于 8 时，b 面在长度方向的平行度应符合 GB/T 1184—1996 的规定，当 $b\leqslant$ 6mm 按 7 级；$b\geqslant$8 至 36mm 按 6 级；当 $b\geqslant$40mm 按 5 级。

二、花键联接

1. 花键联接的类型、特点和应用（见表6-8）

表 6-8　花键联接的类型、特点和应用

类　型	特　点	应　用
矩形花键 GB/T 1144—2001	加工方便，可用磨削方法得到较高的精度，但齿根部应力集中较大。矩形花键以小径定心	广泛应用于机床制造业、飞机、汽车、拖拉机、农业机械及一般机械的传动装置中
渐开线花键 GB/T 3478.1—1995 $\alpha_D=30°$ $\alpha_D=45°$	齿廓为渐开线，工艺性较好，制造精度也较高，齿根应力集中小，齿的强度高，有自动定心作用 标准压力角 α_D 为 30°和 45°。$\alpha_D=45°$的花键模数较小，齿较细小	$\alpha_D=30°$的渐开线花键较常用，多用于载荷较大、定心精度要求较高以及尺寸较大的联接 $\alpha_D=45°$的渐开线花键多用于轻载和直径较小的静联接，尤其适用于薄壁零件与轴的联接

2. 矩形花键（见表6-9～表6-13）

表 6-9　矩形花键的基本尺寸系列（摘自 GB/T 1144—2001）　　（单位：mm）

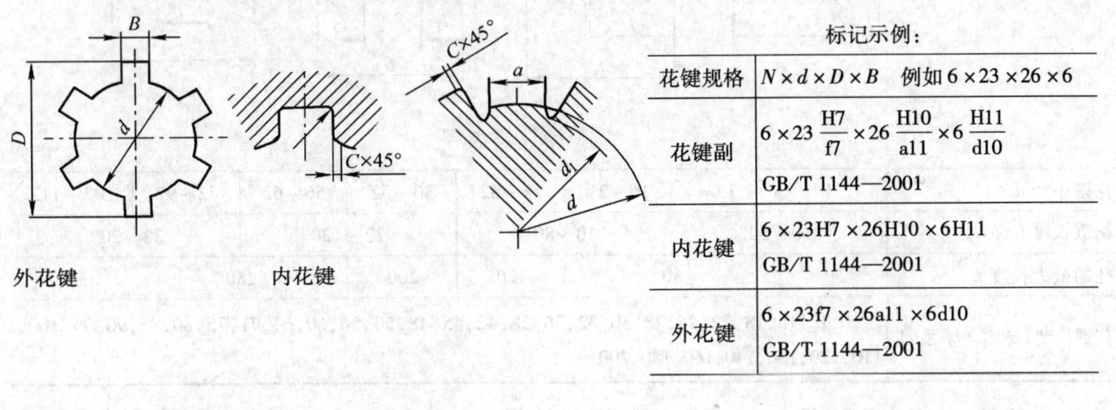

外花键　　内花键

标记示例：

花键规格	$N \times d \times D \times B$　例如 6×23×26×6
花键副	$6\times23\frac{H7}{f7}\times26\frac{H10}{a11}\times6\frac{H11}{d10}$ GB/T 1144—2001
内花键	6×23H7×26H10×6H11 GB/T 1144—2001
外花键	6×23f7×26a11×6d10 GB/T 1144—2001

（续）

小径 d	轻系列					中系列				
	规格 $N\times d\times D\times B$	C	r	参考		规格 $N\times d\times D\times B$	C	r	参考	
				$d_{1\min}$	$a_{\min}$				$d_{1\min}$	$a_{\min}$
11						6×11×14×3	0.2	0.1		
13						6×13×16×3.5				
16						6×16×20×4			14.4	1.0
18						6×18×22×5	0.3	0.2	16.6	1.0
21						6×21×25×5			19.5	2.0
23	6×23×26×6	0.2	0.1	22	3.5	6×23×28×6			21.2	1.2
26	6×26×30×6			24.5	3.8	6×26×32×6			23.6	1.2
28	6×28×32×7			26.6	4.0	6×28×34×7			25.8	1.4
32	8×32×36×6			30.3	2.7	8×32×38×6	0.4	0.3	29.4	1.0
36	8×36×40×7	0.3	0.2	34.4	3.5	8×36×42×7			33.4	1.0
42	8×42×46×8			40.5	5.0	8×42×48×8			39.4	2.5
46	8×46×50×9			44.6	5.7	8×46×54×9			42.6	1.4
52	8×52×58×10			49.6	4.8	8×52×60×10	0.5	0.4	48.6	2.5
56	8×56×62×10			53.5	6.5	8×56×65×10			52.0	2.5
62	8×62×68×12			59.7	7.3	8×62×72×12			57.7	2.4
72	10×72×78×12	0.4	0.3	69.6	5.4	10×72×82×12			67.7	1.0
82	10×82×88×12			79.3	8.5	10×82×92×12	0.6	0.5	77.0	2.9
92	10×92×98×11			89.6	9.9	10×92×102×11			87.3	4.5
102	10×102×108×16			99.6	11.3	10×102×112×16			97.7	6.2
112	10×112×120×18	0.5	0.4	108.8	10.5	10×112×125×18			106.2	4.1

注：1. d——小径；D——大径；B——键宽或键槽宽；N——键数。

2. d_1 和 a 值仅适用于展成法加工。

表 6-10　矩形内花键的长度系列（摘自 GB/T 10081—1988）　　（单位：mm）

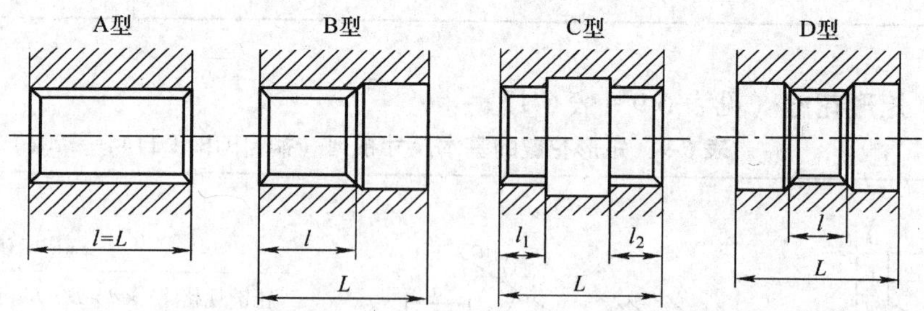

花键小径 d	11	13	16～21	23～32	36～52	56～62	72～92	102～112
花键长度 l 或 l_1+l_2	10～50		10～80		22～120		32～200	
孔的最大长度 L	50	80		120	200	250		300
花键长度 l 或 l_1+l_2 系列	10,12,15,18,22,25,28,30,32,36,38,42,45,48,50,56,60,63,71,75,80,85,90,95,100,110,120,130,140,160,180,200							

表 6-11　矩形花键的尺寸公差（摘自 GB/T 1144—2001）

内花键				外花键			装配形式
d	*D*	*B*		*d*	*D*	*B*	
		拉削后不热处理	拉削后热处理				
一般用							
H7	H10	H9	H11	f7	a11	d10	滑动
				g7		f9	紧滑动
				h7		h10	固定
精密传动用							
H5	H10	H7，H9		f5	a11	d8	滑动
				g5		f7	紧滑动
				h5		h8	固定
H6				f6		d8	滑动
				g6		f7	紧滑动
				h6		d8	固定

注：1. 精密传动用的内花键，当需要控制键侧配合间隙时，槽宽可选用 H7，一般情况下可选用 H9。

2. *d* 为 H6 和 H7 的内花键，允许与提高一级的外花键配合。

表 6-12　矩形花键的位置度公差（摘自 GB/T 1144—2001）　　（单位：mm）

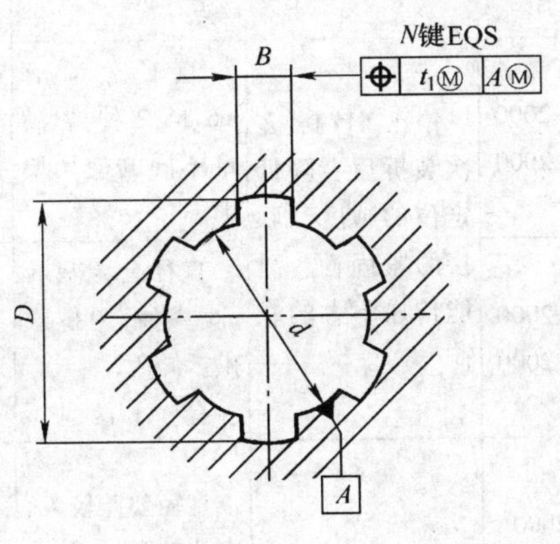

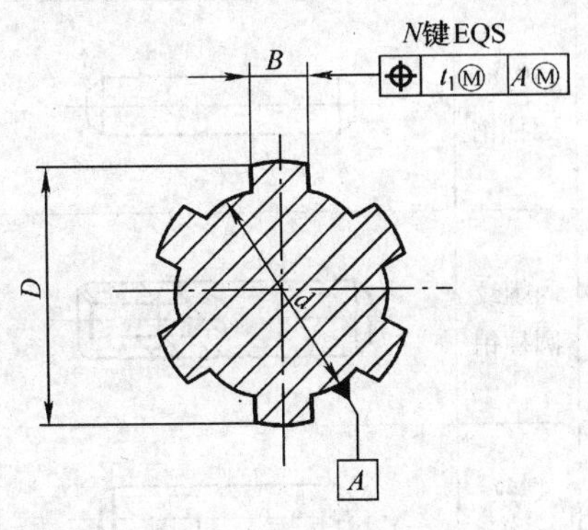

键槽宽或键宽 *B*		3	3.5～6	7～10	12～18
		位置度公差 t_1			
键槽宽		0.010	0.015	0.020	0.025
键宽	滑动、固定	0.010	0.015	0.020	0.025
	紧滑动	0.006	0.010	0.013	0.016

表 6-13　矩形花键的对称度公差（摘自 GB/T 1144—2001）　　（单位：mm）

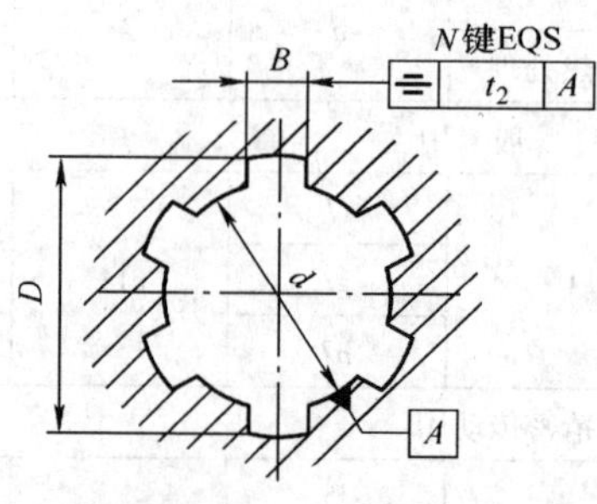

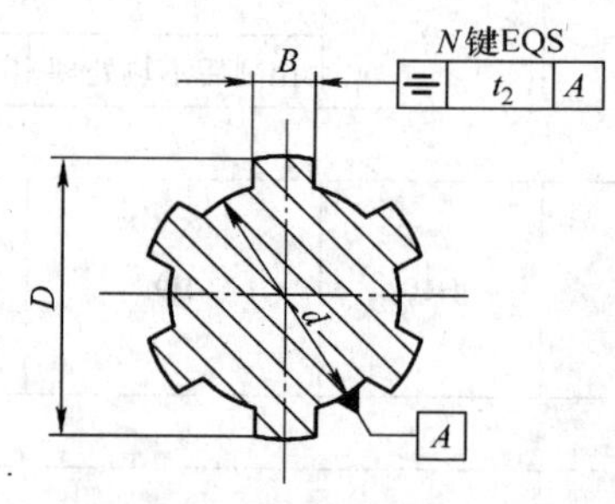

键槽宽或键宽 B	3	3.5 ~ 6	7 ~ 10	12 ~ 18
	对称度公差 t_2			
一般用	0.010	0.012	0.015	0.018
精密传动用	0.006	0.008	0.009	0.011

注：花键的等分度公差值等于键宽的对称度公差。

三、销联接

1. 销的类型、特点和应用（见表 6-14）

表 6-14　销的类型、特点和应用

类型		图　形	标准	特　点		应用
圆柱销	普通圆柱销		GB/T 119.1—2000 GB/T 119.2—2000	销孔需铰制，多次装拆后会降低定位的精度和联接的紧固性。只能传递不大的载荷	直径公差有 m6、h8 2 种，以满足不同的使用要求	主要用于定位，也可用于联接
	内螺纹圆柱销		GB/T 120.1—2000 GB/T 120.2—2000		直径公差只有 m6 一种，内螺纹供拆卸用 有 A、B 两型	B 型用于不通孔
	螺纹圆柱销		GB/T 878—2000		直径公差较大，定位精度低	用于精度要求不高的场合
	弹性圆柱销		GB/T 879.1—2000 GB/T 879.2—2000	具有弹性，装入销孔后与孔壁压紧，不易松脱。销孔精度要求较低，互换性好，可多次装拆。刚性较差，不适于高精度定位 载荷大时可用几个套在一起使用，相邻内外两销的缺口应错开 180°		用于有冲击、振动的场合，可代替部分圆柱销、圆锥销、开口销或销轴

（续）

类型		图形	标准	特点	应用
圆锥销	普通圆锥销		GB/T 117—2000	有1:50的锥度，便于安装。定位精度比圆柱销高。在受横向力时能自锁。销孔需铰制 螺纹供拆卸用。螺尾圆锥销制造不便；开尾圆锥销打入销孔后，末端可稍张开以防止松脱	主要用于定位，也可用以固定零件，传递动力。多用于经常装拆的场合
	内螺纹圆锥销		GB/T 118—2000		用于不通孔
	螺尾圆锥销		GB/T 881—2000		用于拆卸困难的场合，如不通孔或很难打出销钉的孔中
	开尾圆锥销		GB/T 877—2000		用于有冲击、振动的场合
槽销	锥槽销		GB/T 13829.5—2003	销上有辗压或模锻出的三条纵向沟槽，打入销孔后与孔壁压紧，不易松脱。能承受振动和变载荷。销孔不需铰制，可多次装拆	与圆锥销相同
	直槽销				用于有严重振动和冲击载荷的场合
销轴			GB/T 882—2000	用开口销锁定，拆卸方便	用于铰接处
带孔销			GB/T 880—2000		
开口销			GB/T 91—2000	工作可靠，拆卸方便	常用于锁定其他紧固件，如开槽螺母、销轴等
安全销				结构简单，形式多样。必要时在销上切出槽口。为防止断销时损坏孔壁，可在孔内加销套	用于传动装置和机器的过载保护，如安全联轴器等的过载剪断元件

2. 销的标准（见表 6-15 ~ 表 6-23）

表 6-15　圆柱销　不淬硬钢和奥氏体不锈钢（摘自 GB/T 119.1—2000）、**圆柱销　淬硬钢和马氏体不锈钢**（摘自 GB/T 119.2—2000）　（单位：mm）

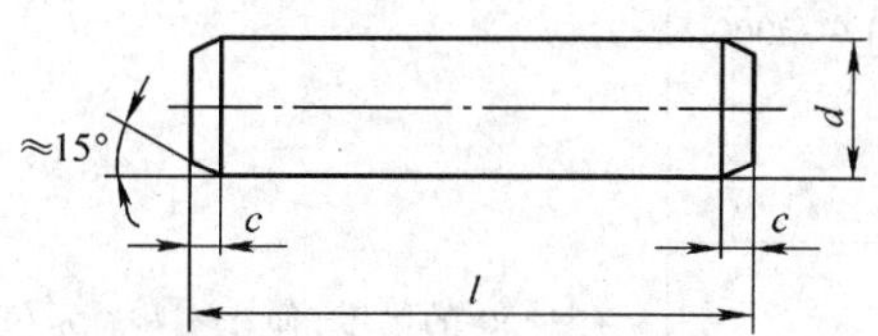

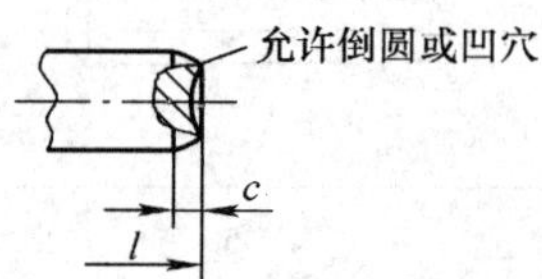

标记示例：

销　GB/T 119.1—2000 6m6 × 30—A1：公称直径 $d=6$mm，公差为 m6，公称长度 $l=30$mm，材料为 A1 组奥氏体不锈钢，表面简单处理的圆柱销

销　GB/T 119.2—2000 6 × 30—C1：公称直径 $d=6$mm，公差为 m6，公称长度 $l=30$mm，材料为 C1 组马氏体不锈钢，表面简单处理的圆柱销

dm6/h8	0.6	0.8	1	1.2	1.5	2	2.5	3	4	5	6	8	10	12	16	20	25	30	40	50
c≈	0.12	0.16	0.2	0.25	0.3	0.35	0.4	0.5	0.63	0.8	1.2	1.6	2	2.5	3	3.5	4	5	6.3	8
l 范围	2 ~ 6	2 ~ 8	4 ~ 10	4 ~ 12	4 ~ 16	6 ~ 20	6 ~ 24	8 ~ 30	8 ~ 40	10 ~ 50	12 ~ 60	14 ~ 80	18 ~ 95	22 ~ 140	26 ~ 180	35 ~ 200	50 ~ 200	60 ~ 200	80 ~ 200	95 ~ 200
l 系列	2,3,4,5,6,8,10,12,14,16,18,20,22,24,26,28,30,32,35,40,45,50,55,60,65,70,75,80,85,90,95,100,120,140,160,180,200																			

注：1. GB/T 119.2—2000 中 d 的尺寸范围为 1 ~ 20mm。

2. 公称长度大于 200mm（GB/T 119.1）和大于 100mm（GB/T 119.2），按 20mm 递增。

表 6-16　内螺纹圆柱销（摘自 GB/T 120.1—2000、GB/T 120.2—2000）

（单位：mm）

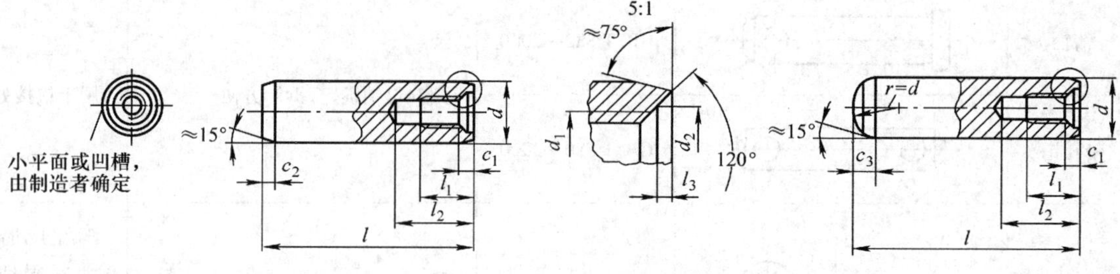

GB/T 120.1，GB/T 120.2A 型　　　GB/T 120.2B 型

GB/T 120.1—2000：内螺纹圆柱销　不淬硬钢和奥氏体不锈钢

GB/T 120.2—2000：内螺纹圆柱销　淬硬钢和马氏体不锈钢

标记示例：

销　GB/T 120.2　6 × 30—A：公称直径 $d=6$mm，公差为 m6，公称长度 $l=30$mm，材料为钢，普通淬火（A 型），表面氧化处理的内螺纹圆柱销

（续）

d m6	6	8	10	12	16	20	25	30	40	50
$c_1\approx$	0.8	1	1.2	1.6	2	2.5	3	4	5	6.3
$c_2\approx$	1.2	1.6	2	2.5	3	3.5	4	5	6.3	8
c_3	2.1	2.6	3	3.8	4.6	6	6	7	8	10
d_1	M4	M5	M6	M6	M8	M10	M16	M20	M20	M24
P(螺距)	0.7	0.8	1	1	1.25	1.5	2	2.5	2.5	3
d_2	4.3	5.3	6.4	6.4	8.4	10.5	17	21	21	25
l_1	6	8	10	12	16	18	24	30	30	36
l_2 min	10	12	16	20	25	28	35	40	40	50
l_3	1	1.2	1.2	1.2	1.5	1.5	2	2	2.5	2.5
l 范围	16~60	18~80	22~100	26~120	32~160	40~200	50~200	60~200	80~200	100~200
l 系列	16,18,20,22,24,26,28,30,32,35,40,45,50,55,60,65,70,75,80,85,90,95,100,120,140,160,180,200									

注：公称长度大于200mm，按20mm递增。

表6-17　螺纹圆柱销（摘自GB/T 878—2007）　（单位：mm）

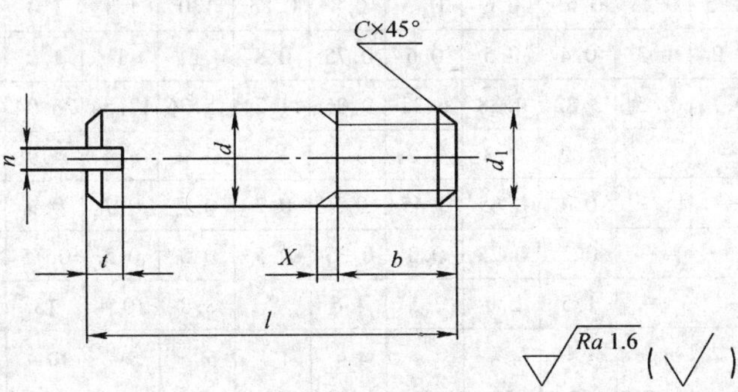

标记示例：

销　GB/T 878—2007　10×30：

公称直径 $d=10$mm，长度 $l=30$mm，材料为35钢，热处理硬度28~38HRC，表面氧化处理的螺纹圆柱销

d(h13)	4	6	8	10	12	16	20
d_1	M4	M6	M8	M10	M12	M16	M20
b	4.4	6.6	8.8	11	13.2	17.6	22
n	0.6	1	1.2	1.6	2	2.5	3
t	2.05	2.9	3.6	4.25	4.8	5.5	6.8
X	1.4	2	2.5	3	3.5	4	5
$C\approx$	0.6	1	1.2	1.5	2		2.5
l	10~14	12~20	14~28	18~35	22~40	24~50	30~60
l 系列	10,12,14,18,20,22,24,26,28,30,32,35,40,45,50,55,60						

表 6-18 弹性圆柱销 直槽重型（摘自 GB/T 879.1—2000）、弹性圆柱销 直槽轻型（摘自 GB/T 879.2—2000） （单位：mm）

对 $d \geqslant 10$mm 的弹性圆柱销，也可由制造者选用单面倒角的型式

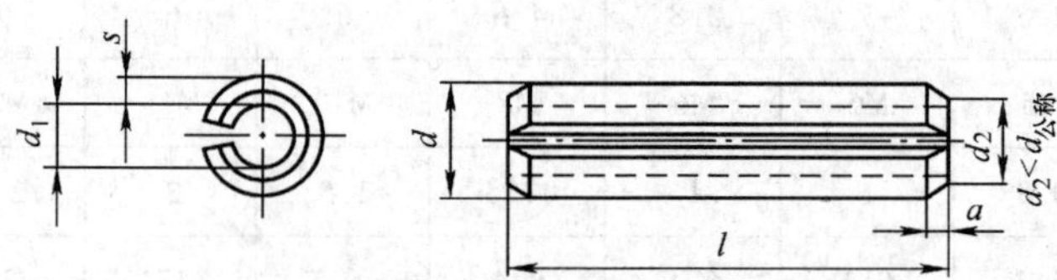

标记示例：

销 GB/T 879.1（879.2）—2000 6×30：公称直径 $d=6$mm，公称长度 $l=30$mm，材料为钢（St），热处理硬度 500HV30～560HV30，表面氧化处理，直槽，重型（轻型）弹性圆柱销

d	公称	1	1.5	2	2.5	3	3.5	4	4.5	5	6	8	10	12	13
	max	1.3	1.8	2.4	2.9	3.4	4.0	4.6	5.1	5.6	6.7	8.5	10.8	12.8	13.8
	min	1.2	1.7	2.3	2.8	3.3	3.8	4.4	4.9	5.4	6.4	8.5	10.5	12.5	13.5
GB/T 879.1	d_1	0.8	1.1	1.5	1.8	2.1	2.3	2.8	2.9	3.4	4	5.5	6.5	7.5	8.5
	a max	0.35	0.45	0.55	0.6	0.7	0.8	0.85	1.0	1.1	1.4	2.0	2.4	2.4	2.4
	s	0.2	0.3	0.4	0.5	0.6	0.75	0.8	1	1	1.2	1.5	2	2.5	2.5
	G^*_{min}（kN）	0.7	1.5	2.82	4.38	6.32	9.06	11.24	15.36	17.54	26.04	42.76	70.16	104.1	115.1
GB/T 879.2	d_1	—	—	1.9	2.3	2.7	3.1	3.4	3.9	4.4	4.9	7	8.5	10.5	11
	a max	—	—	0.4	0.45	0.45	0.5	0.7	0.7	0.7	0.9	1.8	2.4	2.4	2.4
	s	—	—	0.2	0.25	0.3	0.35	0.5	0.5	0.5	0.75	0.75	1	1	1.2
	G^*_{min}（kN）	—	—	1.5	2.4	3.5	4.6	8	8.8	10.4	18	24	40	48	66
l 范围		4～20	4～20	4～30	4～30	4～40	4～40	4～50	5～50	5～80	10～100	10～120	10～160	10～180	10～180
d	公称	14	16	18	20	21	25	28	30	32	35	38	40	45	50
	max	14.8	16.8	18.9	20.9	21.9	25.9	28.9	30.9	32.9	35.9	38.9	40.9	45.9	50.9
	min	14.5	16.5	18.5	20.5	21.5	25.1	28.5	30.5	32.5	35.5	38.5	40.5	45.5	50.5
GB/T 879.1	d_1	8.5	10.5	11.5	12.5	13.5	15.5	17.5	18.5	20.5	21.5	23.5	25.5	28.5	31.5
	a max	2.4	2.4	2.4	3.4	3.4	3.4	3.4	3.4	3.6	3.6	4.6	4.6	4.6	4.6
	s	3	3	3.5	4	4	5	5.5	6	6	7	7.5	7.5	8.5	9.5
	G^*_{min}（kN）	144.7	171	222.5	280.6	298.2	438.5	452.6	631.4	684	859	1003	1068	1360	1685
GB/T 879.2	d_1	11.5	13.5	15	16.5	17.5	21.5	23.5	25.5	—	28.5	—	32.5	37.5	40.5
	a max	2.4	2.4	2.4	2.4	2.4	3.4	3.4	3.4	—	3.4	—	4.6	4.6	4.6
	s	1.5	1.5	1.7	2	2	2	2.5	2.5	—	3.5	—	4	4	5
	G^*_{min}（kN）	84	98	126	158	168	202	280	302	—	490	—	634	720	1000

（续）

l范围	10～200	10～200	10～200	10～200	14～200	14～200	14～200	14～200	20～200	20～200	20～200	20～200	20～200	20～200
l系列	4,5,6,8,10,12,14,16,18,20,22,24,26,28,30,32,35,40,45,50,55,60,65,70,75,80,85,90,95,100,120,140,160,180,200													

注：1. a值为参考。

2. G^*_{min}为最小双面剪切载荷值，kN。仅适用钢和马氏体不锈钢；对奥氏体不锈钢弹性柱销，不规定双面剪切载荷值。

3. 公称长度大于200mm，按20mm递增。

4. d的max及min尺寸为装配前尺寸。

5. 销孔的公称直径应等于弹性销的公称直径d，其公差带为H12。

6. 由于弹性圆柱销带开口，槽口位置不应装在销子受压的一面，在组装图上应表示槽口方向。销子装入允许的最小销孔时，槽口也不得完全闭合。

表6-19　圆锥销（摘自GB/T 117—2000）　（单位：mm）

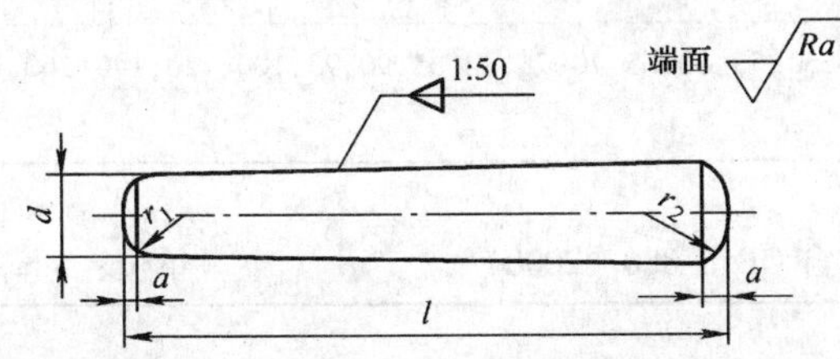

$r_1 \approx d$

$r_2 \approx \frac{a}{2} + d + \frac{(0.021)^2}{8a}$

A型（磨削）：锥面表面粗糙度 $Ra = 0.8\mu m$

B型（切削或冷镦）：锥面表面粗糙度 $Ra = 3.2\mu m$

标记示例：

销　GB/T 117—2000　10×60：公称直径 d=10mm，长度 l=60mm，材料为35钢，热处理硬度28～38HRC，表面氧化处理的A型圆锥销

d(h10)	0.6	0.8	1	1.2	1.5	2	2.5	3	4	5
a≈	0.08	0.1	0.12	0.16	0.2	0.25	0.3	0.4	0.5	0.63
l范围	4～8	5～12	6～16	6～20	8～24	10～35	10～35	12～45	14～55	18～60
d(h10)	6	8	10	12	16	20	25	30	40	50
a≈	0.8	1	1.2	1.6	2	2.5	3	4	5	6.3
l范围	22～90	22～120	26～160	32～180	40～200	45～200	50～200	55～200	60～200	65～200
l系列	2,3,4,5,6,8,10,12,14,16,18,20,22,24,26,28,30,32,35,40,45,50,55,60,65,70,75,80,85,90,95,100									

注：公称长度l大于100mm，按20mm递增。

表6-20　内螺纹圆锥销（摘自GB/T 118—2000）　（单位：mm）

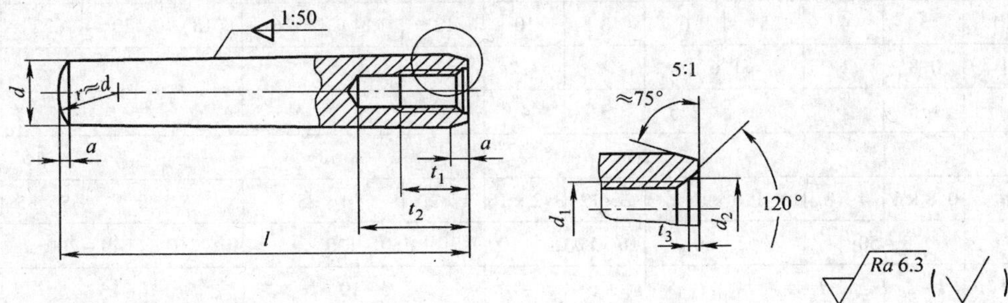

A型（磨削）：锥表面粗糙度 $Ra = 0.8\mu m$

B型（切削或冷镦）：锥表面粗糙度 $Ra = 3.2\mu m$

标记示例：

销　GB/T 118—2000　6×30：公称直径 d=6mm，公称长度 l=30mm，材料为35钢，热处理硬度28～38HRC，表面氧化处理的A型内螺纹圆锥销

（续）

d(h10)	6	8	10	12	16	20	25	30	40	50
a≈	0.8	1	1.2	1.6	2	2.5	3	4	5	6.3
d_1	M4	M5	M6	M8	M10	M12	M16	M20	M20	M24
P(螺距)	0.7	0.8	1	1.25	1.5	1.75	2	2.5	2.5	3
d_2	4.3	5.3	6.4	8.4	10.5	13	17	21	21	25
t_1	6	8	10	12	16	18	24	30	30	36
t_2 min	10	12	16	20	25	28	35	40	40	50
t_3	1	1.2	1.2	1.2	1.5	1.5	2	2	2.5	2.5
l 范围	16~60	18~80	22~100	26~120	32~160	40~≥200	50~≥200	60~≥200	80~≥200	100~≥200
l 系列	16,18,20,22,24,26,28,30,32,35,40,45,50,55,60,65,70,75,80,85,90,95,100,120,140,160,180,200									

注：公称长度大于200mm，按20mm递增。

表6-21 带孔销（摘自 GB/T 880—2000）（单位：mm）

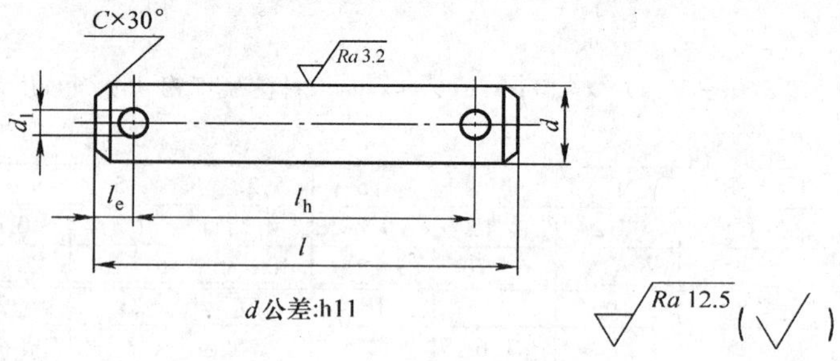

d公差:h11

Ra 12.5 (√)

标记示例：

销 GB/T 880—2000 10×60：

公称直径 d=10mm，长度 l=60mm，材料为35钢，经热处理及表面氧化处理的带孔销

d(h11)	3	4	5	6	8	10	12	(14)	16	(18)	20	(22)	25
d_1 min(H13)	0.8	1	1.6		2	3.2	4			5			6.3
l_e≈	1.5	2		2.5	3	4	5			6.5			8
C≈	1		2				3				4		
开口销	0.8×6	1×8	1.6×10		2×12	3.2×16	4×20	4×25		5×30		5×35	6.3×40
l	8~50		12~60		16~80	20~100	30~120			40~160	40~200		50~200
l_h(H14)	l-3	l-4		l-5	l-6	l-8	l-10			l-13			l-16
l 系列	8,10,12,14,16,18,20,22,24,26,28,30,32,35,40,45,50,55,60,65,70,75,80,85,90,95,100,120,140,160,180,200												

注：1. 尽可能不采用括号内的规格。

2. l_h 尺寸为商品规格范围。

表 6-22　销轴（摘自 GB/T 882—2000）　　（单位：mm）

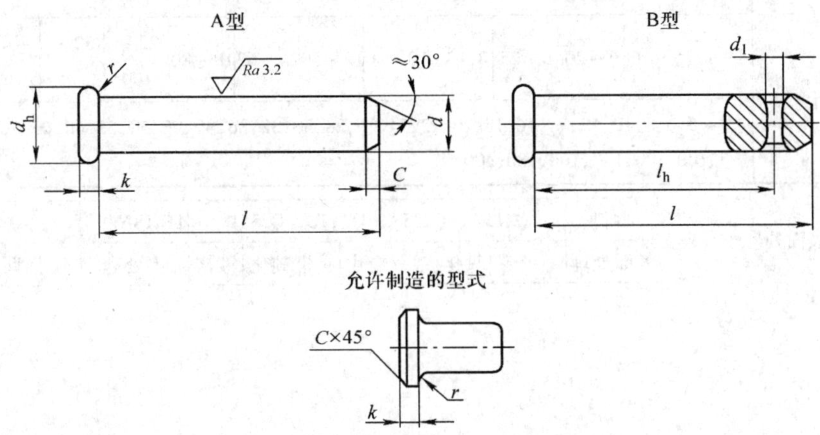

标记示例：

销轴　GB/T 882—2000　10×50：

公称直径 $d=10$mm，长度 $l=50$mm，材料为 35 钢，热处理硬度 28～38HRC，表面氧化处理的 A 型销轴

<table>
<tr><td>d(h11)</td><td>3</td><td>4</td><td>5</td><td>6</td><td>8</td><td>10</td><td>12</td><td>14</td><td>16</td><td>18</td><td>20</td><td>22</td><td>25</td><td>28</td><td>30</td><td>32</td><td>36</td><td>40</td><td>45</td><td>50</td><td>55</td><td>60</td></tr>
<tr><td>d_h max</td><td>5</td><td>6</td><td>8</td><td>10</td><td>12</td><td>14</td><td>16</td><td>18</td><td>20</td><td>22</td><td>25</td><td>28</td><td>32</td><td>36</td><td>38</td><td>40</td><td>45</td><td>50</td><td>55</td><td>60</td><td>65</td><td>70</td></tr>
<tr><td>k</td><td colspan="2">1.5</td><td colspan="2">2</td><td colspan="2">2.5</td><td colspan="2">3</td><td colspan="2">3.5</td><td colspan="2">4</td><td colspan="3">5</td><td colspan="3">6</td><td colspan="2">7</td><td colspan="2">8</td></tr>
<tr><td>d_1 min</td><td colspan="2">1.6</td><td colspan="2">2</td><td colspan="2">3.2</td><td colspan="3">4</td><td colspan="3">5</td><td colspan="4">6.3</td><td colspan="3">8</td><td colspan="3">10</td></tr>
<tr><td>r</td><td>0.2</td><td colspan="10">0.5</td><td colspan="5">1</td><td colspan="5">1.5</td></tr>
<tr><td>C≈</td><td colspan="2">0.5</td><td colspan="3">1</td><td colspan="4">1.5</td><td colspan="7">3</td><td colspan="5">5</td></tr>
<tr><td>C_1≈</td><td>0.2</td><td colspan="4">0.3</td><td colspan="4">0.5</td><td colspan="9">1</td><td colspan="4">1.5</td></tr>
<tr><td>l</td><td>6～22</td><td>6～30</td><td>8～40</td><td>12～60</td><td>12～80</td><td>14～120</td><td>20～120</td><td>20～120</td><td>20～140</td><td>24～140</td><td>24～160</td><td>24～160</td><td>40～180</td><td>40～180</td><td>50～200</td><td>50～200</td><td>60～200</td><td>70～200</td><td>70～200</td><td>70～200</td><td>80～200</td><td>90～200</td></tr>
<tr><td>l_h(H14)</td><td>l-2</td><td colspan="3">l-3</td><td colspan="2">l-4</td><td colspan="4">l-5</td><td colspan="3">l-6</td><td colspan="3">l-8</td><td colspan="3">l-10</td><td colspan="3">l-12</td></tr>
<tr><td>l 系列</td><td colspan="22">6,8,10,12,14,16,18,20,22,24,26,28,30,32,35,40,45,48,50,55,60,65,70,75,80,85,90,95,100,120,140,160,180,200</td></tr>
</table>

表 6-23　开口销（摘自 GB/T 91—2000）　　（单位：mm）

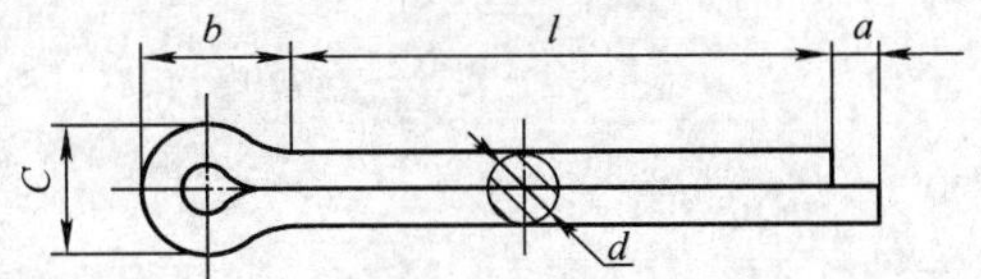

标记示例：

销　GB/T 91—2000　5×50：

公称规格为 5mm，长度 $l=50$mm，材料为低碳钢不经表面处理的开口销

d(销孔直径)	0.6	0.8	1	1.2	1.6	2	2.5	3.2	4	5	6.3	8	10	13
C max	1	1.4	1.8	2	2.8	3.6	4.6	5.8	7.4	9.2	11.8	15	19	24.8
b≈	2	2.4	3	3	3.2	4	5	6.4	8	10	12.6	16	20	26

（续）

a max	1.6		2.5					3.2	4				6.3	
l	4 ~ 12	5 ~ 16	6 ~ 20	8 ~ 25	8 ~ 32	10 ~ 40	12 ~ 50	14 ~ 63	18 ~ 80	22 ~ 100	32 ~ 125	40 ~ 160	45 ~ 200	71 ~ 250
l 系列	4,5,6,8,10,12,14,16,18,20,22,24,26,28,30,32,36,40,45,50,55,60,65,70,75,80,85,90,95,100,120,140,160,180,200													

注：材料及表面处理按右表：

材料	Q215A、Q235A、Q215B、Q235B					1Cr18Ni9Ti	H63			
表面处理	不处理	氧化	镀锌钝化	镀镉钝化	镀铬	不处理	不处理	钝化	镀镍	镀铬

第七章　联　轴　器

一、常用联轴器的类型（见表7-1）

表7-1　常用联轴器的类型、特点及应用

联轴器名称	许用转矩/N·m	轴径/mm	最高转速/r·min^{-1}	许用补偿量 轴向/mm	径向/mm	角向(°)	特　点	应　用
凸缘联轴器（GB/T 5843—2003）	25～100000	12～250	12000～1600				结构简单，装拆方便，工作可靠，传递转矩大，外形尺寸紧凑，转动惯量小，成本低，但无补偿两轴相对位移和缓冲减振能力	适宜用于载荷平稳、无冲击，运转过程能保持两轴对中，不发生相对位移，起动迅速的两轴联接。当两轴不同轴时，会引起很大的附加载荷
GICL(Z)型齿式联轴器（JB/T 8854.3—2001）	630～2800000	16～670	4000～500	较大	1.96～21.7	0°31′	结构紧凑，承载能力大，工作可靠，具有综合补偿两轴相对位移的能力。但齿形加工复杂，制造困难，工作时需要有良好的润滑	根据齿轮材质和加工精度不同，可用于重载，高速的两水平轴的联接，也可用于轻型和中低速传动轴的联接
尼龙滑块联轴器	16～5000	10～100	1500～10000	较大	0.01d+0.25 d—轴伸直径	0°41′	径向尺寸小，允许两轴有较大的相对径向位移。但对角位移较敏感，滑动表面易磨损，传动效率较低，需注意润滑和经常维护	适宜用于两轴会发生较大径向位移、转速不高，载荷平稳，无冲击的联接
滚子链联轴器（GB/T 6069—2002）	40～25000	16～190	900～4500	1.4～9.5	0.19～1.27	1°	结构简单，尺寸紧凑，重量轻，制造维修容易，装拆方便，有一定的补偿两轴相对位移的能力。但链条元件间有间隙，逆转时有冲击，需润滑，转速高时需加罩壳	可用于需有一定补偿量的单向转动，冲击载荷不大的中、低速传动的水平轴联接
轮胎式联轴器（GB/T 5844—2002）	10～25000	11～180	1800～5000	1.0～8.0	1.0～5.0	1°0′～1°30′	缓冲减振性能好，补偿两轴相对位移的能力大。但承载能力不高	适用于有较大冲击载荷或有扭转振动，正反转多变，起动频繁，以及两轴间有较大相对位移的两轴联接

（续）

联轴器名称	许用转矩 /N·m	轴径 /mm	最高转速 /r·min^{-1}	许用补偿量			特　点	应　用
				轴向 /mm	径向 /mm	角向 (°)		
弹性套柱销联轴器（GB/T 4323—2002）	6.3 ~ 16000	9 ~ 170	1150 ~ 8800	较大	0.1 ~ 0.3	45′ ~ 15′	结构简单，制造容易，安装和更换柱销方便，有一定弹性和补偿两轴相对位移的能力。但当角位移较大时，弹性套的寿命较短	可用于对补偿两轴相对位移、缓冲和减振有一定要求的一般中小功率传动轴的联接，工作温度范围为 -20 ~ 70℃
弹性柱销联轴器（GB/T 5014—2003）	250 ~ 80000	12 ~ 260	8500 ~ 1220	0.5 ~ 2.5	0.15 ~ 0.25	0°30′	结构简单，制造容易，更换易损件方便，不需经常维护，有一定的补偿性能和缓冲性能，弹性件的耐磨性高，寿命较长	适用于平稳或有轻微冲击载荷，起动频繁，对补偿性能要求不高，而需要有较长使用期及工作时可能发生较大轴向窜动的两轴联接
弹性柱销齿式联轴器（GB/T 5015—2003）	112 ~ 2800000	12 ~ 850	460 ~ 5000	±1.5 ~ ±5	0.3 ~ 1.5	0°30′	制造容易，维修方便，更换易损件方便，工作时不需润滑，价廉，且稍有弹性	适用于传递转矩较大，冲击载荷不大，正反转多变或起动频繁的两水平轴的联接，工作温度在 -20 ~ 70℃时，可代替部分齿式联轴器
梅花形弹性联轴器（GB/T 5272—2002）	25 ~ 25000	12 ~ 160	1900 ~ 15300	1.2 ~ 5.0	0.2 ~ 0.8	1°00′ ~ 0°30′	结构简单，制造容易，外形尺寸紧凑，工作可靠，不需维护，成本低，但安装时需要沿轴向移动	适用于载荷变化不大，对缓冲减振要求不高，而需要有一定的补偿两轴相对位移的中、小功率传动中两轴的联接
万向联轴器（JB/T 5901—1991）	11.2 ~ 1120	8 ~ 42	3300			≤45°	径向尺寸小，两轴间有很大轴间夹角时仍能正常传动，但两轴之间不能保持同步转动。要求同步转动的场合，需用双万向联轴器并需满足一定的安装条件	适用于两轴之间有较大轴间角或工作时轴间角有较大变动的两轴联接，及两轴平行而轴线间径向偏移较大的传动

二、联轴器的选择

联轴器的选用主要应考虑下述使用要求和工作条件：①联轴器的承载能力、缓冲和减振性能应与工作转矩的大小和载荷的性质（冲击、振动）相适应；②联轴器最高转速应满足工作转速要求，在工作转速较高时还应考虑所选联想轴器外缘的离心应力或弹性元件的变形及动平衡精度；③联轴器所具有补偿两轴相对位移的能力，包括能补偿两轴因受载和温升产生的变形和部件间的相对位移，以及因联轴器自身制造和安装引起的相对位移；④考虑联轴器安装、调试与维修的结构空间；⑤要考虑可靠性、工作环境、使用寿命、润滑和密封以及成本。

目前，常用联轴器已标准化或规格化了，一般情况下，选定联轴器类型后，可按转矩、轴径和转速等条件确定标准联轴器的型号和主要尺寸。必要时应对联轴器中易损的薄弱环节进行承载能力等的校核计算。

联轴器的轴孔形式决定联接轴的结构设计。图 7-1 和图 7-2 所示为常用联轴器的轴和孔结构，轴孔和键槽的配合见表 7-2 和表 7-3，联轴器轴孔与轴伸的配合见表 7-4。

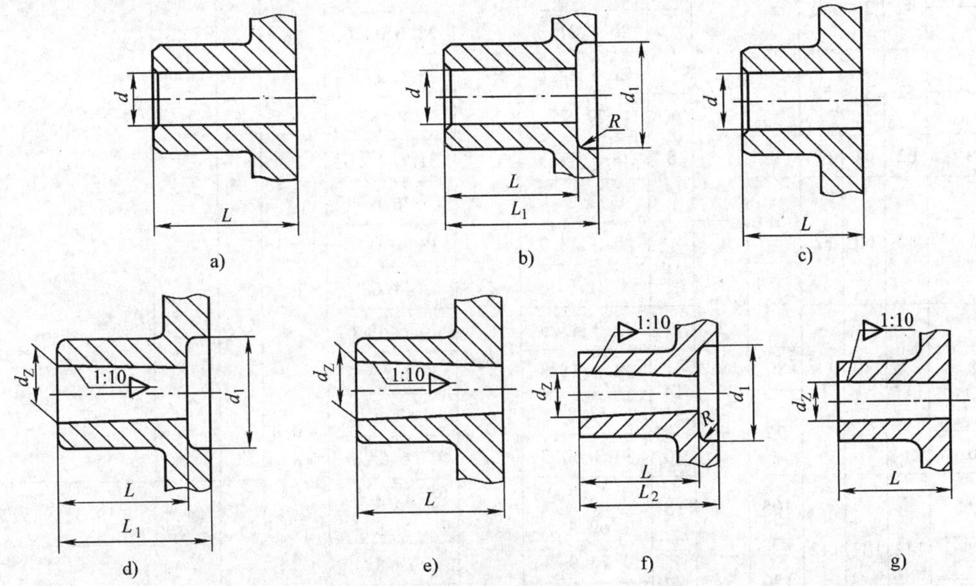

图 7-1　轴孔型式

a）Y 型长圆柱形轴孔　b）J 型有沉孔的短圆柱形轴孔　c）J_1 型无沉孔的短圆柱形轴孔

d）Z 型有沉孔的长圆锥形轴孔　e）Z_1 型无沉孔的长圆锥形轴孔

f）Z_2 型有沉孔的短圆锥形轴孔　g）Z_3 型无沉孔的短圆锥形轴孔

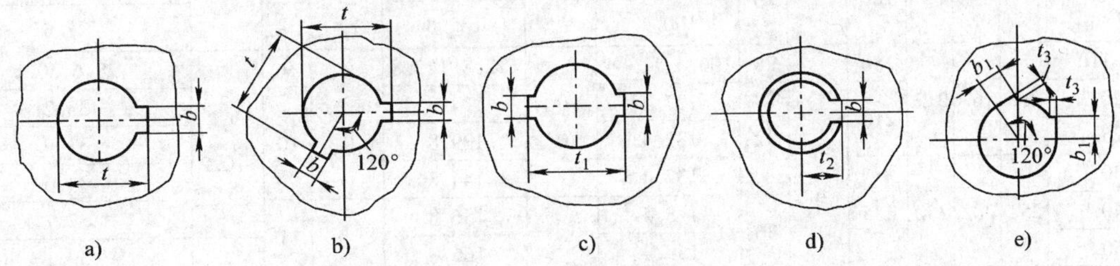

图 7-2　键槽型式

a）A 型平键单键槽　b）B 型 120°布置平键双键槽　c）B_1 型 180°布置平键双键槽

d）C 型圆锥形轴孔平键单键槽　e）D 型圆柱形轴孔普通切向键键槽

表 7-2 圆柱形轴孔和键槽尺寸（摘自 GT/T 3852—1997） （单位：mm）

直径 d(H7)	长度 L 长系列	长度 L 短系列	长度 L_1	沉孔尺寸 d_1	沉孔尺寸 R	A型、B型、B_1型键槽 b (P9)	t 公称尺寸	t 极限偏差	t_1 公称尺寸	t_1 极限偏差	D型键槽 t_3 公称尺寸	t_3 极限偏差	b_1
6、7	18					2	7、8		8、9				
8	22	—	—			2	9		10				
9						3	10.4		11.8				
10	25	22		—	—		11.4		12.8				
11						4	12.8	+0.1 0	14.6	+0.2 0			
12	32	27	—				13.8		15.6				
14						5	16.3		18.6				
16	42	30	42				18.3		20.6				
18、19				38		6	20.8、21.8		23.6、24.6				
20、22	52	38	52		1.5		22.8、24.8		25.6、27.6		—	—	—
24							27.3		30.6				
25、28	62	44	62	48		8	28.3、31.3		31.6、34.6				
30				55			33.3		36.6				
32、35	82	60	82			10	35.3、38.3		38.6、41.6				
38				65			41.3		44.6				
40、42					2	12	43.3、45.3		46.6、48.6				
45、48	112	84	112	80		14	48.8、51.8		52.6、55.6				
50				95			53.8	+0.2 0	57.6	+0.4 0			
55、56						16	59.3、60.3		63.6、64.6				
60、63、65				105		18	64.4、67.4、69.4		68.8、71.8、73.8		7		19.3、19.8、20.1
70	142	107	142	120	2.5	20	74.9		79.8				21.0
71、75							75.9、79.9		80.8、84.8			0 −0.2	22.4、23.2
80				140		22	85.4		90.8		8		24.0
85	172	132	172				90.4		95.8				24.8
90				160	3	25	95.4		100.8				25.6
95							100.4		105.8		9		27.8
100、110				180	3	28	106.4、116.4		112.8、122.8		9		28.6、30.1
120	212	167	212	210			127.4	+0.2 0	134.8	+0.4 0		0 −0.2	33.2
125						32	132.4		139.8		10		33.9
130					4		137.4		144.8				34.6
140	252	202	252	235		36	148.4		156.8		11		37.7
150							158.4		166.8				39.1

注：1. 一小格中 t、t_1、b_1 有 2 ~ 3 个数值时，分别与同一横行中 d 的 2 ~ 3 个值相对应。

2. 轴孔长度推荐选用 J 型和 J_1 型，Y 型限用于长圆柱形轴伸电机端。

3. 键槽宽度 b 的极限偏差，也可采用 GB/T 1095—2003《平键、键槽的剖面尺寸》中规定的 JS9。

4. 沉孔亦可制成 d_1 为小端直径，锥度为 30°的锥形孔。

表 7-3　圆锥形轴孔和键槽尺寸（摘自 GB/T 3852—1997）　　　　（单位：mm）

直径 d_2 (H8)	长度 L Z、Z_1 型	长度 L Z_2、Z_3 型	长度 L_1	长度 L_2	沉孔尺寸 d_1	沉孔尺寸 R	C 型键槽 b (P9)	C 型键槽 t_2 Z、Z_1 型	C 型键槽 t_2 Z_2、Z_3 型	C 型键槽 t_2 极限偏差
6、7	12	—	—	—	—	—	—	—	—	—
8、9	14									
10	17									
11							2	6.1		+0.1 0
12	20		32					6.5		
14							3	7.9		
16	30	18	42	30	38	1.5		8.7	9.0	
18、19							4	10.1、10.6	10.4、10.9	
20、22	38	24	52	38				10.9、11.9	11.2、12.2	
24								13.4	13.7	
25、28	44	26	62	44	48		5	13.7、15.2	14.2、15.7	
30	60	38	82	60	55			15.8	16.4	
32、35						2.0	6	17.3、18.8	17.9、19.4	
38					65			20.3	20.9	
40、42	84	56	112	84			10	21.2、22.2	21.9、22.9	+0.2 0
45、48					80		12	23.7、25.2	24.4、25.9	
50					95			26.2	26.9	
55						2.5	14	29.2	29.9	
56								29.7	30.4	
60、63、65	107	72	142	107	105		16	31.7、32.2、34.2	32.5、34.0、35.0	
70、71、75					120		18	36.8、37.3、39.3	37.6、38.1、40.1	
80	132	92	172	132	140	3.0	20	41.6	42.6	
85								44.1	45.1	
90、95					160		22	47.1、49.6	48.1、50.6	
100、110	167	122	212	167	180		25	51.3、56.3	52.4、57.4	
120					210		28	62.3	63.4	
125						4.0		64.8	65.9	
130	202	152	252	202	235		32	66.4	67.6	
140								72.4	73.6	
150					265			77.4	78.6	
160、170	242	182	302	242			36	82.4、87.4	83.9、88.9	+0.3 0
180					330		40	93.4	94.9	
190、200	282	212	352	282		5.0		97.4、102.4	99.9、104.1	
220							45	113.4	115.1	

注：1. 一小格中 t_2 有几个数值时，分别与同一横行中 d_2 的几个值相对应。

2. b 的极限偏差，也可采用 GB/T 1095—2003《平键、键槽的剖面尺寸》中规定的 JS9。

表 7-4 联轴器圆柱形轴孔与轴伸的配合

直径 d(mm)	公差等级	备 注
6 ~ 13	H7/j6	根据使用要求,也可选用 H7/r6 或 H7/n6 配合
>30 ~ 50	H7/k6	
>50	H7/m6	

三、常用联轴器（见表 7-5 ~ 表 7-13）

表 7-5 凸缘联轴器的基本参数和主要尺寸（摘自 GB/T 5843—2003）

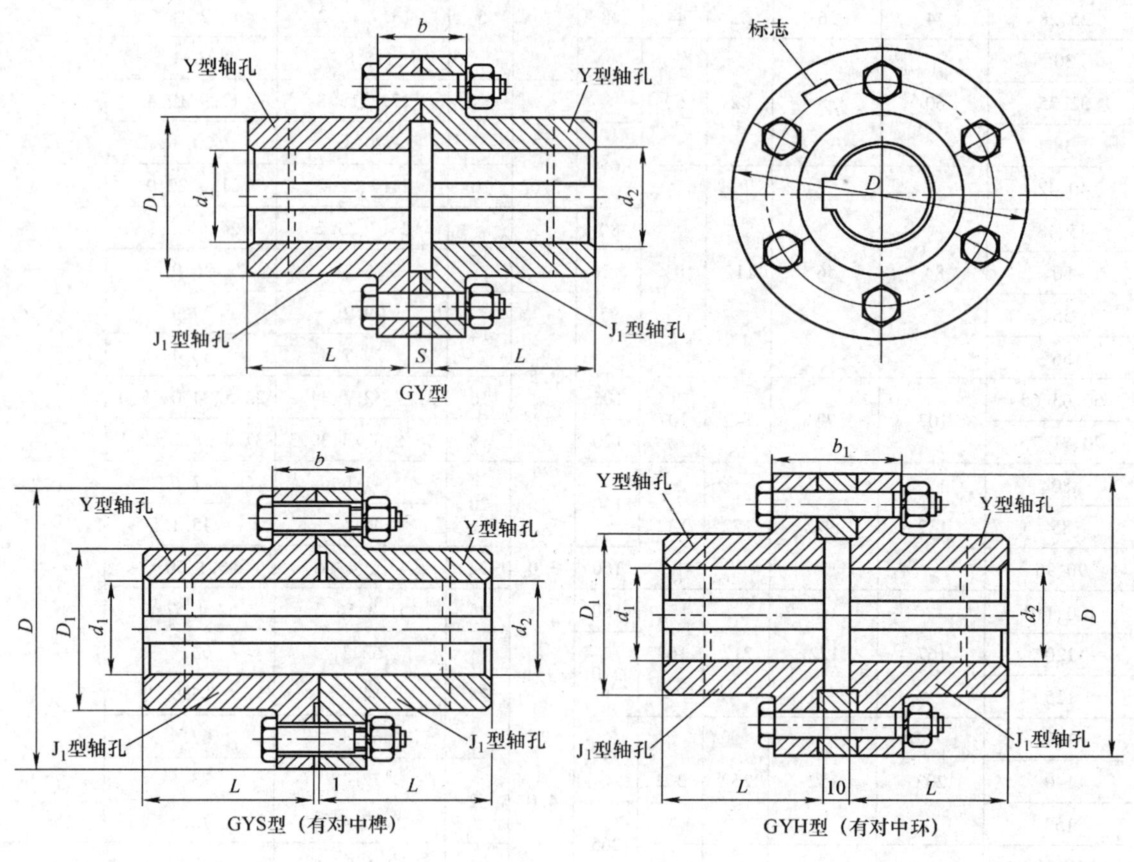

（续）

型号	公称转矩 T_n /N·m	许用转速 [n] /r·min^{-1}	轴孔直径 d_1、d_2	轴孔长度 L Y型	J_1型	D	D_1	b	b_1	S	质量 m /kg	转动惯量 I kg·m^2
			/mm									
GY1 GYS1 GYH1	25	12000	12、14	32	27	80	30	26	42	6	1.16	0.0008
			16、18、19	42	30							
GY2 GYS2 GYH2	63	10000	16、18、19	42	30	90	40	28	44	6	1.72	0.0015
			20、22、24	52	38							
			25	62	44							
GY3 GYS3 GYH3	112	9500	20、22、24	52	38	100	45	30	46	6	2.38	0.0025
			25、28	62	44							
GY4 GYS4 GYH4	224	9000	25、28	62	44	105	55	32	48	6	3.15	0.003
			30、32、35	82	60							
GY5 GYS5 GYH5	400	8000	30、32、35、38	82	60	120	68	36	52	8	5.43	0.007
			40、42	112	84							
GY6 GYS6 GYH6	900	6800	38	82	60	140	80	40	56	8	7.59	0.015
			40、42、45、48、50	112	84							
GY7 GYS7 GYH7	1600	6000	48、50、55、56	112	84	160	100	40	56	8	13.1	0.031
			60、63	142	107							
GY8 GYS8 GYH8	3150	4800	60、63、65、70、71、75	142	107	200	130	50	68	10	27.5	0.103
			80	172	132							
GY9 GYS9 GYH9	6300	3600	75	142	107	260	160	66	84	10	47.8	0.319
			80、85、90、95	172	132							
			100	212	167							
GY10 GYS10 GYH10	10000	3200	90、95	172	132	300	200	72	90	10	82.0	0.720
			100、110、120、125	212	167							
GY11 GYS11 GYH11	25000	2500	120、125	212	167	380	260	80	98	10	162.2	2.278
			130、140、150	252	202							
			160	302	242							
GY12 GYS12 GYH12	50000	2000	150	252	202	460	320	92	112	12	285.6	5.923
			160、170、180	302	242							
			190、200	352	282							
GY13 GYS13 GYH13	100000	1600	190、200、220	352	282	590	400	110	130	12	611.9	19.978
			240、250	410	330							

注：1. 半联轴器材料为35钢。

2. 联轴器质量和转动惯量是按GY型联轴器Y/J_1轴孔组合型式和最小轴孔直径计算的。

3. 联轴器的轴孔和联结型式与尺寸按GB/T 3852—1997的规定，见表7-2和表7-3。

4. 标记示例：

GY4型凸缘联轴器

主动端：J_1型轴孔，A型键槽，$d=30$mm，$L=60$mm；

从动端：Y型轴孔，B型键槽，$d=28$mm，$L=62$mm。

GY4型联轴器 $\frac{J_1A30\times60}{YB28\times62}$ GB/T 5843—2003。

表 7-6　GICL、GICLZ 型鼓形齿式联轴器的基本参数和主要尺寸（摘自 JB/T 8854.3—2001）

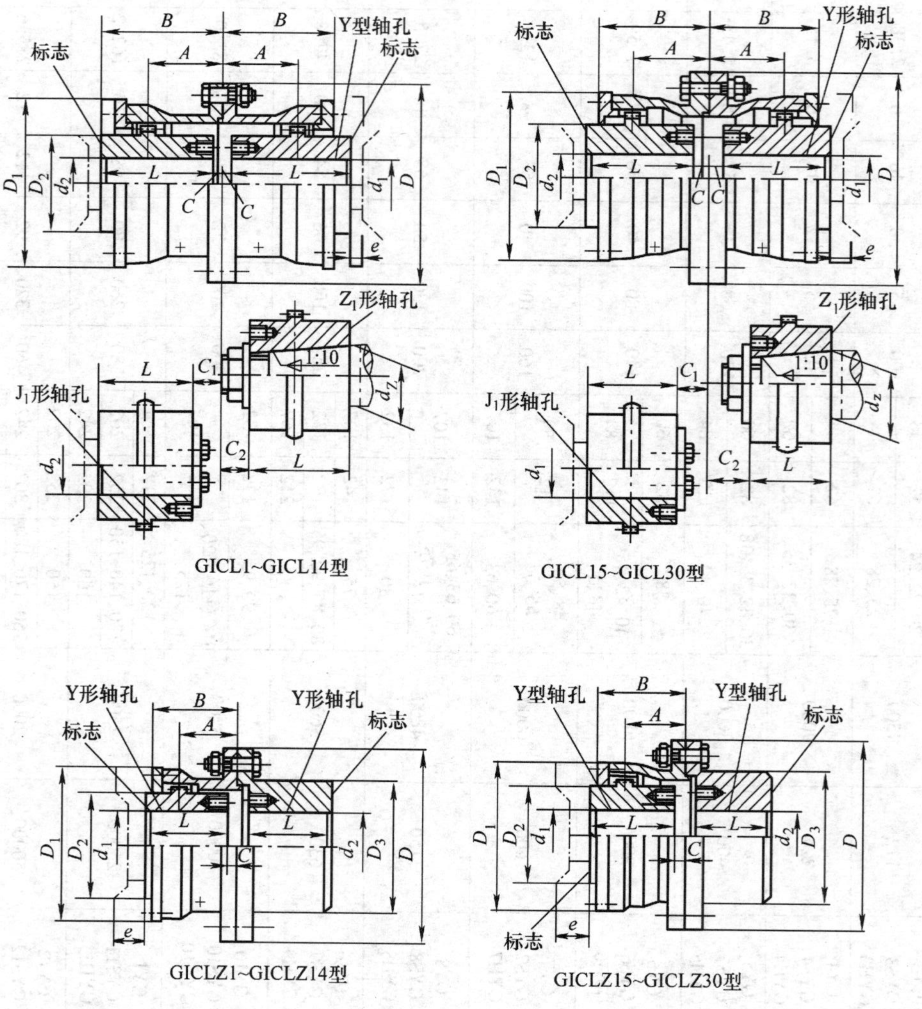

（续）

型号	公称转矩 T_n /N·m	许用转速 $[n]$ /r·min^{-1}	轴孔直径 d_1、d_2、d_z	轴孔长度 L GICL GICLZ Y型	轴孔长度 L GICL J_1、Z_1型	D	D_1	D_2	D_3	B	A	GICL C_1	GICL C_2	C	e	转动惯量 /kg·m^2	润滑脂用量 /ml	质量 /kg	许用径向位移 ΔY /mm
			/mm																
GICL1/GICLZ1	630	4000	16、18、19	42	—	125	95	60	80	57	37	—	—	20	30	0.01①/0.01	55①/30	5.9①/5.4	1.96
			20、22、24	52	38							—	24	10					
			25、28	62	44							—	19						
			30、32*、35*、38*	82	60							15	22	2.5					
			40*、42*、45*、48*、50*	112	—							—	—						
GICL2/GICLZ2	1120	4000	25、28	62	44	144	120	75	95	67	44	—	29	10.5	30	0.02/0.02	100/60	9.7/9.2	2.36
			30、32、35、38	82	60							12.5	30						
			40、42*、45*、48*、50*、55*、56*	112	84							13.5	28	2.5					
			60*	142	—							—	—						
GICL3/GICLZ3	2240	4000	30、32、35、38	82	60	174	140	95	115	77	53	24.5	25		30	0.05/0.04	140/80	17.2/16.4	2.75
			40、42、45、48、50、55、56	112	84							17	28	3					
			60、63*、65*、70*	142	107							17	35						
GICL4/GICLZ4	3550	3600	32、35、38	82	60	196	165	115	130	89	62	37	32	14	30	0.09/0.08	170/90	24.9/22.7	3.27
			40、42、45、48、50、55、56	112	84							17	28						
			60、63*、65*、70*、71*、75*	142	107							17	35	3					
			80*	172	—							—	—						
GICL5/GICLZ5	5000	3300	40、42、45、48、50、55、56	112	84	224	183	130	150	99	71	25	28		30	0.17/0.15	270/140	38/36.2	3.8
			60、63、65、70、71、75	142	107							20	25	3					
			80、85*、90*	172	132							22	43						
GICL6/GICLZ6	7100	3000	48、50、55、56	112	84	241	200	145	170	109	80	35	35	6	30	0.27/0.24	380/200	48.2/46.2	4.3
			60、63、65、70、71、75	142	107							20	35						
			80、85*、90*、95*	172	132							22	43	4	30				
			100*	212	—							—	—						
GICL7/GICLZ7	10000	2680	60、63、65、70、71、75	142	107	265	230	160	190	122	90	25	35		30	0.45/0.43	570/290	68.9/68.4	4.7
			80、85、90、95	172	132							22	43	4					
			100、110*、120*	212	167								48						

（续）

型号	公称转矩 T_n /N·m	许用转速 [n] /r·min^{-1}	轴孔直径 d_1、d_2、d_z	轴孔长度 L GICL GICLZ Y 型	轴孔长度 L GICL J_1、Z_1 型	D	D_1	D_2	D_3	B	A	GICL C_1	GICL C_2	C	e	转动惯量 /kg·m^2	润滑脂用量 /ml	质量 /kg	许用径向位移 ΔY /mm
			/mm																
GICL8/GICLZ8	14000	2500	65、70、71、75	142	107	285	245	175	210	132	96	35	35	5	30	0.65/0.61	660/350	83.3/81.1	5.24
			80、85、90、95	172	132							22	43						
			100、110*、120*	212	167								48						
			130*	252	—							—	—						
GICL9/GICLZ9	18000	2350	70、71、75	142	107	314	270	200	225	142	104	45	45	10	30	1.04/0.94	700/370	110/100.1	5.63
			80、85、90、95	172	132							22	43	5					
			100、110、120	212	167								49						
			130*、140*	252	—							—	—						
GICL10/GICLZ10	31500	2150	80、85、90、95	172	132	346	300	220	250	165	124	43	43	5	30	1.88/1.67	900/500	157/147.1	6.81
			100、110、120、125	212	167							22	49						
			130、140*、150*	252	202							29	54						
			160*、170*、180*	302	—							—	—						

注：1. 联轴器质量和转动惯量是按各型号中轴孔最小直径和最大长度计算的近似值。

2. 表中标记“*”号的轴孔尺寸只适合于 GICLZ 型的 d_2 选用。

3. GICLZ 型无 d_z 轴孔。带有制动轮、接中间套等其他结构与尺寸见生产厂样本。

4. 推荐选用 J_1 型轴孔长度。

5. 标记示例：

GICL（Z）15 鼓形齿式联轴器

主动端：J 型轴孔，B 型键槽，d_1 = 220mm，L = 282mm；

从动端：Y 型轴孔，A 型键槽，d_2 = 190mm，L = 352mm。

GICL（Z）15 联轴器 $\frac{\text{JB220}\times 282}{190\times 352}$ JB/T 8854.3—2001。

① 上面一行数字为 GICL 型、下面一行数字为 GICLZ 型的值。

表 7-7　尼龙滑块联轴器基本参数和主要尺寸

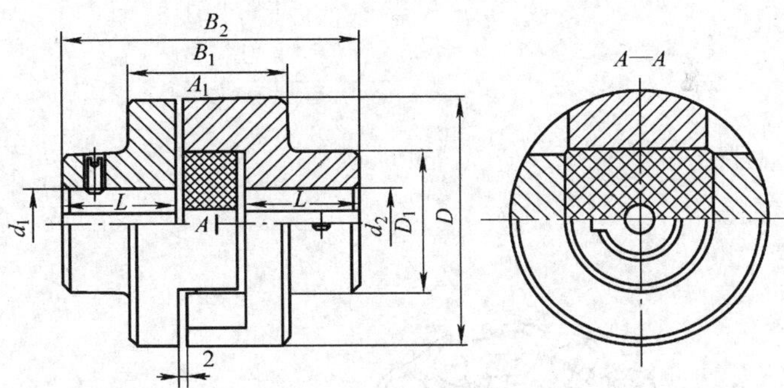

标记示例:KL6 滑块联轴器

主动端:Y 型轴孔,A 型键槽 $d_1=45$,$L=112$;

从动端:J_1 型轴孔,A 型键槽 $d_2=42$,$L=84$。

KL6 联轴器$\dfrac{45\times112}{J_142\times84}$

型号	许用转矩 [T] /N·m	许用转速 [n] /r·min^{-1}	轴孔直径 d_1、d_2	轴孔长度 L Y	轴孔长度 L J_1	D	D_1	B_1	B_2	转动惯量 /kg·m^2	质量 /kg
			/mm								
KL1	16	10000	10,11 12,14	25 32	22 27	40	30	52	67 81	0.0007	0.6
KL2	31.5	8200	12,14 16,(17),18	32 42	27 30	50	32	56	86 106	0.0038	1.5
KL3	63	7000	(17),18,19 20,22	42 52	30 38	70	40	60	106 126	0.0063	1.8
KL4	160	5700	20,22,24 25,28	52 62	38 44	80	50	64	126 146	0.013	2.5
KL5	280	4700	25,28 30,32,35	62 82	44 60	100	70	75	151 191	0.045	5.8
KL6	500	3800	30,32,35,38 40,42,45	82 112	60 84	120	80	90	201 261	0.12	9.5
KL7	900	3200	40,42,45,48 50,55	112	84	150	100	120	266	0.43	25
KL8	1800	2400	50,55 60,63,65,70	112 142	84 107	190	120	150	276 336	1.98	55
KL9	3550	1800	65,70,75 80,85	142 172	107 132	250	150	180	346 406	4.9	85
KL10	5000	1500	80,85,90,95 100	172 212	132 167	330	190	180	406 486	7.5	120

注：1. 括号内的数值尽量不选用。

2. 装配时两轴的许用补偿量为：轴向 $\Delta X=1\sim2$mm；径向 $\Delta Y\leqslant0.2$mm；角向 $\Delta\alpha\leqslant0°40'$。

3. 表中联轴器质量和转动惯量是按最小轴孔直径和最大长度计算的近似值。

4. 联轴器的工作温度为 $-20\sim+70$℃。

表 7-8　GL 型滚子链联轴器基本参数和主要尺寸（摘自 GB/T 6069—2002）

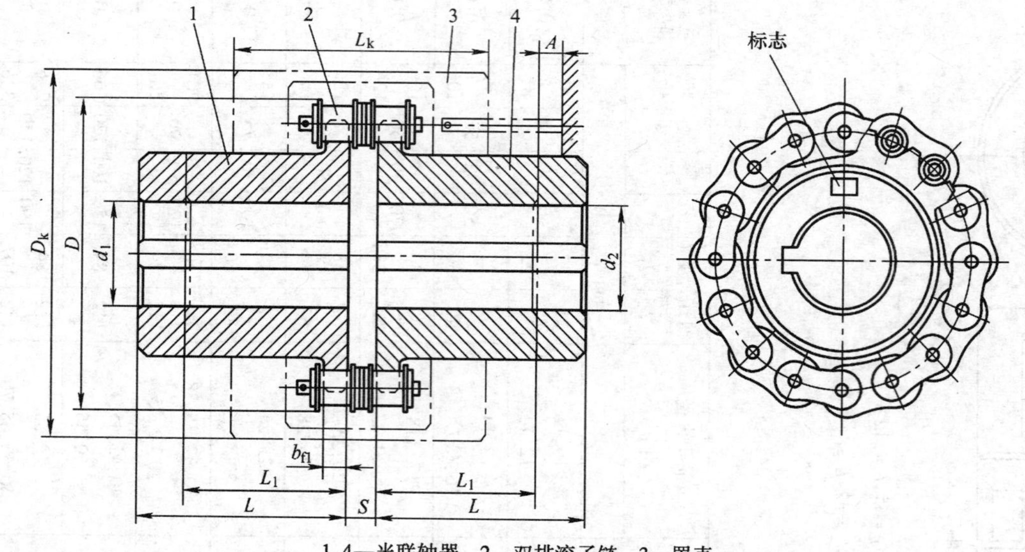

1、4—半联轴器　2—双排滚子链　3—罩壳

标记示例：

主动端：J_1 型轴孔，B 型键槽，$d_1=45\text{mm}$，$L_1=84\text{mm}$

从动端：J_1 型轴孔，B_1 型键槽 $d_2=50\text{mm}$，$L=84\text{mm}$

GL7 联轴器 $\dfrac{J_1B45\times84}{J_1B_150\times84}$ GB/T 6069—2002

（续）

型号	公称转矩 T_n /N·m	许用转速 $[n]$ /r·min^{-1} 不装罩壳	许用转速 $[n]$ /r·min^{-1} 安装罩壳	轴孔直径 d_1、d_2 /mm	轴孔长度 Y型 L /mm	轴孔长度 J_1型 L_1 /mm	链号	链条节距 P /mm	齿数 Z	D /mm	b_{f1} /mm	S /mm	A /mm	D_k (max) /mm	L_k (max) /mm	质量 m /kg	转动惯量 /kg·m^2	许用补偿量 径向 ΔY /mm	许用补偿量 轴向 ΔX /mm	许用补偿量 角向 $\Delta\alpha$ (°)
GL1	40	1400	4500	16,18,19	42	—	06B	9.525	14	51.06	5.3	4.9	—	70	70	0.40	0.00010	0.19	1.4	1°00′
				20	52	38							4							
GL2	63	1250	4500	19	42	—	06B	9.525	16	57.08	5.3	4.9	—	75	75	0.70	0.00020			
				20,22,24	52	38							4							
GL3	100	1000	4000	20,22,24	52	38	08B	12.7	14	68.88	7.2	6.7	12	85	80	1.1	0.00038	0.25	1.9	
				25	62	44							6							
GL4	160	1000	4000	24	52	—	08B	12.7	16	76.91	7.2	6.7	—	95	88	1.8	0.00086			
				25,28	62	44							6							
				30,32	82	60							—							
GL5	250	800	3150	28	62	—	10A	15.875	16	94.46	8.9	9.2	—	112	100	3.2	0.0025	0.32	2.3	
				30,32,35,38	82	60							—							
				40	112	84							—							
GL6	400	630	2500	32,35,38	82	60	10A	15.875	20	116.57	8.9	9.2	—	140	105	5.0	0.0058	0.32	2.3	
				40,42,45,48,50	112	84														
GL7	630	630	2500	40,42,45,48,50,55	112	84	12A	19.05	18	127.78	11.9	10.9	—	150	122	7.4	0.012	0.38	2.8	
				60	142	107														
GL8	1000	500	2240	45,48,50,55	112	84	16A	25.40	16	154.33	15.0	14.3	12	180	135	11.1	0.025	0.5	3.8	
				60,65,70	142	107							—							
GL9	1600	400	2000	50,55	112	84	16A	25.40	20	186.50	15.0	14.3	12	215	145	20.0	0.061			
				60,65,70,75	142	107							—							
				80	172	132							—							

（续）

型号	公称转矩 T_n /N·m	许用转速 [n] /r·min⁻¹ 不装罩壳	许用转速 [n] /r·min⁻¹ 安装罩壳	轴孔直径 d_1、d_2 /mm	轴孔长度 Y型 L /mm	轴孔长度 J_1型 L_1 /mm	链号	链条节距 P /mm	齿数 Z	D /mm	b_{f1} /mm	S /mm	A /mm	D_k (max) /mm	L_k (max) /mm	质量 m /kg	转动惯量 /kg·m²	许用补偿量 径向 ΔY /mm	许用补偿量 轴向 ΔX /mm	角向 $\Delta\alpha$ (°)
GL10	2500	315	1600	60,65,70,75	142	107	20A	31.75	18	213.02	18.0	17.8	6	245	165	26.1	0.079	0.63	4.7	1°00′
				80,85,90	172	132							—							
GL11	4000	250	1500	75	142	107	24A	38.1	16	231.49	24.0	21.5	35	270	195	39.2	0.188	0.76	5.7	
				80,85,90,95	172	132							10							
				100	212	167							—							
GL12	6300	250	1250	85,90,95	172	132	32A	44.45	16	270.08	24.0	24.9	20	310	205	59.4	0.380	0.88	6.6	
				100,110,120	212	167							—							
GL13	10000	200	1120	100,110,120,125	212	167	32A	50.8	18	340.80	30	28.6	14	380	230	86.5	0.869	1.0	7.6	
				130,140	252	202							—							
GL14	16000	200	1000	120,125	212	167	32A	50.8	22	405.22	30	28.6	14	450	250	150.8	2.06			
				130,140,150	252	202							—							
				160	302	242							—							
GL15	25000	200	900	140,150	252	202	40A	63.5	20	466.25	36	35.6	18	510	285	234.4	4.37	1.27	9.5	
				160,170,180	302	242							—							
				190	352	282							—							

注：1. 半联轴器材料用强度极限 $R_m \geq 650$MPa 的钢制造，载荷平稳、速度较低，齿面硬度≥220HBW；载荷波动较大，速度较高时齿面硬度≥45HRC。

2. 不论有无罩壳，联轴器均应保证必要的润滑。

3. 有罩壳时，在型号后加“F”，例 GL5 型联轴器，有罩壳时表示为 GL5F。

4. 表中联轴器质量、转动惯量均为近似值。

5. 滚子链联轴器轴孔和键槽型式及尺寸，按 GB/T 3852—1997《联轴器轴孔和联结型式与尺寸》的规定，见表 7-2 和表 7-3。

表 7-9　LT 型弹性套柱销联轴器基本参数和主要尺寸（摘自 GB/T 4323—2002）

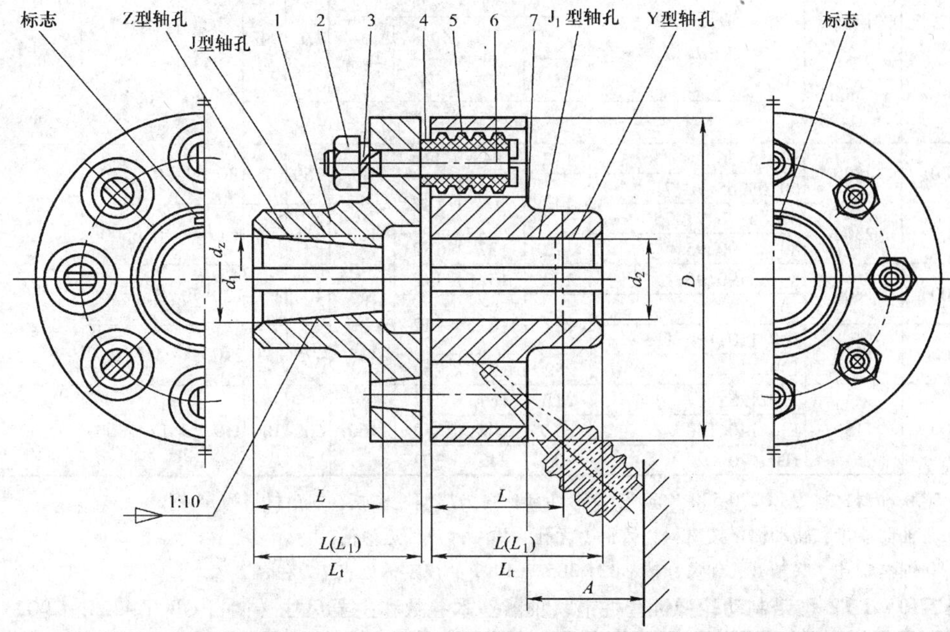

1、7—半联轴器　2—螺母　3—垫圈　4—挡圈　5—弹性套　6—柱销　L_1—$L_{推荐}$

标记示例：

LT3 弹性套柱销联轴器

主动端：J 型轴孔，A 型键槽，$d_1=16\text{mm}$，$L=38\text{mm}$；

从动端：J_1 型轴孔，B 型键槽，$d_2=18\text{mm}$，$L=38\text{mm}$。

LT3 联轴器 $\dfrac{\text{J16}\times 38}{\text{J}_1\text{B18}\times 38}$ GB/T 4323—2002

<table>
<tr><th rowspan="4">型号</th><th rowspan="4">公称转矩
T_n
/N·m</th><th rowspan="4">许用转速
[n]
/r·min^{-1}</th><th rowspan="3">轴孔直径
d_1、d_2、d_z</th><th colspan="3">轴孔长度</th><th rowspan="3">$L_{推荐}$</th><th rowspan="3">D</th><th rowspan="3">A</th><th rowspan="4">质量
m
/kg</th><th rowspan="4">转动惯量
I
/kg·m^2</th><th colspan="2">许用安装补偿量</th></tr>
<tr><th>Y 型</th><th colspan="2">J、J_1、Z 型</th><th rowspan="3">径向
Δy
/mm</th><th rowspan="3">角向
$\Delta\alpha$
(°)</th></tr>
<tr><th>L</th><th>L</th><th>L_1</th></tr>
<tr><th colspan="7">/mm</th></tr>
<tr><td rowspan="3">LT1</td><td rowspan="3">6.3</td><td rowspan="3">8800</td><td>9</td><td>20</td><td>14</td><td rowspan="4">—</td><td rowspan="3">25</td><td rowspan="3">71</td><td rowspan="5">18</td><td rowspan="3">0.82</td><td rowspan="3">0.0005</td><td rowspan="9">0.10</td><td rowspan="11">45′</td></tr>
<tr><td>10、11</td><td>25</td><td>17</td></tr>
<tr><td>12、14</td><td>32</td><td>20</td></tr>
<tr><td rowspan="2">LT2</td><td rowspan="2">16</td><td rowspan="2">7600</td><td>12、14</td><td>32</td><td>20</td><td rowspan="2">35</td><td rowspan="2">80</td><td rowspan="2">1.20</td><td rowspan="2">0.0008</td></tr>
<tr><td>16、18、19</td><td>42</td><td>30</td><td rowspan="2">42</td></tr>
<tr><td rowspan="2">LT3</td><td rowspan="2">31.5</td><td rowspan="2">6300</td><td>16、18、19</td><td>42</td><td>30</td><td rowspan="2">38</td><td rowspan="2">95</td><td rowspan="4">35</td><td rowspan="2">2.20</td><td rowspan="2">0.0023</td></tr>
<tr><td>20、22</td><td rowspan="2">52</td><td rowspan="2">38</td><td rowspan="2">52</td></tr>
<tr><td rowspan="2">LT4</td><td rowspan="2">63</td><td rowspan="2">5700</td><td>20、22、24</td><td rowspan="2">40</td><td rowspan="2">106</td><td rowspan="2">2.84</td><td rowspan="2">0.0037</td></tr>
<tr><td>25、28</td><td rowspan="2">62</td><td rowspan="2">44</td><td rowspan="2">62</td></tr>
<tr><td rowspan="2">LT5</td><td rowspan="2">125</td><td rowspan="2">4600</td><td>25、28</td><td rowspan="2">50</td><td rowspan="2">130</td><td rowspan="5">45</td><td rowspan="2">6.05</td><td rowspan="2">0.0120</td><td rowspan="5">0.15</td></tr>
<tr><td>30、32、35</td><td rowspan="2">82</td><td rowspan="2">60</td><td rowspan="2">82</td></tr>
<tr><td rowspan="2">LT6</td><td rowspan="2">250</td><td rowspan="2">3800</td><td>30、32、35</td><td rowspan="2">55</td><td rowspan="2">160</td><td rowspan="2">9.57</td><td rowspan="2">0.0280</td><td rowspan="5">30′</td></tr>
<tr><td>40、42</td><td rowspan="3">112</td><td rowspan="3">84</td><td rowspan="3">112</td></tr>
<tr><td>LT7</td><td>500</td><td>3600</td><td>40、42、45、48</td><td>65</td><td>190</td><td>14.01</td><td>0.0550</td></tr>
<tr><td rowspan="2">LT8</td><td rowspan="2">710</td><td rowspan="2">3000</td><td>45、48、50、55、56</td><td rowspan="2">70</td><td rowspan="2">224</td><td rowspan="2">65</td><td rowspan="2">23.12</td><td rowspan="2">0.1340</td><td rowspan="2">0.20</td></tr>
<tr><td>60、63</td><td>142</td><td>107</td><td>142</td></tr>
</table>

（续）

型号	公称转矩 T_n /N·m	许用转速 [n] /r·min^{-1}	轴孔直径 d_1、d_2、d_z	轴孔长度 Y型 L	轴孔长度 J、J_1、Z型 L	轴孔长度 J、J_1、Z型 L_1	$L_{推荐}$	D	A	质量 m /kg	转动惯量 I /kg·m^2	许用安装补偿量 径向 Δy /mm	许用安装补偿量 角向 $\Delta\alpha$ (°)
			/mm										
LT9	1000	2850	50、55、56	112	84	112	80	250	65	30.69	0.2130	0.20	30′
			60、63、65、70、71	142	107	142							
T10	2000	2300	63、65、70、71、75				100	315	80	61.40	0.6600		
			80、85、90、95	172	132	172							
LT11	4000	1800	80、85、90、95	172	132	172	115	400	100	120.70	2.1220	0.25	15′
			100、110	212	167	212							
LT12	8000	1450	100、110、120、125				135	475	130	210.34	5.3900		
			130	252	202	252							
LT13	1600	1150	120、125	212	167	212	160	600	180	419.36	17.5800	0.30	
			130、140、150	252	202	252							
			160、170	302	242	302							

注：1. 半联轴器材料为 ZG270-500 和 35 钢，弹性套材料为热塑性橡胶，柱销材料为 35 钢。

2. 联轴器质量和转动惯量按材料为铸钢、无孔、$L_{推荐}$ 计算的近似值。

3. 联轴器轴孔、联结型式和尺寸按 GB/T 3852—1997 的规定，见表 7-2 和表 7-3。

表 7-10　LTZ 型带制动轮弹性套柱销联轴器基本参数和主要尺寸（摘自 GB/T 4323—2002）

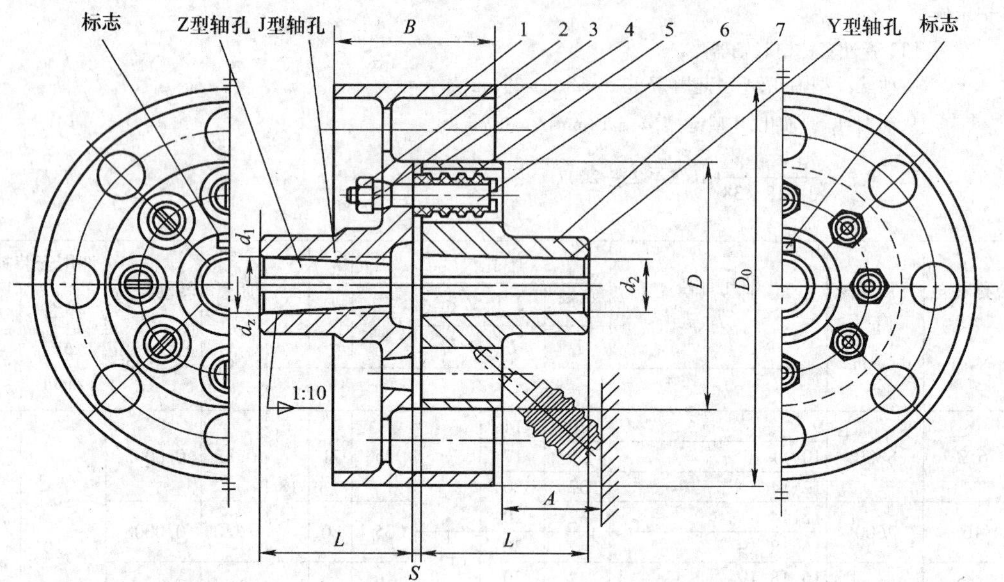

1—制动轮半联轴器　2—螺母　3—垫圈　4—挡圈　5—弹性套　6—柱销　7—半联轴器

标记示例：LTZ10 带制动轮弹性套柱销联轴器

主动端：J 型轴孔，B 型键槽，$d_1=65$mm，$L=142$mm；

从动端：J 型轴孔，B 型键槽，$d_2=70$mm，$L=107$mm。

$$\text{LTZ10 联轴器}\frac{\text{JB}65\times142}{\text{JB}70\times107}\text{GB/T 4323—2002}$$

（续）

型号	公称转矩 T_n /N·m	许用转速 $[n]$ /r·min^{-1}	轴孔直径 d_1、d_2、d_z /mm	轴孔长度 Y型 L /mm	轴孔长度 J、J_1、Z型 L /mm	轴孔长度 J、J_1、Z型 L_1 /mm	$L_{推荐}$ /mm	D_0 /mm	D /mm	B /mm	A /mm	S /mm	质量 m /kg	转动惯量 I /kg·m^2	许用安装补偿量 径向 Δy /mm	许用安装补偿量 角向 $\Delta\alpha$ (°)
LTZ5	125	3800	25、28	62	44	62	50	200	130	85	45	5	13.38	0.0416	0.3	1°30′
			30、32、35	82	60	82										
LTZ6	250	3000	32、35、38				55	250	160	105			21.25	0.1053		1°
			40、42	112	84	112										
LTZ7	500	2400	40、42、45、48				65	315	190	132			35.00	0.2522		
LTZ8	710		45、48、50、55、56				70		224		65	6	45.14	0.3470	0.4	
			60、63	142	107	142										
LTZ9	1000		50、55、56	112	84	112	80		250	168			58.67	0.4070		
			60、63、65、70	142	107	142										
LTZ10	2000	1900	63、65、70、71、75				100	400	315		80	8	100.30	1.3050		
			80、85、90、95	172	132	172										
LTZ11	4000	1500	80、85、90、95				115	500	400	210	100	10	198.73	4.3300	0.5	30′
			100、110	212	167	212										
LTZ12	8000	1200	100、110、120、125				135	630	475	265	130	12	370.60	12.4900		
			130	252	202	252										
LTZ13	16000	1000	120、125	212	167	212	160	710	600	298	180	14	641.13	30.4800	0.6	
			130、140、150	252	202	252										
			160、170	302	242	302										

注：1. 质量、转动惯量按材料为铸钢、无轴孔计算的近似值。

2. 轴孔长度也可与制造厂协商确定。

表 7-11　LX 型弹性柱销联轴器的基本参数和主要尺寸（摘自 GB/T 5014—2003）

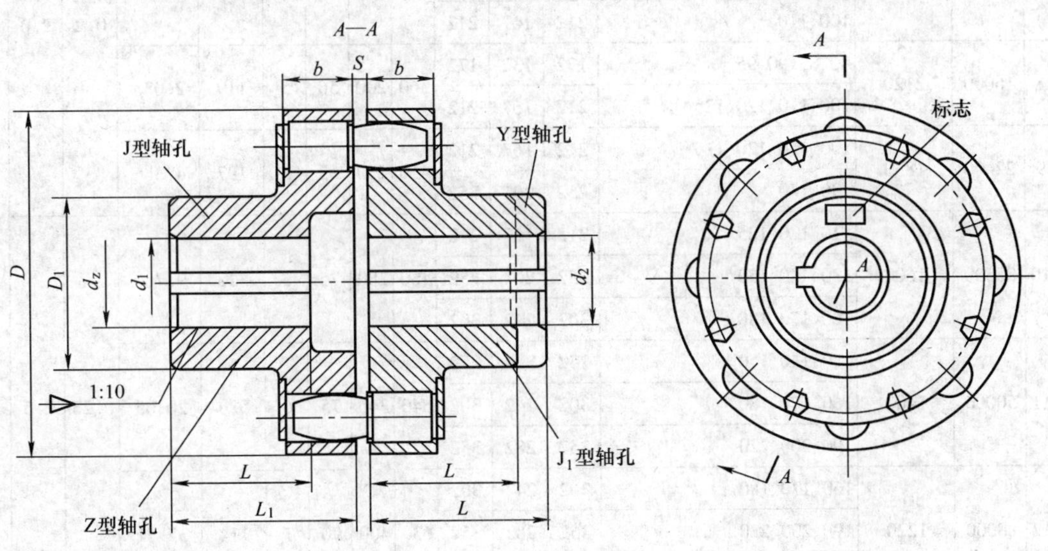

标记示例：

LX7 型弹性柱销联轴器

主动端：Z 型轴孔，C 型键槽，$d_2 = 75$mm，$L = 107$mm；

从动端：J 型轴孔，B 型键槽，$d_z = 70$mm，$L = 107$mm。

LX7 型联轴器 $\frac{\text{ZC75} \times 107}{\text{JB70} \times 107}$ GB/T 5014—2003

（续）

型号	公称转矩 T_n /N·m	许用转速 $[n]$ /r·min^{-1}	轴孔直径 d_1、d_2、d_z	轴孔长度 Y型 L /mm	轴孔长度 J、J_1、Z型 L_1 /mm	轴孔长度 J、J_1、Z型 L /mm	D /mm	D_1 /mm	b /mm	S /mm	质量 m /kg	转动惯量 I /kg·m^2	许用安装补偿量 径向 Δy /mm	许用安装补偿量 轴向 Δx /mm	许用安装补偿量 角向 $\Delta\alpha$ (°)
LX1	250	8500	12、14	32	27	—	90	40	20	2.5	2	0.002	0.15	0.5	0°30′
			16、18、19	42	30	42									
			20、22、24	52	38	52									
LX2	560	6300	20、22、24	52	38	52	120	55	28	2.5	5	0.009		1.0	
			25、28	62	44	62									
			30、32、35	82	60	82									
LX3	1250	4750	30、32、35、38	82	60	82	160	75	36	2.5	8	0.026			
			40、42、45、48	112	84	112									
LX4	2500	3870	40、42、45、48、50、55、56	112	84	112	195	100	45	3	22	0.109		1.5	
			60、63	142	107	142									
LX5	3150	3450	50、55、56	112	84	112	220	120	45	3	30	0.191			
			60、63、65、70、71、75	142	107	142									
LX6	6300	2720	60、63、65、70、71、75	142	107	142	280	140	56	4	53	0.543	0.2	2.0	
			80、85	172	132	172									
LX7	11200	2360	70、71、75	142	107	142	320	170	56	4	98	1.314			
			80、85、90、95	172	132	172									
			100、110	212	167	212									
LX8	16000	2120	80、85、90、95	172	132	172	360	200	56	5	119	2.033			
			100、110、120、125	212	167	212									
LX9	22400	1850	100、110、120、125	212	167	212	410	230	63	5	197	4.386			
			130、140	252	202	252									
LX10	35500	1600	110、120、125	212	167	212	480	280	75	6	322	9.760	0.25	2.5	
			130、140、150	252	202	252									
			160、170、180	302	242	302									
LX11	50000	1400	130、140、150	252	202	252	540	340	75	6	520	20.05			
			160、170、180	302	242	302									
			190、200、220	352	282	352									
LX12	80000	1220	160、170、180	302	242	302	630	400	90	7	714	37.71			
			190、200、220	352	282	352									
			240、250、260	410	330	—									

注：1. 半联轴器材料为45钢，柱销为MC尼龙。

2. 联轴器质量与转动惯量是按J/Y轴孔组合型式和最小轴孔直径计算的近似值。

3. 联轴器轴孔和联结型式与尺寸按GB/T 3852—1997的规定，见表7-2和表7-3。

表 7-12 LM 型梅花形弹性联轴器基本参数和主要尺寸（摘自 GB/T 5272—2002）

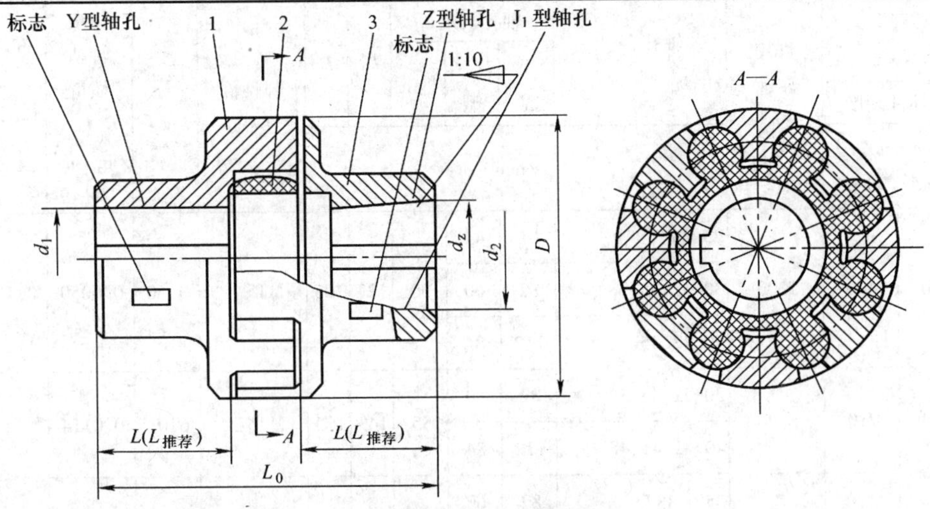

1、3—半联轴器 2—弹性元件

标记示例：

主动端：Z 型轴孔，A 型键槽，$d_1=30$mm，$L=60$mm；

从动端：Y 型轴孔，B 型键槽，$d_2=25$mm，$L=62$mm。

MT3 弹性件硬度为 a

LM3 型联轴器 $\dfrac{\text{ZA30}\times 60}{\text{YB25}\times 62}$ MT3a GB/T 5272—2002

型号	公称转矩 T_n /N·m 弹性件硬度 a/HA 80±5	公称转矩 T_n /N·m 弹性件硬度 b/HD 90±5	许用转速 [n] /r·min^{-1}	轴孔直径 d_1、d_2、d_z /mm	轴孔长度 L Y型 /mm	轴孔长度 L J_1、Z型 /mm	$L_{推荐}$ /mm	L_0 /mm	D /mm	弹性件型号	质量 m /kg	转动惯量 I /kg·m^2	许用安装误差 径向 Δy /mm	许用安装误差 轴向 Δx /mm	许用安装误差 角向 Δα (°)
LM1	25	45	15300	12、14	32	27	35	86	50	MT1$^{-a}_{-b}$	0.66	0.0002	0.2	1.2	1
				16、18、19	42	30									
				20、22、24	52	38									
				25	62	44									
LM2	50	100	12000	16、18、19	42	30	38	95	60	MT2$^{-a}_{-b}$	0.93	0.0004	0.3	1.3	
				20、22、24	52	38									
				25、28	62	44									
				30	82	60									
LM3	100	200	10900	20、22、24	52	38	40	103	70	MT3$^{-a}_{-b}$	1.41	0.0009	0.4	1.5	
				25、28	62	44									
				30、32	82	60									
LM4	140	280	9000	22、24	52	38	45	114	85	MT4$^{-a}_{-b}$	2.18	0.0020		2.0	
				25、28	62	44									
				30、32、35、38	82	60									
				40	112	84									

（续）

<table>
<tr><th rowspan="3">型号</th><th colspan="2">公称转矩 T_n /N·m</th><th rowspan="3">许用转速 [n] /r·min^{-1}</th><th rowspan="2">轴孔直径 d_1、d_2、d_z</th><th colspan="3">轴孔长度 L</th><th rowspan="2">L_0</th><th rowspan="2">D</th><th rowspan="3">弹性件型号</th><th rowspan="3">质量 m /kg</th><th rowspan="3">转动惯量 I /kg·m^2</th><th colspan="3">许用安装误差</th></tr>
<tr><th colspan="2">弹性件硬度</th><th>Y型</th><th>J_1、Z型</th><th>$L_{推荐}$</th><th>径向 Δy</th><th>轴向 Δx</th><th rowspan="2">角向 $\Delta\alpha$ (°)</th></tr>
<tr><th>a/HA 80±5</th><th>b/HD 90±5</th><th colspan="6">/mm</th><th colspan="2">/mm</th></tr>
<tr><td rowspan="3">LM5</td><td rowspan="3">350</td><td rowspan="3">400</td><td rowspan="3">7300</td><td>25、28</td><td>62</td><td>44</td><td rowspan="3">50</td><td rowspan="3">127</td><td rowspan="3">105</td><td rowspan="3">$MT5^{-a}_{-b}$</td><td rowspan="3">3.60</td><td rowspan="3">0.0050</td><td rowspan="3">0.4</td><td rowspan="3">2.5</td><td rowspan="3">1</td></tr>
<tr><td>30、32、35、38</td><td>82</td><td>60</td></tr>
<tr><td>40、42、45</td><td>112</td><td>84</td></tr>
<tr><td rowspan="2">LM6</td><td rowspan="2">400</td><td rowspan="2">710</td><td rowspan="2">6100</td><td>30、32、35、38</td><td>82</td><td>60</td><td rowspan="2">55</td><td rowspan="2">143</td><td rowspan="2">125</td><td rowspan="2">$MT6^{-a}_{-b}$</td><td rowspan="2">6.07</td><td rowspan="2">0.0114</td><td rowspan="6">0.5</td><td rowspan="4">3.0</td><td rowspan="9">0.7</td></tr>
<tr><td>40、42、45、48</td><td>112</td><td>84</td></tr>
<tr><td rowspan="2">LM7</td><td rowspan="2">630</td><td rowspan="2">1120</td><td rowspan="2">5300</td><td>35*、38*</td><td>82</td><td>60</td><td rowspan="2">60</td><td rowspan="2">159</td><td rowspan="2">145</td><td rowspan="2">$MT7^{-a}_{-b}$</td><td rowspan="2">9.09</td><td rowspan="2">0.0232</td></tr>
<tr><td>40*、42*、45、48、50、55</td><td>112</td><td>84</td></tr>
<tr><td rowspan="2">LM8</td><td rowspan="2">1120</td><td rowspan="2">2240</td><td rowspan="2">4500</td><td>45*、48*、50、55、56</td><td>112</td><td>84</td><td rowspan="2">70</td><td rowspan="2">181</td><td rowspan="2">170</td><td rowspan="2">$MT8^{-a}_{-b}$</td><td rowspan="2">13.56</td><td rowspan="2">0.0468</td><td rowspan="2">3.5</td></tr>
<tr><td>60、63、65</td><td>142</td><td>107</td></tr>
<tr><td rowspan="3">LM9</td><td rowspan="3">1800</td><td rowspan="3">3550</td><td rowspan="3">3800</td><td>50*、55*、56*</td><td>112</td><td>84</td><td rowspan="3">80</td><td rowspan="3">208</td><td rowspan="3">200</td><td rowspan="3">$MT9^{-a}_{-b}$</td><td rowspan="3">21.40</td><td rowspan="3">0.1041</td><td rowspan="9">0.7</td><td rowspan="3">4.0</td></tr>
<tr><td>60、63、65、70、71、75</td><td>142</td><td>107</td></tr>
<tr><td>80</td><td>172</td><td>132</td></tr>
<tr><td rowspan="3">LM10</td><td rowspan="3">2800</td><td rowspan="3">5600</td><td rowspan="3">3300</td><td>60*、63*、65*、70、71、75</td><td>142</td><td>107</td><td rowspan="3">90</td><td rowspan="3">230</td><td rowspan="3">230</td><td rowspan="3">$MT10^{-a}_{-b}$</td><td rowspan="3">32.03</td><td rowspan="3">0.2105</td><td rowspan="3">4.5</td><td rowspan="6">0.5</td></tr>
<tr><td>80、85、90、95</td><td>172</td><td>132</td></tr>
<tr><td>100</td><td>212</td><td>167</td></tr>
<tr><td rowspan="3">LM11</td><td rowspan="3">4500</td><td rowspan="3">9000</td><td rowspan="3">2900</td><td>70*、71*、75*</td><td>142</td><td>107</td><td rowspan="3">100</td><td rowspan="3">260</td><td rowspan="3">260</td><td rowspan="3">$MT11^{-a}_{-b}$</td><td rowspan="3">49.52</td><td rowspan="3">0.4338</td><td rowspan="3">5.0</td></tr>
<tr><td>80*、85*、90、95</td><td>172</td><td>132</td></tr>
<tr><td>100、110、120</td><td>212</td><td>167</td></tr>
</table>

注：1. 优先选用 $L_{推荐}$ 轴孔长度，相应联轴器长度为 L_0，轴孔长度选用其他尺寸时，请与生产厂联系。

2. 质量、转动惯量是按 $L_{推荐}$ 和最小轴孔计算的近似值。

3. 带“*”轴孔直径可用于 Z 型轴孔。

4. a、b 为弹性件两种材料的硬度代号。

5. 轴孔和联结型式与尺寸按 GB/T 3852—1997 的规定，见表 7-2 和表 7-3。

表 7-13 WS 型和 WSD 型十字轴万向联轴器基本参数和主要尺寸（摘自 JB/T 5901—1991）

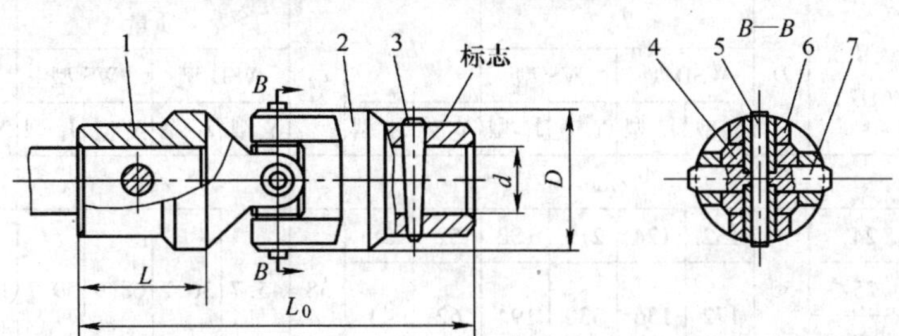

1、2—半联轴器 3—圆锥销 4—十字轴 5—销钉 6—套筒 7—圆柱销

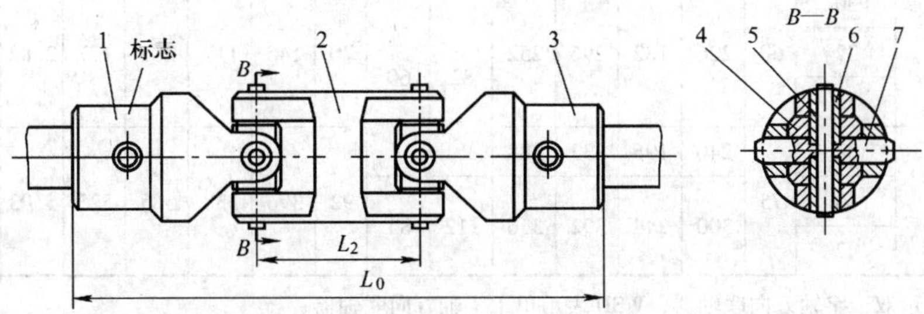

1、3—半联轴器 2—叉形接头 4—十字轴 5—销钉 6—套筒 7—圆柱销

标记示例：

WS4 双十字轴万向联轴器，两端均为圆柱孔

主动端：Y 型轴孔，$d=16$mm，$D=32$mm；

从动端：J_1 型轴孔，$d=18$mm，$D=32$mm。

采用滚针轴承时的标记为：

WS4 联轴器$\frac{16}{J_1 18}\times 32$(G) JB/T 5901—1991

型号	公称转矩 T_n /N·m	d (H7)	D	L_0				L		L_2	质量				转动惯量			
				WSD 型		WS 型					WSD 型		WS 型		WSD 型		WS 型	
				Y 型	J_1 型	Y 型	J_1 型	Y 型	J_1 型		Y 型	J_1 型	Y 型	J_1 型	Y 型	J_1 型	Y 型	J_1 型
		/mm									/kg				/kg·m²			
WS1 WSD1	11.2	8	16	60	—	80	—	20	—	20	0.23	—	0.32	—	0.06	—	0.08	—
		9																
		10		66	60	86	80					0.20		0.29		0.05		0.07
WS2 WSD2	22.4	10	20	70	64	96	90	25	22	26	0.64	0.57	0.93	0.88	0.10	0.09	0.15	0.15
		11																
		12		84	74	110	100											
WS3 WSD3	45	12	25	90	80	122	112	32	27	32	1.45	1.30	2.10	1.95	0.17	0.15	0.24	0.22
		14																
WS4 WSD4	71	16	32	116	82	154	130			38	5.92	4.86	8.56	4.34	0.39	0.32	0.56	0.49
		18						42	30									
WS5 WSD5	140	19	40	144	116	192	164			48	16.3	12.9	24.0	20.6	0.72	0.59	1.04	0.91
		20						52	38									
		22																

（续）

型号	公称转矩 T_n /N·m	d (H7)	D	L_0				L		L_2	质量				转动惯量			
				WSD 型		WS 型					WSD 型		WS 型		WSD 型		WS 型	
				Y 型	J_1 型	Y 型	J_1 型	Y 型	J_1 型		Y 型	J_1 型	Y 型	J_1 型	Y 型	J_1 型	Y 型	J_1 型
		/mm									/kg				/kg·m^2			
WS6 WSD6	280	24	50	152	124	210	182	52	38	58	45.7	36.7	68.9	59.7	1.28	1.03	1.89	1.64
		25		172	136	330	194	62	44									
		28																
WS7 WSD7	560	30	60	226	182	296	252	82	60	70	148	117	207	177	2.82	2.31	3.90	3.38
		32																
		35																
WS8 WSD8	1120	38	75	240	196	332	288			92	396	338	585	525	5.03	4.41	7.25	6.63
		40		300	244	392	336	112	84									
		42																

注：1. WS 表示双十字轴万向联轴器，WSD 表示单十字轴万向联轴器

2. 当轴线夹角 $\beta \neq 0$ 时，联轴器的公称转矩为 $T_n \cos\beta$。

3. 中间轴尺寸 L_2 可根据需要选取。

第三篇　轴承、润滑与密封

第八章　轴　　承

一、滚动轴承

（一）滚动轴承的类型（见表8-1）

表 8-1　常用滚动轴承的类型、主要性能和特点

类型代号	简　图	类型名称	基本代号	极限转速比①	轴向承载能力	轴向限位能力②	性能和特点
1		调心球轴承	1200 2200 1300 2300	中	少量	Ⅰ	外圈滚道表面是以轴承中点为中心的球面，故能自动调心，允许内圈相对外圈轴线偏斜量≤2°~3°。一般不宜承受纯轴向载荷
2		调心滚子轴承	21300 22200 22300 23000 23100 23200 24000 24100	低	少量	Ⅰ	性能、特点与调心球轴承相同，但具有较大的径向承载能力，允许内圈对外圈轴线偏斜量≤1.5°~2.5°
		推力调心滚子轴承	29000	低	很大	Ⅱ	用于承受以轴向载荷为主的轴向、径向联合载荷，但径向载荷不得超过轴向载荷的55%。运转中受离心力作用，滚动体与滚道间产生滑动，并导致轴圈与座圈分离。为保证正常工作，需施加一定轴向预载荷。允许轴圈对座圈轴线偏斜量≤1.5°~2.5°

（续）

类型代号	简　图	类型名称	基本代号	极限转速比①	轴向承载能力	轴向限位能力②	性能和特点
3	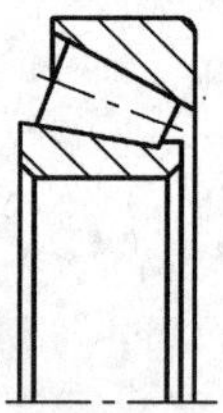	圆锥滚子轴承 $\alpha=10°\sim18°$	30200 30300 32000 32300 32900 33000 33100 33200	中	较大	Ⅱ	可以同时承受径向载荷及轴向载荷（除 313 系列外以径向载荷为主，313 系列以轴向载荷为主）。内外圈可分离，安装时可调整轴承的游隙。一般成对使用
		大锥角圆锥滚子轴承 $\alpha=27°\sim30°$	31300	中	很大		
4	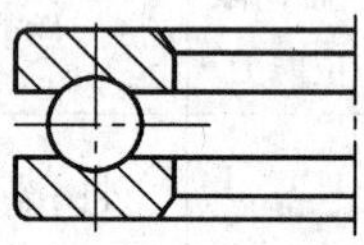	推力球轴承	51100 51200 51300 51400	低	只能承受单向的轴向载荷	Ⅱ	只能承受轴向载荷。高速时离心力大，钢球与保持架磨损，发热严重，寿命降低，故极限转速很低。为了防止钢球与滚道之间的滑动，工作时必须有一定的轴向载荷。载荷必须与轴线重合，以保证钢球载荷的均匀分配
5	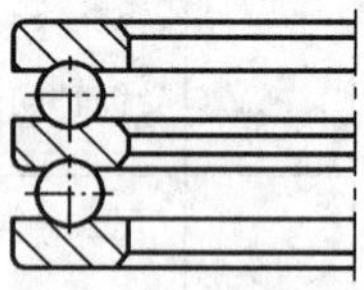	双向推力球轴承	52200 52300 52400	低	能承受双向的轴向载荷	Ⅰ	
6		深沟球轴承	61700 63700 61800 61900 16000 6000 6200 6300 6400	高	少量	Ⅰ	主要承受径向载荷，也可同时承受小的轴向载荷。当量摩擦系数最小。在高转速时，可用来承受纯轴向载荷。工作中允许内、外圈轴线偏斜量≤8′～16′，大量生产，价格最低
7	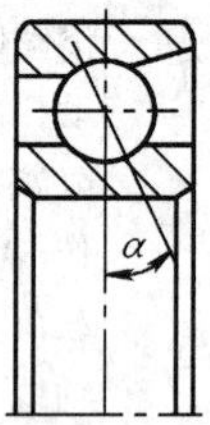	角接触球轴承	70000C （$\alpha=15°$）	高	一般	Ⅱ	可以同时承受径向载荷及轴向载荷，也可以单独承受轴向载荷。能在较高转速下正常工作。一般成对使用。承受轴向载荷的能力与接触角 α 有关。接触角大的，承受轴向载荷的能力也高
			70000AC （$\alpha=25°$）		较大		
			70000B （$\alpha=40°$）		更大		

（续）

类型代号	简图	类型名称	基本代号	极限转速比①	轴向承载能力	轴向限位能力②	性能和特点
8		推力圆柱滚子轴承	80000	低	只能承受单向轴向载荷	Ⅱ	只能承受轴向载荷。承载能力比推力球轴承大，极限转速比推力球轴承低
N		外圈无挡边的圆柱滚子轴承	N1000 N200 N2200 N300 N2300 N400	高	无	Ⅲ	有较大的径向承载能力。外圈（或内圈）可以分离，故不能承受轴向载荷，滚子由内圈（或外圈）的挡边轴向定位，工作时允许内、外圈有少量的轴向位移。内外圈轴线的允许偏斜量很小（2′～4′）。此类轴承还可以不带外圈或内圈
NU		内圈无挡边的圆柱滚子轴承	NU1000 NU200 NU2200 NU300 NU2300 NU400				
NA		滚针轴承	NA4800 NA4900 NA6900	低	无	Ⅲ	在同样内径条件下，与其他类型轴承相比，其外径最小，内圈或外圈可以分离，工作时允许内、外圈有少量的轴向位移。有较大的径向承载能力。一般不带保持架。摩擦因数较大

① 极限转速比：指同一尺寸系列0级公差的各类轴承脂润滑时的极限转速与深沟球轴承脂润滑时极限转速之比。高、中、低的意义为：高为单列深沟球轴承极限转速的90%～100%；中为单列深沟球轴承极限转速的60%～90%；低为单列深沟球轴承极限转速的60%以下。

② 轴向限位能力：Ⅰ为轴的双向轴向位移限制在轴承的轴向游隙范围以内；Ⅱ为限制轴的单向轴向位移；Ⅲ为不限制轴的轴向位移。

（二）滚动轴承的代号

滚动轴承代号由基本代号、前置代号和后置代号组成。其排列见表8-2。

表 8-2　滚动轴承代号的构成

<table>
<tr><td>前置代号</td><td colspan="5">基本代号</td><td colspan="8">后置代号</td></tr>
<tr><td rowspan="3">轴承分部件代号</td><td>五</td><td>四</td><td>三</td><td>二</td><td>一</td><td rowspan="3">内部结构代号</td><td rowspan="3">密封与防尘结构代号</td><td rowspan="3">保持架及其材料代号</td><td rowspan="3">特殊轴承材料代号</td><td rowspan="3">公差等级代号</td><td rowspan="3">游隙代号</td><td rowspan="3">多轴承配置代号</td><td rowspan="3">其他代号</td></tr>
<tr><td rowspan="2">类型代号</td><td colspan="2">尺寸系列代号</td><td colspan="2" rowspan="2">内径代号</td></tr>
<tr><td>宽度系列代号</td><td>直径系列代号</td></tr>
</table>

注：基本代号下面的一至五表示代号自右向左的位置序数。

1. 前置代号

前置代号表示成套轴承分部件，用大写拉丁字母表示（见表 8-3）。

表 8-3　前置代号及其含义

代　号	含　义	示　例
L	可分离轴承的可分离内圈或外圈	LNU207 LN207
R	不带可分离内圈或外圈的轴承 （滚针轴承仅适用于 NA 型）	RNU207 RNA6904
K	滚子和保持架组件	K81107
WS	推力圆柱滚子轴承轴圈	WS81107
GS	推力圆柱滚子轴承座圈	GS81107

2. 基本代号

基本代号由类型代号、尺寸系列代号和内径代号构成。类型代号用数字或大写拉丁字母表示，尺寸系列代号和内径代号用数字表示（见表 8-4 和表 8-5）。

表 8-4　常用滚动轴承类型代号、尺寸系列代号及组合代号

轴承类型	简　图	类型代号	尺寸系列代号	组合代号	标准号
双列角接触球轴承	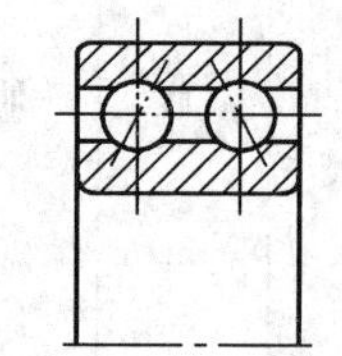	(0) (0)	32 33	32 33	GB/T 296—1994
调心球轴承	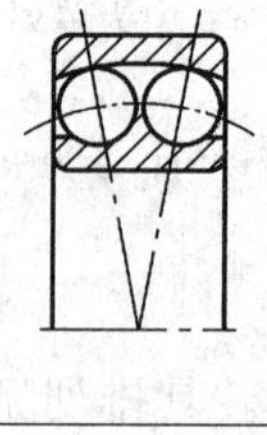	1 (1) 1 (1)	(0)2 22 (0)3 23	12 22 13 23	GB/T 281—1994

（续）

轴承类型	简　图	类型代号	尺寸系列代号	组合代号	标准号
调心滚子轴承	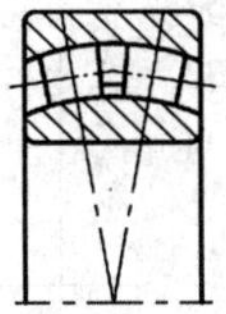	2 2 2 2 2 2 2 2	13 22 23 30 31 32 40 41	213 222 223 230 231 232 240 241	GB/T 288—1994
推力调心滚子轴承	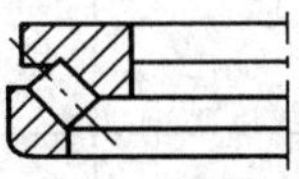	2 2 2	92 93 94	292 293 294	GB/T 5859—1994
圆锥滚子轴承	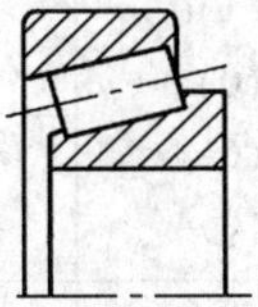	3 3 3 3 3 3 3 3 3 3	02 03 13 20 22 23 29 30 31 32	302 303 313 320 322 323 329 330 331 332	GB/T 297—1994
双列深沟球轴承	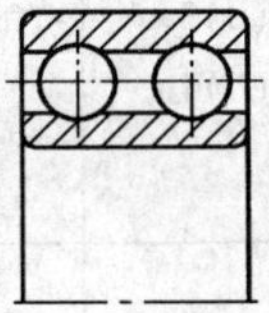	4 4	(2)2 (2)3	42 43	GB/T 296—1994
推力球轴承：推力球轴承	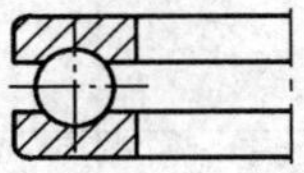	5 5 5 5	11 12 13 14	511 512 513 514	GB/T 301—1995
推力球轴承：双向推力球轴承	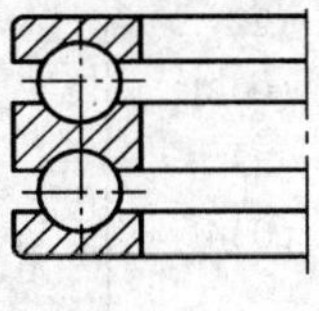	5 5 5	22 23 24	522 523 524	GB/T 301—1995

（续）

轴承类型		简图	类型代号	尺寸系列代号	组合代号	标准号
推力球轴承	带球面座圈的推力球轴承	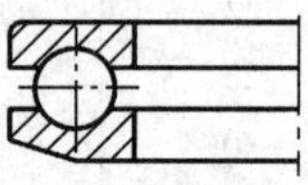	5 5 5	32 33 34	532 533 534	GB/T 301—1995
推力球轴承	带球面座圈的双向推力球轴承	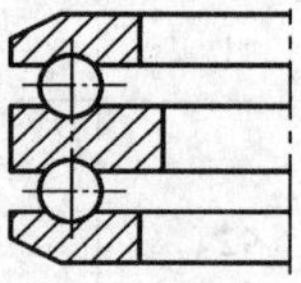	5 5 5	42 43 44	542 543 544	GB/T 301—1995
深沟球轴承		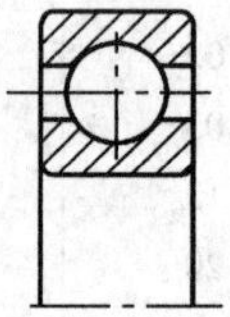	6 6 6 6 16 6 6 6 6	17 37 18 19 (0)0 (1)0 (0)2 (0)3 (0)4	617 637 618 619 160 60 62 63 64	GB/T 276—1994
角接触球轴承		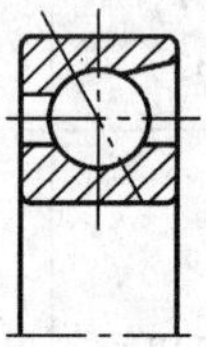	7 7 7 7 7	19 (1)0 (0)2 (0)3 (0)4	719 70 72 73 74	GB/T 292—1994
推力圆柱滚子轴承		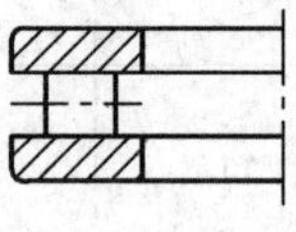	8 8	11 12	811 812	GB/T 4663—1994
圆柱滚子轴承	外圈无挡边圆柱滚子轴承	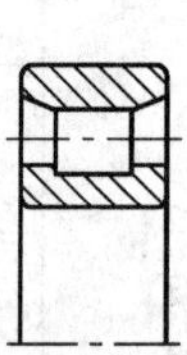	N N N N N N	10 (0)2 22 (0)3 23 (0)4	N10 N2 N22 N3 N23 N4	GB/T 283—1994

（续）

轴承类型		简图	类型代号	尺寸系列代号	组合代号	标准号
圆柱滚子轴承	内圈无挡边圆柱滚子轴承	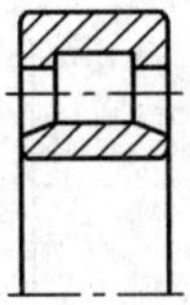	NU NU NU NU NU NU	10 (0)2 22 (0)3 23 (0)4	NU10 NU2 NU22 NU3 NU23 NU4	GB/T 283—1994
	内圈单挡边圆柱滚子轴承	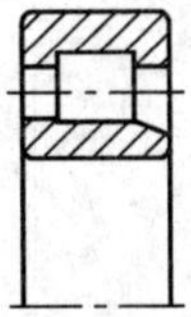	NJ NJ NJ NJ NJ	(0)2 22 (0)3 23 (0)4	NJ2 NJ22 NJ3 NJ23 NJ4	
	内圈单挡边并带平挡圈圆柱滚子轴承	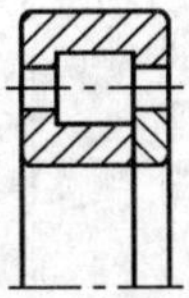	NUP NUP NUP NUP	(0)2 22 (0)3 23	NUP2 NUP22 NUP3 NUP23	
	外圈单挡边圆柱滚子轴承	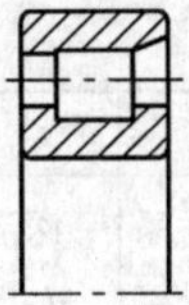	NF	(0)2 (0)3 23	NF2 NF3 NF3	
	双列圆柱滚子轴承	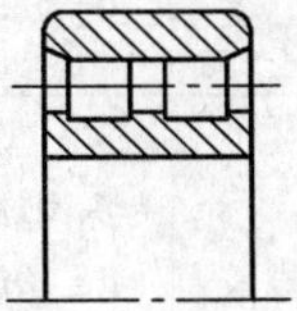	NN	30	NN30	GB/T 285—1994
	内圈无挡边双列圆柱滚子轴承	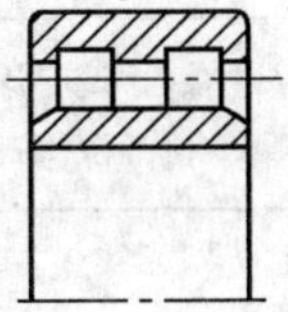	NNU	49	NNU49	

（续）

轴承类型		简图	类型代号	尺寸系列代号	组合代号	标准号
外球面球轴承	带顶丝外球面球轴承	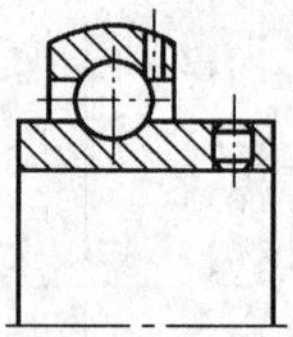	UC UC	2 3	UC2 UC3	GB/T 3882—1995
	带偏心套外球面球轴承	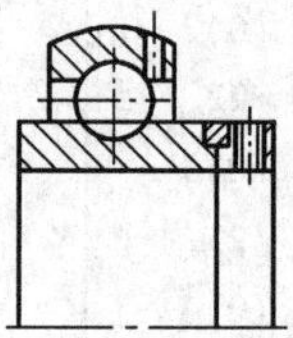	UEL UEL	2 3	UEL2 UEL3	
	圆锥孔外球面球轴承	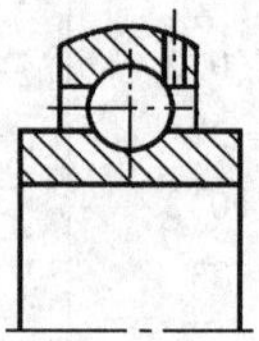	UK UK	2 3	UK2 UK3	

表 8-5　滚动轴承内径代号

轴承公称内径/mm		内径代号	示　例
0.6 到 10（非整数）		用公称内径毫米数直接表示，在其与尺寸系列代号之间用“/”分开	深沟球轴承 618/2.5 d = 2.5mm
1 到 9（整数）		用公称内径毫米数直接表示，对深沟球轴承及角接触球轴承 7、8、9 直径系列，内径与尺寸系列代号之间用“/”分开	深沟球轴承 618/5 d = 5mm
10 到 17	10 12 15 17	00 01 02 03	深沟球轴承 6200 d = 10mm
20 到 480（22，28，32 除外）		公称内径除以 5 的商数，商数为个位数时需在商数左边加“0”，如 08	调心滚子轴承 23208 d = 40mm
大于和等于 500 以及 22，28，32		用公称内径毫米数直接表示，但在与尺寸系列之间用“/”分开	调心滚子轴承 230/500　d = 500mm 深沟球轴承 62/22　d = 22mm

3. 后置代号

后置代号是轴承内部结构、尺寸、公差、技术要求等有改变时的补充代号（见表 8-6）。

表 8-6　后置代号排列及内容

后置代号（组）							
1	2	3	4	5	6	7	8
内部结构	密封与防尘套圈变型	保持架及其材料	轴承材料	公差等级	游隙	配置	其他

4. 滚动轴承代号示例（见图 8-1）

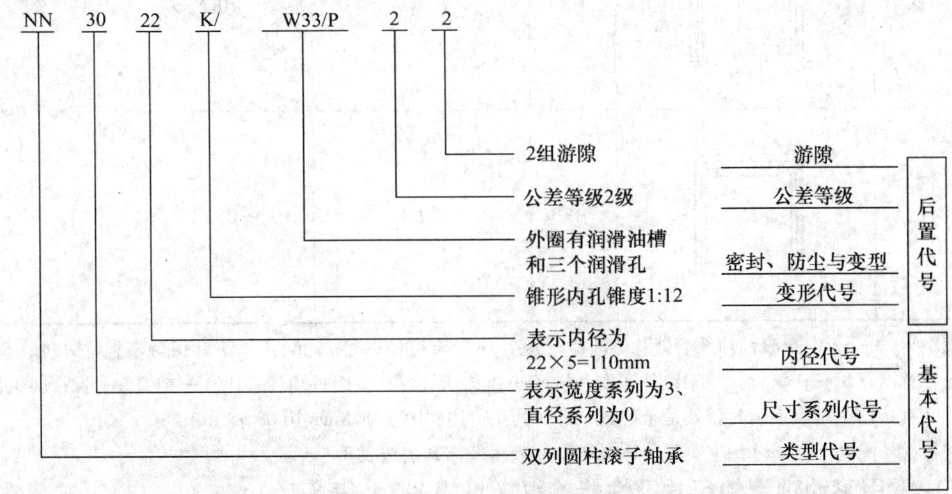

图 8-1　滚动轴承代号示例

5. 滚针轴承基本代号（见表 8-7）

表 8-7　滚针轴承类型和基本代号

<table>
<tr><th colspan="2">轴承类型</th><th>简图</th><th>类型代号</th><th colspan="2">配合安装特征尺寸表示</th><th>轴承基本代号</th><th>标准号</th></tr>
<tr><td rowspan="2">滚针和保持架组件</td><td>滚针和保持架组件</td><td></td><td>K</td><td colspan="2">$F_w \times E_w \times B_c$</td><td>$KF_w \times E_w \times B_c$</td><td>GB/T 5846—2003</td></tr>
<tr><td>推力滚针和保持架组件</td><td></td><td>A × K</td><td colspan="2">$D_{c1} \times D_c$①</td><td>AXK$D_{c1} \times D_c$</td><td>GB/T 4605—2003</td></tr>
<tr><td rowspan="2">滚针轴承</td><td rowspan="2">滚针轴承</td><td rowspan="2"></td><td rowspan="2">NA</td><td colspan="2">用尺寸系列代号、内径代号表示</td><td rowspan="2">NA4800
NA4900
NA6900</td><td rowspan="2">GB/T 5801—1994</td></tr>
<tr><td>尺寸系列代号
48
49
69</td><td>内径②代号
按表8-5</td></tr>
</table>

（续）

轴承类型		简图	类型代号	配合安装特征尺寸表示	轴承基本代号	标准号
滚针轴承	穿孔型冲压外圈滚针轴承		HK	F_wB[①]	HKF_wB	GB/T 290—1998
	封口型冲压外圈滚针轴承		BK	F_wB[①]	BKF_wB	

注：表中 F_w——无内圈滚针轴承滚针总体内径（滚针保持架组件内径）；E_w——滚针保持架组件处径；B——轴承公称宽度；B_c——滚针保持架组件宽度；D_{cl}——推力滚针保持架组件内径；D_c——推力滚针保持架组件外径。

① 尺寸直接用毫米数表示时，如是个位数，需在其左边加“0”，如 8mm 用 08 表示。

② 内径代号除 $d<10$mm 用“/实际公称毫米数”表示外，其余按表 8-5 表示。

（三）常用滚动轴承的尺寸及性能参数（见表 8-8～表 8-16）

1. 深沟球轴承（见表 8-8）

表 8-8　深沟球轴承（摘自 GB/T 276—1994）

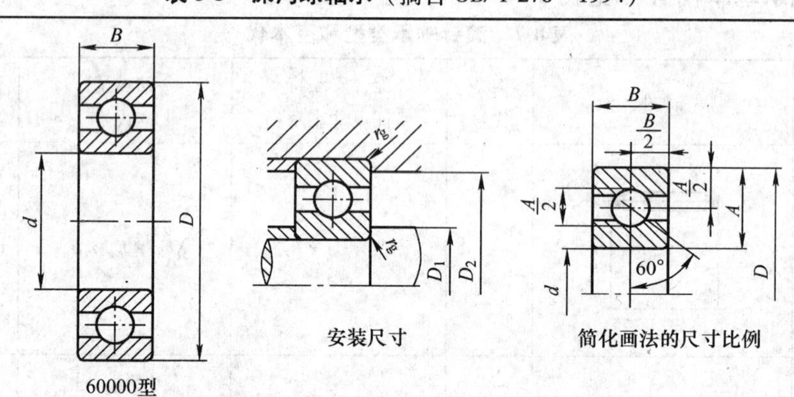

60000型　　安装尺寸　　简化画法的尺寸比例

标记示例：滚动轴承 6210　GB/T 276—1994

F_a/C_0	e	Y	径向当量动载荷	径向当量静载荷
0.014	0.19	2.30	当 $\frac{F_a}{F_r} \leqslant e$　$P=F_r$ 当 $\frac{F_a}{F_r} > e$　$P=0.56F_r+YF_a$	当 $\frac{F_a}{F_r} \leqslant 0.8$　$P_0=F_r$ 当 $\frac{F_a}{F_r} > 0.8$　$P_0=0.6F_r+0.5F_a$　P_0 取两式计算值较大者
0.028	0.22	1.99		
0.056	0.26	1.71		
0.084	0.28	1.55		
0.11	0.30	1.45		
0.17	0.34	1.31		
0.28	0.38	1.15		
0.42	0.42	1.04		
0.56	0.44	1.00		

（续）

轴承代号	外形尺寸/mm				安装尺寸/mm			额定动载荷 C/kN	额定静载荷 C_0/kN	极限转速 n_{lim} /r·min^{-1}	
	d	D	B	r_{smin}	D_1	D_2	r_g			脂润滑	油润滑
02 系列											
6200	10	30	9	0.6	15	26	0.6	5.10	2.38	19000	26000
6201	12	32	10	0.6	17	28	0.6	6.82	3.05	18000	24000
6202	15	35	11	0.6	20	31	0.6	7.65	3.72	17000	22000
6203	17	40	12	0.6	22	36	1	9.58	4.78	16000	20000
6204	20	47	14	1	26	42	1	12.8	6.65	14000	18000
6205	25	52	15	1	31	47	1	14.0	7.88	12000	16000
6206	30	62	16	1	36	56	1	19.5	11.5	9500	13000
6207	35	72	17	1.1	42	65	1	25.5	15.2	8500	11000
6208	40	80	18	1.1	47	73	1	29.5	18.0	8000	10000
6209	45	85	19	1.1	52	78	1	31.5	20.5	7000	9000
6210	50	90	20	1.1	57	83	1	35.0	23.2	6700	8500
6211	55	100	21	1.5	63	91	1.5	43.2	29.2	6000	7500
6212	60	110	22	1.5	68	102	1.5	47.8	32.8	5600	7000
6213	65	120	23	1.5	74	111	1.5	57.2	40.0	5000	6300
6214	70	125	24	1.5	79	116	1.5	60.8	45.0	4800	6000
6215	75	130	25	1.5	84	121	1.5	66.0	49.5	4500	5600
6216	80	140	26	2	90	130	2	71.5	54.2	4300	5300
6217	85	150	28	2	95	140	2	83.2	63.8	4000	5000
6218	90	160	30	2	100	150	2	95.8	71.5	3800	4800
6219	95	170	32	2.1	107	158	2	110	82.8	3600	4500
6220	100	180	34	2.1	112	168	2	122	92.8	3400	4300
03 系列											
6300	10	35	11	0.6	14	31	0.6	7.65	3.48	18000	24000
6301	12	37	12	1	17	32	1	9.72	5.08	17000	22000
6302	15	42	13	1	20	37	1	11.5	5.42	16000	20000
6303	17	47	14	1	22	42	1	13.5	6.58	15000	19000
6304	20	52	15	1.1	27	46	1	15.8	7.88	13000	17000
6305	25	62	17	1.1	32	55	1	22.2	11.5	10000	14000
6306	30	72	19	1.1	38	65	1	27.0	15.2	9000	12000
6307	35	80	21	1.5	44	71	1.5	33.4	19.2	8000	10000
6308	40	90	23	1.5	49	80	1.5	40.8	24.0	7000	9000
6309	45	100	25	1.5	54	90	1.5	52.8	31.8	6300	8000
6310	50	110	27	2	60	100	2	61.8	38.0	6000	7500
6311	55	120	29	2	66	110	2	71.5	44.8	5300	6700

（续）

轴承代号	外形尺寸/mm				安装尺寸/mm			额定动载荷 C/kN	额定静载荷 C_0/kN	极限转速 n_{lim} /r·min^{-1}	
	d	D	B	r_{smin}	D_1	D_2	r_g			脂润滑	油润滑
03 系 列											
6312	60	130	31	2.1	72	118	2	81.8	51.8	5000	6300
6313	65	140	33	2.1	77	128	2	93.8	60.5	4500	5600
6314	70	150	35	2.1	82	138	2	105	68.0	4300	5300
6315	75	160	37	2.1	87	148	2	113	76.8	4000	5000
6316	80	170	39	2.1	92	158	2	123	86.5	3800	4800
6317	85	180	41	3	99	166	2.5	132	96.5	3600	4500
6318	90	190	43	3	104	176	2.5	145	108	3400	4300
6319	95	200	45	3	109	186	2.5	155	122	3200	4000
6320	100	215	47	3	114	201	2.5	172	140	2800	3600
04 系 列											
6403	17	62	17	1.1	24	55	1	22.7	10.8	11000	15000
6404	20	72	19	1.1	27	65	1	31.0	15.2	9500	13000
6405	25	80	21	1.5	34	71	1.5	38.2	19.2	8500	11000
6406	30	90	23	1.5	39	81	1.5	47.5	24.5	8000	10000
6407	35	100	25	1.5	44	91	1.5	56.8	29.5	6700	8500
6408	40	110	27	2	50	100	2	65.5	37.5	6300	8000
6409	45	120	29	2	55	110	2	77.5	45.5	5600	7000
6410	50	130	31	2.1	62	118	2	92.2	55.2	5300	6700
6411	55	140	33	2.1	67	128	2	100	62.5	4800	6000
6412	60	150	35	2.1	72	138	2	109	70.0	4500	5600
6413	65	160	37	2.1	77	148	2	118	78.5	4300	5300
6414	70	180	42	3	84	166	2.5	140	99.5	3800	4800
6415	75	190	45	3	89	176	2.5	154	115	3600	4500
6416	80	200	48	3	94	186	2.5	163	125	3400	4300
6417	85	210	52	4	103	192	3	175	138	3200	4000
6418	90	225	54	4	108	207	3	192	158	2800	3600
6420	100	250	58	4	118	232	3	222	195	2400	3200

注：1. 表中仅轴承代号及外形尺寸为国标。

2. 表中 r_{smin} 为 r 的单向最小倒角。

2. 调心球轴承（见表 8-9）

表 8-9 调心球轴承（摘自 GB/T 281—1994）

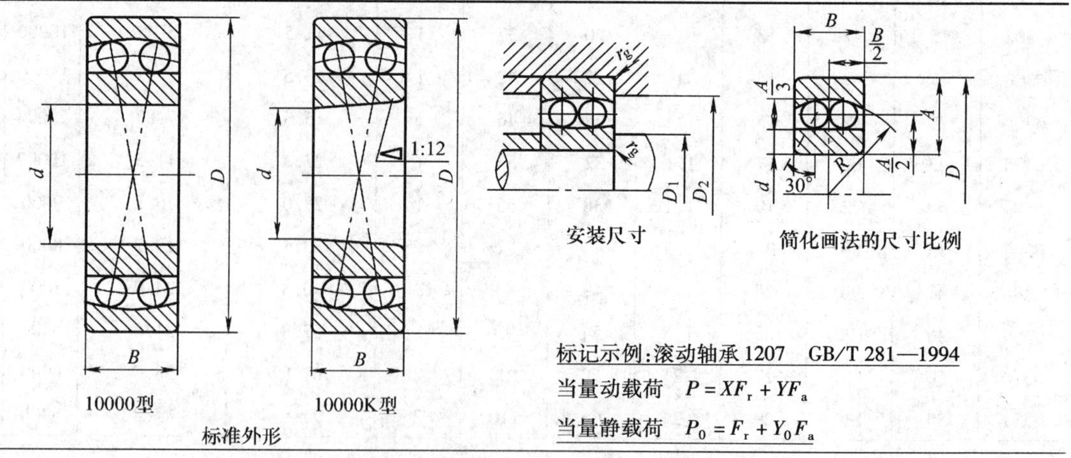

标记示例：滚动轴承 1207　GB/T 281—1994

当量动载荷　$P = XF_r + YF_a$

当量静载荷　$P_0 = F_r + Y_0 F_a$

（续）

轴承代号	外形尺寸/mm				安装尺寸/mm			额定动载荷 C/kN	e	$\frac{F_a}{F_r}\leqslant e$		$\frac{F_a}{F_r}>e$		额定静载荷 C_0/kN	Y_0	极限转速 n_{lim} /r·min^{-1}	
	d	D	B	r_{smin}	D_1	D_2	r_g			X	Y	X	Y			脂润滑	油润滑
02 系 列																	
1200	10	30	9	0.6	15	25	0.6	5.48	0.32	1	2.0	0.65	3.0	1.20	2.0	24000	28000
1201	12	32	10	0.6	17	27	0.6	5.55	0.32	1	1.9	0.65	2.9	1.25	2.0	22000	26000
1202	15	35	11	0.6	20	30	0.6	7.48	0.31	1	1.9	0.65	3.0	1.75	2.0	18000	22000
1203	17	40	12	0.6	22	35	0.6	7.90	0.31	1	2.0	0.65	3.2	2.02	2.1	16000	20000
1204	20	47	14	1	26	41	1	9.95	0.23	1	2.3	0.65	3.6	2.65	2.4	14000	17000
1205	25	52	15	1	31	46	1	12.0	0.28	1	2.3	0.65	3.6	3.30	2.4	12000	14000
1206	30	62	16	1	36	56	1	15.8	0.24	1	2.6	0.65	4.0	4.70	2.7	10000	12000
1207	35	72	17	1.1	42	65	1	15.8	0.23	1	2.7	0.65	4.2	5.08	2.9	8500	10000
1208	40	80	18	1.1	47	73	1	19.2	0.21	1	2.9	0.65	4.4	6.40	3.0	7500	9000
1209	45	85	19	1.1	52	78	1	21.8	0.21	1	2.9	0.65	4.6	7.32	3.1	7100	8500
1210	50	90	20	1.1	57	83	1	22.8	0.20	1	3.1	0.65	4.8	8.08	3.3	6300	8000
1211	55	100	21	1.5	64	91	1.5	26.8	0.19	1	3.2	0.65	5.0	10.0	3.4	6000	7100
1212	60	110	22	1.5	69	101	1.5	30.2	0.18	1	3.4	0.65	5.3	11.5	3.6	5300	6300
1213	65	120	23	1.5	74	111	1.5	31.0	0.18	1	3.7	0.65	5.7	12.5	3.9	4800	6000
1214	70	125	24	1.5	79	116	1.5	34.5	0.17	1	3.5	0.65	5.4	13.5	3.7	4500	5600
1215	75	130	25	1.5	84	121	1.5	38.8	0.17	1	3.6	0.65	5.6	15.2	3.8	4300	5300
1216	80	140	26	2	90	130	2	39.5	0.16	1	3.6	0.65	5.5	16.8	3.8	4000	5000
1217	85	150	28	2	95	140	2	48.8	0.17	1	3.7	0.65	5.7	20.5	3.9	3800	4500
1218	90	160	30	2	100	150	2	56.5	0.17	1	3.8	0.65	5.8	23.2	4.0	3600	4300
1219	95	170	32	2.1	107	158	2	63.5	0.17	1	3.7	0.65	5.7	27.0	3.9	3400	4000
1220	100	180	34	2.1	112	168	2	68.5	0.17	1	3.5	0.65	5.4	29.2	3.7	3200	3800
03 系 列																	
1300	10	35	11	0.6	15	30	0.6	7.22	0.33	1	1.9	0.65	3.0	1.61	2.0	20000	24000
1301	12	37	12	1	18	31	0.6	9.42	0.34	1	1.8	0.65	2.8	2.12	1.9	18000	22000
1302	15	42	13	1	21	36	1	9.50	0.31	1	1.9	0.65	2.9	2.28	2.0	16000	20000
1303	17	47	14	1	23	41	1	12.5	0.30	1	1.9	0.65	3.0	3.18	2.0	14000	17000
1304	20	52	15	1.1	27	45	1	12.5	0.29	1	2.2	0.65	3.4	3.38	2.3	12000	15000
1305	25	62	17	1.1	32	55	1	17.8	0.27	1	2.3	0.65	3.5	5.05	2.4	10000	13000
1306	30	72	19	1.1	37	65	1	21.5	0.26	1	2.4	0.65	3.8	6.28	2.6	8500	11000
1307	35	80	21	1.5	44	71	1.5	25.0	0.25	1	2.6	0.65	4.0	7.95	2.7	7500	9500
1308	40	90	23	1.5	49	81	1.5	29.5	0.24	1	2.6	0.65	4.0	9.50	2.7	6700	8500
1309	45	100	25	1.5	54	91	1.5	38.0	0.23	1	2.5	0.65	3.9	12.8	2.6	6000	7500
1310	50	110	27	2	60	100	2	43.2	0.24	1	2.7	0.65	4.1	14.2	2.8	5600	6700
1311	55	120	29	2	65	110	2	51.5	0.23	1	2.7	0.65	4.2	18.2	2.8	5000	6300

（续）

轴承代号	外形尺寸/mm				安装尺寸/mm			额定动载荷 C/kN	e	$\frac{F_a}{F_r}\leqslant e$		$\frac{F_a}{F_r}>e$		额定静载荷 C_0/kN	Y_0	极限转速 n_{lim} /r·min^{-1}	
	d	D	B	r_{smin}	D_1	D_2	r_g			X	Y	X	Y			脂润滑	油润滑
03 系列																	
1312	60	130	31	2.1	72	118	2	57.2	0.23	1	2.8	0.65	4.3	20.8	2.9	4500	5600
1313	65	140	33	2.1	77	128	2	61.8	0.23	1	2.8	0.65	4.3	22.8	2.9	4300	5300
1314	70	150	35	2.1	82	138	2	74.5	0.22	1	2.8	0.65	4.4	27.5	2.9	4000	5000
1315	75	160	37	2.1	87	148	2	79.0	0.22	1	2.8	0.65	4.4	29.8	3.0	3800	4500
1316	80	170	39	2.1	92	158	2	88.5	0.22	1	2.9	0.65	4.5	32.8	3.1	3600	4300
1317	85	180	41	3	99	166	2.5	97.8	0.22	1	2.9	0.65	4.5	37.8	3.0	3400	4000
1318	90	190	43	3	104	176	2.5	115	0.22	1	2.8	0.65	4.4	44.5	2.9	3200	3800
1319	95	200	45	3	109	186	2.5	132	0.22	1	2.8	0.65	4.3	50.8	2.9	3000	3600
1320	100	215	47	3	114	201	2.5	142	0.22	1	2.7	0.65	4.1	57.2	2.8	2800	3400
22 系列																	
2200	10	30	14	0.6	15	25	0.6	7.12	0.62	1	1.0	0.65	1.6	1.58	1.1	24000	28000
2202	15	35	14	0.6	17	27	0.6	7.65	0.50	1	1.3	0.65	2.0	1.80	1.3	22000	26000
2203	17	40	16	0.6	22	35	1	9.00	0.50	1	1.2	0.65	1.9	2.45	1.3	18000	22000
2204	20	47	18	1	26	41	1	12.5	0.48	1	1.3	0.65	2.0	3.28	1.4	14000	17000
2205	25	52	18	1	31	46	1	12.5	0.41	1	1.5	0.65	2.3	3.40	1.5	12000	14000
2206	30	62	20	1	36	56	1	15.2	0.39	1	1.6	0.65	2.4	4.60	1.7	10000	12000
2207	35	72	23	1.1	42	65	1	21.8	0.38	1	1.7	0.65	2.6	6.65	1.8	8500	10000
2208	40	80	23	1.1	47	72	1	22.5	0.34	1	1.9	0.65	2.9	7.38	2.0	7500	9000
2209	45	85	23	1.1	52	78	1	23.2	0.31	1	2.1	0.65	3.2	8.00	2.2	7100	8500
2210	50	90	23	1.1	57	83	1	23.2	0.29	1	2.2	0.65	3.4	8.45	2.3	6300	8000
2211	55	100	25	1.5	64	91	1.5	26.8	0.28	1	2.3	0.65	3.5	9.95	2.4	6000	7100
2212	60	110	28	1.5	69	101	1.5	34.0	0.28	1	2.3	0.65	3.5	12.5	2.4	5300	6300
2213	65	120	31	1.5	74	111	1.5	43.5	0.28	1	2.3	0.65	3.5	16.2	2.4	4800	6000
2214	70	125	31	1.5	79	116	1.5	44.0	0.27	1	2.4	0.65	3.7	17.0	2.5	4500	5600
2215	75	130	31	1.5	84	121	1.5	44.2	0.25	1	2.5	0.65	3.9	18.0	2.6	4300	5300
2216	80	140	33	2	90	130	2	48.8	0.25	1	2.5	0.65	3.9	20.2	2.6	4000	5000
2217	85	150	36	2	95	140	2	58.2	0.25	1	2.5	0.65	3.8	23.5	2.6	3800	4500
2218	90	160	40	2	100	150	2	70.0	0.27	1	2.4	0.65	3.6	28.5	2.5	3600	4300
2219	95	170	43	2.1	107	158	2	82.8	0.26	1	2.4	0.65	3.7	33.8	2.5	3400	4000
2220	100	180	46	2.1	112	168	2	97.2	0.27	1	2.3	0.65	3.6	40.5	2.5	3200	3800
23 系列																	
2300	10	35	17	0.6	15	30	0.6	11.0	0.66	1	0.95	0.65	1.5	2.45	1.0	18000	22000
2302	15	42	17	1	21	36	1	12.0	0.51	1	1.2	0.65	1.9	2.88	1.3	14000	18000
2303	17	47	19	1	23	41	1	14.5	0.52	1	1.2	0.65	1.9	3.58	1.3	13000	16000
2304	20	52	21	1.1	27	45	1	17.8	0.51	1	1.2	0.65	1.9	4.75	1.3	11000	14000
2305	25	62	24	1.1	32	55	1	24.5	0.47	1	1.3	0.65	2.1	6.48	1.4	9500	12000

（续）

轴承代号	外形尺寸/mm				安装尺寸/mm			额定动载荷 C/kN	e	$\frac{F_a}{F_r} \leqslant e$		$\frac{F_a}{F_r} > e$		额定静载荷 C_0/kN	Y_0	极限转速 n_{lim} /r·min^{-1}	
	d	D	B	r_{smin}	D_1	D_2	r_g			X	Y	X	Y			脂润滑	油润滑
23 系列																	
2306	30	72	27	1.1	37	65	1	31.5	0.44	1	1.4	0.65	2.2	8.68	1.5	8000	10000
2307	35	80	31	1.5	44	71	1.5	39.2	0.46	1	1.4	0.65	2.1	11.0	1.4	7100	9000
2308	40	90	33	1.5	49	81	1.5	44.8	0.43	1	1.5	0.65	2.3	13.2	1.5	6300	8000
2309	45	100	36	1.5	54	91	1.5	55.0	0.42	1	1.5	0.65	2.3	16.2	1.6	5600	7100
2310	50	110	40	2	60	100	2	64.5	0.43	1	1.5	0.65	2.3	19.8	1.6	5000	6300
2311	55	120	43	2	65	110	2	75.2	0.41	1	1.5	0.65	2.4	23.5	1.6	4800	6000
2312	60	130	46	2.1	72	118	2	86.8	0.41	1	1.6	0.65	2.5	27.5	1.6	4300	5300
2313	65	140	48	2.1	77	128	2	96.0	0.38	1	1.6	0.65	2.6	32.5	1.7	3800	4800
2314	70	150	51	2.1	82	138	2	110	0.38	1	1.7	0.65	2.6	37.5	1.8	3600	4500
2315	75	160	55	2.1	87	148	2	122	0.38	1	1.7	0.65	2.6	42.8	1.7	3400	4300
2316	80	170	58	2.1	92	158	2	128	0.39	1	1.6	0.65	2.5	45.5	1.7	3200	4000
2317	85	180	60	3	99	166	2.5	140	0.38	1	1.7	0.65	2.6	51.0	1.7	3000	3800
2318	90	190	64	3	104	176	2.5	142	0.39	1	1.6	0.65	2.5	57.2	1.7	2800	3600
2319	95	200	67	3	109	186	2.5	162	0.38	1	1.7	0.65	2.6	64.2	1.8	2600	3400
2320	100	215	73	3	114	201	2.5	192	0.37	1	1.7	0.65	2.6	78.5	1.8	2400	3200

注：1. 表中 r_{smin} 为 r 的单向最小倒角。

2. 表中仅轴承代号及外形尺寸为国标。

3. 角接触球轴承（见表 8-10 和表 8-11）

表 8-10　角接触球轴承（摘自 GB/T 292—2007）

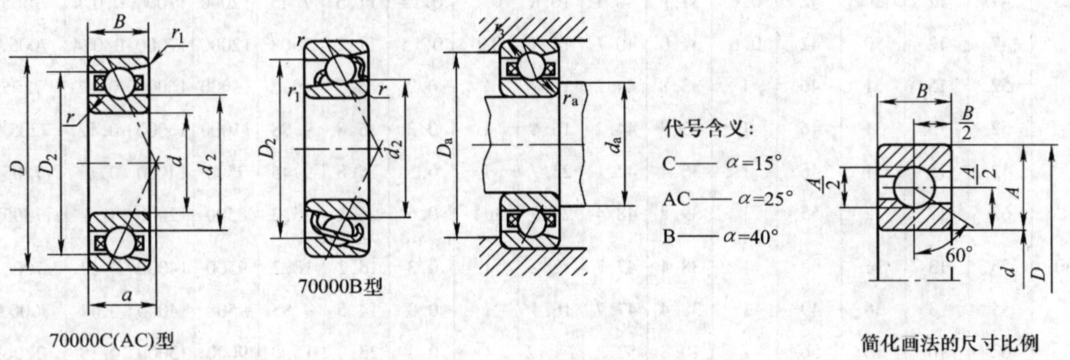

（续）

基本尺寸/mm			安装尺寸/mm			其他尺寸/mm					基本额定载荷/kN		极限转速/r·min^{-1}		重量/kg	轴承代号
d	D	B	d_a min	D_a max	r_a max	d_2 ≈	D_2 ≈	a	r min	r_1 min	C_r	C_{0r}	脂	油	W ≈	70000C (AC,B)型
10	26	8	12.4	23.6	0.3	14.9	21.1	6.4	0.3	0.15	4.92	2.25	19000	28000	0.018	7000C
	26	8	12.4	23.6	0.3	14.9	21.1	8.2	0.3	0.15	4.75	2.12	19000	28000	0.018	7000AC
	30	9	15	25	0.6	17.4	23.6	7.2	0.6	0.15	5.82	2.95	18000	26000	0.03	7200C
	30	9	15	25	0.6	17.4	23.6	9.2	0.6	0.15	5.58	2.82	18000	26000	0.03	7200AC
12	28	8	14.4	25.6	0.3	17.4	23.6	6.7	0.3	0.15	5.42	2.65	18000	26000	0.02	7001C
	28	8	14.4	25.6	0.3	17.4	23.6	8.7	0.3	0.15	5.20	2.55	18000	26000	0.02	7001AC
	32	10	17	27	0.6	18.3	26.1	8	0.6	0.15	7.35	3.52	17000	24000	0.035	7201C
	32	10	17	27	0.6	18.3	26.1	10.2	0.6	0.15	7.10	3.35	17000	24000	0.035	7201AC
15	32	9	17.4	29.6	0.3	20.4	26.6	7.6	0.3	0.15	6.25	3.42	17000	24000	0.028	7002C
	32	9	17.4	29.6	0.3	20.4	26.6	10	0.3	0.15	5.95	3.25	17000	24000	0.028	7002AC
	35	11	20	30	0.6	21.6	29.4	8.9	0.6	0.15	8.68	4.62	16000	22000	0.043	7202C
	35	11	20	30	0.6	21.6	29.4	11.4	0.6	0.15	8.35	4.40	16000	22000	0.043	7202AC
17	35	10	19.4	32.6	0.3	22.9	29.1	8.5	0.3	0.15	6.60	3.85	16000	22000	0.036	7003C
	35	10	19.4	32.6	0.3	22.9	29.1	11.1	0.3	0.15	6.30	3.68	16000	22000	0.036	7003AC
	40	12	22	35	0.6	24.6	33.4	9.9	0.6	0.3	10.8	5.95	15000	20000	0.062	7203C
	40	12	22	35	0.6	24.6	33.4	12.8	0.6	0.3	10.5	5.65	15000	20000	0.062	7203AC
20	42	12	25	37	0.6	26.9	35.1	10.2	0.6	0.15	10.5	6.08	14000	19000	0.064	7004C
	42	12	25	37	0.6	26.9	35.1	13.2	0.6	0.15	10.0	5.78	14000	19000	0.064	7004AC
	47	14	26	41	1	29.3	39.7	11.5	1	0.3	14.5	8.22	13000	18000	0.1	7204C
	47	14	26	41	1	29.3	39.7	14.9	1	0.3	14.0	7.82	13000	18000	0.1	7204AC
	47	14	26	41	1	30.5	37	21.1	1	0.3	14.0	7.85	13000	18000	0.11	7204B
25	47	12	30	42	0.6	31.9	40.1	10.8	0.6	0.15	11.5	7.45	12000	17000	0.074	7005C
	47	12	30	42	0.6	31.9	40.1	14.4	0.6	0.15	11.2	7.08	12000	17000	0.074	7005AC
	52	15	31	46	1	33.8	44.2	12.7	1	0.3	16.5	10.5	11000	16000	0.12	7205C
	52	15	31	46	1	33.8	44.2	16.4	1	0.3	15.8	9.88	11000	16000	0.12	7205AC
	52	15	31	46	1	35.4	42.1	23.7	1	0.3	15.8	9.45	9500	14000	0.13	7205B
	62	17	32	55	1	39.2	48.4	26.8	1.1	0.6	26.2	15.2	8500	12000	0.3	7305B
30	55	13	36	49	1	38.4	47.7	12.2	1	0.3	15.2	10.2	9500	14000	0.11	7006C
	55	13	36	49	1	38.4	47.7	16.4	1	0.3	14.5	9.85	9500	14000	0.11	7006AC
	62	16	36	56	1	40.8	52.2	14.12	1	0.3	23.0	15.0	9000	13000	0.19	7206C
	62	16	36	56	1	40.8	52.2	18.7	1	0.3	22.0	14.2	9000	13000	0.19	7206AC
	62	16	36	56	1	42.8	50.1	27.4	1	0.3	20.5	13.8	8500	12000	0.21	7206B
	72	19	37	65	1	46.5	56.2	31.1	1.1	0.6	31.0	19.2	7500	10000	0.37	7306B

（续）

基本尺寸/mm			安装尺寸/mm			其他尺寸/mm					基本额定载荷/kN		极限转速/r · min^{-1}		重量/kg	轴承代号
d	D	B	d_a min	D_a max	r_a max	d_2 ≈	D_2 ≈	a	r min	r_1 min	C_r	C_{0r}	脂	油	W ≈	70000C (AC,B)型
35	62	14	41	56	1	43.3	53.7	13.5	1	0.3	19.5	14.2	8500	12000	0.15	7007C
	62	14	41	56	1	43.3	53.7	18.3	1	0.3	18.5	13.5	8500	12000	0.15	7007AC
	72	17	42	65	1	46.8	60.2	15.7	1.1	0.6	30.5	20.0	8000	11000	0.28	7207C
	72	17	42	65	1	46.8	60.2	21	1.1	0.6	29.0	19.2	8000	11000	0.28	7207AC
	72	17	42	65	1	49.5	58.1	30.9	1.1	0.6	27.0	18.8	7500	10000	0.3	7207B
	80	21	44	71	1.5	52.4	63.4	34.6	1.5	0.6	38.2	24.5	7000	9500	0.51	7307B
40	68	15	46	62	1	48.8	59.2	14.7	1	0.3	20.0	15.2	8000	11000	0.18	7008C
	68	15	46	62	1	48.8	59.2	20.1	1	0.3	19.0	14.5	8000	11000	0.18	7008AC
	80	18	47	73	1	52.8	67.2	17	1.1	0.6	36.8	25.8	7500	10000	0.37	7208C
	80	18	47	73	1	52.8	67.2	23	1.1	0.6	35.2	24.5	7500	10000	0.37	7208AC
	80	18	47	73	1	56.4	65.7	34.5	1.1	0.6	32.5	23.5	6700	9000	0.39	7208B
	90	23	49	81	1.5	59.3	71.5	38.8	1.5	0.6	46.2	30.5	6300	8500	0.67	7308B
	110	27	50	100	2	64.6	85.4	38.7	2	1	67.0	47.5	6000	8000	1.4	7408B
45	75	16	51	69	1	54.2	65.9	16	1	0.3	25.8	20.5	7500	10000	0.23	7009C
	75	16	51	69	1	54.2	65.9	21.9	1	0.3	25.8	19.5	7500	10000	0.23	7009AC
	85	19	52	78	1	58.8	73.2	18.2	1.1	0.6	38.5	28.5	6700	9000	0.41	7209C
	85	19	52	78	1	58.8	73.2	24.7	1.1	0.6	36.8	27.2	6700	9000	0.41	7209AC
	85	19	52	78	1	60.5	70.2	36.8	1.1	0.6	36.0	26.2	6300	8500	0.44	7209B
	100	25	54	91	1.5	66	80	42.0	1.5	0.6	59.5	39.8	6000	8000	0.9	7309B
50	80	16	56	74	1	59.2	70.9	16.7	1	0.3	26.5	22.0	6700	9000	0.25	7010C
	80	16	56	74	1	59.2	70.9	23.2	1	0.3	25.2	21.0	6700	9000	0.25	7010AC
	90	20	57	83	1	62.4	77.7	19.4	1.1	0.6	42.8	32.0	6300	8500	0.46	7210C
	90	20	57	83	1	62.4	77.7	26.3	1.1	0.6	40.8	30.5	6300	8500	0.46	7210AC
	90	20	57	83	1	65.5	75.2	39.4	1.1	0.6	37.5	29.0	5600	7500	0.49	7210B
	110	27	60	100	2	74.2	88.8	47.5	2	1	68.2	48.0	5000	6700	1.15	7310B
	130	31	62	118	2.1	77.6	102.4	46.2	2.1	1.1	95.2	64.2	5000	6700	2.08	7410B
55	90	18	62	83	1	65.4	79.7	18.7	1.1	0.6	37.2	30.5	6000	8000	0.38	7001C
	90	18	62	83	1	65.4	79.7	25.9	1.1	0.6	35.2	29.2	6000	8000	0.38	7011AC
	100	21	64	91	1.5	68.9	86.1	20.9	1.5	0.6	52.8	40.5	5600	7500	0.61	7211C
	100	21	64	91	1.5	68.9	86.1	28.6	1.5	0.6	50.5	38.5	5600	7500	0.61	7211AC
	100	21	64	91	1.5	72.4	83.4	43	1.5	0.6	46.2	36.0	5300	7000	0.65	7211B
	120	29	65	110	2	80.5	96.3	51.4	2	1	78.8	56.5	4500	6000	1.45	7311B
60	95	18	67	88	1	71.4	85.7	19.4	1.1	0.6	38.2	32.8	5600	7500	0.4	7012C

（续）

基本尺寸/mm			安装尺寸/mm			其他尺寸/mm					基本额定载荷/kN		极限转速/r·min^{-1}		重量/kg	轴承代号
d	D	B	d_a min	D_a max	r_a max	d_2 ≈	D_2 ≈	a	r min	r_1 min	C_r	C_{0r}	脂	油	W ≈	70000C (AC,B)型
60	95	18	67	88	1	71.4	85.7	27.2	1.1	0.6	36.2	31.5	5600	7500	0.4	7012AC
	110	22	69	101	1.5	76	94.1	22.4	1.5	0.6	61.0	48.5	5300	7000	0.8	7212C
	110	22	69	101	1.5	76	94.1	30.8	1.5	0.6	58.5	46.2	5300	7000	0.8	7212AC
	110	22	69	101	1.5	79.3	91.5	46.7	1.5	0.6	56.0	44.5	4800	6300	0.84	7212B
	130	31	72	118	2.1	87.1	104.2	55.4	2.1	1.1	90.0	66.3	4300	5600	1.85	7312B
	150	35	72	138	2.1	91.4	118.6	55.7	2.1	1.1	118	85.5	4300	5600	3.56	7412B
65	100	18	72	93	1	75.3	89.8	20.1	1.1	0.6	40.0	35.5	5300	7000	0.43	7013C
	100	18	72	93	1	75.3	89.8	28.2	1.1	0.6	38.0	33.8	5300	7000	0.43	7013AC
	120	23	74	111	1.5	82.5	102.5	24.2	1.5	0.6	69.8	55.2	4800	6300	1	7213C
	120	23	74	111	1.5	82.5	102.5	33.5	1.5	0.6	66.5	52.5	4800	6300	1	7213AC
	120	23	74	111	1.5	88.4	101.2	51.1	1.5	0.6	62.5	53.2	4300	5600	1.05	7213B
	140	33	77	128	2.1	93.9	112.4	59.5	2.1	1.1	102	77.8	4000	5300	2.25	7313B
70	110	20	77	103	1	82	98	22.1	1.1	0.6	48.2	43.5	5000	6700	0.6	7014C
	110	20	77	103	1	82	98	30.9	1.1	0.6	45.8	41.5	5000	6700	0.6	7014AC
	125	24	79	116	1.5	89	109	25.3	1.5	0.6	70.2	60.0	4500	6700	1.1	7214C
	125	24	79	116	1.5	89	109	35.1	1.5	0.6	69.2	57.5	4500	6700	1.1	7214AC
	125	24	79	116	1.5	91.1	104.9	52.9	1.5	0.6	70.2	57.2	4300	5600	1.15	7214B
	150	35	82	138	2.1	100.9	120.5	63.7	2.1	1.1	115	87.2	3600	4800	2.75	7314B
75	115	20	82	108	1	88	104	22.7	1.1	0.6	49.5	46.5	4800	6300	0.63	7015C
	115	20	82	108	1	88	104	32.2	1.1	0.6	46.8	44.2	4800	6300	0.63	7015AC
	130	25	84	121	1.5	94	115	26.4	1.5	0.6	79.2	65.8	4300	5600	1.2	7215C
	130	25	84	121	1.5	94	115	36.6	1.5	0.6	75.2	63.0	4300	5600	1.2	7215AC
	130	25	84	121	1.5	96.1	109.9	55.5	1.5	0.6	72.8	63.0	4000	5300	1.3	7215B
	160	37	87	148	2.1	107.9	128.6	68.4	2.1	1.1	125	98.5	3400	4500	3.3	7315B
80	125	22	87	118	1	95.2	112.8	24.7	1.1	0.6	58.5	55.8	4500	6000	0.85	7016C
	125	22	87	118	1	95.2	112.8	34.9	1.1	0.6	55.5	53.2	4500	6000	0.85	7016AC
	140	26	90	130	2	100	122	27.2	2	1	89.5	78.2	4000	5300	1.45	7216C
	140	26	90	130	2	100	122	38.9	2	1	85.0	74.5	4000	5300	1.45	7216AC
	140	26	90	130	2	103.2	117.8	59.2	2	1	80.2	69.5	3600	4800	1.55	7216B
	170	39	82	158	2.1	114.8	136.8	71.9	2.1	1.1	135	110	3600	4800	3.9	7316B
85	130	22	92	123	1	99.4	117.6	25.4	1.1	0.6	62.5	60.2	4300	5600	0.89	7017C
	130	22	92	123	1	99.4	117.6	36.1	1.1	0.6	59.2	57.2	4300	5600	0.89	7017AC
	150	28	95	140	2	107.1	131	29.9	2	1	99.8	85.0	3800	5000	1.8	7217C

（续）

基本尺寸/mm			安装尺寸/mm			其他尺寸/mm					基本额定载荷/kN		极限转速/r·min^{-1}		重量/kg	轴承代号
d	D	B	d_a min	D_a max	r_a max	d_2 ≈	D_2 ≈	a	r min	r_1 min	C_r	C_{0r}	脂	油	W ≈	70000C (AC,B)型
85	150	28	95	140	2	107.1	131	41.6	2	1	94.8	81.5	3800	5000	1.8	7217AC
	150	28	95	140	2	110.1	126	63.6	2	1	93.0	81.5	3400	4500	1.95	7217B
	180	41	99	166	2.5	121.2	145.6	76.1	3	1.1	48	122	3000	4000	4.6	7317B
90	140	24	99	131	1.5	107.2	126.8	27.4	1.5	0.6	71.5	69.8	4000	5300	1.15	7018C
	140	24	99	131	1.5	107.2	126.8	38.8	1.5	0.6	67.5	66.5	4000	5300	1.15	7018AC
	160	30	100	150	2	111.7	138.4	31.7	2	1	22	105	3600	4800	2.25	7218C
	160	30	100	150	2	111.7	138.4	44.2	2	1	18	100	3600	4800	2.25	7218AC
	160	30	100	150	2	118.1	135.2	67.9	2	1	05	94.5	3200	4300	2.4	7218B
	190	43	104	176	2.5	128.6	153.2	80.2	3	1.1	58	138	2800	3800	5.4	7318B
95	145	24	104	136	1.5	110.2	129.8	28.1	1.5	0.6	73.5	73.2	3800	5000	1.2	7019C
	145	24	104	136	1.5	110.2	129.8	40	1.5	0.6	69.5	69.8	3800	5000	1.2	7019AC
	170	32	107	158	2.1	118.1	147	33.8	2.1	1.1	35	115	3400	4500	2.7	7219C
	170	32	107	158	2.1	118.1	147	46.9	2.1	1.1	28	108	3400	4500	2.7	7219AC
	170	32	107	158	2.1	126.1	144.4	72.5	2.1	1.1	20	108	3000	4000	2.9	7219B
	200	45	109	186	2.5	135.4	161.5	84.4	3	1.1	72	155	2800	3800	6.25	7319B
100	150	24	109	141	1.5	114.6	135.4	28.7	1.5	0.6	79.2	78.5	3800	5000	1.25	7020C
	150	24	109	141	1.5	114.6	135.4	41.2	1.5	0.6	75	74.8	3800	5000	1.25	7020AC
	180	34	112	168	2.1	124.8	155.3	35.8	2.1	1.1	148	128	3200	4300	3.25	7220C
	180	34	112	168	2.1	124.8	155.3	49.7	2.1	1.1	142	122	3200	4300	3.25	7220AC
	180	34	112	168	2.1	130.9	150.5	75.7	2.1	1.1	130	115	2600	3600	3.45	7220B
	215	47	114	201	2.5	144.5	172.5	89.6	3	1.1	188	180	2400	3400	7.75	7320B

表 8-11　分离型角接触球轴承（摘自 GB/T 292—2007）

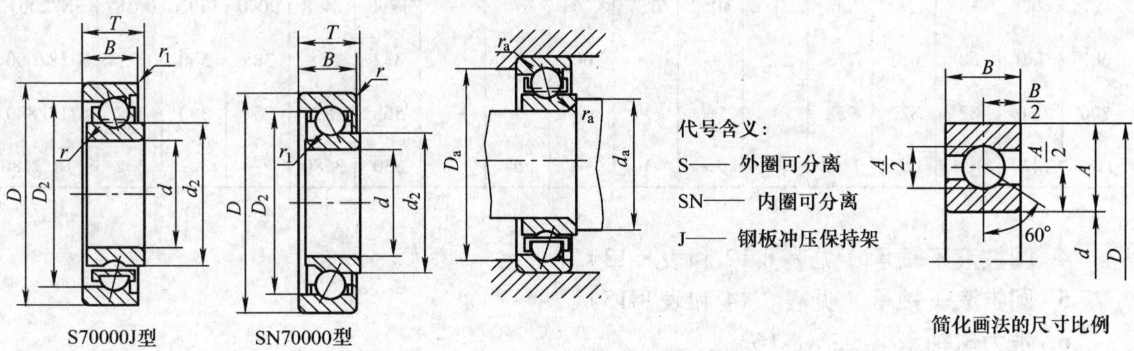

S70000J型　SN70000型　简化画法的尺寸比例

（续）

基本尺寸/mm			安装尺寸/mm			其他尺寸/mm					基本额定载荷/kN		极限转速/r·min^{-1}		重量/kg	轴承代号
d	D	B	d_a min	D_a max	r_a max	d_2 ≈	D_2 ≈	T	r min	r_1 min	C_r	C_{0r}	脂	油	W ≈	S70000J 型 SN70000 型
3	10	4	4.2	8.8	0.15	7.7	5.55	4	0.15	0.08	0.25	0.18	36000	48000	0.015	S723J
5	13	4	6.6	11.4	0.2	7.25	10.1	4	0.2	0.1	0.45	0.42	32000	43000	0.0023	S7195J
	16	5	7.4	13.6	0.3	8.1	12.8	5	0.3	0.15	1.10	0.82	30000	40000	0.046	S725J
6	15	5	7.6	13.4	0.2	8.8	12.2	5	0.2	0.1	1.10	0.92	30000	40000	0.0039	S7196J
	19	6	8.4	16.6	0.3	9.5	15.45	6	0.3	0.15	1.50	1.12	26000	36000	—	S726J
7	22	7	9.4	19.6	0.3	10.7	17.6	7	0.3	0.15	2.20	1.30	24000	34000	0.022	S727J
8	22	7	10.4	19.6	0.3	12.1	17.8	7	0.3	0.15	1.60	1.40	24000	34000	—	S708J
	24	8	10.4	21.6	0.3	12.1	19	8	0.3	0.15	2.20	1.25	22000	30000	—	S728J
9	26	8	11.4	23.6	0.3	14.2	20.8	8	0.3	0.15	2.20	1.25	20000	29000	—	S729J
10	26	8	12.4	23.6	0.3	14.5	21.2	8	0.3	0.15	2.30	2.45	19000	28000	—	S7000J
	30	9	15	25	0.6	15.9	24.1	9	0.6	0.15	3.60	3.20	18000	26000	0.03	S7200J
12	28	8	14.4	25.6	0.3	16.7	23.3	8	0.3	0.15	2.30	2.68	18000	26000	—	S7001J
	32	7	14.4	29.6	0.3	17.7	24.6	7	0.3	—	2.50	3.00	17000	24000	0.028	S78201J
15	32	9	17.4	29.6	0.3	19.9	27.2	9	0.3	0.15	2.50	3.68	17000	24000	0.028	S7002J
	35	8	17.4	32.6	0.3	20.7	29	8	0.3	—	3.30	4.00	16000	22000	0.035	S78202J
	35	11	20	30	0.6	20.7	29.5	11	0.6	—	6.70	4.50	16000	22000	0.0436	SN7202J
	35	11	20	30	0.6	20.5	29.2	11	0.6	0.15	3.70	4.50	16000	22000	0.044	S7202J
17	40	12	22	35	0.6	23.4	33.8	12	0.6	—	9.20	6.45	15000	20000	0.0596	SN7203J
20	42	12	25	37	0.6	26.1	36.1	12	0.6	0.15	3.80	4.92	14000	19000	0.065	S7004J
	47	14	26	41	1	27.9	39.8	14	1	—	10.1	8.05	13000	18000	0.0946	SN7204J
25	52	15	31	46	1	32.9	44.4	15	1	—	12.8	9.55	11000	16000	0.114	SN7205J
30	62	16	36	56	1	40.3	52.7	16	1	—	17.8	14.8	9000	13000	0.187	SN7206J
600	730	60	614	716	2.5	—	—	60	3	—	332	888	380	500	60.7	S718/600
800	980	82	822	958	4	—	—	—	5	—	568	1890	200	300	132	S718/800
1180	1420	106	1208	1392	5	—	—	—	6	—	850	3580	—	—	332	S718/1180

4. 圆柱滚子轴承（见表 8-12 和表 8-13）

5. 圆锥滚子轴承（见表 8-14 和表 8-15）

6. 推力球轴承（见表 8-16）

表 8-12　圆柱滚子轴承(1)(摘自 GB/T 283—2007)

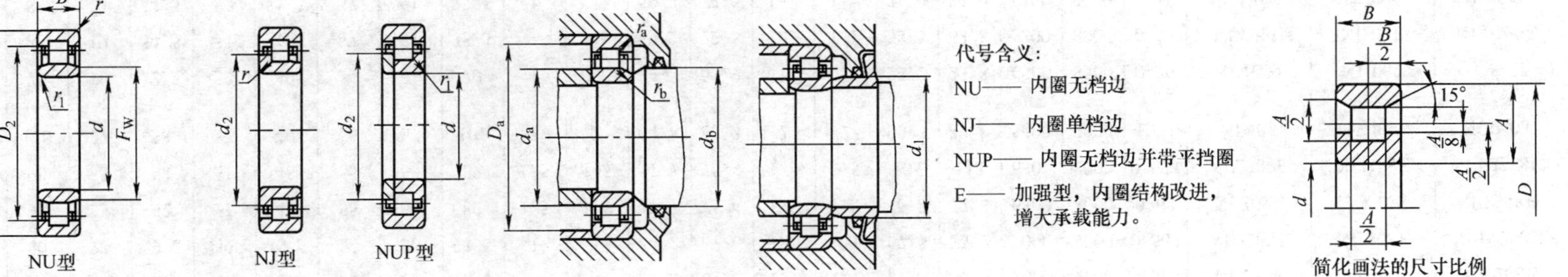

基本尺寸/mm				安装尺寸/mm							其他尺寸/mm				基本额定载荷/kN		极限转速 /r·min^{-1}		重量 /kg	轴承代号		
d	D	B	F_W	d_a max	d_a min	d_b min	d_c min	D_a max	r_a max	r_b max	d_2	D_2	r min	r_1 min	C_r	C_{0r}	脂	油	W ≈	NU 型	NJ 型	NUP 型
15	35	11	19.3	—	17	21	23	31	0.6	0.3	22	26.4	0.6	0.3	7.98	5.5	15000	19000	—	NU202	NJ202	—
17	40	12	22.9	—	19	24	27	36	0.6	0.3	25.5	30.9	0.6	0.3	9.12	7.0	14000	18000	—	NU203	NJ203	NUP203
	47	14	27	—	21	27	30	42	1	0.6	—	—	1	0.6	12.8	10.8	13000	17000	0.147	NU303	NJ303	—
20	42	12	25.5	—	22	27	—	38	0.6	0.3	—	—	0.6	0.3	10.5	9.2	13000	17000	0.09	NU1004	—	—
	47	14	26.5	26	24	29	32	42	1	0.6	29.7	38.5	1	0.6	25.8	24.0	12000	16000	0.117	NU204E	NJ204E	NUP204E
	47	18	26.5	26	24	29	32	42	1	0.6	29.7	38.5	1	0.6	30.8	30.0	12000	16000	0.149	NU2204E	NJ2204E	NUP2204E
	52	15	27.5	27	24	30	33	45.5	1	0.6	31.2	42.3	1.1	0.6	29.0	25.5	11000	15000	0.155	NU304E	NJ304E	NUP304E
	52	21	27.5	27	24	30	33	45.5	1	0.6	29.7	38.5	1.1	0.6	39.2	37.5	10000	14000	0.216	NU2304E	NJ2304E	NUP2304E
25	47	12	30.5	30	27	32	—	43	0.6	0.3	—	38.8	0.6	0.3	11.0	10.2	11000	15000	0.1	NU1005	—	—
	52	15	31.5	31	29	34	37	47	1	0.6	34.7	43.5	1	0.6	27.5	26.8	11000	14000	0.14	NU205E	NJ205E	NUP205E
	52	18	31.5	31	29	34	37	47	1	0.6	34.7	43.5	1	0.6	32.8	33.8	11000	14000	0.168	NU2205E	NJ2205E	NUP2205E
	62	17	34	33	31.5	37	40	55.5	1	1	38.1	50.4	1.1	1.1	38.5	35.8	9000	12000	0.251	NU305E	NJ305E	NUP305E
	62	24	34	33	31.5	37	40	55.5	1	1	38.1	50.4	1.1	1.1	53.2	54.5	9000	12000	0.355	NU2305E	NJ2305E	NUP2303E

（续）

基本尺寸/mm				安装尺寸/mm							其他尺寸/mm				基本额定载荷/kN		极限转速/r·min^{-1}		重量/kg	轴承代号		
d	D	B	F_W	d_a max	d_a min	d_b min	d_c min	D_a max	r_a max	r_b max	d_2	D_2	r min	r_1 min	C_r	C_{0r}	脂	油	W ≈	NU 型	NJ 型	NUP 型
30	55	13	36.5	35	34	38	—	50	1	0.6	—	45.6	1	0.6	13.0	12.8	9500	12000	0.12	NU1006	—	—
	62	16	37.5	37	34	40	44	57	1	0.6	41.3	52.3	1	0.6	36.0	35.5	8500	11000	0.214	NU206E	NJ206E	NUP206E
	62	20	37.5	37	34	40	44	57	1	0.6	41.3	52.3	1	0.6	45.5	48.0	8500	11000	0.268	NU2206E	NJ2206E	NUP2206E
	72	19	40.5	40	36.5	44	48	65.5	1	1	45	58.6	1.1	1.1	49.2	48.2	8000	10000	0.377	NU306E	NJ306E	NUP306E
	72	27	40.5	40	36.5	44	48	65.5	1	1	45	58.6	1.1	1.1	70.0	75.5	8000	10000	0.538	NU2306E	NJ2306E	NUP2306E
	90	23	45	44	38	47	52	82	1.5	1.5	50.5	65.8	1.5	1.5	57.2	53.0	7000	9000	0.73	NU406	NJ406	NUP406
35	62	14	42	41	39	44	—	57	1	0.6	—	54.5	1	0.6	19.5	18.8	8500	11000	0.16	NU1007	—	—
	72	17	44	43	39	46	50	65.5	1	0.6	48.3	60.5	1.1	0.6	46.5	48.0	7500	9500	0.311	NU207E	NJ207E	NUP207E
	72	23	44	43	39	46	50	65.5	1	0.6	48.3	60.5	1.1	0.6	57.5	63.0	7500	9500	0.414	NU2207E	NJ2207E	NUP2207E
	80	21	46.2	45	41.5	48	53	72	1.5	1	51.1	66.3	1.5	1.1	62.0	63.2	7000	9000	0.501	NU307E	NJ307E	NUP307E
	80	31	46.2	45	41.5	48	53	72	1.5	1	51.1	66.3	1.5	1.1	87.5	98.2	7000	9000	0.738	NU2307E	NJ2307E	NUP2307E
	100	25	53	52	43	55	61	92	1.5	1.5	59	75.3	1.5	1.5	70.8	68.2	6000	7500	0.94	NU407	NJ407	NUP407
40	68	15	47	46	44	49	—	63	1	0.6	—	57.6	1	0.6	21.2	22.0	7500	9500	0.22	NU1008	NJ1008	—
	80	18	49.5	49	46.5	52	56	73.5	1	1	54.2	67.6	1.1	1.1	51.5	53.0	7000	9000	0.394	NU208E	NJ208E	NUP208E
	80	23	49.5	49	46.5	52	56	73.5	1	1	54.2	67.6	1.1	1.1	67.5	75.2	7000	9000	0.507	NU2208E	NJ2208E	NUP2208E
	90	23	52	51	48	55	60	82	1.5	1.5	57.7	75.4	1.5	1.5	76.8	77.8	6300	8000	0.68	NU308E	NJ308	NUP308E
	90	33	52	51	48	55	60	82	1.5	1.5	57.7	75.4	1.5	1.5	105	118	6300	8000	0.974	NU2308E	NJ2308E	NUP2308E
	110	27	58	57	49	60	67	101	2	2	64.8	83.3	2	2	90.5	89.8	5600	7000	1.25	NU408	NJ408	NUP408
45	75	16	52.5	52	49	54	—	70	1	0.6	—	63.9	1	0.6	23.2	23.8	6500	8500	0.26	NU1009	NJ1009	—
	85	19	54.5	54	51.5	57	61	78.5	1	1	59.2	72.6	1.1	1.1	58.5	63.8	6300	8000	0.45	NU209E	NJ209E	NUP209E
	85	23	54.5	54	51.5	57	61	78.5	1	1	59.2	72.6	1.1	1.1	71.0	82.0	6300	8000	0.55	NU2209E	NJ2209E	NUP2209E
	100	25	58.5	57	53	60	66	92	1.5	1.5	64.7	83.6	1.5	1.5	93.0	98.0	5600	7000	0.93	NU309E	NJ309E	NUP309E
	100	36	58.5	57	53	60	66	92	1.5	1.5	64.7	83.6	1.5	1.5	130	152	5600	7000	1.34	NU2309E	NJ2309E	NUP2309E
	120	29	64.5	63	54	66	74	111	2	2	71.8	91.4	2	2	102	100	5000	6300	1.8	NU409	NJ409	NUP409

（续）

基本尺寸/mm				安装尺寸/mm							其他尺寸/mm				基本额定载荷/kN		极限转速/r · min^{-1}		重量/kg	轴承代号		
d	D	B	F_W	d_a max	d_a min	d_b min	d_c min	D_a max	r_a max	r_b max	d_2	D_2	r min	r_1 min	C_r	C_{0r}	脂	油	W ≈	NU 型	NJ 型	NUP 型
50	80	16	57.5	57	54	59	—	75	1	0.6	—	68.9	1	0.6	25.0	27.5	6300	8000	—	NU1010	NJ1010	—
	90	20	59.5	58	56.5	62	67	83.5	1	1	64.2	77.6	1.1	1.1	61.2	69.2	6000	7500	0.505	NU210E	NJ210E	NUP210E
	90	23	59.5	58	56.5	62	67	83.5	1	1	64.2	77.6	1.1	1.1	74.2	88.8	6000	7500	0.59	NU2210E	NJ2210E	NUP2210E
	110	27	65	63	59	67	73	101	2	2	71.2	91.7	2	2	105	112	5300	6700	1.2	NU310E	NJ310E	NUP310E
	110	40	65	63	59	67	73	101	2	2	71.2	91.7	2	2	155	185	5300	6700	1.79	NU2310E	NJ2310E	NUP2310E
	130	31	70.8	69	61	73	81	119	2.1	2.1	78.8	101	2.1	2.1	120	120	4800	6000	2.3	NU410	NJ410	NUP410
55	90	18	64.5	63	60	66	—	83.5	1	1	—	79	1.1	1	35.8	40.0	5600	7000	0.45	NU1011	NJ1011	—
	100	21	66	65	61.5	68	73	92	1.5	1	70.9	86.2	1.5	1.1	80.2	95.5	5300	6700	0.68	NU211E	NJ211E	NUP211E
	100	25	66	65	61.5	68	73	92	1.5	1	70.9	86.2	1.5	1.1	94.8	118	5300	6700	0.81	NU2211E	NJ2211E	NUP2211E
	120	29	70.5	69	64	72	80	111	2	2	77.4	100.6	2	2	128	138	4800	6000	1.53	NU311E	NJ311E	NUP311E
	120	43	70.5	69	64	72	80	111	2	2	77.4	100.6	2	2	190	228	4800	6000	2.28	NU2311E	NJ2311E	NUP2311E
	140	33	77.2	76	66	79	87	129	2.1	2.1	85.2	108	2.1	2.1	128	132	4300	5300	2.8	NU411	NJ411	NUP411
60	95	18	69.5	68	65	71	—	88.5	1	1	—	81.6	1.1	1	38.5	45.0	5300	6700	0.48	NU1012	NJ1012	—
	110	22	72	71	68	75	80	102	1.5	1.5	77.7	95.8	1.5	1.5	89.8	102	5000	6300	0.86	NU212E	NJ212E	NUP212E
	110	28	72	71	68	75	80	102	1.5	1.5	77.7	95.8	1.5	1.5	122	152	5000	6300	1.12	NU2212E	NJ2212E	NUP2212E
	130	31	77	75	71	79	86	119	2.1	2.1	84.3	109.9	2.1	2.1	142	155	4500	5600	1.87	NU312E	NJ312E	NUP312E
	130	46	77	75	71	79	86	119	2.1	2.1	84.3	109.9	2.1	2.1	212	260	4500	5600	2.81	NU2312E	NJ2312E	NUP2312E
	150	35	83	82	71	85	94	139	2.1	2.1	91.8	116	2.1	2.1	155	162	4000	5000	3.4	NU412	NJ412	NUP412
65	100	18	74.5	73	70	76	—	93.5	1	1	—	86.6	1.1	1	39	46.5	4800	6000	0.51	NU1013	NJ1013	—
	120	23	78.5	77	73	81	87	112	1.5	1.5	84.6	104	1.5	1.5	102	118	4500	5600	1.08	NU213E	NJ213E	NUP213E
	120	31	78.5	77	73	81	87	112	1.5	1.5	84.6	104	1.5	1.5	142	180	4500	5600	1.48	NU2213E	NJ2213E	NUP2213E
	140	33	82.5	81	76	85	93	129	2.1	2.1	90.6	118.8	2.1	2.1	170	188	4000	5000	2.31	NU313E	NJ313E	NUP313E
	140	48	82.5	81	76	85	93	129	2.1	2.1	90.6	118.8	2.1	2.1	235	285	4000	5000	3.34	NU2313E	NJ2313E	NUP2313E
	160	37	89.5	88	76	91	100	149	2.1	2.1	98.5	124	2.1	2.1	170	178	3800	4800	4	NU413	NJ413	NUP413
70	110	20	80	78	75	82	—	103.5	1	1	—	95.4	1.1	1	47.5	57.0	4800	6000	0.71	NU1014	NJ1014	—

（续）

基本尺寸/mm				安装尺寸/mm							其他尺寸/mm				基本额定载荷/kN		极限转速/r·min^{-1}		重量/kg	轴承代号		
d	D	B	F_W	d_a max	d_a min	d_b min	d_c min	D_a max	r_a max	r_b max	d_2	D_2	r min	r_1 min	C_r	C_{0r}	脂	油	W ≈	NU 型	NJ 型	NUP 型
70	125	24	83.5	82	78	86	92	117	1.5	1.5	89.6	109	1.5	1.5	112	135	4300	5300	1.2	NU214E	NJ214E	NUP214E
	125	31	83.5	82	78	86	92	117	1.5	1.5	89.6	109	1.5	1.5	148	192	4300	5300	1.56	NU2214E	NJ2214E	NUP2214E
	150	35	89	87	81	92	100	139	2.1	2.1	97.5	127	2.1	2.1	195	220	3800	4800	2.86	NU314E	NJ314E	NUP314E
	150	51	89	87	81	92	100	139	2.1	2.1	97.5	127	2.1	2.1	260	320	3800	4800	4.1	NU2314E	NJ2314E	NUP2314E
	180	42	100	99	83	102	112	167	2.5	2.5	110	139	3	3	215	232	3400	4300	5.9	NU414	NJ414	NUP414
75	115	20	85	83	80	87	—	108.5	1	1	—	101	1.1	1	51.5	61.2	4500	5600	0.74	NU1015	NJ1015	—
	130	25	88.5	87	83	90	96	122	1.5	1.5	94.6	114	1.5	1.5	125	155	4000	5000	1.32	NU215E	NJ215E	NUP215E
	130	31	88.5	87	83	90	96	122	1.5	1.5	94.6	114	1.5	1.5	155	205	4000	5000	1.64	NU2215E	NJ2215E	NUP2215E
	160	37	95	93	86	97	106	149	2.1	2.1	104.2	136.5	2.1	2.1	228	260	3600	4500	3.43	NU315E	NJ315E	NUP315E
	160	55	95.5	93	86	98	107	149	2.1	2.1	104	129	2.1	2.1	245	308	3600	4500	5.4	NU2315	NJ2315	NUP2315
	190	45	104.5	103	88	107	118	177	2.5	2.5	116	147	3	3	250	272	3200	4000	7.1	NU415	NJ415	NUP415
80	125	22	91.5	90	85	94	—	118.5	1	1	—	109	1.1	1	59.2	77.8	4300	5300	1	NU1016	NJ1016	—
	140	26	95.3	94	89	97	104	131	2	2	101.1	123.1	2	2	132	165	3800	4800	1.58	NU216E	NJ216E	NUP216E
	140	33	95.3	94	89	97	104	131	2	2	101.1	123.1	2	2	178	242	3800	4800	2.05	NU2216E	NJ2216E	NUP2216E
	170	39	101	99	91	105	114	159	2.1	2.1	110.1	144.2	2.1	2.1	245	282	3400	4300	4.05	NU316E	NJ316E	NUP316E
	170	58	103	99	91	106	114	159	2.1	2.1	111	136	2.1	2.1	258	328	3400	4300	6.4	NU2316	NJ2316	NUP2316
	200	48	110	109	93	112	124	187	2.5	2.5	122	156	3	3	285	315	3000	3800	8.3	NU416	NJ416	NUP416
85	130	22	96.5	95	90	99	—	123.5	1	1	—	114	1.1	1	64.5	81.6	4000	5000	1.05	NU1017	NJ1017	—
	150	28	100.5	99	94	104	110	141	2	2	107.1	131.7	2	2	158	192	3600	4500	2	NU217E	NJ217E	NUP217E
	150	36	100.5	99	94	104	110	141	2	2	107.1	131.7	2	2	205	272	3600	4500	2.58	NU2217E	NJ2217E	NUP2217E
	180	41	108	106	98	110	119	167	2.5	2.5	117.4	153	3	3	280	332	3200	4000	4.82	NU317E	NJ317E	NUP317E
	180	60	108	106	98	111	120	167	2.5	2.5	117	144	3	3	295	380	3200	4000	7.4	NU2317	NJ2317	NUP2317
	210	52	113	111	101	115	128	194	3	3	126	162	4	4	312	345	2800	3600	9.8	NU417	NJ417	NUP417
90	140	24	103	101	96.5	106	—	132	1.5	1	—	122	1.5	1.1	74.0	94.8	3800	4800	1.36	NU1018	NJ1018	—
	160	30	107	105	99	109	116	151	2	2	113.9	140	2	2	172	215	3400	4300	2.44	NU218E	NJ218E	NUP218E

（续）

基本尺寸/mm				安装尺寸/mm							其他尺寸/mm				基本额定载荷/kN		极限转速 /r·min^{-1}		重量 /kg	轴承代号		
d	D	B	F_W	d_a max	d_a min	d_b min	d_c min	D_a max	r_a max	r_b max	d_2	D_2	r min	r_1 min	C_r	C_{0r}	脂	油	W ≈	NU 型	NJ 型	NUP 型
90	160	40	107	105	99	109	116	151	2	2	113.9	140	2	2	230	312	3400	4300	3.26	NU2218E	NJ2218E	NUP2218E
	190	43	113.5	111	103	117	127	177	2.5	2.5	123.7	161.9	3	3	298	348	3000	3800	5.59	NU318E	NJ318E	NUP318E
	190	64	115	111	103	118	128	177	2.5	2.5	125	153	3	3	310	395	3000	3800	8.4	NU2318	NJ2318	NUP2318
	225	54	123.5	122	106	125	139	209	3	3	137	175	4	4	352	392	2400	3200	11	NU418	NJ418	NUP418
95	145	24	108	106	101.5	111	—	137	1.5	1	—	127	1.5	1.1	75.5	98.5	3600	4500	1.4	NU1019	NJ1019	—
	170	32	112.5	111	106	116	123	159	2.1	2.1	120.2	148.9	2.1	2.1	208	262	3200	4000	2.96	NU219E	NJ219E	NUP219E
	170	43	112.5	111	106	116	123	159	2.1	2.1	120.2	148.9	2.1	2.1	275	368	3200	4000	3.97	NU2219E	NJ2219E	NUP2219E
	200	45	121.5	119	108	124	134	187	2.5	2.5	131.7	169.9	3	3	315	380	2800	3600	6.52	NU319E	NJ319E	NUP319E
	200	67	121.5	119	108	124	135	187	2.5	2.5	132	161	3	3	370	500	2800	3600	10.4	NU2319	NJ2319	NUP2319
	240	55	133.5	132	111	136	149	224	3	3	147	185	4	4	378	428	2200	3000	14	NU419	NJ419	NUP419
100	150	24	113	111	106.5	116	—	142	1.5	1	—	132	1.5	1.1	78.0	102	3400	4300	1.5	NU1020	NJ1020	—
	180	34	119	117	111	122	130	169	2.1	2.1	127	157.2	2.1	2.1	235	302	3000	3800	3.58	NU220E	NJ220E	NUP220E
	180	46	119	117	111	122	130	169	2.1	2.1	127	157.2	2.1	2.1	318	440	3000	3800	4.86	NU2220E	NJ2220E	NUP2220E
	215	47	127.5	125	113	132	143	202	2.5	2.5	139.1	182.3	3	3	365	425	2600	3200	7.89	NU320E	NJ320E	NUP320E
	215	73	129.5	125	113	132	143	202	2.5	2.5	140	172	3	3	415	558	2600	3200	13.5	NU2320	NJ2320	NUP2320
	250	58	139	137	116	141	156	234	3	3	153	194	4	4	418	480	2000	2800	16	NU420	NJ420	NUP420

表 8-13　圆柱滚子轴承（2）（摘自 GB/T 283—2007）

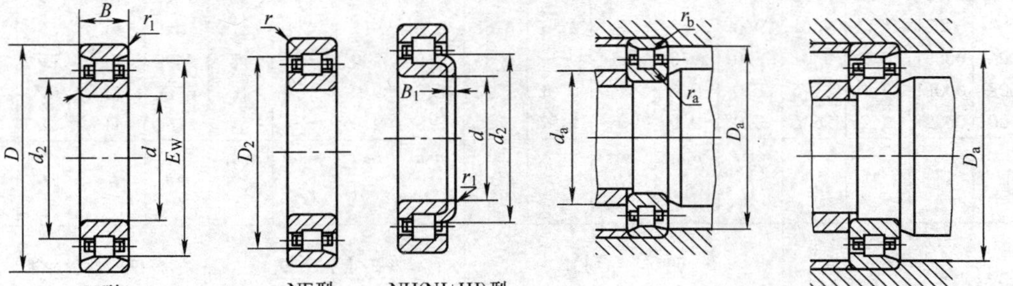

N型　　NF型　　NH(NJ+HJ)型

代号含义：

N—— 外圈无档边

NF—— 外圈有单档边

NH—— 内圈有单档边(NJ)并带斜档圈(HJ)

E—— 加强型

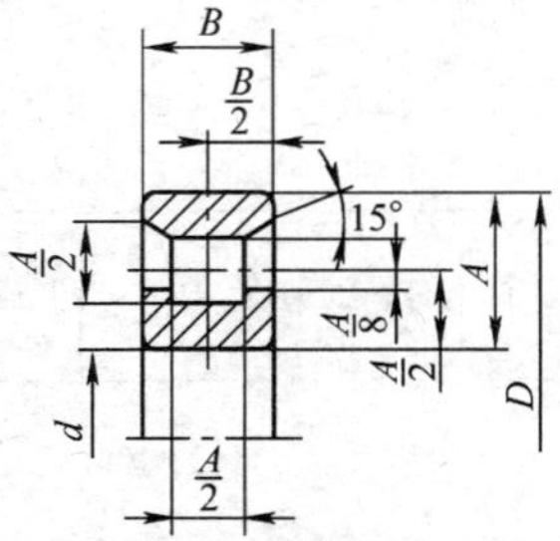

简化画法的尺寸比例

（续）

基本尺寸/mm				安装尺寸/mm				其他尺寸/mm					基本额定载荷/kN		极限转速 /r·min^{-1}		重量 /kg	轴承代号		
d	D	B	E_w	d_a min	D_a max	r_a max	r_b max	d_2	D_2	B_1	r min	r_1 min	C_r	C_{0r}	脂	油	W ≈	N 型	NF 型	NH(NJ+HJ)型
15	35	11	29.3	19	—	0.6	0.3	22	26.4	—	0.6	0.3	7.98	5.5	15000	19000	—	N202	NF202	—
17	40	12	33.9	21	—	0.6	0.3	25.5	30.9	—	0.6	0.3	9.12	7.0	14000	18000	—	N203	NF203	—
20	42	12	36.5	24	—	0.6	0.3	28.3	—	—	0.6	0.3	10.5	8.0	13000	17000	0.09	N1004	—	—
	47	14	40	25	42	1	0.6	29.9	36.7	3	1	0.6	12.5	11.0	12000	16000	0.11	—	NF204	NJ204 + HJ204
	47	14	41.5	25	42	1	0.6	29.7	—	—	1	0.6	25.8	24.0	12000	16000	0.117	N204E	—	—
	47	18	41.5	25	42	1	0.6	29.7	—	—	1	0.6	30.8	30.0	12000	16000	0.149	N2204E	—	—
	52	15	44.5	26.5	47	1	0.6	31.8	39.8	4	1.1	0.6	18.0	15.0	11000	15000	0.17	—	NF304	NJ304 + HJ304
	52	15	45.5	26.5	47	1	0.6	31.2	—	—	1.1	0.6	29.0	25.5	11000	15000	0.155	N304E	—	—
	52	21	45.5	26.5	47	1	0.6	31.2	—	—	1.1	0.6	39.2	37.5	10000	14000	0.216	N2304E	—	—
25	47	12	41.5	29	—	0.6	0.3	—	—	—	0.6	0.3	11.0	10.2	11000	15000	0.1	N1005	—	—
	52	15	45	30	47	1	0.6	34.9	41.6	3	1	0.6	14.2	12.8	11000	14000	0.16	—	NF205	NJ205 + HJ205
	52	15	46.5	30	47	1	0.6	34.7	—	—	1	0.6	27.5	26.8	11000	14000	0.14	N205E	—	—
	52	18	—	30	—	1	0.6	34.9	41.6	3	1	0.6	21.2	19.8	11000	14000	—	—	—	NJ2205 + HJ2205
	52	18	46.5	30	47	1	0.6	34.7	—	—	1	0.6	32.8	33.8	11000	14000	0.168	N2205E	—	—
	62	17	53	31.5	55	1	1	39	48	4	1.1	1.1	25.5	22.5	9000	12000	0.2	—	NF305	NJ305 + HJ305
	62	17	54	31.5	55	1	1	38.1	—	—	1.1	1.1	38.5	35.8	9000	12000	0.251	N305E	—	—
	62	24	53	31.5	55	1	1	39	48	—	1.1	1.1	38.5	39.2	9000	12000	—	—	NF2305	—
	62	24	54	31.5	55	1	1	38.1	—	—	1.1	1.1	53.2	54.5	9000	12000	0.355	N2305E	—	—
30	62	16	53.5	36	56	1	0.6	41.8	49.1	4	1	0.6	19.5	18.2	8500	11000	0.2	—	NF206	NJ206 + HJ206
	62	16	55.5	36	56	1	0.6	41.3	—	—	1	0.6	36.0	35.5	8500	11000	0.214	N206E	—	—
	62	20	53.5	36	—	1	0.6	41.8	49.1	4	1	0.6	28.8	30.2	8500	11000	0.29	—	—	NJ2206 + HJ2206
	62	20	55.5	36	56	1	0.6	41.3	—	—	1	0.6	45.5	48.0	8500	11000	0.268	N2206E	—	—
	72	19	62	37	64	1	1	45.9	56.7	5	1.1	1.1	33.5	31.5	8000	10000	0.3	—	NF306	NJ306 + HJ306
	72	19	62.5	37	64	1	1	45	—	—	1.1	1.1	49.2	48.2	8000	10000	0.377	N306E	—	—
	72	27	62	37	64	1	1	45.9	56.7	—	1.1	1.1	46.5	47.5	8000	10000	0.6	—	NF2306	—
	72	27	62.5	37	64	1	1	45	—	—	1.1	1.1	70.0	75.5	8000	10000	0.538	N2306E	—	—
	90	23	73	39	—	1.5	1.5	50.5	65.8	7	1.5	1.5	57.2	53.0	7000	9000	0.73	N406	—	NJ406 + HJ406

（续）

基本尺寸/mm				安装尺寸/mm				其他尺寸/mm					基本额定载荷/kN		极限转速/r·min^{-1}		重量/kg	轴承代号		
d	D	B	E_w	d_a min	D_a max	r_a max	r_b max	d_2	D_2	B_1	r min	r_1 min	C_r	C_{0r}	脂	油	W ≈	N 型	NF 型	NH(NJ + HJ)型
35	72	17	61.8	42	64	1	0.6	47.6	56.8	4	1.1	0.6	28.5	28.0	7500	9500	0.3	—	NF207	NJ207 + HJ207
	72	17	64	42	64	1	0.6	48.3	—	—	1.1	0.6	46.5	48.0	7500	9500	0.311	N207E	—	—
	72	23	61.8	42	—	1	0.6	47.6	56.8	4	1.1	0.6	43.8	48.5	7500	9500	0.45	—	—	NJ2207 + HJ2207
	72	23	64	42	64	1	0.6	48.3	—	—	1.1	0.6	57.5	63.0	7500	9500	0.414	N2207E	—	—
	80	21	68.2	44	71	1.5	1	50.8	62.4	6	1.5	1.1	41.0	39.2	7000	9000	0.56	—	NF307	NJ307 + HJ307
	80	21	70.2	44	71	1.5	1	51.1	—	—	1.5	1.1	62.0	63.2	7000	9000	0.501	N307E	—	—
	80	31	68.2	44	71	1.5	1	50.8	62.4	—	1.5	1.1	54.8	57.0	7000	9000	0.85	—	NF2307	—
	80	31	70.2	44	71	1.5	1	51.5	—	—	1.5	1.1	87.5	98.2	7000	9000	0.738	N2307E	—	—
	100	25	83	44	—	1.5	1.5	59	75.3	8	1.5	1.5	70.8	68.2	6000	7500	0.94	N407	—	NJ407 + HJ407
40	68	15	61	45	—	1	0.6	50.3	—	—	1	0.6	21.2	22.0	7500	9500	0.22	N1008	—	—
	80	18	70	47	72	1	1	54.2	64.7	5	1.1	1.1	37.5	38.2	7000	9000	0.4	—	NF208	NJ208 + HJ208
	80	18	71.5	47	72	1	1	54.2	—	—	1.1	1.1	51.5	53.0	7000	9000	0.394	N208E	—	—
	80	23	70	47	—	1	1	54.2	64.7	5	1.1	1.1	52.0	57.8	7000	9000	0.53	—	—	NJ2208 + HJ2208
	80	23	71.5	47	72	1	1	54.2	—	—	1.1	1.1	67.5	75.2	7000	9000	0.507	N2208E	—	—
	90	23	77.5	49	80	1.5	1.5	58.4	71.2	7	1.5	1.5	48.8	47.5	6300	8000	0.7	—	NF308	NJ308 + HJ308
	90	23	80	49	80	1.5	1.5	57.7	—	—	1.5	1.5	76.8	77.8	6300	8000	0.68	N308E	—	—
	90	33	77.5	49	80	1.5	1.5	58.4	71.2	—	1.5	1.5	70.8	76.8	6300	8000	1.1	—	NF2308	—
	90	33	80	49	80	1.5	1.5	57.7	—	—	1.5	1.5	105	118	6300	8000	0.974	N2308E	—	—
	110	27	92	50	—	2	2	64.8	83.3	8	2	2	90.5	89.8	5600	7000	1.25	N408	—	NJ408 + HJ408
45	85	19	75	52	77	1	1	59	69.7	5	1.1	1.1	39.8	41.0	6300	8000	0.5	—	NF209	NJ209 + HJ209
	85	19	76.5	52	77	1	1	59.2	—	—	1.1	1.1	58.5	63.8	6300	8000	0.45	N209E	—	—
	85	23	75	52	—	1	1	59	69.7	5	1.1	1.1	54.8	62.2	6300	8000	0.59	—	—	NJ2209 + HJ2209
	85	23	76.5	52	77	1	1	59.2	—	—	1.1	1.1	71.0	82.0	6300	8000	0.55	N2209E	—	—
	100	25	86.5	54	89	1.5	1.5	64	79.3	7	1.5	1.5	66.8	66.8	5600	7000	0.9	—	NF309	NJ309 + HJ309
	100	25	88.5	54	89	1.5	1.5	64.7	—	—	1.5	1.5	93.0	98.0	5600	7000	0.93	N309E	—	—
	100	36	86.5	54	89	1.5	1.5	64	79.6	—	1.5	1.5	91.5	100	5600	7000	1.5	—	NF2309	—
	100	36	86.5	54	89	1.5	1.5	64.7	—	—	1.5	1.5	130	152	5600	7000	1.34	N2309E	—	—
	120	29	100.5	55	—	2	2	71.8	91.4	8	2	2	102	100	5000	6300	1.8	N409	—	N409 + HJ409

（续）

基本尺寸/mm				安装尺寸/mm				其他尺寸/mm					基本额定载荷/kN		极限转速/r·min⁻¹		重量/kg	轴承代号		
d	D	B	E_w	d_a min	D_a max	r_a max	r_b max	d_2	D_2	B_1	r min	r_1 min	C_r	C_{0r}	脂	油	W ≈	N 型	NF 型	NH(NJ + HJ)型
50	80	16	72.5	55	—	1	0.6	—	—	—	1	0.6	25.0	27.5	6300	8000	—	N1010	—	—
	90	20	80.4	57	83	1	1	64.6	75.1	5	1.1	1.1	43.2	48.5	6000	7500	0.6	—	NF210	NJ210 + HJ210
	90	20	81.5	57	83	1	1	64.2	—	—	1.1	1.1	61.2	69.2	6000	7500	0.505	N210E	—	—
	90	23	80.4	57	—	1	1	64.6	75.1	5	1.1	1.1	57.2	69.2	6000	7500	0.65	—	—	NJ2210 + HJ2210
	90	23	81.5	57	83	1	1	64.2	—	—	1.1	1.1	74.2	88.8	6000	7500	0.59	N2210E	—	—
	110	27	95	60	98	2	2	71	87.3	8	2	2	76.0	79.5	5300	6700	1.2	—	NF310	NJ310 + HJ310
	110	27	97	60	98	2	2	71.2	—	—	2	2	105	112	5300	6700	1.2	N310E	—	—
	110	40	95	60	98	2	2	71	87.3	8	2	2	112	132	5300	6700	1.85	—	NF2310	—
	110	40	97	60	98	2	2	71.2	—	—	2	2	155	185	5300	6700	1.79	N2310E	—	—
	130	31	110.8	62	—	2.1	2.1	78.8	101	9	2.1	2.1	120	120	4800	6000	2.3	N410	—	NJ410 + HJ410
55	90	18	80.5	61.5	—	1	1	—	—	—	1.1	1	35.8	40.0	5600	7000	0.45	N1011	—	—
	100	21	88.5	64	91	1.5	1	70.8	82.7	6	1.5	1.1	52.8	60.2	5300	6700	0.7	—	NF211	NJ211 + HJ211
	100	21	90.0	64	91	1.5	1	70.2	—	—	1.5	1.1	80.2	95.5	5300	6700	0.68	N211E	—	—
	100	25	88.5	64	—	1.5	1	70.8	82.7	6	1.5	1.1	70.8	87.5	5300	6700	0.86	—	—	NJ2211 + HJ2211
	100	25	90	64	91	1.5	1	70.9	—	—	1.5	1.1	94.8	118	5300	6700	0.81	N2211E	—	—
	120	29	104.5	65	107	2	2	77.2	95.8	9	2	2	97.8	105	4800	6000	1.7	—	NF311	NJ311 + HJ311
	120	29	106.5	65	107	2	2	77.4	—	—	2	2	128	138	4800	6000	1.53	N311E	—	—
	120	43	104.5	65	107	2	2	77.2	95.8	9	2	2	130	148	4800	6000	2.4	—	NF2311	NJ2311 + HJ2311
	120	43	106.5	65	107	2	2	77.4	—	—	2	2	190	228	4800	6000	2.28	N2311E	—	—
	140	33	117.2	67	—	2.1	2.1	85.2	108	10	2.1	2.1	128	132	4300	5300	2.8	N411	—	NJ411 + HJ411
60	95	18	85.5	66.5	—	1	1	72.9	—	—	1.1	1	38.5	45.0	5300	6700	0.48	N1012	—	—
	110	22	97	69	100	1.5	1.5	—	—	6	1.5	1.5	62.8	73.5	5000	6300	0.9	—	NF212	NJ212 + HJ212
	110	22	100	69	100	1.5	1.5	77.7	—	—	1.5	1.5	89.8	102	5000	6300	0.86	N212E	—	—
	110	28	97	69	—	1.5	1.5	—	—	6	1.5	1.5	91.2	118	5000	6300	1.25	—	—	NJ2212 + HJ2212
	110	28	100	69	100	1.5	1.5	77.7	—	—	1.5	1.5	122	152	5000	6300	1.12	N2212E	—	—
	130	31	113	72	116	2.1	2.1	84.2	104	9	2.1	2.1	118	128	4500	5600	2	—	NF312	NJ312 + HJ312
	130	31	115	72	116	2.1	2.1	84.3	—	—	2.1	2.1	142	155	4500	5600	1.87	N312E	—	—

（续）

基本尺寸/mm				安装尺寸/mm				其他尺寸/mm					基本额定载荷/kN		极限转速/r·min⁻¹		重量/kg	轴承代号		
d	D	B	E_w	d_a min	D_a max	r_a max	r_b max	d_2	D_2	B_1	r min	r_1 min	C_r	C_{0r}	脂	油	W ≈	N 型	NF 型	NH(NJ + HJ)型
60	130	46	113	72	116	2.1	2.1	84.2	104	9	2.1	2.1	155	195	4500	5600	2	—	NF2312	NJ2312 + HJ2312
	130	46	115	72	116	2.1	2.1	84.3	—	—	2.1	2.1	212	260	4500	5600	2.81	N2312E	—	—
	150	35	127	72	—	2.1	2.1	91.8	116	10	2.1	2.1	155	162	4000	5000	3.4	N412	—	NJ412 + HJ412
65	120	23	105.5	74	108	1.5	1.5	84.8	98.9	6	1.5	1.5	73.2	87.5	4500	5600	1.1	—	NF213	NJ213 + HJ213
	120	23	108.5	74	108	1.5	1.5	84.6	—	—	1.5	1.5	102	118	4500	5600	1.08	N213E	—	—
	120	31	105.5	74	—	1.5	1.5	84.8	98.6	6	1.5	1.5	108	145	4500	5600	—	—	—	NJ2213 + HJ2213
	120	31	108.5	74	108	1.5	1.5	84.6	—	—	1.5	1.5	142	180	4500	5600	1.48	N2213E	—	—
	140	33	121.5	77	125	2.1	2.1	91	112	10	2.1	2.1	125	135	4000	5000	2.5	—	NF313	NJ313 + HJ313
	140	33	124.5	77	125	2.1	2.1	90.6	—	—	2.1	2.1	170	188	4000	5000	2.31	N313E	—	—
	140	48	121.5	77	125	2.1	2.1	91	112	10	2.1	2.1	175	210	4000	5000	4	—	NF2313	NJ2313 + HJ2313
	140	48	124.5	77	125	2.1	2.1	90.6	—	—	2.1	2.1	235	285	4000	5000	3.34	N2313E	—	—
	160	37	135.3	77	—	2.1	2.1	98.5	124	11	2.1	2.1	170	178	3800	4800	4	N413	—	NJ413 + HJ413
70	110	20	100	76.5	—	1	1	84.5	—	—	1.1	1	47.5	57.0	4800	6000	0.71	N1014	—	—
	125	24	110.5	79	114	1.5	1.5	89.6	104	7	1.5	1.5	73.2	87.5	4300	5300	1.3	—	NF214	NJ214 + HJ214
	125	24	113.5	79	114	1.5	1.5	89.6	—	—	1.5	1.5	112	135	4300	5300	1.2	N214E	—	—
	125	31	110.5	79	—	1.5	1.5	89.6	104	7	1.5	1.5	108	145	4300	5300	1.7	—	—	NJ2214 + HJ2214
	125	31	113.5	79	114	1.5	1.5	89.6	—	—	1.5	1.5	148	192	4300	5300	1.56	N2214E	—	—
	150	35	130	82	134	2.1	2.1	98	120	10	2.1	2.1	145	162	3800	4800	3.1	—	NF314	NJ314 + HJ314
	150	35	133	82	134	2.1	2.1	97.5	—	—	2.1	2.1	195	220	3800	4800	2.86	N314E	—	—
	150	51	130	82	134	2.1	2.1	98	120	10	2.1	2.1	212	260	3800	4800	4.4	—	NF2314	NJ2314 + HJ2314
	150	51	133	82	134	2.1	2.1	97.5	—	—	2.1	2.1	260	320	3800	4800	4.1	N2314E	—	—
	180	42	152	84	—	2.5	2.5	110	139	12	3	3	215	232	3400	4300	5.9	N414	—	NJ414 + HJ414
75	130	25	116.5	84	120	1.5	1.5	94	110	7	1.5	1.5	89.0	110	4000	5000	1.4	—	NF215	NJ215 + HJ215
	130	25	118.5	84	120	1.5	1.5	94.6	—	—	1.5	1.5	125	155	4000	5000	1.32	N215E	—	—
	130	31	116.5	84	—	1.5	1.5	94	110	7	1.5	1.5	125	165	4000	5000	1.8	—	—	NJ2215 + HJ2215
	130	31	118.5	84	120	1.5	1.5	94.6	—	—	1.5	1.5	155	205	4000	5000	1.64	N2215E	—	—

（续）

基本尺寸/mm				安装尺寸/mm				其他尺寸/mm					基本额定载荷/kN		极限转速 /r·min^{-1}		重量 /kg	轴承代号		
d	D	B	E_w	d_a min	D_a max	r_a max	r_b max	d_2	D_2	B_1	r min	r_1 min	C_r	C_{0r}	脂	油	W ≈	N 型	NF 型	NH(NJ+HJ)型
75	160	37	139.5	87	143	2.1	2.1	104	129	11	2.1	2.1	165	188	3600	4500	3.7	—	NF315	NJ315 + HJ315
	160	37	143	87	143	2.1	2.1	104.2	—	—	2.1	2.1	228	260	3600	4500	3.43	N315E	—	—
	160	55	139.5	87	143	2.1	2.1	104	129	11	2.1	2.1	245	308	3600	4500	5.4	N2315	NF2315	NJ2315 +5HJ2315
	190	45	160.5	89	—	2.5	2.5	116	147	13	3	3	250	272	3200	4000	7.1	N415	—	NJ415 + HJ415
80	125	22	113.5	86.5	—	1	1	—	—	—	1.1	1	59.2	77.8	4300	5300	1	N1016	—	—
	140	26	125	90	128	2	2	101	118	8	2	2	102	125	3800	4800	1.7	—	NF216	NJ216 + HJ216
	140	26	127.3	90	128	2	2	101.1	—	—	2	2	132	165	3800	4800	1.58	N216E	—	—
	140	33	125	90	—	2	2	101	118	8	2	2	145	195	3800	4800	2.2	—	—	NJ2216 + HJ2216
	140	33	127.3	90	128	2	2	101.1	—	—	2	2	178	242	3800	4800	2.05	N2216E	—	—
	170	39	147	92	151	2.1	2.1	111	136	11	2.1	2.1	175	200	3400	4300	4.4	—	NF316	NJ316 + HJ316
	170	39	151	92	151	2.1	2.1	110.1	—	—	2.1	2.1	245	282	3400	4300	4.05	N316E	—	—
	170	58	147	92	151	2.1	2.1	111	136	11	2.1	2.1	258	328	3400	4300	6.4	N2316	NF2316	NJ2316 + HJ2316
	200	48	170	94	—	2.5	2.5	122	156	13	3	3	285	315	3000	3800	8.3	N416	—	NJ416 + HJ416
85	150	28	133.8	95	137	2	2	108	126	8	2	2	115	145	3600	4500	2.1	—	NF217	NJ217 + HJ217
	150	28	136.5	95	137	2	2	107.1	—	—	2	2	158	192	3600	4500	2	N217E	—	—
	150	36	133.8	95	—	2	2	108	126	8	2	2	165	230	3600	4500	2.8	—	—	NJ2217 + HJ2217
	150	36	136.5	95	137	2	2	107.1	—	—	2	2	205	272	3600	4500	2.58	N2217E	—	—
	180	41	156	99	160	2.5	2.5	117	144	12	3	3	212	242	3200	4000	5.2	—	NF317	NJ317 + HJ317
	180	41	160	99	160	2.5	2.5	117.4	—	—	3	3	280	332	3200	4000	4.82	N317E	—	—
	180	60	156	99	160	2.5	2.5	117	144	12	3	3	295	380	3200	4000	7.4	N2317	NF2317	NJ2317 + HJ2317
	210	52	179.5	103	—	3	3	126	162	14	4	4	312	345	2800	3600	9.8	N417	—	NJ417 + HJ417
90	140	24	127	98	—	1.5	1	—	—	—	1.5	1.1	74.0	94.8	3800	4800	1.36	N1018	—	—
	160	30	143	100	146	2	2	114	134	9	2	2	142	178	3400	4300	2.5	—	NF218	NJ218 + HJ218
	160	30	145	100	146	2	2	113.9	—	—	2	2	172	215	3400	4300	2.44	N218E	—	—
	160	40	143	100	—	2	2	114	134	9	2	2	192	268	3400	4300	3.5	—	—	NJ2218 + HJ2218
	160	40	145	100	146	2	2	113.9	—	—	2	2	230	312	3400	4300	3.26	N2218E	—	—
	190	43	165	104	169	2.5	2.5	125	153	12	3	3	228	265	3000	3800	6.1	—	NF318	NJ318 + HJ318

（续）

基本尺寸/mm				安装尺寸/mm				其他尺寸/mm					基本额定载荷/kN		极限转速/r·min^{-1}		重量/kg	轴承代号		
d	D	B	E_w	d_a min	D_a max	r_a max	r_b max	d_2	D_2	B_1	r min	r_1 min	C_r	C_{0r}	脂	油	W ≈	N 型	NF 型	NH(NJ+HJ)型
90	190	43	169.5	104	169	2.5	2.5	123.7	—	—	3	3	298	348	3000	3800	5.59	N318E	—	—
	190	64	165	104	169	2.5	2.5	125	153	12	3	3	310	395	3000	3800	8.4	N2318	NF2318	NJ2318 + HJ2318
	225	54	191.5	108	—	3	3	137	175	14	4	4	352	392	2400	3200	11	N418	—	NJ418 + HJ418
95	170	32	151.5	107	155	2.1	2.1	121	142	9	2.1	2.1	152	190	3200	4000	3.2	—	NF219	NJ219 + HJ219
	170	32	154.5	107	155	2.1	2.1	120.2	—	—	2.1	2.1	208	262	3200	4000	2.96	N219E	—	—
	170	43	151.5	107	—	2.1	2.1	121	142	9	2.1	2.1	215	298	3200	4000	4.5	—	—	NJ2219 + HJ2219
	170	43	154.5	107	155	2.1	2.1	120.2	—	—	2.1	2.1	275	368	3200	4000	3.97	N2219E	—	—
	200	45	173.5	109	178	2.5	2.5	132	161	13	3	3	245	288	2800	3600	7	—	NF319	NJ319 + HJ319
	200	45	177.5	109	178	2.5	2.5	131.7	—	—	3	3	315	380	2800	3600	6.52	N319E	—	—
	200	67	173.5	109	178	2.5	2.5	132	161	13	3	3	370	500	2800	3600	10.4	N2319	NF2319	NJ2319 + HJ2319
	240	55	201.5	113	—	3	3	147	185	15	4	4	378	428	2200	3000	14	N419	—	NJ419 + HJ419
100	150	24	137	108	—	1.5	1	—	—	—	1.5	1.1	78.0	102	3400	4300	1.5	N1020	—	—
	180	34	160	112	164	2.1	2.1	128	150	10	2.1	2.1	168	212	3000	3800	3.5	—	NF220	NJ220 + HJ220
	180	34	163	112	164	2.1	2.1	127	—	—	2.1	2.1	235	302	3000	3800	3.58	N220E	—	—
	180	46	160	112	—	2.1	2.1	128	150	10	2.1	2.1	240	335	3000	3800	5.2	—	—	NJ2220 + HJ2220
	180	46	163	112	164	2.1	2.1	127	—	—	2.1	2.1	318	440	3000	3800	4.86	N2220E	—	—
	215	47	185.5	114	190	2.5	2.5	140	172	13	3	3	282	340	2600	3200	8.6	—	NF320	NJ320 + HJ320
	215	47	191.5	114	190	2.5	2.5	139.1	—	—	3	3	365	425	2600	3200	7.89	N320E	—	—
	215	73	185.5	114	190	2.5	2.5	140	172	13	3	3	415	558	2600	3200	13.5	N2320	NF2320	NJ2320 + HJ2320
	250	58	211	118	—	3	3	153	194	16	4	4	418	480	2000	2800	16	N420	—	NJ420 + HJ420

表 8-14　单列圆锥滚子轴承（摘自 GB/T 297—1994）

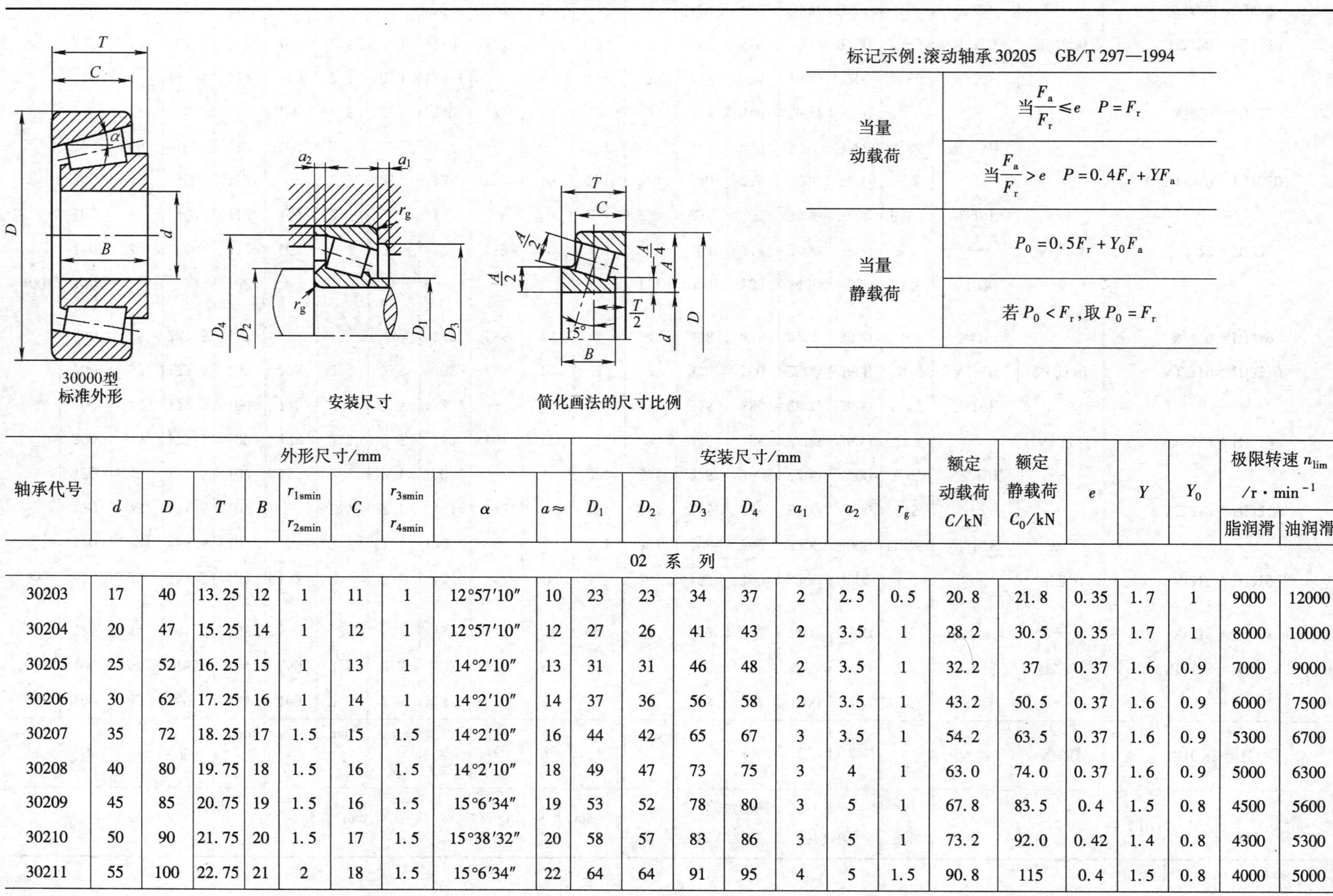

30000型
标准外形

安装尺寸

简化画法的尺寸比例

标记示例：滚动轴承 30205　GB/T 297—1994

当量动载荷	当 $\frac{F_a}{F_r} \leqslant e$　$P = F_r$
	当 $\frac{F_a}{F_r} > e$　$P = 0.4F_r + YF_a$
当量静载荷	$P_0 = 0.5F_r + Y_0F_a$
	若 $P_0 < F_r$，取 $P_0 = F_r$

轴承代号	外形尺寸/mm									安装尺寸/mm							额定动载荷 C/kN	额定静载荷 C_0/kN	e	Y	Y_0	极限转速 n_{lim} /r·min^{-1}	
	d	D	T	B	r_{1smin} r_{2smin}	C	r_{3smin} r_{4smin}	α	$a\approx$	D_1	D_2	D_3	D_4	a_1	a_2	r_g						脂润滑	油润滑
02 系列																							
30203	17	40	13.25	12	1	11	1	12°57′10″	10	23	23	34	37	2	2.5	0.5	20.8	21.8	0.35	1.7	1	9000	12000
30204	20	47	15.25	14	1	12	1	12°57′10″	12	27	26	41	43	2	3.5	1	28.2	30.5	0.35	1.7	1	8000	10000
30205	25	52	16.25	15	1	13	1	14°2′10″	13	31	31	46	48	2	3.5	1	32.2	37	0.37	1.6	0.9	7000	9000
30206	30	62	17.25	16	1	14	1	14°2′10″	14	37	36	56	58	2	3.5	1	43.2	50.5	0.37	1.6	0.9	6000	7500
30207	35	72	18.25	17	1.5	15	1.5	14°2′10″	16	44	42	65	67	3	3.5	1	54.2	63.5	0.37	1.6	0.9	5300	6700
30208	40	80	19.75	18	1.5	16	1.5	14°2′10″	18	49	47	73	75	3	4	1	63.0	74.0	0.37	1.6	0.9	5000	6300
30209	45	85	20.75	19	1.5	16	1.5	15°6′34″	19	53	52	78	80	3	5	1	67.8	83.5	0.4	1.5	0.8	4500	5600
30210	50	90	21.75	20	1.5	17	1.5	15°38′32″	20	58	57	83	86	3	5	1	73.2	92.0	0.42	1.4	0.8	4300	5300
30211	55	100	22.75	21	2	18	1.5	15°6′34″	22	64	64	91	95	4	5	1.5	90.8	115	0.4	1.5	0.8	4000	5000

（续）

轴承代号	外形尺寸/mm									安装尺寸/mm							额定动载荷 C/kN	额定静载荷 C_0/kN	e	Y	Y_0	极限转速 n_{lim} /r·min^{-1}	
	d	D	T	B	r_{1smin} r_{2smin}	C	r_{3smin} r_{4smin}	α	$a\approx$	D_1	D_2	D_3	D_4	a_1	a_2	r_g						脂润滑	油润滑
02 系列																							
30212	60	110	23.75	22	2	19	1.5	15°6′34″	22	69	69	101	103	4	5	1.5	102	130	0.4	1.5	0.8	3600	4500
30213	65	120	24.75	23	2	20	1.5	15°6′34″	24	77	74	111	114	4	5	1.5	120	152	0.4	1.5	0.8	3200	4000
30214	70	125	26.25	24	2	21	1.5	15°38′32″	25	81	79	116	119	4	5.5	1.5	132	175	0.42	1.4	0.8	3000	3800
30215	75	130	27.25	25	2	22	1.5	16°10′20″	27	85	84	121	125	4	5.5	1.5	138	185	0.44	1.4	0.8	2800	3600
30216	80	140	28.25	26	2.5	22	2	15°38′32″	30	90	90	130	133	4	6	2	160	212	0.42	1.4	0.8	2600	3400
30217	85	150	30.50	28	2.5	24	2	15°38′32″	33	96	95	140	142	5	6.5	2	178	238	0.42	1.4	0.8	2400	3200
30218	90	160	32.50	30	2.5	26	2	15°38′32″	33	102	100	150	151	5	6.5	2	200	270	0.42	1.4	0.8	2200	3000
30219	95	170	35.40	32	3	27	2.5	15°38′32″	34	108	107	158	160	5	7.5	2	228	308	0.42	1.4	0.8	2000	2800
30220	100	180	37.00	34	3	29	2.5	15°38′32″	38	114	112	168	169	5	8	2	255	350	0.42	1.4	0.8	1900	2600
03 系列																							
30302	15	42	14.25	13	1	11	1	10°45′29″	10	22	21	36	38	2	3.5	1	22.8	21.5	0.29	2.1	1.2	9000	11200
30303	17	47	15.25	14	1	12	1	10°45′29″	11	25	23	41	43	3	3.5	1	28.2	27.2	0.29	2.1	1.2	8500	11000
30304	20	52	16.25	15	1.5	13	1.5	11°18′36″	12	28	27	45	48	3	3.5	1	33.0	33.2	0.3	2	1.1	7500	9500
30305	25	62	18.25	17	1.5	15	1.5	11°18′36″	14	34	32	55	59	3	5.5	1	46.8	48.0	0.3	2	1.1	6300	8000
30306	30	72	20.75	19	1.5	16	1.5	11°51′35″	16	40	37	65	66	3	5	1	59.0	63.0	0.31	1.9	1	5600	7000
30307	35	80	22.75	21	2	18	1.5	11°51′35″	18	45	44	71	74	3	5	1.5	75.2	82.5	0.31	1.9	1	5000	6300
30308	40	90	25.25	23	2	20	1.5	12°57′10″	19	52	49	81	84	3	5.5	1.5	90.8	108	0.35	1.7	1	4500	5600
30309	45	100	27.25	25	2	22	1.5	12°57′10″	21	59	54	91	94	3	5.5	1.5	108	130	0.35	1.7	1	4000	5000
30310	50	110	29.25	27	2.5	23	2	12°57′10″	23	65	60	100	103	4	6.5	2	130	158	0.35	1.7	1	3800	4800
30311	55	120	31.50	29	2.5	25	2	12°57′10″	26	70	65	110	112	4	6.5	2	152	188	0.35	1.7	1	3400	4300
30312	60	130	33.5	31	3	26	2.5	12°57′10″	27	76	72	118	121	5	7.5	2	170	210	0.35	1.7	1	3200	4000
30313	65	140	36	33	3	28	2.5	12°57′10″	29	83	77	128	131	5	8	2	195	242	0.35	1.7	1	2800	3600

（续）

轴承代号	外形尺寸/mm								安装尺寸/mm								额定动载荷 C/kN	额定静载荷 C_0/kN	e	Y	Y_0	极限转速 n_{lim} /r·min^{-1}	
	d	D	T	B	r_{1smin} r_{2smin}	C	r_{3smin} r_{4smin}	α	$a\approx$	D_1	D_2	D_3	D_4	a_1	a_2	r_g						脂润滑	油润滑
03 系 列																							
30314	70	150	38	35	3	30	2.5	12°57′10″	31	89	82	138	141	5	8	2	218	272	0.35	1.7	1	2600	3400
30315	75	160	40	37	3	31	2.5	12°57′10″	33	95	87	148	150	5	9	2	252	318	0.35	1.7	1	2400	3200
30316	80	170	42.5	39	3	33	2.5	12°57′10″	36	102	92	158	160	5	9.5	2	278	352	0.35	1.7	1	2200	3000
30317	85	180	44.5	41	4	34	3	12°57′10″	36	107	99	166	168	6	10.5	2.5	305	388	0.35	1.7	1	2000	2800
30318	90	190	46.5	43	4	36	3	12°57′10″	38	113	104	176	178	6	10.5	2.5	342	440	0.35	1.7	1	1900	2600
30319	95	200	49.5	45	4	38	3	12°57′10″	42	118	109	186	185	6	11.5	2.5	370	478	0.35	1.7	0.8	1800	2400
30320	100	215	51.5	47	4	39	3	12°57′10″	43	127	114	201	199	6	12.5	2.5	405	525	0.35	1.7	1	1600	2000
22 系 列																							
32206	30	62	21.25	20	1	17	1	14°2′10″	16	36	36	56	58	3	4.5	1	51.8	63.8	0.37	1.6	0.9	6000	7500
32207	35	72	24.25	23	1.5	19	1.5	14°2′10″	18	42	42	65	68	3	5.5	1	70.5	89.5	0.37	1.6	0.9	5300	6700
32208	40	80	24.75	23	1.5	19	1.5	14°2′10″	20	48	47	73	75	3	6	1	77.8	97.2	0.4	1.6	0.9	5000	6300
32209	45	85	24.75	23	1.5	19	1.5	15°6′34″	21	53	52	78	81	3	6	1	80.8	105	0.4	1.5	0.8	4500	5600
32210	50	90	24.75	23	1.5	19	1.5	15°38′32″	22	57	57	83	86	3	6	1	82.8	108	0.42	1.4	0.8	4300	5300
32211	55	100	26.75	25	2	21	1.5	15°6′34″	23	62	64	91	96	4	6	1.5	108	142	0.4	1.5	0.8	3800	4800
32212	60	110	29.75	28	2	24	1.5	15°6′34″	26	68	69	101	105	4	6	1.5	132	180	0.4	1.5	0.8	3600	4500
32213	65	120	32.75	31	2	27	1.5	15°6′34″	28	75	74	111	115	4	6	1.5	160	222	0.4	1.5	0.8	3200	4000
32214	70	125	33.25	31	2	27	1.5	15°38′32″	29	79	79	116	120	4	6.5	1.5	168	238	0.42	1.4	0.8	3000	3800
32215	75	130	33.25	31	2	27	1.5	16°10′20″	31	84	84	121	126	4	6.5	1.5	170	242	0.44	1.4	0.8	2800	3600
32216	80	140	35.25	33	2.5	28	2	15°38′32″	32	89	90	130	135	5	7.5	2	198	278	0.42	1.4	0.8	2600	3400
32217	85	150	38.5	36	2.5	30	2	15°38′32″	35	95	95	140	143	5	8.5	2	228	325	0.42	1.4	0.8	2400	3200
32218	90	160	42.5	40	2.5	34	2	15°38′32″	38	101	100	150	153	5	8.5	2	270	395	0.42	1.4	0.8	2200	3000
32219	95	170	45.5	43	3	37	2.5	15°38′32″	40	106	107	158	163	5	8.5	2	302	448	0.42	1.4	0.8	2000	2800

（续）

轴承代号	外形尺寸/mm									安装尺寸/mm							额定动载荷 C/kN	额定静载荷 C_0/kN	e	Y	Y_0	极限转速 n_{lim} /r·min^{-1}	
	d	D	T	B	r_{1smin} r_{2smin}	C	r_{3smin} r_{4smin}	α	$a\approx$	D_1	D_2	D_3	D_4	a_1	a_2	r_g						脂润滑	油润滑
22 系 列																							
32220	100	180	49	46	3	39	2.5	15°38′32″	44	113	112	168	172	5	10	2	340	512	0.42	1.4	0.8	1300	2600
23 系 列																							
32303	17	47	20.25	19	1	16	1	10°45′29″	13	24	23	41	43	3	4.5	1	35.2	36.2	0.29	2.1	1.2	8500	11000
32304	20	52	22.25	21	1.5	18	1.5	11°18′36″	15	26	27	45	48	3	4.5	1	42.8	46.2	0.3	2	1.1	7500	9500
32305	25	62	22.25	24	1.5	20	1.5	11°18′36″	17	30	31	46	49	4	4	1	61.5	68.8	0.3	2	1.1	6300	8000
32306	30	72	28.75	27	1.5	23	1.5	11°51′35″	20	38	37	65	66	4	6	1	81.5	96.5	0.31	1.9	1	5600	7000
32307	35	80	32.75	31	2	25	1.5	11°51′35″	22	43	44	71	74	4	8.5	1.5	99.0	118	0.31	1.9	1	5000	6300
32308	40	90	35.25	33	2	27	1.5	12°57′10″	24	49	49	81	83	4	8.5	1.5	115	148	0.31	1.9	1	4500	5600
32309	45	100	38.25	36	2	30	1.5	12°57′10″	26	56	54	91	93	4	8.5	1.5	145	188	0.35	1.7	1	4000	5000
32310	50	110	42.25	40	2.5	33	2	12°57′10″	29	61	60	100	102	5	9.5	2	178	235	0.35	1.7	1	3800	4800
32311	55	120	45.5	43	2.5	35	2	12°57′10″	32	66	65	110	111	5	10	2	202	270	0.35	1.7	1	3400	4300
32312	60	130	48.5	46	3	37	2.5	12°57′10″	34	72	72	118	122	6	11.5	2	228	302	0.35	1.7	1	3200	4000
32313	65	140	51	48	3	39	2.5	12°57′10″	37	79	77	128	131	6	12	2	260	350	0.35	1.7	1	2800	3600
32314	70	150	54	51	3	42	2.5	12°57′10″	38	84	82	138	141	6	12	2	298	408	0.35	1.7	1	2600	3400
32315	75	160	58	55	3	45	2.5	12°57′10″	41	91	87	148	150	7	13	2	348	482	0.35	1.7	1	2400	3200
32316	80	170	61.5	58	3	48	2.5	12°57′10″	44	97	92	158	160	7	13.5	2	388	542	0.35	1.7	1	2200	3000
32317	85	180	63.5	60	4	49	3	12°57′10″	47	102	99	166	168	8	14.5	2.5	422	592	0.35	1.7	1	2000	2800
32318	90	190	67.5	64	4	53	3	12°57′10″	48	107	104	176	178	8	14.5	2.5	478	682	0.35	1.7	1	1900	2600
32319	95	200	71.5	67	4	55	3	12°57′10″	50	114	109	186	187	8	16.5	2.5	515	738	0.35	1.7	1	1800	2400
32320	100	215	77.5	73	4	60	3	12°57′10″	56	122	114	201	201	8	17.5	2.5	600	872	0.35	1.7	1	1600	2000

注：1. 表中仅轴承代号及外形尺寸为国标。

2. r_{1smin}、r_{2smin}、r_{3smin}和r_{4smin}为r_1、r_2、r_3和r_4的单向最小倒角。

3. 表中a为参考数值。

表 8-15　双列圆锥滚子轴承（摘自 GB/T 299—2008）

350000型

径向当量动载荷：

当 $F_a/F_r \leqslant e, P_r = F_r + Y_1 F_a$

当 $F_a/F_r > e, P_r = 0.67F_r + Y_2 F_a$

径向当量静载荷：

$P_{0r} = F_r + Y_0 F_a$

式中　F_r、F_a 均指作用于轴承上的总载荷

最小径向载荷 $F_{min} = 0.02C_r$

代号含义：

E——加强型

X2——宽度(高度)非标准

基本尺寸/mm			安装尺寸/mm					其他尺寸/mm				计算系数				基本额定载荷/kN		极限转速/r·min^{-1}		重量/kg	轴承代号[①]
d	D	B_1	d_a min	D_a min	a_2 min	r_a max	r_b max	C_1	b_1	r min	r_1 min	e	Y_1	Y_2	Y_0	C_r	C_{0r}	脂	油	W ≈	350000 型
25	62	42	32	59	5.5	1.5	0.6	31.5	8	1.5	0.6	0.83	0.8	1.2	0.8	66.5	100	4600	5600	—	351305E
30	72	47	37	68	7	1.5	0.6	33.5	9	1.5	0.6	0.83	0.8	1.2	0.8	85	125	4000	5000	—	351306E
35	80	51	44	76	8	2	0.6	35.5	9	2	0.6	0.83	0.8	1.2	0.8	108	160	3600	4500	—	351307E
40	80	55	48	74	8	1.5	0.6	40	8	1.5	0.6	0.38	1.8	2.6	1.7	108	65.8	3800	4500	—	352208X2
	80	55	47	75	6	1.5	0.6	43.5	9	1.5	0.6	0.37	1.8	2.7	1.8	128	188	3800	4500	1.18	352208E
	90	56	49	87	8.5	2	0.6	39.5	10	2	0.6	0.83	0.8	1.2	0.8	132	170	3200	4000	1.56	351308E
45	85	55	52	81	6	1.5	0.6	43.5	9	1.5	0.6	0.4	1.7	2.5	1.6	135	200	3200	4000	1.27	352209E
	100	60	54	96	9.5	2	0.6	41.5	10	2	0.6	0.83	0.8	1.2	0.8	152	218	2900	3600	2.11	351309E
50	90	55	57	86	6	1.5	0.6	43.5	9	1.5	0.6	0.42	1.6	2.4	1.6	145	218	3200	3800	1.36	352210E
	110	64	60	105	10.5	2.1	0.6	43.5	10	2.5	0.6	0.83	0.8	1.2	0.8	175	260	2700	3400	2.65	351310E
55	100	60	64	96	6	2	0.6	48.5	10	2	0.6	0.4	1.7	2.5	1.6	175	270	3800	3400	1.85	352211E
	120	70	65	114	10.5	2.1	0.6	49	12	2.5	0.6	0.83	0.8	1.2	0.8	208	305	2400	3000	3.92	351311E
60	110	66	69	105	6	2	0.6	54.5	10	2	0.6	0.4	1.7	2.5	1.6	215	330	2600	3200	—	352212E
	130	74	72	124	11.5	2.5	1	51	12	3	1	0.83	0.8	1.2	0.8	235	350	2300	2800	—	351312E

（续）

基本尺寸/mm			安装尺寸/mm					其他尺寸/mm				计算系数				基本额定载荷/kN		极限转速 /r · min^{-1}		重量 /kg	轴承代号①
d	D	B_1	d_a min	D_a min	a_2 min	r_a max	r_b max	C_1	b_1	r min	r_1 min	e	Y_1	Y_2	Y_0	C_r	C_{0r}	脂	油	W ≈	350000 型
65	120	70	74	114	7.5	2	0.6	55	8	2	0.6	0.37	1.8	2.7	1.8	220	365	2200	3000	—	352213X2
	120	73	74	115	6	2	0.6	61.5	11	2	0.6	0.4	1.7	2.5	1.6	260	410	2200	3000	2.49	352213E
	140	79	77	134	13	2.5	1	53	13	3	1	0.83	0.8	1.2	0.8	268	410	2000	2600	5.16	351313E
70	125	70	79	118	8	2	0.6	55	8	2	0.6	0.39	1.7	2.6	1.7	230	388	2200	2800	—	352214X2
	125	74	79	120	6.5	2	0.6	61.5	12	2	0.6	0.42	1.6	2.4	1.6	272	440	2200	2800	3.56	352214E
	150	83	82	143	13	2.5	1	57	13	3	1	0.83	0.8	1.2	0.8	302	460	1900	2400	6.23	351314E
75	130	74	84	126	6.5	2	0.6	61.5	12	2	0.6	0.44	1.6	2.3	1.5	275	445	2000	2600	3.68	352215E
	130	75	84	124	7	2	0.6	62	8	2	0.6	0.41	1.7	2.5	1.6	235	412	2000	2600	3.6	352215X2
	160	88	87	153	14	2.5	1	60	14	3	1	0.83	0.8	1.2	0.8	338	510	1700	2200	—	351315E
80	140	78	90	135	7.5	2.1	0.6	63.5	12	2.5	0.6	0.42	1.6	2.4	1.6	320	530	1900	2400	4.58	352216E
	140	80	90	133	8	2.1	0.6	65	10	2.5	0.6	0.4	1.7	2.5	1.6	270	480	1900	2400	4.97	352216X2
	170	94	92	161	15.5	2.5	1	63	16	3	1	0.83	0.8	1.2	0.8	370	590	1600	2200	—	351316E
85	150	85	95	142	11	2.1	0.6	65	10	2.5	0.6	0.4	1.7	2.5	1.6	315	560	1700	2200	6.01	352217X2
	150	86	95	143	8.5	2.1	0.6	69	14	2.5	0.6	0.42	1.6	2.4	1.6	368	600	1700	2200	5.85	352217E
	180	99	99	171	16.5	3	1	66	17	4	1	0.83	0.8	1.2	0.8	408	660	1400	2000	—	351317E
90	160	94	100	153	8.5	2.1	0.6	77	14	2.5	0.6	0.42	1.6	2.4	1.6	440	720	1600	2200	7.35	352218E
	160	95	100	152	9.5	2.1	0.6	78	10	2.5	0.6	0.39	1.7	2.6	1.7	358	630	1600	2200	7.46	352218X2
	190	103	104	181	16.5	3	1	70	17	4	1	0.83	0.8	1.2	0.8	455	738	1300	1900	—	351318E
95	170	100	107	163	8.5	2.5	1	83	14	3	1	0.42	1.6	2.4	1.6	492	835	1400	2000	9.04	352219E
	200	109	109	189	17.5	3	1	74	19	4	1	0.83	0.8	1.2	0.8	502	830	1300	1700	—	351319E
100	180	107	112	172	10	2.5	1	87	15	3	1	0.42	1.6	2.4	1.6	555	925	1400	1900	10.7	352220E
	180	112	111	172	11	2.5	1	92	10	3	1	0.39	1.7	2.6	1.7	458	860	1400	1900	11.5	352220X2
	215	124	114	204	21.5	3	1	81	22	4	1	0.83	0.8	1.2	0.8	602	1010	1100	1400	—	351320E
105	190	115	117	182	10	2.5	1	95	15	3	1	0.42	1.6	2.4	1.6	618	1080	1300	1700	13.1	352221E
	190	118	116	181	12	2.5	1	96	12	3	1	0.4	1.7	2.5	1.7	532	982	1300	1700	13	352221X2
	225	127	119	213	22	3	1	83	21	4	1	0.83	0.8	1.2	0.8	640	1080	1100	1400	—	351321E
110	180	95	120	173	10.5	2	0.6	76	11	2	0.6	0.25	2.7	4	2.6	422	840	1300	1700	10	352122
	200	121	122	192	10	2.5	1	101	15	3	1	0.42	1.6	2.4	1.6	698	1210	1200	1600	15.5	352222E
	200	125	121	191	11.5	2.5	1	102	12	3	1	0.39	1.7	2.6	1.7	595	1120	1200	1600	16.4	352222X2

（续）

基本尺寸/mm			安装尺寸/mm					其他尺寸/mm				计算系数				基本额定载荷/kN		极限转速/r·min^{-1}		重量/kg	轴承代号①
d	D	B_1	d_a min	D_a min	a_2 min	r_a max	r_b max	C_1	b_1	r min	r_1 min	e	Y_1	Y_2	Y_0	C_r	C_{0r}	脂	油	W ≈	350000 型
110	240	137	124	226	25	3	1	87	23	4	1	0.83	0.8	1.2	0.8	752	1290	1000	1300	—	351322E
120	200	110	130	194	11	2	0.6	90	14	2	0.6	0.3	2.2	3.3	2.2	508	910	1100	1500	12.6	352124
	215	132	132	206	11.5	2.5	1	109	16	3	1	0.44	1.6	2.3	1.5	775	1360	1100	1400	18.9	352224E
	215	132	132	206	14	2.5	1	106	12	3	1	0.41	1.6	2.5	1.6	698	1340	1100	1400	19.1	352224X2
	260	148	134	246	26	3	1	96	24	4	1	0.83	0.8	1.2	0.8	862	1490	900	1200	—	351324E
130	180	70	139	174	11	2	0.6	50	10	2	0.6	0.27	2.5	3.7	2.4	258	565	1200	1600	4.88	352926X2
	200	95	140	194	11	2.1	0.6	75	10	2.5	0.6	0.35	1.9	2.9	1.9	422	830	1100	1500	9.72	352026X2
	210	110	141	203	11	2	0.6	90	14	2	0.6	0.26	2.6	3.8	2.5	540	1000	1000	1400	12.9	352126
	230	145	144	221	14	3	1	117.5	17	4	1	0.44	1.6	2.3	1.5	895	1630	1000	1300	24.1	352226E
	230	150	142	222	16	3	1	120	12	4	1	0.39	1.7	2.6	1.7	700	1400	1000	1300	26.2	352226X2
	280	156	147	263	28	4	1	100	24	5	1.1	0.83	0.8	1.2	0.8	968	1640	800	1100	—	351326E
140	210	95	150	204	11	2.1	0.6	75	12	2.5	0.6	0.37	1.8	2.7	1.8	448	900	950	1300	8.35	352028X2
	225	115	151	217	13.5	2.1	1	90	15	2.5	1	0.34	2	3	2	560	1110	950	1300	15.3	352128
	250	153	154	240	14	3	1	125.5	17	4	1	0.44	1.6	2.3	1.5	1050	1840	850	1100	30.1	352228E
	250	158	153	241	16	3	1	128	12	4	1	0.33	2.1	3.1	2	985	1840	850	1100	30.6	352228X2
	300	168	157	283	30	4	1	108	28	5	1.1	0.83	0.8	1.2	0.8	1110	1940	700	1000	—	351328E
150	210	80	159	204	10	2.1	0.6	62	10	2.5	0.6	0.27	2.5	3.7	2.4	352	790	950	1300	9.32	352930X2
	250	138	163	242	14	2.1	1	112	18	2.5	1	0.3	2.2	3.3	2.2	778	1560	850	1100	25.8	352130
	270	164	164	256	17	3	1	130	18	4	1	0.44	1.6	2.3	1.5	1170	2140	800	1100	37.3	352230E
	270	172	164	260	18	3	1	138	12	4	1	0.39	1.7	2.6	1.7	1070	2180	800	1100	38.9	352230X2
	320	178	167	302	32	4	1	114	28	5	1.1	0.83	0.8	1.2	0.8	1260	2250	670	950	—	351330E
160	240	115	171	234	13.5	2.5	1	90	12	3	1	0.37	1.8	2.7	1.8	608	1260	850	1100	16.5	352032X2
	270	150	174	262	16	2.1	1	120	18	2.5	1	0.36	1.9	2.8	1.8	872	1720	800	1000	28.2	352132
	290	178	174	276	17	3	1	144	18	4	1	0.44	1.6	2.3	1.5	1390	2840	700	1000	46.9	352232E
170	230	82	180	223	9.5	2.1	0.6	65	10	2.5	0.6	0.28	2.4	3.6	2.3	395	922	850	1100	8.11	352934X2
	260	120	183	252	13.5	2.5	1	95	12	3	1	0.31	2.2	3.2	2.1	672	1460	800	1000	20.4	352034X2
	280	150	184	271	16	2.1	1	120	18	2.5	1	0.38	1.8	2.6	1.7	962	2000	750	950	35.6	352134
	310	192	188	296	20	4	1	152	20	5	1.1	0.44	1.6	2.3	1.5	1580	3200	750	950	58.2	352234E
180	250	95	190	243	11.5	2.1	0.6	74	10	2.5	0.6	0.37	1.8	2.7	1.8	468	1080	800	1000	13	352936X2
	280	134	191	272	14	2.5	1	108	12	3	1	0.28	2.4	3.6	2.4	742	1540	750	950	28.5	352036X2
	300	164	196	287	16	2.5	1	134	20	3	1	0.26	2.6	3.8	2.6	1100	2350	700	900	39.9	352136
	320	190	196	308	23.5	4	1	145	12	5	1.1	0.36	1.9	2.8	1.8	1390	2770	670	850	51.5	352236X2
	320	192	198	306	20	4	1	152	20	5	1.1	0.45	1.5	2.2	1.5	1620	3350	670	850	63.8	352236E

① 按国标 GB/T 299 规定，优化设计的轴承代号后不加“E”。为了与老结构区分，本表中优化设计的双圆锥滚子轴承代号后均加“E”。

表 8-16　推力球轴承（GB/T 301—1995）

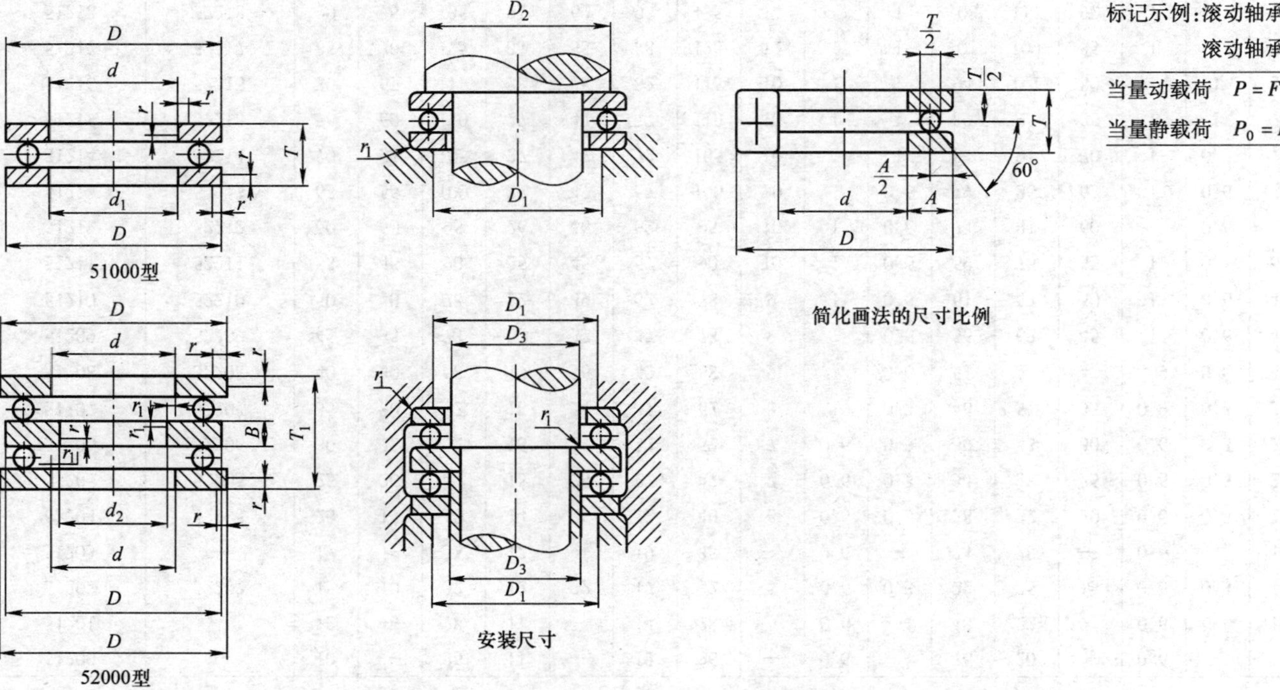

标记示例：滚动轴承 51110　GB/T 301—1995

滚动轴承 52218　GB/T 301—1995

当量动载荷　$P = F_a$

当量静载荷　$P_0 = F_a$

（续）

轴承代号		外形尺寸/mm										安装尺寸/mm					额定动载荷	额定静载荷	极限转速 n_{lim} /r·min^{-1}	
8000 型	38000 型	d	d_2	D	T	T_1	d_{1smin}	D_{1smax}	B	r_{smin}	r_{1smin}	D_1	D_2	D_3	r_g	r_{g1}	C/kN	C_0/kN	脂润滑	油润滑
12、22 系列																				
51200	—	10	—	26	11	—	12	26	—	0.6	—	16	20	—	0.6	—	12.5	17.0	5600	8000
51201	—	12	—	28	11	—	14	28	—	0.6	—	18	22	—	0.6	—	13.2	19.0	5300	7500
51202	52202	15	10	32	12	22	17	32	5	0.6	0.3	22	25	15	0.6	0.3	16.5	24.8	4800	6700
51203	—	17	—	35	12	—	19	35	—	0.6	—	24	28	—	0.6	—	17.0	27.2	4500	6300
51204	52204	20	15	40	14	26	22	40	6	0.6	0.3	28	32	20	0.6	0.3	22.2	37.5	3800	5300
51205	52205	25	20	47	15	28	27	47	7	0.6	0.3	34	38	25	0.6	0.3	27.8	50.5	3400	4800
51206	52206	30	25	52	16	29	32	52	7	0.6	0.3	39	43	30	0.6	0.3	28.0	54.2	3200	4500
51207	52207	35	30	62	18	34	37	62	8	1	0.3	46	51	35	0.9	0.3	39.2	78.2	2800	4000
51208	52208	40	30	68	19	36	42	68	9	1	0.6	51	57	40	0.9	0.6	47.0	98.2	2400	3600
51209	52209	45	35	73	20	37	47	73	9	1	0.6	56	62	45	1	0.6	47.8	105	2200	3400
51210	52210	50	40	78	22	39	52	78	9	1	0.6	61	67	50	1	0.6	48.5	112	2000	3200
51211	52211	55	45	90	25	45	57	90	10	1	0.6	69	76	55	1	0.6	67.5	158	1900	3000
51212	52212	60	50	95	26	46	62	95	10	1	0.6	74	81	60	1	0.6	73.5	178	1800	2800
51213	52213	65	55	100	27	47	67	100	10	1	0.6	79	86	65	1	0.6	74.8	188	1700	2600
51214	52214	70	55	105	27	47	72	105	10	1	1	84	91	70	1	0.9	73.5	188	1600	2400
51215	52215	75	60	110	27	47	77	110	10	1	1	89	95	75	1	1	74.8	198	1500	2200
51216	52216	80	65	115	28	48	82	115	10	1	1	94	101	80	1	1	83.8	222	1400	2000
51217	52217	85	70	125	31	55	88	125	12	1	1	101	109	85	1	1	102	280	1300	1900
51218	52218	90	75	135	35	62	93	135	14	1.1	1	108	117	90	1	1	115	315	1200	1800
51220	52220	100	85	150	38	67	103	150	15	1.1	1	120	130	100	1	1	132	375	1100	1700
13、23 系列																				
51304	—	20	—	47	18	—	22	47	—	1	—	31	36	—	1	—	35.0	55.8	3600	4500
51305	52305	25	20	52	18	34	27	52	8	1	0.3	36	41	25	1	0.3	35.5	61.5	3000	4300
51306	52306	30	25	60	21	38	32	60	9	1	0.3	42	48	30	1	0.3	42.8	78.5	2400	3600
51307	52307	35	30	68	24	44	37	68	10	1	0.3	48	55	35	1	0.3	55.2	105	2000	3200

（续）

轴承代号		外形尺寸/mm										安装尺寸/mm					额定动载荷	额定静载荷	极限转速 n_{lim} /r·min^{-1}	
8000 型	38000 型	d	d_2	D	T	T_1	d_{1smin}	D_{1smax}	B	r_{smin}	r_{1smin}	D_1	D_2	D_3	r_g	r_{g1}	C/kN	C_0/kN	脂润滑	油润滑
13、23 系列																				
51308	52308	40	30	78	26	49	42	78	12	1	0.6	55	63	40	1	0.6	69.2	135	1900	3000
51309	52309	45	35	85	28	52	47	85	12	1	0.6	61	69	45	1	0.6	75.8	150	1700	2600
51310	52310	50	40	95	31	58	52	95	14	1.1	0.6	68	77	50	1	0.6	96.5	202	1600	2400
51311	52311	55	45	105	35	64	57	105	15	1.1	0.6	75	85	55	1	0.6	115	242	1500	2200
51312	52312	60	50	110	35	64	62	110	15	1.1	0.6	80	90	60	1	0.6	118	262	1400	2000
51313	52313	65	55	115	36	65	67	115	15	1.1	0.6	85	95	65	1	0.6	115	262	1300	1900
51314	52314	70	55	125	40	72	72	125	16	1.1	1	92	103	70	1	1	148	340	1200	1800
51315	52315	75	60	135	44	79	77	135	18	1.1	1	99	111	75	1.5	1	162	380	1100	1700
51316	52316	80	65	140	44	79	82	140	18	1.5	1	104	116	80	1.5	1	160	380	1000	1600
51317	52317	85	70	150	49	87	88	150	19	1.5	1	111	124	85	1.5	1	208	495	950	1500
51318	52318	90	75	155	50	88	93	155	19	1.5	1	116	129	90	1.5	1	205	495	900	1400
51320	52320	100	80	170	55	97	103	170	21	1.5	1	128	142	100	1.5	1	235	595	800	1200
14、24 系列																				
51405	52405	25	15	60	24	45	27	60	11	1	0.6	39	46	25	1	0.6	55.5	89.2	2200	3400
51406	52406	30	20	70	28	52	32	70	12	1	0.6	46	54	30	1	0.6	72.5	125	1900	3000
51407	52407	35	25	80	32	59	37	80	14	1.1	0.6	53	62	35	1	0.6	86.8	155	1700	2600
51408	52408	40	30	90	36	65	42	90	15	1.1	0.6	60	70	40	1	0.6	112	205	1500	2200
51409	52409	45	35	100	39	72	47	100	17	1.1	0.6	67	78	45	1	0.6	140	262	1400	2000
51410	52410	50	40	110	43	78	52	110	18	1.5	0.6	74	86	50	1.5	0.6	160	302	1300	1900
51411	52411	55	45	120	48	87	57	120	20	1.5	0.6	81	94	55	1.5	0.6	182	355	1100	1700
51412	52412	60	50	130	51	93	62	130	21	1.5	0.6	88	102	60	1.5	0.6	200	395	1000	1600
51413	52413	65	50	140	56	101	68	140	23	2	1	95	110	65	2	1	215	448	900	1400
51414	52414	70	55	150	60	107	73	150	24	2	1	102	118	70	2	1	255	560	850	1300
51415	52415	75	60	160	65	115	78	160	26	2	1	111	125	75	2	1	268	615	800	1200
51417	52417	85	65	180	72	128	88	177	29	2.1	1.1	124	141	80	2	1	318	782	700	1000
51418	52418	90	70	190	77	135	93	187	30	2.1	1.1	131	149	90	2	1	325	825	670	950
51420	52420	100	80	210	85	150	103	205	33	3	1.1	145	165	100	2.5	1	400	1080	600	850

注：1. 表中仅轴承代号及外形尺寸为国标。

2. 表中 r_{smin}、r_{1smin} 为 r、r_1 的单向最小倒角。

（四）滚动轴承的选择计算

1. 滚动轴承的寿命计算

在常载和中、高速工作情况下，滚动轴承的失效是因滚动体或套圈（或垫圈）的疲劳所致。因此，可根据工作情况进行额定寿命计算，见表8-17。各项参考值见表8-18～表8-26。

表8-17　滚动轴承的额定寿命计算

名　称	计算式	说　明
基本额定寿命 L	$L_{10}=\left(\frac{f_T C}{f_P P}\right)^{\varepsilon}$ $L_h=\frac{10^6}{60n}\left(\frac{f_T C}{f_P P}\right)^{\varepsilon}$	L_{10}—基本额定寿命（10^6r）； L_h—基本额定寿命（h）； P—当量动载荷（N），见表8-21； ε—寿命指数，球轴承 $\varepsilon=3$，滚子轴承 $\varepsilon=10/3$； C—额定动载荷（N），见表8-8～表8-16； f_T—温度因数，见表8-18； f_P—冲击载荷因数，见表8-19； n—轴承转速（$r\cdot min^{-1}$）
计算额定动载荷 C'	$C'=\frac{f_P P}{f_T}\left(\frac{60nL_h'}{10^6}\right)^{-\varepsilon}$	L_h'—预期寿命（h），L_h'推荐值见表8-20； C'—计算额定动载荷（N）

表8-18　温度因数 f_T

轴承工作温度/℃	100	125	150	200	250	300
温度因数	1	0.95	0.9	0.8	0.7	0.6

表8-19　冲击载荷因数 f_P

载荷性质	设备举例	f_P
无冲击或轻微冲击	电动机、汽轮机、通风机、水泵	1.0～1.2
中等冲击和振动	车辆、机床、传动装置、起重机、内燃机、减速箱	1.2～1.8
强烈冲击和振动	破碎机、轧钢机、振动筛、石油钻机	1.8～3.0

表8-20　滚动轴承预期寿命 L_h'推荐值

设备的种类	L_h'
不常使用的设备，如闸门开闭装置等	500
航空发动机和类似地要求质量轻的机械	500～2000
短期或间断使用的机械，中断使用不致引起严重后果，如手动机械、农业机械、车间用升降滑车、装配桥式起重机等	3000～8000
间断使用的机械，中断使用会引起严重后果，如发电站辅助设备、流水作业的传动装置、带式运输机、车间桥式起重机等	8000～14000
每天8h工作，但经常不是满负荷使用的机械，如一般齿轮传动装置、压碎机、起重机等	10000～25000
每天8h工作，满负荷使用的机械，如机床、木材加工机械、工程机械、印刷机械、分离机、离心机等	20000～30000
24h连续工作的机械，如空气压缩机、水泵、电动机、轧机齿轮装置、纺织机械、卷扬机等	40000～60000
24h连续工作的机械，中断使用将引起严重后果，如电站的主要设备、纤维和造纸机械、矿用泵、矿用通风机、给排水设备等	≈100000～200000

表 8-21　滚动轴承的当量动载荷 P 的计算

类　型	计算式	说　明
向心球轴承 向心滚子轴承 （$P=P_r$）	接触角 $\alpha=0°$ $P_r=F_r$ 接触角 $\alpha\neq0°$ $P_r=XF_r+YF_a$	F_r—轴承径向载荷（N）； F_a—轴承轴向载荷（N）； X、Y—径向和轴向载荷因数，各类轴承的 X、Y 值见表 8-8～表 8-16
推力球轴承 推力滚子轴承 （$P=P_a$）	接触角 $\alpha=90°$ $P_a=F_a$ 接触角 $\alpha\neq90°$ $P_a=XF_r+YF_a$	
向心角接触轴承（角接触球轴承、圆锥滚子轴承（$P=P_r$）	$P_r=XF_r+YF_a$	F_r—轴承径向载荷（N）。计算轴承支反力时，应考虑轴承载荷作用中心点位置 a（见图 8-1）对轴承支承距离的影响。不同型号轴承的 d 值见表 8-8 和表 8-16； F_a—轴承轴向载荷(N)。计算轴承轴向载荷时,应计入由径向载荷产生的内部附加轴向力 F_S,F_S 的计算式见表 8-22,F_a 的计算方法见表 8-23

注：同一支点成对安装同型号向心角接触轴承时，如图 8-2 所示，实为一三支点静不定轴系。近似计算时，可将成对安装的向心角接触轴承（不论是正排列还是反排列）看成一个支点，并认为力的作用点位于两轴承的中点 O，如图 8-3 所示。但在计算当量动载荷 P 时，因数 X、Y 需采用双列轴承的数值，而额定动载荷取为：$C_{r\Sigma}=1.62C_r$（角接触球轴承），$C_{r\Sigma}=1.71C_r$（圆锥滚子轴承）。

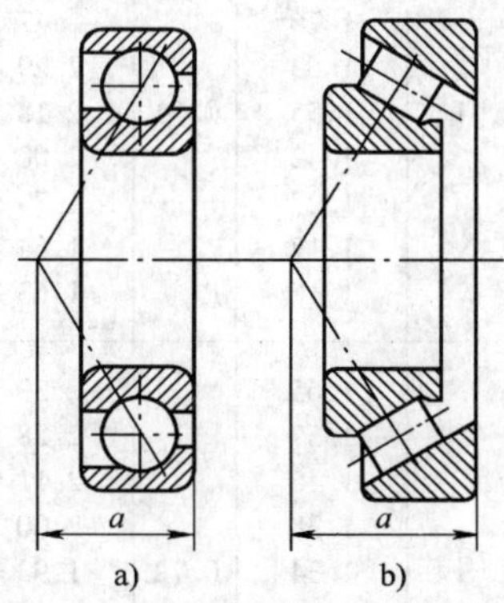

图 8-2　向心角接触轴承的载荷中心
a）角接触球轴承　b）圆锥滚子轴承

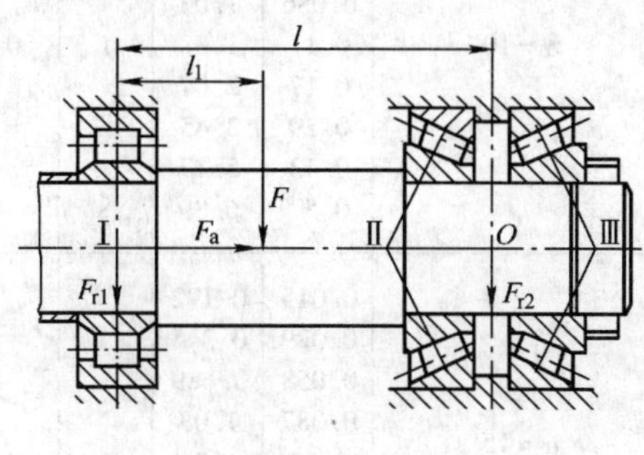

图 8-3　同一支点成对安装同型号向心角接触轴承

表 8-22　向心角接触轴承的内部附加轴向力 F_S

类　型	角接触球轴承			圆锥滚子轴承
	$\alpha=15°$（70000C 型）	$\alpha=25°$（70000AC 型）	$\alpha=40°$（70000B 型）	
F_S 计算式	eF_r	$0.68F_r$	$1.14F_r$	$\dfrac{F_r}{2Y}$

注：F_r—轴承所受径向载荷（N）；e—相对轴向载荷的临界参量，见表 8-23；Y—圆锥滚子轴承的轴向载荷因数，见表 8-4。

表 8-23　向心轴承的系数 X、Y

轴承类型	相对轴向载荷		单列轴承				双列轴承				e
			$F_a/F_r \leq e$		$F_a/F_r > e$		$F_a/F_r \leq e$		$F_a/F_r > e$		
	F_a/C_{0r}	F_a/zD_w^2	X	Y	X	Y	X	Y	X	Y	
深沟球轴承	0.014	0.172				2.30				2.30	0.19
	0.028	0.345				1.99				1.99	0.22
	0.056	0.689				1.71				1.71	0.26
	0.084	1.03				1.55				1.55	0.28
	0.11	1.38	1	0	0.56	1.45	1	0	0.56	1.45	0.30
	0.17	2.07				1.31				1.31	0.34
	0.28	3.45				1.15				1.15	0.38
	0.42	5.17				1.04				1.04	0.42
	0.56	6.89				1.00				1.00	0.44
角接触球轴承 $\alpha=5°$	0.014	0.172						2.78		3.74	0.23
	0.028	0.345						2.40		3.23	0.26
	0.056	0.689						2.07		2.78	0.30
	0.085	1.03						1.87		2.52	0.34
	0.11	1.38	1	0	此类轴承用单列深沟球轴承的 X、Y 和 e 值		1	1.75	0.78	2.36	0.36
	0.17	2.07						1.58		2.13	0.40
	0.28	3.45						1.39		1.87	0.45
	0.42	5.17						1.26		1.69	0.50
	0.56	6.89						1.21		1.63	0.52
$\alpha=10°$	0.014	0.172				1.88		2.18		3.06	0.29
	0.029	0.345				1.71		1.98		2.78	0.32
	0.057	0.689				1.52		1.76		2.47	0.36
	0.086	1.03				1.41		1.63		2.29	0.38
	0.11	1.38	1	0	0.46	1.34	1	1.55	0.75	2.18	0.40
	0.17	2.07				1.23		1.42		2.00	0.44
	0.29	3.45				1.10		1.27		1.79	0.49
	0.43	5.17				1.01		1.17		1.64	0.54
	0.57	6.89				1.00		1.16		1.63	0.54
$\alpha=15°$ (7000C)	0.015	0.172				1.47		1.65		2.39	0.38
	0.029	0.345				1.40		1.57		2.28	0.40
	0.058	0.689				1.30		1.46		2.11	0.43
	0.087	1.03				1.23		1.38		2.00	0.46
	0.12	1.38	1	0	0.44	1.19	1	1.34	0.72	1.93	0.47
	0.17	2.07				1.12		1.26		1.82	0.50
	0.29	3.45				1.02		1.14		1.66	0.55
	0.44	5.17				1.00		1.12		1.63	0.56
	0.58	6.89				1.00		1.12		1.63	0.56
$\alpha=20°$	—	—			0.43	1.00		1.09	0.70	1.63	0.57
$\alpha=25°$ (7000AC)	—	—			0.41	0.87		0.92	0.67	1.41	0.68
$\alpha=30°$	—	—	1	0	0.39	0.76	1	0.78	0.63	1.24	0.80
$\alpha=35°$	—	—			0.37	0.66		0.66	0.60	1.07	0.95
$\alpha=40°$ (7000B)	—	—			0.35	0.57		0.55	0.57	0.93	1.14
$\alpha=45°$	—	—			0.33	0.50		0.47	0.54	0.81	1.34
调心球轴承			1	0	0.40	0.40cotα	1	0.42cotα	0.65	0.65cotα	1.5tanα
磁电机球轴承			1	0	0.50	0.25	—	—	—	—	0.2
圆锥滚子轴承 $\alpha\neq0°$			1	0	0.40	0.40cotα	1	0.45cotα	0.67	0.67cotα	1.5tanα

表 8-24　推力轴承的系数 X、Y

轴承类型	α	单向轴承① $F_a/F_r>e$ X	单向轴承① $F_a/F_r>e$ Y	双向轴承 $F_a/F_r\leqslant e$ X	双向轴承 $F_a/F_r\leqslant e$ Y	双向轴承 $F_a/F_r>e$ X	双向轴承 $F_a/F_r>e$ Y	e
推力球轴承	45°	0.66		1.18	0.59	0.66		1.25
	50°	0.73		1.37	0.57	0.73		1.49
	55°	0.81		1.60	0.56	0.81		1.79
	60°	0.92		1.90	0.55	0.92		2.17
	65°	1.06	1	2.30	0.54	1.06	1	2.68
	70°	1.28		2.90	0.53	1.28		3.43
	75°	1.66		3.89	0.52	1.66		4.67
	80°	2.43		5.86	0.52	2.43		7.09
	85°	4.80		11.75	0.51	4.80		14.29
	$\alpha\neq90°$	$1.25\tan\alpha\times\left(1-\frac{2}{3}\sin\alpha\right)$	1	$\frac{20}{13}\tan\alpha\times\left(1-\frac{2}{3}\sin\alpha\right)$	$\frac{10}{13}\times\left(1-\frac{1}{3}\sin\alpha\right)$	$1.25\tan\alpha\times\left(1-\frac{2}{3}\sin\alpha\right)$	1	$1.25\tan\alpha$
推力滚子轴承	$\alpha\neq90°$	$\tan\alpha$	1	$1.5\tan\alpha$	0.67	$\tan\alpha$	1	$1.5\tan\alpha$

① 对单向推力轴承，$F_a/F_r\leqslant e$ 不适用。

表 8-25　向心轴承的系数 X_0、Y_0

轴承类型		单列轴承 X_0	单列轴承 $Y_0$②	双列轴承 X_0	双列轴承 $Y_0$②
向心球轴承	深沟球轴承①	0.6	0.5	0.6	0.5
	角接触球轴承 $\alpha=$ 15°	0.5	0.46	1	0.92
	20°	0.5	0.42	1	0.84
	25°	0.5	0.38	1	0.76
	30°	0.5	0.33	1	0.66
	35°	0.5	0.29	1	0.58
	40°	0.5	0.26	1	0.52
	45°	0.5	0.22	1	0.44
	调心球轴承 $\alpha\neq0°$	0.5	$0.22\cot\alpha$	1	$0.44\cot\alpha$
向心滚子轴承	向心滚子轴承 $\alpha\neq0°$	0.5	$0.22\cot\alpha$	1	$0.44\cot\alpha$

① 许可的 F_a/C_{0r} 最大值与轴承设计（内部游隙和沟道深度）有关。

② 对于中间接触角的 Y_0 值，用线性插入法求取。

表 8-26　向心角接触轴承轴向载荷计算式

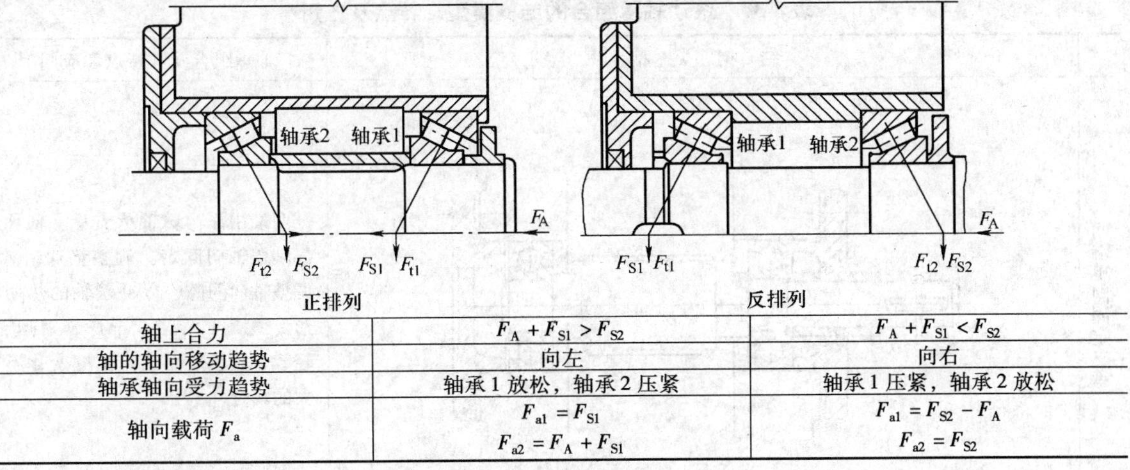

	正排列	反排列
轴上合力	$F_A+F_{S1}>F_{S2}$	$F_A+F_{S1}<F_{S2}$
轴的轴向移动趋势	向左	向右
轴承轴向受力趋势	轴承 1 放松，轴承 2 压紧	轴承 1 压紧，轴承 2 放松
轴向载荷 F_a	$F_{a1}=F_{S1}$ $F_{a2}=F_A+F_{S1}$	$F_{a1}=F_{S2}-F_A$ $F_{a2}=F_{S2}$

注：1. 使用本表计算式时，应将与外加轴向力 F_A 方向一致的内部附加轴向力定为 F_{S1}。

2. 本表计算式适用于角接触球轴承和圆锥滚子轴承。

2. 滚动轴承的静载荷计算

对于工作于静止状态、缓慢摆动或极低速运转（$n<10\text{r/min}$）、或载荷变动较大（尤其是受冲击载荷）的轴承，为防止滚动体与滚道接触处产生过大的塑性变形，应按基本额定静载荷选择轴承的尺寸。滚动轴承所需基本额定静载荷 C_0 的计算见表 8-27。

表 8-27　滚动轴承所需基本额定静载荷 C_0 计算

项　目	计 算 式	说　明
当量静载荷 P_0	$\alpha=0°$的向心滚子轴承 $P_{0r}=F_r$ 向心角接触轴承和向心球轴承 $\begin{cases}P_{0r}=X_0F_r+Y_0F_a\\P_{0r}=F_r\end{cases}$ （取两式计算的较大值） $\alpha=90°$的推力轴承 $P_{0a}=F_a$ $\alpha\neq90°$的推力轴承 $P_{0a}=2.3F_r\tan\alpha+F_a$	F_r—轴承所受径向静载荷（N）； F_a—轴承所受轴向静载荷（N）； X_0、Y_0—静径向和轴向载荷因数，向心轴承的 X_0、Y_0 值见表 8-25； P_{0r}、P_{0a}—径向和轴向当量静载荷（N）
基本额定静载荷 C_0	$C_{0r}\geqslant S_0P_{0r}$ 或 $C_{0a}\geqslant S_0P_{0a}$	C_{0r}、C_{0a}——径向和轴向基本额定静载荷（N），各类轴承的 C_{0r}、C_{0a} 见表 8-8～表 8-16； S_0——轴承静载荷安全因数，参见表 8-28 及表 8-29

表 8-28　静止轴承的安全因数

轴承的使用场合	S_0
飞机变距螺旋浆叶片	≥0.5
水坝闸门装置	≥1
吊桥	≥1.5
附加动载荷很大的小型装卸起重机吊钩	≥1.6

表 8-29　旋转轴承的安全因数

使用要求或载荷性质	S_0
对旋转精度和运转平稳性要求较高，或承受较大冲击载荷	1.2～1.5
正常使用	0.8～1.2
对旋转精度和运转平稳性要求较低，没有冲击和振动	0.5～0.8

（五）滚动轴承的组合设计

1. 滚动轴承组合的典型结构类型（见表 8-30）

表 8-30　滚动轴承组合的结构类型、特点及应用

	结 构 类 型	轴承组合及其特点和应用
两端单向固定支承	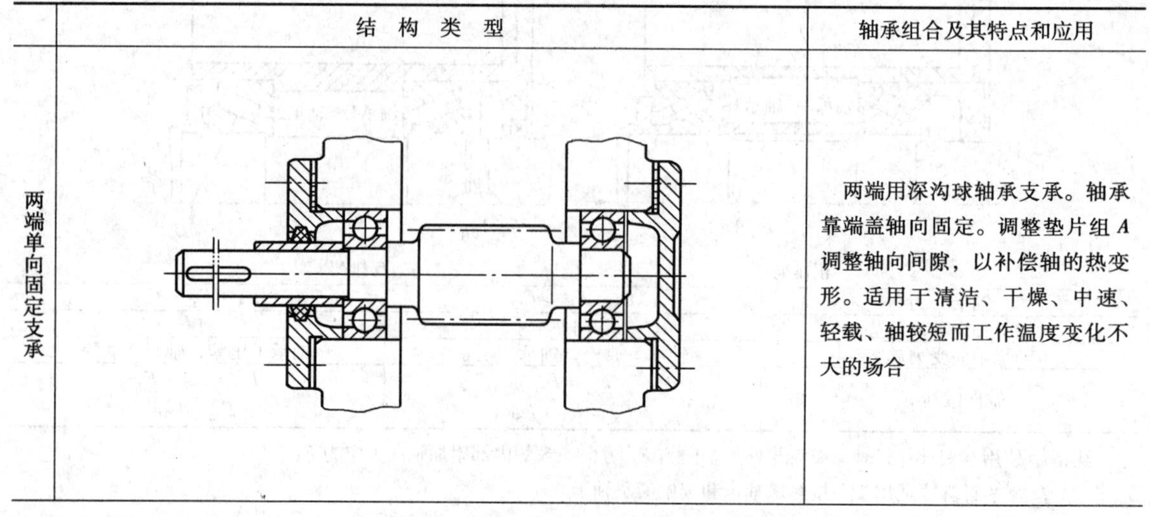	两端用深沟球轴承支承。轴承靠端盖轴向固定。调整垫片组 A 调整轴向间隙，以补偿轴的热变形。适用于清洁、干燥、中速、轻载、轴较短而工作温度变化不大的场合

（续）

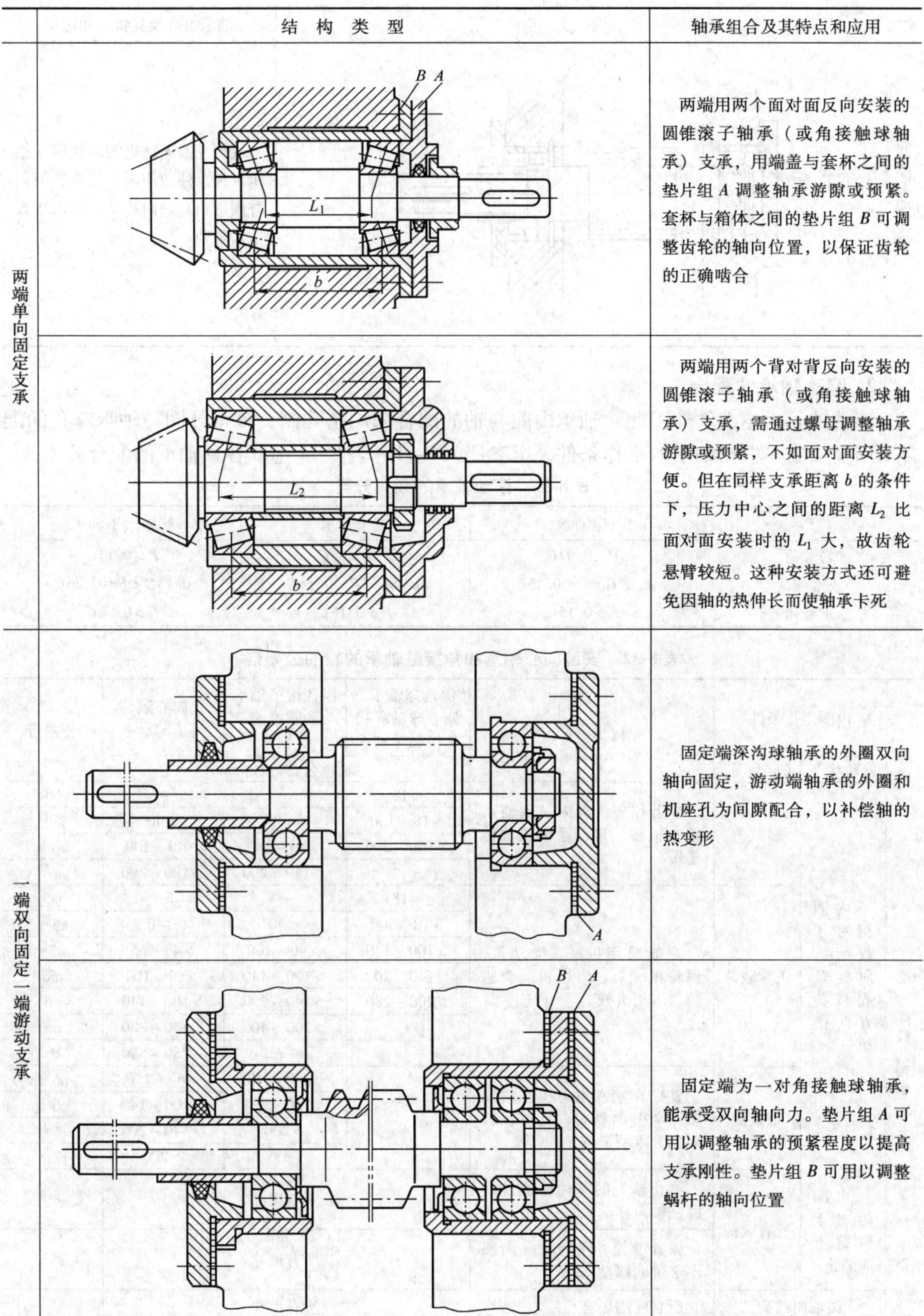

结构类型		轴承组合及其特点和应用
两端单向固定支承	（图）	两端用两个面对面反向安装的圆锥滚子轴承（或角接触球轴承）支承，用端盖与套杯之间的垫片组 *A* 调整轴承游隙或预紧。套杯与箱体之间的垫片组 *B* 可调整齿轮的轴向位置，以保证齿轮的正确啮合
	（图）	两端用两个背对背反向安装的圆锥滚子轴承（或角接触球轴承）支承，需通过螺母调整轴承游隙或预紧，不如面对面安装方便。但在同样支承距离 *b* 的条件下，压力中心之间的距离 L_2 比面对面安装时的 L_1 大，故齿轮悬臂较短。这种安装方式还可避免因轴的热伸长而使轴承卡死
一端双向固定一端游动支承	（图）	固定端深沟球轴承的外圈双向轴向固定，游动端轴承的外圈和机座孔为间隙配合，以补偿轴的热变形
	（图）	固定端为一对角接触球轴承，能承受双向轴向力。垫片组 *A* 可用以调整轴承的预紧程度以提高支承刚性。垫片组 *B* 可用以调整蜗杆的轴向位置

（续）

	结构类型	轴承组合及其特点和应用
两端游动支承	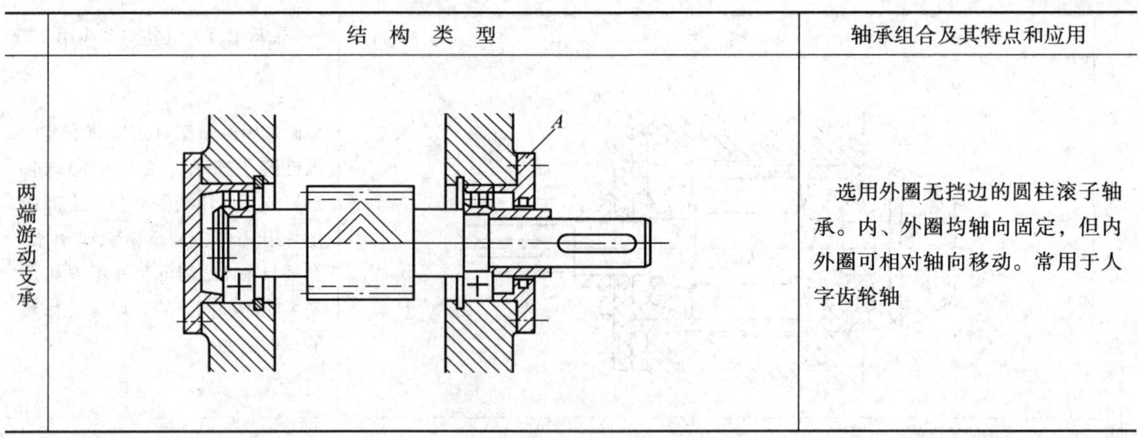	选用外圈无挡边的圆柱滚子轴承。内、外圈均轴向固定，但内外圈可相对轴向移动。常用于人字齿轮轴

2. 滚动轴承的配合

滚动轴承为标准件。因此，轴承内圈与轴的配合采用基孔制，轴承外圈与轴承座孔的配合采用基轴制。根据轴承的工作条件，可参照表8-31～表8-34选取各种轴承的配合公差。

表8-31　滚动轴承的载荷分类

P	球轴承	滚子轴承	圆锥滚子轴承
轻载荷	$P \leqslant 0.07C$	$P \leqslant 0.08C$	$P \leqslant 0.13C$
正常载荷	$0.07C < P \leqslant 0.15C$	$0.08C < P \leqslant 0.18C$	$0.13C < P \leqslant 0.26C$
重载荷	$P > 0.15C$	$P > 0.18C$	$P > 0.26C$

表8-32　安装向心轴承和角接触轴承的轴的公差带

	内圈工作条件		应用举例	深沟球轴承、调心球轴承和角接触球轴承	圆柱滚子轴承和圆锥滚子轴承	调心滚子轴承	公差带
	旋转状态	载荷		轴承公称内径/mm			
圆柱孔轴承	内圈相对于载荷方向旋转或载荷方向摆动	轻载荷	电器仪表、机床（主轴）、精密机械、泵、通风机、传送带	≤18	—	—	h5
				>18～100	≤40	≤40	j6①
				>100～200	>40～140	>40～100	k6①
					>140～200	>100～200	m6①
		正常载荷	一般通用机械、电动机、涡轮机、泵、内燃机、变速箱、木工机械	≤18	—	—	js5
				>18～100	≤40	≤40	k5②
				>100～140	>40～100	>40～65	m5②
				>140～200	>100～140	>65～100	m6
				>200～280	>140～200	>100～140	n6
				—	>200～400	>140～280	p6
					—	>280～500	r6
		重载荷	铁路车辆和电力机车的轴箱，牵引电动机，轧机，破碎机等重型机械		>50～140	>60～100	n6③
					>140～200	>100～140	p6③
					>200	>140～200	r6③
					—	>200	r7③
	内圈相对于载荷方向静止	所有载荷	静止轴上的各种轮子（内圈须轴向移动）	所有尺寸			g6①
			张紧滑轮，绳索轮（内圈不必轴向移动）	所有尺寸			h6①
	纯轴向载荷		所有应用场合	所有尺寸			j6或js6

（续）

内圈工作条件			应用举例	深沟球轴承、调心球轴承和角接触球轴承	圆柱滚子轴承和圆锥滚子轴承	调心滚子轴承	公差带
	旋转状态	载　荷		轴承公称内径/mm			
圆锥孔轴承	所有载荷		铁路车辆和电力机车的轴箱	所有尺寸			h8 (IT6)④
			一般机械或传动轴	所有尺寸			h9 (IT7)⑤

① 对精度有较高要求场合，应用 j5、k5、…代替 j6、k6、…。

② 单列圆锥滚子轴承和单列角接触球轴承。因配合对游隙的影响不大，可用 k6 和 m6 代替 k5 和 m5。

③ 重载荷下轴承游隙应选大于 0 组。

④ 有较高的精度或转速要求的场合，应选用 h7（IT5）代替 h8（IT6）。

⑤ 尺寸大于 500mm，其形状公差为 IT7。

表 8-33　安装向心轴承和角接触轴承的孔公差带

外圈工作条件				应用举例	公差带
旋转状态	载　荷	轴向位移	其他情况		
外圈相对于载荷方向静止	轻、正常和重载荷	轴向容易移动	轴处于高温场合	烘干筒，有调心滚子轴承的大电动机	G7
			剖分式轴承座	一般机械，铁路车辆轴箱轴承	H7
	冲击载荷	轴向能移动	整体式或剖分式轴承座	铁路车辆轴箱轴承	J7
外圈相对于载荷方向摆动	轻和正常载荷			电动机，泵，曲轴主轴承	
	正常和重载荷	轴向不移动	整体式轴承座	电动机，泵，曲轴主轴承	K7
	重冲击载荷			牵引电动机	M7
外圈相对于载荷方向旋转	轻载荷			张紧滑轮	M7
	正常和重载荷			用球轴承的轮毂	N7
	重冲击载荷		薄壁、整体式轴承座	用滚子轴承的轮毂	P7

注：1. 对精度有较高要求的场合，应选用标准公差 P6，N6，M6，K6，J6 和 H6 分别代替 P7，N7，M7，K7，J7 和 H7，并应同时选用整体式轴承座。

2. 对于轻合金轴承座，应选择比钢或铸铁轴承座较紧的公差带。

表 8-34　安装推力轴承的轴和座孔的公差带

轴承工作条件		轴承类型	轴承公称内径/mm	轴公差带	座孔公差带	备　注
纯轴向载荷		推力球轴承	所有尺寸	j6 或 js6	H8	
		推力圆柱滚子轴承			H7	
		推力调心滚子轴承				座孔与轴承外径间隙 0.001D（D 为轴承外径）
径向和轴向联合载荷	轴承座相对于载荷方向静止	推力调心滚子轴承	≤250	j6	H7	
			>250	js6	H7	
	轴承座相对于载荷方向摆动		≤200	k6	H7	
			>200～400	m6	H7	
			>400	n6	H7	
	轴承座相对于载荷方向旋转		≤200	k6	M7	
			>200～400	m6	M7	
			>400	n6	M7	

二、滑动轴承

1. 整体有衬正滑动轴承座（见表 8-35）

表 8-35　整体有衬正滑动轴承座尺寸（摘自 JB/T 2560—2007）　　（单位：mm）

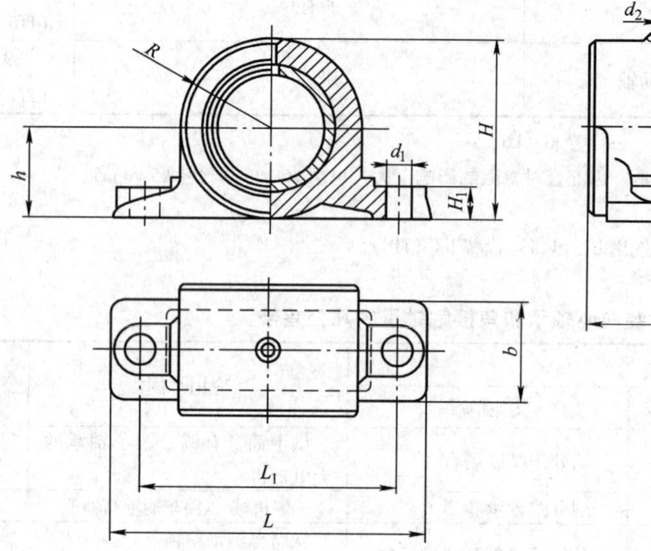

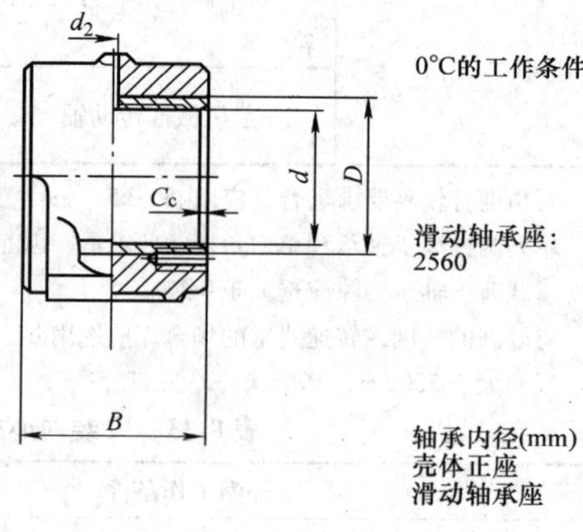

0°C的工作条件。
滑动轴承座：2560
轴承内径(mm)
壳体正座
滑动轴承座

适于环境温度为 -20 ~ 80℃的工作条件。

标记示例

d = 30mm 的整体有衬正滑动轴承座：

HZ030 轴承座 JB/T 2560

```
H   Z   030
|   |    └── 轴承内径(mm)
|   └─────── 整体正座
└─────────── 滑动轴承座
```

型号	d (H8)	D	R	B	b	L	L_1	H ≈	h (h12)	H_1	d_1	d_2	c	质量/kg ≈
HZ020	20	28	26	30	25	105	80	50	30	14	12			0.6
HZ025	25	32	30	40	35	125	95	60	35	16	14.5		1.5	0.9
HZ030	30	38		50	40	150	110	70	35	20	18.5			1.7
HZ035	35	45	38	55	45	160	120	84	42	20	18.5	M10×1		1.9
HZ040	40	50	40	60	50	165	125	88	45	20	18.5			2.4
HZ045	45	55	45	70	60	185	140	90	50	25	24		2	3.6
HZ050	50	60	45	75	65	185	140	100	50	25	24			3.8
HZ060	60	70	55	80	70	225	170	120	60	30	28			6.5
HZ070	70	85	65	100	80	245	190	140	70	30	28		2.5	9.0
HZ080	80	95	70	100	80	255	200	155	80	30	28			10.0
HZ090	90	105	76	120	90	285	220	165	85	40	35			13.2
HZ100	100	115	85	120	90	305	240	180	90	40	35	M14×1.5		15.5
HZ110	110	125	90	140	100	315	250	190	95	40	35		3	21.0
HZ120	120	135	100	150	110	370	290	210	105	45	42			27.0
HZ140	140	160	115	170	130	400	320	240	120	45	42			38.0

注：1. 轴承座壳体和轴套可单独订货，但在订货时必须说明。

2. 技术条件应符合 JB/T 2564—2007 的规定。

2. 对开式二螺柱正滑动轴承座（见表 8-36）

表 8-36　对开式二螺柱正滑动轴承座尺寸（摘自 JB/T 2561—2007）　（单位：mm）

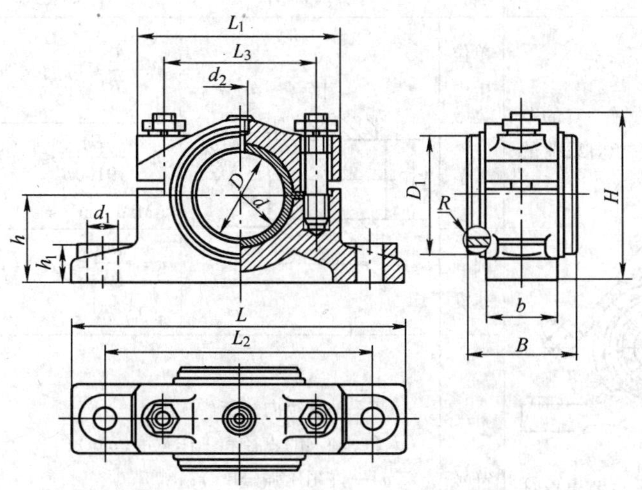

适于环境温度为 -20～80℃的工作条件。

标记示例

$d=50$mm 的对开式二螺柱正滑动轴承座：

H2050 轴承座 JB/T 2561

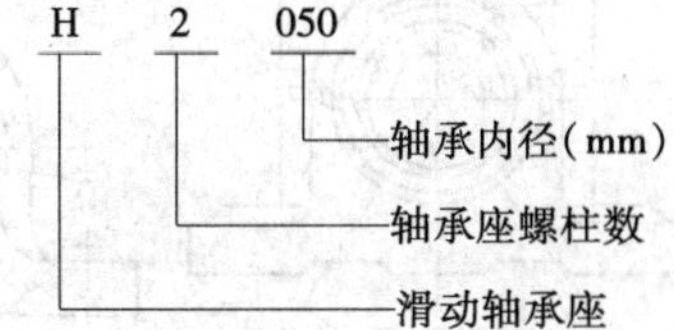

<table>
<tr><th>型号</th><th>D
(H8)</th><th>D</th><th>D_1</th><th>B</th><th>b</th><th>L</th><th>L_1</th><th>L_2</th><th>L_3</th><th>H
≈</th><th>h
(h12)</th><th>h_1</th><th>d_1</th><th>d_2</th><th>R</th><th>质量
/kg≈</th></tr>
<tr><td>H2030</td><td>30</td><td>38</td><td>48</td><td>34</td><td>22</td><td>140</td><td>85</td><td>115</td><td>60</td><td>70</td><td>35</td><td>15</td><td>10</td><td rowspan="5">M10×1</td><td>1.5</td><td>0.8</td></tr>
<tr><td>H2035</td><td>35</td><td>45</td><td>55</td><td>45</td><td>28</td><td>165</td><td>100</td><td>135</td><td>75</td><td>87</td><td>42</td><td>18</td><td>12</td><td rowspan="4">2</td><td>1.2</td></tr>
<tr><td>H2040</td><td>40</td><td>50</td><td>60</td><td>50</td><td>35</td><td>170</td><td rowspan="2">110</td><td>140</td><td>80</td><td>90</td><td>45</td><td rowspan="2">20</td><td rowspan="2">14.5</td><td>1.8</td></tr>
<tr><td>H2045</td><td>45</td><td>55</td><td>65</td><td>55</td><td rowspan="2">40</td><td>175</td><td>145</td><td>85</td><td>100</td><td rowspan="2">50</td><td>2.3</td></tr>
<tr><td>H2050</td><td>50</td><td>60</td><td>70</td><td>60</td><td>200</td><td>120</td><td>160</td><td>90</td><td>105</td><td rowspan="2">25</td><td>18.5</td><td>2.9</td></tr>
<tr><td>H2060</td><td>60</td><td>70</td><td>80</td><td>70</td><td>50</td><td>240</td><td>140</td><td>190</td><td>100</td><td>125</td><td>60</td><td rowspan="2">24</td><td rowspan="9">M14×1.5</td><td rowspan="3">2.5</td><td>4.6</td></tr>
<tr><td>H2070</td><td>70</td><td>85</td><td>95</td><td>80</td><td>60</td><td>260</td><td>160</td><td>210</td><td>120</td><td>140</td><td>70</td><td>30</td><td>7.0</td></tr>
<tr><td>H2080</td><td>80</td><td>95</td><td>110</td><td>95</td><td>70</td><td>290</td><td>180</td><td>240</td><td>140</td><td>160</td><td>80</td><td rowspan="2">35</td><td rowspan="2">28</td><td>10.5</td></tr>
<tr><td>H2090</td><td>90</td><td>105</td><td>120</td><td>105</td><td>80</td><td>300</td><td>190</td><td>250</td><td>150</td><td>170</td><td>85</td><td rowspan="4">3</td><td>12.5</td></tr>
<tr><td>H2100</td><td>100</td><td>115</td><td>130</td><td>115</td><td>90</td><td>340</td><td>210</td><td>280</td><td>160</td><td>185</td><td>90</td><td rowspan="2">40</td><td rowspan="5">35</td><td>17.5</td></tr>
<tr><td>H2110</td><td>110</td><td>125</td><td>140</td><td>125</td><td>100</td><td>350</td><td>220</td><td>290</td><td>170</td><td>190</td><td>95</td><td>19.5</td></tr>
<tr><td>H2120</td><td>120</td><td>135</td><td>150</td><td>140</td><td>110</td><td>370</td><td>240</td><td>310</td><td>190</td><td>205</td><td>105</td><td>45</td><td>25.0</td></tr>
<tr><td>H2140</td><td>140</td><td>160</td><td>175</td><td>160</td><td>120</td><td>390</td><td>260</td><td>330</td><td>210</td><td>230</td><td>120</td><td rowspan="2">50</td><td rowspan="2">4</td><td>33.5</td></tr>
<tr><td>H2160</td><td>160</td><td>180</td><td>200</td><td>180</td><td>140</td><td>410</td><td>280</td><td>350</td><td>230</td><td>250</td><td>130</td><td>45.5</td></tr>
</table>

注：1. 与轴套配合的轴颈表面应进行硬化处理。

2. 轴颈圆角尺寸按 GB/T 6403.4—2008 选取。

3. 技术条件应符合 JB/T 2564—2007 的规定。

3. 径向滑动轴承的验算与选用（见表 8-37～表 8-39）

表 8-37　径向滑动轴承的选用及验算（不完全液体润滑）

选用原则	验　算		
	项目	计算简图	计算公式
（1）轴承座的载荷方向应该在轴承中心线左、右 35°的范围内，如下图所示，图中阴影部分是允许承受的径向载荷的范围 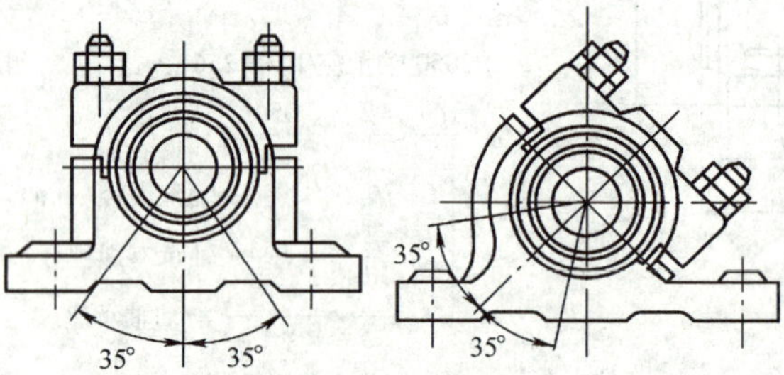 35°　35°　35°　35° （2）轴承允许通过轴肩承受不大的轴向载荷，当轴肩直径不小于轴瓦肩部外径时，允许承受的轴向载荷不大于最大径向载荷的 30%	单位压力	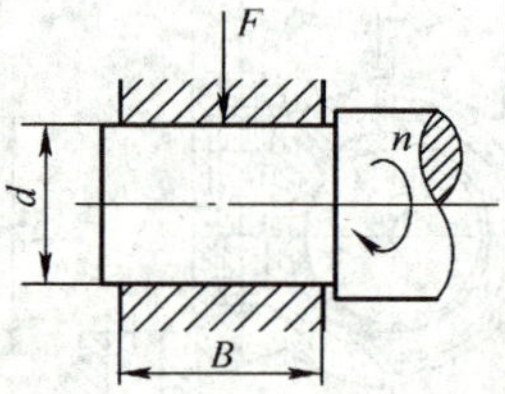 F　d　n　B	$p=\frac{F}{dB}\leqslant[p]$（MPa）
	pv 值		$pv=\frac{Fn}{19100B}\leqslant[pv]$（$MPa\cdot m\cdot s^{-1}$）
	圆周速度		$v=\frac{\pi dn}{60}\leqslant[v]$（$m\cdot s^{-1}$）
	符号意义	F—轴承径向载荷（N）； d、B—轴颈的直径和工作宽度（mm）； $[p]$—许用压强（MPa）； n—轴颈转速（r/min）； $[pv]$—许用 pv 值（$MPa\cdot ms^{-1}$），见表 8-38； $[v]$—许用 v 值（m/s），见表 8-38	

注：由于滑动速度过高会加速磨损，同时实际运行中因轴发生弯曲，同心度差，振动时会使轴承边缘产生相当大的比压，故应保证 v 不超过许用值。

表 8-38　常用金属轴承材料的性能及用途

轴瓦材料		最大许用值①			最高工作温度 /℃	硬度② HBW	性能比较③				用　途
		$[p]$ /MPa	$[v]$ /($m\cdot s^{-1}$)	$[pv]$ /($MPa\cdot m\cdot s^{-1}$)			抗胶合性	顺应性嵌藏性④	耐蚀性	抗疲劳性	
锡基轴承合金	ZSnSb12Pb10Cu4 ZSnSb12Cu6Cd1 ZSnSb11Cu6 ZSnSb8Cu4	25（40） 20	平稳载荷 80 冲击载荷 60	20（100） 15	150	$\frac{150}{20\sim30}$	1	1	1	5	用于高速、重载下工作的重要轴承，变载荷下易疲劳，价贵
铅基轴承合金	ZPbSb16Sn16Cu2 ZPbSb15Sn5Cu3Cd2 ZPbSb16Sn10	15 5 20	12 8 15	10（50） 5 15	150	$\frac{150}{15\sim30}$	1	1	3	5	用于中速、中等载荷的轴承，不宜受显著冲击，可作为锡锑轴承合金的代用品
锡青铜	ZCuSn10Pb1 ZCuSn10Pb5 ZCuSn5Pb5Zn5 ZCuSn3Zn11Pb4 ZCuSn10Zn2	 15 8 8 10	 10 3 3 5	 15（25） 15 15 10	280	$\frac{200}{50\sim100}$	3	5	1	1	用于中速、重载及受变载荷的轴承 用于中速、中载的轴承

（续）

轴瓦材料		最大许用值①			最高工作温度/℃	硬度② HBW	性能比较③				用途
		[p] /MPa	[v] /(m·s⁻¹)	[pv] /(MPa·m·s⁻¹)			抗胶合性	顺应性嵌藏性④	耐蚀性	抗疲劳性	
铅青铜	ZCuPb30 ZCuPb10Sn10	25	12	30（90）	280	$\frac{300}{40\sim280}$	3	4	4	2	用于高速、重载轴承，能承受变载和冲击
铝青铜	ZCuAl9Mn2 ZCuAl10Fe3	15（30） 20	4（10） 5	12（60） 15	280	$\frac{200}{100\sim120}$	5	5	5	2	最宜用于润滑充分的低速、重载轴承
黄铜	ZCuZn16Si4 ZCuZn38Mn2Pb2	12 10	2 1	10 10	200	$\frac{200}{80\sim150}$	3	5	1	1	用于低速、中载轴承
铝基轴承合金	ZAlSn6Cu1Ni1	28~35	14		140	$\frac{300}{45\sim50}$	4	3	1	2	用于高速、中载轴承，是较新的轴承材料。强度高、耐腐蚀、表面性能好。可用于增压强化柴油机轴承
三元电镀合金	如铝-硅-镉镀层	14~35			170	200~300	1	2	2	2	在钢背上镀铅锡青铜作中间层，再镀10~30μm三元减摩层，疲劳强度高，应急性、嵌藏性好
银	镀层	28~35			180	300~400	2	3	1	1	钢背镀银，上附薄层铅、再镀铟，常用于飞机发动机、柴油机轴承
铸铁	HT150~HT250	0.1~4	2~0.5			$\frac{200\sim250}{160\sim180}$	4	5	1	1	宜用于低速、轻载的不重要轴承，价廉

① 括号内为极限值，其余为一般值（润滑良好）。对于液体动压轴承，限制 pv 值无甚意义，因与散热等条件关系很大。

② 分子为最小轴颈硬度，分母为合金硬度。

③ 性能比较：1—最佳；2—良；3—较好；4——般；5—最差。

④ 顺应性是指轴承材料补偿对中误差和顺应其他几何误差的能力，嵌藏性是指轴瓦材料嵌藏污物和外来微粒防止刮伤和磨损的能力。弹性模量低的材料具有良好的顺应性。顺应性好，一般嵌藏性也好，非金属材料则不然，如碳—石墨，弹性模量低、顺应性好，但质硬、嵌藏性不好。

表 8-39　常用非金属和多孔质金属材料性能

轴瓦材料		最大许用值 p_p/MPa	最大许用值 v_p/(m·s^{-1})	最大许用值 $(pv)_p$/(MPa·m·s^{-1})	最高工作温度 t/℃	备　注
非金属材料	酚醛树脂	41	13	0.18	120	由棉织物、石棉等填料经酚醛树脂粘结而成。抗胶合性好，强度、抗振性也极好。能耐酸碱。导热性差、重载时需用水或油充分润滑。易膨胀，轴承间隙宜取大些
	尼龙	14	3	0.11(0.05m/s) 0.09(0.5m/s) < 0.09(5m/s)	90	摩擦因数低，耐磨性好、无噪声。金属瓦上覆以尼龙薄层，能受中等载荷。加入石墨、二硫化钼等填料，可提高其力学性能、刚性和耐磨性。加入耐热成分的尼龙可提高工作温度
	聚碳酸酯	7	5	0.03(0.05m/s) 0.01(0.5m/s) < 0.01(5m/s)	105	聚碳酸酯、醛缩醇、聚酰亚胺等都是较新的塑料。物理性能好。易于喷射成型，比较经济。醛缩醇和聚碳酸脂稳定性好、填充石墨的聚酰亚胺温度可达280℃
	醛缩醇	14	3	0.1	100	
	聚酰亚胺	—	—	4(0.05m/s)	260	
	聚四氟乙烯(PTFE)	3	1.3	0.04(0.05m/s) 0.06(0.5m/s) < 0.09(5m/s)	250	摩擦因数很低，自润滑性能好，能耐任何化学药品的侵蚀，适用温度范围宽(高于280℃时，有少量有害气体放出)。但成本高，承载能力低。用玻璃丝、石墨及其他惰性材料为填料，则承载能力和 pv 值可大为提高
	PTFE 织物	400	0.8	0.9	250	
	填充 PTFE	17	5	0.5	250	
	碳—石墨	4	13	0.5(干) 5.25(润滑)	400	有自润滑性，高温稳定性好，耐蚀能力强，常用于要求清洁的机器中
多孔质金属材料	多孔铁(Fe 的质量分数为 95%，Cu 的质量分数为 2%，石墨和其他成分的质量分数为 3%)	55(低速，间歇) 21(0.013m/s) 4.8(0.51～0.76m/s) 2.1(0.76～1m/s)	7.6	1.8	125	具有成本低、含油量多、耐磨性好、强度高等特点，应用最广
	多孔青铜(Cu 的质量分数为 90%，Sn 的质量分数为 10%)	27(低速，间歇) 14(0.013m/s) 3.4(0.51～0.76m/s) 1.8(0.76～1m/s)	4	1.6	125	孔隙度大的多用于高速轻载轴承，孔隙度小的多用于摆动或往复运动的轴承。长期运转而不补充润滑剂的应降低 $(pv)_p$ 值，高温或连续工作的应定期补充润滑剂

4. 推力滑动轴承的形式、特点与应用（见表 8-40 ~ 表 8-42）

表 8-40　推力滑动轴承的形式、特点及验算（不完全液体润滑）

形式	简图	结构尺寸	特点及应用	验算 项目	验算 计算公式
空心推力轴承	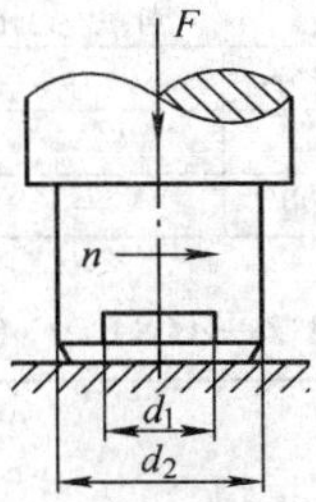	d_2 由轴的结构设计拟定 若结构上无限制，应取 $d_1=0.5d_2$，一般可取： $d_1=(0.4\sim0.6)d_2$	接触面上压力分布比较均匀，因此润滑条件较实心有所改善 当 $d_1=0.5d_2$，接触面上最大单位面积压力有最小值	压强 p 值	$p=\dfrac{F}{\dfrac{\pi}{4}(d_2^2-d_1^2)z}\leqslant[p]$（MPa） F—轴承所受的轴向力（N） d_2—轴承环形工作面的外径（mm） d_1—轴承环形工作面的内径（mm） z—环的数目 $[p]$—许用压强（MPa），见表 8-41
环形推力轴承	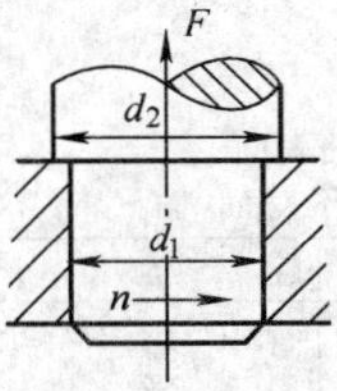	d_1、d_2 由轴的结构设计拟定	可利用轴套的端面止推，而且可以利用开通的纵向油沟引入润滑油。结构简单，润滑方便。广泛用于低速、轻载的部位	pv 值	$pv=\dfrac{Fn}{30000(d_2-d_1)z}\leqslant[pv]$（MPa·m/s） F—轴承所受的轴向力（N） d_2—轴承环形工作面的外径（mm） d_1—轴承环形工作面的内径（mm） n—轴颈的转速（r/min） v—轴颈的圆周速度（m/s） $[pv]$—pv 的许用值（MPa·m/s），见表 8-41
	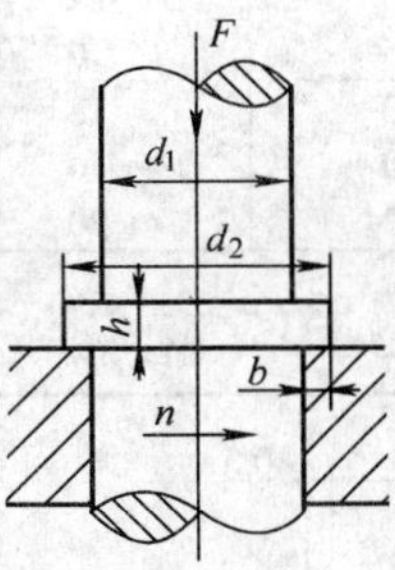 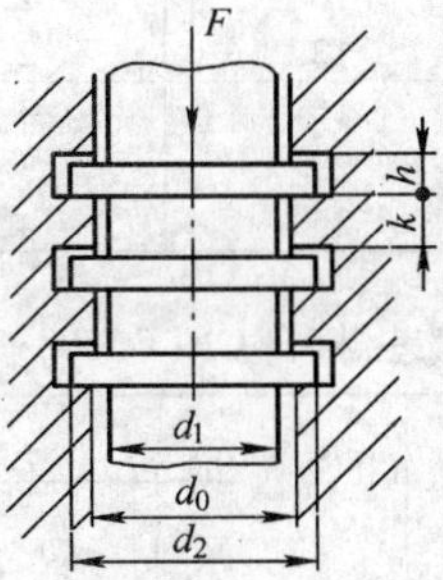 多环	d_1 由轴的结构设计拟定 $b=(0.1\sim0.3)d_1$ $h=(0.12\sim0.15)d_1$ $d_2=(1.2\sim1.6)d_1$ $k=(2\sim3)h$			

注：实心推力轴承在接触面上压力分布极不均匀，在中心处的压力理论上达到无限大，对润滑极为不利，因此不推荐。

表 8-41　推力轴承材料的许用值

轴材料	未淬火钢			淬火钢		
轴承材料	铸铁	青铜	轴承合金	青铜	轴承合金	淬火钢
$[p]$ /MPa	2 ~ 2.5	4 ~ 5	5 ~ 6	7.5 ~ 8	8 ~ 9	12 ~ 15
$[pv]$ /（$MPa\cdot m\cdot s^{-1}$）	1 ~ 2.5					

5. 油槽（润滑槽见表 8-42 和表 8-44）

表 8-42　不充足供油轴承油槽布置形式及其应用

示意图							
油槽形式	一字	叉	8 字	斜环	一定加环	双环	多环
载荷方向	固定			固定/变化	固定	固定/变化	
旋转方向	固定	固定/变化	变化	—	固定/变化		
轴瓦结构	整体/剖分		整体		整体/剖分	整体	
润滑剂	油					脂	
备注	通用式		用于小电机	用于移动轴瓦	经轴供油	—	—

表 8-43　一般滑动轴承用油槽形式和尺寸（摘自 GB/T 6403.2—2008）　　（单位：mm）

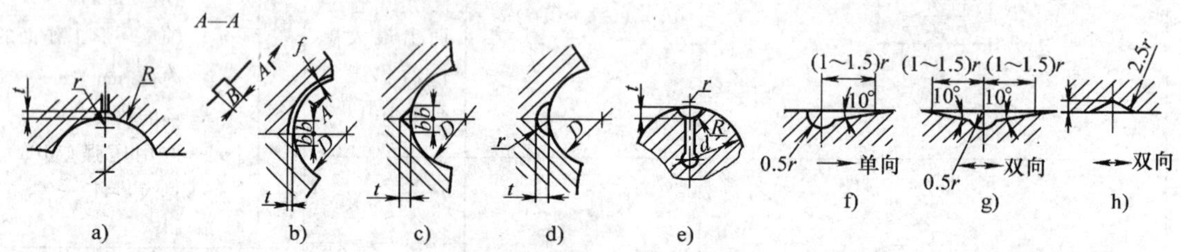

a、b、c、d 用于径向轴承轴瓦表面；e 用于径向轴承的轴表面；
f、g 用于止推轴承止推轴瓦表面；h 用于止推轴承止推环表面

D/d	t	r	R	B	f	b
≤50	0.8	1.0	1.0	—	—	—
	1.0	1.6	1.6	—	—	—
	1.6	3.0	6.0	5.0	1.6	4.0
>50~120	2.0	4.0	10	8.0	2.0	6.0
	2.5	5.0	16	10	2.0	8.0
	3.0	6.0	20	12	2.5	10
>120	4.0	8.0	25	16	3.0	12
	5.0	10	32	20	3.0	16
	6.0	12	40	25	4.0	20

表 8-44　薄壁轴瓦上用的油槽形式、尺寸与极限偏差（摘自 GB/T 7308—2008）　（单位：mm）

油槽形式		α G_W α R0.5 G_E	0.5 G_W 0.5 α α R0.5~R1 G_E
油槽宽度	尺寸 G_w	2.0，2.5，3.0，3.5，4.0，5.0，6.0	8.0，9.0，10.0 等
	极限偏差	±0.25	
槽底壁厚	尺寸 G_E	(1/3~1/2) δ_T；≥0.7	≥1.2
	极限偏差	$^{+0.2}_{0}$	$^{+0.35}_{0}$

注：δ_T 与轴瓦或轴套配套使用的整圆止推圈的厚度。轴套外径：$d \leqslant 10$mm，$\delta_T = 1.0$mm；$10 < d \leqslant 45$mm。$\delta_T \leqslant 1.5$mm；$45 < d \leqslant 80$mm，$\delta_T = 2.0$mm。

第九章　润滑与密封

一、润滑剂

1. 润滑油（见表9-1、表9-2）

表9-1　各类润滑剂主要性能比较

性能	润滑油	润滑脂	固体润滑剂
使用温度范围/℃	矿油： -50~250 合成油： -70~350	一般脂： -50~150 合成脂： -70~300	-200~1000
使用寿命	短 （取决氧化变质、污染、蒸发）	长	长 （润滑膜磨耗或脱落）
粘温性能	差	好	—
抗冲击性	差~优	可~优	良~优
密封性	差	可~优	可~良
承载性能	中~较高	中~高	较高~很高
速度	中、高	低、中	—
摩擦因数	0.01~0.005	0.1	≈0.15
冷却效果	优	差	无

性能	润滑油	润滑脂	固体润滑剂
润滑剂供应	良	中	差
抗燃性	矿油：差 合成油：良~优	一般脂：差 合成脂：良~优	可~优
机械加工与设计	设计：简单 加工要求：高~一般		设计： 简单~复杂 加工：一般
不流失性	差	良	优
与密封件适应性	差~可	可	优
强制润滑	容易	困难	—
给油间隔	较短	较长	—
污染	有	很少	无
防大气腐蚀	中~优	良~优	差~中

表9-2　常用润滑油的主要性能和用途

名称与牌号		粘度等级（GB/T 14906—1994 GB/T 3141—1994）	运动粘度 $mm^2 \cdot s^{-1}$ 40℃	运动粘度 $mm^2 \cdot s^{-1}$ 100℃	粘度指数不小于	闪点（开口）/℃不低于	倾点/℃不高于	低温动力粘度/MPa·s不大于	主要用途
汽油机油（GB 11121—1995）	SC	5W/20	—	5.6~<9.3	—	200	-35	3500（-25℃）	用于货车、客车或其他汽油机以及要求使用APISC级油的汽油机。可控制汽油机高低温沉积物及磨损、锈蚀和腐蚀
		10W/30	—	9.3~<12.5	—	205	-30	3500（-20℃）	
		15W/40	—	12.5~<16.3	—	215	-23	3500（-15℃）	
		30		9.3~<12.5	75	220	-15	—	
		40	—	12.5~<16.3	80	225	-10	—	

（续）

名称与牌号		粘度等级（GB/T 14906—1994 GB/T 3141—1994）	运动粘度 $mm^2 \cdot s^{-1}$		粘度指数不小于	闪点（开口）/℃不低于	倾点/℃不高于	低温动力粘度/MPa·s不大于	主要用途
			40℃	100℃					
汽油机油（GB 11121—1995）	SD（SD/CC）	5W/30	—	9.3～<12.5	—	200	-35	3500（-25℃）	用于货车、客车和某些轿车的汽油机以及要求使用APISD、SC级油的汽油机。此种油品控制汽油机高、低温沉积物、磨损、锈蚀和腐蚀的性能优于SC并可代替SC
		10W/30	—	9.3～<12.5	—	205	-30	3500（-20℃）	
		15W/40	—	12.5～<16.3	—	215	-23	3500（-15℃）	
		20/20W	—	5.6～<9.3	—	210	-18	4500（-10℃）	
		30	—	9.3～<12.5	75	220	-15	—	
		40	—	12.5～<16.3	80	225	-10	—	
	SE（SE/CC）	5W/30	—	9.3～<12.5	—	200	-35	3500（-25℃）	用于轿车和某些货车的汽油机以及要求使用APISE、SD级油的汽油机。此种油品的抗氧化性能及控制汽油机高温沉积物、锈蚀和腐蚀的性能优于SD或SC，并可代替SD或SC
		10W/30	—	9.3～<12.5	—	205	-30	3500（-20℃）	
		15W/40	—	12.5～<16.3	—	215	-23	3500（-15℃）	
		20/20W	—	5.6～<9.3	—	210	-18	4500（-10℃）	
		30	—	9.3～<12.5	75	220	-15	—	
		40	—	12.5～<16.3	80	225	-10	—	
	SF（SF/CD）	5W/30	—	9.3～<12.5	—	200	-35	3500（-25℃）	用于轿车和某些货车的汽油机以及要求使用APISF、SE及SC级油的汽油机。此种油品的抗氧化和抗磨损性能优于SE，还具有控制汽油机沉积、锈蚀和腐蚀的性能。并可代替SE、SD或SC
		10W/30	—	9.3～<12.5	—	205	-30	3500（-20℃）	
		15W/40	—	12.5～<16.3	—	215	-23	3500（-15℃）	
		30	—	9.3～<12.5	75	220	-15	—	
		40	—	12.5～<16.3	80	225	-10	—	

（续）

名称与牌号		粘度等级（GB/T 14906—1994 GB/T 3141—1994）	运动粘度 mm^2 · s^{-1}		粘度指数不小于	闪点（开口）/℃不低于	倾点/℃不高于	低温动力粘度/MPa · s不大于	主要用途
			40℃	100℃					
柴油机油（GB 11122—1997）	CC	5W/30	—	9.3 ~ <12.5	—	200	-35	3500（-25℃）	用于在中、重载荷下运行的非增压、低增压或增压式柴油机，并包括一些重载荷汽油机。对于柴油机具有控制高温沉积物和轴瓦腐蚀的性能，对于汽油机具有控制锈蚀、腐蚀和高温沉积物的性能，并可代替CA、CB级油
		5W/40	—	12.5 ~ <16.3	—	200	-35	3500（-25℃）	
		10W/30	—	9.3 ~ <12.5	—	205	-30	3500（-20℃）	
		10W/40	—	12.5 ~ <16.3	—	205	-30	3500（-20℃）	
		15W/40	—	12.5 ~ <16.3	—	215	-23	3500（-15℃）	
		20W/40	—	12.5 ~ <16.3	—	215	-18	4500（-10℃）	
		30	—	9.3 ~ <12.5	75	220	-15	—	
		40	—	12.5 ~ <16.3	80	225	-10	—	
		50	—	16.5 ~ <21.9	80	230	-5	—	
	CD	5W/30	—	9.3 ~ <12.5	—	200	-35	3500（-25℃）	用于需要高效控制磨损及沉积物或使用包括高硫燃料非增压、低增压及增压式柴油机以及国外要求使用API-CD级油的柴油机。具有控制轴承腐蚀和高温沉积物的性能，并可代替CC级油
		5W/40	—	12.5 ~ <16.3	—	200	-35	3500（-25℃）	
		10W/30	—	9.3 ~ <12.5	—	205	-30	3500（-20℃）	
		10W/40	—	12.5 ~ <16.3	—	205	-30	3500（-20℃）	
		15W/40	—	12.5 ~ <16.3	—	215	-23	3500（-15℃）	
		20W/40	—	12.5 ~ <16.3	—	215	-18	4500（-10℃）	
		30	—	9.3 ~ <12.5	75	220	-15	—	
		40	—	12.5 ~ <16.3	80	225	-10	—	
重载荷车辆齿轮油（GL-5）（GB 13895—1992）		75W	—	≥4.1	报告	150	报告	—	适用于高速冲击载荷，高速低转矩和低速高转矩工况下使用的车辆的准双曲面齿轮驱动桥，也可用于手动变速器
		80W/90	—	13.5 ~ <24.0	报告	165	报告	—	
		85W/90	—	13.5 ~ <24.0	报告	165	报告	—	
		85W/140	—	24.0 ~ <41.0	报告	180	报告	—	
		90	—	13.5 ~ <24.0	75	180	报告	—	
		140	—	24.0 ~ <41.0	75	200	报告	—	

（续）

名称与牌号		粘度等级（GB/T 14906—1994 GB/T 3141—1994）	运动粘度 $mm^2 \cdot s^{-1}$ 40℃	运动粘度 $mm^2 \cdot s^{-1}$ 100℃	粘度指数不小于	闪点（开口）/℃不低于	倾点/℃不高于	低温动力粘度/MPa·s不大于	主要用途
普通车辆齿轮油（SH/T 0350—1992）（1998 确认）		80W/90	—	15~19	—	170	-28	—	适用于汽车手动变速箱和螺旋伞齿轮驱动桥的润滑
		85W/90	—	15~19	—	180	-18	—	
		90	—	15~19	90	190	-10	—	
普通工业齿轮油（SH/T 357—1992）		50	45~55	—	实测	170	-2	—	适用于齿面接触应力小于 500MPa 的中、轻载荷的闭式直齿轮、斜齿轮和直齿锥齿轮的润滑
		70	65~75	—		170	-2	—	
		90	80~100	—		190	-2	—	
		120	110~130	—		190	-2	—	
		150	140~160	—		200	-2	—	
		200	180~220	—		200	-2	—	
		250	230~270	—		220	-2	—	
		300	280~320	—		220	3	—	
		350	330~370	—		220	3	—	
工业闭式齿轮油（GB 5903—1995）	L-CKB（轻负荷）（一等品）	100	90~110	—	90	180	-8	—	在轻负荷下运转的工业闭式齿轮传动装置的润滑
		150	135~165	—	90	200	-8	—	
		220	198~242	—	90	200	-8	—	
		320	288~352	—	90	200	-8	—	
	L-CKC（中负荷）（一等品）	68	61.2~74.8	—	90	180	-8	—	保持在正常或中等恒定油温和重载荷下运转（齿面接触应力小于 1.1×10^3MPa）的工业闭式齿轮传动装置的润滑
		100	90~110	—	90	180	-8	—	
		150	135~165	—	90	200	-8	—	
		220	198~242	—	90	200	-8	—	
		320	288~352	—	90	200	-8	—	
		460	414~506	—	90	200	-8	—	
		680	612~748	—	90	200	-5	—	
	L-CKD（重负荷）（一等品）	100	90~110	—	90	180	-8	—	在高恒定油温和重载荷下运转的工业闭式齿轮传动装置的润滑
		150	135~165	—	90	200	-8	—	
		220	198~242	—	90	200	-8	—	
		320	288~352	—	90	200	-8	—	
		460	414~506	—	90	200	-8	—	
		680	612~748	—	90	200	-5	—	
普通开式齿轮油（SH/T 0363—1992）（1998 确认）		68	—	60~75	686	200	—	—	主要适用于开式或半封闭齿轮、链条传动及钢丝绳的润滑
		100	—	90~110	686	200	—	—	
		150	—	135~165	686	200	—	—	
		220	—	200~245	686	210	—	—	
		320	—	290~350	686	210	—	—	

（续）

名称与牌号		粘度等级（GB/T 14906—1994 GB/T 3141—1994）	运动粘度 $mm^2 \cdot s^{-1}$ 40℃	运动粘度 $mm^2 \cdot s^{-1}$ 100℃	粘度指数不小于	闪点（开口）/℃不低于	倾点/℃不高于	低温动力粘度/MPa·s不大于	主要用途
蜗轮蜗杆油（SH/T 0094—1991）（1998 确认）	L-CKE（轻载荷）（一等品）	220	198 ~ 242	—	90	200	-6	—	用于钢-铜配对的圆柱型和双包络等类型的承受轻载荷、传动平稳无冲击的蜗杆蜗轮副，包括该设备的齿轮及部件润滑
		320	288 ~ 352	—	90	200	-6	—	
		460	414 ~ 506	—	90	220	-6	—	
		680	612 ~ 748	—	90	220	-6	—	
		1000	900 ~ 1100	—	90	220	-6	—	
	L-CKE/P（重载荷）（一等品）	220	198 ~ 242	—	90	200	-12	—	用于钢-铜配对，承受重载荷，传动有振动和冲击的蜗轮副，包括该设备的齿轮等传动及其他机械设备的润滑，用于双包络型须有油品生产厂说明
		320	288 ~ 352	—	90	200	-12	—	
		460	414 ~ 506	—	90	220	-12	—	
		680	612 ~ 748	—	90	220	-12	—	
		1000	900 ~ 1100	—	90	220	-12	—	
导轨油（SH/T 0361—1998）		32	28.8 ~ 35.2	—	70	170	-10	—	适用于精密机床导轨，以及冲击振动载荷的摩擦点的润滑。特别适用于工作台导轨，在低速下能减少“爬行”滑动现象
		46	41.4 ~ 50.6	—	70	190	-10	—	
		68	61.2 ~ 74.8	—	70	190	-10	—	
		100	90 ~ 110	—	70	190	-10	—	
		150	135 ~ 165	—	70	190	-5	—	
液压油（GB 11118.1—1994）	L-HL	15	13.5 ~ 16.5		95	140	-12	—	主要适用于机床和其他设备的低压齿轮泵，也可用于使用其他抗氧防锈型润滑油的机械设备（如齿轮、轴承）
		22	19.8 ~ 24.2		95	140	-9	—	
		32	28.8 ~ 35.2		95	160	-6	—	
		46	41.4 ~ 50.6		95	180	-6	—	
		68	61.2 ~ 74.8		95	180	-6	—	
		100	90 ~ 110		90	180	-6	—	
	L-HM	15	13.5 ~ 16.5		95	140	-18	—	适用于重载荷、中压、高压的叶片泵、柱塞泵和齿轮泵的液压系统，也适用于中压、高压工程机械、车辆的液压系统
		22	19.8 ~ 24.2		95	140	-15	—	
		32	28.8 ~ 35.2		95	160	-15	—	
		46	41.4 ~ 50.6		95	180	-9	—	
		68	61.2 ~ 74.8		95	180	-9	—	
		100	90 ~ 110		90	180	-9	—	
		150	135 ~ 165		90	180	-9	—	

（续）

名称与牌号		粘度等级（GB/T 14906—1994 GB/T 3141—1994）	运动粘度 mm²·s⁻¹ 40℃	运动粘度 mm²·s⁻¹ 100℃	粘度指数不小于	闪点（开口）/℃不低于	倾点/℃不高于	低温动力粘度/MPa·s不大于	主要用途		
轴承油（SH/T 0017—1990）（1998 确认）	L-FC（一等品）	2	1.98～2.42	—	—	(70)	−18	—	主要适用于锭子、轴承、液压系统、齿轮和汽轮机等工业机械设备，还可用于有关离合器 括号中的闪点值为闭口闪点值		
		3	2.88～3.52	—	—	(80)	−18	—			
		5	4.14～5.06	—	—	(90)	−18	—			
		7	6.12～7.48	—	报告	115	−18	—			
		10	9.00～11.0	—	报告	140	−18	—			
		15	13.5～16.5	—	报告	140	−12	—			
		22	19.8～24.2	—	报告	140	−12	—			
		32	28.8～35.2	—	报告	160	−12	—			
		46	41.4～50.6	—	报告	180	−12	—			
		68	61.2～74.8	—	报告	180	−12	—			
		100	90～110	—	报告	180	−6	—			
空气压缩机油（GB 12691—1990）	L-DAA	32	28.8～35.2	报告	—	175	−9	—	适用于有油润滑的活塞式和滴油回转式空气压缩机。L-DAA 用于轻载荷空气压缩机；L-DAB 用于中载荷空气压缩机		
		46	41.4～50.6	报告	—	185	−9	—			
		68	61.2～74.8	报告	—	195	−9	—			
		100	90～110	报告	—	205	−9	—			
		150	135～165	报告	—	215	−3	—			
	L-DAB	32	28.8～35.2	报告	—	175	−9	—			
		46	41.4～50.6	报告	—	185	−9	—			
		68	61.2～74.8	报告	—	195	−9	—			
		100	90～110	报告	—	205	−9	—			
		150	135～165	报告	—	215	−3	—			
冷冻机油（GB/T 16630—1996）	L-DRB/A（优等品）	15	13.5～16.5	为保证每批油质量与台架试验油样一致，对 100℃ 运动粘度范围由供需双方协商而定	报告	150	−42	—	制冷系统中蒸发器操作温度	制冷剂类型	典型应用
		22	19.8～24.2		报告	160	−42	—			
		32	28.8～35.2		报告	165	−39	—			
		46	41.4～50.6		报告	170	−33	—			
		68	61.2～74.8		报告	175	−27	—	低于 −40℃	CFCs，HCFCs，以 HCFCs 为主的混合物	全封闭，冷冻、冷藏设备；电冰箱
	L-DRB/B（优等品）	15	13.5～16.5		报告	150	−45	—			
		22	19.8～24.2		报告	160	−45	—			
		32	28.8～35.2		报告	165	−42	—			
		46	41.4～50.6		报告	170	−39	—			
		68	61.2～74.8		报告	175	−36	—			

（续）

名称与牌号		粘度等级（GB/T 14906—1994 GB/T 3141—1994）	运动粘度 mm²·s⁻¹ 40℃	100℃	粘度指数不小于	闪点（开口）/℃ 不低于	倾点/℃ 不高于	低温动力粘度/MPa·s 不大于	主要用途
L-TSA 汽轮机油（GB/T 11120—1989）（一级品）		32	28.8~35.2	—	90①	180	-7②	—	适用于电力工业、造船及其他工业汽轮机组等的润滑和密封
		46	41.4~50.6	—	90	180	-7	—	
		68	61.2~74.8	—	90	195	-7	—	
		100	90~110	—	90	195	-7	—	
蒸汽气缸油（GB/T 447—1994）	矿油型	680	748③	20~30	—	240④	18	—	适用于蒸汽机气缸及与蒸汽接触的滑动部件的润滑，也适用于其他高温、低转速机械部件的润滑
		1000	1100	30~40	—	260	20	—	
		1500	1650	40~50	—	280	22	—	
	合成型	1500	1650	60~72	110	320	—	—	
L-AN 全损耗系统用油（GB 443—1989）		5	4.14~5.06	—	—	80	-5	—	由原机械油、缝纫机油和高速机械油三标准合并而成，适用于过去使用机械油的各种场合。如机床、纺织机械、中小型电机、风机、水泵等各种机械的变速箱、手动加油转动部位轴承等一般润滑点或润滑系统及对润滑油无特殊要求的全损耗润滑系统，而不适用于循环润滑系统
		7	6.12~7.48	—	—	110	-5	—	
		10	9.0~11.0	—	—	130	-5	—	
		15	13.5~16.5	—	—	150	-5	—	
		22	19.8~24.2	—	—	150	-5	—	
		32	28.8~35.2	—	—	150	-5	—	
		46	41.4~50.6	—	—	160	-5	—	
		68	61.2~74.8	—	—	160	-5	—	
		100	90~110	—	—	180	-5	—	
		150	135~165	—	—	180	-5	—	
食品机械用油（Q/SH 039.02.001—1986）		10	9.0~11.0	—	—		-10	—	适用于与食品接触的加工、包装、输送设备的润滑
		15	13.5~16.5	—	—		-5	—	
		22	19.8~24.2	—	—		-5	—	
		32	28.8~35.2	—	—		-5	—	
		46	41.4~50.6	—	—		-5	—	
		68	61.2~74.8	—	—		-5	—	
		100	90~110	—	—		-5	—	
10 号仪表油（SH/T 0138—1994）		10	9.0~11.0	—	—	130	-50	—	适用于控制、测量仪表（包括低温下操作仪表）的润滑

（续）

名称与牌号	粘度等级（GB/T 14906—1994 GB/T 3141—1994）	运动粘度 mm^2 · s^{-1}		粘度指数不小于	闪点（开口）/℃不低于	倾点/℃不高于	低温动力粘度/MPa · s不大于	主要用途
		40℃	100℃					
特3、4、5、14、16号精密仪表油（SH/T 0454—1992）（1998确认）	3号	16~21	—	—	160	-65	—	有良好的高低温性和润滑性，适用于精密仪器仪表轴承和摩擦部件的润滑，使用温度-60~+120℃
	4号	16~21	—	—	160	-70	—	
	5号	28~39	—	—	170	-70	—	
	14号	38~46	—	—	170	-70	—	
	16号	20~40	—	—	170	-70	—	

注：粘度等级：对汽油机油和柴油机油及车辆齿轮油按GB/T 14906—1994，其余润滑油按GB/T 3141—1994。

① 对中间基原油生产的汽轮机油，粘度指数允许不低于80，根据生产和使用实际，经与用户协商，可不受本标准限制。

② 倾点根据生产和使用实际，经与用户协商，可不受本标准限制。

③ 用环烷基原油生产的矿油型气缸油，允许40℃运动粘度指数为“报告”。

④ 用环烷基原油生产的矿油型气缸油，闪点有争议时以GB/T 267—1998方法测定为准，基他油生产的汽缸油闪点有争议时以GB/T 3536—1983方法为准。

2. 润滑脂（见表9-3）

表9-3 常用润滑脂的主要质量指标和用途

名称	稠度等级（NLGI）	外 观	滴点/℃不低于	工作锥入度（1/10mm）	水分（%）不大于	主要用途
钙基润滑脂（GB 491—1991）	1号	从淡黄色到暗褐色均匀油膏	80	310~340	1.5	温度<55℃、轻载和自动给脂的轴承，以及汽车底盘和气温较低地区的小型机械
	2号		85	265~295	2	中小型滚动轴承以及冶金、运输、采矿设备中温度不高于55℃的轻载、高速机械的摩擦部位
	3号		90	220~250	2.5	中型电动机的滚动轴承、发电机以及其他温度在60℃以下的中载、中速的机械摩擦部件
	4号		95	175~205	3.0	汽车、水泵的轴承、重载荷自动机械的轴承、发电机、纺织机及其他60℃以下的重载、低速机械
石墨钙基润滑脂（SH/T 0369—1992）		黑色均匀油膏	80		2	压延机的人字齿轮，汽车弹簧，起重机齿轮转盘，矿山机械，绞车和钢丝绳等重载低速、粗糙机械的润滑
复合钙基润滑脂（SH/T 0370—1995）	1号		200	310~340	—	具有良好的抗水性、机械安定性和胶体安定性，适用于工作温度在-10~150℃范围及潮湿条件下机械设备的润滑
	2号		210	265~295		
	3号		230	220~250		

（续）

名称	稠度等级（NLGI）	外 观	滴点/℃不低于	工作锥入度（1/10mm）			水分（%）不大于	主要用途
				50℃	25℃	0℃		
合成钙基润滑脂（SH/T 0372—1992）	2 号	深黄色到暗褐色均匀油膏	80	不大于 350	265 ~ 310	不小于 230	3	具有良好的润滑性能和抗水性，适用于工业、农业、交通运输等机械设备的润滑，使用温度不超过60℃
	3 呈		90	300	220 ~ 265	200	3	
合成复合钙基润滑脂（SH/T 0374—1992）	1 号	深褐色均匀油膏	180	310 ~ 340			痕迹	具有较好的机械安定性和胶体安定性，适用于较高温度条件件摩擦部位的润滑
	2 号		200	265 ~ 295				
	3 号		220	220 ~ 250				
	4 号		240	175 ~ 205				
钠基润滑脂（GB/T 492—1991）	2 号		160	265 ~ 295			—	适用于 -10 ~ 110℃温度范围的一般中等载荷机械设备的润滑，不适用与水相接触的润滑部位
	3 号		160	220 ~ 250			—	
钙钠基润滑脂（轴承脂）（SH/T 0368—1992）（2003 确认）	2 号	由黄色到深棕色均匀软膏	120	250 ~ 290			0.7	耐溶、耐水，工作温度 80 ~ 100℃（低温下不适用）中速、中载滚动轴承，如小型电机、发电机、汽车、拖拉机、鼓风机、铁路机车等，以及其他高温轴承
	3 号		135	200 ~ 240			0.7	
滚珠轴承润滑脂（SH/T 0386—1992）		黄色到深褐色均匀油膏	120	250 ~ 290			0.75	机车、货车的导杆轴承、汽车等的轴承、各种电动机轴承，最高温度不超过 80 ~ 120℃
压延机润滑脂（SH/T 0113—1992）（2003 确认）	1 号	由黄色到棕褐色均匀油膏	80	310 ~ 355			0.5 ~ 2.0	适用于在集中输送润滑剂的压延机、机车、列车轴承中使用
	2 号		85	250 ~ 295				
4 号高温润滑脂（SH/T 0376—1992）（2003 确认）		黑绿色均匀油性软膏	200	170 ~ 225			0.3	适用于在高温条件下工作的发动机摩擦部位，着陆轮轴承以及其他高温、重载下的轴承润滑
通用锂基润滑脂（GB 7324—1994）	1 号	浅黄色至褐色光滑油膏	170	310 ~ 340			—	具有良好抗水性、机械安定性、防腐性和氧化安定性，适用于工作温度 -20 ~ 120℃范围内各种机械设备的滚动轴承和滑动轴承及其他摩擦部位的润滑
	2 号		175	265 ~ 295				
	3 号		180	220 ~ 250				
汽车通用锂基润滑脂（GB/T 5671—1995）	—	—	180	265 ~ 295			—	具有良好的机械安定性、胶体安定体、防锈性、氧化安定性和抗水性，用于温度 -30 ~ 120℃的汽车轮毂轴承、底盘、水泵和发电机等部位的润滑

（续）

名称	稠度等级（NLGI）	外　观	滴点/℃ 不低于	工作锥入度（1/10mm）	水分（%）不大于	主要用途
MOS_2 极压锂基润滑脂（SH/T 0587—1994）（2003 确认）	0 号	—	170	355～385	—	适用于工作温度 -20～120℃范围内的轧钢机、矿山机械、重型起重机械等重载荷齿轮和轴承的润滑，并能使用于有冲击载荷的部件润滑
	1 号		170	310～340		
	2 号		175	265～295		
极压锂基润滑脂（GB/T 7323—1994）	00 号	—	165	400～430	—	机械安定性、抗水性、防锈性、极压抗磨性和泵送性好，适用于工作温度 -20～120℃范围的重载荷机械设备轴承和齿轮润滑，也可用于高温、潮湿、重载工况的集中润滑系统
	0 号		170	355～385		
	1 号		170	310～340		
	2 号		170	265～295		
合成锂基润滑脂（SH/T 0380—1992）	1 号	浅褐色到暗褐色均匀油膏	170	310～340	痕迹	同通用锂基润滑脂，且抗磨性和泵送性好，使用寿命长，但抗水性、机械安定性比它差，用于工作温度 -20～120℃的机械设备的滚动轴承和滑动摩擦部位，适宜集中润滑系统
	2 号		175	265～295		
	3 号		180	220～250		
	4 号		185	175～205		
极压复合锂基润滑脂（SH/T 0535—1993）（2003 确认）	1 号	—	260	310～340	—	适用于工作温度在 -20～160℃范围的高温、重载荷机械设备的润滑
	2 号		260	265～295		
	3 号		260	220～250		
精密机床主轴润滑脂（主轴脂）（SH/T 0382—1992）（2003 确认）	2 号	—	180	265～295	痕迹	具有良好的抗氧化性、胶体安定性和机械安定性，用于精密机床和磨床的高速磨头主轴的长期润滑
	3 号		180	220～250		
铝基润滑脂（SH/T 0371—1992）	—	淡黄色到暗褐色光滑透明油膏	75	230～280	—	具有高度耐水性，适用于航运机器的摩擦部位及金属表面的防锈蚀
复合铝基润滑脂（SH/T 0378—1992）（2003 确认）	0 号	—	235	355～385	—	适用于工作温度 -20～160℃范围的各种机械设备及集中润滑系统
	1 号		235	310～340		
	2 号		235	265～295		
钡基润滑脂（SH/T 0379—1992）（2003 确认）	—	黄色到暗褐色均匀质软膏	135	200～260	痕迹	具有耐水性、耐温性和一定的防护性能，适用于船舶推进器、抽水机及高温潮湿有水环境下的机械润滑
食品机械润滑脂（GB/T 15179—1994）	—	白色光滑油膏，无异味	135	265～295	—	具有良好的抗水性、防锈性、润滑性，适用于与食品接触的加工、包装、输送设备的润滑，最高使用温度为 100℃
膨胀土润滑脂（SH/T 0536—1993）（2003 确认）	1 号	棕褐色	270	310～340	—	适用于工作温度在 0～160℃范围，在高温潮湿环境下工作的中低速机械设备的润滑
	2 号		270	265～295		
	3 号		270	220～250		

（续）

名称	稠度等级（NLGI）	外 观	滴点/℃不低于	工作锥入度（1/10mm）	水分（%），不大于	主要用途
极压膨胀土润滑脂（SH/T 0537—1993）（2003 确认）	1 号	—	270	310～340	—	适用于工作温度在 -20～180℃ 范围的高温重载机械设备的润滑
	2 号		270	265～295		
3 号仪表润滑脂（SH/T 0385—1992）	—	均匀无块凡士林状油膏	60	230～265		适用于在 -60～55℃ 温度范围内工作的仪器的润滑
钢丝绳表面脂（SH/T 0387—1992）	—	褐色至深褐色均匀油膏	58	运动粘度（100℃）不小于 $20mm^2/s$	痕迹	具有较好的防锈性、抗水性和低温性能，适用于钢丝绳的封存，同时具有润滑作用

二、润滑方式与润滑装置

1. 常用润滑方式（见表 9-4）

表 9-4 常用润滑方式的特点及应用范围

润滑方式	润滑原理	特 点	应用范围
手工定时润滑	靠人工用加油（脂）工具（油壶、油杯、脂杯）将润滑剂送到摩擦接触部位	装置简单，但为间歇不连续润滑，润滑剂利用率低，润滑不稳定，摩擦部件有磨损	适用于轻载、低速或不连续运转的机械，如小型电动机、缝纫机、农机、机床或开式齿轮与链传动等
油芯、油垫润滑	利用油芯、油垫的毛细管和虹吸作用向摩擦副供油	能连续均匀地供油，且能起过滤作用，保持油的清洁，但不能调节供油量，且不能含有 >0.5% 的水分	低速轻载、间歇工作的机械，供给的润滑油粘度较低的场合
滴油润滑	利用针阀式油杯依靠油的自重向摩擦部位供油	使用方便，能连续供油，但油量有限，且油量受机械振动、温度变化及油面高度的影响	适用于供油量不多，而又容易靠近的摩擦副上，如机床导轨、链条等的润滑
油环、油链及油轮润滑	利用浸入油中并转动的油环、油链及油轮将油从油池中带至摩擦副的接触面进行润滑	润滑可靠，耗油少，给油充足，维护容易。但要保持规定的油位，需定期清洗更换润滑油。这种方式润滑时搅动有阻力，会引起摩擦，损耗能量，增加温升	适用于轴连续转动，转速不低于 50～60r/min 的水平轴
油池润滑	依靠浸入油池中的转动件连续转动将油带到摩擦部位或甩至容器壁上润滑轴承及其他零件		适用于转速较低的闭式蜗杆传动、凸轮机构、链或钢丝绳等的润滑
飞溅润滑	依靠浸入油池中的转动件将油溅散到摩擦部位进行润滑		转动件的圆周速度在 $1.5m/s \leqslant v \leqslant 10 \sim 15m/s$ 之间的齿轮和蜗杆传动
油雾润滑	利用压缩空气经喷嘴把润滑油雾化后送到摩擦副表面	能迅速遍布整个摩擦面，散去摩擦热，带走磨屑，但装置复杂	用于高速（$d \cdot n > 6 \times 10^5 mm \cdot r/min$）、轻载发热量大的轴承及高速（$v > 5m/s$）、轻载的闭式传动装置
压力供油润滑	利用油泵将油压至需润滑的部位	供油充分，且油能循环使用，润滑、冷却和冲洗磨屑的效果好，避免润滑油过早氧化变质	用于高速、重载及要求供油量大的重要摩擦部位的润滑
新型油气润滑	利用低压气流把润滑油沿毛细管吹送到润滑摩擦面上	无油槽、无环境污染、压缩空气有冷却摩擦发生的热量的作用，节油效果十分明显	大型钢厂齿轮润滑，轴承润滑

2. 常用润滑装置（见表9-5、表9-6）

表9-5　常用油杯的类型和规格　　（单位：mm）

直通式压注油杯（摘自 JB/T 7940.1—1995）

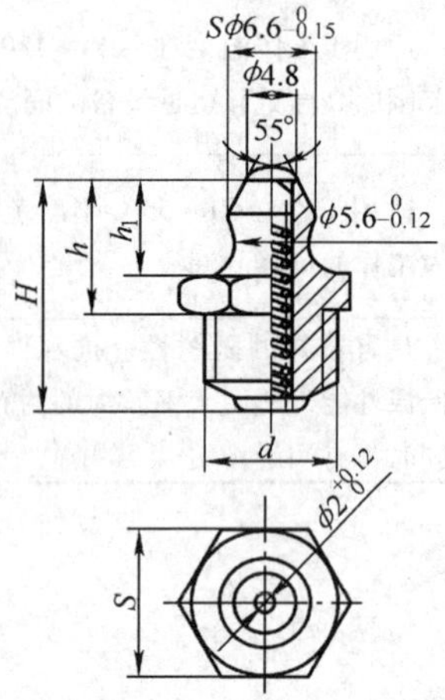

A型 / B型 简图略

d	H	h	h_1	S① 基本尺寸	S① 极限偏差	钢球直径（GB/T 308—2002）
M6	13	8	6	8	0 −0.22	3
M8×1	16	9	6.5	10		
M10×1	18	10	7	11	0 −0.24	3

标记示例：联接螺纹 M10mm×1mm，直通式压注油杯的标记：
油杯　M10×1　JB/T 7940.1—1995

接头式压注油杯（摘自 JB/T 7940.2—1995）

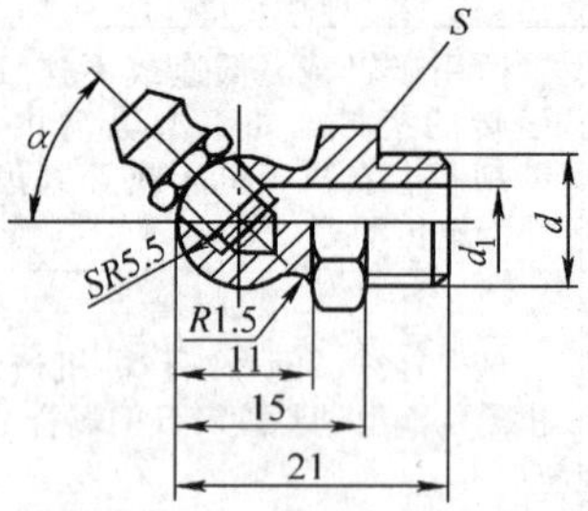

d	d_1	α	S 基本尺寸	S 极限偏差	直通式压注油杯（JB/T 7940.1—1995）
M6	3	45°，90°	11	0 −0.22	M6
M8×1	4				
M10×1	5				

标记示例：联接螺纹 M10mm×1mm，45°接头式压注油杯的标记：
油杯　45°M10×1　JB/T 7940.2—1995

旋盖式油杯（摘自 JB/T 7940.3—1995）

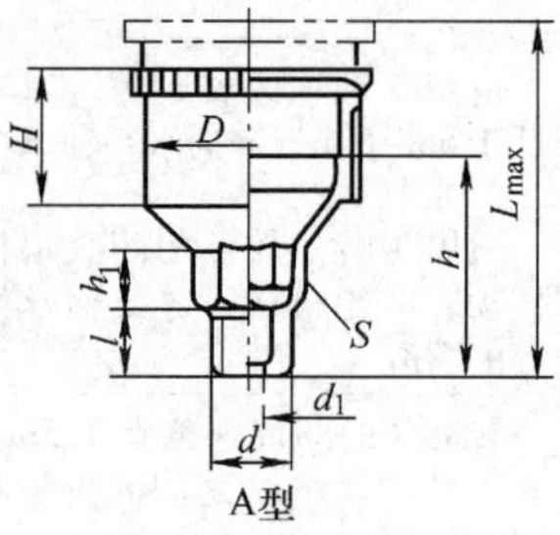

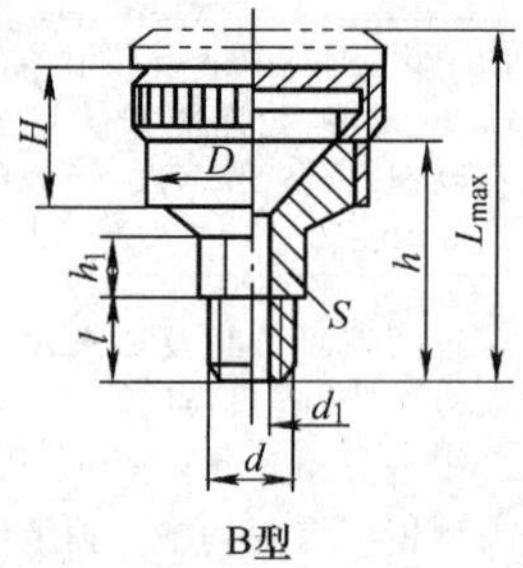

最小容量 V/cm³	d	l	H	h	h_1	d_1	D A型	D B型	L（max）	S
1.5	M8×1	8	14	22	7	3	16	18	33	$10^{0}_{-0.22}$
3	M10×1		15	23	8	4	20	22	35	$13^{0}_{-0.27}$
6			17	26			26	28	40	
12	M14×1.5	12	20	30	10	5	32	34	47	$18^{0}_{-0.27}$
18			22	32			36	40	50	
25			24	34			41	44	55	
50	M16×1.5		30	44			51	54	70	$21^{0}_{-0.33}$
100			38	52			68	68	85	
200	M24×1.5	16	48	64	16	6	—	86	105	—

A型　B型

标记示例：最小容量 25cm³，A型旋盖式油杯的标记：
油杯　A25　JB/T 7940.3—1995

（续）

简 图	类型及尺寸	标记示例

压配式压注油杯（摘自 JB/T 7940.4—1995）

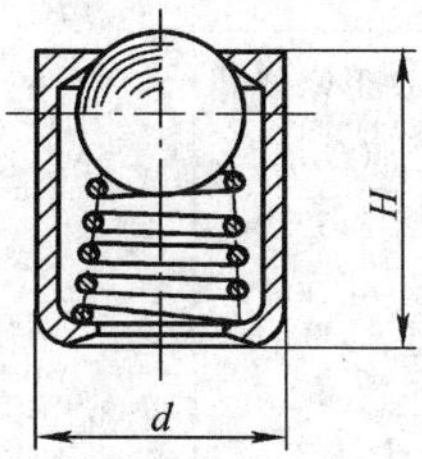

d②	H	钢球直径（GB/T 308—2002）	d	H	钢球直径（GB/T 308—2002）
$6^{+0.040}_{+0.028}$	6	4	$16^{+0.063}_{-0.045}$	20	11
$8^{+0.049}_{+0.034}$	10	5	$25^{+0.085}_{-0.064}$	30	13
$10^{+0.058}_{+0.040}$	12	6			

标记示例：d = 6mm，压配式压注油杯的标记：
油杯 6
JB/T 7940.4—1995

A 型弹簧盖油杯（摘自 JB/T 7940.5—1995）

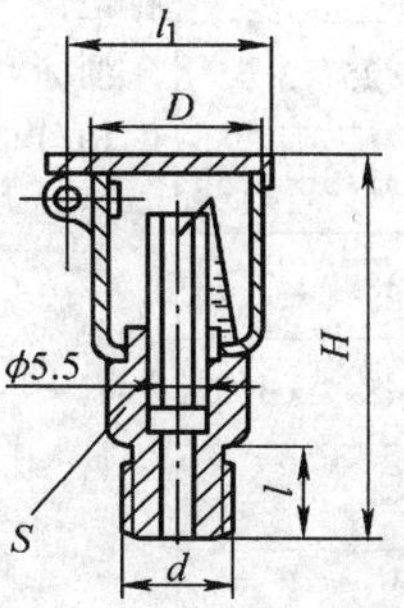

最小容量 V/cm^3	d	H ≤	D ≤	l_1 ≈	l	S
1	M8×1	38	16	21	10	$10^{\ 0}_{-0.22}$
2		40	18	23		
3	M10×1	42	20	25		$11^{\ 0}_{-0.27}$
6		45	25	30		
12	M14×1.5	55	30	36	12	$18^{\ 0}_{-0.27}$
18		60	32	38		
25		65	35	41		
50		68	45	51		

标记示例：最小容量 3cm^3，A 型弹簧盖油杯的标记：
油杯 A3
JB/T 7940.5—1995

B 型弹簧盖油杯（摘自 JB/T 7940.5—1995）

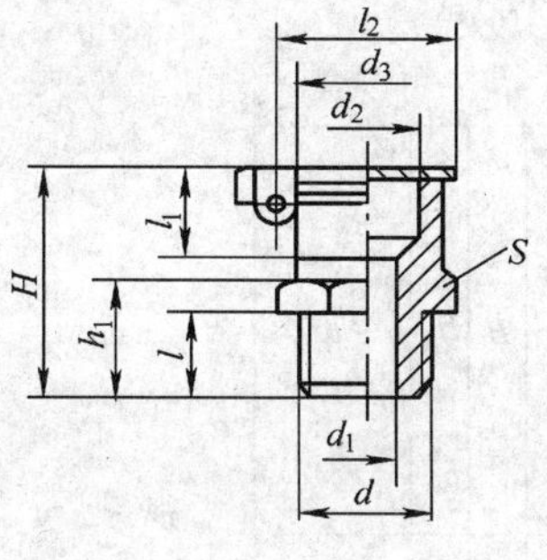

d	d_1	d_2	d_3	H	h_1	l	l_1	l_2	S
M6	3	6	10	18	9	6	8	15	$10^{\ 0}_{-0.22}$
M8×1	4	8	12	24	12	8	10	17	$13^{\ 0}_{-0.27}$
M10×1	5								
M12×1.5	6	10	14	26	14	10	12	19	$16^{\ 0}_{-0.27}$
M16×1.5	8	12	18	28				23	$21^{\ 0}_{-0.33}$

标记示例：联接螺纹 M10mm × 1mm，B 型弹簧盖油杯的标记：
油杯 BM10×1
JB/T 7940.5—1995

C 型弹簧盖油杯③（摘自 JB/T 7940.5—1995）

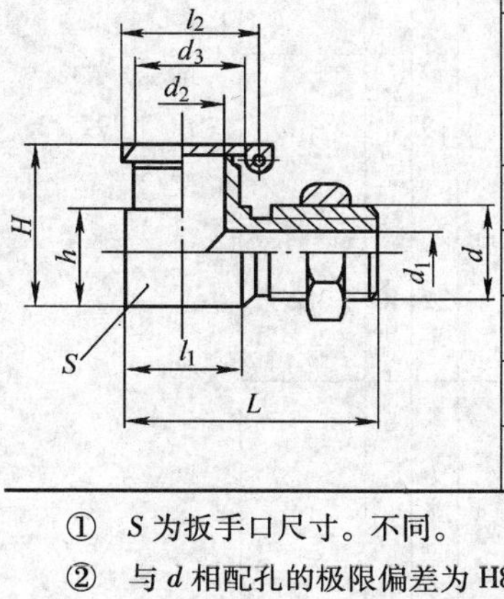

d	H	h	L	l_1	l_2	螺母（GB 6172）	S
M6	18	9	25	12	15	M6	$13^{\ 0}_{-0.27}$
M8×1	24	12	28	14	17	M8×1	
M10×1			30	16		M10×1	
M12×1.5	26	14	34	19	19	M12×1.5	$16^{\ 0}_{-0.27}$
M16×1.5	30	18	37	23	23	M16×1.5	$21^{\ 0}_{-0.33}$

标记示例：联接螺纹 M6mm，C 型弹簧盖油杯的标记：
油杯 CM6
JB/T 7940.5—1995

① S 为扳手口尺寸。不同。

② 与 d 相配孔的极限偏差为 H8。

③ 尺寸 d_1、d_2、d_3 与 B 型弹簧盖油杯的尺寸 d_1、d_2、d_3 相同。

表 9-6 常用油标的类型和规格

（单位：mm）

简图：A型、B型（油位线）

压配式圆形油标（摘自 JB/T 7941.1—1995）

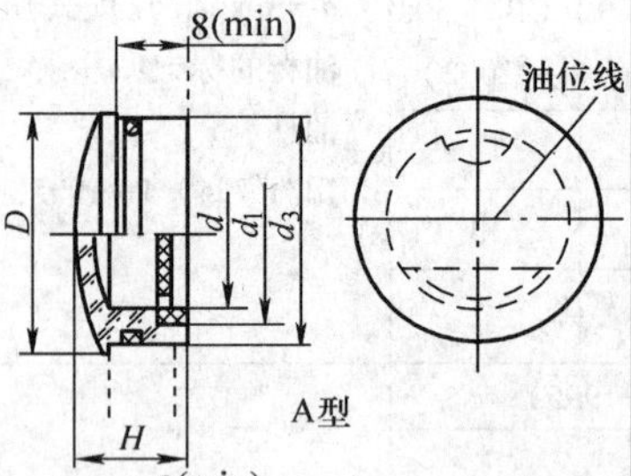

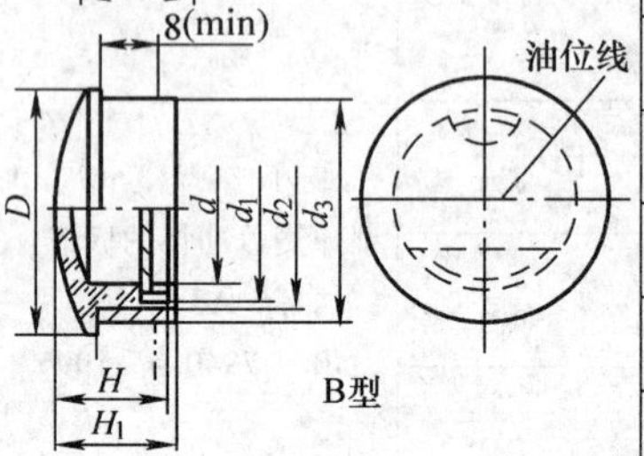

d	D	d_1 尺寸	d_1 极限偏差	d_2 尺寸	d_2 极限偏差	d_3 尺寸	d_3 极限偏差	H	H_1	O形密封圈（GB/T 3452.1—2005）
12	22	12	−0.050 −0.160	17	−0.050 −0.160	20	−0.065 −0.195	14	16	15×2.65
16	27	18		22	−0.065 −0.195	25				20×2.65
20	34	22	−0.065 −0.195	28		32	−0.080 −0.240	16	18	25×3.55
25	40	28		34	−0.080 −0.240	38				31.5×3.55
32	48	35	−0.080 −0.240	41		45		18	20	38.7×3.55
40	58	45		51		55				48.7×3.55
50	70	55	−0.100 −0.290	61	−0.100 −0.290	65	−0.100 −0.200	22	24	
63	85	70		70		80				

标记示例：视孔 d = 32mm，A 型压配式圆形油标的标记：

油标 A32 JB/T 7941.1—1995

旋入式圆形油标（摘自 JB/T 7941.2—1995）

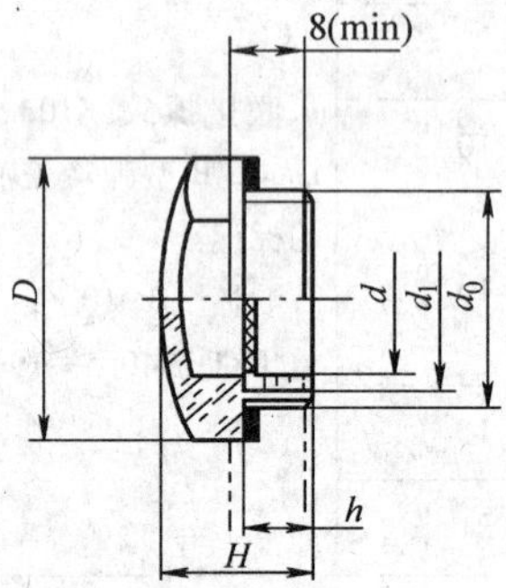

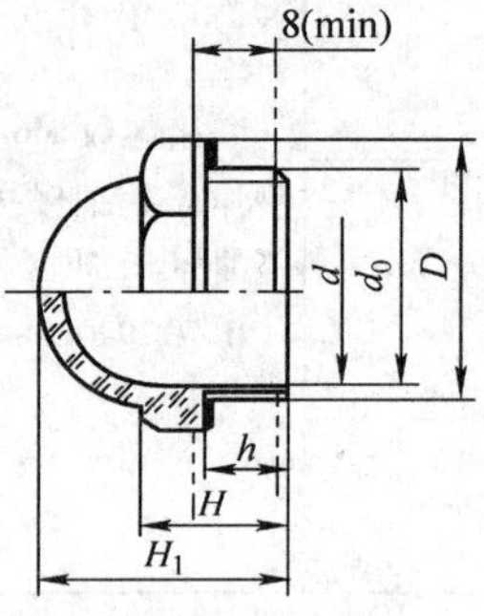

d	d_0	D 基本尺寸	D 极限偏差	d_1 基本尺寸	d_1 极限偏差	S 基本尺寸	S 极限偏差	H	H_1	h
10	M16×1.5	22	−0.065 −0.195	12	−0.050 −0.160	21	0 −0.33	15	22	8
20	M27×1.5	36	−0.080 −0.240	22	−0.065 −0.195	32	0 −1.00	18	30	10
32	M42×1.5	52		35	−0.080 −0.240	46		22	40	12
50	M60×2	72	−0.100 −0.290	55	−0.100 −0.290	65	0 −1.20	26	—	14

标记示例：视孔 d = 32mm，A 型旋入式圆形油标的标记：

油标 A32 JB/T 7941.2—1995

（续）

简 图	类型及尺寸	标记示例
A型、B型（见下图）	长形油标（摘自 JB/T 7941.3—1995）（见下表）	H = 80mm，A型长形油标的标记： 油标 A80 JB/T 7941.3—1995
（见下图）	杆式油标（见下图） 长度 l、L 由设计者根据结构确定	

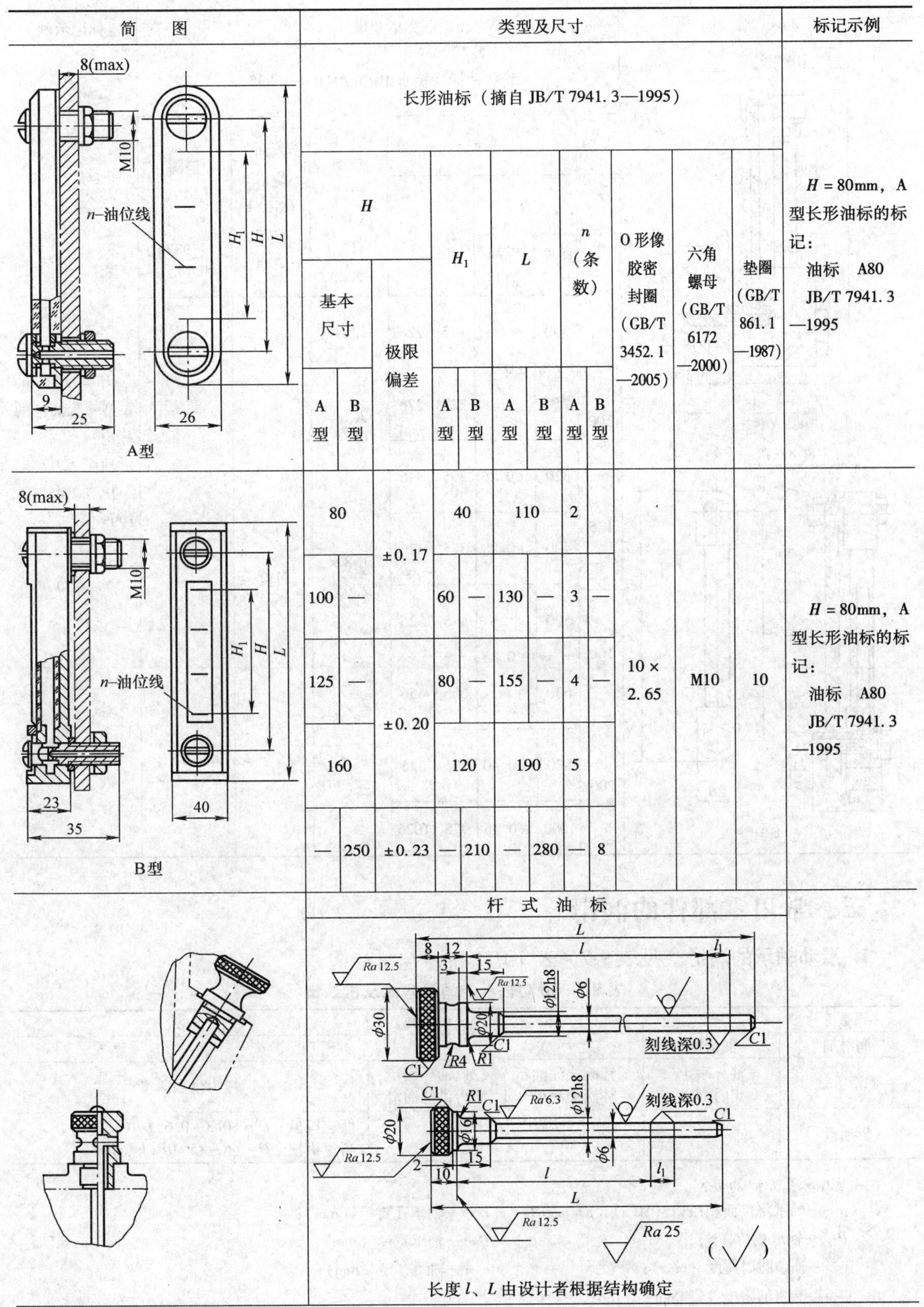

长形油标（摘自 JB/T 7941.3—1995）

H 基本尺寸 A型	H 基本尺寸 B型	H 极限偏差	H_1 A型	H_1 B型	L A型	L B型	n（条数）A型	n（条数）B型	O形橡胶密封圈（GB/T 3452.1—2005）	六角螺母（GB/T 6172—2000）	垫圈（GB/T 861.1—1987）
80		±0.17	40		110		2		10×2.65	M10	10
100	—		60	—	130	—	3	—			
125	—	±0.20	80	—	155	—	4	—			
160			120		190		5				
—	250	±0.23	—	210	—	280	—	8			

H = 80mm，A型长形油标的标记：

油标 A80 JB/T 7941.3—1995

长度 l、L 由设计者根据结构确定

（续）

简图	类型及尺寸								标记示例
	管状油标（摘自 JB/T 7941.4—1995）								
	A 型	B 型				O 形橡胶密封圈（GB/T 3452.1—2005）	六角螺母（GB/T 6172—2000）	垫圈（GB/T 861.1—1987）	
	H	H 基本尺寸	H 极限偏差	H_1	L				
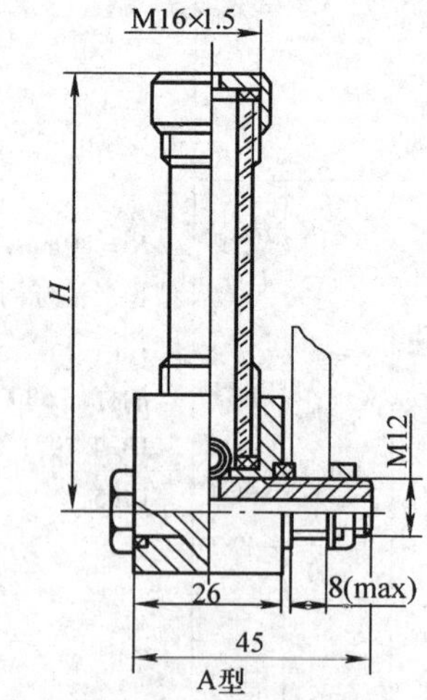 A型 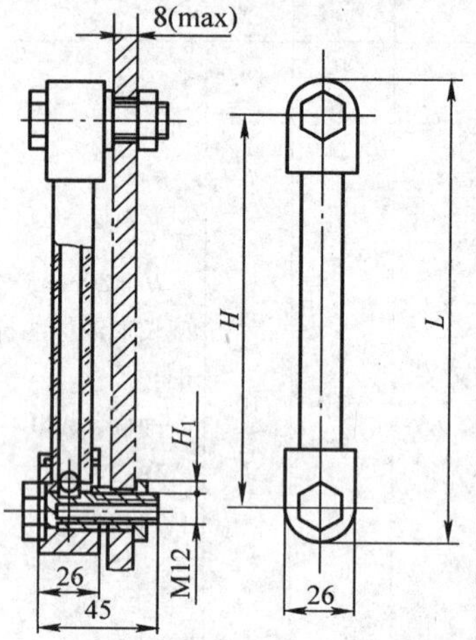 / B型	80	200	±0.23	175	226	11.8×2.65	M12	12	H = 200mm，A 型管状油标的标记：油标 A200 JB/T 7941.4—1995
	100	250		225	276				
		320	±0.26	295	346				
	125	400	±0.28	375	426				
	160	500	±0.35	475	526				
		630		605	656				
	200	800	±0.40	775	826				
		1000	±0.45	975	1026				

三、常用零部件的润滑

1. 滑动轴承的润滑（见表 9-7 ~ 表 9-10）

表 9-7　滑动轴承的润滑方式及供油量

系数 k	≤2	>2 ~ 16	>16 ~ 32	>32
润滑剂	润滑脂	润滑油		
润滑方式	油杯手工定时润滑	针阀式注油杯滴油润滑	飞溅、油环润滑、压力供油润滑	压力供油润滑
供油量		$Q \geqslant \frac{\pi(D^2-d^2)B\rho}{4}$(kg)		低速机械　$Q \approx (0.3 \sim 0.6)DB$(L/min) 高速机械　$Q \approx (6 \sim 15)DB$(L/min)

注：表中系数 $k=\sqrt{pv^3}$

p——轴承单位面积压力（MPa），$p=P/DB$；

P——轴承载荷（N）；

v——轴颈圆周速度（m/s）；

ρ——润滑油密度（kg/mm³），$\rho \approx 0.9\times10^{-6}$。

D——轴承孔直径（mm）；

B——轴承宽度（mm）；

d——轴颈直径（mm）；

表 9-8　滑动轴承润滑油的选择

<table>
<tr><th rowspan="2">轴颈圆周速度
v/m·s^{-1}</th><th colspan="2">轻载(p<3MPa)
工作温度 10~60℃</th><th colspan="2">中载(p=3~7.5MPa)
工作温度 10~60℃</th><th colspan="2">重载(p=7.5~30MPa)
工作温度 20~80℃</th></tr>
<tr><th>运动粘度
/mm^2·s^{-1}
40℃</th><th>适用油牌号</th><th>运动粘度
/mm^2·s^{-1}
40℃</th><th>适用油牌号</th><th>运动粘度
/mm^2·s^{-1}
40℃</th><th>适用油牌号</th></tr>
<tr><td rowspan="2">≤0.1</td><td rowspan="2">80~150</td><td rowspan="2">全损耗系统用油
L—AN100、AN150,30 号、40 号汽油机油</td><td rowspan="2">100~220</td><td rowspan="2">全损耗系统用油
L-AN150,40 号汽油机油</td><td>150~460①</td><td>38 号汽缸油
28 号轧钢机油</td></tr>
<tr><td>460~680②</td><td>38 号、52 号汽缸油</td></tr>
<tr><td rowspan="2">>0.1~0.3</td><td rowspan="2">70~150</td><td rowspan="2">全损耗系统用油
L-AN68、AN100、AN150,30 号汽油机油</td><td rowspan="2">100~220</td><td rowspan="2">全损耗系统用油
L-AN100、AN150,40 号汽油机油</td><td>100~150①</td><td>100、150 号齿轮油</td></tr>
<tr><td>150~460②</td><td>28 号轧钢机油
38 号汽缸油</td></tr>
<tr><td rowspan="3">>0.3~1.0</td><td rowspan="3">42~80</td><td rowspan="3">全损耗系统用油
L—AN46、AN68,L—TSA
46 汽轮机油
20 号汽油机油</td><td colspan="2">(轴颈圆周速度 v=0.3~0.6m/s)</td><td rowspan="2">100~220①</td><td rowspan="2">40 号汽油机油
N150 压缩机油</td></tr>
<tr><td rowspan="2">68~150</td><td rowspan="2">全损耗系统用油
L-AN100、AN150,30 号汽油机油 N100 压缩机油</td></tr>
<tr><td>150~400②</td><td>N150 压缩机油
24 号汽缸油</td></tr>
<tr><td rowspan="3">>1.0~2.5</td><td rowspan="3">42~70</td><td rowspan="3">全损耗系统用油
L—AN46、AN68,20 号汽油机油 L—TSA46 汽轮机油</td><td colspan="2">(轴颈圆周速度 v=0.6~1.2m/s)</td><td rowspan="2">100~150①</td><td rowspan="2">30 号、40 号汽油机油
全损耗系统用油
L-AN100、AN150</td></tr>
<tr><td rowspan="2">68~110</td><td rowspan="2">全损耗系统用油
L-AN68、AN100,20 号、30 号汽油机油</td></tr>
<tr><td>100~180②</td><td>40 号汽油机油
N100、N150 压缩机油</td></tr>
<tr><td rowspan="2">>2.5~5.0</td><td rowspan="2">32~60</td><td rowspan="2">全损耗系统用油
L-AN32、AN46,L-TSA46 汽轮机油</td><td colspan="2">(轴颈圆周速度 v=1.2~2m/s)</td><td rowspan="2"></td><td rowspan="2"></td></tr>
<tr><td>68~10</td><td>全损耗系统用油
L-AN68、AN100,20 号汽油机油</td></tr>
<tr><td>>5~9</td><td>15~50</td><td>全员耗系统用油
L-AN15、AN32、L-TSA32、L-TSA46 汽轮机油</td><td></td><td></td><td></td><td></td></tr>
<tr><td>>9</td><td>5~27</td><td>全损耗系统用油
L-AN5、AN10、AN15</td><td></td><td></td><td></td><td></td></tr>
</table>

① 润滑方式为压力供油、油池润滑。

② 润滑方式为滴油或人工加油润滑。

表 9-9 滑动轴承润滑脂的选择

单位压力/MPa	轴颈圆周速度/（m·s⁻¹）	最高工作温度/℃	选用润滑脂牌号
≤1.0	≤1	75	3 号钙基润滑脂
1.5～6.5	0.5～5	55	2 号钙基润滑脂
>6.5	≤0.5	75	3 号钙基润滑脂
≤6.5	0.5～5	120	3 号钠基润滑脂
>6.5	≤0.5	110	4 号钠基润滑脂
1.0～6.5	≤1	50～100	2 号锂基润滑脂
>6.5	0.5	60	2 号压延机润滑脂

表 9-10 滑动轴承用润滑脂的润滑周期

工作条件	轴转速/r·min⁻¹	润滑周期
偶然工作，不重要零件	<200	5 天一次
	>200	3 天一次
间歇工作	<200	2 天一次
	>200	1 天一次
连续工作，工作温度<40℃	<200	1 天一次
	>200	每班一次
连续工作，工作温度 40～100℃	<200	每班一次
	>200	每班二次

2. 滚动轴承的润滑（见图 9-1，表 9-11～表 9-13）

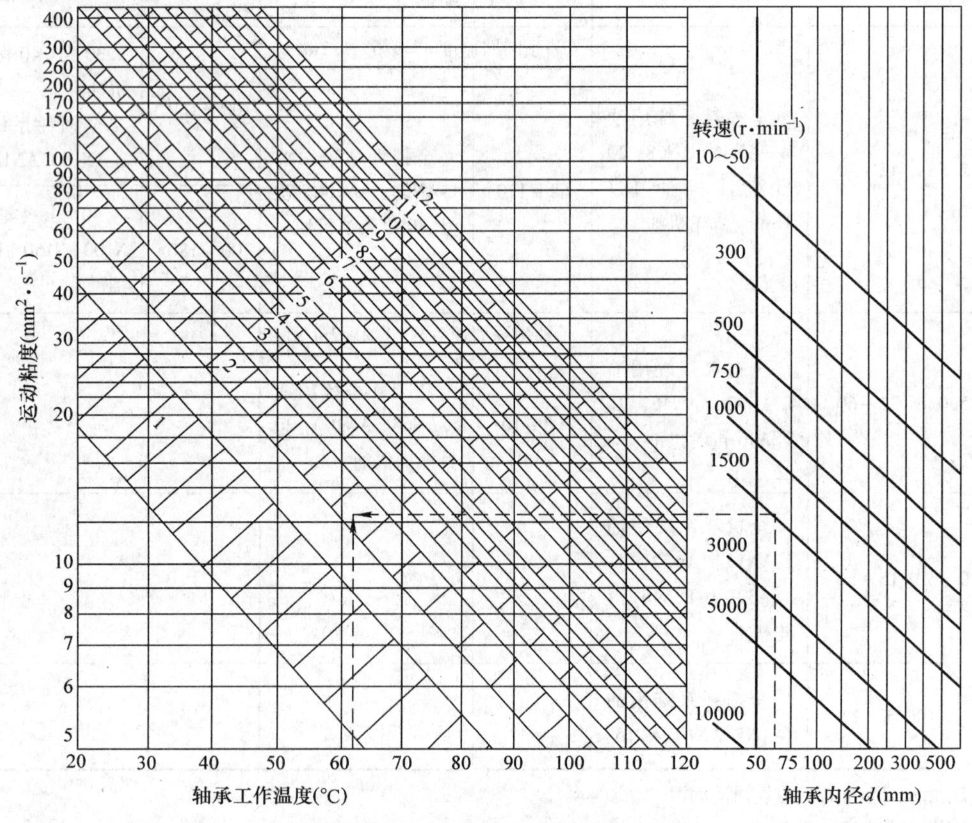

图 9-1 滚动轴承润滑油的选择

图 9-1 附 表

图中代号	推荐油品名称		图中代号	推荐油品名称	
	普通载荷	重载或冲击载荷		普通载荷	重载或冲击载荷
1	10 号变压器油 L-AN15 全损耗系统用油	15 号轴承油	6	L-AN150 全损耗系统用油	L-ECC30 柴油机油
2	L-TSA32 汽轮机油 L-AN32 全损耗系统用油	L-HL32 液压油	7	L-AN150 全损耗系统用油	
3	L-TSA46 汽轮机油 L-AN46 全损耗系统用油	L-HL46 液压油	8	L-ECC40 柴油机油	
4	L-TSA68 汽轮机油 L-AN68 全损耗系统用油	L-ECC68 柴油机油	9		220 号、320 号 L-CKD 工业齿轮油
5	L-TSA100 汽轮机油 L-AN100 全损耗系统用油	L-ECC20 柴油机油	10		460 号 L-CKD 工业齿轮油
			11		460 号 L-CKD 工业齿轮油
			12		GL4、GL5 中、重负荷车辆齿轮油

表 9-11 滚动轴承润滑脂的选择

轴径/mm	工作温度/℃	工作环境	转速/r · min^{-1}			
			<300	300 ~ 1500	1500 ~ 3000	3000 ~ 5000
20 ~ 140	0 ~ 60	潮湿有水	2 号、4 号钙基润滑脂	2 号、3 号钙基润滑脂	1 号、2 号钙基润滑脂	1 号钙基润滑脂 1 号二硫化钼锂基润滑脂
20 ~ 140	60 ~ 110	干燥	2 号钠基润滑脂	2 号、3 号钠基润滑脂	2 号二硫化钼锂基润滑脂	1 号二硫化钼锂基润滑脂
20 ~ 140	<110	潮湿	3 号钙钠基润滑脂	2 号、3 号钙钠基润滑脂	2 号钙钠基润滑脂	2 号复合钙基润滑脂
20 ~ 140	-50 ~ 100	有水	通用锂基润滑脂	通用锂基润滑脂	通用锂基润滑脂	通用锂基润滑脂

表 9-12 滚动轴承润滑方式的选择

润滑方式	工作条件	油面高度或流量	备 注
浸油或飞溅	一般用于低速。有时将 $d_m n$ 值限于 500000，如搅动不严重，可以把 $d_m n$ 值适当提高	对水平和垂直轴的轴承，将轴承中最低滚动体的一半沉没在油中	温度升高时，可降低油面
油环和滴油	在一般情况下同上述工作条件	要保证足够油量使轴承温度不超过 70 ~90℃	—
油雾	不受 $d_m n$ 值限制，常用于主轴转速为 50000r/min 以上的轴承，但也可用于较低转速	参考流量为：(0.04 ~0.12) 轴承内径 (cm) ×列数 cm^3 · h^{-1} 对预紧的轴承，要有较大流量，即 0.24 ×轴承内径 (cm) ×列数 cm^3 · h^{-1}	有时可采用油雾及浸油联合润滑，后者可作为备用的措施，特别在高速起动的轴承更为需要
压力供油润滑	一般不受 $d_m n$ 值限制，当速度很高时，可采取油雾润滑	参考流量为：1cm^2 轴承投影面积（外径×宽度）供油 0.6cm^3 · min^{-1}	油的流量一般由运转温度来确定

表 9-13　滚动轴承各种润滑剂的 $d_m n$ 极限值　　（单位：r · min⁻¹ · mm）

轴承类型	保持架	润滑脂	润滑油		
			油浴	滴油	油雾
深沟球轴承	冲压保持架 实体保持架	300000 300000	500000 500000	600000 500000	1000000 1000000
角接触球轴承 （$\alpha=12°$）	实体保持架 酚醛树脂保持架	200000 400000	500000 700000	500000 800000	1000000 1000000
角接触球轴承 （$\alpha=27°$）	冲压保持架 实体保持架 酚醛树脂保持架	280000 280000 400000	400000 500000 600000	— 500000 800000	— 900000 900000
角接触球轴承 （$\alpha=36°$）	冲压保持架 实体保持架	250000 250000	350000 400000	— 400000	— —
调心球轴承	冲压保持架 实体保持架	200000 200000	300000 300000	— —	— —
双列角接触球轴承	冲压保持架 实体保持架	150000 150000	300000 —	— —	— —
推力球轴承	冲压保持架 实体保持架	70000 100000	100000 150000	— 200000	— —
圆柱滚子轴承	冲压保持架 实体保持架	300000 300000	300000 500000	300000 500000	— —
圆锥滚子轴承	冲压保持架	250000	350000	350000	450000
调心滚子轴承	实体保持架	150000	250000	—	—

注：d_m，指轴承内外直径的平均值。

3. 齿轮传动的润滑

选择齿轮传动润滑剂时应考虑齿轮的类型、转速、载荷以及温度等因素。开式齿轮传动和闭式齿轮传动润滑油的选择分别见表 9-14 和表 9-15。齿轮传动润滑方式的选择见表 9-16。

表 9-14　开式齿轮传动润滑油粘度的选择（40℃）　　（单位：mm² · s⁻¹）

运转温度/℃	润滑方式	压力		飞溅		油浴	油雾	涂抹	
	运转特性	齿轮节圆圆周速度/m · min⁻¹						圆周速度 <100（m · min⁻¹）	
		<300	>300	<300	>300	>100	<350	冷涂	热涂
-10 ~ 15	连续 间隙	198 ~ 242 198 ~ 242	135 ~ 165 135 ~ 165	198 ~ 242 288 ~ 352	135 ~ 165 198 ~ 242	414 ~ 506 612 ~ 748	288 ~ 352 414 ~ 506	198 ~ 242 198 ~ 242	288 ~ 352 288 ~ 352
10 ~ 50	连续 间歇	414 ~ 506 414 ~ 506	288 ~ 352 288 ~ 352	414 ~ 506 1350 ~ 3520	288 ~ 352 414 ~ 506	900 ~ 1100 1350 ~ 1650	612 ~ 748 900 ~ 1100	288 ~ 352 288 ~ 352	414 ~ 506 414 ~ 506

注：运转温度在 50℃以上时，可用锥入度为 230 ~ 290 的润滑脂，或用混合脂型油。温度 100℃时运动粘度为 150 ~ 400mm² · s⁻¹。

表 9-15　闭式齿轮传动润滑油的选择

主轴转速 /r·min^{-1}	传递功率 /kW	润滑方法	减速比＜10		减速比＞10	
			需要粘度 /$mm^2 \cdot s^{-1}$ 40℃	建议采用工业闭式齿轮油 CKB 或 CKC（GB/T 5903—1995）	需要粘度 /$mm^2 \cdot s^{-1}$ 40℃	建议采用工业闭式齿轮油 CKB 或 CKC（GB/T 5903—1995）
1000～2000	＜7.5	飞溅或循环	49～73	CKC68	60～100	CKC68
	7.5～26		65～120	CKC68	82～140	CKB100
	26～28		100～140	CKB100	140～220	CKB150 CKB220
	＞38		125～160	CKB150	170～270	CKB220
300～1000	＜15	飞溅	110～120	CKB100 CKC100	120～140	CKB100 CKB150
	＜15	循环	65～82	CKC68	73～100	CKB65 CKB100
	15～38	飞溅	120～150	CKB150	140～200	CKB150
		循环	82～120	CKB100	100～150	CKC150
	38～56	飞溅	140～250	CKB220	200～380	CKB320 CKC220
		循环	120～150	CKB150	150～240	CKB220
	＞56	飞溅	250～320	CKB320 CKC320	380～500	CKB460 CKC460
		循环	150～240	CKB220 CKC220	240～290	CKB220 CKC220
＜300	＜23	飞溅	150～220	CKB150 CKC150	270～320	CKB320 CKC320
		循环	120～140	CKB100 CKC100	220～250	CKB220 CKC220
	23～56	飞溅	200～270	CKB220 CKC220	320～500	CKB460 CKC320
		循环	140～240	CKB220 CKC220	250～380	CKB320 CKC320
	56～90	飞溅	330～390	CKB320 CKC320	500～610	CKC680
		循环	240～300	CKB320 CKC320	400～470	CKC460
	＞90	飞溅	390～490	CKC460	650～840	CKC680 CKD680
		循环	310～380	CKB320 CKC320	490～590	CKC680 CKD680

注：工作温度为 20～60℃。

表 9-16　齿轮传动润滑方式的选择

<table>
<tr><th>齿轮圆周速度
/m·s⁻¹</th><th>润滑方法</th><th>说　明</th></tr>
<tr><td>$v=0\sim0.8$</td><td>涂抹润滑</td><td>定期供给高粘度润滑脂或润滑油，直接将脂或油涂在轮齿上</td></tr>
<tr><td>$v<12\sim15$</td><td>油池浸油润滑</td><td>单级减速器：大齿轮浸油深度为 1～2 个齿高
多级减速器：高速级大齿轮浸油深度为 0.7 个齿高，但不小于 10mm，低速级当速度相当低时（$0.5\sim0.8\mathrm{m\cdot s^{-1}}$）浸油深度可增至齿轮节圆半径的 1/6
单级锥齿轮减速器：大齿轮整个齿长都应浸入油中
多级和复合减速器：当各齿轮不能同时浸入油中时，可采用打油轮、甩油盘和油环等将油送到齿轮轮齿处
油池体积为：$(0.35\sim0.71)\times10^{-3}P$（$\mathrm{m^3}$）
（P——齿轮传递功率，kW）
大齿轮顶圆与油池底面距离应大于 30～50mm
润滑油粘度（50℃）：$40\sim170\mathrm{mm^2\cdot s^{-1}}$，并加有抗氧化、抗乳化、抗泡沫等添加剂（40℃时运动粘度值按图 9-1 换算）</td></tr>
<tr><td>$v>13\sim60$</td><td>压力供油润滑</td><td>当 $v<100\mathrm{m\cdot s^{-1}}$ 时，油喷在轮齿进入啮合处，沿齿宽均匀分布，距离不大于 130～180mm
当 $v>100\mathrm{m\cdot s^{-1}}$ 时，油喷在轮齿脱离啮合处
<table><tr><td>圆周速度 v/m·s⁻¹</td><td>10</td><td>25</td><td>50</td><td>100</td><td>150</td></tr><tr><td>喷油压力 p/MPa</td><td>0.01</td><td>0.1</td><td>0.15</td><td>0.18</td><td>0.25</td></tr></table>喷油量：当工作温度低于 55℃，进油温度不超过 50℃ 时为 $85\times10^{-4}P$（$\mathrm{m^3/s}$）
（P——润滑部件的功率，kW）</td></tr>
</table>

4. 蜗杆传动的润滑

蜗杆传动主要根据载荷、速度和环境温度来选择润滑油的粘度。对轻载和中载的蜗杆传动可按表 9-17 选择；对重载和受冲击载荷以及起动和停止频繁的蜗杆传动，应添加油性添加剂，并增加润滑油的粘度，参见表 9-18 选择。

表 9-17　圆柱蜗杆传动润滑油粘度的选择

滑动速度 v_s/m·s^{-1}	<1.5	>1.5～3.5	>3.5～10	>10
润滑油粘度/mm^2·s^{-1}，40℃	>612	506～414	352～288	242～198

注：表中粘度值适用于下置蜗杆浸油润滑；若蜗杆上置，粘度则应提高 30%～50%。

表 9-18　蜗杆传动的润滑方式

<table>
<tr><th>滑动速度/m·s⁻¹</th><th>润滑方式</th><th>说　明</th></tr>
<tr><td>极低速和开式传动</td><td>涂抹润滑</td><td>定期供给润滑脂或高粘度润滑油、将润滑脂或润滑油涂于轮齿上</td></tr>
<tr><td><5</td><td>浸油润滑</td><td>对一般载荷，可采用 L-CKE 蜗轮蜗杆油，对冲击载荷、可用 L-CKE/p 蜗轮蜗杆油
蜗杆下置时，浸油深度为一个蜗杆齿高，且油面高度不超过滚动轴承最低滚动体中心。当蜗轮下置时，浸油深度与齿轮一样</td></tr>
<tr><td>>5～10</td><td>压力润滑</td><td>油的粘度可略低于浸油润滑时的粘度
喷油沿蜗杆螺纹的啮入端或同时从两侧进入啮合区，并沿齿全宽度分布
喷油压力与蜗杆圆周速度关系如下：<table><tr><td>蜗杆圆周速度（m/s）</td><td>10</td><td>15</td><td>20</td><td>25</td></tr><tr><td>喷油压力（MPa）</td><td>0.1</td><td>0.17</td><td>0.27</td><td>0.34</td></tr></table>喷油量（$\mathrm{m^3/s}$）：$75\times10^{-3}a$
（a——蜗杆传动中心距，mm）</td></tr>
</table>

5. 链传动的润滑（见表9-19）

表 9-19　链传动润滑方式及润滑油的选择

工作条件	工作状态	润滑方式	工作温度/℃	推荐润滑油
小功率、传动链条密封不严，速度<3.3m·s^{-1}	新的或未磨损的旧链条、周围环境较清洁	用油壶、刷子等加油	<4	L-AN32 全损耗系统用油
			4~38	L-AN68 全损耗系统用油
			>38	L-AN100 全损耗系统用油
	已磨损的旧链条，在灰尘、潮湿或在腐蚀气体中工作		<4	L-AN32 全损耗系统用油
			4~38	L-AN100 全损耗系统用油
			>38	L-AN100 全损耗系统用油
链条密封好，工作速度<8.3m·s^{-1}	新链条或未磨损的旧链条，周围环境较清洁	油浴或飞溅润滑	<4	L-AN46 全损耗系统用油
			4~38	L-AN100 全损耗系统用油
			>38	L-AN100、L-AN150 全损耗系统用油
链条密封好，工作速度<8.3m·s^{-1}	已磨损的旧链条，在灰尘、潮湿、腐蚀气体中工作	油浴或飞溅润滑	<4	L-AN100 全损耗系统用油
			4~38	L-AN100、L-AN150 全损耗系统用油
			>38	24 号气缸油
链条密封性好，工作速度>8.3m·s^{-1}	经常处在良好状态，并无外界杂质侵入	滴油、飞溅或油浴润滑	<4	L-AN46 全损耗系统用油
			4~38	L-AN46、L-AN68 全损耗系统用油
			>38	L-AN100 全损耗系统用油
链条密封在壳体中，工作速度>16.3m·s^{-1}		油泵压力供油润滑	<4	L-AN46 全损耗系统用油
			4~38	L-AN68 全损耗系统用油
			>38	L-AN100 全损耗系统用油

四、密封

1. 常用密封装置（见表9-20和表9-21）

表 9-20　常用静密封装置的特点和应用

种　类	密封材料	工作条件			特点和应用
		压力/MPa	最高工作温度/℃	介　质	
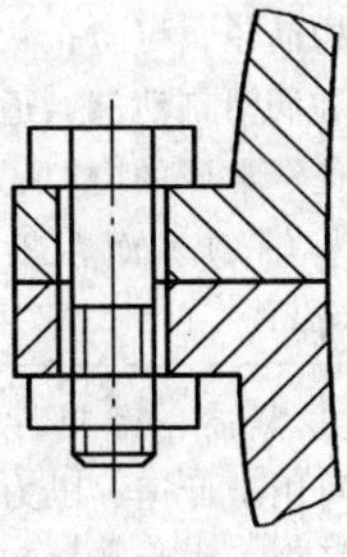 研合面密封		<100	550	油、水、气、汽	接合面经精密研磨加工，靠外力压紧密封，中间无垫片，多用于气缸中分面和阀板等密封

（续）

种类	密封材料	工作条件			特点和应用
		压力/MPa	最高工作温度/℃	介质	
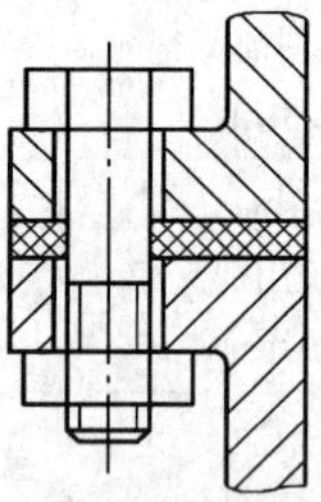 垫圈密封	金属	20	600	液体（油气、合成原料气）	用于化工设备，超高真空等各种管接头、螺塞等密封
	橡胶	<1.6	−70～200	真空、油、水、汽	弹性好、补偿能力强，用于低压真空设备、管路等密封
	纤维质	<2.5	200	油、水、汽、酸、碱	用于设备法兰、管法兰密封，因致密性差，不宜用于真空和有害介质中
	塑料	0.6	−180～250	酸、碱	化学稳定性好，适用于有腐蚀的化工设备管路
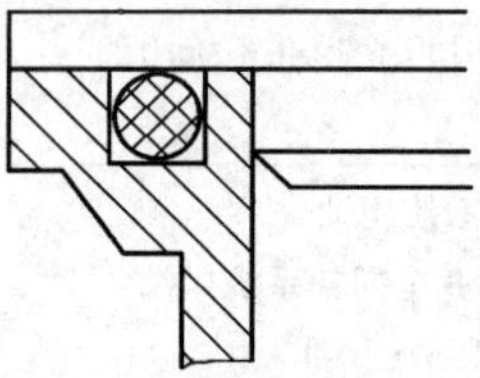 O形圈密封	橡胶	100	−70～200	油、水、汽、酸、碱	依靠变形堵住泄漏缝隙，密封效果好，适用于液压元件、真空设备等密封
密封胶密封	液态密封胶	1.6	300	油、水、气、酸、碱	依靠密封胶填平接触面的微凹凸，并吸附于表面，由于胶层很薄，对接合面间距变化不大，可用于减速器、鼓风机等壳体剖分面和法兰等密封
	厌氧胶	10	−55～120	油、水、气、酸、碱	胶在与空气隔离的接合面交链固化，使表面胶结在一起，可用于螺纹联接件的防松和密封、轴上零件固定、液压件端面密封

表 9-21 常用旋转动密封件的特点和应用

密封元件	材料	工作条件				特点和应用
		速度/$m \cdot s^{-1}$	压力/MPa	最高工作温度/℃	介质	
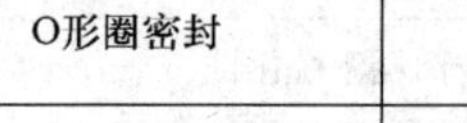 防尘毡圈	半粗羊毛毡	5	<0.1	90	润滑脂（油）	结构简单，可防止灰尘侵入和润滑剂泄漏，适用于低速、常压的电机、减速器，轴颈表面粗糙度 $Ra1.6\mu m$
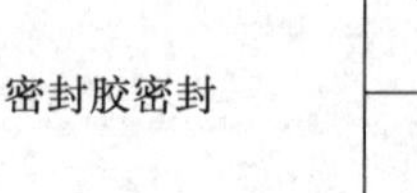 O形圈	橡胶	3	<30（0～400静密封）（2.5～35动密封）	−40～100	油、水、气	结紧紧凑，密封性较好，可用于低速、压力不高的场合，作为密封和防尘用途，轴颈表面粗糙度 $Ra<0.8\mu m$

（续）

密封元件	材料	工作条件				特点和应用
		速度 /m·s^{-1}	压力 /MPa	最高工作温度/℃	介质	
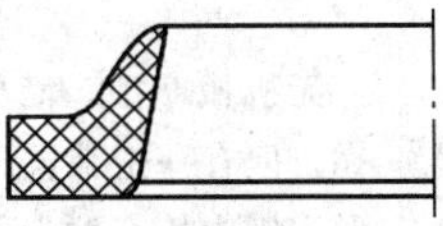 防尘圈	橡胶		0.1	-25~100	润滑油、燃料油、液压油等	用于压力不高（常压）的场合，防止灰尘、水、气和有害介质的侵入以及润滑剂的泄漏，可减小磨损、金属转动件表面粗糙度 $Ra<0.2\mu m$
骨架式橡胶油封 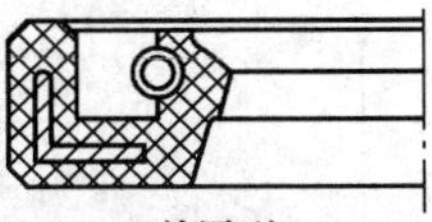 单唇型	橡胶	普通型 6 高速型 12	0.5	-25~100	润滑油、燃料油、液压油等	适用于汽车、拖拉机及其他机械转动部分的密封。其中单唇型用于无灰尘环境；双唇型适用于有尘、泥、水的环境 与唇接触的轴表面粗糙度最好为 $Ra=0.2\sim0.4\mu m$
骨架式橡胶油封 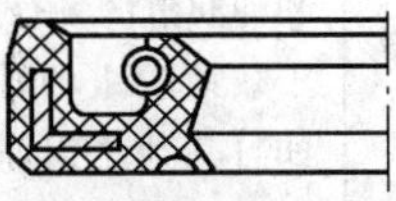 双唇型		普通型 6 高速型 12	0.5			
骨架式橡胶油封 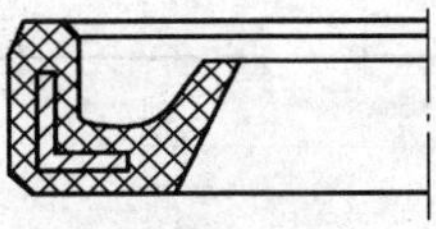 无簧型		6	0.5			
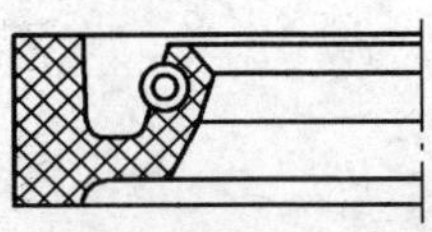 J形无骨架橡胶油封	橡胶	7		-25~80	润滑油、燃料油、液压油等	装配简便、装配时不会引起损伤，特别适宜于不能从轴端套装的重型设备
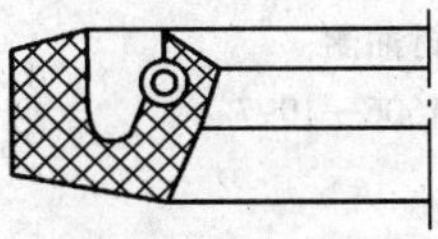 U形无骨架橡胶油封	橡胶	7		-25~80		
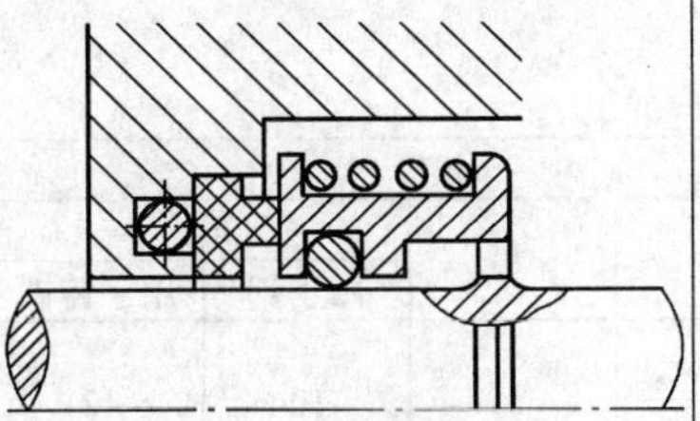 机械密封	石墨、金属	50	4.5	350	油、气、腐蚀性、高粘度介质	密封可靠，泄漏极少，使用寿命长，功率消耗少，但结构复杂，价昂，适用于高、低温、高速、高压、高真空及有害、危险介质等的密封

（续）

密封元件	材料	工作条件				特点和应用
		速度 /m·s^{-1}	压力 /MPa	最高工作温度/℃	介质	
迷宫式沟槽密封		<5			润滑脂（油）	无机械摩擦，简单、可靠，但有一定泄漏，半圆形沟槽内填充润滑脂，可增加防尘密封效果
迷宫密封		不限	20	600	润滑脂（油）	密封效果好，可用于脂和油润滑的场合，并能用于载荷较重的轴承部位，如与其他密封联合使用，效果更佳

2. 常用密封元件

（1）毛毡油封圈（见表9-22）

表9-22　毡圈油封形式和尺寸（摘自JB/ZQ 4606—1997）　（单位：mm）

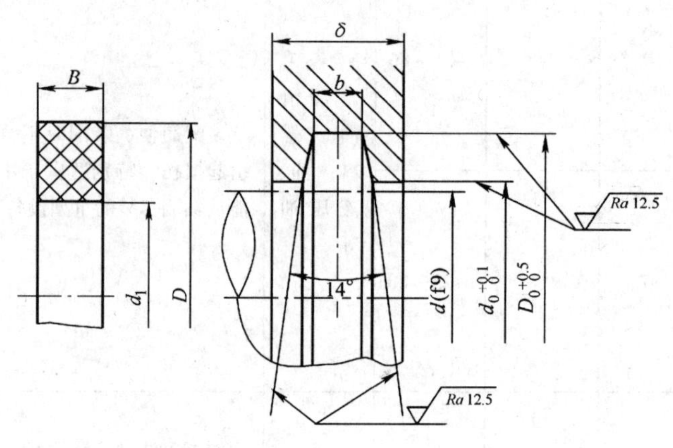

标记示例：
$d=40$mm的毡封油圈：
毡圈 40JB/ZQ 4606—1997

轴径	毡圈			沟槽				
d	D	d_1	B	D_0	d_0	b	δ_{min}	
							用于钢	用于铸铁
15	29	14	6	28	16	5	10	12
20	33	19		32	21			

（续）

轴径 d	毡圈			沟槽				
	D	d_1	B	D_0	d_0	b	δ_{min} 用于钢	δ_{min} 用于铸铁
25	39	24	7	38	26	6	12	15
30	45	29		44	31			
35	49	34		48	36			
40	53	39		52	41			
45	61	44	8	60	46	7		
50	69	49		68	51			
55	74	53		72	56			
60	80	58		78	61			
65	84	63		82	66			
70	90	68		88	71			
75	94	73		92	77			
（1）80～90	$d+22$	$d-2$	9	$d+20$	$d+2$	8	15	18
（1）95～125			10					
（1）130～135 140～190			12			10	18	20
195 （2）200～240			14		$d+3$	12	20	22

注：1. 表中轴径标（1）的 d 按 5 进位。

2. 表中轴径标（2）的 d 按 10 进位。

3. 毡圈材料：粗毛毡适用于速度 $v \leqslant 3\mathrm{m \cdot s^{-1}}$；

优质细毛毡适用于速度 $v \leqslant 10\mathrm{m \cdot s^{-1}}$。

（2）O 形橡胶密封圈（见表 9-23）

表 9-23　一般应用的 O 形圈内径、截面直径尺寸和公差（G 系列）

（摘自 GB/T 3452.1—2005）　　（单位：mm）

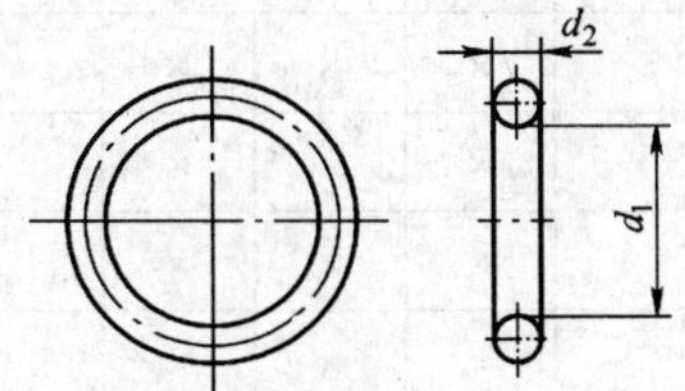

标记示例：

$d_1 = 7.5\mathrm{mm}$，$d_2 = 1.8\mathrm{mm}$，一般应用 O 形圈（G 系列），等级代号为 s。其标记为：

O 形圈 7.5 × 1.8-G-S-GB/T 3452.1—2005

注：等级代号定义见 GB/T 3452.2

d_1		d_2					d_1		d_2				
尺寸	公差 ±	1.8 ± 0.08	2.65 ± 0.09	3.55 ± 0.10	5.3 ± 0.13	7 ± 0.15	尺寸	公差 ±	1.8 ± 0.08	2.65 ± 0.09	3.55 ± 0.10	5.3 ± 0.13	7 ± 0.15
18	0.25	×	×	×			20	0.26	×	×	×		
19	0.25	×	×	×			20.6	0.26	×	×	×		

（续）

d_1		d_2					d_1		d_2				
尺寸	公差 ±	1.8 ± 0.08	2.65 ± 0.09	3.55 ± 0.10	5.3 ± 0.13	7 ± 0.15	尺寸	公差 ±	1.8 ± 0.08	2.65 ± 0.09	3.55 ± 0.10	5.3 ± 0.13	7 ± 0.15
21.2	0.27	×	×	×			53	0.50		×	×	×	
22.4	0.28	×	×	×			54.5	0.51		×	×	×	
23	0.29	×	×	×			56	0.52		×	×	×	
23.6	0.29	×	×	×			58	0.54		×	×	×	
24.3	0.30	×	×	×			60	0.55		×	×	×	
25	0.30	×	×	×			61.5	0.56		×	×	×	
25.8	0.31	×	×	×			63	0.57		×	×	×	
26.5	0.31	×	×	×			65	0.58		×	×	×	
27.3	0.32	×	×	×			67	0.60		×	×	×	
28	0.32	×	×	×			69	0.61		×	×	×	
29	0.33	×	×	×			71	0.63		×	×	×	
30	0.34	×	×	×			73	0.64		×	×	×	
31.5	0.35	×	×	×			75	0.65		×	×	×	
32.5	0.36	×	×	×			77.5	0.67		×	×	×	
33.5	0.36	×	×	×			80	0.69		×	×	×	
34.5	0.37	×	×	×			82.5	0.71		×	×	×	
35.5	0.38	×	×	×			85	0.72		×	×	×	
36.5	0.38	×	×	×			87.5	0.74		×	×	×	
37.5	0.39	×	×	×			90	0.76		×	×	×	
38.7	0.40	×	×	×			92.5	0.77		×	×	×	
40	0.41	×	×	×	×		95	0.79		×	×	×	
41.2	0.42	×	×	×	×		97.5	0.81		×	×	×	
42.5	0.43	×	×	×	×		100	0.82		×	×	×	
43.7	0.44	×	×	×	×		103	0.85		×	×	×	
45	0.44	×	×	×	×		106	0.87		×	×	×	
46.2	0.45	×	×	×	×		109	0.89		×	×	×	×
47.5	0.46	×	×	×	×		112	0.91		×	×	×	×
48.7	0.47	×	×	×	×		115	0.93		×	×	×	×
50	0.48	×	×	×	×		118	0.95		×	×	×	×
51.5	0.49		×	×	×		122	0.97		×	×	×	×

（3）橡胶油封圈（见表9-24～表9-26）

表9-24　内包骨架旋转轴唇形密封圈、外露骨架旋转轴唇形密封圈（摘自 GB/T 13871—1992）　　（单位：mm）

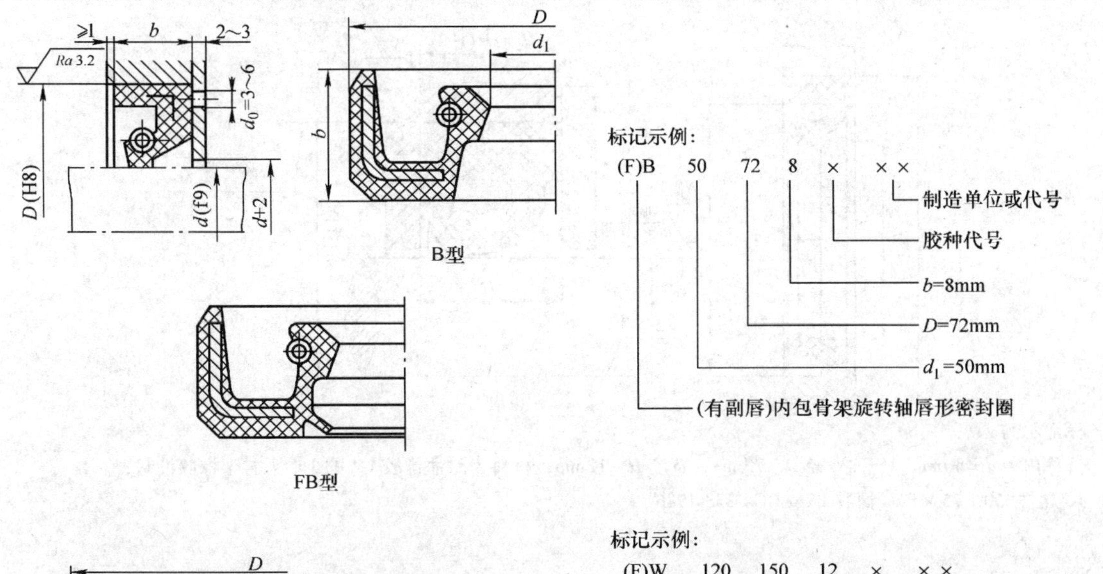

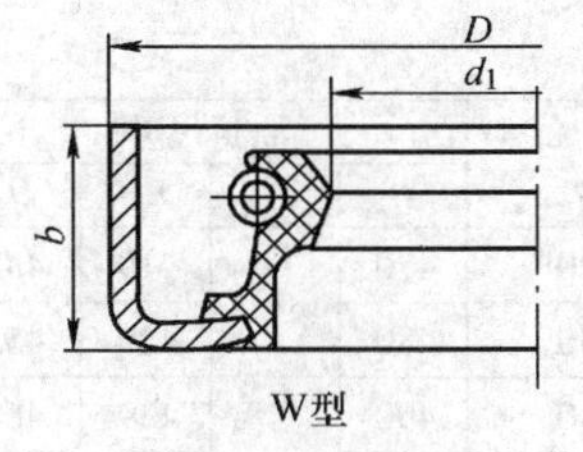

W型

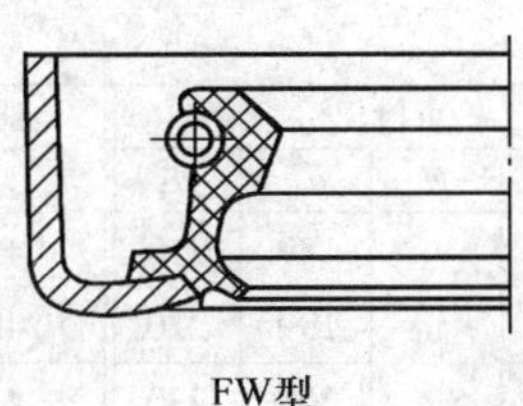

FW型

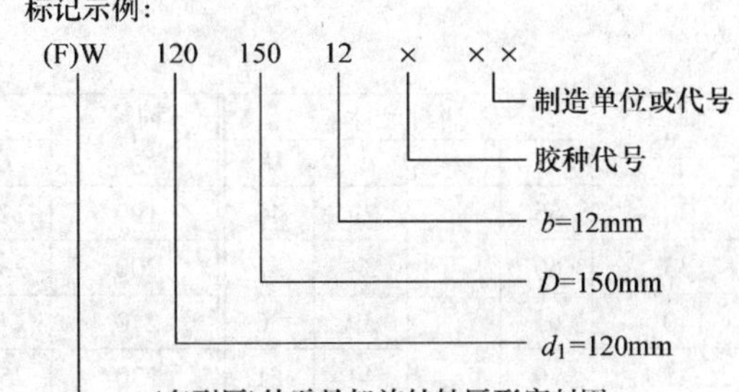

d_1	外径 D	宽度 b	d_1	外径 D	宽度 b	d_1	外径 D	宽度 b
6	16，22	7	45	62，65，（70）	8	140	170，（180）	15
7	22		50	68，（70），72		150	180，（190）	
8	22，24		（52）	72，75，80		160	190，（200）	
9	22		55	72，（75），80		170	200	
10	22，25		60	80，85，（90）		180	210	
12	24，25，30		65	85*，90，（95）	10	190	220	
15	26，30，35		70	90，95，（100）		200	230	
16	（28），30，（35）		75	95，100		220	250	
18	30，35，（40）		80	100，（105），110		240	270	
20	35，40，（45）		85	（105），110，120	12	（250）	290	
22	35，40，47		90	（110），（115），120		260	300	20
25	40，47，52		95	120，（125），（130）		280	320	
28	40，47，52		100	125，（130），（140）		300	340	
30	40，47，（50），52		（105）	130，140		320	360	
32	45，47，52	8	110	140，（150）		340	380	
35	50，52，55		（115）	140，150		360	400	
38	55，58，62		120	150，（160）		380	420	
40	55，（60），62		（125）	150		400	440	
42	55，62，（65）		130	160，（170）				

注：1. 括号内尺寸尽量不采用，带“*”的尺寸仅对外露骨架旋转轴唇形密封圈，尽量不采用。

2. 拆卸密封圈用的孔 d_0 数目一般为3～4个。

3. B型、W型为单唇，FB型、FW型为双唇。

4. 制造密封圈的胶种：在一般情况下为B——丙烯酸酯橡胶（ACM），高速时可用F——氟橡胶（FPM）或G——硅橡胶（MVQ），低速时用D——丁腈橡胶（NBR）。

表 9-25　J 形无骨架橡胶油封尺寸系列（摘自 HG4-338—1986）　（单位：mm）

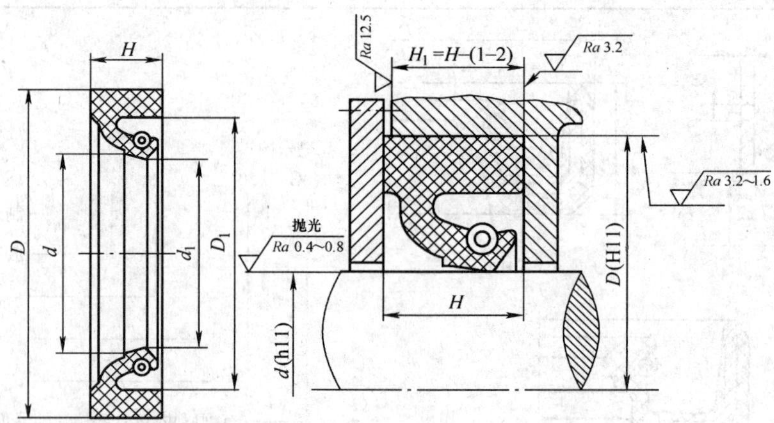

标记示例：

公称内径 $d=50$mm，公称外径 $D-75$mm，宽度 $H-12$mm，材料为耐油橡胶 I-2 的 J 形无骨架橡胶油封：

J 形油封 50×75×12　橡胶 I-2　HG4-338-1986

轴径	油封尺寸				轴径	油封尺寸				轴径	油封尺寸			
d	D	H	d_1	D_1	d	D	H	d_1	D_1	d	D	H	d_1	D_1
30	55	12	29	46	190	225	18	189	210	420	470	25	419	442
35	60		34	51	200	235		199	220	430	480		429	452
40	65		39	56	210	245		209	230	440	490		439	462
45	70		44	61	220	255		219	240	450	500		449	472
50	75		49	66	230	265		229	250	460	510		459	482
55	80		54	71	240	275		239	260	470	520		469	492
60	85		59	75	250	285		249	270	480	530		479	502
65	90		64	81	260	300	20	259	280	490	540		489	512
70	95		69	86	270	310		269	290	500	550		499	522
75	100		74	91	280	320		279	300	510	560		509	532
80	105		79	96	290	330		289	310	520	570		519	542
85	110		84	101	300	340		299	320	530	580		529	552
90	115		89	106	310	350		309	330	540	590		539	562
95	120		94	111	320	360		319	340	550	600		549	572
100	130	16	99	120	330	370		329	350	560	610		559	582
110	140		109	130	340	380		339	360	570	620		569	592
120	150		119	140	350	390		349	370	580	630		579	602
130	160		129	150	360	400		359	380	590	640		589	612
140	170		139	160	370	410		369	390	600	650		599	622
150	180		149	170	380	420		379	400	630	680		629	652
160	190		159	180	390	430		389	410	710	760		709	732
170	200		169	190	400	440		399	420	800	850		799	822
180	215	18	179	200	410	460	25	409	430					

表 9-26 U 形无骨架橡胶油封尺寸系列（摘自 HG4—339—1986） （单位：mm）

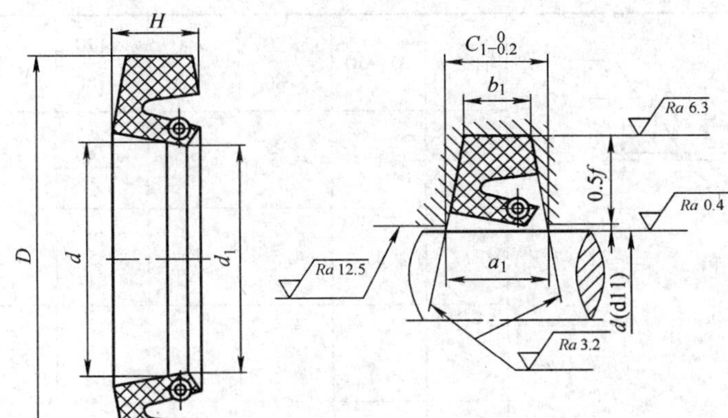

标记示例：
公称内径 $d=50$mm，公称外径 $D=75$mm，宽度 $H=12.5$，材料为耐油橡胶 Ⅰ—2 的 U 形无骨架橡胶油封：
U 形油封 50×75×12.5mm 橡胶 Ⅰ—2 HG4—339—1986

沟槽尺寸

d（d11）	30～95	100～170	180～250	260～400	410～600
a_1	14	16	18	20	25
b_1	9.6	10.8	12	13.2	16.5
C_1	13.8	15.8	17.8	19.8	24.8
f	12.5	15	17.5	20	25

轴径	油封尺寸			轴径	油封尺寸			轴径	油封尺寸		
d	D	H	d_1	d	D	H	d_1	d	D	H	d_1
30	55	12.5	29	180	215	16	179	400	440	18	399
35	60		34	190	225		189	410	460	22.5	409
40	65		39	200	235		199	420	470		419
45	70		44	210	245		209	430	480		429
50	75		49	220	255		219	440	490		439
55	80		54	230	265		229	450	500		449
60	85		59	240	275		239	460	510		459
65	90		64	250	285		249	470	520		469
70	95		69	260	300	18	259	480	530		479
75	100		74	270	310		269	490	540		489
80	105		79	280	320		279	500	550		499
85	110		84	290	330		289	510	560		509
90	115		89	300	340		299	520	570		519
95	120		94	310	350		309	530	580		529
100	130	14	99	320	360		319	540	590		539
110	140		109	330	370		329	550	600		549
120	150		119	340	380		339	560	610		559
130	160		129	350	390		349	570	620		569
140	170		139	360	400		359	580	630		579
150	180		149	370	410		369	590	640		589
160	190		159	380	420		379	600	650		599
170	200		169	390	430		389				

（4）迷宫密封（表 9-27，表 9-28）

表 9-27　迷宫式密封槽尺寸（JB/ZQ 4245—1997）　　（单位：mm）

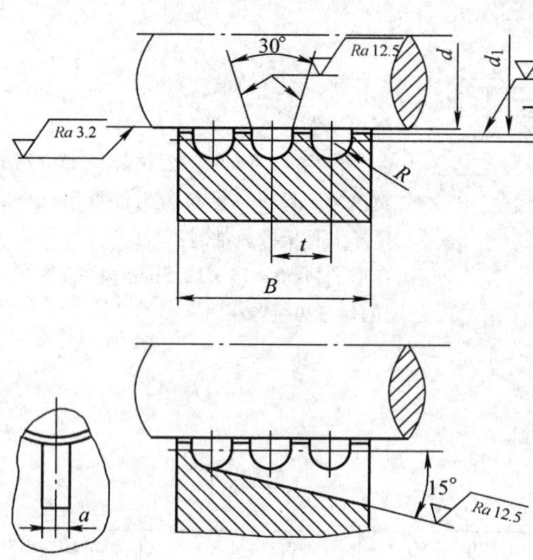

轴径 d	10 ~ 50	> 50 ~ 80	> 80 ~ 120	> 120 ~ 180	> 180
R	1	1.5	2	2.5	3
t	3	4.5	6	7.5	9
a	4	4	5	6	7
d_1	$d+0.4$	$d+1$			
B min	$m+R$				

注：1. n——槽数，一般 $n=2\sim4$，常用 $n=3$。

2. 表中轴径 10 ~ 50 的数值非 JB/ZQ 4245—1997 标准。

3. 在个别情况下，R、t、a 尺寸可不按轴径选用。

表 9-28　迷 宫 密 封　　（单位：mm）

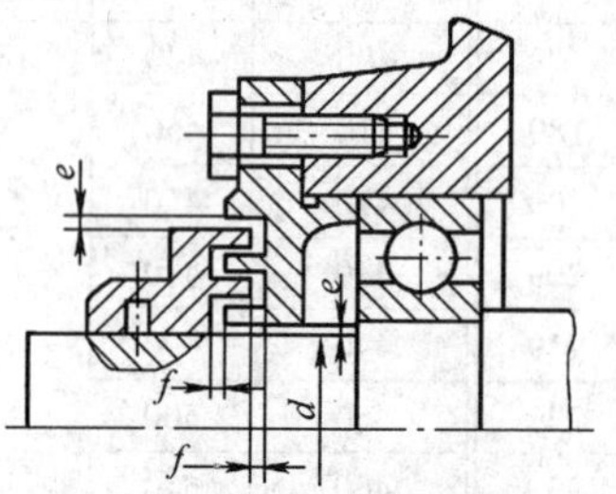

轴径 d	10 ~ 50	50 ~ 80	80 ~ 110	110 ~ 180
e	0.2	0.3	0.4	0.5
f	1	1.5	2	2.5

（5）减速器部分密封附件　甩油环、甩油盘（见表 9-29）和挡油盘、封油盘（见图 9-2）及油塞（见表 9-30）是齿轮减速器常用的密封附件。

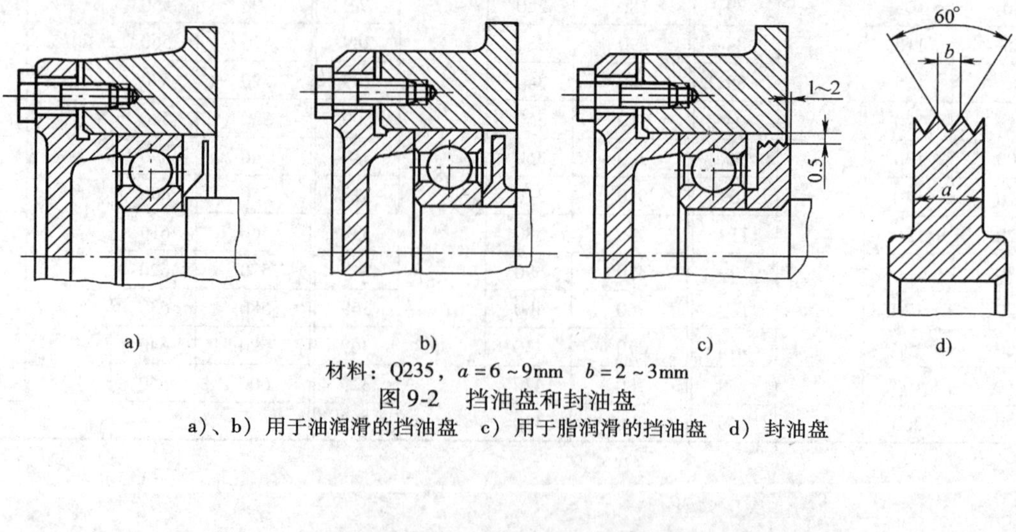

材料：Q235，$a=6\sim9$mm　$b=2\sim3$mm

图 9-2　挡油盘和封油盘

a）、b）用于油润滑的挡油盘　c）用于脂润滑的挡油盘　d）封油盘

表 9-29　甩油环及甩油盘　　（单位：mm）

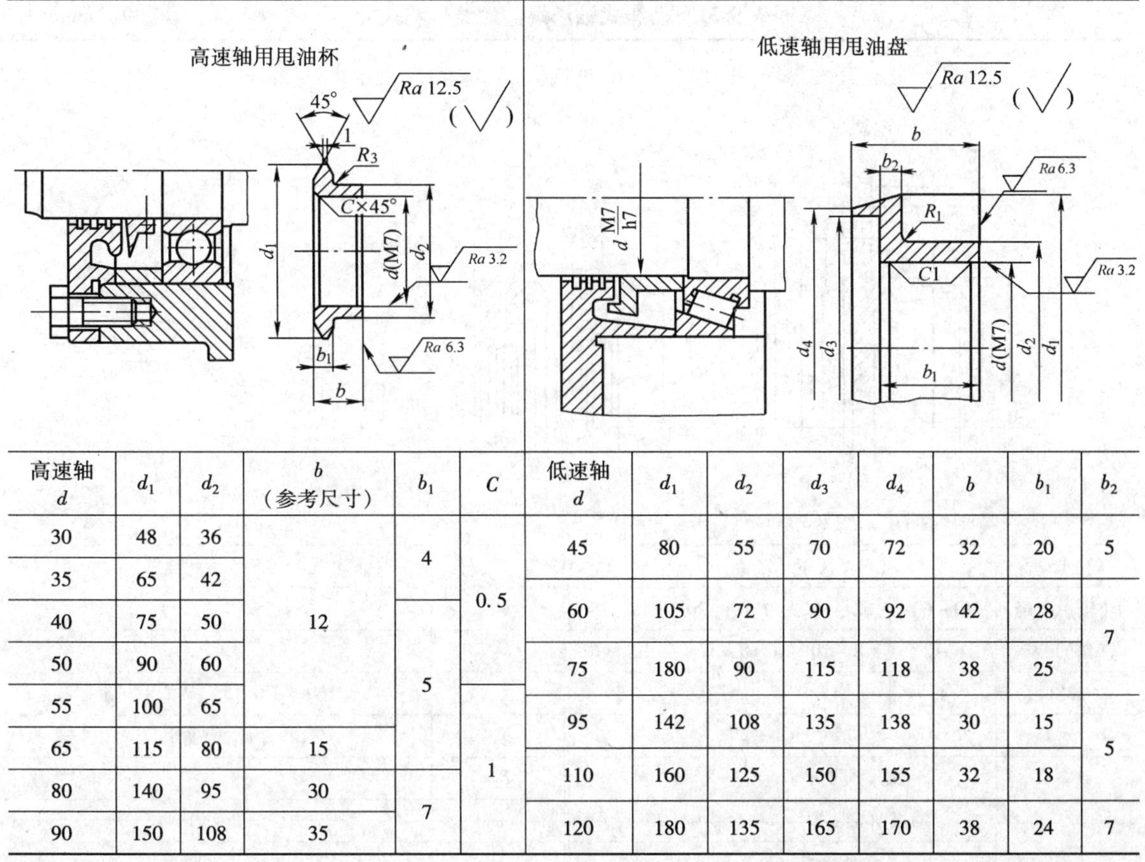

高速轴 d	d_1	d_2	b（参考尺寸）	b_1	C
30	48	36	12	4	0.5
35	65	42	12	4	0.5
40	75	50	12	5	0.5
50	90	60	12	5	0.5
55	100	65	12	5	1
65	115	80	15	5	1
80	140	95	30	7	1
90	150	108	35	7	1

低速轴 d	d_1	d_2	d_3	d_4	b	b_1	b_2
45	80	55	70	72	32	20	5
60	105	72	90	92	42	28	7
75	180	90	115	118	38	25	7
95	142	108	135	138	30	15	5
110	160	125	150	155	32	18	5
120	180	135	165	170	38	24	7

注：材料 Q235。

表 9-30　外六角螺塞（摘自 JB/ZQ 4450—1997）、软钢纸板油圈（摘自 QB/T 365—1981）
耐油石棉橡胶板油圈（摘自 GB/T 539—2008）　　（单位：mm）

外六角螺塞

油圈

d	d_1	D	e	S	L	h	b	b_1	R	C	D_0	H 软钢纸圈	H 耐油石棉橡胶圈
M10×1	8.5	18	12.7	11	20	10	4	2	0.5	0.7	18	2	2
M12×1.25	10.2	22	15.0	13	24	12	4	2	0.5	1.0	22	2	2
M14×1.5	11.8	23	20.8	18	25	12	4	3	1	1.0	22	2	2
M18×1.5	15.8	28	24.2	21	27	15	4	3	1	1.0	25	2	2
M20×1.5	17.8	30	24.2	21	30	15	4	3	1	1.0	30	2	2
M22×1.5	19.8	32	27.7	24	30	15	4	3	1	1.5	32	3	2
M24×2	21.0	34	31.2	27	32	16	4	4	1	1.5	35	3	2.5
M27×2	24.0	38	34.6	30	35	17	4	4	1	1.5	40	3	2.5
M30×2	27.0	42	39.3	34	38	18	4	4	1	1.5	45	3	2.5

标记示例　螺塞　M20×1.5　JB/ZQ/4450—1997

油圈　30×20　QB/T 2200—1981（D_0 = 30mm，d = 20mm 的软钢纸板油圈）

油圈　30×20　GB/T 539—2008（D_0 = 30mm，d = 20mm 的皮封油圈）

3. 轴承端盖、套杯与通气器（见表 9-31～表 9-37）

表 9-31　凸缘式轴承端盖的结构和尺寸　（单位：mm）

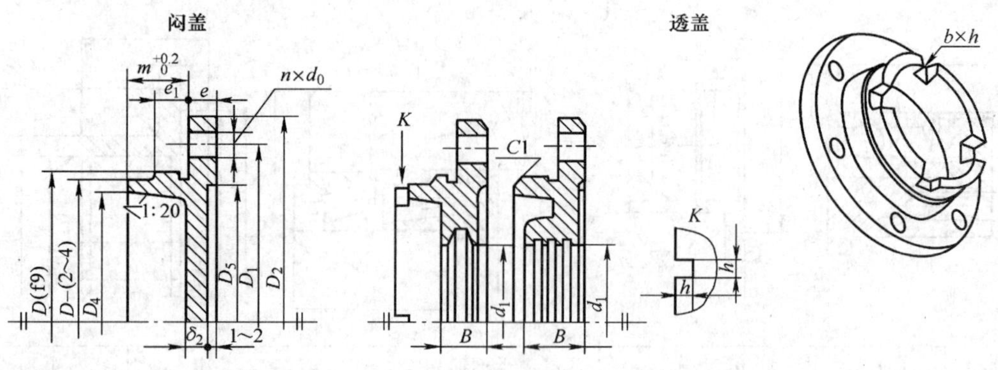

符　号	尺寸关系				符　号	尺寸关系
D(轴承外径)	30～60	62～100	110～130	140～280	D_5	$D_1-(2.5\sim3)d_3$
d_3(螺钉直径)	6～8	8～10	10～12	12～16	e	$1.2d_3$
n(螺钉数)	4	4	6	6	e_1	$(0.1\sim0.15)D$（$e_1\geqslant e$）
d_0	$d_3+(1\sim2)$				m	由结构确定
D_1	无套杯时：$D_1=D+2.5d_3$				δ_2	8～10
	有套杯时：$D_1=D+2.5d_3+2\delta_2$				b	8～10
	套杯厚度：$s_2=7\sim12$				h	$(0.8\sim1)b$
D_2	$D_1+(2.5\sim3)d_3$				透盖密封槽的结构尺寸	由密封方式及其装置决定，见表 9-22～表 9-29 及图 9-1
D_4	$(0.85\sim0.9)D$					

表 9-32　嵌入式轴承端盖

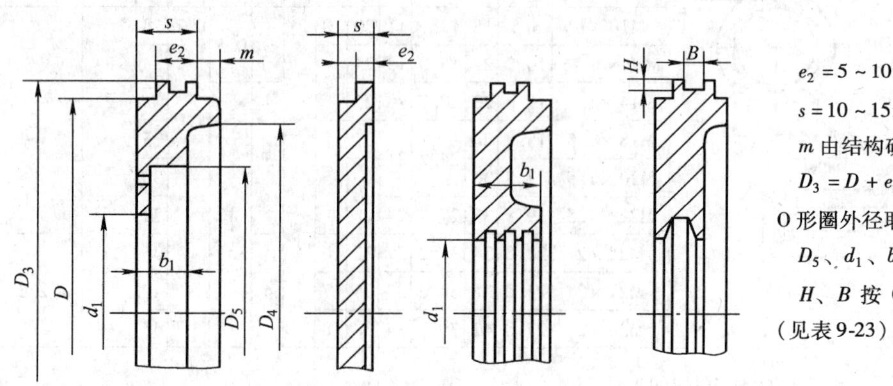

$e_2=5\sim10\text{mm}$

$s=10\sim15\text{mm}$

m 由结构确定

$D_3=D+e_2$，装有 O 形圈的，按 O 形圈外径取整（见表 9-23）

D_5、d_1、b_1 等由密封尺寸确定

H、B 按 O 形圈沟槽尺寸确定（见表 9-23），D_4 由轴承结构确定

注：材料 HT150。

表 9-33 套 杯

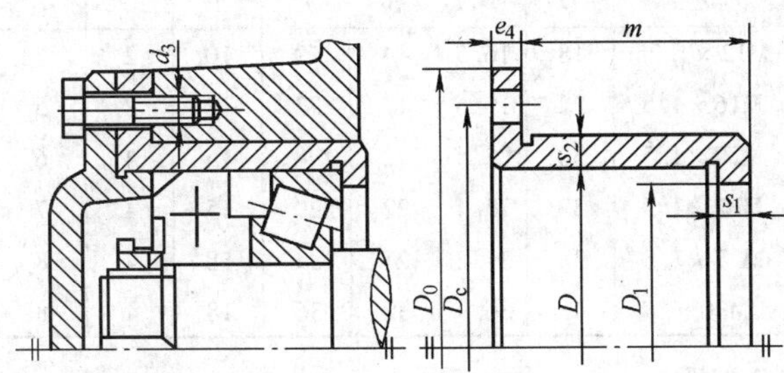

$s_1 \approx s_2 \approx e_4 = 7 \sim 12\text{mm}$

m 按结构确定

$D_c = D + 2s_2 + 2.5d_3$

$D_0 = D_c + 2.5d_3$

D_1 由轴承安装尺寸确定

注：材料 HT150。

表 9-34 通 气 器 1 （单位：mm）

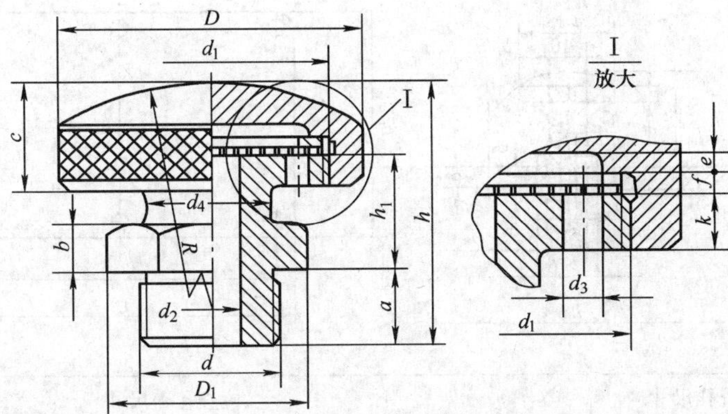

d	d_1	d_2	d_3	d_4	D	h	a	b	c	h_1	R	D_1	k	e	f
M18×1.5	M33×1.5	8	3	16	40	40	12	7	16	18	40	25.4	6	2	2
M27×1.5	M48×1.5	12	4.5	24	60	54	15	10	22	24	60	36.9	7	2	2
M36×1.5	M64×1.5	16	6	30	80	70	20	13	28	32	80	53.1	10	3	3

表 9-35 通 气 器 2 （单位：mm）

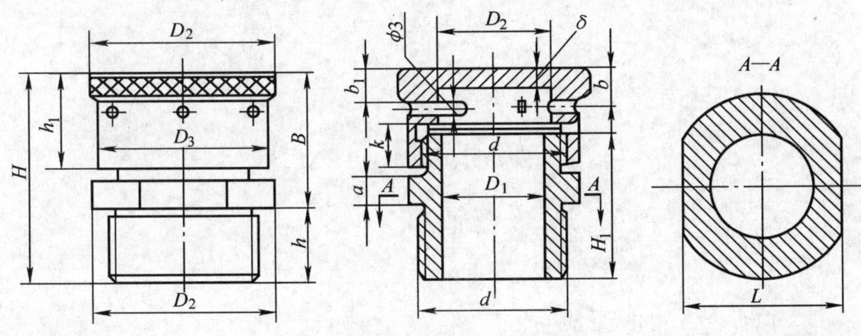

d	D_1	B	h	H	D_2	H_1	a	δ	k	b	h_1	b_1	D_3	D_4	L	孔数
M27×1.5	15	≈30	15	≈45	36	32	6	4	10	8	22	6	32	18	32	6
M36×2	20	≈40	20	≈60	48	42	8	4	12	11	29	8	42	24	41	6
M48×3	30	≈45	25	≈70	62	52	10	5	15	13	32	10	56	36	55	8

表 9-36 通气塞与检查孔盖 （单位：mm）

d	D	D_1	S	L	l	a	d_1
M12×1.25	18	16.5	14	19	10	2	4
M16×1.5	22	19.6	17	23	12	2	5
M20×1.5	30	25.4	22	28	15	4	6
M22×1.5	32	25.4	22	29	15	4	7
M27×1.5	38	31.2	27	34	18	4	8
M30×2	42	36.9	32	36	18	4	8

注：材料 Q235。

表 9-37 通气器与检查孔盖 （单位：mm）

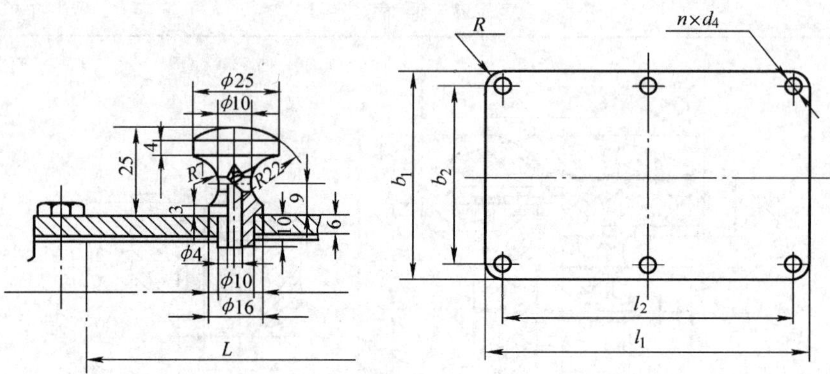

减速器中心距	检查孔尺寸		检查孔盖尺寸						
a	b	L	b_1	l_1	b_2	l_2	R	孔径 d_4	孔数 n
100~150	50~60	90~110	80~90	120~140	$1/2(b+b_1)$	$1/2(l+l_1)$	5	6.5	4
150~250	60~75	110~130	90~105	140~160					
250~400	75~110	130~180	105~140	160~210				9	6

注：1. 二级减速器 a 按总中心距计并应取偏大值。

2. 检查孔盖用钢板制作时，厚度取 6mm，材料 Q235。

3. 检查孔长 L 和宽 b 可根据结构自行在本表所提供的尺寸范围内选取，宽 b 在图中省略未标。

第四篇 机 械 传 动

第十章 齿 轮 传 动

一、渐开线圆柱齿轮传动

（一）渐开线圆柱齿轮基本齿廓和模数系列（见表 10-1，表 10-2）

表 10-1 渐开线标准基本齿条齿廓（摘自 GB/T 1356—2001）

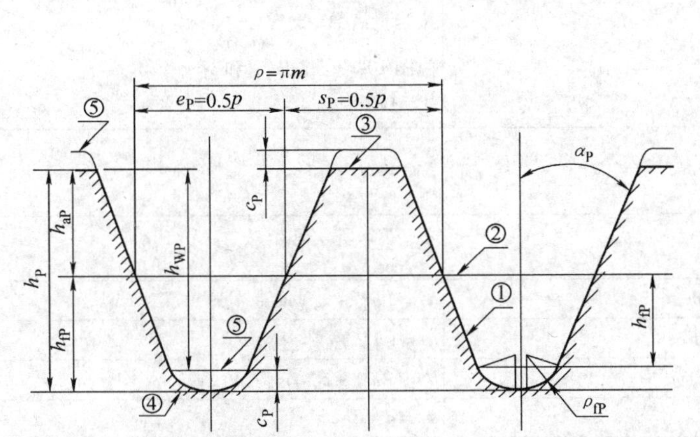

①标准基本齿条齿廓 ②基准线 ③齿顶线 ④齿根线 ⑤相啮标准基本齿条齿廓

符号	意义	数值
α_P	压力角	20°
h_{aP}	标准基本齿条轮齿顶高	$1m$
c_P	标准基本齿条轮齿与相相合标准基本齿条轮齿之间的顶隙	$0.25m$
h_{fP}	标准基本齿条轮齿齿根高	$1.25m$
ρ_{fP}	基本齿条的齿根圆角半径	$0.38m$

表 10-2 通用机械和重型机械用渐开线圆柱齿轮法向模数（摘自 GB/T 1357—2008）

（单位：mm）

第Ⅰ系列	1，1.25，1.5，2，2.5，3，4，5，6，8，10，12，16，20，25，32，40，50
第Ⅱ系列	1.125，1.375，1.75，2.25，2.75，3.5，4.5，5.5，（6.5），7，9，11，14，18，22，28，36，45

注：优先采用第Ⅰ系列，应避免采用第Ⅱ系列中的法向模数 6.5。

（二）渐开线圆柱齿轮几何尺寸计算

限于篇幅，本手册只介绍外啮合圆柱齿轮传动的计算。关于内啮合齿轮传动，可参考资料较详尽的设计手册或机械设计课程教材。

1. 外啮合圆柱齿轮传动几何尺寸计算（见表 10-3 ~ 表 10-5）

为减少复杂的计算工作量，齿厚测量尺寸可直接由表 10-6 ~ 表 10-13 查得。

2. 外啮合圆柱齿轮传动变位系数 *x* 的选择

表 10-3　外啮合圆柱齿轮传动几何尺寸计算

类别	名　称	直 齿 轮	斜齿(人字齿)轮
	已知条件（由设计计算确定）	z_1, z_2, m, a'	$z_1, z_2, m_n\ (m_t = m_n/\cos\beta), \beta, a'$
主要几何参数	未变位的中心距 a	$a = \dfrac{m}{2}(z_1 + z_2)$	$a = \dfrac{m_t}{2}(z_1 + z_2) = \dfrac{m_n}{2\cos\beta}(z_1 + z_2)$
主要几何参数	中心距变动因数 y	$y = \dfrac{a' - a}{m}$	$y_t = \dfrac{a' - a}{m_t}$
主要几何参数	分度圆压力角 α	$\alpha = 20°$	$\alpha_n = 20°, \tan\alpha_t = \dfrac{\tan\alpha_n}{\cos\beta}$
主要几何参数	啮合角 α'	$\cos\alpha' = \dfrac{a}{a'}\cos\alpha$	$\cos\alpha_t' = \dfrac{a}{a'}\cos\alpha_t$
主要几何参数	总变位因数 x_Σ	$x_\Sigma = \dfrac{z_1 + z_2}{2\tan\alpha}(\mathrm{inv}\alpha' - \mathrm{inv}\alpha)$	$x_{t\Sigma} = \dfrac{z_1 + z_2}{2\tan\alpha_t}(\mathrm{inv}\alpha_t' - \mathrm{inv}\alpha_t)$ $x_{n\Sigma} = \dfrac{x_{t\Sigma}}{\cos\beta}$
主要几何参数	变位因数的分配 x_1, x_2	查图 10-1	按当量齿数　$z_v = \dfrac{z}{\cos^3\beta}$ 由图 10-1 分配得 x_{n1} 和 x_{n2} $x_t = x_n\cos\beta$
主要几何参数	齿高变动因数 $\Delta y, \Delta y_t$	$\Delta y = x_\Sigma - y$	$\Delta y_t = x_{t\Sigma} - y_t$
主要几何尺寸	分度圆直径 d	$d = zm$	$d = \dfrac{zm_n}{\cos\beta}$
主要几何尺寸	齿顶高 h_a	$h_a = (h_a^* + x - \Delta y)m$	$h_a = (h_{an}^* + x_n)m_n - m_t\Delta y_t$
主要几何尺寸	齿根高 h_f	$h_f = (h_a^* + c^* - x)m$	$h_f = (h_{an}^* + c_n^* - x_n)m_n$
主要几何尺寸	全齿高 h	$h = (2h_a^* + c^* - \Delta y)m$	$h = (2h_{an}^* + c_n^*)m_n - m_t\Delta y_t$
主要几何尺寸	齿顶圆直径 d_a	$d_a = d + 2h_a$	$d_a = d + 2h_a$
主要几何尺寸	齿根圆直径 d_f	$d_f = d - 2h_f$	$d_f = d - 2h_f$
主要几何尺寸	基圆直径 d_b	$d_b = d\cos\alpha$	$d_b = d\cos\alpha_t$
传动性能参数	重合度 ε（端面重合度 ε_α）	$\varepsilon = \dfrac{\dfrac{1}{2}\left(\sqrt{d_{a1}^2 - d_{b1}^2} + \sqrt{d_{a2}^2 - d_{b2}^2}\right) - a'\sin\alpha'}{\pi m\cos\alpha}$	$\varepsilon_\alpha = \dfrac{\dfrac{1}{2}\left(\sqrt{d_{a1}^2 - d_{b1}^2} + \sqrt{d_{a2}^2 - d_{b2}^2}\right) - a'\sin\alpha_t'}{\pi m_t\cos\alpha_t}$
传动性能参数	轴向重合度 ε_β	$\varepsilon_\beta = 0$	$\varepsilon_\beta = \dfrac{b\sin\beta}{\pi m_n}$
传动性能参数	总重合度 ε_γ	$\varepsilon_\gamma = \varepsilon$	$\varepsilon_\gamma = \varepsilon_\alpha + \varepsilon_\beta$
齿厚测量尺寸(任选一种) I	公法线跨测齿数 k	$k = \dfrac{\alpha}{180°}z + 0.5 + \dfrac{2x\cot\alpha}{\pi}$ $\alpha = 20°$时 $k = 0.111z + 0.5 + 1.75x$ k 值圆整成整数	$k = \dfrac{\alpha_n}{180°}z' + 0.5 + \dfrac{2x_n\cot\alpha_n}{\pi}$ $\alpha_n = 20°$时 $k = 0.111z' + 0.5 + 1.75x_n$ $z' = z\dfrac{\mathrm{inv}\alpha_t}{\mathrm{inv}\alpha_n} = z\dfrac{\mathrm{inv}\alpha_t}{0.0149}$ k 值圆整成整数
齿厚测量尺寸(任选一种) I	公法线长度 W	$W = m\cos\alpha[\pi(k - 0.5) + z\,\mathrm{inv}\alpha + 2x\tan\alpha]$ $\alpha_n = 20°$时 $W = m[2.9521(k - 0.5) + 0.014z + 0.684x]$	$W = m_n\cos\alpha_n[\pi(k - 0.5) + z'\mathrm{inv}\alpha_n + 2x_n\tan\alpha_n]$ $\alpha_n = 20°$时 $W = m_n[2.9521(k - 0.5) + 0.014z' + 0.684x_n]$

（续）

名称			直齿轮	斜齿（人字齿）轮
齿厚测量尺寸（任选一种）	Ⅱ	固定弦齿厚 $\bar{s}_c$	$\bar{s}_c = m\left(\frac{\pi}{2}\cos^2\alpha + x\sin2\alpha\right)$ $\alpha=20°$时 $\bar{s}_c=(1.387+0.6428x)m$	$\bar{s}_c = m_n\left(\frac{\pi}{2}\cos^2\alpha_n + x_n\sin2\alpha_n\right)$ $\alpha_n=20°$时 $\bar{s}_c=(1.387+0.6428x_n)m_n$
		固定弦齿高 $\bar{h}_c$	$\bar{h}_c = h_a - \frac{\tan\alpha}{2}\bar{s}$ $\alpha=20°$时 $\bar{h}_c = h_a - 0.182\bar{s}_c$	$\bar{h}_c = h_a - \frac{\tan\alpha_a}{2}\bar{s}_c$ $\alpha_n=20°$时 $\bar{h}_c = h_a - 0.182\bar{s}_c$
	Ⅲ	分度圆弦齿厚 $\bar{s}$	$\bar{s} = mz\sin\left(\frac{\pi}{2z}+\frac{2x\tan\alpha}{z}\right)$ $\alpha=20°$时 $\bar{s} = mz\sin\left(\frac{90°+41.7°x}{z}\right)$	$\bar{s} = m_n z_v\sin\left(\frac{\pi}{2z_v}+\frac{2x_n\tan\alpha_n}{z_v}\right)$ $\alpha_n=20°$时 $\bar{s} = mz_v\sin\left(\frac{90°+41.7°x_n}{z_v}\right)$
		分度圆弦齿高 $\bar{h}$	$\bar{h} = h_a + \frac{mz}{2}\left[1-\cos\left(\frac{\pi}{2z}+\frac{2x\tan\alpha}{z}\right)\right]$ $\alpha=20°$时 $\bar{h} = h_a + \frac{mz}{2}\left[1-\cos\left(\frac{90°+41.7°x}{z}\right)\right]$	$\bar{h} = h_a + \frac{m_n z_v}{2}\left[1-\cos\left(\frac{\pi}{2z_v}+\frac{2x_n\tan\alpha_n}{z_v}\right)\right]$ $\alpha_n=20°$时 $\bar{h} = h_a + \frac{m_n z_v}{2}\left[1-\cos\left(\frac{90°+41.7°x_n}{z_v}\right)\right]$
	Ⅳ	圆棒（球）直径 d_p	$d_p=(1.6\sim1.9)m$ 常用 $d_p=1.68m$ 或 $d_p=1.732m$	$d_p=(1.6\sim1.9)m_n$ 常用 $d_p=1.68m_n$ 或 $d_p=1.732m_n$
		圆棒（球）中心所在圆的压力角 α_M	$\mathrm{inv}\alpha_M=\mathrm{inv}\alpha+\frac{d_p}{d\cos\alpha}+\frac{2x\tan\alpha}{z}-\frac{\pi}{2z}$ $\alpha=20°$时 $\mathrm{inv}\alpha_M = 0.014904 + 1.0642\frac{d_p}{d}+\frac{1}{z}\times(0.728x-1.5708)$	$\mathrm{inv}\alpha_{Mt}=\mathrm{inv}\alpha_t+\frac{d_p}{d\cos\alpha_t}+\frac{2x_n\tan\alpha_n}{z}-\frac{\pi}{2z}$
		圆棒（球）跨距 M	z 为偶数时 $M=d\frac{\cos\alpha}{\cos\alpha_M}+d_p$ z 为奇数时 $M=d\frac{\cos\alpha}{\cos\alpha_M}\cos\frac{90°}{z}+d_p$	z 为偶数时 $M=d\frac{\cos\alpha_t}{\cos\alpha_{Mt}}+d_p$ z 为奇数时 $M=d\frac{\cos\alpha_t}{\cos\alpha_{Mt}}\cos\frac{90°}{z}+d_p$

注：1. 斜齿轮及人字齿轮的公法线长度、固定弦齿厚和分度圆弦齿厚均在法面内测量。测量公法线长度时，应符合 $b>W\sin\beta$ 的条件。

2. 斜齿轮及人字齿轮的 M 值在端面内用圆球测量。

变位齿轮有避免根切，提高齿面接触强度、弯曲强度、齿面抗胶合能力和耐磨损能力，以及配凑中心距和修复旧齿轮等功能。齿轮变位对传动的影响见表10-4。

表10-4　齿轮变位对传动的影响

类　型	变位因数 x 或总变位因数 Σx	说　明
正变位	$x>0$	分度圆齿厚增厚 $2xm\tan\alpha$，齿根高减小 xm
负变位	$x<0$	分度圆齿厚减薄 $2xm\tan\alpha$，齿根高增大 xm

（续）

类　型	变位因数 x 或总变位因数 Σx	说　明
正角度变位齿轮传动	$\Sigma x = x_1 + x_2 > 0$	$a' > a$，$\alpha' > \alpha$，承载能力提高，但重合度 ε_α 减小，可用于 $z_\Sigma < 2z_{min}$（正常齿 $z_{min} = 17$）
负角度变位齿轮传动	$\Sigma x = x_1 + x_2 < 0$	$a' < a$，$\alpha' < \alpha$，承载能力降低，重合度 ε_α 稍大，除用于中心距配凑外，一般很少采用，且必须满足 $z_\Sigma > 2z_{min}$ 的条件
高度变位齿轮传动	$\Sigma x = x_1 + x_2 = 0$	$a' = a$，$\alpha' = \alpha$，重合度 ε_α 略减，常用于保证 $a' = a$ 的场合，要求 $z_\Sigma > 2z_{min}$

图 10-1 可用于齿条型刀具加工外齿轮时选择变位因数。图中阴影线以内为许用区，各射线为等啮合角线。根据齿数和 z_Σ 在许用区内选择合适的点，可得相应的变位因数和 x_Σ，再由左图齿数比 $u = z_1/z_2$ 的斜线找到分配的变位因数 x_1，取 $x_2 = x_\Sigma - x_1$。由该线图选择 x_Σ 并分配 x_1、x_2，可保证：

1）加工时不产生根切（在根切限制线附近许用区内选择 x_Σ，也能保证工作段齿廓不根切）。

2）齿顶厚 $s_a > 0.4m$（个别情况下，$s_a < 0.4m$，但仍保证 $s_a > 0.25m$）。

3）端面重合度 $\varepsilon_\alpha \geqslant 1.2$（在线图的上方边界线选取 x_Σ 时，只有少数情况下 $\varepsilon_\alpha \geqslant 1.1 \sim 1.2$）。

4）啮合时不发生齿廓干涉。

5）两齿轮的最大滑动率接近或相等。

6）在模数限制线（图 10-1 中模数 $m = 6$mm，$m = 7$mm，…，$m = 10$mm 等线）下方选取 x_Σ 时，用标准滚刀加工该模数的齿轮，不会产生不完全切削现象。

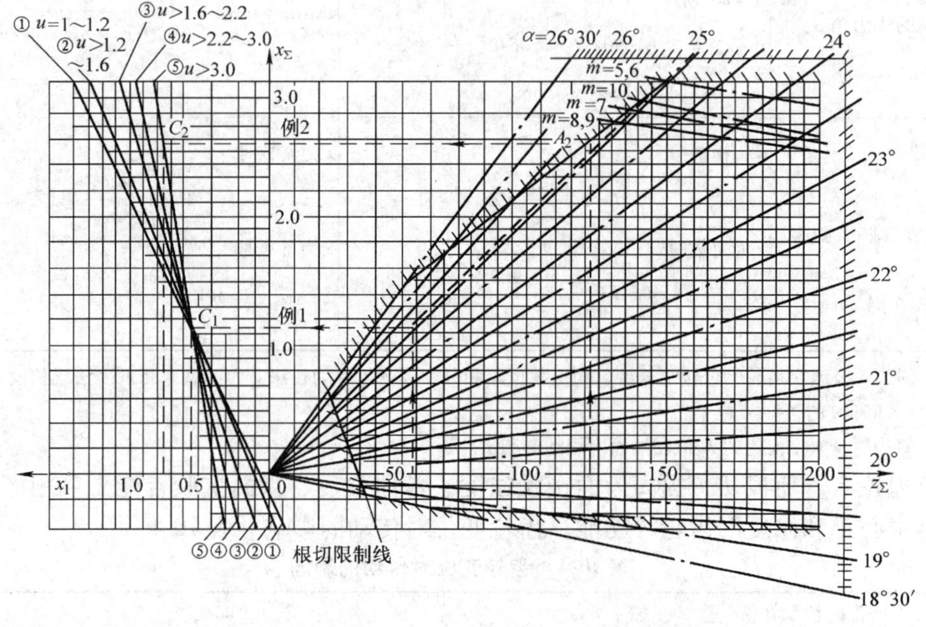

图 10-1　选择变位因数线图（$\alpha = 20°$，$h_a^* = 1$，$z_1 \geqslant 1$）

表 10-5　渐开线函数（invα_k—α_k）表　　（单位：rad）

α_k/（°）	次	0′	5′	10′	15′	20′	25′	30′	35′	40′	45′	50′	55′
6	0.00	03845	04008	04175	04347	04524	04706	04892	05083	05280	05481	05687	05898
7	0.00	06115	06337	06564	06797	07035	07279	07528	07783	08044	08310	08582	08861
8	0.00	09145	09435	09732	10034	10343	10659	10980	11308	11643	11984	12332	12687
9	0.00	13048	13416	13792	14174	14563	14960	15363	15774	16193	16618	17051	17492
10	0.00	17941	18397	18860	19332	19812	20299	20795	21299	21810	22330	22859	23396
11	0.00	23941	24495	25057	25628	26208	26797	27394	28001	28618	29241	29875	30518
12	0.00	31171	31832	32504	33185	33875	34575	35285	36005	36735	37474	38224	38984
13	0.00	39754	40534	41325	42126	42938	43760	44593	45437	46291	47157	48033	48921
14	0.00	49819	50729	51650	52582	53526	54482	55448	56427	57417	58420	59434	60460
15	0.00	61498	62548	63611	64686	65773	66873	67985	69110	70248	71398	72561	73738
16	0.0	07493	07613	07735	07857	07982	08107	08234	08362	08492	08623	08756	08889
17	0.0	09025	09161	09299	09439	09580	09722	09866	10012	10158	10307	10456	10608
18	0.0	10760	10915	11071	11228	11387	11547	11709	11873	12038	12205	12373	12543
19	0.0	12715	12888	13063	13240	13418	13598	13779	13963	14148	14334	14523	14713
20	0.0	14904	15098	15293	15490	15689	15890	16092	16296	16502	16710	16920	17132
21	0.0	17345	17560	17777	17996	18217	18440	18665	18891	19120	19350	19583	19817
22	0.0	20054	20292	20533	20775	21019	21266	21514	21765	22018	22272	22529	22788
23	0.0	23049	23312	23588	23845	24114	24386	24660	24936	25214	25495	25778	26062
24	0.0	26350	26639	26931	27225	27521	27820	28121	28424	28729	29037	29348	29660
25	0.0	29975	30293	30613	30935	31260	31587	31917	32249	32583	32920	33260	33602
26	0.0	33947	34294	34644	34997	35352	35709	36069	36432	36798	37166	37537	37910
27	0.0	38287	38666	39047	39432	39819	40209	40602	40997	41395	41797	42201	42607
28	0.0	43017	43430	43845	44262	44685	45110	45537	45967	46400	46837	47276	47718
29	0.0	48164	48612	49064	49518	49976	50437	50901	51368	51838	52312	52788	53268
30	0.0	53751	54238	54728	55221	55717	56217	56720	57226	57736	58249	58765	59285
31	0.0	59809	60335	60866	61400	61937	62478	63022	63570	64122	64677	65236	65798
32	0.0	66364	66934	67507	68084	68665	69250	69838	70430	71026	71626	72230	72838
33	0.0	73449	74064	74684	75307	75934	76565	77200	77839	78483	79130	79781	80437
34	0.0	81097	81760	82428	83101	83777	84457	85142	85832	86525	87223	87925	88631
35	0.0	89342	90058	90777	91502	92230	92963	93701	94443	95190	95942	96698	97459
36	0.	09822	09899	09977	10055	10133	10212	10292	10371	10452	10533	10614	10696
37	0.	10778	10861	10944	11028	11113	11197	11283	11369	11455	11542	11630	11718
38	0.	11806	11895	11985	12075	12165	12257	12348	12441	12534	12627	12721	12815
39	0.	12911	13006	13102	13199	13297	13395	13493	13592	13692	13792	13893	13995
40	0.	14097	14200	14303	14407	14511	14616	14722	14829	14936	15043	15152	15261
41	0.	15370	15480	15591	15703	15815	15928	16041	16156	16270	16386	16502	16619
42	0.	16737	16855	16974	17093	17214	17335	17457	17579	17702	17826	17951	18076
43	0.	18202	18329	18457	18585	18714	18844	18975	19106	19238	19371	19505	19639
44	0.	19774	19910	20047	20185	20323	20463	20603	20743	20885	21028	21171	21315
45	0.	21460	21606	21753	21900	22049	22198	22348	22499	22651	22804	22958	23112
46	0.	23268	23424	23582	23740	23899	24059	24220	24382	24545	24709	24874	25040
47	0.	25206	25374	25543	25713	25883	26055	26228	26401	26576	26572	26929	27107
48	0.	27285	27465	27646	27828	28012	28196	28381	28567	28755	28943	29133	29324
49	0.	29516	29709	29903	30098	30295	30492	30691	30891	31092	31295	31498	31703
50	0.	31909	32116	32324	32534	32745	32957	33171	33385	33601	33818	34037	34257
51	0.	34478	34700	34924	35149	35376	35604	35833	36063	36295	36529	36763	36999
52	0.	37237	37476	37716	37958	38202	38446	38693	38941	39190	39441	39693	39947
53	0.	40202	40459	40717	40977	41239	41502	41767	42034	42302	42571	42843	43116
54	0.	43390	43667	43945	44225	44506	44789	45074	45361	45650	45940	46232	46526
55	0.	46822	47119	47419	47720	48023	48328	48635	48944	49255	49568	49882	50199
56	0.	50518	50838	51161	51486	51813	52141	52472	52805	53141	53478	53817	54159
57	0.	54503	54849	55197	55547	55900	56255	56612	56972	57333	57698	58064	58433
58	0.	58804	59178	59554	59933	60314	60697	61083	61472	61863	62257	62653	63052
59	0.	63454	63858	64265	64674	65086	65501	65919	66340	66763	67189	67618	68050

表 10-6　外啮合标准齿轮分度圆弦齿厚 $\bar{s}^*$（$\bar{s}_n^*$）和弦齿高 $\bar{h}^*$（$\bar{h}_n^*$）

（$m_n = m = 1$，$\alpha_n = \alpha = 20°$，$\bar{h}_{an}^* = \bar{h}_a^* = 1$）　　　　（单位：mm）

齿数 $z(z_v)$	分度圆弦齿厚 $\bar{s}^*(\bar{s}_n^*)$	分度圆弦齿高 $\bar{h}^*(\bar{h}_n^*)$	齿数 $z(z_v)$	分度圆弦齿厚 $\bar{s}^*(\bar{s}_n^*)$	分度圆弦齿高 $\bar{h}^*(\bar{h}_n^*)$	齿数 $z(z_v)$	分度圆弦齿厚 $\bar{s}^*(\bar{s}_n^*)$	分度圆弦齿高 $\bar{h}^*(\bar{h}_n^*)$	齿数 $z(z_v)$	分度圆弦齿厚 $\bar{s}^*(\bar{s}_n^*)$	分度圆弦齿高 $\bar{h}^*(\bar{h}_n^*)$
6	1.5529	1.1022	40	1.5704	1.0154	74	1.5707	1.0084	108	1.5707	1.0057
7	1.5568	1.0873	41	1.5704	1.0150	75	1.5707	1.0083	109	1.5707	1.0057
8	1.5607	1.0769	42	1.5704	1.0147	76	1.5707	1.0081	110	1.5707	1.0056
9	1.5628	1.0684	43	1.5705	1.0143	77	1.5707	1.0080	111	1.5707	1.0056
10	1.5643	1.0616	44	1.5705	1.0140	78	1.5707	1.0079	112	1.5707	1.0055
11	1.5654	1.0559	45	1.5705	1.0137	79	1.5707	1.0078	113	1.5707	1.0055
12	1.5663	1.0514	46	1.5705	1.0134	80	1.5707	1.0077	114	1.5707	1.0054
13	1.5670	1.0474	47	1.5705	1.0131	81	1.5707	1.0076	115	1.5707	1.0054
14	1.5675	1.0440	48	1.5705	1.0129	82	1.5707	1.0075	116	1.5707	1.0053
15	1.5679	1.0411	49	1.5705	1.0126	83	1.5707	1.0074	117	1.5707	1.0053
16	1.5683	1.0385	50	1.5705	1.0123	84	1.5707	1.0074	118	1.5707	1.0053
17	1.5686	1.0382	51	1.5706	1.0121	85	1.5707	1.0073	119	1.5707	1.0052
18	1.5688	1.0342	52	1.5706	1.0119	86	1.5707	1.0072	120	1.5707	1.0052
19	1.5690	1.0324	53	1.5706	1.0117	87	1.5707	1.0071	121	1.5707	1.0051
20	1.5692	1.0308	54	1.5706	1.0114	88	1.5707	1.0070	122	1.5707	1.0051
21	1.5694	1.0294	55	1.5706	1.0112	89	1.5707	1.0069	123	1.5707	1.0050
22	1.5695	1.0281	56	1.5706	1.0110	90	1.5707	1.0068	124	1.5707	1.0050
23	1.5696	1.0268	57	1.5706	1.0108	91	1.5707	1.0068	125	1.5707	1.0045
24	1.5697	1.0257	58	1.5706	1.0106	92	1.5707	1.0067	126	1.5707	1.0049
25	1.5698	1.0247	59	1.5706	1.0105	93	1.5707	1.0067	127	1.5707	1.0049
26	1.5698	1.0237	60	1.5706	1.0102	94	1.5707	1.0066	128	1.5707	1.0048
27	1.5699	1.0228	61	1.5706	1.0101	95	1.5707	1.0065	129	1.5707	1.0048
28	1.5700	1.0220	62	1.5706	1.0100	96	1.5707	1.0064	130	1.5707	1.0047
29	1.5700	1.0213	63	1.5706	1.0098	97	1.5707	1.0064	131	1.5708	1.0047
30	1.5701	1.0205	64	1.5706	1.0097	98	1.5707	1.0063	132	1.5708	1.0047
31	1.5701	1.0199	65	1.5706	1.0095	99	1.5707	1.0062	133	1.5708	1.0047
32	1.5702	1.0193	66	1.5706	1.0094	100	1.5707	1.0061	134	1.5708	1.0046
33	1.5702	1.0187	67	1.5706	1.0092	101	1.5707	1.0061	135	1.5708	1.0046
34	1.5702	1.0181	68	1.5706	1.0091	102	1.5707	1.0060	140	1.5708	1.0044
35	1.5702	1.0176	69	1.5707	1.0090	103	1.5707	1.0060	145	1.5708	1.0042
36	1.5703	1.0171	70	1.5707	1.0088	104	1.5707	1.0059	150	1.5708	1.0041
37	1.5703	1.0167	71	1.5707	1.0087	105	1.5707	1.0059	齿条	1.5708	1.0000
38	1.5703	1.0162	72	1.5707	1.0086	106	1.5707	1.0058			
39	1.5704	1.0158	73	1.5707	1.0085	107	1.5707	1.0058			

注：1. 对于斜齿圆柱齿轮和锥齿轮，本表也可以用，所不同的是齿数要按照当量齿数 z_v。

2. 如果当量齿数带小数，就要用比例插入法，把小数部分考虑进去。

3. 当模数 m（或 m_n）$\neq 1$ 时，其分度圆弦齿厚 $\bar{s}$（$\bar{s}_n$）和弦齿高 $\bar{h}$（$\bar{h}_n$）等于查得的 $\bar{s}^*$（$\bar{s}_n^*$）和 $\bar{h}^*$（$\bar{h}_n^*$）乘以 m（m_n）。

表 10-7 外啮合变位齿轮分度圆弦齿厚 $\bar{s}^*$ （$\bar{s}_n^*$） 和弦齿高 $\bar{h}^*$ （$\bar{h}_n^*$）

（$m_n = m = 1$，$\alpha_n = \alpha = 20°$，$h_{an}^* = h_a^* = 1$） （单位：mm）

$z(z_v)$	10		11		12		13		14		15		16		17	
$x(x_n)$	$\bar{s}^*$ （$\bar{s}_n^*$）	$\bar{h}^*$ （$\bar{h}_n^*$）	$\bar{s}^*$ （$\bar{s}_n^*$）	$\bar{h}^*$ （$\bar{h}_n^*$）	$\bar{s}^*$ （$\bar{s}_n^*$）	$\bar{h}^*$ （$\bar{h}_n^*$）	$\bar{s}^*$ （$\bar{s}_n^*$）	$\bar{h}^*$ （$\bar{h}_n^*$）	$\bar{s}^*$ （$\bar{s}_n^*$）	$\bar{h}^*$ （$\bar{h}_n^*$）	$\bar{s}^*$ （$\bar{s}_n^*$）	$\bar{h}^*$ （$\bar{h}_n^*$）	$\bar{s}^*$ （$\bar{s}_n^*$）	$\bar{h}^*$ （$\bar{h}_n^*$）	$\bar{s}^*$ （$\bar{s}_n^*$）	$\bar{h}^*$ （$\bar{h}_n^*$）
0.02															1.583	1.057
0.05											1.604	1.093	1.604	1.090	1.605	1.088
0.08											1.626	1.124	1.626	1.121	1.626	1.119
0.10									1.639	1.148	1.640	1.145	1.641	1.142	1.641	1.140
0.12									1.654	1.169	1.655	1.166	1.655	1.163	1.655	1.160
0.15							1.675	1.204	1.676	1.200	1.677	1.197	1.677	1.194	1.677	1.192
0.18							1.697	1.236	1.698	1.232	1.698	1.228	1.699	1.225	1.699	1.223
0.20					1.710	1.261	1.711	1.257	1.712	1.253	1.713	1.249	1.713	1.246	1.713	1.243
0.22					1.725	1.282	1.726	1.278	1.726	1.273	1.727	1.270	1.728	1.267	1.728	1.264
0.25	1.744	1.327	1.745	1.320	1.746	1.314	1.747	1.309	1.748	1.305	1.749	1.301	1.749	1.298	1.750	1.295
0.28	1.765	1.359	1.767	1.351	1.768	1.346	1.769	1.341	1.770	1.336	1.770	1.332	1.771	1.329	1.771	1.326
0.30	1.780	1.380	1.781	1.373	1.782	1.367	1.783	1.362	1.784	1.357	1.785	1.353	1.785	1.350	1.786	1.347
0.32	1.794	1.401	1.796	1.394	1.797	1.388	1.798	1.383	1.798	1.378	1.799	1.374	1.800	1.371	1.800	1.308
0.35	1.815	1.433	1.817	1.426	1.819	1.419	1.820	1.414	1.820	1.410	1.821	1.405	1.822	1.402	1.822	1.399
0.38	1.837	1.465	1.839	1.457	1.841	1.451	1.841	1.446	1.842	1.441	1.843	1.437	1.843	1.433	1.844	1.430
0.40	1.851	1.486	1.853	1.479	1.855	1.472	1.856	1.467	1.857	1.462	1.857	1.458	1.858	1.454	1.858	1.451
0.42	1.866	1.508	1.867	1.500	1.870	1.493	1.870	1.488	1.871	1.483	1.872	1.479	1.872	1.475	1.873	1.472
0.45	1.887	1.540	1.889	1.532	1.891	1.525	1.892	1.519	1.893	1.514	1.893	1.510	1.894	1.506	1.895	1.503
0.48	1.908	1.572	1.910	1.564	1.917	1.557	1.913	1.551	1.914	1.546	1.915	1.541	1.916	1.538	1.916	1.534
0.50	1.923	1.593	1.925	1.585	1.926	1.578	1.928	1.572	1.929	1.567	1.929	1.562	1.930	1.558	1.931	1.555
0.52	1.937	1.615	1.939	1.606	1.941	1.599	1.942	1.593	1.943	1.588	1.944	1.583	1.945	1.579	1.945	1.576
0.55	1.959	1.647	1.961	1.638	1.962	1.631	1.964	1.625	1.965	1.620	1.966	1.615	1.966	1.611	1.967	1.607
0.58	1.980	1.679	1.982	1.670	1.984	1.663	1.985	1.656	1.986	1.651	1.987	1.646	1.988	1.642	1.988	1.638
0.60	1.994	1.700	1.996	1.691	1.998	1.684	1.999	1.677	2.001	1.673	2.002	1.667	2.002	1.663	2.003	1.659

$z(z_v)$	18		19		20		21		22		23		24		25	
$x(x_n)$	$\bar{s}^*$ （$\bar{s}_n^*$）	$\bar{h}^*$ （$\bar{h}_n^*$）	$\bar{s}^*$ （$\bar{s}_n^*$）	$\bar{h}^*$ （$\bar{h}_n^*$）	$\bar{s}^*$ （$\bar{s}_n^*$）	$\bar{h}^*$ （$\bar{h}_n^*$）	$\bar{s}^*$ （$\bar{s}_n^*$）	$\bar{h}^*$ （$\bar{h}_n^*$）	$\bar{s}^*$ （$\bar{s}_n^*$）	$\bar{h}^*$ （$\bar{h}_n^*$）	$\bar{s}^*$ （$\bar{s}_n^*$）	$\bar{h}^*$ （$\bar{h}_n^*$）	$\bar{s}^*$ （$\bar{s}_n^*$）	$\bar{h}^*$ （$\bar{h}_n^*$）	$\bar{s}^*$ （$\bar{s}_n^*$）	$\bar{h}^*$ （$\bar{h}_n^*$）
−0.12					1.482	0.908	1.482	0.906	1.482	0.905	1.482	0.904	1.483	0.903	1.483	0.902
−0.10			1.496	0.930	1.497	0.928	1.497	0.297	1.497	0.925	1.497	0.924	1.497	0.923	1.497	0.922
−0.08			1.511	0.950	1.511	0.949	1.511	0.947	1.511	0.946	1.511	0.945	1.511	0.944	1.512	0.943
−0.05	1.533	0.983	1.533	0.981	1.533	0.979	1.533	0.978	1.533	0.977	1.533	0.976	1.534	0.975	1.534	0.974
−0.02	1.544	1.014	1.554	1.012	1.555	1.010	1.555	1.009	1.555	1.008	1.555	1.006	1.555	1.005	1.555	1.004
0.00	1.569	1.034	1.569	1.032	1.569	1.031	1.569	1.029	1.569	1.028	1.569	1.027	1.570	1.026	1.570	1.025
0.02	1.583	1.055	1.584	1.053	1.584	1.051	1.584	1.050	1.584	1.049	1.584	1.047	1.584	1.046	1.584	1.045
0.05	1.605	1.086	1.605	1.084	1.605	1.082	1.606	1.081	1.606	1.079	1.606	1.078	1.606	1.077	1.606	1.076
0.08	1.627	1.117	1.627	1.115	1.627	1.113	1.627	1.112	1.628	1.110	1.628	1.109	1.628	1.108	1.628	1.107
0.10	1.641	1.138	1.642	1.136	1.642	1.134	1.642	1.132	1.642	1.131	1.642	1.130	1.642	1.128	1.642	1.127
0.12	1.656	1.158	1.656	1.156	1.656	1.154	1.656	1.153	1.657	1.151	1.657	1.150	1.657	1.149	1.657	1.147
0.15	1.678	1.189	1.678	1.187	1.678	1.185	1.678	1.184	1.678	1.182	1.678	1.181	1.679	1.179	1.679	1.178
0.18	1.699	1.220	1.700	1.218	1.700	1.216	1.700	1.215	1.700	1.213	1.700	1.212	1.700	1.210	1.701	1.209
0.20	1.714	1.241	1.714	1.239	1.714	1.237	1.714	1.235	1.715	1.234	1.715	1.232	1.715	1.231	1.715	1.229
0.22	1.728	1.262	1.729	1.259	1.729	1.257	1.729	1.256	1.729	1.254	1.729	1.253	1.729	1.251	1.730	1.250
0.25	1.750	1.293	1.750	1.290	1.750	1.288	1.751	1.287	1.751	1.285	1.751	1.283	1.751	1.281	1.751	1.280
0.28	1.772	1.324	1.772	1.321	1.772	1.319	1.773	1.318	1.773	1.316	1.773	1.314	1.773	1.313	1.773	1.311
0.30	1.786	1.344	1.787	1.342	1.787	1.340	1.787	1.338	1.787	1.336	1.787	1.335	1.788	1.333	1.788	1.332

（续）

$z(z_v)$	18		19		20		21		22		23		24		25	
$x(x_n)$	$\bar{s}^*$ ($\bar{s}_n^*$)	$\bar{h}^*$ ($\bar{h}_n^*$)	$\bar{s}^*$ ($\bar{s}_n^*$)	$\bar{h}^*$ ($\bar{h}_n^*$)	$\bar{s}^*$ ($\bar{s}_n^*$)	$\bar{h}^*$ ($\bar{h}_n^*$)	$\bar{s}^*$ ($\bar{s}_n^*$)	$\bar{h}^*$ ($\bar{h}_n^*$)	$\bar{s}^*$ ($\bar{s}_n^*$)	$\bar{h}^*$ ($\bar{h}_n^*$)	$\bar{s}^*$ ($\bar{s}_n^*$)	$\bar{h}^*$ ($\bar{h}_n^*$)	$\bar{s}^*$ ($\bar{s}_n^*$)	$\bar{h}^*$ ($\bar{h}_n^*$)	$\bar{s}^*$ ($\bar{s}_n^*$)	$\bar{h}^*$ ($\bar{h}_n^*$)
0.32	1.801	1.365	1.801	1.363	1.801	1.361	1.802	1.359	1.802	1.357	1.802	1.355	1.802	1.354	1.802	1.353
0.35	1.822	1.396	1.823	1.394	1.823	1.392	1.823	1.390	1.824	1.388	1.824	1.386	1.824	1.385	1.824	1.383
0.38	1.844	1.427	1.844	1.425	1.845	1.423	1.845	1.421	1.845	1.419	1.845	1.417	1.846	1.415	1.846	1.414
0.40	1.858	1.448	1.859	1.446	1.859	1.443	1.859	1.441	1.860	1.439	1.860	1.438	1.860	1.436	1.860	1.435
0.42	1.873	1.469	1.873	1.466	1.874	1.464	1.874	1.462	1.874	1.460	1.874	1.458	1.875	1.457	1.875	1.455
0.45	1.895	1.500	1.895	1.497	1.896	1.495	1.896	1.493	1.896	1.491	1.896	1.489	1.896	1.488	1.897	1.486
0.48	1.916	1.531	1.917	1.529	1.917	1.526	1.918	1.524	1.918	1.522	1.918	1.520	1.918	1.518	1.918	1.517
0.50	1.931	1.552	1.931	1.549	1.932	1.547	1.932	1.545	1.932	1.543	1.933	1.541	1.933	1.539	1.933	1.537
0.52	1.945	1.573	1.946	1.570	1.946	1.568	1.947	1.565	1.947	1.563	1.947	1.562	1.947	1.560	1.947	1.558
0.55	1.967	1.604	1.968	1.601	1.968	1.599	1.968	1.596	1.969	1.594	1.969	1.593	1.969	1.591	1.969	1.589
0.58	1.989	1.635	1.989	1.632	1.990	1.630	1.990	1.627	1.990	1.625	1.991	1.624	1.991	1.621	1.991	1.620
0.60	2.003	1.656	2.004	1.653	2.004	1.650	2.005	1.648	2.005	1.646	2.005	1.645	2.005	1.642	2.005	1.641

$z(z_v)$	26~30	31~69	70~200	26	28	30	40	50	60	70	80	90	100	150	200
$x(x_n)$	$\bar{s}^*$ ($\bar{s}_n^*$)	$\bar{s}^*$ ($\bar{s}_n^*$)	$\bar{s}^*$ ($\bar{s}_n^*$)	$\bar{h}^*$ ($\bar{h}_n^*$)	$\bar{h}^*$ ($\bar{h}_n^*$)	$\bar{h}^*$ ($\bar{h}_n^*$)	$\bar{h}^*$ ($\bar{h}_n^*$)	$\bar{h}^*$ ($\bar{h}_n^*$)	$\bar{h}^*$ ($\bar{h}_n^*$)	$\bar{h}^*$ ($\bar{h}_n^*$)	$\bar{h}^*$ ($\bar{h}_n^*$)	$\bar{h}^*$ ($\bar{h}_n^*$)	$\bar{h}^*$ ($\bar{h}_n^*$)	$\bar{h}^*$ ($\bar{h}_n^*$)	$\bar{h}^*$ ($\bar{h}_n^*$)
-0.60	1.134	1.134	1.134	0.413	0.412	0.411	0.408	0.406	0.405	0.405	0.404	0.404	0.403	0.403	0.402
-0.58	1.148	1.149	1.149	0.433	0.432	0.431	0.428	0.427	0.426	0.425	0.424	0.424	0.423	0.423	0.422
-0.55	1.170	1.170	1.170	0.463	0.462	0.461	0.459	0.457	0.456	0.455	0.454	0.454	0.454	0.453	0.452
-0.52	1.192	1.192	1.192	0.494	0.493	0.492	0.489	0.487	0.486	0.485	0.485	0.484	0.484	0.483	0.482
-0.50	1.206	1.207	1.207	0.514	0.513	0.512	0.509	0.507	0.506	0.505	0.505	0.504	0.504	0.503	0.502
-0.48	1.221	1.221	1.221	0.534	0.533	0.532	0.529	0.528	0.526	0.525	0.525	0.524	0.524	0.523	0.522
-0.45	1.243	1.243	1.243	0.565	0.564	0.563	0.560	0.558	0.557	0.556	0.555	0.554	0.554	0.553	0.552
-0.42	1.265	1.265	1.266	0.595	0.594	0.593	0.590	0.588	0.587	0.586	0.585	0.584	0.584	0.583	0.582
-0.40	1.279	1.280	1.280	0.616	0.615	0.614	0.610	0.608	0.607	0.606	0.605	0.605	0.604	0.603	0.602
-0.38	1.294	1.294	1.294	0.636	0.635	0.634	0.630	0.628	0.627	0.626	0.625	0.625	0.624	0.623	0.622
-0.35	1.316	1.316	1.316	0.667	0.665	0.664	0.661	0.659	0.657	0.656	0.655	0.655	0.654	0.653	0.652
-0.32	1.337	1.338	1.338	0.697	0.696	0.695	0.691	0.689	0.687	0.686	0.686	0.685	0.685	0.683	0.682
-0.30	1.352	1.352	1.352	0.718	0.716	0.715	0.711	0.709	0.708	0.707	0.706	0.705	0.705	0.703	0.702
-0.28	1.366	1.367	1.367	0.738	0.737	0.736	0.732	0.729	0.728	0.727	0.726	0.725	0.725	0.723	0.722
-0.25	1.388	1.389	1.389	0.769	0.767	0.766	0.762	0.760	0.758	0.757	0.756	0.755	0.755	0.753	0.752
-0.22	1.410	1.411	1.411	0.799	0.798	0.797	0.792	0.790	0.788	0.787	0.786	0.786	0.785	0.784	0.783
-0.20	1.425	1.425	1.425	0.819	0.818	0.817	0.813	0.810	0.809	0.807	0.806	0.806	0.805	0.804	0.803
-0.18	1.439	1.440	1.440	0.840	0.838	0.837	0.833	0.830	0.829	0.827	0.826	0.826	0.825	0.824	0.823
-0.15	1.461	1.462	1.462	0.871	0.869	0.868	0.863	0.861	0.859	0.858	0.857	0.856	0.855	0.854	0.853
-0.12	1.483	1.483	1.483	0.901	0.899	0.898	0.894	0.891	0.889	0.838	0.887	0.886	0.886	0.884	0.883
-0.10	1.497	1.497	1.498	0.922	0.920	0.919	0.914	0.911	0.909	0.908	0.907	0.966	0.906	0.904	0.903
-0.08	1.512	1.512	1.513	0.942	0.940	0.939	0.934	0.931	0.929	0.928	0.927	0.926	0.926	0.924	0.923
-0.05	1.534	1.534	1.534	0.973	0.971	0.970	0.965	0.962	0.960	0.959	0.957	0.957	0.956	0.954	0.953
-0.02	1.555	1.555	1.556	1.003	1.001	1.000	0.995	0.992	0.990	0.989	0.988	0.987	0.986	0.984	0.983

注：1. 对斜齿轮，用 z_v 查表，有小数时，按插入法计算。

2. 本表可直接用于高度变位齿轮（$h_a=m$ 或 $h_{an}=m_n$）；对角度变位齿轮，应将表中查出的 $\bar{h}^*$（或 $\bar{h}_n^*$）减去齿顶高变动系数 Δy（或 Δy_n）。

3. 当模数 m（或 m_n）$\neq 1$ 时，应将查得的 $\bar{s}^*$（或 $\bar{s}_n^*$）和 $\bar{h}^*$（或 $\bar{h}_n^*$）乘以 m（或 m_n）。

表 10-8 外啮合标准齿轮固定弦齿厚 $\bar{s}_c^*$（$\bar{s}_{cn}^*$）和固定弦齿高 $\bar{h}_c^*$（$\bar{h}_{cn}^*$）

（$m_n=m=1$，$\alpha_n=\alpha=20°$，$h_{an}^*=h_a^*=1$）（单位：mm）

$m(m_n)$	$\bar{s}_c(\bar{s}_{cn})$	$\bar{h}_c(\bar{h}_{cn})$	$m(m_n)$	$\bar{s}_c(\bar{s}_{cn})$	$\bar{h}_c(\bar{h}_{cn})$	$m(m_n)$	$\bar{s}_c(\bar{s}_{cn})$	$\bar{h}_c(\bar{h}_{cn})$	$m(m_n)$	$\bar{s}_c(\bar{s}_{cn})$	$\bar{h}_c(\bar{h}_{cn})$
1	1.387	0.748	3.5	4.855	2.617	12	16.645	8.971	30	41.612	22.427
1.25	1.734	1.984	4	5.548	2.990	14	19.419	10.466	33	45.773	24.670
1.5	2.081	1.121	5	6.935	3.738	16	22.193	11.961	36	49.934	26.913
1.75	2.427	1.308	6	8.322	4.485	18	24.967	13.456	40	55.482	29.903
2	2.774	1.495	7	9.709	5.233	20	27.741	14.952	45	62.417	33.641
2.25	3.121	1.682	8	11.096	5.981	22	30.515	16.447	50	69.353	37.379
2.5	3.468	1.869	9	12.483	6.728	25	34.676	18.690			
3	4.161	2.243	10	13.871	7.476	28	38.837	20.932			

注：$\bar{s}_c=1.3870m$（$\bar{s}_{cn}=1.3870m_n$）；$\bar{h}_c=0.7476m$（$\bar{h}_{cn}=0.7476m_n$）。

表 10-9 外啮合变位齿轮固定弦齿厚 $\bar{s}_c^*$（$\bar{s}_{cn}^*$）和固定弦齿高 $\bar{h}_c^*$（$\bar{h}_{cn}^*$）

（$m_n=m=1$，$\alpha_n=\alpha=20°$，$h_{an}^*=h_a^*=1$）（单位：mm）

$x(x_n)$	$\bar{s}_c^*$ ($\bar{s}_{cn}^*$)	$\bar{h}_c^*$ ($\bar{h}_{cn}^*$)	$x(x_n)$	$\bar{s}_c^*$ ($\bar{s}_{cn}^*$)	$\bar{h}_c^*$ ($\bar{h}_{cn}^*$)	$x(x_n)$	$\bar{s}_c^*$ ($\bar{s}_{cn}^*$)	$\bar{h}_c^*$ ($\bar{h}_{cn}^*$)	$x(x_n)$	$\bar{s}_c^*$ ($\bar{s}_{cn}^*$)	$\bar{h}_c^*$ ($\bar{h}_{cn}^*$)
-0.40	1.1299	0.3944	-0.11	1.3163	0.6504	0.18	1.5027	0.9065	0.47	1.6892	1.1626
-0.39	1.1364	0.4032	-0.10	1.3228	0.6593	0.19	1.5092	0.9154	0.48	1.6956	1.1714
-0.38	1.1428	0.4120	-0.09	1.3292	0.6681	0.20	1.5156	0.9242	0.49	1.7020	1.1803
-0.37	1.1492	0.4209	-0.08	1.3356	0.6769	0.21	1.5220	0.9330	0.50	1.7084	1.1891
-0.36	1.1556	0.4297	-0.07	1.3421	0.6858	0.22	1.5285	0.9418	0.51	1.7149	1.1979
-0.35	1.1621	0.4385	-0.06	1.3485	0.6946	0.23	1.5349	0.9507	0.52	1.7213	1.2068
-0.34	1.1685	0.4474	-0.05	1.3549	0.7034	0.24	1.5413	0.9595	0.53	1.7277	1.2156
-0.33	1.1749	0.4562	-0.04	1.3613	0.7123	0.25	1.5477	0.9683	0.54	1.7342	1.2244
-0.32	1.1814	0.4650	-0.03	1.3678	0.7211	0.26	1.5542	0.9772	0.55	1.7406	1.2332
-0.31	1.1878	0.4738	-0.02	1.3742	0.7299	0.27	1.5606	0.9860	0.56	1.7470	1.2421
-0.30	1.1942	0.4827	-0.01	1.3806	0.7387	0.28	1.5670	0.9948	0.57	1.7534	1.2509
-0.29	1.2006	0.4915	0.00	1.3870	0.7476	0.29	1.5735	1.0037	0.58	1.7599	1.2597
-0.28	1.2071	0.5003	0.01	1.3935	0.7564	0.30	1.5799	1.0125	0.59	1.7663	1.2686
-0.27	1.2135	0.5092	0.02	1.3999	0.7652	0.31	1.5863	1.0213	0.60	1.7727	1.2774
-0.26	1.2199	0.5180	0.03	1.4063	0.7741	0.32	1.5927	1.0301	0.61	1.7791	1.2862
-0.25	1.2263	0.5268	0.04	1.4128	0.7829	0.33	1.5992	1.0390	0.62	1.7856	1.2951
-0.24	1.2328	0.5357	0.05	1.4192	0.7917	0.34	1.6056	1.0478	0.63	1.7920	1.3039
-0.23	1.2392	0.5445	0.06	1.4256	0.8006	0.35	1.6120	1.0566	0.64	1.7984	1.3127
-0.22	1.2456	0.5533	0.07	1.4320	0.8094	0.36	1.6185	1.0655	0.65	1.8049	1.3215
-0.21	1.2521	0.5621	0.08	1.4385	0.8182	0.37	1.6249	1.0743	0.66	1.8113	1.3304
-0.20	1.2585	0.5710	0.09	1.4449	0.8271	0.38	1.6313	1.0831	0.67	1.8177	1.3392
-0.19	1.2649	0.5798	0.10	1.4513	0.8359	0.39	1.6377	1.0920	0.68	1.8241	1.3480
-0.18	1.2713	0.5886	0.11	1.4578	0.8447	0.40	1.6442	1.1008	0.69	1.8306	1.3569
-0.17	1.2778	0.5975	0.12	1.4642	0.8535	0.41	1.6506	1.1096	0.70	1.8370	1.3657
-0.16	1.2842	0.6063	0.13	1.4706	0.8624	0.42	1.6570	1.1184	0.71	1.8434	1.3745
-0.15	1.2906	0.6151	0.14	1.4770	0.8712	0.43	1.6634	1.1273	0.72	1.8499	1.3834
-0.14	1.2971	0.6240	0.15	1.4835	0.8800	0.44	1.6699	1.1361	0.73	1.8563	1.3922
-0.13	1.3035	0.6328	0.16	1.4899	0.8889	0.45	1.6763	1.1449	0.74	1.8627	1.4010
-0.12	1.3099	0.6416	0.17	1.4963	0.8977	0.46	1.6827	1.1538	0.75	1.8691	1.4098

注：1. 模数 $m\neq1$（$m_n\neq1$）时的 $\bar{s}_c$（$\bar{s}_{cn}$）和 $\bar{h}_c^*$（$\bar{h}_{cn}^*$），应将表中数值乘以模数 m（m_n）。

2. 对角变位齿轮，表中的 $\bar{h}_c^*$（$\bar{h}_{cn}^*$）数值应减去 Δy（Δy_n），Δy（Δy_n）为齿高变动因数。

表10-10　公法线长度 W_k^*（W_{kn}^*）（$m_n=m=1$，$\alpha_n=\alpha=20°$）　（单位：mm）

$z(z')$	$x(x_n)$	k	$W_k^*(W_{kn}^*)$
7	≤0.80	2	4.526
8	≤0.80	2	4.540
9	≤0.80	2	4.554
10	≤0.90	2	4.568
11	≤0.90	2	4.582
12	≤0.80	2	4.596
	>0.80~1.20	3	7.548
13	≤0.70	2	4.610
	>0.70~1.20	3	7.562
14	≤0.60	2	4.624
	>0.60~1.20	3	7.576
15	≤0.60	2	4.638
	>0.60~1.20	3	7.590
16	≤0.50	2	4.652
	>0.50~1.20	3	7.604
17	≤1.0	3	7.618
	>1.0~1.20	4	10.571
18	≤1.0	3	7.632
	>1.0~1.20	4	10.585
19	≤0.90	3	7.646
	>0.90~1.20	4	10.599
20	≤0.80	3	7.660
	>0.80~1.25	4	10.613
21	≤0.70	3	7.674
	>0.70~1.30	4	10.627
22	≤0.65	3	7.688
	>0.65~1.40	4	10.641
23	≤0.60	3	7.702
	>0.60~1.40	4	10.655
24	≤0.55	3	7.716
	>0.55~1.20	4	10.669
	>1.20~1.60	5	13.621
25	≤0.50	3	7.730
	>0.50~1.20	4	10.683
	>1.20~1.60	5	13.635
26	≤0.40	3	7.744
	>0.40~1.20	4	10.697
	>1.20~1.60	5	13.649
27	≤0.80	4	10.711
	>0.80~1.60	5	13.663
	>1.60~1.80	6	16.615
28	≤0.80	4	10.725
	>0.80~1.60	5	13.677
	>1.60~1.80	6	16.629
29	≤0.70	4	10.739
	>0.70~1.50	5	13.691
	>1.50~1.80	6	16.643
30	≤0.60	4	10.753
	>0.60~1.40	5	13.705
	>1.40~1.80	6	16.657
31	≤0.60	4	10.767
	>0.60~1.40	5	13.719
	>1.40~1.80	6	16.671
32	≤0.60	4	10.781
	>0.60~1.30	5	13.733
	>1.30~1.80	6	16.685
33	≤0.55	4	10.795
	>0.55~1.30	5	13.747
	>1.30~1.80	6	16.699
34	≤0.50	4	10.809
	>0.50~1.20	5	13.761
	>1.20~1.80	6	16.713
35	≤0.40	4	10.823
	>0.40~1.10	5	13.775
	>1.10~1.90	6	16.727
36	≤0.30	4	10.837
	>0.30~1.0	5	13.789
	>1.0~1.90	6	16.741
37	≤0.70	5	13.803
	>0.70~1.70	6	16.755
	>1.70~2.00	7	19.707
38	≤0.70	5	13.817
	>0.70~1.70	6	16.769
	>1.70~2.00	7	19.721
39	≤0.70	5	13.831
	>0.70~1.70	6	16.783
	>1.70~2.00	7	19.735
40	≤0.60	5	13.845
	>0.60~1.60	6	16.797
	>1.60~2.00	7	19.749
41	≤0.50	5	13.859
	>0.50~1.40	6	16.811
	>1.40~2.00	7	19.763
42	≤0.40	5	13.873
	>0.40~1.20	6	16.825
	>1.20~2.20	7	19.777
43	≤0.30	5	13.887
	>0.30~1.10	6	16.839
	>1.10~2.20	7	19.791
44	≤0.20	5	13.901
	>0.20~1.0	6	16.853
	>1.0~1.6	7	19.805
	>1.6~2.2	8	22.757
45	≤0.20	5	13.915
	>0.20~1.0	6	16.867
	>1.0~1.6	7	19.819
	>1.6~2.2	8	22.771
46	≤0.60	6	16.881
	>0.60~1.5	7	19.833
	>1.5~2.2	8	22.785
47	≤0.55	6	16.895
	>0.55~1.55	7	19.847
	>1.55~2.2	8	22.799
48	≤0.50	6	16.909
	>0.50~1.4	7	19.861
	>1.4~2.2	8	22.813
	>2.2~2.5	9	25.765
49	≤0.50	6	16.923
	>0.50~1.4	7	19.875
	>1.4~2.2	8	22.827
	>2.2~2.5	9	25.779
50	≤0.50	6	16.937
	>0.50~1.3	7	19.889
	>1.3~2.0	8	22.841
	>2.0~2.4	9	25.793

（续）

$z(z')$	$x(x_n)$	k	W_k^* (W_{kn}^*)	$z(z')$	$x(x_n)$	k	W_k^* (W_{kn}^*)	$z(z')$	$x(x_n)$	k	W_k^* (W_{kn}^*)
51	≤0.45	6	16.951	62	≤0.30	7	20.057	73	≤0.80	9	26.115
	>0.45~1.2	7	19.903		>0.30~1.0	8	23.009		>0.80~1.7	10	29.068
	>1.2~1.9	8	22.855		>1.0~1.8	9	25.961		>1.7~2.3	11	32.020
	>1.9~2.4	9	25.807		>1.8~2.6	10	28.914		>2.3~2.8	12	34.972
52	≤0.40	6	16.965	63	≤0.20	7	20.071	74	≤0.80	9	26.129
	>0.40~1.1	7	19.917		>0.20~0.9	8	23.023		>0.8~1.6	10	29.082
	>1.1~1.8	8	22.869		>0.9~1.7	9	25.975		>1.6~2.2	11	32.034
	>1.8~2.4	9	25.821		>1.7~2.6	10	28.928		>2.2~2.8	12	34.986
53	≤0.30	6	16.979	64	≤0.80	8	23.037	75	≤0.80	9	26.144
	>0.30~1.0	7	19.931		>0.80~1.6	9	25.989		>0.8~1.5	10	29.096
	>1.0~1.7	8	22.883		>1.6~2.4	10	28.942		>1.5~2.1	11	32.048
	>1.7~2.4	9	25.835		>2.4~2.6	11	31.894		>2.1~2.8	12	35.000
54	≤0.20	6	16.993	65	≤0.80	8	23.051	76	≤0.80	9	26.158
	>0.20~1.0	7	19.945		>0.80~1.5	9	26.003		>0.8~1.4	10	29.110
	>1.0~1.6	8	22.897		>1.5~2.3	10	28.956		>1.4~2.0	11	32.062
	>1.6~2.4	9	25.849		>2.3~2.6	11	31.908		>2.0~2.8	12	35.014
55	≤0.80	7	19.959	66	≤0.80	8	23.065	77	≤0.70	9	26.172
	>0.80~1.7	8	22.911		>0.80~1.5	9	26.017		>0.70~1.3	10	29.124
	>1.7~2.4	9	25.863		>1.5~2.2	10	28.970		>1.3~1.9	11	32.076
					>2.2~2.6	11	31.922		>1.9~2.7	12	35.028
56	≤0.80	7	19.973	67	≤0.80	8	23.079	78	≤0.60	9	26.186
	>0.80~1.6	8	22.925		>0.80~1.4	9	26.031		>0.60~1.2	10	29.138
	>1.6~2.4	9	25.877		>1.4~2.1	10	28.984		>1.2~1.8	11	32.090
					>2.1~2.8	11	31.936		>1.8~2.6	12	35.042
57	≤0.80	7	19.987	68	≤0.80	8	23.093	79	≤0.50	9	26.200
	>0.80~1.5	8	22.939		>0.80~1.3	9	26.045		>0.50~1.1	10	29.152
	>1.5~2.0	9	25.891		>1.3~2.0	10	28.998		>1.1~1.8	11	32.104
	>2.0~2.4	10	28.944		>2.0~2.8	11	31.950		>1.8~2.5	12	35.056
58	≤0.80	7	20.001	69	≤0.70	8	23.107	80	≤0.40	9	26.214
	>0.80~1.4	8	22.953		>0.70~1.2	9	26.059		>0.40~1.0	10	29.166
	>1.4~2.0	9	25.905		>1.2~1.9	10	29.012		>1.0~1.8	11	32.118
	>2.0~2.4	10	28.858		>1.9~2.7	11	31.964		>1.8~2.4	12	35.070
59	≤0.65	7	20.015	70	≤0.60	8	23.121	81	≤0.30	9	26.228
	>0.65~1.3	8	22.967		>0.60~1.2	9	26.073		>0.30~0.9	10	29.180
	>1.3~2.0	9	25.919		>1.2~1.8	10	29.026		>0.9~1.8	11	32.182
	>2.0~2.4	10	28.872		>1.8~2.6	11	31.978		>1.8~2.4	12	35.084
60	≤0.50	7	20.029	71	≤0.50	8	23.135	82	≤0.80	10	29.194
	>0.5~1.2	8	22.981		>0.50~1.1	9	26.087		>0.8~1.6	11	32.146
	>1.2~2.0	9	25.933		>1.1~1.7	10	29.040		>1.6~2.2	12	35.098
	>2.0~2.6	10	28.886		>1.7~2.5	11	31.992		>2.2~2.8	13	38.050
61	≤0.40	7	20.043	72	≤0.40	8	23.149	83	≤0.80	10	29.208
	>0.40~1.1	8	22.995		>0.4~1.0	9	26.101		>0.8~1.5	11	32.160
	>1.1~1.9	9	25.947		>1.0~1.6	10	29.054		>1.5~2.2	12	35.112
	>1.9~2.6	10	28.900		>1.6~2.4	11	32.006		>2.2~2.8	13	38.064

（续）

$z(z')$	$x(x_n)$	k	$W_k^*(W_{kn}^*)$	$z(z')$	$x(x_n)$	k	$W_k^*(W_{kn}^*)$	$z(z')$	$x(x_n)$	k	$W_k^*(W_{kn}^*)$
84	≤0. 80	10	29. 222	95	≤0. 60	11	32. 328	110	≤0. 80	13	38. 442
	>0. 8 ~1. 4	11	32. 174		>0. 6 ~1. 2	12	35. 280		>0. 8 ~1. 5	14	41. 394
	>1. 4 ~2. 2	12	35. 126		>1. 2 ~2. 0	13	38. 232		>1. 5 ~2. 2	15	44. 346
	>2. 2 ~2. 8	13	38. 078		>2. 0 ~2. 6	14	41. 148		>2. 2 ~2. 8	16	47. 298
85	≤0. 70	10	29. 236	96	≤0. 60	11	32. 342	111	≤0. 70	13	38. 456
	>0. 7 ~1. 3	11	32. 188		>0. 6 ~1. 2	12	35. 294		>0. 7 ~1. 4	14	41. 408
	>1. 3 ~2. 1	12	35. 140		>1. 2 ~2. 0	13	38. 246		>1. 4 ~2. 1	15	44. 360
	>2. 1 ~2. 8	13	38. 092		>2. 0 ~2. 6	14	41. 198		>2. 1 ~2. 8	16	47. 312
86	≤0. 60	10	29. 250	97	≤0. 50	11	32. 356	112	≤0. 60	13	38. 470
	>0. 6 ~1. 2	11	32. 202		>0. 5 ~1. 1	12	35. 308		>0. 6 ~1. 4	14	41. 422
	>1. 2 ~2. 0	12	35. 154		>1. 1 ~1. 9	13	38. 260		>1. 4 ~2. 0	15	44. 374
	>2. 0 ~2. 8	13	38. 106		>1. 9 ~2. 5	14	41. 212		>2. 0 ~2. 8	16	47. 326
87	≤0. 60	10	29. 264	98	≤0. 40	11	32. 370	113	≤0. 60	13	38. 484
	>0. 6 ~1. 2	11	32. 216		>0. 4 ~1. 0	12	35. 322		>0. 6 ~1. 3	14	41. 436
	>1. 2 ~1. 9	12	35. 168		>1. 0 ~1. 8	13	38. 274		>1. 3 ~1. 9	15	44. 388
	>1. 9 ~2. 7	13	38. 120		>1. 8 ~2. 5	14	41. 226		>1. 9 ~2. 7	16	47. 340
88	≤0. 60	10	29. 278	99	≤0. 30	11	32. 384	114	≤0. 60	13	38. 498
	>0. 6 ~1. 2	11	32. 230		>0. 3 ~0. 9	12	35. 336		>0. 6 ~1. 2	14	41. 450
	>1. 2 ~1. 8	12	35. 182		>0. 9 ~1. 7	13	38. 288		>1. 2 ~1. 8	15	44. 402
	>1. 8 ~2. 6	13	38. 134		>1. 7 ~2. 4	14	41. 240		>1. 8 ~2. 6	16	47. 354
89	≤0. 50	10	29. 292	100	≤0. 80	12	35. 350	115	≤0. 50	13	38. 512
	>0. 5 ~1. 1	11	32. 244		>0. 8 ~1. 6	13	38. 302		>0. 5 ~1. 1	14	41. 464
	>1. 1 ~1. 7	12	35. 196		>1. 6 ~2. 2	14	41. 254		>1. 1 ~1. 8	15	44. 416
	>1. 7 ~2. 5	13	38. 148		>2. 2 ~2. 8	15	44. 206		>1. 8 ~2. 5	16	47. 368
90	≤0. 40	10	29. 806	102	≤0. 60	12	35. 378	116	≤0. 40	13	38. 526
	>0. 4 ~1. 1	11	32. 258		>0. 6 ~1. 4	13	38. 330		>0. 4 ~1. 0	14	41. 478
	>1. 1 ~1. 6	12	35. 210		>1. 4 ~2. 0	14	41. 282		>1. 0 ~1. 8	15	44. 430
	>1. 6 ~2. 4	13	38. 162		>2. 0 ~2. 8	15	44. 234		>1. 8 ~2. 5	16	47. 382
91	≤0. 80	11	32. 272	104	≤0. 40	12	35. 406	117	≤0. 80	14	41. 492
	>0. 8 ~1. 5	12	35. 224		>0. 4 ~1. 2	13	38. 358		>0. 8 ~1. 6	15	44. 444
	>1. 5 ~2. 2	13	38. 176		>1. 2 ~2. 0	14	41. 310		>1. 6 ~2. 2	16	47. 396
	>2. 2 ~2. 8	14	41. 128		>2. 0 ~2. 7	15	44. 262		>2. 2 ~2. 6	17	50. 348
92	≤0. 80	11	32. 286	105	≤0. 40	12	35. 420	118	≤0. 80	14	41. 506
	>0. 8 ~1. 4	12	35. 238		>0. 4 ~1. 2	13	38. 372		>0. 8 ~1. 6	15	44. 458
	>1. 4 ~2. 2	13	38. 190		>1. 2 ~1. 9	14	41. 324		>1. 6 ~2. 2	16	47. 410
	>2. 2 ~2. 8	14	41. 142		>1. 9 ~2. 6	15	44. 276		>2. 2 ~2. 6	17	50. 362
93	≤0. 70	11	32. 300	106	≤0. 40	12	35. 434	119	≤0. 80	14	41. 520
	>0. 7 ~1. 3	12	35. 252		>0. 4 ~1. 2	13	38. 386		>0. 8 ~1. 5	15	44. 472
	>1. 3 ~2. 1	13	38. 204		>1. 2 ~1. 8	14	41. 338		>1. 5 ~2. 1	16	47. 424
	>2. 1 ~2. 8	14	41. 156		>1. 8 ~2. 5	15	44. 290		>2. 1 ~2. 5	17	50. 376
94	≤0. 60	11	32. 314	108	≤0. 20	12	35. 462	120	≤0. 80	14	41. 534
	>0. 6 ~1. 2	12	35. 266		>0. 2 ~1. 0	13	38. 414		>0. 8 ~1. 4	15	44. 486
	>1. 2 ~2. 0	13	38. 218		>1. 0 ~1. 6	14	41. 366		>1. 4 ~2. 0	16	47. 438
	>2. 0 ~2. 8	14	41. 170		>1. 6 ~2. 4	15	44. 318		>2. 0 ~2. 5	17	50. 390

（续）

$z(z')$	$x(x_n)$	k	$W_k^*(W_{kn}^*)$	$z(z')$	$x(x_n)$	k	$W_k^*(W_{kn}^*)$	$z(z')$	$x(x_n)$	k	$W_k^*(W_{kn}^*)$
121	≤0.50	14	41.548	134	≤0.50	15	44.682	146	≤0.50	17	50.755
	>0.5~1.5	15	44.500		>0.5~1.5	16	47.635		>0.5~1.5	18	53.707
	>1.5~2.0	16	47.453		>1.5~2.0	17	50.587		>1.5~2.0	19	56.659
	>2.0~2.5	17	50.405		>2.0~2.5	18	53.539		>2.0~2.5	20	59.611
122	≤0.50	14	41.562	135	≤0.50	16	47.649	147	≤0.50	17	50.769
	>0.5~1.5	15	44.514		>0.5~1.5	17	50.601		>0.5~1.5	18	53.721
	>1.5~2.0	16	47.467		>1.5~2.0	18	53.553		>1.5~2.0	19	56.673
	>2.0~2.5	17	50.419		>2.0~2.5	19	56.505		>2.0~2.5	20	59.625
123	≤0.50	14	41.576	136	≤0.50	16	47.663	148	≤0.50	17	50.783
	>0.5~1.5	15	44.528		>0.5~1.5	17	50.615		>0.5~1.5	18	53.735
	>1.5~2.0	16	47.481		>1.5~2.0	18	53.567		>1.5~2.0	19	56.687
	>2.0~2.5	17	50.433		>2.0~2.5	19	56.519		>2.0~2.5	20	59.639
124	≤0.50	14	41.590	138	≤0.50	16	47.691	150	≤0.50	17	50.811
	>0.5~1.5	15	44.542		>0.5~1.5	17	50.643		>0.5~1.5	18	53.763
	>1.5~2.0	16	47.495		>1.5~2.0	18	53.595		>1.5~2.0	19	56.715
	>2.0~2.5	17	50.447		>2.0~2.5	19	56.547		>2.0~2.5	20	59.667
125	≤0.50	14	41.604	139	≤0.50	16	47.705	152	≤0.50	17	50.839
	>0.5~1.5	15	44.556		>0.5~1.5	17	50.657		>0.5~1.5	18	53.791
	>1.5~2.0	16	47.509		>1.5~2.0	18	53.609		>1.5~2.0	19	56.743
	>2.0~2.5	17	50.461		>2.0~2.5	19	56.561		>2.0~2.5	20	59.695
126	≤0.50	15	44.570	140	≤0.50	16	47.719	153	≤0.50	18	53.805
	>0.5~1.5	16	47.523		>0.5~1.5	17	50.671		>0.5~1.5	19	56.757
	>1.5~2.0	17	50.475		>1.5~2.0	18	53.623		>1.5~2.0	20	59.709
	>2.0~2.5	18	50.427		>2.0~2.5	19	56.575		>2.0~2.5	21	62.662
128	≤0.50	15	44.598	141	≤0.50	16	47.733	154	≤0.50	18	53.819
	>0.5~1.5	16	47.551		>0.5~1.5	17	50.685		>0.5~1.5	19	56.771
	>1.5~2.0	17	50.503		>1.5~2.0	18	53.637		>1.5~2.0	20	59.723
	>2.0~2.5	18	53.455		>2.0~2.5	19	56.589		>2.0~2.5	21	62.676
129	≤0.50	15	44.612	142	≤0.50	16	47.747	155	≤0.50	18	53.833
	>0.5~1.5	16	47.565		>0.5~1.5	17	50.699		>0.5~1.5	19	56.785
	>1.5~2.0	17	50.517		>1.5~2.0	18	53.651		>1.5~2.0	20	59.737
	>2.0~2.5	18	53.469		>2.0~2.5	19	56.603		>2.0~2.5	21	62.690
130	≤0.50	15	44.626	143	≤0.50	16	47.761	156	≤0.50	18	53.847
	>0.5~1.5	16	47.579		>0.5~1.5	17	50.713		>0.5~1.5	19	56.799
	>1.5~2.0	17	50.531		>1.5~2.0	18	53.665		>1.5~2.0	20	59.751
	>2.0~2.5	18	53.483		>2.0~2.5	19	56.617		>2.0~2.5	21	62.704
132	≤0.50	15	44.654	144	≤0.50	17	50.727	157	≤0.50	18	53.861
	>0.5~1.5	16	47.607		>0.5~1.5	18	53.679		>0.5~1.5	19	56.813
	>1.5~2.0	17	50.559		>1.5~2.0	19	56.631		>1.5~2.0	20	59.765
	>2.0~2.5	18	53.511		>2.0~2.5	20	59.583		>2.0~2.5	21	62.718
133	≤0.50	15	44.668	145	≤0.50	17	50.741	158	≤0.50	18	53.875
	>0.5~1.5	16	47.621		>0.5~1.5	18	53.693		>0.5~1.5	19	56.827
	>1.5~2.0	17	50.578		>1.5~2.0	19	56.645		>1.5~2.0	20	59.779
	>2.0~2.5	18	53.525		>2.0~2.5	20	59.597		>2.0~2.5	21	62.732

（续）

$z(z')$	$x(x_n)$	k	$W_k^*(W_{kn}^*)$	$z(z')$	$x(x_n)$	k	$W_k^*(W_{kn}^*)$	$z(z')$	$x(x_n)$	k	$W_k^*(W_{kn}^*)$
159	≤0.50	18	53.889	166	≤0.50	19	56.939	174	≤0.50	20	60.003
	>0.5～1.5	19	56.841		>0.5～1.5	20	59.891		>0.5～1.5	21	62.956
	>1.5～2.0	20	59.793		>1.5～2.0	21	62.844		>1.5～2.0	22	65.908
	>2.0～2.5	21	62.746		>2.0～2.5	22	65.769		>2.0～2.5	23	68.860
160	≤0.50	18	53.903	168	≤0.50	19	56.967	175	≤0.50	20	60.017
	>0.5～1.5	19	56.855		>0.5～1.5	20	59.919		>0.5～1.5	21	62.970
	>1.5～2.0	20	59.807		>1.5～2.0	21	62.872		>1.5～2.0	22	65.922
	>2.0～2.5	21	62.760		>2.0～2.5	22	65.824		>2.0～2.5	23	68.874
161	≤0.50	19	56.869	169	≤0.50	19	56.981	176	≤0.50	20	60.031
	>0.5～1.5	20	59.821		>0.5～1.5	20	59.933		>0.5～1.5	21	62.984
	>1.5～2.0	21	62.774		>1.5～2.0	21	62.886		>1.5～2.0	22	65.936
	>2.0～2.5	22	65.726		>2.0～2.5	22	65.838		>2.0～2.5	23	68.888
162	≤0.50	19	56.883	170	≤0.50	19	56.995	177	≤0.50	20	60.045
	>0.5～1.5	20	59.835		>0.5～1.5	20	59.947		>0.5～1.5	21	62.998
	>1.5～2.0	21	62.788		>1.5～2.0	21	62.900		>1.5～2.0	22	65.950
	>2.0～2.5	22	65.740		>2.0～2.5	22	65.852		>2.0～2.5	23	68.902
164	≤0.50	19	56.911	171	≤0.50	20	59.961	178	≤0.50	20	60.059
	>0.5～1.5	20	59.863		>0.5～1.5	21	62.914		>0.5～1.5	21	63.012
	>1.5～2.0	21	62.816		>1.5～2.0	22	65.866		>1.5～2.0	22	65.964
	>2.0～2.5	22	65.768		>2.0～2.5	23	68.818		>2.0～2.5	23	68.916
165	≤0.50	19	56.925	172	≤0.50	20	59.975	180	≤0.50	20	63.040
	>0.5～1.5	20	59.877		>0.5～1.5	21	62.928		>0.5～1.5	21	65.992
	>1.5～2.0	21	62.830		>1.5～2.0	22	65.880		>1.5～2.0	22	68.944
	>2.0～2.5	22	65.782		>2.0～2.5	23	68.832		>2.0～2.5	23	71.896

注：1. W_k^*（W_{kn}^*）为 $m=1\text{mm}$（或 $m_n=1\text{mm}$）时标准齿轮的公法线长度，当模数 $m\neq1\text{mm}$（或 $m_n\neq1\text{mm}$）时，标准齿轮的公法线长度应为 $W_k=W_k^*m$（或 $W_{kn}^*=W_{kn}^*m_n$）。变位齿轮的公法线长度应按式 $W_k=m(W_k^*+\Delta W^*)$ 或 $W_{kn}=m(W_{kn}^*+\Delta W_n^*)$ 计算，式中 ΔW^*（ΔW_n^*）见表10-13。

2. 对直齿轮，表中 $z'=z$；对斜齿轮，$z'=z\dfrac{\text{inv}\alpha_t}{0.0149}$ $\left(\text{比值}\dfrac{\text{inv}\alpha_t}{0.0149}\text{列于表10-11}\right)$。按此式算出的 z' 后面如有小数部分时，应利用表10-12的数值，按插入法进行补偿计算。

例：确定斜齿轮的公法线长。已知 $z=23$，$m_n=4\text{mm}$，$\alpha_n=20°$，$\beta=29°48'$

1）假想齿数 $z'=z\dfrac{\text{inv}\alpha_t}{0.0149}$，由表10-11查出 $\dfrac{\text{inv}\alpha_t}{0.0149}=1.4953$（插入法计算）；

$z'=1.4953\times23=34.39$（取到小数点后两位数值）。

2）查表10-10，$z'=34$ 为10.809
查表10-12，$z'=0.39$ 为0.0055 } $W_{kn}^*=(10.809+0.0055)\text{ mm}=10.8145\text{mm}$。

3）$W_{kn}=W_{kn}^*m_n=10.8145\times4\text{mm}=43.258\text{mm}$。

表 10-11　比值$\frac{\mathrm{inv}\alpha_t}{\mathrm{inv}\alpha_n}=\frac{\mathrm{inv}\alpha_t}{0.0149}$（$\alpha_n=20°$）

β	$\frac{\mathrm{inv}\alpha_t}{0.0149}$	差值	β	$\frac{\mathrm{inv}\alpha_t}{0.0149}$	差　值	β	$\frac{\mathrm{inv}\alpha_t}{0.0149}$	差值
8°	1.0283		25°	1.3227		32°	1.5951	
		0.0026			0.0100			0.0164
8°20′	1.0309		25°20′	1.3327		32°20′	1.6115	
		0.0024			0.0106			0.0170
8°40′	1.0333		25°40′	1.3433		32°40′	1.6285	
		0.0026			0.0108			0.0170
9°	1.0359		26°	1.3541		33°	1.6455	
		0.0029			0.0111			0.0176
9°20′	1.0388		26°20′	1.3652		33°20′	1.6631	
		0.0027			0.0113			0.0182
9°40′	1.0415		26°40′	1.3765		33°40′	1.6813	
		0.0031			0.0113			0.0185
10°	1.0446		27°	1.3878		34°	1.6998	
		0.0031			0.0118			0.0189
10°20′	1.0477		27°20′	1.3996		34°20′	1.7187	
		0.0031			0.0120			0.0193
10°40′	1.0508		27°40′	1.4116		34°40′	1.7380	
		0.0035			0.0124			0.0198
11°	1.0543		28°	1.4240		35°	1.7578	
		0.0034			0.0124			0.0204
11°20′	1.0577		28°20′	1.4364		35°20′	1.7782	
		0.0036			0.0131			0.0204
11°40′	1.0613		28°40′	1.4495		35°40′	1.7986	
		0.0039			0.0130			0.0215
12°	1.0652		29°	1.4625		36°	1.8201	
		0.0036			0.0135			0.0217
12°20′	1.0688		29°20′	1.4760		36°20′	1.8418	
		0.0040			0.0137			0.0222
12°40′	1.0728		29°40′	1.4897		36°40′	1.8640	
		0.0040			0.0140			0.0228
13°	1.0768		30°	1.5037		37°	1.8868	
		0.0042			0.0145			0.0233
13°20′	1.0810		30°20′	1.5182		37°20′	1.9101	
		0.0043			0.0146			0.0239
13°40′	1.0853		30°40′	1.5328		37°40′	1.9340	
		0.0043			0.0150			0.0246
14°	1.0896		31°	1.5478		38°	1.9586	
		0.0046			0.0155			0.0251
14°20′	1.0943		31°20′	1.5633		38°20′	1.9837	
		0.0048			0.0157			0.0255
14°40′	1.0991		31°40′	1.5790		38°40′	2.0092	
		0.0048			0.0161			0.0263
15°	1.1039		32°	1.5951		39°	2.0355	

注：对于中间数值的β，$\frac{\mathrm{inv}\alpha_t}{0.0149}$的值用插入法求出，例如，$\beta=29°48'$，$\frac{\mathrm{inv}\alpha_t}{0.0149}=1.4897+\frac{8}{20}\times0.0140=1.4953$。

表 10-12　假想齿数 z' 后面小数部分公法线长度 W_k^*（W_{kn}^*）（$m_n=m=1$，$\alpha_n=\alpha=20°$）

z'	0.00	0.01	0.02	0.03	0.04	0.05	0.06	0.07	0.08	0.09
0.0	0.0000	0.0001	0.0003	0.0004	0.0006	0.0007	0.0008	0.0010	0.0011	0.0013
0.1	0.0014	0.0015	0.0017	0.0018	0.0020	0.0021	0.0022	0.0024	0.0025	0.0027
0.2	0.0028	0.0029	0.0031	0.0032	0.0034	0.0035	0.0036	0.0038	0.0039	0.0041
0.3	0.0042	0.0043	0.0045	0.0046	0.0048	0.0049	0.0051	0.0052	0.0053	0.0055
0.4	0.0056	0.0057	0.0059	0.0060	0.0061	0.0063	0.0064	0.0066	0.0067	0.0069
0.5	0.0070	0.0071	0.0073	0.0074	0.0076	0.0077	0.0079	0.0080	0.0081	0.0083
0.6	0.0084	0.0085	0.0087	0.0088	0.0089	0.0091	0.0092	0.0094	0.0095	0.0097
0.7	0.0098	0.0099	0.0101	0.0102	0.0104	0.0105	0.0106	0.0108	0.0109	0.0111
0.8	0.0112	0.0114	0.0115	0.0116	0.0118	0.0119	0.0120	0.0122	0.0123	0.0124
0.9	0.0126	0.0127	0.0129	0.0130	0.0132	0.0133	0.0135	0.0136	0.0137	0.0139

表 10-13 变位齿轮的公法线长度附加量 ΔW^*、ΔW_n^*（$m_n = m = 1$，$\alpha_n = \alpha = 20°$）

z	0.00	0.01	0.02	0.03	0.04	0.05	0.06	0.07	0.08	0.09
0.0	0.0000	0.0068	0.0137	0.0205	0.0274	0.0342	0.0410	0.0479	0.0547	0.0616
0.1	0.0684	0.0752	0.0821	0.0889	0.0958	0.1026	0.1094	0.1163	0.1231	0.1300
0.2	0.1368	0.1436	0.1505	0.1573	0.1642	0.1710	0.1779	0.1847	0.1915	0.1984
0.3	0.2052	0.2120	0.2189	0.2257	0.2326	0.2394	0.2463	0.2531	0.2599	0.2668
0.4	0.2736	0.2805	0.2873	0.2941	0.3010	0.3078	0.3147	0.3215	0.3283	0.3352
0.5	0.3420	0.3489	0.3557	0.3625	0.3694	0.3762	0.3831	0.3899	0.3967	0.4036
0.6	0.4104	0.4173	0.4241	0.4309	0.4378	0.4446	0.4515	0.4583	0.4651	0.4720
0.7	0.4788	0.4857	0.4925	0.4993	0.5062	0.5130	0.5199	0.5267	0.5336	0.5404
0.8	0.5472	0.5541	0.5609	0.5678	0.5746	0.5814	0.5883	0.5951	0.6020	0.6088
0.9	0.6156	0.6225	0.6293	0.6362	0.6430	0.6980	0.6567	0.6635	0.6704	0.6772

（三）渐开线圆柱齿轮传动设计计算

一般情况下，设计齿轮传动时，已知：①齿轮的工作条件：转速 n、转矩 T（或功率 P）、工作机和原动机的特性；②结构要求：外形尺寸、轴距等的特殊限制；③工艺条件：材料供应、毛坯到成品的冷加工和热加工等；④使用寿命、可靠性、噪声、维修条件等。

设计开始时，往往还未知齿轮的参数和尺寸，因而不能进行承载能力的准确计算。因此，一般设计步骤为：先用简单方法初步确定齿轮的主要参数和尺寸，再求出较准确的尺寸和系数，进行承载能力的校核计算；进行齿轮结构设计，画出齿轮工作图。

确定齿轮主要参数和尺寸的简单方法有类比法（参照工作条件相同或类似的齿轮传动，用类比法确定主要参数和尺寸）和简化设计计算法两种。

简化设计计算法步骤如下：①齿轮的材料选择；②齿轮传动作用力的计算；③简化设计计算（初算直径 d_1 或 m）；④确定齿轮传动的主要参数和尺寸；⑤必要的疲劳强度校核；⑥齿轮结构设计；⑦画齿轮工作图。

1. 齿轮的材料选择

齿轮材料需根据工作条件和材料特点来选择。一般低速、重载传动的齿轮，齿面易产生塑性变形、轮齿易折断及磨损，应选用机械强度、硬度、韧性等综合性能较好的材料；高速传动齿轮，齿面易发生疲劳点蚀，应选用齿面硬度较高的材料；受冲击载荷的齿轮传动，应选用韧性较好的材料；大载荷的小尺寸齿轮，可选用性能较好的材料；要求不高的齿轮，如低速、轻载，则可采用铸铁等材料；尺寸大或形状复杂的齿轮多采用铸造毛坯。常用的齿轮材料有钢、铸钢、铸铁、塑料、粉末冶金等。各种材料的使用性能如下：

（1）钢　强度高，耐冲击；通过热处理可获得较好的力学性能，提高齿轮的承载能力。根据齿面硬度，齿轮可分为软齿面和硬齿面两种。

软齿面硬度一般硬度≤350HBW，热处理方法为正火和调质；硬齿面的齿面硬度 > 350HBW，热处理方法为淬火。

较重要的齿轮大多采用中碳钢和中碳合金钢，常用钢号为 40、45、40Cr、40MnB、40MnVB、37SiMn2MoV，经整体淬火和低温回火后，具有较高的硬度和强度，适用于作载荷大且没有冲击的齿轮；经调质处理后则强度和韧性等方面的综合性能较好，硬度不太大，易精加工，但耐磨性较差，适用于作低速、中等载荷的齿轮。

对于承受大冲击载荷且要求韧性好的重要齿轮，则多采用 20Cr 及 20CrMnTi 低碳合金钢，经表面渗碳淬火处理，其表面硬度高而心部强度好；对于承受冲击的中、小载荷的齿轮，可用 15 钢、20 钢经表面渗碳淬火处理。

（2）铸钢　铸钢适用于制造大直径及形状复杂的齿轮。常用的铸钢牌号有 ZG310-570、ZG340-640。

（3）铸铁　铸铁容易铸制形状复杂的齿轮，便于加工，成本低。灰铸铁的强度低，性质较脆，一般多用于制造受力不大且无冲击的低速齿轮。可锻铸铁比灰铸铁具有较好的韧性，常用于制造尺寸不大、厚度较薄的齿轮。球墨铸铁可代替可锻铸铁和铸钢。常用各种铸铁的牌号有 HT150、HT200、HT250、KTZ450-06、QT500-7.5。

（4）塑料　塑料用于载荷不大、要求耐冲击及减振性好的高速齿轮传动。

（5）粉末冶金　粉末冶金用于冲击小、受力小的齿轮。

常用齿轮材料的力学性能（R_m，R_{eH}和硬度值）参见表 2-4。表 10-14 ~ 表 10-16 可供选择调质及表面淬火齿轮材料、渗碳齿轮材料、渗氮齿轮材料的参考。表 10-17 为齿轮工作齿面硬度及其组合的应用举例。

表 10-14　调质及表面淬火齿轮用钢的选择

<table>
<tr><th colspan="2">齿轮种类</th><th colspan="2">钢号选择</th><th>备注</th></tr>
<tr><td colspan="2">汽车、拖拉机及机床中的不重要齿轮</td><td colspan="2" rowspan="2">45</td><td>调制</td></tr>
<tr><td colspan="2">中速、中载车床变速箱齿轮，钻床变速箱次要齿轮及高速、中载磨床砂轮齿轮</td><td>调质＋高频淬火</td></tr>
<tr><td colspan="2">中速、中载较大截面的机床齿轮</td><td colspan="2" rowspan="2">40Cr、42SiMn、35SiMn、45MnB</td><td>调质</td></tr>
<tr><td colspan="2">中速、中载并带一定冲击的机床变速箱齿轮及高速、重载并要求齿面硬度高的机床齿轮</td><td>调质＋高频淬火</td></tr>
<tr><td rowspan="2">起重机械、运输机械、建筑机械、水泥机械、冶金机械及矿山机械中的齿轮</td><td rowspan="2">一般载荷不大、截面尺寸也不大、要求不太高的齿轮</td><td>Ⅰ</td><td>35、45、55</td><td rowspan="5">1. 少数直径大、负荷低、转速不高的末级传动大齿轮可采用 SiMn 钢正火
2. 根据齿轮截面尺寸大小及重要程度，分别选用各类钢材（从Ⅰ到Ⅴ淬透性逐渐提高）
3. 根据设计，要求表面硬度大于 40HRC 者，应采用调质＋表面淬火</td></tr>
<tr><td>Ⅱ</td><td>40Mn2
50Mn2
40Cr
35SiMn
42SiMn</td></tr>
<tr><td rowspan="3">工程机械、石油机械等设备中的低速、重载大齿轮</td><td>截面尺寸较大、承受较大载荷，要求比较高的齿轮</td><td>Ⅲ</td><td>35CrMo
42CrMo
40CrMnMo
35CrMnSi
40CrNi
40CrNiMoA
45CrNiMoVA</td></tr>
<tr><td rowspan="2">截面尺寸很大、承受载荷大、要求有足够韧性的重要齿轮</td><td>Ⅳ</td><td>35CrNi2Mo
40CrNi2MoA</td></tr>
<tr><td>Ⅴ</td><td>30CrNi3
37CrNi3
37SiMn2MoV</td></tr>
</table>

表 10-15　渗碳齿轮用钢的选择

齿　轮　种　类	选择钢号
汽车变速箱、分动箱、起动机及驱动桥的各类齿轮	20Cr 20CrMnTi 20CrMnMo 25MnTiB 20MnVB 20CrMo
拖拉机动力传动装置中的各类齿轮	
机床变速箱、龙门铣电动机及立车等中的高速、重载、受冲击的齿轮	
起重、运输、矿山、通用、化工、机车等机械的变速箱中的小齿轮	
化工、冶金、电站、铁路、宇航、海运等设备中的汽轮发电机、工业汽轮机、燃气轮机、高速鼓风机、透平压缩机等的高速齿轮，要求其长周期、安全可靠地运行	12Cr2Ni4 20Cr2Ni4 20CrNi3 18Cr2Ni4WA 20CrNiMo 20Cr2Mn2Mo
大型轧钢机减速器齿轮、人字机座轴齿轮，大型带式运输机传动轴齿轮、锥齿轮，大型挖掘机传动箱主动齿轮，井下采煤机传动齿轮，坦克齿轮等低速、重载并受冲击载荷的传动齿轮	

表 10-16　渗氮齿轮用钢的选择

齿轮种类	性能要求	选择钢号
一般齿轮	表面耐磨	20Cr、20CrMnTi、40Cr
在冲击载荷下工作的齿轮	表面耐磨、心部韧性高	18CrNiWA、18Cr2Ni4WA、30CrNi3、35CrMo
在重载荷下工作的齿轮	表面耐磨、心部强度高	30CrMnSi、35CrMoV、25Cr2MoV、42CrMo
在重载荷及冲击下工作的齿轮	表面耐磨，心部强度高、韧性高	30CrNiMoA、40CrNiMoA、30CrNi2Mo
精密耐磨齿轮	表面高硬度、变形小	38CrMoAlA、30CrMoAl

表 10-17　齿轮工作齿面硬度及组合的应用举例

<table>
<tr><th rowspan="2">齿面硬度</th><th rowspan="2">齿轮种类</th><th colspan="2">热处理</th><th rowspan="2">齿轮工作齿面硬度差</th><th colspan="2">工作齿面硬度举例 HBW</th><th rowspan="2">备　注</th></tr>
<tr><th>小齿轮</th><th>大齿轮</th><th>小齿轮</th><th>大齿轮</th></tr>
<tr><td rowspan="2">软齿面（≤350HBW）</td><td>直齿</td><td>调质</td><td>正火
调质</td><td>$20\sim25\text{HBW}\geqslant(\text{HBW})_{\min}-(\text{HBW})_{\max}>0$</td><td>260～290
270～300</td><td>180～210
200～230</td><td rowspan="2">用于重载中低速固定式传动装置</td></tr>
<tr><td>斜齿及人字齿</td><td>调质</td><td>正火
正火
调质</td><td>$(\text{HBW})_{\min}-(\text{HBW})_{\max}\geqslant40\sim50\text{HBW}$</td><td>240～270
260～290
270～300</td><td>160～190
180～210
200～230</td></tr>
<tr><td rowspan="2">软、硬齿面组合（小轮>350HBW 大轮≤350HBW）</td><td rowspan="2">斜齿及人字齿</td><td>表面淬火</td><td>调质</td><td rowspan="2">齿面硬度差很大</td><td>45～50HRC</td><td>270～300
200～230</td><td rowspan="2">用于冲击载荷及过载都不大的重载中低速固定式传动装置</td></tr>
<tr><td>渗氮渗碳</td><td>调质</td><td>56～62HRC</td><td>270～300
200～230</td></tr>
<tr><td rowspan="2">硬齿面（>350HBW）</td><td rowspan="2">直齿、斜齿及人字齿</td><td>表面淬火</td><td>表面淬火</td><td rowspan="2">齿面硬度大致相同</td><td colspan="2">45～50HRC</td><td rowspan="2">用在传动尺寸受结构条件限制的传动装置</td></tr>
<tr><td>渗碳</td><td>渗碳</td><td colspan="2">56～62HRC</td></tr>
</table>

注：1. 对于滚刀和插齿刀切制的齿轮，齿面硬度一般不应超过 300HBW（个别情况下允许对尺寸较小的齿轮，将其硬度提高到 320～350HBW）。

2. 对重要传动的齿轮，表面应采用高频感应淬火；模数较大时，应沿齿沟加热和淬火。

3. 通常渗碳后的齿轮要进行磨齿。

4. 为提高抗胶合性能，建议小齿轮和大齿轮采用不同牌号的钢制造。

2. 圆柱齿轮传动的作用力计算（见表 10-18）

表 10-18 圆柱齿轮传动作用力的计算

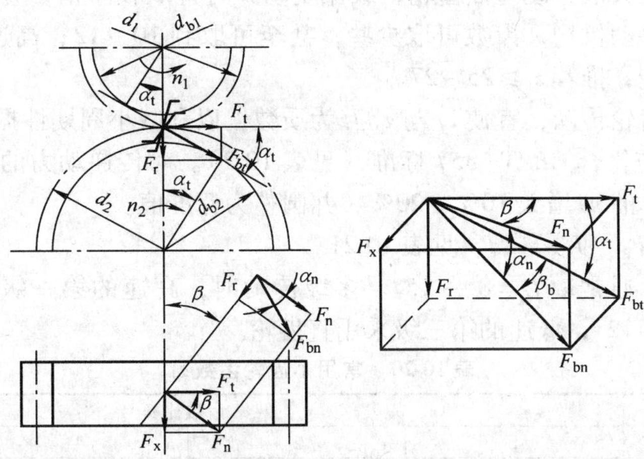

作 用 力	直 齿 轮	斜 齿 轮	人 字 齿 轮
齿轮的额定转矩 T/（N·m）	$T=9550\dfrac{P}{n}$	P—齿轮传递的功率（kW）； n—齿轮的转速（r/min）	
分度圆上的切向力 F_t/N	$F_t=\dfrac{2000T}{d}$	d—齿轮分度圆直径（mm）	
径向力 F_r/N	$F_r=F_t\tan\alpha$	$F_r=F_t\tan\alpha_t=F_t\dfrac{\tan\alpha_n}{\cos\beta}$	
轴向力 F_x/N	0	$F_x=F_t\tan\beta$	0
法向力 F_b/N	$F_{bt}=\dfrac{F_t}{\cos\alpha}$	$F_{bn}=\dfrac{F_t}{\cos\alpha_n\cos\beta}=\dfrac{F_t}{\cos\alpha_t\cos\beta_b}$	

注：齿条传动的作用力计算公式与本表同，但应以 T_1、d_1 进行计算。

3. 圆柱齿轮传动的简化设计计算（见表 10-19）

表 10-19 圆柱齿轮传动的简化设计计算

齿轮类型		齿面接触疲劳强度	齿根弯曲疲劳强度
直齿轮	设计公式	$d_1\geqslant\sqrt[3]{\left(\dfrac{671}{[\sigma_H]}\right)^2\dfrac{KT_1}{\Psi_d}\dfrac{u\pm1}{u}}$	$m\geqslant\sqrt[3]{\dfrac{2KT_1}{\Psi_d z_1^2}\dfrac{Y_{FS}}{[\sigma_F]}}$
	校核公式	$\sigma_H=671\sqrt{\dfrac{KT_1}{bd_1^2}\dfrac{u\pm1}{u}}\leqslant[\sigma_H]$	$\sigma_F=\dfrac{2KT_1Y_{FS}}{d_1bm}\leqslant[\sigma_F]$
斜齿轮	设计公式	$d_1\geqslant\sqrt[3]{\left(\dfrac{590}{[\sigma_H]}\right)^2\dfrac{KT_1\ (u\pm1)}{\Psi_{du}}}$	$m_n\geqslant\sqrt[3]{\dfrac{1.6KT_1Y_{FS}\cos^2\beta}{\Psi_d z_1^2\ [\sigma_F]}}$
	校核公式	$\sigma_H=590\sqrt{\dfrac{KT_1}{bd_1^2}\dfrac{u\pm1}{u}}\leqslant[\sigma_H]$	$\sigma_F=\dfrac{1.6KT_1Y_{FS}\cos\beta}{bm_n^2z_1^2}\leqslant[\sigma_F]$
说明	K 为载荷因数，查表 10-22；Y_{FS} 为复合齿形因数，按 z 或 z_v 查图 10-2；Ψ_d 为齿宽因数，查表 10-21。在初算 d_1 时，公式中 $[\sigma_H]$ 应代入两轮中的较小值；在初算 m（或 m_n）时，公式中 $Y_{FS}/[\sigma_F]$ 应代入两轮中的较大值；$[\sigma_H]=\sigma_{Hlim}/S_{Hmin}$，$[\sigma_F]=\sigma_{Flim}/S_{Fmin}$，$\sigma_{Hlim}$ 查图 10-3，σ_{Flim} 查图 10-4，S_{Hmin} 和 S_{Fmin} 查表 10-24 图、表附后		

注：表中公式对两齿轮材料为钢—钢，若非钢—钢，则将式中 671（或 590）改为 671（或 590）$\times Z_E/189.8$，Z_E 为材料系数，查表 10-23。

设计计算时，选择齿轮基本参数应注意：

（1）齿数 z　通常取小齿轮齿数 $z_1 \geqslant 20 \sim 40$，或按表 10-20 选取。闭式软齿面齿轮，载荷变动不大时宜取较大值；硬齿面齿轮，载葆变动大时宜取较小值；开式齿轮宜取较小值。对低速、小载荷的手动机构，齿数可取少些，甚至可取到 10 ~ 12；高速、胶合危险性大的传动，齿数宜取多些，推荐 $z_1 \geqslant 25 \sim 27$。

对变动载荷的齿轮传动，宜使 z_1 与 z_2 互为质数，以利减小周期性振动及减少磨损。

（2）模数 m　应符合 GB/T 1357 标准（见表 10-2）。对传递动力的齿轮，$m \geqslant 2\text{mm}$；对开式齿轮，应将初算的 m 增大 10% ~20%，并圆整为标准值。

（3）齿宽因数 Ψ_d　$\Psi_d = b/d$，见表 10-21。

（4）螺旋角 β　通常取 $\beta = 8° \sim 15°$。多级传动时，高速的第一级齿轮常取 $\beta = 10° \sim 15°$，第二级 $\beta = 8° \sim 12°$，低速的第三级采用直齿轮。

表 10-20　常用小齿轮齿数 z_1

材料及热处理	齿数比 u			
	1	2	4	8
调质或淬火				
硬度≤230HBS	32 ~60	29 ~55	25 ~50	22 ~45
硬度 >300HBS	30 ~50	27 ~45	23 ~40	20 ~35
灰铸铁	26 ~45	23 ~40	21 ~35	18 ~30
渗氮	24 ~40	21 ~35	19 ~31	16 ~26
渗碳淬火	21 ~32	19 ~29	16 ~25	14 ~22

注：表中齿数范围的下限用于转速 $n_1 < 1000\text{r/min}$，上限用于转速 $n_1 > 3000\text{r/min}$。

表 10-21　齿宽因数 Ψ_d

支承对小齿轮的布置	载荷情况	Ψ_d 的最大值		Ψ_d 的推荐值	
		工作齿面硬度			
		两轮或其中一轮低于350HBW	两轮都是高于350HBW	两轮或其中一轮低于350HBW	两轮都是高于350HBW
对称布置并靠近齿轮	变动较小	1.8（2.4）	1.1（1.4）	0.8 ~1.4	0.4 ~0.9
	变动较大	1.4（1.9）	0.9（1.2）		
非对称布置	变动较小	1.4（1.9）	0.9（1.2）	结构刚度很大时（如两级减速器的低速级齿轮）	
				0.6 ~1.2	0.3 ~0.6
	变动较大	1.15（1.65）	0.7（1.1）	结构刚度较小时	
				0.4 ~0.8	0.2 ~0.4
悬臂布置	变动较小	0.8	0.55		
	变动较大	0.6	0.4		

注：1. 括号内数值用于人字齿轮或双斜齿轮，其齿宽 b 应为两半齿圈宽度之和。

2. 对开式齿轮传动，取 $\Psi_d = 0.3 \sim 0.5$。

表 10-22　载荷因数 K

原动机工作情况	工作机械的载荷特性		
	平稳和比较平稳	中等冲击	严重冲击
工作平稳（如电动机、汽轮机等）	1 ~1.2	1.2 ~1.6	1.6 ~1.8
轻度冲击（如多缸内燃机）	1.2 ~1.6	1.6 ~1.8	1.9 ~2.1
中等冲击（如单缸内燃机）	1.6 ~1.8	1.8 ~2.0	2.2 ~2.4

注：斜齿圆柱齿轮、圆周速度较低、精度高、齿宽较小时，取较小值；齿轮在两轴承之间并且对称布置时取较小值，齿轮在两轴承之间不对称布置时取较大值。

表 10-23 材料系数 Z_E （单位：MPa）

小齿轮材料	大齿轮材料			
	钢	铸钢	球墨铸铁	铸铁
钢	189.8	188.9	181.4	162.0
铸钢		188.0	180.5	161.4
球墨铸铁			173.9	156.6
铸铁				143.7

注：设计时考虑使大小齿轮强度趋于相等，故表中只取小齿轮材料优于大齿轮的组合。

表 10-24 最小安全因数 S_{Fmin} 与 S_{Hmin}

齿轮传动的重要性	S_{Hmin}	S_{Fmin}
一般	1	1
齿轮损坏会引起严重后果	1.25	1.5

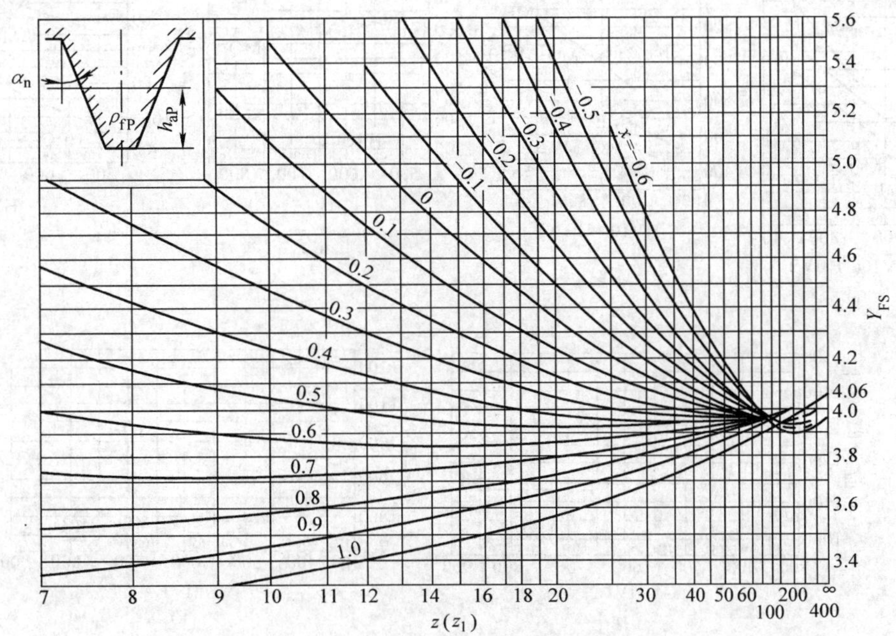

图 10-2 外齿轮的复合齿形因数 Y_{FS}

$\alpha_n=20°$，$h_a/m_n=1$，$h_{aP}/m_n=1.25$，$\rho_{fP}/m_n=0.38$，x 为径向变位因数

4. 疲劳强度校核

根据简化设计公式初算得 d_1 或 m（或 m_n）后，齿轮的主要参数和尺寸均可确定。对重要的传动齿轮，应进行必要的疲劳强度校核（表 10-19 所列为简化校核公式，精确校核公式涉及更复杂的因素，其计算请参见资料更为详尽的《机械设计手册》）。精度低的、不重要的传动齿轮，不必校核。

图 10-3 的 σ_{Hlim} 是指某种材料齿轮经长期持续的重复载荷作用（大多数齿轮材料的应力循环数为 5×10^7）后齿面不出现进展性点蚀时的极限应力，称为齿面接触疲劳极限。

图 10-4 的 σ_{Flim} 是试验齿轮的弯曲疲劳极限，它是某种材料的齿轮经长期持续的重复载荷作用后（大多数齿轮材料的应力循环数为 3×10^6）；σ_{FE} 是用齿轮材料制成的无缺口试件，

在完全弹性范围内经受脉动载荷作用的名义弯曲疲劳极限；$\sigma_{FE}=\sigma_{Flim}Y_{ST}$，$Y_{ST}$为试验齿轮的修正因数，$Y_{ST}=2.0$。

图中，代表材料质量等级的 ML、MQ、ME 和 MX 线所对应的材料处理要求见 GB/T 3480.5—2008《齿轮材料处理质量检验的一般规定》。

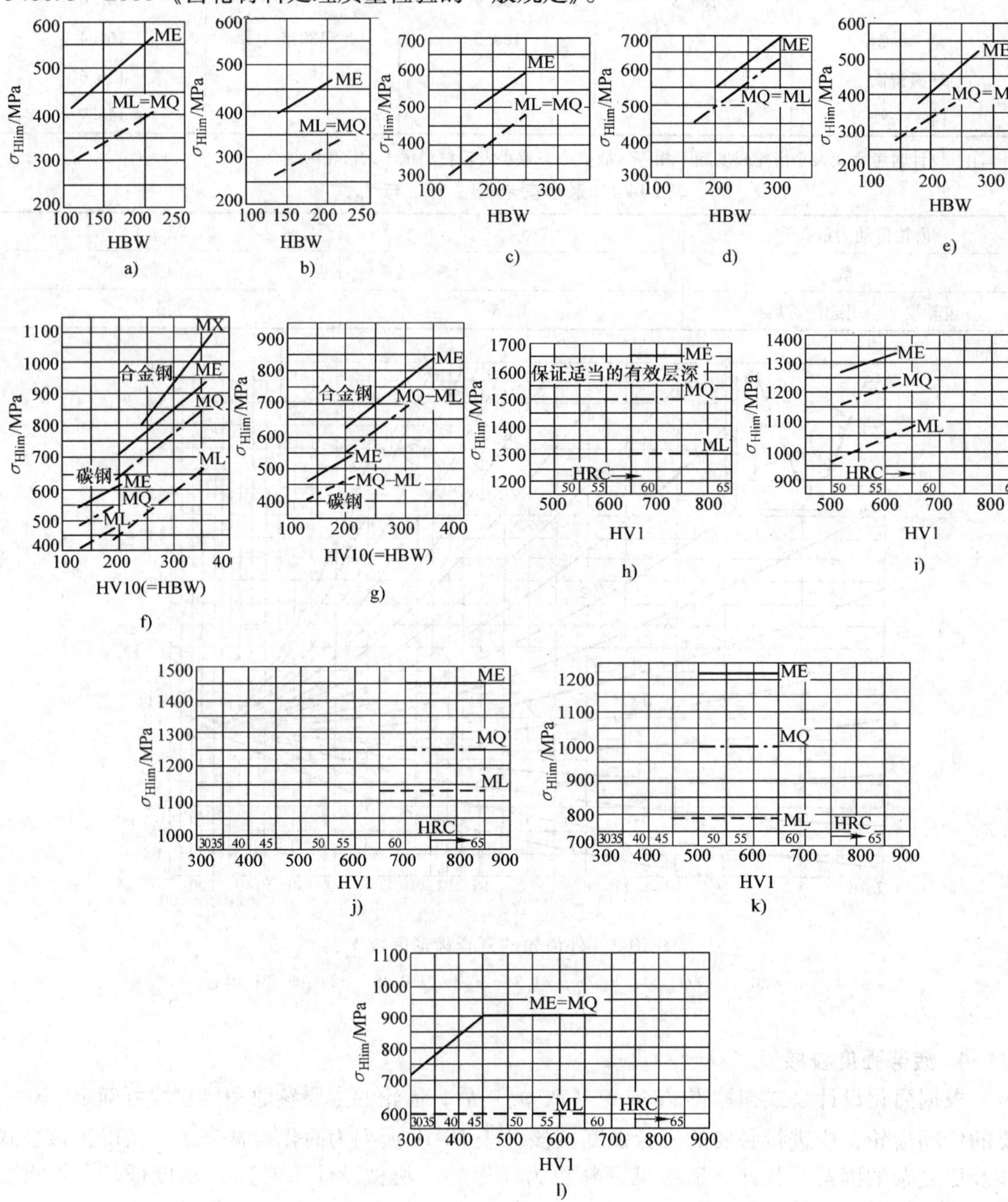

图 10-3 齿面接触疲劳极限 σ_{Hlim}

a）正火处理的结构钢 b）铸钢 c）可锻铸铁 d）球墨铸铁 e）灰铸铁 f）调质钢 g）铸钢 h）渗碳淬火钢 i）火焰或感应加热淬火钢 j）调质—气体渗氮处理的渗氮钢 k）调质—气体渗氮处理的调质钢 l）调质或正火—氮碳共渗处理的调质钢

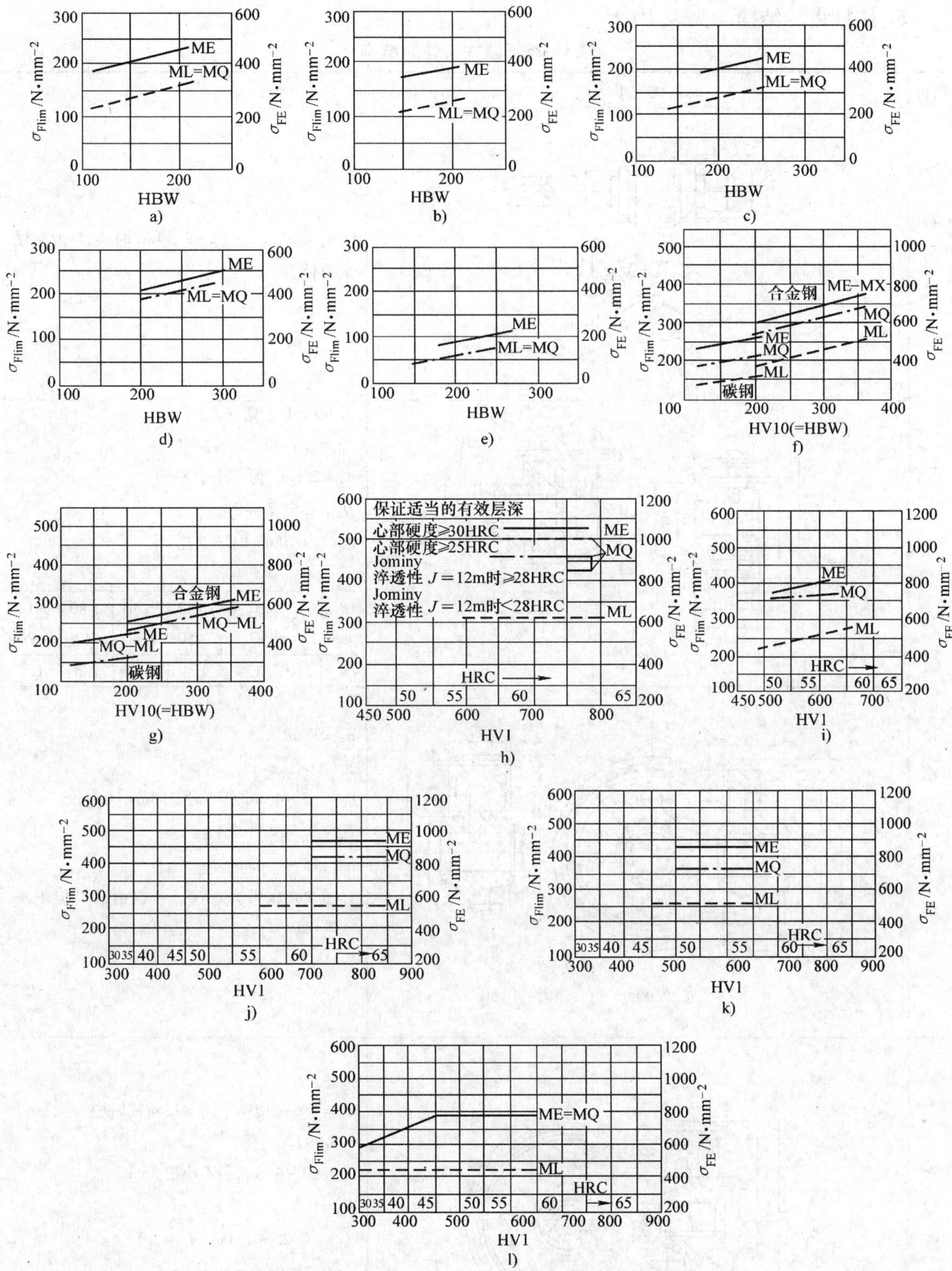

图 10-4　齿根弯曲疲劳极限 σ_{Flim} 及基本值 σ_{FE}

a）正火处理的结构钢　b）铸钢　c）球墨铸铁　d）可锻铸铁　e）灰铸铁　f）调质钢　g）铸钢

h）渗碳淬火钢　i）表面硬化钢　j）调质—气体渗氮处理的渗氮钢（不含铝）

k）调质—气体渗氮处理的调质钢　l）调质或正火—氮碳共渗处理的调质钢

5. 圆柱齿轮结构（见表 10-25）

表 10-25　圆柱齿轮的结构

名称	结构形式	结构尺寸
轴齿轮	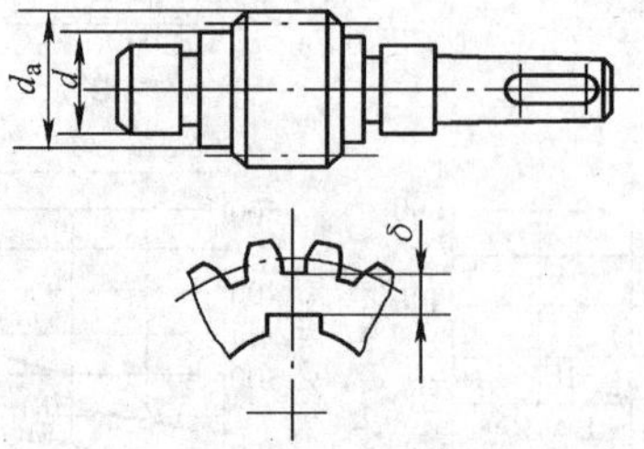	$d_a<2d$ 或 $\delta<(2\sim2.5)m_t$ 时，轴与齿轮做成整体
锻造齿轮	实心式 $d_a \leqslant 200$mm	$d_1=kd$，k 值见下表 $(1.2\sim1.5)d \geqslant l \geqslant b$ $\delta_0=2.5m_t$，但不小于 8mm $D_0=0.5(d_1+d_2)$ 当 $d_0<10$mm 时不钻孔 $n=0.5m_t$
	腹板式 $d_a \leqslant 500$mm	$d_1=1.6d$ $1.5d>l \geqslant b$ $\delta_0=(3\sim4)m_t$，但不小于 8mm $D_0=0.5(d_1+d_2)$ $d_0=15\sim25$mm $c=0.2b$（模锻）、$c=0.3b$（自由锻），但不小于 8mm $n=0.5m_t$ $r\approx0.5c$
铸造齿轮	腹板式 $d_a<500$mm	$d_1=1.6d$（铸钢）、$d_1=1.8d$（铸铁） $1.5d>l \geqslant b$ $\delta_0=(3\sim4)m_t$，但不小于 8mm $D_0=0.5(d_1+d_2)$ $d_0=(0.25\sim0.35)(d_2-d_1)$ $c=0.2b$，但不小于 10mm $n=0.5m_t$ $r\approx0.5c$

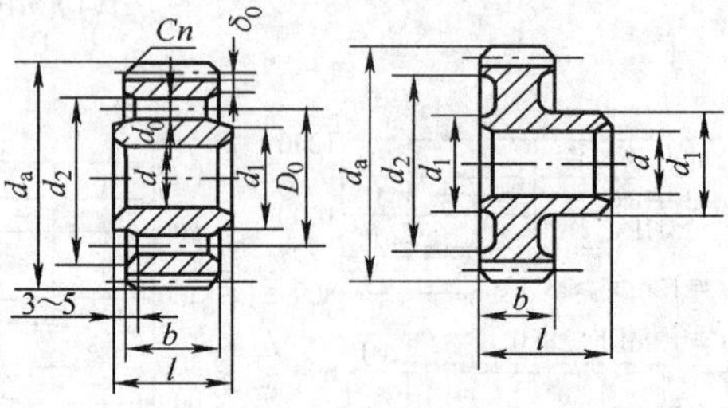

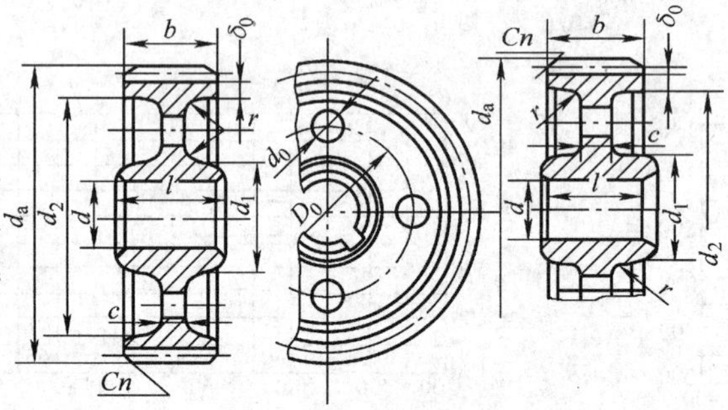

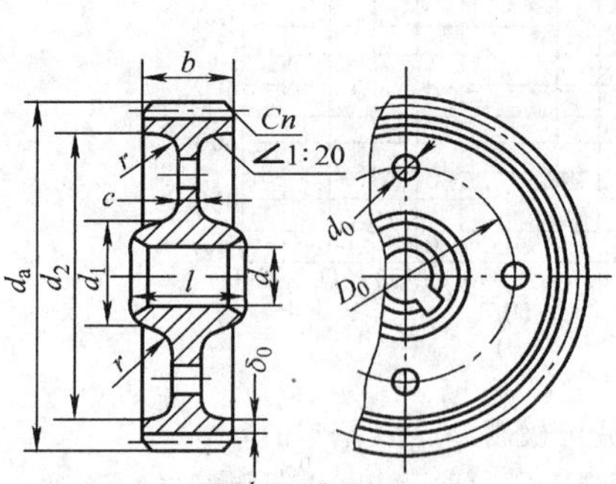

（锻造实心式齿轮 k 值表）

d /mm	<20	20 ~ 32	>32 ~50	>50 ~80	>80 ~120	>120 ~200
k	2.0	1.9	1.8	1.7	1.6	1.5

（续）

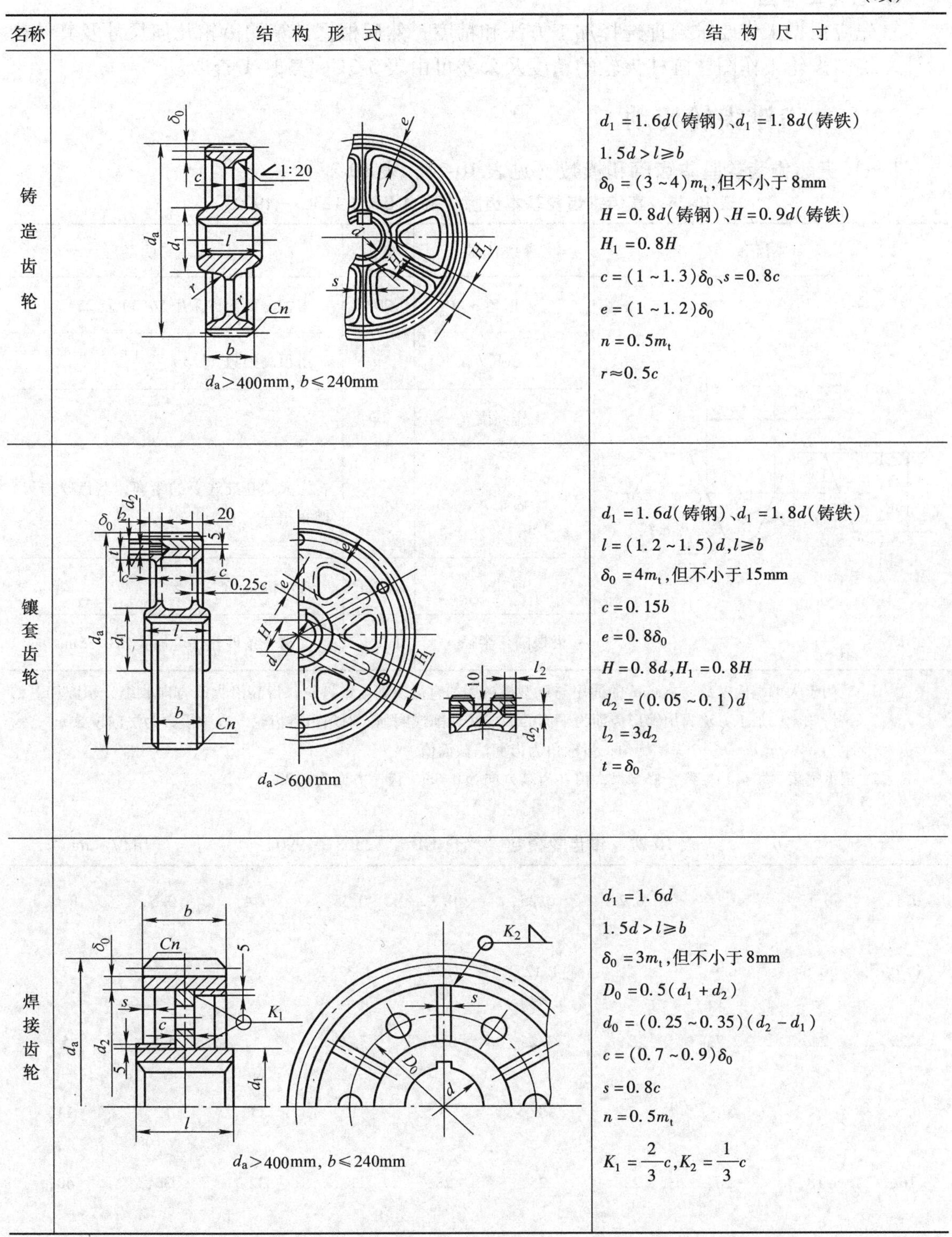

名称	结构形式	结构尺寸
铸造齿轮	$d_a>400\text{mm}$, $b\leqslant240\text{mm}$	$d_1=1.6d$(铸钢)、$d_1=1.8d$(铸铁) $1.5d>l\geqslant b$ $\delta_0=(3\sim4)m_t$,但不小于 8mm $H=0.8d$(铸钢)、$H=0.9d$(铸铁) $H_1=0.8H$ $c=(1\sim1.3)\delta_0$、$s=0.8c$ $e=(1\sim1.2)\delta_0$ $n=0.5m_t$ $r\approx0.5c$
镶套齿轮	$d_a>600\text{mm}$	$d_1=1.6d$(铸钢)、$d_1=1.8d$(铸铁) $l=(1.2\sim1.5)d$, $l\geqslant b$ $\delta_0=4m_t$,但不小于 15mm $c=0.15b$ $e=0.8\delta_0$ $H=0.8d$, $H_1=0.8H$ $d_2=(0.05\sim0.1)d$ $l_2=3d_2$ $t=\delta_0$
焊接齿轮	$d_a>400\text{mm}$, $b\leqslant240\text{mm}$	$d_1=1.6d$ $1.5d>l\geqslant b$ $\delta_0=3m_t$,但不小于 8mm $D_0=0.5(d_1+d_2)$ $d_0=(0.25\sim0.35)(d_2-d_1)$ $c=(0.7\sim0.9)\delta_0$ $s=0.8c$ $n=0.5m_t$ $K_1=\frac{2}{3}c$, $K_2=\frac{1}{3}c$

注：1. 表中尺寸 δ_0 与模数的关系式，适用于 $m=(0.01\sim0.02)a$ 时，当模数小于以上范围时，δ_0 值应相应增大。

2. 镶套式结构齿圈与铸铁轮心的配合推荐采用 H7/s6（或 H7/u7）。

3. 焊接齿轮仅用于承载不大的不重要的传动，通常齿圈用 35 或 45 钢，轮毂、腹板和肋板用 Q235 钢。

6. 齿轮工作图

首先应根据工作要求合理选择加工方法和精度，然后根据计算的齿轮几何尺寸及其结构设计，绘制齿轮工作图。圆柱齿轮的精度及公差可由表3-51～表3-71查取。

二、直齿锥齿轮传动

（一）直齿锥齿轮基本齿廓和模数（见表10-26，表10-27）

表10-26 直齿锥齿轮基本齿廓（摘自GB/T 12369—1990）

基本齿廓	参数名称	数值	说明
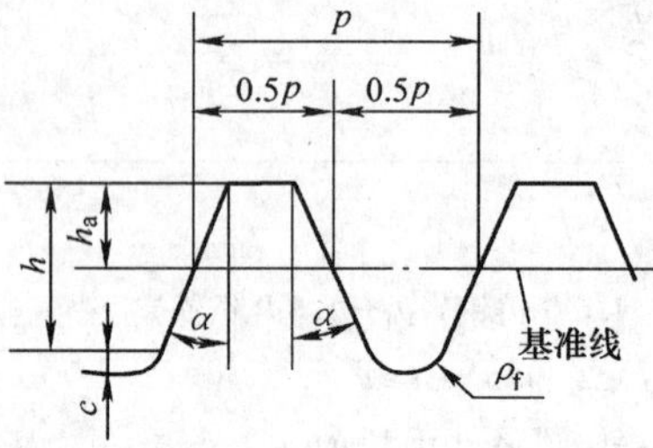 p, 0.5p, 0.5p, h, h_a, α, α, 基准线, ρ_f, c	齿形角 α	20°	根据需要允许采用14°30′及25°
	齿顶高 h_a	m	齿顶高因数 $h_a^*=1$
	工作高度 h	$2m$	
	齿距 p	πm	为大端基准线上的距离，其齿厚与齿槽宽相等
	顶隙 c	$0.2m$	顶隙因数 $c^*=0.2$
	齿根圆角半径 ρ_f	$0.3m$	如啮合条件允许可加大到0.35m

注：1. 适用于大端端面模数 $m \geqslant 1$mm 的通用与重型机械用的直齿及斜齿锥齿轮，齿高沿齿线方向收缩、顶隙相等的锥齿轮副，加工方法为用铲形齿面为平面的展成法切削或磨削。对斜齿锥齿轮，表中模数为法向模数 m_n，齿距为 $p=\pi m_n/\cos\beta$，β 为螺旋角；齿形角为齿面法截面值。

2. 根据需要，可齿顶修缘，修缘最大值在齿高方向为 $0.6m$，齿厚方向为 $0.2m$。

表10-27 锥齿轮模数（摘自GB/T 12368—1990） （单位：mm）

0.1,	0.12,	0.15,	0.2,	0.25,	0.3,	0.35,	0.4,	0.5,	0.6,
0.7,	0.8,	0.9,	1,	1.125,	1.25,	1.375,	1.5,	1.75,	2,
2.25,	2.5,	2.75,	3,	3.25,	3.5,	3.75,	4,	4.5,	5,
5.5,	6,	6.5,	7,	8,	9,	10,	11,	12,	14,
16,	18,	20,	22,	25,	28,	30,	32,	36,	40,
45,	50								

注：1. 锥齿轮模数系指大端端面模数。

2. 适用于直齿、斜齿及曲线齿（齿线为圆弧线、长幅外摆线及准渐开线等）锥齿轮。

（二）直齿锥齿轮几何尺寸计算（见表 10-28）

表 10-28　直齿锥齿轮传动几何尺寸计算

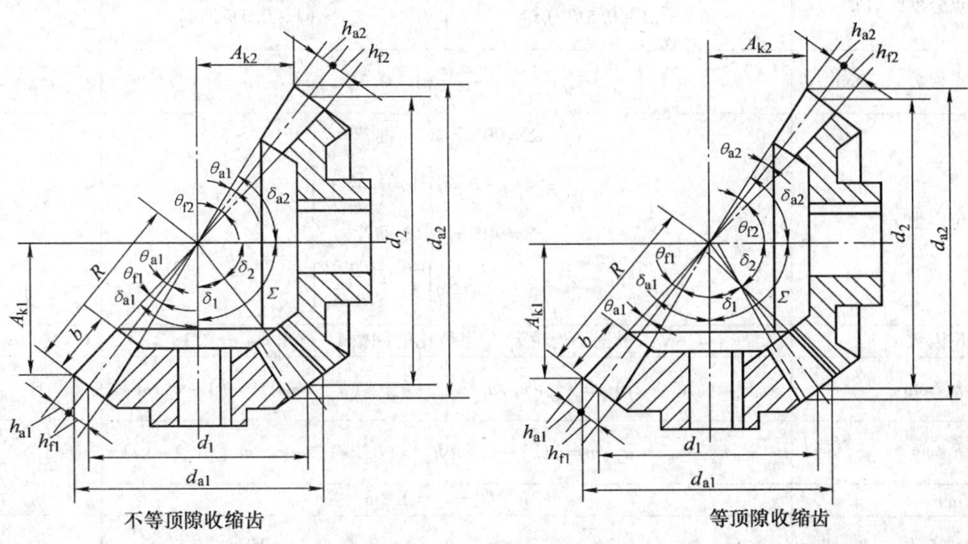

名称	计算公式		举例
	小齿轮	大齿轮	
轴交角 Σ	$\Sigma=\delta_1+\delta_2$，$\Sigma=10°\sim170°$，常用 $\Sigma=90°$		已知：$\Sigma=90°$，$m=3.5\text{mm}$
齿形角 α	$\alpha=20°$		$z_1=21$，$z_2=40$ 标准齿形
齿数 z	不根切时的最小齿数 $z_1\approx13$	$z_2=uz_1$	等顶隙收缩齿
齿数比 u	$u=\dfrac{z_2}{z_1}=\dfrac{n_1}{n_2}\geqslant1$		1.91
模数 m	按 GB/T 12368—1990 选用(表 10-27)		
分锥角 δ (分度圆锥角)	$\Sigma=90°$时 $\delta_1=\arctan\dfrac{z_1}{z_2}$ $\Sigma<90°$时 $\delta_1=\arctan\dfrac{\sin\Sigma}{u+\cos\Sigma}$ $\Sigma>90°$时 $\delta_1=\arctan\dfrac{\sin(180°-\Sigma)}{u-\cos(180°-\Sigma)}$	$\delta_2=\Sigma-\delta_1$	$\delta_1=27°42'$ $\delta_2=62°18'$
当量圆柱齿轮齿数 z_v	$z_{v1}=\dfrac{z_1}{\cos\delta_1}$	$z_{v2}=\dfrac{z_2}{\cos\delta_2}$	$z_{v1}=24$ $z_{v2}=86$
分度圆直径 d/mm	$d_1=mz_1$	$d_2=mz_2$	$d_1=73.5$ $d_2=140$
外锥距 R/mm	$R=\dfrac{d_1}{2\sin\delta_1}=\dfrac{d_2}{2\sin\delta_2}$ R 应计算至小数点后两位		$R=79.06$
齿宽 b/mm	$\left(\dfrac{1}{4}\sim\dfrac{1}{3}\right)R\geqslant6$，$b\leqslant10m$，一般取 $0.3R$		$b=24$
齿宽因数 Ψ_d	$\Psi_d=\dfrac{b}{R}=\dfrac{1}{4}\sim\dfrac{1}{3}$（一般推荐范围）		0.3

（续）

名称	计算公式		举例
	小齿轮	大齿轮	
齿宽中点分度圆直径 d_m/mm	$d_{m1}=(1-0.5\Psi_R)d_1$	$d_{m2}=(1-0.5\Psi_R)d_2$	$d_{m1}=62.48$ $d_{m2}=119$
齿宽中点模数 m_m/mm	$m_m=\frac{d_{m1}}{z_1}=\frac{d_{m2}}{z_2}=(1-0.5\Psi_R)m$		$m_m=2.98$
高度变位因数 x	$\Sigma=90°$、$z_1\geqslant13$ 推荐 $x_1=-x_2=0.46\left[1-\left(\frac{z_1}{z_2}\right)^2\right]$ $\Sigma\neq90°$、$z_1\geqslant13$ 推荐 $x_1=-x_2=0.46\left[1-\frac{z_1\cos\delta_2}{z_2\cos\delta_1}\right]$		$x_1=0.34$ $x_2=-0.34$
切向变位因数 x_s	$x_{s1}=-x_{s2}$，根据小齿轮 z_1 与齿数比的倒数 $1/u=z_1/z_2$ 查图 10-2		$x=0$
齿顶高 h_a/mm	$h_{a1}=(h_a^*+x_1)m=(1+x_1)m$	$h_{a2}=(h_a^*+x_2)m=(1+x_2)m$	$h_{a1}=4.69$ $h_{a2}=2.31$
齿根高 h_f/mm	$h_{f1}=(h_a^*+c^*-x_1)m=(1.2-x_1)m$	$h_{f2}=(h_a^*+c^*-x_2)m=(1.2-x_2)m$	$h_{f1}=3.01$ $h_{f2}=5.39$
齿高 h/mm	$h=h_1=h_2=2.2m$		$h=7.7$
齿顶圆直径 d_a/mm	$d_{a1}=d_1+2h_{a1}\cos\delta_1$	$d_{a2}=d_2+2h_{a2}\cos\delta_2$	$d_{a1}=81.81$ $d_{a2}=142.15$
齿根角 θ_f	$\theta_{f1}=\arctan\frac{h_{f1}}{R}$	$\theta_{f2}=\arctan\frac{h_{f2}}{R}$	$\theta_{f1}=2°11'$ $\theta_{f2}=3°54'$
齿顶角 θ_a 不等顶隙收缩齿	$\theta_{a1}=\arctan\frac{h_{a1}}{R}$	$\theta_{a2}=\arctan\frac{h_{a2}}{R}$	$\theta_{a1}=3°54'$ $\theta_{a2}=2°11'$
齿顶角 θ_a 等顶隙收缩齿	$\theta_{a1}=\arctan\frac{h_{f2}}{R}$	$\theta_{a2}=\arctan\frac{h_{f1}}{R}$	
顶锥角 δ_a 不等顶隙收缩齿	$\delta_{a1}=\delta_1+\theta_{a1}$	$\delta_{a2}=\delta_2+\theta_{a2}$	$\delta_{a1}=31°36'$ $\delta_{a2}=64°29'$
顶锥角 δ_a 等顶隙收缩齿	$\delta_{a1}=\delta_1+\theta_{f2}$	$\delta_{a2}=\delta_2+\theta_{f1}$	
根锥角 δ_f	$\delta_{f1}=\delta_1-\theta_{f1}$	$\delta_{f2}=\delta_2-\theta_{f2}$	$\delta_{f1}=25°31'$ $\delta_{f2}=58°24'$
冠顶距 A_k/mm	$\Sigma=90°$ $A_{k1}=\frac{d_2}{2}-h_{a1}\sin\delta_1$ $\Sigma\neq90°$ $A_{k1}=R\cos\delta_1-h_{a1}\sin\delta_1$	$A_{k2}=\frac{d_1}{2}-h_{a2}\sin\delta_2$ $A_{k2}=R\cos\delta_2-h_{a2}\sin\delta_2$	$A_{k1}=67.82$ $A_{k2}=34.71$
分度圆弧齿厚 s/mm	$s_1=m(\pi/2+2x_1\tan\alpha+x_s)$	$s_2=m(\pi/2+2x_2\tan\alpha-x_s)$	$s_1=6.364$ $s_2=4.632$
分度圆弦齿厚 $\bar{s}$/mm	$\bar{s}_1=s_1\left(1-\frac{s_1^2}{6d_1^2}\right)$	$\bar{s}_2=s_2\left(1-\frac{s_2^2}{6d_2^2}\right)$	$\bar{s}_1=6.356$ $\bar{s}_2=4.631$
分度圆弦齿高 $\bar{h}$/mm	$\bar{h}_1=h_{a1}+\frac{s_1^2}{4d_1}\cos\delta_1$	$\bar{h}_2=h_{a2}+\frac{s_2^2}{4d_2}\cos\delta_2$	$\bar{h}_1=4.81$ $\bar{h}_2=2.33$
端面重合度 ε_α	$\varepsilon_\alpha=\frac{1}{2\pi}[z_{v1}(\tan\alpha_{va1}-\tan\alpha)+z_{v2}(\tan\alpha_{va2}-\tan\alpha)]$ $\alpha_{va1}=\arccos\frac{z_{v1}\cos\alpha}{z_{v1}+2h_a^*+2x_1}$，$\alpha_{va2}=\arccos\frac{z_{v2}\cos\alpha}{z_{v2}+2h_a^*+2x_2}$		$\varepsilon_\alpha=1.65$

注：不等顶隙收缩齿的顶锥顶点、根锥顶点与分锥顶点重合。等顶隙收缩齿则齿顶与相啮合齿轮的齿根相平行，分锥顶与根锥顶点相重合。这种齿的优点是减小齿根部的应力集中；避免齿轮小端轮齿变尖；可增大刀尖圆角，以延长刀具寿命。直齿锥齿轮推荐使用等顶隙收缩齿。

（三）直齿锥齿轮传动设计计算

直齿锥齿轮传动的设计步骤与圆柱齿轮传动的基本相同。设计时的注意事项如下所述。

1. 直齿锥齿轮传动的作用力计算

直齿锥齿轮传动的作用力，假设作用于齿宽中点处的分度圆上，作用力计算公式见表10-29。

2. 直齿锥齿轮的简化设计计算

直齿锥齿轮的简化设计计算公式见表10-30，作为初步确定直齿锥齿轮主要尺寸的计算式。对重要的闭式传动，应进行接触强度和弯曲强度的校核；开式传动则只须校核弯曲强度。直齿锥齿轮强度校核公式系数繁多，读者可参见有关设计手册。对不重要的传动，强度校核可从略。

表10-29　直齿锥齿轮传动的作用力计算

	作用力	计算公式
d_m　F_r　F_x　F_{mt}　F_r　F_{mt}　F_x	切向力 F_{mt}（N）	$F_{mt}=\dfrac{2000T}{d_m}=\dfrac{2000T}{d(1-0.5\Psi_R)}$
	径向力 F_r（N）	$F_r=F_{mt}\tan\alpha\cos\delta$
	轴向力 F_x（N）	$F_x=F_{mt}\tan\alpha\sin\delta$
	转矩 T（N·m）	$T=9550\dfrac{P}{n}$ P—齿轮传递的功率（kW） n—齿轮的转速（r/min）

表10-30　直齿锥齿轮简化设计计算

齿面接触强度	齿根弯曲强度
$d_{e1}\geqslant 1951\sqrt[3]{\dfrac{KT_1}{u[\sigma_H]^2}}$	$m_e\geqslant 32\sqrt[3]{\dfrac{KT_1}{z_1^2\sqrt{u^2+1}}\dfrac{Y_{FS}}{[\sigma_F]}}$

注：式中，d_{e1}—小轮大端分度圆直径（mm）；m_e—大端模数（mm），按表10-2取标准值；K—载荷因数，当原动机为电动机、汽轮机时，一般可取 $K=1.2\sim1.8$，当载荷平稳、传动精度较高、速度较低及大、小齿轮均两侧支承时，K 取较小值。当原动机为多缸内燃机时，K 值应增大1.2倍左右；T_1—小轮名义转矩（N·m）；u—齿数比，$u=z_2/z_1$，z_2 为大轮齿数，z_1 为小轮齿数；$[\sigma_H]$—许用接触应力（MPa），$[\sigma_H]=\sigma_{Hlim}/S_{Hmin}$，$\sigma_{Hlim}$ 为试验齿轮材料的接触疲劳极限（MPa），见图10-3，S_{Hmin} 为接触强度最小安全因数，可取 $S_{Hmin}=1\sim1.2$；Y_{FS}—载荷作用于齿顶时锥齿轮的复合齿形因数，见图10-5；$[\sigma_F]$—许用弯曲应力（MPa），$[\sigma_F]=\sigma_{Flim}/S_{Fmin}$，$\sigma_{Flim}$ 为试验齿轮材料的弯曲疲劳极限（MPa），见图10-4，S_{Fmin} 为弯曲强度最小安全因数，可取 $S_{Fmin}=1.4\sim2$。应以 $Y_{FS1}/[\sigma_{F1}]$ 及 $Y_{FS2}/[\sigma_{F2}]$ 两者中之大值进行计算。

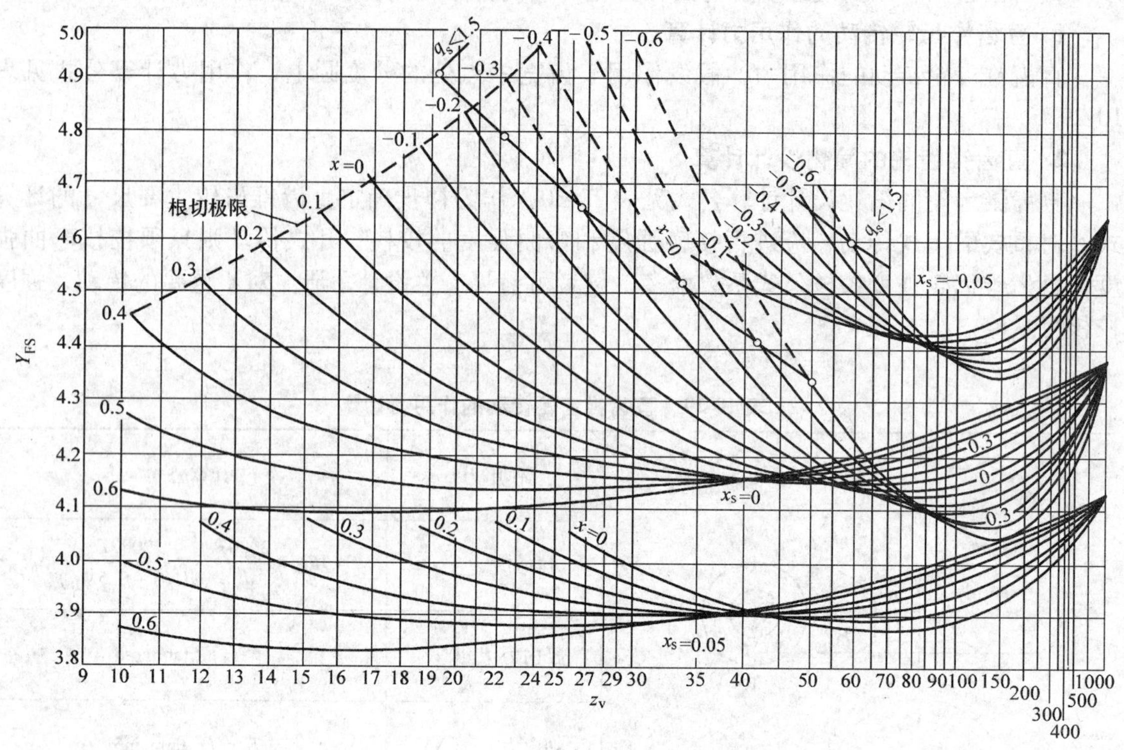

图 10-5　锥齿轮复合齿形因数 Y_{FS}

$\alpha=20°$，$h_a^*=1$，$c^*=0.2$，$\rho_f=0.3m$，展成法加工

3. 直齿锥齿轮主要参数选择

1）齿数比 u。一般取 $u=z_2/z_1\leqslant 5$，应使 z_1 与 z_2 互质，以使磨损均匀。淬硬并磨削的高精度齿轮，u 尽可能取成偶数，以便检测和提高安装精度。

2）齿数 z。一般取 $z_1=16\sim30$。按齿面接触强度确定 d_{e1}，可参考图 10-6，由 d_{e1} 和 u 选取 z_1（用于渗碳淬火齿轮，对调质齿轮可增大 20% 左右）。不发生根切的最小齿数 $z_{1\min}=13$。

3）齿宽因数 $\Psi_R=b/R$，b 为齿宽（mm）；R 为外锥距（mm）。为减小沿齿宽的载荷集中，一般推荐 $\Psi_R\leqslant0.3$，但应使 $b_{\min}\geqslant 4m$。

4）变位因数 x。直齿锥齿轮一般采用高度变位，小齿轮正变位，大齿轮负变位。高度变位因数可按表 10-28 中的公式计算。

为使大、小齿轮轮齿弯曲强度接近，可采用切向变位以改变齿厚的方法。小齿轮采用正切向变位，大齿轮采用负切向变位，切向变位因数 $x_{s1}=-x_{s2}$，切向变位因数 x_s 可按图 10-7 确定。

4. 直齿锥齿轮结构（见表 10-31）

5. 齿轮工作图

锥齿轮的精度及公差可由表 3-72 ~ 表 3-89 查取。

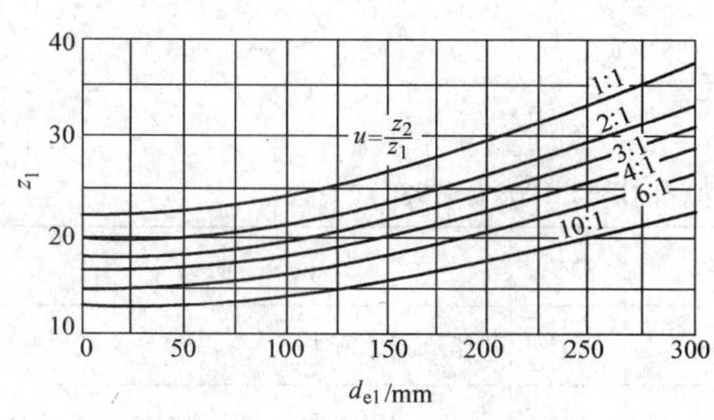

图 10-6　由 d_{e1} 和 u 选取 z_1 线图

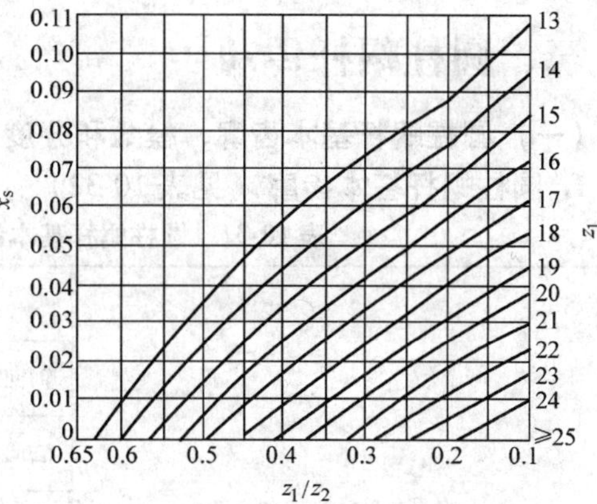

图 10-7　直齿锥齿轮切向变位因数 x_s

表 10-31　直齿锥齿轮结构

结构形式	结构尺寸
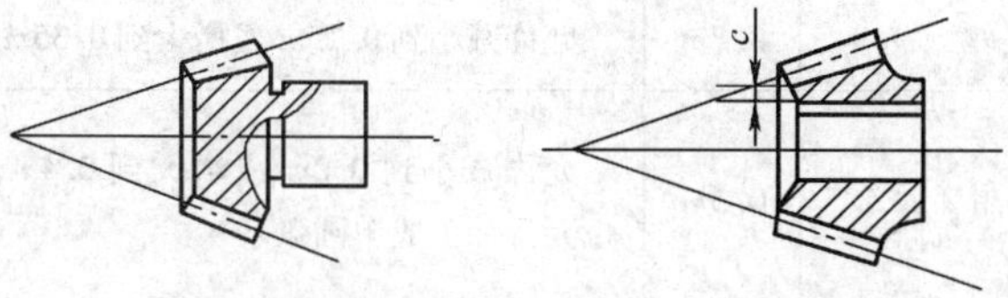 轴齿轮　小齿轮	当齿轮小端齿根圆角离键槽顶部的距离 $c<(1.6\sim2m)$ 时，齿轮与轴做成整体，其中 m 为大端模数
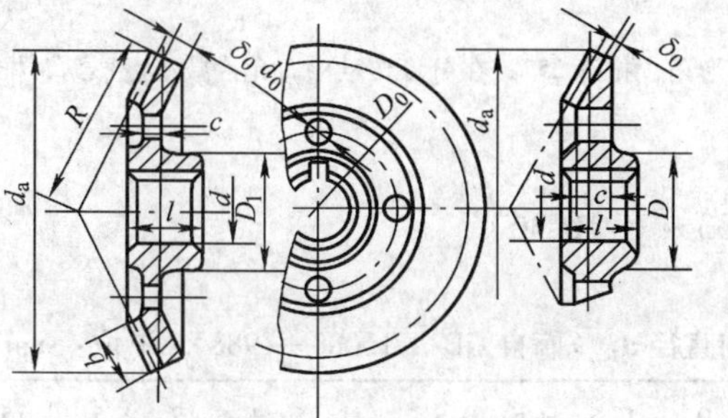 模锻　自由锻 $d_a \leqslant 500$mm 锻造锥齿轮	$D_1=1.6d$ $l=(1\sim1.2)d$ $\delta_0=(3\sim4)m$，但不小于 10mm $c=(0.1\sim0.17)R$ D_0、d_0 按结构确定
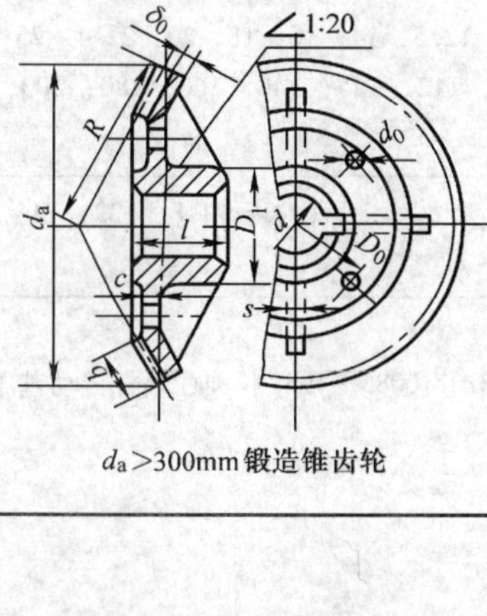 $d_a>300$mm 锻造锥齿轮	$D_1=1.6d$（铸钢） $D_1=1.8d$（铸铁） $l=(1\sim1.2)d$ $\delta_0=(3\sim4)m$，但不小于 10mm $c=(0.1\sim0.17)R$，但不小于 10mm $s=0.8c$，但不小于 10mm D_0、d_0 按结构确定

三、圆柱蜗杆传动

（一）圆柱蜗杆基本齿廓、模数和分度圆直径

1. 圆柱蜗杆基本齿廓（见表10-32）

表 10-32 圆柱蜗杆基本齿廓（摘自 GB/T 10087—1988）

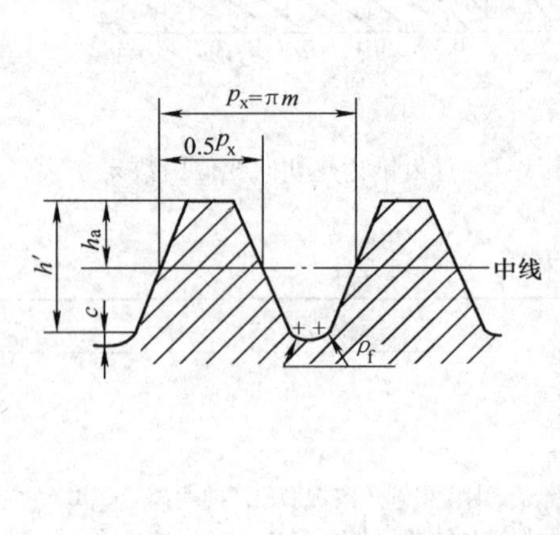

参数	数值	说明
轴向齿形角 α_x	20°	阿基米德蜗杆
法向齿形角 α_n	20°	法向直廓蜗杆、渐开线蜗杆
刀具的铲形角 α_o	20°	锥面包络圆柱蜗杆
齿顶高 h_a	1m	短齿 0.8m
工作齿高 h'	2m	短齿 1.6m
轴向齿距 p_x	πm	中线上的齿宽和齿槽宽相等
顶隙 c	0.2m	允许减小到 0.15m 或增大到 0.35m
齿根圆角半径 ρ_f	0.3m	允许减小到 0.2m 或增大到 0.4m，也允许加工成单圆弧

注：1. 圆柱蜗杆基本齿廓是指基本蜗杆在给定截面上的规定齿形。适用于模数 m 大于或等于 1mm，轴交角 Σ 等于 90°的圆柱蜗杆传动，其基本蜗杆的类型为阿基米德蜗杆（ZA 蜗杆）、法向直廓蜗杆（ZN 蜗杆）、渐开线蜗杆（ZI 蜗杆）和锥面包络圆柱蜗杆（ZK 蜗杆）。

2. 在动力传动中，当导程角 $\gamma>30°$时，允许增大齿形角，推荐25°；在分度传动中，允许减小齿形角，推荐15°或12°。

3. 允许顶圆倒圆，但圆角半径不大于 0.2m。

2. 圆柱蜗杆模数和分度圆直径（见表 10-33 ~ 表 10-36）

表 10-33 圆柱蜗杆模数 m 和分度圆直径 d_1（摘自 GB/T 10088—1988）（单位：mm）

模数 m	第一系列	0.1，0.12，0.16，0.2，0.25，0.3，0.4，0.5，0.6，0.8，1，1.25，1.6，2，2.5，3.15，4，5，6.3，8，10，12.5，16，20，25，31.5，40
	第二系列	0.7，0.9，1.5，3，3.5，4.5，5.5，6，7，12，14
直径 d_1	第一系列	4，4.5，5，5.6，6.3，7.1，8，9，10，11.2，12.5，14，16，18，20，22.4，25，28，31.5，35.5，40，45，50，56，63，71，80，90，100，112，125，140，160，180，200，224，250，280，315，355，400
	第二系列	6，7.5，8.5，15，30，38，48，53，60，67，75，85，95，106，118，132，144，170，190，300

注：1. 优先采用第一系列

2. 对动力蜗杆传动，在选用蜗杆分度圆直径 d_1 时，应符合 GB/T 10085—1988《圆柱蜗杆传动基本参数》的规定（表 10-36）。

表 10-34 蜗杆传动的 m 与 d_1 的匹配（摘自 GB/T 10085—1988）

m/mm	1	1.25		1.6		2				2.5			
d_1/mm	18	20	22.4	20	28	(18)	22.4	(28)	35.5	(22.4)	28	(35.5)	45
m^2d_1/mm	18	31.3	35	51.2	71.7	72	89.6	112	142	140	175	222	281

m/mm	3.15				4				5				6.3
d_1/mm	(28)	35.5	(45)	56	(31.5)	40	(50)	71	(40)	50	(63)	90	(50)
m^2d_1/mm	278	352	447	556	504	640	800	1136	1000	1250	1575	2250	1985

m/mm	6.3			8				10				12.5	
d_1/mm	63	(80)	112	(63)	80	(100)	140	(71)	90	(112)	160	(90)	112
m^2d_1/mm	2500	3175	4445	4032	5376	6400	8960	7100	9000	11200	16000	14062	17500

m/mm	12.5		16				20				25			
d_1/mm	(140)	200	(112)	140	(180)	250	(140)	160	(224)	315	(180)	200	(280)	400
m^2d_1/mm	21875	31250	28672	35940	46080	64000	56000	64000	89600	126000	112500	125000	175000	250000

表 10-35 各种传动比时推荐的 z_1、z_2 值

i	5 ~ 6	7 ~ 8	9 ~ 13	14 ~ 24	25 ~ 27	28 ~ 40	>40
z_1	6	4	3 ~ 4	2 ~ 3	2 ~ 3	1 ~ 2	1
z_2	29 ~ 36	28 ~ 32	27 ~ 52	28 ~ 72	50 ~ 81	28 ~ 80	>40

表 10-36 普通圆柱蜗杆传动的基本参数及其匹配（摘自 GB/T 10085—1988）

a /mm	i	m /mm	d_1 /mm	z_1	z_2	x_2	γ
40	4.83	2	22.4	6	29	−0.100	28°10′43″
	7.25	2	22.4	4	29	−0.100	19°39′14″
	9.5①	1.6	20	4	38	−0.250	17°44′41″
	—	—	—	—	—	—	—
	14.5	2	22.4	2	29	−0.100	10°07′29″
	19①	1.6	20	2	38	−0.250	9°05′25″
	29	2	22.4	1	29	−0.100	5°06′08″
	38①	1.6	20	1	38	−0.250	4°34′26″
	49	1.25	20	1	49	−0.500	3°34′35″
	62	1	18	1	62	0.000	3°10′47″
50	4.83	2.5	28	6	29	−0.100	28°10′43″
	7.25	2.5	28	4	29	−0.100	19°39′14″
	9.75①	2	22.4	4	39	−0.100	19°39′14″
	12.75	1.6	20	4	51	−0.500	17°44′41″
	14.5	2.5	28	2	29	−0.100	10°07′29″
	19.5①	2	22.4	2	39	−0.100	10°07′29″
	25.5	1.6	20	2	51	−0.500	9°05′25″
	29	2.5	28	1	29	−0.100	5°06′08″
	39①	2	22.4	1	39	−0.100	5°06′08″
	51	1.6	20	1	51	−0.500	4°34′26″
	62	1.25	22.4	1	62	+0.040	3°11′38″
	—	—	—	—	—	—	—
	82①	1	18	1	82	0.000	3°10′47″
63	4.83	3.15	35.5	6	29	−0.1349	28°01′50″
	7.25	3.15	35.5	4	29	−0.1349	19°32′29″
	9.75①	2.5	28	4	39	+0.100	19°39′14″
	12.75	2	22.4	4	51	+0.400	19°39′14″
	14.5	3.15	35.5	2	29	−0.1349	10°03′48″
	19.5①	2.5	28	2	39	+0.100	10°07′29″
	25.5	2	22.4	2	51	+0.400	10°07′29″
	29	3.15	35.5	1	29	−0.1349	5°04′15″
	39①	2.5	28	1	39	+0.100	5°06′08″
	51	2	22.4	1	51	+0.400	5°06′08″
	61	1.6	28	1	61	+0.125	3°16′14″

（续）

a /mm	i	m /mm	d_1 /mm	z_1	z_2	x_2	γ	a /mm	i	m /mm	d_1 /mm	z_1	z_2	x_2	γ
63	67	1.6	20	1	67	−0.375	4°34′26″	125	41①	5	50	1	41	−0.500	5°42′38″
	82①	1.25	22.4	1	82	+0.440	3°11′38″		51	4	40	1	51	+0.750	5°42′38″
80	5.17	4	40	6	31	−0.500	30°57′50″		62	3.15	56	1	62	−0.2063	3°13′10″
	7.75	4	40	4	31	−0.500	21°48′05″		69	3.15	35.5	1	09	−0.4524	5°04′15″
	9.75①	3.15	35.5	4	39	+0.2619	19°32′29″		82①	2.5	45	1	82	0.000	3°10′47″
	13.25	2.5	28	4	53	−0.100	19°39′14″	160	5.17	8	80	6	31	−0.500	30°57′50″
	15.5	34	40	2	31	−0.500	11°18′36″		7.75	8	80	4	31	−0.500	21°48′05″
	19.5①	3.15	35.5	2	39	+0.2619	10°03′48″		10.25①	6.3	63	4	41	−0.1032	21°48′05″
	26.5	2.5	28	2	53	−0.100	10°07′29″		13.25	5	50	4	53	+0.500	21°48′05″
	31	4	40	1	31	−0.500	5°42′38″		15.5	8	80	2	31	−0.500	11°18′36″
	39①	3.15	35.5	1	39	+0.2619	5°04′15″		20.5①	6.3	63	2	41	−0.1032	11°18′36″
	53	2.5	28	1	53	−0.100	5°06′08″		26.5	5	50	2	53	+0.500	11°18′36″
	62	2	35.5	1	62	+0.125	3°13′28″		31	8	80	1	31	−0.500	5°42′38″
	69	2	22.4	1	69	−0.100	5°06′08″		41①	6.3	63	1	41	−0.1032	5°42′38″
	82①	1.6	28	1	82	+0.250	3°16′14″		53	5	50	1	53	+0.500	5°42′38″
100	5.17	5	50	6	31	−0.500	30°57′50″		62	4	71	1	62	+0.125	3°13′28″
	7.75	5	50	4	31	−0.500	21°48′05″		70	4	40	1	70	0.000	5°42′38″
	10.25①	4	40	4	41	−0.500	21°48′05″		83①	3.15	56	1	83	+0.4048	3°13′10″
	13.25	3.15	35.5	4	53	−0.3889	19°32′29″		—	—	—	—	—	—	—
	15.5	5	50	2	31	−0.500	11°18′36″	180	7.25	10	(71)	4	29	−0.050	29°23′46″
	20.5①	4	40	2	41	−0.500	11°18′36″		9.5①	8	(63)	4	38	−0.4375	26°53′40″
	26.5	3.15	35.5	2	53	−0.3889	10°03′48″		12	6.3	63	4	48	−0.4286	21°48′05″
	31	5	50	1	31	−0.500	5°42′38″		15.25	5	50	4	61	+0.500	21°48′05″
	41①	4	40	1	41	−0.500	5°42′38″		19①	8	(63)	2	38	−0.4375	14°15′00″
	53	3.15	35.5	1	53	−0.3889	5°04′15″		24	6.3	63	2	48	−0.4286	11°18′36″
	62	2.5	45	1	62	0.000	3°10′47″		30.5	5	50	2	61	+0.500	11°18′36″
	70	2.5	28	1	70	−0.600	5°06′08″		38①	8	63	1	38	−0.4375	7°14′13″
	82①	2	35.5	1	82	+0.125	3°13′28″		48	6.3	63	1	48	−0.4286	5°42′38″
125	5.17	6.3	63	6	31	−0.6587	30°57′50″		61	5	50	1	61	+0.500	5°42′38″
	7.75	6.3	63	4	31	−0.6587	21°48′05″		71	4	71	1	71	+0.625	3°13′28″
	10.25①	5	50	4	41	−0.500	21°48′05″		80①	4	40	1	80	0.000	5°42′38″
	12.75	4	40	4	51	+0.750	21°48′05″	200	5.17	10	90	6	31	0.000	33°41′24″
	15.5	6.3	63	2	31	−0.6587	11°18′36″		7.75	10	90	4	31	0.000	23°57′45″
	20.5①	5	50	2	41	−0.500	11°18′36″		10.25①	8	80	4	41	−0.500	21°48′05″
	25.5	4	40	2	51	+0.750	11°18′36″		13.25	69.3	63	4	53	+0.246	21°48′05″
	31	6.3	63	1	31	−0.6587	5°42′38″		15.5	10	90	2	31	0.000	12°31′44″

（续）

a /mm	i	m /mm	d_1 /mm	z_1	z_2	x_2	γ
200	20.5[①]	8	80	2	41	−0.500	11°18′36″
	26.5	6.3	63	2	53	+0.246	11°18′36″
	31	10	90	1	31	0.000	6°20′25″
	41[①]	8	80	1	41	−0.500	5°42′38″
	53	6.3	63	1	53	+0.246	5°42′38″
	62	5	90	1	62	0.000	3°10′47″
	70	5	50	1	70	0.000	5°42′38″
	82[①]	4	71	1	82	+0.125	3°13′28″
225	7.25	12.5	(90)	4	29	−0.100	29°03′17″
	9.5[①]	10	(71)	4	38	−0.050	29°23′46″
	11.75	8	80	4	47	−0.375	21°48′05″
	15.25	6.3	63	4	61	+0.2143	21°48′05″
	19.5[①]	10	(71)	2	38	−0.050	15°43′55″
	23.5	8	80	2	47	−0.375	11°18′36″
	30.5	6.3	63	2	61	+0.2143	11°18′36″
	38[①]	10	(71)	1	38	−0.050	8°01′02″
	47	8	80	1	47	−0.375	5°42′38″
	61	6.3	63	1	61	+0.2143	5°42′38″
	71	5	90	1	71	+0.500	3°10′47″
	80[①]	5	50	1	80	0.000	5°42′38″
250	7.75	12.5	112	4	31	+0.020	24°03′26″
	10.25[①]	10	90	4	41	0.000	23°57′45″
	13	8	80	4	52	+0.250	21°48′05″
	15.5	12.5	112	2	31	+0.020	12°34′59″
	20.5[①]	10	90	2	41	0.000	12°31′44″
	26	8	80	2	52	+0.250	11°18′36″
	31	12.5	112	1	31	+0.020	6°22′06″
	41[①]	10	90	1	41	0.000	6°20′25″
	52	8	80	1	52	+0.250	5°42′38″
	61	6.3	112	1	61	+0.2937	3°13′10″
	70	6.3	63	1	70	−0.3175	5°42′38″
	81[①]	5	90	1	81	+0.500	3°10′47″
280	7.25	16	(112)	4	29	−0.500	29°44′42″
	9.5[①]	12.5	(90)	4	38	−0.200	29°03′17″
	12	10	90	4	48	−0.500	23°57′45″
	15.25	8	80	4	61	−0.500	21°48′05″
	19[①]	12.5	(90)	2	38	−0.200	15°31′27″
	24	10	90	2	48	−0.500	12°31′44″
	30.5	8	80	2	61	−0.500	11°18′36″
	38[①]	12.5	(90)	1	38	−0.200	7°50′26″
	48	10	90	1	48	−0.500	6°20′25″
	61	8	80	1	61	−0.500	5°42′38″
	71	6.3	112	1	71	+0.0556	3°13′10″
	80[①]	6.3	63	1	80	−0.5556	5°42′38″
315	7.75	16	140	4	31	−0.1875	24°34′02″
	10.25[①]	12.5	112	4	41	+0.220	24°03′26″
	13.25	10	90	4	53	+0.500	23°57′45″
	15.5	16	140	2	31	−0.1875	12°52′30″
	20.5[①]	12.5	112	2	41	+0.220	12°34′59″
	26.5	10	90	2	53	+0.500	12°31′44″
	31	16	140	1	31	+0.1875	6°31′11″
	41[①]	12.5	112	1	41	+0.220	6°22′06″
	53	10	90	1	53	+0.500	6°20′25″
	61	8	140	1	61	+0.125	3°16′14″
	69	8	80	1	69	−0.125	5°42′38″
	82[①]	6.3	112	1	82	+0.1111	3°13′10″
355	7.25	20	(140)	4	29	−0.250	29°44′42″
	9.5[①]	16	(112)	4	38	−0.3125	29°44′42″
	12.25	12.5	112	4	49	−0.580	24°03′26″
	15.25	10	90	4	61	+0.500	23°57′45″
	19[①]	16	(112)	2	38	−0.3125	15°56′43″
	24.5	12.5	112	2	49	−0.580	12°34′59″
	30.5	10	90	2	61	+0.500	12°31′44″
	38[①]	16	(112)	1	38	−0.3125	8°07′48″
	49	12.5	112	1	49	−0.580	6°22′06″
	61	10	90	1	61	+0.500	6°20′25″
	71	8	140	1	71	+0.125	3°16′14″
	79[①]	8	80	1	79	−0.125	5°42′38″
400	7.75	20	160	4	31	+0.500	26°33′54″
	10.25[①]	16	140	4	41	+0.125	24°34′02″
	13.5	12.5	112	4	54	+0.520	24°03′26″
	15.5	20	160	2	31	+0.500	14°02′10″

（续）

a /mm	i	m /mm	d_1 /mm	z_1	z_2	x_2	γ	a /mm	i	m /mm	d_1 /mm	z_1	z_2	x_2	γ
400	20.5①	16	140	2	41	+0.125	12°52′30″	450	49	16	(112)	1	49	+0.125	8°07′48″
	27	12.5	112	2	54	+0.520	12°34′59″		63	12.5	112	1	63	+0.020	6°22′06″
	31	20	160	1	31	+0.050	7°07′30″		73	10	160	1	73	+0.500	3°50′26″
	41①	16	140	1	41	+0.125	6°31′11″		81①	10	90	1	81	0.000	6°20′25″
	54	12.5	112	1	54	+0.520	6°22′06″	500	7.75	25	200	4	31	+0.500	26°33′54″
	63	10	160	1	63	+0.500	3°34′35″		10.25①	20	160	4	41	+0.500	26°33′54″
	71	10	90	1	71	0.000	6°20′25″		13.25	16	140	4	53	+0.375	24°34′02″
	82①	8	140	1	82	+0.250	3°16′14″		15.5	25	200	2	31	+0.500	14°02′10″
450	7.25	25	(180)	4	29	−0.100	27°03′17″		20.5①	20	160	2	41	+0.500	14°02′10″
	9.75①	20	(140)	4	39	−0.500	29°44′42″		26.5	16	140	2	53	+0.375	12°52′30″
	12.25	16	(112)	4	49	+0.125	29°44′42″		31	25	200	1	31	+0.500	7°07′30″
	15.75	12.5	112	4	63	+0.020	24°03′26″		41①	20	160	1	41	+0.500	7°07′30″
	19.5①	20	(140)	2	39	−0.500	15°56′43″		53	16	140	1	53	+0.375	6°31′11″
	24.5	16	(112)	2	49	+0.125	15°56′43″		63	12.5	200	1	63	+0.500	3°34′35″
	31.5	12.5	112	2	63	+0.020	12°34′59″		71	12.5	112	1	71	+0.020	6°22′06″
	39①	20	(140)	1	39	−0.500	8°07′48″		83①	10	160	1	83	+0.500	3°34′35″

注：$\gamma<3°17'$者有自锁能力。

① 为基本传动比

3. 蜗杆常用材料及热处理（见表10-37）

表10-37 蜗杆常用材料及热处理

材料牌号	热处理	硬度	齿面的表面粗糙度 Ra/μm
45，42SiMn，37SiMn2MoV，40Cr，42CrMo，40CrNi	表面淬火	45～55HRC	1.6～0.8
15CrMn，20CrMn，20Cr，20CrNi，20CrMnTi	渗碳淬火	58～63HRC	1.6～0.8
45（用于不重要的传动）	调质	<270HBW	6.3

（二）圆柱蜗杆传动几何尺寸计算（见表10-38～表10-39）

表10-38 圆柱蜗杆传动几何尺寸计算

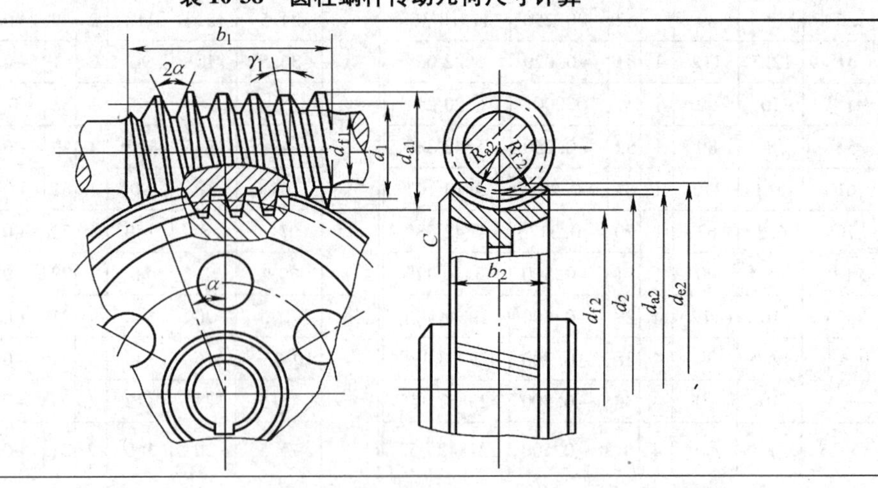

（续）

名　称	公式及说明	
中心距 a	$a=(d_1+d_2+2x_2m)/2$，按表 10-36 选取	
蜗杆头数 z_1	常用 $z_1=1,2,4,6$	按表 10-35，表 10-36 选取
蜗轮齿数 z_2	$z_2=iz_1$，$i=\frac{n_1}{n_2}$	
齿形角 α	ZA 型 $\alpha_x=20°$，其余 $\alpha_n=20°$，$\tan\alpha_n=\tan\alpha_x\cos\gamma$	
模数 m	$m=m_x=m_n/\cos\gamma$，按表 10-2 选取	
蜗轮变位因数 x_2	$x_2=\frac{a}{m}-\frac{d_1+d_2}{2m}$	
蜗杆轴向齿距 p_x	$p_x=\pi m$	
蜗杆分度圆直径 d_1	$d_1=mz_1/\tan\gamma$，按表 10-34 或表 10-36 选取	
蜗杆齿顶圆直径 d_{a1}	$d_{a1}=d_1+2h_{a1}=d_1+2h_a^*m$	
蜗杆齿根圆直径 d_{f1}	$d_{f1}=d_1-2h_{f1}=d_1-2m(h_a^*+c^*)$	
蜗杆齿顶高 h_{a1}	$h_{a1}=h_a^*m$，齿顶高因数一般 $h_a^*=1$，短齿 $h_a^*=0.8$	
顶隙 c	$c=c^*m$，一般顶隙因数 $c^*=0.2$	
蜗杆齿根高 h_{f1}	$h_{f1}=(h_a^*+c^*)m=\frac{1}{2}(d_1-d_{f1})$	
蜗杆齿高 h_1	$h_1=h_{a1}+h_{f1}=\frac{1}{2}(d_{a1}-d_{f1})$	
渐开线蜗杆基圆直径 d_{b1}	$d_{b1}=d_1\tan\gamma/\tan\gamma_b=z_1m/\tan\gamma_b$	
渐开线蜗杆基圆导程角 γ_b	$\cos\gamma_b=\cos\gamma\cos\alpha_n$	
蜗杆齿宽 b_1	见表 10-39	
蜗轮分度圆直径 d_2	$d_2=mz_2=2a-d_1-2x_2m$	
蜗轮喉圆直径 d_{a2}	$d_{a2}=d_2+2h_{a2}$	
蜗轮齿根圆直径 d_{f2}	$d_{f2}=d_2-2h_{f2}$	
蜗轮齿顶高 h_{a2}	$h_{a2}=(d_{a2}-d_2)/2=m(h_a^*+x_2)$	
蜗轮齿顶高 h_{f2}	$h_{f2}=\frac{1}{2}(d_2-d_{f2})=m(h_a^*-x_2+c^*)$	
蜗轮齿高 h_2	$h_2=h_{a2}+h_{f2}=\frac{1}{2}(d_{a2}-d_{f2})$	
蜗轮顶圆直径 d_{e2}	当 $z_1=1$ 时，$d_{e2}\leqslant d_{a2}+2m$；$z_1=2\sim3$ 时，$d_{e2}\leqslant d_{a2}+1.5m$；$z_1=4\sim6$ 时，$d_{e2}=d_{a2}+m$ 或按结构设计	
蜗轮齿宽 b_2	当 $z_1\leqslant3$ 时，$b\leqslant0.75d_{a1}$；$z_1=4\sim6$ 时，$b\leqslant0.67d_{a1}$	
蜗轮齿顶圆弧半径 R_{a2}	$R_{a2}=\frac{d_1}{2}-h_a^*m$	
蜗轮齿根圆弧半径 R_{f2}	$R_{f2}=\frac{d_{a1}}{2}+c^*m$	
蜗杆轴向齿厚 s_{x1}	$s_{x1}=\frac{1}{2}p_x$	
蜗杆法向齿厚 s_{n1}	$s_{n1}=s_{x1}\cos\gamma$	
蜗轮分度圆齿厚 s_2	$s_2=(0.5\pi+2x_2\tan\alpha_x)m$	
蜗杆齿厚测量高度 $\overline{h}_{a1}$	$\overline{h}_{a1}=m$，短齿 $\overline{h}_{a1}=0.8m$	
蜗杆节圆直径 d_1'	$d_1'=d_1+2x_2m$	
蜗轮节圆直径 d_2'	$d_2'=d_2$	

表 10-39　普通圆柱蜗杆的蜗杆齿宽 b_1

x_2	z_1		
	1 ~ 2	3 ~ 4	5 ~ 6
-1	$b_1 \geqslant (10.5 + z_1)\ m$	$b_1 \geqslant (10.5 + z_1)\ m$	按结构设计
-0.5	$b_1 \geqslant (8 + 0.06z_2)\ m$	$b_1 \geqslant (9.5 + 0.09z_2)\ m$	
0	$b_1 \geqslant (11 + 0.06z_2)\ m$	$b_1 \geqslant (12.5 + 0.09z_2)\ m$	
0.5	$b_1 \geqslant (11 + 0.1z_2)\ m$	$b_1 \geqslant (12.5 + 0.1z_2)\ m$	
1	$b_1 \geqslant (12 + 0.1z_2)\ m$	$b_1 \geqslant (13 + 0.1z_2)\ m$	

注：1. 当变位因数 x_2 为中间值时，b_1 按相邻两值中的较大者确定。

2. 对磨削的蜗杆，应将求得的 b_1 值增大；$m<10$mm 时，增大 15 ~ 25mm；$m=10$ ~ 14mm 时，增大 35mm；$m\geqslant$ 16mm 时，增大 50mm。

（三）圆柱蜗杆传动设计计算

1. 圆柱蜗杆传动的作用力和滑动速度计算（见表 10-40）

表 10-40　圆柱蜗杆传动作用力和滑动速度计算公式

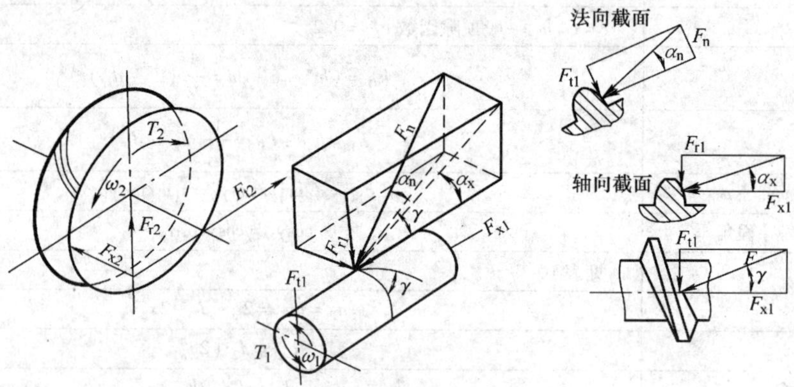

名　　称	公式及力的方向判定
蜗杆圆周力(蜗轮轴向力)F_{t1}/N	$F_{t1} = -F_{x2} = \dfrac{2000T_1}{d_1}$，$F_{t1}$ 产生的转矩与外加转矩 T_1 方向相反
蜗杆轴向力(蜗轮圆周力)F_{x1}/N	$F_{x1} = -F_{t2} = -\dfrac{2000T_2}{d_2 + 2x_2 m}$，$F_{t2}$ 产生的转矩与外加转矩 T_2 方向相反
蜗杆径向力(蜗轮径向力)F_{r1}/N	$F_{r1} = -F_{r2} \approx -F_{t2}\tan\alpha_x$，从啮合点向各自的中心
法向力 F_n/N	$F_n = \dfrac{F_{x1}}{\cos\gamma\cos\alpha_n} \approx \dfrac{-F_{t2}}{\cos\gamma\cos\alpha_x} = \dfrac{-2000T_2}{d_2\cos\gamma\cos\alpha_x}$，垂直于接触齿面
蜗轮轴传递的转矩 T_2/N·m	$T_2 = iT_1\eta = 9.55\times10^6\dfrac{P_1}{\eta_1}\cdot i_\eta$
蜗杆传动效率 η①	估计值：$z_1=1$ 时，$\eta=0.7$ ~ 0.75；$z_1=2$ 时，$\eta=0.75$ ~ 0.82；$z_1=3$ 时，$\eta=0.82$ ~ 0.87；$z_1=4$ 时，$\eta=0.87$ ~ 0.92。η 的计算见表 10-44
滑动速度 v_s/(m·s^{-1})	$v_s = \dfrac{v_1}{\cos\gamma} = \dfrac{d_1 n_1}{19090\cos\gamma}$

① 对圆弧圆柱蜗杆传动，η 应提高 3% ~ 9%。

2. 圆柱蜗杆传动的强度和刚度计算（见表 10-41 ~ 表 10-43）

表 10-41　圆柱蜗杆传动的强度和刚度的简化计算公式

名　称	接触强度	弯曲强度	说　明
设计公式	$m^2 d_1 \geqslant \left(\frac{480}{[\sigma_H] z_2}\right) KT_2 \cdot \cos\gamma$	$m^2 d_1 \geqslant \frac{1.64KT_2}{z_2[\sigma_{bb}]} Y_{FS} Y_\beta$	对闭式传动，一般只进行接触强度设计计算；对开式传动，或 $z_2>80\sim100$，或采用负变位的传动，才按弯曲强度计算
验算公式	$\sigma_H = 480\sqrt{\frac{KT_2\cos\gamma}{d_1 d_2^2}} \leqslant [\sigma_H]$	$\sigma_{bb} = \frac{1.64KT_2}{d_1 d_2 m} Y_{FS} Y_\beta \leqslant [\sigma_{bb}]$	
蜗杆轴刚度验算公式	$y_1 = \frac{\sqrt{F_{t1}^2 + F_{r1}^2}}{48EI} L^3 \leqslant [y]$　　$[y] = (0.001 \sim 0.0025) d_1$		

注：K 为载荷因数，一般 $K=1\sim1.4$；Y_β 为螺旋角因数，$Y_\beta = 1-(\gamma°/140°)$；$Y_{FS}$ 为蜗轮齿形因数，按当量齿数 $z_v = z_2/\cos^3\gamma$ 查图 10-2，E 为弹性模量，$E = 207000\text{N/mm}^2$；I 为蜗杆中部截面惯性矩 $I = \pi d_{f1}^4/64$（mm^4）；L 为蜗杆两端支承点的跨度（mm）；$[\sigma_H]$ 为蜗轮材料的许用接触应力，$[\sigma_F]$ 为蜗轮材料的许用弯曲应力，可结合图 10-8、图 10-9 查表 10-42，表 10-43 取得。查表时所涉及的应力循次数 $N_L = 60 n_2 i L_h$ [n_2 为蜗轮转速（r/min）；传动比 $i = z_2/z_1$；L_h 为工作寿命（h）]。

表 10-42　蜗轮常用材料及许用应力（$[\sigma_H]$、$[\sigma_F]$）

蜗轮材料	铸造方法	适用的滑动速度 v_s/(m·s^{-1})	力学性能 $\sigma_{0.2}$/MPa	力学性能 σ_b/MPa	$[\sigma_H]$/MPa 蜗杆齿面硬度 ≤350HBW	$[\sigma_H]$/MPa 蜗杆齿面硬度 >45HRC	$[\sigma_F]$/MPa 一侧受载	$[\sigma_F]$/MPa 两侧受载
ZCuSn10Pb1	砂　模	≤12	130	220	180	200	51	32
	金属模	≤25	170	310	200	220	70	40
ZCuSn5Pb5Zn5	砂　模	≤10	90	200	110	125	33	24
	金属模	≤12	100	250	135	150	40	29
ZCuAl10Fe3	砂　模	≤10	180	490	见表 10-43（与应力循环次数无关）		82	64
	金属模		200	540			90	80
ZCuAl10Fe3Mn2	砂　模	≤10	—	490			—	—
	金属模			540			100	90
ZCuZn38Mn2Pb2	砂　模	≤10	—	245			62	56
	金属模			345			—	—
HT150	砂　模	≤2	—	150			40	25
HT200	砂　模	≤2 ~ 5	—	200			48	30
HT250	砂　模	≤2 ~ 5	—	250			56	35

注：1. 表中 $[\sigma_H]$ 为应力循环次数 $N_L = 10^7$ 时蜗轮材料的许用接触应力值。蜗轮许用接触应力值受滑动速度影响，设滑动速度影响因数为 Z_{vs}（图 10-8），接触强度的寿命因数为 Z_N（图 10-9），则蜗轮实际的许用接触应力 $[\sigma_H]' = [\sigma_H] Z_{vs} Z_N$。

2. 表中 $[\sigma_F]$ 为应力循环次数 $N_L = 10^6$ 时蜗轮材料的许用弯曲应力值。蜗轮材料的实际许用弯曲应力为 $[\sigma_H]' = [\sigma_H] Y_N$，式中 Y_N 为弯曲强度计算的寿命因数（图 10-9）。

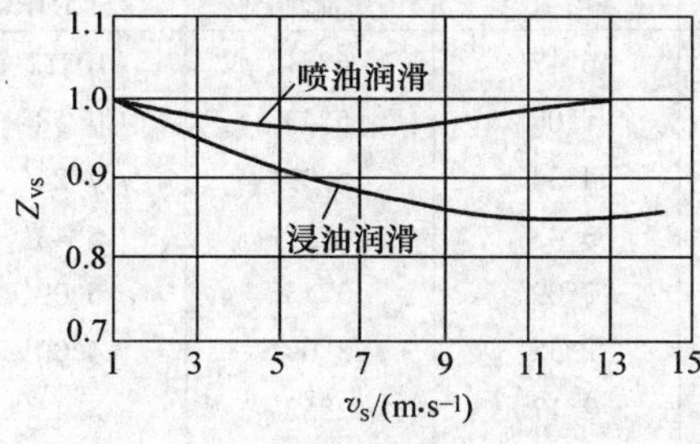

图 10-8　滑动速度影响因数 Z_{vs}

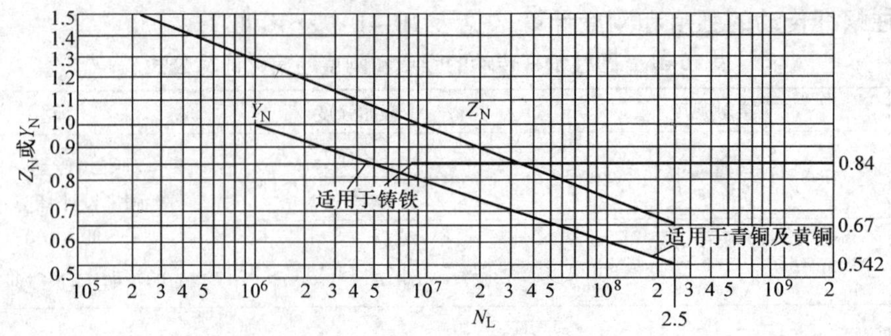

图 10-9 寿命因数 Z_N 及 Y_N

表 10-43 铸铝青铜、铸黄铜及铸铁蜗轮的许用接触应力 [σ_H] （单位：MPa）

蜗轮材料	蜗杆材料	滑动速度 v_s/（m·s^{-1}）							
		0.25	0.5	1	2	3	4	6	8
ZCuAl10Fe3、ZCuAl10Fe3Mn2	钢经淬火①	—	250	230	210	180	160	120	90
ZCuZn38Mn2Pb2	钢经淬火①	—	215	200	180	150	135	95	75
HT200、HT150（120~150HBW）	渗碳钢	160	130	115	90	—	—	—	—
HT150（120~150HBW）	调质或淬火钢	140	110	90	70	—	—	—	—

① 蜗杆如未经淬火，其 [σ_H] 值需降低 20%。

3. 蜗杆传动效率和散热计算（表 10-44 ~ 表 10-46）

由于蜗杆传动对胶合失效形式迄今为止还没有有效的计算方法，因此，一般用散热计算作为概略性计算。蜗杆传动的效率概略值可由表 1-15 查得，也可用表 10-44 的公式计算。

表 10-44 蜗杆传动效率计算公式

项目	计算式
啮合效率	蜗杆主动时 $\eta_1=\dfrac{\tan\gamma}{\tan(\gamma+\rho_v)}$ ① 蜗轮主动时 $\eta_1=\dfrac{\tan(\gamma-\rho_v)}{\tan\gamma}$ ①
考虑搅油损耗的效率	$\eta_2=0.94\sim0.99$
轴承效率	滚动轴承（一对） $\eta_3=0.98\sim0.99$ 滑动轴承 $\eta_3=0.97\sim0.99$
传动效率	$\eta=\eta_1\eta_2\eta_3$

① 式中，ρ_v 为蜗杆传动当量摩擦角，见表 10-45。

表 10-45 蜗杆传动当量摩擦角 ρ_v

蜗轮材料		锡青铜		无锡青铜	灰铸铁	
钢蜗杆齿面硬度		≥45HRC	其他情况	≥45HRC	≥45HRC	其他情况
滑动速度 v_s/（m·s^{-1}）	0.01	6°17′	6°51′	10°12′	10°12′	10°45′
	0.05	5°09′	5°43′	7°58′	7°58′	9°05′
	0.10	4°34′	5°09′	7°24′	7°24′	7°58′
	0.25	3°43′	4°17′	5°43′	5°43′	6°51′
	0.50	3°09′	3°43′	5°09′	5°09′	5°43′
	1.0	2°35′	3°09′	4°00′	4°00′	5°09′
	1.5	2°17′	2°52′	3°43′	3°43′	4°34′
	2.0	2°00′	2°35′	3°09′	3°09′	4°00′
	2.5	1°43′	2°17′	2°52′		

（续）

蜗轮材料		锡青铜		无锡青铜	灰铸铁	
钢蜗杆齿面硬度		≥45HRC	其他情况	≥45HRC	≥45HRC	其他情况
滑动速度 v_s/（m·s^{-1}）	3.0	1°36′	2°00′	2°35′		
	4	1°22′	1°47′	2°17′		
	5	1°16′	1°40′	2°00′		
	8	1°02′	1°29′	1°43′		
	10	0°55′	1°22′			
	15	0°48′	1°09′			
	24	0°45′				

注：蜗杆螺旋表面粗糙度 Ra 为 1.6～0.4μm。

表 10-46　蜗杆传动散热计算

项目		计算式
发热功率 P_s/W		$P_s = P_1(1-\eta)$ 式中　P_1—传动输入功率(W) η—蜗杆传动效率
散热功率 P_c/W	自然通风冷却	$P_c = KA(t_1 - t_2)$ 式中　K—传热系数。在自然通风良好的场所:$K=14\sim17.5\text{W}/(\text{m}^2\cdot\text{K})$,在没有循环空气流动的场所:$K=8.7\sim10.5\text{W}/(\text{m}^2\cdot\text{K})$ A—散热面积(m^2),$A = A_1 + 0.5A_2$ A_1—内面被油浸溅、外面能自然通风冷却的箱壳表面积(m^2) A_2—肋和散热片表面积及装在金属底座上的箱壳底面积(m^2) t_1—润滑油的温度(℃),允许到 $t_1 = 95$℃ t_2—周围空气的温度(℃),一般可取 $t_2 = 20$℃
	风扇吹风冷却	$P_c = (KA'' + K'A')(t_1 - t_2)$ 式中　K'—风吹表面的传热系数[$\text{W}/(\text{m}^2\cdot\text{K})$],$K' = 16.05\sqrt{v_f}$,其中吹风风速(m/s)可近似取为 $v_f = n_1/200$ n_1—蜗杆转速(r/min) A'—被风吹的箱壳表面积(m^2) A''—不被风吹的箱壳表面积(m^2) K、t_1、t_2 见“自然通风冷却”项
	循环润滑冷却	$P_c = KA(t_1 - t_2) + qv_y\rho_y c_y(t_{1y} - t_{2y})\eta_y$ 式中　qv_y—循环润滑油体积流量(m^3/s) ρ_y—循环油体积质量,可取 $\rho_y = 900\text{kg/m}^3$ c_y—循环油质量热容,$c_y = 1.675\times10^3\text{J}/(\text{kg}\cdot\text{K})$ t_{1y}—循环油排出温度(℃) t_{2y}—循环油进入温度(℃),一般取 $t_{1y} = t_{2y} + 5\sim8$℃ η_y—循环油利用因数,取 $\eta_y = 0.5\sim0.8$ K、A、t_1、t_2 见“自然通风冷却”项
散热要求		$P_c \geqslant P_s$

4. 蜗杆、蜗轮的结构（见表10-47）

表10-47　蜗杆、蜗轮的结构

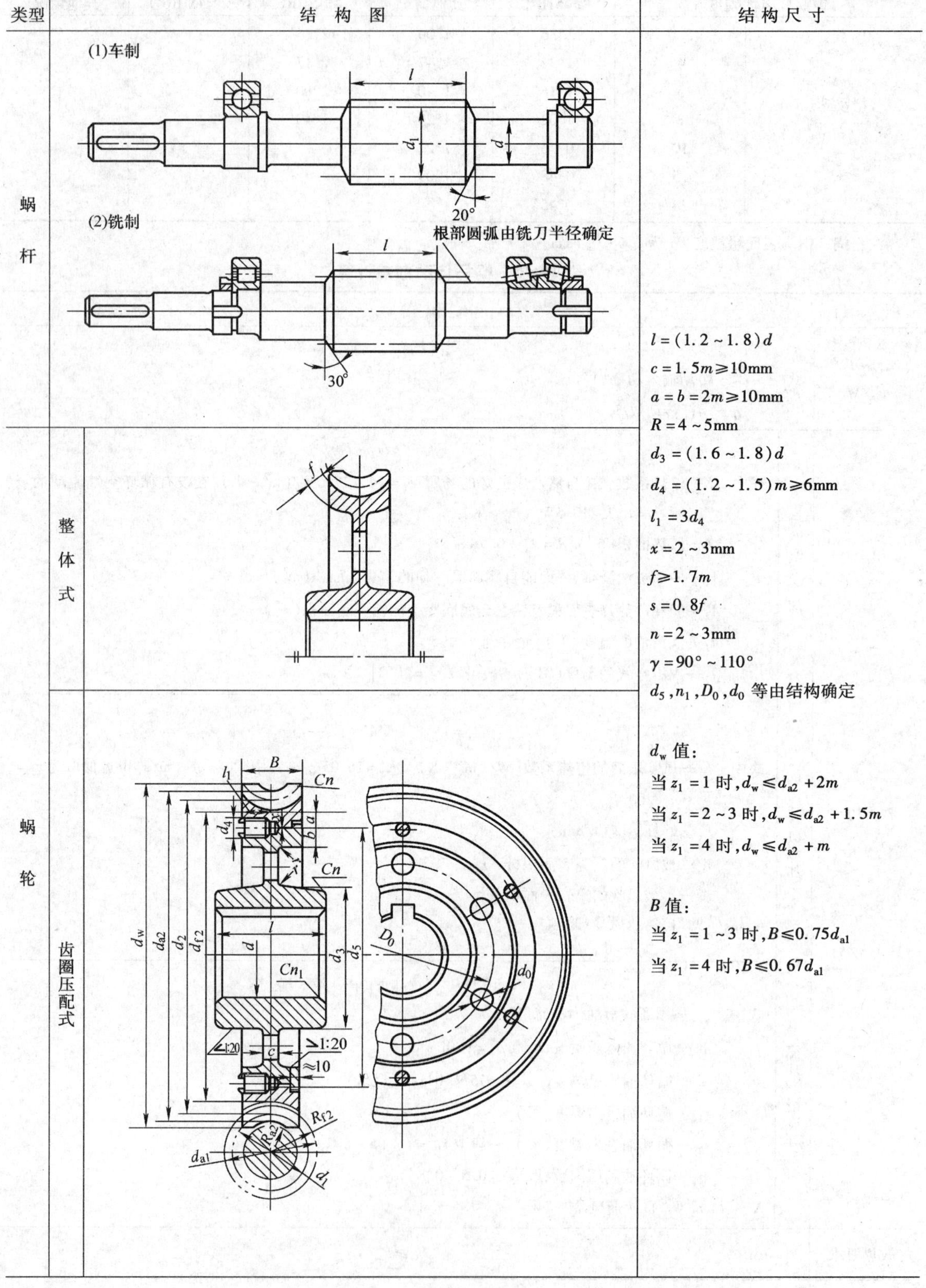

类型		结构图	结构尺寸
蜗杆		(1)车制 (2)铣制	
蜗轮	整体式		$l=(1.2\sim1.8)d$ $c=1.5m\geqslant10\text{mm}$ $a=b=2m\geqslant10\text{mm}$ $R=4\sim5\text{mm}$ $d_3=(1.6\sim1.8)d$ $d_4=(1.2\sim1.5)m\geqslant6\text{mm}$ $l_1=3d_4$ $x=2\sim3\text{mm}$ $f\geqslant1.7m$ $s=0.8f$ $n=2\sim3\text{mm}$ $\gamma=90°\sim110°$ d_5,n_1,D_0,d_0 等由结构确定
	齿圈压配式		d_w 值： 当 $z_1=1$ 时，$d_w\leqslant d_{a2}+2m$ 当 $z_1=2\sim3$ 时，$d_w\leqslant d_{a2}+1.5m$ 当 $z_1=4$ 时，$d_w\leqslant d_{a2}+m$ B 值： 当 $z_1=1\sim3$ 时，$B\leqslant0.75d_{a1}$ 当 $z_1=4$ 时，$B\leqslant0.67d_{a1}$

（续）

类型		结构图	结构尺寸
蜗轮	螺栓联接式	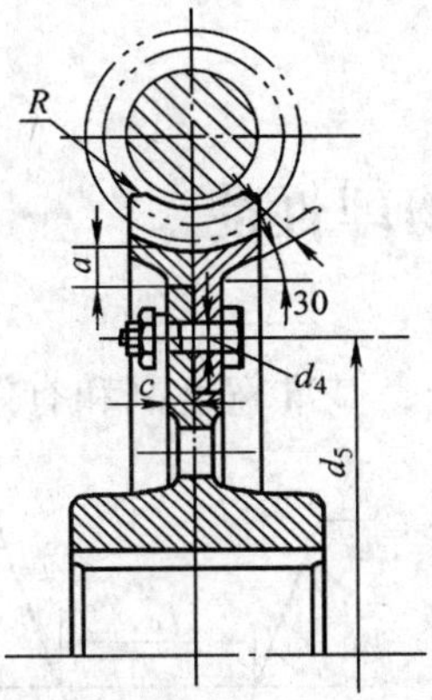	同上

第十一章　普通 V 带传动

一、V 带的尺寸规格、结构及物理性能

1. V 带与带轮的宽度制

如图 11-1 所示，V 带与带轮有两种宽度制，基准宽度制和有效宽度制。

基准宽度制以基准线的位置和基准宽度 b_d（见图 11-1a）定义宽度制。当 V 带的节面与带轮的基准直径重合时，带轮的基准宽度即为 V 带节面在轮槽内相应位置的槽宽，是轮槽轮截面的特征值，它不受公差影响，是带轮与带标准化的基本尺寸。

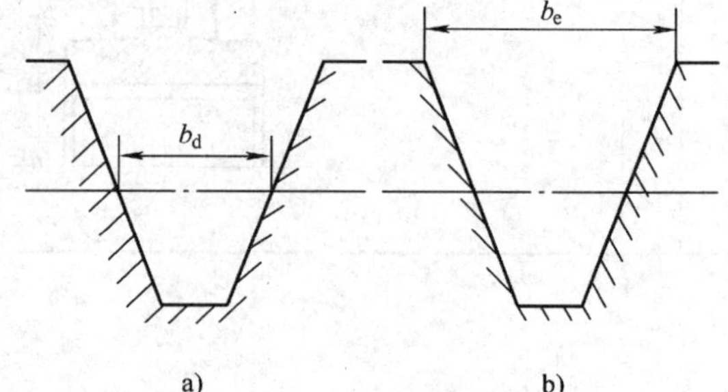

图 11-1　V 带的两种宽度制

有效宽度制规定轮槽两侧边的最外端宽度为有效宽度 b_e（见图 11-1b），该尺寸不受公差影响，在轮槽有效宽度处的直径为有效直径。

2. V 带的尺寸规格与结构（见表 11-1 ~ 表 11-4）

GB/T 1171—2006《一般传动用普通 V 带》规定，帘布结构普通 V 带结构如图 11-2 所示，尺寸按 GB/T 11544—1997，物理性能应符合表 11-4。

表 11-1　V 带（基准宽度制）**的截面尺寸**（摘自 GB/T 11544—1997、GB/T 13575.1—2008）

（单位：mm）

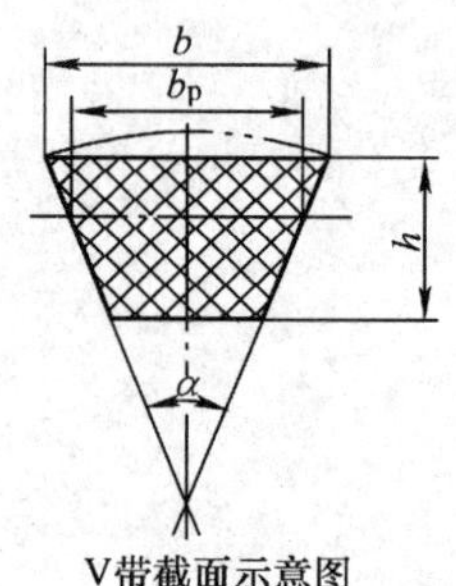

V带截面示意图

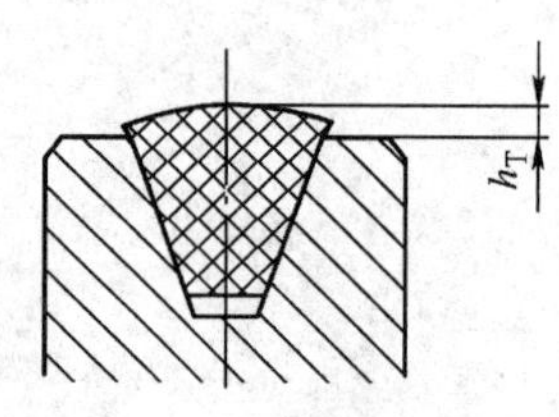

标记示例：型号为 SPA 型基准长度为 1250mm 的窄 V 带标记为

SPA1250　GB/T 11544—1997

型　　号		节宽 b_P	顶宽 b	高度 h	楔角 α	露出高度 h_T		适用槽形的基准宽度
						最大	最小	
普通 V 带	Y	5.3	6	4.0	40°	+0.8	-0.8	5.3
	Z	8.5	10	6.0		+1.6	-1.6	8.5
	A	11	13	8.0		+1.6	-1.6	11
	B	14	17	11.0		+1.6	-1.6	14
	C	19	22	14.0		+1.5	-2.0	19
	D	27	32	19.0		+1.6	-3.2	27
	E	32	38	23.0		+1.6	-3.2	32

（续）

型号		节宽 b_P	顶宽 b	高度 h	楔角 α	露出高度 h_T		适用槽形的基准宽度
						最大	最小	
窄 V 带	SPZ	8	10	8.0	40°	+1.1	−0.4	8.5
	SPA	11	13	10.0		+1.3	−0.6	11
	SPB	14	17	14.0		+1.4	−0.7	14
	SPC	19	22	18.0		+1.5	−1.0	19

表 11-2　普通 V 带的基准长度系列（摘自 GB/T 11544—1997）　（单位：mm）

基准长度 L_d		带型					配组公差	基准长度 L_d		带型					配组公差
基本尺寸	极限偏差	Y	Z	A	B	C		基本尺寸	极限偏差	A	B	C	D	E	
200	+8	○					2	2240	+31	○	○	○			8
224	−4	○						2500	−16	○	○	○			
250		○													
280	+9	○						2800	+37		○	○	○		
316	−4	○						3150	−18		○	○	○		
355	+10	○						3550	+44		○	○	○		12
400	−5	○	○					4000	−22		○	○	○		
450	+11	○	○					4500	+52		○	○	○	○	
500	−6	○	○					5000	−28		○	○	○	○	
560	+13		○					5600	+63			○	○	○	20
630	−6		○	○				6300	−32			○	○	○	
710	+15		○	○				7100	+77			○	○	○	
800	−7		○	○				8000	−38			○	○	○	
900	+17		○	○	○			9000	+93			○	○	○	32
1000	−8		○	○	○			10000	−46				○	○	
1120	+19		○	○	○			11200	+112				○	○	
1250	−10		○	○	○			12500	−56				○	○	
1400	+23		○	○	○		4	14000	+140				○	○	48
1600	−11		○	○	○			16000	−70					○	
1800	+27			○	○	○		18000	+170					○	
2500	−13			○	○	○		20000	−85					○	

表 11-3　普通 V 带基准长度（摘自 GB/T 13575.1—2008）　（单位：mm）

型号							型号							型号			
Y	Z	A	B	C	D	E	Y	Z	A	B	C	D	E	A	B	C	D
200	405	630	930	1565	2740	4660	450	1080	1430	1950	3080	6100	12230	2300	3600	7600	15200
224	475	700	1000	1760	3100	5040	500	1330	1550	2180	3520	6840	13750	2480	4060	9100	
250	530	790	1100	1950	3330	5420		1420	1640	2300	4060	7620	15280	2700	4430	10700	
280	625	890	1210	2195	3730	6100		1540	1750	2500	4600	9140	16800		4820		
315	700	990	1370	2420	4080	6850			1940	2700	5380	10700			5370		
355	780	1100	1560	2715	4620	7650			2050	2870	6100	12200			6070		
400	820	1250	1760	2880	5400	9150			2200	3200	6815	13700					

表 11-4 基准宽度制窄 V 带的基准长度系列

（摘自 GB/T 11544—1997，GB/T 13575.1—2008） （单位：mm）

基准长度 L_d		带型				配组公差	基准长度 L_d		带型				配组公差
基本尺寸	极限偏差	SPZ	SPA	SPB	SPC		基本尺寸	极限偏差	SPZ	SPA	SPB	SPC	
630	±6	○				2	1120	±13	○	○			2
							1250		○	○	○		
710	±8	○					1400	±16	○	○	○		
800		○	○				1600		○	○	○		
900	±10	○	○				1800	±20	○	○	○		
1000		○	○				2000		○	○	○	○	
2240	±25	○	○	○	○	4	5600	±63			○	○	10
2500		○	○	○	○		6300				○	○	
2800	±32	○	○	○	○		7100	±80			○	○	
3150		○	○	○	○		8000				○	○	
3550	±40	○	○	○	○	6	9000	±100				○	16
4000			○	○	○		10000					○	
4500	±50		○	○	○		11200	±125				○	
5000				○	○		12500					○	

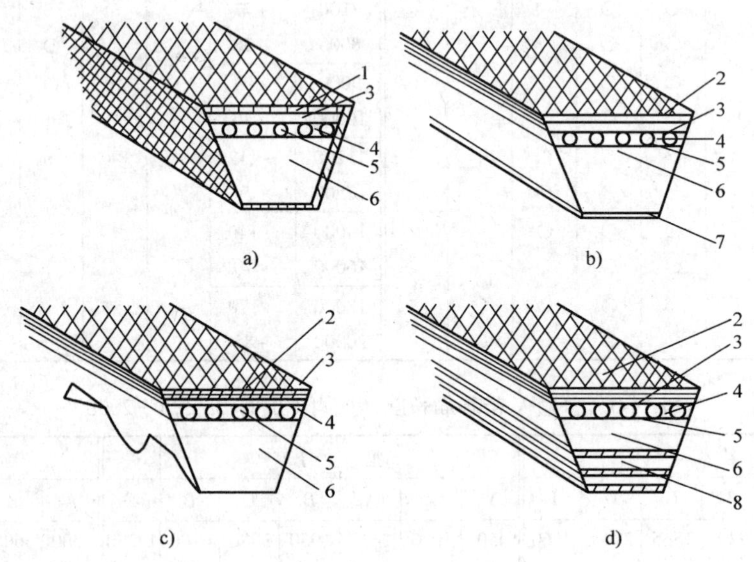

图 11-2 V 带结构示意图（摘自 GB/T 1171—2006）

a）包边 V 型带 b）普通切边 V 带 c）有齿切边 V 带 d）底胶夹布切边 V 带

1—胶帆布 2—顶布 3—顶胶 4—缓冲胶 5—芯绳 6—底胶 7—底布 8—底胶夹布

3. V带的物理性能（见表11-5和表11-6）

表11-5 普通V带的物理性能（摘自GB/T 1171—2006）

项目 / 型号	拉伸强度/kN ≥	参考力/kN	参考力伸长率(%) ≤ 包边V带	参考力伸长率(%) ≤ 切边V带	线绳粘合强度/kN·m⁻¹ ≥ 包边V带	线绳粘合强度/kN·m⁻¹ ≥ 切边V带	布与顶胶间粘合强度/kN·m⁻¹ ≥
Y	1.2	0.6			10.0	15.0	
Z	2.0	0.8			13.0	25.0	—
A	3.0	1.4		5.0	17.0	28.0	
B	5.0	2.4	7.0		21.0	28.0	
C	9.0	3.9			27.0	35.0	2.0
D	15.0	7.8		—	31.0	—	
E	20.0	11.8			31.0	—	

表11-6 窄V带的力学性能要求（摘自GB/T 12730—2002）

项 目	指标 SPZ、9N	SPA	SPB、15N	SPC	ZSN
抗拉强度/kN≥	2.3	3.0	5.4	9.8	12.7
参考力/kN	0.8	1.1	2.0	3.9	5.0
参考力伸长率(%)≤		4			5
粘合强度/kN·m⁻¹≥		12		18	22

二、V带传动的设计

1. V带的选型（见图11-3、图11-4）

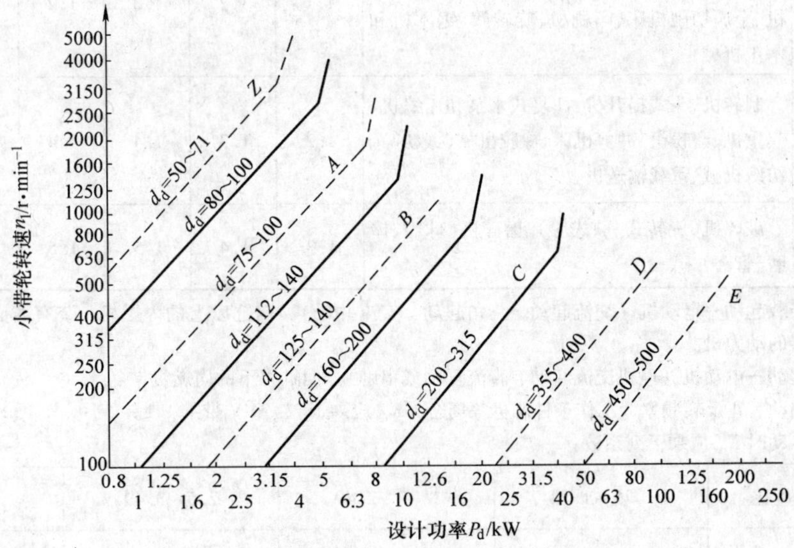

图11-3 普通V带选型图（摘自GB/T 13575.1—2008）

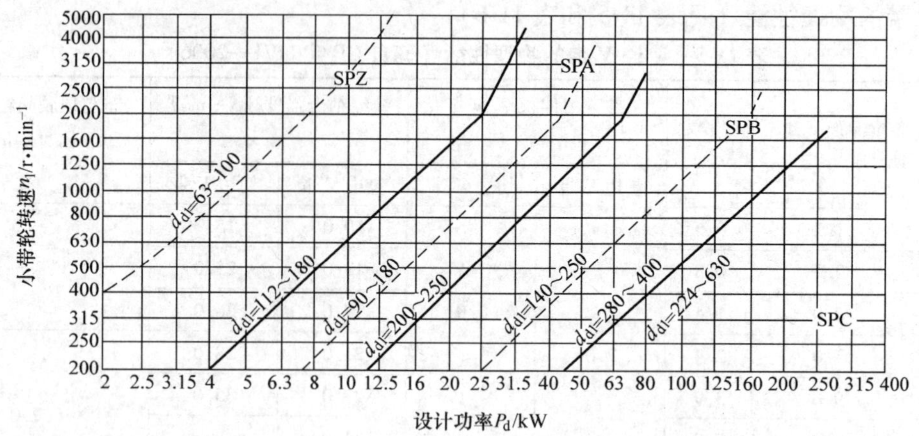

图 11-4 窄 V 带（基准宽度制）选型图（摘自 GB/T 13575.1—2008）

2. V 带设计相关参数（见表 11-7 ~ 表 11-11）

表 11-7 工况系数 K_A（摘自 GB/T 13575.1—2008）

工况		K_A					
		空、轻载起动			重载起动		
		每天工作小时数/h					
		<10	10 ~ 16	>16	<10	10 ~ 16	>16
载荷变动最小	液体搅拌机、通风机和鼓风机（≤7.5kW）、离心式水泵和压缩机、轻载荷输送机	1.0	1.1	1.2	1.1	1.2	1.3
载荷变动小	带式输送机（不均匀负荷）、通风机（>7.5kW）、旋转式水泵和压缩机（非离心式）、发电机、金属切削机床、印刷机、旋转筛、锯木机和木工机械	1.1	1.2	1.3	1.2	1.3	1.4
载荷变动较大	制砖机、斗式提升机、往复式水泵和压缩机、起重机、磨粉机、冲剪机床、橡胶机械、振动筛、纺织机械、重载输送机	1.2	1.3	1.4	1.4	1.5	1.6
载荷变动很大	破碎机（旋转式、颚式等）、磨碎机（球磨、棒磨、管磨）	1.3	1.4	1.5	1.5	1.6	1.8

注：1. 空、轻载起动—电动机（交流起动、三角起动、直流并励）、四缸以上的内燃机、装有离心式离合器、液力联轴器的动力机。

2. 重载起动—电动机（联机交流起动、直流复励或串励）、四缸以下的内燃机。

3. 反复起动、正反转频繁、工作条件恶劣等场合，K_A 应乘 1.2，窄 V 带乘 1.1。

4. 增速传动时 K_A 应乘下列系数：

增速比	1.25 ~ 1.74	1.75 ~ 2.49	2.5 ~ 3.49	≥3.5
系数	1.05	1.11	1.18	1.25

表 11-8 小带轮包角修正系数 K_α

（摘自 GB/T 13575.1—2008）

小带轮包角 /(°)	K_α	小带轮包角 /(°)	K_α
180	1	140	0.89
175	0.99	135	0.88
170	0.98	130	0.86
165	0.96	120	0.82
160	0.95	110	0.78
155	0.93	100	0.74
150	0.92	95	0.72
145	0.91	90	0.69

表 11-9 V 带每米长的重量 m

（普通 V 带摘自 GB/T 13575.1—2008）

带型		m/kg · m^{-1}
普通 V 带	Y	0.023
	Z	0.060
	A	0.105
	B	0.170
	C	0.300
	D	0.630
	E	0.970
窄 V 带	SPZ	0.072
	SPA	0.112
	SPB	0.192
	SPC	0.370

表 11-10 普通 V 带和窄 V 带的带长修正系数 K_L（摘自 GB/T 13575.1—2008）

普通 V 带													
Y L_d	K_L	Z L_d	K_L	A L_d	K_L	B L_d	K_L	C L_d	K_L	D L_d	K_L	E L_d	K_L
200	0.81	405	0.87	630	0.81	930	0.83	1565	0.82	2740	0.82	4660	0.91
224	0.82	475	0.90	700	0.83	1000	0.84	1760	0.85	3100	0.86	5040	0.92
250	0.84	530	0.93	790	0.85	1100	0.86	1950	0.87	3330	0.87	5420	0.94
280	0.87	625	0.96	890	0.87	1210	0.87	2195	0.90	3730	0.90	6100	0.96
315	0.89	700	0.99	990	0.89	1370	0.90	2420	0.92	4080	0.91	6850	0.99
355	0.92	780	1.00	1100	0.91	1560	0.92	2715	0.94	4620	0.94	7650	1.01
400	0.96	920	1.04	1250	0.93	1760	0.94	2880	0.95	5400	0.97	9150	1.05
450	1.00	1080	1.07	1430	0.96	1950	0.97	3080	0.97	6100	0.99	12230	1.11
500	1.02	1330	1.13	1550	0.98	2180	0.99	3520	0.99	6840	1.02	13750	1.15
		1420	1.14	1640	0.99	2300	1.01	4060	1.02	7620	1.05	15280	1.17
		1540	1.54	1750	1.00	2500	1.03	4600	1.05	9140	1.08	16800	1.19
				1940	1.02	2700	1.04	5380	1.08	10700	1.13		
				2050	1.04	2870	1.05	6100	1.11	12200	1.16		
				2200	1.06	3200	1.07	6815	1.14	13700	1.19		
				2300	1.07	3600	1.09	7600	1.17	15200	1.21		
				2480	1.09	4060	1.13	9100	1.21				
				2700	1.10	4430	1.15	10700	1.24				
						4820	1.17						
						5370	1.20						
						6070	1.24						

表 11-11a　Y 型 V 带的额定功率（摘自 GB/T 13575.1—2008）　（单位：kW）

n_1 /r·min^{-1}	小带轮基准直径 d_{d1}/mm								传动比 i									
	20	25	28	31.5	35.5	40	45	50	1.00~1.01	1.02~1.04	1.05~1.08	1.09~1.12	1.13~1.18	1.19~1.24	1.25~1.34	1.35~1.50	1.51~1.99	≥2.00
	单根 V 带的基本额定功率 P_1								$i \neq 1$ 时额定功率的增量 ΔP_1									
200	—	—	—	—	—	—	—	0.04										
400	—	—	—	—	—	—	0.04	0.05										
700	—	—	—	0.03	0.04	0.04	0.05	0.06										
800	—	0.03	0.03	0.04	0.05	0.05	0.06	0.07						0.00				
950	0.01	0.03	0.04	0.04	0.05	0.06	0.07	0.08										
1200	0.02	0.03	0.04	0.05	0.06	0.07	0.08	0.09										
1450	0.02	0.04	0.05	0.06	0.06	0.08	0.09	0.11										
1600	0.03	0.05	0.05	0.06	0.07	0.09	0.11	0.12										
2000	0.03	0.05	0.06	0.07	0.08	0.11	0.12	0.14								0.01		
2400	0.04	0.06	0.07	0.09	0.09	0.12	0.14	0.16										
2800	0.04	0.07	0.08	0.10	0.11	0.14	0.16	0.18										
3200	0.05	0.08	0.09	0.11	0.12	0.15	0.17	0.20										
3600	0.06	0.08	0.10	0.12	0.13	0.16	0.19	0.22									0.02	
4000	0.06	0.09	0.11	0.13	0.14	0.18	0.20	0.23										
4500	0.07	0.10	0.12	0.14	0.16	0.19	0.21	0.24										
5000	0.08	0.11	0.13	0.15	0.18	0.20	0.23	0.25										0.03
5500	0.09	0.12	0.14	0.16	0.19	0.22	0.24	0.26										
6000	0.10	0.13	0.15	0.17	0.20	0.24	0.26	0.27										

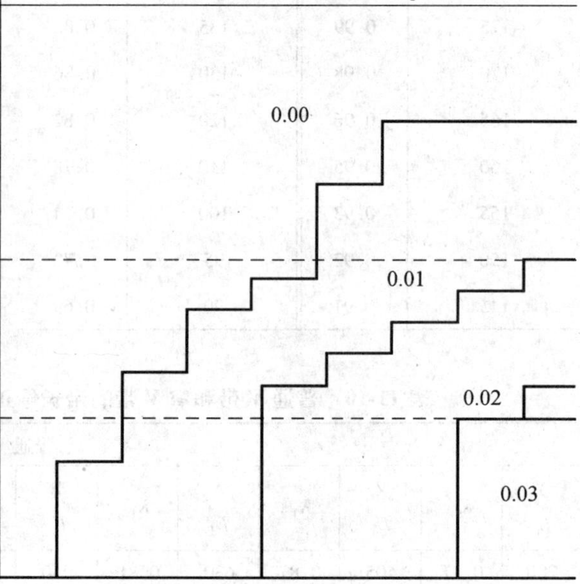

表 11-11b　Z 型 V 带的额定功率（摘自 GB/T 13575.1—2008）　（单位：kW）

n_1 /r·min^{-1}	小带轮基准直径 d_{d1}/mm						传动比 i									
	50	56	63	71	80	90	1.00~1.01	1.02~1.04	1.05~1.08	1.09~1.12	1.13~1.18	1.19~1.24	1.25~1.34	1.35~1.50	1.51~1.99	≥2.00
	单根 V 带的基本额定功率 P_1						$i \neq 1$ 时额定功率的增量 ΔP_1									
200	0.04	0.04	0.05	0.06	0.10	0.10										
400	0.06	0.06	0.08	0.09	0.14	0.14										
700	0.09	0.11	0.13	0.17	0.20	0.22			0.00							
800	0.10	0.12	0.15	0.20	0.22	0.24										
960	0.12	0.14	0.18	0.23	0.26	0.28						0.01				
1200	0.14	0.17	0.22	0.27	0.30	0.33										
1450	0.16	0.19	0.25	0.30	0.35	0.36										
1600	0.17	0.20	0.27	0.33	0.39	0.40							0.02			
2000	0.20	0.25	1.32	0.39	0.44	0.48										
2400	0.22	0.30	0.37	0.46	0.50	0.54										
2800	0.26	0.33	0.41	0.50	0.56	0.60					0.03					
3200	0.28	0.35	0.45	0.54	0.61	0.64										
3600	0.30	0.37	0.47	0.58	0.64	0.68										
4000	0.32	0.39	0.49	0.61	0.67	0.72						0.04				
4500	0.33	0.40	0.50	0.62	0.67	0.73										
5000	0.34	0.41	0.50	0.62	0.66	0.73							0.05			0.06
5500	0.33	0.41	0.49	0.61	0.64	0.65		0.02								
6000	0.31	0.40	0.48	0.56	0.61	0.56										

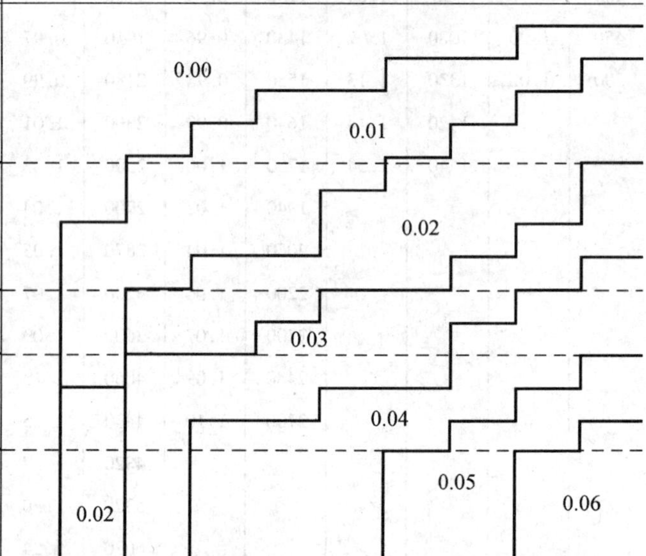

表 11-11c　A 型 V 带的额定功率（摘自 GB/T 13575.1—2008）　　（单位：kW）

n_1 /r·min^{-1}	小带轮基准直径 d_{d1}/mm								传动比 i									
	75	90	100	112	125	140	160	180	1.00~1.01	1.02~1.04	1.05~1.08	1.09~1.12	1.13~1.18	1.19~1.24	1.25~1.34	1.35~1.51	1.52~1.99	≥2.00
	单根 V 带的基本额定功率 P_1								$i\neq1$ 时额定功率的增量 ΔP_1									
200	0.15	0.22	0.26	0.31	0.37	0.43	0.51	0.59	0.00	0.00	0.01	0.01	0.01	0.01	0.02	0.02	0.02	0.03
400	0.26	0.39	0.47	0.56	0.67	0.78	0.94	1.09	0.00	0.01	0.01	0.02	0.02	0.03	0.03	0.04	0.04	0.05
700	0.40	0.61	0.74	0.90	1.07	1.26	1.51	1.76	0.00	0.01	0.02	0.03	0.04	0.05	0.06	0.07	0.08	0.09
800	0.45	0.68	0.83	1.00	1.19	1.41	1.69	1.97	0.00	0.01	0.02	0.03	0.04	0.05	0.06	0.08	0.09	0.10
950	0.51	0.77	0.95	1.15	1.37	1.62	1.95	2.27	0.00	0.01	0.03	0.04	0.05	0.06	0.07	0.08	0.10	0.11
1200	0.60	0.93	1.14	1.39	1.66	1.96	2.36	2.74	0.00	0.02	0.03	0.05	0.07	0.08	0.10	0.11	0.13	0.15
1450	0.68	1.07	1.32	1.61	1.92	2.28	2.73	3.16	0.00	0.02	0.04	0.06	0.08	0.09	0.11	0.13	0.15	0.17
1600	0.73	1.15	1.42	1.74	2.07	2.45	2.54	3.40	0.00	0.02	0.04	0.06	0.09	0.11	0.13	0.15	0.17	0.19
2000	0.84	1.34	1.66	2.04	2.44	2.87	3.42	3.93	0.00	0.03	0.06	0.08	0.11	0.13	0.16	0.19	0.22	0.24
2400	0.92	1.50	1.87	2.30	2.74	3.22	3.80	4.32	0.00	0.03	0.07	0.10	0.13	0.16	0.19	0.23	0.26	0.29
2800	1.00	1.64	2.05	2.51	2.98	3.48	4.06	4.54	0.00	0.04	0.08	0.11	0.15	0.19	0.23	0.26	0.30	0.34
3200	1.04	1.75	2.19	2.68	3.16	3.65	4.19	4.58	0.00	0.04	0.09	0.13	0.17	0.22	0.26	0.30	0.34	0.39
3600	1.08	1.83	2.28	2.78	3.26	3.72	4.17	4.40	0.00	0.05	0.10	0.15	0.19	0.24	0.29	0.34	0.39	0.44
4000	1.09	1.87	2.34	2.83	3.28	3.67	3.98	4.00	0.00	0.05	0.11	0.16	0.22	0.27	0.32	0.38	0.43	0.48
4500	1.07	1.83	2.33	2.79	3.17	3.44	3.48	3.13	0.00	0.06	0.12	0.18	0.24	0.30	0.36	0.42	0.48	0.54
5000	1.02	1.82	2.25	2.64	2.91	2.99	2.67	1.81	0.00	0.07	0.14	0.20	0.27	0.34	0.40	0.47	0.54	0.60
5500	0.96	1.70	2.07	2.37	2.48	2.31	1.51	—	0.00	0.08	0.15	0.23	0.30	0.38	0.46	0.53	0.60	0.68
6000	0.80	1.50	1.80	1.96	1.87	1.37	—	—	0.00	0.08	0.16	0.24	0.32	0.40	0.49	0.57	0.65	0.73

表 11-11d　B 型 V 带的额定功率（摘自 GB/T 13575.1—2008）　　（单位：kW）

n_1 /r·min^{-1}	小带轮基准直径 d_{d1}/mm								传动比 i									
	125	140	160	180	200	224	250	280	1.00~1.01	1.02~1.04	1.05~1.08	1.09~1.12	1.13~1.18	1.19~1.24	1.25~1.34	1.35~1.51	1.52~1.99	≥2.00
	单根 V 带的基本额定功率 P_1								$i\neq1$ 时额定功率的增量 ΔP_1									
200	0.48	0.59	0.74	0.88	1.02	1.19	1.37	1.58	0.00	0.01	0.01	0.02	0.03	0.04	0.04	0.05	0.06	0.06
400	0.84	1.05	1.32	1.59	1.85	2.17	2.50	2.89	0.00	0.01	0.03	0.04	0.06	0.07	0.08	0.10	0.11	0.13
700	1.30	1.64	2.09	2.53	2.96	3.47	4.00	4.61	0.00	0.02	0.05	0.07	0.10	0.12	0.15	0.17	0.20	0.22
800	1.44	1.82	2.32	2.81	3.30	3.86	4.46	5.13	0.00	0.03	0.06	0.08	0.11	0.14	0.17	0.20	0.23	0.25
950	1.64	2.08	2.66	3.22	3.77	4.42	5.10	5.85	0.00	0.03	0.07	0.10	0.13	0.17	0.20	0.23	0.26	0.30
1200	1.93	2.47	3.17	3.85	4.50	5.26	6.04	6.90	0.00	0.04	0.08	0.13	0.17	0.21	0.25	0.30	0.34	0.38
1450	2.19	2.82	3.62	4.39	5.13	5.97	6.82	7.76	0.00	0.05	0.10	0.15	0.20	0.25	0.31	0.36	0.40	0.46
1600	2.33	3.00	3.86	4.68	5.46	6.33	7.20	8.13	0.00	0.06	0.11	0.17	0.23	0.28	0.34	0.39	0.45	0.51
1800	2.50	3.23	4.15	5.02	5.83	6.73	7.63	8.46	0.00	0.06	0.13	0.19	0.25	0.32	0.38	0.44	0.51	0.57
2000	2.64	3.42	4.40	5.30	6.13	7.02	7.87	8.60	0.00	0.07	0.14	0.21	0.28	0.35	0.42	0.49	0.56	0.63
2200	2.76	3.58	4.60	5.52	6.35	7.19	7.97	8.53	0.00	0.08	0.16	0.23	0.31	0.39	0.46	0.54	0.62	0.70
2400	2.85	3.70	4.75	5.67	6.47	7.25	7.89	8.22	0.00	0.08	0.17	0.25	0.34	0.42	0.51	0.59	0.68	0.76
2800	2.96	3.85	4.89	5.76	6.43	6.95	7.14	6.80	0.00	0.10	0.20	0.29	0.39	0.49	0.59	0.69	0.79	0.89
3200	2.94	3.83	4.80	5.52	5.95	6.05	5.60	4.26	0.00	0.11	0.23	0.34	0.45	0.56	0.68	0.79	0.90	1.01
3600	2.80	3.63	4.46	4.92	4.98	4.47	5.12	—	0.00	0.13	0.25	0.38	0.51	0.63	0.76	0.89	1.01	1.14
4000	2.51	3.24	3.82	3.92	3.47	2.14	—	—	0.00	0.14	0.28	0.42	0.56	0.70	0.84	0.99	1.13	1.27
4500	1.93	2.45	2.59	2.04	0.73	—	—	—	0.00	0.16	0.32	0.48	0.63	0.79	0.95	1.11	1.27	1.43
5000	1.09	1.29	0.81	—	—	—	—	—	0.00	0.18	0.36	0.53	0.71	0.89	1.07	1.24	1.42	1.60

表 11-11e　C 型 V 带的额定功率（摘自 GB/T 13575.1—2008）　　（单位：kW）

n_1 /r·min^{-1}	小带轮基准直径 d_{d1}/mm								传动比 i									
	200	224	250	280	315	355	400	450	1.00~1.01	1.02~1.04	1.05~1.08	1.09~1.12	1.13~1.18	1.19~1.24	1.25~1.34	1.35~1.51	1.52~1.99	≥2.00
	单根 V 带的基本额定功率 P_1								$i \neq 1$ 时额定功率的增量 ΔP_1									
200	1.39	1.70	2.03	2.42	2.84	3.36	3.91	4.51	0.00	0.02	0.04	0.06	0.08	0.10	0.12	0.14	0.16	0.18
300	1.92	2.37	2.85	3.40	4.04	4.75	5.54	6.40	0.00	0.03	0.06	0.09	0.12	0.15	0.18	0.21	0.24	0.26
400	2.41	2.99	3.62	4.32	5.14	6.05	7.06	8.20	0.00	0.04	0.08	0.12	0.16	0.20	0.23	0.27	0.31	0.35
500	2.87	3.58	4.33	5.19	6.17	7.27	8.52	9.81	0.00	0.05	0.10	0.15	0.20	0.24	0.29	0.34	0.39	0.44
600	3.30	4.12	5.00	6.00	7.14	8.45	9.82	11.29	0.00	0.06	0.12	0.18	0.24	0.29	0.35	0.41	0.47	0.53
700	3.69	4.64	5.64	6.76	8.09	9.50	11.02	12.63	0.00	0.07	0.14	0.21	0.27	0.34	0.41	0.48	0.55	0.62
800	4.07	5.12	6.23	7.52	8.92	10.46	12.10	13.80	0.00	0.08	0.16	0.23	0.31	0.39	0.47	0.55	0.63	0.71
950	4.58	5.78	7.04	8.49	10.05	11.73	13.48	15.23	0.00	0.09	0.19	0.27	0.37	0.47	0.56	0.65	0.74	0.83
1200	5.29	6.71	8.21	9.81	11.53	13.31	15.04	16.59	0.00	0.12	0.24	0.35	0.47	0.59	0.70	0.82	0.94	1.06
1450	5.84	7.45	9.04	10.72	12.46	14.12	15.53	16.47	0.00	0.14	0.28	0.42	0.58	0.71	0.85	0.99	1.14	1.27
1600	6.07	7.75	9.38	11.06	12.72	14.19	15.24	15.57	0.00	0.16	0.31	0.47	0.63	0.78	0.94	1.10	1.25	1.41
1800	6.28	8.00	9.63	11.22	12.67	13.73	14.08	13.29	0.00	0.18	0.35	0.53	0.71	0.88	1.06	1.23	1.41	1.59
2000	6.34	8.06	9.62	11.04	12.14	12.59	11.95	9.64	0.00	0.20	0.39	0.59	0.78	0.98	1.17	1.37	1.57	1.76
2200	6.26	7.92	9.34	10.48	11.08	10.70	8.75	4.44	0.00	0.22	0.43	0.65	0.86	1.08	1.29	1.51	1.72	1.94
2400	6.02	7.57	8.75	9.50	9.43	7.98	4.34	—	0.00	0.23	0.47	0.70	0.94	1.18	1.41	1.65	1.88	2.12
2600	5.61	6.93	7.85	8.08	7.11	4.32	—	—	0.00	0.25	0.51	0.76	1.02	1.27	1.53	1.78	2.04	2.29
2800	5.01	6.08	6.56	6.13	4.16	—	—	—	0.00	0.27	0.55	0.82	1.10	1.37	1.64	1.92	2.19	2.47
3200	3.23	3.57	2.93	—	—	—	—	—	0.00	0.31	0.61	0.91	1.22	1.53	1.63	2.14	2.44	2.75

表 11-11f　D 型 V 带的额定功率（摘自 GB/T 13575.1—2008）　　（单位：kW）

n_1 /r·min^{-1}	小带轮基准直径 d_{d1}/mm								传动比 i									
	355	400	450	500	560	630	710	800	1.00~1.01	1.02~1.04	1.05~1.08	1.09~1.12	1.13~1.18	1.19~1.24	1.25~1.34	1.35~1.51	1.52~1.99	≥2.00
	单根 V 带的基本额定功率 P_1								$i \neq 1$ 时额定功率的增量 ΔP_1									
100	3.01	3.66	4.37	5.08	5.91	6.88	8.01	9.22	0.00	0.03	0.07	0.10	0.14	0.17	0.21	0.24	0.28	0.31
150	4.20	5.14	6.17	7.18	8.43	9.82	11.38	13.11	0.00	0.05	0.11	0.15	0.21	0.26	0.31	0.36	0.42	0.47
200	5.31	6.52	7.90	9.21	10.76	12.54	14.55	16.76	0.00	0.07	0.14	0.21	0.28	0.35	0.42	0.49	0.56	0.63
250	6.36	7.88	9.50	11.09	12.97	15.13	17.54	20.18	0.00	0.09	0.18	0.26	0.35	0.44	0.57	0.61	0.70	0.78
300	7.35	9.13	11.02	12.88	15.07	17.57	20.35	23.39	0.00	0.10	0.21	0.31	0.42	0.52	0.62	0.73	0.83	0.94
400	9.24	11.45	13.85	16.20	18.95	22.05	25.45	29.08	0.00	0.14	0.28	0.42	0.56	0.70	0.83	0.97	1.11	1.25
500	10.90	13.55	16.40	19.17	22.38	25.94	29.76	33.72	0.00	0.17	0.35	0.52	0.70	0.87	1.04	1.22	1.39	1.56
600	12.39	15.42	18.67	21.78	25.32	29.18	33.18	37.13	0.00	0.21	0.42	0.62	0.83	1.04	1.25	1.46	1.67	1.88
700	13.70	17.07	20.63	23.99	27.73	31.68	35.59	39.14	0.00	0.24	0.49	0.73	0.97	1.22	1.46	1.70	1.95	2.19
800	14.83	18.46	22.25	25.76	29.55	33.38	36.87	39.55	0.00	0.28	0.56	0.83	1.11	1.39	1.67	1.95	2.22	2.50
950	16.15	20.06	24.01	27.50	31.04	34.19	36.35	36.76	0.00	0.33	0.66	0.99	1.32	1.60	1.92	2.31	2.64	2.97
1100	16.98	20.99	24.84	28.02	30.85	32.65	32.52	29.26	0.00	0.38	0.77	1.15	1.53	1.91	2.29	2.68	3.06	3.44
1200	17.25	21.20	24.84	26.71	29.67	30.15	27.88	21.32	0.00	0.42	0.84	1.25	1.67	2.09	2.50	2.92	3.34	3.75
1300	17.26	21.06	24.35	26.54	27.58	26.37	21.42	10.73	0.00	0.45	0.91	1.35	1.81	2.26	2.71	3.16	3.61	4.06
1450	16.77	20.15	22.02	23.59	22.58	18.06	7.99	—	0.00	0.51	1.01	1.51	2.02	2.52	3.02	3.52	4.03	4.53
1600	15.63	18.31	19.59	18.88	15.13	6.25	—	—	0.00	0.56	1.11	1.67	2.23	2.78	3.33	3.89	4.45	5.00
1800	12.97	14.28	13.34	9.59	—	—	—	—	0.00	0.63	1.24	1.88	2.51	3.13	3.74	4.38	5.01	5.62

表 11-11g　E 型 V 带的额定功率（摘自 GB/T 13575.1—2008）　　（单位：kW）

n_1 /r·min^{-1}	小带轮基准直径 d_{d1}/mm								传动比 i									
	500	560	630	710	800	900	1000	1120	1.00 ~ 1.01	1.02 ~ 1.04	1.05 ~ 1.08	1.09 ~ 1.12	1.13 ~ 1.18	1.19 ~ 1.24	1.25 ~ 1.34	1.35 ~ 1.51	1.52 ~ 1.99	≥2.00
	单根 V 带的基本额定功率 P_1								$i \neq 1$ 时额定功率的增量 ΔP_1									
100	6.21	7.32	8.75	10.31	12.05	13.96	15.64	18.07	0.00	0.07	0.14	0.21	0.28	0.34	0.41	0.48	0.55	0.62
150	8.60	10.33	12.32	14.56	17.05	19.76	22.14	25.58	0.00	0.10	0.20	0.31	0.41	0.52	0.62	0.72	0.83	0.93
200	10.86	13.09	15.65	18.52	21.70	25.15	28.52	32.47	0.00	0.14	0.28	0.41	0.55	0.69	0.83	0.96	1.10	1.24
250	12.97	15.67	18.77	22.23	26.03	30.14	34.11	38.71	0.00	0.17	0.34	0.52	0.69	0.86	1.03	1.20	1.37	1.55
300	14.96	18.10	21.69	25.69	30.05	34.71	39.17	44.26	0.00	0.21	0.41	0.62	0.83	1.03	1.24	1.45	1.65	1.86
350	16.81	20.38	24.42	28.89	33.73	38.64	43.66	49.04	0.00	0.24	0.48	0.72	0.96	1.20	1.45	1.69	1.92	2.17
400	18.55	22.49	26.95	31.83	37.05	42.49	47.52	52.98	0.00	0.28	0.55	0.83	1.00	1.38	1.65	1.93	2.20	2.48
500	21.65	26.25	31.36	36.85	42.53	48.20	53.12	57.94	0.00	0.34	0.64	1.03	1.38	1.72	2.07	2.41	2.75	3.10
600	24.21	29.30	34.83	40.58	46.26	51.48	55.45	58.42	0.00	0.41	0.83	1.24	1.65	2.07	2.48	2.89	3.31	3.72
700	26.21	31.59	37.26	42.87	47.96	51.95	54.00	53.62	0.00	0.48	0.97	1.45	1.93	2.41	2.89	3.38	3.86	4.34
800	27.57	33.03	38.52	43.52	47.38	49.21	48.19	42.77	0.00	0.55	1.10	1.65	2.21	2.76	3.31	3.86	4.41	4.96
950	28.32	33.40	37.92	41.02	41.59	38.19	30.08	—	0.00	0.65	1.29	1.95	2.62	3.27	3.92	4.58	5.23	5.89
1100	27.30	31.35	33.94	33.74	29.06	17.65	—	—	0.00	0.76	1.52	2.27	3.03	3.79	4.40	5.30	6.06	6.82
1200	25.53	28.49	29.17	25.91	16.46	—	—	—										
1300	22.82	24.31	22.56	15.44	—	—	—	—										
1450	16.82	15.35	8.85	—	—	—	—	—										

表 11-11h　SPZ 型窄 V 带的额定功率（摘自 GB/T 13575.1—2008）

d_{d1} /mm	i 或 $\frac{1}{i}$	小轮转速 n_k/r·min^{-1}															
		200	400	700	800	950	1200	1450	1600	2000	2400	2800	3200	3600	4000	4500	5000
		额定功率 P_N/kW															
63	1	0.20	0.35	0.54	0.60	0.68	0.81	0.93	1.00	1.17	1.32	1.45	1.56	1.66	1.74	1.81	1.85
	1.2	0.22	0.39	0.61	0.68	0.78	0.94	1.08	1.17	1.38	1.57	1.74	1.89	2.03	2.15	2.27	2.37
	1.5	0.23	0.41	0.65	0.72	0.83	1.00	1.16	1.25	1.48	1.69	1.88	2.06	2.21	2.35	2.50	2.63
	≥3	0.24	0.43	0.68	0.76	0.88	1.06	1.23	1.33	1.58	1.81	2.03	2.22	2.40	2.56	2.74	2.88
71	1	0.25	0.44	0.70	0.78	0.90	1.08	1.25	1.35	1.59	1.81	2.00	2.18	2.33	2.46	2.59	2.68
	1.2	0.27	0.49	0.77	0.87	1.00	1.20	1.40	1.51	1.79	2.05	2.29	2.51	2.70	2.87	3.05	3.20
	1.5	0.28	0.51	0.81	0.91	1.04	1.26	1.47	1.59	1.90	2.18	2.43	2.67	2.88	3.08	3.28	3.45
	≥3	0.29	0.53	0.85	0.95	1.09	1.33	1.55	1.68	2.00	2.30	2.58	2.83	3.07	3.28	3.51	3.71
80	1	0.31	0.55	0.88	0.99	1.14	1.38	1.60	1.73	2.05	2.34	2.61	2.85	3.06	3.24	3.42	3.56
	1.2	0.33	0.59	0.96	1.07	1.24	1.50	1.75	1.89	2.25	2.59	2.90	3.18	3.43	3.65	3.89	4.07
	1.5	0.34	0.61	0.99	1.11	1.28	1.56	1.82	1.97	2.36	2.71	3.04	3.34	3.61	3.86	4.12	4.33
	≥3	0.35	0.64	1.03	1.15	1.33	1.62	1.90	2.06	2.46	2.84	3.18	3.51	3.80	4.06	4.35	4.58
90	1	0.37	0.67	1.09	1.21	1.40	1.70	1.98	2.14	2.55	2.93	3.26	3.57	3.84	4.07	4.30	4.46
	1.2	0.39	0.71	1.16	1.30	1.50	1.82	2.13	2.31	2.76	3.17	3.55	3.90	4.21	4.48	4.76	4.97
	1.5	0.40	0.74	1.19	1.34	1.55	1.88	2.20	2.39	2.86	3.30	3.70	4.06	4.39	4.68	4.99	5.23
	≥3	0.41	0.76	1.23	1.38	1.60	1.95	2.28	2.47	2.96	3.42	3.84	4.23	4.58	4.89	5.22	5.48

（续）

d_{d1}/mm	i或$\frac{1}{i}$	小轮转速 n_k/r·min^{-1}															
		200	400	700	800	950	1200	1450	1600	2000	2400	2800	3200	3600	4000	4500	5000
		额定功率 P_N/kW															
100	1	0.43	0.79	1.28	1.44	1.66	2.02	2.36	2.55	3.05	3.49	3.90	4.26	4.58	4.85	5.10	5.27
	1.2	0.45	0.83	1.35	1.52	1.76	2.14	2.51	2.72	3.25	3.74	4.19	4.59	4.95	5.26	5.57	5.79
	1.5	0.46	0.85	1.39	1.56	1.81	2.20	2.58	2.80	3.35	3.86	4.33	4.76	5.13	5.46	5.80	6.05
	≥3	0.47	0.87	1.43	1.60	1.86	2.27	2.66	2.88	3.46	3.99	4.48	4.92	5.32	5.67	6.03	6.30
112	1	0.51	0.93	1.52	1.70	1.97	2.40	2.80	3.04	3.62	4.16	4.64	5.06	5.42	5.72	5.99	6.14
	1.2	0.53	0.98	1.59	1.78	2.07	2.52	2.95	3.20	3.83	4.41	4.93	5.39	5.79	6.13	6.45	6.65
	1.5	0.54	1.00	1.63	1.83	2.12	2.58	3.03	3.28	3.93	4.53	5.07	5.55	5.98	6.33	6.68	6.91
	≥3	0.55	1.02	1.66	1.87	2.17	2.65	3.10	3.37	4.04	4.65	5.21	5.72	6.16	6.54	6.91	7.17
125	1	0.59	1.09	1.77	1.99	2.30	2.80	3.28	3.55	4.24	4.85	5.40	5.88	6.27	6.58	6.83	6.92
	1.2	0.61	1.13	1.84	2.07	2.40	2.93	3.43	3.72	4.44	5.10	5.69	6.21	6.64	6.99	7.29	7.44
	1.5	0.62	1.15	1.88	2.11	2.45	2.99	3.50	3.80	4.54	5.22	5.83	6.37	6.83	7.19	7.52	7.69
	≥3	0.63	1.17	1.91	2.15	2.50	3.05	3.58	3.88	4.65	5.35	5.98	6.53	7.01	7.40	7.75	7.95
140	1	0.68	1.26	2.06	2.31	2.68	3.26	3.82	4.13	4.92	5.63	6.24	6.75	7.16	7.45	7.64	7.60
	1.2	0.70	1.30	2.13	2.39	2.77	3.39	3.96	4.30	5.13	5.87	6.53	7.08	7.53	7.86	8.10	8.12
	1.5	0.71	1.32	2.17	2.43	2.82	3.45	4.04	4.38	5.23	6.00	6.67	7.25	7.72	8.07	8.33	8.37
	≥3	0.72	1.34	2.20	2.47	2.87	3.51	4.11	4.46	5.33	6.12	6.81	7.41	7.90	8.27	8.56	8.63
160	1	0.80	1.49	2.44	2.73	3.17	3.86	4.51	4.88	5.80	6.60	7.27	7.81	8.19	8.40	8.41	8.11
	1.2	0.82	1.53	2.51	2.82	3.27	3.98	4.66	5.05	6.00	6.84	7.56	8.13	8.56	8.81	8.88	8.62
	1.5	0.83	1.55	2.54	2.86	3.32	4.05	4.74	5.13	6.11	6.97	7.70	8.30	8.74	9.02	9.11	8.88
	≥3	0.84	1.57	2.58	2.90	3.37	4.11	4.81	5.21	6.21	7.09	7.85	8.46	8.93	9.22	9.34	9.14
180	1	0.92	1.71	2.81	3.15	3.65	4.45	5.19	5.61	6.63	7.50	8.20	8.71	9.01	9.08	8.81	8.11
	1.2	0.94	1.76	2.88	3.23	3.75	4.57	5.34	5.77	6.84	7.75	8.49	9.04	9.38	9.49	9.28	8.62
	1.5	0.95	1.78	2.92	3.28	3.80	4.63	5.41	5.86	6.94	7.87	8.63	9.21	9.57	9.70	9.51	8.88
	≥3	0.96	1.80	2.95	3.32	3.85	4.69	5.49	5.94	7.04	8.00	8.78	9.37	9.75	9.90	9.74	9.14

表 11-11i　SPA 型窄 V 带的额定功率（摘自 GB/T 13575.1—2008）

d_{d1}/mm	i或$\frac{1}{i}$	小轮转速 n_k/r·min^{-1}															
		200	400	700	800	950	1200	1450	1600	2000	2400	2800	3200	3600	4000	4500	5000
		额定功率 P_N/kW															
90	1	0.43	0.75	1.17	1.30	1.48	1.76	2.02	2.16	2.49	2.77	3.00	3.16	3.26	3.29	3.24	3.07
	1.2	0.47	0.85	1.34	1.49	1.70	2.04	2.35	2.53	2.96	3.33	3.64	3.90	4.09	4.22	4.28	4.22
	1.5	0.50	0.89	1.42	1.58	1.81	2.18	2.52	2.71	3.19	3.60	3.96	4.27	4.50	4.68	4.80	4.80
	≥3	0.52	0.94	1.50	1.67	1.92	2.32	2.69	2.90	3.42	3.88	4.29	4.63	4.92	5.14	5.32	5.37
100	1	0.53	0.94	1.49	1.65	1.89	2.27	2.61	2.80	3.27	3.67	3.99	4.25	4.42	4.50	4.48	4.31
	1.2	0.57	1.03	1.65	1.84	2.11	2.54	2.95	3.17	3.73	4.22	4.64	4.98	5.25	5.43	5.52	5.46
	1.5	0.60	1.08	1.73	1.93	2.22	2.68	3.11	3.36	3.96	4.50	4.96	5.35	5.66	5.89	6.04	6.04
	≥3	0.62	1.13	1.81	2.02	2.33	2.82	3.28	3.54	4.19	4.78	5.29	5.72	6.08	6.35	6.56	6.62

（续）

d_{d1} /mm	i 或 $\frac{1}{i}$	小轮转速 n_k/r·min^{-1}															
		200	400	700	800	950	1200	1450	1600	2000	2400	2800	3200	3600	4000	4500	5000
		额定功率 P_N/kW															
112	1	0.64	1.16	1.86	2.07	2.38	2.86	3.31	3.57	4.18	4.71	5.15	5.49	5.72	5.85	5.83	5.61
	1.2	0.69	1.26	2.02	2.26	2.60	3.14	3.65	3.94	4.64	5.27	5.79	6.23	6.55	6.77	6.87	6.76
	1.5	0.71	1.30	2.10	2.35	2.71	3.28	3.82	4.12	4.87	5.54	6.12	6.60	6.97	7.23	7.39	7.34
	≥3	0.74	1.35	2.18	2.44	2.82	3.42	3.98	4.30	5.11	5.82	6.44	6.96	7.38	7.69	7.91	7.91
125	1	0.77	1.40	2.25	2.52	2.90	3.50	4.06	4.38	5.15	5.80	6.34	6.76	7.03	7.16	7.09	6.75
	1.2	0.82	1.50	2.42	2.70	3.12	3.78	4.40	4.75	5.61	6.36	6.99	7.49	7.86	8.08	8.13	7.90
	1.5	0.84	1.54	2.50	2.80	3.23	3.92	4.56	4.93	5.84	6.63	7.31	7.86	8.28	8.54	8.65	8.48
	≥3	0.86	1.59	2.58	2.89	3.34	4.06	4.73	5.12	6.07	6.91	7.63	8.23	8.69	9.01	9.17	9.06
140	1	0.92	1.66	2.71	3.03	3.49	4.23	4.91	5.29	6.22	7.01	7.64	8.11	8.39	8.48	8.27	7.69
	1.2	0.96	1.77	2.87	3.21	3.71	4.50	5.24	5.66	6.68	7.56	8.29	8.85	9.22	9.40	9.31	8.85
	1.5	0.99	1.82	2.95	3.31	3.82	4.64	5.41	5.84	6.91	7.84	8.61	9.22	9.64	9.85	9.83	9.42
	≥3	1.01	1.86	3.03	3.40	3.93	4.78	5.58	6.03	7.14	8.12	8.94	9.59	10.05	10.32	10.35	10.00
160	1	1.11	2.04	3.30	3.70	4.27	5.17	6.01	6.47	7.60	8.53	9.24	9.72	9.94	9.87	9.34	8.28
	1.2	1.15	2.13	3.46	3.88	4.49	5.45	6.34	6.84	8.06	9.08	9.89	10.46	10.77	10.79	10.38	9.43
	1.5	1.18	2.18	3.55	3.98	4.60	5.59	6.51	7.03	8.29	9.36	10.21	10.83	11.18	11.25	10.90	10.01
	≥3	1.20	2.22	3.63	4.07	4.71	5.73	6.68	7.21	8.52	9.63	10.53	11.20	11.60	11.72	11.42	10.58
180	1	1.30	2.39	3.89	4.36	5.04	6.10	7.07	7.62	8.90	9.93	10.67	11.09	11.15	10.81	9.78	7.99
	1.2	1.34	2.49	4.05	4.54	5.25	6.37	7.41	7.99	9.37	10.49	11.32	11.83	11.98	11.73	10.81	9.15
	1.5	1.37	2.53	4.13	4.64	5.36	6.51	7.57	8.17	9.60	10.76	11.64	12.20	12.39	12.19	11.33	9.72
	≥3	1.39	2.58	4.21	4.73	5.47	6.65	7.74	8.35	9.83	11.04	11.96	12.56	12.81	12.65	11.85	10.30
200	1	1.49	2.75	4.47	5.01	5.79	7.00	8.10	8.72	10.13	11.22	11.92	12.19	11.98	11.25	9.50	6.75
	1.2	1.53	2.84	4.63	5.19	6.00	7.27	8.44	9.08	10.60	11.77	12.56	12.93	12.81	12.17	10.54	7.91
	1.5	1.55	2.89	4.71	5.29	6.11	7.41	8.61	9.27	10.83	12.05	12.89	13.30	13.23	12.63	11.06	8.43
	≥3	1.58	2.93	4.79	5.38	6.22	7.55	8.77	9.45	11.06	12.32	13.21	13.67	13.64	13.09	11.58	9.06
224	1	1.71	3.17	5.16	5.77	6.67	8.05	9.30	9.97	11.51	12.59	13.15	13.13	12.45	11.04	8.15	3.87
	1.2	1.75	3.26	5.32	5.96	6.89	8.33	9.63	10.34	11.97	13.14	13.79	13.86	13.28	11.96	9.19	5.02
	1.5	1.78	3.30	5.40	6.05	6.99	8.46	9.80	10.53	12.20	13.42	14.12	14.23	13.69	12.42	9.71	5.60
	≥3	1.80	3.35	5.48	6.14	7.10	8.60	9.96	10.71	12.43	13.69	14.44	14.60	14.11	12.89	10.23	6.17
250	1	1.95	3.62	5.88	6.59	7.60	9.15	10.53	11.26	12.85	13.84	14.13	13.62	12.22	9.83	5.29	
	1.2	1.99	3.71	6.05	6.77	7.82	9.43	10.86	11.63	13.31	14.39	14.77	14.36	13.05	10.75	6.33	
	1.5	2.02	3.75	6.13	6.87	7.93	9.56	11.03	11.81	13.54	14.67	15.10	14.73	13.47	11.21	6.85	
	≥3	2.04	3.80	6.21	6.96	8.04	9.70	11.19	12.00	13.77	14.95	15.42	15.10	13.83	11.67	7.36	

表 11-11j　SPB 型窄 V 带的额定功率（摘自 GB/T 13575.1—2008）

d_{d1} /mm	i 或 $\frac{1}{i}$	小轮转速 n_k/r · min^{-1}														
		200	400	700	800	950	1200	1450	1600	1800	2000	2200	2400	2800	3200	3600
		额定功率 P_N/kW														
140	1	1.08	1.92	3.02	3.35	3.83	4.55	5.19	5.54	5.95	6.31	6.62	6.86	7.15	7.17	6.89
	1.2	1.17	2.12	3.35	3.74	4.29	5.14	5.90	6.32	6.83	7.29	7.69	8.03	8.52	8.73	8.65
	1.5	1.22	2.21	3.53	3.94	4.52	5.43	6.25	6.71	7.27	7.70	8.23	8.61	9.20	9.51	9.52
	≥3	1.27	2.31	3.70	4.13	4.76	5.72	6.61	7.40	7.71	8.26	8.76	9.20	9.89	10.29	10.40
160	1	1.37	2.47	3.92	4.37	5.01	5.98	6.86	7.33	7.89	8.38	8.80	9.13	9.52	9.53	9.10
	1.2	1.46	2.66	4.27	4.76	5.47	6.57	7.56	8.11	8.77	9.36	9.87	10.30	10.89	11.09	10.86
	1.5	1.51	2.76	4.44	4.96	5.70	6.86	7.92	8.50	9.21	9.85	10.41	10.88	11.57	11.87	11.74
	≥3	1.56	2.86	4.61	5.15	5.93	7.15	8.27	8.89	9.65	10.33	10.94	11.47	12.25	12.65	12.61
180	1	1.65	3.01	4.82	5.37	6.16	7.38	8.46	9.05	9.74	10.34	10.83	11.21	11.62	11.49	10.77
	1.2	1.75	3.20	5.16	5.76	6.63	7.97	9.17	9.83	10.62	11.32	1.91	12.39	12.98	13.05	12.52
	1.5	1.80	3.30	5.33	5.96	6.86	8.26	9.53	10.22	11.06	11.80	12.44	12.97	13.66	13.83	13.40
	≥3	1.85	3.40	5.50	6.15	7.09	8.55	9.88	10.61	11.50	12.29	12.98	13.56	14.35	14.61	14.28
200	1	1.94	3.54	5.96	6.35	7.30	8.74	10.02	10.70	11.50	12.18	12.72	13.11	13.41	13.01	11.83
	1.2	2.03	3.74	6.03	6.75	7.76	9.33	10.73	11.48	12.38	13.15	13.79	14.28	14.78	14.57	13.69
	1.5	2.08	3.84	6.21	6.94	7.99	9.62	11.03	11.87	12.82	13.64	14.33	14.86	15.46	15.36	14.46
	≥3	2.13	3.93	6.38	7.14	8.23	9.91	11.43	12.26	13.26	14.13	14.86	15.45	16.14	16.14	15.34
224	1	2.28	4.18	6.73	7.52	8.63	10.33	11.81	12.59	13.49	14.21	14.76	15.10	15.14	14.22	12.23
	1.2	2.37	4.37	7.07	7.91	9.10	10.92	12.52	13.37	14.37	15.19	15.83	16.27	16.51	15.78	13.98
	1.5	2.42	4.47	7.24	8.10	9.33	11.21	12.87	13.76	14.80	15.68	16.37	16.86	17.19	16.57	14.86
	≥3	2.47	4.57	7.41	8.30	9.56	11.50	13.23	14.15	15.24	16.16	16.90	17.44	17.87	17.35	15.74
250	1	2.64	4.86	7.84	8.75	10.04	11.99	13.66	14.51	15.47	16.19	16.68	16.89	16.44	14.69	11.48
	1.2	2.74	5.05	8.18	9.14	10.50	12.57	14.37	15.29	16.35	17.17	17.75	18.06	17.81	16.25	13.23
	1.5	2.79	5.15	8.35	9.33	10.74	12.87	14.72	15.68	16.78	17.66	18.28	18.65	18.49	17.03	14.11
	≥3	2.83	5.25	8.52	9.53	10.97	13.16	15.07	16.07	17.22	18.15	18.82	19.23	19.17	17.81	14.99
280	1	3.05	5.63	9.09	10.14	11.62	13.82	15.65	16.56	17.52	18.17	18.48	18.43	17.13	14.04	8.92
	1.2	3.15	5.83	9.43	10.53	12.08	14.41	16.36	17.34	18.39	19.14	19.55	19.60	18.49	15.60	10.68
	1.5	3.20	5.93	9.60	10.72	12.32	14.70	16.72	17.73	18.83	19.63	20.09	20.18	19.18	16.38	11.56
	≥3	3.25	6.02	9.77	10.92	12.55	14.99	17.07	18.12	19.27	20.12	20.62	20.77	19.86	17.16	12.43
315	1	3.53	6.53	10.51	11.71	13.40	15.84	17.79	18.70	19.55	20.00	19.97	19.44	16.71	11.47	3.40
	1.2	3.63	6.72	10.85	12.11	13.86	16.43	18.50	19.48	20.44	20.97	21.05	20.61	18.07	13.03	5.16
	1.5	3.68	6.82	11.02	12.30	14.09	16.72	18.85	19.87	20.88	21.46	21.58	21.20	18.76	13.81	6.04
	≥3	3.73	6.92	11.19	12.50	14.32	17.01	19.21	20.26	21.32	21.95	22.12	21.78	19.44	14.59	6.91
355	1	4.08	7.53	12.10	13.46	15.33	17.99	19.96	20.78	21.39	21.42	20.79	19.46	14.45	5.91	
	1.2	4.17	7.73	12.44	13.85	15.80	18.57	20.67	21.56	22.27	22.39	21.87	20.63	15.81	7.47	
	1.5	4.22	7.82	12.61	14.04	16.03	18.86	21.02	21.95	22.71	22.88	22.40	21.22	16.50	8.25	
	≥3	4.27	7.92	12.78	14.24	16.26	19.16	21.37	22.34	23.15	23.37	22.94	21.80	17.18	9.03	
400	1	4.68	8.64	13.82	15.34	17.39	20.17	22.02	22.62	22.76	22.07	20.46	17.87	9.37		
	1.2	4.78	8.84	14.16	15.73	17.85	20.75	22.72	23.40	23.63	23.04	21.54	19.04	10.74		
	1.5	4.83	8.94	14.33	15.92	18.09	21.05	23.08	23.79	24.07	23.53	22.07	19.63	11.42		
	≥3	4.87	9.03	14.50	16.12	18.32	21.34	23.43	24.18	24.51	24.02	22.61	20.21	12.10		

表 11-11k　SPC 型窄 V 带的额定功率（摘自 GB/T 13575.1—2008）

d_{d1} /mm	i 或 $\frac{1}{i}$	小轮转速 n_k/r·min^{-1}														
		200	300	400	500	600	700	800	950	1200	1450	1600	1800	2000	2200	2400
		额定功率 P_N/kW														
224	1	2.90	4.08	5.19	6.23	7.21	8.13	8.99	10.19	11.89	13.22	13.81	14.35	14.58	14.47	14.01
	1.2	3.14	4.44	5.67	6.83	7.92	8.97	9.95	11.33	13.33	14.95	15.73	16.51	16.98	17.11	16.88
	1.5	3.26	4.62	5.91	7.13	8.28	8.39	10.43	11.90	14.05	15.82	16.69	17.59	18.17	18.43	18.32
	≥3	3.38	4.80	6.15	7.43	8.64	9.81	10.91	12.47	14.77	16.69	17.65	18.66	19.37	19.75	19.75
250	1	3.50	4.95	6.31	7.60	8.81	9.95	11.02	12.51	14.61	16.21	16.52	17.52	17.70	17.44	16.69
	1.2	3.74	5.31	6.79	8.19	9.53	10.79	11.98	13.64	16.05	17.95	18.83	19.67	20.10	20.08	19.57
	1.5	3.86	5.49	7.03	8.49	9.89	11.21	12.46	14.21	16.77	18.82	19.79	20.75	21.30	21.40	21.01
	≥3	3.98	5.67	7.27	8.79	10.25	11.63	12.94	14.78	17.49	19.69	20.75	21.83	22.50	22.72	22.45
280	1	4.18	5.94	7.59	9.15	10.62	12.01	13.31	15.10	17.60	19.44	20.20	20.75	20.75	20.13	18.86
	1.2	4.42	6.30	8.07	9.75	11.34	12.85	14.27	16.24	19.04	21.18	22.12	22.91	23.15	22.77	21.73
	1.5	4.54	6.48	8.31	10.05	11.70	13.27	14.75	16.81	19.76	22.05	23.07	23.99	24.34	24.09	23.17
	≥3	4.66	6.66	8.55	10.35	12.06	13.69	15.23	17.38	20.48	22.92	24.03	25.07	25.54	25.41	24.61
315	1	4.97	7.08	9.07	10.94	12.70	14.36	15.90	18.01	20.88	22.87	23.58	23.91	23.47	22.18	19.98
	1.2	5.21	7.44	9.55	11.54	13.42	15.20	16.86	19.15	22.32	24.60	25.50	26.07	25.87	24.82	32.86
	1.5	5.33	7.62	9.79	11.84	13.73	15.62	17.34	19.72	23.04	25.47	26.46	27.15	27.07	26.14	24.30
	≥3	5.45	7.80	10.03	12.14	14.14	16.04	17.82	20.29	23.76	26.34	27.42	28.23	28.26	27.46	25.74
355	1	5.87	8.37	10.72	12.94	15.02	16.96	18.76	21.17	23.34	26.29	26.80	26.62	25.37	22.94	19.22
	1.2	6.11	8.73	11.20	13.54	15.74	17.80	19.72	22.31	25.78	28.03	28.72	28.78	27.77	25.58	22.10
	1.5	6.23	8.91	11.44	13.84	16.10	18.22	20.20	22.88	26.50	28.90	29.68	29.86	28.97	26.90	23.54
	≥3	6.35	9.09	11.68	14.14	16.46	18.64	20.68	23.45	27.22	29.77	30.64	30.94	30.17	28.22	24.98
400	1	6.86	9.80	12.56	15.15	17.56	19.79	21.84	24.52	27.83	29.46	29.53	28.42	25.81	21.54	15.48
	1.2	7.10	10.16	13.04	15.75	18.28	20.63	22.80	25.66	29.27	31.20	31.45	30.58	28.21	24.18	18.35
	1.5	7.22	10.34	13.28	16.04	18.64	21.05	23.28	26.23	29.99	32.07	32.41	31.66	29.41	25.50	19.79
	≥3	7.34	10.52	13.52	16.34	19.00	21.47	23.76	26.80	30.70	32.94	33.37	32.74	30.60	26.82	21.23
450	1	7.96	11.37	14.56	17.54	20.29	22.81	25.07	27.94	31.15	32.06	31.33	28.69	23.95	16.89	
	1.2	8.20	11.73	15.04	18.13	21.01	23.65	26.03	29.08	32.59	33.80	33.25	30.85	26.34	19.53	
	1.5	8.32	11.91	15.28	18.43	21.37	24.07	26.51	29.65	33.31	34.67	34.21	31.92	27.54	20.85	
	≥3	8.44	12.09	15.52	18.73	21.73	24.48	26.99	30.22	34.03	35.54	35.16	33.00	28.74	22.17	
500	1	9.04	12.91	16.52	19.86	22.92	25.67	28.09	31.04	33.85	33.58	31.07	26.94	19.35		
	1.2	9.28	13.27	17.00	20.46	23.64	26.51	29.05	32.18	35.29	35.31	33.62	29.10	21.74		
	1.5	9.40	13.45	17.24	20.76	24.00	26.93	29.53	32.75	36.01	36.18	34.57	30.18	22.94		
	≥3	9.52	13.63	17.48	21.06	24.35	27.35	30.01	33.32	36.73	37.05	35.53	31.26	24.14		
560	1	10.32	14.74	18.82	22.56	25.93	28.90	31.43	34.29	36.18	33.83	30.05	21.90			
	1.2	10.56	15.09	19.30	23.16	26.65	29.74	32.39	35.43	37.62	35.57	31.97	24.05			
	1.5	10.68	15.27	19.54	23.46	27.01	30.16	32.87	36.00	38.34	36.44	32.93	25.14			
	≥3	10.80	15.45	19.78	23.76	27.37	30.58	33.35	36.57	39.06	37.31	33.89	26.22			
630	1	11.80	16.82	21.42	25.56	29.25	32.37	34.88	37.37	37.52	31.74	24.90				
	1.2	12.04	17.18	21.90	26.18	29.96	33.21	35.84	38.51	38.96	33.48	26.88				
	1.5	12.16	17.36	22.14	26.48	30.32	33.63	36.32	39.07	39.68	34.35	27.84				
	≥3	12.28	17.54	22.38	26.78	30.68	34.04	36.80	39.64	40.40	35.22	28.79				

3. 普通V带传动的设计方法与步骤（见表11-12）

表11-12　V带传动的设计计算

序号	计算项目	符号	单位	计算公式和参数选定	说　明
1	设计功率	P_d	kW	$P_d=K_AP$	P—传递的功率(kW) K_A—工况系数,查表11-7
2	选定带型			根据P_d和n_1由图11-3选取	n_1—小带轮转速(r/min)
3	传动比	i		$i=\frac{n_1}{n_2}=\frac{d_{p2}}{d_{p1}}$ 若计入滑动率 $i=\frac{n_1}{n_2}=\frac{d_{p2}}{(1-\varepsilon)d_{p1}}$ 通常$\varepsilon=0.01\sim0.02$	n_2—大带轮转速(r/min) d_{p1}—小带轮的节圆直径(mm) d_{p2}—大带轮的节圆直径(mm) ε—弹性滑动率 通常带轮的节圆直径可视为基准直径
4	小带轮的基准直径	d_{d1}	mm	按表11-13、表11-14选定	为提高V带的寿命,宜选取较大的直径
5	大带轮的基准直径	d_{d2}	mm	$d_{d2}=id_{d1}(1-\varepsilon)$	d_{d2}应按表11-13、表11-14选取标准值
6	带速	v	m/s	$v=\frac{\pi d_{p1}n_1}{60\times1000}\leqslant v_{max}$ 普通V带　$v_{max}=25\sim30$ 窄V带　$v_{max}=35\sim40$	一般v不得低于5m/s 为充分发挥V带的传动能力,应使$v\approx$20m/s
7	初定轴间距	a_0	mm	$0.7(d_{d1}+d_{d2})\leqslant a_0<2(d_{d1}+d_{d2})$	或根据结构要求定
8	所需基准长度	L_{d0}	mm	$L_{d0}=2a_0+\frac{\pi}{2}(d_{d1}+d_{d2})+\frac{(d_{d2}-d_{d1})^2}{4a_0}$	根据表11-2～表11-4选取相近的L_d
9	实际轴间距	a	mm	$a\approx a_0+\frac{L_d-L_{d0}}{2}$	安装时所需最小轴间距 $a_{min}=a-i, i=2b_d+0.009L_d$ 张紧或补偿伸长所需最大轴间距 $a_{max}=a+s, s=0.02L_d$
10	小带轮包角	α_1	(°)	$\alpha_1=180°-\frac{d_{d2}-d_{d1}}{a}\times57.3°$	如α_1较小,应增大a或用张紧轮
11	单根V带传递的额定功率	P_1	kW	根据带型、d_{d1}和n_1查表11-11a～k	P_1是$\alpha=180°$、载荷平稳时,特定基准长度的单根V带基本额定功率
12	传动比$i\neq1$的额定功率增量	ΔP_1	kW	根据带型、n_1和i查表11-11a～k	
13	V带的根数	z		$z=\frac{P_d}{(P_1+\Delta P_1)K_\alpha K_L}$	K_α—小带轮包角修正系数,查表11-8 K_L—带长修正系数,查表11-10

（续）

序号	计算项目	符号	单位	计算公式和参数选定	说　明
14	单根 V 带的预紧力	F_0	N	$F_0=500\left(\frac{2.5}{K_a}-1\right)\frac{P_d}{zv}+mv^2$	m—V 带每米长的重量（查表 11-9）（kg/m）
15	作用在轴上的力	F_r	N	$F_r=2F_0z\sin\frac{\alpha_1}{2}$	
16	带轮的结构和尺寸				见本章第三部分

三、普通 V 带轮的结构与精度要求

图 11-5 所示为 V 带轮的典型结构，其相关结构参数值参见表 11-13 ~ 表 11-16。

在 GB/T 11357—2008 中，对带轮提出如下技术要求：

1）V 带和多楔带轮槽和各种带轮轴孔的工作表面粗糙度 Ra 不应超过 3.2μm；平带轮轮缘，各种带轮轮缘棱边，Ra 不应超过 6.3μm。

2）一般带轮要进行静平衡校验，带轮有较宽的轮缘表面或转速较高时，还需进行动平衡。具体要求见 GB/T 11357—2008。

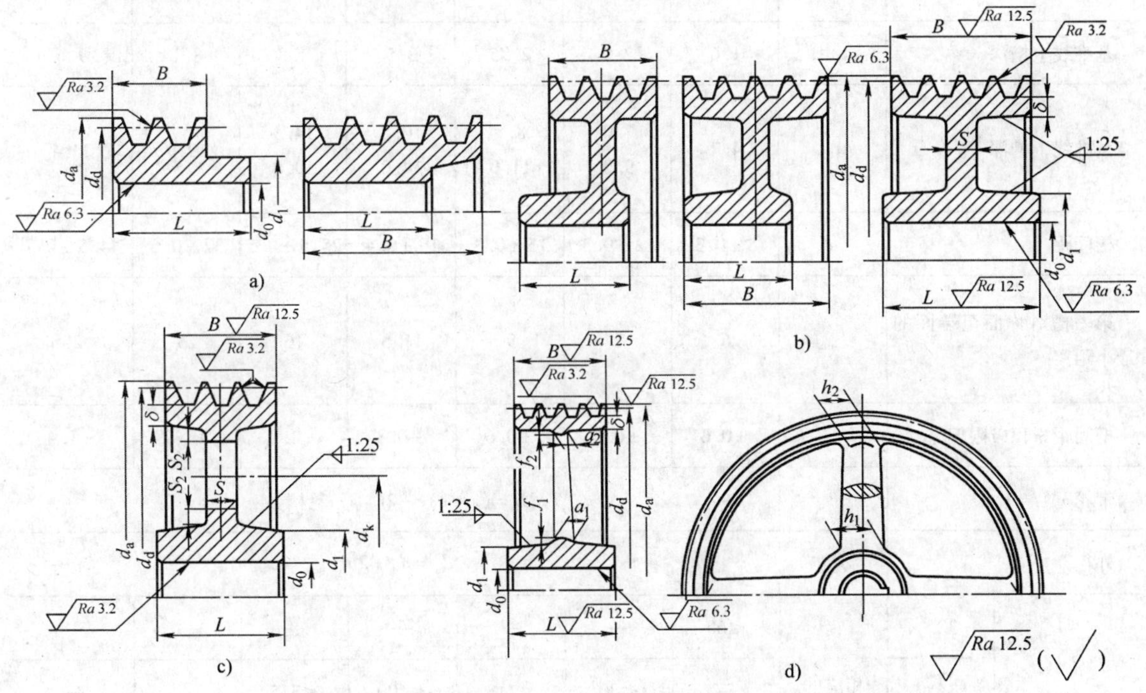

图 11-5　V 带轮的典型结构

a）实心轮　b）辐板轮　c）孔板轮　d）椭圆辐轮

$d_1=(1.8\sim2)d_0$，$L=(1.5\sim2)d_0$，S 查表 11-15，$S_1\geqslant1.5S$，$S_2\geqslant0.5S$，$h_1=290\sqrt[3]{\frac{P}{nA}}$mm，

式中：P—传递的功率（kW），n—带轮的转速（r/min），A—轮幅数，$h_2=0.8h_1$，

$a_1=0.4h_1$，$a_2=0.8a_1$，$f_1=0.2h_1$，$f_2=0.2h_2$

表 11-13　V 带轮轮缘尺寸（基准宽度制）

（摘自 GB/T 10412—2002、GB/T 13575. 1—2008）　　　　（单位：mm）

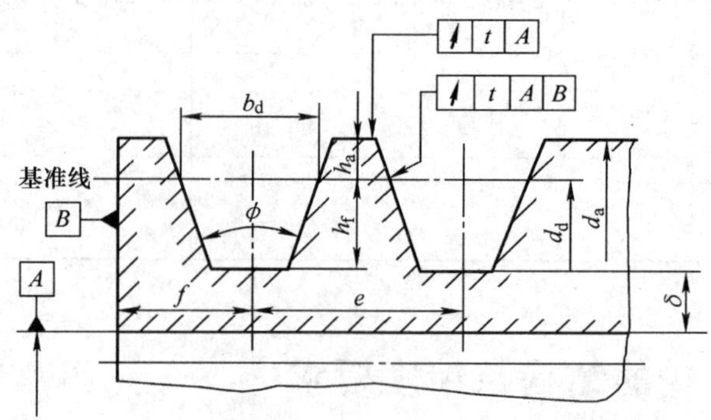

<table>
<tr><th rowspan="2" colspan="2">项　　目</th><th rowspan="2">符号</th><th colspan="7">槽　　型</th></tr>
<tr><th>Y</th><th>Z
SPZ</th><th>A
SPA</th><th>B
SPB</th><th>C
SPC</th><th>D</th><th>E</th></tr>
<tr><td colspan="2">基准宽度</td><td>b_d</td><td>5. 3</td><td>8. 5</td><td>11. 0</td><td>14. 0</td><td>19. 0</td><td>27. 0</td><td>32. 0</td></tr>
<tr><td colspan="2">基准线上槽深</td><td>h_{amin}</td><td>1. 6</td><td>2. 0</td><td>2. 75</td><td>3. 5</td><td>4. 8</td><td>8. 1</td><td>9. 6</td></tr>
<tr><td colspan="2">基准线下槽深</td><td>h_{fmin}</td><td>4. 7</td><td>7. 0
9. 0</td><td>8. 7
11. 0</td><td>10. 8
14. 0</td><td>14. 3
19. 0</td><td>19. 9</td><td>23. 4</td></tr>
<tr><td colspan="2">槽间距</td><td>e</td><td>8 ±0. 3</td><td>12 ±0. 3</td><td>15 ±0. 3</td><td>19 ±0. 4</td><td>25. 5 ±0. 5</td><td>37 ±0. 6</td><td>44. 5 ±0. 7</td></tr>
<tr><td colspan="2">第一槽对称面至端面的最小距离</td><td>f_{min}</td><td>6</td><td>7</td><td>9</td><td>11. 5</td><td>16</td><td>23</td><td>28</td></tr>
<tr><td colspan="2">槽间距累积极限偏差</td><td></td><td>±0. 6</td><td>±0. 6</td><td>±0. 6</td><td>±0. 8</td><td>±1. 0</td><td>±1. 2</td><td>±1. 4</td></tr>
<tr><td colspan="2">带轮宽</td><td>B</td><td colspan="7">$B=(z-1)e+2f$　z—轮槽数</td></tr>
<tr><td colspan="2">外径</td><td>d_a</td><td colspan="7">$d_a=d_d+2h_a$</td></tr>
<tr><td rowspan="5">轮槽角 ϕ</td><td>32°</td><td rowspan="4">相应的基准直径 d_d</td><td>≤60</td><td>—</td><td>—</td><td>—</td><td>—</td><td>—</td><td>—</td></tr>
<tr><td>34°</td><td>—</td><td>≤80</td><td>≤118</td><td>≤190</td><td>≤315</td><td>—</td><td>—</td></tr>
<tr><td>36°</td><td>>60</td><td>—</td><td>—</td><td>—</td><td>—</td><td>≤475</td><td>≤600</td></tr>
<tr><td>38°</td><td>—</td><td>>80</td><td>>118</td><td>>190</td><td>>315</td><td>>475</td><td>>600</td></tr>
<tr><td colspan="2">极限偏差</td><td colspan="7">±0. 5°</td></tr>
</table>

表 11-14　普通和窄 V 带轮（基准宽度制）直径系列（摘自 GB/T 13575.1—2008）

	槽型							槽型						
	Y	Z SPZ	A SPA	B SPB	C SPC	圆跳动 公差 t		Z SPZ	A SPA	B SPB	C SPC	D	E	圆跳动 公差 t
20	+						265				⊕			
22.4	+						280	⊕	⊕	⊕	⊕			
25	+						300				⊕			
28	+						315	⊕	⊕	⊕	⊕			0.5
31.5	+						335				⊕			
35.5	+						355	⊕	⊕	⊕	⊕	+		
40	+						375					+		
45	+						400	⊕	⊕	⊕	⊕	+		
50	+	+				0.2	425					+		
56	+	+					450		⊕	⊕	⊕	+		
63		⊕					475					+		
71		⊕					500	⊕	⊕	⊕	⊕	+	+	0.6
75		⊕	+				530						+	
80	+	⊕	+				560		⊕	⊕	⊕	+	+	
85			+				600			⊕	⊕	+	+	
90	+	⊕	⊕				630	⊕	⊕	⊕	⊕	+	+	
95			⊕				670						+	
100	+	⊕	⊕				710		⊕	⊕	⊕	+	+	
106			⊕				750			⊕	⊕	+		
112	+	⊕	⊕				800		⊕	⊕	⊕	+	+	0.8
118			⊕				900			⊕	⊕	+	+	
125	+	⊕	⊕	+		0.3	1000			⊕	⊕	+	+	
132		⊕	⊕	+			1060					+		
140		⊕	⊕	⊕			1120			⊕	⊕	+	+	
150		⊕	⊕	⊕			1250				⊕	+	+	1
160		⊕	⊕	⊕			1400				⊕	+	+	
170				⊕			1500					+	+	
180		⊕	⊕	⊕			1600				⊕	+	+	
200		⊕	⊕	⊕	+		1800					+	+	
212					+	0.4	1900						+	
224		⊕	⊕	⊕	⊕		2000				⊕	+	+	1.2
236					⊕		2240						+	
250		⊕	⊕	⊕	⊕		2500						+	

注：1. 有 + 号的只用于普通 V 带，有⊕号的用于普通 V 带和窄 V 带。

2. 基准直径的极限偏差为 ±0.8%。

3. 轮槽基准直径间的最大偏差，Y 型_0.3mm，Z、A、B、SPZ、SPA、SPB 型_0.4mm，C、D、E、SPC 型_0.5mm。

表 11-15 V 带轮的结构形式和辐板厚度 （单位：mm）

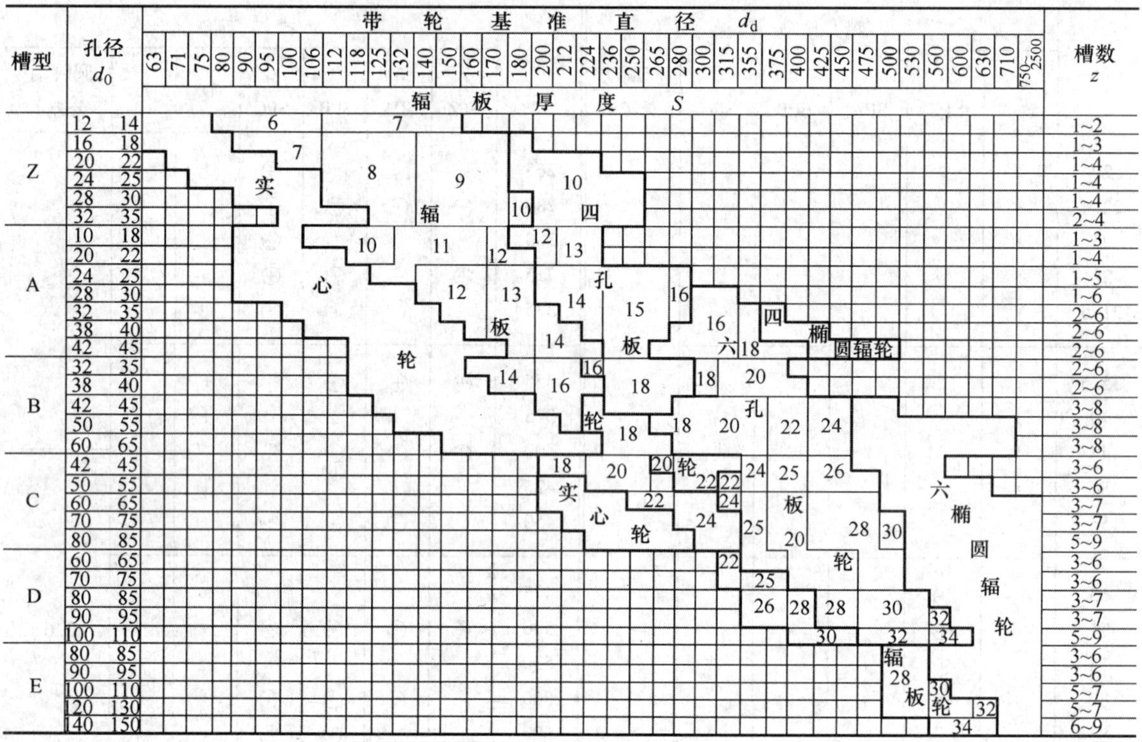

槽型	孔径 d_0	带轮基准直径 d_d：63 71 75 80 90 95 100 106 112 118 125 132 140 150 160 170 180 200 212 224 236 250 265 280 300 315 355 375 400 425 450 475 500 530 560 600 630 710 750~2500；辐板厚度 S	槽数 z
Z	12 14	6 7	1~2
	16 18	7	1~3
	20 22	8	1~4
	24 25	实 9 10	1~4
	28 30	10	1~4
	32 35	辐 10 四	2~4
A	10 18	10 11 12 13	1~3
	20 22	12	1~4
	24 25	心 孔	1~5
	28 30	12 13 14 15 16	1~6
	32 35		2~6
	38 40	板 16 四 椭	2~6
	42 45	轮 14 板 六18 圆辐轮	2~6
B	32 35	16	2~6
	38 40	14 16 18 18 20	2~6
	42 45	孔	3~8
	50 55	轮 18 18 20 22 24	3~8
	60 65		3~8
C	42 45	18 20 20 轮 24 25 26	3~6
	50 55	实 22 22 六	3~6
	60 65	22 24 板	3~7
	70 75	心 24 25 28 30 椭	3~7
	80 85	轮 20 圆	5~9
D	60 65	22 轮	3~6
	70 75	25 辐	3~6
	80 85	26 28 28 30 32	3~7
	90 95	轮	3~7
	100 110	30 32 34	5~9
E	80 85	辐	3~6
	90 95	28 30	3~6
	100 110	板 轮 32	5~7
	120 130		5~7
	140 150	34	6~9

表 11-16 带轮的圆跳动公差 （单位：mm）

基准直径 d_d	圆跳动量 t	基准直径 d_d	圆跳动量 t
>20~30	0.15	>500~800	0.50
>30~50	0.20	>800~1250	0.60
>50~120	0.25	>1250~2000	0.80
>120~250	0.30	>2000~2500	1.00
>250~500	0.40		

四、普通 V 带传动设计实例

设计由电动机驱动旋转式水泵的普通 V 带传动。已知电动机的型号为 Y160M-4，额定功率为 11kW，转速 $n_1=1460\text{r/min}$，水泵轴的转速 $n_2=400\text{r/min}$，轴间距约为 1500mm，三班制工作。

解

序号	计算项目	计算内容	计算结果
1	设计功率	$P_d=K_AP=1.3\times11\text{kW}=14.3\text{kW}$	$K_A=1.3$ $P_d=14.3\text{kW}$
2	选择带型	据 $P_d=14.3\text{kW}$ 和 $n_1=1460\text{r/min}$ 由图 11-3 选取	B 型
3	传动比	$i=n_1/n_2=1460/400=3.65$	$i=3.65$
4	小带轮的基准直径	按表 11-13 和表 11-14 选定 $d_{d1}=140\text{mm}$	$d_{d1}=140\text{mm}$

（续）

序号	计算项目	计算内容	计算结果
5	大带轮的基准直径	$d_{d2}=id_{d1}(1-\varepsilon)=3.65\times140(1-0.02)\text{mm}$ $=500.8\text{mm}$ 查表11-13取标准值	$d_{d2}=500\text{mm}$
6	带速	$v=(\pi d_{d1}n_1)/(60\times1000)=[(\pi\times140\times1460)/(60\times1000)]\text{m/s}=10.7\text{m/s}$	因为$5\text{m/s}<v<25\text{m/s}$，所以$v$符合要求
7	初定轴间距	按要求取$a_0=1500\text{mm}$	
8	所需基准长度	$L_{d0}=2a_0+[\pi(d_{d1}+d_{d2})]/2+(d_{d2}-d_{d1})^2/(4a_0)$ $=\{2\times1500+[\pi(140+500)]/2+(500-140)^2/(4\times1500)\}\text{mm}=4026.9\text{mm}$ 由表11-2和表11-3选取相近的$L_d=4000\text{mm}$	$L_d=4000\text{mm}$
9	实际轴间距	$a\approx a_0+(L_d-L_{d0})/2=[1500+(4000-4026.9)/2]\text{mm}=1487\text{mm}$ $a_{min}=a-0.015L_d=(1487-0.015\times4000)\text{mm}=1427\text{mm}$ $a_{max}=a+0.03L_d=(1487+0.03\times4000)\text{mm}=1607\text{mm}$	$a=1487\text{mm}$
10	小带轮包角	$\alpha_1=180°-[(d_{d2}-d_{d1})\times57.3°]/a=180°-[(500-140)\times57.3°]/1487=166.13°>120°$	$\alpha_1=166.13°$，符合要求
11	单根V带传递的额定功率	据d_{d1}和n_1查表11-11d得 $P_1\approx2.8\text{kW}$	$P_1=2.8\text{kW}$
12	传动比$i\neq1$的额定功率增量	据带型、i查表11-11d得 $\Delta P_1\approx0.46\text{kW}$	$\Delta P_1=0.46\text{kW}$
13	V带的根数	查表11-8：$K_\alpha=0.964$ 查表11-10：$K_L=1.13$ $Z=P_d/[(P_1+\Delta P_1)K_\alpha K_L]=14.3/[(2.8+0.46)\times0.964\times1.13]=4.03$	取$Z=4$
14	单根V带的预紧力	查表11-9：$q=0.17\text{kg/m}$ $F_0=500[(2.5/K_a)-1](P_d/Zv)+qv^2$ $=\{500[(2.5/0.964)-1][14.3/(4\times10.7)]+0.17\times10.7^2\}\text{N}=285.6\text{N}$	$F_0=285.6\text{N}$
15	作用在轴上的力	$F_r=2F_0Z\sin(\alpha_1/2)=2\times285.6\times4\sin(166.13°/2)\text{N}$ $=2\times285.6\times4\sin83.065°\text{N}=2266.5\text{N}$	$F_r=2266.5\text{N}$
16	带轮的结构和尺寸	此处以小带轮为例确定其结构和尺寸 由电动机Y160M-4可知，其轴伸直径$d=42\text{mm}$，长度$E=110\text{mm}$，故小带轮轴孔直径应取$d_0=42\text{mm}$，毂长应小于110mm 由表11-15查得小带轮为实心轮。轮槽尺寸及轮宽按表11-14计算，参考图11-5典型结构，画出小带轮工作图，见图11-6	

Ra 3.2
C1
R0.5
8处
0.03 A
C1
C1
C1
C1
φ80
φ42 +0.025 0
φ140 −0.20 −0.45
φ147 0 −0.40
Ra 3.2
A
Ra 6.3
45.3 +0.2 0
12±0.0215
14.5
Ra 6.3
34°±1°
12.5 +2 −1
82
100
Ra 6.3
19±0.4
0.05 A
技术要求
1.轮槽工作面不应有砂眼。
2.各轮槽间距的累积误差不得超过±0.8mm。
Ra 12.5
小带轮工作图
比例
图号
数量
1
材料
HT200
设计
日期
(校名)
审核
(班名)

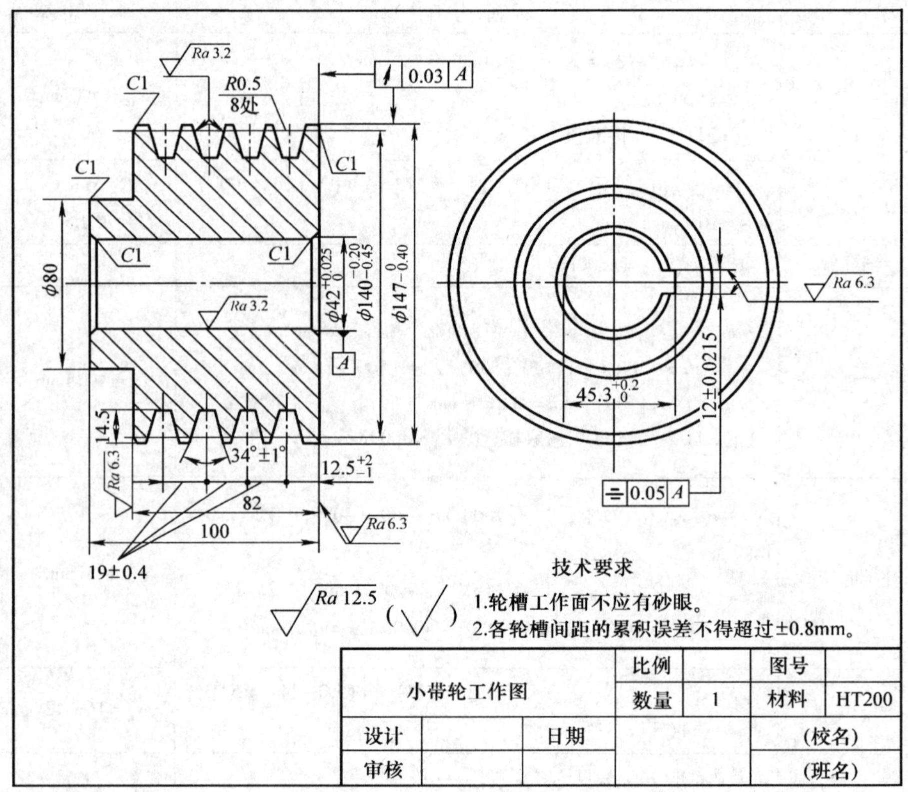

图 11-6　小带轮工作图

第十二章　链　传　动

一、滚子链的基本参数和尺寸

滚子链通常指短节距传动用精密滚子链。表 12-1 中的双节距滚子链、传动用短节距精密套筒链、弯板滚子传动链等设计方法和步骤与短节距精密滚子链原则上相同。滚子链的标注方法如图 12-1 所示，链号的后缀有 A、B 两种，A 系列是符合美国链条标准的尺寸规格；B 系列是符合欧洲（以英国为主）链条标准的尺寸规格。短节距传动用精密滚子链标准见 GB/T 1243—2006，图 12-2 所示为滚子链的基本参数与尺寸。

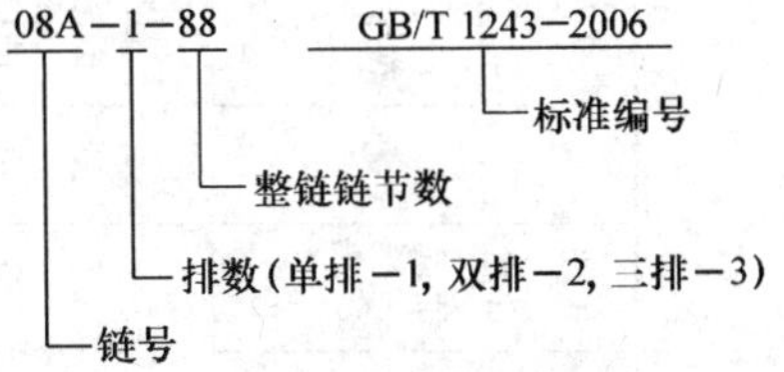

08A－1－88　GB/T 1243－2006

标准编号

整链链节数

排数（单排－1，双排－2，三排－3）

链号

图 12-1　滚子链标记方法

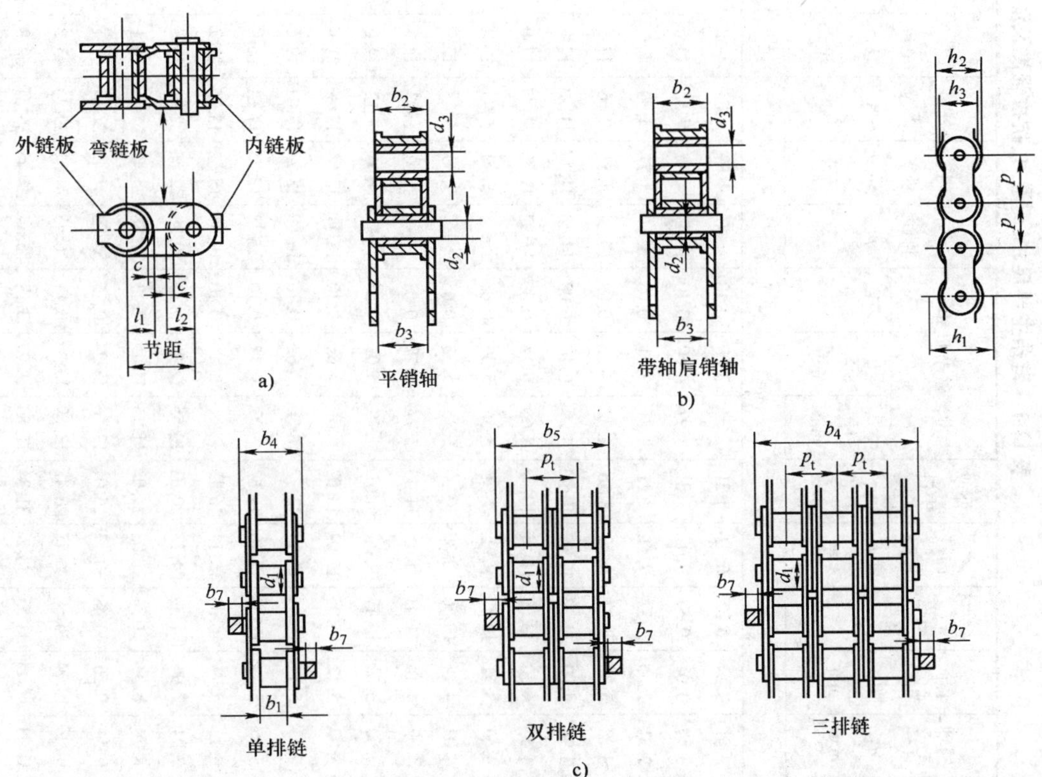

图 12-2　滚子链的基本参数和尺寸（GB/T 1243—2006）

a）过渡链节　b）链条截面　c）链条型式

注：1. 尺寸 c 表示弯链板与直链板之间回转间隙。

2. 链条通道高度 h_1 是装配好的链条要通过的通道最小高度。

3. 用止锁零件接头的链条全宽是：当一端有带止锁件的接头时，对端部铆头销轴长度为 b_4、b_5 或 b_6 再加上 b_7（或带头锁轴的加 $1.6b_7$），当两端都有止锁件时加 $2b_7$。

4. 对三排以上的链条，其链条全宽为 b_4+p_t（链条排数 -1）。

链条主要尺寸与力学性能(见表 12-1)。

表 12-1　链条主要尺寸、测量力、抗拉强度及动载强度

链号①	节距 p nom	滚子直径 d_1 max	内节内宽 b_1 min	销轴直径 d_2 max	套筒孔径 d_3 min	链条通道高度 h_1 min	内链板高度 h_2 max	外或中链板高度 h_3 max	过渡链节尺寸②			排距 p_t	内节外宽 b_2 max	外节内宽 b_3 min	销轴长度			止锁件附加宽度③ b_7 max	测量力			抗拉强度 F_u			动载强度④⑤⑥ 单排 F_d min
									l_1 min	l_2 min	c				单排 b_4 max	双排 b_5 max	三排 b_6 max		单排	双排	三排	单排 min	双排 min	三排 min	
	mm																		N			kN			N
04C	6.35	3.30⑦	3.10	2.31	2.34	6.27	6.02	5.21	2.65	3.08	0.10	6.40	4.80	4.85	9.1	15.5	21.8	2.5	50	100	150	3.5	7.0	10.5	630
06C	9.525	5.08⑦	4.68	3.60	3.62	9.30	9.05	7.81	3.97	4.60	0.10	10.13	7.46	7.52	13.2	23.4	33.5	3.3	70	140	210	7.9	15.8	23.7	1410
05B	8.00	5.00	3.00	2.31	2.36	7.37	7.11	7.11	3.71	3.71	0.08	5.64	4.77	4.90	8.6	14.3	19.9	3.1	50	100	150	4.4	7.8	11.1	820
06B	9.525	6.35	5.72	3.28	3.33	8.52	8.26	8.26	4.32	4.32	0.08	10.24	8.53	8.66	13.5	23.8	34.0	3.3	70	140	210	8.9	16.9	24.9	1290
08A	12.70	7.92	7.85	3.98	4.00	12.33	12.07	10.42	5.29	6.10	0.08	14.38	11.17	11.23	17.8	32.3	46.7	3.9	120	250	370	13.9	27.8	41.7	2480
08B	12.70	8.51	7.75	4.45	4.50	12.07	11.81	10.92	5.66	6.12	0.08	13.92	11.30	11.43	17.0	31.0	44.9	3.9	120	250	370	17.8	31.1	44.5	2480
081	12.70	7.75	3.30	3.66	3.71	10.17	9.91	9.91	5.36	5.36	0.08	—	5.80	5.93	10.2	—	—	1.5	125	—	—	8.0	—	—	
083	12.70	7.75	4.88	4.09	4.14	10.56	10.30	10.30	5.36	5.36	0.08	—	7.90	8.03	12.9	—	—	1.5	125	—	—	11.6	—	—	
084	12.70	7.75	4.88	4.09	4.14	11.41	11.15	11.15	5.77	5.77	0.08	—	8.80	8.93	14.8	—	—	1.5	125	—	—	15.6	—	—	
085	12.70	7.77	6.25	3.60	3.62	10.17	9.91	8.51	4.35	5.03	0.08	—	9.06	9.12	14.0	—	—	2.0	80	—	—	6.7	—	—	1340
10A	15.875	10.16	9.40	5.09	5.12	15.35	15.09	13.02	6.61	7.62	0.10	18.11	13.84	13.89	21.8	39.9	57.9	4.1	200	390	590	21.8	43.6	65.4	3850
10B	15.875	10.16	9.65	5.08	5.13	14.99	14.73	13.72	7.11	7.62	0.10	16.59	13.28	13.41	19.6	36.2	52.8	4.1	200	390	590	22.2	44.5	66.7	3330
12A	19.05	11.91	12.57	5.96	5.98	18.34	18.10	15.62	7.90	9.15	0.10	22.78	17.75	17.81	26.9	49.8	72.6	4.6	280	560	840	31.3	62.6	93.9	5490
12B	19.05	12.07	11.68	5.72	5.77	16.39	16.13	16.13	8.33	8.33	0.10	19.46	15.62	15.75	22.7	42.2	61.7	4.6	280	560	840	28.9	57.8	86.7	3720
16A	25.40	15.88	15.75	7.94	7.96	24.39	24.13	20.83	10.55	12.20	0.13	29.29	22.60	22.66	33.5	62.7	91.9	5.4	500	1000	1490	55.6	111.2	166.8	9550
16B	25.40	15.88	17.02	8.28	8.33	21.34	21.08	21.08	11.15	11.15	0.13	31.88	25.45	25.58	36.1	68.0	99.9	5.4	500	1000	1490	60.0	106.0	160.0	9530
20A	31.75	19.05	18.90	9.54	9.56	30.48	30.17	26.04	13.16	15.24	0.15	35.76	27.45	27.51	41.1	77.0	113.0	6.1	780	1560	2340	87.0	174.0	261.0	14600
20B	31.75	19.05	19.56	10.19	10.24	26.68	26.42	26.42	13.89	13.89	0.15	36.45	29.01	29.14	43.2	79.7	116.1	6.1	780	1560	2340	95.0	170.0	250.0	13500
24A	38.10	22.23	25.22	11.11	11.14	36.55	36.2	31.24	15.80	18.27	0.18	45.44	35.45	35.51	50.8	96.3	141.7	6.6	1110	2220	3340	125.0	250.0	375.0	20500
24B	38.10	25.40	25.40	14.63	14.68	33.73	33.4	33.40	17.55	17.55	0.18	48.36	37.92	38.05	53.4	101.8	150.2	6.6	1110	2220	3340	160.0	280.0	425.0	19700

（续）

链号①	节距 p nom	滚子直径 d_1 max	内节内宽 b_1 min	销轴直径 d_2 max	套筒孔径 d_3 min	链条通道高度 h_1 min	内链板高度 h_2 max	外或中链板高度 h_3 max	过渡链节尺寸②			排距 p_t	内节外宽 b_2 max	外节内宽 b_3 min	销轴长度			止锁件附加宽度③ b_7 max	测量力			抗拉强度 F_u			动载强度④⑤⑥ 单排 F_d min
									l_1 min	l_2 min	c				单排 b_4 max	双排 b_5 max	三排 b_6 max		单排	双排	三排	单排 min	双排 min	三排 min	
	mm																		N			kN			N
28A	44.45	25.40	25.22	12.71	12.74	42.67	42.23	36.45	18.42	21.32	0.20	48.87	37.18	37.24	54.9	103.6	152.4	7.4	1510	3020	4540	170.0	340.0	510.0	27300
28B	44.45	27.94	30.99	15.90	15.95	37.46	37.08	37.08	19.51	19.51	0.20	59.56	46.58	46.71	65.1	124.7	184.3	7.4	1510	3020	4540	200.0	360.0	530.0	27100
32A	50.80	28.58	31.55	14.29	14.31	48.74	48.26	41.68	21.04	24.33	0.20	58.55	45.21	45.26	65.5	124.2	182.9	7.9	2000	4000	6010	223.0	446.0	669.0	34800
32B	50.80	29.21	30.99	17.81	17.86	42.72	42.29	42.29	22.20	22.20	0.20	58.55	45.57	45.70	67.4	126.0	184.5	7.9	2000	4000	6010	250.0	450.0	670.0	29900
36A	57.15	35.71	35.48	17.46	17.49	54.86	54.30	46.86	23.65	27.36	0.20	65.84	50.85	50.90	73.9	140.0	206.0	9.1	2670	5340	8010	281.0	562.0	843.0	44500
40A	63.50	39.68	37.85	19.85	19.87	60.93	60.33	52.07	26.24	30.36	0.20	71.55	54.88	54.94	80.3	151.9	223.5	10.2	3110	6230	9340	347.0	694.0	1041.0	53600
40B	63.50	39.37	38.10	22.89	22.94	53.49	52.96	52.96	27.76	27.76	0.20	72.29	55.75	55.88	82.6	154.9	227.2	10.2	3110	6230	9340	355.0	630.0	950.0	41800
48A	76.20	47.63	47.35	23.81	23.84	73.13	72.89	62.49	31.45	36.40	0.20	87.83	67.81	67.87	95.5	183.4	271.3	10.5	4450	8900	13340	500.0	1000.0	1500.0	73100
48B	76.20	48.26	45.72	29.24	29.29	64.52	63.88	63.88	33.45	33.45	0.20	91.21	70.56	70.69	99.1	190.4	281.6	10.5	4450	8900	13340	560.0	1000.0	1500.0	63600
56B	88.90	53.98	53.34	34.32	34.37	78.64	77.85	77.85	40.61	40.61	0.20	106.60	81.33	81.46	114.6	221.2	327.8	11.7	6090	12190	20000	850.0	1600.0	2240.0	88900
64B	101.60	63.50	60.96	39.40	39.45	91.08	90.17	90.17	47.07	47.07	0.20	119.89	92.02	92.15	130.9	250.8	370.7	13.0	7960	15920	27000	1120.0	2000.0	3000.0	106900
72B	114.30	72.39	68.58	44.48	44.53	104.67	103.63	103.63	53.37	53.37	0.20	136.27	103.81	103.94	147.4	283.7	420.0	14.3	10100	20190	33500	1400.0	2500.0	3750.0	132700

① 重载系列链条详见《机械设计手册》。

② 对于高应力使用场合，不推荐使用过渡链节。

③ 止锁件的实际尺寸取决于其类型，但都不应超过规定尺寸，使用者应从制造商处获取详细资料。

④ 动载强度值不适用于过渡链节、连接链节或带有附件的链条。

⑤ 双排链和三排链的动载试验不能用单排链的值按比例套用。

⑥ 动载强度值是基于5个链节的试样，不含36A、40A、40B、48A、48B、56B、64B和72B，这些链条是基于3个链节的试样。

⑦ 套筒直径。

二、滚子链传动的设计

1. 滚子链传动的设计计算步骤（见表 12-2）

表 12-2　滚子链传动的设计计算（摘自 GB/T 18150—2006）

项目	符号	单位	公式和参数选定	说　明
小链轮齿数 大链轮齿数	z_1 z_2		传动比 $i=\frac{n_1}{n_2}=\frac{z_2}{z_1}$ $z_{min}=17, z_{max}=114$	为传动平稳,链速增高时,应选较大 z_1,高速或受冲击载荷的链传动,z_1 至少选 25 齿,且链轮齿应淬硬
修正功率	P_C	kW	$P_C=Pf_1f_2$ 计算 f_2 的公式:$f_2=\left(\frac{19}{z_1}\right)^{1.08}$	P—输入功率(kW) f_1—工况系数,见表 12-3 f_2—小链轮齿数(z_1)系数,见图 12-6
链条节距	p	mm	根据修正功率 P_C 和小链轮转速由图 12-3 ~ 图 12-5 选用合理的节距 p	为使传动平稳,在高速下,宜选用节距较小的双排或多排链。但应注意多排链传动对脏污和误差比较敏感
初定中心距	a_0	mm	推荐 $a_0=(30\sim50)p$ 脉动载荷无张紧装置时,$a_0<25p$ $a_{0max}=80p$ i: <4 时 $a_{0min}=0.2z_1(i+1)p$; ≥4 时 $a_{0min}=0.33z_1(i-1)p$	首先考虑结构要求定中心距 a_0,有张紧装置或托板时,a_0 可大于 $80p$;对中心距不能调整的传动,$a_{0min}=30p$ 采用左边推荐的 a_{0min} 计算式,可保证小链轮的包角不小于 120°,且大小链轮不会相碰
链长节数	X_0		$X_0=\frac{2a_0}{p}+\frac{z_1+z_2}{2}+\frac{f_3p}{a_0}$ 式中 $f_3=\left(\frac{z_2-z_1}{2\pi}\right)^2$ f_3 也可由表 12-4 查得	X_0 应圆整成整数 X,宜取偶数,以避免过渡链节。有过渡链节的链条(X_0 为奇数时),其极限拉伸载荷为正常值的 80%
实际链条节数	X		X_0 圆整成 X 链条长度 $L=\frac{Xp}{1000}$	
最大中心距（理论中心距）	a	mm	$a=\frac{p}{4}[c+\sqrt{c^2-8f_3}]$ 式中 $c=X-\frac{z_1+z_2}{2}$ 最大中心距也可用下列方法计算 $z_1=z_2=z$ 时($i=1$) $a=p\left(\frac{X-z}{2}\right)$ $z_1\neq z_2$ 时($i\neq1$) $a=f_4p[2X-(z_1+z_2)]$	X—圆整成整数的链节数 f_4 的计算值见表 12-5,当$\frac{X-z_1}{z_2-z_1}$在表中二相邻值之间时可采用线性插值计算

(续)

项目	符号	单位	公式和参数选定	说　明
实际中心距	a'	mm	$a' = a - \Delta a$ $\Delta a = (0.002 \sim 0.004)a$	Δa 应保证链条松边有合适的垂度 $f = (0.01 \sim 0.03)a$ 对中心距可调的传动，Δa 可取较大的值
链速	v	m/s	$v = \dfrac{z_1 n_1 p}{60 \times 1000} = \dfrac{z_2 n_2 p}{60 \times 1000}$	$v \leqslant 0.6$m/s 低速传动 $v > 0.6 \sim 8$m/s 中速传动 $v > 8$m/s 高速传动
有效圆周力	F	N	$F = \dfrac{1000P}{v}$	
作用于轴上的拉力	F_Q	N	对水平传动和倾斜传动 $F_Q = (1.15 \sim 1.20) f_1 F$ 对接近垂直布置的传动 $F_Q = 1.05 f_1 F$	
润滑				参见图 12-7、表 9-19
小链轮包角	α_1	(°)	$\alpha_1 = 180° - \dfrac{(z_2 - z_1)p}{\pi a} \times 57.3°$	要求 $\alpha_1 \geqslant 120°$

在一定条件下通过试验可以得到链条的承载能力图，并以此作为链条设计的依据。通常这样的条件为：①两链轮传动安装在水平平行轴上；②小链轮齿数 $z_1 = 17$；③无过渡链节的单排链；④链长为 120 链节（链长小于此长度时，使用寿命将按比例减少）；⑤传动比为1∶3到 3∶1；⑥链条预期使用寿命为 15000h；⑦工作环境温度在 −5 ~ 70℃之间；⑧链轮正确对中，链条调节保持正确；⑨平稳运转，绝无过载、振动或频繁起动；⑩清洁和合适的润滑。

图 12-3 ~ 图 12-5 是链条制造厂发布的承载能力图表。

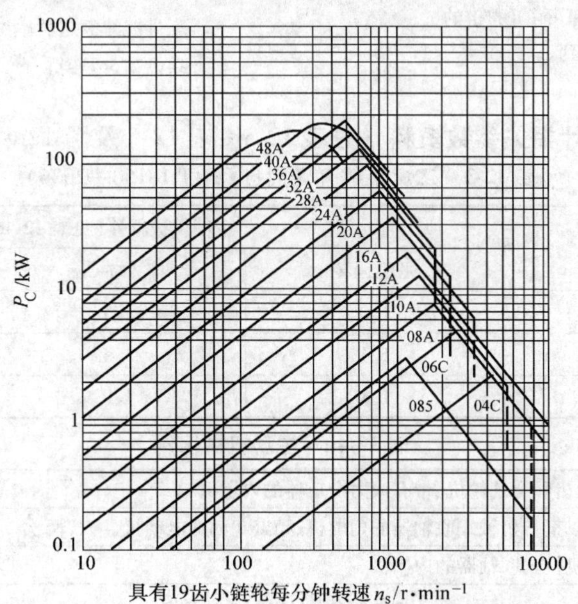

图 12-3　符合 GB/T 1243—2006A 系列单排链条的典型承载能力图

n_S—小链轮转速　P_C—修正功率

注：1. 双排链的额定功率可由单排链的 P_C 值乘以 1.7 得到。

2. 三排链的额定功率可由单排链的 P_C 值乘以 2.5 得到。

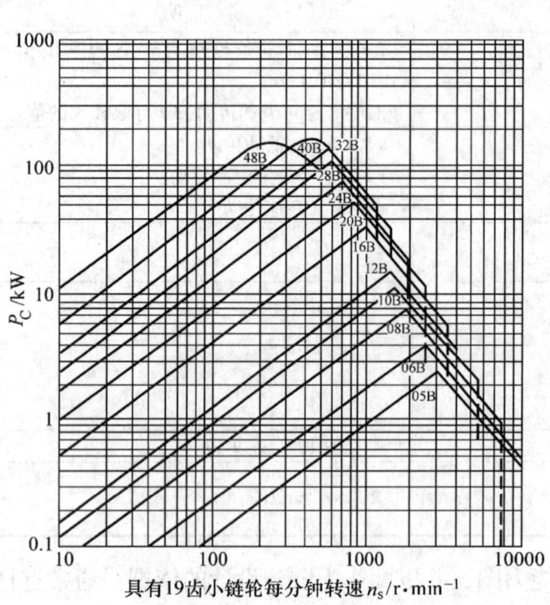

图 12-4　符合 GB/T 1243—2006B 系列链条的典型承载能力图

n_S—小链轮转速　P_C—修正功率

注：1. 双排链的额定功率可由单排链的 P_C 值乘以 1.7 得到。

2. 三排链的额定功率可由单排链的 P_C 值乘以 2.5 得到。

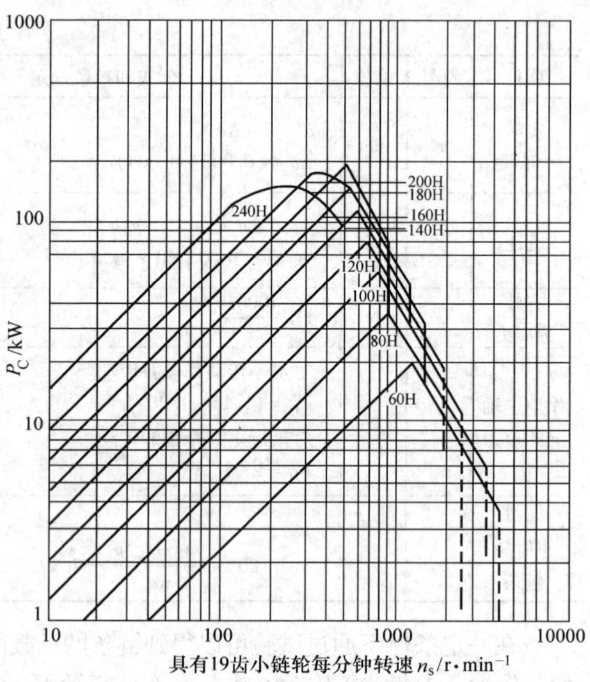

图 12-5　符合 GB/T 1243—2006A 系列重载单排链条的典型承载能力图

n_S—小链轮转速　P_C—修正功率

注：1. 双排链的额定功率可由单排链的 P_C 值乘以 1.7 得到。

2. 三排链的额定功率可由单排链的 P_C 值乘以 2.5 得到。

2. 滚子链传动设计相关参数资料（见表 12-3 ~ 表 12-6 及图 12-6 和 12-7）

表 12-3　工况系数 f_1（摘自 GB/T 18150—2006）

从动机械特性	主动机械特性(见表 12-46)		
	平稳运转	轻微冲击	中等冲击
平稳运转	1.0	1.1	1.3
中等振动	1.4	1.5	1.7
严重振动	1.8	1.9	2.1

表 12-4a　主动机械示例

运转平稳	电动机、汽轮机和燃气轮机、带有液力变矩器的内燃机
轻微冲击	六缸或六缸以上带机械式联轴器的内燃机、频繁起动的电动机(一日两次以上)
中等冲击	少于六缸带机械式联轴器的内燃机

表 12-4b　从动机械示例

运转平稳	离心式的泵和压缩机、印刷机械、平衡载荷的带式输送机、纸张压光机、自动扶梯、液体搅拌机和混料机、回转干燥炉、风机
中等振动	三缸或三缸以上的泵和压缩机、混凝土搅拌机、载荷不均匀的输送机、固体搅拌机和混料机
严重振动	电铲、轧机、球磨机、橡胶加工机械、压力机、剪床、单缸或双缸的泵和压缩机、石油钻采设备

表 12-5　系数 f_3 的计算值（摘自 GB/T 18150—2006）

$\|z_2-z_1\|$	f_3	$\|z_2-z_1\|$	f_3	$\|z_2-z_1\|$	f_3	$\|z_2-z_1\|$	f_3	$\|z_2-z_1\|$	f_3
1	0. 0252	21	11. 171	41	42. 580	61	94. 254	81	166. 191
2	0. 1013	22	12. 260	42	44. 683	62	97. 370	82	170. 320
3	0. 2280	23	13. 400	43	46. 836	63	100. 536	83	174. 500
4	0. 4053	24	14. 590	44	49. 040	64	103. 753	84	178. 730
5	0. 6333	25	15. 831	45	51. 294	65	107. 021	85	183. 011
6	0. 912	26	17. 123	46	53. 599	66	110. 339	86	187. 342
7	1. 241	27	18. 466	47	55. 955	67	113. 708	87	191. 724
8	1. 621	28	19. 859	48	58. 361	68	117. 128	88	196. 157
9	2. 052	29	21. 303	49	60. 818	69	120. 598	89	200. 640
10	2. 533	30	22. 797	50	63. 326	70	124. 119	90	205. 174
11	3. 065	31	24. 342	51	65. 884	71	127. 690	91	209. 759
12	3. 648	32	25. 938	52	68. 493	72	131. 313	92	214. 395
13	4. 281	33	27. 585	53	71. 153	73	134. 986	93	219. 081
14	4. 965	34	29. 282	54	73. 863	74	135. 709	94	223. 187
15	5. 699	35	31. 030	55	76. 624	75	142. 483	95	228. 605
16	6. 485	36	32. 828	56	79. 436	76	146. 308	96	223. 443
17	7. 320	37	34. 677	57	82. 298	77	150. 184	97	238. 333
18	8. 207	38	36. 577	58	85. 211	78	154. 110	98	243. 271
19	9. 144	39	38. 527	49	88. 175	79	158. 087	99	248. 261
20	10. 132	40	40. 529	60	91. 189	80	162. 115	100	253. 302

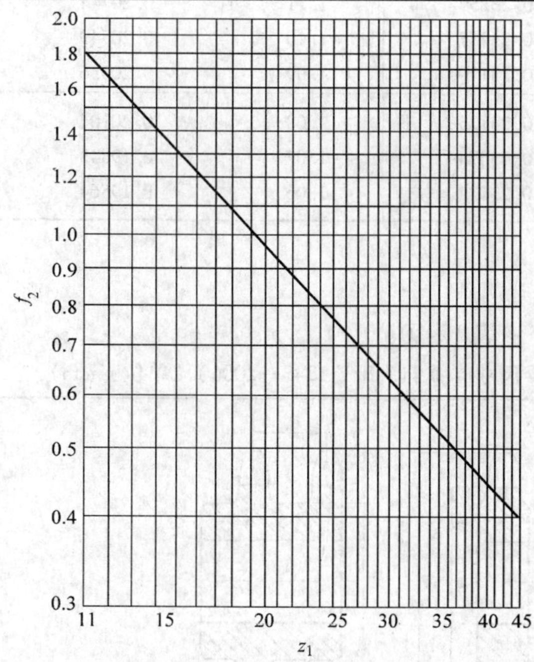

图 12-6　小链轮齿数因数 f_2

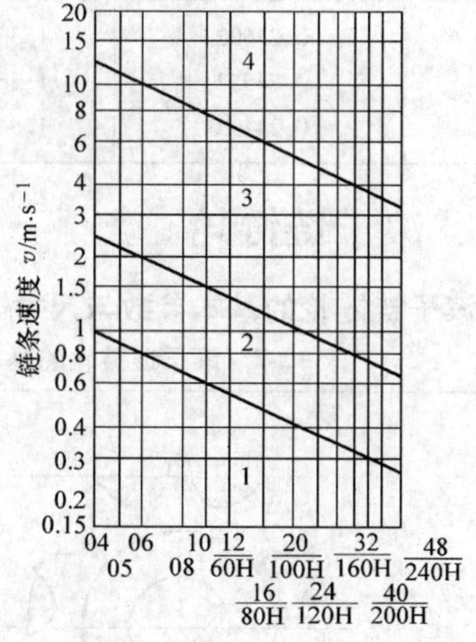

图 12-7　润滑范围选择图
（摘自 GB/T 18150—2006）

表 12-6　因数 f_4 的计算值（摘自 GB/T 18150—2006）

$\frac{X-z_1}{z_2-z_1}$	f_4	$\frac{X-z_1}{z_2-z_1}$	f_4	$\frac{X-z_1}{z_2-z_1}$	f_4
13	0.24991	2.00	0.24421	1.33	0.22968
12	0.24990	1.95	0.24380	1.32	0.22912
11	0.24988	1.90	0.24333	1.31	0.22854
10	0.24986	1.85	0.24281	1.30	0.22793
9	0.24983	1.80	0.24222	1.29	0.22729
8	0.24978	1.75	0.24156	1.28	0.22662
7	0.24970	1.70	0.24081	1.27	0.22593
6	0.24958	1.68	0.24048	1.26	0.22520
5	0.24937	1.66	0.24013	1.25	0.22443
4.8	0.24931	1.64	0.23977	1.24	0.22361
4.6	0.24925	1.62	0.23938	1.23	0.22275
4.4	0.24917	1.60	0.23897	1.22	0.22185
4.2	0.24907	1.58	0.23854	1.21	0.22090
4.0	0.24896	1.56	0.23807	1.20	0.21990
3.8	0.24883	1.54	0.23758	1.19	0.21884
3.6	0.24868	1.52	0.23705	1.18	0.21771
3.4	0.24849	1.50	0.23648	1.17	0.21652
3.2	0.24825	1.48	0.23588	1.16	0.21526
3.0	0.24795	1.46	0.23524	1.15	0.21390
2.9	0.24778	1.44	0.23455	1.14	0.21245
2.8	0.24758	1.42	0.23381	1.13	0.21090
2.7	0.24735	1.40	0.23301	1.12	0.20923
2.6	0.24708	1.39	0.23259	1.11	0.20744
2.5	0.24678	1.38	0.23215	1.10	0.20549
2.4	0.24643	1.37	0.23170	1.09	0.20336
2.3	0.24602	1.36	0.23123	1.08	0.20104
2.2	0.24552	1.35	0.23073	1.07	0.19848
2.1	0.24493	1.34	0.23022	1.06	0.19564

三、滚子链链轮

1. 滚子链链轮的基本参数与尺寸（见表 12-7 ~ 表 12-10）

表 12-7　滚子链链轮的基本参数和主要尺寸（摘自 GB/T 1243—2006）（单位：mm）

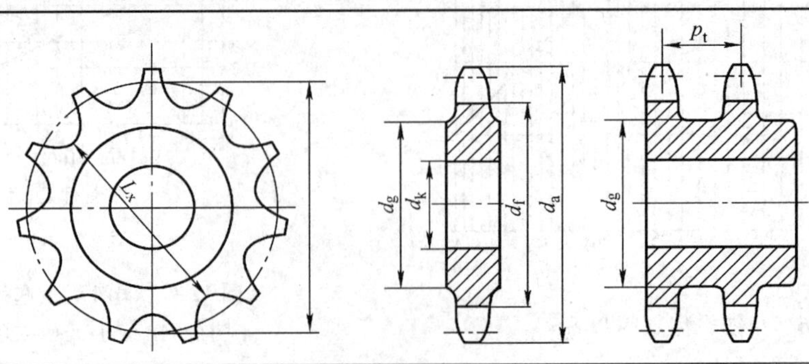

（续）

名称			符号	计算公式	说明
基本参数	链轮齿数		z		查表 12-2
	配用链条的	节距	p		查表 12-1
		滚子外径	d_1		
		排距	p_t		
主要尺寸	分度圆直径		d	$d=\dfrac{p}{\sin\dfrac{180°}{z}}$	
	齿顶圆直径		d_a	$d_{amax}=d+1.25p-d_1$ $d_{amin}=d+\left(1-\dfrac{1.6}{z}\right)p-d_1$ 若为三圆弧一直线齿形，则 $d_a=p\left(0.54+\cot\dfrac{180°}{z}\right)$	可在 d_{amax} 与 d_{amin} 范围内选取，但当选用 d_{amax} 时，应注意用展成法加工时有可能发生顶切
	齿根圆直径		d_f	$d_f=d-d_1$	
	分度圆弦齿高		h_a	$h_{amax}=0.625p-0.5d_1+\dfrac{0.8p}{z}$ $h_{amin}=0.5(p-d_1)$ 若为三圆弧一直线齿形，则 $h_a=0.27p$	h_a 见表 12-9 插图 h_a 是为简化放大齿形图的绘制而引入的辅助尺寸，h_{amax} 相应于 d_{amax}，h_{amin} 相应于 d_{amin}
	最大齿根距离		L_x	奇数齿 $L_x=d\cos\dfrac{90°}{z}-d_1$ 偶数齿 $L_x=d_f=d-d_1$	
	齿侧凸缘（或排间槽）直径		d_g	对链号为 04C 和 06C 的链条 $d_g=p\cot\dfrac{180°}{z}-1.05h_2-1.00-2r_a$ 对所有其他的链条 $d_g<p\cot\dfrac{180°}{z}-1.04h_2-0.76\text{mm}$	h_2—内链板高度，查表 12-1 r_a—齿侧肩部圆角，参见表 12-9 计算

注：d_a、d_g 计算值舍小数取整数，其他尺寸精确到 0.01mm。

表 12-8 最大和最小齿槽形状（摘自 GB/T 1243—2006） （单位：mm）

名称	符号	计算公式	
		最大齿槽形状	最小齿槽形状
齿侧圆弧半径	r_e	$r_{emin}=0.008d_1(z^2+180)$	$r_{emax}=0.12d_1(z+2)$
滚子定位圆弧半径	r_i	$r_{imax}=0.505d_1+0.069\sqrt[3]{d_1}$	$r_{imin}=0.505d_1$
滚子定位角	α	$\alpha_{min}=120°-\dfrac{90°}{z}$	$\alpha_{max}=140°-\dfrac{90°}{z}$

表 12-9　三圆弧一直线齿槽形状　　（单位：mm）

名称	符号	计算公式
齿沟圆弧半径	r_1	$r_1 = 0.5025d_1 + 0.05$
齿沟半角（°）	$\dfrac{\alpha}{2}$	$\dfrac{\alpha}{2} = 55° - \dfrac{60°}{z}$
工作段圆弧中心 O_2 的坐标	M	$M = 0.8d_1 \sin\dfrac{\alpha}{2}$
	T	$T = 0.8d_1 \cos\dfrac{\alpha}{2}$
工作段圆弧半径	r_2	$r_2 = 1.3025d_1 + 0.05$
工作段圆弧中心角（°）	β	$\beta = 18° - \dfrac{56°}{z}$
齿顶圆弧中心 O_3 的坐标	W	$W = 1.3d_1 \cos\dfrac{180°}{z}$
	V	$V = 1.3d_1 \sin\dfrac{180°}{z}$
齿形半角	$\dfrac{\gamma}{2}$	$\dfrac{\gamma}{2} = 17° - \dfrac{64°}{z}$
齿顶圆弧半径	r_3	$r_3 = d_1\left(1.3\cos\dfrac{\gamma}{2} + 0.8\cos\beta - 1.3025\right) - 0.05$
工作段直线部分长度	b_c	$b_c = d_1\left(1.3\sin\dfrac{\gamma}{2} - 0.8\sin\beta\right)$
e 点至齿沟圆弧中心连线的距离	H	$H = \sqrt{r_3^2 - \left(1.3d_1 - \dfrac{p_0}{2}\right)^2}$、$p_0 = p\left(1 + \dfrac{2r_1 - d_1}{d}\right)$

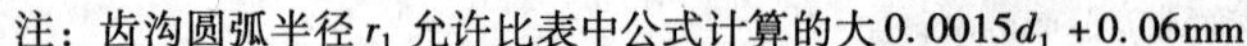

注：齿沟圆弧半径 r_1 允许比表中公式计算的大 $0.0015d_1 + 0.06$mm。

表 12-10　轴向齿廓及尺寸（摘自 GB/T 1243—2006）　　（单位：mm）

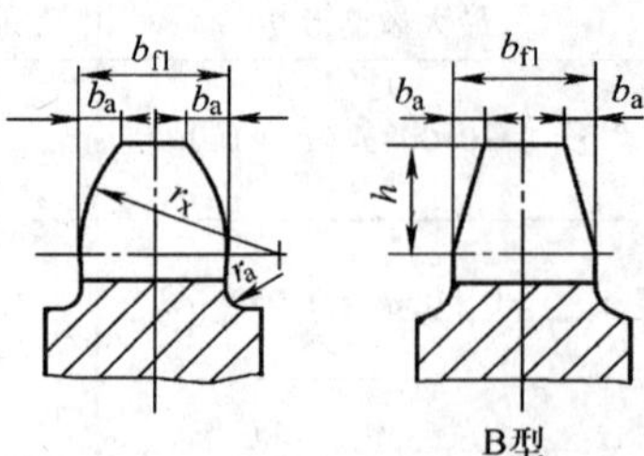

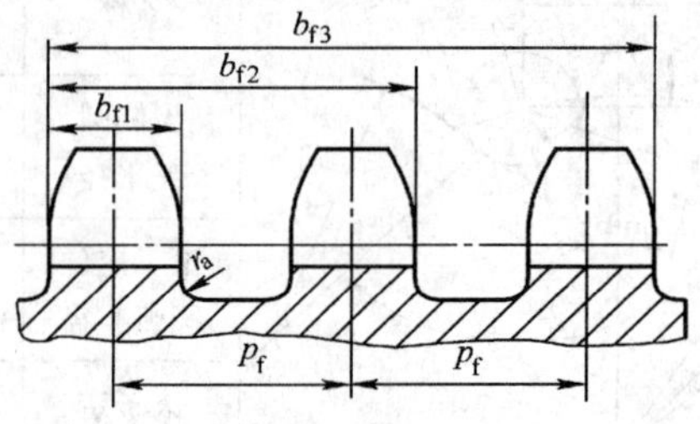

（续）

名称		符号	计算公式		备注
			$p \leqslant 12.7$	$p > 12.7$	
齿宽	单排 双排、三排 四排以上	b_{f1}	$0.93b_1$ $0.91b_1$ $0.88b_1$	$0.95b_1$ $0.93b_1$	$p > 12.7$ 时，经制造厂同意，亦可使用 $p \leqslant 12.7$ 时的齿宽。 b_1—内链节内宽，查表 12-1，公差带代号为 h14
齿侧倒角		b_a	$b_{a公称} = 0.06p$		适用于 081、083、084 规格链条
			$b_{a公称} = 0.13p$		适用于其余链条
齿侧半径		r_x	$r_{x公称} = p$		
齿全宽		b_{fm}	$b_{fm} = (m-1)p_t + b_{f1}$		m—排数

2. 滚子链链轮相关公差（见表 12-11，表 12-12）

表 12-11　滚子链链轮齿根圆直径极限偏差及量柱测量距极限偏差

（摘自 GB/T 1243—2006）

项目	尺寸段	上偏差	下偏差	备注
齿根圆极限偏差量柱测量距极限偏差	$d_f \leqslant 127$	0	−0.25	链轮齿根圆直径下偏差为负值。它可以用量柱法间接测量，量柱测量距 M_R 的公称尺寸值可在相关手册中查取
	$127 < d_f \leqslant 250$	0	−0.30	
	$250 < d_f$	0	h11	

表 12-12　滚子链链轮齿根圆径向圆跳动和端面圆跳动（摘自 GB/T 1243—2006）

项目	要求
链轮孔和根圆直径之间的径向圆跳动量	不应超过下列两数值中的较大值 $0.0008d_f + 0.08$mm 或 0.15mm 最大到 0.76mm
轴孔到链轮齿侧平直部分的端面圆跳动量	不应超过下列计算值 $0.0009d_f + 0.08$mm 最大到 1.14mm 对焊接链轮，如果上式计算值小，可采用 0.25mm

3. 链轮材料及热处理（见表 12-13）

表 12-13　链轮材料及热处理

材料	热处理	齿面硬度	应用范围
15、20	渗碳、淬火、回火	50～60HRC	$z \leqslant 25$ 有冲击载荷的链轮
35	正火	160～200HBW	$z > 25$ 的主、从动链轮
45、50 45Mn、ZG310-570	淬火、回火	40～50HRC	无剧烈冲击振动和要求耐磨损的主、从动链轮
15Cr、20Cr	渗碳、淬火、回火	55～60HRC	$z < 30$ 传递较大功率的重要链轮
40Cr、35SiMn、35CrMo	淬火、回火	40～50HRC	要求强度较高和耐磨损的重要链轮
Q235、Q275	焊接后退火	≈140HBW	中低速、功率不大的较大链轮
不低于 HT200 的灰铸铁	淬火、回火	260～280HBW	$z > 50$ 的从动链轮以及外形复杂或强度要求一般的链轮
夹布胶木			$P < 6$kW，速度较高，要求传动平稳、噪声小的链轮

4. 链轮结构（见图 12-8，表 12-14 ~ 表 12-16）

表 12-14　整体式钢制小链轮主要结构尺寸　（单位：mm）

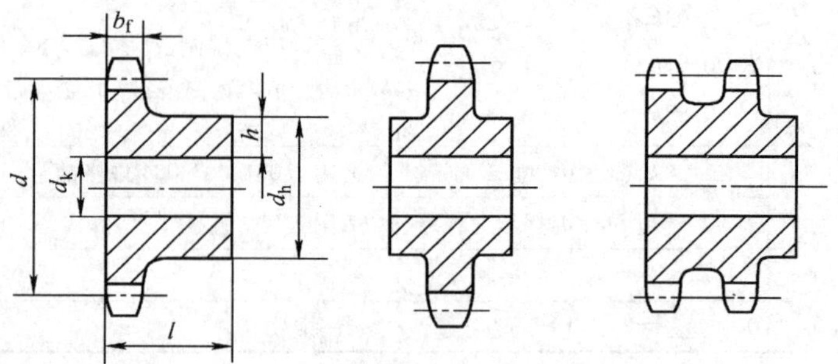

<table>
<tr><th>名　称</th><th>符号</th><th colspan="5">结构尺寸(参考)</th></tr>
<tr><td rowspan="3">轮毂厚度</td><td rowspan="3">h</td><td colspan="5">$h=K+\frac{d_K}{6}+0.01d$
常数 K：</td></tr>
<tr><td>d</td><td><50</td><td>50 ~ 100</td><td>100 ~ 150</td><td>>150</td></tr>
<tr><td>K</td><td>3.2</td><td>4.8</td><td>6.4</td><td>9.5</td></tr>
<tr><td>轮毂长度</td><td>l</td><td colspan="5">$l=3.3h$
$l_{min}=2.6h$</td></tr>
<tr><td>轮毂直径</td><td>d_h</td><td colspan="5">$d_h=d_K+2h$
$d_{hmax}<d_g$，d_g 见表 12-7</td></tr>
<tr><td>齿宽</td><td>b_f</td><td colspan="5">见表 12-10</td></tr>
</table>

表 12-15　腹板式、单排铸造链轮主要结构尺寸　（单位：mm）

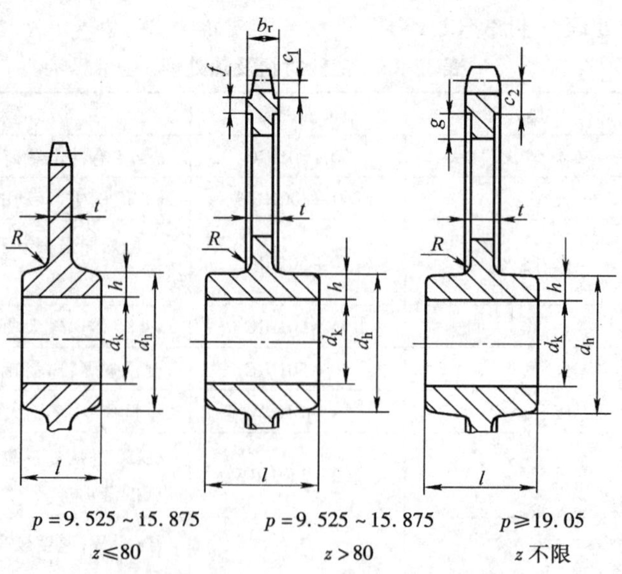

（续）

名　称	符号	结构尺寸（参考）
轮毂厚度	h	$h=9.5+\frac{d_K}{+}+0.01d$
轮毂长度	l	$l=4h$
轮毂直径	d_h	$d_h=d_K+2h$，$d_{hmax}<d_g$，d_g 查表 12-7
齿侧凸缘宽度	b_r	$b_r=0.625p+0.93b_1$，b_1—内链节内宽，查表 12-1
轮缘部分尺寸	c_1	$c_1=0.5p$
	c_2	$c_2=0.9p$
	f	$f=4+0.25p$
	g	$g=2t$
圆角半径	R	$R=0.04p$
腹板厚度	t	p：9.525　15.875　25.4　38.1　50.8　76.2 　12.7　19.05　31.75　44.45　63.5 t：7.9　10.3　12.7　15.9　22.2　31.8 　9.5　11.1　14.3　19.1　28.6

表 12-16　腹板式多排铸造链轮主要结构尺寸　（单位：mm）

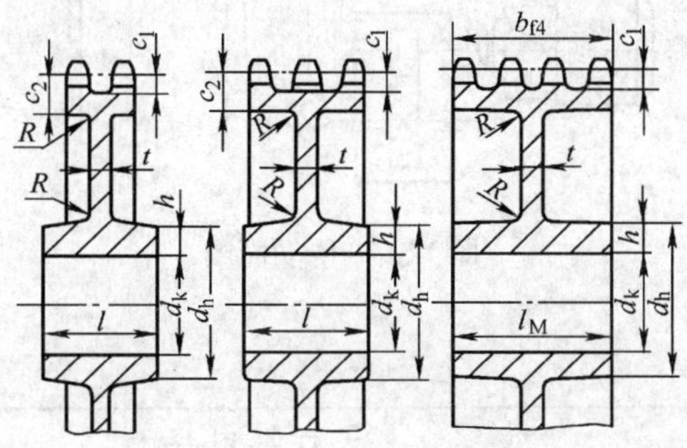

名　称	符号	结构尺寸（参考）
圆角半径	R	$R=0.5t$
轮毂长度	l	$l=4h$ 对四排链，$l_M=b_{f4}$，b_{f4} 见表 12-10
腹板厚度	t	p：9.525　15.875　25.4　38.1　50.8　76.2 　12.7　19.05　31.75　44.45　63.5 t：9.5　11.1　14.3　19.1　25.4　38.1 　10.3　12.7　15.9　22.2　31.8
其余结构尺寸		同表 12-15

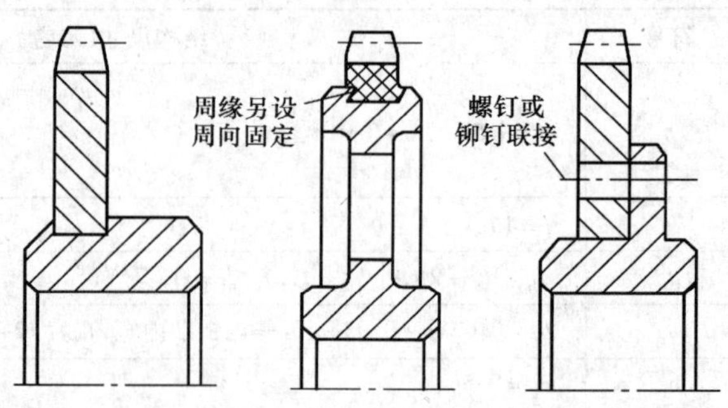

图 12-8　链轮结构

四、滚子链传动设计计算示例

设计一带式输送机驱动装置低速级用的滚子链传动。已知小链轮轴功率 $P=2.5\text{kW}$，小链轮转速 $n_1=265\text{r/min}$，传动比 $i=2.5$，工作载荷平稳，小链轮悬臂装于轴上，轴直径 $d=50\text{mm}$，链传动中心距可调，两轮中心线与水平面夹角近于 30°，传动简图如图 12-9 所示。

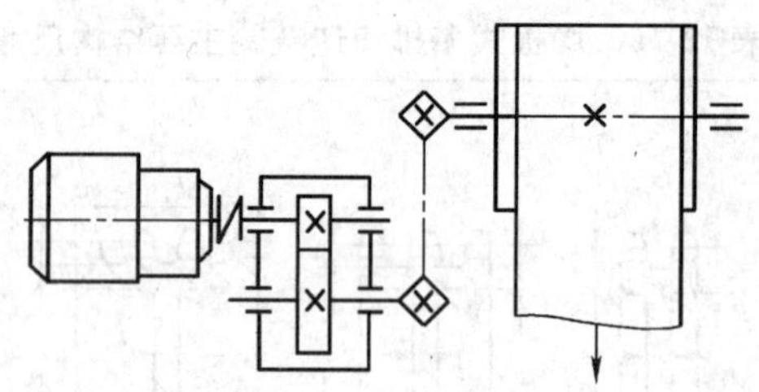

图 12-9　传动简图

解

序号	计算项目	计算内容	计算结果
1	链轮齿数 z_1、z_2	选取小链轮齿数 $z_1=25$，则大链轮齿数 $z_2=i\ z_1=2.5\times25=62.5$，取 62 实际传动比 $i'=z_2/z_1=62/25=2.48$	$z_1=25, z_2=62$
2	修正功率 P_C	$P_C=P\,f_1f_2=2.5\times1.4\times0.76\text{kW}=2.66\text{kW}$；式中工况因数查表 12-3，$f_1=1.4$ 小链轮齿数因数，由图取 $f_2=0.76$	$P_C=2.66\text{kW}$
3	链条节距 p	由 $P_C=2.66\text{kW}$ 与小链轮转速 $n_1=265\text{r/min}$，在图 12-3 中选得节距为 12A，即 19.05mm	$p=19.05\text{mm}$
4	初定中心距 a_0	因结构上未限定，暂取 $a_0\approx35p$	$a_0\approx35p$
5	链长节数 X_0	$X_0=2a_0/p+(z_1+z_2)/2+f_3p/a_0=2\times35+(25+62)/2+34.68/35=114.49$ 其中 $f_3=[(z_2-z_1)/2\pi]^2=[(62-25)/2\pi]^2=34.68$	$X_0=114.49$

（续）

序号	计 算 项 目	计 算 内 容	计算结果
6	实际链条节数 X 与链条长度 L	取 $X=114$ 节；链条长度 $L=X\cdot p/1000=[114\times19.05/1000]\text{m}=2.17\text{m}$	$X=114, L=2.17\text{m}$
7	理论中心距 a	$a=f_4p(2X-z_2-z_1)=0.24645\times19.05(2\times114-62-25)\text{mm}=661.98\text{mm}$；$f_4=0.24645$，按 $(X-z_1)/(z_2-z_1)=(114-25)/(62-25)=24.05$，由表 12-5 插值法求得	$a=661.98\text{mm}$
8	实际中心距 a'	$a'=a-\Delta a=(661.98-0.004\times661.98)\text{mm}=659.3\text{mm}$	$a'=659.3\text{mm}$
9	链速 v	$v=z_1n_1p/60\times1000=25\times265\times19.05/60\times1000\text{m/s}=2.1\text{m/s}$	$v=2.1\text{m/s}$
10	有效圆周力 F	$F=1000P/v=1000\times2.5/2.1\text{N}=1190\text{N}$	$F=1190\text{N}$
11	作用于轴上的拉力 F_Q	$F_Q=1.20f_1F=1.20\times1\times1190\text{N}=1429\text{N}$	$F_Q=1429\text{N}$
12	润滑方式的选定	根据链号 12A 和链条速度 $v=2.1\text{m/s}$，由图 12-5 选用润滑范围 3 的油池润滑或油盘飞溅润滑	
13	链条标记与小链轮工作图	根据计算结果，链条标记为：12A-1×114　GB/T 1243—2006 小链轮工作图参见图 12-10	

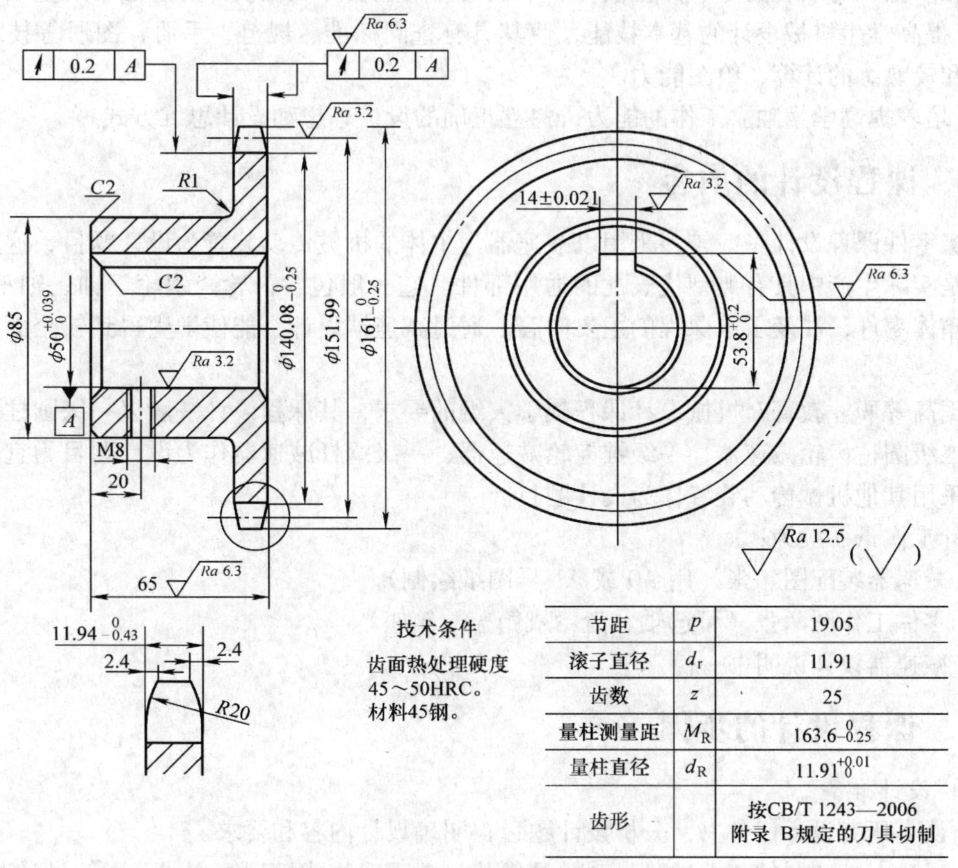

节距	p	19.05
滚子直径	d_r	11.91
齿数	z	25
量柱测量距	M_R	$163.6_{-0.25}^{0}$
量柱直径	d_R	$11.91_{0}^{+0.01}$
齿形		按CB/T 1243—2006 附录 B规定的刀具切制

图 12-10　小链轮工作图示例

第五篇　机械零件课程设计指导

第十三章　概　　论

一、课程设计的目的

机械零件课程设计是学生学习机械设计及同类课程时进行的一个十分重要的实践性环节，也是第一次较全面、规范的设计训练，其目的是：

1）培养学生综合运用机械设计课程及其他有关先修课程的理论知识和生产实际知识分析和解决简单工程实际问题的能力，以进一步巩固、深化、扩展本课程所学到的理论知识。

2）通过对通用机械零件、常用机械传动或简单机械的设计，使学生掌握机械设计的一般方法和步骤，为以后的专业课程设计、毕业设计乃至实际工程设计奠定必要的基础。

3）提高学生机械设计的基本技能，使其具有查阅标准、规范、手册、图册等技术资料的能力和较熟练的计算、绘图能力。

4）培养提高学生独立工作的能力，树立正确的设计思想和设计思维方式。

二、课程设计的内容

机械零件课程设计一般较多采用以减速器为主体的机械传动装置为设计题目，这是因为减速器是实际生产中具有典型代表性的通用部件。它一般包含齿轮、蜗轮、轴、轴承、键、螺栓及箱体零件，涉及了本课程的主要内容。通过减速器设计，能使学生得到较全面的基本训练。

根据高等职业教育对机械设计课程教学大纲的要求，其课程设计一般以一级圆柱齿轮减速器、二级圆柱齿轮减速器、一级锥齿轮减速器、一级蜗杆减速器作为设计题目为宜，需要时也可采用其他机械传动装置作为设计题目。

设计工作量一般为：

1）减速器装配图一张（用A0或A1号图纸绘制）。

2）零件工作图两张（可选轴、齿轮或箱盖、箱座）。

3）减速器设计说明书一份。

三、课程设计的步骤

（1）设计准备

1）认真研究设计任务书，分析设计题目，明确设计内容和要求。

2）通过对减速器的装拆试验、观看录像片、参观实物或模型等方式，了解设计对象。

3）阅读有关设计资料，准备设计用具，拟定设计计划。

（2）机械传动装置的总体设计

1）分析或拟定机械传动装置的运动简图。

2）选择电动机。

3）计算传动装置的总传动比并分配各级传动比。

4）计算各轴的转速、功率和转矩。

（3）各级传动零件的设计计算

设计计算或确定齿轮传动、蜗杆传动、带传动、链传动等的主要参数和尺寸。

（4）减速器装配底图的设计和绘制

1）装配底图绘制的准备。

2）初绘装配底图。

3）装配底图的检查和修正。

（5）减速器装配工作图的绘制

绘制全部视图，标注尺寸和配合，列出技术要求和减速器特性，编写明细表和标题栏。

（6）零件工作图的设计和绘制

（7）编写设计计算说明书

（8）设计总结和答辩

四、课程设计中的注意事项

（1）养成良好的工作习惯　在设计的全过程中必须严肃认真、刻苦钻研、精益求精。设计中主动思考问题，认真分析问题并积极解决问题。注意对设计资料及计算数据进行保存和积累，保持记录的完整性。

（2）注重标准和规范的采用　是否采用标准和规范是评价设计质量的指标之一，设计中应严格遵守和执行国家标准、部颁标准或行业规范。对于非标准的数据，也应尽量圆整成标准数列或选用优先数列。

（3）掌握正确的设计方法　机械设计中设计计算与结构设计绘图应交替进行，采用计算好了再画图或画完了图再核算都是行不通的。正确的设计方法应该是“边计算，边绘图，边修改”。

（4）处理好参考资料与创新的关系　正确利用前人长期积累的资料，可避免重复工作，加快设计进程，提高设计质量。因此，参考已有的结构方案、借鉴经验设计数据等，也是设计的基本方法之一。但任何设计任务都是根据特定的设计要求和具体条件提出的，因此，设计时不能盲目地、机械地抄袭资料，而必须具体分析，创造性地进行设计，只有把参考已有资料与创新两者恰当结合，不偏废，才能使设计质量和设计能力不断提高。

第十四章　典型课题减速器的设计指导

一、减速器概述

减速器是位于原动机和工作机之间的机械传动装置。常用的减速器已经标准化和规格化，用户可根据各自的工作条件进行选择。

课程设计中的减速器设计通常是根据给定的任务，参考标准系列产品资料，进行非标准减速器的设计。

（一）减速器类型

减速器种类很多，可以满足各种机器的不同要求。一般根据以下几种方法进行分类：按传动件的不同，可分为圆柱齿轮减速器、锥齿轮减速器、蜗杆减速器、齿轮—蜗杆减速器和行星齿轮减速器；按传动的级数不同，可分为单级减速器、双级减速器和多级减速器；按轴在空间的相对位置不同，可分为卧式减速器和立式减速器；按传动布置形式不同，可分为展开式减速器、同轴式减速器和分流式减速器。

常用减速器的类型、特点及应用见表 14-1。

表 14-1　常用减速器的形式、特点及应用

名称	形式		推荐传动比范围	特点及应用
单级减速器	圆柱齿轮	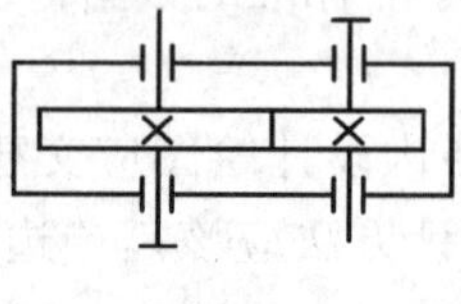	直齿：$i \leq 5$ 斜齿、人字齿：$i \leq 10$	轮齿可做成直齿、斜齿或人字齿，箱体通常用铸铁做成，单件或少批量生产时可采用焊接结构，尽可能不用铸钢件 支承通常用滚动轴承，也可用滑动轴承
	锥齿轮	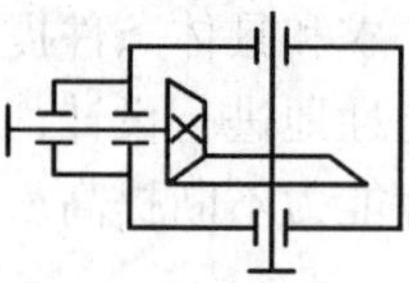	直齿：$i \leq 3$ 斜齿：$i \leq 6$	用于输入轴和轴出轴垂直相交的传动
	下置式蜗杆	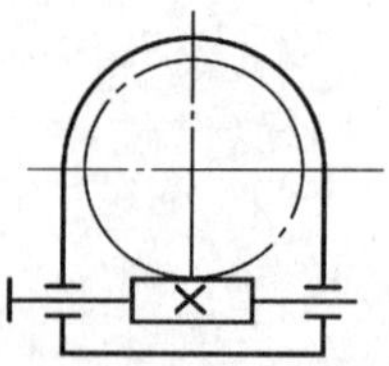	$i = 10 \sim 70$	蜗杆在蜗轮的下面，润滑方便，效果较好，但蜗杆搅油损失大，一般用蜗杆圆周速度 $v < 4 \sim 5\text{m/s}$ 的场合

（续）

名称	形　　式		推荐传动比范围	特点及应用
单级减速器	上置式蜗杆	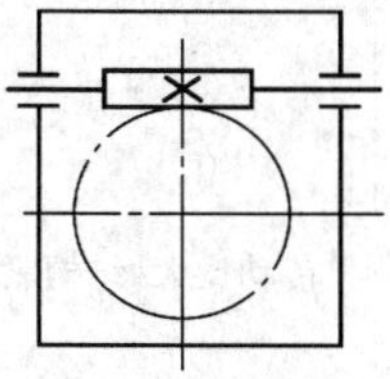	$i=10\sim70$	蜗杆在蜗轮上面，装拆方便，蜗杆圆周速度可高些
双级减速器	圆柱齿轮展开式	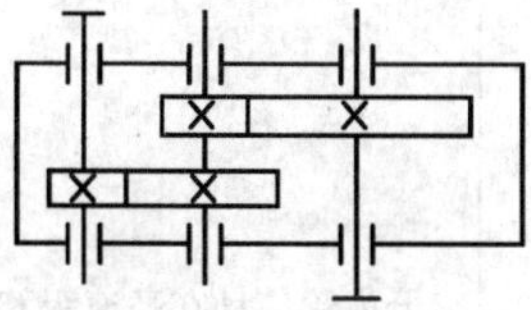	$i=i_1i_2=8\sim40$	双级减速器中最简单的一种。由于齿轮相对于轴承位置不对称，轴应具有较大的刚度。用于载荷平稳的场合，高速级常用斜齿或直齿
	圆柱齿轮分流式	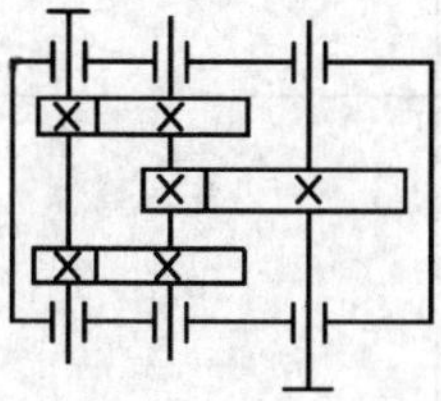	$i=i_1i_2=8\sim40$	高速级用斜齿，低速级可用人字齿或直齿。由于低速级齿轮与轴承对称分布，沿齿宽受载均匀，轴承受力也均匀，常用于变载荷场合
	圆柱齿轮同轴式	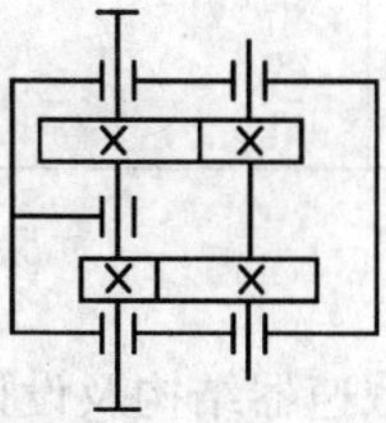	$i=i_1i_2=8\sim40$	减速器横向尺寸小，两对齿轮浸入油中深度大致相等，但减速器轴向尺寸和质量较大，且中间轴较长，容易使载荷沿齿宽分布不均，高速轴的承载能力难以充分利用
	锥—圆柱齿轮	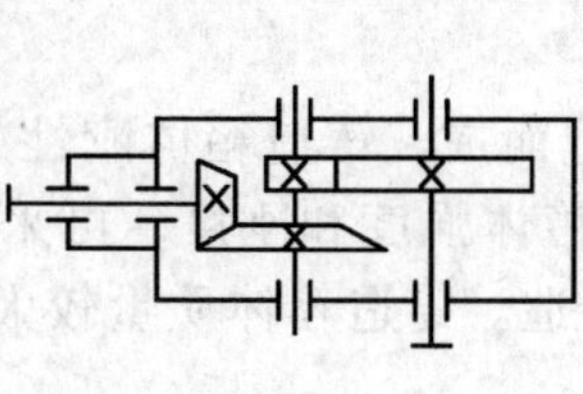	$i=i_1i_2=8\sim15$	锥齿轮应用在高速级，使齿轮尺寸大致太大，否则加工困难。锥齿轮可用直齿或圆弧齿，圆柱齿轮可用直齿或斜齿

（续）

名称	形式		推荐传动比范围	特点及应用
双级减速器	二级蜗杆	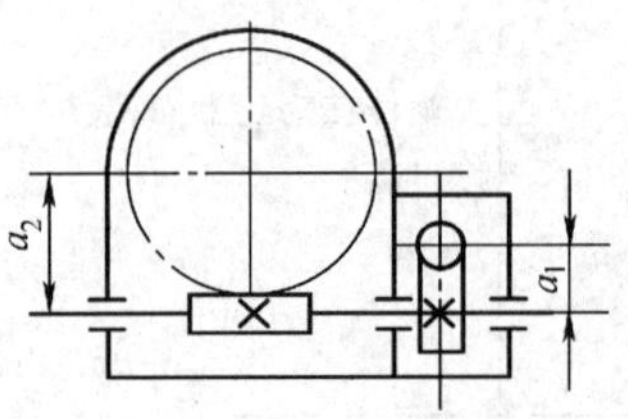	$i=i_1i_2=70\sim2500$	传动比大，结构紧凑，但效率低
	齿轮—蜗杆	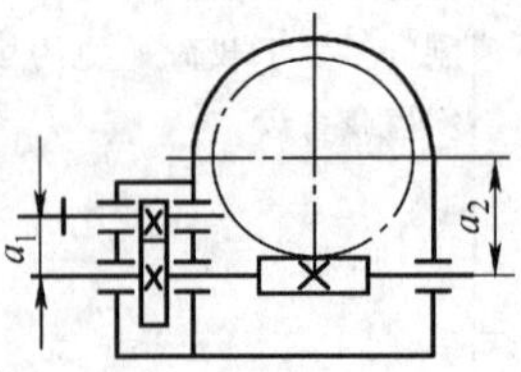	$i=i_1i_2=15\sim480$	分齿轮传动在高速级和蜗杆传动在高速级两种，前者结构紧凑，后者效率高
	蜗杆—齿轮	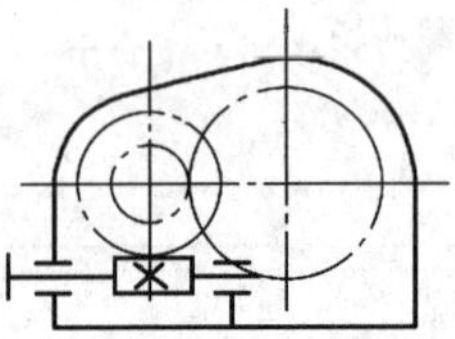	$i=i_1i_2=15\sim480$	

（二）减速器箱体结构

标准减速器有通用和专用两种，本手册主要介绍通用减速器结构及设计。通用减速器的结构随其类型和要求不同而异，其基本结构见图 14-1 和图 14-2。

箱体是减速器的一个重要零件，它用来支承和固定轴系零件，保证传动零件的正确啮合，使箱体内零件具有良好的润滑和密封。常用减速器箱体的结构形式如下所述。

1. 铸造箱体和焊接箱体

减速器箱体大多采用铸铁（HT200 或 HT250）铸造而成。铸造箱体刚性好，易切削，并可得到复杂的外形。对于重型减速器箱体，为提高箱体强度和刚度，可采用球墨铸铁（QT400-17 或 QT420-10）或铸钢（ZG15 或 ZG25）来铸造。铸造箱体质量较大，适用于成批生产。

铸造箱体的结构形式见图 14-3。

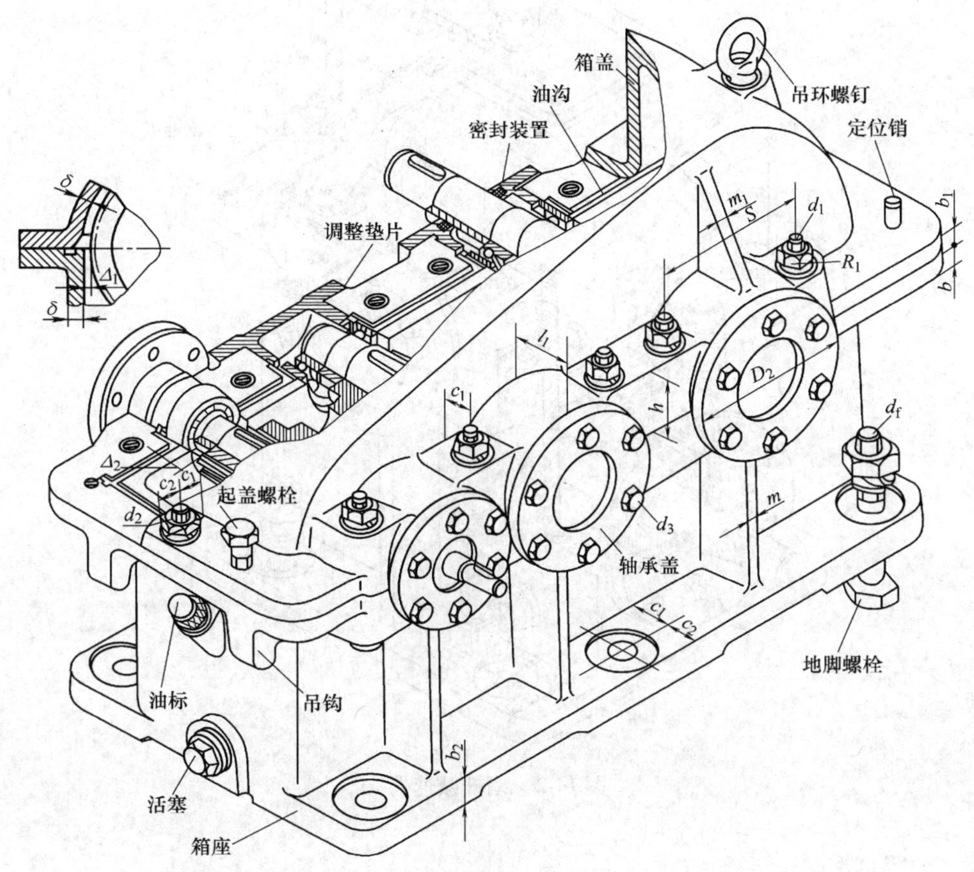

图 14-1　二级圆柱齿轮减速器

在某些单件生产的大型减速器中，箱体也有用钢板（Q215 或 Q235）焊成的，轴承座部分可用圆钢、锻钢或铸钢制作。焊接箱体比铸造箱体轻 1/4 ~ 1/2，因而节省材料，降低成本，并且结构紧凑，外形美观，制造简单，生产周期短；但焊接时容易产生热变形，要求有较高的焊接技术且焊后要退火处理。

焊接箱体的结构形式见图 14-4。

2. 剖分式箱体和整体式箱体

减速器箱体广泛采用剖分式结构。剖分面常与轴线平面重合，有水平（见图 14-3a、b、d）和倾斜（见图 14-3c）两种。一般减速器只有一个水平剖分面。在大型立式齿轮减速器中，为了便于制造和安装，也有的采用两个剖分面，如图 14-5 所示。对于小型锥齿轮或蜗杆减速器，为使结构紧凑，保证轴承与座孔的配合性质，常采用整体式箱体，但装拆、调整不方便。

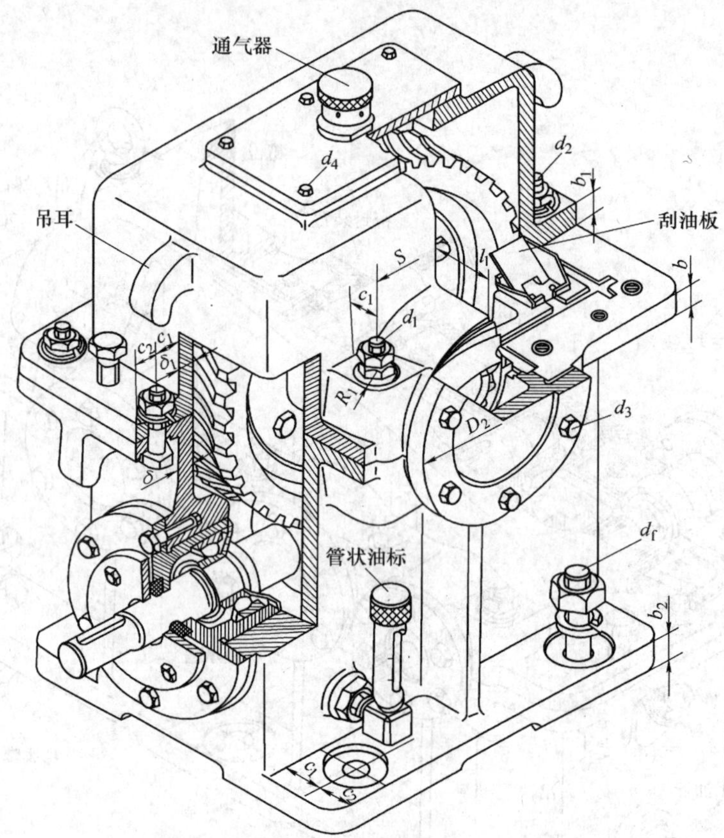

图 14-2　蜗杆减速器

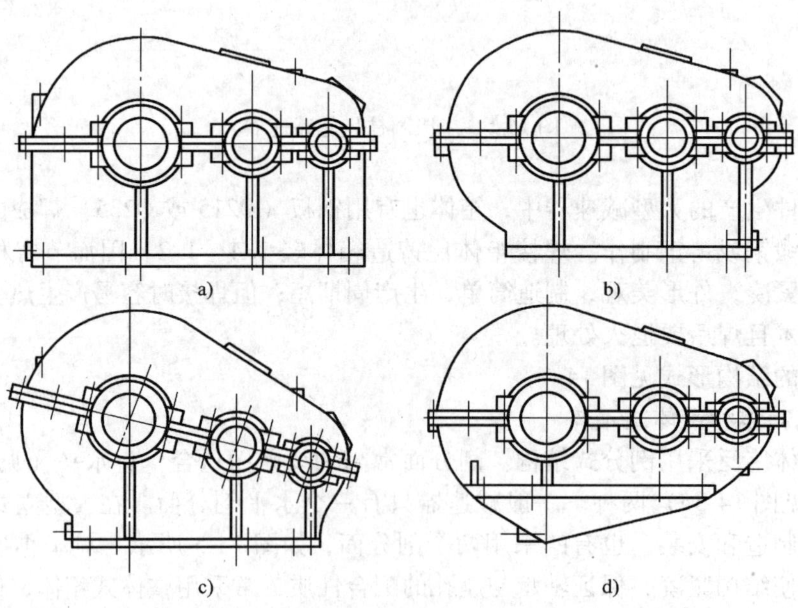

图 14-3　铸造箱体结构

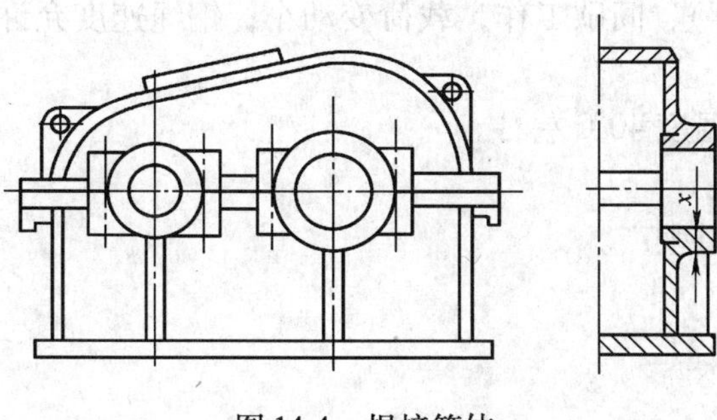

图 14-4　焊接箱体

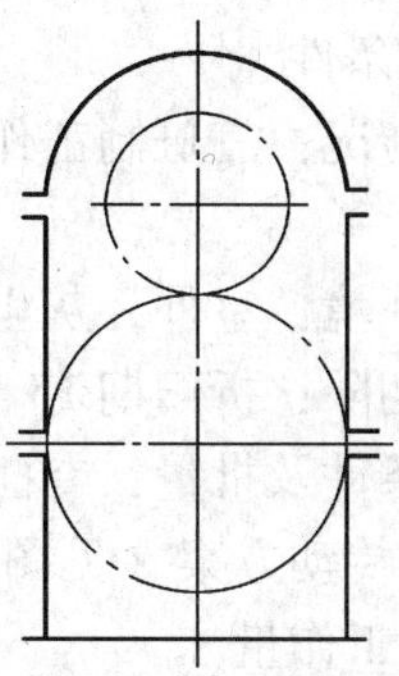

图 14-5　两个剖分面的箱体

（三）设计题目选例

这里提供带式运输机、卷扬机、混砂机、热处理装料机四种机械的传动装置设计题目，主要内容为减速器的设计。

1. 带式运输机传动装置设计

（1）原始数据

已知条件	题号							
	1	2	3	4	5	6	7	8
输送带工作拉力 F/kN	7	6.5	6	5.5	5	4.5	4	3
输送带速度 v/(m · s^{-1})	1	1.1	1.2	1.3	1.4	1.8	2.0	1.5
卷筒直径 D/mm	400	400	400	450	450	400	450	400

（2）工作条件

1）工作情况：两班制工作（每班按 8h 计算），连续单向运转，载荷变化不大，空载起动；输送带速度容许误差 ±5%；滚筒效率 $\eta=0.96$。

2）工作环境：室内，灰尘较大，环境温度 30℃左右。

3）使用期限：折旧期 8 年，4 年一次大修。

4）制造条件及批量：普通中、小制造厂，小批量。

（3）参考传动方案（见图 14-6）

（4）设计工作量

1）设计说明书一份。

2）减速器装配图一张（0 号或 1 号图）。

3）减速器主要零件的工作图 1 ~ 3 张。

2. 卷扬机传动装置设计

（1）原始数据

已知条件	题号					
	1	2	3	4	5	6
钢绳工作拉力 F/kN	14	17	19	24	27	29
钢绳速度 v/(m · s^{-1})	10	11	11	12	11	10
卷筒直径 D/mm	250	300	350	400	400	450

（2）工作条件

1）工作情况：三班制工作（每班按 8h 计算），间歇工作，载荷变动小；钢绳速度允许误差 ±5%。

2）工作环境：室外，灰尘较大，环境最高温度 40℃左右。

3）使用期限：折旧期 15 年，3 年一次大修。

4）制造条件及批量：专门工厂制造，小批量生产。

（3）参考传动方案（见图 14-7）

（4）设计工作量

1）设计说明书一份。

2）减速器装配图一张（0 号或 1 号图）。

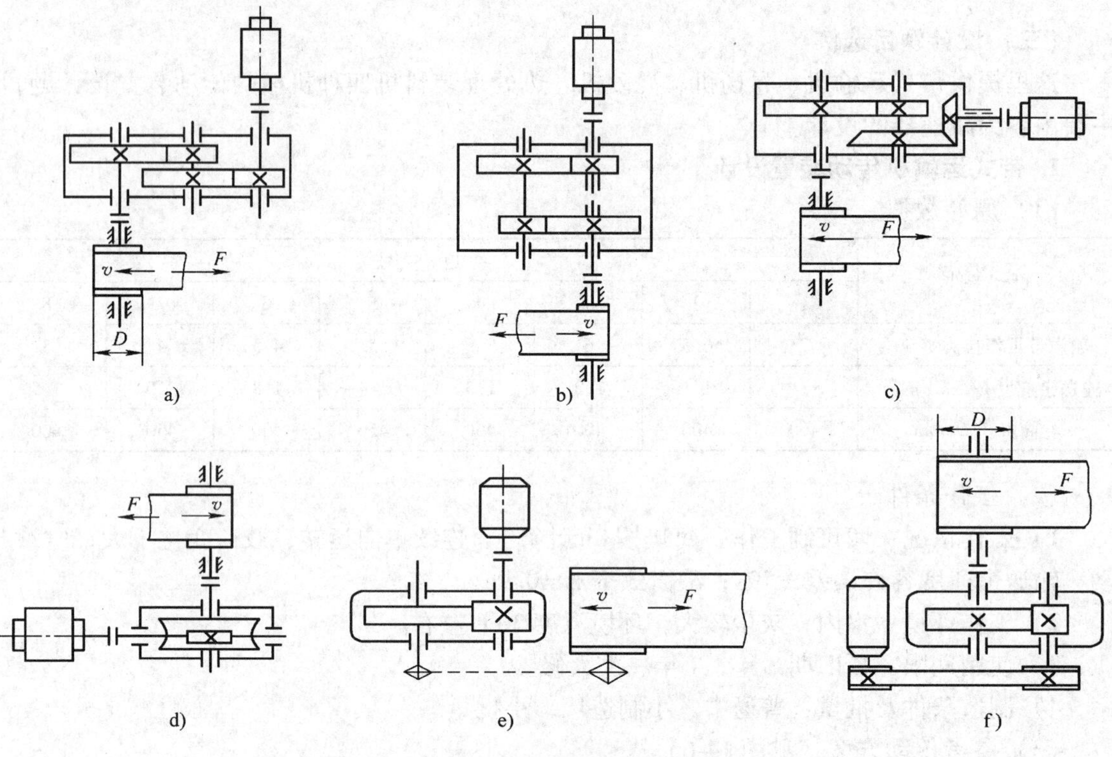

图 14-6　带式运输机传动装置参考传动方案

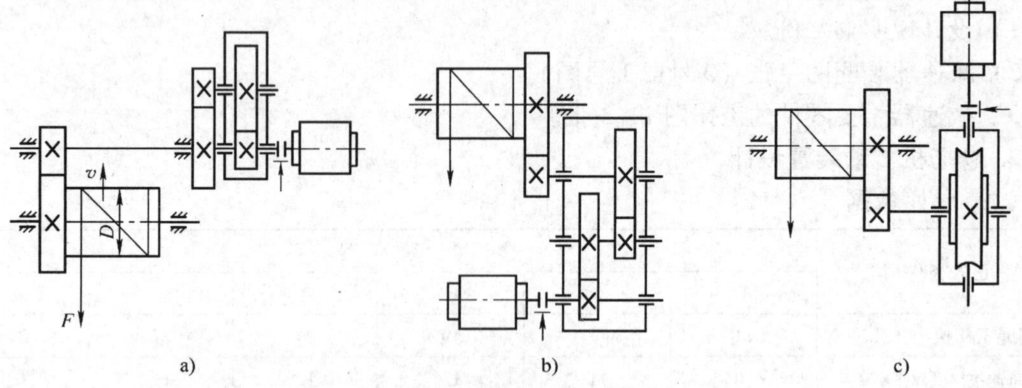

图 14-7　卷扬机传动装置参考传动方案

3）减速器主要零件的工作图 1 ~3 张。

3. 混砂机传动装置设计

（1）原始数据

已知条件	混砂机型号		
	S114	S116	S116A
主轴转速 $n/(\mathrm{r\cdot min^{-1}})$	25	20	34
主轴驱动功率 P/kW	11	20	27

（2）混砂机传动装置简图（见图 14-8）

（3）工作条件

1）工作情况：三班制（每班按 8h 计算），间歇工作，载荷变动小。

2）工作环境：室内，灰尘较大，环境最高温度 35℃左右。

3）使用期限：折旧期 15 年，每 3 年一次大修。

4）制造条件及生产批量：专门工厂制造，小批量生产。

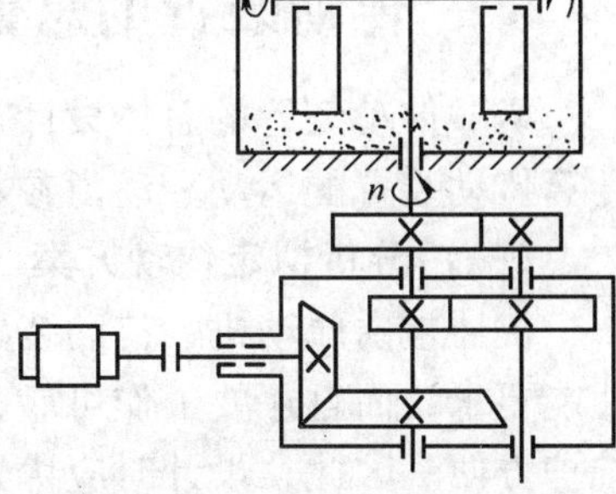

图 14-8　混砂机传动装置简图

（4）设计工作量

1）设计说明书一份。

2）减速器装配图一份（0 号或 1 号图）。

3）减速器主要零件的工作图 1 ~3 张。

4. 热处理装料机传动装置设计

（1）原始数据

已知条件	题号							
	1	2	3	4	5	6	7	8
曲柄所在大齿轮的功率 P/kW	2.5	2.75	3.0	3.25	3.5	4.0	5.0	6.0
曲柄所在大齿轮的角速度 $\omega/(\mathrm{rad\cdot s^{-1}})$	3.2	3.6	3.8	4.0	4.25	4.3	5.2	5.5

（2）热处理装料机总图及传动装置简图（见图 14-9）

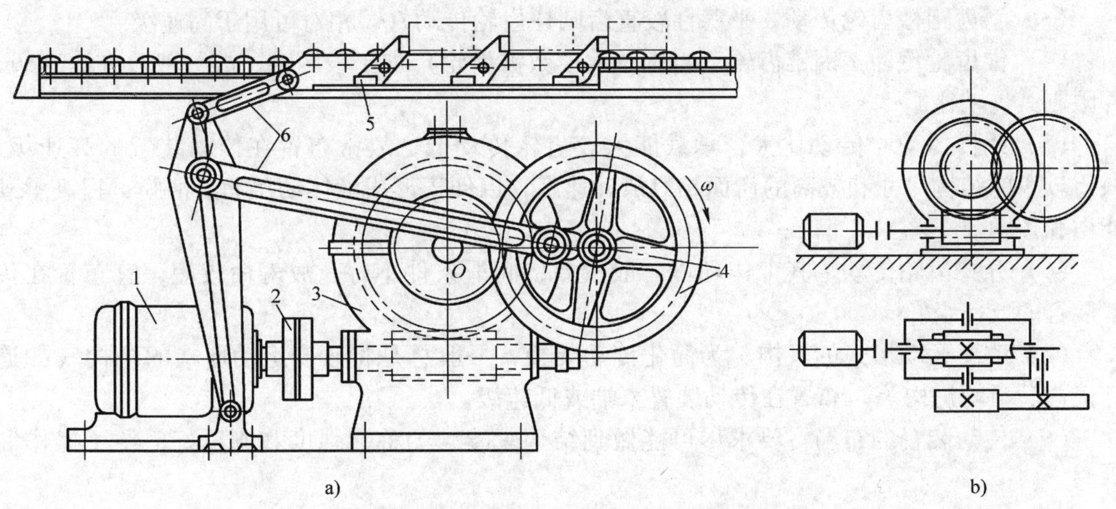

图 14-9　热处理装料机总图及传动装置简图

1—电动机　2—联轴器　3—蜗杆减速器　4—齿轮传动　5—装料机推杆　6—四杆机构

(3) 工作条件

1) 工作情况：三班制（每班按8h 计算），间歇工作，单向运转，载荷较平稳。

2) 工作环境：室内，环境最高温度50℃左右。

3) 使用期限：折旧10年，3年大修一次。

4) 制造条件及生产批量：专门工厂制造，小批量生产。

(4) 设计工作量

1) 设计说明书一份。

2) 减速器装配图一张（0号或1号图）。

3) 减速器主要零件的工作图1~3张。

二、传动装置的总体设计

机械传动装置的总体设计包括分析拟定传动方案，选择电动机型号，合理分配传动比及计算传动装置的运动和动力参数等内容。它为各级传动件设计和装配图绘制提供依据。

（一）分析拟定传动方案

机器常由原动机、传动装置及工作机三部分组成。合理的传动方案不仅应满足工作机的性能要求，而且还要工作可靠、结构简单紧凑、加工方便、成本低、传动效率高以及使用和维护方便。因此，设计时应优先保证重点，并统筹兼顾其它条件。

传动方案常由运动简图表示。运动简图明确地表示了组成机器的原动机、传动装置和工作机三者之间的运动和动力传递关系，而且为传动装置中各零件的设计提供了重要依据。

分析和选择传动机构的类型及组合，合理布置传动顺序，是拟定传动方案的重要一环，通常应考虑以下几点：

(1) 带传动　由于其承载能力较低，在传递相同转矩时，结构尺寸较其他传动形式大，但传动平稳，能吸振缓冲，因此被广泛用于传动系统的高速级。

(2) 链传动　运转不平稳，且有冲击，宜布置在传动系统的低速级。

(3) 斜齿圆柱齿轮传动　平稳性较直齿圆柱齿轮传动好，相对可用于高速级。

(4) 锥齿轮传动　因锥齿轮（特别是大模数锥齿轮）加工较困难，故一般放在高速级，并限制其传动比。

(5) 蜗杆传动　传动比大，承载能力较齿轮传动低，故常布置在传动装置的高速级，获得较小的结构尺寸和较高的齿面相对滑动速度，以便于形成液体动压润滑油膜，提高承载能力和传动效率。

(6) 开式齿轮传动　其工作环境一般较差，润滑条件不好，故寿命较短，宜布置在传动装置的低速级。

(7) 改变运动形式的机构　为简化传动装置，一般总是将改变运动形式的机构（如连杆机构、凸轮机构等）布置在传动装置末端或低速级。

(8) 传动装置的布局　要求尽可能做到结构紧凑、匀称，强度和刚度好，便于操作和维修。

本手册所选的某些题例给出了若干个可供选用的传动方案，学生可以根据工作要求选择合适的传动方案，也可按教师指定的方案进行设计。为提高学生综合分析的能力，要求对方案的合理性进行比较分析，在课程设计小结中简要说明。

（二）选择电动机

1. 类型的选择

电动机类型根据电源种类（直流、交流）、工作要求（转速高低、起动特性和过载情况等）、工作环境（尘土、油、水、爆炸气体等）、载荷大小和性质及安装要求等条件来选择。工业上广泛应用我国新设计的、国际市场上通用的统一系列—Y 系列三相异步电动机。Y 系列电动机的数据资料可查阅本手册第一篇有关内容。

2. 功率的确定

电动机功率（容量）选择的合适与否，对电动机的工作和经济性都有影响。一般是根据工作机所需要的功率大小和中间传动装置的效率以及机器的工作条件来确定的。合理的选择步骤如下：

（1）计算工作机所需功率 P_W　工作机所需功率 P_W(kW)应由机器的工作阻力和运动参数计算求得

$$P_W = \frac{F_W v_W}{1000\eta_W}$$

或

$$P_W = \frac{T_W n_W}{9550\eta_W}$$

式中　F_W——工作机的阻力（N）；

v_W——工作机的线速度（m/s）；

T_W——工作机的转矩（N·m）；

n_W——工作机的转速（r/min）；

η_W——工作机的效率，对于带式输送机，一般取 $\eta_W = 0.94 \sim 0.96$。

（2）计算电动机所需的输出功率 P_o　由工作机所需功率和传动装置的总效率可求得电动机所需的输出功率 P_o。

$$P_o = \frac{P_W}{\eta}$$

式中　η——传动装置的总效率（由电动机至工作机），$\eta = \eta_1\eta_2\eta_3\cdots\eta_n$。$\eta_1$，$\eta_2$，$\eta_3$，…，$\eta_n$ 分别为传动装置中每一传动副（如齿轮、蜗杆、带或链）、每对轴承或每个联轴器的效率，其值可查阅本手册第一篇的有关内容。

在计算传动装置的总效率时，应注意以下几点：

1）所取传动副效率，如已包括其轴承效率，则不再计入轴承效率。

2）轴承效率通常指一对而言。

3）同类型的几对传动副、轴承或联轴器，要分别考虑其效率，例如，对于二级齿轮传动，其齿轮副的效率为 $\eta_g\eta_g = \eta_g^2$。

4）蜗杆传动效率与蜗杆头数及材料有关，设计时应初选蜗杆头数，估计效率，待设计出蜗杆传动的参数后再确定效率，并修改前面的计算数据。

5）当资料给出的效率为一范围值时，一般可取中间值。如工作条件差、加工精度低或维护不良时，应取低值，反之取高值。

（3）确定电动机的额定功率 P_m　对于长期连续运转，载荷不变或很少变化，且在常温下工作的电动机，按下式确定电动机的额定功率

$$P_m = (1 \sim 1.3)P_o$$

功率裕度大小可视过载情况来决定。

3. 转速的确定

容量相同的同类型电动机，其同步转速有3000r/min、1500r/min、1000r/min和750r/min四种。电动机转速越高，则极数越少，尺寸和质量越小，价格也越低，但传动系统的总传动比增大，传动级数要增多，传动尺寸和成本都要增加。所以选择电动机转速时，必须进行全面分析和比较，通常多选用同步转速为1000r/min和1500r/min的电动机。

根据选定的电动机类型、结构、容量和转速，可由本手册第一篇有关电动机技术数据标准中查出电动机型号，并记录其型号、性能参数和主要尺寸。

对于专用传动装置,其设计功率按实际需要的电动机功率P_0来计算;对于通用传动装置,其设计功率按电动机的额定功率P_m来计算,而转速则按电动机额定功率时的满载转速n_m来计算。

（三）分配传动比

传动装置的总传动比为

$$i=\frac{n_m}{n_W}$$

式中　n_m——电动机的满载转速；

n_W——工作机的转速。

当传动装置由多级传动串连而成时，则总传动比为

$$i=i_1 i_2 i_3 \cdots i_n$$

式中　i_1，i_2，i_3，…，i_n——各级传动比。

合理分配传动比是传动装置设计中的一个重要问题，它将影响传动装置的外廓尺寸、质量及润滑或影响减速器的中心距乃至整个机器的工作能力。在具体分配时应考虑以下几点：

1）各级各类传动比最好在推荐范围内选取，推荐值参见本手册第一篇有关内容。

2）在V带—齿轮减速器中，要避免大带轮半径大于减速器输入轴的中心高而造成安装不便，如图14-10所示。因此，分配传动比时，应使带传动的传动比小于齿轮传动的传动比。

3）总传动比和中心距都相同而传动比分配不同，对结构尺寸的影响不同，如图14-11所示。应使各级传动装置具有较小的外部尺寸和最小中心距。

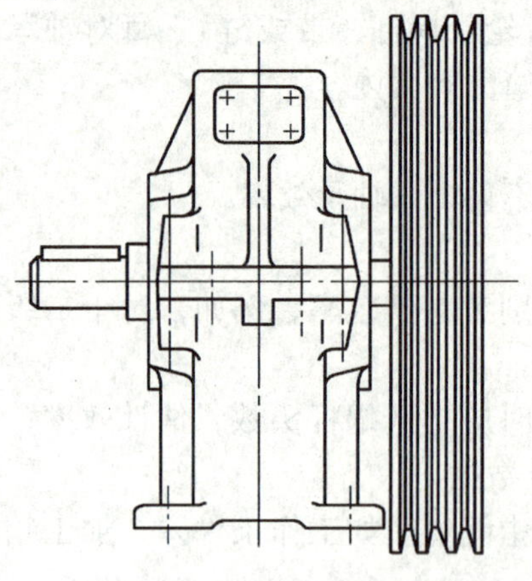

图14-10　带轮与底架相碰

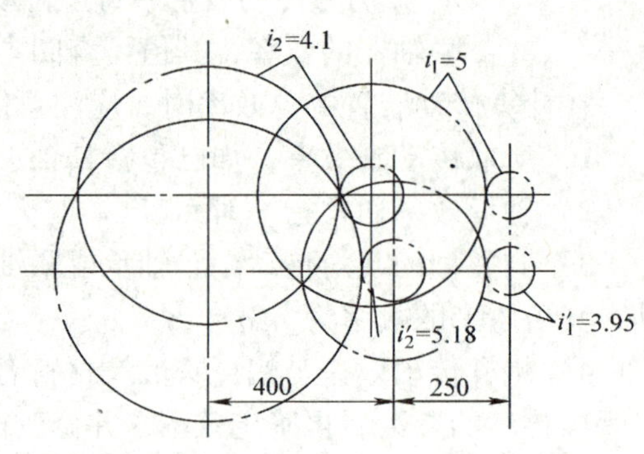

图14-11　传动比分配不同时的外廓尺寸

4）各传动零件之间不应互相干涉。图14-12所示结构，由于高速级传动比过大，造成高速级大齿轮与低速轴相碰。

5）在二级及多级卧式圆柱齿轮减速器中，为便于实现浸油润滑，应使各级大齿轮浸油深度大致相等。为此，传动比的分配可参考下列要求：对于展开式二级圆柱齿轮减速器，传动比一般推荐为 $i_1=(1.22\sim1.4)i_2$，式中，i_1、i_2 分别为减速器高速级和低速级的传动比；对于同轴式减速器，通常取 $i_1\approx i_2=\sqrt{i}$，式中，i 为减速器总传动比；对于锥—圆柱齿轮减速器，为使大锥齿轮尺寸不致过大，常取 $i_1\approx0.25i$ 或 $i_1\approx0.91\sqrt{i}$；对于蜗杆—齿轮减速器，可取低速级齿轮传动比 $i_2\approx(0.03\sim0.06)i$。

传动装置的实际传动比与传动件最终确定的参数（如齿轮齿数、带轮直径等）有关。因此，工作机主动轴的实际转速要在传动件设计计算完成后进行核算，看其是否在允许误差范围以内。若设计的传动装置未规定允许转速范围，则通常可取传动比误差范围不超过 ±(3~5)%。

（四）传动装置的运动和动力参数计算

为进行传动件的设计计算，应分别求出各轴的转速、功率和转矩。如将各轴按转速由高到低依次定为Ⅰ轴、Ⅱ轴……（电动机轴为 0 轴），则可设：

n_{I}、n_{II}、n_{III}…——各轴的转速（r/min）；
P_{I}、P_{II}、P_{III}…——各轴的输入功率（kW）；
T_{I}、T_{II}、T_{III}…——各轴的转矩（N·m）；
$\eta_{0\mathrm{I}}$、$\eta_{\mathrm{I\,II}}$、$\eta_{\mathrm{II\,III}}$…——相邻两轴间的传动效率；
$i_{0\mathrm{I}}$、$i_{\mathrm{I\,II}}$、$i_{\mathrm{II\,III}}$…——相邻两轴间的传动比；
P_{m}——电动机额定功率（kW）；
n_{m}——电动机满载转速（r/min）；
P_{o}——电动机实际所需的输出功率（kW）；
P_{W}——工作机所需功率（kW）；
n_{W}——工作机转速（r/min）；
T_{W}——工作机上的转矩（N·m）。

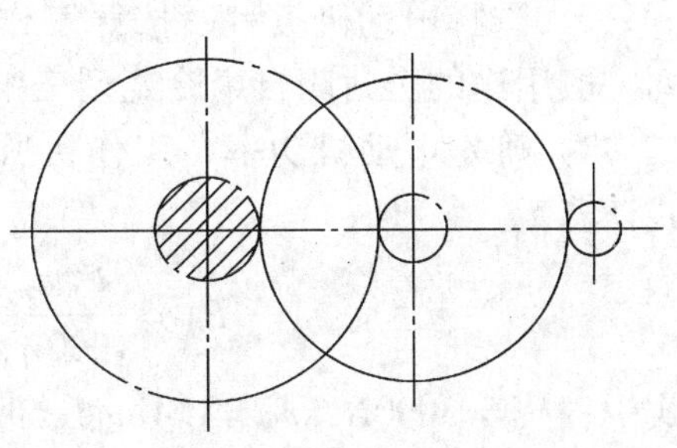

图 14-12　零件互相干涉

（1）各轴转速

$$n_{\mathrm{I}}=\frac{n_{\mathrm{m}}}{i_{0\mathrm{I}}}$$

$$n_{\mathrm{II}}=\frac{n_{\mathrm{I}}}{i_1}=\frac{n_{\mathrm{m}}}{i_{0\mathrm{I}}\,i_{\mathrm{I}}}$$

$$n_{\mathrm{III}}=\frac{n}{i}=\frac{n_{\mathrm{m}}}{i_{0\mathrm{I}}\,i_{\mathrm{I}}\,i}$$

其余类推。

（2）各轴功率

$$P_{\mathrm{I}}=P_{\mathrm{m}}\eta_{0\mathrm{I}}$$

$$P_{\mathrm{II}}=P_{\mathrm{I}}\eta_{\mathrm{I\,II}}=P_{\mathrm{m}}\eta_{0\mathrm{I}}\eta_{\mathrm{I\,II}}$$

$$P_{\mathrm{III}}=P_{\mathrm{II}}\eta_{\mathrm{I\,II}}=P_{\mathrm{m}}\eta_{0\mathrm{I}}\eta_{\mathrm{I\,II}}\eta_{\mathrm{II\,III}}$$

其余类推。

（3）各轴转矩

$$T_{\mathrm{I}}=9550\,\frac{P_1}{n_1}$$

$$T_{\text{II}}=9550\frac{P}{n}$$

$$T_{\text{III}}=9550\frac{P_{\text{W}}}{n_{\text{W}}}$$

以上计算结果可整理成表备用（参见下述例题）

例 图14-13为一带式输送机传动装置的运动简图。已知输送带的有效拉力 $F_{\text{W}}=3000\text{N}$，输送带速度 $v_{\text{W}}=1.4\text{m/s}$，滚筒直径 $D=400\text{mm}$，连续工作，载荷平稳，单向运转。试按所给运动简图和条件，完成下列要求：

1）选择合适的电动机。

2）计算传动装置的总传动比，并分配各级传动比。

3）计算传动装置的运动参数和动力参数。

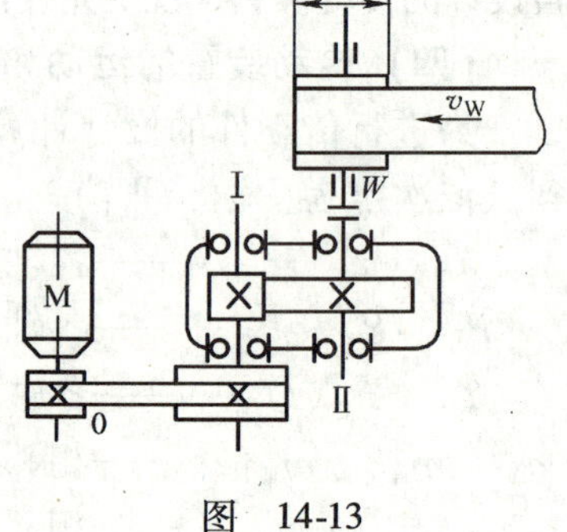

图 14-13

解 （1）选择电动机

1）选择电动机类型　按照工作要求和条件，选用Y系列一般用途的全封闭自扇冷笼型三相异步电动机。

2）确定电动机功率　工作机所需的功率 $P_{\text{W}}(\text{kW})$ 按下式计算

$$P_{\text{W}}=\frac{F_{\text{W}}v_{\text{W}}}{1000\eta_{\text{W}}}$$

式中，$F_{\text{W}}=3000\text{N}$，$v_{\text{W}}=1.4\text{m/s}$，带式输送机的效率 $\eta_{\text{W}}=0.94$，代入上式得

$$P_{\text{W}}=\frac{3000\times1.4}{1000\times0.94}\text{kW}=4.47\text{kW}$$

电动机的输出功率 P_{o} 按下式计算

$$P_{\text{o}}=\frac{P_{\text{W}}}{\eta}$$

式中，η 为电动机至滚筒主动轴传动装置的总效率（包括V带传动、一对齿轮传动、两对滚动球轴承及联轴器等的效率），其值按下式计算

$$\eta=\eta_{\text{b}}\eta_{\text{g}}\eta_{\text{r}}^{2}\eta_{\text{c}}$$

由本手册第一篇有关表查得：V带传动效率 $\eta_{\text{b}}=0.95$，一对齿轮传动（8级精度、油润滑）效率 $\eta_{\text{g}}=0.97$，一对滚动轴承效率 $\eta_{\text{r}}=0.99$，滑块联轴器效率 $\eta_{\text{c}}=0.98$，因此

$$\eta==0.95\times0.97\times0.99^{2}\times0.98=0.885$$

所以

$$P_{\text{o}}=\frac{P_{\text{W}}}{\eta}=\frac{4.47}{0.885}\text{kW}=5.05\text{kW}$$

选取电动机的额定功率，使 $P_{\text{m}}=(1\sim1.3)P_{\text{o}}$，并由本手册第一篇有关Y系列电动机技术数据的表中取电动机的额定功率为 $P_{\text{m}}=5.5\text{kW}$。

3）确定电动机的转速　滚筒轴的转速为

$$n_{\text{W}}=\frac{60v_{\text{W}}}{\pi D}=\frac{60\times10^{3}\times1.14}{400\pi}\text{r/min}=66.85\text{r/min}$$

按本手册第一篇推荐的各种传动机构传动比的范围，取V带传动比 $i_{\text{b}}=2\sim4$，单级圆柱齿轮传动比 $i_{\text{g}}=3\sim5$，则总传动比范围为

$$i=(2\times3)\sim(4\times5)=6\sim20$$

电动机可选择的转速范围相应为

$$n' = in_{\mathrm{W}} = (6 \sim 20) \times 66.85\mathrm{r/min} = 401 \sim 1337\mathrm{r/min}$$

电动机同步转速符合这一范围的有 750r/min 和 1000r/min 两种。为降低电动机的重量和价格，由第一篇有关表选取同步转速为 1000r/min 的 Y 系列电动机 Y132M2-6，其满载转速为 $n_{\mathrm{m}} =$ 960r/min。此外，电动机的中心高、外形尺寸、轴伸尺寸等，均可由第一篇有关内容中查到。

（2）计算传动装置的总传动比并分配各级传动比

1）传动装置的总传动比

$$i = \frac{n_{\mathrm{m}}}{n_{\mathrm{W}}} = \frac{960}{66.85} = 14.36$$

2）分配各级传动比

由式 $i = i_{\mathrm{b}} i_{\mathrm{g}}$，为使 V 带传动的外廓尺寸不致过大，取传动比 $i_{\mathrm{b}} = 3$，则齿轮传动的传动比为

$$i_{\mathrm{g}} = \frac{i}{i_{\mathrm{b}}} = \frac{14.36}{3} = 4.79$$

（3）计算传动装置的运动参数和动力参数（按通用减速器计算）

1）各轴的转速

Ⅰ轴：$n_{\mathrm{I}} = \frac{n_{\mathrm{m}}}{i_{\mathrm{b}}} = \frac{960}{3}\mathrm{r/min} = 320\mathrm{r/min}$

Ⅱ轴：$n_{\mathrm{II}} = \frac{n_{\mathrm{I}}}{i_{\mathrm{g}}} = \frac{320}{4.79}\mathrm{r/min} = 66.81\mathrm{r/min}$

滚筒轴：$n_{\mathrm{W}} = n_{\mathrm{II}} = 66.81\mathrm{r/min}$

2）各轴的功率

Ⅰ轴：$P_{\mathrm{I}} = P_{\mathrm{m}}\eta_{\mathrm{b}} = 5.5 \times 0.95\mathrm{kW} = 5.23\mathrm{kW}$

Ⅱ轴：$P_{\mathrm{II}} = P_{\mathrm{I}}\eta_{\mathrm{r}}\eta_{\mathrm{g}} = 5.23 \times 0.99 \times 0.97\mathrm{kW} = 5.02\mathrm{kW}$

滚筒轴：$P_{\mathrm{W}} = P_{\mathrm{II}}\eta_{\mathrm{r}}\eta_{\mathrm{c}} = 5.02 \times 0.99 \times 0.98\mathrm{kW} = 4.87\mathrm{kW}$

3）各轴的转矩

电动机轴：$T_0 = 9550\frac{P_{\mathrm{m}}}{n_{\mathrm{m}}} = 9550 \times \frac{5.5}{960}\mathrm{N \cdot m} = 54.71\mathrm{N \cdot m}$

Ⅰ轴：$T_{\mathrm{I}} = 9550\frac{P_1}{n_1} = 9550 \times \frac{5.23}{320}\mathrm{N \cdot m} = 156.08\mathrm{N \cdot m}$

Ⅱ轴：$T_{\mathrm{II}} = 9550\frac{P}{n} = 9550 \times \frac{5.02}{66.81}\mathrm{N \cdot m} = 717.57\mathrm{N \cdot m}$

滚筒轴：$T_{\mathrm{W}} = 9550\frac{P_{\mathrm{W}}}{n_{\mathrm{W}}} = 9550 \times \frac{4.87}{66.81}\mathrm{N \cdot m} = 696.13\mathrm{N \cdot m}$

将以上算得的运动参数和动力参数列表如下：

<table>
<tr><th rowspan="2">参　　数</th><th colspan="5">轴　　号</th></tr>
<tr><th>电动机轴</th><th colspan="2">Ⅰ轴</th><th>Ⅱ轴</th><th>滚筒轴</th></tr>
<tr><td>转速 $n/(\mathrm{r \cdot min^{-1}})$</td><td>960</td><td colspan="2">320</td><td>66.81</td><td>66.81</td></tr>
<tr><td>功率 P/kW</td><td>5.50</td><td colspan="2">5.23</td><td>5.02</td><td>4.87</td></tr>
<tr><td>转矩 $T/(\mathrm{N \cdot m})$</td><td>54.71</td><td colspan="2">156.08</td><td>717.57</td><td>696.13</td></tr>
<tr><td>传动比 i</td><td colspan="2">3</td><td colspan="2">4.97</td><td>1</td></tr>
<tr><td>效率 η</td><td colspan="2">0.95</td><td colspan="2">0.96</td><td>0.97</td></tr>
</table>

三、传动零件设计计算

对传动零件进行设计计算时，一般先进行减速器箱体外传动零件的设计计算，以便确定减速器内的传动零件的传动比及各轴转速、转矩的精确数值，从而使所设计的减速器的原始条件比较准确。传动零件的设计计算方法、计算步骤和计算公式见本手册相关内容，此处不再赘述。下面仅就课程设计中对传动零件进行设计计算时应注意的一些问题，作简要提示和说明。

1. 减速器箱外传动零件的设计和选择

（1）V带传动

1）应确定V带的型号和根数，带轮的材料、直径和轮缘宽度，中心距及中心线倾角。

2）应求出带的初拉力及压轴力。

3）注意带轮大小与其他机件的装配协调关系，如小带轮直径与电动机中心高是否相称，其轴孔直径与电动机轴径是否一致，大带轮是否过大导致与机架相碰等。

（2）链传动

1）应确定链的节距、排数和规格、链轮材料、直径和轮缘宽度，链轮中心距及中心线倾角。

2）对于较高转速的滚子链传动，应尽量选取较小的链节距。当单排链不能满足传动能力要求时，应改选双排或多排链。

3）应选定链传动润滑方式和润滑剂牌号。

（3）开式齿轮传动

1）设计计算时将按弯曲强度公式计算出的模数加大10%～20%，校核计算时将模数减小10%～20%。

2）为保证轮齿的弯曲强度，常取$z_1=17\sim20$。

3）开式传动一般支承刚度较小，为减轻轮齿的载荷集中，齿宽系数应取小值。

4）开式齿轮传动一般用于低速，宜选用直齿。在选择齿轮材料时要注意材料匹配，使其具有较好的减摩和耐磨性能。

（4）联轴器

1）一般选用弹性联轴器，低速时可选用十字滑块联轴器。

2）注意联轴器的孔型及孔径与轴上相应结构、尺寸要一致。

2. 减速器箱内传动零件的设计

（1）圆柱齿轮传动

1）应确定齿轮材料、模数、齿数、分度圆螺旋角大小及旋向、变位系数、分度圆、顶圆、根圆、齿宽和中心距等。

2）注意合理选择参数，在确定齿数和分度圆螺旋角β时，不能孤立地一个个决定，而应综合考虑。当齿轮传动的中心距一定时，齿数多、模数小，则能增加重合度，改善传动平稳性，又能降低齿高，减小滑动系数，减少磨损和胶合。但齿数多、模数小又会降低轮齿的弯曲强度。闭式齿轮传动，通常可取$z_1=20\sim40$，但要同时兼顾传递动力用的齿轮模数m一般不宜小于1.5～2mm；在高速传动中，大、小齿轮的齿数应互为质数；斜齿轮分度圆螺旋角β的选取既不能太大，也不能太小，一般可取$\beta=8°\sim12°$。

3）正确处理设计计算的尺寸数据，由强度计算所得的中心距a一般应圆整（直齿圆柱

齿轮传动 a 为整数即可，斜齿圆柱齿轮传动可调整参数使 a 的尾数为 0 或 5)，模数必须取标准值，而齿数、分度圆螺旋角事先根据传动要求作了选择，此时啮合几何尺寸关系会出现矛盾，因此，应对上述各参数进行调整，以求得满足强度要求又符合啮合关系的合理值，并计算出分度圆直径、齿顶圆直径和分度圆螺旋角的精确值（一般精确到 0.01）。齿宽一般应圆整为整数，并使小齿轮齿宽比大齿轮齿宽大 5～10mm。

(2) 锥齿轮传动

1）锥齿轮以大端模数为标准，几何尺寸按大端模数计算。

2）锥顶角、锥距、分度圆直径必须精确计算，不能圆整。

3）锥齿轮的齿宽按 $\psi R = b/R$ 求得并圆整，且大、小齿轮宽度相等。

(3) 蜗杆传动

1）蜗杆副材料要求有较好的减摩性、耐磨性和经济性，选择材料时要初估相对滑动速度。

2）蜗杆螺旋线方向尽量采用右旋，以便于加工。

3）若要进行蜗杆轴强度及刚度验算或热平衡计算，应先画装配底图，待确定蜗杆支点距离和箱体轮廓尺寸以后才能进行。

4）应由蜗杆圆周速度决定蜗杆是上置还是下置，一般当蜗杆分度圆圆周速度 $v < 4 \sim 5$m/s 时，可采用蜗杆下置式。

5）蜗杆和蜗轮的啮合尺寸应精确计算，结构尺寸应适当圆整。

四、减速器装配底图的设计

减速器装配图表达了减速器的工作原理和零件间的装配关系，也表达了各零件的相互位置、尺寸及结构形状。它是绘制零件工作图、部件组装、调试及维护等的技术依据。在设计装配图时需要综合考虑工作要求、材料、强度、刚度、磨损、加工、装拆、调整、润滑、维护及经济性诸因素，设计过程较为复杂，常常需要反复计算和多次修改，所以一般应先绘制装配底图，经全面检查修改后再完成正式的装配工作图。

装配底图的绘制是整个设计中最关键、最繁琐的部分，它包括的主要内容有：

1）确定减速器总体结构及所有零件之间的相互位置。

2）确定减速器中所有零件的结构和尺寸。

3）取得核算零件强度（刚度）所必需的尺寸数据。

设计装配底图按以下步骤进行：

（一）底图绘制前的准备

1）确定各级传动零件的主要尺寸和参数，如齿轮和蜗杆传动的中心距、分度圆及齿顶圆直径、齿宽等；选定联轴器的型号、孔径范围、孔宽及装拆尺寸等。

2）熟悉减速器结构，弄懂其中各零件的功用、类型和相互关系；分析并考虑减速器的箱体结构，轴承固定及润滑密封措施，轴承端盖形式，传动件的润滑方案等。

3）考虑减速器装配图的图面布置。

装配图可用 A0 或 A1 号图纸绘制，且应符合机械制图的标准。一般需选用三个视图才能将各零件间的装配关系表达清楚，必要时可加局部视图来补充表达。

尽量采用 1:1 或 1:2 的比例尺绘图。在布图之前，应根据传动件的中心距、顶圆直径及轮宽等主要结构尺寸，估计出减速器的轮廓尺寸，并留出标题栏、明细表、零件编号、技术特性表及技术要求的文字说明等位置，做好图面的合理布置。

初次设计可参考有关装配图例。图 14-14 为一级圆柱齿轮减速器装配图的图面布置。

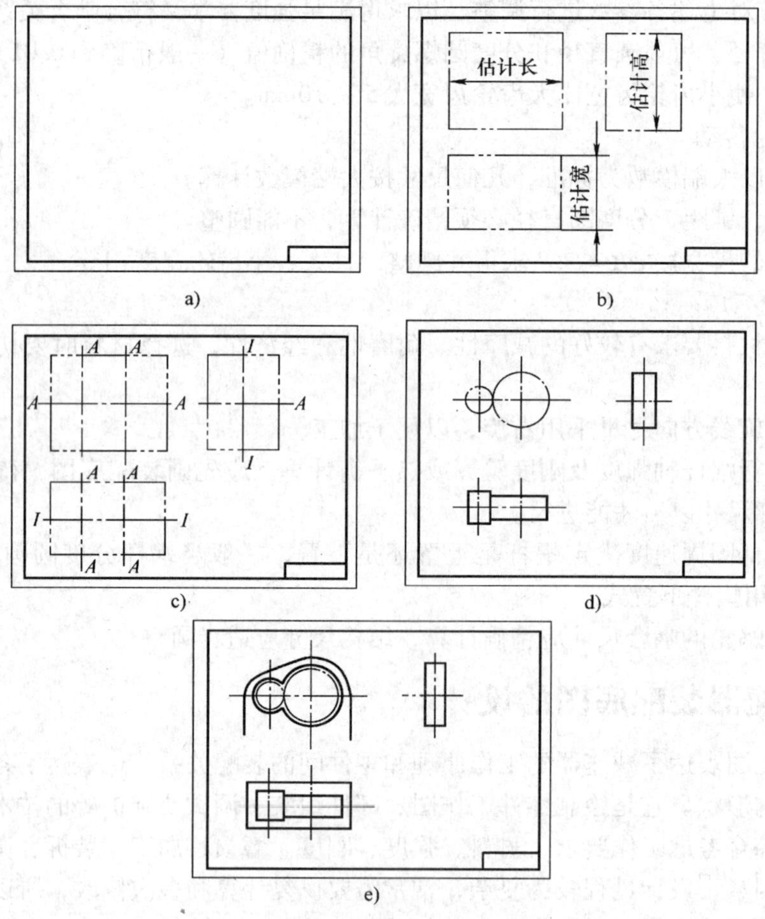

图 14-14　一级圆柱齿轮减速器装配图图面布置

（二）底图绘制

绘制装配底图的目的是通过绘图确定减速器的大体轮廓，更重要的是进行轴的结构设计和轴承组合结构设计，确定轴承的型号和位置，确定轴承支反力作用点和轴上力的作用点，从而对轴、轴承及键进行验算。

在减速器中，传动零件、轴和轴承是其主要零部件，其他零件的结构尺寸是随着这些零件的确定而确定的。因此，在设计绘图时，应按照从主到次、从内到外、从粗到细的顺序，边绘图、边计算、边修改，以一个视图为主，兼顾几个视图。初绘装配底图按以下两个阶段进行。

1. 第一阶段

（1）确定传动零件轴心线位置及轮廓　先画出箱内传动零件的中心线、齿顶圆（或蜗轮外圆）、节圆、齿根圆、轮缘及轮毂宽等轮廓尺寸。对于锥齿轮传动，要使两齿轮大端端面对齐，锥顶交于一点。对于蜗杆传动，要使蜗杆轴向平面和蜗轮中间平面重合。

（2）确定箱体内壁位置　箱体内壁与齿轮轮毂端面应留有一定的距离 Δ_2（一般 $\Delta_2=10$

~15mm，对于重型减速器应取大些），大齿轮齿顶圆（蜗轮外圆）与箱体内壁应留有距离 Δ_1（$\Delta_1 \geqslant 1.2\delta$，$\delta$ 为箱座壁厚）。

对于圆柱齿轮减速器，小齿轮顶圆与箱内壁间的距离暂不确定，待进一步设计时，再由主视图上箱体结构的投影确定。对于蜗杆减速器，因箱体内壁之间的距离主要考虑蜗杆轴系结构及轴承尺寸，故箱体内壁与蜗轮轮毂端面的距离一般比较远。

这一步骤的绘图方法可参见图 14-15 和图 14-16。

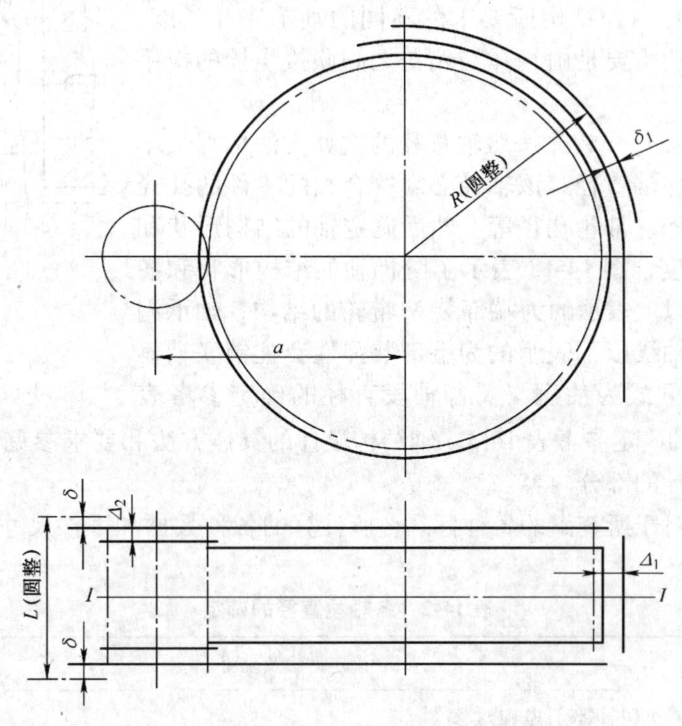

图 14-15　一级圆柱齿轮减速器装配底图（一）

（3）确定轴承在箱体底孔内的位置　轴承在箱体轴承座孔内的位置是由轴承润滑方式确定的。当轴承采用脂润滑时，轴承内侧面离箱体内壁距离 Δ_3 应大一些，以备装封油环（见图 14-17），防止箱内油流入使润滑脂变稀或冲走。一般 $\Delta_3 = 5 \sim 10$mm。

当轴承依靠箱内传动件甩油进行飞溅润滑时，距离 Δ_3 可小些，以使润滑油能顺利进入轴承孔内，一般 $\Delta_3 = 3 \sim 5$mm。特殊情况下需加挡油环时，$\Delta_3 = 10 \sim 15$mm。

（4）确定轴承座孔外端面位置及分箱面箱缘宽　轴承座孔外端面位置应由箱体内壁线及轴承座孔的长度 L 确定，确定轴承座孔长度 L 时应综合考虑箱内箱外的结构需求：

轴承座孔内一般装有轴承、端盖、密封装置、挡油环等零件（图 14-17 轴线以上所示）。端盖止口 m 不宜太短，以免拧紧螺钉时端盖歪斜。一般取 $m = (0.10 \sim 0.15)D$，D 为轴承外径。轴承座孔长度 $L = B + m + \Delta_3$。

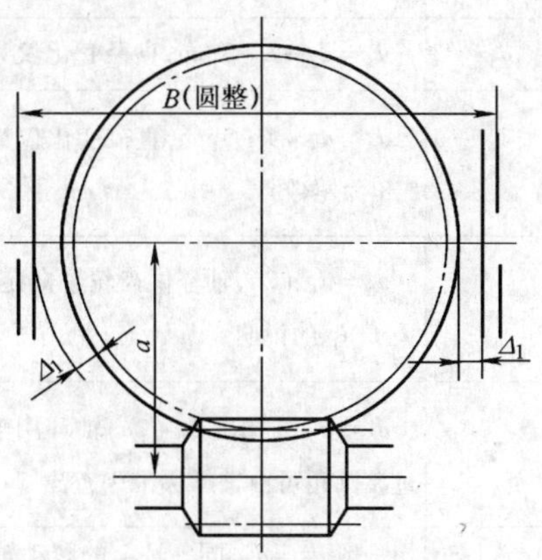

图 14-16　蜗杆减速器装配底图（一）

在通常情况下，低速轴因受力较大，轴承较宽，所需轴承座孔长度也较大。高速轴或中间轴的轴承座孔长度应与低速轴相同，这样可使各轴承座孔外端面在同一平面上，以便于加工。

确定轴承座孔长度时，还应考虑箱外轴承座孔两旁联接螺栓的扳手空间位置（图 14-17 轴线以下所示），即 $L \geqslant \delta + c_1 + c_2 + 5 \sim 8\text{mm}$。$c_1$、$c_2$ 为扳手空间所决定的尺寸，可由螺栓直径查表 14-7 确定。

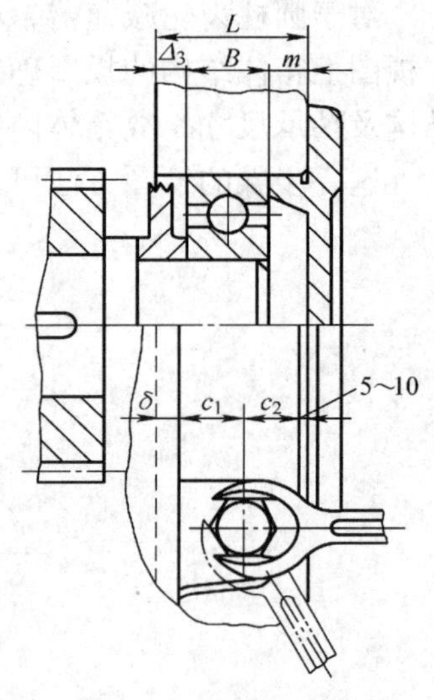

图 14-17　轴承座孔长度

设计时应比较箱内外结构所要求的不同的轴承座孔长度，取其中较大者。一般主要是由箱体与箱盖之间联接螺栓的扳手空间位置所确定。

（5）轴的结构设计　首先按照轴直径的估算方法估算最小轴径，也即轴的外伸端直径。该轴径必须符合相配零件的孔径要求，如联轴器孔径、带轮孔径等。然后确定轴的结构形状和各轴段的直径和长度，图 14-18 表示了阶梯轴的结构形状和各段尺寸。图中轴线以上表示的为端部装 V 带轮的结构，轴承润滑方式为脂润滑；轴线以下表示的为端部装弹性套柱销联轴器的结构，轴承润滑方式为油润滑。各轴段直径的确定参考表 14-2，各轴段长度的确定参考表 14-3。轴结构设计的具体方法和要求参见《机械设计基础》教材有关轴结构设计的部分内容。

设计过程中，对于所查出的各种标准、所计算的各种数据和零件尺寸，均应作好记录，以备后用。

表 14-2　各轴段直径的确定

符号	确定方法及说明
d	初估直径，参见《机械设计基础》教材
d_1	$d_1 = d + 2a$，a 为轴肩高度，用于轴上零件的定位和固定，故 a 值不能太小，通常取 $a \geqslant (0.07 \sim 0.1)d$；$d_1$ 应符合密封元件的孔径要求
d_2	$d_2 = d_1 + 1 \sim 5\text{mm}$，图中 d_1 至 d_2 的变化仅为装配方便及区分加工表面，故其差值可小些，一般直径差值 1 ~ 5mm 即可，d_2 与滚动轴承相配，应与轴承孔径一致（轴承尺寸见轴承标准），开始设计时可预选中窄系列轴承
d_3	$d_3 = d_2 + 1 \sim 5\text{mm}$，直径变化仅为区分加工表面
d_4	$d_4 = d_3 + 1 \sim 5\text{mm}$，直径变化仅为装配方便及区分加工表面；$d_4$ 与齿轮相配，应圆整为标准直径（一般以 0，2，5，8 为尾数）
d_5	$d_5 = d_4 + 2a$，轴环供齿轮轴向定位和固定用；$a \geqslant (0.07 \sim 0.1)d_4$，$a$ 值及过渡圆角的要求和数值参见本表中关于 d_1 的说明
d_6	$d_6 \leqslant d_5$ 或 $d_6 = d_7 + 2a$，轴环用于轴承的轴向定位和固定。为便于拆卸，其值不能超过轴承内圈高度。d_6 及过渡圆角可由轴承标准中查出
d_7	一般 $d_7 = d_2$，同一轴上的滚动轴承最好选用同一型号，以便于轴承座孔镗削和减少轴承类型

表 14-3　各轴段长度的确定

符号	名　　称	确定方法及说明
b_1	小齿轮宽度	$b_1=b_2+5\sim10\text{mm}$，b_2 为大齿轮宽度，即齿轮啮合的有效宽度，由齿轮设计计算确定，轴上该段长度应比轮毂短 2～3mm
Δ_2	小齿轮端面至箱体内壁的距离	$\Delta_2=10\sim15\text{mm}$，对重型减速器应取大值
Δ_3	箱体内壁至轴承端面的距离	当轴承为脂润滑时，应设封油环，取 $\Delta_3=5\sim10\text{mm}$；当轴承为油润滑时，取 $\Delta_3=3\sim5\text{mm}$
B	轴承宽度	按轴颈直径初选（一般初选中窄系列）
L	轴承座孔长度	L 由轴承座旁联接螺栓的扳手空间位置或座孔内零件安装位置确定，即 $L=\delta+c_1+c_2+5\sim10\text{mm}$ 或 $L=B+m+\Delta_3$，取两者的较大值
m e	轴承盖长度尺寸	凸缘式轴承盖的 m 尺寸不宜太短，以免拧紧固定螺钉时轴承盖歪斜，一般 $m=(0.1\sim0.25)D$，D 为轴承外径；e 值可根据轴承外径查表 9-17 确定，应使 $m\geqslant e$（见图 14-18）
l_1	外伸轴上旋转零件的内端面与轴承盖外端面的距离	l_1 与外接零件及轴承端盖的结构有关，在图 14-18a 中，l_1 应保证轴承端盖固定螺钉的装拆要求；在图 14-18b 中，l_1 应保证联轴器柱销的装拆要求。若采用嵌入式轴承端盖，则 l_1 可取小些，一般为 $l_1=5\sim10\text{mm}$；若采用凸缘式轴承盖，则 $l_1=15\sim20\text{mm}$
l_2	外伸轴上装旋转零件的轴段长度	按轴上旋转零件的轮毂孔宽度和固定方式确定。当采用键联接时，l_2 通常比轮毂宽短 2～3mm

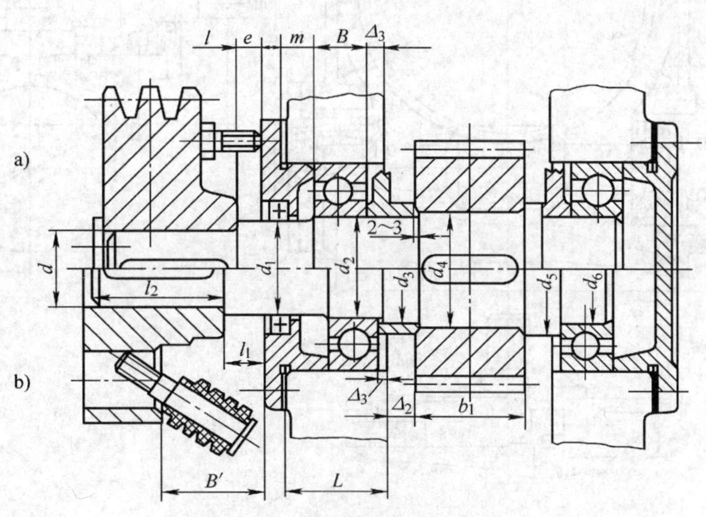

图 14-18　轴的各段直径和长度

图 14-19 和图 14-20 分别给出了这一阶段所绘制的一级圆柱齿轮减速器和蜗杆减速器的装配底图。对于其他类型减速器的设计可参照上述步骤进行。

（6）轴承的选择和支反力作用点的确定　一般减速器均采用滚动轴承，而滑动轴承由于在结构上和润滑条件上要求比较严格，所以一般不用，只有在大载荷、工作条件恶劣或转速很高时才考虑采用。

材的有关内容。

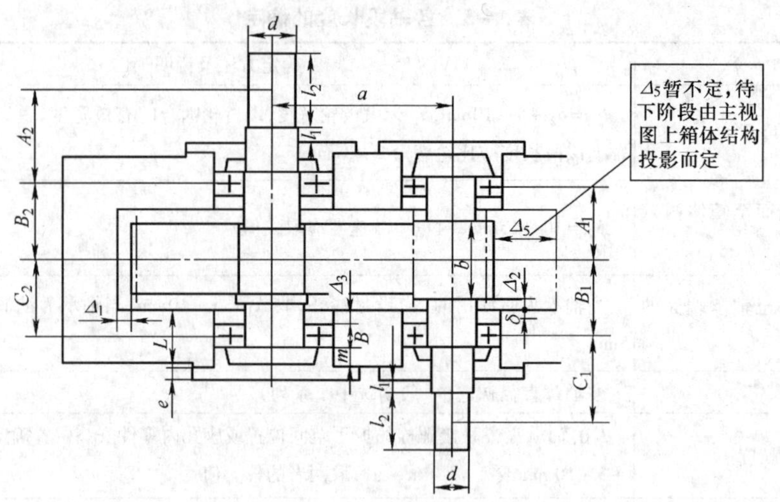

图 14-19　一级圆柱齿轮减速器装配底图（二）

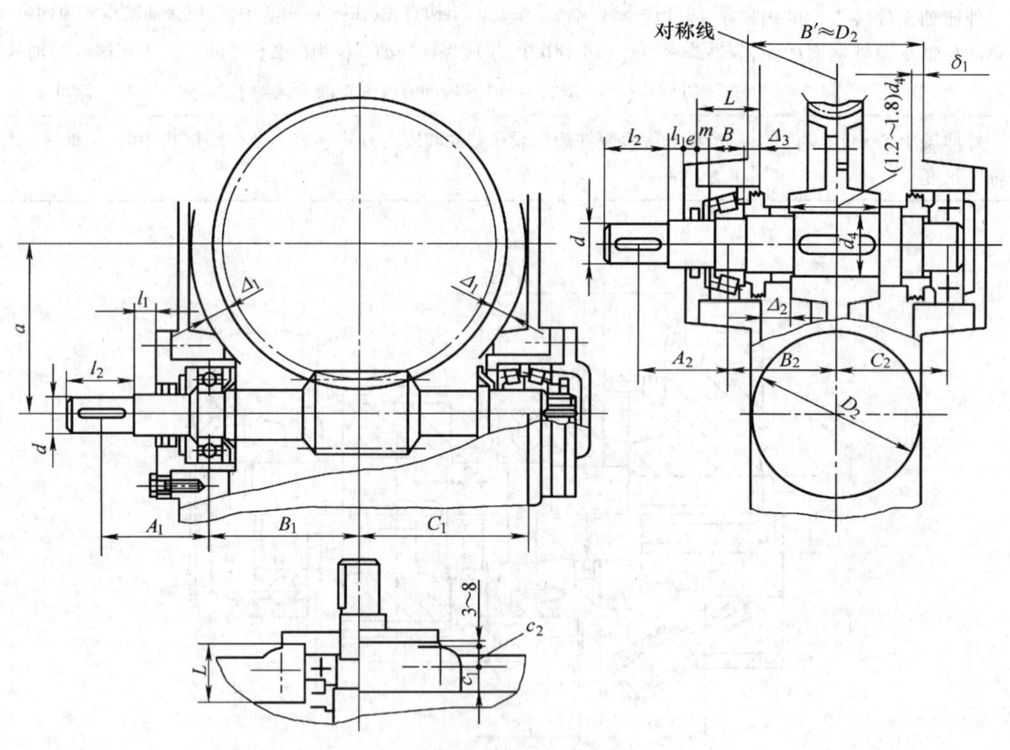

图 14-20　一级蜗杆减速器装配底图（二）

滚动轴承类型主要是根据轴承的特性及载荷的大小、方向和性质，转速高低，旋转精度要求等进行选择。滚动轴承型号先由类比法初定，详细选择方法参见《机械设计基础》教材的有关内容。

轴的结构确定之后，从装配图上可定出轴承支反力作用点及其之间的距离（即跨距）。当采用角接触轴承时，轴承支点应取在离轴承端面为 a 处（见图 14-21），a 值可查轴承标准。

（7）轴及轴承的校核计算　轴承支点确定之后，确定传动件的力作用点。此时，除注意齿轮对轴的作用力之外，还应注意带轮或链轮等传动件对轴的作用力。之后可求出轴上的弯矩和转矩，确定危险截面，对轴进行弯扭组合强度校核。如经校核后发现轴的强度不足，应考虑采用增大轴径、缩小支承跨距、重选材料等措施加以改进。

由于蜗杆轴变形对其啮合精度影响很大，轴又较细长，一般对蜗杆还应进行刚度校核。

在初选滚动轴承型号的基础上，对其进行寿命计算。一般依减速器的寿命作为轴承的使用寿命。当轴承寿命低于减速器寿命时，也可取减速器的检修期为轴承寿命，但应说明在检修减速器时应更换轴承。通用齿轮减速器的工作寿命一般为36000h，轴承寿命最低为6000h；蜗杆减速器的工作寿命一般为20000h，轴承寿命最低为5000h。经校核后，若所选轴承寿命不够，不要轻易改变轴承内径，可通过改变轴承类型或直径系列来改变轴承的基本额定动载荷，使其符合要求。

对于减速器中各轴上的键应该进行挤压强度校核。若发现强度不足，可采取增加键长、选用双键或加大轴径等措施。

2. 第二阶段

（1）传动零件的结构设计　传动零件的结构形状与所选材料、毛坯尺寸及制造方法有关。圆柱齿轮、锥齿轮及蜗轮蜗杆的结构参见本手册第四篇有关内容。

（2）滚动轴承的组合结构设计　为了保证轴承在机器中的正常工作，除了选择合适的轴承类型和尺寸外，还必须合理地设计轴承的组合结构。轴承组合设计在结构上应保证轴系的轴向固定及游隙的调整。

在常用的两种固定方式中，两端单向固定，常用端盖固定轴承外圈。此方式结构简单，使用较方便，是一般的齿轮减速器和轴承支点跨距小于300mm的蜗杆减速器首选的固定方式，如图14-22所示。

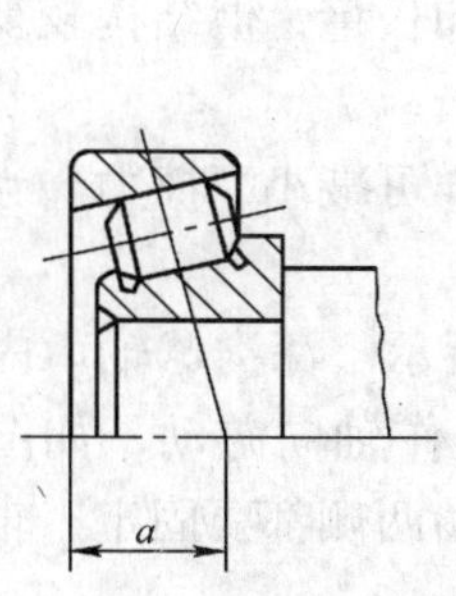

图14-21　角接触轴承支点的位置

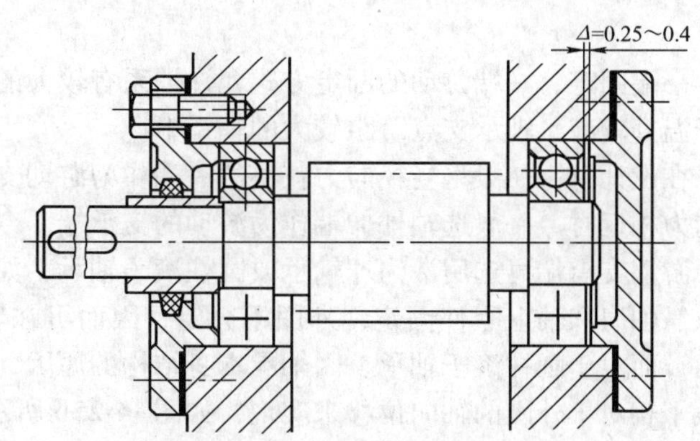

图14-22　两端单向固定方式

采用这种固定方式，应考虑到轴工作时的受热膨胀，故在安装时轴承盖与轴承外圈之间应留有适量的轴向间隙。但此间隙不能太大，以防止轴承各滚动体受载不均匀而引起轴向窜动，所以一般采用调整的方法保证其间隙。对于可调间隙的角接触向心轴承或角接触推力轴承，可通过调整轴承内外圈的相对位置得到需要的轴承游隙。这种游隙一般较小，以保证轴承刚性。对于不可调间隙的轴承（径向接触轴承），可在装配时通过调整，使固定端盖与轴承，外圈端面间留有适当的间隙。

图 14-22 所示的轴系结构是用凸缘式轴承端盖固定轴承，并通过增减轴承盖与箱体端面之间的垫片来调整轴承间隙的。

图 14-23 所示结构利用了调整螺钉 1 使压盖 3 移动并推动轴承外圈以调节轴承间隙，间隙调好后可用螺母 2 锁紧。

当轴上零件有严格的轴向位置要求时，应采取措施调整轴系的轴向位置。图 14-24 所示的锥齿轮减速器中，对于悬臂的小锥齿轮轴系，要求其具有良好的刚性，且轴向位置能调整，以达到两齿轮锥顶重合。常采用的方法是将整个轴系装于套杯内而形成一个独立组件，套杯的厚度可取 6 ~ 10mm。套杯的凸肩起固定轴承的作用，套杯凸缘及轴承盖处均有垫片分别用来调节轴系的轴向位置及调整轴承间隙。

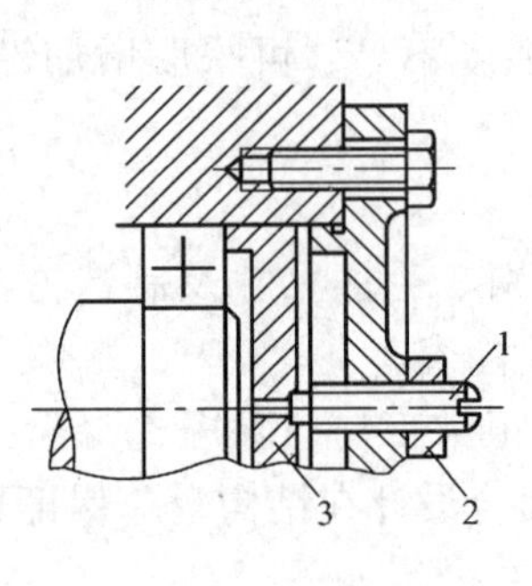

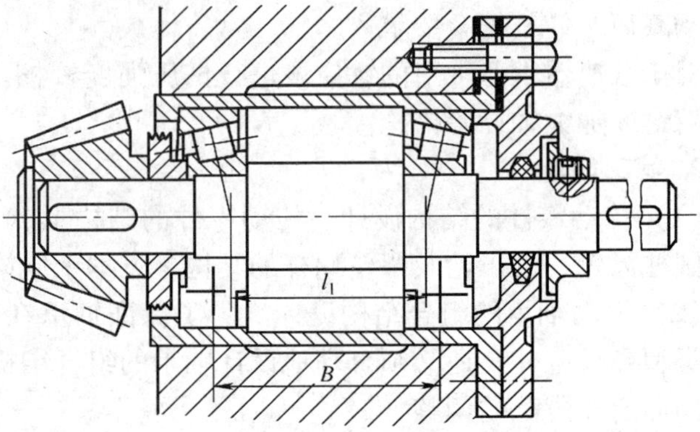

图 14-24　锥齿轮轴系

图 14-23　螺钉压盖调整轴承间隙
1—调整螺钉　2—螺母　3—压盖

一端固定、一端游动的固定方式允许轴系有较大的受热变形伸长量，但结构较复杂。多用于温升较高、轴承支点跨距较大的轴系中。

在设计时，一般将受径向力较小的一端作为游动支承端，这样可减小摩擦力。当两支点径向力相近时，一般选轴外伸端作为游动的支承端。

游动支承端可选用深沟球轴承或圆柱滚子轴承，如图 14-25 所示。深沟球轴承内圈两侧可依靠轴肩和轴上零件固定，外圈不固定，因而可在轴承座孔内作轴向游动，如图 14-25a 所示；而对于圆柱滚子轴承，因轴承本身结构的原因，其内、外圈两侧都要固定，轴承游动靠滚子相对于外圈的轴向位移来实现，如图 14-25b 所示。

固定端轴承因承受轴向力，一般不用弹性挡圈作固定件。当固定端采用套杯固定轴承时，为使两孔具有相同的直径，以便于加工，游动端可用套杯结构，或选用外径与套杯孔径相同的轴承。

（3）润滑及密封装置的设计

1）减速器的润滑。闭式减速器大多采用浸油润滑，即将齿轮、蜗杆或蜗轮等传动零件浸入油中，当传动零件回转时，沾在上面的油被带到啮合表面进行润滑。这种润滑方式适用于齿轮圆周速度 $v \leqslant 12\text{m/s}$、蜗杆（下置）圆周速度 $v < 10\text{m/s}$ 的传动。油池深度既要保证轮齿啮合处的充分润滑，又应避免搅油的功率损耗过大，合适的深度如图 14-26 所示。

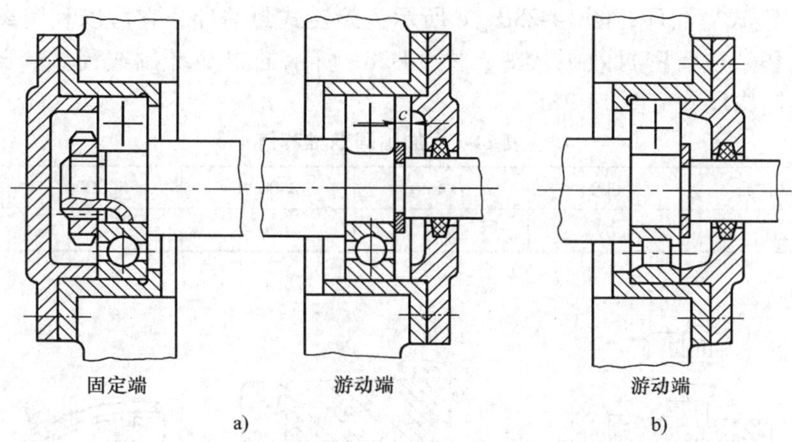

图 14-25　一端固定、一端游动的固定方式

传动件的浸油深度，对于圆柱齿轮和蜗轮（或蜗杆）以一个齿高为宜，但不小于10mm；对于锥齿轮，应使油浸到整个齿宽；对于多级传动，当高速级传动件浸油深度为一个齿高时，低速级传动件浸油深度还可更深些，但不能超过（1/3 ~1/6）分度圆半径。

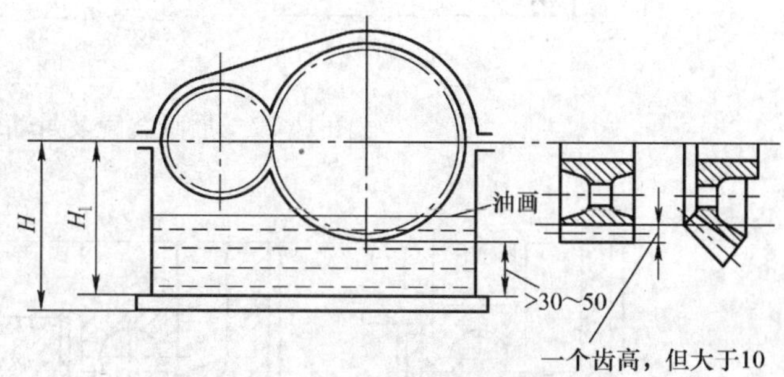

图 14-26　合适的油池深度

当传动零件的圆周速度超过上述标准时，可采用喷油润滑。

2）轴承的润滑及密封。轴承可采用油润滑和脂润滑两种润滑方式，主要根据轴承的内径 d 与转速 n 之积即 dn 值进行选择，具体可参见表 14-4。

表 14-4　适用于脂润滑和油润滑的 *dn* 值界限

轴承类型	$dn/(10^4\mathrm{mm\cdot r\cdot min^{-1}})$（脂润滑）	$dn/(10^4\mathrm{mm\cdot r\cdot min^{-1}})$（油润滑）			
		油浴	滴油	喷油（循环油）	油雾
深沟球轴承	16	25	40	60	>60
调心球轴承	16	25	40		
角接触球轴承	16	25	40	60	>60
圆柱滚子轴承	12	25	40	60	>60
圆锥滚子轴承	10	16	23	30	
调心滚子轴承	8	12		25	
推力球轴承	4	6	12	15	

①脂润滑，当轴承速度较低时，一般采用脂润滑。此方式结构简单，易于密封。润滑脂在装配时填入轴承内，填入量不易过多，一般填满轴承空隙的 1/3 ~1/2 为宜，更换润滑脂的周期可依据表 14-5 确定。填脂时，可拆去轴承盖，也可不拆轴承盖而采用填加脂润滑装置，如旋盖式油杯（见图 14-27a）、压注油杯（见图 14-27b）。为避免油池中的油进入轴承内稀释润滑脂，在轴承内侧需加一封油环，其结构形式如图 14-28 所示。其中，图 14-28a、 b、c 所示为固定式封油环；图 14-28d、e 所示为旋转式封油环，它可以利用离心力甩掉聚集在环面上的油和杂质，密封效果较好；图 14-28e 所示的封油环制成齿状，封油效果更好，应用较广，其结构尺寸见图 14-28f。

表 14-5　加脂周期推荐值

$dn/(\mathrm{mm \cdot r \cdot min^{-1}})$	50000	100000	200000	300000	400000
加脂周期/月	36	18	6	2	1

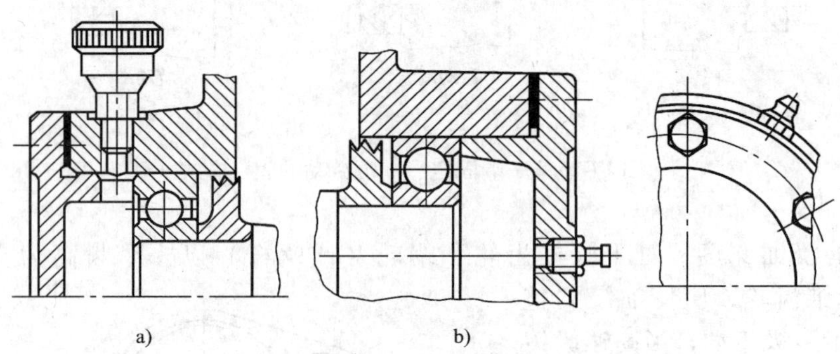

图 14-27　加脂装置及封油环密封装置

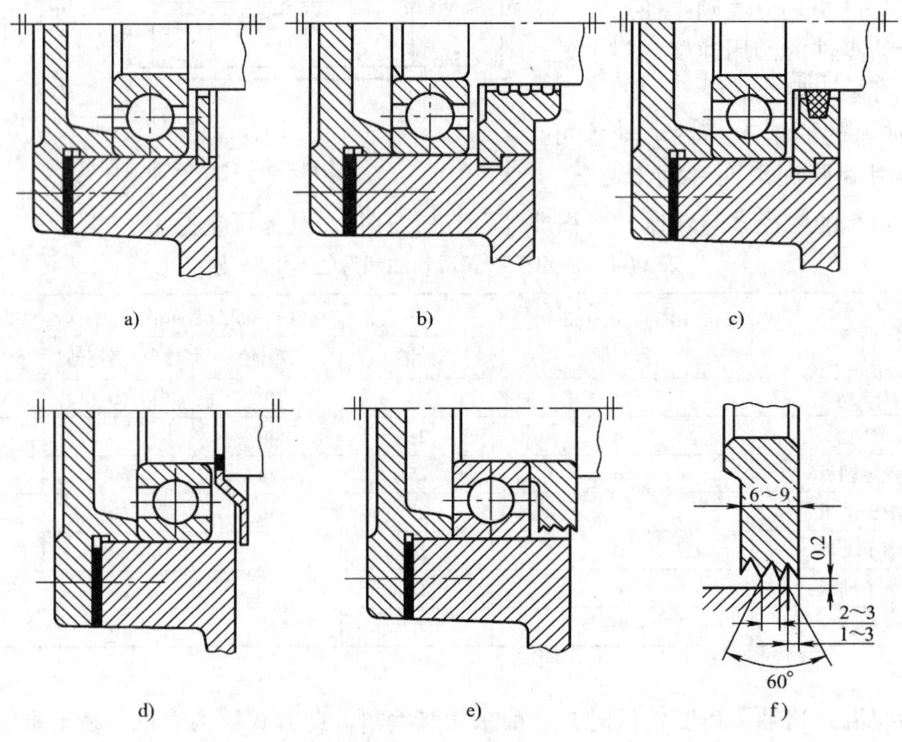

图 14-28　封油环结构形式

②油润滑，当轴承速度较高时，应采用油润滑。若减速器内传动零件的圆周速度 $v \geqslant 2\mathrm{m/s}$，一般可利用传动零件进行飞溅式润滑，将减速器内的润滑油直接溅入轴承或经箱体

剖分面上的油沟流到轴承中进行润滑。为此，应在箱体剖分面上开输油沟，并在端盖上开缺口，如图 14-29b 所示；还应将箱盖剖分面内壁边缘处制成倒角，如图 14-29a 所示，以保证飞溅到箱盖内壁上的油能顺利流入油沟并进入轴承进行润滑。为防止齿轮啮合处的热油和杂质进入轴承，有时可在轴承内侧加挡油环，其结构见图 14-30a、b。图 14-30c 为储油环装置，其作用是使轴承内保存一定量的润滑油，常用于需经常起动的油润滑轴承。储油环高度以不超过轴承低滚动体中心为宜。图 14-30d 为飞溅润滑示意图。

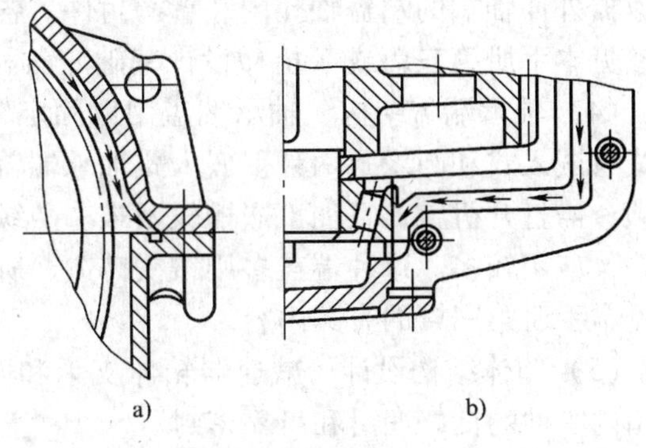

图 14-29　油润滑轴承

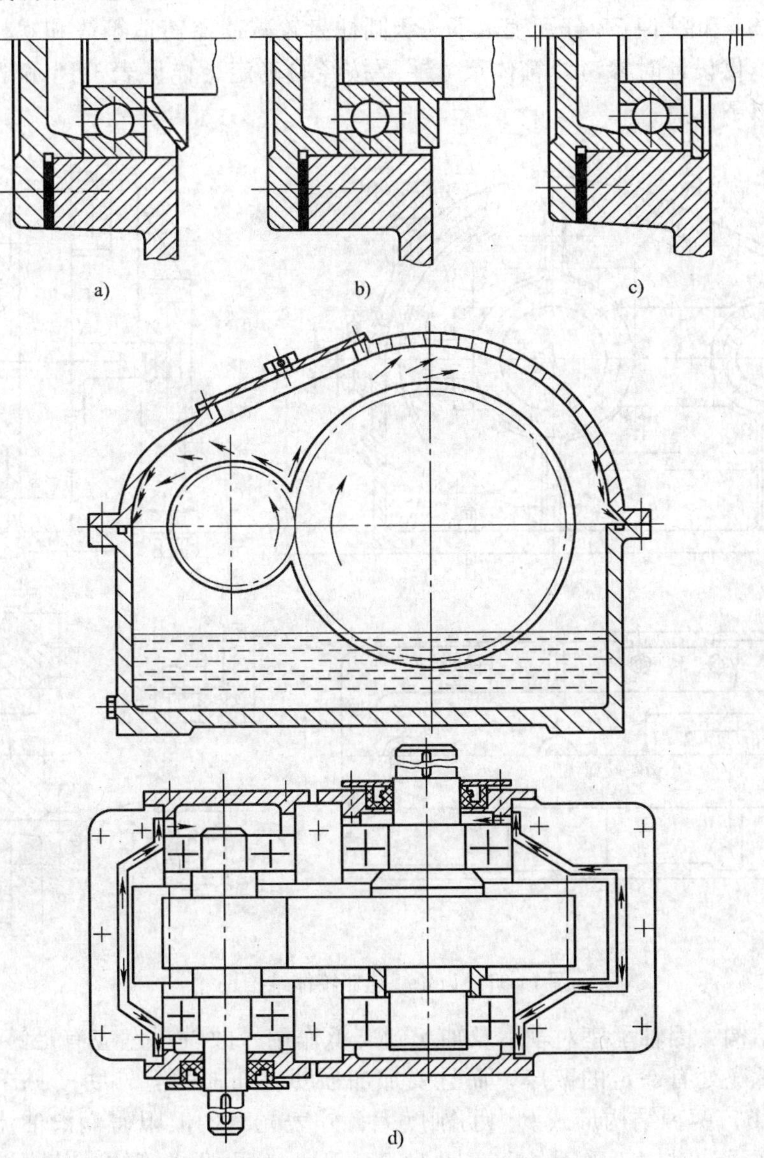

图 14-30　挡油环、储油环及飞溅润滑示意图

为防止外界环境中的灰尘、杂质及水汽渗入轴承，并防止轴承内的润滑油脂外漏，应在减速器外伸轴端的端盖轴孔内装置密封件。各种密封装置的应用、特性及毡圈油封和沟槽尺寸参见本手册第三篇或《机械设计基础》教材有关内容。

（4）轴承端盖结构　轴承端盖用以固定轴承及调整轴承间隙并承受轴向力。常用结构形式有嵌入式和凸缘式两种。嵌入式轴承端盖结构简单，但密封性能差，调整轴承间隙比较麻烦，需打开机盖，且加工嵌槽较困难。凸缘式轴承端盖调整轴承间隙比较方便，密封性能也好，应用较多。这种端盖多用铸铁铸造、所以要考虑铸造工艺性，各种轴承端盖的结构尺寸见本手册第三篇的有关内容。

（5）箱体结构设计　减速器箱体支承和固定着轴系零件，保证了传动零件的正确啮合及箱内零件的良好润滑和可靠密封。

1）铸造箱体的结构　设计铸造箱体结构时，应考虑箱体的刚度、结构工艺性等几方面的要求。图 14-31 和图 14-32 分别表示了一级圆柱齿轮减速器铸造箱体和蜗杆减速器铸造箱体的结构形状，供设计时参考。箱体尺寸主要按经验确定，详见表 14-6 和表 14-7。具体设计时还应注意以下几点：

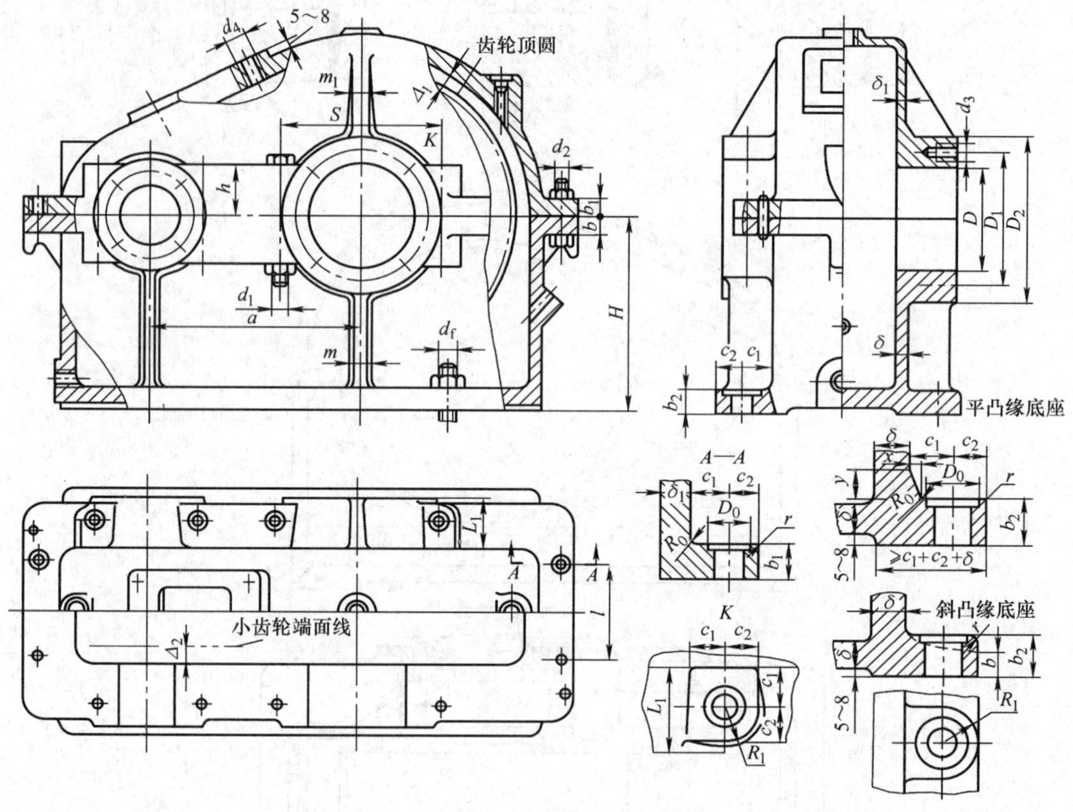

图 14-31　齿轮减速器箱体结构尺寸

①轴承座结构：因轴承座对轴承及轴起到支承作用，故轴承座应有足够的刚度。因此，首先应保证轴承座处有一定的壁厚，而且要加加强肋。加强肋有外肋（见图 14-33a）和内肋（见图 14-33b）两种结构形式。内肋刚度大，外表光滑，但阻碍润滑油流动，且铸造工艺复杂，所以在设计时一般采用外肋。图 14-33c 所示为凸缘式箱体，其刚性、油池容量都比较大，适用于大型减速器，而小型减速器多用图 14-33a 所示结构。

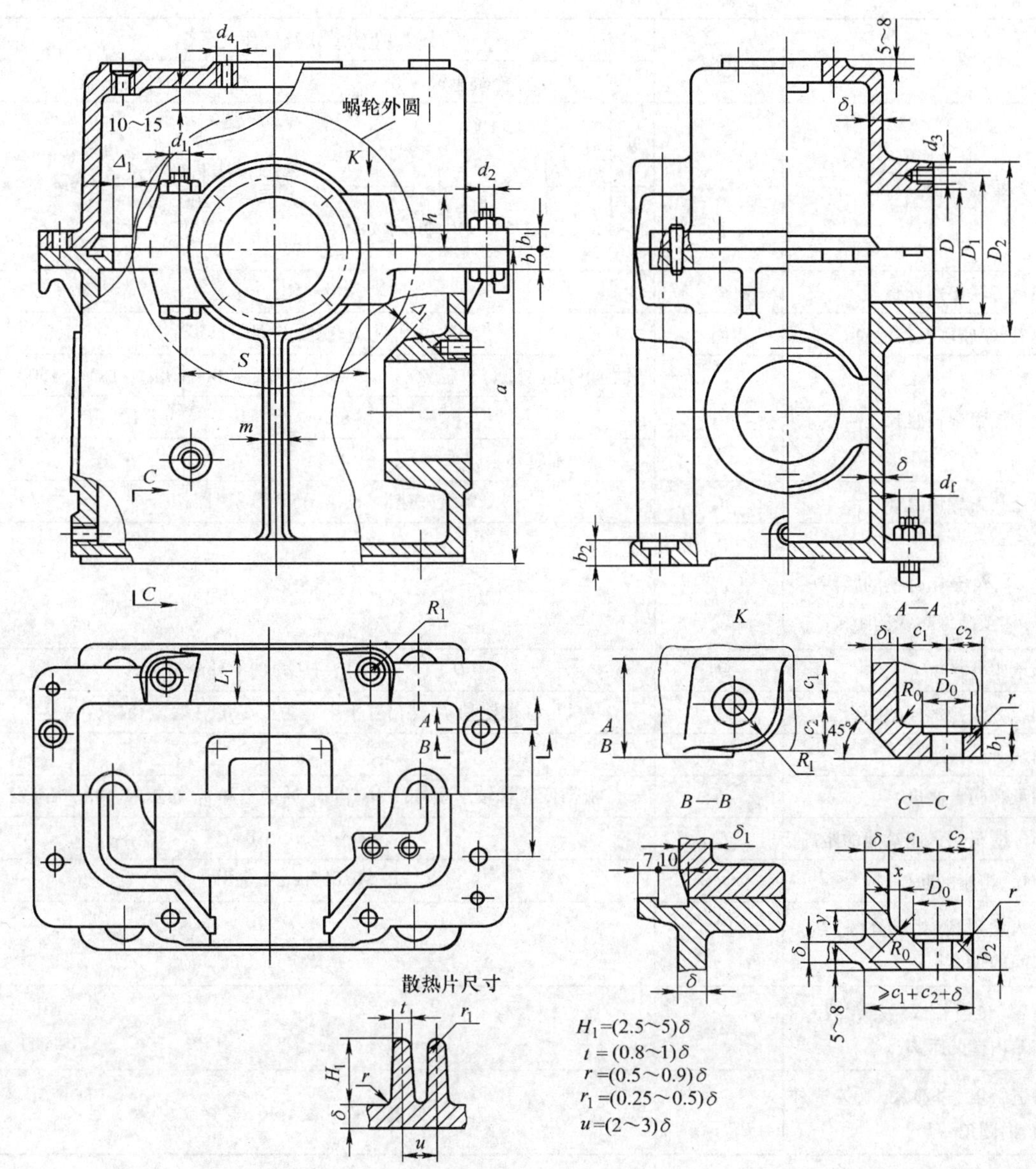

图 14-32　蜗杆减速器箱体结构尺寸

表 14-6　减速器铸铁箱体主要结构尺寸关系（见图 14-31、图 14-32）（单位：mm）

名　　称	符号	减速器型式及尺寸关系	
		齿轮减速器	蜗杆减速器
箱座(体)壁厚	δ	$0.025a+\Delta\geqslant 8$	$0.04a+3\geqslant 8$
箱盖壁厚	δ_1	$0.85\delta\geqslant 8$	蜗杆上置：$\approx\delta$ 蜗杆下置：$0.85\delta\geqslant 8$
箱座、箱盖、箱座底的凸缘厚度	b、b_1、b_2	$b=1.5\delta$；$b_1=1.5\delta$；$b_2=2.5\delta$	

（续）

<table>
<tr><td rowspan="2">名　　称</td><td rowspan="2">符号</td><td colspan="5">减速器型式及尺寸关系</td></tr>
<tr><td colspan="4">齿轮减速器</td><td>蜗杆减速器</td></tr>
<tr><td rowspan="2">地脚螺栓直径及数目</td><td rowspan="2">d_f、n</td><td>a</td><td>≤100</td><td>>100
~200</td><td>>200</td><td rowspan="2">$;n=\frac{\text{底座凸缘周长之半}}{(200\sim300)}\geqslant4$</td></tr>
<tr><td>d_f</td><td>12</td><td>$0.04a+8$</td><td>$0.047a+8$</td></tr>
<tr><td>轴承旁联接螺栓直径</td><td>d_1</td><td colspan="5">$0.75d_f$</td></tr>
<tr><td>箱盖、箱座联接螺栓直径</td><td>d_2</td><td colspan="5">$(0.5\sim0.6)d_f$；螺栓的间距：150~200</td></tr>
<tr><td rowspan="3">轴承端盖螺钉直径</td><td rowspan="3">d_3</td><td>轴承座孔（外圈）直径 D</td><td>45~65</td><td>70~100</td><td>110~140</td><td>150~230</td></tr>
<tr><td>d_3</td><td>8</td><td>10</td><td>12</td><td>16</td></tr>
<tr><td>螺钉数目</td><td>4</td><td>4</td><td>6</td><td>6</td></tr>
<tr><td>检查孔盖螺钉直径</td><td>d_4</td><td colspan="5">单级减速器：$d_4=6$；双级减速器：$d_4=8$</td></tr>
<tr><td>锪孔直径
d_f、d_1、d_2 至箱外壁的距离
d_f、d_2 至凸缘边缘的距离</td><td>D_0
c_1
c_2</td><td colspan="5">见表 14-7</td></tr>
<tr><td>轴承座外径</td><td>D_2</td><td colspan="5">$D+(5\sim5.5)d_3$；D 为轴承外圈直径</td></tr>
<tr><td>轴承旁联接螺栓的距离</td><td>S</td><td colspan="5">以 d_1 螺栓和 d_3 螺钉互不干涉为准尽量靠近，一般取 $S\approx D_2$</td></tr>
<tr><td>轴承旁凸台半径</td><td>R_1</td><td colspan="5">c_2</td></tr>
<tr><td>轴承旁凸台高度</td><td>h</td><td colspan="5">根据低速轴轴承座外径 D_2 和 d_1 扳手空间 c_1 的要求，由结构确定</td></tr>
<tr><td>箱外壁至轴承座端面的距离</td><td>L_1</td><td colspan="5">$c_1+c_2+5\sim8$</td></tr>
<tr><td>箱盖、箱座的肋厚</td><td>m_1、m</td><td colspan="5">$m_1>0.85\delta_1$；$m\geqslant0.85\delta$</td></tr>
<tr><td>大齿轮顶圆（蜗轮外圆）与箱内壁间的距离</td><td>Δ_1</td><td colspan="5">$\geqslant1.2\delta$</td></tr>
<tr><td>齿轮（锥齿轮或蜗轮轮毂）端面与箱内壁的距离</td><td>Δ_2</td><td colspan="5">$\geqslant\delta$</td></tr>
<tr><td>铸造斜度、过渡尺寸、铸造外圆角、内圆角</td><td>x、y、R_0、
R_1、r 等</td><td colspan="5">见表 1-43 ~ 表 1-46，表 14-7</td></tr>
</table>

注：1. 对于圆柱齿轮传动，a 为低速级中心距；对于锥齿轮传动，a 为大、小齿轮平均分度圆半径之和；对于锥—圆柱齿轮传动，a 为圆柱齿轮传动的中心距。

2. Δ 与减速器的级数有关，对于单级减速器，$\Delta=1\text{mm}$；对于两级减速器，$\Delta=3\text{mm}$。

3. 表中所列 D_2 的尺寸关系，适用于螺钉联接式轴承盖；对嵌入式轴承盖，$D_2=1.25D+10\text{mm}$。

表 14-7　铸造箱体凸台和凸缘螺栓联接处的结构尺寸　　（单位：mm）

<table>
<tr><td rowspan="2">尺寸符号</td><td colspan="12">螺栓直径 d_1</td></tr>
<tr><td>M6</td><td>M8</td><td>M10</td><td>M12</td><td>M14</td><td>M16</td><td>M18</td><td>M20</td><td>M22</td><td>M24</td><td>M27</td><td>M30</td></tr>
<tr><td>$c_{1\min}$</td><td>12</td><td>14</td><td>16</td><td>18</td><td>20</td><td>22</td><td>24</td><td>26</td><td>30</td><td>34</td><td>38</td><td>40</td></tr>
<tr><td>$c_{2\min}$</td><td>10</td><td>12</td><td>14</td><td>16</td><td>18</td><td>20</td><td>22</td><td>24</td><td>26</td><td>28</td><td>32</td><td>35</td></tr>
<tr><td>D_0</td><td>15</td><td>20</td><td>24</td><td>28</td><td>32</td><td>34</td><td>38</td><td>42</td><td>44</td><td>50</td><td>55</td><td>62</td></tr>
<tr><td>$R_{0\max}$</td><td colspan="4">5</td><td colspan="4">8</td><td colspan="4">10</td></tr>
<tr><td>$r_{\max}$</td><td colspan="4">3</td><td colspan="4">5</td><td colspan="4">8</td></tr>
</table>

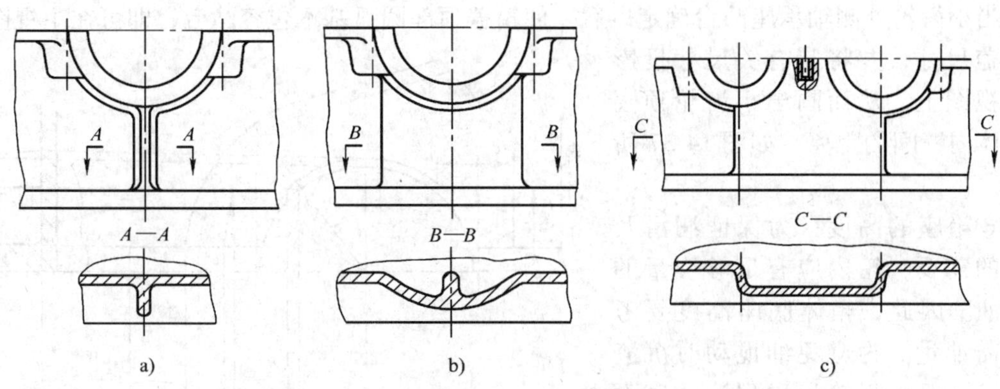

图 14-33　箱体的加强肋结构
a）外肋式　b）内肋式　c）凸缘式

②箱体凸缘、底座凸缘及凸台结构：为保证上下箱体的联接刚度，箱盖与箱座联接部分都应具有较厚的联接凸缘（见图 14-34a）。箱座底面凸缘更要适当加厚，并且其宽度 B 应超过箱座的内壁（见图 14-34b），图 14-34c 所示结构不利于支承受力。为提高箱体轴承座孔处的联接刚度，座孔两侧的联接螺栓应尽量靠近。为此，轴承座孔附近应做出凸台，如图 14-35 所示。凸台高度 h 的确定应以保证足够的螺母扳手空间为原则，如图 14-36 所示。图中 c_1、c_2 尺寸应根据螺栓直径 d_1 查表 14-7 确定。画图时，先确定最大轴承座的凸台尺寸，再确定其他凸台尺寸，这样可使各轴承座的凸台高度一致，以利于加工。

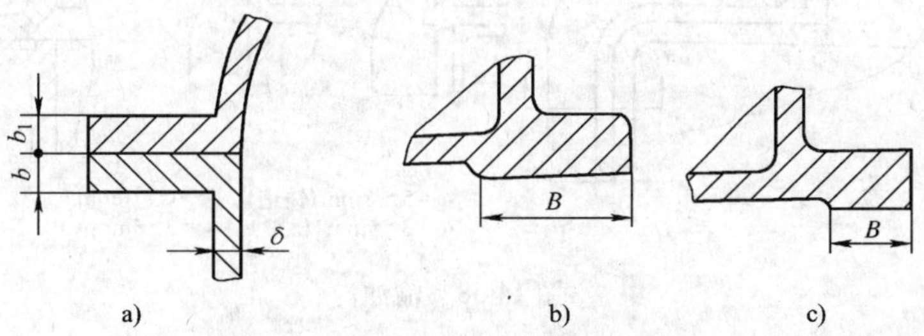

图 14-34　箱体联接凸缘及底座凸缘厚度
a）箱体联接凸缘　b）、c）底座凸缘厚度

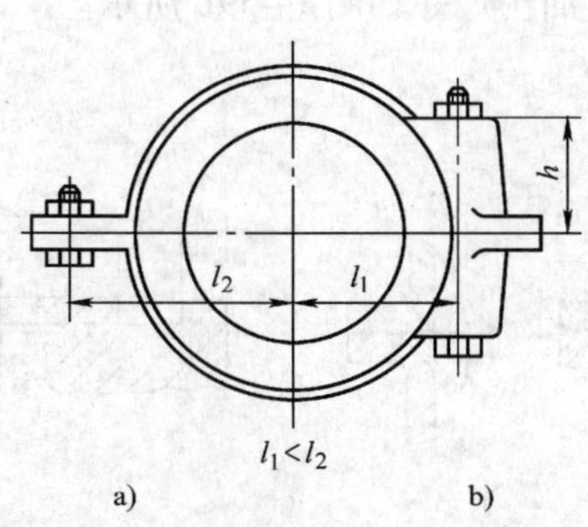

图 14-35　轴承座的联接刚度比较
a）刚性差　b）刚性好

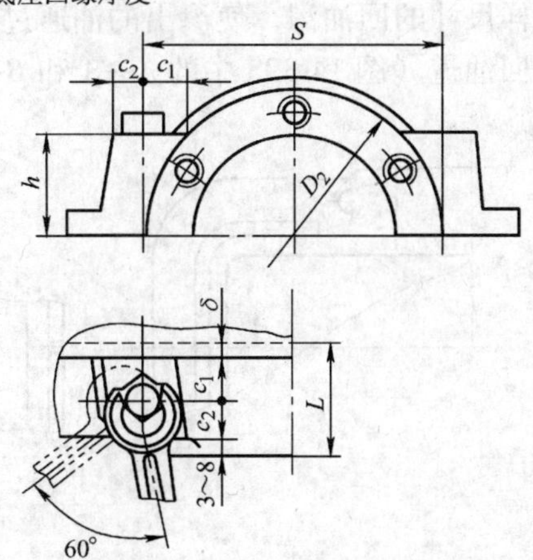

图 14-36　凸台的结构尺寸

当小齿轮外侧轴承座凸台确定以后，使箱盖顶部圆弧基本包容凸台，即可在主视图上确定箱盖尺寸，并将其有关尺寸投影到俯视图上，从而画出小齿轮顶圆与箱体内壁间的距离，如图 14-37 所示。

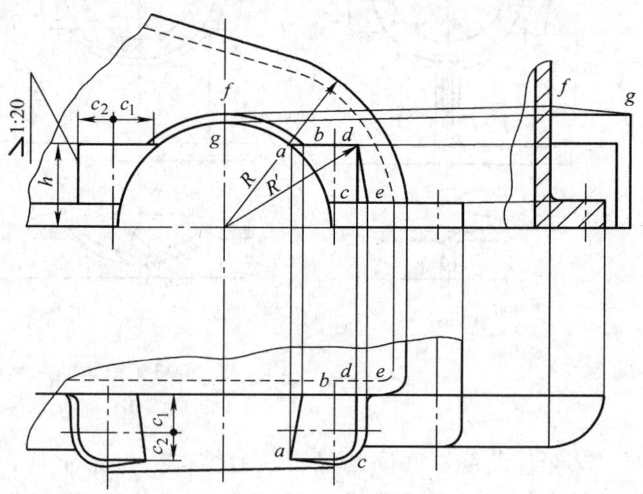

图 14-37　小齿轮端箱盖圆弧 R

③箱座的高度：为保证润滑及散热的需要，箱内应有足够容量的润滑油。因此，箱体底座高度要考虑所需油量。为避免油搅动时沉渣泛起，一般大齿轮齿顶到油池底面的距离不小于 30 ~ 50mm，如图 14-26 所示。

④输油沟和回油沟：当减速器中的滚动轴承采用飞溅润滑时，为使甩入箱盖内壁的油汇集并流入轴承，箱座剖分面上应制出输油沟，如图 14-38 所示。

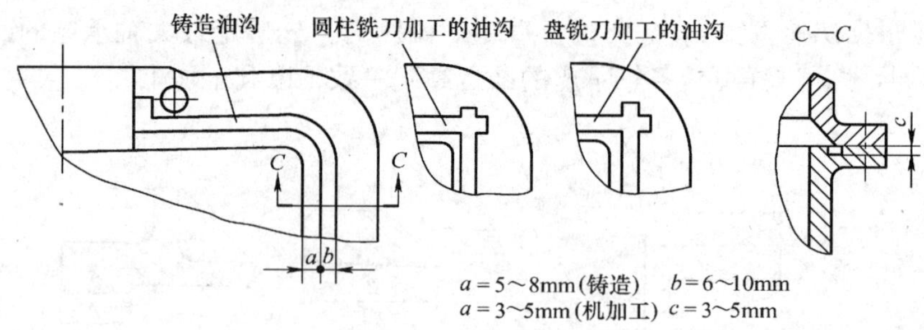

图 14-38　输油沟

当滚动轴承采用脂润滑时，为了提高箱体的密封性，有时在箱座剖分面上也制出与输油沟同样尺寸的回油沟，使渗出的油通过回油沟流回箱体，如图 14-39 所示。此时，回油沟上应设回油道（图 14-39a 中的 A—A 和 B—B 剖视图），油沟尺寸如图 14-39b 所示。

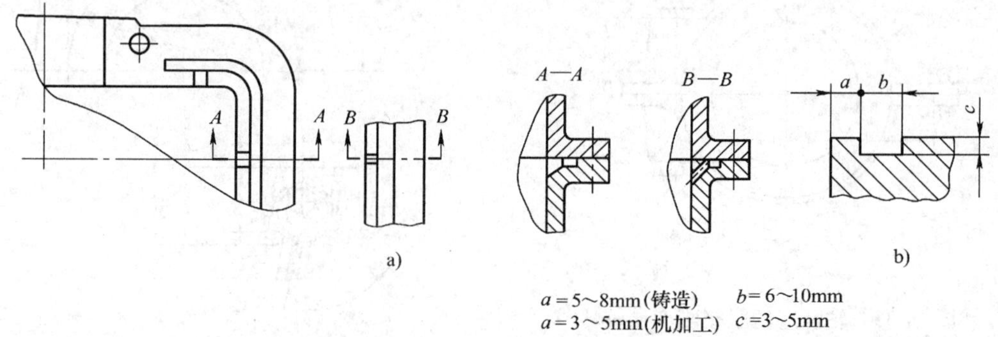

图 14-39　回油沟

⑤箱体的结构工艺性：设计箱体结构时，应考虑加工、装配、使用和维护等方面的要求。

a. 铸造工艺要求。设计铸造箱体时，应注意铸造工艺特点。为避免浇注时铁液流动困难，箱体壁厚不易太薄，最小壁厚要求见本手册第一篇有关内容。

为防止铸件冷却不均造成裂纹、缩孔，壁厚应力求均匀，不使金属局部积聚，如图 14-40 所示。

当箱体箱壁较厚处与较薄处过渡时，应采用平缓的过渡结构。若厚度变化不大，也可采用圆角过渡。圆角半径尺寸见本手册第一篇有关内容。

为便于造型时取模，铸件表面沿起模方向应有 1∶10 ~ 1∶20 的起模斜度。

铸件应尽量避免出现狭缝，图 14-41a 中两凸台距离太近，结构不好；图 14-41b 将两凸台连成一体，结构较好。

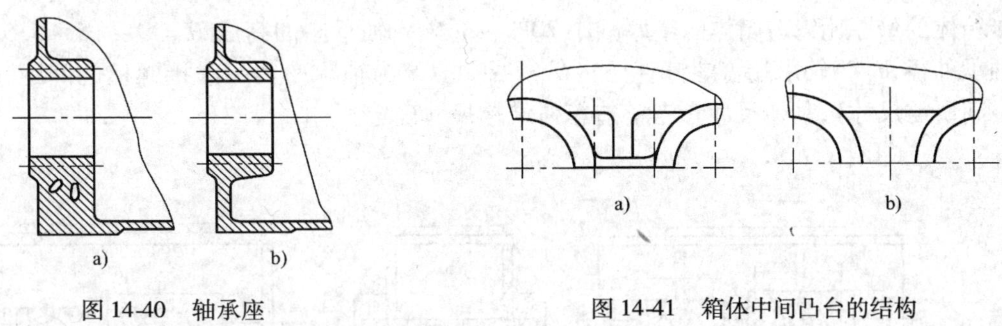

图 14-40　轴承座

a）不好（有缩孔）　b）正确

图 14-41　箱体中间凸台的结构

a）较差　b）正确

b. 机加工工艺要求。设计铸造箱体时，应尽量减少机加工面积，减少刀具调整次数。例如，箱体同侧的各轴承座外端面应布置在同一平面上；又如，同一轴心线的两轴承座孔径应尽量相同，以便镗孔和保证镗孔精度。轴承座外端面、窥视孔、通气塞、吊环螺钉、油标和油塞等接合处为加工表面，均应制出凸台，凸台高度一般为 5 ~ 10mm。支承螺栓头和螺母的表面也可不用凸台，采用刮平或锪出浅鱼眼坑，如图 14-42 所示。

确定箱座底面的结构形式时，应考虑便于支承，便于加工。图 14-43a 加工面积太大，也难于支承；图 14-43b、c、d 所示结构较好。

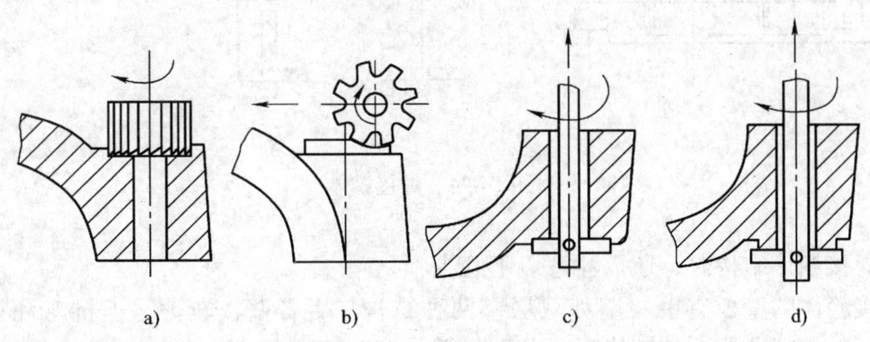

图 14-42　凸台支承面及鱼眼坑的加工方法

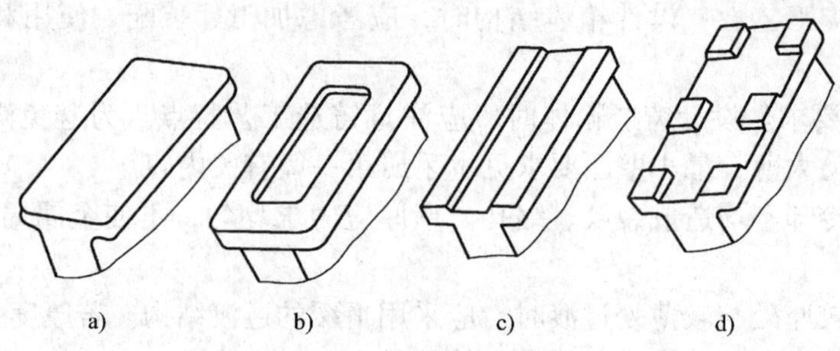

图 14-43　箱座底面的结构

2）焊接箱体的结构　设计焊接箱体时，应保证箱体有足够的刚度，否则工作时轴和轴承发生偏移，降低齿轮的传动效率和使用寿命。同时，在构造设计和制造时，还应保证箱体的致密性和尺寸稳定性，以防止使用过程中发生漏油。焊接箱体的结构形状见图 14-44，焊接箱体的壁厚比铸造箱体的壁厚减小 20% ~30%，轴承座的高度 $H = D + (5 \sim 5.5)\,d_3$（$D$ 为轴承外径，d_3 为轴承端盖螺钉直径），$B = S + 2c_2$（S 为轴承座两旁联接螺栓的间距，c_2 为搬手空间所需尺寸），其他尺寸参考铸造箱体结构尺寸确定。

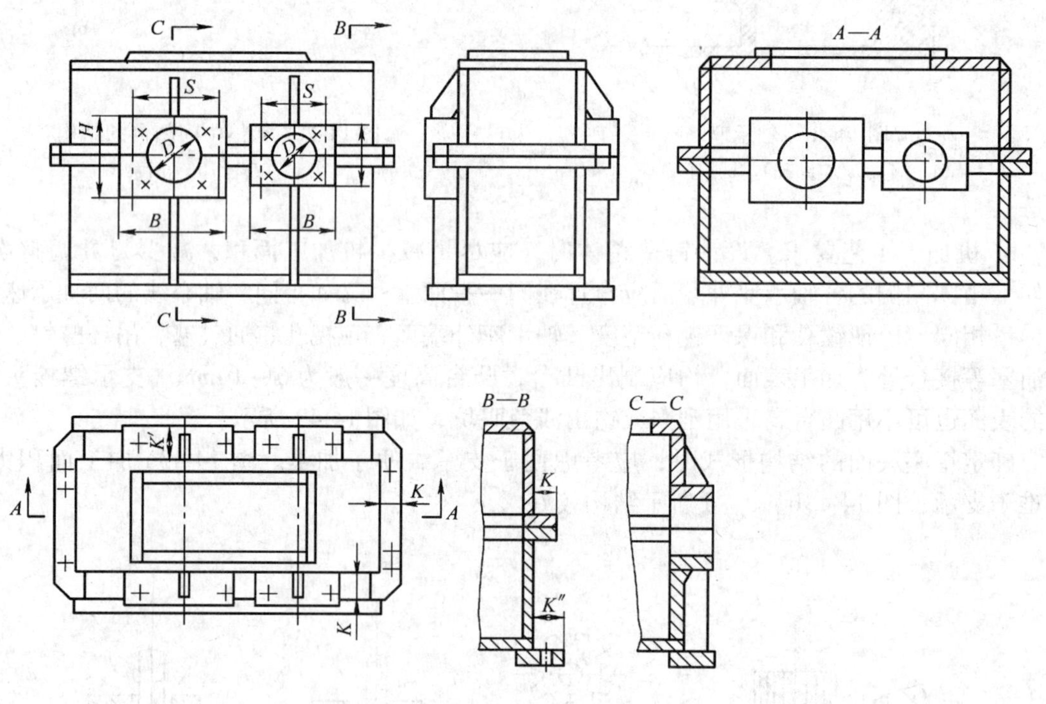

图 14-44　焊接箱体

设计焊接箱体结构时，还需注意以下几点：

①焊接箱体的壁板有单层壁和双层壁两种结构，后者壁板较薄，但抗弯和抗扭刚度较大，常用于重型减速器。其结构形式分别见图 14-45 和图 14-46。

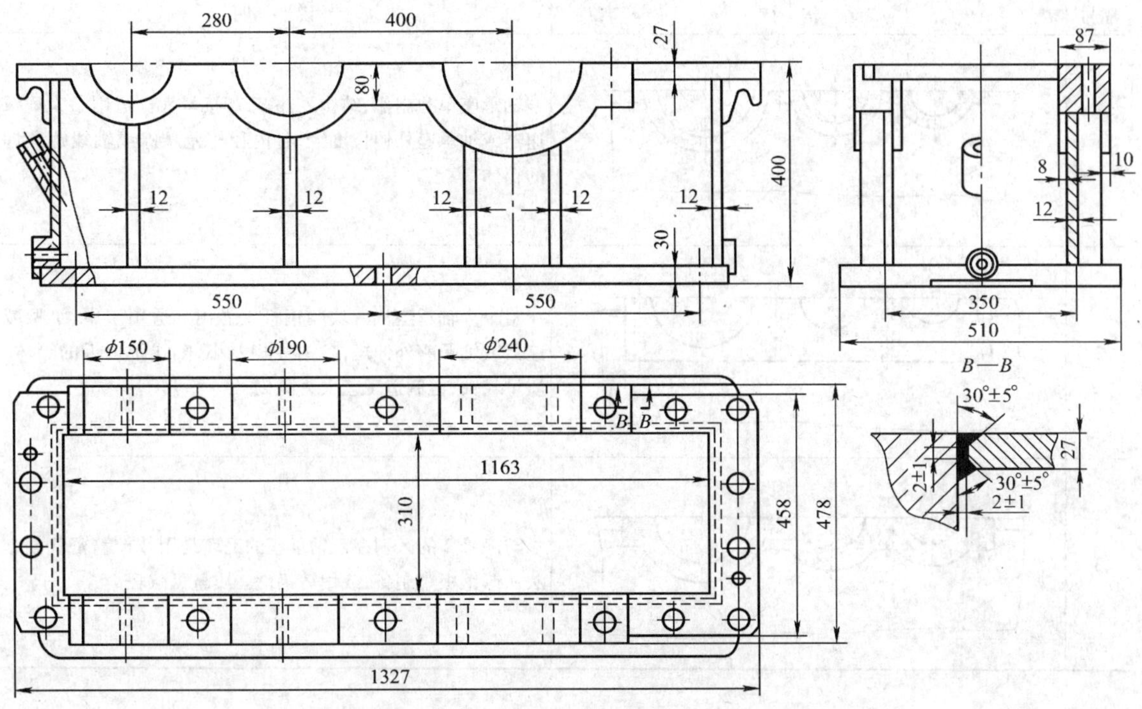

图 14-45　单壁板剖分式减速器箱体的下箱体结构

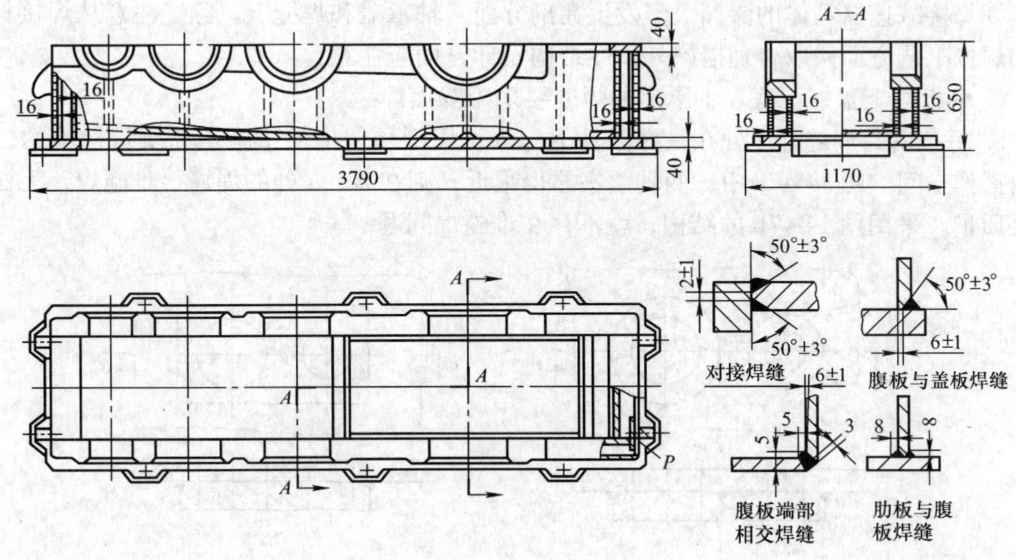

图 14-46　双层壁剖分式减速器的下箱体结构

②由于载荷是通过轴承座传递到壁板上的，所以轴承座结构、轴承座与壁板之间的联接以及联接部位的刚性，都是设计箱体结构时应考虑的重要内容。表 14-8 列出了剖分式箱体轴承座的几种结构形式，可供设计时选择。

表 14-8　剖分式箱体、轴承座的结构形式

序号	结构图	说明
1	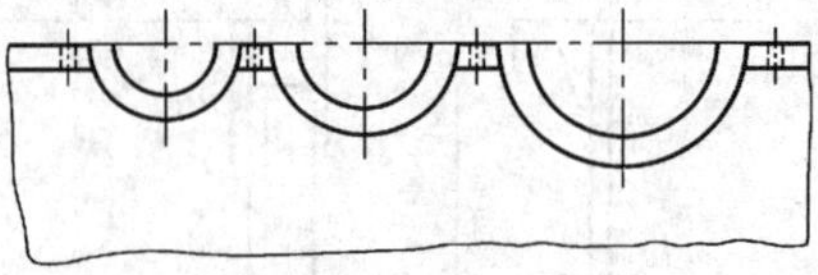	轴承座单独制作，结构零件多，焊接量大。适用于大型减速器或轴承座外伸长度大，各内径相差悬殊或轴线距离远的箱体
2	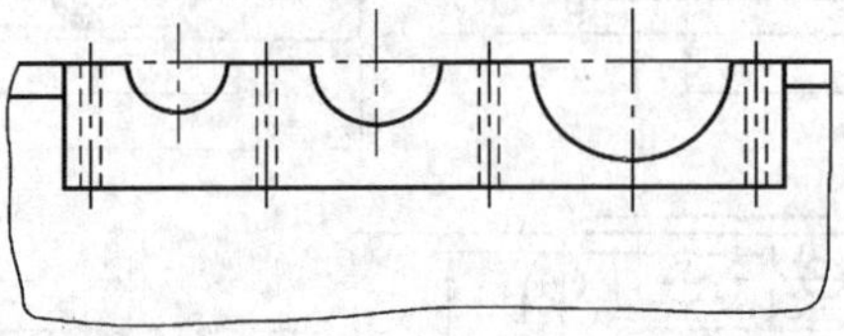	若干个轴承座从一块厚钢板上做出。适用于中、小型减速器或轴承座外伸短，各内径相差小，轴线距离近的箱体。质量较大，但制造工艺大为简化
3	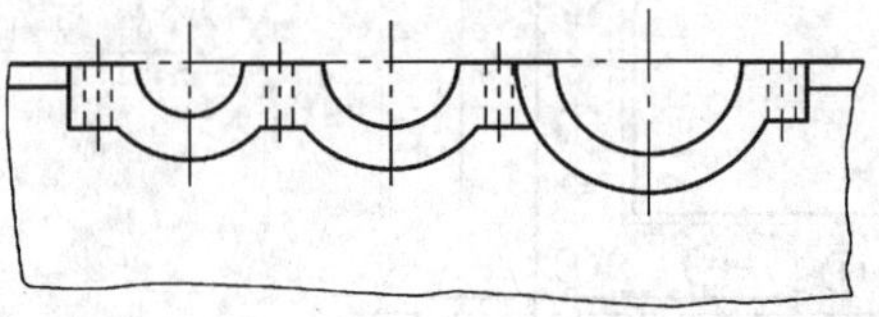	与序号 2 的区别在于轴承座的毛坯是用数控精密气割方法从厚钢板中制备，或用铸铝件。质量可减轻

为了提高轴承座的支承刚性，改善力的传递，可在轴承座周围设置适当肋板（见图 14-45），肋板在箱体外侧还起到一定散热作用。

③焊接减速器箱体的渗漏大多发生在剖分面、轴承盖和焊缝上。除了注意从焊接材料选择和焊接工艺方面采取合理措施外，在结构设计方面应注意：

a. 壁板与上盖、下底、轴承座的焊缝要采用双面焊缝。

b. 每条密封焊缝都应处在最好条件下施焊，周围须留出便于施焊和质量检验的位置和自由操作空间。图 14-47a 中，两轴承座靠得很近，则在 m、n 处的焊缝很难施焊，无法保证焊接质量。采用图 14-47b 的结构，就不存在难施焊问题。

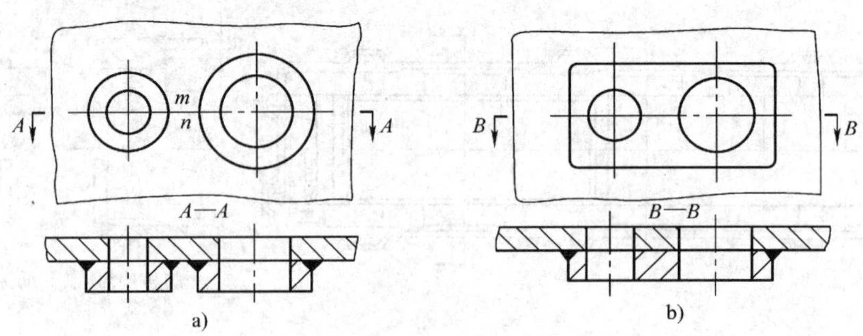

图 14-47　减速器箱体两相邻轴承座结构

c. 规定箱体做致密性试验，加强焊缝表面质量检查。建议采用磁粉或着色渗透性检验，用以发现可能具有穿透性气孔、夹渣或未熔合等表面缺陷，并加以焊补。

此外，为了获得焊后机械加工精度以及保持使用过程中尺寸的稳定性，焊后须作消除应

力处理，如采用退火或振动等方法。

（6）减速器附件的结构设计　为了检查传动件啮合情况、注油、排油、指示油面、通气、加工及装配时的定位、拆卸和吊运，需要在减速器上安装以下附件。

1）窥视孔和窥视孔盖　窥视孔是为了观察传动件的啮合情况、润滑状态，润滑油也可由此注入。为便于观察和注油，一般将窥视孔开在传动件啮合区的箱盖顶部。为减少油中杂质，可在孔口装一滤油网。为减少加工面，窥视孔应设有凸台，凸台面刨削时不应与其他面相撞，如图 14-48 所示。

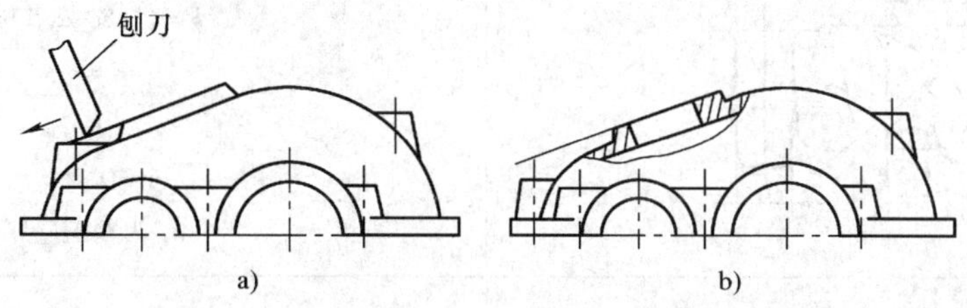

图 14-48　观察孔凸台结构

a）不正确　b）正确

窥视孔平时用盖板盖住，称为窥视孔盖。窥视孔盖底部垫有纸质封油垫，以防止漏油。盖板常用钢板或铸铁制成，其结构尺寸见本手册第三篇有关内容。

2）通气器　由于传动件工作时产生热量，使箱体内温度升高、压力增大，所以必须采用通气器沟通箱体内外的气流，以平衡内外压力，保证减速器箱体的密封性。通气器一般设置在箱盖上，小型减速器可采用焊接或铆接的方式固定在窥视孔盖上。通气器的结构应具有防止灰尘浸入箱体和足够的通气能力，但也不能直通顶部。其内部结构成曲路并有金属网，可减少停车后随空气吸入箱体的灰尘。通气器的结构和尺寸见本手册第三篇有关内容。

3）起吊装置　起吊装置包括吊环螺钉、吊耳和吊钩，用于减速器的拆卸和搬运。

吊环螺钉一般装在上箱盖上，由于需承受较大载荷，因此须把螺钉完全拧入箱盖，台肩抵紧支承面。为此，螺钉孔口应局部扩大（见图 14-49），并且保证螺钉拧入螺孔的螺纹不太短，还应保证箱体加工工艺性。图 14-49a 结构最不合理，图 14-49c 结构最好。吊环螺钉的结构尺寸见本手册第二篇有关内容。

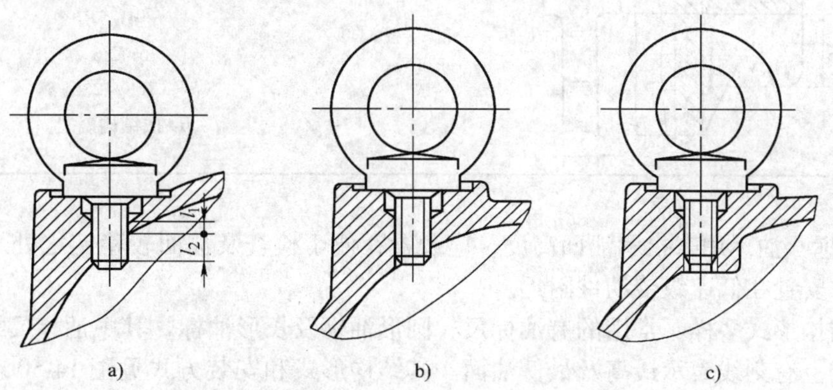

图 14-49　吊环螺钉的螺孔尾部结构

a）不正确（l_1 过短）　b）可用　c）正确

采用吊环螺钉增加了机加工量，为此常在箱盖上直接铸出吊耳。但应注意不允许用吊环螺钉和吊耳吊运整台减速器，只能吊运箱盖，以防止箱体联接螺栓松动。

为了吊运整台减速器，还应在箱座两端凸缘下面铸出吊钩。吊耳、吊钩尺寸见表 14-9。

表 14-9 吊耳和吊钩

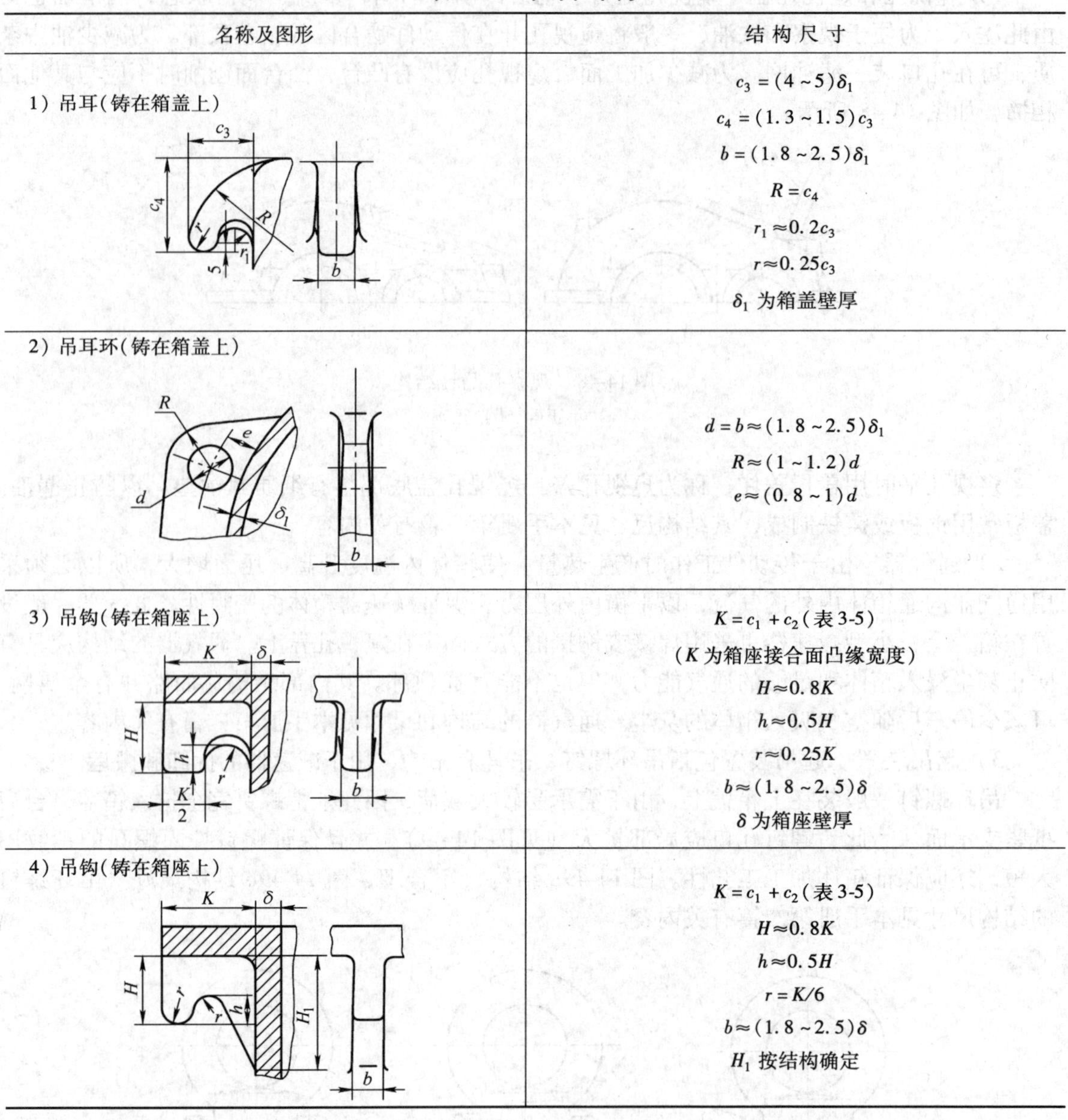

名称及图形	结构尺寸
1）吊耳（铸在箱盖上）	$c_3=(4\sim5)\delta_1$ $c_4=(1.3\sim1.5)c_3$ $b=(1.8\sim2.5)\delta_1$ $R=c_4$ $r_1\approx0.2c_3$ $r\approx0.25c_3$ δ_1 为箱盖壁厚
2）吊耳环（铸在箱盖上）	$d=b\approx(1.8\sim2.5)\delta_1$ $R\approx(1\sim1.2)d$ $e\approx(0.8\sim1)d$
3）吊钩（铸在箱座上）	$K=c_1+c_2$（表 3-5） （K 为箱座接合面凸缘宽度） $H\approx0.8K$ $h\approx0.5H$ $r\approx0.25K$ $b\approx(1.8\sim2.5)\delta$ δ 为箱座壁厚
4）吊钩（铸在箱座上）	$K=c_1+c_2$（表 3-5） $H\approx0.8K$ $h\approx0.5H$ $r=K/6$ $b\approx(1.8\sim2.5)\delta$ H_1 按结构确定

4）油标　油标用来指示油面高度，应设置在便于检查及油面较稳定之处。对于多级传动，油标常安置在低速级传动件附近。

油标结构形式多样，常用的有油标尺、圆形油标及长形油标。其中油标尺结构简单，应用较广，其上有刻线表示最高及最低油面。其结构形式和安装方式见图 14-50，图 14-50a 为最常用的结构和安装形式；图 14-50b 具有隔套，可以稳定油标尺的油痕，提高观察效果；图 14-50c 为简易油标尺。油标尺的结构尺寸见本手册第三篇有关内容。

圆形油标和长形油标结构复杂，密封要求高，优点是直观、使用方便，常用于重要减速器，其结构尺寸见本手册第三篇有关内容。

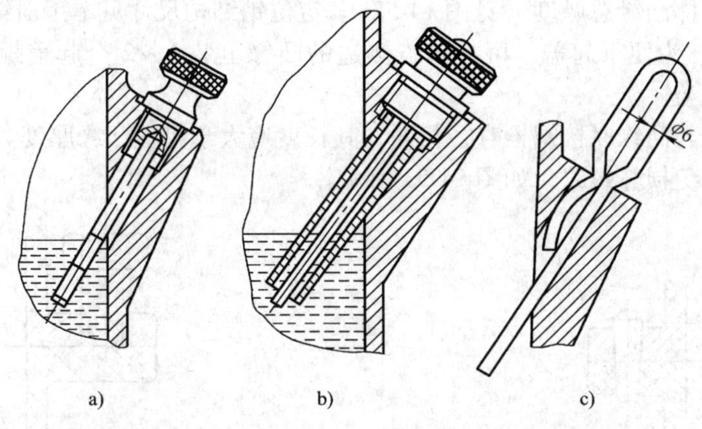

图 14-50　油标尺结构

5）油塞与排油孔　为将箱内的废油排出，在箱座底面的最低处应设置一排油孔，箱座底面也常做成向排油孔方向倾斜的平面。平时排油孔用油塞加密封圈封住。油塞直径一般为箱壁厚的 2～3 倍，采用细牙螺纹以保证密封性。排油孔及油塞结构见图 14-51。油塞和封油圈的结构尺寸见表 14-10。

表 14-10　六角头油塞　（单位：mm）

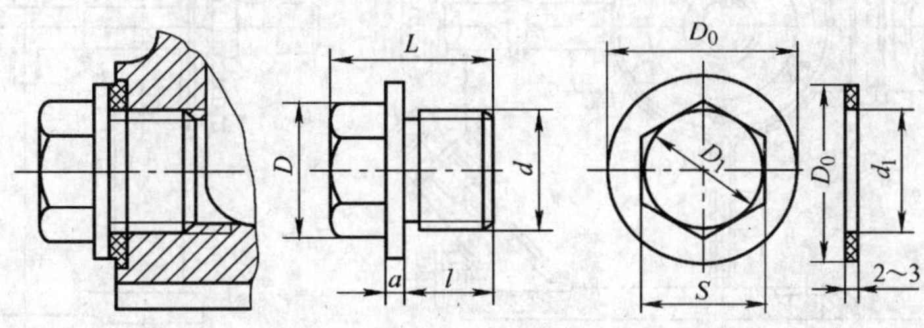

d	D_0	L	l	a	D	S	D_1	d_1	材　料
M16×1.5	26	23	12	3	19.6	17	≈0.95S	17	油塞:Q235 封油圈:耐油橡胶,工业用革,石棉橡胶纸
M20×1.5	30	28	15	4	25.4	22		22	
M24×2	34	31	16	4	25.4	22		26	
M27×2	38	34	18	4	31.2	27		29	
M30×2	42	36	18	4	36.9	32		32	

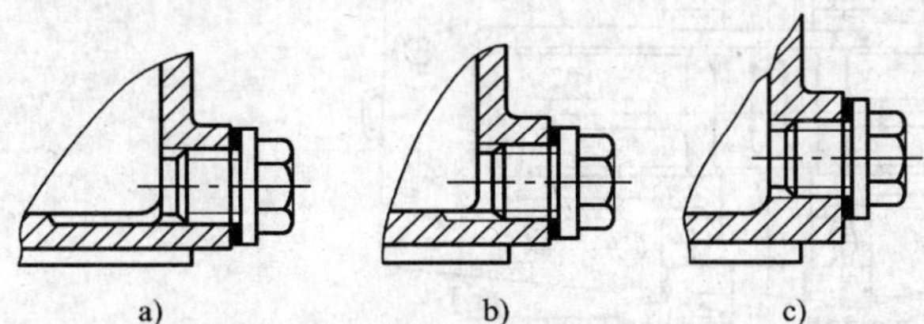

图 14-51　油塞

a）正确　b）可以　c）不正确

6）定位销　为保证箱体轴承座孔的镗孔精度和装配精度，在箱体联接凸缘上距离较远处安置两个定位销，并尽量放在不对称位置，以便定位精确。

常用的定位销为圆锥销，其直径一般取凸缘螺栓直径的 0.7 ~0.8 倍，并圆整为标准值。其长度应稍大于箱体凸缘总厚度（见图 14-52）。定位销结构尺寸见本手册第二篇有关内容。

7）起盖螺钉　为便于起盖，可在箱盖侧边的凸缘上装 1 ~2 个起盖螺钉。起盖时，先拧动此螺钉顶起箱盖。

起盖螺钉直径与凸缘联接螺栓直径相同，其长度应大于箱盖凸缘厚度。螺钉端部制成圆柱形或半圆形，以免损坏螺纹，如图 14-53 所示。

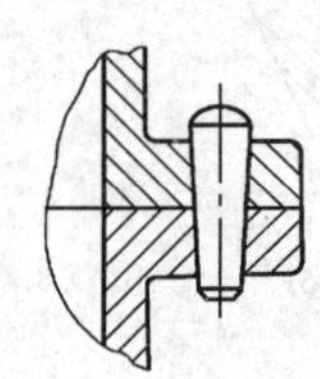

图 14-52　定位销

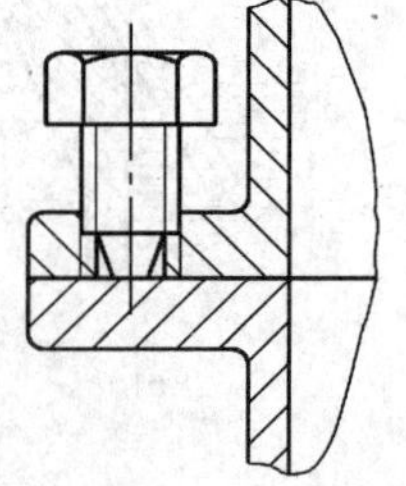

图 14-53　起盖螺钉

图 14-54 为这一阶段所完成的减速器装配底图的具体内容。

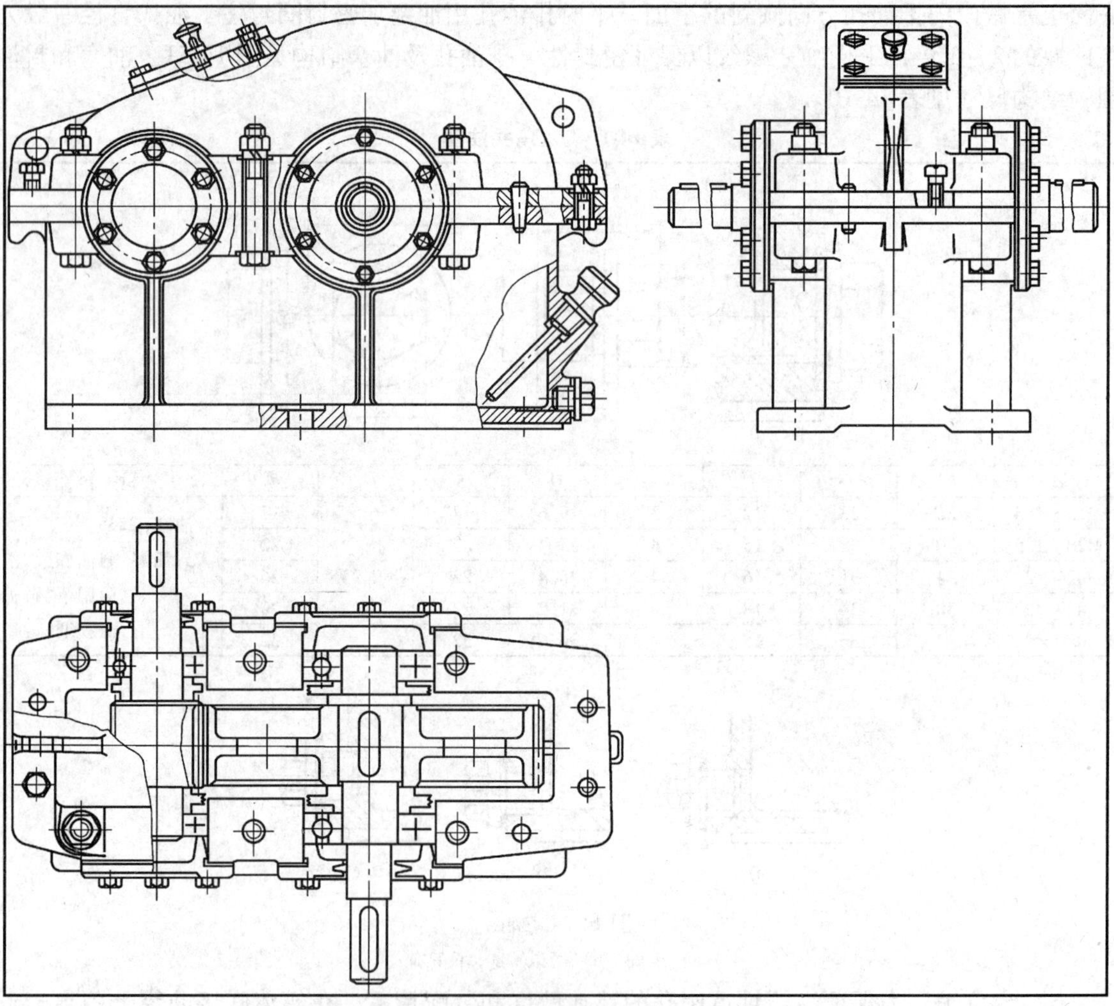

图 14-54　单级圆柱齿轮减速器装配底图

（三）装配底图的检查和修改

在初步完成减速器装配底图后，应进行仔细检查和认真修改。检查装配底图一般遵循由主到次、先内后外的原则，检查顺序基本可与装配底图绘制步骤相同。检查的主要内容如下：

（1）结构工艺和装配要求

1）装配底图与传动方案布置是否一致（如输入轴、输出轴的位置是否正确）。轴伸端的位置及结构尺寸是否符合设计要求（如减速器中心高与电动机中心高是否一致，是否满足外接带轮或联轴器等零件的装配要求）。

2）轴、轴上零件及轴承部件的结构是否合理，定位、固定、调整、加工、装配及润滑密封是否可靠和方便。

3）箱体结构及加工工艺是否合理，附件布置是否恰当，结构是否正确。

（2）制图要求

1）减速器中所有零件的基本外形及相互位置关系是否表达得清楚。

2）各零件的投影关系是否正确，尤其应注意箱体外形的曲线相关投影在三个视图上的关系。

3）啮合齿轮、螺纹联接、轴承及其他标准件、常用件的画法是否符合机械制图标准。减速器装配底图的常见错误见图 14-55。

五、减速器装配工作图的设计

在完成装配底图的基础上，应进一步绘制正式、完整的装配工作图。装配工作图应包括完整的结构视图、必要的尺寸与配合、技术特性、技术要求、零件序号及明细表和标题栏等内容。各有关内容分述如下。

1. 按机械制图的标准完成结构视图

装配工作图各视图都应完整、清晰，避免采用虚线表示零件结构，必须表达的内部结构和细部结构可用局部视图或向视图表示。

装配图中某些结构可以采用机械制图标准规定的简化画法，如螺栓、螺母、滚动轴承均可采用简化画法。对于类型、规格、尺寸、材料均相同的螺栓联接，可以只画一个，其他则用中心线表示。

装配工作图也应先用细线轻轻绘制，待零件工作图设计完成、进行某些必要的修改后再进行描粗加深。若装配草图设计质量良好，无需作较多的改动，也可在原装配底图上继续进行装配工作图的绘制。

2. 标注必要的尺寸和配合

装配工作图上应标注的尺寸有：

（1）特征尺寸　反映技术性能、规格或特征的尺寸，如传动零件的中心距及其极限偏差。

（2）外形尺寸　表明所占空间位置的尺寸，如减速器的总长、总宽和总高，以此作为装箱运输和车间布置的参考。

（3）安装尺寸　为设计支承件、外接零件提供联系的尺寸，如减速器箱体底面尺寸（底面长和宽）、地脚螺栓孔的直径和中心距及定位尺寸、输入轴和输出轴外伸端的配合直径及配合长度、中心高及端面定位尺寸等。

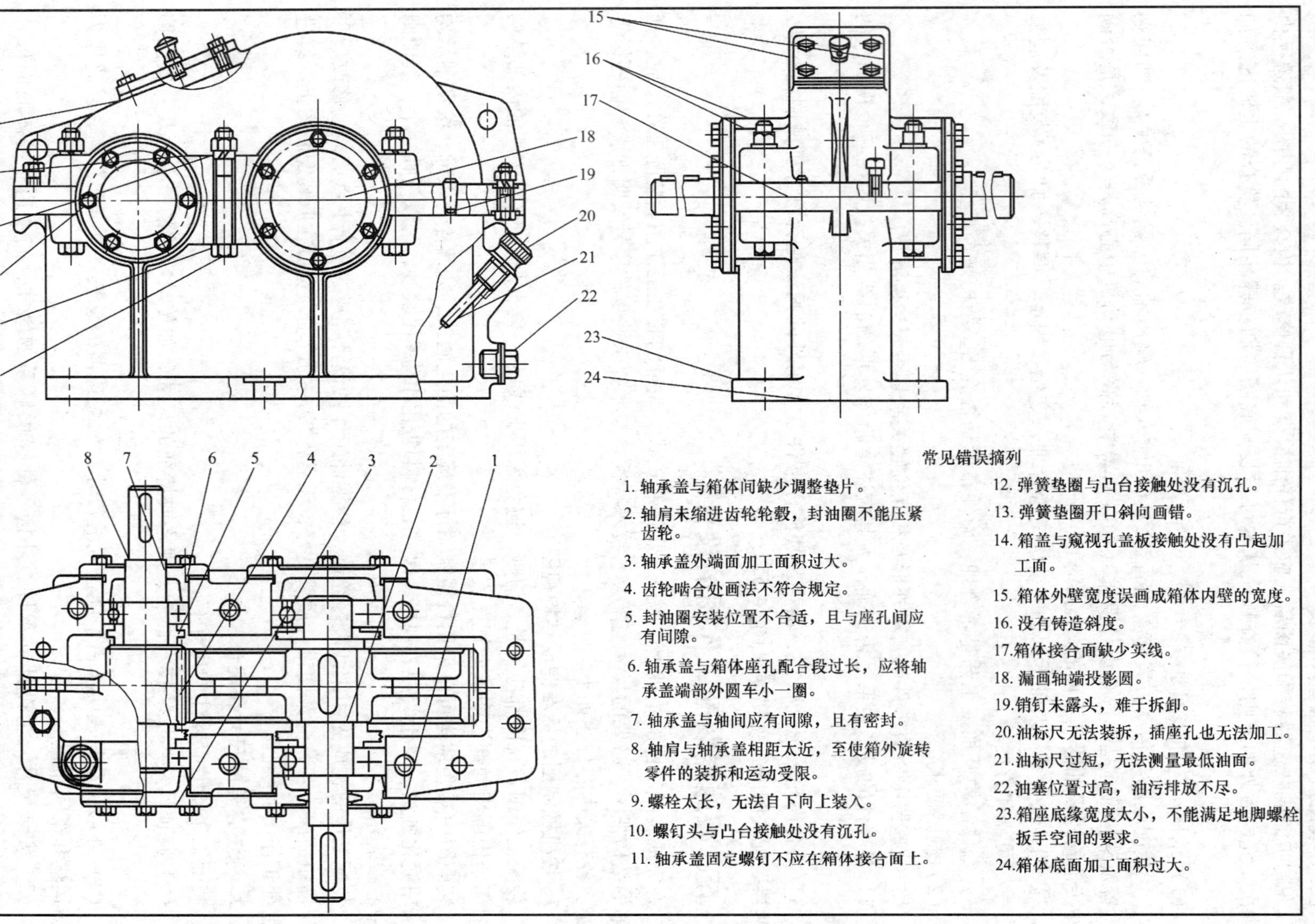

图 14-55　单级圆柱齿轮减速器装配底图错误示例

（4）配合尺寸　表明各配合零件之间装配关系的尺寸，如传动件与轴头、轴承内孔与轴颈、轴承外圈与箱体座孔的配合尺寸等。在标注这些尺寸时，需要认真考虑选用何种基准制、配合性质及精度等级等问题。这对于提高减速器工作性能、改善装拆和加工工艺及降低成本、提高经济效益等，均具有重要意义。

常用优先配合及应用举例见表 14-11，供设计时参考。

表 14-11　减速器主要零件的荐用配合

配合零件	荐用配合	装拆方法
大、中型减速器的低速级齿轮（蜗轮）与轴的配合，轮缘与轮心的配合	$\frac{H7}{r6}$，$\frac{H7}{s6}$	用压力机或温差法（中等压力的配合，小过盈配合）
一般齿轮、蜗轮、带轮、联轴器与轴的配合	$\frac{H7}{r6}$	用压力机（中等压力的配合）
要求对中性良好及很少装拆的齿轮、蜗轮、联轴器与轴的配合	$\frac{H7}{n6}$	用压力机（较紧的过渡配合）
圆锥小齿轮及较常装拆的齿轮、联轴器与轴的配合	$\frac{H7}{m6}$，$\frac{H7}{k6}$	手锤打入（过渡配合）
滚动轴承内孔与轴配合	k5①（轴偏差）	见有关教材
滚动轴承外圈与箱座孔的配合	H7（孔偏差）	
轴套、溅油轮、封油环、挡油环等与轴的配合	$\frac{H7}{h6}$，$\frac{E8}{js6}$，$\frac{E8}{k6}$，$\frac{D11}{k6}$，$\frac{F9}{m6}$	徒手装拆
轴承套杯与箱座孔的配合	$\frac{H7}{h6}$	
轴承盖与箱座孔（或套环孔）的配合	$\frac{H7}{h8}$，$\frac{H7}{f9}$，$\frac{J7}{f7}$，$\frac{M7}{f9}$	
嵌入式轴承盖的凸缘厚与箱座孔中凹槽之间的配合	$\frac{H11}{a11}$	

① 单列圆锥滚子轴承和单列角接触球轴承因内部游隙的影响，配合精度可选得低些，可用 k6 代替 k5。

一般应优先采用基孔制，但滚动轴承是标准件，轴承外圈与箱体座孔相配总是用基轴制；轴承内圈与轴颈相配总是用（特殊的）基孔制。轴承配合的标注方法也与其他零件不同，只需标出与轴承相配合的箱体座孔和轴颈的公差带代号。当零件的一个表面同时与两个（或多个）零件相配合、且配合性质又互不相同时，常采用不同基准制的配合。

标注尺寸时，尺寸线及尺寸数字尽量引出视图之外，使之不与视图相混，并尽可能集中反映在主视图上。

3. 标出技术特性

在装配工作图的适当位置上，通常以列表的形式标出技术特性。减速器的技术特性一般包括输入功率和转速、传动效率、总传动比、各级传动比和传动特性（各级传动的主要参数、精度等级）等，见表 14-12。

4. 编写技术要求

装配工作图的技术要求是用文字来说明在视图上无法表达的有关装配、调整、检验、润滑、维护等方面的内容，正确制订技术要求才能保证其工作性能。通常减速器装配工作图上的技术要求主要包括以下几方面：

表 14-12　两级圆柱齿轮减速器技术特性

输　入		传动效率 η (%)	总传动比 i	传 动 特 性							
				第一级				第二级			
功率/kW	转速/(r·min^{-1})			m_n	z_1/z_2	β	精度等级	m_n	z_4/z_3	β	精度等级

(1) 对装配前的零件表面要求　所有零件表面均应清除铁屑并用煤油或汽油清洗干净，箱体内表面和齿轮（蜗轮）等未加工表面应先后涂底漆和红色耐油漆，箱体外表面应先后涂底漆和按主机要求涂漆，零件配合面洗净后应涂以润滑油。

(2) 对安装与调整的要求　安装滚动轴承时内圈应紧贴轴肩，要求缝隙不得通过0.05mm的塞尺；对于不可调间隙的轴承（如深沟球轴承），一般留有0.25～0.4mm的轴向间隙；对于可调间隙的轴承（如角接触轴承），轴向游隙可从标准中查取；对于齿轮传动和蜗杆传动，要根据传动件精度提出对齿侧间隙和接触斑点的具体数值要求（见齿轮传动公差），以供安装后检验使用。检查侧隙的方法是将塞尺或铅丝放进相互啮合的两齿间，然后测量塞尺或铅丝变形后的厚度。检查接触斑点的方法是在主动轮齿面上涂色，并将其转动2～3周后，观察从动轮齿面上的着色情况，由此分析接触区位置及接触面积大小。当侧隙和接触斑点不符合要求时，可对齿面进行刮研、跑合或调整传动件的啮合位置。对于多级传动，当各级传动的侧隙和接触斑点要求不同时，应分别在技术要求中写明。

(3) 对润滑的要求　注明所用润滑剂的牌号、用量、补充和更换时间。当传动件与轴承采用同一润滑剂而两者对润滑剂要求又不同时，应以满足传动件的要求为主；对于多级传动，由于高速级和低速级对润滑油粘度的要求不同，选用时可取平均值；润滑油更换时间按以下情况掌握，新减速器第一次使用时，运转7～14天换油，以后可根据情况每隔3～6个月换一次油。

(4) 对密封的要求　在箱体剖分面、各接触面及轴伸密封处，均不允许漏油；剖分面上允许涂密封胶或水玻璃，不允许塞入任何垫片或填料；轴伸处密封应涂上润滑脂。

(5) 对试验的要求　机器装配好后，应先作空载试验，在额定转速下正、反转各1h，要求运转平稳、噪声小、联接固定处不松动、不漏油；作载荷试验时，在额定转速及额定载荷下试验至油温平衡为止。对于齿轮减速器，油池温升不得超过35℃，轴承温升不得超过40℃。对于蜗杆减速器，油池温升不得超过85℃，轴承温升不得超过65℃。

(6) 对外观包装和运输的要求　机器的外伸轴及零件需涂油并包装严密，运输和装卸时不可倒置，整体搬动应用底座上的吊钩，不得用箱盖上的吊环或吊耳。

5. 零件编号

装配工作图上所有零件都应标出序号，但对于结构、尺寸、材料均相同的零件只能有一个编号，独立部件（如滚动轴承、油标、通气器等）可作为一个零件编号；编号引线不能相交，并尽量不与剖面线平行，装配关系清楚的零件组（如螺栓、螺母及垫片）可利用公共引线编号，如图14-56所示；零件编号应按顺时针方向顺序编排，不得重复和遗漏，排列要整齐，编号字体应比图中尺寸数字字体大一号；标准件和非标准件可统一编号，也可分别编号，标准件还可不编序号而直接在序号位置上标明规格代号。

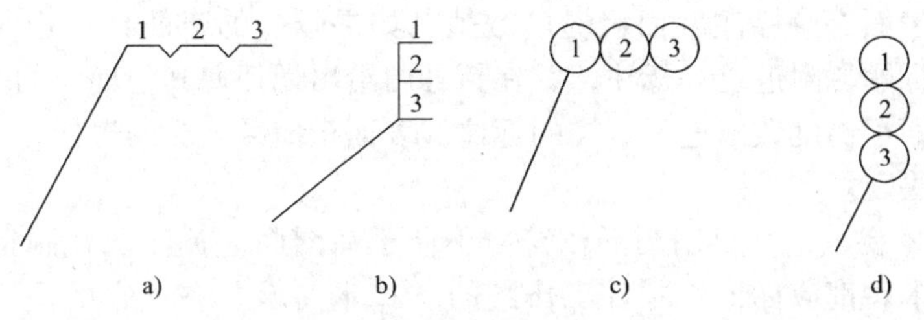

图 14-56 公用指引线编号

6. 绘制明细表和标题栏

明细表是减速器所有零件的详细目录，对每一个编号的零件都应在明细表内完整地写出其名称、材料和主要尺寸。编制明细表的过程也是最后确定材料及标准件的过程，因此，填写时应考虑到节约贵重材料、减少材料和标准件的品种和规格。对于标准件，必须按照规定在明细表内写出零件名称、材料和标准代号；对于齿轮或蜗轮，还应在明细表内注明模数 m、齿数 z、螺旋角 β 等主要参数；材料应注明牌号。明细表及标题栏的格式见本手册第一篇有关内容。

单级直齿圆柱齿轮减速器装配工作图如图 15-1 所示。

六、零件工作图的设计

机器或部件中每个零件的结构尺寸和加工要求在装配图中没有完全反映出来，因此，要把装配图中的每个零件制造出来（除标准件外），还必须绘制出每一零件的工作图。合理设计和正确绘制零件工作图也是设计过程中的一个重要环节，只有完成零件图的绘制，制造产品所需要的设计图样才算齐备。在机械零件课程设计中，由于时间限制，指导教师可根据情况，指定 2 ~ 3 个典型零件（如轴、齿轮、箱体等）的工作图。

1. 零件工作图的要求

（1）正确选择视图和比例　零件工作图应按照机械制图中规定的画法并以较少的视图和剖视合理布置图面，清楚而正确地表达出零件内、外各部分的结构形状和尺寸。除较大和较小的零件外，通常尽可能采用 1∶1 的比例绘制，以直观地反映出零件的真实大小。对于局部的细小结构，可以较大的比例画出局部放大图。

（2）合理标注尺寸　在标注尺寸前，应认真分析设计要求和零件的制造工艺，正确选择尺寸基准面，做到尺寸齐全，标注合理，尽可能避免加工时再作任何计算，不遗漏，不重复。

零件的结构尺寸应从装配图中得到并与装配图一致，不得随意更改，以防发生矛盾。若要修改零件的结构，同时也应对装配图作相应的改动。对于装配图中未曾注明的一些细小结构，如退刀槽、圆角、倒角和铸件壁厚的过渡尺寸等，在零件工作图中都应完整、正确地绘制出来。零件工作图上的自由尺寸应加以圆整。

（3）合理选用和标注公差及表面粗糙度　对于配合尺寸和精度要求较高的几何尺寸，应标注出极限偏差，并根据不同要求标注零件的形状和位置公差。自由尺寸的公差一般可不标注。形位公差值可用类比法或计算法确定，但要注意各公差值的协调，应使 T(形状) < T(位置) < T(尺寸)。对于配合面，当缺乏具体推荐值时，通常可取形状公差为尺寸公差的 25% ~63%。

零件的所有表面都应标注表面粗糙度数值，如果较多的表面具有相同的表面粗糙度数值，可在图样的标题栏附近统一标注，并在括号内给出无任何其他标注的基本图形符号，但只允许就一个表面粗糙度数值进行这样的标注。表面粗糙度等级的选择，一般可根据对各表面的工作要求来决定。

（4）编写技术要求　凡是用图形或符号不便于在图面上标注而在制造和检验时又必须保证的条件和要求，都应标记在零件工作图的“技术要求”中。它的内容随不同零件、不同要求及不同加工方法而异。有关轴、齿轮及铸造箱体等零件应标注的技术要求，详见下述内容。

（5）填写标题栏　应按机械制图的标准在图样右下角画出标题栏，并将零件名称、零件号、材料、数量及绘图比例等，准确无误地填在标题栏中。

2. 典型零件的工作图

（1）轴类零件工作图

1）视图，轴类零件的工作图，一般只需要一个主视图，在有键槽和孔的地方，增加必要的剖面图。对于退刀槽、中心孔等细小结构，必要时可绘制局部放大图，以便确切地表达出形状并标注尺寸。

2）标注尺寸，轴类零件主要是标注直径尺寸和轴向长度尺寸。标注直径尺寸时，应特别注意有配合关系的部位，各轴段直径均应逐一标注，不得省略。标注长度尺寸时，首先应选好基准面，并尽量使尺寸的标注反映零件加工工艺的要求及零件技术要求，不允许出现封闭的尺寸链。

轴上的键槽尺寸及键槽定位尺寸均应标注，轴上圆角、倒角等结构尺寸也应标注无遗，或在技术要求中说明。

3）标注尺寸公差和几何公差，轴类零件工作图上有以下几处需要标注尺寸公差及几何公差：

①安装齿轮、蜗轮、带轮、链轮、联轴器、轴承、密封装置处轴的直径公差。公差值按装配图中选定的配合性质查取。

②键槽的尺寸公差。

③各重要表面的几何公差。几何公差项目的选择可参考表14-13。

表14-13　轴的几何公差推荐项目

内容	项　目	符　号	对工作性能的影响
形状公差	与传动零件、轴承相配合的直径的圆度	○	影响传动零件、轴承与轴配合的松紧及对中性
	与传动零件、轴承相配合的直径的圆柱度	⌭	
位置公差	与传动零件、轴承相配合的直径相对于轴线的径向圆跳动或全跳动	↗ 或 ⌰	导致传动件、轴承的运转偏心
	齿轮（蜗轮）、轴承的定位端面相对于轴线的端面圆跳动或全跳动	↗ 或 ⌰	影响齿轮（蜗轮）、轴承的定位及受载的均匀性
	键槽对轴线的对称度	⌯	影响键受载的均匀性及装拆的难易

轴的长度尺寸因在减速器设计中一般不作尺寸链计算，所以长度尺寸公差不必标注。

4）标注表面粗糙度，轴的各表面都要进行加工，故各表面都应标注表面粗糙度数值。表面粗糙度数值的选择可参见表 14-14 或查阅有关手册。

表 14-14　荐用的轴加工表面粗糙度数值　　（单位：mm）

加工表面	表面粗糙度 *Ra* 值			
与传动件及联轴器等轮毂相配合的表面	1.6～0.4			
与普通精度等级滚动轴承相配合的表面	0.8（当轴承内径 $d \leqslant 80$mm） 1.6（当轴承内径 $d > 80$mm）			
与传动件及联轴器相配合的轴肩端面	3.2～1.6			
与滚动轴承相配合的轴肩端面	1.6			
平键键槽	3.2～1.6（工作面），6.3（非工作面）			
与轴承密封装置相接触的表面	毡封油圈	橡胶油封		间隙或迷宫密封
	与轴接触处的圆周速度/（$m \cdot s^{-1}$）			3.2～1.6
	≤3	>3～5	>5～10	
	3.2～1.6	0.8～0.4	0.4～0.2	
螺纹牙工作面	0.8（精密精度螺纹），1.6（中等精度螺纹）			
其他表面	6.3～3.2（工作面），12.5～6.3（非工作面）			

5）编写技术要求，轴类零件工作图中的技术要求主要包括下列几个方面：

①对材料的力学性能和化学成分的要求及允许代用的材料。

②对材料表面性能的要求，如热处理方法、热处理后的硬度、渗碳层深度及淬火深度等。

③对机械加工的要求，如是否保留中心孔（如需保留，应在零件图上画出或说明）。

④对图中未注明的圆角、倒角的说明，对个别部位的修饰加工要求，及对较长的轴进行毛坯校直的要求等。

轴类零件工作图示例见图 14-57。

（2）齿轮类零件工作图

1）视图，齿轮类零件包括齿轮、蜗杆和蜗轮等，其工作图一般用两个主要视图表示（齿轮轴与蜗杆轴的视图与轴类零件相似），但可按规定对视图作某些简化。对于组装式的蜗轮结构，需分别画出齿圈、轮心的零件图及蜗轮的组件图。为了表达齿形的有关特征及参数（如蜗杆的轴向齿距等），必要时应画出局部剖面图。

2）标注尺寸　齿轮类零件的尺寸应按回转体零件进行标注，即标注径向尺寸和轴向尺寸。各径向尺寸以中心线为基准标注，轴向尺寸以端面为基准标注。

齿轮类零件的分度圆直径虽不能直接测量，但它是设计的基本尺寸，应该标注。齿根圆直径在齿轮加工时无需测量，在图样上不标注。对于装配式齿轮或蜗轮，在组件图上还应注出齿圈与轮心的配合尺寸。轴向尺寸应标注总长（宽）、齿宽及辐板厚度等尺寸。对于倒角、圆角和铸造（锻造）斜度等，都应逐一标注在图上或写在技术要求中。

对于轮缘厚度、辐板厚度、轮毂及辐板开孔等尺寸，为便于测量，均应进行圆整。

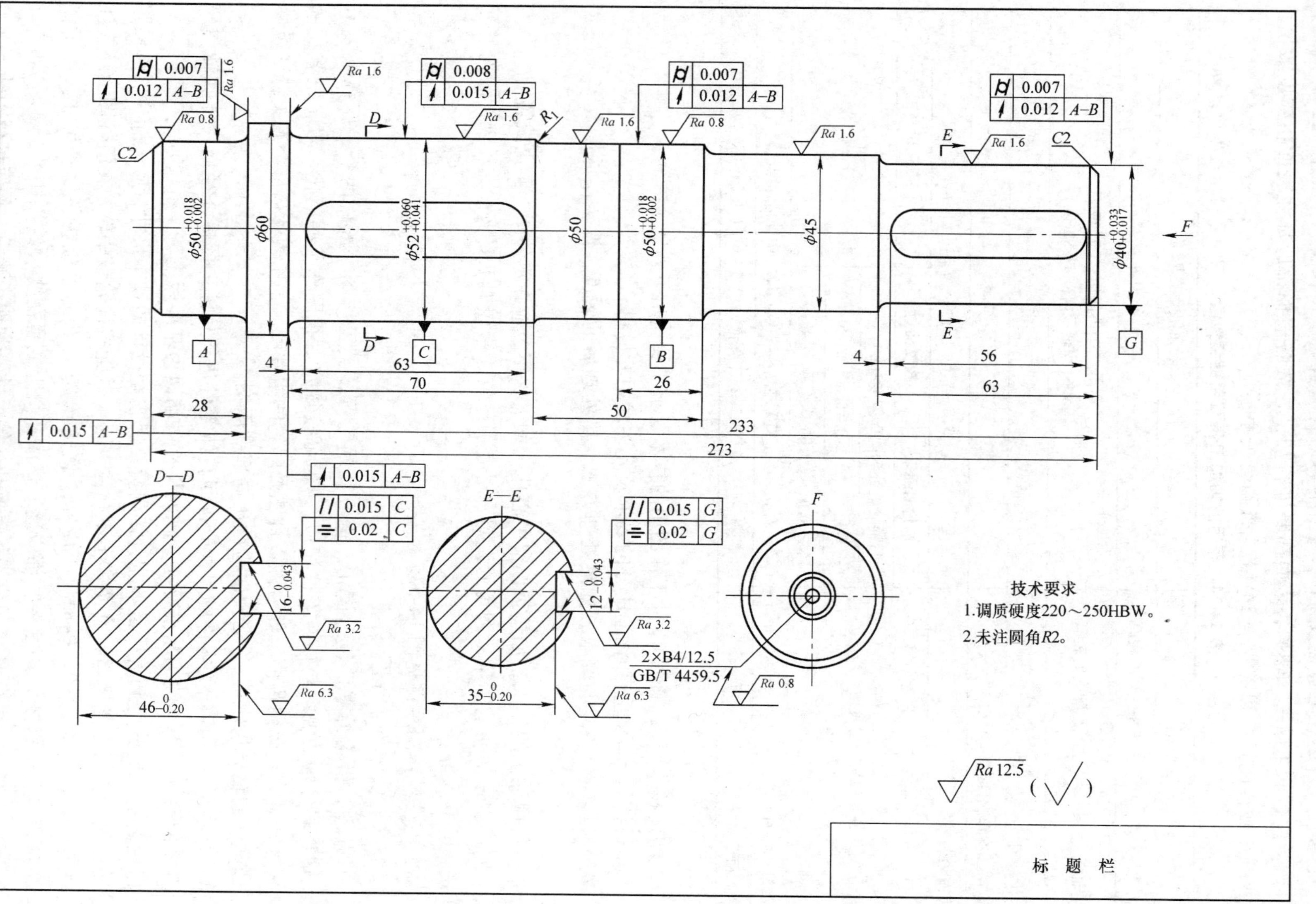

图 14-57　轴工作图示例

3）标注尺寸公差和几何公差　齿轮类零件工作图上需标注的尺寸公差和几何公差有以下几项：

①齿轮、蜗轮轮毂上轴孔直径的尺寸公差，组合齿轮、组合蜗轮的齿圈与轮心的配合尺寸公差，公差值均按装配图中选定的配合性质查取。

②齿顶圆直径的尺寸偏差，其值与该直径是否作为测量基准有关，可查阅本手册第一篇齿轮公差部分的内容。

③键槽尺寸公差。

④齿坯重要表面的几何公差，几何公差项目的选择可参考本手册第一篇齿轮公差部分的内容。

4）标注表面粗糙度　齿轮类零件轮齿工作面和其他加工面都应标注表面粗糙度，表面粗糙度数值应与齿轮的精度相适应，选择时可参考表 14-15 或有关手册。

表 14-15　齿（蜗）轮加工表面的表面粗糙度荐用表

<table>
<tr><th colspan="2" rowspan="3">加工表面</th><th colspan="4">表面粗糙度</th></tr>
<tr><th colspan="4">传动精度等级</th></tr>
<tr><th>6</th><th>7</th><th>8</th><th>9</th></tr>
<tr><td rowspan="3">齿轮工作面</td><td>圆柱齿轮及蜗轮</td><td rowspan="3">Ra0.4</td><td rowspan="2">Ra3.2～Ra1.25</td><td rowspan="2">Ra1.6</td><td rowspan="2">Ra12.5</td></tr>
<tr><td>锥齿轮</td></tr>
<tr><td>蜗杆</td><td>Ra0.4</td><td>Ra0.8</td><td>Ra1.6</td></tr>
<tr><td colspan="2">齿顶圆</td><td colspan="4">Ra2.0</td></tr>
<tr><td colspan="2">轮毂孔</td><td colspan="4">Ra0.63～Ra2.5</td></tr>
<tr><td colspan="2">与轴肩相配的端面</td><td colspan="4">Rz20～Ra2.0</td></tr>
<tr><td colspan="2">平键键槽</td><td colspan="4">Rz15（工作面）；Rz40（非工作面）</td></tr>
<tr><td colspan="2">轮圈与轮心的配合面</td><td colspan="4">Ra1.25～Ra6.3</td></tr>
<tr><td colspan="2">其他加工面</td><td colspan="4">Rz20（Ra2.5）</td></tr>
</table>

5）标明啮合特性表　齿轮类零件工作图中，除了零件图形和技术要求外，还应有啮合特性表。啮合特性表应安置在图样的右上角，表中内容由两部分组成，第一部分是基本参数及精度等级，第二部分是齿轮和传动的检验项目及偏差或公差值，检验项目的确定和公差值选择参考本手册第一篇齿轮公差部分的内容。

6）编写技术要求

①对铸件、锻件或其他坯件的要求。

②对材料力学性能和化学成分的要求及允许代用的材料。

③对材料表面性能的要求，如热处理方法、热处理后的硬度、渗碳层深度及淬火深度等。

④对未注明倒角、圆角的说明。

⑤对大型或高速齿轮平衡试验的要求。

齿轮类零件工作图示例见图 14-58、图 14-59 和图 14-60。

（3）箱体类零件工作图

1）视图。箱体类零件的结构比较复杂，为了清楚地表明各部分的结构和尺寸，通常除采用三个主要视图外，还要根据结构的复杂程度增加一些必要的局部视图、向视图及局部放大图。

2）标注尺寸。箱体类零件尺寸繁多，比较复杂。标注时既要考虑加工测量及检验的要求，又要注意标注清晰、一目了然。为此，须掌握以下几点：

①表明箱体各部分形状大小的尺寸，如箱体壁厚、长、宽、高、孔径及深度、螺纹孔、凸缘、圆角、加强肋、槽深及槽宽、斜度等，应直接标出，不需经任何计算。

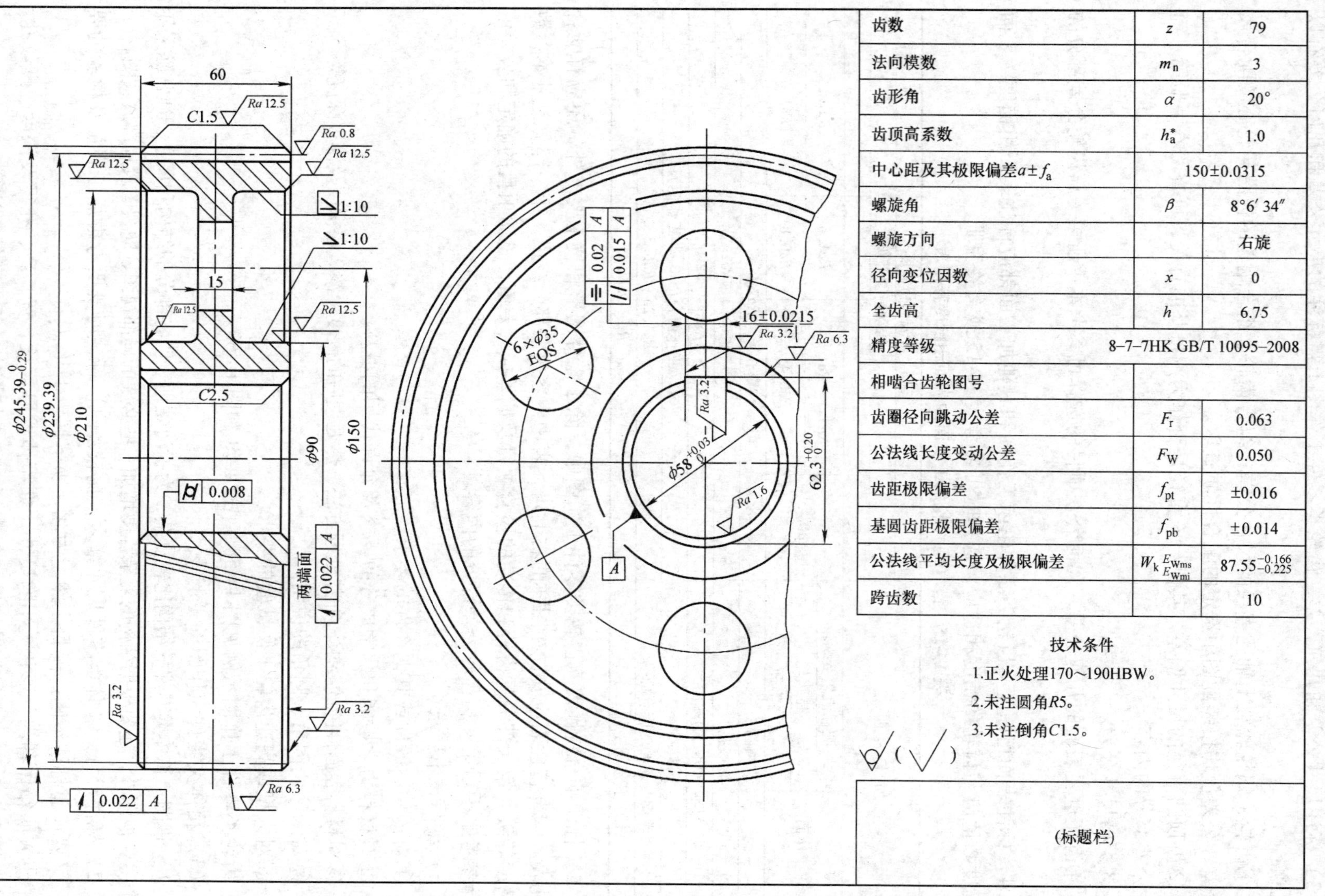

齿数	z	79
法向模数	m_n	3
齿形角	α	20°
齿顶高系数	h_a^*	1.0
中心距及其极限偏差$a\pm f_a$	150±0.0315	
螺旋角	β	8°6′34″
螺旋方向		右旋
径向变位因数	x	0
全齿高	h	6.75
精度等级	8-7-7HK GB/T 10095-2008	
相啮合齿轮图号		
齿圈径向跳动公差	F_r	0.063
公法线长度变动公差	F_W	0.050
齿距极限偏差	f_{pt}	±0.016
基圆齿距极限偏差	f_{pb}	±0.014
公法线平均长度及极限偏差	$W_k {}_{E_{Wmi}}^{E_{Wms}}$	$87.55_{-0.225}^{-0.166}$
跨齿数		10

图 14-58　圆柱齿轮工作图示例

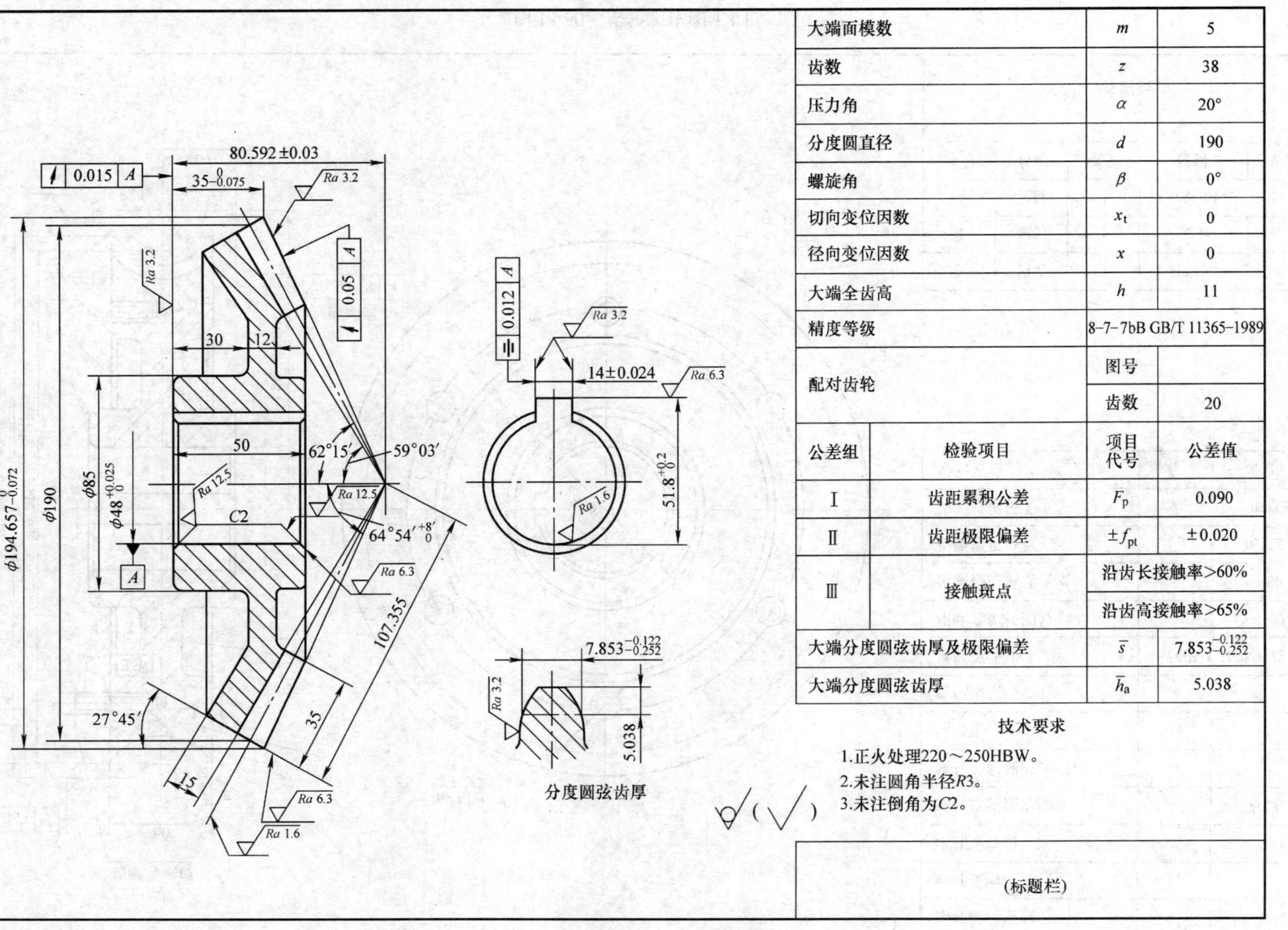

大端面模数	m	5
齿数	z	38
压力角	α	20°
分度圆直径	d	190
螺旋角	β	0°
切向变位因数	x_t	0
径向变位因数	x	0
大端全齿高	h	11
精度等级	8-7-7bB GB/T 11365-1989	
配对齿轮	图号	
	齿数	20

公差组	检验项目	项目代号	公差值
Ⅰ	齿距累积公差	F_p	0.090
Ⅱ	齿距极限偏差	$\pm f_{pt}$	±0.020
Ⅲ	接触斑点	沿齿长接触率>60%	
		沿齿高接触率>65%	
大端分度圆弦齿厚及极限偏差		$\bar{s}$	$7.853^{-0.122}_{-0.252}$
大端分度圆弦齿厚		$\bar{h}_a$	5.038

技术要求

1.正火处理220～250HBW。
2.未注圆角半径$R3$。
3.未注倒角为$C2$。

(标题栏)

图 14-59　锥齿轮工作图示例

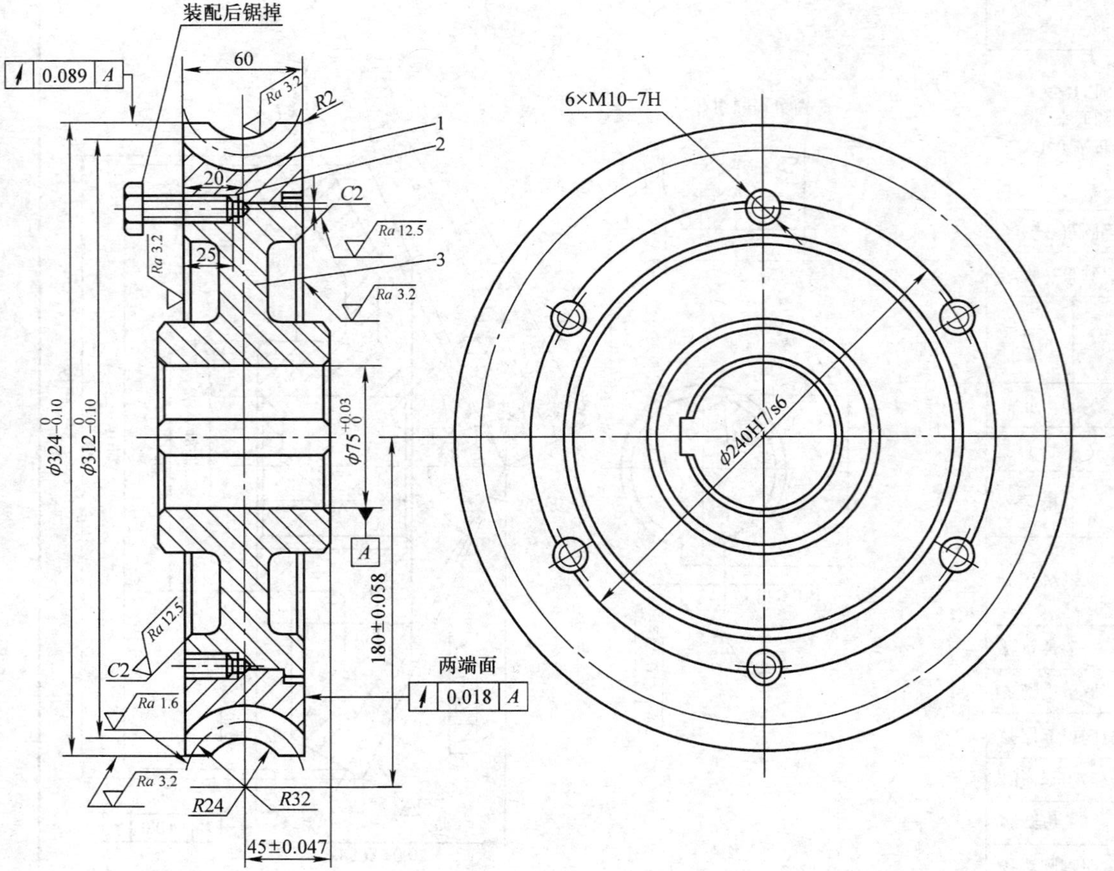

蜗杆形式	阿基米德	
蜗杆轴向模数	m_x	8
蜗杆头数	z_1	2
蜗杆导程角	γ	14°2′12″
蜗杆螺旋线方向		右旋
蜗杆轴向剖面齿形角	α	20°
蜗杆齿数	z_2	37
变位因数	x	0
精度等级	8f GB/T 10089-1988	
相啮合蜗杆图号		
齿圈径向跳动公差	F_r	0.080
齿距累积公差	F_p	0.125
齿距极限偏差	$\pm f_{pt}$	±0.032
齿形公差	f_{f2}	0.028

件号	名称	数量	材料	备注
3	轮心	1	HT150	
2	螺钉	8	Q235	
1	轮缘	1	ZCuAl10Fe3	

(标题栏)

图 14-60 蜗轮工作图示例

②确定箱体各部分相对于基准的位置尺寸，如孔的中心线位置、曲线的曲率中心位置等。这些尺寸标注时应选好基准面，最好以加工基准面作为基准。

剖分式箱体的箱座和箱盖高度方向的尺寸，按所选基准面，可分为两个尺寸组：第一组以箱体底平面为基准进行标注，如油标孔和放油孔位置的高度、底座的厚度等；第二组以箱座和箱盖的剖分面为基准进行标注，如剖分面的凸缘厚度、轴承座凸台的高度等。其中，以底平面为主要基准，因为它是加工剖分面、镗轴承座孔和安装减速器的工艺基准。

圆柱齿轮减速器长度方向的基准主要是轴承座孔中心线，可标注轴承座孔中心距、轴承座螺栓孔位置、地脚螺栓孔位置尺寸等。

圆柱齿轮减速器宽度方向应以纵向对称中心线作为基准，标注螺栓孔沿宽度方向的位置以及地脚螺栓孔沿宽度方向的位置尺寸等。

3）标注尺寸公差和几何公差。减速器箱体以下部分有尺寸公差和几何公差要求：

①轴承座孔的公差按装配图上选定的配合标注。

②箱体轴承座孔中心距偏差 $\Delta a = (0.7 \sim 0.8) f_a$（$f_a$ 为齿轮传动中心距极限偏差）。

③箱体底面至剖分面高度的偏差，一般要求按 h11 确定。

④轴承座孔的圆柱度，当采用普通精度级滚动轴承时，可选取 IT7 级或 IT8 级公差。

⑤轴承座孔端面对孔轴心线的垂直度公差，当采用凸缘式轴承盖时，可选取 IT7 级或 IT8 级公差。

⑥两轴承座孔的同轴度公差，一般可取 IT7 级或 IT8 级公差。

⑦锥齿轮减速器箱体还应标注齿轮副轴间距及轴交角的极限偏差，详见本手册锥齿轮公差。

⑧蜗杆减速器箱体还应标注蜗杆轴承座孔的轴线相对于蜗轮轴承座孔轴线的轴交角极限偏差，详见本手册蜗杆传动公差。

4）标注表面粗糙度。箱体各表面常见的表面粗糙度数值见表 14-16。

表 14-16　减速器箱体（盖）、轴承盖及套杯表面粗糙度的选择

加工表面	表面粗糙度	加工表面	表面粗糙度
箱体（盖）的分箱面	Ra1.6（在 1cm² 表面上要求不少于一个斑点）	油沟表面	Ra25
		圆锥销孔	Ra0.8
与普通精度级滚动轴承配合的轴承座孔	Ra0.8（轴承外径 $D \leqslant 80$mm） Ra1.6（轴承外径 $D > 80$mm）	螺栓孔，沉头座表面或凸台表面，箱体上泄油孔和油标孔的外端面	Ra6.3 或 Ra12.5
轴承座孔凸缘端面	Ra3.2		
箱体底平面	Ra25	轴承盖或套杯的加工面	Ra1.6 或 Ra3.2（配合表面） Ra6.3（端面，非配合表面）
检查孔接合面	Ra6.3 或 Ra12.5		

5）编写技术要求　箱座和箱盖零件工作图应提出的技术要求主要包括以下内容：

①对铸件清砂、修饰、表面防护及时效处理的说明。

②对铸件质量的要求，如不允许有缩孔、沙眼和渗漏等现象。

③未注明的圆角、倒角和铸造斜度的说明。

④箱体与箱盖组装后配作定位销孔及加工轴承座孔的说明。

⑤其他必要的说明，如轴承座孔中心线的平行度或垂直度要求在图中未注明时，可在技术要求中说明。

图 14-61 和图 14-62 为圆柱齿轮减速器箱座和箱盖工作图示例。

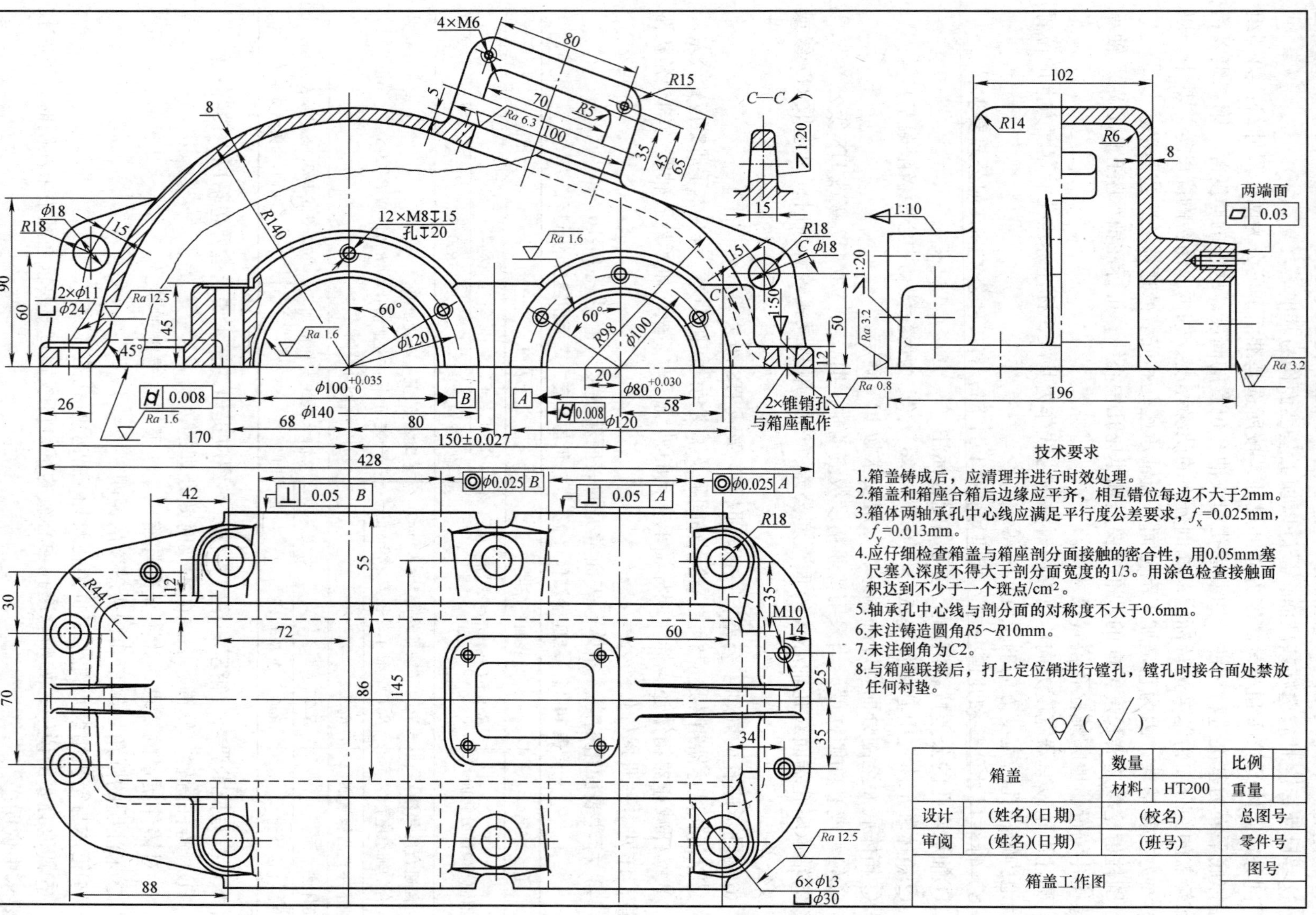

图 14-61　一级圆柱齿轮减速器箱盖零件工作图

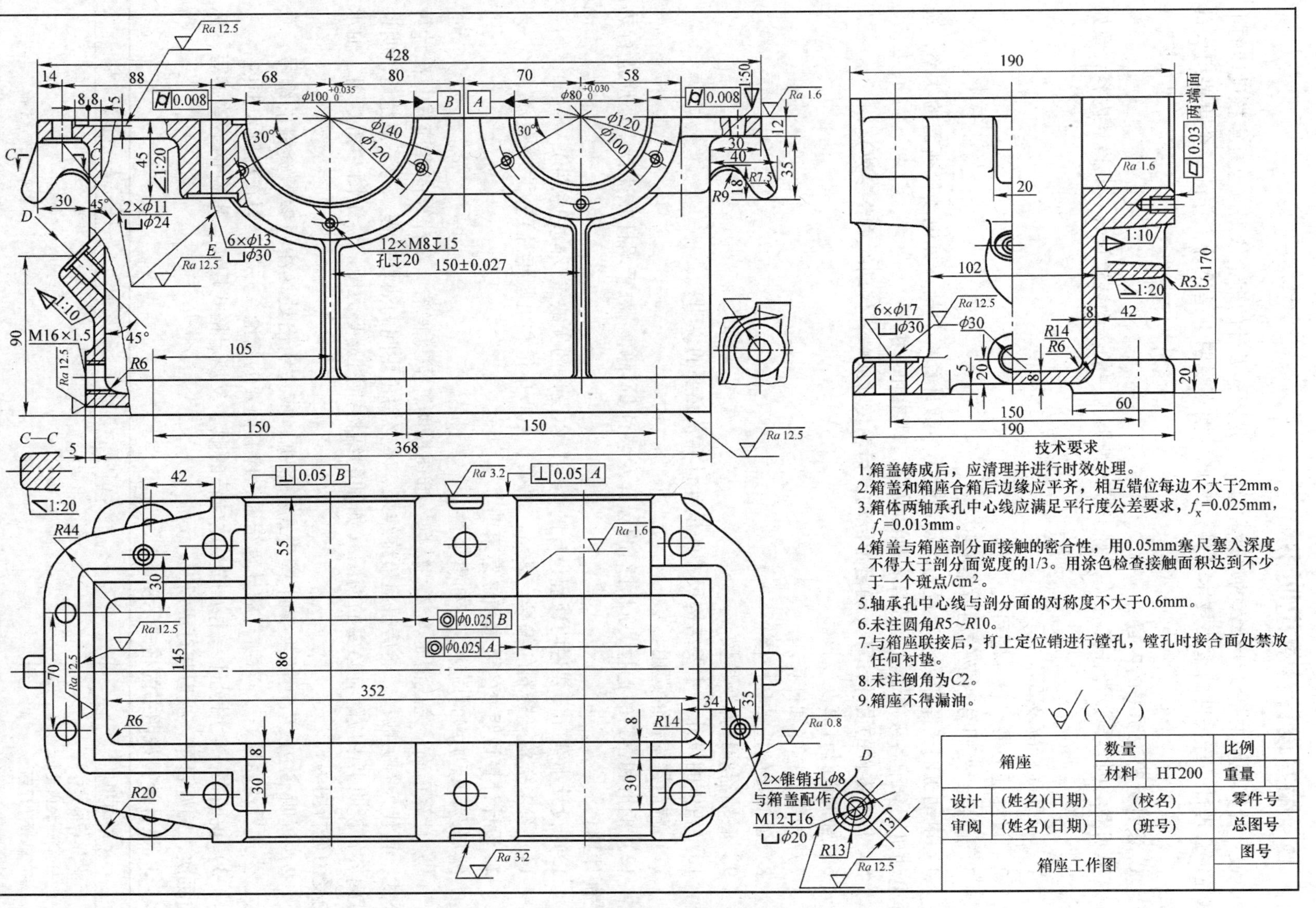

图 14-62　一级圆柱齿轮减速器箱座零件工作图

七、编写设计计算说明书

设计计算说明书是设计计算的整理和总结，是图样设计的理论依据，也是审核设计的可靠性、合理性、经济性的重要技术条件。因此，编写说明书是设计工作的一个重要组成部分。

1. 设计计算说明书的内容

说明书的内容与设计任务有关，对于以减速器为主的传动装置设计，其设计内容大致如下：

1）目录（标题及页次）。

2）设计任务书（设计题目）。

3）前言（题目分析及传动方案的拟定）。

4）电动机的选择和传动装置的运动及动力参数计算（包括计算电动机所需的功率，选择电动机，分配各级传动比，计算各轴的转速、功率和转矩）。

5）传动零件的设计计算（确定带传动、齿轮传动或蜗杆传动的主要参数）。

6）轴的设计计算及校核。

7）轴承的选择和计算。

8）键联接的选择和校核。

9）联轴器的选择及校核。

10）箱体的设计（主要结构尺寸的设计计算及必要的说明）。

11）减速器附件的选用。

12）润滑和密封的选择，润滑剂的选择及装油量计算。对于蜗杆减速器，还应进行热平衡计算。

13）设计小结（简要说明课程设计的体会，本设计的优缺点及改进意见）。

14）参考资料（资料的编号、著者、书名、出版单位和出版年月）。

2. 设计计算说明书的要求和注意事项

编写设计说明书时应注意下列事项：

1）计算正确，论述清楚，文字精炼，插图简明，书写整洁。对计算内容应先写出计算公式，再代入有关数据，然后得出最终结果，不必写出中间的演算过程。为了清楚地说明计算内容，说明书中应附有必要的简图（如轴的结构简图及受力图、弯矩图和扭矩图，轴承的受力分析图等）。

2）说明书中所引用的重要计算公式和数据，应注明出处（注明参考资料的编号、页次、公式号及表号等）。对所得的计算结果，应有简要的结论，并将其写在右侧长框内。

3）说明书一般用设计专用纸按上述推荐的顺序及规定格式用蓝、黑色钢笔等书写，标出页次，编好目录，最后装订成册。

3. 设计计算说明书的格式示例

设计项目①	计算及说明	主要结果①
三、齿轮传动设计 （一）高速级齿轮传动设计计算 1. 选择齿轮材料	参考表 10-14	小齿轮:45 钢 220～250HBW

（续）

设计项目[①]	计算及说明	主要结果[①]
	小齿轮选用45钢，调质处理220～250HBW 大齿轮选用45钢，正火处理170～200HBW	大齿轮：45钢 170～200HBW
2. 确定许用应力	由表10-24查得 $S_{\mathrm{Hmin}}=1$，$S_{\mathrm{Fmin}}=1$	
	由图10-3查得 $\sigma_{\mathrm{Hlim1}}=580\mathrm{MPa}$，$\sigma_{\mathrm{Hlim2}}=540\mathrm{MPa}$	
	$[\sigma_{\mathrm{H}}]_1=\dfrac{\sigma_{\mathrm{Hlim1}}}{S_{\mathrm{Hmin}}}=\dfrac{580}{1}\mathrm{MPa}=580\mathrm{MPa}$	$[\sigma_{\mathrm{H}}]_1=580\mathrm{MPa}$
	$[\sigma_{\mathrm{H}}]_2=\dfrac{\sigma_{\mathrm{Hlim2}}}{S_{\mathrm{Hmin}}}=\dfrac{540}{1}\mathrm{MPa}=540\mathrm{MPa}$	$[\sigma_{\mathrm{H}}]_2=540\mathrm{MPa}$
3. 按齿面接触疲劳	由表10-19中的公式	
强度计算齿轮直径	$d_1\geqslant\sqrt[3]{\left(\dfrac{671}{[\sigma_{\mathrm{H}}]}\right)^2\left(\dfrac{KT_1}{\psi_{\mathrm{d}}}\right)\left(\dfrac{u\pm1}{u}\right)}$	
（1）确定式中各参数值		
载荷系数 K	由表10-22，$K=1.2$	
齿宽系数 Ψ_{d}	由表10-21，$\Psi_{\mathrm{d}}=1$	
（2）求 d_1	$d_1\geqslant\sqrt[3]{\left(\dfrac{671}{540}\right)^2\left(\dfrac{1.2\times98454}{1}\right)\left(\dfrac{4+1}{4}\right)}\mathrm{mm}=61.09\mathrm{mm}$	$d_1=61.09\mathrm{mm}$
4. 确定齿轮的参数与主要尺寸		
（1）选择齿数	取 $z_1=31$	$z_1=31$
	$z_2=z_1i=31\times4=124$	$z_2=124$
（2）确定模数	$m=d_1/z_1=61.09/31\mathrm{mm}=1.97\mathrm{mm}$，取标准模数 $m=2\mathrm{mm}$	$m=2\mathrm{mm}$
5. 校核齿根弯曲疲劳强度	由表10-19中的公式	
	$\sigma_{\mathrm{F}}=\dfrac{2KT_1Y_{\mathrm{FS}}}{d_1bm}\leqslant[\sigma_{\mathrm{F}}]$	
（1）确定式中参数	由图10-2，$Y_{\mathrm{FS}}=4.1$	
……	……	

① 表中，“设计项目”栏宽35mm，“主要结果”栏宽25mm。

第十五章

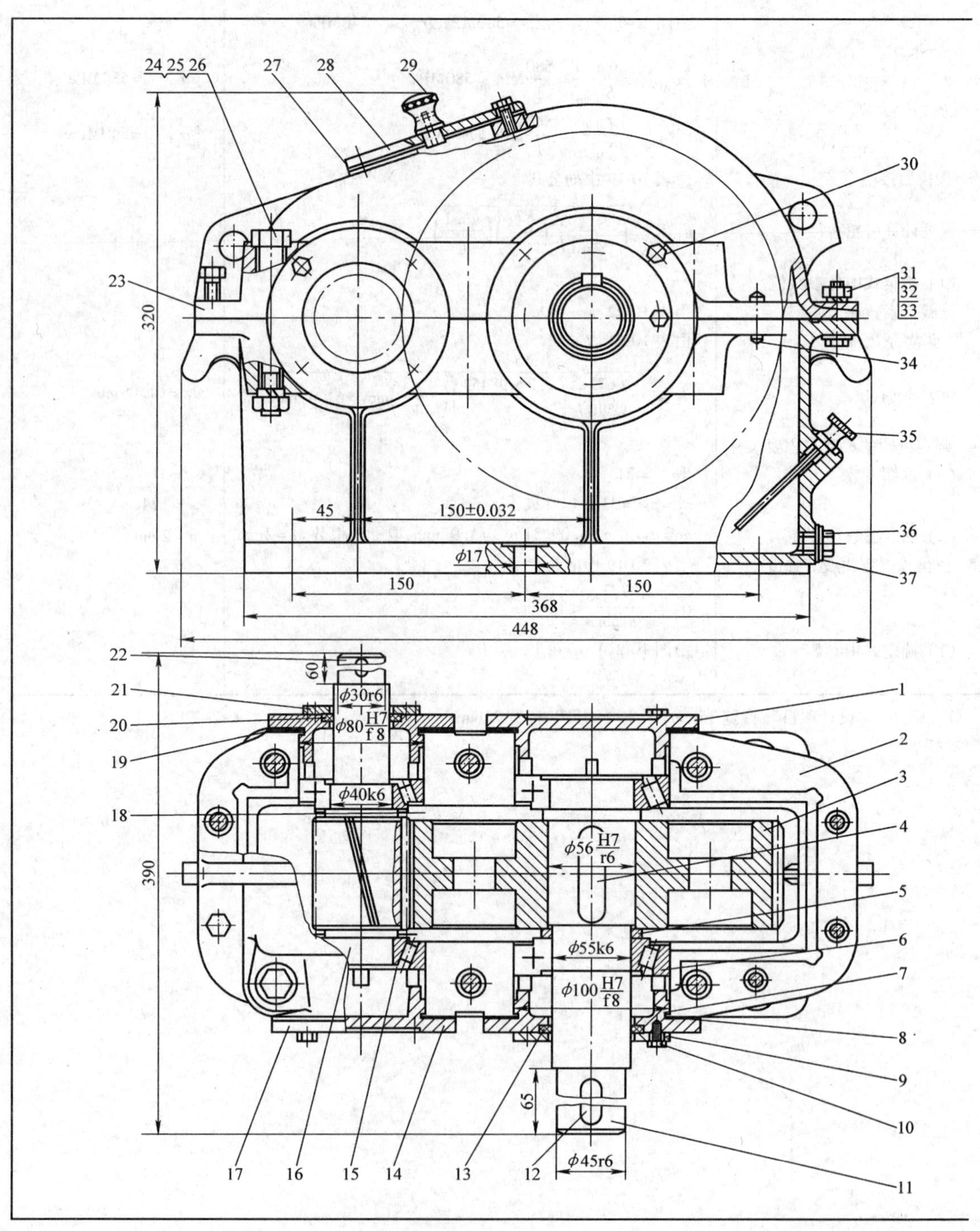

图 15-1　单级圆柱齿轮减速器

减速器图例

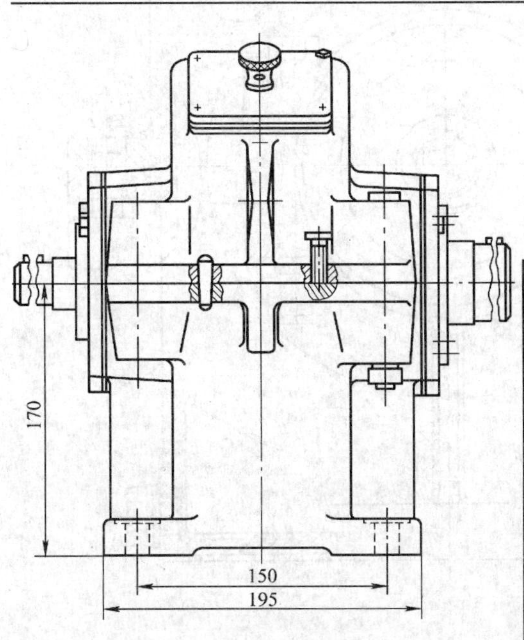

技术特性

输入功率 kW	高速轴转速 r·min⁻¹	效 率 η	传动比 i
4	572	92%	3.95

技术要求

1.啮合侧隙大小用铅丝检验，保证侧隙不小于0.16mm。铅丝直径不得大于最小侧隙的两倍。

2.用涂色法检验轮齿接触斑点，要求齿高接触斑点不少于40%，齿宽接触斑点不少于50%。

3.应调整轴承的轴向间隙，ϕ40mm为0.05～0.01mm，ϕ55mm为0.08～0.15mm。

4.箱内装全损耗系统用油L－AN68至规定高度。

5.箱座、箱盖及其他零件未加工的内表面，齿轮的未加工表面涂底漆并涂红色耐油油漆。箱盖、箱座及其他零件未加工的外表面涂底漆并涂浅灰色油漆。

6.运转过程中应平稳、无冲击、无异常振动和噪声。各密封处、接合处均不得渗油、漏油。剖分面允许涂密封胶或水玻璃。

7.按试验规程进行试验。

序号	名 称	数量	材料	标准	备注
37	垫片	1	衬垫石棉板		
36	螺塞	1	Q235A	JB/ZQ 4450—1986	
35	油标尺	1			组合件
34	销8×30	2		GB/T 117—2000	
33	垫圈10	2		GB/T 93—1987	
32	螺母M10	2		GB/T 41—2000	
31	螺栓M10×40	3		GB/T 5780—2000	
30	螺钉M8×25	16		GB/T 5780—2000	
29	通气器	1			
28	窥视孔盖	1	Q215		
27	垫片	1	衬垫石棉板		
26	垫圈12	6		GB/T 93—1987	
25	螺母M12	6		GB/T 41—2000	
24	螺栓M12×120	6		GB/T 5780—2000	
23	箱盖	1	HT200		
22	键8×7×50	1		GB/T 1096—2003	
21	密封盖	1	Q235		
20	毡圈	1	细毛毡		
19	轴承端盖	1	HT150		
18	挡油环	2	Q215		
17	调整垫片	2组	08F		
16	齿轮轴	1	45		
15	滚动轴承30208	2		GB/T 297—1994	
14	轴承端盖	1	HT150		
13	毡圈	1	细毛毡		
12	键14×9×50	1		GB/T 1096—2003	
11	轴	1	45		
10	螺钉M6×16	12		GB/T 5782—2000	
9	密封盖	1	Q235		
8	调整垫片	2组	08F		
7	轴承端盖	1	HT150		
6	滚动轴承30211	2		GB/T 297—1994	
5	套筒	1	Q235		
4	键16×10×63	1		GB/T 1096—2003	
3	齿轮	1	40		
2	箱座	1	HT150		
1	轴承端盖	1	HT150		

一级圆柱齿轮减速器		比例		图号	
		数量		重量	
设计	(日期)	机械设计课程设计		(校名)	
审核				(班名)	

（轴承油润滑，轴承盖凸缘式）

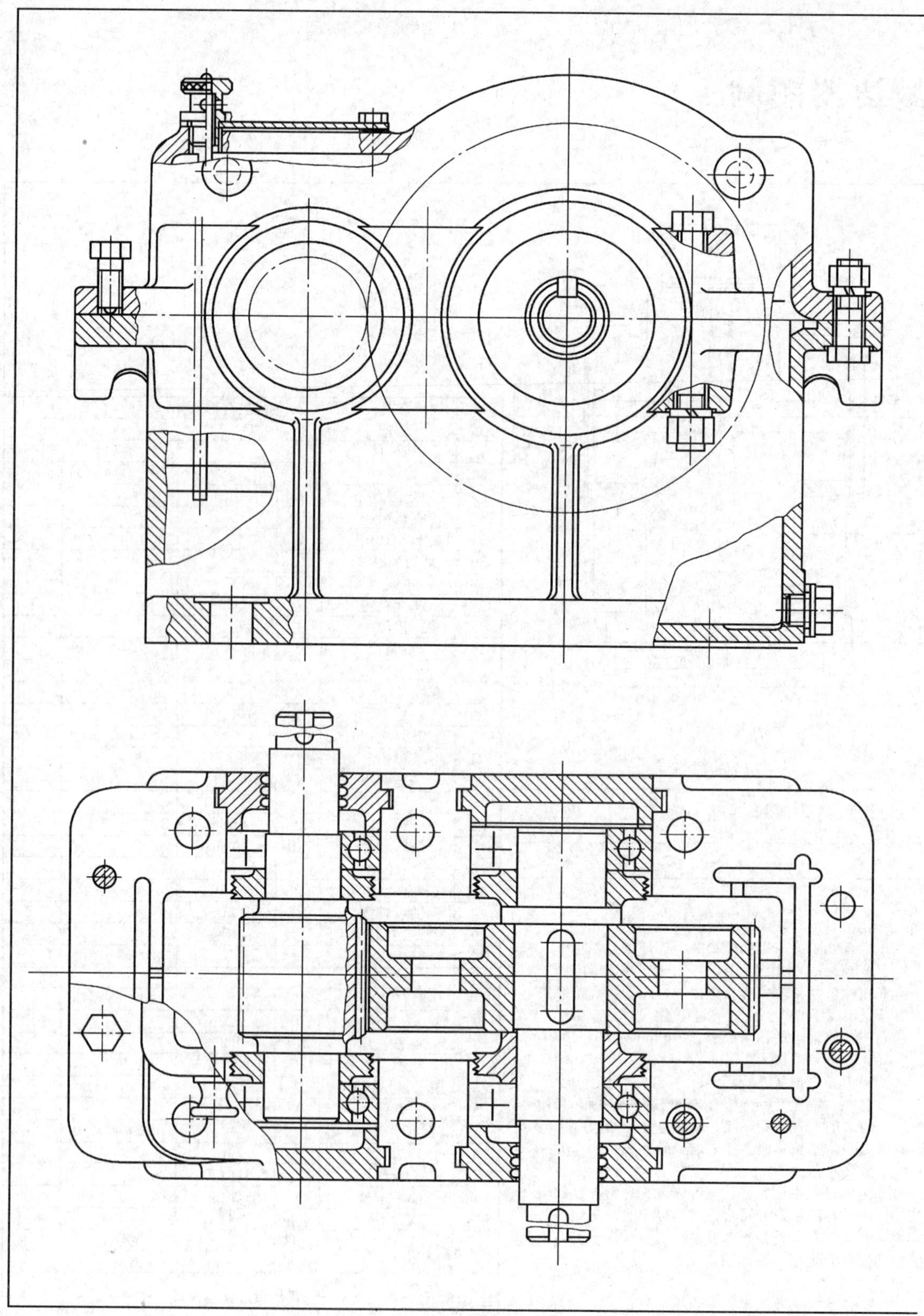

图 15-2　单级圆柱齿轮减速器

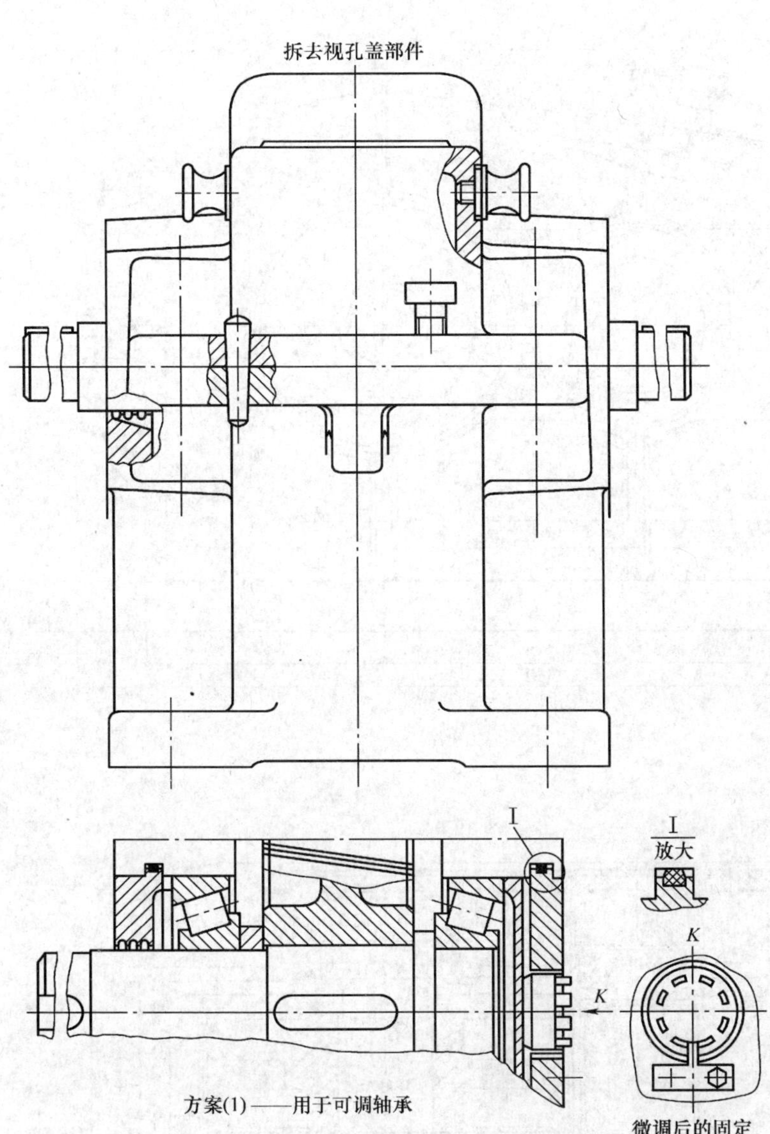

方案(1)——用于可调轴承

一对圆锥滚子轴承组成正装，轴向游隙的调整是通过槽形螺塞和调整环来实现的。其特点是：支承刚度好，拆装方便，但调整较麻烦，适用于径向和轴向负荷都较大而转速较低的场合。

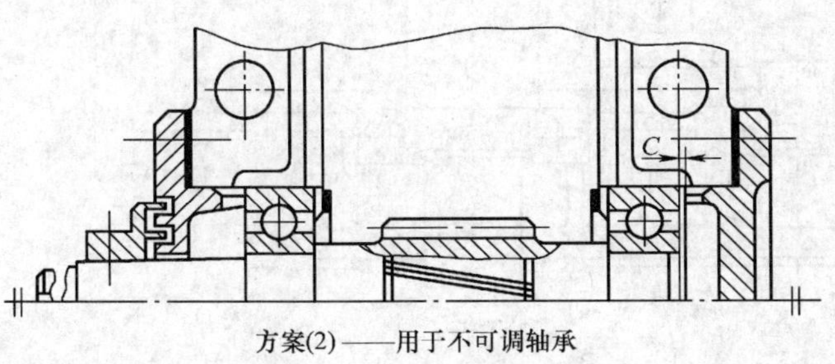

方案(2)——用于不可调轴承

采用一对深沟球轴承组成两端固定支承。凸缘式端盖调整轴向游隙比较方便，适用于转速较高。负荷较小的场合，这种轴承也可承受不大的轴向力。

（轴承脂润滑，轴承盖嵌入式）

B16
B17
26
23
24
25
B18
B19
B20
27
B15
B14
B13
28
230
最高油面
最低油面
29
233
75±0.023
98±0.027
30
30
20
6×ϕ20
330
380
B9 B10
ϕ16r6
11 12 B11 13 14 15 16 17 18 19 B12 20 21 22
ϕ47H7
ϕ52H7
ϕ72H7
ϕ38H7m6
ϕ28
ϕ20k6
ϕ25k6
ϕ35k6
B8 10 B7 9 8 7 B6 6 B5 5 4 B4 B3 B2 3 2 B1 1

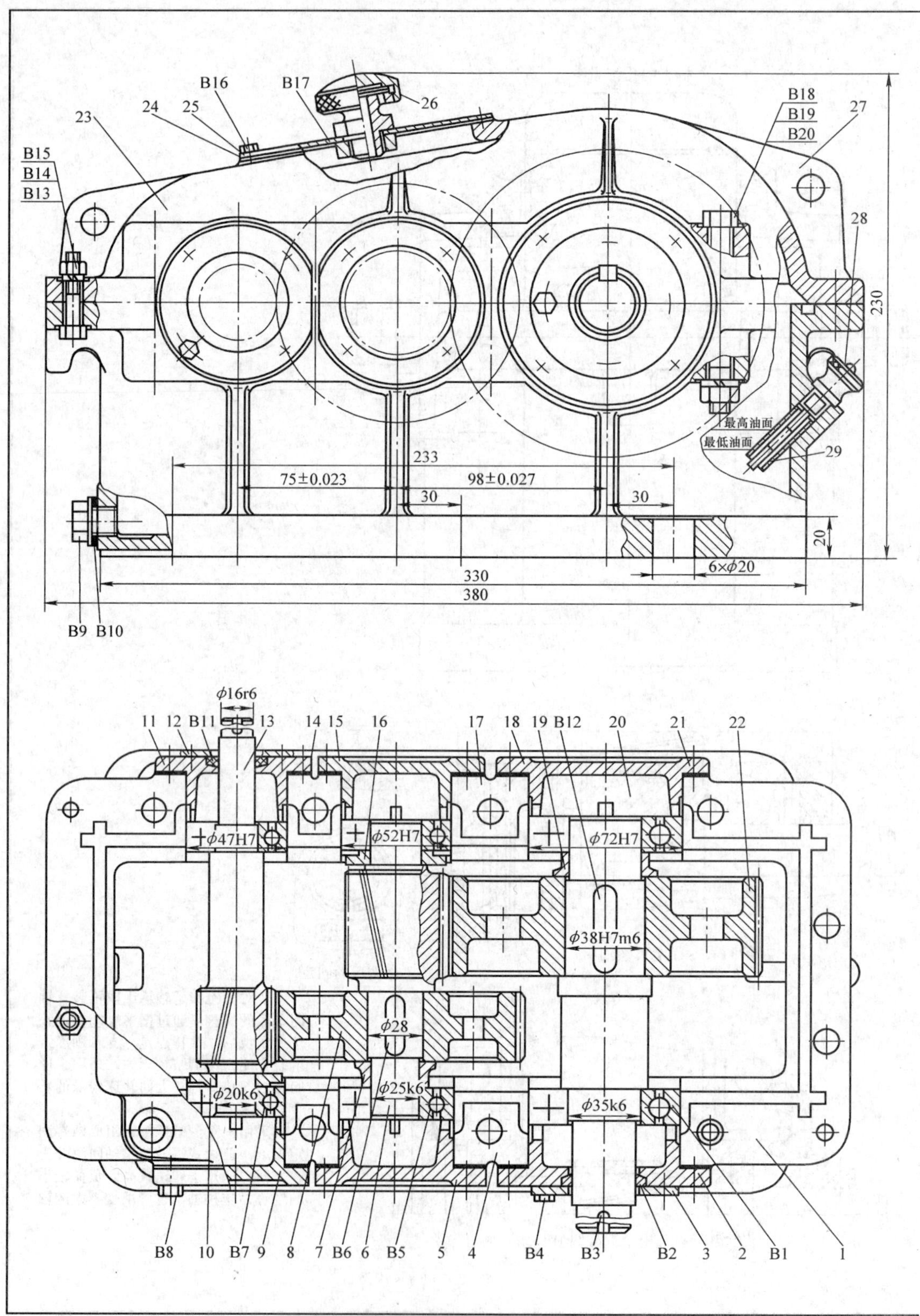

图 15-3　二级圆柱齿轮

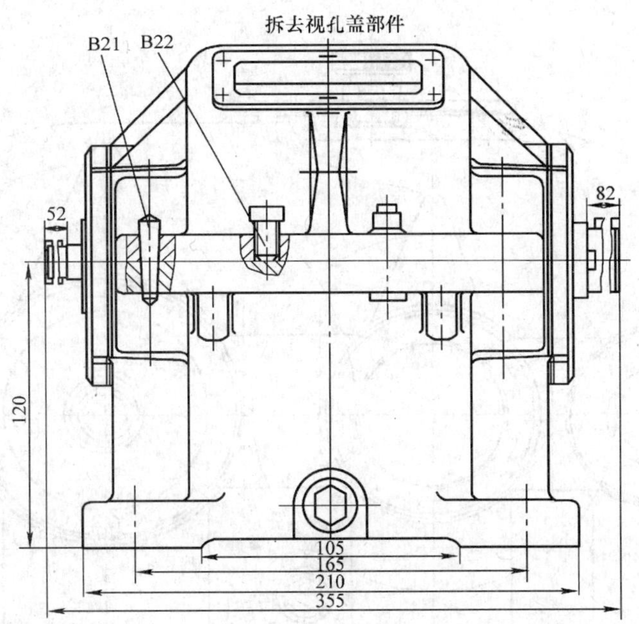

技术特性

输入功率/kW	输入轴转速/($r\cdot min^{-1}$)	效率 η	总传动比 i	转动特性			
				第一级		第二级	
				m_n	β	m_n	β
4	1440	0.93	11.99	2	13°43′48″	2.5	11°2′38″

技术要求

1.装配前箱体与其他铸件不加工面应清理干净，除去毛边、毛刺，并浸涂防锈漆。

2.零件在装配前用煤油清洗，轴承用汽油清洗干净，晾干后表面应涂油。

3.齿轮装配后应有涂色法检查接触斑点，圆柱齿轮沿齿高不小于40%，沿齿长不小于50%

4.调整、固定齿轮轴承前留有轴向间隙0.2～0.5mm。

5.箱内装全损耗系统用油L-AN68至规定高度。

6.箱体内壁涂耐油油漆，减速器外表面涂灰色油漆

7.减速器剖分面、各接触面及密封处均不允许漏油，箱体剖分面应涂以密封胶或水玻璃，不允许使用其他任何填充料。

8.按试验规程进行试验。

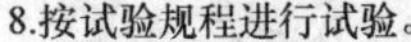

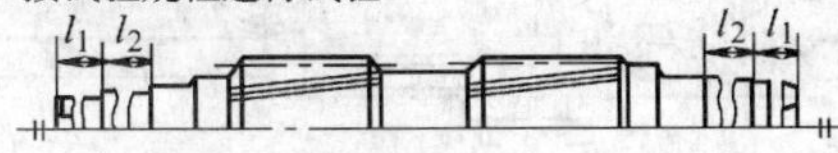

高速轴方案

高速轴采用两端全对称结构，当一端齿轮损坏时，便于调头继续使用。

序号	零件名称	数量	材料	规格及标准代号	备注
⋮					
⋮					
B13	螺栓M10×35	1	Q235	GB/T 5782—2000	
B12	键8×40	1	45	GB/T 1096—2000	
B11	毡圈	1	半粗羊毛毡	JB/ZQ 4606—1997	
B10	封油圈	1	软钢纸板		
B9	油塞M8×12	1	Q235		
B8	螺钉M8×12 24	24	Q235	GB/T 5783—2000	
B7	角接触球轴承	2		7204C GB/T292—1994	
B6	键8×28	1	45	GB/T 1096—2003	
B5	角接触球轴承	2		36205 GB/T 292—1994	
B4	螺钉M5×10	4	Q235	GB/T 5782—2000	
B3	键	1	45	键C8×7×52 GB/T 1096—2000	
B2	毡圈	1	半粗羊毛毡	JB/ZQ 4606—1997	
B1	角接触球轴承	2		7207C GB/T 292—1994	
⋮					
⋮					
12	密封盖	1	Q235		
11	轴承盖	1	HT200		
10	挡油盘	1	Q235		
9	轴承盖	1	HT200		
8	大齿轮	1	45		
7	套筒	1	Q235		
6	轴	1	45		
5	轴承盖	1	HT200		
4	调整垫片	2组	08F		
3	密封盖	1	Q235		
2	轴承盖	1	HT200		
1	箱座	1	HT200		

二级圆柱齿轮减速器		比例		图号	
		数量		重量	
设计	(日期)	机械设计课程设计		(校名)	
审核				(班名)	

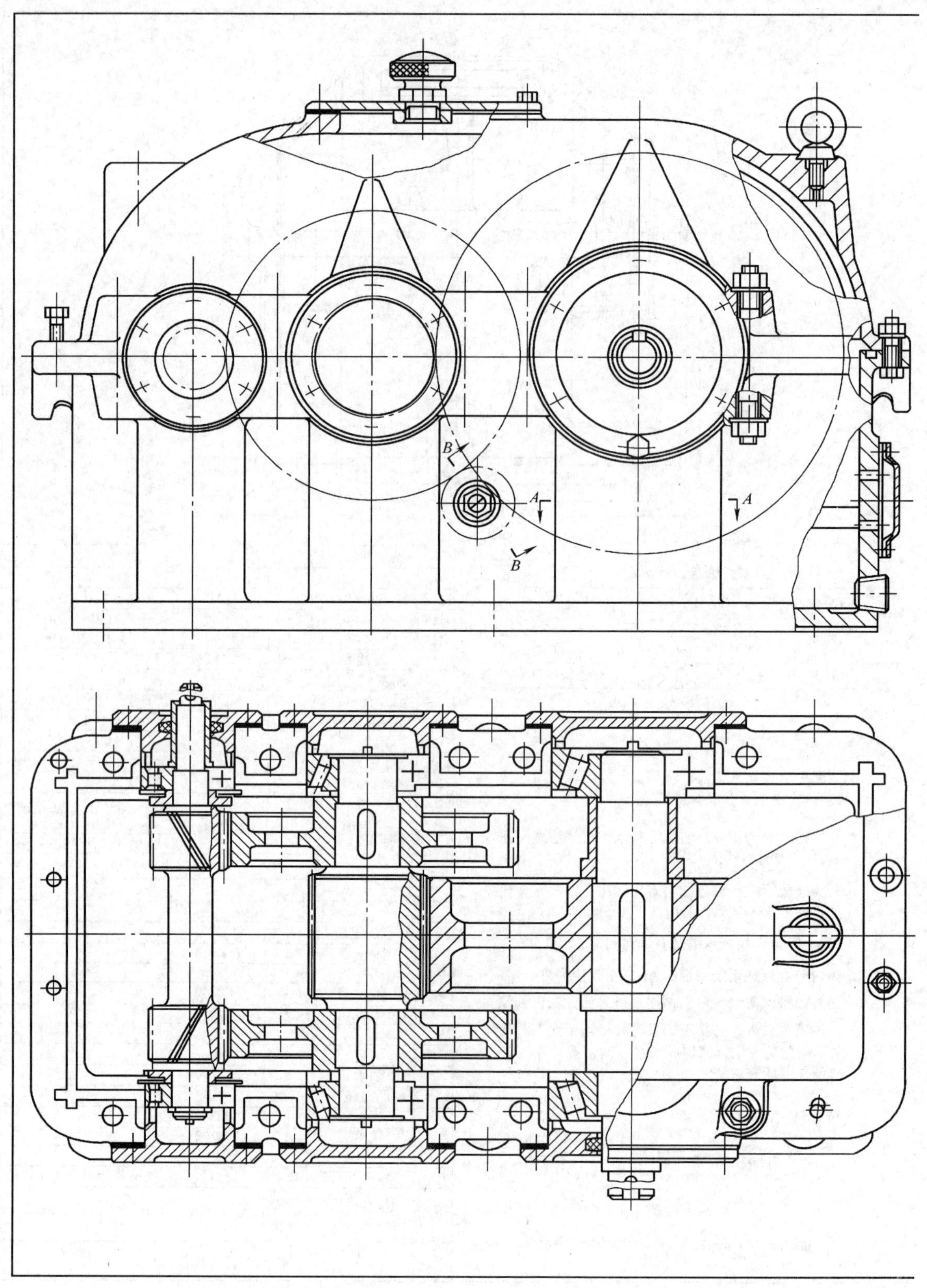

图 15-4　二级圆柱齿轮

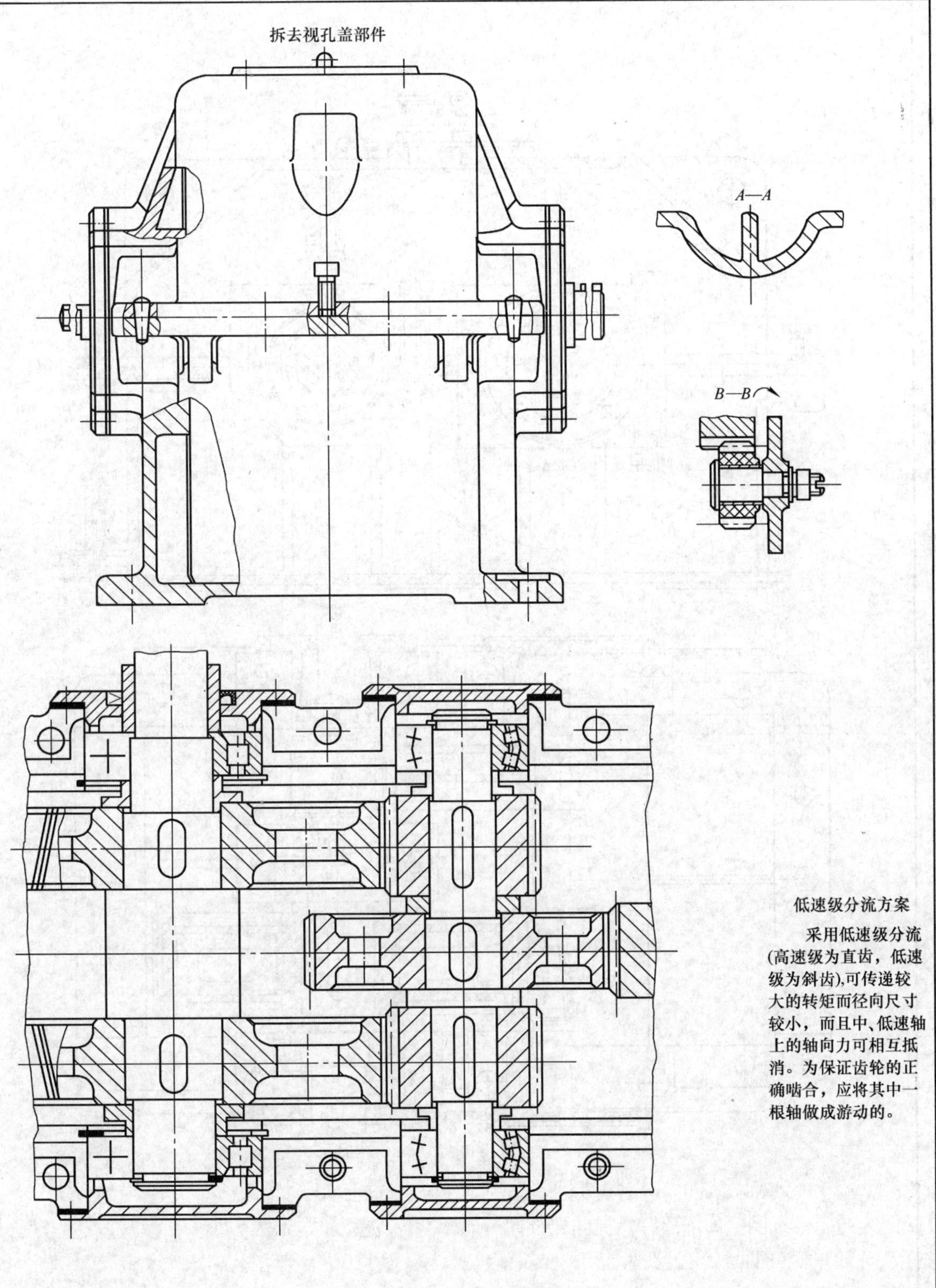

低速级分流方案

采用低速级分流(高速级为直齿，低速级为斜齿),可传递较大的转矩而径向尺寸较小，而且中、低速轴上的轴向力可相互抵消。为保证齿轮的正确啮合，应将其中一根轴做成游动的。

减速器（分流式）

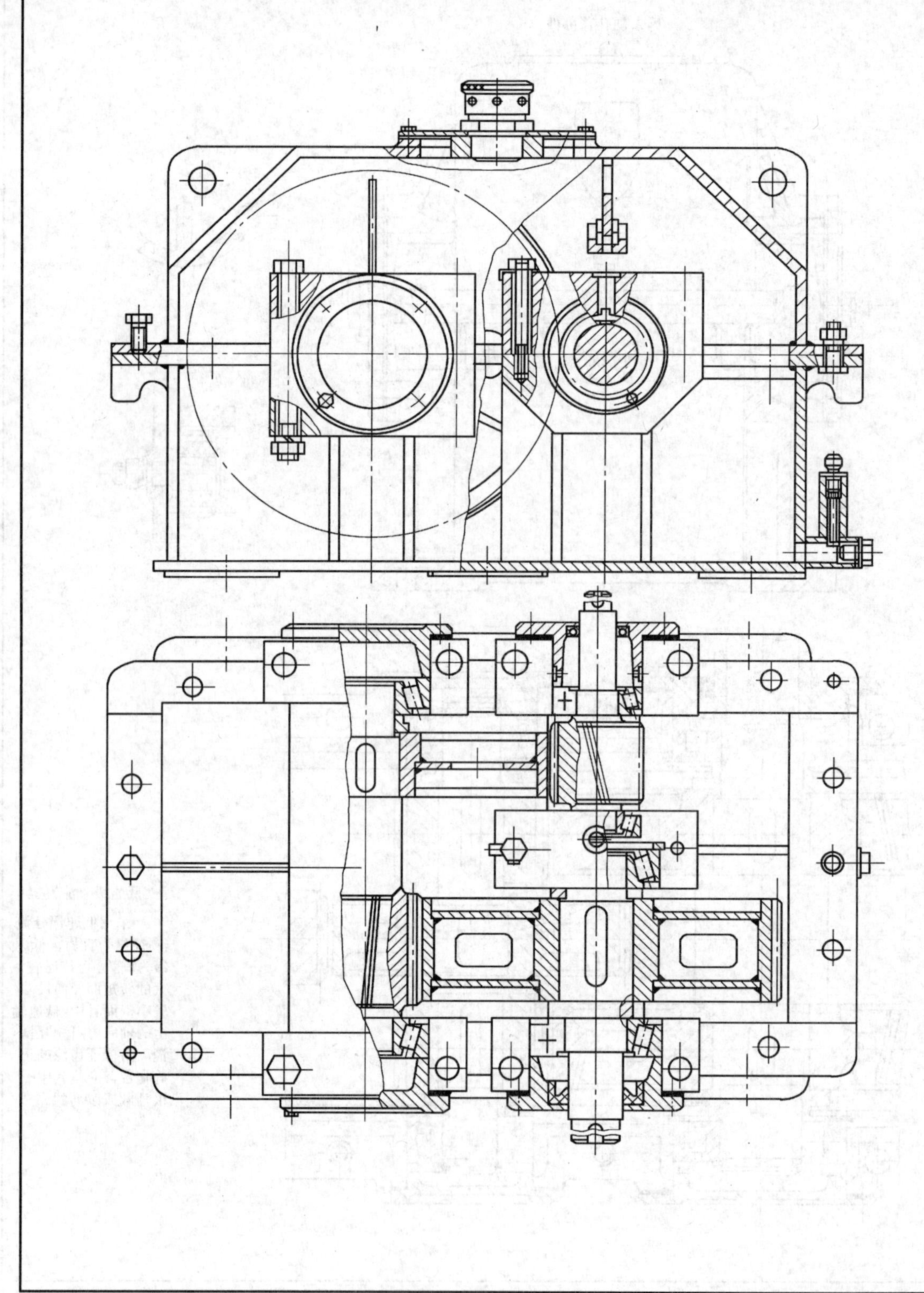

图 15-5　二级圆柱齿轮减速器

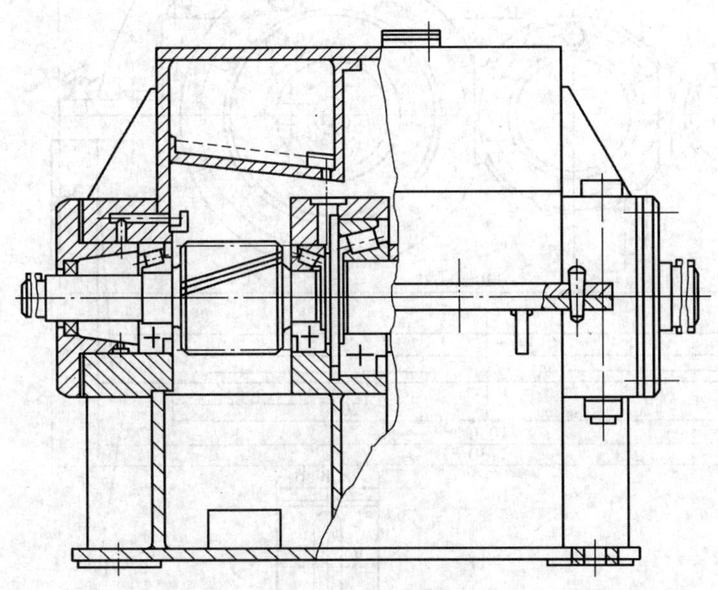

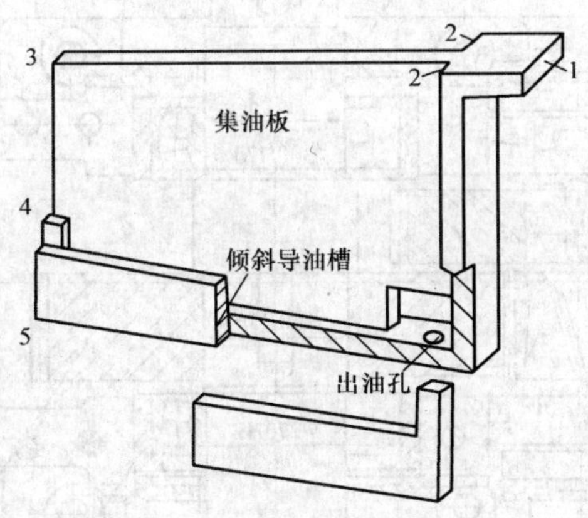

减速器中部轴承座的供油装置:

该装置通过1、2、3、4、5处与箱盖内壁焊在一起。工作时，由高速级大齿轮旋转飞溅出来的油，通过箱盖顶部内壁和集油板流到具有一定斜度的导油槽内，然后经缺口处的出油孔流入轴承座孔中，以保证该处两个滚轴承的自润滑。

关于箱体两侧各一个轴承的润滑装置，请参照侧视图的有关结构。

(同轴式，焊接箱体)

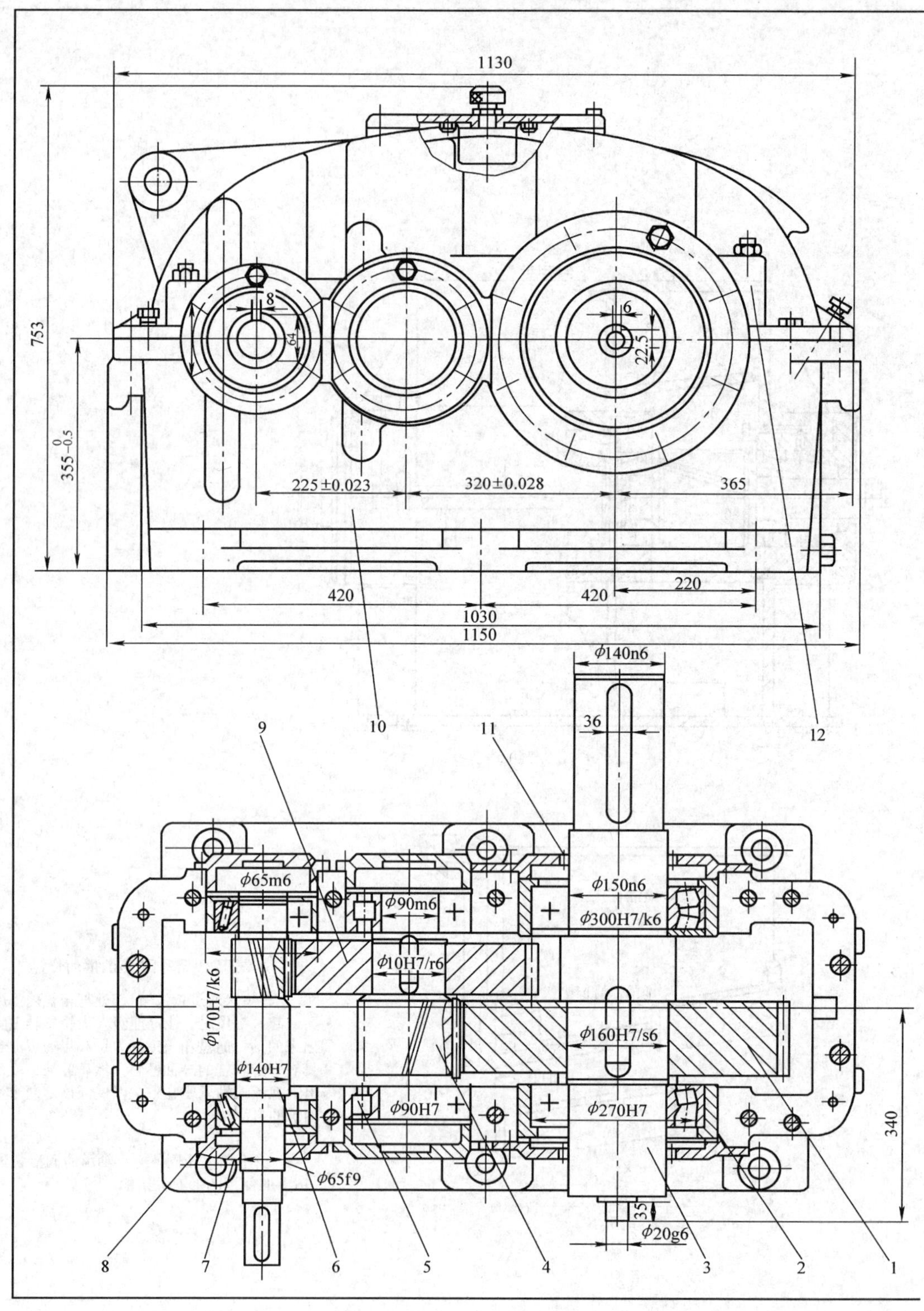

图 15-6-1　二级圆柱齿轮减速器装配图

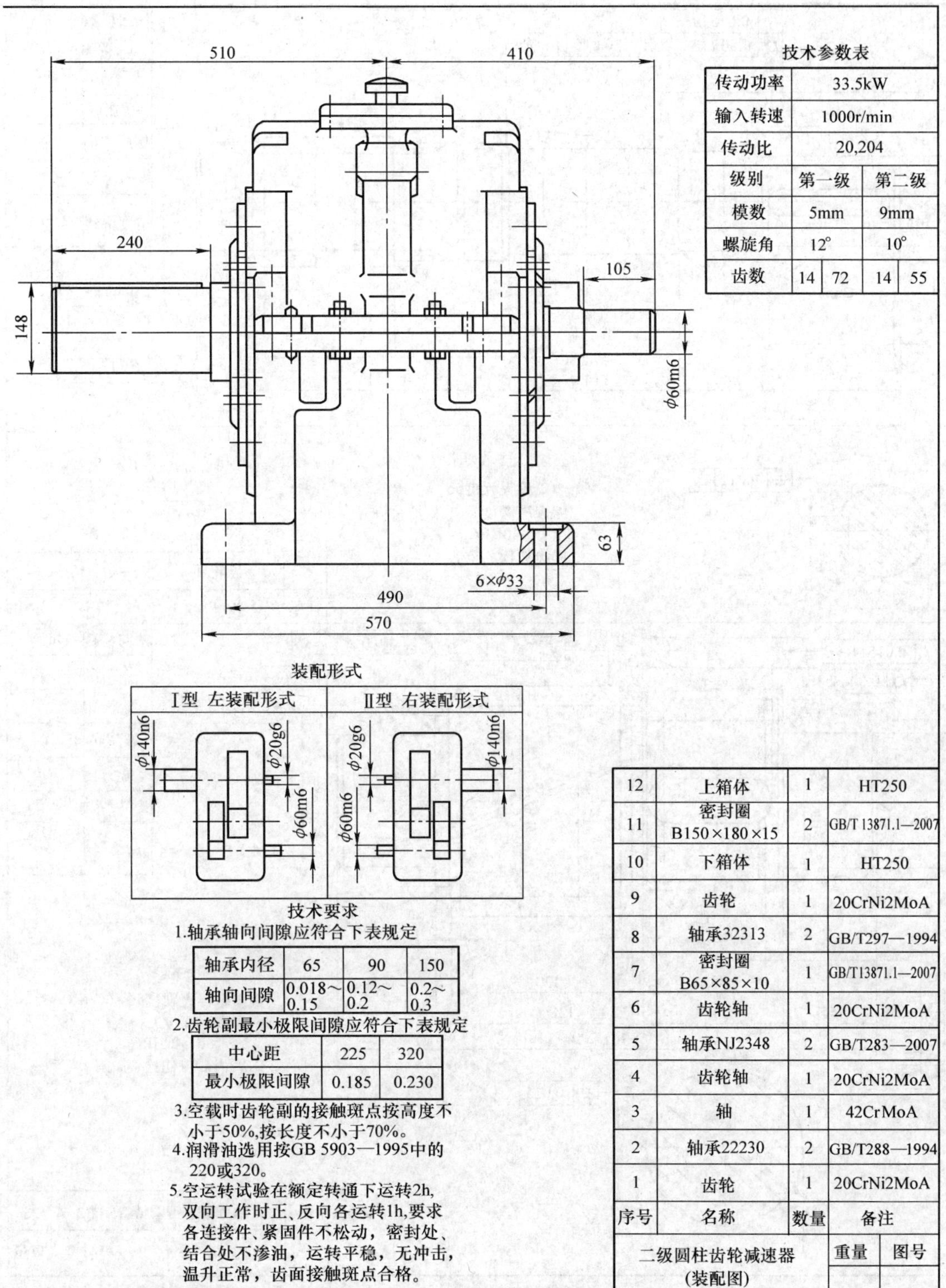

技术参数表

传动功率	33.5kW			
输入转速	1000r/min			
传动比	20,204			
级别	第一级		第二级	
模数	5mm		9mm	
螺旋角	12°		10°	
齿数	14	72	14	55

技术要求

1.轴承轴向间隙应符合下表规定

轴承内径	65	90	150
轴向间隙	0.018～0.15	0.12～0.2	0.2～0.3

2.齿轮副最小极限间隙应符合下表规定

中心距	225	320
最小极限间隙	0.185	0.230

3.空载时齿轮副的接触斑点按高度不小于50%,按长度不小于70%。

4.润滑油选用按GB 5903—1995中的220或320。

5.空运转试验在额定转通下运转2h,双向工作时正、反向各运转1h,要求各连接件、紧固件不松动，密封处、结合处不渗油，运转平稳，无冲击，温升正常，齿面接触斑点合格。

序号	名称	数量	备注
12	上箱体	1	HT250
11	密封圈 B150×180×15	2	GB/T 13871.1—2007
10	下箱体	1	HT250
9	齿轮	1	20CrNi2MoA
8	轴承32313	2	GB/T297—1994
7	密封圈 B65×85×10	1	GB/T13871.1—2007
6	齿轮轴	1	20CrNi2MoA
5	轴承NJ2348	2	GB/T283—2007
4	齿轮轴	1	20CrNi2MoA
3	轴	1	42CrMoA
2	轴承22230	2	GB/T288—1994
1	齿轮	1	20CrNi2MoA

二级圆柱齿轮减速器（装配图）	重量	图号

（大功率、硬齿面，展开式）

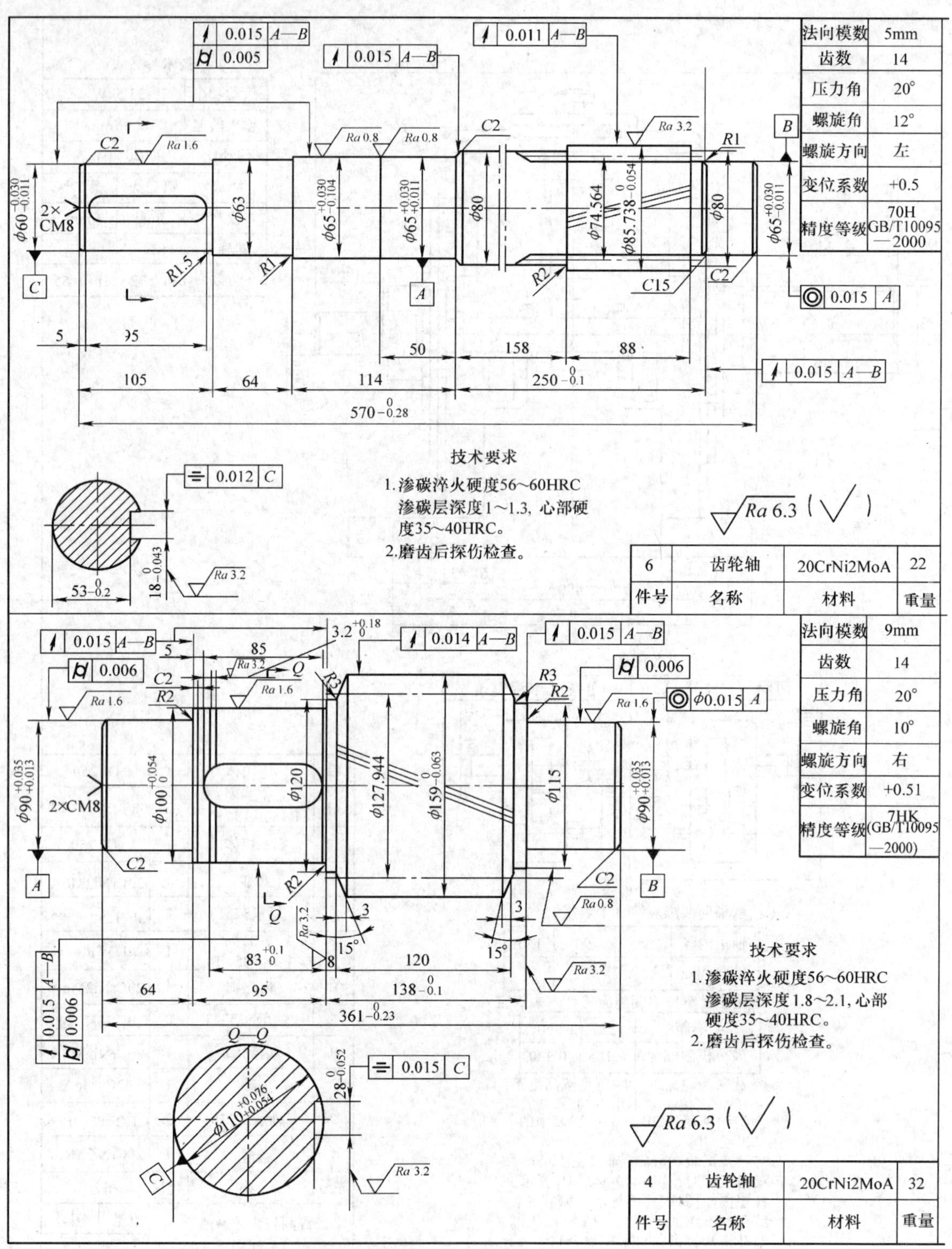

图 15-6-2　二级圆柱齿轮减速器

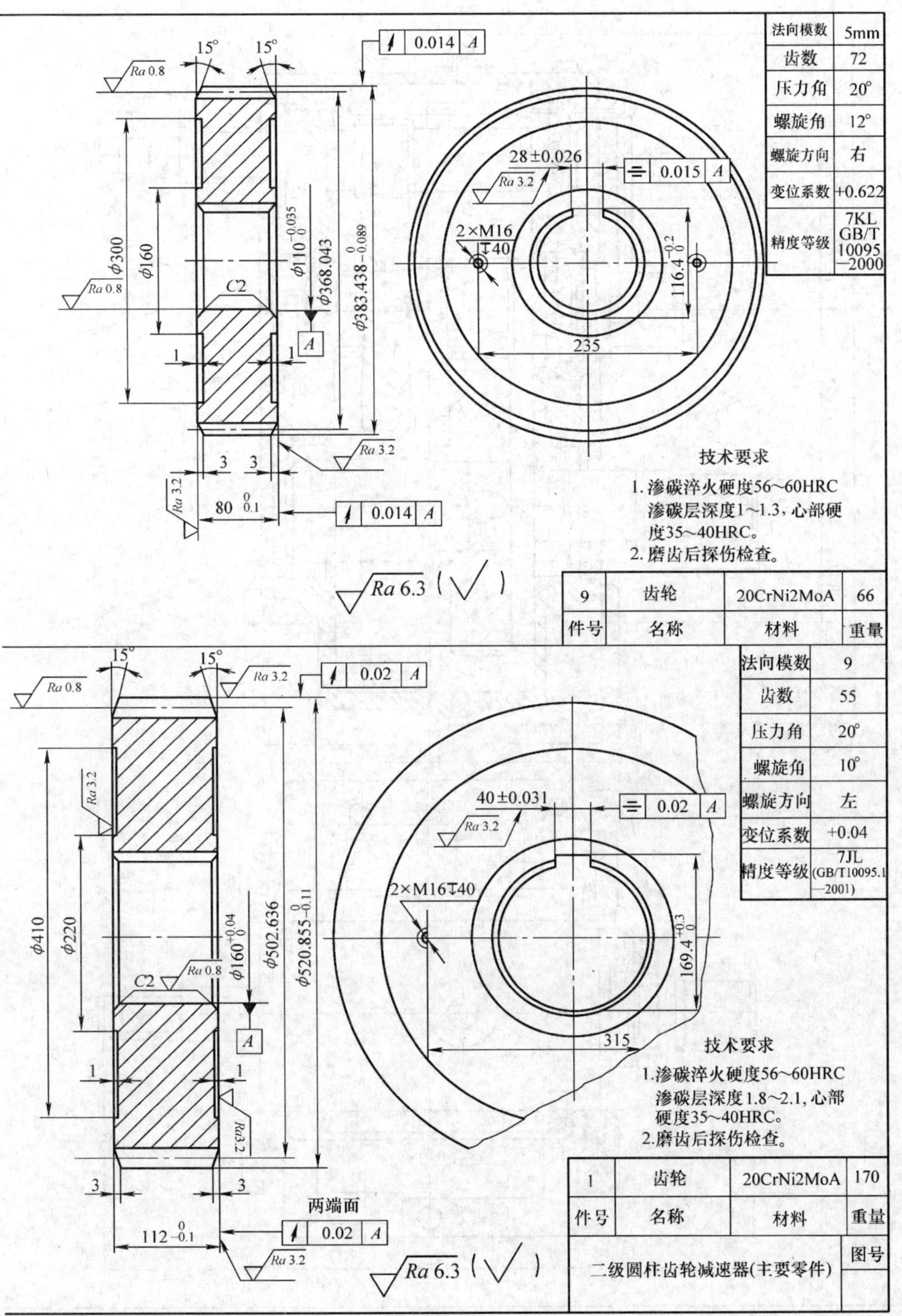

（大载荷、硬齿面，展开式）主要零件图

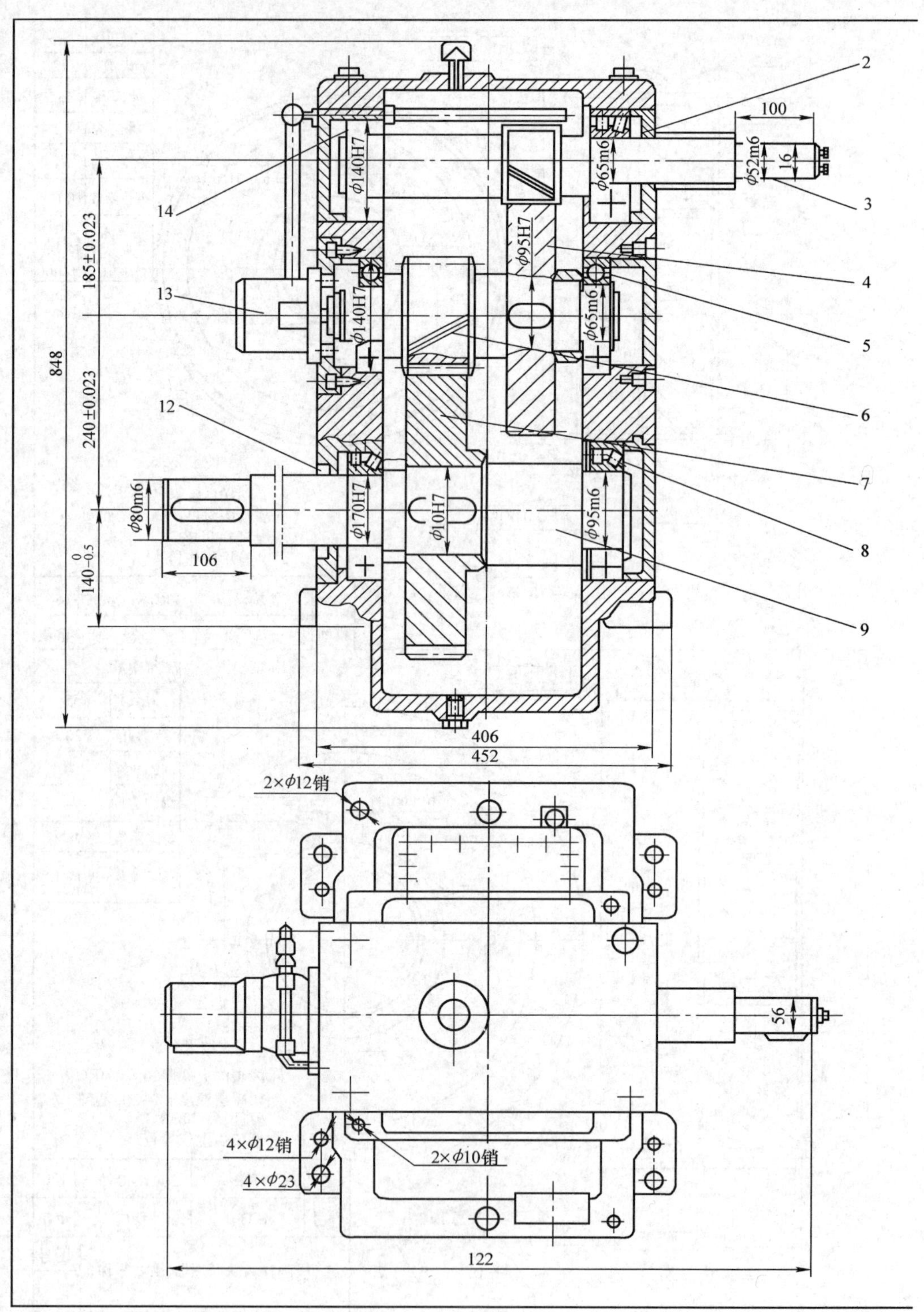

图 15-6-3 （立式）二级圆柱齿轮

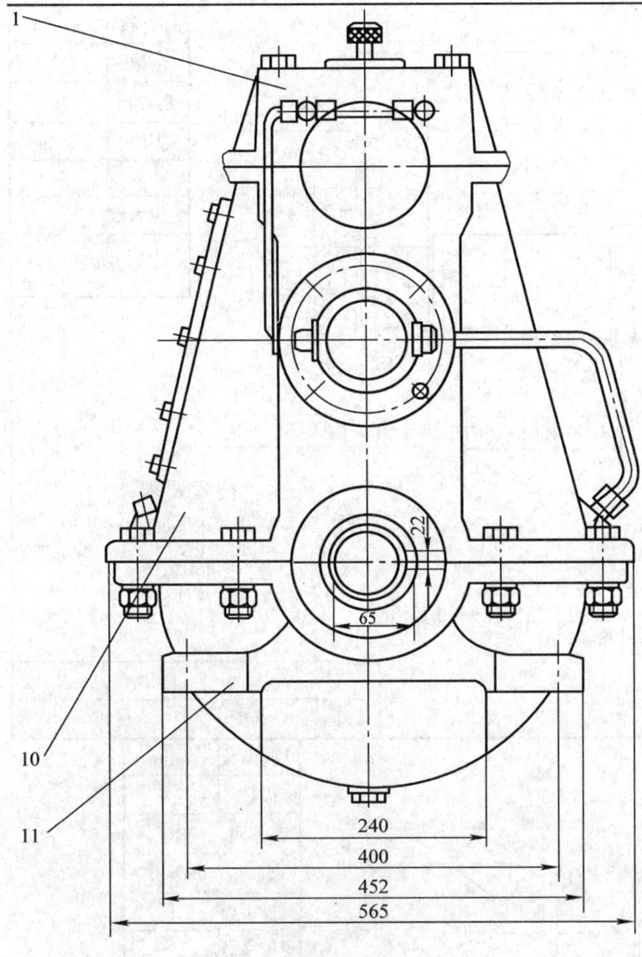

技术参数表

传动功率	38kW			
输入转速	1000r/min			
传动比	9.08			
级别	第一级		第二级	
模数	5		6	
螺旋角	0°23′48″		9°04′07″	
齿数	17	56	21	58

技术要求

1.轴承轴向间隙应符合下表规定

轴承内径	65	95
轴向间隙	0.08～0.04	0.12～0.2

2.齿轮圈最小极限间隙应符合下表规定

中心圈	185	240
最小极限间隙	0.185	0.185

3.空载时齿轮间隙接触斑点按高度不小于50%,按长度不小于70%,

4.润滑油选用按GB 5903—1995中的220或320。

5.空运转试验在额定转速下运转2h,双向工作时正、反向各运转1h,要求各连接件、紧固件不松动，密封处、结合处不渗油，运转平稳，无冲击，温升正常，齿面接触斑点合格。

6.负载性能试验按有关标准要求进行。

序号	名称	数量	备注
14	轴承22313	2	GB/T288—1994
13	油泵	1	成品
12	密封圈 B20×10×12	1	GB/T13874—2007
11	下箱体	1	ZG270-×30
10	中箱体	1	ZG270-500
9	轴	1	42CrMo
8	轴承22219	2	GB/T—288—1994
7	齿轮	1	20GrNi2MoA
6	齿轮轴	1	20GrNi2MoA
5	轴承6J13	2	GB/T—276—1994
4	齿轮	1	20GrNi2MoA
3	齿轮轴	1	20GrNi2MoA
2	密封圈 B75×100×10	1	GB/T—1387—2007
1	上箱体	1	ZG270-500

二级圆柱齿数减速器(立式)(装配图)	数量	图号
	800	

减速器装配图

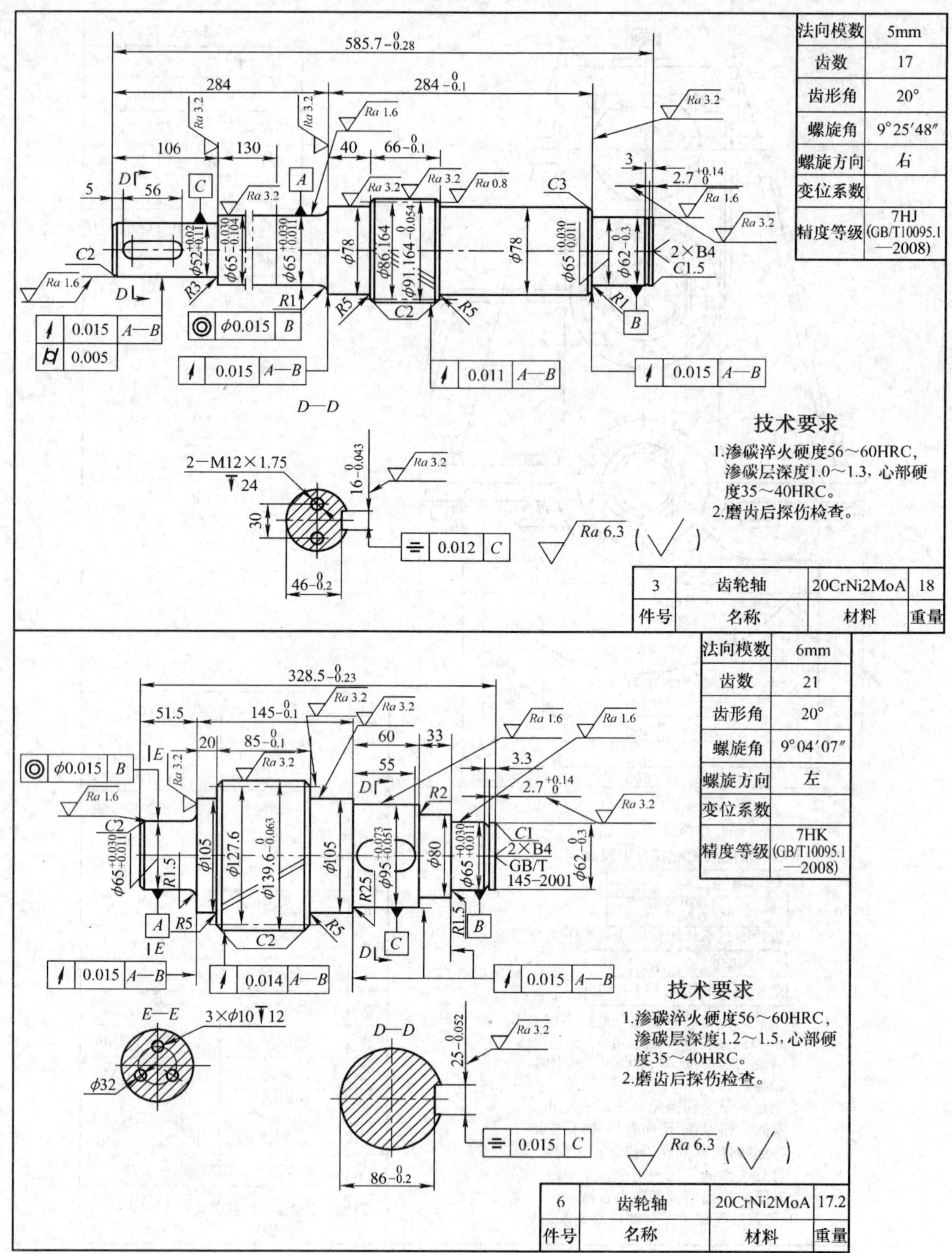

法向模数	5mm
齿数	17
齿形角	20°
螺旋角	9°25′48″
螺旋方向	右
变位系数	
精度等级	7HJ (GB/T10095.1—2008)

技术要求

1.渗碳淬火硬度56～60HRC，渗碳层深度1.0～1.3，心部硬度35～40HRC。

2.磨齿后探伤检查。

3	齿轮轴	20CrNi2MoA	18
件号	名称	材料	重量

法向模数	6mm
齿数	21
齿形角	20°
螺旋角	9°04′07″
螺旋方向	左
变位系数	
精度等级	7HK (GB/T10095.1—2008)

技术要求

1.渗碳淬火硬度56～60HRC，渗碳层深度1.2～1.5，心部硬度35～40HRC。

2.磨齿后探伤检查。

6	齿轮轴	20CrNi2MoA	17.2
件号	名称	材料	重量

图 15-6-4 （立式）二级圆柱齿轮

法向模数 5mm
齿数 56
齿形角 20°
螺旋角 9°25′48″
螺旋方向 左
变位系数
精度等级 7JL (GB/T10095.1—2008)
0.014 A
0.015 A
Ra 3.2
C1.5
Ra 0.8
A
C3
φ293.84 −0.081
φ283.836
φ95 +0.035
25±0.025
Ra 1.6
100.4 +0.2
技术要求
1.渗碳淬火硬度56～60HRC，渗碳层深度1.2～1.5，心部硬度35～40HRC。
2.磨齿后探伤检查。
两端面
60 −0.1
Ra 6.3 (√)
4 齿轮 20CrNi2MoA 30
件号 名称 材料 重量
法向模数 6mm
齿数 58
齿形角 20°
螺旋角 9°0.4′07″
螺旋方向 右
变位系数
精度等级 7KL (GB/T10095.1—2008)
C2
28±0.026
φ364.4 −0.089
φ352.4
φ150
φ110 +0.035
R5
116.4 +0.2
技术要求
1.渗碳淬火硬度56～60HRC，渗碳层深度1.0～1.3，心部硬度35～40HRC。
2.磨齿后探伤检查。
70.5 −0.1
93.05
7 齿轮 20CrNi2MoA 6.86
件号 名称 材料 重量
图号
二极圆柱齿轮减速器(立式)、(主要零件)

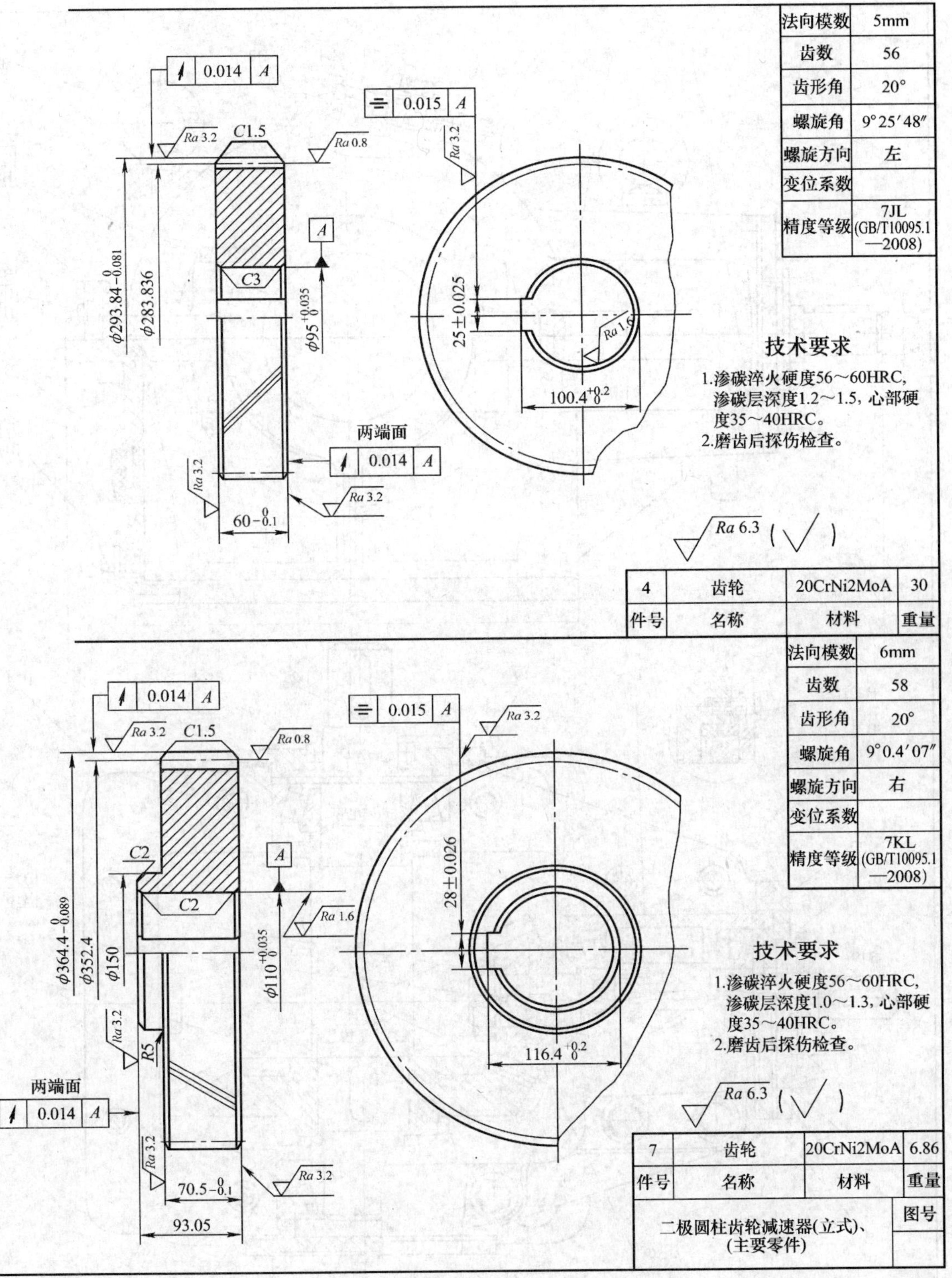

减速器主要零件图

1
2
3
4
5
B1
B2
B3
B4
B5
B6
B7
B8
B9
B10
B11
B12
B13
φ30r6
49
200
278
508
I
放大
B22
B21
17
18
19
20
B23
B24
B25
B14
φ110 H7/h6
φ50k6
B20
I
B19
φ90H7
φ110 H7/h6
φ40k6
φ35 H7/r6
φ55 H7/r6
B15
B16
B17
B18
16
15
14
13
12
11
10
9
8
7
6

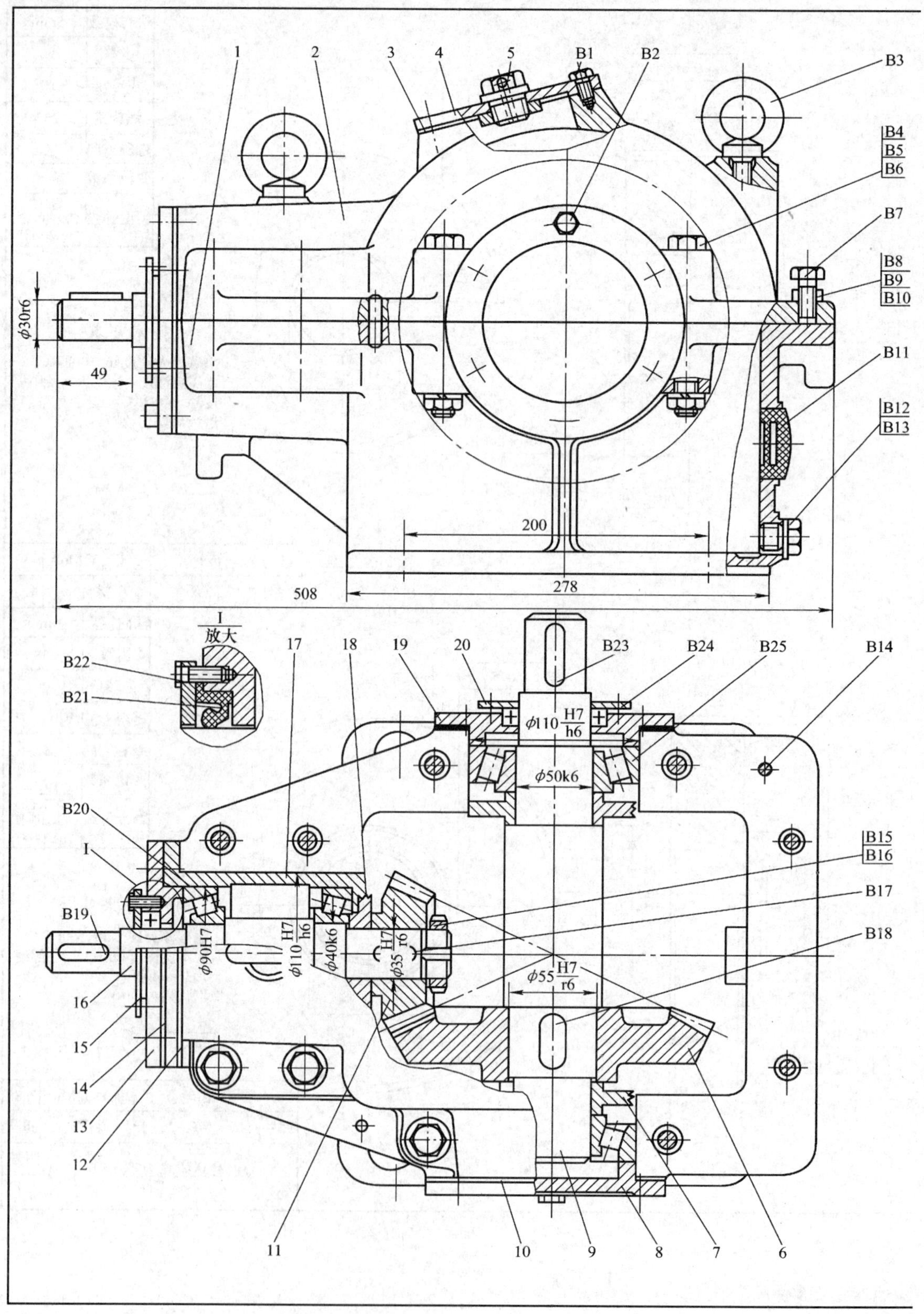

图 15-7　单级锥齿

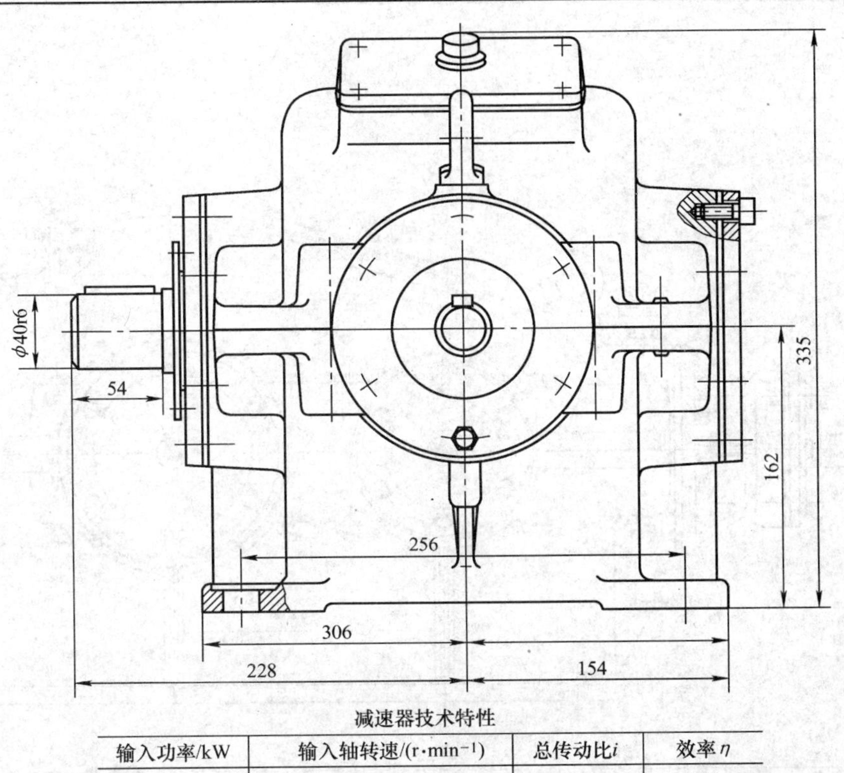

减速器技术特性

输入功率/kW	输入轴转速/(r·min⁻¹)	总传动比i	效率η
4.5	420	2.1	0.94

技术要求

1.装配前，所有零件进行清洗，箱体内壁涂耐油油漆。

2.啮合侧隙j_{nmin}的大小用锡丝检验，保证侧隙不小于0.12mm，所用锡丝直径不得大于最小侧隙的两倍。

3.用涂色法检验齿面接触斑点，按齿高和齿长的接触斑点都不少于50%。

4.调整、固定轴承时，应留轴向间隙0.04～0.07mm。

5.减速器剖分面、各接触面及密封处均不许漏油，剖分面允许涂密封胶或水玻璃。

6.箱内装全损耗系统用油L-AN68至规定高度。

7.减速器表面涂灰色油漆。

序号	名称	数量	材料	标准	备注
20	密封盖	1	Q235A		
19	穿通轴承盖	1	HT150		
18	挡油环	1	Q235A		
17	套环	1	HT150		
16	轴	1	45		
15	密封盖	1	Q235A		
14	调整垫片	1组	08F		
13	穿通轴承盖	1	HT150		
12	调整垫片	1组	08F		
11	小锥齿轮	1	45		m=5,z_1=42
10	调整垫片	2组	08F		
9	轴	1	45		
8	轴承盖	1	HT150		
7	挡油环	2	Q235A		
6	大锥齿轮	1	45		m=5,z_2=42
5	通气器	1	Q235A		
4	窥视孔盖	1	Q235A		
3	垫片	1	软钢纸板		
2	箱盖	1	HT150		
1	箱座	1	HT150		

序号	名称	数量	材料	标准	备注
⋮					
⋮					
B7	螺钉M10×40	2	Q235	GB/T 5782—2000	标准件
B6	垫圈12	8	65Mn	GB/T 93—1987	标准件
B5	螺母M12	8	Q235	GB/T 41—2000	标准件
B4	螺栓M12×120	8	Q235	GB/T 5782—2000	标准件
B3	螺钉M20	2	20	GB/T 825—2000	标准件
B2	螺钉M8×25	12	Q235	GB/T 5782—2000	标准件
B1	螺钉M6×20	4	Q235	GB/T 5782—2000	标准件

单级锥齿轮减速器		比例		图号	
		数量		重量	
设计	(日期)	机械设计 课程设计		(校名)	
审核				(班号)	

轮减速器

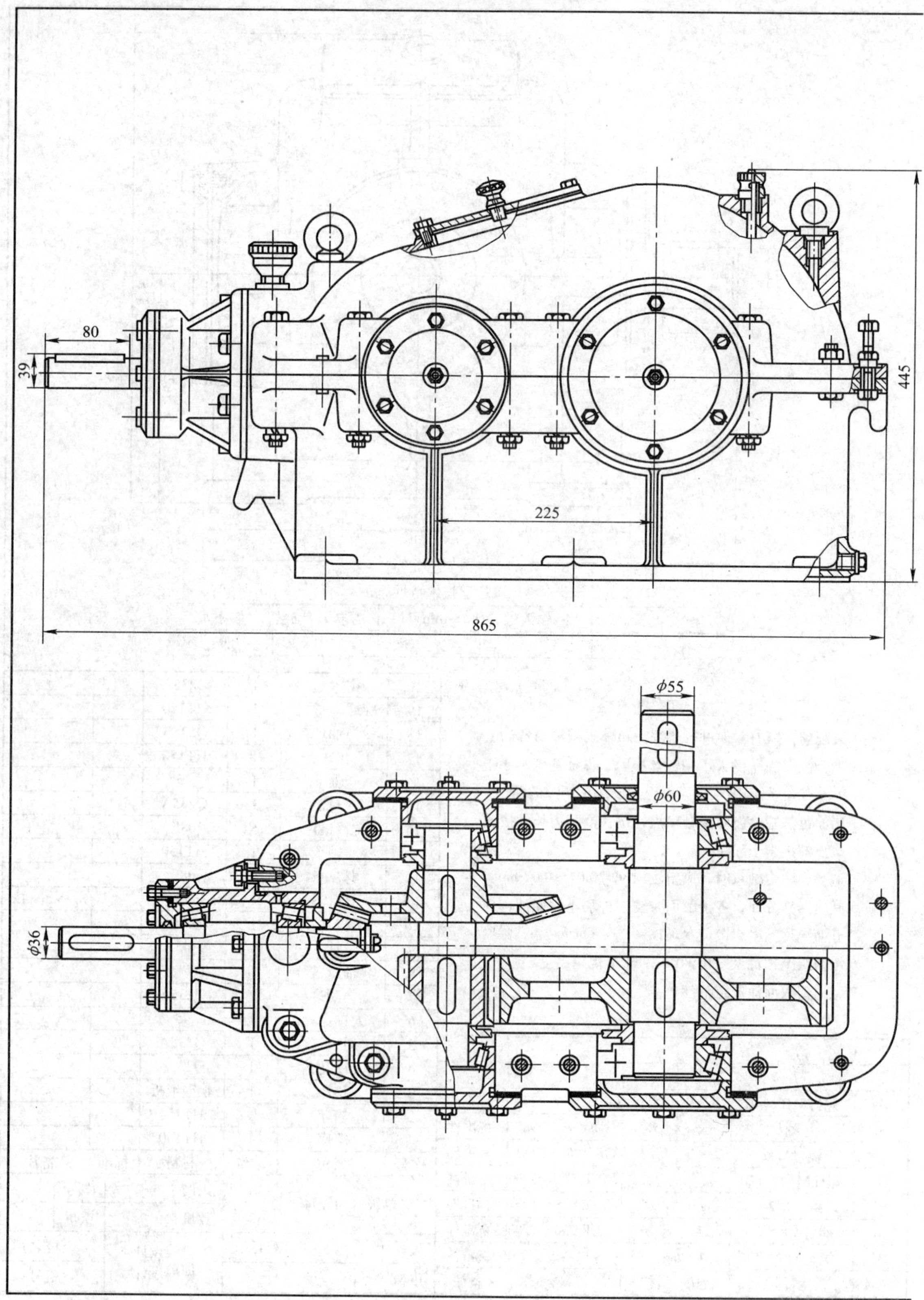

图 15-8　锥—圆柱

拆去通气器
220
430
八种轴承部件结构
(1)
(2)
(3)
(4)
(5)
(6)
(7)
(8)
锥一 圆柱二级齿轮减速器
比例
图号
数量
重量
设计
日期
审核
机械设计课程设计
(校名)
(班名)

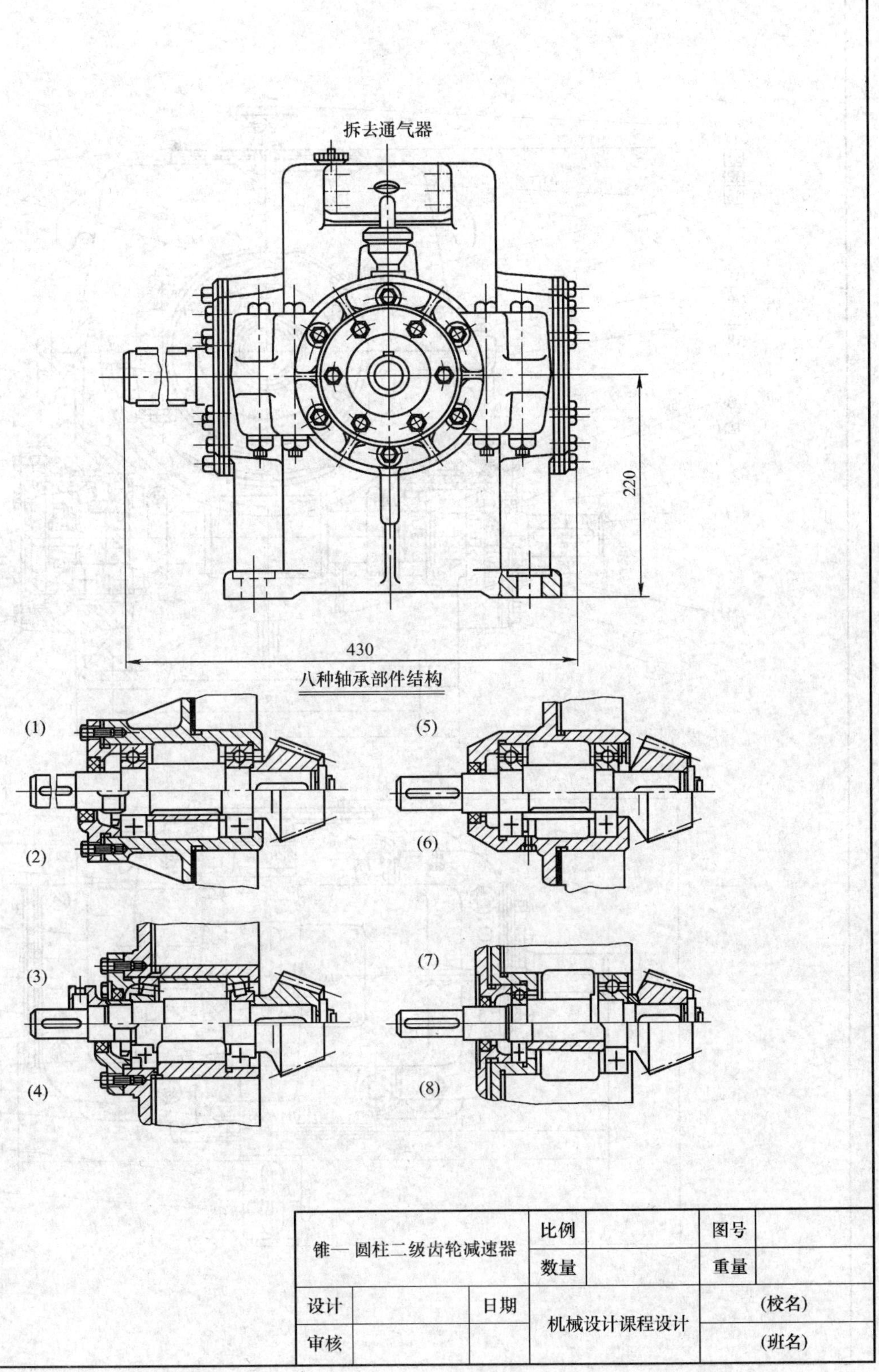

二级齿轮减速器

1
2
3
B1
B2
B3
B4
B5
B6
B7
4
B8
B9
5
B10
6
7
ϕ55n6
95
ϕ140H7/f8
ϕ165H7/h6
ϕ65k6
B11
8
9
385
485
B30
B29
B
B
A
A
B28
B27
B26
B25
B24
B23
ϕ140 H7/f8
B22
21
20
19
18
17
16
B20
ϕ90k6
15
B19
14
13
B18
B17
B16
B15
B14
12
11
B13
10
B12
ϕ98 H7/r6
58.5
584
ϕ190H7/f8
424
746
ϕ80n6

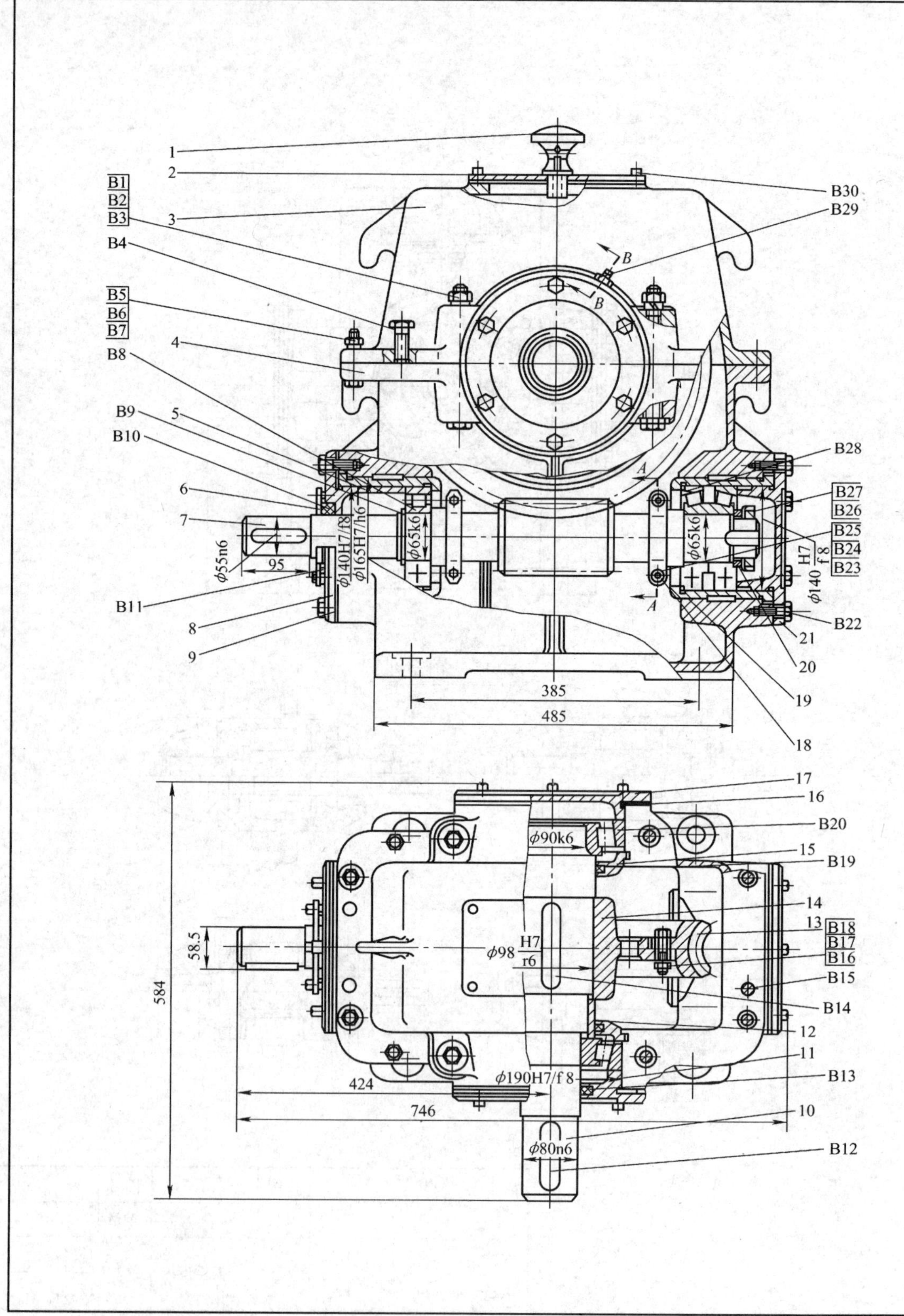

图 15-9　蜗杆减速器

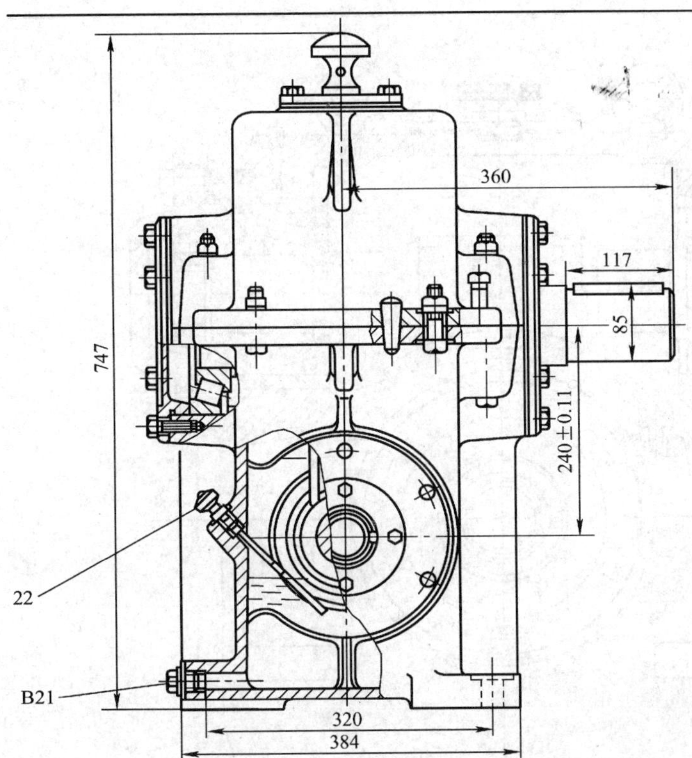

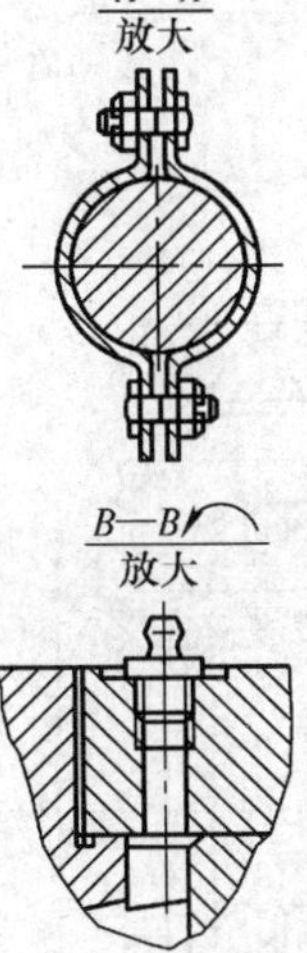

技术特性

主动轴功率	主动轴转速	传动比
17kW	1000r/min	16.33

技术要求

1.装配前所有零件用煤油清洗，滚动轴承用汽油清洗。
2.各配合、密封、螺钉联接处用润滑脂润滑。
3.啮合侧隙不小于0.19mm，检验锡丝不得大于最小侧隙的四倍。
4.用涂色法检验斑点，按齿高不得小于60%，按齿长不得小于65%。
5.蜗杆轴承的轴向游隙为0.05～0.1mm，蜗轮轴承的轴向游隙为0.12～0.20mm。
6.装成后进行空载荷试验，条件为：高速轴转速n=000r/min正反转各1h。运转平稳，无噪声和撞击声，温升不得超过60℃，不漏油(试车用L-AN32全损耗系统用油)。
7.箱座内装L-AN65全损耗系统用油至规定高度。
8.未加工外表面涂灰色油漆，内表面涂红色耐油油漆。

序号	名称	数量	材料	标准	备注
⋮					
⋮					
B12	键22×100	1		GB/T 1096-2003	
B11	螺栓M10×40	4		GB/T5780-2000	
B10	B60807D	1		GB9877-2008	
B9	挡圈65	2		GB/T894.1-1986	
B8	轴承N313E	1		GB/T283-1994	
B7	垫圈12	4		GB/T93-1987	
B6	螺母M12	4		GB/T41-2000	
B5	螺栓M1×270	4		GB/T5780-2000	
B4	螺栓M12×55	2		GB/T5780-2000	
B3	垫圈16	4		GB/T93-1987	
B2	螺母M16	4		GB/T41-2000	
B1	螺栓M16×160	4		GB/T57800-2000	

序号	名称	数量	材料	标准	备注
⋮					
⋮					
12	套筒	1	Q235		
11	轴承端盖	1	HT150		
10	轴	1	45		
9	调整垫片	2组	08F		
8	轴承端盖	1	HT150		
7	蜗杆	1	45		
6	密封盖	1	Q235		
5	套筒	1	Q235		
4	箱座	1	HT200		
3	箱盖	1	HT200		
2	窥视孔盖	1	Q235		
1	通气器	1	Q235		组合件

（蜗杆下置式）

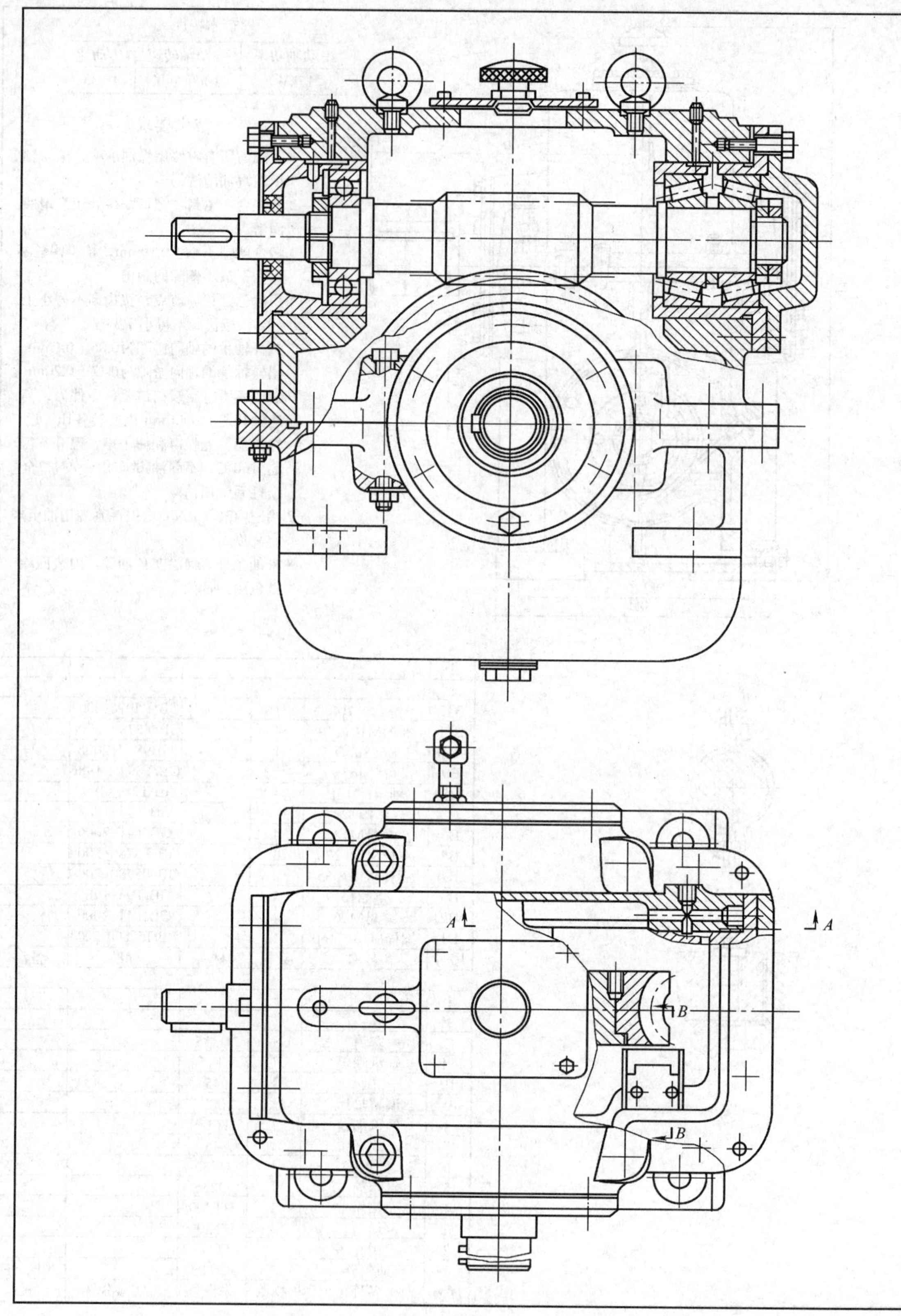

图 15-10　蜗杆减速器

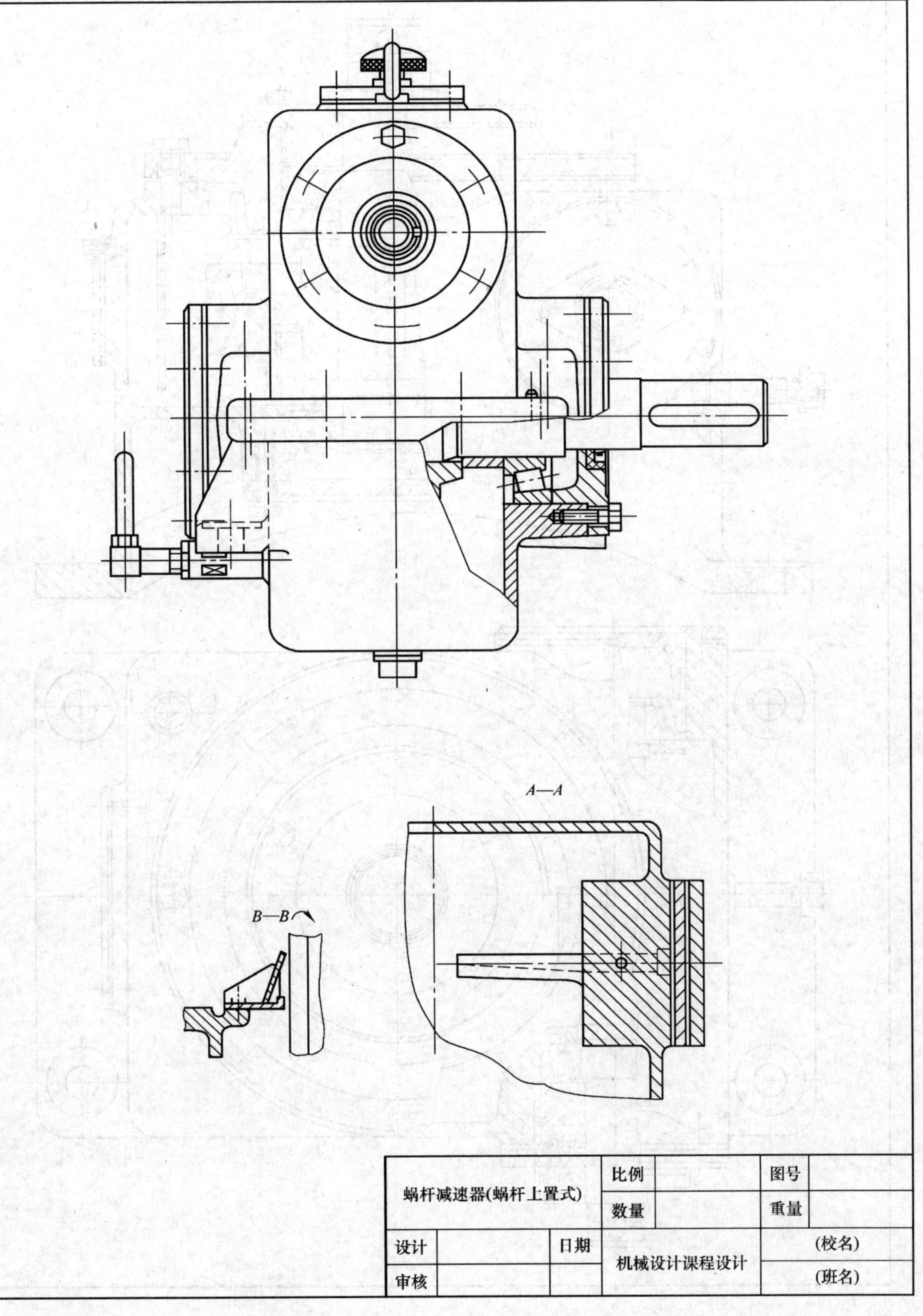

（蜗杆上置式）

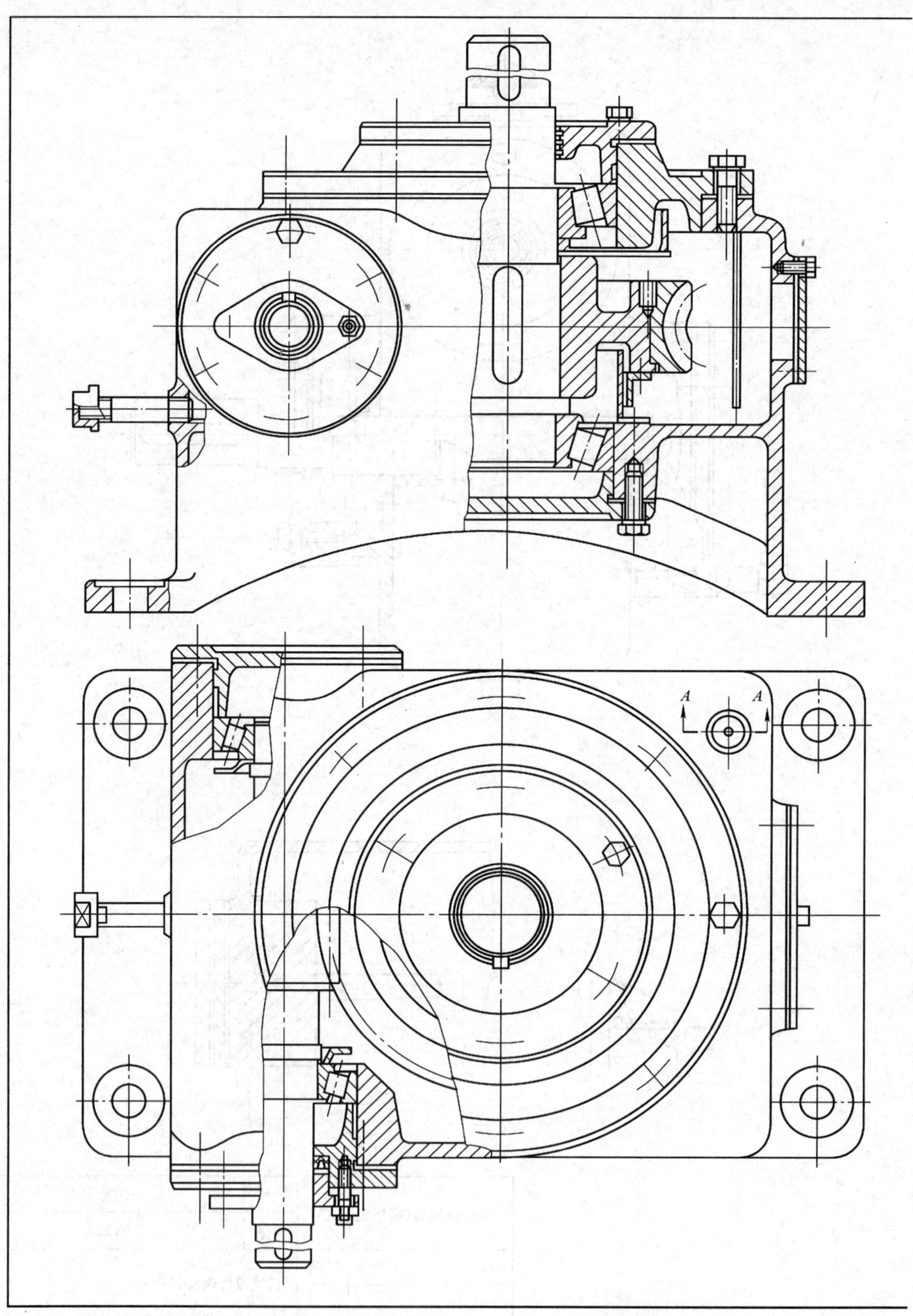

图 15-11　蜗杆减

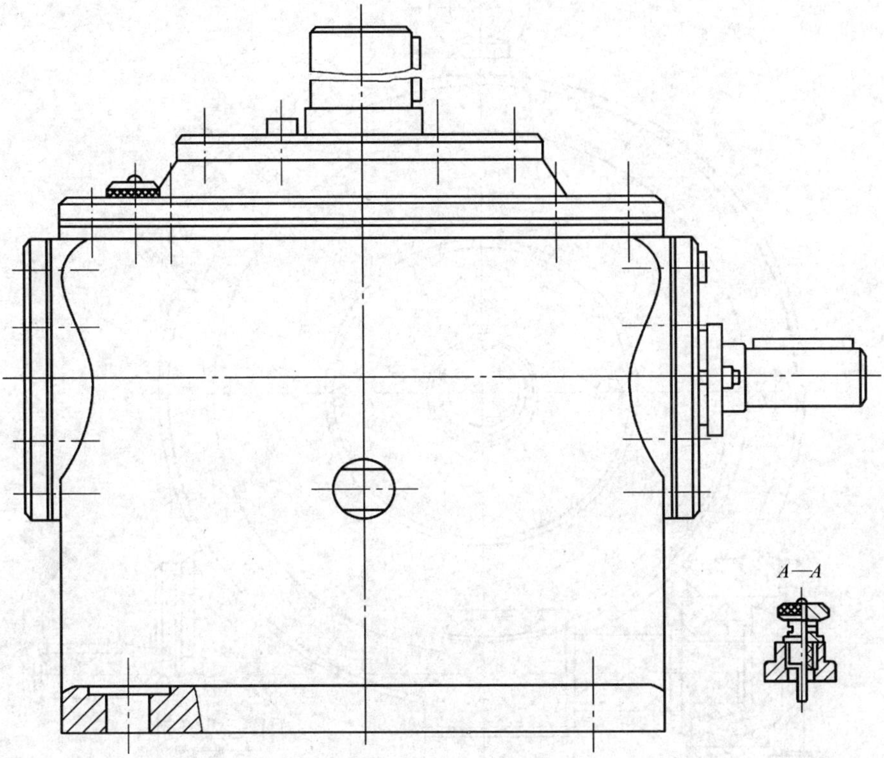

A—A

蜗轮轴向下输出轴承下轴承部件结构方案

a) b)

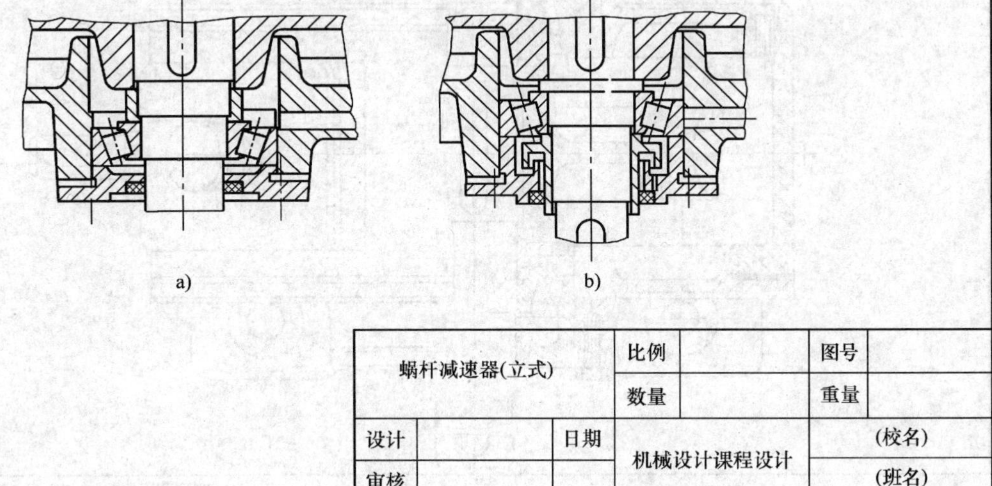

蜗杆减速器(立式)		比例		图号	
		数量		重量	
设计		日期	机械设计课程设计	(校名)	
审核				(班名)	

速器（立式）

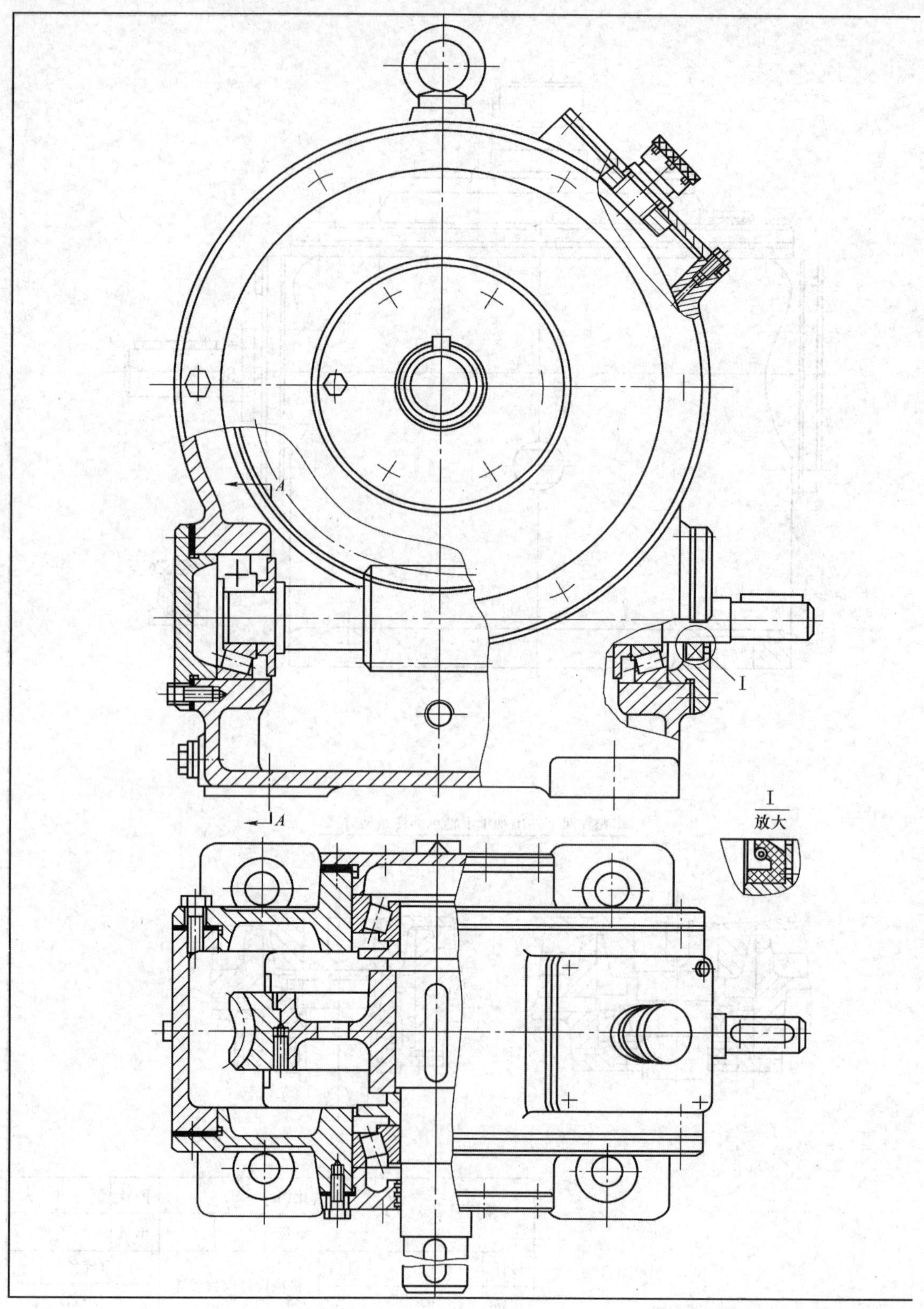

图 15-12　蜗杆

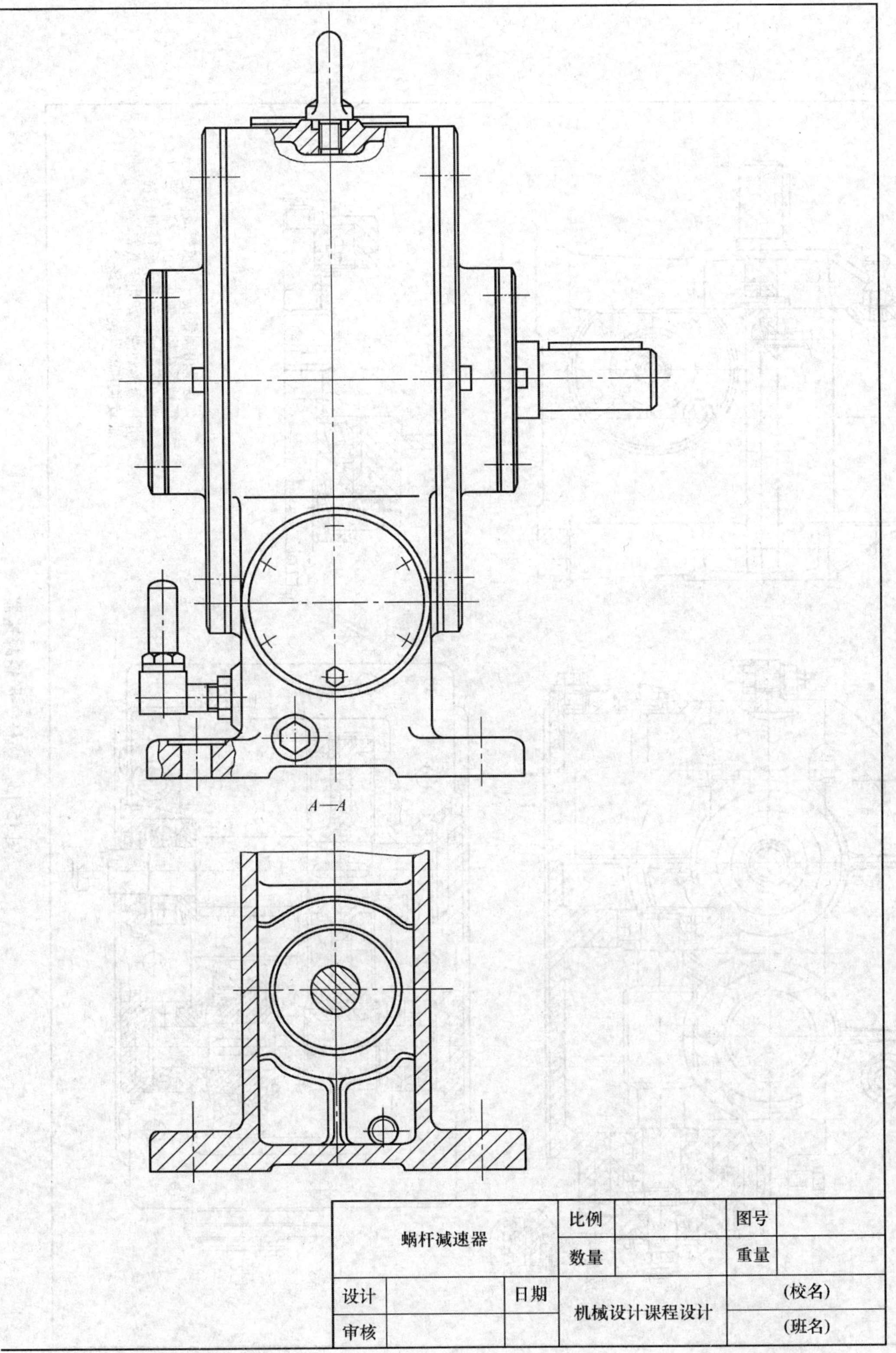

蜗杆减速器			比例		图号	
			数量		重量	
设计		日期	机械设计课程设计		(校名)	
审核					(班名)	

减速器

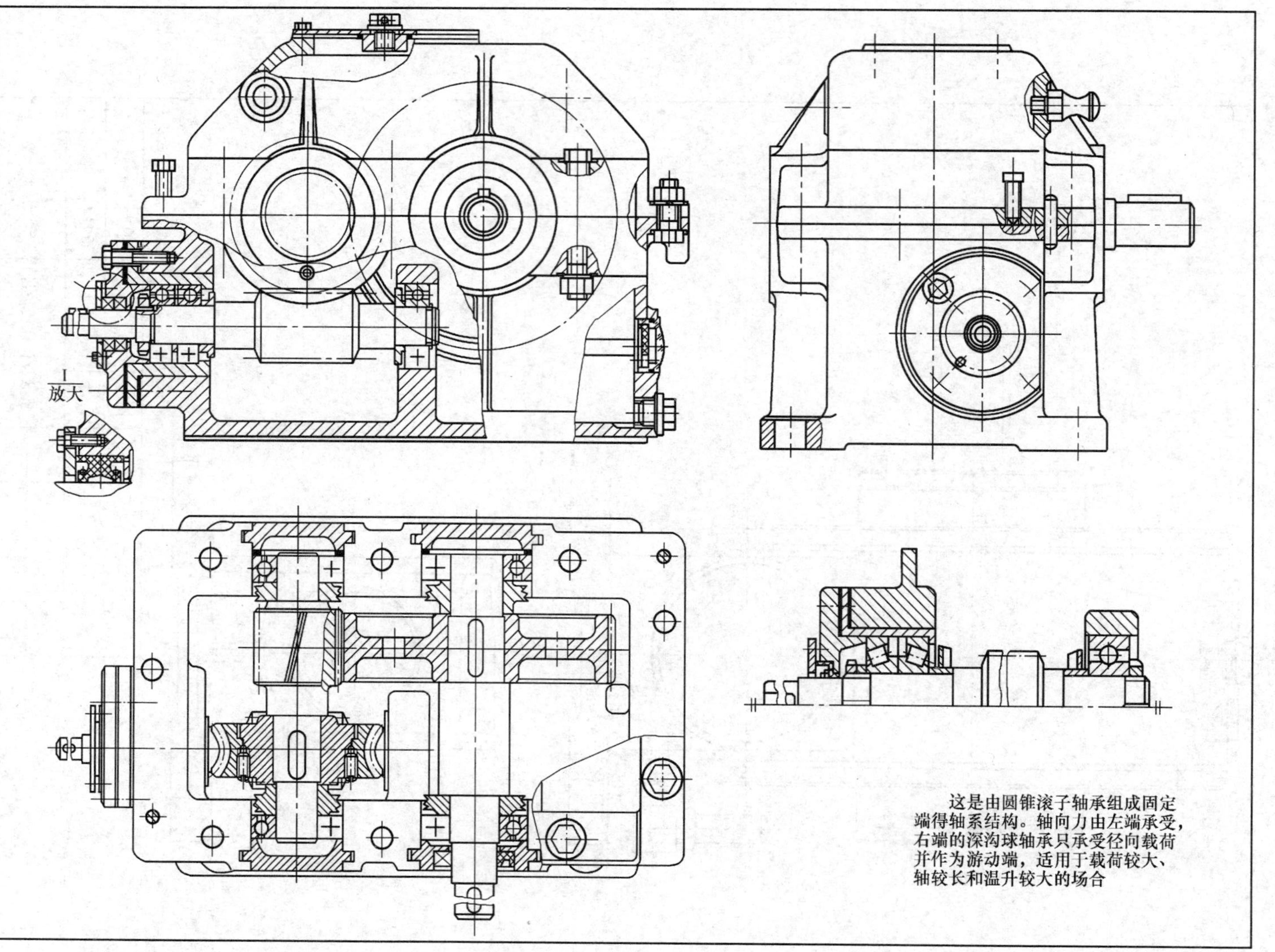

图 15-13　蜗杆—齿轮减速器

参考文献

[1] 《机械设计实用手册》编写组. 机械设计实用手册 [M]. 北京：机械工业出版社，2009.
[2] 朱龙根. 简明机械零件设计手册 [M]. 北京：机械工业出版社，2003.
[3] 唐金松. 简明机械设计手册 [M]. 3版. 上海：上海科学技术出版社，2009.
[4] 周开勤. 机械零件手册 [M]. 5版. 北京：高等教育出版社，2001.
[5] 《齿轮手册》编写组. 齿轮手册：上册 [M]. 2版. 北京：机械工业出版社，2007.
[6] 闻邦椿. 机械设计手册（1~3卷）[M]. 5版. 北京：机械工业出版社，2010.
[7] 牛锡传，王文生. 轴的设计 [M]. 北京：国防工业出版社，1997.
[8] 邱宣怀. 机械设计 [M]. 4版. 北京：高等教育出版社，1997.
[9] 范顺成，马洛平，马洛刚. 机械设计基础 [M]. 3版. 北京：机械工业出版社，1998.
[10] 黄森彬. 机械设计基础 [M]. 北京：高等教育出版社，1997.
[11] 胡家秀. 机械设计基础 [M]. 2版. 北京：机械工业出版社，2008.